Globalisierungsstrategien – Der Weg von Novartis

Springer
Berlin
Heidelberg
New York
Barcelona
Hongkong
London
Mailand
Paris
Singapur
Tokio

Christian Zeller

Globalisierungsstrategien – Der Weg von Novartis

Mit 73 Abbildungen und 61 Tabellen

 Springer

Dr. Christian Zeller
Universität Hamburg
Institut für Geographie,
Arbeitsbereich Wirtschaftsgeographie
Bundesstraße 55
20146 Hamburg
Deutschland
E-mail: zeller@geowiss.uni-hamburg.de

Umschlagfoto mit freundlicher Genehmigung der
Novartis International AG, Basel, Schweiz

ISBN 3-540-41629-3 Springer-Verlag Berlin Heidelberg New York

Die Deutsche Bibliothek – CIP-Einheitsaufnahme
Zeller, Christian: Globalisierungsstrategien – der Weg von Novartis / Christian Zeller. –
Berlin; Heidelberg; New York; Barcelona; Hongkong; London; Mailand; Paris; Singapur;
Tokio: Springer, 2001
  ISBN 3-540-41629-3

Springer-Verlag Berlin Heidelberg New York
ein Unternehmen der BertelsmannSpringer Science+Business Media GmbH

© Springer-Verlag Berlin Heidelberg 2001
Printed in Germany

SPIN 10796425   42/2202-5 4 3 2 1 0 - Gedruckt auf säurefreiem Papier

Den Menschen,
deren Leben durch pharmazeutische Präparate gerettet werden

Den Menschen,
die aufgrund ihrer Armut keine medizinsche Versorgung erhalten

Vorwort

Die Untersuchungen für dieses Buch begann ich einige Monate vor der Ankündigung der Fusion von Ciba-Geigy und Sandoz zu Novartis. Die Zeit Mitte der neunziger Jahre war geprägt von intensiven Diskussionen über den Industrie- und Forschungsstandort Basel. Diese Debatten und die internationalen Neuformierungsprozesse der chemischen und pharmazeutischen Industrie legten es nahe, die Globalisierungsstrategien der Konzerne, die Basels Ökonomie seit Jahrzehnten prägen, einer eingehenden Studie zu unterziehen. Als einem Menschen, der in Basel aufgewachsen ist, erschien mir die 'Chemie' alltäglich und vertraut und zugleich so etwas wie der große, unbekannte Nachbar zu sein. Angesichts der veränderten weltwirtschaftlichen Situation stellte sich die Frage, was es denn mit der 'Globalisierung' tatsächlich auf sich hat. Was bedeutet Globalisierung für die großen Konzerne der chemisch-pharmazeutischen Industrie? Und in welchem Zusammenhang steht diese Globalisierung mit den Bedingungen in der Region Basel? Das waren die (zu) allgemeinen Einstiegsfragen für das Projekt.

Der Paukenschlag der Fusion von Ciba-Geigy und Sandoz zu Novartis verlieh meiner Arbeit natürlich zusätzliche Brisanz. Zugleich erschwerte sie die Kontaktaufnahme mit möglichen Auskunftspersonen in den Unternehmen, die stark mit ihren eigenen Herausforderungen beschäftigt waren. Die Anfangsphasen der Fusion und meiner Forschungsarbeit fielen insofern vielleicht unglücklicherweise zusammen. Zugleich steigerte die Fusion meine Faszination und Begeisterung für das Thema.

Nun knapp fünf Jahre nach der Fusionsankündigung am 7. März 1996 schließe ich das Werk mit einer Aktualisierung bis auf den Stand Ende Dezember 2000 ab. Der große Fusionsprozess und der kleine Prozess des Werdegangs dieses Buches liefen zeitlich also parallel, obwohl das ursprünglich nicht beabsichtigt war. Nach Fertigstellung der Arbeit durfte ich erfreut feststellen, dass meine Ergebnisse auch beim 'Hauptforschungsobjekt' Novartis auf Interesse stoßen. Ich danke Wolfdietrich Schutz und Thomas Preiswerk von Novartis dafür, dass die vorliegende Publikation nun einem interessierten Publikum zugänglich wird.

Zahlreiche (ehemalige) Mitarbeiter und Entscheidungsträger bei Novartis, Hoffmann-La Roche und anderen Firmen haben mit ihren Auskünften zu diesem Buch beigetragen. Daniel Galle, Dan Hauser, Alan Main, Romeo Paioni, Hansjörg Wetter und Jürgen Zimmermann haben sich darüberhinaus in den vergangenen Wochen freundlicherweise die Zeit genommen, einzelne Teile des Manuskripts durchzusehen. Sie haben dazu beigetragen, Missinterpretationen und Fehler weiter zu minimieren. Ich danke allen diesen Personen für die Unterstützung meines Projektes.

Der Weg für dieses Buch nahm in Basel seinen Anfang. Werner Gallusser ermunterte mich in der allerersten Phase. Von Erik Swyngedouw in Oxford und

Herent lernte ich neue und spannende Aspekte der Geographie kennen. Er trug mit seinem Ideenreichtum wesentlich dazu bei, dass ich das Projekt trotz einiger Anfangsschwierigkeiten in Angriff nahm.

Die Basisarbeiten, wie das Studium der Literatur und anderer schriftlicher Quellen, leistete ich in Basel, New Brunswick, Berkeley und Hamburg. In den Jahren 1996 und 1997 hielt ich mich insgesamt über sieben Monate in verschiedenen Regionen der USA auf, vor allem in New Brunswick, New Jersey, und Berkeley, California. Dort führte ich einen beträchtlichen Teil der Interviews durch. Den ersten Forschungsaufenthalt in den USA unternahm ich mit Unterstützung des Werenfels-Fonds und des Fonds für Auslandsreisen der Universität Basel.

Die beiden Aufenthalte in den USA vermittelten zahlreiche entscheidende Impulse für die Arbeit. Ohne die institutionelle Unterstützung und die Gastfreundschaft von Ann Markusen mit ihrem lieben und dynamischen Team vom *Project on Regional and Industrial Economics* an der *Rutgers University* in New Brunswick wäre mir der Einstieg in den USA nicht so leicht gefallen. Ann Markusen, Eric Parker, Mia Gray, Yong-Sook Lee, Jonathan Feldman und Peilei Fan inspirierten mich enorm. Ihre kritische Kommentierung meiner Ideen, die täglichen Hilfen und Ratschläge waren mir eine große Herausforderung und Hilfe. In der San Francisco Bay Area, der anderen Schwerpunktregion, konnte ich auf die freundliche institutionelle Unterstützung durch Richard Walker vom Department of Geography an der University of California in Berkeley zählen. Der Aufenthalt in den USA war nicht nur für meine Fragestellung wichtig, vielleicht noch entscheidender war, dass ich mit einer anderen akademischen Welt und Geschäftskultur in Kontakt kam.

Im April 1997 begann ich am Arbeitsbereich Wirtschaftsgeographie des Instituts für Geographie in Hamburg die Tätigkeit als wissenschaftlicher Mitarbeiter für das DFG-Projekt *Räumliche Organisation von Innovationssystemen in Anwendungsfeldern der Biotechnologie.* Dieses parallel zu bearbeitende Forschungsprojekt verzögerte einerseits die vorliegende Arbeit, bereicherte sie aber zugleich mit neuen Einsichten.

Jürgen Oßenbrügge ermunterte mich, nach Hamburg zu kommen. Ihm zolle ich großen Dank für seine Offenheit und kritische Begleitung des gesamten Prozesses. Sein theoretischer Weitblick eröffnete mir neue Sichtweisen. Mit Stefan Fichtner setzte ich die in den USA gestartete Entdeckungsreise in die Biotechnologieindustrie fort, diesmal fokussiert auf deren Dynamik in Deutschland. Die gemeinsame, anregende Projektarbeit trug dazu bei, weitere Kontexte für die pharmazeutische Industrie besser erkennen zu können. Während der Abschlussphase stand mir Susanne Heeg aufmunternd zur Seite und kommentierte das letzte Kapitel. Brigitte Visbeck, Nikolas Thon und Iris Mendorff leisteten große Arbeit mit dem Korrekturlesen. Claus Carstens und Caroline Flöel halfen bei der Anfertigung einzelner Abbildungen. Harald Bathelt in Frankfurt am Main schrieb ein sehr ausführliches Gutachten und gab mir anregende Vorschläge auf den weiteren Weg.

Die größte Stütze für die Arbeit war Anke Kayser. Ihr verdanke ich viele Inspirationen. Ihre Liebe und Geduld, ihr Zuhören und ihre Ratschläge waren von unschätzbarem Wert. Sie half mir, die Übersicht zu wahren und die Maßstäbe nicht zu verlieren. Sie versuchte – oft ohne Erfolg –, mich in die Alltagswelt der praktischen Dinge zurückzuführen.

Hamburg im Januar 2001

Inhaltsübersicht

Inhaltsverzeichnis

TEIL I:
RAHMENBEDINGUNGEN UND VORAUSSETZUNGEN

TEIL II:
VON DER ERSTEN ÜBER DIE ZWEITE 'BASLER HOCHZEIT' ZU EINEM FÜHRENDEN GESUNDHEITSKONZERN

Einleitung

Problemstellung und Zielsetzung

Die chemisch-pharmazeutische Industrie durchläuft seit Ende der achtziger Jahre einen beschleunigten Strukturwandel und einen verstärkten Konzentrationsprozess mit Übernahmen und Fusionen. Die Restrukturierungen gehen mit der Schließung von Produktionsstätten und globalen Veränderungen der Forschungs- und Entwicklungsorganisationen einher, die mit einem massiven Abbau von Arbeitsplätzen verbunden sind. Lokale Akteure nehmen diese Restrukturierungen in der industriellen Produktion und in der Forschung oftmals als Produktionsverlagerungen wahr.

Diese Erscheinungen werden in den Medien als Ausdruck des umfassenden Globalisierungsprozesses, der nahezu alle Bereiche der Gesellschaft verändert, verstanden. Die Globalisierung steht für die Einen für unabwendbares Unheil, für die Anderen für die produktive Entfesselung der Marktkräfte, die allen zu mehr Wohlstand verhilft. Die Beurteilungen und Einschätzungen spalten auch traditionelle, akademische Schulen und politische Lager.

Die Region Basel gehört zu den bedeutendsten Ballungszentren der chemisch-pharmazeutischen Industrie der Welt. Daher ist es nicht erstaunlich, dass sich die Veränderungen in der Industrie auch auf die regionale Ökonomie und die politischen Auseinandersetzungen in der Region niederschlagen.

Die Restrukturierungen in Produktion und Forschung, die Konzentrationsbewegungen in der Industrie und die Wechselwirkungen dieser Prozesse zu den lokalen Bedingungen in wichtigen Standortregionen bilden die Ausgangspunkte der vorliegenden Untersuchung. Erstaunlicherweise gibt es über die Internationalisierungsprozesse und Umstrukturierungen in der chemisch-pharmazeutischen Industrie vergleichsweise wenig Studien, obwohl sie zu den dynamischsten industriellen Sektoren gehört.

Die Arbeit verfolgt zwei Ziele:
1. ein verbessertes Verständnis der Internationalisierungs- und Globalisierungsprozesse sowie der Umstrukturierungen und Rationalisierungsprozesse von multinationalen Konzernen in der pharmazeutischen Industrie;
2. ein verbessertes Verständnis der damit einhergehenden räumlichen Rekonfigurationen von Produktions- , Entwicklungs- und Forschungseinrichtungen, oder allgemeiner ausgedrückt, der Re- und Deterritorialisierungsprozessse im Kontext der Globalisierungstendenzen. Das erlaubt es, die standörtlichen Persistenzen und Dynamiken der Konzerne besser zu erkennen.

Ziel ist es also, einen Beitrag zur Entschlüsselung der Globalisierungsphänomene in der chemisch-pharmazeutischen Industrie sowie deren wesentliche Erscheinungen und Triebkräfte zu leisten. Konkret geht es darum, zu erkennen, was wirklich neu ist an der gegenwärtigen Phase des säkularen Internationalisierungsprozesses, und wie sich die räumliche Arbeitsteilung und die Aufgaben der Produktions- und Forschungseinrichtungen an den Standorten verändert haben. Das mündet in die zentrale Untersuchungsfrage, welche ökonomisch-räumliche Logik sich hinter den aktuellen Umstrukturierungsprozessen großer Konzerne der pharmazeutischen Industrie verbirgt. Warum, wie und unter welchen Bedingungen sich die räumliche Agglomeration sowie die Kombination respektive Trennung von Funktionen und Teilbereichen der Produktion, Entwicklung, Forschung, Administration und den Verkäufen durchsetzen. In diesem Sinne ist die Arbeit weniger im Kontext der bisweilen sterilen Debatten über Globalisierung und Regionalisierung verortet, sondern will einen Beitrag zur Klärung des Geheimnisses der Maßstäbe ökonomischer Restrukturierung liefern.

Obwohl die Arbeit weitgehend den Charakter einer Fallstudie aufweist, können wesentliche Ergebnisse auch auf andere große Pharmakonzerne übertragen werden. Angesichts der sich verschärfenden oligopolistischen Rivalität verfolgen die einzelnen Konzerne sehr genau die Orientierung der wichtigsten Rivalen. Sobald sich strategische Varianten und organisatorische Neuerungen der Einen als erfolgreich erweisen, werden sie, sofern es die Umstände zulassen, von anderen kopiert und weiterentwickelt.

Untersuchungsprogramm

Die Arbeit analysiert die Internationalisierung der Konzerne Ciba-Geigy und Sandoz respektive Novartis, nach deren Fusion im Jahr 1996. Den langen Internationalisierungsprozess und die aktuellen Strategien von Hoffmann-La Roche habe ich ebenfalls empirisch aufgearbeitet. Aufgrund der Fülle des Materials mußte ich auf deren detaillierte Darstellung in dieser Arbeit jedoch verzichten.[1] Diese Konzerne haben ihre Ursprünge alle in Basel, wo sich auch nach wie vor zentrale Forschungs- und Produktionsstätten konzentrieren. Ein weiterer Aspekt sind die Wechselwirkungen zwischen Internationalisierung der Konzerne und den spezifischen ökonomischen und sozialen Bedingungen in wichtigen Standortregionen in den USA.

Die schweizerischen Unternehmen der chemischen Industrie haben sich ausgesprochen früh internationalisiert, wie übrigens auch die Unternehmen der Maschinen- und Nahrungsmittelindustrie. Die lange Tradition der Internationalisierung ermöglicht es vergleichsweise gut, diesen Prozess in seiner raum-zeitlichen Differenzierung zu erfassen und zu prüfen, ob sich im Zuge der gemeinhin als Globalisierung bezeichneten Prozesse auch grundlegende Veränderungen der Unternehmensstrategien sowie der räumlichen Organisation von Produktion und Forschung vollziehen.

---

[1] Grundzüge der Veränderungen des Produktionssystems von Hoffmann-La Roche habe ich an anderer Stelle vorgestellt (Zeller 2000a).

Die Konzentration der Untersuchung auf wenige Konzerne erlaubt eine sehr detaillierte Aufarbeitung des Internationalisierungsprozesses. Schon bald nach Beginn der Arbeit drängte sich eine weitere Beschränkung auf. Es erwies sich als unmöglich, alle wesentlichen Geschäftsfelder dieser zeitweise sehr diversifizierten Konzerne gebührend zu berücksichtigen. Die außerordentliche Dynamik und die Forschungsintensität des Pharmasektors rechtfertigt es, ausschließlich die pharmazeutischen Divisionen detailliert zu untersuchen.

Insofern hat die Arbeit den Charakter einer Fallstudie, obgleich immer wieder Vergleiche zwischen den untersuchten und zu anderen Unternehmen der Pharmaindustrie gezogen werden. Aufgrund dieser Konzentration auf wenige Konzerne drängen sich auch weitgehend qualitative Untersuchungsmethoden auf. Das Forschungsprogramm gliedert sich in drei interdependente Phasen.

Die *erste Phase* besteht in einer historischen Aufarbeitung des Internationalisierungsprozesses der Unternehmen. Angesichts der frühzeitigen, ausgesprochen starken Orientierung wesentlicher Teile der schweizerischen Wirtschaft auf ausländische Märkte ist es nicht erstaunlich, dass auch Ciba, Geigy, Sandoz und Hoffmann-La Roche sich bereits in den zwanziger Jahren des 20. Jahrhunderts internationalisierten, nicht nur über die Exportorientierung, sondern auch mit namhaften Direktinvestitionen. Ein Anliegen der Arbeit ist es, die Maßstabsebenen zwischen dem zunehmend, globalen strategischen Handeln der Unternehmen und den regionalen Bedingungen in wichtigen Standortregionen miteinander zu verknüpfen. Die genaue Kenntnis der Geschichte der Firmen und ihrer Strategien hilft, die Entwicklungen in der jüngeren Vergangenheit und in der Gegenwart zu verstehen und in längerfristige Entwicklungskontexte einzuordnen.

Anschließend wird in einer *zweiten Phase* festgestellt, wie sich die ökonomischen, politischen und technologischen Rahmenbedingungen für Pharmaunternehmen in den letzten Jahren verändert haben. Dazu gehört eine Aufarbeitung theoretischer Erklärungen der Globalisierung im Allgemeinen, der Konzentrationsprozesse und des Wandels der strategischen Orientierung von multinationalen Unternehmen. Aufgrund der offensichtlichen theoretischen Defizite unterschiedlichster Theoriezusammenhänge und Schulen gegenüber den Globalisierungsphänomenen der kapitalistischen Ökonomie drängt sich notgedrungen ein eklektisches Vorgehen auf. Beiträge aus sehr verschiedenen Theorietraditionen werden zusammengeführt und bilden die Basis für ein eigenes konzeptionelles Gerüst. Zu dieser Aufgabe gehört auch, sich einen Überblick über die Besonderheiten der pharmazeutischen Industrie und ihrer Entwicklungsdynamik zu verschaffen. Dieser theoretische und deskriptive Teil der Arbeit bildet die Grundlage zur Formulierung theoretisch fundierter Untersuchungsfragen und –thesen.

Sowohl die allgemeine gesellschaftlich-ökonomische Entwicklung als auch die spezifische Geschichte der untersuchten Konzerne lassen es als sinnvoll erscheinen, die Internationalisierung ab den siebziger Jahren genauer zu untersuchen. Diese detaillierte Analyse macht die *dritte* und empirisch zentrale *Phase* der Arbeit aus. Die Analyse besteht im Wesentlichen aus drei Elementen:

1. Die Untersuchung der Entwicklung und der Expansionsstrategien der Unternehmen. Dazu gehört die Analyse der langjährigen Entwicklung wichtiger Kennziffern wie Umsätze, Investitionen, Forschungsausgaben und Gewinne

sowie Firmenübernahmen und Fusionen. Dabei wird jeweils in die Entwicklung des Pharmageschäfts in den Kontext der Gesamtkonzerne gestellt.

2. Die Untersuchung der Entwicklung der räumlichen Ausprägung der Produktionsstrukturen.

3. Die Untersuchung der Organisation von Forschung und Entwicklung und ihrer räumlichen Konsequenzen.

Die genaue Kenntnis der Produktions- und Forschungsstandorte und ihrer Funktion in der konzernweiten Aufgabenzuweisung ist Voraussetzung, die Dynamik der Internationalisierungsprozesse respektive der De- und Reterritorialisierungsprozesse zu verstehen. Diese Untersuchungen sind als Fallstudien der räumlichen Restrukturierungen von Ciba-Geigy und Sandoz und nach ihrer Fusion im Jahr 1996 von Novartis konzipiert. Die Verdichtung der Arbeit auf die Phase zwischen Ende der sechziger und Ende der neunziger Jahre bedeutet zugleich eine Darstellung der Konzernentwicklungen von der 'ersten Basler Hochzeit', der Fusion von Ciba und Geigy zu Ciba-Geigy im Jahre 1970, zur 'zweiten Basler Hochzeit', der Fusion von Ciba-Geigy und Sandoz zu Novartis, und deren Konsequenzen. Darüber hinaus soll die Arbeit aber auch einen Beitrag zum Verständnis des ökonomischen und gesellschaftlichen Wandels im letzten Viertel des 20. Jahrhunderts liefern.

Aufbau der Arbeit

Die Arbeit gliedert sich in zwei große Teile. Die Kapitel 1 bis 4 machen den Teil I aus, der wesentliche Rahmenbedingungen und Voraussetzungen für die nachfolgende Fallstudie im Teil II zusammenstellt. Er skizziert die regionalen Bedingungen in der Ursprungs- und Hauptregion der Konzerne, diskutiert den Stand der wissenschaftlichen Debatte über die Internationalisierung und Globalisierung großer Unternehmen, untersucht den historischen Internationalisierungspfad und präsentiert die zentralen Charakteristika und aktuellen Entwicklungen in der pharmazeutischen Industrie. Der zweite Teil der Arbeit untersucht einem Zoomobjektiv gleich die Veränderungen der internationalen Strategien von Ciba-Geigy und Sandoz, und nach ihrer Fusion von Novartis, von Ende der sechziger und bis Ende der neunziger Jahre. Es wird aufgezeigt, wie die Konzerne von der ersten über die zweite Basler Hochzeit ihre Stellung an der Weltspitze der Chemie-- und Pharmaindustrie sichern und ausbauen konnten.

Das erste Kapitel führt induktiv mit einer Darstellung der ökonomischen Bedeutung der chemischen und pharmazeutischen Industrie in der Region Basel und des strukturellen Wandels auf Untersuchungsfragen hin, die sich aus einer regionalen Sichtweise ergeben. Wie wirken sich die Veränderungen der strategischen Orientierung, die unterschiedlichen Internationalisierungsstrategien, Fusionen und Firmenübernahmen und räumliche Rekonfigurationen auf die historische Basis der Konzerne aus? Allerdings wäre diese Perspektive alleine viel zu beschränkt.

Darum arbeitet das Kapitel 2 einige wichtige theoretische Debatten über die Globalisierungsprozesse und die strategischen Veränderungen von multinationalen Unternehmen auf. Damit wird ein konzeptionelles Fundament für die empirische

Untersuchung des räumlichen Gesichts der Konzernstrategien und der Umstrukturierungen gelegt. Der erste Abschnitt setzt sich kurz mit dem Begriff 'Globalisierung' auseinander. Zentrale Akteure dieses Prozesses sind die multinationalen Unternehmen, die ihre Strategien zunehmend als oligopolistische Rivalen auf globaler oder triadischer Ebene konzipieren. Das Konzept der oligopolistischen Rivalität ist Gegenstand des zweiten Abschnittes. Der dritte Abschnitt setzt sich mit unterschiedlichen Interpretations- und Erklärungsversuchen der Internationalisierungsstrategien von multinationalen Unternehmen auseinander. Die räumlichen Implikationen dieser Strategien, insbesondere die Aspekte der transnationalen Arbeitsteilung, werden im vierten Abschnitt diskutiert. Die Technologieproduktion nimmt in der pharmazeutischen Industrie eine zentrale Rolle ein. Darum widmet sich der fünfte Abschnitt den vielschichtigen und kontroversen Fragen der Internationalisierung von Forschung und Entwicklung. Diese theoretischen Aufarbeitungen (ausführlicher in Zeller 2001c) bilden die Grundlage zur deduktiven Herleitung der Forschungsfragen im letzten Abschnitt des Kapitels 2. Die in der Einleitung und im ersten Kapitel induktiv formulierten Einstiegsfragen werden theoretisch untermauert und spezifiziert.

Die Gegenwart und die jüngere Vergangenheit bleiben unverständlich und hinter einem Schleier von temporären und äußeren Erscheinungen verborgen, wenn es nicht gelingt, die langfristigen Entwicklungslinien der Unternehmensentwicklung aufzuspüren. Darum arbeitet das dritte Kapitel die langjährigen Internationalisierungsprozesse und die damit verbundenen räumlichen Veränderungen der untersuchten Unternehmen von ihren Anfängen bis zur Gegenwart auf.

Obwohl als Fallstudie der 'Basler Chemie' angelegt, ist die Orientierung der 'Basler Konzerne' ohne Aufarbeitung des ökonomischen und gesellschaftlichen Wandels in der pharmazeutischen Industrie nicht verständlich. Darum stellt das Kapitel 4 im Sinne eines Exkurses die wesentlichen Veränderungen und Erwartungen auf den Pharmamärkten vor. Darüberhinaus ist es wichtig, einige entscheidende Spezifika der Pharmabranche zu berücksichtigen. Dazu gehören unter anderem die nach wie vor relativ große Bedeutung nationalstaatlicher Regulierungen der Märkte, die hohe Regulierungsdichte für Produktion und Produkte und die bereits angesprochene enorme Bedeutung von Forschung und Entwicklung. Gerade die technologischen Veränderungen, insbesondere das Aufkommen neuer Technologien zur Wirkstoffsuche, bewirken eine beträchtliche Dynamik dieser Industrie.

Das fünfte Kapital erfasst die allgemeine Entwicklung von Ciba-Geigy und Sandoz und stellt die wesentlichen, strategischen Orientierungen respektive deren Wandel dar. Besonderes Gewicht wird auf die spezifische Kombination von der Diversifizierung in neue Geschäftsfelder und der Spezialisierung auf das 'Kerngeschäft' gelegt.

Die Aufarbeitung der Konzerngeschichten und der Spezifika der Pharmaindustrie zeichnen den Rahmen, um im sechsten Kapitel die Entwicklung des Pharmageschäfts der Konzerne unter die Lupe zunehmen. Besondere Aufmerksamkeit wird der strategischen Orientierung, den therapeutischen Schwerpunkten und der geographischen Ausrichtung des Geschäfts gewidmet.

Damit sind die Grundlagen und Rahmenbedingungen erarbeitet, um in den nachfolgenden Kapiteln 7 und 8 die räumlichen und organisatorischen Veränderungen in den zentralen Unternehmensfunktionen Forschung und Entwicklung sowie Produktion zu erfassen und im Lichte der theoretischen Aufarbeitung (Kapitel 2) und der allgemeinen Entwicklung der Pharmaindustrie (Kapitel 4) zu analysieren und zu interpretieren.

Nach dieser Reise vom Konkreten (Kap. 1) ins Allgemeine (Kap. 2) und dann immer stärker ins Konkrete (Kap. 3–8) wird im neunten Kapitel der Versuch eines Fazits und einer Synthese unternommen. Dabei stehen folgende Fragen im Mittelpunkt: Inwiefern lässt die Untersuchung der Internationalisierungsstrategien und -pfade einzelner Unternehmen der Pharmaindustrie den Schluss zu, dass die gemeinhin als Globalisierung bezeichneten Phänomene tatsächlich eine qualitativ neue Stufe des säkularen Internationalisierungsprozesses kennzeichnen? Tatsächlich haben sich seit den achtziger Jahren beträchtliche Veränderungen vollzogen. Wie hat sich die räumliche Arbeitsteilung in Produktion, Entwicklung und Forschung im Zuge von Restrukturierungen und strategischen Neuorientierungen verändert? Inwiefern spielen die regionalen Bedingungen an bestimmten Standorten für die Orientierung der Konzerne eine Rolle? Diese Fragen führen damit auch wieder an den Ausgangspunkt und zur Frage der Standortpersistenz in der Region Basel zurück.

Es zeigt sich, dass weder der Begriff Globalisierung, noch eine Spezifizierung in multinationale, transnationale und globale Unternehmen oder gar dichotomische Gegenüberstellungen des Globalen und des Regionalen die räumlich-ökonomische Dynamik in der pharmazeutischen Industrie erfassen. Vielmehr sind die mit den Bestrebungen, die Profitabilität des Kapitals zu steigern, verbundenen ökonomischen Restrukturierungen in einer dialektischen Einheit mit einem nahezu permanenten Prozess der De- und Reterriorialisierung der verschiedenen Elemente des Wertschöpfungsprozesses zu verstehen. Dabei können je nach Unternehmensfunktion und ökonomischen Erfordernissen alle Maßstabsebenen zwischen den Körpern der Beschäftigten und der Konzernführungen und der globalen Ebene relevant sein und bisweilen auch wieder an Relevanz einbüßen.

Untersuchungsmethoden

Entsprechend den zentralen Forschungsfragen und der Fokussierung auf einige wenige Konzerne stützt sich die empirische Erhebung im Wesentlichen auf zwei methodische Herangehensweisen. Die Auswertung von Marktstudien, von unterschiedlichsten Unterlagen und Quellen der Firmen und von Zeitungen bietet die Grundlage, um die wesentlichen Veränderungen der Unternehmen zu erkennen. Leitfadeninterviews mit Entscheidungsträgern der Firmen in den Bereichen Produktion und F&E liefern wichtige Informationen, um die gewählten Konzernstrategien beurteilen zu können.

Als Einzelperson ist es in letzter Konsequenz unmöglich ist, ein internationales Forschungsprojekt durchzuführen, ganz unmittelbar wegen der fehlenden Ressourcen, grundsätzlich aber wegen des eingeschränkten Erfahrungshorizontes, der auch durch Reisen nicht aufgehoben werden kann. Durch meine Aufenthalte in den USA, die Befragung von Firmenvertretern in der Schweiz, Deutschland und vor allem in den USA sowie die Auswertung von Firmenunterlagen und Zeitungen aus mehreren Ländern habe ich versucht, dieses Defizit zumindest etwas auszugleichen und mir eine internationale Sichtweise der Entwicklung der untersuchten Konzerne anzueignen.

Marktstudien, Unterlagen der Firmen und Zeitungsberichte

Die Beschreibung der aktuellen Tendenzen auf den Pharmamärkten und in der Pharmaindustrie stützt sich auf die regelmäßigen Marktstudien kommerzieller Anbieter von Marktinformationen im Pharmabereich.[2] Da die Entwicklung einzelner Konzerne im Mittelpunkt der Untersuchung steht, ist es naheliegend, Publikationen der Firmen wie Jahresberichte, Firmenzeitschriften und Firmenmagazine systematisch auszuwerten. Die sektorale und geographische Auswertung der wichtigsten unternehmerischen Kenngrößen, wie Umsatz, Investitions- und Forschungsausgaben und Gewinne, über einen Zeitraum von drei Jahrzehnten erlaubt es, sowohl die langfristigen Tendenzen und als auch die Wechsel der strategischen Orientierung nachzuvollziehen. Allerdings ist es mit diesen geographisch äußerst grob abgegrenzten quantitativen Angaben nicht möglich, einzelne Investitionsvorhaben oder die Lokalisierung wichtiger Unternehmenseinrichtungen zu identifizieren.

Die sorgfältige Lektüre von Jahresberichten, Firmenmagazinen, Personalzeitschriften, Zeitungsberichten, Medienmitteilungen und lokalen Zeitungen hilft hier weiter. Viele Zusammenhänge lassen sich erst über die Beobachtung längerer Zeiträume erschließen. Das systematische Durchforsten dieser Quellen nach Informationen über Firmenstandorte, ermöglichte es, nahezu alle Produktions- und Forschungsstandorte von Ciba-Geigy, Sandoz und Novartis im Pharmabereich zu identifizieren und den Wandel der Aufgaben dieser Einrichtungen über den Zeitraum von Ende der sechziger bis Ende der neunziger Jahre zu beschreiben. Dieses sehr umfangreiche Quellenstudium, das Anlegen einer Datenbank und die Abfassung eines umfassenden Arbeitspapiers über die wesentlichen Etappen der Geschichte nahezu aller Produktions- und Forschungsstandorte der Pharmadivisionen von Ciba-Geigy, Sandoz und Novartis zwischen 1970 und 2000, boten die Grundlage, aus einer Fülle von Informationen schließlich die wesentlichen Veränderungen der konzerninternen Arbeitsteilung herauszufiltern. Die Beurteilung und Erklärung der ökonomischen und räumlichen Dynamik, vor allem in jüngerer Vergangenheit, ist allerdings auf Grundlage dieser Rekonstruktion von Raum und Geschichte der Konzerne kaum möglich. Dazu bietet die qualitative Methode der Leitfadeninterviews mit Entscheidungsträgern der Firmen wesentliche Hilfen.

Leitfadeninterviews

Grundsätzlich besteht das Ziel von Interviews mit Unternehmensvertretern darin, das Verhalten des Unternehmens zu verstehen. Das Unternehmensinterview anerkennt, dass Unternehmen institutionelle Akteure sind, die in ein komplexes Netzwerk von internen und externen Beziehungen integriert sind (Schoenberger 1991:

---

[2] Viele dieser Studien sind für akademische Zwecke viel zu teuer (über 10000 USD). Daher mußte ich mich mit deren auszugsweisen Veröffentlichungen im Internet begnügen.

181). Firmeninterviews können zudem ein Instrument sein, diese Netzwerke Schritt für Schritt zu entschlüsseln (Markusen 1994; Saxenian 1994). Im Unterschied zu Bathelt (1997: 151ff), der bei seinen Untersuchungen der Chemiebranchen Deutschlands, Leidfadeninterviews hauptsächlich zur Absicherung und vertieften Ursachenanalyse der Ergebnisse quantitativer Erhebungsmethoden einsetzte, stellt die vorliegende Untersuchung das strategische Handeln von Firmen und Firmenbereichen selbst in den Mittelpunkt. Dadurch erhalten die Leidfadeninterviews auf der Basis der umfangreichen Aufwertung schriftlicher Quellen einen großen Stellenwert.

Der besondere Nutzen und das Problem der Validität von Interviews mit Firmenvertretern wurde u.a. von (Schoenberger 1991; 1992; McDowell 1992; Healey und Rawlinson 1993; Markusen 1994) eingehend erörtert. Obgleich diese qualitative Methode nicht den Grad an Wiederholbarkeit wie quantitative Verfahren aufweist, ist ihre Validität und Authentizität sogar wesentlich größer. Wobei die Validität von unterschiedlichen Akteuren wiederum sehr unterschiedlich wahrgenommen und beurteilt werden kann (McDowell 1992). Es gibt keine ideale Methode von Firmeninterviews. Die gewählte Interviewmethode hängt eng mit der theoretischen Fundierung und dem gesamten Forschungsdesign einer Arbeit zusammen (Healey und Rawlinson 1993). An dieser Stelle präsentiere ich kurz die Interviewmethode, die sich im Laufe der Arbeit als am erfolgreichsten erwies. Einige spezifische Erfahrungen hebe ich im Lichte der genannten Diskussion speziell hervor.

Das Ziel der Firmeninterviews besteht weniger darin, ein Maximum an zusätzlichen Informationen zu gewinnen, sondern die Perzeption von Entwicklungen und strategischen Entscheidungen des Konzerns durch Vertreter des Konzerns, die selbst an diesen Entscheiden beteiligt waren oder maßgeblich von ihnen betroffen wurden, zu erfahren. Mit Hilfe der Interpretation dieser Interpretationen kann das Bild der Unternehmensentwicklung, das durch die Auswertung schriftlicher Quellen der Konzerne und anderer Quellen gewonnen wurde, entscheidend präzisiert und vor allem beurteilt werden. Bei großen Unternehmen nimmt die Wahl der jeweiligen Interviewpartner eine wichtige Rolle ein. Da die jeweilige Funktionserfüllung die individuelle Sichtweise prägt, schwankt die Darstellung und Interpretation der unternehmerischen Sachverhalte in Abhängigkeit davon, ob ein Manager des Bereichs Marketing oder des Bereichs Forschung und Entwicklung befragt wird.

Bereits die Vereinbarung von Interviews mit Firmenvertretern erwies sich als nicht zu unterschätzendes Problem. Das begann bereits mit der Frage des geeigneten Interviewpartners. Wer in einem großen Konzern am besten die Fragen beantworten kann, läßt sich nur beurteilen, wenn die wesentlichen Strukturen des Konzerns bekannt sind. Die Corporate Communications Abteilungen sind in dieser Hinsicht kaum eine Hilfe (vgl. Markusen 1994). Die direkte Kontaktaufnahme mit der gewünschten Person führte in der Regel am schnellsten zur Vereinbarung eines Gesprächstermins. Ein weiteres Problem trat auf, wenn das Gespräch vertrauliche oder als vertraulich eingeschätzte Informationen betraf. Dabei zeigte sich, dass Gesprächspartner in einer sehr hohen Position in der Firmenhierarchie nicht nur kompetenter waren, sondern sich im Laufe des Gesprächs eher offener verhielten als mittlere Kader. Allerdings waren für die Anbahnung solcher Interviews gewisse organisatorische und kulturelle Hürden zu überwinden.

Da mein erster Aufenthalt in den USA genau in die Monate nach der Ankündigung der Fusion von Ciba und Sandoz zu Novartis fiel, und zudem meine Kenntnisse der Unternehmensstruktur zu dieser Zeit noch bescheiden waren, stellte sich die Kontaktaufnahme mit potentiellen Gesprächspartnern besonders schwierig dar. Dennoch erhielt ich den Eindruck, dass die diesbezügliche Gesprächskultur in den USA eher offener ist als in der Schweiz. Dieser Eindruck bestätigte sich bei der Durchführung von weiteren Interviews im September 1997 in New Jersey und Kalifornien.

Im Unterschied zu Interviews bei ethnologischen oder vielleicht auch sozialgeographischen Untersuchungen stellt sich das Problem des Machtgefälles während des Gesprächs zu Ungunsten des Interviewers. Als Forscher bittet man einen hochbezahlten Manager um ein Interview. Doch warum sollte dieser wertvolle Zeit für ein Interview opfern, von dem er keinen reellen Gegenwert erhält? Eine gute Vorbereitung, ein umfassendes Wissen über die Sachverhalte, die im Gespräch angeschnitten werden, sowie die Aneignung einer spezifischen Business-Sprache und firmenspezifischer Ausdrücke helfen, die eigene Position gegenüber dem Gesprächspartner zu verbessern (Schoenberger 1991: 182). Eine möglichst umfassende inhaltliche Vorbereitung eines Interviews ist unabdingbare Voraussetzung, um dem Gespräch offeneren und evaluativen Charakter zu geben und dabei neben zusätzlichen Informationen auch Einschätzung und Bewertung der Unternehmensentwicklung durch den Gesprächspartner zu erhalten (Healey und Rawlinson 1993: 347f). Letztlich hat der Interviewer aber wenig zu bieten, außer der eigenen Kompetenz und der dadurch gesteigerten Glaubwürdigkeit (vgl. McDowell 1992: 213).

Die Demonstration der eigenen Kompetenz begann bereits bei der Organisation des Interviews. In der Regel wollten die Gesprächspartner die Fragen spätestens einige Tage vor dem Gespräch per Fax erhalten haben. Aus ihrer Sicht diente das der Kontrolle des Gesprächsverlaufs. Ein solches Verfahren nutzte aber auch mir als Interviewer und erhöhte die Qualität des Interviews. Erstens konnte ich mit der Formulierung und Spezifizierung der Fragen die eigene Kompetenz unter Beweis stellen; zweitens konnte sich der Interviewte auf die Fragen vorbereiten und drittens konnte damit das Interview am ehesten die Form eines Dialoges annehmen. Denn das Gespräch mußte keineswegs streng dem Fragenkatalog folgen, sondern entwickelte sich optimalerweise aus dem Gesprächskontext. Da der Leitfaden und die zentralen Fragen beiden Gesprächspartnern bekannt waren, konnte ich bei größeren Abweichungen das Gespräch wieder enger an den Leitfaden zurückführen. Insofern beschritt ich nicht den Weg komplett offener Interviews (vgl. Schoenberger 1991). Da mit einer Ausnahme die Gesprächspartner Männer waren, stellte sich das von McDowell (1992: 214) angesprochene Geschlechterverhältnis nicht als zusätzliches Problem. Hingegen war es eine Herausforderung, das Gespräch in einer Fremdsprache und in einer anderen kulturellen Umgebung zu führen. Allerdings kann ich die Wirkungen dieser Sachverhalte auf die Gesprächsdynamik nicht einschätzen. Zu Recht betont McDowell die Bedeutung der inhaltlichen Anpassung an die Gesprächspartner, die über die Aneignung einer Business-Sprache hinausgeht.

Paradoxerweise gelang es gerade auf der Grundlage eines präzisen und kenntnisreich abgefaßten Leitfadens dem Gespräch am ehesten einen offenen Charakter zu verleihen. Denn mit diesem Verfahren konnte am ehesten das strukturelle

Machtgefälle reduziert werden. Letztlich nahm die Qualität der Interviews zu, je mehr sie den Charakter eines Dialoges einnahmen und beide Gesprächspartner relativ offen über Probleme und Schwierigkeiten bei Unternehmensentscheiden sowie über allenfalls nicht eingeschlagene alternative Optionen diskutierten. Das waren zugleich die Situationen, in denen sich das strukturelle Machtgefälle am wenigsten entfaltete. Bei den erfolgreichsten Interviews ließ der Gesprächspartner erkennen, dass die angesprochenen Fragen auch in seiner Organisation durchaus offen diskutiert würden und das Gespräch ihn zum Nachdenken animiert hätte. Der Leiter eines Forschungszentrums in den USA teilte gar mit, dass er die immer wieder eintreffenden standardisierten Fragebogen mittlerweile in den Papierkorb werfe.

Die Interviews dauerten durchschnittlich 60 bis 90 Minuten und wurden an einigen Standorten durch Betriebsbegehungen ergänzt. Da der Interviewleitfaden für jede befragte Person je nach eigenem Kenntnisstand und der konkreten Tätigkeit und der Funktion des Gesprächspartners formuliert wurde, existiert kein allgemeiner Interviewleitfaden. Aufgrund der Erfahrungen wurden im Laufe der Erhebungen die vorgängig an die Interviewpersonen geschickten Leitfäden zunehmend sorgfältiger formuliert.

In der Regel wurden aber jeweils folgende Punkte abgehandelt:

• Wesentliche Etappen jüngerer Reorganisationen in Forschung / Entwicklung / Produktion;
• Fragen der Organisation und der Arbeitsteilung der jeweiligen Unternehmenseinheit;
• Kriterien der Aufgabenzuweisung;
• Probleme des Wissensflusses zwischen Unternehmenseinheiten;
• Kooperationen, externe Beziehungen;
• Wesentliche Veränderungen in der Forschung- bzw. Produktionsorganisation;

Aufgrund der völlig unterschiedlichen Bedingungen und Tätigkeiten unterschied sich der konkrete Aufbau der Interviews deutlich je nachdem, ob sie Forschungs- oder Produktionsbelange, regionale Fragen oder Angelegenheiten des Personalmanagements betrafen. Ergänzend und zur Überprüfung von gewonnenen Erkenntnissen erwiesen sich Interviews mit Vertretern von regionalen Entwicklungsbehörden und von Gewerkschaftern oftmals als sehr hilfreich (vgl. Markusen 1994: 482).

Die Interviews mit Vertretern der Beschäftigten und mit regionalpolitischen Akteuren hatten dementsprechend ebenfalls ihre spezifische inhaltliche Ausrichtung. Wobei sich insbesondere bei den Interviews mit Vertretern von Personalorganisationen und Gewerkschaften das Problem der Hierarchie manchmal fast in umgekehrter Weise als bei den Managern stellte. Die insgesamt 60 Leitfadeninterviews wurden aufgezeichnet und in ihrer Mehrheit transkribiert. Die wesentlichen Informationen der Interviewmanuskripte wurden danach in die Darstellung und Interpretation der Konzernstrategien und ihren räumlichen Ausprägungen integriert.

TEIL I:

Rahmenbedingungen und Voraussetzungen

1 Basel: eine reiche Region und 'ihre' globalisierte Industrie

„Heute spielt sich der globale Wettbewerb einerseits zwischen Standorten und andererseits zwischen Schicksalsgemeinschaften ab. Aktionäre, Unternehmensleitung und Mitarbeiter bilden eine solche Schicksalsgemeinschaft, die Region Basel als Standort bildet eine Schicksalsgemeinschaft." Alex Krauer, designierter Verwaltungsratspräsident von Novartis in einem Interview mit der SonntagsZeitung vom 17. März 1996 (Krauer 1996).

„Der Radius von Politikern ist oft nur 50 Kilometer und ihr Zeithorizont meistens nur ein Jahr." ... *„Vor solchen Leuten kann ich doch keinen Respekt haben."* Daniel Vasella, designierter Präsident der Konzernleitung von Novartis, in Bilanz 5/1996: 29 (Löhrer und Meier 1996)

1.1 Ängste um die Arbeitsplätze und den Standort

Der Rhein, die Altstadt mit dem Münster und die 'Basler Chemie', das sind die drei Elemente des Stadtbildes, die sich jedem Besucher ins Gedächtnis eingraben. Ohne die Bürohochhäuser, die Fabrikationsgebäude und die Abluftkamine der Konzerne Novartis, Hoffmann-La Roche, Ciba Spezialitäten Chemie und Clariant könnte man sich Basel kaum vorstellen.

Die Region Basel im Dreiländereck von Frankreich, Deutschland und der Schweiz am südlichen Ende des Oberrheingrabens gehört zu den reichsten Regionen der Welt und bietet den meisten Bewohnerinnen und Bewohnern eine hohe Lebensqualität. Tief hat sich in ihrem Bewusstsein verankert, wem die Region das zu verdanken hat: der chemischen Industrie und der qualifizierten Facharbeit. Tatsächlich prägt seit bald 100 Jahren die chemische Industrie die ökonomische Struktur der Stadt und Region Basel. Mehr als ein Fünftel der Wertschöpfung in der gesamten Region Nordwestschweiz wird in der chemischen und pharmazeutischen Industrie erwirtschaftet. In der Stadt Basel alleine ist dieser Anteil noch höher. Ein Großteil der lokalen Ökonomie ist von der chemischen Industrie abhängig. Die Konzerne der chemischen Industrie streichen seit Jahren Rekordgewinne ein.

In den neunziger Jahren wurde die (Selbst-)Sicherheit angekratzt. Im Zuge der allgemeinen Rezession stieg die Erwerbslosigkeit zwischen 1993 und 1995 explosionsartig von einem sehr tiefen Niveau auf nahezu 'normale' europäische Verhältnisse an. Parallel dazu beschleunigte sich der ökonomische Strukturwandel. In nahezu allen Branchen wurden im Rahmen umfassender Umstrukturierungen Arbeitsplätze abgebaut. Besonders ausgeprägt war der Umbau bei den Konzernen der chemischen Industrie, der sich aufgrund ihres ökonomischen Gewichts auch außerordentlich in der regionalen Ökonomie niederschlug.

Nach einigen, bereits in den frühen neunziger Jahren eingeleiteten, Restrukturierungsprogrammen bei Ciba-Geigy, Sandoz und Hoffmann-La Roche, dem massiven Arbeitsplatzabbau bei Roche im Gefolge der Übernahme des US-Konzerns Syntex im Jahre 1994 und der Ausgliederung der Spezialitätenchemie von Sandoz in die neue Firma Clariant erlebte der Umbau der Industrie mit der Fusion von Ciba-Geigy und Sandoz zu Novartis 1996 den vorläufigen Höhepunkt. Auch Novartis spaltet die Spezialitätenchemie Anfang 1997 unter dem Namen Ciba Specialty Chemicals ab. Kurze Zeit später, im Mai 1997, gab Roche die Übernahme des deutschen Familienkonzerns Boehringer Mannheim bekannt. Die Jahre 1994 bis 2000 waren für alle Konzerne eine Periode der permanenten Umstrukturierungen. Das Life Sciences Konzept, mit dem sich Novartis auf die drei Geschäftsfelder Pharmazeutika, Agrochemie / Saatgut und hochwertige Nahrungsmittel ausrichtete, hielt nur gerade drei Jahre. Am 2. Dezember 1999 gaben Novartis und der britisch-schwedische Konzern AstraZeneca die Ausgliederung und Fusion ihrer Agrogeschäfte zum neuen Konzern Syngenta bekannt, der seinen Hauptsitz ebenfalls in Basel hat. Diese Transaktion wurde mit dem Börsengang von Syngenta am 10. November 2000 abgeschlossen.

Innerhalb von vier Jahren hat sich die Firmen-Landschaft komplett verändert. Von den ursprünglich drei Konzernen Ciba-Geigy, Sandoz und Hoffmann-La Roche blieben die beiden Pharmakonzerne Novartis und Hoffmann-La Roche übrig. Dazu entstanden die beiden Spezialitätenchemiekonzerne Clariant und Ciba SC, der Agrochemiekonzern Syngenta sowie Vantico, die von Ciba SC an die Morgan Grenfell Private Equity Limited (gehört zur Deutschen Asset Management) verkaufte Division Performance Polymers. Alle Konzerne haben ihre globalen Hauptsitze weiterhin in Basel, oder wie im Falle von Clariant, im nahen Vorort Muttenz.

Der Umbau der Konzerne ging mit einem massiven Arbeitsplatzabbau in der Region Basel einher. Arbeiteten in der Nordwestschweiz im Jahre 1990 rund 39600 Menschen in der chemischen Industrie, so taten das 1998 nur noch 29500. Der Rückgang war längerfristig betrachtet zwar nicht ganz so massiv, weil die Beschäftigung im Jahr 1990 nach wesentlich tieferen Zahlen in den achtziger Jahren zugleich den absoluten Rekord erreichte. Dennoch drückt der Rückgang der Arbeitsplätze um rund ein Viertel einen beträchtlichen Einschnitt aus.

Parallel zu den umfassenden Umstrukturierungen in den verschiedenen Branchen und namentlich in der chemisch-pharmazeutischen Industrie entbrannten auch die Auseinandersetzungen um den Wirtschaftsstandort. 'Globalisierung', 'weltweite Konkurrenz', 'Erhaltung unserer Konkurrenzfähigkeit', 'Produktionsverlagerung' sind die Stichwörter dieser Debatte. Sie verunsichern die Bevölkerung, sind zugleich sehr ideologiebehaftet und werden politisch instrumentell eingesetzt. Trotz der relativ komfortablen Situation, trotz des akkumulierten Reichtums drückt seit Anfang der 90er Jahre die Forderung nach Verbesserung der internationalen Konkurrenzfähigkeit und der Standortqualitäten jeder wirtschafts- und regionalpolitischen Auseinandersetzung ihren Stempel auf. Die globalen Zwänge unterwerfen auch die reichsten Regionen der Welt ihrer unbarmherzigen Logik.

Die Konzernleitungen und die Medien, insbesondere die Basler Zeitung, die als 'Regionalzeitung mit Weltformat' (Eigenwerbung) eine monopolistische Position innehat, haben seit Anfang der neunziger Jahre immer wieder den Eindruck vermittelt, dass Basel als Forschungs- und Produktionsstandort für die drei großen Konzerne an Bedeutung verliere.

Alex Krauer, der damalige Verwaltungsratspräsident der Ciba-Geigy, spitzte die öffentliche Debatte an einer von den Medien stark beachteten Sondersitzung des Basler Großen Rates am 1. April 1995 zu. Er fragte rhetorisch:

> Wird die Basler Chemie weiterhin hier forschen und produzieren oder wird sie nur noch aus Konzernzentralen bestehen? Nur wenn sie weiterhin hier forschen und produzieren wird, werden die ungefähr 35000 Arbeitsplätze, die die Chemie heute in der Region bietet, erhalten bleiben. Wenn sich die Tätigkeiten der Chemie auf Konzernzentralen reduzieren, wird das nur noch einen Bruchteil dieser heute in der Chemie arbeitenden Menschen Arbeit und Verdienst erlauben.
> Die Antwort auf diese Frage hängt von der Wettbewerbsfähigkeit ab, selbstverständlich. Und zwar auf beiden Ebenen, der Unternehmensebene und der Standortebene.
> ...
> Weshalb ist Kalifornien und nicht die Regio Basiliensis die Wiege und das weltweite Center of Excellence der Biotechnologie? Weshalb sind in den letzten 10 Jahren in den USA 1400 Biotechnologiefirmen entstanden mit Zehntausenden von Arbeitsplätzen, weshalb ist das nicht in der Regio hier geschehen? Weshalb müssen die Basler Pharmafirmen für viel Geld diese Schlüsseltechnologie in Amerika zukaufen? Weshalb wird von den 20 heute bereits auf dem Markt befindlichen biotechnologischen Produkten nur ein einziges in Basel produziert, nämlich das Interferon bei der Firma Roche? (Grosser Rat des Kantons Basel-Stadt 1995: 813ff).

Natürlich wusste Krauer, dass ein Abzug zentraler Forschungs- und Produktionseinrichtungen für den Konzern nie ernsthaft zur Diskussion stand. Bemerkenswert ist, dass er einerseits auf die internationalen oder globalen Zwänge für die Region hinwies und zugleich regionale Perspektiven entwarf und einen regionalen, sozialen Kompromiss einforderte. Krauer postulierte eine Einheit oder gar Identität zwischen der Wettbewerbsfähigkeit des *Unternehmens und des Standorts*. Im eingangs zitierten Zeitungsinterview verdeutlichte Alex Krauer zehn Tage nach der Bekanntgabe der Novartis-Fusion als designierter Verwaltungsratspräsident des neuen Konzerns diese Interessenangleichung zwischen dem gemeinsamen Standort und dem gemeinsamen Unternehmen, die, im Kontext der Verallgemeinerung der Standortkonkurrenz, den Widerspruch zwischen Kapital und Arbeit abgelöst habe.

Im Zuge der großen Umstrukturierungen verstanden es die Konzerne, in der Öffentlichkeit ein Bild zu vermitteln, dass der Standort Basel zu den Verlierern gehören werde, wenn sich die Rahmenbedingungen nicht spürbar verbessern sollten. Bemerkenswert ist, dass die Gewerkschaften dieser Argumentation nie ernsthaft begegneten. Im Gegenteil, sie unterwarfen sich den allgemeinen Befürchtungen.

Die Bekanntgabe der Fusion von Ciba-Geigy und Sandoz am 7. März 1996 verlieh der Standortangst zusätzliche Nahrung. An diesem Tag gaben die Konzernleitungen bekannt, dass Novartis weltweit rund 10000 Arbeitsplätze abbauen werde, 3500 davon in der Schweiz, also vor allem in der Region Basel. Dazu werde ein massiver Stellenabbau von Konzernteilen kommen, die ausgegliedert werden. Ein, vielleicht zwei Dutzend Konzernmanager haben einen Entscheid getroffen, der die Stadt und die Region weitreichender beeinflusst als die meisten Entscheide der demokratisch gewählten, lokalen und nationalen Parlamente und Regierungen der letzten Jahre. Das Damoklesschwert der gigantischen Umstrukturierungen in der chemisch-pharmazeutischen Industrie und des Stellenabbaus hing fortan noch stärker über jeder sozial- und wirtschaftspolitischen Diskussion.

Der Diskurs um die Standortkonkurrenz führt uns direkt zur Frage der globalen Zwänge für die Konzerne und die Region. Politisch relevant und bei vielen Auseinandersetzungen im Vordergrund steht letztlich die Frage, welche Bedeutung die Region Basel angesichts der veränderten weltwirtschaftlichen Bedingungen für die Konzerne hat.

Dieses erste Kapitel stellt die regionalen ökonomischen und gesellschaftlichen Rahmenbedingungen in der Region Basel vor, die einem zunehmenden Veränderungsdruck ausgesetzt sind. Entscheidend hierfür sind die strategischen Neuorientierungen der Konzerne der chemischen und pharmazeutischen Industrie, die sich angesichts der verschärften und globalisierten Wettbewerbsbedingungen neu ausrichten. Die Restrukturierungen der Konzerne gehen mit einem Strukturwandel der Region einher. Die Darstellung der räumlichen Struktur der chemischen und pharmazeutischen Industrie in der Region Basel und die wachsende Bedeutung der Biotechnologie untermauern diesen Sachverhalt. Neben der ökonomischen ist auch die soziale Einbettung der Konzerne in der Region zu beachten. Gerade dieser Aspekt deutet darauf hin, dass trotz der globalen ökonomischen Veränderungen regionale Gegebenheiten weiterhin eine wesentliche Rolle spielen. Angesichts der enormen Konzentration von Produktions-, Entwicklungs-, Forschungs- und vor allem Hauptsitzfunktionen der Konzerne in der Region Basel, kann Basel als globaler Knoten der pharmazeutischen Industrie bezeichnet werden.

Das Kapitel endet mit einem Hinweis auf die Debatten zur regionalen Entwicklung. Bedeutet der industrielle Strukturwandel, dass sich die Region von einer Industrie- zu einer flexiblen High Tech-Region entwickelt? Es stellt die Restrukturierungen der chemischen und pharmazeutischen Industrie in einer regionalen Perspektive dar und führt induktiv zu den Forschungsfragen für den weiteren Untersuchungsprozess. Dieser regionale Einstieg folgt auch der Einschätzung, dass die Bedingungen an der Heimbasis eine wesentliche Rolle die Internationalisierungsstrategien und –pfade großer Konzerne spielen (vgl. u.a. Ruigrok und van Tulder 1995; Chesnais 1997).

1.2 Charakteristika der Schweizer Ökonomie

1.2.1 Internationalisiert und spezialisiert

Zur Kennzeichnung der lokalen und regionalen Bedingungen in der Region Basel ist es nützlich, zuvor auf einige ökonomische und politische Charakteristika der Schweiz hinzuweisen. Die Schweiz gehört zu den Ländern mit dem weltweit höchsten Volkseinkommen pro Kopf. Der Export von Maschinen, Apparaten,

Elektronikgeräten, chemischen und pharmazeutischen Erzeugnissen, Uhren und selbstverständlich Dienstleistungen sind die zentralen Pfeiler der Ökonomie. Neben chemischen und pharmazeutischen Erzeugnissen hat die Schweizer Industrie in Bereichen wie Werkzeugmaschinen, Textilmaschinen, Verpackungsmaschinen, Uhren, Finanzdienstleistungen, private Vermögensverwaltung, Banken und Versicherungen führende Positionen inne (Enright und Weder 1995: 3ff). Die Exportquote, also der Anteil der Ausfuhren von Gütern und Dienstleistungen am Bruttoinlandprodukt, betrug 1998 40%. Damit wird die Schweiz hinsichtlich des Grades der Außenverflechtung ihrer Wirtschaft lediglich von einigen wenigen anderen Kleinstaaten, wie Holland und Belgien, übertroffen (seco 1999).

Mit einem Ausfuhrwert von 33,991 Mrd. Franken erzielte die chemisch-pharmazeutische Industrie im Jahr 1999 rund 28,1% der Gesamtausfuhren (29,7% ohne Handel mit Edelmetallen und Edelsteinen) der Schweiz. 1980 betrug dieser Anteil noch 19% und 1990 21%. Die Exporte sind zu drei Viertel Lieferungen an die Tochtergesellschaften, davon ein Drittel Zwischenprodukte (SGCI 2000: 43; EZV 2000). Die in Basel ansässigen multinationalen Konzerne Novartis, F. Hoffmann-La Roche, Ciba SC und Clariant tätigen den Großteil der Chemieexporte. Die Schweizer Chemiefirmen konzentrieren sich weitgehend auf hochwertige, forschungsintensive Spezialitäten in den Bereichen Pharmazeutika, Aromen und Geruchsstoffe, Agrochemikalien und Farbstoffe.[3] An erster Stelle stehen die Pharmazeutika, deren Exporte beliefen sich 1999 auf rund 21,1 Milliarden CHF (62% der Chemieexporte oder 17% des gesamten Exportvolumens der Schweiz). Die Schweiz erzielte 1998 einen Exportüberschuss für pharmazeutische Produkte von 10,9 Milliarden CHF und steht damit weltweit vor Deutschland (6,6 Mrd.) und Großbritannien (5,4 Mrd.) an der Spitze. Die Pharmaexporte gingen 1999 zu 16,2% nach Deutschland, 10,5% nach Italien, 10,1% nach Frankreich, 5,2% nach Großbritannien, 18,0% in die übrige EU, 6,3% ins übrige Europa, 10,5% in die USA, 5,8% nach Japan und 17,4 in die restlichen Länder (EZV 2000; Pharma Information 2000: 15ff). Diese Zahlen umfassen fertige Pharmazeutika und Wirksubstanzen, die in den galenischen Produktionsstätten der Tochterfirmen zu verkaufsfertigen Arzneimitteln verarbeitet werden. Aufgrund ihrer überdurchschnittlichen Exportsteigerungen war die Pharmaindustrie für über ein Drittel des Exportwachstums der schweizerischen Wirtschaft in den neunziger Jahre verantwortlich. Binnen zehn Jahren hat sich der Ausfuhrwert pharmazeutischer Produkte nahezu verdreifacht (Brodmann und Lenggenhager 1999).

Die Schweizer Wirtschaft ist mit einer hochqualifizierten Erwerbsbevölkerung, Kapitalreichtum und einer geringen Rohstoffbasis ausgestattet. Die Produkte der Exportwirtschaft basieren auf einer Kombination von Forschung und hochentwickelter Fertigungstechnik. Der kleine Binnenmarkt und hohe Löhne verbieten Massenproduktion, sofern sie nicht sehr kapitalintensiv ist, und zwingen zur Herstellung von Kleinserien und zur kundenspezifischen Einzelfertigung. Die Exportindustrie zeigte bisher eine bemerkenswerte Fähigkeit, sich flexibel auf Marktni-

---

[3] Von den gesamten Chemieexporten im Wert von CHF 34 Milliarden im Jahr 1999 gingen 67% nach Europa, davon 61% in die EU, 11% nach Nordamerika, 6% nach Lateinamerika, 13% nach Asien und knapp 3% nach Afrika, Ozeanien und Australien. Aus der EU stammten Produkte im Wert von 15,4 Milliarden CHF, das waren 80% der chemisch-pharmazeutischen Importe, vor allem Rohstoffe und Zwischenprodukte (SGCI 2000: 40–43).

schen und veränderte Gegebenheiten anzupassen. Diese Konstellation verschafft
kleinen und mittelgroßen Unternehmen gute Exportchancen (Bernegger 1988: 14).

Die Spezialisierung und Konkurrenzfähigkeit der Schweizer Wirtschaft ist eng
verknüpft mit ihrer Forschungsintensität. Die Schweiz nimmt in Bezug auf die
gesamten Forschungsausgaben in Prozent des BIP und der Patentanmeldungen pro
Kopf Spitzenstellungen ein. Die Internationalisierung schreitet aber auch hier
voran. Denn mittlerweile übersteigt der Anteil von schweizerischen Firmen im
Ausland getätigten Forschungsausgaben diejenigen im Inland (de Pury, Hauser
und Schmid 1995: 24).

Die Ursprünge dieser Erfolgsgeschichte reichen ins letzte Jahrhundert zurück,
als sich die schweizerische Industrie bereits auf hochwertige und arbeitsintensive
Produktions- und Konsumgüter für den Export spezialisierte. Ein dichtes Netz von
Vertretern und Handelsniederlassungen im europäischen Ausland und in Übersee
garantierte den Vertrieb der Produkte (Stucki 1981). Das Spiegelbild der Spezialisierung auf wertschöpfungsintensive Produkte war die frühzeitige Internationalisierung der Produktion. Einige Konzerne, vor allem in der Maschinenindustrie,
hatten schon in den zwanziger Jahren die Mehrheit ihrer Beschäftigten und ihres
fixen Kapitals im Ausland. Zugleich verzeichnete auch die Produktion in der
Schweiz sehr hohe Exportquoten. Während des Nachkriegsbooms setzte die
schweizerische Industrie diese Strategie fort. Seit den siebziger Jahren befindet sie
sich in einem verstärkten Internationalisierungsprozess. Sowohl die Außenhan-
delsquoten als auch die Direktinvestitionen im Ausland stiegen stark an. In den
achtziger Jahren ist die Schweiz zum fünftgrößten Auslandinvestor der Welt auf-
gerückt (Halbherr, Harabi und Bachem 1988: 65). Borner und Wehrli (1984: 133)
stellten fest, dass die 15 größten Schweizer Multis 1980 in der Schweiz nur noch
ein Viertel ihrer Lohnabhängigen beschäftigten, ein Drittel des Investitionsbestan-
des hatten, ein Viertel ihrer Produktion abwickelten, aber immer noch 62% ihrer
Forschung tätigten. Ende der achtziger Jahre war die Schweiz drittgrößter Eigentümer von Nettoauslandsvermögen hinter Japan und dem Vereinigten Königreich,
aber vor allen EG-Staaten und den USA (Bürgenmeier 1992: 104).

Die schweizerischen Unternehmen beschäftigten Ende 1998 1,612 Mio. Personen im Ausland. Rund drei Fünftel des Personalbestandes entfielen auf den Indu-
striesektor. Nach Ländern gegliedert lagen Deutschland mit 16,6% und die USA
mit 15,0% an der Spitze. Die Kapitalexporte für Direktinvestitionen betrugen 1998
24,1 Mrd. Franken. Der Kapitalbestand (Buchwerte) der Direktinvestitionen belief
sich mittlerweile auf 250 Mrd. Franken. Die weitaus größten Kapitale flossen in
den neunziger Jahren in die USA zum Erwerb neuer und zur Aufstockung bisheri-
ger Beteiligungen. Der Anteil des Kapitalbestandes in den USA schwankte in den
neunziger Jahren zwischen 22% und 25 %. Vor allem die chemische Industrie
investierte kräftig in den USA und konnte damit ihre Stellung auf dem amerikanischen Markt ausbauen. 1993, nur fünf Jahre früher, lag der Kapitalbestand
schweizerischer Unternehmungen im Ausland noch bei 135,5 Mrd. Franken. Während die ausländischen Kapitalimporte in der Schweiz zwischen 1990 und 93 stark
abgenommen hatten, stiegen sie 1994 auf 4,5 Mrd. Franken an, sanken danach
erneut und stiegen 1998 auf 10,8 Mrd. Franken an. Knapp die Hälfte der Kapital-
zuflüsse stammte aus Nordamerika und 40% aus der EU. Die Mehrheit floss in
den Dienstleistungssektor (SNB 1995; SNB 1999).

1.2.2 Arbeitsfriede und Konkordanz

Die flexible, marktgesteuerte Anpassung im Exportsektor verbindet die Schweiz mit einem korporatistischen politischen System. Sie kennt nur eine äußerst passive, staatliche Struktur-, Industrie- und Technologiepolitik. Allerdings können exportfördernde Maßnahmen wie Handelsverträge und die Exportrisikoversicherung dem Exportsektor kräftig unter die Arme greifen. Die Anpassungsfähigkeit basiert letztlich auf einem hohen gesellschaftlichen Konsens und politischer Stabilität. Wirtschaftswachstum und Stabilität sind Leitbilder, die alle wichtigen Interessengruppen und politischen Formationen seit Jahrzehnten teilen und konsequent verfolgen. Eine wesentliche Voraussetzung für diesen Konsens stellt die seit den dreißiger Jahren kontinuierlich gefestigte Integration der Gewerkschaften in das politische System dar.

Das 1937 in der Metall- und Uhrenindustrie zwischen den Gewerkschaften und den Unternehmerverbänden abgeschlossene Friedensabkommen markierte den Beginn des institutionalisierten Arbeitsfriedens mit einer absoluten Friedenspflicht während der Vertragsdauer. Dieses System wurde nach dem Zweiten Weltkrieg kontinuierlich erweitert. Die gewerkschaftliche Lohnpolitik zeichnet sich seither dadurch aus, dass die Tariflöhne dezentral ausgehandelt wurden und sich am Geschäftsgang der Branche und des einzelnen Betriebs orientieren. Das innerbetriebliche Lohngefüge wurde somit nie festgeschrieben und zementiert (Katzenstein 1984; 1985; Bernegger 1988: 15).

Der Arbeitsfriede zwischen Unternehmerverbänden und Gewerkschaften grenzte allerdings die zahlreichen Arbeitsmigranten aus. Der Anteil der Nicht-Schweizer an der Gesamtbevölkerung stieg zwischen 1950 und 1970 von 9% auf 21% an (BFS 2000). Während einer ganzen Periode in den fünfziger und sechziger Jahren kombinierte die Wirtschaft die Exportausrichtung mit einem extensiven Wachstumsmodell, das sich auf die Verfügbarkeit von billigen, ausländischen Arbeitskräften stützte (Autorenkollektiv 1976).

Die Krise Mitte der siebziger Jahre legte die Grenzen des bisherigen Entwicklungsmodells offen. 1975 sank das Bruttoinlandprodukt real um 7,4% (BFS 1979). In den Jahren 1975/76 wurden rund 400000 Stellen abgebaut (rund 12%). Die Erwerbslosigkeit wurde durch die Reduzierung der Ausländerzahl um mehr als 200000 (Saisonniers und keine Verlängerung der Jahresaufenthaltsbewilligungen) exportiert (Projer 1993). Das BIP ist seither durchschnittlich wesentlich geringer angestiegen als in der Periode zwischen dem Zweiten Weltkrieg und 1970.

In den achtziger Jahren begannen die schweizerischen Unternehmen verstärkt an der Reorganisation des internationalen Kapitals teilzunehmen. Gleichzeitig schritt die Internationalisierung des schweizerischen Kapitalismus voran. Parallel dazu wurden zahlreiche Strukturanpassungen vorgenommen. Später als in den USA und in GB hat Anfang der neunziger Jahre die neokonservative Offensive in der Schweiz voll durchgeschlagen. Unter dem Stichwort der Revitalisierung der Schweizer Wirtschaft stellen die Eliten seit Anfang der neunziger Jahre viele soziale Errungenschaften in Frage. Was sich seit Anfang der achtziger Jahre in ideologischen Kampagnen ausdrückte, wird nun konkret durchgesetzt. In einer ganzen Serie von programmatischen Schriften, unterstützt vom Mainstream der akademischen Ökonomen, hat das Schweizer Bürgertum diese Politik begründet und erklärt (u.a. Borner et al. 1991; Leutwiler, Baltensberger und Schmidheiny 1991; Moser 1991; SHIV 1991; de Pury, Hauser und Schmid 1995).

Erstaunlicherweise blieben die vertraglichen Beziehungen - die Sozialpartnerschaft - und die politische Konkordanz bis in die neunziger Jahre stabil. Im Zuge der neokonservativen Offensive ist der Arbeitsfriede in jüngerer Zeit allerdings brüchiger geworden. Der 'Friede' wurde bezeichnenderweise nicht von den Gewerkschaften, sondern von den Unternehmern gekündigt. Gewerkschaftskader, die sich immer noch nach dem Geiste der Sozialpartnerschaft und der nationalstaatlichen, keynesianischen Verteilung des Wirtschaftskuchens verhalten, finden sich schwer in der veränderten Situation zurecht.

1.3 Die wirtschaftliche Struktur der Region Basel

1.3.1 Die Bedeutung der chemischen und pharmazeutischen Industrie in der Nordwestschweiz

Die chemische und pharmazeutische Industrie dominiert die Ökonomie der Region Basel seit dem Zweiten Weltkrieg. Sie war die ökonomische Grundlage der langen Aufschwungperiode vom Zweiten Weltkrieg bis Mitte der siebziger Jahre. Sie war Garantin des Reichtums und der politischen und sozialen Stabilität der Region. Der industrielle Sektor ist in der Region Basel nach wie vor bedeutender als im schweizerischen Durchschnitt. Das zeigt sich sowohl bei der Verteilung der Arbeitsplätze wie auch der Wertschöpfung. Angesichts der massiv überdurchschnittlichen Arbeitsproduktivität sticht die Dominanz der chemisch-pharmazeutischen Industrie bei der Verteilung der regionalen Wertschöpfung noch stärker als bei den Arbeitsplätzen hervor.

Der Kanton Basel-Stadt weist das höchste Bruttoinlandprodukt pro Arbeitsplatz und pro Einwohner in der Schweiz auf. Diese Spitzenposition verdankt Basel dem hohen Branchenanteil der chemischen Industrie aber auch dem Bankensektor und der Branche 'Verkehr und Kommunikation'. Das Bruttoinlandprodukt pro Arbeitsplatz der Basler Chemie ist auch wesentlich höher als jenes der Chemie in anderen Regionen der Schweiz, weil die Basler Chemie sehr viel mehr hochwertige Spezialitäten entwickelt und herstellt als anderswo im Land. Auch der Bankensektor ist im Kanton Basel-Stadt wertschöpfungsintensiver als in der Schweiz insgesamt (BAK 1995a: 13; BAK 1998).

Der Anteil der Industrie an der Wertschöpfung in der Region blieb in den letzten beiden Jahrzehnten stabil. Er schwankte zwischen 1980 und 1998 bei rund 33% bis 35% und stieg in den letzten Jahren sogar leicht an. Der Wertschöpfungsanteil der Dienstleistungen stieg von 23% auf knapp 29%. Trotz geringerer Arbeitsplatzzahlen und Betriebsschließungen kann von einer Tendenz zur Deindustrialisierung also keine Rede sein. Dies ist das Ergebnis der Stärke der chemisch-pharmazeutischen Industrie, die ihren Anteil an der Wertschöpfung in der Region zwischen 1991 und 1998 von 19,6% auf 23,1% steigerte, während sie ihren Beschäftigungsanteil von 13,1% auf 11,1% reduzierte, nachdem dieser in den achtziger Jahren recht stabil geblieben war (Füeg 2000: 41f). Die wirtschaftliche Bedeu-

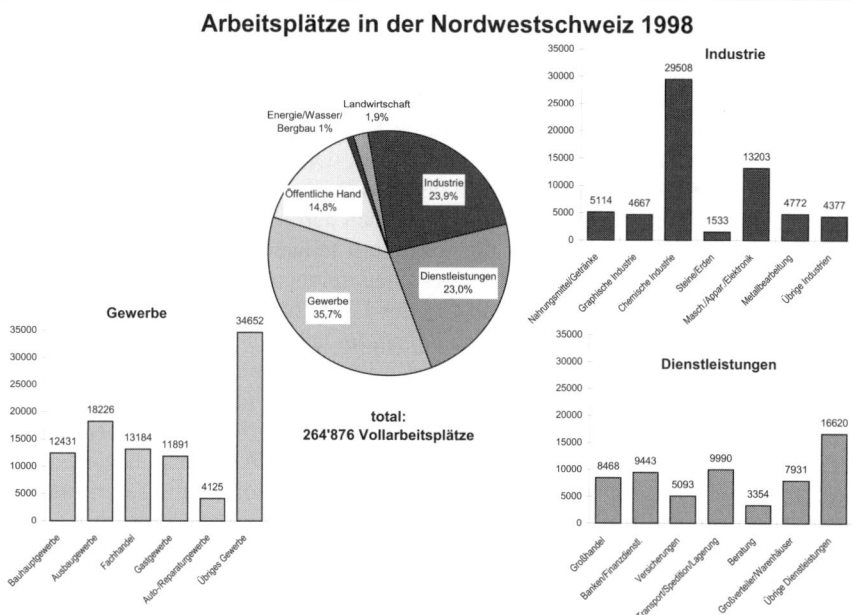

Abb. 1.1. Verteilung der Arbeitsplätze
Quelle: zusammengestellt nach Füeg (2000: 41)

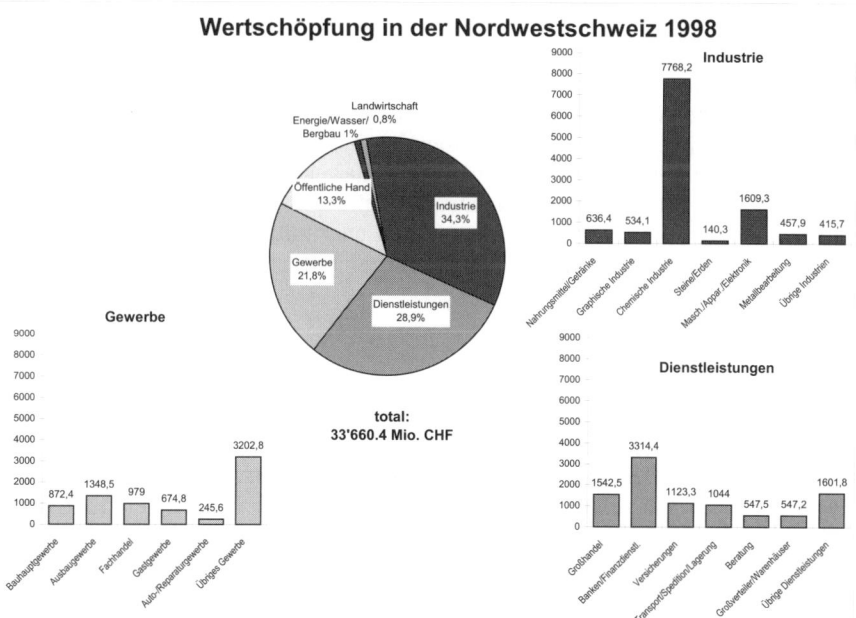

Abb. 1.2. Verteilung der Wertschöpfung
Quelle: zusammengestellt nach Füeg (2000: 42)

tung dieser Branche hat sich für die Region also zusätzlich erhöht, was aufgrund der enormen Produktivitätssteigerungen aber mit einem Beschäftigungsrückgang einher ging. Auch für andere Sektoren, nicht zuletzt für das Gewerbe, spielt die 'Chemie' eine besondere Rolle. Gemäß der Studie *Chemie & Gewerbe* tätigte das regionale Gewerbe in der Nordwestschweiz Ende der achtziger Jahre rund 18% seines Gesamtumsatzes aufgrund der Aktivitäten der chemischen Industrie. In der Stadt Basel war dieser Anteil noch höher. Verantwortlich hierfür waren direkte Aufträge der chemischen Industrie, die Ausgaben der in der Chemie Beschäftigten sowie die Nachfrage von Firmen, die wiederum teilweise von der Chemie leben und über öffentliche Aufträge, die über Steuereinnahmen bei der chemischen Industrie finanziert werden (Füeg und Grieder 1990: 24ff).

Auf der Grundlage der *Regio Wirtschaftstudie* läßt sich nur über die Entwicklung in der Nordwestschweiz ein detailliertes Bild ermitteln. Um zumindest einen groben Vergleich über die Bedeutung der Chemie mit den Nachbargebieten in Südbaden und Haut-Rhin zu gewährleisten, sei an dieser Stelle auf einen Bericht der BAK Konjunkturforschung Basel AG hingewiesen. Allerdings beziehen sich die Zahlen auf die gesamte Region Oberrhein, die im Norden bis Emmendingen und Ribeauvillé reicht. Die Vergleichsregionen Haut-Rhin und Südbaden schließen die Städte Mulhouse und Colmar respektive Freiburg ein und sind um einiges größer als die Nordwestschweiz.

Im Jahr 1997 wurden von der gesamten realen Wertschöpfung der Chemieindustrie in der Regio gut drei Viertel im Schweizer Teil erzielt. Der Rest verteilte sich gleichgewichtig auf Haut-Rhin und Südbaden. Von den knapp 54000 Beschäftigten arbeiteten rund zwei Drittel im schweizerischen Teil der Regio, 22% in Südbaden und 12% in Haut-Rhin. Die reale Produktivität, als die Wertschöpfung pro Beschäftigten, war in der Nordwestschweiz am höchsten und hinkt in Südbaden den anderen Teilregionen hinterher. Während in der Nordwestschweiz rund ein Viertel der gesamten nominalen Wertschöpfung direkt in der chemischen und pharmazeutischen Industrie erwirtschaftet wird, betrug dieser Anteil in Haut-Rhin und Südbaden jeweils nur 4%. Die ungleich höhere Arbeitsproduktivität in der Nordwestschweiz liegt im hohen Anteil des Pharmasektors und rationeller, großindustrieller Strukturen begründet. Demgegenüber ist die Branche in Südbaden immer noch von einem beträchtlichen Anteil eher mittelgroßer Produzenten von Grundstoff- und Industriechemikalien gekennzeichnet (BAK 1997: 13ff).

Produktivitätssteigerungen

Zunächst in der Industrie und danach zunehmend in den Dienstleistungen haben die Unternehmen ihre Produktivität dank vermehrtem Kapitaleinsatz, dem Abbau von Lagern und dem Reengineering aller wesentlichen betrieblichen Prozesse massiv gesteigert. Damit stieg die pro Arbeitsplatz erwirtschaftete Wertschöpfung im vergangenen Jahrzehnt erheblich an (Füeg 1997: 8). Mit den Produktivitätssteigerungen ging zugleich eine Intensivierung der Arbeit der Beschäftigten einher. Der Vergleich der Entwicklung der Vollarbeitsplätze und der Netto-Wertschöpfung unterstreicht die enorme Steigerung der Arbeitsproduktiviät vor allem in den neunziger Jahren. Im Jahr 1998 erarbeiteten 8,3% weniger Arbeitskräfte nominal rund 25,9% und teuerungsbereinigt 7,5% mehr Wertschöpfung. Das entspricht einer Zunahme der gesamtwirtschaftlichen Arbeitsproduktivität um rund 16%. In der chemischen Industrie stieg die Arbeitsproduktivität im gleichen Zeitraum gar um knapp 52%. 25,4% weniger Beschäftigte erzielten eine um über 44,6% gesteigerte Wertschöpfung (die Teuerung betrug zwischen 1990 und 1998 insgesamt 18,45%).[4] Alleine im Jahr 1998 erzielte die regionale chemische Industrie einen Wertschöpfungszuwachs von 5,8% und pro Mitarbeiter gar um 6,9% (Füeg 2000: 16).

Nach einem deutlichen Rückgang der Investitionstätigkeit Anfang der neunziger Jahre nahmen die Bauinvestitionen der Großchemie aufgrund einiger Großprojekte im Jahr 1996 wieder deutlich zu (+17,1%). Die Ausrüstungsinvestitionen stiegen gar um 18% an. Diese Tendenz hielt zwischen 1997 und 99 an (Füeg 1997: 61; 1999: 7; 2000: 6). Da die stark gesteigerte Produktivität nicht mit kürzerer Arbeitszeit oder höheren Reallöhnen entgolten wurde, vollzog sich eine Umverteilung des gesellschaftlich erarbeiteten Reichtums von den Lohnabhängigen zu den Kapitaleignern. Die Regio Wirtschaftsstudie stellte mehrfach fest, dass seit 1991 ein ständig größerer Teil der Wertschöpfung zu den Kapitalgebern und den von den Unternehmen einbehaltenen Gewinnen floss (Füeg 1996: 3; 1997: 3; 1999: 9; 2000: 8). Da die Lohnabhängigen mehrfach auch keinen Teuerungsausgleich erhielten, erlitten sie zudem einen Reallohnabbau.

Durch die Senkung der Arbeitskosten im Verhältnis zur erarbeiteten Wertschöpfung und die Steigerung der betrieblichen Arbeitsproduktivität gewannen die Unternehmen in der Region deutlich an Wettbewerbskraft. Seit Anfang der neunziger Jahre haben sich die Standortbedingungen in der Schweiz und in der Nordwestschweiz kontinuierlich verbessert (Füeg 1995b: 11; 1999: 10).

Zunehmende Internationalisierung der regionalen Ökonomie

Die Nordwestschweiz ist stark auf den Export von Gütern und Dienstleistungen ausgerichtet. Nach einer Stagnation im Jahr 1996 stiegen die Exporte 1997 um 12,8% an und verzeichneten damit das größte Wachstum seit mehr als zehn Jahren. Aufgrund der spezifischen industriellen Struktur übertraf seit Mitte der achtziger Jahre das Wirtschaftswachstum in der Nordwestschweiz jenes in der übrigen Schweiz (Füeg 1999: 3).

Die Quote der Exportwertschöpfung, also jener Teil der Wertschöpfung, der über den Export[5] erzielt wird, hat sich innerhalb von knapp zwanzig Jahren von 35% im Jahr 1980 auf über 45% im Jahr 1997 erhöht. In der Industrie werden rund drei Viertel der Wertschöpfung durch den Export ins Ausland erzielt, wobei die EU mit einem Anteil von weit über einem Drittel mit Abstand der wichtigste Markt ist. Zugleich hat die Bedeutung Nordamerikas und Asiens in den letzten Jahren stark zugenommen, während die übrige Schweiz an Bedeutung eingebüßt hat. Damit unterscheidet sich die außenwirtschaftliche Verflechtung der Region etwas von der gesamten Schweiz, für die die EU eine größere Bedeutung einnimmt, Nordamerika und Asien dagegen weniger wichtig sind.

---

[4] Berechnet nach Zahlen von Füeg (2000) und des BFS (1999).
[5] Die Regio Wirtschaftsstudie bezeichnet die Wertschöpfung, welche aus Verkäufen in die übrige Schweiz oder ins Ausland resultiert, als Exportwertschöpfung (Füeg 1998: 19; Füeg 1999: 20).

Tab. 1.1. Geographische Verteilung der Umsätze in den Industrie- und Dienstleistungsbranchen sowie aller Sektoren 1985, 1995, 1996 und 1997 in Prozent

Markt	Total				Industrie				Dienstleistungen			
	1985	1995	1996	1997	1985	1995	1996	1997	1985	1995	1996	1997
Nordwestschweiz	45.3	45.5	47.0	47.0	12.0	12.1	8.9	9.4	38.0	41.9	41.9	40.1
Übrige Schweiz	33.5	27.9	23.9	26.6	20.4	15.5	14.9	17.0	56.6	49.6	45.5	50.5
EU	10.1	14.2	16.0	13.7	28.9	36.7	38.2	34.3	4.4	5.9	9.2	7.9
Übriges Europa	2.9	2.5	2.4	1.4	10.3	5.3	4.6	3.9	0.1	1.9	2.5	0.4
NAFTA	2.0	2.9	3.3	4.2	6.8	9.0	10.1	13.3	.04	0.2	0.4	0.5
Asien	3.3	4.1	4.3	4.4	11.6	12.5	13.4	14.2	0.3	0.3	0.4	0.1
Übrige	2.9	2.9	3.1	2.7	10.0	8.9	9.9	7.9	0.2	0.2	0.1	0.5
Total	100.0	100.0	100.0	100.0	100.0	100.0	100.0	100.0	100.0	100.0	100.0	100.0

Quelle: zusammengestellt nach Füeg (1997: 20; 1998: 19; 1999: 20).

Die nahezu vollständig auf den Export (98,8% Exportquote) ausgerichtete chemisch-pharmazeutische Industrie zeichnet für rund die Hälfte der Exportwertschöpfung der Region verantwortlich (die Anteile schwanken seit Ende der siebziger Jahre zwischen 49% und 52%) (Füeg 1996: 33; 1999: 20f, 99; 2000: 38). Chemikalien und Pharmazeutika waren 1998 für 19,595 Milliarden CHF oder 81,4% (mit steigender Tendenz) aller Güterexporte aus der Nordwestschweiz verantwortlich (BAK 1999: 39).

Die gute Performance der Exporte und die markante Steigerung der Arbeitsproduktivität deuten darauf hin, dass die Unternehmen in den wichtigen Exportsektoren nichts von ihrer Konkurrenzfähigkeit eingebüßt haben. Augenfällig sind die stark angestiegenen Exporte in die sogenannten neuen Wachstumsmärkte in Fernost. Zahlreiche Firmen der Nordwestschweiz ließen sich in den neunziger Jahren selbst im Europäischen Binnenmarkt nieder. Damit können sie allfällige Zutrittserschwerungen zum EU-Binnenmarkt nach einer Ablehnung des Beitritts zum EWR in einer Volksabstimmung vom Dezember 1992 umgehen.

Beschäftigungsrückgang und Outsourcing

Die Region Nordwestschweiz erreichte 1991 den Rekord von rund 290500 Vollarbeitsplätzen. In den Folgejahren reduzierte sich der Bestand um rund 26000 auf 264900 Vollarbeitsplätze in den Jahren1997/98. Alleine die chemische Industrie baute von 1990 bis 1998 über 10000 Vollarbeitsplätze ab, von einem Bestand von 39600 auf 29500. Eine bedeutsame Reduktion von Arbeitsplätzen gab es auch im Versicherungsbereich. Allerdings beschäftigte die chemische Industrie bis 1994 immer noch ähnlich viele Menschen wie Mitte der achtziger Jahre. Zwischen 1985 und 1990 hatte sie im Einklang mit der Wirtschaftsentwicklung mehr als 5500 neue Arbeitsplätze geschaffen (Füeg 2000). Anfang der neunziger Jahre setzte dann die radikale Trendwende ein. Die im Zuge der verschiedenen Firmenübernahmen und Fusionen vollzogenen Rationalisierungsmaßnahmen betrafen keineswegs nur Produktion oder Logistik, sondern auch Forschung und Entwicklung und vor allem den administrativen Bereich (Füeg 1996: 54). Besonders markant war der Abbau in den Jahren 1992 bis 95 mit einer jährlichen Reduktion der

Vollarbeitsplätze von rund 4,3 bis 4,7% (Füeg 2000: 41). Alle drei Konzerne betrieben seit Anfang der neunziger Jahre wiederholt umfassende Restrukturierungen. Roche führte 1994 und 1995 ein hartes Rationalisierungsprogramm im Zusammenhang mit der 1994 erfolgten Übernahme der US-Firma Syntex durch. Eine zweite Abbauwelle wurde 1996 mit der Fusion von Ciba und Sandoz zu Novartis ausgelöst. Die Fusion führte weltweit zum Abbau von rund 12000 und in der Schweiz von rund 3000 Stellen.

Im engen Stadtgebiet zeigte sich diese Entwicklung noch geballter. Die Anteile der Chemie an den Vollzeitbeschäftigten stieg von 13,4% im Jahr 1955 auf 20% 1975. Nach der Boomphase in den achtziger Jahren arbeiteten im Jahr 1991 rund 24300 Vollzeitbeschäftigte in der Chemie (18%). Bis 1995 sank der Anteil auf 16,6% (19800 Vollzeitbeschäftigte). In den drei folgenden Jahren bis 1998 gingen die Beschäftigten sprunghaft um weitere 25% zurück. Der starke Rückgang von Arbeitsplätzen in der Chemie ist auch Ergebnis umfassender Auslagerungsprozesse. So lagerten die Pharmakonzerne und die Banken einige hundert Informatik-Arbeitsplätze aus, die nunmehr statistisch in der Rubrik Informatik und Dienstleistungen für Unternehmen erfasst werden und insbesondere im Stadtgebiet stark zugenommen haben. Insofern war der wirkliche Arbeitsplatzabbau in der Chemie geringer als der statistisch ausgewiesene (Statistisches Amt BS 1974; 1983; 1999; Füeg 1999: 57). Parallel zum umfassenden Abbau von Arbeitsplätzen in den großen Konzernen verzeichneten die kleinen Chemiefirmen der Region sogar positive Beschäftigungswirkungen, was ebenfalls teilweise Ergebnis des Outsourcings bei den Großen war (Füeg 1997: 62).

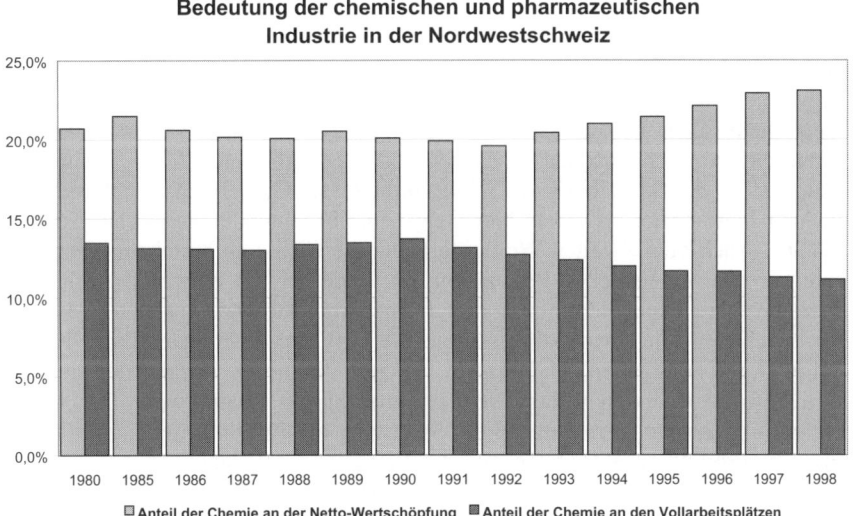

Abb. 1.3. Die Entwicklung des Anteils der chemisch und pharmazeutischen Industrie an der Netto-Wertschöpfung und den Vollarbeitsplätze in der Nordwestschweiz
Quelle: zusammengestellt nach Füeg (2000: 41–42)

Die Erwerbslosenrate stieg zwischen 1990 und Februar 1994 von 0,8% auf 4,7% in der gesamten Nordwestschweiz, in Basel-Stadt gar auf 6,4% an. Geradezu explosionsartig nahm die Erwerbslosigkeit in der gesamten Schweiz in den Jahren 1992 und 1993 zu. Ende 1993 waren 12500 Personen in der Region Nordwestschweiz und 6600 in der Kernstadt Basel offiziell ohne Erwerbsarbeit. In den folgenden beiden Jahren ging die Erwerbslosigkeit in der Region vorübergehend zurück und stieg bis Januar 1997 erneut auf 4,5% - rund 11500 - an (Basel-Stadt im Januar 1997: 5,3% oder 5500). Im Zuge des Aufschwungs erholte sich die Situation auf dem Arbeitsmarkt Ende der neunziger Jahre deutlich. Ende Oktober 1999 betrug die Arbeitslosenquote in der Nordwestschweiz noch 1,75%. Im benachbarten Südbaden und im Oberelsass war und ist die Erwerbslosigkeit zwar deutlich höher als in der Nordwestschweiz, aber jeweils deutlich unter dem jeweiligen nationalen Durchschnitt in Deutschland und Frankreich geblieben (Füeg 1995a: 13; 1996: 8; 1997: 10; 1999: 12; 2000; KIGA 1997; 1998).

1.3.2 Die räumliche Struktur der chemischen und pharmazeutischen Industrie in der Region Basel

Die Unternehmen entstanden zwischen 1859 und 1886 im Stadtgebiet (siehe Kapitel 3). Schon bald expandierten sie rheinaufwärts und rheinabwärts. Bereits 1886 übernahm die Firma Durand & Huguenin (1969 von Sandoz übernommen) pachtweise die Grotesche Fabrik in Hüningen (damals deutsches Gebiet), die sie später kaufte. 1923 errichtete Geigy in Huningue einen Mahl- und Mischbetrieb für Farbstoffe. Nach dem Zweiten Weltkrieg baute Geigy den Standort zu einer wichtigen Produktionsstätte aus. Mitte der sechziger Jahre lokalisierte die Ciba hier eine pharmazeutische Fabrik. F. Hoffmann-La Roche begann im Jahr 1887, nur ein Jahr nach der Firmengründung, in Grenzach zu produzieren. 1901 gründete Geigy eine neue Farbstofffabrik in Grenzach, die im Laufe der Zeit zu einer zentralen chemischen Produktionsstätte ausgebaut wurde. Zur Sicherstellung der Zulieferung von chemischen Zwischenprodukten eröffneten Ciba, Geigy und Sandoz 1917 die Säurefabrik in Schweizerhalle als Gemeinschaftsunternehmen. Zwanzig Jahre später errichtete hier Geigy eine bedeutende chemische Produktionsstätte. Nach dem Zweiten Weltkrieg baute die Ciba eine bestehende Fabrik in Wehr zur pharmazeutischen Produktion um. Ende der fünfziger und Anfang der sechziger Jahre expandierten alle drei Firmen rheinaufwärts ins untere Fricktal und errichteten die Produktionsstätten Stein (Ciba, Pharmazeutika), Kaisten (Geigy, Agrochemikalien) und Sisseln (Roche, Vitamine). Anfang der siebziger Jahre eröffnete Roche in Village Neuf ein großzügiges Vitaminwerk. Der Aufbau von Produktionsstätten im Umland der Stadt ging mit einer schrittweisen Verlagerung von Produktionsaktivitäten aus der Stadt an diese neuen Standorte einher (Jaquet 1923: 81; Geigy 1958: 178; Fehr 1971: 75ff; Polivka 1974: 69; Charlier 1981: 13).

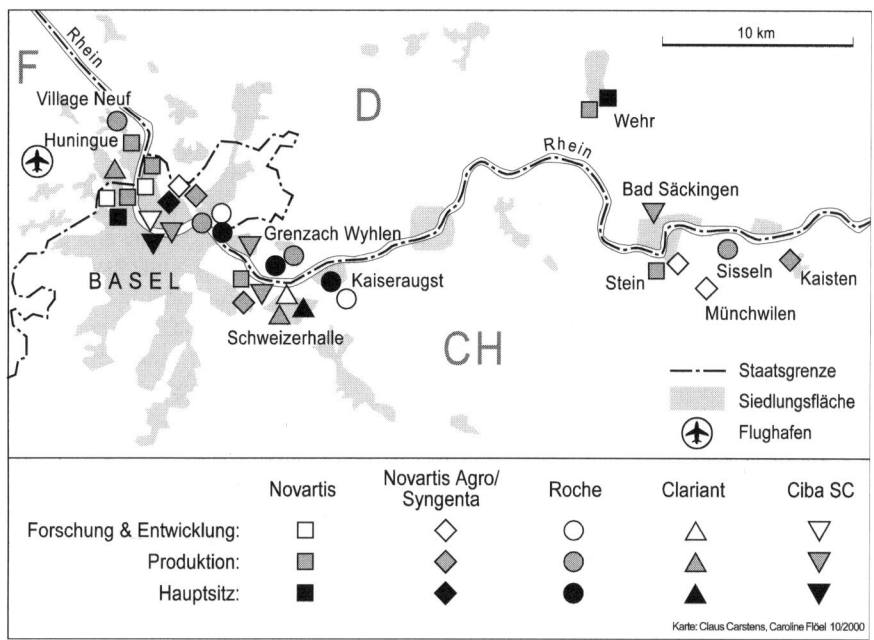

Abb. 1.4. Standorte der Konzerne Novartis, Ciba SC, Clariant (respektive Ciba-Geigy und Sandoz), Hoffmann-La Roche und Lonza in der Region Basel

Neben den Großkonzernen gibt es vor allem in Südbaden auch zahlreiche mittlere Unternehmen sowie bedeutende Niederlassungen französischer und deutscher Konzerne im Departement Haut-Rhin und in Südbaden. Sowohl hinsichtlich Wertschöpfung und Beschäftigung nehmen allerdings Novartis, Roche, Ciba SC und Clariant respektive ihre Vorgängerfirmen die weitaus wichtigste Rolle ein. Das Muster der Standorte zeigt, dass sich die Industrie beiderseits des Rheins und der beiden Landesgrenzen angesiedelt hatte. Erstaunlicherweise verblieben in der Stadt und am unmittelbaren Stadtrand nicht nur Forschungs- und Verwaltungseinrichtungen, sondern bis heute auch äußerst wichtige Produktionsstätten lokalisiert. Die Abb. 1.4 illustriert eine weltweit einzigartige Konzentration der Spezialitätenchemie und pharmazeutischen Industrie mit globalen Hauptsitzen, Forschung und Entwicklung sowie spezialisierten hochwertigen Produktionsstätten.

1.3.3 Basel als globaler Knoten der pharmazeutischen Industrie und Spezialitätenchemie

Geballte Forschungskompetenz

„Basel ist wahrscheinlich weltweit die Stadt mit der größten Konzentration an Pharmaforschung" sagte Thomas Cueni, Generalsekretär der Interpharma (bis 1996 gemeinsames Öffentlichkeitsunternehmen von Ciba-Geigy, Sandoz und Roche, heute von Novartis, Roche und Ares Serono) in einem Interview mit der

HandelsZeitung (Cueni 1994). Auf wenigen Quadratkilometern konzentrieren Novartis und Roche ihre weltweit wichtigsten Forschungs- und Entwicklungszentren. Diese Agglomeration ist Ergebnis einer Akkumulation von Wissen und Technologien, die bis ans Ende des 19. Jahrhunderts zurückreicht. Entscheidende Expansionsschritte wurden, in der von der Hochkonjunktur geprägten Zeit, Ende der sechziger Jahre mit der Gründung dreier Institute für die noch junge molekularbiologische Forschung unternommen.

Das 1972 eröffnete 'Biozentrum' der Universität vereinigte fortan alle Fachrichtungen der jungen Molekularbiologie und konzentrierte sich zunächst weitgehend auf die Grundlagenforschung, vor allem im Bereich der Zellmembranen. Zunehmend wurden auch gentechnische Methoden eingesetzt. Die Gentechnik wurde aber kein Schwerpunkt. Im Biozentrum arbeiten zur Zeit rund 350 Mitarbeiter. Unmittelbar vor ihrer Fusion im Jahr 1970 gründeten Ciba und Geigy das Friedrich Miescher-Institut, das sich ebenfalls der Grundlagenforschung widmete und zugleich den Brückenschlag zur anwendungsorientierten Forschung der Unternehmen erleichterte. Im Jahre 1971 eröffnete Roche die neuen Gebäude für das 1986 gegründete Institut für Immunologie Basel.[6] Diese beiden firmennahen Institute zählen zur Zeit jeweils rund 200 Mitarbeiter. Zusammen mit den Forschungseinrichtungen der Konzerne wurde damit die Grundlage geschaffen, dass vom Standort Basel wichtige Beiträge für die biotechnologische Revolution ausgingen.

Insofern ist es kein Zufall, dass vier Nobelpreise an Forscher vergeben wurden, die Mitarbeiter dieser Institute waren oder sind. Werner Arber, Mitbegründer des Biozentrums, war 1970 an der Entdeckung der Restriktionsenzyme beteiligt. Mit Hilfe der Restriktionsenzyme gelang es Stanley Cohen und Herbert Boyer drei Jahre später in San Francisco und Berkely erstmals DNA-Stränge zu zerschneiden und zu rekombinieren. Georges Köhler und Nils Kaj Jerne, vom Institut für Immunologie, und Cesar Millstein (Cambridge) gelangen Mitte und Ende der siebziger Jahre entscheidende Durchbrüche bei der Herstellung von monoklonalen Antikörpern. Der Japaner Susumu Tonegawa wurde für seine in den Jahren 1975 bis 1981 am Institut für Immunologie ausgeführten Arbeiten über die Struktur und die Kombinationsfähigkeit der Antikörpergene mit dem Nobelpreis ausgezeichnet. Der Biozentrums-Forscher Walter Gehring erhielt den Preis für seine Durchbrüche in der Evolutionsbiologie. Am Friedrich Miescher-Institut wurde erstmals rekombinierter BT-Mais hergestellt.

Quantitativ bedeutend sind die anwendungsorientierten Forschungseinheiten von Novartis und Roche. Novartis Pharma beschäftigt in Basel in der 'Drug Discovery' rund 1400 Personen, davon ein Drittel mit Hochschulbildung. Dazu kommen nochmals ähnlich viele Beschäftigte in der präklinischen Forschung und klinischen Entwicklung. Jährlich gibt Novartis pro Jahr 300 bis 350 Millionen CHF für die 'Drug Discovery' in Basel aus. Die größte Forschungseinheit von Novartis in Basel arbeitet in der Hirn- und Neuroforschung. Das Gebiet der Neu-

---

[6] Am 5. Juni 2000 gab Roche bekannt, diesem renomierten Institut völlig neue Aufgaben zuzuweisen. Im Zuge einer Neuorientierung der gesamten Forschung wird das Institut nun ein Zentrum für medizinische Genomforschung. Als Nahtstelle zwischen den Roche-Divisionen und der akademischen Forschung wird es der globalen Forschung unter der Leitung von Jonathan Knowles angegliedert (Roche MR 2000b).

rowissenschaften weist in Basel überhaupt eine besondere räumliche Ballung auf. Insgesamt erforschen über 400 Wissenschaftlerinnen und Wissenschaftler in den verschiedenen Instituten der Industrie und Universität das Gehirn und das Zentralnervensystem. Roche beschäftigt im Bereich Wirkstoffsuche und Therapieansätze 1200 Personen in Basel. Auch hier sind rund ein Drittel Akademiker (Hicklin 1998a; 1998b; 1998d).

Zu den Forschungszentren der Industrie, den firmennahen Instituten und zum Biozentrum kommen noch andere universitäre Forschungsinstitute im Bereich der Chemie wie das Departement Forschung des Kantonsspital, das Schweizerische Tropeninstitut mit knapp 150 Mitarbeiterinnen und Mitarbeitern und weitere Einrichtungen, die alle zusammen der Stadt Basel eine einzigartige Ballung an biologischem und chemischem Wissen verleihen. In der näheren Umgebung der Stadt befinden sich zudem weitere Forschungseinrichtungen der Konzerne und eine zwar bescheidene, aber wachsende Anzahl forschungsorientierter Unternehmen in den Bereichen Biotechnologie, Chemie und Apparatebau. Betrachten wir die gesamte Regio Oberrhein zwischen Basel und Strasbourg, so bilden die biologischen und chemischen Institute der Universitäten Strasbourg, Mulhouse, Freiburg und Karlsruhe, die Forschungszentren der Industrie und die Forschungstätigkeiten kleinerer und mittlerer Unternehmen einen beträchtlichen Kompetenzpool. Diese räumliche Konzentration von Wissen und Technologien stellt eine enorme Standortqualität dar. Die Studien der BAK zeigen klar auf, dass für die Unternehmen der chemisch-pharmazeutischen Industrie das Angebot hoch qualifizierter Arbeitskräfte die wichtigste Anforderung an den Standort ist (BAK 1995b; BAK 1998: 125ff).

Neben Basel hat sich bei Strasbourg eine weitere Ballung pharmazeutischer Produktions- und Forschungsstätten entwickelt. Hier betreibt Eli Lilly seit 1967 eine Insulinfabrik, Bristol-Myers Squibb ist über das *'institut génétique et de biologie moléculaire'* seit 1994 tätig, Roche errichtete 1989 ein pharmakologisches Institut und die 1995 von Hoechst übernommene Marion Merrell Dow lokalisierte ein Forschungszentum in Strasbourg. Der aus der Fusion von Hoechst Marion Roussel und Rhône Poulenc hervorgegangene Konzern Aventis wählte schließlich Strasbourg zum globalen Konzernsitz. Nicht zuletzt haben sich in Strasbourg auch einige bedeutende Biotechnologiefirmen wie Transgène und Appligène (1994 von der US-Firma Oncor übernommen) niedergelassen (Jehin 1995).

New Jersey als Spiegel?

Die großen urbanen Räume in der Schweiz nehmen spezialisierte Funktionen in der schweizerischen Ökonomie ein (Brugger und Kärcher 1992; Schmid 1996). Während in Zürich der Finanzsektor und in Genf die internationalen Organisationen eine herausragende Bedeutung erlangt haben, dominiert in Basel weiterhin die chemische und pharmazeutische Industrie. Angesichts der weltweit führenden Position der 'Basler Konzerne' erlangt diese Spezialisierung und Differenzierung der Funktion eine globale Bedeutung. Die Städte erlangen durch die Globalisierungsprozesse und ökonomischen Umstrukturierungen zunehmend die Bedeutung von Kontroll- und Koordinationspunkten der neuen Wertschöpfungsketten. Die Arbeiten und Debatten über die 'Global Cities' und 'World Cities' stellen die

Rolle von Metropolen als Kommandozentren der Weltwirtschaft hervor (Sassen 1991: 337:, 1995 #947; Friedmann 1995; Knox 1995).

Zweifellos läßt sich die urbane Region Basel nicht durch das 'Global City' Paradigma kennzeichnen. Wenn wir aber, ausgehend von der zentralen Idee der Herausbildung globaler Kommandofunktionen, das industriespezifische Kommando über die Wertschöpfungsketten in bestimmten Sektoren betrachten, lassen sich bestimmte Städte in ihrer Funktion als globale Knoten und Kommmandozentralen in spezifischen Industriesektoren verstehen. Die Geographie der Hauptsitze und Forschungszentren von multinationalen Unternehmen und ihrer Branchen sollte in ein umfassenderes Verständnis von 'Welt-Städten' integriert werden (vgl. Lyons und Salmon 1995).

Tatsächlich zeichnet sich die chemisch-pharmazeutische Industrie durch eine starke Konzentration in einzelnen Regionen aus. Das liegt u.a. in der überdurchschnittlich hohen Vertretung multinationaler Konzerne und den hohen Forschungs- und Entwicklungsaufwendungen begründet. In dieser Hinsicht können wir Basel als Weltstadt der pharmazeutischen Industrie bezeichnen. Die Region Basel mit den Hauptsitzen sowie zentralen Forschungs- und Produktionsstätten von mittlerweile fünf global tätigen Pharma-, Agro- und Spezialitätenchemiekonzernen, einer enormen Konzentration von Wissen und letztlich Ort des strategischen Kommandos über beträchtliche Marktanteile in diesen Sektoren ist zweifellos ein derartiger Knotenpunkt innerhalb global organisierter Wertschöpfungsketten der pharmazeutischen Industrie sowie der Spezialitäten- und Agrochemie. Im Zuge der Globalisierung der Märkte und der Innovationsprozesse sind die großen Konzerne zunehmend gezwungen, Kader und SpezialistInnen aus Europa und Nordamerika in Basel anzustellen. Dieser Prozess trägt zu einer relativen Kosmopolitisierung von Teilen des Personalbestandes bei. Der zeitweilige Betrieb einer direkten Flugverbindung von Basel nach Newark, NJ / New York durch die Swissair ist ebenfalls Ausdruck der Kommandofunktion und der Verknotung zum wichtigsten Subzentrum der Basler Konzerne. Basel verfügt, gemessen an seiner Größe, über weit überdurchschnittliche Kommandofunktionen.

Tatsächlich steht die Nordwestschweiz weniger mit anderen Regionen der Schweiz, sondern vielmehr mit anderen Standorten der global tätigen Chemie- und Pharmaindustrie im Wettbewerb. Das ist ein Ergebnis einer Studie der BAK Konjunkturforschung AG über die Konkurrenzfähigkeit der Schweizer Kantone und der Nordwestschweiz. Um die wirtschaftliche Spitzenstellung zu behaupten, hätte die Nordwestschweiz *„bei den Standortfaktoren, die für innovative Hochwertschöpfungsbranchen besonders wichtig sind, eine mindestens gleich gute, wenn nicht bessere Qualität aufzuweisen als konkurrierende Regionen mit denselben Branchen innerhalb der Schweiz, in anderen Ländern und anderen Kontinenten"* (BAK 1995b: 49).

Damit sind vor allem die Produktions- und Forschungsstandorte der Basler Chemie in den USA, aber auch in Europa und Japan gemeint. Der als internationaler Benchmark Report konzipierte Nachfolgebericht vergleicht Wettbewerbsfähigkeit einiger wichtiger Standortregionen der 'Basler Chemie' miteinander (BAK 1998). Bedeutsam ist der Vergleich mit New Jersey, wo sowohl die wichtigsten US-Konzerne als auch Novartis und Hoffmann-La Roche strategisch wichtige Einrichtungen lokalisiert haben.

Interessanterweise haben die Kantone Basel-Stadt / Basel-Landschaft und New Jersey ein ähnlich hohes BIP pro Kopf der Bevölkerung und eine ähnliche reale Bruttowertschöpfung pro Arbeitsstunde (Stundenproduktivität) jeweils in USD zu Preisen und Branchenkaufkraftparitätswechselkursen gerechnet. Auch die Wachstumsrate des BIP verlief ähnlich (BAK 1998: 22). Hingegen schnitt die chemisch-pharmazeutische Industrie in der Schweiz dank der erfolgreichen Strukturanpassung in Bezug auf die Produktivitäts- und Outputdynamik 1990–95 besser ab als ihre Konkurrenten in den Vergleichsregionen in den USA und Deutschland. Die reale Bruttowertschöpfung der chemisch-pharmazeutischen Industrie ging in New Jersey zwischen 1990 und 95 sogar zurück, weil die Beschäftigungsabnahme nicht durch größere Produktivitätssteigerungen aufgefangen wurde. Sowohl das Niveau als auch die Entwicklung der realen Stundenproduktivität in den 80er und 90er Jahren waren in Basel höher als in New Jersey. Zudem erhöhte sich in Basel sogar die geleistete Jahresarbeitszeit pro Erwerbstätigen (BAK 1998: 114–120).

Bemerkenswerterweise stiegen die Arbeitskosten pro Stunde in Landeswährung sowohl 1985–90 als auch 1990–95 in der Schweiz weniger stark als in den USA. Bei einer Verrechnung in USD zu laufenden Preisen schneiden hingegen die USA günstiger ab. Die im Kostenwettbewerb relevanten Lohnstückkosten in USD sind demgegenüber in New Jersey und Kalifornien tiefer als in der Schweiz. Aber in den neunziger Jahren war die diesbezügliche Dynamik in der Schweiz wesentlich günstiger als in den USA. Verantwortlich hierfür ist das weitaus stärkere Wachstum der realen Stundenproduktivität in der Schweiz (BAK 1998: 128–130). Die Basler Chemiekonzerne verfügen in New Jersey neben Basel über ihre traditionell wichtigsten Einrichtungen. Die Kapitel 7 und 8 der vorliegenden Arbeit gehen der Frage nach, inwiefern sich die Bedeutung dieser Standorte für Produktion und Forschung verändert hat.

1.4 Industrielle Restrukturierungen als Wegbereiterin regionaler Erneuerung?

1.4.1 Standortwettbewerb und Umbau zur unternehmerischen Stadt

Die Novartis-Fusion und die Übernahme von Boehringer Mannheim durch Roche haben die Standortdebatte massiv zugespitzt. Vielfach werden Restrukturierungen verkürzt als konkrete Konkurrenz zwischen den Beschäftigten unterschiedlicher Standorte wahrgenommen. Dabei stellt sich immer die Frage, wer profitiert, wer verliert oder wer verliert noch mehr: Basel, Summit und East Hannover in New Jersey, Mannheim oder Horsham und Frimley in England?

Obwohl die Frage der Standortattraktivität und der Konkurrenzfähigkeit der Wirtschaft bereits in den achtziger Jahren aufkam, erlangte sie erst Anfang der neunziger Jahre breite Bedeutung. Drei Gründe kamen zusammen: Erstens der weltweite ökonomische Strukturwandel mit seiner Verschärfung der Konkurrenz. Zweitens begannen die Chemiekonzerne 1990 Personal abzubauen und sogar zu entlassen. Im Oktober 1994 im Zuge Syntex-Integration überraschte die Roche mit der Meldung, auch Beschäftigte in der Forschung zu entlassen. Drittens und unmittelbar am spürbarsten sind die Konsequenzen der zähen Rezession 1991-94 wie die enorm schnelle Zunahme der Erwerbslosigkeit zu nennen. Das war neu für die Menschen in der Region und in der Schweiz. In diesem Kontext begann sich Verunsicherung breit zu machen. Die Globalisierung der Märkte verschärfte die Konkurrenz der Standorte und damit auch die Diskussionen um Standortgunst. Nach dem Ende der langen prosperierenden Phase fand das Streben nach Verbesserung der internationalen Konkurrenzfähigkeit der Industrie seinen Niederschlag und seine Parallele im Umbau zur 'unternehmerischen Stadt'. Die Rolle des Staates und des lokalen Staates stehen seit Anfang der neunziger Jahre zur Disposition. Die 1992 und 1996 gewählte sozialdemokratisch-bürgerliche Koalitionsregierung des Kantons Basel-Stadt trieb einen Politikwechsel in Richtung unternehmerische Stadt voran.

Harvey stellte die Wende zum *entrepreneurialism* in den Rahmen des generellen Wandels von einem vom rigiden fordistischen und einem keynesianischen Wohlfahrtsstaat gestützten Produktionssystem zu einer geographisch offeneren und marktbestimmten Form der flexiblen Akkumulation (Harvey 1989b: 12). Die Konkurrenz zwischen Städten umfasst hauptsächlich die vier Dimensionen der Konkurrenz um Produktionspotentiale im Rahmen der internationalen Arbeitsteilung, um wirtschaftliche Kommandofunktionen, um Konsumpotentiale und um staatliche Umverteilungsmittel (Harvey 1989c: 260). An diesem Punkt trifft sich die neokonservative Umbaupolitik in Basel mit dem Wettbewerb der Städte und Regionen. Die unternehmerische Stadt verhält sich zunehmend ähnlich einem Unternehmen sowohl in ihrer inneren Organisation und ihrer Wirtschaftspolitik als auch in ihrem Konkurrenzverhalten gegenüber anderen Städten. Harvey vertritt die These, dass interlokale Konkurrenz für die Dynamik kapitalistischer Konkurrenz ebenso bedeutsam sei wie intersektorale Konkurrenz (Harvey 1989b; 1989c). Die Systematisierung von Stadtmarketing und unterschiedlichste City Rankings sind äußerliche Erscheinungen dieser Konkurrenz. Dahinter verbirgt sich jedoch ein fundamentaler Umbau städtischer Ökonomien und Verwaltungen.

Angesichts der Veränderungen in der chemischen und pharmazeutischen Industrie lautet die Grundfrage, welche Rolle die Region Basel im Rahmen der Konkurrenz um Produktionspotentiale in der in internationalen Arbeitsteilung einnimmt. Letztlich hängt das von weltwirtschaftlichen Prozessen und den Strategien der Konzernleitungen der chemisch-pharmazeutischen Industrie ab und ist außerhalb jeder demokratischen Diskussion. Im Rahmen der Konkurrenz um wirtschaftliche Kommandofunktionen stand die Verlagerung der Hauptsitze der großen Konzerne Ciba-Geigy, Sandoz und Hoffmann-La Roche nie zur Debatte. Im Gegenteil, im Zuge des industriellen Umbaus, der Verselbständigung der Bereiche Spezialitätenchemie und Agrochemie sowie der Fusionen und Firmenübernahmen steigerte sich die Bedeutung Basels als Standort für die Kommandozentralen der global aktiven Konzerne, die alle ihren Ursprung in dieser Stadt haben. Demgegenüber verlor Basel für den Finanzsektor an Bedeutung zugunsten von Zürich. Allerdings ist Basel Sitz der Bank für internationalen Zahlungsausgleich, einer hochrangigen internationalen Verwaltungsinstitution. Zugleich wählte aber kein US-amerikanischer oder europäischer Konzern Basel als Standort für wichtige Kommandofunktionen.

1.4.2 Opposition ohne Alternative

Die Gewerkschaften konnten in der chemischen Industrie erst spät, gegen Ende des Zweiten Weltkrieges, Fuß fassen. Kommunisten hatten bis in die siebziger Jahre hinein einen gewissen Einfluss über die Chemiegewerkschaft. Die Beschäftigten der Chemie wurden während Jahrzehnten von den Lohnabhängigen anderer Sektoren ob ihrer relativen Privilegien und guten Löhne beneidet. Anfang der achtziger Jahre begann sich das Blatt aber langsam zu wenden. 1983 konnte die Gewerkschaft Textil Chemie Papier (GTCP) den in den siebziger Jahren eingeführten, rückwirkenden Teuerungsausgleich nicht mehr verteidigen. Es war die härteste Auseinandersetzung seit dem 2. Weltkrieg. Die Gewerkschaft gab den rückwirkenden Teuerungsausgleich schließlich zugunsten einer einmaligen Lohnerhöhungen auf (GTCP 1986). In den Jahren 1986/87 erreichte die GTCP immerhin eine Arbeitszeitreduktion auf zuerst 41 und dann 40 Stunden bei vollem Lohnausgleich (GTCP 1990). 1993 ging schließlich auch der Teuerungsausgleich selbst verloren. Seither werden Lohnverhandlungen jährlich geführt, was sich angesichts des schlechten Kräfteverhältnisses nachteilig auswirkt.

Am 8. Februar 1996, genau einen Monat vor der Bekanntgabe der Novartis-Fusion, stimmte die Gewerkschaft Bau und Industrie[7] einem vom Verband der Basler Chemischen Industrie (Zusammenschluss von Ciba, Roche und Sandoz) diktierten neuen Gesamtarbeitsvertrag (GAV) zu, der eine weitreichende Verschlechterung ihrer künftigen Verhandlungsposition zur Folge hatte. Der Führung der GBI gelang es zuvor nicht, das Kräfteverhältnis zu verbessern und die Basis zu mobilisieren. Mit dem neuen Vertrag akzeptierte die Gewerkschaft in Zukunft ihren eigenen Ausschluss aus der ersten Verhandlungsrunde, die nur noch zwischen den firmeninternen Betriebskommissionen und dem Management geführt werden.

Die Restrukturierungen im Rahmen der Fusion von Ciba-Geigy und Sandoz brachten einen umfassenden Stellenabbau mit sich, der allerdings weitgehend ohne betriebsbedingte Entlassungen vollzogen wurde. Die Integration von Boehringer Mannheim durch Roche führte vor allem am Diagnostika-Standort Kaiseraugst zu umfangreichen Kürzungen und zu Verlagerungen von Tätigkeiten nach Mannheim und Penzberg in Deutschland. Die Firmen konnten mit großzügigen Abgangsentschädigungen und Frühpensionierungen direkte Entlassungen zumeist vermeiden und die Wirkungen auf den Arbeitsmarkt begrenzen. Die Gewerkschaften, Angestelltenverbände und Betriebskommissionen versuchten die Auswirkungen der Restrukturierungen für das Personal zu begrenzen. Sie haben aber in den vergangenen Jahren bei den Beschäftigten enorm an Glaubwürdigkeit und Einfluß verloren. Die Gewerkschaften waren zu keiner Zeit in der Lage, die internationale Dimension der Umstrukturierung der Wertschöpfungsketten der Konzerne, der Globalisierung der Konkurrenz und des Wandels in der gesamten Branche gebührend bei ihrer eigenen politischen Orientierung zu berücksichtigen (vgl. Zeller 2000a).

---

[7] Die Gewerkschaften Bau und Holz GBH und die Gewerkschaft Textil Chemie Papier GTCP haben 1992 zur Gewerkschaft Bau und Industrie GBI fusioniert und wollten ursprünglich einen fortschrittlichen Pol innerhalb der Gewerkschaften formieren.

Der Niedergang der Gewerkschaft Textil Chemie Papier respektive der Gewerkschaft Bau und Industrie ist einerseits Ausdruck objektiver Veränderung in der chemischen Industrie. Der Anteil der Beschäftigten, die in der unmittelbaren industriellen Produktion arbeiten und dem Gesamtarbeitsvertrag unterstehen, sank in den vergangenen zwei Jahrzehnten kontinuierlich. Andererseits vermochte die Gewerkschaft die Angestellten, die Einzelarbeitsverträge haben, nie in bedeutendem Umfange zu organisieren.

Die von der chemischen Industrie verursachten Umweltzerstörungen waren mehrfach Anlass für größere Mobilisierungen der Umweltbewegung. Im Laufe der letzten zwanzig Jahre lösten vier Ereignisse eine Sensibilisierung breiter Bevölkerungsteile gegen die von der Chemieindustrie verursachten 'Auswüchse' aus. Im Jahr 1976 ereignete sich die Katastrophe von Seveso bei Milano. In der Icmesa Fabrik, einem Tochterunternehmen der Givaudan, die zum Roche Konzern gehört, verursachte eine folgenschwere Explosion großräumige Vergiftungserscheinungen mit Dioxin in der Region. Ein Teil der Bevölkerung mußte evakuiert werden. Die Konzernleitung der Roche informierte die Öffentlichkeit nur mangelhaft und versuchte die Sache herunterzuspielen und die Sanierungskosten hinunterzudrücken. Am 1. November 1986 brannte ein Agrochemikalienlager der Sandoz in Schweizerhalle bei Basel. Das Löschwasser verseuchte den Rhein bis zur Mündung in die Nordsee. Wochenlang demonstrierten Tausende in Basel und in allen Rheinanliegerregionen bis in die Niederlande gegen die Gefahren der chemischen Industrie. Zahlreiche politische Vorstöße für eine ökologische Kontrolle der Industrie wurden vorgebracht. Es gelang der Industrie aber bald, die politische Initiative wieder an sich zu reissen. Gleichzeitig leisteten alle drei Firmen beträchtliche Investitionen zur Verbesserung der Sicherheit und Verminderung der ökologischen Emissionen ihrer Anlagen. Mit der wachsenden Sensibilität gegenüber der chemischen Industrie ist auch die Kritik an der Gentechnologie gestiegen. Ende der achtziger Jahre kündigte die Ciba-Geigy an, auf ihrem Areal ein Biotechnikum zur gentechnologischen Herstellung des pharmazeutischen Wirkstoffes Hirudin zu bauen. Aufgrund der politischen Opposition zog sich das Bewilligungsverfahren in die Länge. Vor den kantonalen Regierungsrats- und Großratswahlen (Exekutive und Legislative) vom Januar 1992 spitzte sich die Auseinandersetzung zu. Nachdem sie fast alle formellen Bewilligungen erhalten hatte, teilte die Ciba wenige Wochen vor dem Wahlgang mit, dass sie das Biotechnikum in der benachbarten Gemeinde Huningue in Frankreich bauen werde. Das neue Baugelände liegt nur wenige Hundert Meter vom bisherigen entfernt. Die Ciba hat damit der Debatte über den Wirtschaftsstandort einen ersten Höhepunkt verliehen. Die Ironie der Geschichte ist schließlich, dass das Gebäude des Biotechnikum mittlerweile gebaut ist, aber bislang nicht in Betrieb genommen wurde (vgl. Kapitel 8). Denn die klinischen Prüfungen des Antithrombotikums *Revasc*, zu dessen Produktion das Biotechnikum ursprünglich vorgesehen war, ließen nur eine eingeschränkte Indikation zu. Damit war die Nachfrage viel kleiner als erwartet. Auch die jüngste Auseinandersetzung drehte sich um die Bio- und Gentechnologie. Die im Juni 1998 zur nationalen Volksabstimmung vorgelegte 'Genschutz-Initiative' verlangte u.a. ein Verbot transgener Tiere, ein Verbot der Patentierung von Lebewesen und der Freisetzung gentechnisch veränderter Organismen. Die Kritikerinnen und Kritiker der Gentechnologie brachten in erster Linie ökologische und ethische Argumente vor. Die Gewerkschaft Bau und Industrie unterstützte die Position der

Konzerne, die die Gentechnologie als zentrales Feld des globalen Technologie-wettbewerbs sehen. Das Argument, der Wirtschafts- und Technologiestandorts Schweiz dürfe nicht beschädigt werden, war entscheidend für die Ablehnung des Vorstoßes.

Gewerkschaften und Umweltbewegung haben nie zu einem breiten Dialog über die Arbeitsbedingungen, über Umweltschutz, über die Arbeitsplatzsicherheit, die ökonomische Dominanz der großen Konzerne, die regionale Wirtschaftsentwick-lung oder gar den Gebrauchswert der Produkte gefunden. Während sich die einen in einer teilweise abstrakten und realitätsfernen Technikkritik verloren haben, haben die anderen keinen Weg gefunden, eine breitere Diskussion über die Ar-beits- und Lebensbedingungen in den Betrieben und der gesamten Region zu ent-fachen. Die Angst um den Erhalt der Arbeitsplätze sowie die Standortdebatte und die damit verbundenen Befürchtungen über die künftige Bedeutung der Region haben weder bei Gewerkschaften noch Umweltorganisationen eine Erweiterung zu globalen oder zumindest europäischen Perspektiven ausgelöst.

1.4.3 Von der Industrie- zur Biotech-Region?

Mit dem Trend zur Auslagerung von Produktionsstufen bei den großen Konzernen konnten mittlere Unternehmen mit bestimmten Kompetenzen ihr Auftragsvolu-men und letztlich sogar ihr Personal mit der Übernahme gewisser Produktionsauf-gaben beträchtlich steigern. Bedeutendstes Beispiel im Bereich der industriellen Großproduktion ist die Firma Rohner AG in Pratteln (Teil des deutschen Dynamit Nobel-Konzerns) mit etwas über 300 Beschäftigten, die als wichtiger Zulieferer von Feinchemikalien und Pharmazwischenstufen ihre Marktstellung mit bedeu-tenden Investitionen weiter ausbaut und gar zu den 'Global Players' unter den Zulieferern von Feinchemikalien für die Life Science Industrie aufsteigen will (Gürtler 1999). Hauptsächlich als Forschungszulieferer fungiert die äußerst dyna-misch expandierende Bachem AG in Bubendorf. Das Unternehmen beliefert Pharmafirmen, Universitäten und Forschungsanstalten mit Peptiden und Bioche-mikalien. Bachem ist in diesem Feld international die größte unabhängige Firma und zählte Ende 1998 bereits rund 320 Beschäftigte. Mit einem sehr erfolgreichen Börsengang sicherte sich Bachem das Kapital für weitere internationale Expansi-onsschritte (Wicks 1996; Goetz 1998; Knechtli 1998). Auf die Endverbraucher zielt die Generika-Firma Mepha Pharma AG mit Sitz in Aesch. Mepha ist mit einem Anteil von 25% Marktführer im schweizerischen Generika-Markt. Auf-grund des Kostendrucks im Gesundheitswesen steigt die Nachfrage nach Generika stark an. Mepha beschäftigte 1998 in Aesch 220 und international 450 Personen und verzeichnete 1997 und 98 Umsatzsteigerungen von rund 20% (BaZ 1998a).

Eine Antwort auf die Restrukturierungen in der chemischen und pharmazeuti-schen Industrie wird nicht zuletzt in der Biotechnologie gesucht (Arvanitis und Schips 1996). Die Förderaktivitäten im Bereich der Biotechnologie werden seit 1996 im trinationalen Projekt 'BioValley Oberrhein' gebündelt. Ausgangspunkte sind einerseits die Beobachtung, dass die regionale Konzentration von Förderin-itiativen die Gründung forschungsorientierter Biotechunternehmen und den ge-samten Innovationsprozess befördert und andererseits, dass im Zuge der Reorgani-sation der Forschungsabteilungen der großen Pharmakonzerne und des

Outsourcings von Tätigkeiten zunehmend finanzielle Spielräume für Biotechunternehmen entstehen. Vorbild sind die Biotechnologie-Regionen in den USA wie die San Francisco Bay Area und die Region Boston. Mit dem Begriff 'BioValley' soll die Initiative bewusst mit dem Mythos Silicon Valley in Verbindung gebracht werden. Das Ziel der BioValley-Initiative ist es, die am Oberrhein im Biotechnologiebereich bestehenden Initiativen, Institutionen, Transferstellen, Universitäten, großen, mittleren und kleinen Unternehmen sowie Financiers und Kapitalgeber zusammenzubringen und zu vernetzen, um gemeinsam im Bereich Biotechnologie als starke 'Region Europas' weltweit wettbewerbsfähig zu sein.

Die BioRegio Freiburg beteiligte sich 1996 am deutschen 'Bio-Regio Wettbewerb', ohne allerdings einen der begehrten ersten Förderplätze zu belegen (zur Entwicklung der Biotech-Regionen München und Rheinland siehe u.a. Oßenbrügge und Zeller 2001; Zeller 2001b; 2001c). Dennoch hat sich in Freiburg eine bemerkenswerte Agglomeration von Biotechfirmen entwickelt. Eine wichtige Rolle nimmt die Stiftung BioMed Freiburg ein, an der die Stadt Freiburg, die Industrie und Handelskammer Oberrhein und der Wirtschaftsverband Industrieller Unternehmen Baden e.V. und die Universität Freiburg beteiligt sind. BioMed fördert die Kommerzialisierung wissenschaftlicher Erkenntnisse und trägt den BioTechPark Freiburg, in dem junge Unternehmen günstige Startbedingungen und Betreuung erhalten. Im BioTech Park Freiburg sind bis Frühjahr 2000 20 Unternehmen entstanden. Zwischen Januar 1997 und März 1999 wurden im deutschen BioValley 14 Start-ups gegründet. Sozusagen in der Nachfolge des 'Bioregio Wettbewerbs' lancierte das Bundesministerium für Bildung und Forschung die Initiativen 'Bio-Future Wettbewerb' (für Nachwuchswissenschaftler), den 'BioProfile Wettbewerb' (Regionenwettbewerb) und die 'BioChance' (für junge Unternehmen) (BAK 2000: 23).

Etwas später als im deutschen Teil der Region Oberrhein entwickelten sich im Zuge der Novartis-Fusion auch in der Nordwestschweiz breit angelegte Aktivitäten einer regionalen Biotechnologie-Offensive. In der Schweiz gibt es im Gegensatz zu Deutschland keine staatlichen BioRegio-Initiativen. Die Förderpolitik agiert auf mehreren Ebenen. Staatliche Unterstützung wird durch das nationale Schwerpunktprogramms (SPP) Biotechnologie des schweizerischen Nationalfonds gewährleistet, das in der ganzen Schweiz die Zusammenarbeit zwischen Hochschulen und Unternehmen jeder Größe verbessern will. Novartis und Roche haben Venture Capital Fonds in der Höhe von 100 Millionen respektive 70 Millionen CHF zur Förderung von jungen Biotechunternehmen gegründet. Bis September 2000 hatte der Novartis Venture Fund 88,5 Millionen CHF in insgesamt 76 Start-up-Unternehmen investiert. Ein großer Teil der Investitionen hatte den Charakter von *seed capital* von unter einer Million Schweizer Franken. Die Förderung ist allerdings keineswegs auf die Region Basel begrenzt. Der Fund bewirkte den Erhalt oder die Schaffung von rund 700 Arbeitsplätzen (Novartis Venture Fund 2000; BioValley Newsletter 2000b). Im Zuge einer grundlegenden Neuorganisation des Sektors Pharma gründete Novartis im September 2000 zusätzlich den Novartis BioVenture Fund, dem Jerry Karabelas, der bisherige Chief Executive Officer von Novartis Pharma, vorsteht. Der Fund ist anfänglich mit USD 50 Millionen dotiert. Der Fund soll dazu beitragen, Biotechunternehmen mit innovativen Technologien und Wirkstoffkandidaten zu identifizieren und finanzieren (Novartis MR 2000o). Die Gründung des Unternehmens Basilea Pharmaceutica durch Roche im Oktober 2000 ist ebenfalls Ausdruck veränderter Strategien großer Pharmakonzerne. Seit 1999 fokussiert sich die Roche Forschung auf weniger Indikationsgebiete. Wichtige Tätigkeiten und wertvolles geistiges Eigentum wurden 'heimatlos'. Darum beschloss Roche, das große Potential in den Gebieten Antibiotika, Pilzerkrankungen und Dermatologie in ein neues Unternehmen zu überführen. Basilea Pharmaceutica startet mit rund 100 Mitarbeiterinnen und Mitarbeitern. Roche gibt dem Unternehmen ein großzügiges Startkapital, hält eine Minderheitsbeteiligung und behält sich Optionen bezüglich der globalen Entwicklungs- und Vermarktungsrechte ausgewählter Wirkstoffe vor. In der Produktpipeline befinden sich immerhin schon fünf Präparate in den Phasen I und II der klinischen Entwicklung (Hadváry 2000; Roche MR 2000a).

Ein neues Universitätsgesetz und die Einrichtung einer Wissens- und Technologietransferstelle an der Universität Basel soll die Gründung von spin-offs positiv beeinflussen. Zur Kommerzialisierung wissenschaftlichen Wissens wurde zudem die Erfindungs-Verwertungs-AG gegründet. Die Biotectra fördert als Fachstelle des Schweizerischen Nationalfonds die Kooperation zwischen öffentlichen Forschungsinstituten und der Industrie - vor allem kleineren und mittleren Unternehmen. 1998 wurden unter dem Patronat der BioValley-Initiative drei regionale Vereine gegründet: die Association Alsace BioValley, die BioValley Platform Basel und die BioValley Platform Freiburg / Dreiländereck. An der BioValley Platform Basel beteiligen sich das SPP BioTech, die Handelskammer beider Basel, Ingenieurschule beider Basel, Universität Basel und die Wirtschaftsförderung Basel-Stadt und Basel-Landschaft. Die Unternehmen, die im biotechnologischen Bereich tätig sind, entstanden vielfach aus den großen Chemie- und Pharmaunternehmen oder sind Teil davon. Der Staat bezuschusst die Start-up-Unternehmen nicht. Allerdings existieren zahlreiche Venture capital funds, die sich an erfolgversprechenden Start-ups beteiligen. Die Unternehmen in der Schweiz müssen sich insofern schneller am Markt behaupten. Im Zeitraum von Januar 1997 bis März 1999 wurden in der BioValley Region Basel 22 Start-ups gegründet. Wie in Deutschland entwickelte sich auch in der Schweiz die Biotechnologie Ende der neunziger Jahre in einer beträchtlichen Dynamik. In der Nordwestschweiz, wo aus den großen Chemieunternehmen Biotechunternehmen als Abspaltungen (nach Fusionen) entstanden, beteiligen sich mittlerweile auch erfahrene und qualifizierte Manager und Naturwissenschaftler an Biotechfirmen oder treten in bestehende ein (Goetz 1998; BioValley 1999; BAK 2000: 23–24).

In Frankreich (und damit auch im Elsass) unterstützt das Nationale Erziehungsministerium innovative Unternehmen, indem es ihnen fiskalische Erleichterungen gewährt und den Wissenstransfer von den Universitäten in die Privatwirtschaft zu intensivieren versucht. Der mit 200 Millionen Francs dotierte 'Concours national d'aide à la création d'entreprises de technologies innovantes' forciert Neugründungen auf dem Gebiet der Biotechnologie (und auch anderen technologischen Gebieten) ohne aber eine regionale Förderperspektive zu verfolgen (BAK 2000: 24).

Das BioValley Promotion Team geht davon aus, dass seit 1997 jährlich zwischen 20 und 30 Biotechunternehmen in der gesamten Region gegründet wurden. Zu den erfolgreichsten gehören Actelion, ein Spin-off von Roche, in Allschwil (Schweiz) und GeneScan Europe in Freiburg, die im März respektive Juli an die Börsen gingen (BioValley Newsletter 2000a). Trotz der unbestreitbaren Dynamik

des Biotechnologiesektors gibt es wenig Anhaltspunkte, dass dieser eine Beschäftigungswirkung entfalten wird, der den Rückgang in der pharmazeutischen und
chemischen Industrie kompensieren wird. Eine Studie der Basler Konjunkturforschung führt zwar bereits 22'242 Beschäftigte in Unternehmen des BioValley-
Verbundes auf (BAK 2000: 25). Allerdings liegt dieser Zahl eine breite und daher
nur beschränkt aussagekräftige Abgrenzung der Life Sciences oder Biotechnologie
zu Grunde. Der beschleunigte Konzentrationsprozess und die massiven Restrukturierungen haben zur Folge, dass unter den gegebenen politischen Kräfteverhältnissen die Beschäftigungsentwicklung in der pharmazeutischen und chemischen
Industrie sowohl in der Region Basel wie an anderen wichtigen Standorten dieser
Industrie auch in den kommenden Jahren deutlich dem Wachstum der Wertschöpfung hinterherhinken wird (vgl. BAK 1997: 19).

1.5 Fazit und Fragen: welche Maßstäbe der Restrukturierungen?

Die Darstellung der wirtschaftlichen Entwicklung der letzten beiden Jahrzehnte in
Basel und in der Nordwestschweiz sowie der 'Basler Chemie' bietet einen Einstieg in die Problematik der Gloalisierungstendenzen in dieser Branche. Aus einer
regionalen Perspektive ergeben sich erste (induktiv gewonnene) Ergebnisse, die
im Verlauf der weiteren Arbeit theoretisch und empirisch gesichert werden müssen.

1. Nach einer Phase der Beschäftigungszunahme in der chemischen und pharmazeutischen Industrie in der zweiten Hälfte der achtziger Jahre nimmt seit 1990
   die Zahl der Arbeitsplätze massiv ab, obwohl die Wertschöpfung überdurchschnittlich ansteigt. Verantwortlich hierfür sind umfassende Umstrukturierungen und Rationalisierungen in allen Bereichen der Wertschöpfungsketten. Aufgrund der Produktivitätssteigerungen bleiben die regionalen Forschungs- und
   Produktionsstandorte der Industrie international sehr kompetitiv.
2. Die 'Basler Konzerne' beteiligen sich mit Fusionen, Übernahmen und Ausgliederungen aktiv an der Reorganisation der chemischen und pharmazeutischen
   Industrie auf Weltebene und belegen in ihren Marktsegmenten jeweils Spitzen-
   plätze.
3. Zahlreiche politische Auseinandersetzungen werden von der Frage der regionalen Wettbewerbsfähigkeit dominiert. In der öffentlichen Diskussion wird dabei der massive Arbeitsplatzabbau mit einer verminderten Standortqualität der
   Region Basel und der Verlagerung von Produktions- und Forschungstätigkeiten
   an andere Standorte in Zusammenhang gebracht.

Der Beschäftigungsrückgang in der 'Basler Chemie' wirft die Frage auf, inwiefern die Verlagerung von Unternehmensfunktionen an andere Standorte und/oder
die allgemeinen Restrukturierungen zur Steigerung der Arbeitsproduktivität hierfür verantwortlich sind. Eine Studie der BAK Konjunkturforschung AG, die sich
hinsichtlich ihrer Aussagen zur chemischen und pharmazeutischen Industrie zu
einem guten Teil auf die Befragung von Vertretern der Firmen in der Region

stützt, kam zum Ergebnis, dass die geographische Verschiebung von Aktivitätsschwerpunkten sehr unterschiedliche Ursachen haben kann. Die Studie hebt vier Punkte hervor: die Verlagerung in sogenannte *'emerging markets'*, die Konzentration auf bestehende Standorte, Gewichtsverschiebungen als Folge von Akquisitionen und die schleichende Gewichtsverschiebung durch unterschiedliches Wachstum an den Standorten (BAK 1995a).

Daran schließt die politisch brennende Frage an, welche Bedeutung der Forschungs- und Produktionsstandort Basel für die Konzerne einnimmt. Die vorliegende Arbeit bietet auf der Basis einer umfangreichen Analyse der Unternehmensstrategien sowie der weltweiten räumlichen Organisation der Unternehmensfunktionen Produktion und Forschung & Entwicklung eine Antwort. Die in diesem Kapitel dominierende regionale Brille wird abgelegt und statt dessen versucht, eine internationale oder gar globale Brille anzuziehen. Denn ein wesentliches Ziel der Forschungsarbeit ist es, die Entwicklung von Ciba-Geigy und Sandoz, respektive Novartis, in ihrer maßstäblichen Dynamik zu erkennen.[8] Die räumlich ökonomische Logik der De- und Reterritorialisierung kann nur im Kontext aller wesentlicher Aktivitäten eines Konzerns auf der Welt erfasst werden. Die lange Tradition der chemischen und pharmazeutischen Industrie in Basel sowie die bis Mitte der neunziger Jahre anhaltende Kontinuität der Firmen wirft die Frage auf, welche Bedeutung die Unternehmensgeschichte für die enorme Akkumulation von Wissen und der Persistenz von Kapitalanlagen hat.

Die jüngeren Entwicklungen in der Biotechnologie lassen die Erwartung aufkommen, dass die Kommerzialisierung technologischen Wissens in diesem Bereich nicht nur Grundlage für die Entstehung eines neuen Wirtschaftssektors, sondern auch der Umgestaltung regionaler Ökonomien bietet. Obwohl die Territorialisierung der Biotechnologie nicht Hauptgegenstand der vorliegenden Arbeit ist, wird diese Frage aufgrund des engen Beziehungsgeflechts zwischen Pharmaindustrie und Biotechnologie mehrfach angeschnitten. Das Kapitel 9 stellt zur Frage der Erneuerung von Industrie und regionalen Ökonomien einige Thesen zur Diskussion, die in weiteren Forschungsarbeiten zu prüfen sind.

Voraussetzung für diese umfassenden empirischen Untersuchungen ist die Erarbeitung eines umfassenden Verständnisses der Globalisierungsphänomene und – prozesse. Hierzu sind erstens theoretische Erklärungen des Konzentrationsprozesses und des beschleunigten Wachstums von internationalen Direktinvestitionen nötig. Dabei ist die Bedeutung multinationaler Konzerne bei der Gestaltung der Weltwirtschaft und des Globalisierungsprozesses herauszuarbeiten. Zweitens bedarf es der Instrumente zur Analyse von internationalen Unternehmensstrategien und der räumlichen Organisation der Unternehmensfunktionen und Wertschöpfungsketten. Drittens sind theoretische Erklärungen herbeizuziehen, die die besondere Bedeutung der Forschung und Entwicklung sowie der Technologie in der

---

[8] Methodisch ist das in letzter Konsequenz natürlich unmöglich. Erstens, weil ich selbst in Basel aufgewachsen bin und hier eine lange Zeit meines Lebens verbracht habe und zweitens, weil es als Einzelperson unmöglich ist, ein internationales Forschungsprojekt durchzuführen. Dennoch habe ich durch meinen Aufenthalt in den USA und durch die Auswertung von Firmenunterlagen aus mehreren Ländern versucht, mir diese internationale Sichtweise anzueignen und die maßstäbliche Dynamik der Konzernstrategien zu erfassen.

pharmazeutischen Industrie für den Internationalisierungs- und Globalisierungsprozess unterstreichen.

Diese theoretische Fundierung der Arbeit soll auch helfen, den Fallstricken einer zu isolierten Einzelfallstudie zu entgehen. Zugleich kann auf Basis der detaillierten Kenntnis des 'Internationalisierungspfades' einiger weniger Unternehmen
die theoretische Diskussion über die Globalisierung und industrielle Restrukturierung beurteilt werden.

2 Globalisierung als permanente Restrukturierung – globale Oligopole und Konzernstrategien

Später als der angelsächsische Sprachraum wurde der deutschsprachige Markt von Büchern über die Chancen, Zwänge und Gefahren der Globalisierung überschwemmt. Wie alle inflationär gebrauchten Begriffe schleift sich auch die inhaltliche Schärfe des Begriffs 'Globalisierung' mit zunehmender Verwendung ab. Die Kontexte seines Gebrauchs sind zu verschieden, oftmals in rein instrumenteller, politischer und ökonomischer Absicht, offen oder versteckt, als dass der Begriff noch einen klar definierten Sachverhalt beschreiben würde.

Der Begriff ist nicht neutral. Er hat eine starke politische und ideologische Bedeutung und suggeriert die Zwangsläufigkeit eines Prozesses, dem sich alle zu unterwerfen hätten. Nur noch die Anpassung und Unterwerfung an die ungeschriebenen Gesetze der Globalisierung erlaube es den Unternehmen, Staaten, Regionen und Städten, sich zu behaupten. Mitunter wird die Globalisierung auch als Ausdruck des stetigen Fortschritts des Kapitalismus unter dem Regime der liberalisierten Märkte gesehen.

Diese zweifellos vorhandene ideologische Komponente verleitete Stimmen auf der politischen Linken und auch wissenschaftliche Autoren zu der Schlussfolgerung, dass die Globalisierung eigentlich nichts Neues sei, sondern vielmehr ein Kampfbegriff der neoliberalen Gegenreformen, sozusagen ein Synonym für die neoliberale Offensive. Einige Autoren brachten diese Sichtweise mit der Bezeichnung der Globalisierung als Mythos zum Ausdruck (z.B. Hirst und Thompson 1996). Obwohl die Nationalstaaten ihre Bedeutung keineswegs verloren haben, sind beide Positionen unzutreffend. Weder war oder ist die Globalisierung ein Naturgesetz, dem sich alle zu fügen haben, noch ist sie Ausdruck simpler Propaganda. Die kapitalistischen Gesellschaften haben sich im letzten Viertel des 20. Jahrhunderts stark verändert und die Internationalisierungsprozesse nehmen in diesem Wandel eine zentrale Rolle ein.

Angesichts der Fülle von Publikationen aller Art über die 'Globalisierung' ist es erstaunlich, dass insbesondere im deutschen Sprachraum sehr wenige empirische Arbeiten über die eigentlichen Hauptakteure der Globalisierung, die multinationalen Unternehmen, verfasst wurden. Die Kritiker der neoliberalen Globalisierung argumentieren selten auf der Basis konkreter Analysen der internationalen Verflechtungen und Arbeitsteilung in der Produktion von Gütern, Dienstleistungen und Technologien. Die Managementliteratur andererseits bewegt sich naturgemäß viel näher an den Unternehmen und ihren Problemen, beschränkt sich aber darauf, den Entscheidungsträgern *'best practice'* Ratschläge zu erteilen, damit sie ihre Unternehmen unter den veränderten Bedingungen vorteilhafter positionieren können[9].

Die Internationalisierung der Ökonomie und multinationale Unternehmen sind Gegenstand verschiedenster Schulen und Theoriezusammenhänge. Angesichts der hoch spezialisierten Natur der einzelnen Debatten über die industrielle Restrukturierung, die Globalisierung von Technologie, Wettbewerb und Finanzen, den internationalen Handel sowie die Zusammenhänge von industrieller Internationalisierung und regionalen Entwicklungen haben sich *'barriers to entry'* zwischen den Literatursträngen gebildet. Es haben sich vielfach getrennte Literaturpfade herausgebildet, die kaum noch gegenseitig Bezug aufeinander nehmen. Das gilt sowohl für einzelne theoretische Erklärungsmuster als auch für spezifischere Fragestellungen. Sogar die verwandten Schulen des *'international business'* mit dem Internalisierungs- und dem eklektischen Ansatz und die Schulen des *'international strategic management'* entwickelten sich weitgehend getrennt (Buckley 1994). Viele Konzepte beruhen zudem auf einer erstaunlich bescheidenen empirischen Basis. Es ist offensichtlich nur beschränkt möglich, Restrukturierungs- und Internationalisierungskonzepte von einer Industrie oder von einem Land auf andere zu übertragen. Nicht zuletzt leiden viele Arbeiten an einer ungesunden Mixtur von Analyse, Beschreibung und Verschreibung von Rezepten (Ruigrok und van Tulder 1995: 2, 5).[10]

Je nach Fragestellung und Betrachtungsebene der Untersuchung unterscheiden sich die theoretischen Beiträge deutlich. Kein theoretisches Modell ist jedoch in der Lage, die verschiedensten Phänomene der Globalisierung und der multinationalen Unternehmen (MNU) zu erklären (Dunning 1993b: 67, 139, 180; Michalet 1991: 40; 1994: 10). Letztlich bietet keiner der Theorieansätze alleine eine Grundlage für eine qualitative Untersuchung der Internationalisierung und Globalisierung einzelner Konzerne. Die einen kratzen nur an der Oberfläche von Erscheinungen und schlagen den Managements *'best practices'* von Strategien vor, liefern aber keine weitergehenden Erklärungszusammenhänge. Andere stützen ihre Argumentation auf zwar wichtige Phänomene, die dennoch nicht zur Erklärung genügen. Wiederum andere versuchen den Bewegungsgesetzen des Kapitalismus auf die Spur zu kommen, ohne in der Lage zu sein, konkrete Analyseraster für empirische Untersuchungen von MNU zu bieten. Darum betonten Altvater und Mahnkopf richtigerweise: „*Wer als Neoklassiker, Keynesianer, Marxist, Institutionalist die Welt zu erklären beansprucht, dürfte so lange schief liegen, wie nicht Ingredienzen verschiedener Ansätze kombiniert werden*" (Altvater und Mahnkopf 1996: 79).

---

[9] Überblicksartige Zusammenstellungen finden sich bei Welge (1990) für managementorientierte Beiträge, bei Meil (1996) für betriebswirtschaftliche Beiträge und bei ISF (1997) für sozialwissenschaftliche Beiträge. Gassmann (1997) untersucht die Transnationalisierung von Forschungs- und Entwicklungsprojekten in industriellen Großunternehmen.

[10] Taylor und Thrift (1986: 17) meinten zwar, dass sich so unterschiedliche Theorieschulen wie die Industrieökonomie mit ihrer Theorie der Firma, die Organisationstheorie, die marxistische Wirtschaftstheorie und Ansätze aus der Stadt- und Regionalforschung zunehmend überlappen. Vor allem letztere Disziplin sei hierbei zentral, weil die räumliche Organisation der MNU die vier Kontexte miteinander verknüpfe. Die nachfolgenden Ausführungen zeigen, dass sich diese Einschätzung einer zunehmenden Synthese verschiedener Ansätze nicht bestätigt hat.

Um die Internationalisierung und Globalisierung von Konzernen zu erfassen, ist es mangels einer umfassenden Großtheorie zum Verständnis weltwirtschaftlicher Prozesse unabdingbar, sich sehr unterschiedlicher Ansätze zu bedienen. In diesem Sinne können Bausteine für ein noch zu entwickelndes Theoriekonzept mittlerer Reichweite geformt werden (vgl. Hübner 1998: 119). Das gilt besonders für das Verständnis der Logik der räumlichen Umstrukturierungen, die mit der vorliegenden empirischen Arbeit erhellt werden soll.

Das vorliegende Kapitel stellt die theoretischen Ausgangspunkte für die weitere Arbeit vor. Die Diskussion sehr unterschiedlicher Literaturstränge mündet in Abschnitt 2.6 in ein Analyseraster für die empirische Untersuchung der Internationalisierung und Globalisierung der 'Basler Konzerne' der chemisch-pharmazeutischen Industrie. Dieses eklektische Vorgehen ist zwar nicht befriedigend, angesichts des Standes der theoretischen Debatten aber unvermeidbar. Nach einer kurzen Auseinandersetzung mit dem Begriff 'Globalisierung' stellt der zweite Abschnitt einerseits die Rolle der zentralen Akteure dieses Prozesses, die multinationalen Unternehmen, dar und diskutiert andererseits die Phänomene der Konzentration und der oligopolistischen Rivalität. Ziel dieser beiden Abschnitte ist es, die Rahmenbedingungen und Triebkräfte der gegenwärtigen industriellen Internationalisierungsschübe darzulegen. Damit hängt auch die Frage nach den Motiven und der grundsätzlichen strategischen Orientierung multinationaler Unternehmen zusammen, die im dritten Abschnitt behandelt wird. *Wie* internationalisieren sich die MNU, welche Strategien verfolgen sie, welche Organisationsformen geben sie sich dabei und in welchen räumlichen Kontexten organisieren sie Produktion, F&E und Managementfunktionen? *Warum sind* gewisse Firmen erfolgreicher als andere und werden *global players*? Seit Ende der sechziger Jahre hat sich eine Fülle von Typisierungen und Erklärungsversuchen der Internationalisierung von Unternehmen angehäuft. Insbesondere Autoren der Business und Management Schulen der USA haben den Konzernen nahelegt, 'globalen' oder 'transnationalen' Strategien zu folgen. Der vierte Abschnitt setzt sich mit unterschiedlichen räumlichen Ausprägungen dieser Strategien auseinander. Die Bedeutung der Technologie für multinationale Konzerne ist Gegenstand des fünften Abschnittes. Bei der Internationalisierung der Konzerne der pharmazeutischen Industrie nimmt die Technologie und die Internationalisierung der Forschung und Entwicklung eine entscheidende Rolle ein. Diese Aufarbeitung ist schließlich Grundlage zur theoretischen Spezifizierung und Erweiterung der bereits im ersten Kapitel angesprochenen Forschungsfragen.

Um das vorliegende Werk nicht zu stark mit theoretischen Überlegungen zu belasten, habe ich eine ausführlichere Auseinandersetzung im Hinblick auf die Grundlegung einer Geographie multinationaler Unternehmen in einem anderen Buch publiziert (Zeller 2001c).

2.1 Globalisierung als spezifische Phase des Internationalisierungsprozesses

Ist mit der Globalisierung tatsächlich eine neue Phase kapitalistischer Entwicklung qualitativ erkennbar und bestimmbar? Führen die zahlreichen neuen Erscheinungen zusammengenommen zu etwas qualitativ Neuem, zu historischen Veränderungen, die mit einem Begriff wie Globalisierung sinnvoll erfasst werden können? Trotz inflationärem Erscheinen von Publikationen allerart über die Globalisierung fehlt bislang ein umfassendes theoretisches Konzept der Globalisierung. Zum Einstieg in das Thema seien im Folgenden kurz einige Interpretationen der Globalisierung vorgestellt. Wegen der Beliebigkeit des Begriffs Globalisierung werde ich im Laufe der theoretischen Diskussion und auf der Basis der empirischen Erhebungen je nach Fragestellung angebrachtere Begriffe vorschlagen.

Je nachdem ob auf der Makroebene der gesellschaftlichen Entwicklung oder der Mikroebene der Unternehmensstrategien und –verflechtungen argumentiert wird, können sich sehr unterschiedliche Interpretationen der Globalisierung ergeben.[11] Auf der Betrachtungsebene der Industrie bezeichnet die OECD (1996: 9) 'globalisation of industry' sehr allgemein als *"evolving pattern of cross-border activities of firms involving international investment, trade and collaboration for purposes of product development, production and sourcing, and marketing. These international activities enable firms to enter new markets, exploit their technological and organisational advantages, and reduce business costs and risks. Underlying the international expansion of firms, and in part driven by it, are technological advances, the liberalization of markets and increased mobility of production factors."* Die OECD stellt, einer fotografischen Bestandesaufnahme gleich, Kennzeichen der Verflechtung in den Vordergrund. Eine solch ahistorische Definition hilft allerdings kaum, die längerfristigen industriellen und ökonomischen Globalisierungsprozesse zu verstehen.

Dicken (1992: 1-4; 1998: 5) unterscheidet in Internationalisierung, verstanden als zunehmende, geographische Ausdehnung ökonomischer Aktivitäten über die nationalstaatlichen Grenzen hinaus und Globalisierung, verstanden als weiter gehende und komplexere Form der Internationalisierung im Sinne einer gesteigerten funktionalen Integration zwischen international zerstreuten ökonomischen Aktivitäten. In diesem Sinne charakterisieren Amin und Thrift den ökonomischen Wandel in den siebziger und achtziger Jahren als Übergang von einer internationalen zu einer globalen Ökonomie (Amin und Thrift 1992; 1994).

Globalisierung wird hier als fortgeschrittene Phase des Internationalisierungsprozesses des Kapitals und seiner Verwertung in allen Regionen der Welt, wo sich Ressourcen und Märkte befinden, verstanden (Chesnais 1994; Andreff 1996b; Harvey 1997), wobei Chesnais und Andreff den Begriff 'mondialisation' der ideologisch gefärbten 'globalisation' vorziehen. Auch Veltz (1996: 85-107) fasst

---

[11] Ruigrok und van Tulder (1995: 33) trafen mit ihrer Unterscheidung in Mikro- (Unternehmen, Kernfirmen), Meso- (Kollaborationen), Makro- (Nationalstaaten) und Metaebene (technologische Entwicklung) eine klare Differenzierung. Allerdings schenkten die beiden Autoren den räumlichen Belangen keine explizite Beachtung.

die Öffnung nationaler Ökonomien und ihre zunehmenden Verflechtungen unter dem Begriff 'mondialisation' zusammen, während er unter 'globalisation' ein strategisches Konzept von Konzernen mit seinen organisatorischen und geographischen Implikationen versteht (S. 110ff.). Ähnlich identifizieren Ruigrok und van Tulder (1995) die Globalisierung als einen strategischen Entwicklungspfad großer Konzerne.

Went (1997: 15ff) weist der Globalisierung neben den einschneidenden Veränderungen bei der Organisation und dem Funktionieren des Kapitalismus, dem qualitativen Vorwärtssprung bei der Internationalisierung der Wirtschaft mit ihren weitreichenden Konsequenzen für die (Un-) Möglichkeiten einer nationalen ökonomischen und sozialen Politik noch einen weiteren Aspekt zu. Zur Globalisierung gehört auch die Ausdehnung der kapitalistischen Produktionsverhältnisse, die sich in den letzten Jahrzehnten durchgesetzt und damit zusätzliche Bereiche dem Verwertungsdruck des Kapitals unterworfen hat. Ins Gewicht fallen dabei u.a. der Zusammenbruch der bürokratischen Diktaturen in Osteuropa und der ehemaligen Sowjetunion und die Einführung kapitalistischer Verhältnisse, die steigende Anzahl von Frauen, die eine bezahlte Arbeit außerhalb des Hauses haben, die Privatisierungswelle seit den achtziger Jahren sowie der Ausbau des kapitalistischen Marktsektors in den Ländern der Dritten Welt.

Die Voraussetzungen und Ursachen der Globalisierung können auf den Ebenen der ökonomischen Logik des Kapitalismus, der Politik und der Technologien identifiziert werden. Chesnais (1994: 22) führt die 'mondialisation du capital' auf zwei weitgehend miteinander verbundene, aber dennoch unterschiedliche Bewegungen zurück: Erstens bot die lange Akkumulationsperiode der 'glorreichen dreißig Jahre' bis in die siebziger Jahre des 20. Jahrhunderts hinein die ökonomische Grundlage für eine weitergehende Internationalisierung.[12] Zweitens riss die Politik der Liberalisierung, Deregulierung, Privatisierung und des Abbaus sozialer und demokratischer Errungenschaften, die seit Anfang der 80er Jahre zuerst die Regierungen in den USA und GB praktizierten und dann von den meisten Staatsführungen übernommen wurde, zahlreiche politische Hürden nieder. Zugleich bot die Entstehung neuer Kommunikationstechnologien eine wichtige Grundlage für die Globalisierung des Finanzbereichs. Historisch beruhte die internationale Expansion des Kapitals vor allem auf dem Handel. Seit Beginn der achtziger Jahren ist eine beschleunigte Internationalisierung des Kapitals in all seinen Erschei-

---

[12] Die zentrale Rolle nahm die Kapitalakkumulation ein und zwar in der Form produktiver Kapazitäten und liquider Anlagen. Genährt wurde sie durch die langandauernden und besonders hohen Wachstumsraten während des ‚Goldenen Zeitalters'. Zur Akkumulation von Geldkapital trug die Inflationspolitik der meisten Regierungen bei und - noch wichtiger - die mit den riesigen Schuldenbeträgen verbundene Schaffung von Kreditgeld durch die Anleihen der US-Regierungen zur Finanzierung des US-Bundesdefizits. Die Bildung des Eurodollar-Marktes außerhalb der nationalen Kapitalmärkte und des Kontrollbereichs der Nationalbanken legte die Grundlagen für die finanzielle Globalisierung und für die internationalisierten Finanz- und Geldmärkte. Diese üben nun ihre Zwänge über die Geld- und Währungspolitiken der Regierungen, außer der stärksten, aus. Die umfassende Kapitalakkumulation war ebenfalls Grundlage des spektakulären Anstiegs der internationalen Direktinvestitionen in den achtziger Jahren – trotz ökonomischer Turbulenzen, langsamen Wachstums und der Rezessionen, die die Weltökonomie 1979 bis 1981 stark abbremsten (Chesnais 1993: 13; 1995: 82).

nungsformen wie dem Außenhandel, den Direktinvestitionen im Ausland und den internationalen Kapitalflüssen in Geldform feststellbar. Die Globalisierungsprozesse waren im Wesentlichen durch den sprunghaften Anstieg der internationalen Direktinvestitionen in den achtziger Jahren und die Globalisierung der Finanz- und Geldmärkte, die ihrerseits Konzernfusionen und -übernahmen und Unternehmensallianzen begünstigten, gekennzeichnet. Neu war, dass die Unternehmen mehr und mehr internationale Investitionen, Handel und internationale Kooperationen miteinander kombinierten, um ihre internationale Expansion voranzutreiben und ihre Operationen zu rationalisieren (Michalet 1991; Chesnais 1993: 12, 18; 1995: 81f; UNCTAD 2000).

Diese Prozesse gingen mit großen Veränderungen der internationalen Produktion, der internationalen Arbeitsteilung, des Technologiemanagements und des Marketings der multinationalen Unternehmen einher und führten zu wesentlich verflochteneren internationalen Wirtschaftsbeziehungen. Dazu kommen neue Formen des Technologietransfers sowohl in der harten Form von Geräten als auch in weichen und unmessbaren Formen, Informationsflüsse, Transfers von kodifiziertem und nicht-kodifiziertem Wissen sowie die internationalen Bewegungen von qualifiziertem Personal (Howells 1997: 16; 1998). Die Liberalisierung und Deregulierung kombiniert mit den neuen Möglichkeiten der Kommunikationstechnologien haben die Mobilität des produktiven Kapitals erhöht. Das erlaubt es, die Unterschiede in der Bezahlung der Arbeitskräfte und andere Bedingungen von Land zu Land miteinander in direkte Konkurrenz treten zu lassen, sei es über Investitionen oder Subcontracting. Auf der politischen Ebene verloren die meisten Nationalstaaten (außer die stärksten wie USA, Deutschland und Japan) zahlreiche Instrumente ihrer ökonomischen und politischen Souveränität (Chesnais 1994: 31; 1995: 78-79).

Zusammenfassend kann also die Globalisierung als spezifische Phase mit einer Reihe spezifischer Charakteristika innerhalb des säkularen Prozesses der Internationalisierung aufgefasst werden. Zahlreiche unterschiedliche Prozesse haben dazu geführt, dass die vormals eher getrennten Nationalökonomien zunehmend miteinander verbunden und voneinander abhängig wurden. Chesnais stellt eine deutliche Hierarchie der verschiedenen Phänomene, Entwicklungen und Größen her und nimmt die Bewegung der internationalen Direktinvestitionen zum Ausgangspunkt seiner Analyse der mondialisation du capital.[13]

---

[13] Chesnais stützte sich seiner Analyse auf Michalet (1985), der versuchte, die vereinheitlichende Logik der verschiedenen Formen von Internationalisierung zu erfassen, die es erlauben sollte, diese in ihren drei wichtigsten Dimensionen zu denken: den Handel, die produktiven Direktinvestitionen im Ausland und die Flüsse des Geldkapitals. Michalet ging es darum, die Internationalisierung auf der Ebene der drei Formen oder Kreisläufe, die das Kapital in der marxistischen Interpretation annimmt, zu erfassen: das Warenkapital, das produktive Kapital und den Mehrwert sowie das Geldkapital. Bereits Palloix (1972) stellte die Internationalisierung dieser drei Kapitalkreisläufe dar. Hübner (1998: 52ff) gliedert seine Darstellung in ähnlicher Weise. Mandel (1972: 301ff) unterschied demgegenüber in die Internationalisierung der Realisierung des Mehrwert, der Produktion des Mehrwerts, der Kommandogewalt über das Kapital und der Ware Arbeitskraft. Chesnais schlägt vor, ausgehend von der Bewegung des produktiven Kapitals (diese schafft Wert und Reichtum), die sich gegenseitig verstärkenden Beziehungen zwischen den drei Formen der Internationalisierung zu erfassen (Chesnais 1994: 36).

Aus einer firmenorientierten Perspektive umfasst die Globalisierung demnach die internationale Expansion und Integration von Schlüsselfunktionen wie Produktion, Forschung und Entwicklung und Marketing sowie die Zunahmen von internationalen Kollaborationen und Netzwerken mit anderen Unternehmen und Institutionen (Howells und Wood 1993: 3). Diese Phänomene sowie die damit verbundene zunehmende Vereinigung und Integration industrieller Aktivitäten auf internationaler Ebene und ihre räumlichen Implikationen stehen auch im Zentrum der vorliegenden empirischen Untersuchung der 'Basler Pharmakonzerne'. Aufgrund ihres langfristigen Charakters betrifft die Globalisierung nicht alle Sektoren in der Wirtschaft in gleicher Weise. Daher fällt es auch schwer, einen allgemeinen Stand der Globalisierung der Wirtschaft zu einem bestimmten Zeitpunkt anzugeben. Es gibt Branchen, die der Globalisierung früher unterworfen wurden als andere und in denen die Globalisierungsstrategien auch früher angewendet wurden als in anderen (Schamp 1996: 209).

2.2 Konzentration des Kapitals und oligopolistische Rivalität

2.2.1 Multinationale Konzerne als Hauptakteure der Weltwirtschaft

Die multinationalen Konzerne sind die Hauptakteure der Weltwirtschaft und der Globalisierungsprozesse (Dunning 1988; 1993b; Chesnais 1994; Andreff 1996b; Dicken 1998; UNCTAD 2000). Sie sind auf globaler, nationaler, regionaler und lokaler Ebene die wichtigsten Zentren der Kapitalakkumulation. Damit gestalten sie bestimmend politische Bedingungen und räumliche Konfigurationen. Sie kontrollieren mittlerweile rund zwei Drittel des Welthandels. Der ausschließlich firmeninterne Handel wird auf ein Drittel des weltweiten Güterhandels geschätzt (UNCTAD 1995: 193). Die firmeninternen Flüsse betrugen Anfang der neunziger Jahre beispielsweise 29% der Exporte der EU, 32% jener von Japan und mehr als 50% der Importe von Brasilien und Mexiko. Das Gewicht des firmeninternen Handels steigt weiter an. 1990 waren gemäß einer Studie der UNCTNC die 100 größten multinationalen Unternehmen für ein Drittel aller Direktinvestitionen verantwortlich. Die Bedeutung der MNU gemessen an den Direktinvestitionen ist innerhalb der Triade noch größer als auf der gesamten Welt (zitiert nach Chesnais 1994; siehe auch: Andreff 1996: 38; UNCTAD 1995:192ff.; 1997; 1999; 2000).
Vor allem durch ihre Direktinvestitionen und strategischen Allianzen sind die multinationalen Unternehmen wichtigster, aber nicht alleiniger Motor der Globalisierung. In den neunziger Jahren waren die grenzüberschreitenden Übernahmen und Fusionen mehr noch als die *greenfield investments* für die enorme Zunahme der internationalen Produktionsverflechtungen verantwortlich. Gemessen an den Umsatzzahlen tätigten die Pharmakonzerne hinter den Unternehmen in den Sektoren Telekommunikation und Rohöl / Gas in den Jahren 1998 und 1999 die umfassendsten internationalen Transaktionen (UNCTAD 2000: 10, 126ff).
Die drastische Steigerung des Gewichts und der Anzahl der multinationalen Konzerne sowie die Herausbildung weltweiter Oligopole sind Kennzeichen, die die

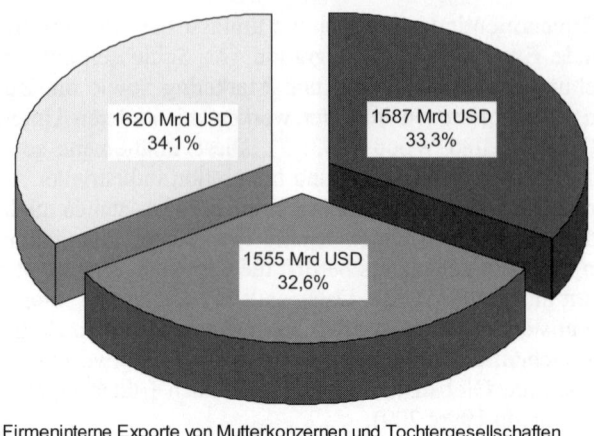

■ Firmeninterne Exporte von Mutterkonzernen und Tochtergesellschaften
■ Exporte von Mutterkonzernen und Tochtergesellschaften an andere Firmen
☐ Exporte von allen anderen Firmen

Abb. 2.1. Anteile der transnationalen Konzerne an den Exporten und nicht-faktor Dienstleistungen im Jahr 1993 (nach UNCTAD 1995: 193)

Globalisierung als spezifische Phase des säkularen Internationalisierungsprozesses charakterisieren. Andreff (1996b: 3-4) betont, dass die multinationalen Konzerne in eine neue Entwicklungsphase getreten sind. Vor allem die *'multinationales globales'* sind Indiz für die Herausbildung eines *'capitalisme mondial'*, der sich aber äußerst ungleich und hierarchisch zwischen den Firmen, Kapitalen, wirtschaftlichen Sektoren, nationalen Ökonomien und sozialen Gruppen verwirklicht. Zwar haben sich bei multinationalen Unternehmen bereits in den sechziger Jahren erste Zeichen der Globalisierung gezeigt, aber wirklich globale Multis erkennt Andreff erst seit Mitte der achtziger Jahre. Dieser Prozess übersetzt sich in der Marginalisierung der Entwicklungs- und Transformationsländer und in der Herausbildung regionaler (europäischer, nordamerikanischer), produktiver Systeme.

Die Definitionen der *Transnational Corporations, Multinational Corporations* oder *Multinational Enterprises* sind zahlreich und verschiedenartig. Viele beruhen auf willkürlichen Kriterien, Typologien und Statistiken, wie die Anzahl der Länder, in denen sie tätig sind, die Größe, der Prozentanteil des Umsatzes oder der Beschäftigten im Ausland. Diese Definitionen sind statisch und helfen kaum, die aktuelle Entwicklung zu erfassen. Caves (1996: 1) definiert ein Multinationales Unternehmen als Unternehmen, das Produktionsstätten – Fabriken – in mindestens zwei Ländern kontrolliert und leitet. Dunning (1993b: 3) schreibt: *"A multinational or transnational enterprise is an enterprise that engages in foreign direct investment (FDI) and owns controls value-adding activities in more than one country."* Dicken (1992: 46f) zieht den Begriff *transnational corporation* jenem der *multinational corporation* vor, weil er allgemeiner, weniger ausschließlich sei. Er versteht unter einer *multinational corporation* ein Unternehmen mit Einrichtungen in einer bedeutenden Anzahl von Ländern, während eine *transnational corporation* (TNC) bloß in mindestens zwei Ländern tätig ist. In Abgrenzung zu Definitionen über Eigentum von Anlagen im Ausland und Aktivitäten versteht

Dicken unter einer TNC ein Unternehmen, das die Produktion von einem strategischen Entscheidungszentrum aus über nationale Grenzen hinaus koordiniert, auch wenn sich die Anlagen nicht in dessen Eigentum befinden (Dicken 1998: 8, 177).

Michalet (1985: 11) sieht die *firme multinationale (FMN)* als ein großes Unternehmen, das ausgehend von einer nationalen Basis in mehreren Ländern Filialen aufgebaut hat und mit einer internationalen Strategie und Organisation agiert. Mit ihrer Berücksichtigung des nationalen Ursprungs und der Expansion in mehrere Länder impliziert diese Definition, dass eine FMN Resultat eines Prozesses der Konzentration und Zentralisation des Kapitals ist sowie über eine internationale Strategie und Organisation verfügt.

Das klassische Verständnis eines MNU mit ihren Filialen im Ausland und die sie leitenden Strategien ist jedoch mittlerweile überholt. Diese Definitionen berücksichtigen die kleinen und mittleren auf internationaler Ebene agierenden Unternehmen sowie die neuen Formen der Investitionen als auch die Kooperationen und Allianzen nicht. Ohne den Erwerb von Kapitalanteilen vermag ein Unternehmen ein anderes zum Beispiel über Lizenzen, Subcontracting, Franchising maßgeblich zu beeinflussen. Andreff (1996b: 30) meint sogar, dass die Dimensionen der *multinationales* dermaßen komplex und global geworden seien, dass man sie mit einfachen Definitionen gar nicht mehr erfassen könne. Besser sei es, die Realität der *multinationale* mit einigen stabileren Konzepten zu erfassen. Er schlägt vor, die *multinationale* zu verstehen als eine Organisation, eine Form der Koordination verschiedenartiger Interessen (Aktionäre und leitende Manager) und widersprechender Interessen (Aktionäre und Lohnabhängige), die kooperieren müssen. Diese Kooperation drückt sich in vertragsmäßigen Vereinbarungen aus, die auf hierarchischen Machtverhältnissen (Lohnverhältnisse) und der klaren Zuweisung von Aufgaben (Arbeitsteilung und Arbeitsrhythmus) basieren, deren Einhaltung mit Drohungen (Entlassungen, Konkursrisiko, Übernahme der Kontrolle durch Aktionäre, die höhere Profite einfordern) durchgesetzt wird.

John Dunning, der in mehreren Jahrzehnten ein umfassendes Forschungswerk zum Verständnis multinationaler Unternehmen beigesteuert hat, konzidierte, dass es zwar korrekte Antworten auf spezifische Fragen gibt, aber noch immer keine umfassende Erklärung für die internationale Produktion. Trotz der Fülle von Forschungsarbeiten, ist unsere Kenntnis über die Bestimmungsgrößen der Aktivitäten von multinationalen Unternehmen immer noch sehr unvollständig, besonders wenn es um die Erklärung von internationalen Kooperationen, strategischen Allianzen, verschiedenen Formen von Subcontracting und die Umstände von Engagements ohne Kapitalinvestitionen geht (Dunning 1993b: 67, 139, 180).

Verschiedene Autoren (u.a. Bartlett und Ghoshal 1987b; 1989) legen Wert auf die Unterscheidung zwischen multinationalen und transnationalen Unternehmen. Angesichts der Vielfalt von Strategien, Organisationsformen und Umstrukturierungen von ganzen Industrien ist jedoch eine scharfe begriffliche Unterscheidung nicht möglich. Die UNO und UNCTAD verwenden den Begriff *Transnational Corporation* (TNC). Pragmatisch halte ich mich an den in der wissenschaftlichen Debatte mehrheitlich verwendeten Begriff des multinationalen Unternehmens, bzw. multinationalen Konzerns als Sammelbegriff für international tätige Konzerne.[14] Sofern angebracht, benutze ich den Begriff des globalen Konzerns.

---

[14] Zur Begriffsdiskussion siehe auch Dunning (1993b: 11 Fußnote 1)

2.2.2 Konzentration des Kapitals und multinationale Konzerne

Die letztlich auf Ricardos Theorie der komparativen Vorteile basierende Handelstheorie fokussiert sich letztlich auf den Handel zwischen Nationalstaaten und berücksichtigt die multinationalen Unternehmen höchstens als Zusatz (Michalet 1994: 10). Auch die Ansätze der Transaktionskosten und der Marktorganisation[15] lassen ein entscheidendes Merkmal der kapitalistischen Ökonomie außer Acht: die Konzentration und Zentralisation des Kapitals (für eine ausführlichere Diskussion siehe Zeller 2001c). Die multinationalen Unternehmen und die internationalen Investitionsbewegungen sind nicht in ein konsistentes Konzept der Weltökonomie integriert. Im Gegensatz zur handelsbezogenen Internationalisierung führt die Internationalisierung der Produktion zur Akkumulation, Zentralisation und zu Kapitalflüssen innerhalb großer Unternehmen über die nationalen Grenzen hinweg und somit zu transnationalisierten Märkten innerhalb großer multinationaler Unternehmen und Banken. Die marxistische Theorie der langfristigen Kapitalakkumulation bietet in diesem Zusammenhang einen wertvollen Erklärungsrahmen, obgleich sich gemäß Michalet (1985: 242ff) weder Marx noch Luxemburg wirklich von Ricardos Verständnis der internationalen Ökonomie gelöst haben und in ihrer Analyse weiterhin der Bereich der Zirkulation dominiert.[16]

Im Zuge der Herausbildung des Spätkapitalismus und der dritten technologischen Revolution (Elektronik, Computer, Kernenergie, Raumfahrt, neue Werkstoffe) respektive der damit verbundenen neuen Entfaltung von Produktivkräften erreichte die Internationalisierung eine neue Qualität, als die internationale Konzentration des Kapitals begann, sich in internationaler Zentralisation niederzuschlagen. Im Spätkapitalismus wurde der multinationale Konzern die bestimmende Organisationsform des Großkapitals (Mandel 1972: 294ff). Mandel nannte dabei einige grundlegende Aspekte, die auch heute noch kennzeichnend für die zunehmende Internationalisierung sind. Die Entfaltung der Produktivkräfte verhindert die rentable Produktion auf nationaler Ebene in einer wachsenden Anzahl von Bereichen und zwingt zur Expansion über die nationalen Grenzen. Die oligopolistischen Großkonzerne realisieren Surplus-Profite und erhalten immer mehr Kapital zur Verfügung. Gerade in der chemischen und pharmazeutischen Industrie

---

[15] Einen Grundstein zur Theorie der Internalisierung lieferte Coase (1937) mit seiner Theorie der Firma. Darauf bauten u.a. Buckley und Casson (1976) sowie Rugman (1981; 1985; 1986). Williamson (1975; 1985) betonte das Zusammenspiel von Märkten und Hierarchien als institutionelle Formen, die jeweils spezifische Transaktionskosten verursachen.

Die Theorien der Marktorganisation gehen auf Bain (1956) zurück. Hymer (1960/76) stützte sowohl auf das Konzept der Internalisierung und der monopolistischen Vorteile. Caves (1996) und Knickerbocker (1973) betonten in diesem Kontext die oligopolistische Reaktion.

[16] Marx versteht unter der Konzentration des Kapitals das ungleiche Wachstum der Kapitale im Akkumulationsprozess. In den Händen der Kapitaleigner konzentrieren sich immer größere Kapitalmassen. Die Zentralisation umfasst die Vernichtung und Umverteilung von Kapitalen im Konkurrenzkampf, wobei Einzelkapitale ihre Selbständigkeit verlieren und sich in den Händen einer immer geringeren Zahl von Eigentümern konzentrieren. Damit wird die Zahl der konkurrierenden Kapitale reduziert (Marx 1867: 653ff). *„Der Weltmarkt bildet selbst die Basis dieser (kapitalistischen) Produktionsweise. Andrerseits, der derselben immanenten Notwendigkeit, auf stets größrer Stufenleiter zu produzieren, so dass der Handel hier nicht die Industrie, sondern die Industrie beständig den Handel revolutioniert"* (Marx 1894: 345f).

sind die technologischen Surplus-Profite die dominierende Form[17]. Schon Anfang der siebziger Jahre wies Mandel auf den relativen Niedergang des Kapitalexports in die unterentwickelten Gebiete hin. Diese Tendenz wurde einige Jahre danach im Zuge der Debatten über die 'neue internationale Arbeitsteilung' (Fröbel, Heinrichs und Kreye 1977) oft übersehen. Die zunehmenden Kapitalbewegungen zwischen Metropolen begünstigten die multinationalen Konzerne.

Michalet (1985: 273ff) verstand mit seinem Ansatz des 'capitalisme mondial' den Prozess zum System der Weltökonomie als dialektisches Ergebnis zwischen Nationalstaaten und MNU. Die Entwicklung und die Internationalisierung der MNU wird durch die Überakkumulation des Kapitals und die Suche nach höheren Profitraten im Ausland sowie durch die Konzentration des Kapitals in der Form großer MNU bestimmt. In diesem Sinne geht der Globalisierungsprozess mit einem transnationalen Zentralisationsprozess des Kapitals einher.

Die Zentralisierung des Kapitals drückt eine Veränderung in der Verteilung der Kapitale zwischen den Unternehmen aus. Sie vollzieht sich über Fusionen, Übernahmen und Kapitalbeteiligungen zwischen zwei oder mehreren Firmen. Die Zentralisation des Kapitals ist für die MNU ein Mittel, sich in rentable Sektoren und attraktive Märkte oder Regionen zu diversifizieren und die Kontrolle über redundante und konkurrierende Produktionskapazitäten zu übernehmen, um sie zu liquidieren. Dies gilt besonders für Krisenzeiten, wenn die Überkapazitäten die Firmen dazu zwingen, ihre extensiven Investitionstätigkeiten einzuschränken. Sie entspricht einer Neuzusammensetzung der Oligopole und steigert die gegenseitige Durchdringung der Binnenmärkte durch die MNU. Diese wiederum sind bestrebt ihre Anteile am Weltmarkt zu vergrößern, selbst wenn dieser als Gesamtes nicht sehr dynamisch ist (Andreff 1996b: 55).

Die Zentralisierung des Kapitals ist ein Phänomen, das bereits im 19. Jahrhundert stattfand, aber in jüngerer Zeit drei deutliche Wellen erlebte. Die erste vollzog sich in den siebziger Jahren im Zuge der durch die Krise erzwungenen Restrukturierungen. Eine zweite Welle fand in der gesamten Triade zwischen 1986 und 1990 statt. Die zweite Hälfte der achtziger Jahre war von einer richtigen Explosion von Übernahmen US-amerikanischer Firmen durch ausländische MNU und Fusionen zwischen Firmen der EG und zu einem kleineren Teil zwischen europäischen und nicht-amerikanischen (vor allem japanischen) Firmen gekennzeichnet. Diese Vorgänge repräsentierten im Jahre 1986 58% und im Jahre 1988 gar 86% der eingehenden Direktinvestitionen in den entwickelten Industriestaaten. Sie erklären zu einem guten Teil den Boom der Direktinvestitionen in der zweiten Hälfte der achtziger Jahre (Chesnais 1994: 71; Andreff 1996b: 55). Nach einer Beruhigung im Zuge der Rezession 1991/92 setzte Mitte der neunziger Jahre eine dritte Welle ein, die immer noch anhält. Diese ist nun gekennzeichnet durch gigantische Fusionen und Übernahmen zwischen Konzernen gleicher und unterschiedlicher Staaten vor allem in den reichen Regionen der Welt (Chesnais 1997: 87; UNCTAD 1999: 19f; 2000: 16). Konzerne tätigen unter Umständen auch Akquisitionen, die nicht sofort rentabel sind. Hier geht es um die Vorwegnahme künftiger Märkte und darum, diese vor eventuellen Konkurrenten zu bedienen.

---

[17] Marx hat sich im Dritten Band des Kapitals an mehreren Stellen mit dem Phänomen Surplus-Profit, eines Profits, der über der durchschnittlichen Profitrate liegt, auseinandergesetzt (Marx 1894: u.a. 188ff, 207ff, 657).

Oder es kann auch nur darum gehen, einen Rivalen daran zu hindern, diesen Platz seinerseits zu besetzen (vgl. Chesnais 1994: 105).

Allerdings vollziehen sich die Prozesse der Kapitalkonzentration und Zentralisation nicht als eherne Gesetzmäßigkeit der Kapitalakkumulation oder als lineare Machtballung weniger Akteure. Sie sind vielmehr Teil der Auseinandersetzungen um die konkrete Ausgestaltung kapitalistischer Produktion und der Verteilung des gesellschaftlichen Reichtums zwischen unterschiedlichen Konzernen und Kapitalgruppen, zwischen Konzernen und Staaten sowie zwischen den sozialen Klassen. Letztlich beeinflussen die politischen Kräfteverhältnisse den konkreten Konzentrations- und Zentralisationsprozess maßgeblich (vgl. u.a. auch Mandel 1972).

Im Rahmen der Diskussionen über industrielle Distrikte, die flexible Spezialisierung und neue, regionale Hightech Clusters wurde angenommen, dass zur Steigerung der Wettbewerbsfähigkeit eine erhöhte Flexibilität unabdingbar sei, und dass spezialisierte Netzwerke kleinerer, desintegrierter Firmen diesen Anforderungen am ehesten entsprechen (Piore und Sabel 1984; Scott 1988a; Storper und Scott 1990). Die stark gesteigerte Flexibilität der Produktion, der Arbeitsorganisation, der räumlichen Produktionsmuster und die Entstehung so genannter Netzwerkfirmen oder gar virtueller Firmen hat an der zentralen Rolle der oligopolistischen multinationalen Konzerne im Akkumulationsprozess nichts geändert (Amin und Robins 1990; Martinelli und Schoenberger 1991; Harrison 1994). Im Gegenteil, die Welle von Fusionen und Übernahmen in den neunziger Jahren unterstreicht den Konzentrations- und Zentralisationsprozess des Kapitals in den meisten wichtigen Industrie- und Dienstleistungsbranchen (Chesnais 1997). Allerdings ist das Verhältnis von Konzentration und Zentralisation ungeklärt. Mit den seit Mitte der achtziger Jahre zunehmend beobachtbaren Phänomenen der vertikalen Desintegration, der Konzentration auf so genannte Kerngeschäfte, der Ausgliederung von Unternehmensbereichen, dem Entstehen von Netzwerkfirmen läßt sich allerdings eine Entkoppelung der Konzentration von Produktions- und Technologieressourcen und der Zentralisation des Kapitals beobachten (Harrison 1994: 9).

Das einfachste Kriterium, die Konzentration auf Märkten zu messen, ist zu untersuchen, wie viele Konkurrenten welchen Marktanteil innehaben. Die Messung des Konzentrationsgrades über die Marktanteile auf nationaler Ebene ist in vielen Bereichen nicht mehr angemessen. Daten zeigen, dass mittlerweile in vielen Sektoren die weltweite Konzentration weit vorangeschritten ist und der Weltmarkt von zehn bis zwölf oder sogar noch weniger Firmen geteilt wird (OECD 1992: 222-223). Das liefert eine erste Grundlage, die kleine Gruppe von großen Konzernen zu bestimmen, die in der Lage sind, in einer Branche oder einem Produktsortiment eine echte oligopolistische Rivalität auszutragen, Eintrittsschranken zu errichten und zu verteidigen, insbesondere durch den individuellen oder kollektiven Schutz ihres technologischen Vorsprungs. Wenn es die Bedingungen erlauben, kann auch der Preiswettbewerb weltweit eingeschränkt werden, wie zum Beispiel für gewisse pharmazeutische Produkte.

Die Europäische Kartellbehörde beobachtet Konzentrationsprozesse auf der Ebene der EU und ihrer Mitgliedsstaaten. Diese Instanz prüfte auch die Fusion von Ciba und Sandoz zu Novartis und die Übernahme von Boehringer Mannheim durch Roche. Die Federal Trade Commission vollzieht eine ähnliche Arbeit in den USA. Sehr konzentrierte Formen der Produktion und der Kommerzialisierung auf internationaler Ebene sind keineswegs neu. Charakteristisch für die Phase der

Globalisierung ist die Ausdehnung sehr konzentrierter Angebotsstrukturen bei den Industrien mit hoher F&E-Intensität wie auch in zahlreichen Sektoren der Massenproduktion. Am ausgeprägtesten ist diese Entwicklung in der Luft- und Raumfahrtindustrie sowie bei speziellen Produkten in der Rüstungsindustrie. Hier kann das Ausscheiden eines Konkurrenten praktisch zum Monopol führen (vgl. Fusion von Boeing und Mc Donald Douglas im Sommer 1997, zur Konzentrationsentwicklung in der pharmazeutischen Industrie siehe Kapitel 4).

2.2.3 Globale Oligopole als 'Raum' der Rivalität

Michalet (1985) und Chesnais (1988; 1990; 1993; 1997) haben ihr marxistisches Verständnis der Kapitalakkumulation mit einer Reihe von Konzepten der 'economics of technical change' der 'theory of the firm', der 'internalisation' und der 'economics of industrial organisation and market structure' angereichert. Eine zentrale Rolle nimmt bei Chesnais das Konzept der globalen oligopolistischen Rivalität ein. Die Entstehung globaler Oligopole ist eng mit den sprunghaft angestiegenen internationalen Investitionen in der Art 'gegenseitiger Invasionen' und der damit zusammenhängenden Bedeutungszunahme multinationaler Unternehmen zu sehen. Damit verbunden ist ein Prozess der grenzüberschreitenden und transozeanischen Konzentration, die eine der Grundlagen des globalen Oligopols bildet. Die Kapitalbewegungen in Form von Beteiligungen, Übernahmen und Fusionen ab Mitte der achtziger Jahre drücken eine ganze Bandbreite von Phänomenen aus. Dazu zählen die finanzielle Orientierung von Konzernen, die sich einer techno-finanziellen Strategie (Michalet 1985) verschrieben haben und vor allem die Rationalisierungs- und Restrukturierungsbemühungen, die mit der Aneignung neuer Technologien, der Aufteilung der Konglomerate und der Rekonzentration auf Kerngeschäfte verbundenen sind. Die Einführung des Binnenmarktes in Europa verlieh dem kombinierten Prozess der Konzentration und Internationalisierung einen zusätzlichen Impuls.

Die international hoch konzentrierten Angebotsstrukturen können im Wesentlichen auf die beiden miteinander verbundenen, aber dennoch unterschiedlichen Prozesse der Internationalisierung und der industriellen Konzentration zurückgeführt werden (Chesnais 1995: 85). In einer gegebenen Industrie verursacht die industrielle und technologische Entwicklung den Unternehmen sowohl Opportunitäten als auch Zwänge (namentlich in Form von F&E-Kosten, die gedeckt werden müssen) für Weltmärkte anstatt für Binnenmärkte zu produzieren. Parallel dazu sind die Schlüsselinputs für die Produktion, namentlich in Form von wissenschaftlichen und technologischen Neuigkeiten zunehmend auf internationaler Ebene zu beziehen. Aufgrund der Produktivkraftentwicklung ist zur rentablen Produktion die nationale Ebene zu überschreiten (Mandel 1972: 294). Nachdem sich die Konzentration vor allem auf nationaler Ebene entwickelt hatte, vollzieht sie sich nun als internationaler Prozess, hauptsächlich in Form gegenseitiger transnationaler Investitionen sowie Akquisitionen und Fusionen. Mit der Globalisierung geht die Zunahme des Konkurrenzgrades auf den nationalen Märkten einher. In den bisher national oligopolistischen Industrien wurde die Liberalisierung des Handels auf die Konkurrenz nur dann wirksam, wenn sie mit der gegenseitigen Durchdringung der Märkte durch große Rivalen mittels erhöhter Direktinvestitionen gepaart war. Diese Bewegung der gegenseitigen Direktinvestitionen verringerte im Laufe der achtziger Jahre die Industriebarrieren, die die nationalen Oligopole geschützt hatten. Insbesondere in den USA fielen die nationalen Oligopole durch das Auftreten von Anbietern aus Europa und Japan. Doch dieselben Rahmenbedingungen, die die nationalen Oligopole untergraben hatten, führten aufgrund der diesen Prozess begleitenden Fusionen und Akquisitionen zur Verallgemeinerung von oligopolistischen Situationen auf Weltebene (Chesnais 1997: 118). Bei den Industrien, die durch weltweite oligopolistische Strukturen gekennzeichnet sind, haben die begrenzten gegenseitigen Abhängigkeiten (vgl. Caves 1996: 90) einer Situation Platz gemacht, bei der die Interdependenz zwischen den Oligopolisten die nationalen Grenzen überschreiten.

Wichtige Voraussetzung dieser beiden Prozesse war die international durchgesetzte Politik der Liberalisierung und Deregulierungen. Globale Oligopole und weltweite Zentralisationsprozesse sind somit nicht das Ergebnis der Strategie einer oder mehrerer Firmen, sondern einer ganzen Reihe von Entwicklungen. Diese Entwicklung setzte sich lawinenartig fort, sobald die großen Konzerne die neuen Spielregeln verstanden und ihre Direktinvestitionen im Ausland verstärkten (Chesnais 1997: 113).

Oligopolistische Situationen lassen sich nicht auf den Grad der Konzentration reduzieren. Das Oligopol ist, noch wichtiger als durch die kleine Anzahl von Rivalen, von deren gegenseitiger Abhängigkeit und Anerkennung geprägt. Die strategischen Interdependenzen zwischen den Rivalen sind ein entscheidendes Kennzeichen des weltweiten Oligopols. Die beste Strategie einer Firma ist abhängig von den Strategien eines jeden Rivalen im Markt (Friedman 1983). Damit greift Chesnais (1997: 111) auf die bereits erwähnten Arbeiten über die weltweite Expansion von US-Oligopolisten in den sechziger und siebziger Jahren zurück (Hymer 1960/76; Kindleberger 1969; Caves 1971; 1996; Knickerbocker 1973). Die großen, weltweit agierenden Firmen reagieren nicht mehr auf unpersönliche Marktkräfte, sondern persönlich und ganz direkt auf ihre Rivalen, die sie kennen. Für sie ist die Globalisierung der Konkurrenz nicht anonym. Sie stoßen in den drei Polen der Triade und in einigen anderen Gegenden, wo sie um eine kaufkräftige Nachfrage und technologische Inputs ringen, direkt aufeinander.

In einem internationalen oder weltweiten Kontext erfährt der Begriff Oligopol zudem eine umfassendere Bedeutung als in nationalen Ökonomien und zwar bezüglich der Angebots- und Nachfragestruktur. Ein globales Oligopol kann nicht automatisch wie im nationalen Kontext damit gleichgesetzt werden, dass die Unternehmen in der Lage sind, gemeinsam Mengen und Preise zu kontrollieren. Dessen Bedeutung liegt darin, dass dem Oligopol zugehörige Firmen in der Lage sind, andere Firmen vom Zugang zu Technologien auszuschließen. Die globale Konkurrenz umfasst also jene Unternehmen, die in der Lage sind, ihre oligopolistische Rivalität in vielen Ländern wirksam auszutragen (Chesnais 1995: 84).

Die Konzerne nutzen ihre gegenseitige Marktabhängigkeit selbst wiederum als wichtige Eintrittsschranken, die mit zusätzlichen Elementen wie die undeckbaren Kosten oder einem hohen Investitionsniveau, z.B. für F&E, verstärkt werden können (Andreff 1996b: 59; Chesnais 1997: 112). Mit Netzen von Allianzen und vertraglichen Vereinbarungen zwischen den Mitgliedern des Oligopols (Delapierre und Mytelka 1988) werden auch gemeinsam technologische Normen verstärkt. Diese dienen gemäß Andreff (1996b: 103) jedoch mehr der Gestaltung der Marktentwicklung als der Schaffung von Eintrittsbarrieren.

Insofern bezeichnet das *'oligopole mondial'* neben einer Marktform oder einer Angebotsstruktur vor allem einen *'Raum der Rivalität'*[18]. Dieser Raum formiert sich auf der Basis der weltweiten Expansion der großen Konzerne, ihrer gekreuzten, intratriadischen Investitionen und der internationalen Konzentration, die aus Akquisitionen und Fusionen resultiert. Er ist begrenzt durch die besonderen gegenseitigen Abhängigkeitsbeziehungen in den Märkten (Caves 1996: 90), die die kleine Anzahl von großen Konzernen miteinander verbinden. Diese streben danach, in einer gegebenen Industrie oder in einem Komplex von Industrien mit gemeinsamer technologischer Grundlage den Status eines effektiven Konkurrenten auf Weltebene zu erhalten oder zu stabilisieren. Das Oligopol ist Raum verbissener Konkurrenz und zugleich der Kooperation zwischen den Konzernen, die in der Regel ihren Ursprung in einem der drei Pole haben (Chesnais 1997: 112).

Die weltweiten Oligopole sind nicht stabil, sondern können sich, je nach Formierung von Allianzen und technologischen Entwicklungen, dynamisch verändern und neu zusammensetzen (Andreff 1996b: 58). Die zahlreichen Übernahmen illustrieren, dass eine scharfe Konkurrenz die Existenz selbst großer und erfolgreicher Konzerne, die Teile des globalen Oligopols sind, in Frage stellt (in der Pharmaindustrie wurden z.B. Konzerne wie Borroughs Wellcome, Boehringer Mannheim und Warner Lambert übernommen). Im Zuge der Krise haben sich die Oligopole neu zusammengesetzt. Die in oligopolistischen Verhältnissen agierenden Multinationalen Konzerne sahen sich gezwungen, *global insider* zu werden und Standbeine in allen drei großen Marktgebieten der Triade aufzubauen oder zu erwerben, insbesondere für eine wettbewerbsfähige Forschung und Entwicklung.

2.2.4 Globale Oligopole und Unternehmensstrategien

Oligopolistische Strategien und gekreuzte Investitionen in der Triade

Für die enorme Zunahme der gegenseitigen Direktinvestitionen in den drei Polen der Triade lassen sich protektionistische Maßnahmen in wichtigen Märkten, die Zwänge der Konkurrenz zur Produktdifferenzierung, die für das Oligopol immer schon charakteristisch waren und die durch die Rivalität im internationalen Oligopol bedingten neuen Zwänge als wesentliche Gründe anführen.

Protektionistische Maßnahmen und wirtschaftspolitische Spannungen zwischen den großen Wirtschaftsblöcken sind nicht neu. Sie können Anlaß für Direktinvestitionen sein (Ruigrok und van Tulder 1995). Für die pharmazeutische Industrie können zudem staatliche Regulierung wie Zulassungsbestimmungen für Medikamente und Validierungen von Produktionsstätten einen Anreiz für Direktinvestitionen bedeuten.

Die Strategien der Angebotsdifferenzierung und Kundenbetreuung können nicht effizient von weit weg betrieben werden. Sie haben schon bisher eine gewisse Nähe der Firmen zu ihren Abnehmern vorausgesetzt. In einer Zeit konjunktu-

---

[18] Chesnais verwendet den Begriff 'espace' nicht in einem geographischen oder geopolitischen Sinn, sondern als durch Beziehungen begrenztes 'milieux idéal ou abstrait'.

reller Schwankungen und Instabilität hat dieser Aspekt noch an Bedeutung gewonnen. Die Erfordernis der Kundenbetreuung kommt mit der dem internationalen Oligopol eigenen Notwendigkeit zusammen, den Druck der Rivalen mit Vorstößen auf deren eigene Märkten zu entgegnen.

Je nach seiner Position innerhalb eines produktiven Gefüges und des bevorzugten Marktes kann ein Konzern einen oligopolistischen Wettbewerb austragen. Nur wenn er fähig ist, in das Ursprungsland jener Firmen vorzustoßen, die die oligopolistische Konkurrenz zu ihm getragen haben, kann ein Konzern eines bedrängten nationalen Oligopols hoffen, seine Positionen zu halten (zur oligopolistischen Reaktion, vgl. Caves 1996). Folgende Elemente sind dabei von besonderer Bedeutung:

Erstens erlaubt eine erweiterte Internationalisierung, die Transfers und Subventionen zwischen den Filialen besser zu gestalten. Die gegenseitige Subventionierung von Märkten und Produkten ist ein wichtiges Kennzeichen des globalen Wettbewerbs (Hamel und Prahalad 1985: 141). Der Prozess der Globalisierung verkörpert eine neue Verkettung von wettbewerblicher Aktion und Reaktion. So nutzt ein aggressiver Wettbewerber in Heimmärkten generierte Cash Flows, um Angriffe auf Heimmärkte von Konkurrenten zu lancieren. Defensive Wettbewerber hingegen antworten nicht im Heimmarkt, von dem der Angriff gestartet wurde, sondern dort, wo der Aggressor vom Standpunkt des Cash Flows am verletzlichsten ist.

Zweitens benötigen jene Konzerne, die ihre Rivalen direkt in ihrem Heimatland konkurrenzieren wollen, eine entsprechende kritische Masse, um wirksam zu drohen. So versetzten sich Firmen in den Automobil- und Reifenindustrien sowie in Teilen der chemischen Industrie in die Lage, ernsthaften Rivalen in einem Marktgebiet mit Vergeltung in einem anderen zu antworten (vgl. Hamel und Prahalad 1985; 1993). Ohmae (1985) spricht in diesem Zusammenhang von einem 'global insider', der in allen drei Polen der Triade verankert ist. Noch immer ist für amerikanische und europäische Gruppen eine starke Präsenz in Japan nicht einfach umzusetzen (Chesnais 1997: 139).

Drittens ist die Fähigkeit, mit dem wissenschaftlichen und technologischen Potential seiner Rivalen in direkten Kontakt zu kommen, vor allem für forschungsorientierte Industrien wie auch für die pharmazeutische Industrie sehr wichtig (vgl. Chesnais 1988; 1990; 1997: 139).

Die gegenseitige Invasion mit international gekreuzten Direktinvestitionen ist, im Gegensatz zu Formen der technologischen Kooperation, eine hochgradig rivalistische Art, die gegenseitige Marktabhängigkeit anzuerkennen. Die Direktinvestitionen aus Europa stiegen vor allem in jenen Industrien stark an, die ihrerseits Zielscheibe von US-Investitionen waren. Es ging ihnen darum, neue Produkttechnologien der US-Rivalen zu nutzen und diese in ihrem Stammland zu bedrohen (Dörre 1997). Schließlich veränderten die groß angelegten Investitionen japanischer Firmen in den USA die Situation nachhaltig. Das globale Oligopol wurde irreversibel und international gekreuzte Direktinvestitionen wurden ein strategischer Zwang für große Unternehmen in ihrem Überlebenskampf.[19]

---

[19] Schamp (1996: 214) bringt die Errichtung internationaler Produktionsnetze mit den sogenannten ,transplants' japanischer Automobilfirmen ab 1982 in die USA und ab 1985 in Europa in

Konkurrenzfähigkeit und Ebenen der Globalisierungsstrategien der Konzerne

Die Arena ist weltweit, folglich müssen dies auch die Strategien der Rivalen, die Koordination, die Kontrolle und das Management der Konzerne sein. Zugleich geht es darum, die nationalen und regionalen oder genereller, alle räumlichen Unterschiede bestmöglich auszunutzen und sie immer wieder neu herzustellen. Um die Globalisierungsstrategien der Konzerne zu verstehen, sind nach Chesnais (1994: 93f; 1995: 91; 1997: 121f) drei unterschiedliche Ebenen zu beachten.

Die erste Ebene bezieht sich auf die *spezifischen Vorteile im Stammland*, die jeder Rivale aus seiner Zugehörigkeit zu den spezifischen Qualitäten eines nationalen Innovationssystems zieht. Aus diesen Vorteilen resultieren Disparitäten, die die großen multinationalen Konzerne ausnutzen und auch weiterhin erhalten wollen. Diese Vorteile basieren auf wirtschaftlichen, technologischen, politischen und militärischen Gegebenheiten.

Die zweite Ebene umfasst den *Erwerb strategischer Inputs* (Rohstoffe, wissenschaftliche und technologische Inputs, technische Übereinkünfte). Die großen Konzerne organisieren diesen Input auf globaler Ebene. Die Technologie nimmt eine ganz zentrale Rolle in den internationalen Konzernstrategien und der nach wie vor nationalstaatlich orientierten Wettbewerbspolitik der Regierungen ein. Sie ist zugleich das bestimmende Feld für das Verhältnis von Kooperation und Konkurrenz zwischen den großen, weltweit agierenden oligopolistischen Rivalen. Die meisten oligopolistischen Rivalen lokalisieren nach wie vor den Großteil ihrer F&E in ihrem Stammland (Patel und Pavitt 1991; Pavitt und Patel 1999) und interagieren mit der technologischen Basis ihres Herkunftslandes. Aber sie sind ebenso zunehmend bestrebt, in die technologischen Basen ihrer Rivalen einzudringen und dort Forschungszentren zu errichten. Diese Globalisierung der Technologie (Howells und Wood 1993) umfasst eine ganze Reihe Aktivitäten des wissenschaftlichen und technologischen 'scannings' auf globaler Ebene sowie die Akquisition und Zentralisation von Wissen in den Forschungszentren der Konzerne (Chesnais 1995: 93).

Der dritte Bereich betrifft die gängigen *Aktivitäten der Produktion und der Kommerzialisierung*. Heute sind das die großen, in den drei Polen der Triade gebildeten, kontinentalen Einheiten, Binnenmärkte und Wirtschaftsgemeinschaften, die den geopolitischen Rahmen der industriellen Integration bilden. Auf dieser Ebene versuchen die Multinationalen Konzerne sowohl von der wachsenden Homogenität ihrer Märkte als auch den Disparitäten zwischen den Ländern bei der Spezialisierung, den Lohnkosten, der Gesetzgebung und den Steuern zu profitieren. Aufgrund der Fähigkeit der Multinationalen Konzerne in direktem Kontakt mit ihrem Markt zu sein, sind die großen regionalen, das heißt kontinentalen Blöcke (Triade) auch der Ort der Rivalität mit den gegenseitigen Direktinvestitionen. Die Fähigkeit eines Konzerns, seine Position in der globalen Konkurrenz zu halten, misst sich am Gewicht seiner Präsenz in den anderen Regionen der Triade.

Verbindung. Auch die US-Automobilkonzerne haben bereits in den frühen 80er Jahren internationalen Produktionsstrategien in Europa lanciert.

2.2.5 Oligopole und räumliche Expansion

Welcher Zusammenhang besteht zwischen der industriellen Dynamik und räumlichen Expansion unter oligopolistischen Bedingungen und dem regionalen Strukturwandel? Markusen (1985) lieferte mit ihrem *profit cycle* Modell einen Ansatz, der das Wachstum von Industrien und die Entwicklung regionaler Ökonomien miteinander verschränkt. Das Model besagt, dass sich Industriesektoren entlang eines erkennbaren Pfades entwickeln und sich dabei Profite und andere ökonomische Parameter wie Beschäftigungsstrukturen, Marktzutritt anderer Firmen und Marktmacht verändern. Zugleich entsprechen den einzelnen Entwicklungsstadien innerhalb des Profitzyklus' auch bestimmte räumliche Ausprägungen. Da sich die Unternehmensstrategien je nach Stadium im Profitzyklus stark unterscheiden, ergeben sich für jede Phase auch jeweils spezifische räumliche Expansions- und Rückzugsmuster (Markusen 1985: 43–50). In der ersten Phase ist eine Industrie nur an wenigen Standorten konzentriert. Die Super-Profitphase ist durch eine Agglomeration der unternehmerischen Tätigkeiten um einen Innovationspool gekennzeichnet. In der dritten Phase der Normalprofite dehnen sich die Firmen aus und werden zugleich zahlreicher. Im Sinne einer Dispersion lokalisieren die 'multiplant' Firmen ihre Anlagen in den großen Märkten oder in günstigeren Produktionsregionen. Unter oligopolistischen Verhältnissen verzögert sich die weitere Ausbreitung. Unter Umständen dominieren die Firmen ihre Standortregionen ökonomisch. Firmen in Konsumgüterindustrien mit großer Marktmacht können unter oligopolistischen Bedingungen räumlich jedoch sogar stärker expandieren. Andererseits existiert auch das Phänomen der Clusterung oligopolistischer Industrien in wenigen Regionen. In späten Phasen kann sich die Dispersion aufgrund sich verschlechternder Bedingungen am Ursprungsstandort oder Veränderungen der Marktbedingungen beschleunigen. Im letzten Stadium ziehen sich die Unternehmen im Rahmen von Schließungen aus einer Region zurück.

Ein deterministisches Verständnis des Profitzyklus-Modells ist nicht hilfreich. Dennoch können aufgrund der expliziten Verknüpfung von Firmenstrategien und räumlichen Entwicklungsdynamiken Elemente davon in ein Analyseraster zur Untersuchung der räumlichen Expansion von großen Konzernen einfließen. Besonders hilfreich ist die Verwendung der Profitabilität und ihrer Schwankungen als Parameter für das strategische und räumliche Verhalten von Firmen. Für die vorliegende empirische Untersuchung sind zwei Konzepte zentral: Erstens ist für pharmazeutische Industrie die Frage ihrer Erneuerungsfähigkeit im Zuge der Inkorporierung der Biotechnologie von besonderem Interesse. Zweitens bietet die Verknüpfung dieses Aspekts mit der Frage der aktiven und passiven Gestaltung des regionalen, ökonomischen und sozialen Umfeldes durch oligopolistische Rivalen einen gedanklichen Rahmen für die Frage nach der Erneuerungsfähigkeit von Regionen, die von der chemisch-pharmazeutischen Industrie dominiert werden. Markusen zeigte, wie Oligopolisten die Zusammensetzung der regionalen Arbeitskräfte, die Struktur der Zulieferer, die Finanzierungssituation für Unternehmen, die politische Kultur in ihren wichtigen Standortregionen beeinflussen und damit auch regionale Entwicklungspfade prägen. Dieser Aspekt führt uns zum offeneren Konzept der geographischen Industrialisierung von Storper und Walker (1989: 70–98). Die beiden kalifornischen Geographen betonten, dass die industrielle Lokalisierung und regionales Wachstum mehr durch die Wachstumsdynamik als durch eine effiziente Allokation der Produktionsstätten in einer statischen Wirtschaftslandschaft bedingt sind. Die Industrien und Firmen produzieren also ihre Standortbedingungen eher selbst als dass sie auf eine spezifische Verteilung von Faktorausstattungen reagieren. In diesem Sinne ist die geographische Industrialisierung in dem Maße wie sie Ressourcen schafft und Wachstum induziert Motor der regionalen Entwicklung.

2.3 Globale Strategien. Globale Konzerne?

2.3.1 Von multinationalen zu globalen Strategien

Die massive Zunahme von internationalen Direktinvestitionen in den achtziger Jahren sowie die Globalisierung der Märkte und Konkurrenzbedingungen führte zu einer breiten Diskussion über die Internationalisierungprozesse von multinationalen Unternehmen und neue Formen der Arbeitsteilung. Der im Zuge der langen Aufschwungphase von Ende der vierziger bis Mitte der siebziger Jahre stark angestiegene Welthandel stützte sich primär auf Exportstrategien der Unternehmen. Mit dem starken Anstieg der internationalen Direktinvestitionen verfolgten die Konzerne zunehmend Strategien, die als 'multinational' oder 'multidomestic' bezeichnet werden können (Bartlett und Ghoshal 1987a; 1987b; 1989; Porter 1986). Eine multinationale Strategie wurde in den 50er und 60er Jahren vor allem von US-Konzernen verfolgt. Besonders bekannt sind beispielsweise General Motors, Ford und General Electrics mit ihren Niederlassungen in den Wachstumsmärkten Europas. In Europa gab es 'multinationale Unternehmen' fast nur aus den kleinen Ländern wie den Niederlanden, der Schweiz und aus Großbritannien. In diesen Ländern geht die internationale Orientierung der Ökonomie auf die zwanziger Jahre zurück (Ruigrok und van Tulder 1995: 128ff). Die 'multinationalen' oder 'multidomestic' Unternehmen funktionierten als verhältnismäßig lose, manchmal über Jahrzehnte hinweg gewachsene Konglomerate, die aus einem kapitalstarken Konzernzentrum und verhältnismäßig unabhängigen Auslandsgesellschaften bestanden. Mit der Multinationalisierung ging oftmals ein Diversifizierungsprozess einher. Die Aktivitäten der einzelnen Auslandsgesellschaften waren in der Regel auf jenen Markt konzentriert, in dem sie lokalisiert waren. Nicht selten erzeugten Rivalitäten zwischen Hauptsitz und den stärksten Auslandsgesellschaften massive Spannungen, die auch die strategische Ausrichtung beeinflussten. Die strukturelle Basis dieser Internationalisierungsstrategien war die in den kapitalistischen Ländern spezifisch ausgeprägte Nachkriegsprosperität (Hirsch-Kreinsen 1997).

Die Strukturveränderungen des Weltmarktes gingen einher mit einem Wandel der Internationalisierungsstrategien der Konzerne. Die Mitte der achtziger Jahre geradezu explosionsartig ansteigenden internationalen Direktinvestitionen waren auch Ausdruck neuer Konzernstrategien. Bartlett und Ghoshal (1989) erkannten in der transnationalen Strategie die 'best practice'. Diese ist durch eine Lokalisierung von Produktionsstätten in den wichtigsten Weltregionen und Segmenten des Weltmarktes gekennzeichnet. Dadurch können Kostendifferenzen zwischen den einzelnen Ländern und Regionen für eine global orientierte Kostenminimierung der Produktion genutzt werden. Ebenso können die Konzerne mit einer internationalen Ausdifferenzierung der Produktionsorganisation Währungsturbulenzen und unkalkulierbaren Barrieren des Weltmarktes umgehen sowie mit räumlicher und sozialer Nähe der Produktion zu wichtigen Absatzmärkten die Absatzchancen verbessern. Wichtiges Anliegen ist zudem, die Innovationsprozesse im internationalen Maßstab zu reorganisieren und zu beschleunigen. Gerade in der pharmazeutischen Industrie wurde die Verkürzung der 'time to market' eine zentrale Erfordernis. Die transnationale Strategie erfordert eine tendenziell weltweit verteilte, zugleich elastisch steuerbare Unternehmens- und Produktionsstruktur. Wichtiges Kennzeichen dieser Strategie ist also die Etablierung von transnationalen Produktionsnetzwerken, die sämtliche Funktionen der Innovation, Produktion und Vermarktung umfassen (Hirsch-Kreinsen 1997: 105f).

Die MNU verschmolzen in den achtziger Jahren Marktstrategien und Strategien der Produktionsrationalisierung und lösten Relais-Filialen zur Bedienung nationaler Märkte ab, die für die *multidomestic* Strategien typisch waren. Mit den neuen techno-finanziellen Strategien (vgl. Michalet 1985) und den strategischen Allianzen haben sie eine ganze Reihe von strategischen Optionen entwickelt. Andreff (1996b: 47; 1996a: 387) sah diese Prozesse insgesamt in eine *globale Strategie* der weltweiten Integration der Produktion durch die *'multinationales globales'* münden.

Die globalen Strategien zeichnen sich durch eine globale Sichtweise der Märkte und der Konkurrenz (Porter 1986) aus. Sie kennen ihre Rivalen gut, da die Globalisierung der Konkurrenz nicht anonym ist und eine Interdependenz zwischen allen MNU des Oligopols schafft (Chesnais 1994; 1997). Sie kontrollieren ihre Operationen innerhalb der Triade. Sie operieren in Hochtechnologieindustrien und suchen dabei auf Weltebene Träger von Innovationen. Sie lokalisieren ihre Aktivitäten dort, wo sie am rentabelsten erscheinen. Sie koordinieren ihre Aktivitäten mit Hilfe von Informationstechnologien und flexiblen Produktionstechnologien (UNCTAD 1994) und zergliedern ihren Wertschöpfungsprozess in zahlreiche Länder im Rahmen von kontinentalen oder globalen Wertschöpfungsketten. Sie organisieren ihre Produktionsstätten und spezialisierten Filialen in einem international integrierten Netz (Savary 1993) und begeben sich selbst in ein Netz von Allianzen mit anderen MNU. Dabei steht das Überleben auch großer Konzerne durch die zugespitzte Konkurrenz im globalen Oligopol auf dem Spiel. Die *globale Strategie* ist also nicht nur technisch und finanziell, sondern auch grundlegend industriell und kommerziell orientiert.

Andreff führt fünf Kriterien zur Beurteilung der *globalen Strategien* an: die internationale Zentralisation des Kapitals, die Holdingstruktur der MNU, ihre Behandlung von Forschung und Entwicklung sowie Technologie, ihre Allianzen mit anderen MNU und die weltweite Integration ihrer Produktion. Allerdings vermag Andreff nicht zu bestimmen, ab welchem Internationalisierungsgrad sich der Begriff *global* rechtfertigen lässt und eine neue Qualität der globalen Integration von weltweit tätigen Konzernen darstellt. In diesem Sinne lässt sich die Interpretation von Andreff eher als Annäherung an unterschiedliche Prozesse verstehen, nicht aber als analytischer Rahmen, um den Grad globaler Integration verschiedener Funktionen der MNU zu erfassen. Es erstaunt daher nicht, dass Andreff sehr unterschiedliche Konzerne wie IBM, Sony, Toyota, Mazda, Ford, General Motors,

ABB, Glaxo und Ciba-Geigy als Beispiele für globale Multis aufführt (Andreff 1996b: 54; 1996a: 387).

Andreff verweist in diesem Zusammenhang auf die neuen Organisationsformen, mit denen sich die MNU versehen haben, um sowohl global als auch lokal angepasst zu arbeiten. Jede Einheit, jeder Betrieb, jede Division der MNU übernehme bestimmte Aufgaben im Rahmen einer weltweiten oder kontinentalen internen Arbeitsteilung. Eine wachsende Zahl von MNU bediene die Weltmärkte von Netzwerken aus, die in einer Region oder einem Kontinent konzentriert seien; was eine weitere Etappe zu noch weitergehender globaler Integration markiere (Andreff 1996b: 60). Trotz des kritischen Tones, ähnelt Andreff's Interpretation stark der komplexen globalen Strategie von Porter (1986) und der *'best practice'* des transnationalen Unternehmens von Bartlett und Ghoshal (1989). Mit den globalen Strategien der Multis entstehe ein international integriertes produktives System, bei dem das Territorium eine sekundäre Variable sei. Letztlich sei ein Prozess der *'déterritorialisation'* festzustellen, der zur weitgehenden Loslösung der Bindung der Konzerne nicht nur zu ihrem angestammten Territorium, sondern auch anderer Territorien führe (Andreff 1996a:376).

2.3.2 Globalisierung der Konkurrenz

Ruigrok und van Tulder (1995: 159-169) kamen in ihrer Analyse des Internationalisierungsgrades der 100 Top-Firmen der Fortune 500-Liste aus dem Jahre 1993 zu wesentlich zurückhaltenderen Ergebnissen. Keine der größten Kernfirmen sei wirklich global, *'footloose'* oder grenzenlos. Es bestehe eine klare Hierarchie in der Internationalisierung der Unternehmensfunktionen. Obgleich Verkäufe und Produktion stark internationalisiert sein können, blieben die Vorstände und Managementstile mit wenigen Ausnahmen national. Die F&E bliebe klar unter Heimkontrolle und die meisten Unternehmen hielten eine Globalisierung der Finanzen als zu unsicher. Die am stärksten internationalisierten Unternehmen kämen am ehesten aus kleinen industriellen Systemen respektive Ländern, deren Internationalisierung sich aber größtenteils auf Verkauf und Produktion im Ausland beschränke. Die meisten Kernfirmen halten noch immer die Mehrheit der F&E in ihrem Stammland. Dieser Sachverhalt trägt übrigens dazu bei, dass die Schweiz einen überdurchschnittlichen Anteil von F&E am Bruttoinlandsprodukt aufweist.

Es besteht eine klare Hierarchie der Internationalisierung in einem industriellen Komplex. Die Kernfirmen als zentrale Akteure dieser Komplexe internationalisieren ihre Aktivitäten, bewahren aber ihre nationalen Ursprünge. Im Allgemeinen weisen die Zulieferfirmen eine geringere Internationalisierung als die Kernfirmen auf. Im Zusammenhang mit der toyotistischen Arbeitsteilung japanischer Firmen existieren stark internationalisierte Verkaufsorganisation, die aber dazu tendieren, als Verlängerung ihrer industriellen Gruppe zu fungieren. Die Kapitalgeber schließlich folgen und erleichtern eher den Internationalisierungsprozess industrieller Firmen, als dass sie ihm vorangehen. Die Regierungen und Gewerkschaften handeln bloß auf nationaler Ebene.

Die Internationalisierungsmuster hängen stark von den Kräfteverhältnissen und Aushandlungsmustern des industriellen Komplexes im Stammland und in anderen wichtigen Standortländern ab. Die Beschaffenheit der Aushandlungsarena im

Stammland einer Firma steht am Ursprung ihrer Internationalisierungsstrategie. Folglich kann nach Ruigrok und van Tulder (1995: 169) die Internationalisierungsstrategie einer Firma nur verstanden werden als direkte Ausdehnung der Natur der Aushandlungsbeziehungen in ihrem industriellen Komplex im Stammland.

Auch Chesnais (1995: 77; 1997: 135f) relativiert die Existenz einer eigentlichen globalen Integration der Produktion. Obwohl die Konkurrenz global ist, wird sie immer noch von weitgehend getrennt industriellen Basen in den drei Polen der Triade ausgetragen. Tatsächlich steigt in vielen Industrien der Grad der Verflechtungen zwischen den Ländern schnell an, jedoch vor allem innerhalb der einzelnen Pole oder zumindest in zwei Polen der Triade. So ergeben sich eher kontinentale als globale Verflechtungen (vgl. Ruigrok und van Tulder 1995). Mit den von Porter (1986) erwähnten Linkages geht zwar das *'global sourcing'* von Schlüsselinputs einher. Strategische Rohmaterialien werden im Weltmaßstab (auch außerhalb der Triade) erschlossen. Technologien und F&E-intensive Zwischenprodukte stammen jedoch aus den OECD-Ländern. Die industrielle Produktion ist sogar weniger global und mehr auf die Länder der Triade zentriert als noch vor zwanzig Jahren. Hierfür gibt es wichtige technologische und organisatorische Gründe. Das Aufkommen neuer Technologien ging einher mit der Einführung und ständigen Verbesserung von produktionsbezogener Mikroelektronik und der Anwendung neuer Produktions- und Managementmethoden. Damit verbunden ist die weitreichende Nutzung von Subcontracting und Just-in-time-Lieferbeziehungen. In diesem regionalen oder besser kontinentalen Kontext vollzieht sich auch ein großer Teil der Kommerzialisierung. Das bedeutet, dass der internationale Handel mit Zwischen- als auch Endprodukten mehrheitlich ein kontinentaler Handel ist.

Im Unterschied zur industriellen Integration der Unternehmen (Porter 1986) versteht Chesnais (1994: 92; 1995: 76) unter globaler Industrie eine Industrie, die sich in einem globalen Wettbewerb befindet. Es ist eine Industrie, in der internationale gekreuzte Investitionen und transnationale Konzentration zu einer Situation von gegenseitiger Marktabhängigkeit geführt haben, die die Wettbewerbsposition und strategische Entscheidungen der großen multinationalen Unternehmen nachhaltig beeinflusst. In einer derartigen Industrie wird die Wettbewerbsposition einer Firma in einem Land stark beeinflusst von ihrer eigenen Fähigkeit zur Koordination und Integration ihrer Aktivitäten auf internationaler Ebene sowie vom Verhalten der oligopolistischen Rivalen (vgl. Vernon 1992: 29-30).

In transnational konzentrierten Industrien oder Produktgruppen ist die Konkurrenz insofern global, als sie hauptsächlich im selben Weltmarkt stattfindet (der hauptsächlich in der Triade lokalisiert ist, wo sich auch der Großteil der weltweiten Kaufkraft befindet) und von jenen Firmen umkämpft ist, die in der Lage sind, den oligopolistischen Wettbewerb auf Weltmaßstab auszutragen. Auf der Angebotsseite umfasst das globale Oligopol eine ziemlich kleine Anzahl echter Rivalen, die in einem komplizierten Mix von Verhältnissen zueinander stehen, die von Kooperation bis harter Konkurrenz reicht. Auf der Nachfrageseite besteht ein weitgehend gemeines Set von Werten, die von den Medien und der Werbung geprägt werden, die den Konsum international antreiben und homogenisieren (Chesnais 1995: 76).

Abgesehen von der Globalisierung des Finanzsektors haben sich die Globalisierungstendenzen bei der Konkurrenz am weitesten entwickelt. Die Globalisierung der Konkurrenz betrifft aber nicht nur die Oligopolisten, sondern alle Unternehmen. Für die national orientierten Unternehmen und die kleinen und mittleren Unternehmen in Europa ist sie Folge der Liberalisierung der Märkte im Rahmen des GATT und des Binnenmarktes. Für diese Firmen kann die weltweite Konkurrenz eine reale Bedrohung sein, die in einigen Fällen identifizierbar, oft aber anonym ist. Während einer langen Periode waren diese Unternehmen durch nationale Bestimmungen relativ geschützt. Für die großen Konzerne resultiert der globale Charakter der Märkte und der Konkurrenz oder Rivalität aus der gegenseitigen Durchdringung der Märkte über Handel, Direktinvestitionen und anderen Formen. Für sie ist die Globalisierung gleichbedeutend mit dem Zusammenbruch der nationalen Oligopole und deren Transformation auf Weltebene. Schließlich ist mit der Idee des *globalen Wettbewerbs* eine massiv gesteigerte Freiheit für die Konzerne verbunden, die Produktion so zu organisieren, dass sie die spezifischen Vorteile, die durch die produktiven Bereiche unterschiedlicher Ökonomien und nationalen Innovationssysteme angeboten werden, integrieren und die unterschiedlichen Kosten der Arbeitskräfte ausnutzen können. Entscheidend sind die Veränderungen der institutionellen Rahmenbedingungen (GATT/WTO, Deregulierung der Finanzmärkte und Schaffung internationaler Liquidität), die es den Unternehmen ermöglichen, neue Organisationsformen und neue Strategien anzuwenden (vgl. Schamp 1996: 207).

2.4 Restrukturierungen und räumliche Organisation

2.4.1 Optionen der räumlichen Integration der Produktion

Die bislang diskutierten Ansätze stellen nun die Grundlage dar, um die industrielle Restrukturierung in ihrer räumlichen Dimension darzustellen. Angesichts der Fülle von Möglichkeiten, wie MNU ihre Produktion auf internationaler Ebene räumlich organisieren können, sind Generalisierungen schwierig. Die Erfordernisse an Produktionsstätten unterscheiden sich je nach der spezifischen organisatorischen und technologischen Aufgabe, die sie im gesamten Produktionssystem wahrnehmen und der geographischen Verteilung von standortrelevanten Faktoren. Dicken (1992: 202ff) unterscheidet in vier Typen der internationalen Organisation von Produktionseinheiten, Chesnais (1994: 110) ergänzte die Zusammenstellung mit dem toyotistischen Modell (vgl. auch Veltz 1996).

a) Die global konzentrierte Produktion: Die gesamte Produktion erfolgt an einem Standort und die Produkte werden von hier auf die Weltmärkte exportiert.

b) Die marktorientierte Produktion im Gastland: Jede Produktionseinheit produziert eine Bandbreite von Produkten und bedient den jeweiligen nationalen Markt. Es gibt keine Verkäufe über die Landesgrenzen. Die Größe der Produktionsstätte wird durch die Größe des Marktes limitiert.

c) Die Produktspezialisierung für einen globalen oder regionalen Markt: Jede Produktionseinheit stellt nur ein Produkt für den Verkauf in einem regionalen Markt und in mehreren Ländern her (z.B. europäischer Binnenmarkt oder Nordamerika). Die Produktionsstätte kann aufgrund der Skalenerträge des umfangreichen regionalen Marktes sehr groß sein.

Die Firmen erhalten ein regionales oder weltweites Mandat. Sie spezialisieren sich auf eine oder mehrere Produktlinien, die den Charakter von gesamten Systemen haben. Der Konzern gesteht ihnen eine weitgehende Autonomie in der Organisation der Produktion zu. Der Filiale ist auch die Aufgabe übertragen, die ganze Produktpalette der Gruppe zu vermarkten. Diese Strategie entstand in den letzten drei Jahrzehnten als rationalisierte Produkte- oder Prozessstrategie (vgl. Strategie der Produktionsrationalisierung von Michalet 1985 in Kap. 2.4.1). Große spezialisierte Produktionsstätten haben mit der Verwirklichung des Binnenmarktes in Europa an Bedeutung gewonnen. Dennoch sind beträchliche Variationen dieser Strategie je nach Industrie, Märkten und Technologien festzustellen.

d) Die transnationale vertikale Integration: Bei der vertikalen Integration beruht die Spezialisierung auf der technischen Aufteilung des produktiven Systems. Technologische Innovationen im Produktionsprozess erlauben es, verschiedene Abschnitte des Produktionsprozesses zu fragmentieren und gewisse Fabrikationsabläufe stärker zu standardisieren. Gleichzeitig haben technologische Entwicklungen im Transportwesen, in der Kommunikation und in der Logistik die geographische Flexibilität zur Lokalisierung des Produktionsprozesses stark erweitert. Damit wurde die transnationale vertikale Integration möglich, bei der verschiedene Abschnitte des Produktionssystems an verschiedenen Standorten der Welt stattfinden. Die Organisation kann als *Kette* oder als *Traube* erfolgen. Die Montageeinheit ist in beiden Fällen die Schlüsselstelle der Gesamtheit. Bei der *Kette* bearbeitet jede Produktionseinheit einen Abschnitt einer Produktionssequenz. Die Einheiten sind über die Ländergrenzen in einer kettenartigen Sequenz miteinander verbunden. Der Output der einen Einheit ist gleich dem Input der nächsten Einheit. Bei der *Traube* bearbeitet jede Produktionseinheit eine spezifische Operation eines Produktionsprozesses und liefert den Output in eine Montageeinheit in einem anderen Land.

Das fertige Produkt kann seinerseits in ein Drittland oder an den Heimmarkt des Mutterunternehmens exportiert werden (*export platform*). Die Produktionsstätten werden manchmal als *workshop affiliates* bezeichnet, die als *international sourcing points* für das MNU als ganzes fungieren. Dieses *offshore sourcing* ist allerdings keineswegs in allen Industrien oder Prozessabschnitten möglich. Lanciert wurden diese Strategien in den späten sechziger Jahren zuerst von US-Konzernen vor allem im Elektroniksektor mit Produktionsstätten in Mexiko und Südostasien. Anschließend leiteten europäische und japanische Konzerne ähnliche Schritte ein.

Es sind zwei Arten von Aktivitäten, die dazu tendieren, diese Organisationsformen anzunehmen. Erstens sind es Produkte im reifen Stadium des Produkt-Lebenszyklus', in dem die Technologie standardisiert wird, lange Produktionsläufe notwendig sind und halb- oder unausgebildete Arbeitskräfte sehr wichtig sind. Zweitens sind es gewisse Teile des Produktionsprozesses in neueren Industrien, die auch arbeitsintensiv und auf wenig- oder unausgebildete Arbeitskräfte zurückgreifen, obwohl die Industrie als ganze sehr kapital- und technologieintensiv ist (wie z.B. die pharmazeutische Industrie). Dicken (1992: 205) führt vier wichtige Faktoren an, die die Standorte dieser Produktion in Entwicklungsländern beeinflussen: Erstens, die Arbeitsintensität des Produkts oder des Prozesses in den entwickelten Ländern; zweitens, der Umfang der Standardisierung des Produktionsprozesses; drittens, der Grad, mit welchem der Produktionsprozess in einzelne

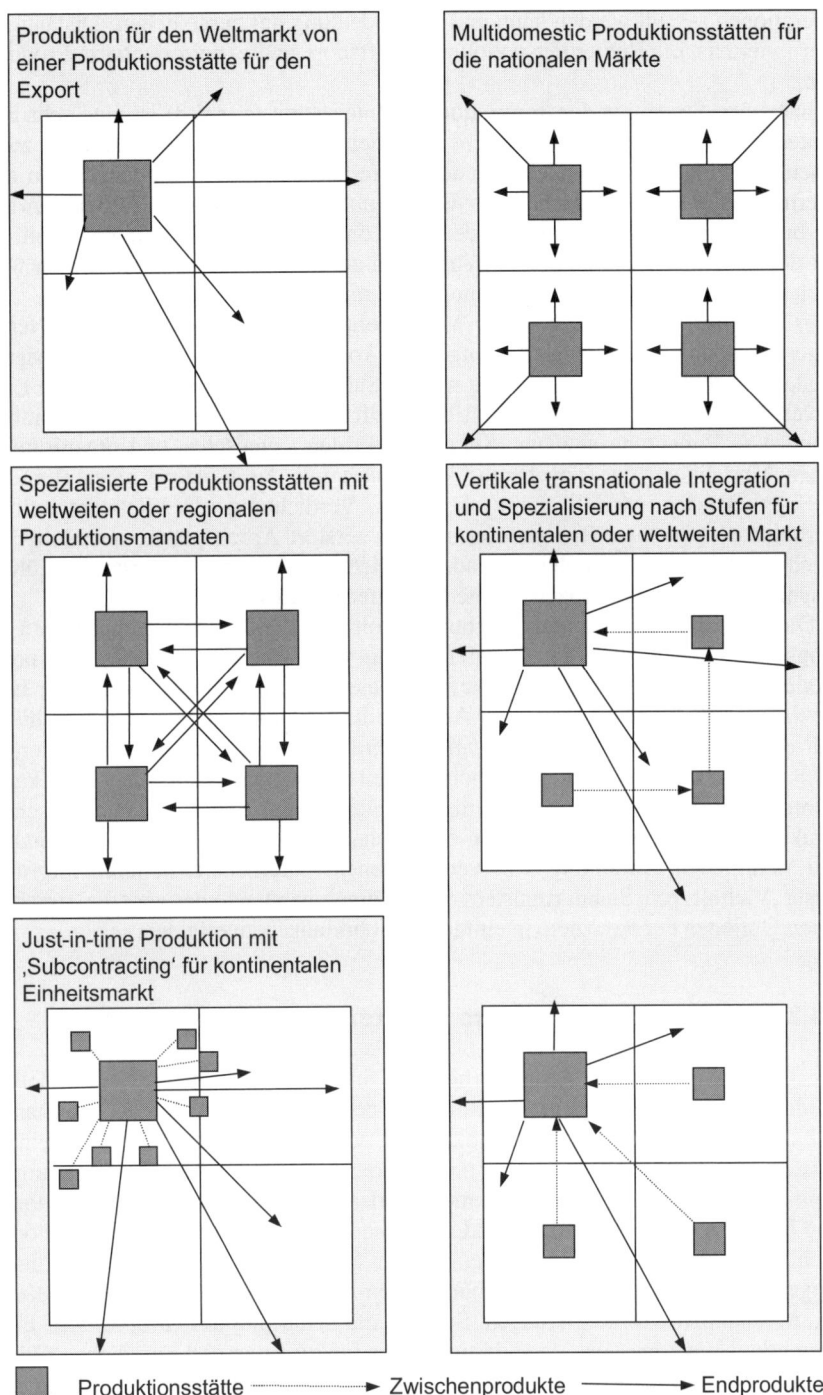

Abb. 2.2. Strategien der transnationalen Integration (Dicken 1992: 202; Chesnais 1994: 110)

Operationen zerteilt werden kann und die Bedeutung der zusätzlichen 'Distanzko-sten'; viertens, die Regierungspolitiken für offshore und exportorientierte Produktion.

In beiden Strategien der transnationalen Integration (c und d) ist eine sehr bedeutende Steigerung des Austauschs von Fertig- und Zwischenprodukten zwischen den Filialen und den verschiedenen Produktionsstätten verbunden, also ein internationaler Handel innerhalb der Firmen und der Branchen. In Europa wurden die beiden Strategien erstmals von den US-Konzernen praktiziert, in einer Zeit, in der der gemeinsame Markt seine Wirkungen zu entfalten begann. Aber man war noch weit vom heutigen Grad der Integration mit dem Binnenmarkt entfernt.

e) Die toyotistische Integration: Viele Konzerne haben begonnen, ihre Netze enger zu spinnen, die Niederlassungen zu konzentrieren und die delokalisierte Produktion durch externe Lieferung mittels Subcontracting und langfristigen Lieferverträgen zu ersetzen. Chesnais (1994: 109ff) meint, dass die Figur e gegenüber c und d an Bedeutung gewinne. Sie entspricht den technischen und organisatorischen Modalitäten des Toyotismus kombiniert mit der Existenz eines Binnenmarktes. Dieses Modell führt zu einer Verdichtung der Subcontracting-Verhältnisse und ihrer Rationalisierung und zerstört Arbeitsplätze, manchmal in erheblichem Ausmaß. Zugleich wendet sie sich Regionen zu, in denen die Löhne gesenkt wurden und die soziale Sicherheit unterminiert wurde.

Die Mobilität des Kapitals, verbunden mit der Vielfältigkeit technischer Lösungsmöglichkeiten und der Zulieferung aus der Nähe (*just-in-time*) und neue Produktionskonzepte haben dazu geführt, dass die Unternehmensnetzwerke und die damit verbundenen Formen der Arbeitsteilung sich räumlich sehr unterschiedlich entwickeln können; vom '*global sourcing*' bis zu den regional integrierten industriellen Distrikten. Die räumliche Arbeitsteilung innerhalb von MNU kann extrem komplex sein, einerseits aufgrund von komplizierten organisatorischen Strukturen, andererseits wegen der zahlreichen Möglichkeiten der funktionalen und räumlichen Aufteilung von verschiedenen Unternehmensteilen. Aufgrund dieser Vielfalt von Standortmustern ist es zunehmend schwieriger, die strategischen Optionen der Konzerne in einfachen Abbildungen zu erfassen.

2.4.2 Restrukturierungsprozesse und räumliche Reorganisation

Die Umstrukturierungen der Unternehmen finden meist auch ihren räumlichen Niederschlag. Die Veränderungen innerhalb der MNU wirken sich auf die Standorte aus, an denen Einrichtungen lokalisiert, verlagert, erweitert oder verkleinert werden. Dabei lassen sich interne und externe Gründe für diese Veränderungen identifizieren, die aber oftmals eng miteinander verbunden sind. Externe Faktoren sind beispielsweise eine sinkende oder steigende Nachfrage, ein verschärfter oder nachlassender Wettbewerb, Verengung oder Erweiterung der Märkte, Veränderungen der Kosten und der Verfügbarkeit von Inputs, Widerstand der Beschäftigten, Maßnahmen von Regierungen. So löste die Schaffung des europäischen Binnenmarktes ganz massive Veränderungen der funktionalen und räumlichen Organisation bei Multinationalen Unternehmen aus. Interne Faktoren wie z.B. zu geringe Umsätze, zu hohe Kosten und ungenügende Performance machen ebenfalls Umstrukturierungen bei Konzernen oder Teilen von ihnen nötig. In multinationalen Unternehmen kann das oberste Management die Kostenstruktur und die Effizienz ihrer Produktionsstätten an den unterschiedlichsten Standorten kontinuierlich überwachen und miteinander vergleichen. Auf diese Weise werden Standorte in direkte Konkurrenz zueinander gesetzt. Einheiten, die die Ziele nicht erfüllen, können umstrukturiert oder gar geschlossen werden.

Multinationale Konzerne verfügen grundsätzlich über zwei Optionen, gesteckte Performanceziele zu erreichen. Einerseits können sie *'In situ'* Veränderungen vornehmen, das heißt, die Kapazität einer bestehenden Anlage erhöhen oder reduzieren. Auf diese Weise können sie auch die Funktion der Anlage im Rahmen ihrer internen internationalen Arbeitsteilung verändern. Andererseits können sie relativ abrupt Produktionsstätten schließen oder neue errichten. Am häufigsten sind Akquisitionen von Fabriken anderer Firmen, der Verkauf oder die Schließung einer bestehenden Produktionsstätte und das sogenannte *'greenfield investment'* an einem neuen Standort. Durch Restrukturierungen verursachte Standortverlagerungen wirken sich auch auf andere Produktionsstätten des Konzerns aus, deren Aufgaben an die neuen Bedingungen angepasst werden müssen. Solche Standortanpassungen sind zudem oft mit der Einführung neuer Technologien verbunden. Die Reorganisation und Restrukturierung und die damit verbundenen räumlichen Konsequenzen hängen von den internen und externen Einflüssen auf das Unternehmen ab. Sie nutzen ihre immensen Ressourcen, um potentielle Produktionsstandorte auf der Welt zu prüfen. Dennoch darf die Geschwindigkeit, mit der MNU ihre Umstrukturierungen durchsetzen können, nicht überschätzt werden. Es bestehen beträchtliche Ausstiegsbarrieren, da die Produktionsstätten in der Regel riesige Kapitalinvestitionen darstellen, die nicht kurzfristig abgeschrieben werden können. Politische Kräfteverhältnisse können es einem Konzern ebenfalls verunmöglichen oder erschweren, Anlagen zu schließen. Andererseits haben sich die MNU neue Möglichkeiten geschaffen, ihre Einrichtungen im Rahmen ihrer Netzwerke zu konfigurieren, in Betrieb zu nehmen und zu schließen (vgl. Dicken 1992: 208-212; Howells und Wood 1993).

2.4.3 Formen der Integration des Produktionssystems

Im Zuge der Aufwertung der Niederlassungen von MNU im Ausland und der Zuweisung spezifischer Produktions- und Forschungsmandate sahen sich die Konzerne zunehmend vor die Herausforderungen gestellt, den gesamten Innovationsprozess von F&E, Produktion bis Marketing auf globaler oder kontinentaler Ebene zu koordinieren und integrieren. Das bedeutete auch, dass die Konzerne anstelle der eindimensionalen Leitungs- und Informationsstrukturen zunehmend Beziehungen zwischen den Stammhäusern und den Filialen und zwischen den Tochtergesellschaften errichten, die Informationsflüsse in beide Richtungen erleichterten (Bartlett und Ghoshal 1989). In *'integrierten Netzwerken'* wurden die Kommunikationsmuster wesentlich komplizierter und von vielen gegenseitigen Konktaten unter den Filialen gekennzeichnet. Die Koordination in transnationalen Organisationen hat unnötige Duplikationen der Forschungsanstrengungen zu verhindern und sicherzustellen, dass die Kapazitäten und lokalen Anstrengungen effizient genutzt werden (Hakanson 1990: 270-2).

Grundsätzlich versuchen die großen internationalen Konzerne, Innovationen so schnell wie möglich und geographisch so breit wie möglich einzuführen, um die ständig steigenden F&E-Kosten zu amortisieren. Um auf diese *'space-time compression'* zu reagieren, stehen ihnen nach Howells und Wood (1993: 142-152) auf der Basis eines ausgeprägten internationalen Netzwerks zwei strategische Optionen zur Verfügung: das *'global switching'* und das *'global focusing'*. Beide Konzepte stellen Versuche dar, die internen Vorteile einer engen Integration von Forschung, Entwicklung und Produktion zu nutzen und gleichzeitig von den Elementen der externen Umgebung zu profitieren, indem geographisch spezifische Innovationspools von Zulieferern, Untervertragsnehmern, Forschungs- und technischer Infrastruktur und Schlüsselkunden erschlossen werden.

Die globale Zuweisung oder das *'global switching'* beschreibt die Fähigkeit der Unternehmen, ihre unterschiedlichen funktionalen Operationen wie Forschung, Entwicklung, Produktion, Marketing, Verkauf, Administration auf globaler Ebene integriert zu koordinieren. Das *'vertical global switching'* - die Fähigkeit, die funktionalen Sequenzen an geographisch verschiedenen Standorten zu lokalisieren und zu verbinden, wird durch den Entwicklungspfad eines neuen Produktes von der Entdeckung/Erfindung bis zur Markteinführung eindrücklich illustriert. Die Aufgaben können auch als *'horizontal global switching'* innerhalb derselben Funktion räumlich aufgeteilt werden. Die Herstellung bestimmter Produkte kann von einer Anlage zu einer anderen ganz woanders auf der Welt transferiert werden. Grundsätzlich geht es also darum, wie das Unternehmen die verschiedenen Komponenten der Wertekette (Porter 1986), der Produktionskette (Dicken 1992: 191) oder des Produktionssystems (Howells und Wood 1993: 80-82) organisatorisch koordiniert und räumlich konfiguriert.

Das einfache *'vertical global switching'* umfasst eine Sequenz von interfunktionalen Verküpfungen von F&E, Produktion, Marketing und Verkauf. Traditionellerweise erfolgte diese vertikale Sequenz hauptsächlich an einem Orte oder in eng miteinander verbundenen Anlagen im selben Land. Große MNU haben zunehmend Sequenzen auf transnationaler Ebene lokalisiert. So kann F&E in einem Lande erfolgen, die Pilotproduktion woanders, die Massenproduktion wiederum an einem anderen Standort und die erste Markteinführung wiederum in einem anderen Land stattfinden. Die Koordination und Integration innerhalb und zwischen den verschiedenen Funktionen kann sich sehr kompliziert gestalten, erst recht wenn sie auf globaler Ebene erfolgen. Dennoch erweist sich eine derartige Zerlegung als betriebswirtschaftlich sinnvoll, wenn es gelingt, die unterschiedlichen Kapazitäten der verschiedenen Anlagen sowie die international unterschiedlichen Vorteile zu nutzen.

Howells und Wood (1993: 146) stellten anhand mehrerer untersuchter Konzerne (u.a. der Pharmakonzern Glaxo) fest, dass die funktionale Integration auf Weltebene weit komplexer ist als die hierarchischen und deterministischen Vorstellungen des Produkte-Lebenszyklus-Modells (Vernon 1966; 1971; 1979). Der Begriff des *'vertical global switching'* betrachtet die globalen Verknüpfungen und Interaktionen zwischen den Funktionen, die immer weniger mit einer auf das Stammland orientierten, hierarchischen Struktur mit einem *'filtering down'* von technologischer Expertise vom Stammland zu den Niederlassungen im Ausland zu tun haben. Dagegen umfasst er eine enger integrierte, internationale Struktur mit einer zunehmend strategischen Rolle für Niederlassungen im Ausland.

Das *'global focusing'* bezieht sich auf die räumliche Konzentration von Forschung, Produktion und anderen Schlüsselanlagen für ein spezielles Produkt, eine Produktegruppe oder Technologien an einem Standort oder einem Set von eng miteinander verbundenen Standorten auf der Welt. Dieses Phänomen zeigt sich bei der Zuweisung spezieller Produktemandate bei Fabrikationsstätten, ist aber auch mit den engeren Beziehungen zu Lieferanten und Abnehmern verbunden. Die Hauptvorteile der globalen Fokussierung liegen in ihrer Einfachheit. Mit einer gegenseitigen Spezialisierung innerhalb einer bestimmten Produktegruppe oder Technologie können die notwendige Expertise sowie die Beziehungen zwischen und innerhalb der Unternehmens auf eine bestimmte Anlage oder eine Gruppe von eng miteinander verknüpften Anlagen konzentriert werden. Auf diese Weise können Probleme der interfunktionalen Verknüpfung innerhalb des Unternehmens, die bei der Entwicklung neuer Produkte besonders wichtig sind, reduziert werden. Unter Umständen kann die Anlage auch in der Nähe von wichtigen Zulieferen oder von innovativen Kunden lokalisiert werden.

Die globale Fokussierung erlaubt ein internationales Netzwerk von Einheiten, die die Verantwortung für die Entwicklung von besonderen Produkten oder Technologien übernehmen und stellt eine Tendenz zu dezentralen netzwerkartigen Arrangements und weg von zentralisierten, vom Stammhaus dominierten Orientierungen dar. Allerdings kann dennoch die Gefahr zu zentralisierten Visionen bestehen und damit verbunden die Gefahr, wichtige Signale von anderen Märkten nicht zu erkennen. Die Konzentration aller Ressourcen auf einen Standort kann auch zur Folge haben, dass die aufgebaute Expertise nicht effizient genutzt wird.

Die Fokussierung kann die Flexibilität bei der Allokation von knappen produktiven Kapazitäten einschränken Das könnte zu einer suboptimalen Zuteilung der Ressourcen führen und die Flexibilität reduzieren, Produkte und Produktionsabschnitte zwischen den verschiedenen Anlagen hin und her zu bewegen. Auch aus dem Erfolg einer Fokussierung kann ein Problem erwachsen. So kann auch ein Konkurrent, ein Cluster aufgrund seiner technologischen Expertise sich am Standort niederlassen. Das kann in einen erhöhten Wettbewerb um Ressourcen, speziell gut ausgebildete, wissenschaftliche und technische Spezialisten, münden. Unternehmen können allerdings auch nur begrenzteren Fokussierungsstrategien folgen und nur bestimmte Produkte oder Technologien einzelnen Filialen zuweisen. Die Fokussierung ist oftmals Ergebnis informeller und evolutiver Prozesse, die auf früheren spezialisierten Aufgabenzuteilungen beruhen. Das kann dazu führen, dass eine bestimmte Produktions- oder Forschungsstätte auch in verwandten Feldern oder gar Schlüsselfunktionen in der F&E oder im Marketing eine besondere Expertise akkumuliert. Insofern ist die globale Fokussierung nicht nur Ergebnis einer angewandten Strategie, sondern auch der Evolution der internen Arbeitsteilung (Hakanson 1990: 257).

Im Kontrast zu evolutiven Entwicklungen kann die globale Fokussierung schließlich auch Ergebnis von Fusionen und Übernahmen sein. Wenn ein Unternehmen ein anderes übernimmt, das über bestimmte Stärken in einem Produktfeld oder einer Technologie verfügt, sei es in der Forschung und Entwicklung oder aufgrund seines Kundenkontaktes, kann es zum Schluss kommen, diese Fokussierung weiterzuführen und zu verstärken anstatt die Tätigkeiten in bereits bestehende Anlagen zu verlagern. Im Zuge solcher Rationalisierungen und Rekonfigurierungen können somit auch bestehende Anlagen zu Gunsten der erworbenen geschlossen werden oder andere Aufgaben erhalten.

2.4.4 Flexible kontinentale oder triadische Integration von Produktionssystemen

Die Konvergenz der Konsummuster in den reichen kapitalistischen Ländern und die Schaffung großer nahezu kontinentaler Wirtschaftsräume erlaubten es den Konzernen, die Vorteile des freien Güterverkehrs und der räumlichen Disparitäten zugleich zu nutzen. Dank der Mobilität des Kapitals vermochten sie mit der Wahl besonders attraktiver Standorte die ungleiche Entwicklung zwischen Standorten, Regionen und Ländern auszunutzen, zu erhalten und immer wieder neu zu schaffen. Besonders in Europa haben vergleichsweise hohe Einkommen, die homogene Nachfrage und die sinkenden Zölle die Verknüpfung bislang getrennter nationaler Industrien und Schaffung international integrierter Produktionssysteme erleichtert. Dies praktizierten zur Zeit des *'internationally integrated Fordism'* zwar bereits Ford und General Motors (Dicken 1992). Die neuen Möglichkeiten des Binnenmarktes, neue Technologien und Managementkonzepte sowie der *'Toyotismus'* haben diese 'Kontinentalisierung der Weltwirtschaft' enorm verstärkt.

Die MNU entwickelten verschiedene Varianten von Strategien der Integration und Rationalisierung der industriellen Produktion auf globaler, kontinentaler oder regionaler Ebene. Sie reorganisierten die Arbeitsteilung zwischen den Produktionsstätten in den verschiedenen Ländern. Mit der Verbindung von bislang national getrennten Anlagen strebten die Unternehmen nach Synergiegewinnen (vgl. Porter 1986). Diese Restrukturierungsprozesse (Howells und Wood 1993; Savary 1993; Ruigrok und van Tulder 1995) erfolgten durch die Fokussierung und Verlagerung von Tätigkeiten. Die Produktion wird nun auf der Basis von international dependenten Produktionsstätten organisiert, die zunehmend in einer kleinen Zahl von wichtigen Tochtergesellschaften zentralisiert werden und globale oder öfters großregionale respektive kontinentale Produktionsmandate befolgen. Die MNU können somit von den Lohnunterschieden wie auch von den Spezialisierungsgewinnen profitieren. Die technische Aufteilung des Arbeitsprozesses erlaubt es, unter den gegebenen Bedingungen, Spezialisierungsgewinne sowie eine größere Homogenisierung eines jeden produktiven Segments zu erreichen. Die Aktivitäten können räumlich eher entbunden und freier lokalisiert werden, sei es mit eigenen Niederlassungen im Falle der kompletten Integration oder sei es durch internationales Subcontracting und Versorgung im Ausland (Chesnais 1994: 107f). Dies führte zur Schließung zahleicher Fabriken wie auch zum *upgrading* oder *downgrading* der Anlagen, die bestehen bleiben (Cantwell und Dunning 1991: 52).

Die Regierungen greifen im Namen des freien Spiels der Marktkräfte nicht in die Rekonfiguration gesamter Industrien ein (Chesnais 1995: 101). Schließlich leisteten die zahlreichen internationalen Fusionen und Übernahmen europäischer Firmen, die zuvor eher national oder regional orientiert waren, dieser Neuorganisation zusätzlich Vorschub. Mit den neuen Organisationsformen und Produktionsmethoden zwingen die MNU andere Unternehmen, Regierungen und gesellschaftliche Organisationen zunehmend, sich ihnen anzupassen.

Diese Strategien erlaubten es, dass Produkte sowohl global standardisiert und zugleich differenziert werden, um sie lokalen Bedürfnissen anzupassen. Ein Produkt setzt sich schließlich aus Komponenten zusammen, die an verschiedensten Orten produziert und zusammengesetzt wurden, und es kann wiederum in ganz anderen Ländern verkauft werden. Die Erzeugnisse werden jedoch hauptsächlich innerhalb jenes großen kontinentalen Marktes der Triade verkauft, wo die international integrierte Produktion erfolgt (Chesnais 1994: 106; vgl. Andreff 1996b: 60).

Der Trend zu einer großregionalen oder kontinentalen Clusterung des Handels und der Investitionen an den drei Polen der Triade und die Herausbildung von regionalen Handelsblöcken war ein wichtiges Kennzeichen der achtziger und neunziger Jahre. Die in dieser Zeit beobachtbaren Prozesse der Unternehmensintegration von nationalen Industrien erfolgten mehr auf einer kontinentalen Ebene als auf einer globalen.

Es sind vor allem zwei Erfordernisse, die den meisten multinationalen Konzernen nahelegen, die internationale Organisation der Produktion innerhalb der Blöcke der Triade zu optimieren (Chesnais 1994: 106). Erstens wird mit der räumlichen Nähe zu den Kunden die Differenzierung des Angebots und die Organisierung der Kundenbindung angestrebt. Zweitens erfordern die organisatorischen Charakteristika der flexiblen Produktion (Coriat 1990) eine gewisse Nähe zwischen den Bestellern und ihren Zulieferern von Bestandteilen, Halbprodukten und Dienstleistungen. Mit der Einführung von Systemen flexibler Produktion hat sich die Bedeutung der Lohnkosten und der Nähe der Anlagen zu den Märkten als Determinanten der Standortwahl verändert. Die schlanke Produktion führt nicht dazu, dass die Multinationalen Unternehmen das Interesse an Standorten mit tiefen Lohnkosten verloren hätten. Aber sie suchen diese näher bei ihren wichtigen Basen innerhalb desselben Pols der Triade. Günstige Arbeitskräfte werden nun näher innerhalb der Bereiche der Triade gesucht.

Nicht zuletzt bestimmen die Nachfragesituation und die Märkte der wichtigsten Rivalen die Standortentscheidungen. Das hängt damit zusammen, dass die Zukunft eines Oligopolisten auch von seinen Kapazitäten abhängt, im Hinterland seiner Rivalen Marktanteile zu erobern. Natürlich gibt es auch Bereiche, in denen die Unternehmen von der Handelsliberalisierung und den neuen Kommunikationstechnologien profitieren, um Lohnkostenunterschiede besser auszunutzen. Ruigrok und van Tulder (1995: 191) bezeichnen die makro-fordistischen Schlüsselunternehmen der großen industriellen Komplexe als die Haupttriebkräfte in der Herausbildung der großen triadischen Handelsblöcke .

Die UNCTC (1992) unterscheidet, trotz fließender Grenzen, in durch Regierungen initiierte 'policy-led' und in 'FDI-led' regionale Integration. In der ersteren geht der politische und institutionelle Rahmen der Integration derjenigen auf der Produktionsebene voraus. Im Gegensatz dazu vollzieht sich die investitionsgetriebene oder durch Multinationale Unternehmen bestimmte Integration in Situationen, in denen Firmen die treibende Kraft sind (vgl. Dunning 1993a: 303).

Die Integration In Europa mit der EG/EU, der EFTA und dem EWR war anfänglich stark durch die Politik getrieben und von einem intensiven innerindustriellen Handel mit einer starken Beteiligung von mittleren und sogar kleinen Unternehmen geprägt. Mittlerweile spielt aber die durch die multinationalen Unternehmen geführte Integration eine zunehmend wichtigere Rolle. Die kombinierte Wirkung des liberalisierten Binnenmarktes, der Integration von Ländern mit sehr unterschiedlichen Lohnniveaus, der Investitionsfreiheit und der neoliberalen Politikformen bewirkten, dass die Unternehmen von beträchtlichen Lohnunterschieden innerhalb des selben Binnenmarktes profitieren können. Daher sind die multinationalen Unternehmen nicht gezwungen, ihre Produktion nach außerhalb von Europa zu verlagern. In Nordamerika können große Teile der Industrie auf entsprechende Standorte in Mexiko zurückgreifen.

In Südostasien vollzog sich seit Ende der siebziger Jahre ein starker, investitionsgetriebener Integrationsprozess. Als Resultat der Schaffung regionaler Produktionsnetzwerke durch japanische multinationale Konzerne wuchs der innerregionale und innerindustrielle Handel in diesen Ländern stark an. Das zeigt auch, wie wichtig Spezialisierungsgewinne sein können. Diese engen multinationalen Handelsbeziehungen bildeten sich zunächst unabhängig von formalen Handelsverträgen heraus. Japanische Konzerne führten Formen der transnationalen industriellen Integration in Ländern Südostasiens, vor allem im Rahmen der ASEAN, ohne regionalen Markt oder Binnenmarkt einer Wirtschaftsgemeinschaft ein.

Auch in Nordamerika wurde die Integration stark durch grenzüberschreitende Direktinvestitionen und die Aktivitäten von multinationalen Unternehmen vorangetrieben. Die Abschluss des US-kanadischen Handelsabkommen und die Schaffung der *North American Free Trade Area* (NAFTA) begünstigten und verstärkten diese Entwicklung. (Chesnais 1994: 106f; 1995: 97; 1997: 143f).

Die Dynamik der Globalisierung, die Entstehung globaler Oligopole, die Verschärfung der globalen Konkurrenz und die Entwicklung zur global integrierten Kapitalakkumulation wirken sich auf die Gesellschaften aller Länder nachhaltig aus. Die Konkurrenz oder gar Rivalität der Konzerne widerspiegelt sich in der Konkurrenz zwischen Regionen (Harvey 1989b; 1992). Dahinter steht die grundsätzliche Eigenschaft des Kapitalismus, sich räumlich ungleich und oftmals sogar gegensätzlich zu entwickeln. Der Mehrwerttransfer zwischen Regionen, basierend auf der unterschiedlichen Arbeitsproduktivität, ist geradezu eine konstituierendes Element des Kapitalismus (Mandel 1972).

Im Zusammenhang neuer transnationaler und globaler Strategien der MNU entwickelte sich eine Diskussion über das Zusammenspiel zwischen globalen und lokalen Akteuren sowie die Komponenten einer *'institutional thickness'* in Regionen (Amin und Thrift 1994). Eine hohe Dichte von Institutionen unterschiedlichster Art und vielfältige Interaktionen zwischen Akteuren und Institutionen in einer Region sind wesentliche Erfordernisse an eine lokale Einbettung (*'local embededness'*) von Unternehmensfunktionen großer Konzerne. Diese Faktoren begünstigen die Standortpersistenz und lokale Innovationsprozesse (Dicken, Forsgren und Malmberg 1994). Leborgne und Lipietz (1992: 364ff) berücksichtigen die gesamte gesellschaftliche und ökonomische Konstellation auf regionaler oder nationaler Ebene. Dabei verdichtet sich ein *'ensembles'* von Normen sozialen und kulturellen Verhaltens zu einem spezifischen hegemonialen *'bloc territorial'*, der ein bestimmtes regionales oder nationales Entwicklungsmodell verkörpert. Die Suche nach einer stabilen und sozial ausgewogenen regionalen Konstellation kann allerdings den Blick auf die kontinentale oder globale Logik von Produktionssystemen trüben, die weitgehend von großen Kernfirmen (Ruigrok und van Tulder 1995) strukturiert werden. Zudem ordnen sich diese regionalisierten Konzepte in letzter Konsequenz ebenfalls der von Harvey beschriebenen Dynamik der Konkurrenz zwischen den Regionen unter.

2.5 Die selektive Internationalisierung der Technologie

Die Technologie nimmt eine Doppelrolle ein. Einerseits ermöglichen Technologien neue Konfigurations- und Koordinationsmuster von F&E-Einrichtungen und andererseits wurden Technologie und Wissen immer mehr zum strategischen Input im oligopolistischen Wettbewerb großer Konzerne und zentrales Anliegen der Konzernstrategien. Sie sind das bestimmende Feld für das Verhältnis von Kooperation und Konkurrenz zwischen den Rivalen. Die großen Konzerne, ganz besonders in der Pharmaindustrie, stecken enorme Summen in die Forschung. Um die räumliche und organisatorische Evolution der MNU zu verstehen, ist die Technologieproduktion in engem Zusammenhang mit anderen Unternehmensfunktionen und der Dynamik der Märkte zu betrachten. Gerade die Schnittstelle zwischen wissenschaftlichem und technischem Know-how und der Produktion ist für die Performance von Unternehmen wichtig.

Erstens hat die Verkürzung der Produktzyklen, parallel zur Verlängerung der Entwicklungszeiten und der zunehmenden Bedeutung der Produktqualität und -zuverlässigkeit dazu geführt, dass die Unternehmen sich darauf konzentrieren, die Zeit, die neue Produktinnovationen zur Markteinführung benötigen, zu reduzieren. Zweitens hatten die Unternehmen das lineare Verständnis der Kette von F&E und Produktion durch interaktive Innovationskonzepte zu ersetzen, die die Feedbacks aus dem Verkauf, Marketing und der Produktion wieder in die F&E und Technologiedepartments einfließen lassen (Kline und Rosenberg 1986; Lundvall 1988; Howells und Wood 1993: 7).

Die mit diesen Trends einhergehenden Globalisierungsprozesse der F&E und der Technologieproduktion verlaufen vielschichtig und werden in der Literatur widersprüchlich verstanden. Die Komplexität der Prozesse ist selbst Ausdruck des technologischen Wandel und der Ausdifferenzierung der Technologien. Im Mittelpunkt dieses Abschnitts stehen die Fragen der Konfiguration der Forschungs- und Technologiekapazitäten von MNU und die damit verbundenen Probleme der Produktion, des Transfers und der Nutzung von technologischem Wissen. Die F&E-Funktionen sind gerade in der pharmazeutischen Industrie strategisch die relevantesten Teile eines Unternehmens.

2.5.1 Zunahme der F&E Ressourcen, Konzentration und Internationalisierung der Technologie

Die Forschung und Entwicklung war in den letzten dreißig Jahren von zahlreichen Veränderungen geprägt, die einerseits mit den veränderten gesellschaftlichen und wirtschaftlichen Rahmenbedingungen zu tun haben und andererseits auch aus den Mechanismen der Forschung selbst heraus erwachsen sind. Hervorzuheben sind die starke Zunahme der für die F&E verwendeten Ressourcen, die Internationalisierung der F&E und die Konzentration der Technologie. Parallel dazu vollzogen sich die Zunahme der interorganisatorischen Forschungskontakte sowie die Expansion der online Informations- und Kommunikationsnetzwerke. Diese Trends werden im Folgenden kurz erläutert.

Die für F&E Aktivitäten verwendeten Ressourcen sind im Verlaufe der letzten beiden Jahrzehnte deutlich angestiegen. Der Anteil der F&E-Ausgaben am Bruttoinlandprodukt in den wichtigsten Industrieländern erhöhte sich spürbar. Außerdem erlangte die industrielle F&E im Vergleich zu anderen F&E Ausgaben an Bedeutung (Archibugi und Michie 1995). Dieses Wachstum vollzog sich sowohl auf der nationalen Ebene als auch auf der Firmenebene. Parallel dazu veränderte sich die Art und Weise, wie Forschung organisiert und lokalisiert wird. Diese Entwicklung lässt sich in den längerfristigen Kontext, der bereits in den zwanziger Jahren eingesetzten 'Professionalisierung' der F&E stellen (Howells 1990b: 140). Vor 1945 beanspruchten die Forschungsbudgets der pharmazeutischen Unternehmen in den USA beispielsweise noch kleine Anteile des Umsatzes (Liebenau 1984). Erst ab den sechziger Jahren stiegen die Forschungsanstrengungen der Unternehmen beträchtlich an.

Die Investitionen in die Forschung und Entwicklung gehören zu den weltweit am konzentriertesten industriellen Ausgaben. Diese Konzentration gilt sowohl für ihre Verteilung auf die Länder als auch die Firmen. 85% bis 90% aller High-Tech-Produkte mit großem Mehrwert werden in der Triade produziert, der Rest entfällt auf die *New Industrializing Countries* (Went 1997: 55). Aufgrund dieser Konzentration erhält der von Kenichi Ohmae (1985) geformte Begriff der Triade besonders im Bereich der F&E und der Technologieproduktion Bestätigung (Behrman und Fischer 1980; Pearce und Singh 1992; Cantwell 1995: 161; Gassmann 1997: 23). Die multinationalen Unternehmen sind die Hauptakteure im technologischen Rennen: sie sind für 75% aller F&E in den OECD-Ländern verantwortlich (OECD 1992). Sowohl die großen, global tätigen Konzerne als auch weniger große Unternehmen haben in den vergangenen rund fünfzehn Jahren F&E-Zentren in den Kernländern der Triade aufgebaut (Gassmann 1997; 1998; 1999). Besonders deutlich vollzog sich dieser Trend in der pharmazeutischen Industrie (Howells und Wood 1993: 24; Howells 1996; Taggart 1991; 1993).

Mit der starken Zunahme der Forschungsaufwendungen ging die Internationalisierung der F&E einher. Noch bis in die siebziger Jahre war der Anteil der im Ausland getätigten Forschung und Entwicklung klein und im Wesentlichen begrenzt auf Konzerne aus den USA und aus kleinen europäischen Ländern wie die Niederlande, Schweden und die Schweiz. Konzerne aus diesen Ländern errichteten bereits in der Zwischenkriegszeit Forschungszentren im Ausland. Während 1966 noch rund der 7% F&E von US-amerikanischen Konzernen außerhalb der Landes getätigt wurden, waren dies 1989 13%. Der Anteil der Auslandsforschung ist in den europäischen Konzernen größer und in den japanischen geringer (Howells 1990b: 140; Howells und Wood 1993: 21-22).

In den siebziger Jahren setzte bei den europäischen und ab Mitte der achtziger Jahre auch bei den japanischen Konzernen die Internationalisierung der F&E-Einrichtungen ein. Anfänglich unternahmen die Forschungszentren im Ausland Anpassungen und Entwicklungsarbeiten der Innovationen aus dem Stammland, um die Produkte den Marktbedingungen anzupassen.

Mit der zunehmenden Ausrichtung der Unternehmen auf großräumige Märkte und den neuen Formen der internen Arbeitsteilung begannen die Konzerne ein integriertes System internationaler F&E aufzubauen. Die F&E-Zentren im Ausland haben nun spezielle Aufgaben in besonderen wissenschaftlichen und technischen Gebieten übernommen, in denen das Gastland besondere Stärken aufweist.

In diesem Sinne waren MNU zunehmend bestrebt, besondere wissenschaftliche und technische Kenntnisse zu erfassen und sich anzueignen. Mit der Internationalisierung ging auch die Entwicklung neuer Arten der Forschungsorganisation und des gesamten Forschungsmanagements einher. Die großen internationalen Konzerne dürfen nicht länger vom lokalen Heimmarkt abhängig sein, um sich mit technologischen und wissenschaftlichen Inputs zu versorgen. Sie müssen die wissenschaftliche und technologische Entwicklung auf internationaler Ebene verfolgen und sich Zugang zu jenen Standorten verschaffen, die in einem bestimmten Feld an der Spitze stehen und wo entsprechendes Know-how konzentriert vorhanden ist. Andererseits haben entsprechende Interessengruppen in Regionen Forschungszentren und Technologieparks errichtet, auf deren Wissen und Personal forschungsorientierte Unternehmen nun zuzugreifen versuchen (Howells 1990b: 140; Howells und Wood 1993: 44).

In den achtziger und neunziger Jahren haben zahlreiche MNU ihre Internationalisierung mit einer Rekonzentration auf sogenannte Kerngeschäfte und einer Reduktion auf kleinere Produktsortimente verbunden und gleichzeitig ihr Engagement in Hochtechnologiebereichen verstärkt. Vor allem in der Informatik und in der Chemie tätige MNU haben sich dieser Strategie verschrieben (Jacquemot 1990: 144). Diese Strategie begünstigte die reichen, kapitalistischen Länder als Standorte, bewirkte tendenziell kleinere Betriebseinheiten, Reduktionen des Personals und hatte Konsequenzen auf die Firmen, die von den MNU als Übernahmekandidaten ausgewählt wurden (Andreff 1996b: 49). Die Rekonzentration auf die Technologie hat sich in eine verstärkte Konkurrenz innerhalb der Oligopole übersetzt, die sich neu zusammensetzten und sich auf Weltebene neu konstituierten (Delapierre 1995).

2.5.2 Die vielfältigen Gesichter der Technologie

Der Wandel im Verhältnis zwischen Wissenschaft, Technologie und industriellen Tätigkeiten seit dem Ende der siebziger Jahre haben dazu geführt, dass die Technologie oftmals zu einem Schlüsselfaktor der Konkurrenzfähigkeit wurde. Die wissenschaftlichen und technischen Kenntnisse sind eine Art 'Rohstoff' (Michalet 1985). Die Technologie erlangte zunehmend die Bedeutung eines strategischen Input (Dunning 1993b). Das immaterielle Kapital (Software, Informatik) ersetzt mehr und mehr das materielle Kapital (Ausrüstungen). Diese technologischen Veränderungen führen zu neuen Formen der internationalen Konfiguration und Koordination des produktiven Prozesses von der Forschung bis zum Marketing.

Der Aufstieg von neuen *'enabling technologies'* (Howells 1990a: 499), wie insbesondere neue Informations- und Kommunikationstechnologien, Biotechnologie und neue Materialien, hat mit der Schaffung neuer Produkte, Verfahren und Dienstleistungen weitreichende Konsequenzen auf die Produktion und Reproduktion in den reichen kapitalistischen Gesellschaften. Zu ihrer Weiterentwicklung verlangen diese neuen Technologien ihrerseits ein breites Spektrum unterschiedlicher wissenschaftlicher Disziplinen und technologischer Inputs, was sich wiederum auf interne und externe Forschungsanforderungen bei den Firmen auswirkt. Insbesondere die neuen Informations- und Kommunikationstechnologien haben sich auf das Wachstum weltweiter F&E-Systeme, auf die Beziehungen zwischen den Forschungseinheiten in und zwischen den Unternehmen und auf deren geographische Organisation stark ausgewirkt. In der Pharmaindustrie haben die Computernetzwerke, Online-Datenbanken und Videokonferenzen die Doppelspurigkeiten in den Forschungsanstrengungen reduziert und den Informationsfluss zwischen räumlich getrennten Einheiten massiv beschleunigt. Dennoch sind diese Instrumente vielfach kein Ersatz für face-to-face Kontakte, die zur Erörterung komplexer Sachverhalte nach wie vor die einzige effektive Kommunikationsform bleiben (Howells 1990b: 143; 1995).

Die Übermittlung von Informationen zwischen den verschiedenen Instanzen innerhalb der MNU in *real time* und die Integration der Forschungseinrichtungen auf internationaler Ebene verändern auch die Marktbedingungen umfassend. Durch diesen Austausch zwischen Produzenten und Nutzern der Technologien und zwischen den Konzernen entstehen Mechanismen der gemeinsamen Kontrolle wissenschaftlicher Kenntnisse und der Produktion innerhalb der internationalen Oligopole (Delapierre 1995).

Wesentlich für die Firmenstrategien ist, dass sich die Grenzen zwischen wissenschaftlichen und technologischen Disziplinen teilweise verwischten und die Übergänge zwischen Grundlagen- und angewandter Forschung fließender wurden. Mehr als jemals zuvor, findet eine gegenseitige Durchdringung zwischen auf Wettbewerbsfähigkeit orientierter, industrieller Technologien und 'reiner' Grundlagenforschung statt. Die anwendungsorientierte Grundlagenforschung wird immer wichtiger. Dies widerspiegelt die erhöhten kommerziellen und zeitlichen Zwänge auf die F&E-Aktivitäten. In der pharmazeutischen Forschung und der Biotechnologie zeigt sich diese Entwicklung sehr deutlich. So wären hier die aktuellen Fortschritte ohne Durchbrüche in der Molekularbiologie und Biochemie nicht möglich gewesen (siehe Kapitel 4). Die zunehmende Komplexität der Forschung sowie die damit verbundenen Kosten und Zeitanforderungen erhöhten den Druck, die Schnittstellen zwischen Grundlagen- und angewandter Forschung zu verbessern. Im Zusammenhang mit gegenseitigen und kombinierten Befruchtungen zwischen wissenschaftlichen Disziplinen und unterschiedlichen Techniken lassen sich '*technologische Trauben*' identifizieren, das heißt Gruppen von Aktivitäten um eine gemeinsame technologische Basis herum (besonders in der Mikroelektronik und Biotechnologie) (Jacquemot 1990: 146; Howells 1990a: 499; Howells und Wood 1993: 41; Chesnais 1994: 117).

Mit der stark angestiegenen Komplexität in der Forschung sind die Entwicklungdauer von Innovationen und die Kosten für F&E seit den siebziger Jahren massiv angestiegen, teilweise infolge der gesteigerten Anforderungen an Qualität und Zuverlässigkeit. Die Forschungsgruppen benötigen ausgefeiltere Ausrüstungen und Geräte. Damit stiegen die Kosten, um technologische Durchbrüche zu erzielen. Ganz besonders wuchsen die Entwicklungskosten. In der gleichen Zeit, wie sich die Rate des technologischen Wandels beschleunigte, verkürzte sich die Lebensdauer neuer Innovationen. Die steigenden Entwicklungskosten und die länger werdenden Entwicklungszeiten, kombiniert mit der Verkürzung der Lebensdauer der Produkte, setzte die Unternehmen unter Druck, ihre Forschungsanstrengungen zu verstärken. Um die hohen Kosten so schnell wie möglich wieder reinzufahren, sind die Firmen bestrebt, ihre Produkte in geographisch möglichst großen Märkten zu lancieren. Diese Entwicklung ist in der pharmazeutischen Industrie einer der Hintergründe der Fusionen und Übernahmen. Die Unternehmen versuchen damit, sich technologisches Wissen, Vertriebskanäle und neue Märkte zu erschließen. Die neuen Kommunikations- und Informationstechnologien erlauben es zudem, die Neuheiten in allen Märkten zu propagieren. Diese Prozesse trugen wiederum wesentlich dazu bei, den in die Technologie investierten Anteil der Wertschöpfung zu steigern (Howells 1990a: 499f; Howells und Wood 1993: 41; Andreff 1996b: 52; Chesnais 1994: 118).

2.5.3 Dimensionen der Internationalisierung der Technologie

Die Forschungsarbeiten der letzten Jahre vermitteln kein eindeutiges Bild des Internationalisierungsgrades der Forschung und Entwicklung oder der Technologie, wenn wir den Innovationsoutput wie Lizenzen berücksichtigen. Patel und Pavitt (1991: 17) bestritten die Globalisierung der F&E. Auf der Basis einer Untersuchung von Patentdaten von 686 großen Unternehmen kamen sie zum Schluss, dass die Produktion der Technologie noch weit von der Globalisierung entfernt sei. Patentdaten vermitteln allerdings bloß ein eingeschränktes Bild der geographischen Verteilung von F&E-Tätigkeiten. Sie anerkannten allerdings, dass große belgische, niederländische, britische, kanadische, schwedische und schweizerische Konzerne über 30% ihrer technologischen Aktivitäten außerhalb ihres Heimatlandes ausführten (S.10f). Nach der Auswertung verschiedener Studien folgert Patel (1995: 143), dass trotz einer Zunahme von F&E-Tätigkeiten im Ausland, die technologischen Aktivitäten immer noch deutlich zur Mehrheit in der Heimbasis lokalisiert sind. Basierend auf den Patentaktivitäten von 569 der weltgrößten Firmen in den USA, kommt Patel zum Ergebnis, dass die überwiegende Mehrheit dieser Firmen die Technologieproduktion in der Nähe ihrer Heimbasis betreibt. Durchschnittlich 89,1% der US-Patentaktivitäten von Firmen haben den Ursprung in ihrem Heimatland (Patel 1995: 148-9; vgl.Pavitt 1995). Die am stärksten internationalisierten Firmen sind, mit Ausnahme der Pharmaindustrie, zudem nicht im Hightechbereich tätig, sondern in Produktegruppen, wo die Adaption für lokale Märkte wichtig ist. Bemerkenswerterweise gehörten in den Jahren 1985-90 mit Hoffmann-La Roche, Sandoz und Ciba-Geigy alle drei Firmen der 'Basler' Chemie zu jenen 50 Konzernen in den USA, die den größten Anteil von Patenten außerhalb der Heimbasis aufwiesen (Patel 1995: 147, 151).

Auch Pearce stellte Ende der achtziger Jahre fest, dass die Internationalisierung der F&E-Ausgaben bei U.S.-Konzernen noch keineswegs ein generelles Phänomen war (Pearce 1989: 12). Pearce und Singh (1992) untersuchten 163 Konzerne auf der *Fortune 500* Liste von 1986 und 60 weitere Unternehmen. Die Internationalisierung der F&E gemessen an den Beschäftigten betrug 2% für japanische, 6% für US, 7% für deutsche, 15% für französische, 18% für britische und 40% für schweizerische Konzerne (Pearce und Singh 1992: 15). Wortmann (1990: 176) fand bei seiner Analyse einiger deutscher MNU heraus, dass 17% ihrer F&E-Beschäftigten (und 35% aller Beschäftigten) im Ausland arbeiteten. Die Internationalisierung ist in den einzelnen Industriesektoren äußerst ungleich entwickelt. Die größten Anteile von Forschungstätigkeiten im Ausland weisen die Unternehmen in den Sektoren Chemie, Pharmazeutika und Nahrungsmittel auf (Pearce 1989: 12-20; Pearce und Singh 1992: 189).

Kürzlich haben Pavitt und Patel (1999) ihre These der begrenzten Globalisierung der F&E-Tätigkeiten der großen Konzerne bekräftigt. Die multinationalen Konzerne bleiben zurückhaltend, technologische Tätigkeiten in Gastländern zu lokalisieren. Kernkompetenzen einschließlich Forschungszentren befinden sich weiterhin hauptsächlich in den Heimatländern. Bemerkenswerterweise sind vor allem Hightechindustrien besonders räumlich gebunden. Die Internationalisierung von F&E-Tätigkeiten erfolgt in jenen Feldern, in denen die Gastländer besondere Kompetenzen aufweisen. Die europäischen Firmen verzeichneten in den späten achtziger Jahren den stärksten Internationalisierungsschub, vor allem mit der Errichtung von F&E-Zentren in den USA, wobei mehr als die Hälfte über Fusionen und Übernahmen erfolgte (Pavitt und Patel 1999: 112).

Allerdings führt die alleinige Betrachtung der Technologieproduktion angesichts der zahlreichen qualitativen Veränderungen im Bereich der Innovationsprozesse zu einem unvollständigen Bild des Internationalisierungsgrades. Die Analyse ist schwierig, da synthetische und vergleichbare Daten mit Ausnahme der Zahlen über die Patenthinterlegungen in den USA fehlen. Diese Daten sind nicht immer zuverlässig. Tatsächlich werden die Patentanmeldungen, die als Instrumente der Kontrolle über Technologien und ihre Anwendung der Verantwortung der Direktion unterstellt werden, weiterhin zentralisiert organisiert. Insofern müssen die Patenthinterlegungen nicht der tatsächlichen Lokalisierung der Innovation entsprechen. Zweifellos verleiht der strategische Charakter der Technologie den Forschungszentren großer Industriekonzerne eine besondere Rolle bei der Konfiguration der internen Arbeitsteilung. Zudem ist klar, dass die F&E niemals im selben Ausmaß verlagert werden kann wie die Produktion. Dennoch stellt diese Art der Technologieproduktion nur einen Aspekt der technologischen Internationalisierung dar. Um die Internationalisierungsdynamik zu erkennen, ist die Technologie in ihren verschiedenen Dimensionen und Erscheinungsformen zu erfassen. Obwohl sich auch die vorliegende Arbeit auf die Produktion des Wissens und die Koordination der Forschung und Entwicklungseinrichtungen der MNU sowie Unternehmenskollaborationen konzentriert, sei an dieser Stelle auf den wesentlich umfassenderen Charakter der Internationalisierung der Technologie hingewiesen.

Archibugi und Michie (1995; 1997) unterscheiden die technologische Globalisierung oder das, was bisweilen *'techno-globalism'* genannt wird, in drei Kategorien: (a) die globale Nutzung der Technologie, (b) die globale technologische Kooperation und (c) die globale Produktion von Technologie. Sie plädieren damit für eine Ausweitung der Perspektive und eine mehrdimensionale Betrachtung der Internationalisierungsprozesse.

Globale Nutzung der Technologie: Multinationale Unternehmen nutzen ihre Technologien in internationalen Märkten. Das ist kein neues Phänomen, nahm aber in letzter Zeit deutlich zu. Diese Dimension verstärkte sich am meisten und steigerte sich in den OECD-Staaten in den achtziger Jahren jährlich um 6%. Mit der Zunahme der Exporte sind die Unternehmen auch bestrebt, auf internationaler Ebene von ihrer Technologie zu profitieren. Eine Möglichkeit, die internationale Nutzung von Innovationen zu messen, besteht darin, zu erfassen, wie Unternehmen sie gesetzlich durch Patente schützen.

Globale technologische Kollaboration: Grenzüberschreitende technische Kooperationen zur Entwicklung von Know-how und Innovationen sind eine weitere Kategorie. Diese können staatliche Forschungseinrichtungen und die akademischen Institutionen wie auch Unternehmen umfassen. Internationale Joint Ventures in der Forschung haben große Bedeutung erlangt. Die weltweite technologische Zusammenarbeit (verschiedene Unternehmen, Co-Autorenschaft bei wissenschaftlichen Publikationen) stieg, verglichen mit 1980-84, in den Jahren 1985-89 um sechs Prozent jährlich. Dennoch sind derartige Abkommen keine neue Erscheinung, sie wurden in den achtziger Jahren aber sichtbarer.

Globale Generierung von Technologie: Hier geht es um die Entwicklung von transnationalen Firmenstrategien in Forschung und Technologie, um Inventionen durch den Aufbau globaler Forschungsnetzwerke zu generieren. Diese Kategorie ist das technologische Äquivalent der Direktinvestitionen. Die Zahl der international entwickelten Technologien nahm dagegen weniger stark zu als die beiden vorgenannten Prozesse, da die multinationalen Konzerne sich noch immer beträchtlich auf die technologische Basis ihrer Ursprungsstaaten stützten.

Howells (1997: 14f) nimmt eine ähnliche Unterscheidung vor und differenziert aus einer geographischen Perspektive in *'sources'*, *'flows'* und *'sinks'* der Technologie. Die 'sources' umfassen die Lokalisierungsindikatoren der Generation und Quellen innovativer Tätigkeiten. Die 'flows' bezeichnen die Lokalisierungsindikatoren der Innovationstransfers und - verknüpfungen. Die 'sinks' stellen die Lokalisierungsindikatoren der Nutzung von Innovationen dar.

Um besonders die technologische Expansion und Konzentration der Multinationalen Unternehmen zu erfassen, erweitert Chesnais (1994: 122; 1997:170ff) die Taxonomie von Archibugi und Michie auf fünf Dimensionen.[20]

1. *Multinationale private Technologieproduktion:* Diese Ebene der Technologie betrifft die Inputs und Innovationen, die ein Unternehmen mit seinen eigenen F&E-Kapazitäten generiert. Diese Aktivitäten finden in Forschungszentren im Ursprungsland und in anderen Ländern statt. Sie führen zu Innovationen, die patentiert, bekannt und in Produkten materialisiert werden. Sie generieren aber auch Wissen über Produktionsverfahren oder industrielles Know-how, das *'tacit'* im Unternehmen bleibt und nur innerhalb seines eigenen Raumes zirkuliert. Allerdings kann auch der interne Transfer von *'tacit knowledge'* die MNU vor beträchtliche Probleme stellen (Howells 1997: 16; Howells 1998). Die MNU kontrollieren somit neue Technologien, indem sie sie selbst erzeugen. Diese bilden zugleich spezifische technologische Wettbewerbsvorteile.
2. *Akquisition von Technologie im Ausland über Kauf oder ungleiche Beziehungen:* In erster Linie überwachen MNU, aber auch andere Unternehmen und Institutionen, die technologischen Entwicklungen und erwerben spezialisierte Inputs (abstraktes wissenschaftliches Wissen wie auch bereits getestete komplementäre Technologien) bei Universitäten, öffentlichen Forschungszentren und kleinen Hochtechnologie-Firmen. Sie verfolgen das Ziel, komplementäre Inputs im Rahmen eines Forschungsprojekts zu erwerben. Diese Aktivitäten des technologischen Scannings und Erwerbs haben massiv an Bedeutung gewonnen.

---

[20] In der Neuauflage seines Buches *La mondialisation du capital* vermeidet Chesnais (1997: 169) ausdrücklich den Begriff *'internationalisation de la technologie'* und verwendet systematisch den Ausdruck *'déploiement international des FMN dans le domaine technologique'*. Denn weder die Länder der OECD noch die großen industriellen Konzerne hätten das kleinste Interesse daran, 'ihre' Technologie in dem Sinne zu internationalisieren, dass andere Länder oder Firmen auf sie zugreifen könnten. Im Gegenteil, der Schutz sei strenger als jemals zuvor.

3. *Internationaler Austausch von Know-how und Technologien über Kooperationen und Partnerschaften:* Der Erwerb spezialisierter technologischer Inputs kann auch über strategische Allianzen erfolgen, die die großen Konzerne untereinander eingehen. Diese dritte Dimension repräsentiert die Konkretisierung der oligopolistischen Anerkennung und die Errichtung von industriellen Einstiegsbarrieren. Solche Allianzen beeinflussen den Fortgang der rivalistischen Beziehungen innerhalb der Triade und die Chancen neuer Rivalen stark.

4. *Schutz von Wissen und Innovationen im Ausland:* Mit Patenten schützen die großen Unternehmen ihr Wissen individuell gegen Nachahmung auch im Ausland. Die Schaffung von internationalen Normen entspricht einem kollektiven Vorgehen der Konzerne.

5. *Verwertung von technologischem Kapital außerhalb des Ursprungslandes oder über eine multinationale Basis.* Die MNU verfügen als einzige Akteure im Innovationssystem über die Wahl zwischen drei Formen der internationalen Verwertung der F&E-Aktivitäten: (a) die Herstellung von Gütern für den Export, die auf den Produkte- oder Verfahrensinnovationen beruhen; (b) den Verkauf von Patenten oder die Abtretung von Lizenzen, die das Recht vermitteln, die Innovationen zu nutzen und (c) die Nutzung der Technologien auf der Ebene des gesamten Konzerns. Auf dieser Ebene zirkuliert die Technologie im privaten Raum der MNU. Diese Vorgänge hat Michalet (1985: 103-117) präzise untersucht.

Die multinationalen Unternehmen sind die einzigen Akteure, die in allen fünf Dimensionen aktiv sind. Alle anderen Akteure, wie mittlere und kleinere Unternehmen oder Staaten, handeln bloß in zwei oder maximal drei Dimensionen. Es sind also alle Ebenen zu betrachten, um die Strategien von Zentralisation und Dezentralisation der Entscheidungsorte und der Einsetzung einer globalen Technologiepolitik eines Konzerns zu erfassen. Empirisch ist das nur schwer zu erreichen. Immerhin lässt sich, gestützt auf die Taxonomien von Archibugi und Michie sowie Chesnais, die Analyse der internationalen F&E und der Technologieproduktion von multinationalen Unternehmen in einen breiteren Kontext einordnen.

Die multinationalen Konzerne verfolgen ihre internationale technologische Ausbreitung also über eine ganze Bandbreite von Aktivitäten, die weit über ihre eigenen F&E-Tätigkeiten hinausgehen. Diese Strategien finden sich insbesondere in der Biotechnologie. Hier haben europäische und japanische Konzerne intensive Bande mit kleinen US-amerikanischen Biotechunternehmen geknüpft. Wichtig sind Maßnahmen, die den Konzernen erlauben, ihre privaten Technologien zu schützen sowie deren Imitation und unerlaubte Benutzung zu verbieten. Neben diesen individuellen Aktivitäten haben die Konzerne auch kollektive Formen entwickelt. Sie gehen Kooperationen und strategische Allianzen untereinander ein, um Technologien zu erzeugen oder zu schützen und um gemeinsam internationale technischen Normen festzulegen. Die MNU definieren somit gemeinsam Normen für die Schnittstellen ihrer Technologien. Dies ist um so bedeutender, als die technologischen Durchbrüche das Resultat gegenseitiger Befruchtungen und von Verbindungen wissenschaftlicher Disziplinen sowie unterschiedlicher technischer Kompetenzen sind (Chesnais 1995: 93; 1997: 169–172; Andreff 1996b: 52).

Tab. 2.1. Fünf Dimensionen der internationalen technologischen Ausbreitung der MNU

	Organisation Institution	unmittelbares Mittel	Strategisches Mittel
Private Produktion der Technologie auf multinationaler Ebene	MNU	Direktinvestitionen Unternehmensorganisation Schulung	Forschungsstätten der Filialen; über Akquisitionen und Fusionen geschaffene oder integrierte Labors Ausbildung von Spezialisten Generierung von 'explicit' und 'tacit ' Wissen
Erwerb von Technologie im Ausland über Kauf oder ungleiche Beziehungen	Unternehmen aller Kategorien und Forschungsorganisationen	Verschiedene Arten der Technologieüberwachung	Kauf von Patenten, Erwerb von Lizenzen und von industriellem Know-how Rekrutierung von Spezialisten
	MNU	Direktinvestitionen	Technologische Abkommen mit Universitäten oder kleinen und mittleren Unternehmen im Ausland Rekrutierung von Spezialisten
Gegenseitiger Tausch von Wissen und Technologien über Zusammenarbeit und Partnerschaften unter Gleichen	Wissenschaftsgemeinde: Universitäten, Ingenieurvereinigungen	Internationale Netze von Wissenschaften und Ingenieuren	Austausch zwischen Forschungsstätten, gemeinsame Arbeiten, informeller Austausch Austausch von Forschern
	MNU	Gegenseitige Anerkennung innerhalb der weltweiten Oligopole	Strategische Technologie-Allianzen mit andern MNU Austausch von Forschern Gemeinsame Projekte
Schutz des Wissens und der Innovationen im Ausland	Unternehmen aller Kategorien und Forschungsorganisationen	Equipen von Spezialisten für internationales Patentrecht	Hinterlegung von Patenten im Ausland
	Wissenschafter individuell oder in Gruppen	Internationale wissenschaftliche Zeitschriften	Veröffentlichungen
Verwertung des technologischen Kapitals außerhalb des Urspungslandes oder auf multinationaler Ebene	Forschungsorganisationen	Hinterlegung von Patenten gefolgt von Publikationen, Konferenzen, Ausstellungen, etc.	Verkauf von Patenten und Abtretung von Lizenzen
	Unternehmen aller Kategorien	wie oben + Erforschung von Märkten im Ausland	wie oben + Exporte
	MNU	wie oben + Direktinvestitionen	wie oben + Produktion und Verkäufe durch die Filialen im Ausland Personaltransfer

Quelle: Auf der Basis von Chesnais (1997: 171), vgl. auch Archibugi und Michie (1995) mit den Aspekten des Personaltransfers und des 'tacit' Wissens ergänzt

2.5.4 Internationale Produktion der Technologie

Faktoren der Globalisierung der Technologieproduktion

Die Errichtung von F&E-Zentren im Ausland können das Ergebnis unterschiedlicher Prozesse sein. Formal lassen sich drei Vorgänge unterscheiden: a) Die direkte Errichtung eines neuen Forschungszentrums an einem eigenen Standort oder in der Nachbarschaft zu anderen bestehenden Unternehmenseinrichtungen. b) Als indirekte Konsequenz der Akquisition einer anderen Firma mit F&E-Einheiten. c) Als Ergebnis eines evolutionären Prozesses einer Expansion von Produktionsanlagen mit anfänglich beschränkten Einheiten zur technischen Entwicklung oder Qualitätskontrolle, die sich schrittweise in richtige Forschungszentren weiter entwickelt haben (Behrman und Fischer 1980: 25-35).

Es waren vor allem zwei Faktoren, die den Globalisierungsprozess der Technologieproduktion begünstigten. Der erste Faktor liegt in der Verknüpfung der Globalisierung der Produktion und der Technologie begründet. In diesem Kontext erfolgte die Zuweisung spezifischer globaler oder kontinentaler Produktions-, Forschungs- und Marketingmandate an bestimmte Niederlassungen eines Konzerns. Der zweite Faktor hängt mit den internationalen Übernahmen und Fusionen zusammen, in deren Rahmen auch die Forschungsorganisationen von Konzernen internationalisiert werden. Dazu kamen weitere Gründe wie die spontane Gründung von Forschungsstätten und Errichtung von strategischen *'listening posts'* (Hakanson 1990: 261), um Innovationsprozesse in bestimmten Regionen zu beobachten.

Pearce und Singh (1992: 124f) ermittelten, dass 69% von 132 befragten Forschungsstätten für bestimmte Aufgabenbereiche neu errichtet und 20% im Rahmen von Fusionen oder Übernahmen in die aktuelle Firma integriert wurden. Die Untersuchungen von Patel deuten darauf hin, dass der Anteil der F&E-Tätigkeiten im Ausland, bedingt durch Fusionen und Übernahmen, in der zweiten Hälfte der achtziger Jahre stark angestiegen ist (Patel 1995: 149f).

Die Art der Entstehung und die Geschichte der F&E-Zentren ist ein wesentlicher Faktor in den Entscheidungsprozessen der Konfiguration und Koordination der Forschungsorganisation. Andererseits sind diese Entscheidungen nicht zuletzt von den längerfristigen strategischen Zielen des Unternehmens geprägt. Letztlich bleiben aber die Entscheidungen der Lokalisierung und Konfiguration und Organisation der F&E-Einheiten hochgradig ungewisse Prozesse, die auf unvollständiger Information beruhen und stark von den Zwängen der organisatorischen Kapazitäten und subjektiven Einschätzungen der Entscheidungsträger beeinflußt sind (Howells und Wood 1993: 33).

Cantwell spitzt die Faktoren der Internationalisierung der Technologie zu einer Neuintepretation des Produkt-Lebenszyklus-Modells zu. In der Vergangenheit drückten die technologischen Aktivitäten im Ausland die Nutzung von Kompetenzen, die im Heimatland generiert wurden, aus und entsprachen einer Antwort auf lokale Nachfragebedingungen. Mittlerweile geht es für Unternehmen der führenden Zentren darum, mit technologischen Aktivitäten im Ausland lokale Expertise zu erfassen und auf internationaler Ebene innerhalb des Unternehmens zu nutzen (Cantwell 1995: 171f).

Vor dem Hintergrund oligopolistischer Verhältnisse in vielen Sektoren lassen sich allerdings die Nachfrage- und Angebotsfaktoren, die zur Internationalisierung der F&E antreiben, nicht voneinander trennen. Einerseits ist die technologische Kompetenz eine Waffe, um Märkte zu verteidigen oder zu erobern, also auf die Nachfragebedingungen einzuwirken. Andererseits erfordern die F&E-Abteilungen neue technologische Inputs, um ihrer Rolle gerecht zu werden, Wettbewerbsvorteile zu erzeugen.

Aufgaben und organisatorische Integration der Forschungszentren

Die Modalitäten der Errichtung von Forschungslabors im Ausland (Akquisition, Fusion, Neuinvestitionen), deren Aufgaben, die Natur der Arbeitsteilung und der Koordination der Entscheidungen innerhalb der großen Konzerne haben sich in den letzten zwanzig Jahren stark verändert. Aufgrund des strategischen Charakters der Technologie und in der Verankerung des Konzerns in der Volkswirtschaft seines Ursprung konzentrierten die Konzerne ihre F&E-Einrichtungen im Ursprungsland. Multinationale Konzerne aus kleinen Ländern mit kleinen Binnenmärkten internationalisierten ihre Produktion und bald auch F&E-Einrichtungen wesentlich früher und intensiver. Sie bauten unter Umständen bereits vor dem Zweiten Weltkrieg auch strategisch wichtige F&E-Bereiche im Ausland auf. Je nach Geschichte und Aufgabe haben sich unterschiedliche Typen von Forschungs- und Entwicklungszentren gebildet. Nach Pearce (1989: 111-2) respektive Pearce und Singh (1992: 113-6) lassen sich folgende Typen von Forschungseinrichtungen unterscheiden:

- *Unterstützende Forschungsstätten*: Ihre Aufgabe als Zentren der technischen Unterstützung bestehen darin, die Produkte und Verfahren den lokalen Marktbedingungen des Gastlandes im Rahmen einer *'multidomestic'* Strategie anzupassen. Normalerweise erfolgte dies im Rahmen von *filiales-relais* und mittels Neuinvestitionen. Zudem nahmen diese Zentren Aufgaben der technologischen Beobachtung im Gastland wahr (Chesnais 1997: 173).
- *Lokal integrierte Forschungsstätten:* Diese betreiben lokale Produktinnovationen und -entwicklungen. Sie sind das Ergebnis einer verbesserten Stellung der Tochtergesellschaft und von Konzepten, die die Tochtergesellschaften im Ausland als voll entwickelte Geschäftseinheiten betrachten. Oftmals entwickeln sich diese aus unterstützenden Forschungsstätten weiter. Derartige Forschungszentren können auch lokale Produktionseinheiten in Entwicklungsbelangen unterstützen.
- *International integrierte, relativ autonome Forschungsstätten:* Diese erhalten von der Muttergesellschaft das weltweite Mandat für die Konzeption eines Produktes oder einer Produktgruppe im Rahmen einer globalen Strategie des Konzerns. Sie haben wenig funktionelle Bindungen mit den Marketing- und Produktionseinheiten im selben Land. Außerhalb der pharmazeutischen Industrie war in den achtziger Jahren diese Art Forschungszentren noch selten.

In der Literatur lassen sich allerdings divergierende Abgrenzungen der Typen von Forschungszentren finden. Viele Autoren interpretieren ihren Aufbau und den Wandel der Aufgabenverlagerung als Ergebnis evolutiver Prozesse (Behrman und Fischer 1980; Pearce 1989; Pearce und Singh 1992). In dem Maße wie sich die

MNU *von 'host market'* zu *'world market'* Firmen wandelten, nahmen F&E-Einheiten anstelle der unterstützenden, die lokalen Märkte bedienenden Aufgaben wesentlich integriertere Funktionsweisen an (Howells 1990a: 504). Dennoch kann ein derartiger linearer Entwicklungspfad keineswegs verallgemeinert werden. Kapitel 7 zeigt, dass gerade die Lokalisierung großer Forschungszentren (und/oder der Abschluß von Forschungskooperationen mit Unternehmen) in jüngeren Forschungsregionen wie der Bay Area rund um San Francisco, dem Research Triangle Park in North Carolina, in San Diego oder in Technologiezentren wie in Tskuba unweit Tokyo nicht nur das Ergebnis evolutiver Prozesse sind. Sie entspringen vielmehr dem Ziel großer MNU, sich die in diesen Regionen konzentrierten spezifischen Pools wissenschaftlichen und technologischen Wissens zu erschließen und sich die stillschweigenden, nicht kodifzierbaren und nicht transferierbaren Teile der lokalen Technologien anzueignen. Chesnais (1997: 173) unterstreicht, dass vor allem letztere beiden Typen von Forschungszentren auch die Aufgabe haben, die technologischen Enwicklungen im Gastland zu beobachten. Damit bilden sie ein wichtiges Interface des MNU zum Forschungs- und Innovationssystem der Region oder des Landes (Chesnais 1994: 125).

Multinationale Unternehmen können sehr vielfältige Strategien verfolgen, um ihre technologischen Vorteile zu kapitalisieren. Unter dem Gesichtspunkt der konzerninternen Koordination haben Bartlett und Ghoshal (1990b: 218–224) in vier sich nicht gegenseitig ausschließende strategische Ansätze der Innovationsgenerierung unterschieden, die einen nützlichen gedanklichen Rahmen zur Beurteilung des übergeordneten strategischen Konzepts abgeben. Die Klassifizierung lehnt sich an die von den Autoren anderswo bereits vorgestellte Typisierung von international tätigen Konzernen an (Bartlett und Ghoshal 1989).

- *Centre-for-global:* Das ist der traditionelle 'Octopus'-Ansatz. Ein einziges Gehirn am Hauptsitz des Unternehmens konzentriert die strategischen Ressourcen: Top Management, Planung und technologische Expertise. Das Gehirn verteilt die Impulse in die Tentakel (die Tochtergesellschaften) in den Gastländern. F&E-Einrichtungen im Ausland erfüllen primär Aufgaben der Produkteanpassung an die lokale Nachfrage. Dieser Innovationsprozess entspricht dem von den Autoren anderswo als *'centralized hub'* bezeichneten *'globalen Unternehmen'*

- *Local-for-local:* Jede Tochtergesellschaft der Firma entwickelt ihr eigenes technologisches Know-how, um der lokalen Nachfrage zu entsprechen. Die Interaktionen zwischen den Filialen bei der Entwicklung von Innovationen sind niedrig. Im Gegenteil, die Filialen sind in das lokale Produktionssystem integriert. Dieser Ansatz wird von diversifizierten Konglomeraten oder Unternehmen ohne starke globale Produkte verfolgt, die einer *'multinationalen Strategie'* folgen.

Diese beiden Innovationsprozesse spiegeln die traditionellen Mentalitäten dieser beiden Unternehmenstypen. Die extrem global zentralisierte Mentalität betrachtete die Unterschiedlichkeit der internationalen Bedingungen als Nachteile, die es zu minimieren gilt. Die multinationale Mentalität geht davon aus, dass nur mit einer Adaption an lokale Bedingungen die betreffenden Märkte zu erobern sind. In den achtziger Jahren wurden diese Managementkonzepte durch zwei weitere Typen abgelöst.

- *Local-for-global* oder *locally-leveraged:* Die Konzerne verteilen ihre F&E-Einrichtungen und technologische Expertise auf eine Anzahl von Gastländern. Die Unternehmen lokalisieren jeden Teil des innovativen Prozesses jeweils dort, wo die Umgebung am erfolgversprechendsten ist. Sie beziehen lokal die kreativsten Ressourcen und innovative Entwicklungen, um sie dem gesamten Unternehmen zur Verfügung zu stellen und zu nutzen. Allerdings sind lokale Innovationen nicht beliebig in andere Märkte transferierbar.
- *Globally-linked:* Dieses Konzept beinhaltet die Konzentration der Ressourcen und Kompetenzen auf den Hauptsitz und einige Filialen. Jede Einheit steuert ihre spezifischen Ressourcen bei, um gemeinsame globale Antworten zu entwickeln. Die Herausforderung besteht darin, flexible Verbindungen zwischen den Einheiten zu schaffen, die Synergien hervorrufen. Ein großes Problem können allerdings die hohen Koordinationskosten und die starke Reisetätigkeit der Gruppenleiter darstellen.

Gassmann (1997: 36–48) kombinierte Bartlett und Ghoshal's (1989; 1990b) Modell des multinationalen, globalen, internationalen und transnationalen Unternehmens mit der verhaltensorientierten Unterscheidung von Perlmutter (1969) in ethnozentrische, polyzentrische und geozentrische Strategien. Basierend auf den Parametern der räumlichen Dispersion und dem Grad der organisatorischen Koordination unterschied er in fünf ideale Formen der strukturellen und behavioristischen Orientierung internationaler F&E-Organisationen (vgl. Gassmann und von Zedwitz 1999).

- *Ethnozentrisch zentralisierte F&E:* Alle F&E-Tätigkeiten sind im Stammland konzentriert, das als technologisch überlegen eingeschätzt wird. Die zentrale F&E-Stätte ist die 'Denkfabrik' des Unternehmens.
- *Geozentrisch zentralisierte F&E:* Durch Zentralisierung versucht das Unternehmen Effizienzvorteile zu erzielen und gleichzeitig die ausschließlich Stammlandorientierung zu vermeiden.
- *Polyzentrisch dezentralisierte F&E:* Unternehmen mit einer starken Orientierung auf regionale Märkte haben in den siebziger und achtziger Jahren ihre Forschungsorganisation dezentralisiert. Die örtlichen F&E-Zentren dienten vor allem der Anpassung der Produkte an die Erfordernisse der Märkte.
- *Hubmodell der F&E:* Um suboptimale Ressourcenallokation und Doppelspurigkeiten zu vermeiden, wird die internationale Organisation straff und zentral gesteuert. Die heimische F&E-Zentrale ist Knotenpunkt aller Forschungstätigkeiten und übernimmt die Führungsposition in den meisten Technologiefeldern.
- *Integriertes F&E-Netzwerkmodell:* Das Forschungszentrum im Stammland ist nur noch eine unter mehreren interdependenten F&E-Einheiten. Jedes F&E-Zentrum spezialisiert sich auf bestimmte Produktgruppen oder Technologiefelder. Auch F&E-Standorte im Ausland können in ihren Kompetenzfeldern strategische Leitungsfunktionen übernehmen.

Die Komplexität und die verstärkten Koordinationsprobleme der integrierten Organisationsmodelle bedingen, dass die organisatorischen Strukturen und die Rollen der F&E-Manager umfassend neu definiert werden. Die Schaffung eines 'Netzwerk-Gleichgewichts' steht vor ständig neuen Schwierigkeiten und die veränderten Strukturen verursachen neue Probleme (Hakanson 1990). Verschiedene

Forschungsarbeiten deuten darauf hin, dass sich in der pharmazeutischen Industrie vor allem eine Kombination des Hubmodells und des integrierten Netzwerkmodells im Laufe der neunziger Jahre durchgesetzt haben. Dies erlaubt, sowohl den weltweiten Erwerb von Know-how rationeller zu gestalten, *scale economies* zu erzielen und gleichzeitig die nötigen kritischen Massen für die komplexen Forschungs- und Entwicklungsarbeiten aufzubringen (Howells 1993; Howells und Wood 1993; Dolata 1996; Drews 1998). Im Zuge der Rationalisierungsbemühungen der neunziger Jahre lassen sich in jüngerer Zeit allerdings auch wieder Tendenzen einer Rezentralisierung und einer Reduzierung von F&E-Standorten feststellen (Gerybadze und Reger 1999). Die empirische Darstellung der F&E von Novartis in Kapitel 7 bestätigt diese Befunde.

Lokalisierung und Organisation von Forschungszentren

Die internationale Expansion hat eine wachsende Anzahl von Konzernen dazu gebracht, eine multidivisionale Struktur mit halb autonomen Divisionen (zusammengeschlossen in einer Finanzholding) anzunehmen, die für verschiedene Produktgruppen oder geographische Gebiete verantwortlich sind. Bei Erhaltung einer relativ wichtigen zentralen Forschungs- und Entwicklungseinheit haben viele Konzerne einen bedeutenden Teil ihrer Forschung in die nach Produktgruppen strukturierten Divisionen hineinverlagert, um deren speziellen Forschungsanforderungen besser zu entsprechen. In diversifizierten Konzernen der chemischen und pharmazeutischen Industrie befindet sich nun hier der Angelpunkt der F&E. Diese strukturellen Veränderungen wirkten sich auf das Funktionieren der F&E und ihr Lokalisierungsmuster aus. Der organisatorische Umbau erfolgt oftmals im Zusammenhang großer Akquisitionen oder Fusionen. Wenn die übernommene Firma im Ausland ist und über Forschungseinrichtungen verfügt, gehen Dezentralisierung der F&E und geographische Standortverlagerungen ineinander über (Hakanson 1990: 267, 271; Howells 1990b: 134; Howells und Wood 1993: 28; Chesnais 1994: 126).

Charakteristisch für die industrielle F&E der Unternehmen ist ihre standörtliche Gebundenheit. Das starke Wachstum der F&E und die Errichtung neuer Forschungszentren hat nichts daran geändert, dass bestehende Forschungseinheiten räumlich außerordentlich stabil und unbeweglich blieben. Die räumlichen Muster der F&E sind oftmals seit dem Aufbau von Forschungszentren, der über fünfzig Jahre zurückliegen kann, stabil geblieben. Dieser Sachverhalt kann auf die sehr hohen Kosten der F&E, aber auch auf die Angst der Unternehmen, bei Standortverlagerungen hoch qualifizierte Mitarbeiter zu verlieren, zurückgeführt werden. Neue F&E-Einheiten wurden oft in der Nähe bereits bestehender Forschungszentren des Unternehmens errichtet, um die wichtigen Kommunikationsverbindungen einfach zu gestalten (Howells 1990b: 134). Die Persistenz von F&E-Einrichtungen hängt vor allem auch damit zusammen, dass sie in regionale und nationale Innovationssysteme eingebunden sind (siehe Abschnitt 2.5.5).

Die Grundlagenforschung, anwendungsorientierte Forschung und Entwicklung sind durch jeweils spezifische Eigenschaften wie die Zeithorizonte der Projekte, der Grad der Ungewissheit, die Eintrittsschranken, die Payback-Dauer, die kommerziellen Ziele und die Bedeutung der Forschung an den laufenden Bedürfnissen des Unternehmens charakterisiert. Diese Spezifika beeinflussen auch ihre räumliche Konfiguration. Die Grundlagenforschung richtet sich mehr auf die externe Suche und die Beobachtung von Forschungsergebnissen. Die Entwicklungstätigkeit verlangt demgegenüber weit ausgeprägtere Informationsflüsse sowohl innerhalb des Unternehmens als in kleinerem Ausmaß auch zu Individuen und Organisationen außerhalb des Unternehmens. Demzufolge profitieren Einrichtungen der Grundlagenforschung und der angewandten Forschung von Standorten in urbanen Regionen mit hoher Informationsdichte. Entwicklungseinheiten mit ihren wichtigen Informationsvermittlungen zu anderen Unternehmenseinheiten werden dagegen sinnvollerweise eher gemäß ihrer Einordnung in die Konfiguration anderer Unternehmensfunktionen lokalisiert. Sie sind daher räumlich eher verteilt. Howells' Modell geht davon aus, dass sich die F&E-Einheit umso stärker in den Produktionsprozess integriert, je mehr sie sich gegen das Ende der Entwicklungsphase ansiedelt. Howells sah bei seiner Untersuchung pharmazeutischer Forschungszentren seine These bestätigt, wonach die Bedeutung der internen Unternehmensstrukturen und besonders gute Kommunikationsverbindungen zwischen den F&E und anderen Unternehmensaktivitäten die Lokalisierung von Forschungseinheiten beeinflussen. Die beiden wichtigsten Faktoren, die die Standorte der F&E beeinflussten, waren interne Faktoren, namentlich die Nähe zum Konzern- oder Divisionshauptsitz und die Nähe zur Hauptproduktion. Das wiederum legt nahe dass interne Unternehmensbelange, die Standortmuster der F&E-Einrichtungen stärker beeinflussen als externe Umweltbedingungen wie die Nähe zu anderen Forschungseinrichtungen außerhalb der Firma (Howells 1990b: 135-139). Das Kapitel 7 der vorliegenden Arbeit zeigt, dass diese Annahme angesichts der Bedeutung des Zugriffs auf räumlich konzentrierte technologische Potentiale vielfach nicht zutrifft.

Ein weiterer entscheidender Punkt, der die Lokalisierung und Organisation beeinflusst, ist die Frage der Vor- und Nachteile der Zentralisation und Dezentralisation im organisatorischen Sinne und der Konzentration und Dekonzentration im räumlichen Sinne. Die Vorteile einer Konzentration oder gar des *'global focusing'* der Forschung begründen sich in den *'scale economies'* und der Forschungseffizienz in großen Forschungszentren aufgrund der besseren Kommunikationsbedingungen zwischen den Forschungsgruppen. Allerdings können Informationsflüsse zu anderen Unternehmensfunktionen, insbesondere der Produktion, komplizierter werden. Demgegenüber liegen die Vorteile eher disperser Forschungseinrichtungen gerade in besseren Kommunikationsmöglichkeiten zu anderen Unternehmensfunktionen. Allerdings kann der Mangel an Spezialisten und besonderen Ausrüstungen Probleme aufwerfen (Howells und Wood 1993: 29-30; Howells 1998: 60).

Einen wichtigen Einfluß auf den Zentralisierungsgrad übt die Marktausrichtung aus. Global ausgerichtete *'world market'* Firmen tendieren dazu, ihre F&E-Aktivitäten strenger zu koordinieren und stärker zu zentralisieren. Dagegen pflegen auf die lokalen Gegebenheiten ausgerichtete *'host market'* Firmen, deren Produkte an die lokalen Märkte angepasst werden, eher dezentralisiertere Managementstile (Behrman und Fischer 1980: 63-64 und 75-76). Die Dezentralisierung und die Verlagerung von F&E ist auch abhängig von ihrer engen Verknüpfung mit dem Marketing (Madeuf 1993 zit. in Chesnais 1994: 125). Wenn Kunden den Tochtergesellschaften Verbesserungsvorschläge mitteilen, können unter Umständen interaktive Innovationsprozesse sowohl über den Konzern wie innerhalb des Konzerns etabliert werden (Howells 1990a: 504; Cantwell und Dunning 1991).

Ein interaktiver Innovationsprozess (Kline und Rosenberg 1986) verlangt einen erheblichen Grad von Dezentralisierung und hängt von der Gestaltung der Beziehungen zwischen Benutzern und Produzenten (Lundvall 1992a) ab. Bei den multinationalen Konzernen vermittelt dieser Prozess also eine relative Dezentralisierung der F&E-Funktionen.

2.5.5 Zugriff auf regionale und nationale Innovationssysteme

Howells (1990a: 509) vertrat die Position, dass mit dem Aufkommen internationaler F&E-Zentren die in einem Zentrum ausgeführte Forschungstätigkeit nur noch wenig in die lokale Ökonomie integriert sei, sogar wenn sie in der Nähe von Produktionsstätten des Mutterkonzerns lokalisiert sei. Der wirtschaftliche Nutzen von Forschungstätigkeit müsse nicht unbedingt der Standortregion zufallen, sondern könne anderswohin transferiert werden. Die Lokalisierung der Forschungszentren müsse demzufolge im Kontext des internen Informations- und Technologietransfers zwischen den Niederlassungen eines multinationalen Unternehmens, den Eigentums-, Akquisitions- und Kooperationsmustern im gesamten F&E-Bereich sowie der Einbindung der F&E in die Produktion und andere Unternehmensaktivitäten betrachtet werden.

Dennoch spricht viel dafür, dass für die große Mehrheit global aktiver Konzerne die technologische und industrielle Basis des Ursprungslandes nach wie vor ein zentraler Faktor für die Wettbewerbsfähigkeit ist und eine wichtige Rolle in der Formulierung der Strategie einnimmt. Das bestätigen die bereits erwähnten Forschungsarbeiten von Pavitt und Patel, die zum Ergebnis kamen, dass multinationale Konzerne weiterhin einen weit größeren Anteil ihrer Forschungseinrichtungen in der Nähe ihres Hauptsitzes behalten. Auch globale Oligopolisten lassen mit ihren zentralen F&E-Einrichtungen in ihrer technologischen Heimbasis und durch vielfältige Beziehungen immer noch eine große Anerkennung zukommen. Gleichzeitig versuchen sie, über die Errichtung von Forschungsstätten im Ausland einen Fuß in die technologische Basis ihrer Rivalen zu setzen. Gassmann (1997) sowie Gassmann und von Zedwitz (1999) stellten fest, dass technologieorientierte Unternehmen auch strategische F&E-Einrichtungen internationalisieren und sie dabei primär in Regionen mit hohem Technologie-Output lokalisieren.

Die MNU sind also bestrebt, im Rahmen ihrer internationalen technologischen Expansion, sich Zugang zu unterschiedlichen nationalen Innovationssystemen zu erschließen. Die unterschiedlichen Charakteristika von Innovationen in jedem Land verleihen den multinationalen Unternehmen einen Anreiz, ihre Forschungseinrichtungen aufzuteilen, um Zugang zu ergänzenden Pfaden der technologischen Entwicklung zu erlangen, die sie dann auf der Konzernebene integrieren können (Cantwell und Dunning 1991). Dieser Vorgang vollzieht sich nicht nur über die Verlagerung von Forschungseinrichtungen. Das Scanning und Aufsaugen von Technologie und Abkommen ohne Kapitalengagement können ebenso wichtig sein. Der Zugang zu und die transnationale Mobilität von wissenschaftlichen Spezialisten nimmt dabei eine herausragende Rolle ein (Madeuf 1995: 128).

Der Begriff nationales Innovationssystem wurde von den *evolutionary economists* wie Lundvall (1988; 1992b), Nelson (1993), Freeman (1995) geprägt. Die interne Organisation der Firmen, die Beziehungen zwischen den Firmen, die Rolle des öffentlichen Sektors, das institutionelle Gefüge des Finanzsektors sowie die F&E-Intensität und -Organisation werden als Schlüsselelemente von nationalen Innovationssystemen gesehen (Lundvall 1992a: 13). Sie sind ein Set von Institutionen, deren Interaktionen die innovative Performance von nationalen Firmen bestimmen (Nelson und Rosenberg 1993: 4-5). Die Ansätze des nationalen Innovationssystems überwinden die beschränkten Konzepte der preislichen und außerpreislichen Wettbewerbsfähigkeit. Die Wettbewerbsfähigkeit einer Firma weist demnach eine systemische oder strukturelle Dimension auf und ist somit Ausdruck der gesamten produktiven, sozialen und institutionellen Rahmenbedingungen. Dazu zählen die eigentliche Wettbewerbsfähigkeit der Kapitalgüter- und Investitionsgüterindustrie, die Beziehungen zwischen dem Finanzsektor und der Industrie sowie der ganze Bereich der sogenannten Externalitäten, wie Infrastrukturen, öffentliche Dienste, Qualifikationsniveau der Arbeitskräfte, die Qualität des Forschungssystems und die wissenschaftliche Infrastruktur. Die Performance einer nationalen Ökonomie kann somit nicht auf mehr oder weniger effiziente Märkte beziehungsweise geeignete oder ungeeignete Regierungspolitiken reduziert werden. Entscheidend ist, inwiefern organisatorische und institutionelle Arrangements sowie Innovationsverknüpfungen dem Wachstum förderlich sind. Diese sind nicht nur Ergebnis von Regierungstätigkeit, sondern auch von sozio-historischen Faktoren und der gesellschaftlichen Kohärenz (vgl. Dosi 1988; Kline und Rosenberg 1986; Lundvall 1988).

Diese Externalitäten haben allerdings einen doppelten Charakter. Einerseits sind sie eine Quelle der systemischen Wettbewerbsfähigkeit eines Landes oder einer Region. Andererseits bilden sie einen wichtigen Bestandteil der Attraktivität eines Landes auch für ausländische MNU. Sie erleichtern es also, im Rahmen des Standortwettbewerbs Direktinvestitionen anzuziehen. Howells (1999: 72) transferiert diesen Ansatz auf die regionale Ebene. Die regionalen Governancestrukturen, die langfristige Evolution der regionalen industriellen Spezialisierung und die Kern-/Peripherieunterschiede in der industriellen Infrastruktur und innovativen Performance sind die wichtigsten Ebenen, die regionale Innovationssysteme charakterisieren. Für Storper (1997) sind die regionalen Innovationssysteme oder die *'regional worlds of production'*, die durch das Zusammenspiel von Technologien, Organisationen und Territorien in einer *'holy trinity'* sowie durch ein dichtes Geflecht von *'untraded interdependencies'* zwischen den Akteuren gebildet werden, gar die zentrale Betrachtungsebene der Innovationsgenerierung. Der Austausch von *'tacit knowledge'* ist eine der Schlüsselfragen für die Organisation von Innovationsprozessen innerhalb und zwischen Unternehmen oder Institutionen. Insofern spricht viel dafür, dass multinationale Unternehmen sich nicht nur in spezifische nationale, sondern auch in regionale Innovationssysteme einklinken wollen, um von der regionalen Technologie- und Wissensproduktion zu profitieren.

Einen ähnlichen Gedanken präsentieren Ruigrok und van Tulder, legen aber einen anderen Akzent. Sie betonen, dass der industrielle Komplex oder das industrielle System relevant für das Verhalten eines MNU ist. Das heißt, Wachstums- und Rückzugspfade einer Kernfirma sind von deren Aushandlungsbeziehungen mit den anderen Akteuren in einem industriellen Komplex, nicht aber von ihrer Nationalität bestimmt (Ruigrok und van Tulder 1995: 179). Die Erfahrungen von global aktiven Konzernen aus den kleinen Staaten Europas unterstützen diese Argumentation (siehe hierzu auch die empirischen Ausführungen in den Kapiteln 5–8).

2.6 Zwischenfazit und theoretisch begründete Forschungsfragen

Die theoretische Aufarbeitung bietet die Grundlage, die in der Einleitung und im ersten Kapitel über die chemisch-pharmazeutische Industrie in der Region Basel aufgeworfenen Fragestellungen theoretisch zu fundieren und Untersuchungsthesen über die Internationalisierungsprozesse der Konzerne in der pharmazeutischen Industrie zu formulieren. Die Darlegung der verschiedenen Erklärungsmuster aus den unterschiedlichsten Theorietraditionen hat gezeigt (ausführlicher siehe Zeller 2001c), dass keine 'Schule' eine konsistente und zugleich umfassende Theorie der Internationalisierung und der multinationalen Konzerne anzubieten hat. Dieses Ergebnis legt nahe, neue Untersuchungsansätze zu entwickeln. Insbesondere offenbart die bisherige Diskussion den Mangel an qualitativen Erhebungen, die versuchen, die der Lokalisierung und Koordination von zentralen Abschnitten der Wertschöpfungskette multinationaler Konzerne zugrunde liegende Logik zu erhellen.

Im Unterschied zu den meisten bisherigen Untersuchungen über die Internationalisierung und Globalisierung von MNU wird hier besonderes Gewicht auf die unterschiedlichen Maßstabsebenen der verschiedenen Konzernaktivitäten gelegt. Der Internationalisierungsprozess hat viele Gesichter und schlägt sich auf unterschiedlichen Ebenen nieder. Für die Fragestellungen dieser Untersuchung ist es sinnvoll, in die Analyseebenen der Firmen, der Industrien oder Branchen, des Kapitals und der Technologien zu unterscheiden und dabei die Wechselbeziehungen zwischen diesen Ebenen, den räumlichen Gegebenheiten und den räumlichen Ausprägungen zu berücksichtigen.

Die Ebene des Konzerns steht im Mittelpunkt der Untersuchung. Dabei geht es vor allem um die Evolution und die Strategien der Unternehmen mit ihren räumlichen Implikationen. Da diese nicht von den Entwicklungen der Industrie und der Branche losgelöst werden können, sind jeweils auch die Entwicklung der Märkte im Auge zu behalten. Damit hängt die Frage der Wettbewerbsbedingungen und letztlich der Konzentration des Kapitals zusammen. Was uns zur abstrakteren Ebene des Kapitals und der Kapitalakkumulation führt. Die Jagd nach technologischen Renten und Profiten, die dem technologischen Vorsprung gegenüber der Konkurrenz erwachsen, ist ein zentrales Kennzeichen der pharmazeutischen Industrie. Insofern ist den Fragen der Technologie eine besondere Beachtung zu schenken. Schließlich drücken die Internationalisierung und Globalisierung von Konzernen, ihre Eingebundenheit in örtliche industrielle Systeme, in Arbeitsmärkte und ökonomische und soziale Netzwerke fundamentale räumliche Prozesse aus. Im Folgenden werden nun, ausgehend von den Gesichtspunkten Unternehmensgeschichte, Marktsituation, Unternehmensstrategien, Organisation der Produktion, Organisation der F&E und Kapitalstruktur die wesentlichen Hypothesen und Fragen für die empirische Untersuchung zusammengefasst.

2.6.1 Unternehmensgeschichte

Die heutige Realität multinationaler Unternehmen kann ohne umfassende Kenntnis ihrer Geschichte nicht verstanden werden. Chandler hat mehrfach eindrücklich aufgezeigt, wie bedeutend die Unternehmensgeschichte für die aktuellen Strategien und die Unternehmenskultur ist (Chandler 1962; 1986). Ruigrok und van Tulder (1995) haben die Bedeutung der Geschichte und der Zugehörigkeit zu spezifischen industriellen Systemen und der spezifischen Kräfteverhältnisse der Akteure in einem industriellen Komplex für das Verständnis der Restrukturierungen und Globalisierungpfade großer Konzerne herausgearbeitet. Sie vertreten die These, daß die Internationalisierungsmuster stark von nationalen Gegebenheiten und den Kräfteverhältnissen im Stammland abhängen. Die bemerkenswerte Kontinuität der industriellen Orientierung der Schlüsselunternehmen, deutet darauf hin, daß Firmen, die sich als erste in eine führende Stellung in einer Industrie brachten, auch in der Lage waren, die Institutionen, die Wettbewerbsregeln und die Handelspolitik zu gestalten (Ruigrok und van Tulder 1995: 217; Hannah 1998).

In diesem Zusammenhang läßt sich die These aufstellen, daß die 'Basler Konzerne' dank ihrer starken Exportorientierung und der sehr frühen Internationalisierung über gute Voraussetzungen verfügten, sich unter den Bedingungen zunehmend globalisierter Konkurrenz und Märkte und sowie unter weltweit oligopolistischen Verhältnissen in den Hauptregionen der Triade als 'Insider' zu bewegen.

Die Bestandsaufnahme der Geschichte, der Geschäftsfelder, der Strategien und der organisatorischen Strukturen der Konzerne sowie deren Expansion in neue Märkte und Regionen in Kapitel 3 hilft, zu verstehen, inwiefern der Internationalisierungsprozess der Konzerne in bestimmten Entwicklungspfaden verläuft. Im Zuge der internationalen Expansion von MNU wurden von den sechziger bis achtziger Jahren mehrere theoretische Erklärungsansätze formuliert, die den Internationalisierungsprozess als pfadabhängigen Ablauf immer fortgeschrittener Stufen der Internationalisierung interpretieren. Zu nennen sind der Produkte-Lebenszyklus und Oligopolzyklus (Vernon 1966; 1971), der Übergang vom ethnozentrischen zum geozentrischen Unternehmen (Perlmutter 1969), die Phasenfolge vom Export bis zur globalen Integration und Globalisierung der F&E (Ohmae 1987), das Phasenmodell, das den historischen Zeitpunkt des Beginns der Expansion berücksichtigt (Taylor und Thrift 1982: 25) und in gewissem Sinne auch das *profit cycle* Modell von Markusen (1985). Auch die Managementautoren wie Porter (1986) oder Bartlett und Ghoshal (1989) legten ihren Interpretationen letztlich ein Phasenverständnis zu Grunde. Die Aufarbeitung der Internationalisierung der 'Basler Konzerne' dient dazu, den Erklärungswert solcher 'Phasentheorien' zu prüfen, zugleich die Bedeutung des heimischen industriellen Systems und der Aushandlungsbedingungen in den industriellen Komplexen zu beschreiben und damit die historischen Vorläufe der heutigen Internationalisierungsstrategien zu erkennen.

2.6.2 Marktsituation in der pharmazeutischen Industrie

Ab Ende der achtziger Jahre häuften sich in der pharmazeutischen Industrie Firmenkooperationen, Allianzen, Übernahmen und Fusionen auch in der pharmazeutischen Industrie. Um die Expansionsstrategien der 'Basler Konzerne' beurteilen zu können, sind die wesentlichen Kennzeichen der allgemeinen ökonomischen und technologischen Entwicklungen in der pharmazeutischen Industrie festzuhalten. Inwiefern können wir Marktbedingungen als oligopolistisch kennzeichnen? Läßt sich eine zunehmende Zentralisation der Kommandogewalt über große Kapitalmassen beobachten? Der Zwang zur Innovation und zu technologischen Renten ist ein wichtiges Kennzeichen der pharmazeutischen Industrie. Das vierte Kapitel fasst die wichtigsten Merkmale und Entwicklungstendenzen der pharmazeutischen Industrie zusammen. Diese Analyse ist nach der Einordnung der 'Basler Konzerne' in den regionalen und nationalen Kontext von Basel und der Schweiz im ersten Kapitel und der allgemeinen theoretischen Fundierung eine Grundlage, um die Dynamik der 'Basler Konzerne' in ihrem aktuellen ökonomischen und technologischen Umfeld zu verstehen.

2.6.3 Unternehmensstrategien

Von der sektoralen und geographischen Expansion zur Konzentration auf das Kerngeschäft

Ein unmittelbarer Grund rechtfertigt es, die Zeit ab 1970 genauer zu untersuchen. Im Jahre 1970 fusionierten die CIBA und Geigy in der ersten 'Basler Heirat' zur Ciba-Geigy (Erni 1979). Der Region Basel demonstrierten sie damit, dass sie weltweiten Zwängen und Anreizen Folge leisten. Und den Konkurrenten auf der Welt zeigten sie, dass sie zu den zentralen Akteuren in der chemischen Industrie gehören wollen. Bevor wir die räumliche Organisation einzelner Unternehmensfunktionen untersuchen, ist ein Blick auf die allgemeine Entwicklung der Konzerne zu werfen. Es stellt sich die Frage, wie sich die Umsätze der Unternehmen in den Schlüsselmärkten entwickelt haben und welche Expansionsstrategien diese verfolgt haben. Von Interesse ist hierbei, wie sich die Konzerne im Spannungsfeld zwischen Diversifikation und Konzentration auf wenige Kerngeschäfte in den letzten zwei bis drei Jahrzehnten bewegt haben. Ein grobes quantitatives Verständnis über die Entwicklung und Internationalisierung wichtiger Unternehmensfunktionen – und tätigkeiten ergibt sich aus der Auswertung der Daten aus Geschäftsberichten und anderen zugänglichen Quellen über die Entwicklung der Personalzahlen, Umsätze, Investitionen und der Vermögenswerte in den verschiedenen Unternehmenssektoren und Regionen. In den Kapiteln 5 und 6 wird die internationale Geschäftsentwicklung 'Basler Konzerne' ausführlich dargestellt.

Entwicklung der Profitabilität

Mit der Analyse und Einordnung der Phänomene der Internationalisierung und Globalisierung ist die Frage nach den Ursachen eines Internationalisierungsschubes verbunden. Dazu müssen wir die Perspektive ausweiten. Die Internationalisierung des Kapitals ist zusammen mit der dem Kapitalismus innewohnenden Tendenz zur Konzentration und Zentralisation des Kapitals sowie dem permanenten Druck zur Restrukturierung und technologischen Erneuerung zu verstehen.

Der Abbau von Überkapazitäten, strukturelle und räumliche Reorganisationen, das heißt Rationalisierungen und Reterritorialisierungen sind auch Ausdruck dieser Bemühungen. Letztlich führt uns dies auf das fundamentale Ziel kapitalistischen Wirtschaftens zurück, die Erzielung eines Profits. Im marxistischen Sinne relevant ist die Profitrate, ausgedrückt als erzielter Mehrwert im Verhältnis zum eingesetzten konstanten und variablen Kapital. Die Erhöhung der Profitrate kann über verschiedenste Mechanismen erfolgen (Mandel 1972), was hier aber nicht weiter diskutiert werden kann. In Anlehnung an Mandel (1972: 70–100; 1991: 210) lässt sich argumentieren dass das Streben nach Surplus-Profiten, also nach einer überdurchschnittlichen Profitrate, ein wesentlicher Motor für die periodischen Restrukturierungen und Expansionsschritte der Konzerne, die Implementierung neuer Technologien oder gar die Schaffung neuer Industriezweige ist. Solche Surplus-Profite können aufgrund technologischer Vorsprünge, räumlich ungleicher Entwicklung und monopolartiger Strukturen erzielt werden. Neue Runden von Innovationen und die Inkorporierung neuer Technologien wie zum Beispiel die Biotechnologie können die Voraussetzungen verbessern, dass die pharmazeutische Industrie einen tiefgreifenden Erneuerungsprozess durchläuft, der den *profit cycle* wieder deutlich nach oben ausschlagen lässt (vergleiche die Argumentation von Markusen 1985).

Auch die Managementliteratur setzt letztlich die Erzielung einer befriedigenden Rendite in den Mittelpunkt und betont, dass Umstrukturierungen von Kapital und Ressourcen häufig dann in die Wege geleitet werden, wenn die kurzfristige Rentabilität eines Unternehmens gefährdet ist (vgl. u.a. Bartlett und Ghoshal 1990a: 102). Damit können auch strategische Richtungsänderungen verbunden sein. In diesem Sinne können wir also davon ausgehen, dass die Entwicklung der wesentlichen betriebswirtschaftlichen Ertragsgrößen a posteriori eine Erklärung für grundlegende strategische Initiativen der Konzerne bietet.

Im Zuge der durch die *shareholder value* Kultur zum Ausdruck gebrachten gesteigerten Erfordernis, die Profitabilität zu steigern, haben die Firmen ihre Informationspraxis in finanziellen Belangen in den letzten Jahren stark verbessert. Aus den Geschäftsberichten sind mittlerweile eine Vielzahl von Kennzahlen über die Performance der Konzerne zu entnehmen. Um längere Zeitreihen erstellen zu könnnen, beschränke ich mich in der Untersuchung (siehe Kapitel 5) im Wesentlichen auf die Kennzahlen der Umsatzrendite (Unternehmensgewinn dividiert durch Umsatz), Eigenkapitalrendite (Unternehmensgewinn dividiert durch Eigenkapital), Cash Flow-Marge (Freier Cash Flow oder Mittelfluss aus Geschäftätigkeit dividiert durch Umsatz) und die EBITA-Marge (operatives Ergebnis vor Zinsen, Steuern und Abschreibungen auf Sachanlagen dividiert durch Umsatz). Keine dieser Kennzahlen entspricht dem werttheoretisch fundierten marxistischen Begriff des Profits respektive der Profitrate. In der vorliegenden Arbeit geht es nicht so sehr um die absolute Höhe, sondern die mittel- und längerfristige Entwicklung dieser zentralen Performance-Indikatoren. Daher ist es methodisch gerechtfertigt, die genannte theoretische Argumentation mit einer Analyse der Bewegungen der Umsatzrendite, der Eigenkapitalrendite und der operativen Marge zu untermauern.

Expansionsstrategien und oligopolistische Rivalität

Die Expansion in neue Märkte ist oftmals auch mit der Internationalisierung oder einer Veränderung der internationalen Strategien der Konzerne verbunden. Neben dem inneren Wachstum nehmen darum Fusion und Übernahmen, strategische Allianzen, Forschungskooperationen eine ganz besondere Rolle in der Untersuchung ein. Strategische Allianzen, Forschungskooperationen, Auslagerung bestimmter Entwicklungtätigkeiten, Formen von Lohnfertigung und die Herausbildung von Unternehmensnetzwerken zeigen, daß die Grenzen zwischen innerhalb und außerhalb des Unternehmens oftmals nicht mehr klar zu ziehen sind. Dem Forschungsstrang über die Internalisierung und die Transaktionskosten kommt das Verdienst zu, das Spannungsfeld zwischen Internalisierung und Externalisierung von Teilen der Wertschöpfungskette aufgezeigt zu haben (Williamson 1975; Teece 1986). Sie haben der Internalisierung der Technologie große Aufmerksamkeit geschenkt. Denn nur über die Internalisierung der Technologie und die Schaffung eines firmeninternen 'Marktes' oder Raumes kann der technologische Vorteil nicht über den Markt diffundieren (vgl. Michalet 1985: 80).

Chesnais (1994; 1997) sieht die Zunahme von Fusionen, Übernahmen und Allianzen als Ausdruck verschärfter oligopolistischer Rivalität, in deren Kontext die Konzerne mit gegenseitigen Invasionen in die heimischen Märkte der Rivalen und mit der Errichtung von Eintrittsbarrieren ihre Marktstellung ausbauen wollen. Obwohl die pharmazeutische Industrie weniger konzentriert ist als z.B. die Automobil- oder die Computerindustrie, können wir von oligopolistischen Verhältnissen ausgehen, da angesichts der nicht vorhandenen Substitutionselastizität die hohen Konzentrationsgrade in den therapeutischen Gebieten relevant sind. Offensichtlich vermochten sich die 'Basler Konzerne' auf Voraussetzungen abzustützen, die die Entwicklung von unter diesen Bedingungen besonders erfolgreichen Strategien erlaubten.

Angesichts der Bedeutung der verschiedensten Formen von Unternehmenszusammenschlüssen ist empirisch zu prüfen, welche Bedeutung diese Strategieoptionen für die 'Basler Konzerne' im Vergleich zu 'greenfield investments' hatten und welche Ziele dabei verfolgt wurden. Zudem stellt sich die Frage, wie und unter welchen Bedingungen Konzerne der pharmazeutischen Industrie bislang interne Tätigkeiten auslagerten oder umgekehrt externe Tätigkeiten internalisierten. In diesen Bereich gehört auch die Frage, inwiefern Standortverlagerungen über verschiedene Formen von Allianzen durchgeführt werden, ohne eigene Direktinvestitionen zu tätigen.

Der oligopolistische Charakter der Konkurrenz bewirkt eine gegenseitige Abhängigkeit und eine Kombination von Kooperationen und Konkurrenz zwischen den großen Rivalen. In diesem Zusammenhang soll entsprechend der These von Chesnais (1994: 93ff) geprüft werden, inwiefern die Globalisierungsstrategien der Konzerne von ihren spezifischen Vorteilen im Stammland, dem Erwerb strategischer Inputs und den Aktivitäten der Produktion und Kommerzialisierung geprägt werden. Ruigrok und van Tulder (1995) argumentieren ähnlich und unterstreichen, daß die Internationalisierungsstrategie einer Kernfirma im Zusammenhang mit ihren industriellen Beziehungen zu Zulieferern, Abnehmern, Kapitalgebern, Regierungen und Gewerkschaften und insbesondere den Vertrags- oder Kräfteverhältnissen im Stammland zu sehen sind.

Die Strategien der Konzerne stehen immer wieder vor der Aufgabe oder dem Dilemma, langfristige und kurzfristige Ziele miteinander zu versöhnen. Wie gehen die 'Basler Konzerne' mit dieser Frage um? Unter welchen Bedingungen tendieren sie eher dazu, kurzfristige Interessen z.B. mit Finanzoperationen oder opportunistischen Akquisitionen zu folgen, wann steht die langfristige Strategie mit großen Investitionen in Infrastruktur und F&E im Vordergrund? Welche Bedeutung nimmt hierbei die ökonomische Eingebundenheit in regionale und nationale Verflechtungen ein? Inwiefern ist die Struktur des Aktienkapitals relevant für die strategische Orientierung?

Industrielle Komplexe, Firmenkooperationen

Für Ruigrok und van Tulder (1995) sind weder individuelle Firmen noch Staaten, sondern industrielle Komplexe, die eine Kernfirma und ihre wichtigsten Geschäftspartner umfassen, die Gravitationszentren des internationalen Restrukturierungswettlaufs. Internationalisierungsstrategien entsprechen dem Bestreben, die Regeln zu beeinflussen, nach denen 'the game of profit making' funktioniert (Ruigrok und van Tulder 1995: 164f).

Die beiden Autoren definieren auf der Basis einer Analyse der Abhängigkeits- und Machtverhältnisse in den Aushandlungsbeziehungen ('bargaining areas') zwischen der Kernfirma und ihren wichtigsten Partnern unterschiedliche 'concepts of control', wie flexible Spezialisierung, industrielle Demokratie, Makro- und Mikro-Fordismus und Toyotismus. Der Restrukturierungprozess wird wesentlich davon beeinflußt, inwiefern ein Schlüsselunternehmen die wesentlichen Input-Outputbeziehungen innerhalb von und zwischen industriellen Komplexen zu kontrollieren vermag.

Ruigrok und van Tulder (1995) postulieren nun, daß die industriellen Komplexe entsprechend dem Kontrollkonzept, dem sie unterliegen, jeweils spezifischen Pfaden des Internationalisierungsprozesses folgen. Wobei sich aus dem fordistischen Kontrollkonzept eine Internationalisierung in Richtung Globalisierung, regionaler oder diadischer Arbeitsteilung ergibt. Ein toyotistischer Industriekomplex entwickelt sich hingegen von einer exportorientierten Strategie in Richtung 'screwdriver assembly' Strategie und Glocalisierung.

Eine zentrale These von Ruigrok und van Tulder (1995: 189) ist, daß die Internationalisierungsstrategien einer Kernfirma auf zwei Arten zu verstehen ist: Erstens spiegeln sie die Aushandlungsbeziehungen der Firma in ihrem angestammten industriellen Komplex wider. Zweitens sind sie Ausdruck der aktuellen Kontrolle der Kernfirma über ihre Geschäftspartner im industriellen Komplex in einem Gastland. Die beiden Autoren betonen, dass es nur auf der Grundlage einer genauen Kenntnis der heimischen und internationalen Aushandlungsarenen möglich ist, die Internationalisierung eines Schlüsselunternehmens zu identifizieren.

Der Ansatz von Ruigrok und van Tulder liefert ein nützliches Analyseraster, die Internationalisierungsprozesse von Konzernen und ihrer industriellen Komplexe zu erkennen. Im Gegensatz zum relativ eingrenzbaren Begriff des industriellen Komplexes bleibt allerdings offen, inwiefern die 'concepts of control' empirisch operationalisierbare Kategorien darstellen. Die Untersuchung der Internationalisierung der 'Basler Pharmakonzerne' erlaubt es, diese beiden Konzepte zu prüfen und allenfalls zu verfeinern. Die empirische Prüfung der von Ruigrok und van

Tulder gekennzeichneten Globalisierungspfade soll im Vergleich mit den von Porter (1986), Ghoshal (1987), Bartlett und Ghoshal (1989), Ohmae (1990) sowie Ghoshal und Nohria (1993) formulierten Globalisierungs- respektive Transnationalisierungspfaden ein konkreteres Verständnis der Globalisierungsprozesse von großen Konzernen der pharmazeutischen Industrie vermitteln (siehe Kapitel 9).

Räumliche Organisation von Produktion sowie Forschung und Entwicklung

Eine zentrale Frage der Untersuchung auf der Unternehmensebene lautet: **Wie** haben sich die Unternehmensfunktionen und Tätigkeitsbereiche in den letzten rund dreißig Jahren bezüglich ihrer räumlichen Organisation verändert? Welcher Dynamik unterlag die konzerninterne Arbeitsteilung? Ist es im Verlaufe der letzten 25 Jahre zu einer neuen Qualität der Internationalisierung der Pharmakonzerne gekommen, die auch begrifflich neu zu fassen ist? *„Die Globalisierung ist sicherlich kein Mythos"*, schrieben Howells und Wood (1993: 4). Was aber verbirgt sich bei sogenannten *'global players'* hinter dieser Globalisierung?

Mit der Veränderung der Markt- und Konkurrenzverhältnisse haben die MNU ihre Strategien stark verändert und die räumliche Arbeitsteilung neu organisiert. Es ist anzunehmen, dass die unter dem Druck der verschärften weltweiten Konkurrenz durchgeführten Rationalisierungen in der Produktion und neuen Organisationsformen in der Forschung und Entwicklung auch weitreichende Veränderungen auf die räumliche Arbeitsteilung ergeben.

Der zentrale Gegenstand der empirischen Untersuchungen besteht darin, die Dynamik der Koordination und Konfiguration der Schlüsselfunktionen der Konzerne aufzuspüren. Folgen wir den Thesen von Autoren des strategischen Managements (Porter 1986; Ghoshal 1987; Bartlett und Ghoshal 1989; Ghoshal und Nohria 1993; Ohmae 1990; Welge 1990; Meil 1996), so müssten wir eine Transformation von multilokalen oder multinationalen zu transnationalen respektive komplexen globalen Strategien und Konzernen beobachten. Es geht also sowohl um die Frage der räumlichen Verteilung von Produktionsstätten, F&E-Einrichtungen und Hauptsitzen wie auch ihrer organisatorischen Verknüpfungen miteinander. In diesem Zusammenhang lässt sich auch prüfen, inwiefern die 'Basler Konzerne' Elemente der 'stratégie techno-finacière' (Michalet 1985) übernommen haben.

In Kritik an den Autoren der Managementliteratur erkennen Ruigrok und van Tulder (1995) keine 'best practice' Globalisierungsstrategie, sondern stellen Strategien in den Kontext historisch begründeter Internationalisierungspfade der Kernfirmen industrieller Komplexe. Sie zeigen, daß der Internationalisierungsprozess keine Einbahnstrasse ist. Erstens sind sehr unterschiedliche Ausprägungen der internationalen Restrukturierung zu beobachten, ohne daß sich eine 'best practice' Variante herauskristallisiert und zweitens können Konzerne auch den Weg der Rekonzentration, Rezentralisierung und des Rückzugs beschreiten. Die Globalisierung ist letztlich nicht als Tatsache, sondern als strategisches Ziel von Schlüsselunternehmen und als Prozess aufzufassen (Ruigrok und van Tulder 1995: 199).

In diesem Zusammenhang ist die Frage relevant, wie stark die Transnationalisierung in den achtziger und neunziger Jahren als Rationalisierung entlang grenzüberschreitender Wertschöpfungsketten zu werten ist (vgl. Hirsch-Kreinsen 1997).

Oder inwiefern die Veränderungen vieler europäischer Konzerne auch als Antwort auf die frühere Internationalisierung von US-Konzernen zu sehen sind (vgl. Chesnais 1997 zu oligopolistischer Rivalität), die aber andere Muster annahmen und sich vielfach auf Europa konzentrierten ('eurozentrisch') (vgl. Ruigrok und van Tulder 1995; Dörre 1997).

Zudem ist davon auszugehen, dass für die unterschiedlichen Funktionen wie Forschung und Entwicklung, Produktion, Marketing und Hauptsitztätigkeiten sich jeweils andere Muster der funktionalen und räumlichen Organisation und Integration durchsetzen (vgl. Howells und Wood 1993) oder die gesamten grenzüberschreitenden Tätigkeiten sogar klare Hierarchien aufweisen. So sind der Handel, die Produktion, F&E, die Finanzen und Executive Boards äußerst unterschiedlich internationalisiert und weisen unterschiedliche Formen der räumlichen Konzentration und Fokussierung auf (Ruigrok und van Tulder 1995: 168).

Howells und Wood (1993) stellten fest, dass auch in der pharmazeutischen Industrie Forschungseinrichtungen dazu tendieren, in der Nähe von Hauptquartieren lokalisiert zu werden, während sich die Entwicklungsabteilungen eher in der Nachbarschaft von Produktionsstätten befinden. Für die Lokalisierungsentscheide sind interne Faktoren wie die Kommunikation innerhalb des Unternehmens wichtiger als externe Faktoren. Die Analyse der Lokalisierungsdynamik der chemischen und pharmazeutischen Produktionsstätten sowie der Veränderungen in den Forschungsorganisationen der Standortedynamik von Ciba-Geigy, Sandoz respektive Novartis wird die räumlichen Abhängigkeiten zwischen den verschiedenen Unternehmensfunktionen bei diesen Konzernen offenlegen (Kapitel 8 und 9).

Eine wichtige Frage ist in diesem Zusammenhang, unter welchen Bedingungen und bis zu welchem Grad sich die MNU in räumlich ungebundene Netzwerke verwandeln können und finanzielles und intellektuelles Kapital innerhalb der Triade der wichtigsten Wirtschaftsregionen hin und her verlagern können. Die Arbeit untersucht, bis zu welchem Grad die Konzerne ihre Produktion sowie ihre Forschungs- und Entwicklungstätigkeiten von spezifischen Territorien lösen können und neue globale Netzwerke bilden, respektive den Zugang zu den Ressourcen ganz bestimmter Regionen erschließen. Wie weit gehen die Spielräume eines 'global networking', 'global switching' und 'global focusing' (Howells und Wood 1993)?

2.6.4 Globalisierung der Forschung und Entwicklung

Die Technologie sowie Forschung und Entwicklung nehmen eine Schlüsselrolle in den industriellen Strategien der MNU ein, mit denen sie eine globale oder kontinentale Integration ihrer Produktionsprozesse anstreben. Der Zugang zu und die Kontrolle über Technologie wurde ein zentraler Faktor im internationalen Wettbewerb. Welche Bedeutung haben die Produktion der Technologie, die unterschiedlichen Formen der Aneignung von Technologie sowie der internationale Austausch von Know-how und Technologien über Kooperationen und Partnerschaften. Welche räumlichen Implikationen ergeben sich hierbei, vor allem an den wichtigen F&E-Standorten der Konzerne?

Angesichts der strategischen Sonderstellung der F&E-Einrichtungen ist anzunehmen, dass sich die gewählte Internationalisierungsstrategie der Forschung und

Entwicklung nicht nur auf die Koordination und Konfiguration der internen F&E-Einheiten, sondern auf die Kooperationen mit externen Partnern und anderen Unternehmensfunktionen auswirken wird. Andererseits ist aber auch zu erwarten, daß aufgrund der Persistenz und des enormen Kapitals, das räumlich fixiert ist ('spatial fix' nach Harvey 1989a), eine spezifische internationale oder globale Organisation der Produktion auch die Verteilung und den Charakter der F&E und technischen Kompetenzen stark beeinflusst (Howells und Wood 1993: 7).

Die vorliegende Arbeit untersucht inwiefern die 'Basler Pharmakonzerne' die Forschungszentren innerhalb und außerhalb der Ursprungsbasis gleichberechtigt miteinander organisieren. Die oligopolistische Rivalität zeichnet sich durch den gleichzeitigen Schutz der eigenen technologischen Basis und die Invasion in die Basis der Rivalen aus. Gerade für die enorm forschungsintensive Pharmaindustrie ist anzunehmen, dass die standörtliche Logik nur unter Berücksichtigung der Bedeutung der zeitlichen Kontinuität der Forschungszentren für die Wissensakkumulation zu verstehen ist (vgl. hierzu die Typologien internationaler Forschungszentren (Pearce 1989; Pearce und Singh 1992; Bartlett und Ghoshal 1990b; Gassmann 1997; 1999 in Abschnitt 2.5). Jüngere Forschungsarbeiten deuten zudem darauf hin, dass viele geographisch breit verankerte Konzerne seit Mitte der neunziger Jahre ihre internationale F&E-Organisation verschlanken und in diesem Rahmen auch Standorte wieder aufgeben (Gerybadze und Reger 1999).

Ein Schlüssel zum Verständnis der Lokalisierung und des Transfers von Technologien auch innerhalb großer Konzerne bietet die Unterscheidung in *'codified'* und *'tacit knowledge'*. Die Akkumulation und der Austausch von *'tacit'* Wissen ist nur mit räumlich konzentrierten Forschungseinrichtungen oder der wiederholten Herstellung räumlicher Nähe mit einem entsprechenden Reiseaufwand der Akteure möglich (Howells 1998; aus der Perspektive regionaler Innovationssysteme vgl. auch Storper 1997).

Die Herausbildung von regional konzentrierten Pharmaknoten wie z.B. Basel und New Jersey in der pharmazeutischen Industrie und ihr Reifungsprozess über viele Jahrzehnte oder von Biotechnologie Clusters in der Bay Area und Boston sowie die Lokalisierung von F&E-Zentren durch große Konzerne in diesen Clustern deuten darauf hin, dass gerade auch spezifische regionale Gegebenheiten eine wichtige Rolle spielen können, die durch die nationalen Innovationssysteme nicht erfasst werden. Wir können somit die These der Pfadabhängigkeit von nationalen Entwicklungen auf die Pfadabhängigkeit regionaler Entwicklungen erweitern. Markusen (1985) wie Storper und Walker (1989) haben auf unterschiedliche Weise dargelegt, dass Industrien, vor allem oligopolistisch strukturierte, diese regionalen Bedingungen und Standortqualitäten im Rahmen einer geographischen Industrialisierung nicht zuletzt selbst produzieren. Vor diesem Hintergrund wird in Kapitel 9 die Frage diskutiert, inwiefern sich die pharmazeutische Industrie und ihre bedeutendsten Standortregionen gleichermaßen in Restrukturierungs- und Erneuerungsprozessen befinden, die Grundlagen für ein längerfristiges Wachstum bieten (vgl. Gray und Parker 1998).

2.6.5 Maßstäblichkeit von Restrukturierung und Internationalisierung

Die Untersuchung bewegt sich im Dreieck von drei miteinander verflochtenen Prozessen, die zugleich grundlegende Wesenszüge des Kapitalismus sind: die Expansions- und Internationalisierungsprozesse, die Tendenzen zur permanenten Restrukturierung der Produktions- und Arbeitsverhältnisse und zur technologischen Erneuerung sowie die räumlich ungleiche Entwicklung. Letztlich besteht das Geheimnis eines Konzernmanagements darin, die räumlich ungleiche Entwicklung auszunutzen, aufzuheben und immer wieder neu herzustellen (vgl. Michalet 1991: 40).

Es gilt also, die grundsätzlich ungleiche und expansive Dynamik der Kapitalakkumulation und die damit verbundene Dialektik unterschiedlicher Maßstabsebenen vom Körper der Beschäftigten über die lokalen Bedingungen bis zur globalen Ebene zu erfassen. Swyngedouw betont in diesem Zusammenhang, dass die Macht über den Raum, oder sagen wir konkreter, über die räumlichen Konfigurationen wiederum Macht über konkrete Orte vermittelt. Diese Macht ist zugleich durch die konkreten sozialen Widersprüche am konkreten Ort (*place*) bedingt (Swyngedouw 1992; 1997). Die maßstäblichen Bedingungen werden durch äußerst vielfältige und konfliktreiche soziale Prozesse hergestellt. Die Maßstäblichkeit wird dadurch zur Arena und zum Moment, wo sich sozial-räumliche Machtverhältnisse ergeben und in Frage gestellt sowie Kompromisse verhandelt und reguliert werden. 'Scale' ist daher sowohl das Resultat als auch Ausgangspunkt von sozialen Kämpfen (Swyngedouw 1997: 4). Die Debatten und Auseinandersetzungen über industrielle Restrukturierungen, über die De- und Reterritorialisierung des gesamten produktiven Apparates von industriellen Komplexen unterstreicht, dass es von sehr großer Bedeutung sein kann, die Macht über den Raum und damit auch konkrete Orte zu erringen. Dieser Ansatz läßt sich um Aspekte der Ideologie und des Bewusstseins erweitern. Für Veränderungen des politischen Kräfteverhältnisses oder auch zur Herstellung einer regionalen Kohärenz ist die ideologische Hegemonie an bestimmten Orten entscheidend. Wenn ein Konzernchef wie z.B. Alex Krauer, der ehemalige Präsident des Verwaltungsrates von Ciba-Geigy und Novartis, von einer Schicksalsgemeinschaft (in) einer Region mit einer homogenen Interessenlage spricht, drückt dies auch das Bestreben aus, über die Gestaltung der regionalen Bedingungen, der betrieblichen Lohnverhältnisse und der Wirtschaftspolitik eine ideologische Hegemonie zu erlangen (vergleiche Kapitel 1).

Die permanente Reterritorialisierung der industriellen Organisation ist Ausdruck des Zusammenspiels ihrer Expansion und Kontraktion. Diese Prozesse verlaufen im Rahmen der Bedingungen, die sich durch regionale, nationale und internationale Pfadabhängigkeiten, die strategischen Spielräume der oligopolistischen Rivalität auf Weltebene und den politischen Kräfteverhältnissen auf unterschiedlichen Maßstabsebenen ergeben. Die zentrale Frage der Untersuchung lautet letztlich, welche ökonomisch-räumliche Logik sich hinter den aktuellen Umstrukturierungsprozessen großer Konzerne der pharmazeutischen Industrie verbirgt. Warum, wie und unter welchen Bedingungen sich die räumliche Agglomeration sowie die Kombination respektive Trennung von Funktionen und Teilbereichen der Produktion, Entwicklung, Forschung, Administration und den Verkäufen durchsetzen.

3 Von der Exportorientierung zur extensiven Multinationalisierung – die internationale Expansion bis zur ersten Basler Heirat 1970

Wiederholt haben es die Basler Chemie- und Pharmakonzerne bis zur vordersten Weltspitze in der Spezialitätenchemie- und Pharmaindustrie gebracht. Um die heutige Rolle der 'Basler Konzerne' auf dem Weltmarkt zu verstehen, ist die Kenntnis ihrer Vergangenheit unabdingbar. Die zwischen den sechziger und achtziger Jahren des 19. Jahrhunderts entstandenen Firmen haben es im Laufe ihrer Geschichte immer wieder geschafft, sich den wandelnden gesellschaftlichen Bedingungen und Märkten anzupassen und sich so zu transformieren, dass sie selbst wiederum einen prägenden Einfluss auf die Gestaltung der Märkte und der regionalen Standortbedingungen ausüben konnten. Dieses Kapitel stellt die wichtigsten Kennzeichen der Entwicklung der Unternehmen Ciba, Geigy, Sandoz und Hoffmann-La Roche vor. Ein Blick in die Geschichte zeigt, dass die sehr frühe Spezialisierung auf wertschöpfungsintensive Produkte, die Orientierung auf den Export und die sehr frühe Internationalisierung die wesentlichen Gründe für den Erfolg der 'Basler Konzerne' waren. Die Gliederung des Kapitels entspricht den wesentlichen ökonomischen Entwicklungsphasen der untersuchten Konzerne in der Periode zwischen 1850 und 2000.

Der erste Abschnitt stellt den Formierungsprozess der chemischen Industrie und dessen Bedingungen vor. Anschließend geht der zweite Abschnitt auf die Spezialisierung und frühe Internationalisierung bis zum Ersten Weltkrieg ein. In der im dritten Abschnitt beschriebenen Zwischenkriegszeit setzt bereits die Multinationalisierung der Produktionsbasis ein. Der vierte Abschnitt setzt sich mit dem stürmischen Wachstum und der extensiven Multinationalisierung nach dem Zweiten Weltkrieg bis Anfang der siebziger Jahre auseinander. Sinkende Renditen zwingen die Firmen dieser Zeit umfassende Restrukturierungen einzuleiten. Die Internationalisierung in den letzten drei Jahrzehnten des 20. Jahrhunderts, also nach der Fusion von CIBA und Geigy zur Ciba-Geigy, wird ausführlich in den vier nachfolgenden Kapiteln behandelt.

3.1 Von der frühkapitalistischen Seidenbandweberei zur kapitalistischen chemischen Industrie

3.1.1 Impulse von außen für die Seidenbandweberei

Zwischen dem 16. und 19. Jahrhundert war die wirtschaftliche Entwicklung der Stadt Basel eng mit der Seidenbandweberei und dem Handelskapital verbunden. Die Anstöße für diese erfolgreichen Gewerbe kamen bezeichnenderweise von außen. Die Seidenbandweberei verdankt ihren Aufstieg den Flüchtlingen, die in der Zeit der Gegenreformation im 16. Jahrhundert nach Basel kamen. Die Stadt achtete aber darauf, dass sich nur wohlhabende Flüchtlinge in der Stadt niederließen. Diese trugen dazu bei, die Wirtschaft der Stadt vor der Erstarrung durch die Zünfte zu bewahren und kapitalistischen Wirtschaftsformen zum Durchbruch zu verhelfen. Eine weitere, durch den dreißigjährigen Krieg ausgelöste Flüchtlingswanderung führte Kaufleute aus dem Elsass und aus Lothringen nach Basel. Die Seidenbandweberei konnte von deren Handelsverbindungen stark profitieren. Dank der Anwendung des in der zweiten Hälfte des 17. Jahrhunderts erfundenen halbmechanisch angetriebenen Kunststuhls konnte die Bandweberei in Basel einen Vorsprung vor St-Etienne, Lyon und den deutschen Textilstädten erlangen. Die Flüchtlinge brachten mit der Kunst der Seiden- und Samtweberei auch die Seidenfärberei nach Basel (Mangold 1935: 5–10).

Von etwa 1850 bis Anfang der siebziger Jahre war die Zeit der größten Entfaltung der Bandindustrie. Die Schappeindustrie befand sich noch mitten im Wachstum. Sie begann sich erst durch Organisierung und Mechanisierung auf den kommenden Kampf um den Weltmarkt zu rüsten. Die chemische Industrie stand noch in ihren Anfängen (Mangold 1935: 14–16). Die Industriebevölkerung stieg stark an. Die noch unvollkommene Zählung von 1860 rechnete, dass von den 38000 Einwohnern über 10000 Menschen in der Bandfabrikation und der Florettspinnerei beschäftigt waren. Dabei wurden die auswärts wohnenden Heimarbeiter und die täglich in die Stadt kommenden Fabrikarbeiter nicht mitgezählt. Burckhardt (1957: 299) zitiert eine erste wissenschaftliche Studie, die feststellte, dass 1870 bereits 52,6 Prozent der Bevölkerung im Stadtbann von der Industrie lebten.

Die hochentwickelte Seidenband- und Baumwollfärberei bot der entstehenden Farbstoffindustrie von Anfang an eine rege Nachfrage. Vor der Herstellung synthetischer Farbstoffe bedienten sich die Färber Naturfarben wie Purpur, Cochenille, Indigo und Krapp. Viele dieser Stoffe wurden von überseeischen Gebieten bezogen. Der Handel mit Naturfarben und mit Drogen für medizinische Zwecke blühte bereits im 18. Jahrhundert (Huber und Menzi 1959: 79). 1860 zählte man allein in der Stadt 12 Seidenfärber mit 337 Gesellen, wobei die in der badischen und elsässischen Nachbarschaft wohnenden, in der Basler Industrie beschäftigten Personen nicht berücksichtigt sind. Das benachbarte Mülhausen als Zentrum der oberrheinischen Stoffdruckerei begünstigte die Gründung der Farbstoffindustrie zusätzlich. In Mülhausen und Umgebung waren 1828 in 27 Manufakturen bereits mehr als 11000 Arbeiter in der Stoffdruckerei beschäftigt (Jaquet 1923: 7f). Als Zentrum der Seiden und Seidenbandindustrie war Basel sehr nahe bei den führenden Seiden- und Textilregionen in Frankreich und Deutschland. Insbesondere mit der elsässischen Textilindustrie und ihrem Zentrum Mülhausen war Basel im

Handel und mit ihrer Spezialität, der Bandweberei und Bandfärberei, eng verbunden (Koelner 1939; Haber 1958: 44).

Handel und Industrie trugen auch zur Entwicklung des Finanzsektors bei. Als Bankzentrum war in Basel genügend Kapital für Investitionen in neue Unternehmungen vorhanden. Die bereits existierenden wirtschaftlichen Verbindungen wurden durch den Bau der Eisenbahnlinien verstärkt. Bezeichnenderweise wurde Basel bereits 1844 ans französische, aber erst 1857 ans schweizerische Eisenbahnnetz (Eröffnung des Hauensteintunnels) angeschlossen. 1862 wurde auch die Verbindung mit Baden und dem Rheinland hergestellt (Burckhardt 1957: 207, 261ff). Die Verbesserung der Verkehrsinfrastruktur wurde von einer Lockerung der Niederlassungsgesetze begleitet. Billige ausländische Arbeitskräfte aus dem Elsass wurden angeheuert, die aber in schlechten Zeiten wieder zurückgeschickt werden konnten. Später trocknete diese Quelle aus und als Alternative wurden Menschen aus den ländlichen Gebieten der Deutschschweiz angestellt (Haber 1958: 116).

Die völlig neue räumliche Beziehungen schaffende Eisenbahn und die neue Substanzen schaffende chemische Industrie stehen stellvertretend für den Einzug des modernen Kapitalismus. Die erste Eisenbahnline, 1844 von Straßburg kommend, riss eine zusätzliche Öffnung in die Stadtmauer. Das Jahr 1859 vereinigte dann symbolisch zwei zentrale Ereignisse: Basel begann seine Stadtmauern einzureißen und Alexander Clavel fing mit der Herstellung von Anilinfarbstoffen an. Die Farbstoffherstellung Clavels war der Auftakt zur Entwicklung der Basler chemischen Industrie, der Abbruch der Stadtmauern bedeutete den endgültigen Schlussakt der alten zunftmäßigen Gesellschafts- und Wirtschaftordnung.

Die Mitte des 19. Jahrhunderts war eine Zeit des Umbruchs und der Revolutionen. Alte Vorrechte des Adels wurden aufgehoben und zünftische Schranken niedergerissen. Das freie Unternehmertum erlebte seinen großen Aufschwung. In der Schweiz wurden die Kantonsgrenzen als wirtschaftliche Hindernisse gesprengt: der Staatenbund wurde zum Bundesstaat. Handel-, Gewerbe- und Niederlassungsfreiheit für christliche Bürger fanden in der Bundesverfassung von 1848 ihre Verankerung. Die Gewerbefreiheit errang aber erst mit der Bundesverfassung von 1874 den vollständigen Sieg (Burckhardt 1957: 208). Die Krisenjahre nach 1873 leiteten dann auch den Niedergang der frühkapitalistischen Bandindustrie ein. Sie trat ihre lange Vorherrschaft an die eigentlich kapitalistischen Industrien, die chemische Industrie, die Schappe- und die Maschinenindustrie ab (Mangold 1935: 17).

3.1.2 Standortbedingungen für die Entstehung der Farbenindustrie

Im Jahre 1862, nur drei Jahre nach der Fuchsinentdeckung, standen in Basel bereits an drei Orten Fabrikationsanlagen für Teerfarben: in der Seidenfärberei Clavel, in der Extraktfabrik J. J. Müller und bei Jean-Gaspard Dollfus neben der Gasfabrik. Eine ungewöhnliche Kombination von historischen, geographischen, ökonomischen und sozialen Faktoren boten günstige Bedingungen für die Ansiedlung und Entwicklung der Farbenindustrie in Basel und machten die Stadt erstaunlich sensibel für Entwicklungen in Frankreich und Deutschland. Für das bessere Verständnis der späteren Erfolgsgeschichte der Basler Chemie ist es nützlich, die

Standortbedingungen, die der Entstehung und Ansiedlung der Industrie dienlich waren, eingehender darzustellen. Die einzelnen Faktoren werden in der Literatur unterschiedlich gewichtet. Letztlich können wir davon ausgehen, dass es eine Kombination verschiedener Standortbedingungen war, die nicht nur die Ansiedlung und Entstehung, sondern auch erfolgreiche Entwicklung und Expansion der chemischen Industrie begünstigten. Die wichtigsten Faktoren seien im Folgenden erläutert.

Absatz und Konsumorientierung. Jaquet (1923: 6) und Mangold (1935: 21) schreiben der Konsumorientierung entscheidende Bedeutung bei der Entstehung und Entwicklung der Teerfarbenindustrie zu. Die neuen Farbstoffe der jungen Industrie fanden in der hochentwickelten Seidenfärberei großen Absatz. Ferner waren die Stoffdruckereien in Mülhausen bedeutende Nachfrager der Basler Farben. Viele Seidenfärbereien, die bis anhin selbst Farben hergestellt haben, spezialisierten sich fortan auf das Färben. Der Zukauf von Farben erwies sich als vorteilhafter. Die hier erfolgte Spezialisierung zeigte sich während der Entwicklung zum Hochkapitalismus in allen Industriezweigen (Mangold 1935: 22). Dazu kommt, dass die Fuchsinproduzenten in Mülhausen aufgrund ihrer hohen Preise (infolge der durch das Patentrecht verursachten Monopolsituation) Marktanteile an ihre Konkurrenten in Basel verloren (Haber 1958: 117). Aber schon in den 1870er Jahren hatten die zunehmende Produktion und der wachsende Export die in die Nähe orientierte Konsumgebundenheit gesprengt. Die Basler Teerfarbenindustrie erreichte nach Deutschland bereits den zweiten Platz im Weltmarkt (Mangold 1935: 22).

Unterschiedliche Patentregulierungen und Grenzlage. Das französische Patentgesetz von 1844 schützte das Endprodukt, nicht das Herstellungsverfahren. Darum emigrierten zahlreiche Chemiker in die Schweiz. Demgegenüber kannte die Schweiz bis 1888 kein Patentgesetz, was die Entwicklung der Farbenindustrie begünstigte. Mangold (1935: 24) schreibt der gesetzlichen „*Ausnahmestellung zu Beginn einer allgemeinen Kampfepoche der kapitalistischen Wirtschaft"* entscheidende Bedeutung für die Entwicklung der Teerfarbenindustrie zu. Menzi (1983: 21f) hebt hervor, dass die Basler Firmen dank der unterschiedlichen Patentbedingungen und der monopolistisch erhöhten Preise in Frankreich die Möglichkeit hatten, die Konkurrenten in Frankreich preislich zu unterbieten.

Die Schweizer Firmen konnten das Fuchsin und danach auch kompliziertere Prozesse deutscher Herkunft kopieren. Als sich die Schweizer Firmen später gegenüber der deutschen Konkurrenz in der Massenproduktion nicht mehr zu behaupten vermochten, begannen sie Spezialfarben herzustellen. Schließlich konnten sie dank dieser Ausrichtung überleben. Wenn die deutschen Firmen ihre Prozesse in der Schweiz hätten patentieren können, wären der lokalen Industrie die Expansionsperspektiven verbaut worden (Haber 1958: 203).

Die Patentfrage war denn auch mehrfach nach der Verabschiedung der Verfassung von 1848 Gegenstand von politischen Auseinandersetzungen. Die Regierung wollte dennoch nicht intervenieren, da das Patentgesetz in die verfassungsmäßig garantierte Handelsfreiheit hätte eingreifen können. Ein Versuch, die Verfassung 1882 zu ändern, wurde in einer Volksabstimmung abgelehnt. Die chemische Industrie und Nationalrat H. R. Geigy als deren Exponent sprachen sich vehement gegen dieses Patentgesetz aus. Geigy erklärte am Zürcher Patentkongress von 1883, dass die Schweiz bisher neutrales Gebiet gewesen sei, auf welches sich Chemiker aus Deutschland und Frankreich hätten zurückziehen können. Er mahnte, dass die Einführung des Erfindungsschutzes für chemische Erzeugnisse die Teerfarbenfabriken zur Auswanderung nach den großen Konsumgebieten veranlassen dürfte. Nach weiteren Auseinandersetzungen und einer Volksabstimmung 1887 wurde 1888 schließlich doch ein Patentgesetz eingeführt, das aber die chemische Industrie ausnahm (Jaquet 1923: 28–32). Die Reaktionen im Ausland waren scharf. Die deutschen Behörden protestierten energisch und drohten mit Retorsionsmaßnahmen. Schließlich fanden sich die Schweizer Hersteller zu einer Verständigung mit der deutschen Farbenindustrie bereit. Andere Länder beschwerten sich aber weiterhin. Die Schweizer Regierung musste schließlich das Patentgesetz ändern. Im Jahre 1907 trat ein neues Gesetz in Kraft, das auch die Patentierung von Herstellungsprozessen beinhaltete. Bis zu diesem Zeitpunkt vermochten sich die Farbenhersteller so gut zu etablieren, dass sie nun das Gesetz zu ihrem Schutze begrüßten (Jaquet 1923: 35ff; Haber 1958: 204).

Bevölkerung, Fachpersonal und Wissenschaft. Die Einwohnerzahl verdoppelte sich von 1840 bis 1860 auf rund 40 000. Der jungen chemischen Industrie standen also genügend Arbeitskräfte zur Verfügung (Huber und Menzi 1959: 103). 1870 machte die Anzahl der Ausländer bereits 30 Prozent der Bevölkerung aus. In den folgenden Jahren strömten immer mehr Auswärtige, zum Teil Elsässer, vor allem aber Reichsdeutsche aus dem badischen Nachbarland, nach Basel. Es gab Jahre, da im Kleinbasel zwei Drittel der Bewohner Angehörige des Deutschen Reiches waren (Burckhardt 1957: 346).

Basel war Ort der ältesten Universität in der Schweiz (gegründet 1460), die bereits ein Zentrum medizinischer und chemischer Studien war. Die 1816 gegründete Naturforschende Gesellschaft förderte das naturwissenschaftliche Gedankengut in der Bevölkerung und an der Universität. Christian Friedrich Schönbein, Professor für Chemie von 1828–1868, begründete die moderne Sprengstoffchemie und die Chemie der Kunststoffe. Friedrich Miescher wurde Direktor des physiologischen Laboratoriums der Universität Basel. Mit der Entdeckung der Nukleinsäuren trug er zur Begründung der modernen Biochemie bei (Enright 1995: 79).

Die ersten Farbenchemiker kamen aus Frankreich. Nach der Gründung des Eidgenössischen Polytechnikums in Zürich im Jahr 1855 setzte die Ausbildung technischer Spezialisten auch in der Schweiz ein (Huber und Menzi 1959: 103). Die Gründung dieser Hochschule unterstützte die aufkeimende Industrie wissenschaftlich. Die Ausbildungsqualität in der Schweiz und in Deutschland war den andern Ländern voraus (Jaquet 1923: 5). Für die Basler Chemiker waren die deutschen Universitätsinstitute und das Polytechnikum in Zürich über längere Zeit die hauptsächlichen Ausbildungszentren. Die Existenz der Universität in Basel kann somit nicht als standortbildender Faktor angesehen werden. Aber das allgemeine hohe Bildungsniveau, das verbreitete Interesse für naturwissenschaftliche Fragen und die weltoffene Kultur der Basler Bevölkerung begünstigten die Entwicklung der Industrie beträchtlich (Bürgin 1958: 90).

Bürgin hält fest, dass es bis Ende des Jahrhunderts keine eigentliche Zusammenarbeit zwischen der Universität und der jungen Industrie gegeben hat (1958: 93ff). Das Interesse des Staates und der Bürgerschaft für die Chemie war bescheiden und die Mittelausstattung der Universität in diesem Bereich gab zu häufigen Klagen Anlass. Angehende Chemiker besuchten das Polytechnikum in Zürich und Ausbildungsstätten in Deutschland. Empirische Verfahren nahmen bis zur Jahrhundertwende in der Industrie noch einen breiten Raum ein und schließlich konnten die Basler Firmen ausländische Patente ungehindert nachahmen, was ihnen den Anschluss an die internationale Konkurrenz immer wieder sicherte (Bürgin 1958: 98). Auch Mangold (1935: 79f) relativiert die Bedeutung des Polytechnikums, da dieses als Ausbildungsstätte mit europäischem Ruf auch zahlreiche Fachleute anderer Nationalitäten ausbildete und dadurch auch andere Industrien befruchtete. Demgegenüber widerspricht Straumann (1995: 99) der Auffassung, wonach die ersten Chemiker keine akademische Ausbildung verfügt hätten. Die Verfügbarkeit von chemisch ausgebildeten Fachleuten war also nicht so sehr für die Ansiedlung als vielmehr für die erfolgreiche Entwicklung der chemischen Industrie entscheidend. Ohne systematische Forschungstätigkeit konnten keine Fortschritte in den Fabrikationsmethoden erreicht werden.

Günstige Entsorgungsbedingungen. Bei der frühen Fuchsinherstellung fielen beträchtliche Mengen arsenikhaltigen Wassers an, die weggeleitet werden mussten (Huber und Menzi 1959: 102). Die Möglichkeit, die großen und giftigen Abwässer und festen Rückstände in den Rhein einleiten zu lassen, war ein nicht zu unterschätzender, den Standort begünstigender Faktor. Die Arsenikabfälle wurden schon bald ein großes Problem. So verursachte die nicht am Rhein gelegene Firma J. J. Müller-Pack mehrfach Vergiftungen des Trinkwassers und des Bodens. Da die Wegschaffung der mit Kalk gefällten Arsenikresiduen fast unmöglich war, leiteten die Betriebe diese Rückstände in den Rhein. Geigy, der Nachfolger Müllers, ließ die Rückstände gar mit Fuhrwerken auf die Rheinbrücke bringen und dort durch ein Schuttloch in den Rhein entleeren. Die starke Flussströmung erklärt also teilweise warum sich die Teerindustrie gerade in Basel am Rhein und in La Plaine bei Genf an der Rhone ansiedelten (Jaquet 1923: 11ff).

Gute Kommunikations- und Transportausstattung. Die Versorgung mit Rohstoffen war eher ungünstig. Der wichtigste Rohstoff für die Farbenfabriken war der Gasteer. Da die Basler Gasfabriken nur einen geringen Teil des Bedarfs decken konnten, mussten große Mengen an Gasteer und später an Zwischenprodukten anfänglich aus England und Frankreich, später in immer größerem Maße aus Deutschland importiert werden (Jaquet 1923: 4). Die günstige Verkehrslage mit der Rheinschifffahrt und später der Eisenbahn war ein zusätzlicher, aber nicht bestimmender Grund, dass sich die Teerfarbenindustrie hauptsächlich in dieser Stadt entwickelt hat.

Kapitalmarkt. Mit der grundlegenden Veränderung des wirtschaftlichen Gefüges der Stadt in den sechziger Jahren erstarkten auch die Banken und der Kapitalmarkt dehnte sich aus. Das war Folge und zugleich Bedingung der gewerblichindustriellen Entwicklung. In diese Zeit fiel die Gründung der Handwerkerbank, der Basler Handelsbank, der Hypothekenbank in Basel, des Basler Bankvereins, einer Filiale der Eidg. Bank A.G., sowie von Versicherungsgesellschaften (Mangold 1935: 17). Insgesamt 20 Privatbanken zeugten vom gut entwickelten Bankwesen in Basel. Huber und Menzi (1959: 104) führten die starke Stellung der

Stadt auf dem Kapitalmarkt auf die rege Handels- und Gewerbetätigkeit und auf einen ausgeprägten Sparsinn der Basler Oberschicht zurück. Aus diesem Kapitalvorrat konnte die aufstrebende chemische Industrie ihren Bedarf decken.

Haltung der Behörden. Trotz gewisser Einschränkungen förderten die Behörden die Entwicklung der Industrie. Als 1864 arsenikhaltige Abfälle aus der Fuchsinproduktion der Fabrik J. J. Müller-Pack einen Sodbrunnen vergifteten und Menschen dadurch stark erkrankten und sogar starben, rief die Regierung anerkannte Fachpersonen als Experten nach Basel. Nach eingehender Untersuchung des Betriebs unterbreiteten sie Vorschläge zur Behebung des bereits angestellten Schadens am Grundwasser und Ratschläge zur Verbesserung der Fabrikeinrichtungen, um solche Unfälle in Zukunft zu verhindern. Den zahlreichen Protesten wegen verpesteter Luft, Flurschäden und verdorbener Wäsche begegneten die Behörden mit einer flexiblen Politik. Einerseits trachteten sie danach, Ursachen der Klagen zu beheben oder zu mindern, andererseits wollten sie dem Fortschritt der Industrie keine Steine in den Weg legen. Diese Haltung kommt deutlich in einem Amtsbericht der Fabrikinspektoren Dr. Ch. Müller, Dr. C. Bulacher und Dr. F. Goppelsroeder vom 1. August 1866 zum Ausdruck: „*... es darf wohl füglich eine gewisse Toleranz beansprucht werden, namentlich in Scheidung des mehr oder minder Unangenehmen von dem eigentlich Schädlichen. Es gilt dies namentlich, wenn in der natürlichen Entwicklung der Dinge ein Industriezweig auf dem Wege des Fortschritts eine veränderte Gestalt annimmt*" (zitiert nach Huber und Menzi 1959: 111).[21]

Vor allem die Patentfrage und die Bedeutung des wissenschaftlichen Inputs werden in der Literatur kontrovers behandelt. Während Jaquet (1923: 27) und Mangold (1935: 79f) die unterschiedliche Patentgesetzgebung, die räumliche Nähe der Nachfrage nach Farbprodukten und den Rhein für den Abwassertransport als wesentliche Standortfaktoren hervorheben, bestreitet Polivka (1974) nicht sehr überzeugend die vorrangige Bedeutung der unterschiedlichen Patentregulierungen. Straumann (1995: 133f) gesteht zwar die Bedeutung der fehlenden Patentgesetzgebung in der Frühphase ein, unterstreicht jedoch, dass schon sehr bald die zumeist am Polytechnikum in Zürich erworbene akademische Qualifizierung der Chemiker entscheidend zur Stärke der Basler Firmen beitrug.

3.1.3 Die Anfänge der Anilinfarben - die Widersprüche der Patente

Im Jahre 1856 entdeckte der englische Chemiker William Henry Perkin einen Farbstoff, der Seide blaurot färbte, als er versuchte auf synthetischem Wege Chinin herzustellen. Nach der Farbe der Malvenblüte nannte man Anilinpurpur später Mauvein. Ein Jahr danach gründete Perkin ein Unternehmen zur Produktion dieses Farbstoffs in Greenford Green. Schnell folgten weitere Entdeckungen. 1859 ent-

---

[21] Gegenüber den Klagen der Bewohner über die Verunreinigungen der Luft und Vorschriften der Sanitätsbehörden griff J. G. Geigy bereits 1881 zum Mittel der Drohung mit dem Standort. Er erklärte, dass er bei Nichtbewilligung seines Baugesuches seine Fabrikation außerhalb des Kantons verlegen werde (Jaquet 1923: 65).

wickelte der Franzose Verguin im Labor der Seidenfärberei Renard Frères & Franc in Lyon ein Prozess zur kommerziellen Herstellung von Anilinrot. Renard Frères & Franc ließen das Anilinrot als Fuchsin (nach dem Namen der Fuchsiablüte) im April des gleichen Jahres als ersten synthetischen Farbstoff patentieren (Jaquet 1923: 16; Haber 1958: 82f; Huber und Menzi 1959: 87).

Im September 1859 entdeckte Jean Gerber-Keller in Mülhausen mit seinem Sohn Armand zusammen ein neues Verfahren zur Herstellung des Anilinrots mittels Verwendung von Quecksilbernitraten, die sogenannte Azaleinmethode. Er beantragte ein Patent für seinen Produktionsprozess und ließ den unter dem Namen Azalein verkauften Farbstoff in der Lyoner Seidenfärberei Monnet et Dury produzieren. Die französische Regierung wies sein Gesuch zurück und verbot ihm 1860 die Produktion. Die beiden Gerber wurden wegen Verletzung des Fuchsinpatents verurteilt. Denn das französische Patentgesetz schützte Produkte, nicht aber Produktionsprozesse. Dieses Gesetz verunmöglichte es einem Erfinder, ein bereits geschütztes Produkt mit einer neuen Produktionsmethode herzustellen (Jaquet 1923: 17f). Da alle in dieser Zeit entwickelten Farben eine ähnliche Struktur aufwiesen, erstickte das erste Patent die Forschung auf diesem Gebiet. Dieses Gesetz wurde erst nach dem Ersten Weltkrieg geändert (Weder 1995: 33). Das Azalein erlangte aber großes Aufsehen, da es dem Fuchsin hinsichtlich Reinheit, Färbekraft überlegen und preislich günstiger war. Die Gerber mussten ihre Entdeckung außerhalb Frankreichs auswerten. Armand Gerber und der Kaufmann Wilhelm Uhlmann errichteten 1864 in Basel gleich neben der Fabrik Clavels ihre eigene Produktionsstätte (Huber und Menzi 1959: 111).

1863 wurde das Fuchsinpatent der Renard Frères & Franc nach Berufung bestätigt. Sie waren die ersten mit ihrem Patent. Damit erhielten sie ein Monopol mit ihrer Herstellung und kontrollierten bald einen beträchtlichen Teil der Anilinfarbenherstellung (Jaquet 1923: 19). Ihre Fuchsinfabrik *'La Fuchsine'* in Lyon war in den 60er Jahren der größte Farbenhersteller in Frankreich. Aber das Ziel der Unternehmung beschränkte sich darauf, ihr Monopol zu halten. Weder verbreiterten sie ihr Produktangebot noch verbesserten sie die Produktionsmethode. Der Preis für das Fuchsin war zu hoch. Währenddessen verschlechterte sich der Zustand der Produktionsmittel und die Qualität der Produkte. 1868 ging die Firma schließlich bankrott (Haber 1958: 112; Huber und Menzi 1959: 87).

Die gerichtliche Bestätigung des Fuchsinmonopols für die Renard Frères & Franc bedeutete einen großen Rückschlag für die französische Teerfarbenindustrie. Viele französische Chemiker und Fabrikanten siedelten sich in Deutschland, Belgien und vor allem in der Schweiz an. Die Schweiz war 1860 zusammen mit der Türkei das einzige kapitalistische Land ohne Patentrecht. Die Monopolsituation in Frankreich führte zudem zu stark überhöhten Preisen. Das in der Schweiz hergestellte Fuchsin war Mitte der sechziger Jahre weniger als halb so teuer als das französische. Daher ist es kein Zufall, dass sich in den sechziger Jahren gerade in Basel und in La Plaine bei Genf, also in zwei Grenzorten, die Anilinfabriken konzentrierten (Jaquet 1923: 21ff).

3.1.4 Die Anfänge der Firmen

Bindschedler & Busch / Gesellschaft für chemische Industrie Basel (CIBA).
Alexander Clavel, gebürtiger Lyoner und Besitzer einer großen Seidenbandfärberei, begann als erster Anilinfarben in Basel herzustellen. Er war mit Joseph Renard von Renard Frères & Franc in Lyon verwandt und erwarb 1859 für 100 000 Franken die Lizenz für Fuchsin. Um die Jahreswende 1859/60 begann er als erster in Basel mit dessen Fabrikation (Huber und Menzi 1959: 87). Zunächst produzierte Clavel bloß für seinen eigenen Gebrauch. Bald begann er das Fuchsin auch zu verkaufen. Als sich die Basler Behörden aus sanitätspolizeilichen Gründen seinen wachsenden Aktivitäten in der Nähe des Claraplatzes widersetzten, kaufte er 1864 ein Gelände an der Klybeckstraße außerhalb der Stadt und stellte bald verschiedene Anilinfarben her (Jaquet 1923: 51; Haber 1958: 117). 1873 hatte er etwa 30 Beschäftigte, aber aus finanziellen und persönlichen Gründen verkaufte er das Unternehmen an Bindschedler & Busch. Achtzehn Tage danach starb er. Die Anzahl der Beschäftigten stieg schnell auf 85 und 1878 erreichte sie bereits 110. Ende der 70er Jahre verfügten Bindschedler & Busch über eine Verkaufsorganisation, die bis in die USA und nach Russland reichte (Enright 1995: 77).

1884 wurde die Gesellschaft, die mittlerweile 230 Mitarbeiter hatte, in die Gesellschaft für chemische Industrie Basel CIBA mit einem Kapital von 2½ Millionen Franken umgewandelt (Haber 1958: 118; Wilhelm 1934). Die Produktion großer Mengen von Fuchsin und Alizarin wurde aufgegeben, denn die Firma spezialisierte sich auf die Produktion hochwertiger Farbstoffe und begann bald auch Pharmazeutika – das erste war *Antipyrin* –und Süßstoffe herzustellen (Jaquet 1923:105; Haber 1958: 118). 1886 hatte das Unternehmen 425 Beschäftigte und einen Stab, Chemiker eingeschlossen, von 67 Personen. Vier Jahre später wurde das Kapital auf 3,75 Millionen Franken aufgestockt (Wilhelm 1934). 1898 verstärkte sich das Unternehmen mit der Übernahme des benachbarten Anilinfarbenwerks vormals A. Gerber & Cie, das auf den Miterfinder des Azaleins zurückging (Jaquet 1923: 47; Huber und Menzi 1959: 99). Bindschedler und Busch, respektive CIBA war in den achtziger Jahren das Unternehmen mit der ausgeprägtesten wissenschaftlichen Orientierung. Die überlegene Forschungsorganisation begründete denn auch den Vorsprung des Unternehmens in den kommenden Jahrzehnten gegenüber den anderen Basler Chemiefirmen (Straumann 1995: 145–148).

Geigy und J. J. Müller & Cie.. Wie in anderen Regionen lag in Basel ein Ursprung der chemischen Industrie im Drogenhandel. In diesem Bereich war bereits seit 1758 Johann Rudolf Geigy-Gemuseus tätig. 1764 ließ er sich als 'Materialist' ins Basler Handelsregister eintragen. 1857 erwarb das Geschäft unter dem Namen J. R. Geigy & U. Heusler ein größeres Fabrikgelände in der Nähe des damaligen Badischen Bahnhofs und baute darauf seine Extraktfabrik zur Großproduktion von Farbholzextrakten aller Art (Huber und Menzi 1959: 85). Ab 1859 leitete J. R. Geigy die Extraktfabrik auf eigene Rechnung. J. J. Müller-Pack, der als Reisender und Kaufmann bereits im Geschäft tätig war, ließ als Betriebsleiter seine ersten Versuche zur Herstellung von Anilinfarben durchführen (Bürgin 1958: 104f).

Am 1. August 1860 übernahm J. J. Müller die Fabrik unter den Namen J. J. Müller & Cie. Der Mülhauser Schlumberger trat als Chefchemiker in die Firma ein und beschäftigte sich mit der Anilinfarbenproduktion (Jaquet 1923: 45). Müller nahm als einziger Schweizer Farbenhersteller an der Weltausstellung von 1862 in London teil. Seine Produkte wurden dort hoch gelobt (Jaquet 1923: 54). Der Aufstieg der Firma endete brüsk. In offene Senkgruben geschüttete Arsenikabfälle verursachten Trinkwasservergiftungen. Müller wurde zu einer Geldbuße und zu Schadensersatzzahlungen verurteilt. Diese überstiegen seine finanziellen Möglichkeiten, er trat sein Unternehmen 1864 wieder an Johann Rudolf Geigy ab und siedelte zusammen mit Schlumberger nach Paris über (Bürgin 1958: 116).[22] Geigy verlegte die Fuchsinproduktion aus sanitätspolizeilichen Gründen nach Schweizerhalle, wo er zudem den Abfall besser in den Rhein entsorgen konnte. Auf Anfang 1868 wurde die Fuchsinproduktion wieder nach Basel zurückgelegt und 1872 schließlich aufgegeben (Jaquet 1923: 54). Trotz dieser wechselvollen Anfänge legte das Unternehmen den Grundstein für den baldigen Aufstieg der Firma J.R. Geigy AG.

Gerber & Uhlmann. Die vierte in den sechziger Jahren entstandene Teerfarbenfabrik, Gerber & Uhlmann, konnte sich nicht längerfristig halten, obwohl Jean und Armand Gerber-Keller wesentlich zur technischen Entwicklung der Teerfarbenherstellung beigetragen hatten. Im Juni 1859 fanden die beiden in Mülhausen ihre Azaleinmethode, um das Anilinrot herzustellen. Albert Schlumberger, Bewohner desselben Hauses, konnte sich auf undurchsichtige Weise die Erfindung aneignen und verkaufte sie nach Paris, St-Etienne und dann nach Württemberg, Sachsen und Preußen. Sofort begann er seine Kenntnis auch in der Schweiz zu verwerten. So richtete er die Anilinfabrikation bei Alexander Clavel ein. 1860 war er Chefchemiker bei der neugegründeten Farbenfabrik J. J. Müller & Cie. (Jaquet 1923: 43ff).

Wegen des Gerichtsverfahrens gegen Renard Frères & Franc waren den Gerbers jedoch die Hände gebunden. Um bis zum endgültigen Urteil im Verfahren nicht untätig zu sein, begab sich Armand Keller 1862 nach Basel und richtete als Betriebsleiter bei Dollfus die Farbenproduktion ein. Bald darauf kehrte auch J. Gerber-Keller Frankreich den Rücken und trat als Chemiker bei Dollfus ein. Nach dem negativen Urteil in Frankreich gründete Armand Gerber 1864 mit dem Kaufmann Wilhelm Uhlmann neben dem Clavel`schen Betrieb an der Klybeckstraße ein eigenes Anilinfarbenwerk. Dieses wurde 1898 von der Gesellschaft für chemische Industrie Basel (CIBA) übernommen (Jaquet 1923: 47; Huber und Menzi 1959: 99).

Durand & Huguenin. Seit Perkins Farbenherstellung lieferten die Gasfabriken das Ausgangsmaterial für die Teerfarbenfabriken. Es ist daher nicht verwunderlich, dass Gasfabriken zu Keimen der chemischen Industrie wurden. Jean-Gaspard Dollfus aus Mülhausen bewarb sich 1850 beim Basler Regierungsrat um die Konzession für den Bau einer Gasfabrik. Ab 1852 fabrizierte er Leuchtgas in einem Betrieb vor dem Steinentor. 1860 verlegte man die städtische Gasfabrik vor das St. Johannstor an den Rhein. Dollfus gründete noch im gleichen Jahr in der Nähe der neuen Gasanstalt eine Fabrik zur Verarbeitung des Steinkohlenteers und begann 1862 mit der Herstellung synthetischer Farbstoffe (Huber und Menzi 1959: 98ff).

---

[22] Jaquet (1923: 54) führte den Misserfolg auf die allzu forsche Verwertung fremder Patente zurück.

In diesem Jahr traten zuerst Armand und dann Jean Keller aus Mülhausen in das Unternehmen ein und führten die Herstellung von Fuchsin gemäß ihrer in Frankreich verbotenen Methode ein. Dollfus verkaufte die Fabrik 1868 an Ch. Couleru, einem anderen Elsässer, der sie seinerseits drei Jahre später an Daniel Édouard Huguenin-Koechlin veräußerte. Dieser vermietete sie an seinen Cousin Durand, der zuvor bei Clavel und Petersen in Schweizerhalle gearbeitet hatte (Jaquet 1923: 55). Durand war ursprünglich mehr an Zwischenprodukten als an Farbstoffen interessiert. Das Unternehmen wuchs langsam. Es stellte einige Farben her, mehr Zeit widmete es aber der Herstellung von Pharmazeutika. Durand & Huguenins *Salol* war das erste Analgetikum einer Basler Firma auf der Basis von Salicyl (Haber 1958: 119). Dieses Unternehmen entwickelte sich zur späteren Farbenfabrik Durand & Huguenin.

Chemische Fabrik Schweizerhalle. Der Chemiker Gustav Herbst von Lauwil übernahm 1847 die chemische Fabrik Schweizerhalle und vergrößerte sie. 1953 ging das Werk samt einem mit der dortigen Saline 1843 abgeschlossenen Lieferungsvertrag an den Chemiker Karl Kestner aus Thann im Elsass über. Da seine Produkte teurer waren als Importchemikalien, verkaufte er 1859 den Betrieb (Koelner 1937: 48). Nach verschiedenen Handänderungen kam er 1862 unter die Kontrolle von F. Petersen & Sichler. Petersen verlagerte seine Fuchsinproduktion aus Frankreich hierher und stellte bald auch andere Farben und Zwischenprodukte her (Haber 1958: 116). 1868 kaufte er die Fabrik von Geigy in Schweizerhalle hinzu (Jaquet 1923: 56). 1908 starb Peterson und die Firma arbeitete fortan unter dem Namen Chemische Fabrik Schweizerhalle weiter (Haber 1958: 116).

Sandoz AG. Alfred Kern, leitender Chemiker bei Bindschedler & Busch, und Edouard Sandoz, in leitender kaufmännischer Stellung bei Durand & Huguenin, eröffneten 1886 unter dem Namen Kern & Sandoz eine Farbenfabrik. Kern und Sandoz lieferten schon im ersten Jahr ihrer Firma Produkte an Kunden in ganz Europa, nach Moskau und sogar nach New York. Bald bereiste Sandoz Indien und China, nachdem er 1889 ein Konsignationslager in Japan bei einem Schweizer Händler eingerichtet hatte. 1890 errichtete die Firma, die inzwischen 90 Beschäftigte aufwies, neue Produktionsanlagen. Nach dem Tod Kerns 1893 führte Sandoz die Unternehmung alleine weiter. 1895 wurde die Firma in die Chemische Fabrik vorm. Sandoz A.G. umgewandelt. Sie konzentrierte sich damals auf die Herstellung von Farbstoffen der Triphenylmethangruppe. 1904 schlitterte die Firma zwar in eine bedrohliche Krise, so dass einzelne Verwaltungsratsmitglieder gar zur Liquidation rieten. Nach der Überwindung des Patentdisputs mit BASF und 'sieben mageren Jahren'setzte sich das Unternehmen in der ersten Konzentrationswelle durch (Huber und Menzi 1959: 99; Sandoz 1961: 124; Riedl-Ehrenberg 1986; Fritz 1992: 25ff, 35).

Basler Chemische Fabrik Bindschedler. 1892 verließ Bindschedler die CIBA und baute 1893 die Basler Chemische Fabrik Bindschedler, später in Basler Chemische Fabrik A.G. unbenannt, in Kleinhüningen auf. Das Unternehmen produzierte Farbstoffe und pharmazeutische Spezialpräparate. 1904 kaufte es eine zusätzliche Produktionsstätte in Monthey im Wallis. 1908 fusionierte die Firma wieder mit der Gesellschaft für chemische Industrie (CIBA) (Huber und Menzi 1959: 99).

F. Hoffmann-La Roche & Co. AG. Die Entstehungsgeschichte der F. Hoffmann-La Roche & Co. AG unterscheidet sich maßgeblich von den anderen chemischen Fabriken in Basel. 1984 übernahmen Fritz Hoffmann und Münchner Chemiker Max Carl Traub eine Drogerie mit Labor. Die neue Firma stellte mitunter die pharmazeutischen Wirkstoffe Antifebrin, Phenacetin, Wismuth, Guajacolcarbonat, Kreosotcarbonat und Salicylsäure her. Unter den Chemikern, die in die Firma eintraten, war auch Emil Christoph Barell, der seit seinem Eintritt 1886 während rund 50 Jahren den Aufbau der Unternehmung prägen sollte. Nach dem Ausscheiden seines Partners 1896 gründete Fritz Hoffmann die Firma der F. Hoffmann-La Roche & Co. (Wanner 1968a: 39, 53–57). Das erste wichtige und patentierte Präparat war das 1896 entwickelte Schilddrüsenpräparat *Aiodin*. Den ersten kommerziellen Erfolg erlangte die Firma mit dem auf der Basis von Thiocol hergestellten und 1898 eingeführten Hustensirup *Sirolin*. Den Grundstein für den lang anhaltenden Aufstieg der Firma legten die Aktivitäten bei den Digitalisderivaten und Morphintherapien. 1904 erwarb das Unternehmen von Max Cloëta, Professor für Pharmakologie an der Universität Zürich, *Digalen*, ein aus der Fingerhutpflanze gewonnenes Herzmittel und verkaufte es äußerst erfolgreich. Bereits in der Frühphase des Unternehmens ab etwa 1900 führte F. Hoffmann die Forschung gemeinsam mit Forschern an Universitäten durch. Diese Strategie sollte sich längerfristig als äußerst erfolgreich erweisen (Huber und Menzi 1959: 174; Wanner 1968a: 65; Fehr 1971: 15). Bereits im Gründungsjahr 1896 errichtete F. Hoffmann im benachbarten Grenzach eine deutsche Produktionsstätte, die sich bald zum bedeutendsten Produktionszentrum entwickelte. Ein Grund für diese Standortwahl mag die deutsche Patentgesetzgebung gewesen sein, die ausländischen Produkten einen Schutz für nur drei Jahre bot. Nach Ablauf dieser Frist mussten sie im Deutschen Reich hergestellt werden. Dieser Zeitpunkt rückte für das Wundpulver *Airol* näher (Wanner 1968a: 43; Fehr 1971: 11). F. Hoffmann erkannte die Möglichkeiten, die in der industriellen Herstellung von Medikamenten und ihrem internationalen Vertrieb lagen. Bereits 1996 wurde eine Filiale in Mailand aufgebaut. Kurz darauf folgte die Einrichtung von Auslandsvertretungen oder Partnerschaften in Wien, Paris, England und Boston (Wanner 1968a: 39; Peyer 1996: 31).

3.1.5 Die junge chemische Industrie als Industriedistrikt?

Die heute extrem vielgestaltige und ausdifferenzierte Basler chemische Industrie ist aus vier gewerblichen Keimen entstanden: aus den Gewerben des Drogenhandels (J.R. Geigy AG) und der Färberei (CIBA, Bindschedler, Sandoz), aus der 1800 aufkommenden Gasfabrik (Dollfus, Durand & Huguenin) sowie dem Laboratorium der Apotheke (F. Hoffmann-La Roche). Die ersten Jahre waren von großer Unstetigkeit, wechselnden Kooperationen, Neugründungen, Schließungen und Übernahmen gekennzeichnet. Eine wichtige Rolle bei den Neugründungen und Ausgliederungen (heute wie im Falle der Biotechnologie würde man von 'Spin offs' sprechen) spielte der offizielle und inoffizielle Wissenstransfer zwischen den jungen Unternehmen, sei es über Stellenwechsel von Chemikern, Kooperationen, Verkauf von Kenntnissen oder gar Spionage. Gerade auch hierin zeigte sich, welche enormen Vorteile den entstehenden Unternehmen in Basel aus der fehlenden Patentgesetzgebung erwuchsen.

Die räumliche Ballung begünstigte diese Austauschbeziehungen, die Entstehung einer kritischen Masse an technologischem Wissen, die Entwicklung der einzelnen Unternehmen und letztlich der gesamten Industrie in der Region. Die Nachfrageorientierung zur bereits vorhandenen Seidenband- und Textilfärberei und der hohe Spezialisierungsgrad ließ letztlich einen räumlich integrierten Industriedistrikt entstehen, der viele Gemeinsamkeiten mit den von Marshall beschriebenen 'industrial districts' hatte. Marshall beobachtete räumlich konzentrierte und integrierte Industriestrukturen bei der Herstellung von Bestecken und Metallwaren in Sheffield und Solingen sowie die Baumwollverarbeitung in Lancashire. Er interpretierte räumlich konzentrierte Produktionsstrukturen von Unternehmen, die in engen Zuliefer- und Kooperationsbeziehungen miteinander verflochten sind und die Entstehung einer 'industriellen Atmosphäre' begünstigen, als besonders effiziente Organisationsform (Marshall und Marshall 1879: 53; Marshall 1920: 268ff; 1927: 285f, 601). Marshall unterstrich die Bedeutung von Wissens-Spillovers, der gemeinsamen Nutzung von Anlagen und der Konzentration von ausgebildeten Arbeitskräften. Zudem wies er auf die wichtige Rolle von immigrierten Unternehmern hin – eine interessante Parallele zur Industrialisierung der Region Basel. So trugen flämische Handwerker maßgeblich zur Entstehung von Textilwebereien in mehreren Regionen Englands (Marshall 1920: 269–271). Gerade dieser Aspekt wurde in den nachfolgenden Debatten über Industriedistrikte oftmals vernachlässigt. Allerdings nahmen Marshalls Ausführungen zu den Industriedistrikten nur einen kleinen Raum in seinem umfassenden Werk ein.

In den achtziger Jahren des 20. Jahrhunderts erfuhr dieses ursprünglich zur Beschreibung von Vorgängen in der Industrialisierungsphase entwickelte Konzept eine bemerkenswerte Renaissance. Die Industriedistrikte wurden zur Erklärung der räumlichen Ballung von kleineren und mittleren flexibel spezialisierten Unternehmen sowie der internationalen Konkurrenzfähigkeit dieser Cluster herbeigezogen (vor allem im sogenannten Dritten Italien in der Emiglia Romagna und Toskana). Piore und Sabel (1984) knüpften mit ihrem Ansatz der flexiblen Spezialisierung am Konzept der Industriedistrikte an. Auch die kalifornische Schule der 'new industrial spaces', die sich auf die Transaktionskostentheorie stützte, bediente sich der Industriedistrikte zur Erklärung neuer Industrieregionen wie z.B. die Hightech Cluster in Kalifornien (Scott 1988b; Saxenian 1994) oder von 'technology districts' (Storper 1992: 60ff). In Anlehnung an die Debatte über Industriedistrikte entwickelten Storper und Harrison (1991) eine Typologie regionaler Produktionssysteme entsprechend ihren charakteristischen Input-Output-Systemen. Schließlich erweiterte Markusen (1996) die mit ihrer Beschränkung auf Netzwerke kleiner Firmen und auf wenige 'erfolgreiche' Regionen einseitige Diskussion. Sie betonte die fortgesetzte Macht des Staates und von multinationalen Unternehmen und unterschied in mehrere Typen von industriellen Distrikten.

Im Zuge der fortschreitenden Internationalisierung und Diversifizierung in neue Tätigkeitsbereiche, spätestens aber mit der Kartellbildung unmittelbar nach dem Ersten Weltkrieg, waren die Chemiefirmen in Basel weit über das Stadium eines Industriedistrikts im Marshall'schen Sinne hinausgewachsen. Insofern bietet das Konzept der 'industrial districts' wertvolle Hinweise zum Verständnis der frühen Entwicklung der Basler Chemieindustrie, hat aber keinen Erklärungswert für die Entwicklungen nach dem Ersten Weltkrieg. Die primär auf handwerkliche Arbeit

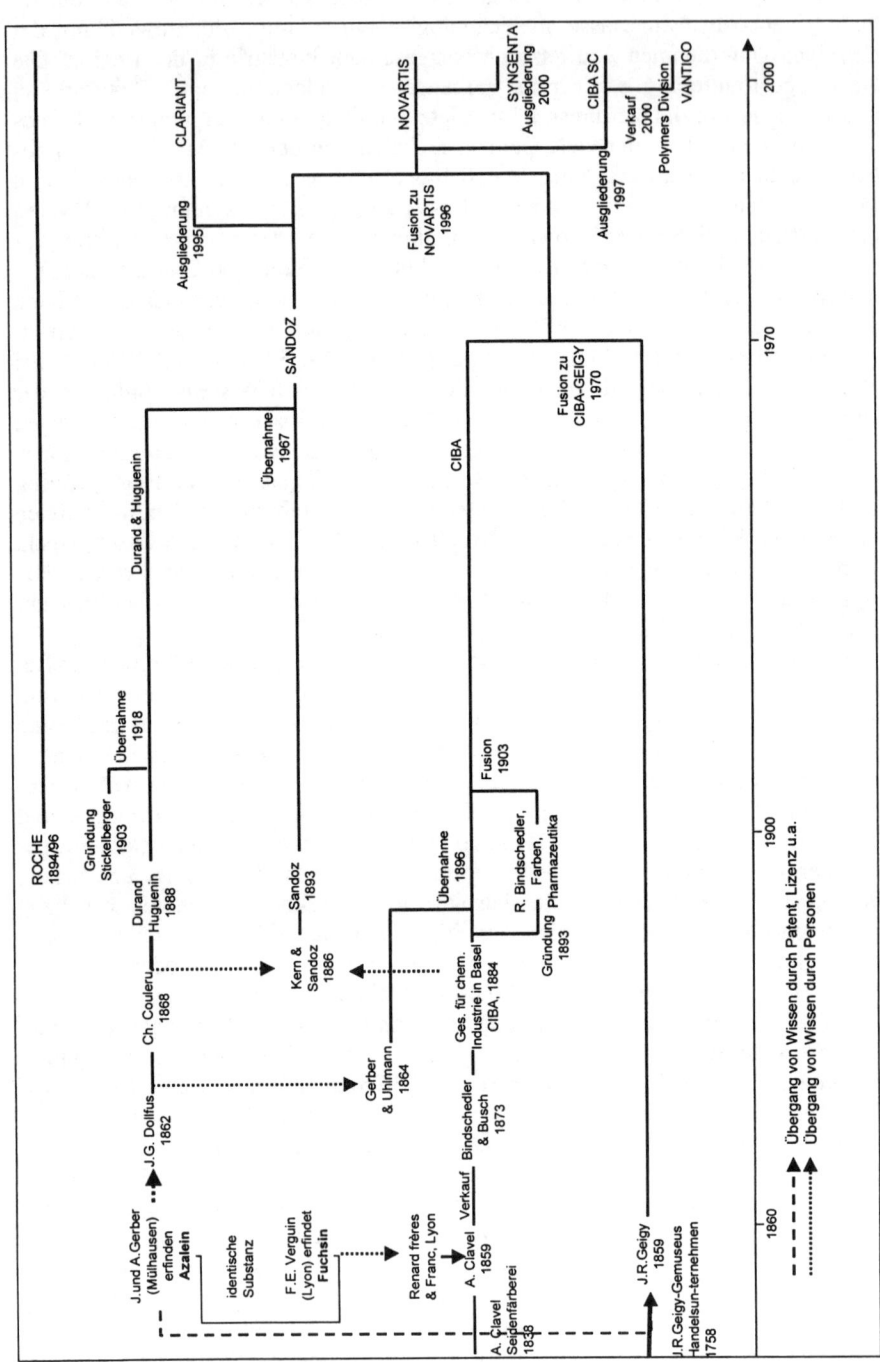

Abb. 3.1. Vom industriellen Distrikt zu 'global players'

gestützte flexible Spezialisierung lässt sich also als ein Modell der Produktion, der Arbeitsbeziehungen und der Unternehmensverflechtungen verstehen, das unter spezifischen historischen Bedingungen dominant war. Dessen Charakteristika können aber unter gewissen Bedingungen in einzelnen Regionen auch unter und neben der Hegemonie anderer Kontrollkonzepte fortbestehen (Ruigrok und van Tulder 1995: 36–62). Die Verwissenschaftlichung der chemischen Industrie und die ersten Formierungen der Unternehmen als Aktiengesellschaften in den achtziger Jahren des 19. Jahrhunderts leitete bereits eine intensivere Kapitalakkumulation ein (vgl. Straumann 1995: 120ff; 1997: 92ff).

Die offene Industrialisierung einerseits und die langandauernde Einschließung in die Stadtmauern andererseits sowie die Spannung zwischen dem Handwerk und der frühen Exportorientierung der Chemieproduzenten führten zu einem paradoxen Erscheinungsbild. Dieser Widerspruch zwischen kleinräumigen, überschaubaren Verhältnissen und der industriellen, international ausgerichteten Urbanität begleitete Basel und 'seine' Chemie bis in die Gegenwart (Sarasin 1992).

3.2 Rezepte für die frühe Expansion: Spezialisierung und Exportorientierung

3.2.1 Spezialisierung und Einstieg ins Pharmageschäft

Seit ihrer Entstehung begannen sich die Basler Unternehmen zu spezialisieren. Sie trachteten früh danach, solche Farbstoffe herzustellen, bei denen, die vom Ausland gelieferten und durch den Transport verteuerten Rohstoffe einen verhältnismäßig geringen Anteil an den Gestehungskosten trugen. Angesichts ausgesprochen spekulativer Preisschwankungen verschiedener Rohstoffe, wie dem Benzol, gab die schweizerische Farbenindustrie die Herstellung solcher Farbstoffe auf, in deren Gestehungspreis die geringste Preisverschiebung der Rohstoffe sich stark niederschlug (Jaquet 1923: 100). In den achtziger Jahren verließen die Schweizer Firmen die Massenproduktion von Farben wie Mauvin und Alizarin und widmeten sich fortan der Herstellung von hochwertigen Farben in kleinen Mengen, die einen hohen Anteil an Facharbeit aufwiesen und komplizierte Produktions- und Prozessanlagen voraussetzten. Die Konkurrenz der deutschen Großbetriebe in der Massenproduktion war zu stark, als dass sie durch günstigere Preise unterboten werden konnte. Die Schweizer Firmen entwickelten einen hohen technologischen Stand und legten großes Gewicht auf die Forschung, deren Ziel in der Diversifizierung der Farbstoffe und der Ermittlung neuer Anwendungen für diese bestand. Die Fabrikation qualitativ hochstehender Farbstoffe erforderte auch besser ausgebildetes Personal. Die Wertschöpfung pro Arbeiter war 1895 in der schweizerischen Chemie dreimal höher als in der deutschen (Jaquet 1923: 100–106; Haber 1958: 120).

Diese Spezialisierung der Schweizer Farbenindustrie führte dazu, dass die nachfragenden Industrien in der Schweiz große Teile ihres Farbenbedarfs aus dem Ausland zu importieren hatten, wovon 95 bis 99% der Einfuhr aus Deutschland bezogen wurden.[23] Mit der zunehmenden Spezialisierung gewann die Schweizer Industrie ein eigenes Interesse am Patentschutz. Angesichts der internationalen Konkurrenz konnte eine neu entdeckte Spezialität nur dann Aussicht auf Erfolg haben, wenn ein Patent Schutz gewährte (Jaquet 1923:104-106).

Wie die gesamte schweizerische Exportindustrie wendete sich die Teerfarbenindustrie zu Beginn der hochkapitalistischen, imperialistischen Phase der Qualitätsproduktion zu. Sie behauptete ihre internationale Konkurrenzfähigkeit mit einer stärkeren Differenzierung der Produktion und dem Verzicht auf Massenproduktion. Die Schweizer Exportindustrie verband größte Hochwertigkeit mit weitgehender Differenzierung der Produktionsbasis und stellte damit fast in ihrer gesamten Geschichte ihren Absatz sicher. Die chemische Industrie und die Maschinenindustrie verfolgten diesen Weg am konsequentesten.

Mitte der achtziger Jahre begann die Farbenindustrie sich der Produktion synthetischer Pharmazeutika zu widmen. Man erkannte, dass Farbstoffe auch wichtige Ausgangsstoffe für die Herstellung von Arzneimitteln sein konnten und dass ein Zusammenhang zwischen Farbstoffen, die sich an bestimmte Gewebe und Zellen selektiv binden, und Chemotherapeutika besteht (Drews 1998: 38, 75ff). Eines der ersten Produkte aus Basel war das von Durand & Hugunenin hergestellte bereits erwähnte *Salol*. 1887 begann die Gesellschaft für chemische Industrie (CIBA) das von Hoechst patentierte und 1884 erstmals in den Handel gebrachte *Antipyrin* im großen Maßstab herzustellen. Ein Fiebermittel fand in der großen Influenza-Epidemie von 1890 reißenden Absatz. Dieser Erfolg gab den Ausschlag für den weiteren Ausbau der pharmazeutischen Abteilung. Zugleich verlagerte sich allmählich das Schwergewicht von der Fabrikation gängiger Handelswaren auf die Nutzung eigener Forschungsergebnisse und den Vertrieb von Spezialitäten. Das 1915 eröffnete biologisch-pharmazeutische Forschungsinstitut in Basel bedeutete in dieser Hinsicht einen entscheidenden Schritt. Auch die Sandoz produzierte in den neunziger Jahren erstmals pharmazeutische Grundsubstanzen. Sie stellte ebenfalls in Lohnfertigung für Hoechst *Antipyrin* her. Das Unternehmen stieg also über die Nachahmung von zum Teil nicht-patentgeschützten Produkten ins Pharmageschäft ein. Nach einem vorübergehenden Ausstieg aus der Arzneimittelherstellung verlagerte die Firmenleitung ihr Augenmerk erst um das Jahr 1919 erneut auf innovative, patentgeschützte Spezialitäten, nachdem sie 1917 mit dem Aufbau einer pharmazeutischen Abteilung begonnen hatte und damit erst richtig ins Pharmageschäft einstieg. Die Geigy stieg schließlich erst im Kriegsjahr 1940 in das Pharmageschäft ein. Auch die deutschen Chemieunternehmen begannen, sich mit pharmazeutischen Problemen zu beschäftigen und gliederten sich pharmazeutische Departemente an. Ebenso wuchsen einige traditionelle Apotheken in industrielle Proportionen. Die Suche nach neuen Arzneimitteln erfolgte dabei über die Isolierung, die Strukturaufklärung, der chemischen Darstellung natürlicher Wirkstoffe und die reine Synthese, ohne Anlehnung an natürliche

---

[23] Die relative Bedeutung der schweizerischen und deutschen Farbenindustrie läßt sich grob aus folgenden Zahlen ersehen: 1895 beschäftigte die Basler Farbenindustrie 1069 Personen (Jaquet 1923: 114), die des Deutschen Reiches 19300 Personen. Das entspricht einem Verhältnis von 1 : 18. Das Verhältnis der Preise betrug aber bloß 1 : 5½. Das zeigt, dass die Wertschöpfung pro Arbeitskraft in der Schweiz wesentlich größer als in Deutschland war (Haber 1958: 120).

Vorbilder (Jaquet 1923: 105; Roth 1952: 36; Fehr 1971: 11f; Dürst 1971: 20; Studer 1986: 25, 28; Fritz 1992: 39–43).

Die im Jahre 1894 gegründete Firma Hoffmann, Traub & Co. (ab 1886 F. Hoffmann-La Roche) war von Anfang an ein reines Pharmaunternehmen. Bereits an der Pariser Weltausstellung von 1889 hatte die CIBA eine ganze Reihe pharmazeutischer Erzeugnisse ausgestellt. Mit dem Einstieg in die pharmazeutische Produktion Ende der 1880er Jahre verfeinerten und differenzierten die Basler Firmen also ihre frühe Spezialisierungsstrategie. Wie bei der Farbenindustrie zeigte sich sehr bald, dass eine auf Massenerzeugung eingestellte Fabrikation auf den internationalen Märkten auf die Dauer nicht bestehen konnte. Die führenden Unternehmen CIBA und Hoffmann-La Roche konzentrierten sich auch im Pharmabereich schon um die Jahrhundertwende auf die Schaffung hochwertiger, patentfähiger Spezialitäten, die sie als fertige Produkte den Apotheken anboten. Zur gleichen Kategorie gehört die Produktion synthetischer Riechstoffe und Süßmittel. Seit dem Ersten Weltkrieg beschäftigte sich die CIBA zudem mit der Herstellung photographischer Präparate (Jaquet 1923: 105; Roth 1952: 36; Sandoz 1961: 31).

Mit der Spezialisierung auf konkurrenzlose Qualitätsfarben und auf Pharmazeutika setzte in den achtziger Jahren eine Verwissenschaftlichung der Basler Chemieindustrie ein. Im selben Zug wie sich die Unternehmen ihre Forschungsabteilungen aufbauten, nahm die Bedeutung des Polytechnikums Zürich für die Entwicklung der chemischen Industrie in Basel deutlich zu. Besonders die CIBA steckte bereits in den achtziger Jahren beträchtliche Ressourcen in die Forschungsorganisation bei den Farben und Pharmazeutika (Straumann 1995: 120ff, 146ff). Für F. Hoffmann-La Roche war seit der Firmengründung 1896 die Erschließung und Produktion von wissenschaftlichem Wissen zentral für den Geschäftsgang (Fehr 1971: 19–23; Peyer 1996: 45–52). Die Entstehung der pharmazeutischen Industrie muß vor dem Hintergrund tiefgreifender Veränderungen in den Naturwissenschaften und in der Medizin verstanden werden. Die medizinischen Disziplinen verankerten sich zwar mehr und mehr in der modernen Wissenschaft und übernahmen die rationalen Überlegungen und Untersuchungsmethoden der Naturforschung. Doch die nationalen Schulen der Medizin unterschieden sich erheblich. Die Chemie war als einzige Naturwissenschaft zur Trägerin eines Industriezweiges geworden. Sie hatte weite Gebiete der organischen Chemie erobert und dadurch Brücken zur medizinischen Wissenschaft geschlagen.

3.2.2 Exportorientierung

Die Basler chemische Industrie zeichnet sich durch eine äußerst frühe Internationalisierung aus und zwar bezüglich Exportorientierung und Direktinvestitionen im Ausland. Schon in den siebziger Jahren des 19. Jahrhunderts sprengten die wachsende Produktion und der Export die in die Nähe orientierte Konsumgebundenheit. Die Basler Firmen exportierten zunächst nach Frankreich, später kamen neue Exportmärkte in England und Deutschland dazu. Die Basler Teerfarbenindustrie erreichte nach Deutschland bereits den zweiten Platz im Weltmarkt (Mangold 1935: 22). Je mehr sie sich spezialisierten Farben zuwendeten, desto kleiner wurde der Anteil der Verkäufe in der Schweiz. 1895 betrug der Anteil des Inlandkon-

sums an der schweizerischen Teerfarbenproduktion rund 1/14 und 1910 rund 1/10
(bei einer Produktion von 27,4 Millionen CHF wurden 24,4 Millionen CHF exportiert). Der Rückgang dieses Anteils könnte bereits Ergebnis von neuen Produktionsstätten im Ausland sein. Die Spezialisierung und die Exportorientierung
waren die beiden Seiten der gleichen Medaille (Jaquet 1923: 58). Die weltweite
Produktion von Farbstoffen belief sich im Jahr 1895 auf rund 122 bis 125 Millionen CHF. Davon umfasste die Produktion in Deutschland 90 Millionen CHF, in
der Schweiz 16 Millionen CHF und in anderen Ländern 16–19 Millionen CHF
(Jaubert 1896: 30; zitiert nach Haber 1958: 120). Auf dem Weltmarkt der Teerfarben nahm die Basler Industrie schon 1880 eine beherrschende Stellung ein und
belieferte ausgedehnte Exporträume. Zu Beginn der 90er Jahre rückten die USA
an die zweite Stelle hinter Deutschland bei den Absatzländern. Als eine der ersten
der schweizerischen Exportindustrien begann die Teerfarbenindustrie den asiatischen Markt zu erschließen (Mangold 1935: 33).

Ebenso deckten die Basler Farbenhersteller ihren Bedarf an Zwischenprodukten
bereits Mitte der sechziger Jahre aus dem Ausland, vor allem Deutschland, England und Frankreich (Jaquet 1923: 99). So bezogen sie beispielsweise das Anilin
zunächst aus Frankreich und sogar England. Bald schlossen sie dann mit den deutschen Chemiefabriken entlang des Rheins neue Lieferabkommen für Teerdestilla-
te, Zwischenprodukte und Prozesschemikalien ab (Jaquet 1923: 85, Anhang Tab.
V; Haber 1958: 119).

Seit die Industrie weitgehend für den Export produzierte, wo sie natürlich auf
die gut organisierte Konkurrenz der deutschen Produzenten traf, war sie zu höchsten Qualitätsstandards und ausgebildeten technischen Verkaufsdienstleistungen
gezwungen. Sie musste ihren Erfindungsreichtum erhalten. Nur so konnte sie
überleben (Haber 1958: 120). Die Entwicklung der Teerfarbenproduktion war
zudem eng mit dem Stand der Anwendungsindustrien verknüpft. Ein ungünstiger
Geschäftsgang der Textilindustrie bewirkte einen Rückgang der Nachfrage nach
Farbstoffen. Auch die Kleidermode hatte einen gewissen Einfluss auf den Geschäftsgang (Jaquet 1923: 59).

Von 1885 bis zum Ausbruch des Ersten Weltkriegs stiegen die Exporte langsam aber stetig an. (Jaquet 1923, Tabelle II Anhang). Die Flaute zwischen 1885
und 1888 lässt sich auf eine Rezession in der Textilindustrie und der Rückschlag
von 1896 auf den schlechten Geschäftsgang in den USA zurückführen. In den
Jahren 1901 und 1902 kam es wieder zu einer Krise. Allerdings ist der Rückgang
der Exportziffer in diesen Jahren teilweise Folge der Verlegung eines Teils der
Teerfarbenfabrik von Geigy ins benachbarte Grenzach (Deutschland). Zum ersten
Male mussten auch die Basler Fabriken im Jahre 1901 auf Lager arbeiten, um
Entlassungen zu vermeiden. Die Jahre 1903 bis 1907 brachten wieder beträchtliche Exportsteigerungen, die erst durch die Krise in den USA von 1908 unterbro-
chen wurde. 1911 wurde der synthetische Indigo auf den Markt gebracht, der aber
in den Statistiken gesondert aufgeführt wurde (Jaquet 1923: 61).

Die Teerfarbenindustrie vermochte ihre Abnehmerschaft frühzeitig breit abzustützen. Ihre Erzeugnisse waren nicht auf einen bestimmten Abnehmerkreis beschränkt, sondern fanden als Hilfsstoffe in den verschiedensten Industrien und
Gewerben Absatz. Dadurch konnte die Industrie Flauten in einem Bereich durch
vermehrten Absatz in anderen Bereichen ausgleichen. Im gleichen Sinne konnte

die geographische Verteilung der Exporte ausgedehnt und unterschiedliche Konjunkturen in einzelnen Ländern ausgeglichen werden.

Bis in die achtziger Jahre hinein blieb jedoch der Export von Teerfarben noch vorwiegend auf Europa beschränkt. 1885 gingen 92,4% der Ausfuhr nach Europa und 1913 noch 60%. Amerika und Asien traten seit Anfang der neunziger Jahre in wachsendem Maße als Abnehmer der schweizerischen Farbstoffe auf und 1897 rückten die USA an die Stelle Deutschlands als erstes Einfuhrland von Teerfarben. Diese Entwicklung ging einher mit der steigenden Industrialisierung dieser Erdteile und drückte das Bestreben der schweizerischen Farbenfabrikanten aus, unter dem Druck der deutschen Konkurrenz in Europa, ihren Export in überseeischen Ländern auszudehnen. So ging der Export nach Frankreich zwischen 1885 und 1913 nicht nur relativ, sondern auch absolut zurück. Grund war die Präsenz der großen deutschen Farbenfabriken in diesem Lande. Der asiatische Markt mit Japan und China hat dagegen erst nach der Jahrhundertwende einige Bedeutung als Konsument schweizerischer Farbstoffe erlangt (Jaquet 1923: 60).

3.2.3 Frühe Auslandsproduktion

Die Basler Firmen errichteten im europäischen Vergleich früh zuerst Vertriebsfirmen, dann Produktionsstätten und schließlich auch Forschungseinrichtungen im Ausland. Bereits mehr als zwei Jahrzehnte vor der Beseitigung der Patentfreiheit begann sich die schweizerische Farbenindustrie im Ausland anzusiedeln. Die ersten Produktionsstätten im Ausland unter den Bedingungen einer expandierenden Weltwirtschaft und einem sich verschärfenden Konkurrenzkampf waren auch eine Antwort auf wirtschaftspolitische Maßnahmen in den für den schweizerischen Export in Betracht fallenden Absatzgebieten. Dazu zählten die Einführung von Schutzzöllen, um eine einheimische Farbenindustrie aufzubauen und Patentbestimmungen zum gleichen Zwecke, die das Patent mit dem Zwang verbanden, im Ausführungsschutz gewährenden Land zu produzieren (Jaquet 1923: 75; Mangold 1935: 33). Das Netz von Filialen und Tochtergesellschaften war bereits in dieser Zeit die eigentliche Stütze der schweizerischen Teerfabenindustrie auf dem Weltmarkt. Neben der Erschließung der Märkte und der Gewinnerzielung in diesen Ländern konnten sie Verpackungs- und Transportkosten, die hauptsächlich bei Produkten von gewöhnlicher Qualität ins Gewicht fallen, einsparen.

Frankreich war das erste Ziel von schweizerischen Direktinvestitionen, wo Ende der siebziger Jahre die bisherige Freihandelspolitik einer Politik der Schutzzölle wich. Für die Aktivitäten in Deutschland waren wirtschaftspolitische Maßnahmen nicht entscheidend. Deutschland und die Schweiz gewährten sich Zollfreiheit auf Farbstoffen. Sie standen gegenseitig als Lieferanten für Farbstoffe an erster Stelle, was die große Differenzierung in Spezialprodukte ausdrückte. Auch ein Patentausübungszwang bestand nicht. Jaquet (1923: 81) schreibt die Ausdehnung über die Grenze vor allem der billigeren Beschaffung von Roh- und Zwischenprodukten sowie der geographischen Lage Basels zu, wo Standorte am Rhein nur noch im benachbarten Ausland gefunden werden konnten. Auch in Russland investierte die schweizerische Farbenindustrie aufgrund der großen Markterwartungen bereits im letzten Jahrhundert. Das vierte wichtige Zielgebiet von Auslandsbetrieben waren die USA. Anfang der neunziger Jahre erhoben die

USA bedeutende Zölle auf Farbstoffe. Während frühere Zölle nur die Fertigprodukte (20–35%) belasteten, belegte der *Underwood-Bill* vor dem Ersten Weltkrieg auch die Zwischenprodukte mit 10%, wodurch die amerikanische Farbenindustrie gefördert werden sollte. Vor dem Krieg wurden 85% der Farben importiert. In England erfolgte die Ansiedlung mehr aus patentrechtlichen Gründen. Das *Patent and Designs Act* von 1907 hatte den Patentausführungszwang gebracht, wodurch einer Erfindung nur Schutz gewährt wurde, wenn sie im Inland technisch verwertet wurde. Mit dieser Gesetzgebung wollte England die veraltete englische Industrie mit neuen Herstellungsverfahren auffrischen (Jaquet 1923: 81; Roth 1952: 106).

1882 errichteten Durand & Huguenin in St-Fons bei Lyon die erste schweizerische Farbenfabrik im Ausland. Diese wurde 1899 von der CIBA aufgekauft. Auch in Deutschland produzierte die Durand & Huguenin als erste. Sie übernahm 1886 pachtweise die Grotesche Fabrik in Hüningen (damals deutsches Gebiet), die sie später kaufte. Das war vorteilhaft, weil sie ihren Absatz besonders auf Mülhausen und Lörrach ausrichtete.

Die Geigy war zu jener Zeit die international aktivste Basler Firma. Angesichts der hohen russischen Zölle gründete die Geigy bereits 1888 eine Zweigniederlassung in Karawajefka bei Moskau. Sie betrieb das Tochterunternehmen in Verbindung mit der russischen Firma Catoire und ließ es von einem Basler Chemiker leiten. Das Unternehmen hatte geringen Erfolg und wurde, nachdem es unter der Firma Th. Handschin & Cie. weitergeführt worden war, angesichts der für die Frachtverhältnisse ungünstigen Lage im Jahre 1910 liquidiert. Die Fabrikation wurde nach Libau verlegt und 1912 schließlich an J. H. C. Blunck aus Warschau abgetreten. 1892 etablierte die Geigy in Maromme bei Rouen zusammen mit ihrem dortigen langjährigen Vertreter P. Monet einen Fabrikationsbetrieb in der Extraktbranche. Die Errichtung dieser zweiten Filiale in Frankreich fiel in die Zeit eines französisch-schweizerischen Zollkrieges. Ende 1914 übernahm die Geigy den gut laufenden Betrieb vollständig. In Frankreich hatten die Schweizer jedoch mit der starken deutschen Konkurrenz zu kämpfen, die um 1900 bereits sechs Farbenfabriken in Frankreich betrieb. Der französische Absatz verlor daher für die Schweizer Farbenindustrie vor dem Ersten Weltkrieg ständig an Bedeutung (Jaquet 1923: 76). Vier Jahre nach der pharmazeutischen Produktionsaufnahme durch F. Hoffmann-La Roche in Grenzach begann Geigy 1901 in unmittelbarer Nachbarschaft eine neue Farbstofffabrik zu betreiben. Während des Ersten Weltkrieges musste der Betrieb vollständig stillgelegt werden (Jaquet 1923: 81). Geigy fasste auch in den USA als erste Fuß. Die Niederlassung in New York, die 1903 als Aktiengesellschaft Geigy Aniline & Extract Co. mit Vertretungen in Boston, Philadelphia, Providence, Atlanta und Toronto reorganisiert worden war, gliederte sich 1904 eine kleine Farbenfabrik in New Jersey an. 1909 wurden die nordamerikanischen Geschäfte der Chemischen Fabriken vormals Weiler-ter Meer in Ürdingen übernommen und unter dem Namen Geigy-ter Meer Co. vereinigt. Kurz vor Ausbruch des Krieges zwischen den USA und Deutschland übernahm Geigy den restlichen Aktienbesitz der Deutschen. Seither wird die Firma unter dem Namen Geigy Company Inc. geführt. Nach einer abermaligen Erhöhung der Zölle und massiven Importbeschränkungen kauften die drei in der Basler IG (siehe Abschnitt über die Basler IG) zusammengeschlossenen Firmen 1920 die Farbenfabriken Ault & Wiborg in Cincinatti (Ohio), um ihren Markt in den USA zu erhalten. Die

Stärkung der amerikanischen Farbenindustrie drückte sich darin aus, dass amerikanische Farbstoffe 1920 erstmals konkurrierend auf dem Schweizer Markt auftraten (Jaquet 1923: 78f; Bürgin 1958: 190).

Die CIBA hinkte bezüglich Internationalisierung bis zur Jahrhundertwende Geigy hinterher, holte diesen Rückstand in den folgenden Jahren aber mehr als auf. Sie erwarb 1899 die bereits erwähnte Fabrik St-Fons bei Lyon und beteiligte sich im gleichen Jahr an einer erfolgreichen Fabrik in Pabianice in Russisch-Polen. CIBA war damit nach Geigy die zweite Basler Firma, die in Russland investierte. Das Unternehmen lief sehr gut und vermochte seinen Geschäftskreis stark auszuweiten. Der Krieg verursachte bloß geringe Sachschäden. Vorwiegend aufgrund des Mangels an Rohmaterial wurde der Betrieb stillgelegt (Jaquet 1923: 77). 1911 erwarb die Ciba die Aktien der Clayton Aniline Co. Ltd. in Clayton bei Manchester. Neben der Wahrung des umfangreichen Patentbesitzes ging es auch darum, billige Roh- und Zwischenprodukte herzustellen, was sich während des Ersten Weltkriegs besonders lohnte. Mit der Gründung der Basler IG ging die Clayton Aniline Co. Ltd. in den gemeinsamen Besitz der drei Firmen über (Roth 1952: 81).

Die Chemische Fabrik vormals Sandoz errichtete in den ersten Jahren des Jahrhunderts eigene Vertretungen in Deutschland, Italien, Großbritannien und Belgien. 1910 gründete sie eine Vertretung in New York und 1911 auch in England die erste Tochtergesellschaft (Fritz 1992: 36).

F. Hoffmann-La Roche begann im Jahr 1897, nur ein Jahr nach der Firmengründung, in Grenzach zu produzieren. Die Produktionsstätte in Grenzach entwickelte sich bald zum wichtigsten Produktionszentrum des Unternehmens. Schon im Gründungsjahr 1896 eröffnete das Unternehmen eine Vertriebsfiliale in Mailand. Nach dem Tod des Generalvertreters gründete Roche 1903 in Paris die erster Gesellschaft in Frankreich. Da die Tätigkeiten verschiedener Agenturen nicht befriedigt hatten, wurde 1905 die Hoffmann-La Roche Chemical Works Inc. in New York gegründet, die zunächst als reine Import- und Vertriebsgesellschaft für Roche-Produkte aus Europa arbeitete. Weitere Roche Niederlassungen wurden 1906 in Barcelona, 1907 in Wien, 1909 in London, 1910 in St. Petersburg (eine Vertretung bestand seit 1898) und 1912 in Yokohama eröffnet. Zahlreiche Agenten und Vertretungen ergänzten diese Auslandsstützpunkte. Mit Ausnahme der Fabrik in Grenzach und eines kurzzeitigen und erfolglosen gemeinsamen Engagements mit Hoechst zwischen 1911 und 1914 zur Produktion von Phenol in Ladenburg bei Mannheim bestanden bis zum Ersten Weltkrieg keine chemischen Produktionsstätten im Ausland, hingegen wurden mancherorts *Sirolin* aus Thiocolpulver und andere Präparate gefertigt und verpackt (Wanner 1968b: 67; Fehr 1971: 24; Peyer 1996: 56, 59–66; Roche Magazin 1996).

3.2.4 Die ersten Konzentrationsbewegungen in der Teerfarbenindustrie

Die Zollpolitik ist als Ursache für die Auswanderungstendenzen vor dem Ersten Weltkrieg zu relativieren, da der eigentliche Protektionismus gegenüber der chemischen und vor allem der Farbenindustrie erst nach dem Weltkrieg einsetzte. Roth (1952: 106) nennt die Kapitalakkumulation den treibenden Faktor, da die im

Inland verhältnismäßig begrenzte Verfügbarkeit von Arbeit und Kapital die Firmen dazu trieb, nach günstigen Anlagemöglichkeiten in Ländern zu suchen, wo zugleich der Vorteil großer zollgeschützter Wirtschaftsräume ausgenutzt werden konnte. Mangold (1935: 34) bezeichnet die bedeutsame Stärkung der Auslandspräsenz als Folge und zugleich Ursache der inländischen Konzentrationsbewegung. Er weist darauf hin, dass die Höchstzahl der Teerfarbenfirmen zwischen 1893 und 1898 bestand, einer sehr späten Zeit, verglichen mit anderen Exportindustrien. Im Jahr 1898 setzte dann der Zentralisationsprozess ein. In der gleichen Zeit wurden die Privatgesellschaften in Aktiengesellschaften umgewandelt. Bindschedler & Busch verwandelten sich 1884 in eine moderne Aktiengesellschaft und nannten sich fortan *Gesellschaft für chemische Industrie in Basel* (CIBA). Die *Chemische Fabrik vormals Sandoz* wurde 1895 eine AG. Geigy strukturierte sich ab 1901 in einer AG, blieb aber noch längere Zeit eine Familiengesellschaft. F. Hoffmann-La Roche wurde als Kommanditgesellschaft gegründet und erst 1919 in einer schweren Krise in eine AG umgewandelt. Die inländische Konzentration und damit auch die Formierung in Aktiengesellschaften waren umso notwendiger, als der größte und wachsende Teil der Produktion immer noch im Inland erfolgte aber weitgehend exportiert wurde (Wilhelm 1934; Haber 1958: 118; Fritz 1992: 30; Straumann 1995: 127; Peyer 1996: 32, 77).

Die technische Entwicklung der Farbenherstellung drängte bald nach dem Großbetrieb. Die bedeutenden Kapitalinvestitionen waren durch kleine Betriebe nicht mehr aufzubringen. Das Produktionsgebiet musste ständig ausgebaut werden. Um mit der Wissenschaft Schritt zu halten, brauchten die Unternehmungen ihre eigenen Chemiker, die sich ausschließlich mit dem Aussuchen neuer Verfahren und industriellen Anwendung chemischer Entdeckungen zu beschäftigen hatten. Bereits zu dieser Zeit zogen sich die Laborversuche teilweise jahrelang hin und verschlangen die Kosten für Forschung und Entwicklung beträchtliche Summe. Auch als die Notwendigkeit einer aufwendigen und kostspieligen Absatzorganisation förderte die Konzentration. Die Konkurrenz führte zu wachsenden Aufwendungen für das Bereisen der Kundschaft und Reklame. Nur ein Großbetrieb, der *economies of scale* erzeugen konnte, vermochte seine Kosten zu decken und sich gegenüber der Konkurrenz durchzusetzen (vgl. Chandler 1990). Das Sinken der Preise hatte zur Folge, dass die Unternehmen ihre Produktion steigern mussten, um keine Verminderung des Umsatzes zu erfahren. Waren die sechziger, siebziger und achtziger Jahre durch Neugründungen und Ausgliederungen gekennzeichnet, so setzte in den neunziger Jahren ein Konzentrationsprozess in der Basler Farbenindustrie ein. Bereits 1901 tauchte die Idee auf, die Basler Chemiefirmen durch einen Zusammenschluss international zu stärken. Die stärkeren Firmen zogen es vor, durch Akquisitionen zu expandieren, die schwächsten gingen unter. 1896 übernahm die Gesellschaft für chemische Industrie die Firma Gerber & Uhlmann und 1908 die Basler Chemische Fabrik in Kleinhüningen (Basel) einschließlich des Filialbetriebes *Société des Usines* in Monthey (Wallis). 1918 integrierte Durand & Hugenin die Chemische Fabrik E. Stickelberger & Co. Bei gleichbleibender Zahl der Betriebe hat sich in den 50 Jahren zwischen 1870 und 1920 die Zahl der Beschäftigen von 196 auf 5483 fast verdreißigfacht (Jaquet 1923: 69f; Menzi 1983: 28; Erni 1979: 29).

3.3 Kartelle und Auslandsinvestitionen

3.3.1 Der Erste Weltkrieg als Segen

Vom 1.Weltkrieg konnten die Firmen in der Schweiz außerordentlich profitieren. Die alliierte Blockade von Deutschland gab der Schweizer Chemie die Möglichkeit, ein wichtiger Lieferant auf dem Weltmarkt zu werden (Jaquet 1923: 63). Zudem konnten sowohl die Farben- wie auch die Pharmaindustrie von starken Preissteigerungen profitieren. Die Rohstoffversorgung warf allerdings gewisse Probleme auf (Mangold 1935: 41; Bürgin 1958: 237). Die deutschen Firmen verloren dagegen Hunderte von Patenten in den alliierten Staaten (Enright 1995: 83).

Das Farbengeschäft im Ersten Weltkrieg

Mit dem Ausbruch des Ersten Weltkrieges konnten die Länder der Entente ihre Versorgung mit deutschen Farben nicht mehr sicherstellen. Die inländischen Produktionskapazitäten waren ungenügend. Darum war die schweizerische Farbenindustrie in der Lage, ihren Markt beträchtlich auszudehnen und ihre Lieferung in die Ententestaaten massiv zu steigern. In den ersten beiden Kriegsjahren stieg der Export aber kaum, da die inländische Textilindustrie ihre Nachfrage ebenfalls massiv steigerte und sich Engpässe in der Rohstoffversorgung für die Farbenproduktion ergaben (Jaquet 1923: 63). Zwischen 1913 und 1920 stiegen die Exporte auf 211 Millionen Franken und haben sich somit gegenüber dem letzten Friedensjahr 1913 versiebenfacht. Die Gründe für diese gewaltige Steigerung lagen einerseits in starken Preiserhöhungen, andererseits aber auch in der Steigerung der Ausfuhrmenge, die sich allerdings in den Mengenangaben nicht widerspiegelt, da die Farbstoffe in konzentrierterer Form vertrieben wurden (Jaquet 1923: 65).

Der Krieg bescherte der chemischen Industrie einen enormen Reichtum. Insbesondere die schweizerischen Unternehmen vermochten ihre Stellung im Farbenmarkt massiv auszubauen. Deutschland, vor dem Krieg mit einem Weltproduktionsanteil von 74% weit voraus an erster Stelle, schied vom Weltmarkt aus. Die Schweiz, die bis anhin mit einen Weltmarktanteil von 7% an zweiter Stelle stand (vor England mit 6,5%, Frankreich mit 5,4% und den USA mit 3,3%), konnte ihre Exporte massiv steigern.[24] Die meisten Länder brauchten enorme Mengen an Farbstoffen, nicht zuletzt für die Uniformen. *„Die vier großen Basler Firmen wurden mit Bestellungen überhäuft, während Deutschland seine Produktion selbst verbrauchte"* (Mangold 1935: 40). Absatz- und Preisprobleme gab es nicht. Problematisch war jedoch die Beschaffung der Rohstoff- und Zwischenprodukte, da Deutschland als Lieferant ausschied.

Die völlige Abhängigkeit der schweizerischen Farbstoffindustrie hinsichtlich der Rohstoffversorgung kam im Ersten Weltkrieg deutlich zutage. Gleich zu Beginn des Krieges erließ Deutschland ein Ausfuhrverbot für sämtliche Roh- und

---

[24] Die schweizerische chemische Industrie hatte bis zum Ausbruch des Ersten Weltkrieges eine relativ starke Stellung auf dem Weltmarkt für synthetische Farben. Roth (1952: 62) führt andere Zahlen an: demnach hatte die Schweiz vor dem Ersten Weltkrieg einen Anteil von 10% am internationalen Farbstoffhandel, Deutschland als Hauptproduzent 88% und England noch weitere 2%.

Zwischenprodukte der Farbenindustrie. Viele dieser Produkte spielten auch in der Sprengstoffherstellung eine Rolle. England nahm seit 1915 die erste Stelle in der Rohstoffversorgung für die Farbenindustrie der Schweiz ein; von 10% im Jahre 1913 stieg der Anteil dieses Landes auf 77% im Jahre 1915. 1920 steigerten die USA ihren Importanteil an der Versorgung der Schweiz mit Roh- und Zwischenprodukten auf 31%. Um dem durch den Krieg verursachten Mangel an Rohstoffen entgegenzuwirken, wurden in Zurzach eine schweizerische Sodafabrik und in Schweizerhalle bei Basel eine Säurefabrik errichtet. Erstere wurde bereits Ende 1918 wieder stillgelegt (Jaquet 1923: 86-88).[25]

Zwar musste die Basler Chemie zwischen 1913 und 1918 ihre Ausfuhren stark drosseln, aber sie profitierte von einer Preissteigerung um mehr als das Fünffache. Im mengenmäßigen Rückgang der Exporte drückt sich zugleich aus, dass aufgrund der stark erhöhten Transportkosten die Produkte in weit konzentrierterer Form als bisher geliefert wurden. Gleichzeitig stieg auch die Inlandsnachfrage infolge des Armeebedarfs, der Kriegskonjunktur in der Textilindustrie und des Ausfalls der deutschen Importe stark an (Mangold 1935, 40f).

Das Pharmageschäft im Ersten Weltkrieg

Die Kriegszeit war auch ein Segen für die schweizerische pharmazeutische Industrie, die ihre Stellung stark auszubauen vermochte. Die Nachfrage nach Desinfektions- und Betäubungs-, Beruhigungs-, Schlaf- und Fiebermitteln stieg stark an. Wie in anderen Exportsektoren führte der Krieg in der Pharmaindustrie zur Reduktion sowohl der Exporte als auch der Importe. Vor dem Krieg umfasste der Export beinahe die gesamte Produktion und die Versorgung der inländischen Nachfrage erfolgte durch Importe. Da der Hauptlieferant Deutschland seine Exporte einstellte und damit überall Mangel an Arzneimitteln verursachte, musste die Exportindustrie im Krieg auch die Inlandsversorgung übernehmen. Nur der durch die Einschränkungen der deutschen Ausfuhr von Vor- und Zwischenprodukten verursachte empfindliche Rohstoffmangel erlaubte ihr nicht, die kriegsbedingte Exportkonjunktur befriedigend auszunützen. Die Pharmaprodukte erlebten verglichen mit 1913 während der Kriegszeit und des nachfolgenden Aufschwungs Preissteigerungen bis auf das Sechsfache. Allerdings stiegen in diesem Bereich auch die Rohstoffpreise beträchtlich (Mangold 1935: 51f; Roth 1952: 37).

Die schweizerische pharmazeutische Industrie hatte während des Krieges ihre Anlagen modernisiert und ausgebaut sowie die wissenschaftliche Forschung vorangetrieben. Die erzielten Gewinne ermöglichten neben einer Vergrößerung der Betriebe die weitgehende Abschreibunge der gesamten Anlagen und Einrichtungen. Das wirkte sich im Kampf um die Absatzmärkte nach dem Krieg sehr vorteilhaft aus. Denn wie auch in der Farbenindustrie waren in den von den Chemiezufuhren abgeschnittenen Ländern neue pharmazeutische Produktionszentren

---

[25] Im Vorfeld des Zweiten Weltkrieges schritt die Industrie nochmals zu ähnlichen Maßnahmen. Obwohl es wirtschaftlicher war, die verschiedenen Teerderivate vom Ausland einzuführen als sie selber herzustellen, wurde 1937 die Schweizerische Teerindustrie AG in Pratteln als Gemeinschaftsunternehmen chemischer Fabriken und des schweizerischen Gasverbandes gegründet. Der Hauptgrund lag in den schlechten Erfahrungen der Kriegs- und Mangeljahre 1914–1919, die in Krisenzeiten die Vorteile einer eigenen Produktionsbasis gezeigt haben (Käppeli 1954: 8, zitiert in Varini 1958: 70).

entstanden, so dass sich nach dem Krieg bedeutend mehr Konkurrenten gegenüber standen (Roth 1952: 37). Dennoch gab es auch Schwierigkeiten. So kam Hoffmann-La Roche, die im deutschen Grenzach ihre Hauptproduktionsstätte hatte, während des Krieges in verschiedene politische Schusslinien (Wanner 1968b; Fehr 1971). Auch die Geigy hatte Probleme mit ihrer Fabrik in Grenzach, die ihr aber auch als nützlicher Puffer diente, da sie mit deutschen Ausgangsmaterialien produzieren konnte (Bürgin 1958: 237: 243).

3.3.2 Der Geschäftsverlauf in der Zwischenkriegszeit

Vom expandierenden Welthandel zum Protektionismus

Der Erste Weltkrieg hatte die Bedingungen der Weltwirtschaft grundlegend verändert. Vier Jahre Kriegswirtschaft verwandelten die ehemals auf Freizügigkeit beruhende Wirtschaft in ein an den jeweiligen nationalen Interessen orientiertes System. Der Krieg trieb die Länder zu Autarkiebestrebungen sowie zum Aufbau eigener Industrien in den Bereichen Textilien, Maschinenbau und Chemie an. Auch nach dem Ende des Krieges setzte sich die Tendenz, die eigenen Märkte zu schützen, weltweit durch. Diese Entwicklung beschränkte sich nicht auf Massenprodukte, sondern umfasste auch Spezialfabrikate und Qualitätswaren. Die Schweizer Industrie, insbesondere die Maschinenindustrie und die chemische Industrie hatten sich auf diese Entwicklung einzustellen. Die Regierungen nahmen mit ihren Bestrebungen, die Kaufkraft der einheimischen Bevölkerung der eigenen Industrie zuzuführen, den Nachteil in Kauf, dass diese Absperrung des eigenen Marktes auch die Absperrung der eigenen Industrien auf fremden Märkten zur Folge haben musste. Die Waffen dieses Wirtschaftskrieges waren hohe Zölle, Einfuhrverbote, Kontingentierungen, Lizenz- und Clearingsysteme. Zunehmende Vertrauenskrisen und die Zerstörung des internationalen Kreditwesens trugen ebenfalls zur Stagnation und Schrumpfung des Welthandels bei (Mangold 1935: 47f; Roth 1952: 83). Weltweit schlossen sich somit die Grenzen für viele Produkte. Der Anteil des Außenhandels am Volkseinkommen sank in Deutschland rapide und etwas langsamer in Großbritannien und Frankreich. Gleichzeitig setzte der Aufstieg der überseeischen Industrieländer USA und Japan ein (vgl. Fritz 1992: 57).

Nicht nur die Freizügigkeit des Warenverkehrs, sondern auch die Menschen waren in ihrer Bewegung eingeschränkt und seit 1931 auch das Kapital. Die verminderte Kaufkraft der Bevölkerung verstärkte die Krise. Nicht unbedeutend war zudem das Ausbrechen Russlands aus der kapitalistischen Welt. Gerade für die chemische Industrie galt Russland lange Zeit als zukunftsreiches Absatzland (Mangold 1935: 54).

Die Chemieweltproduktion hatte sich zwischen 1913 und 1927 mehr als verdoppelt. Der Außenhandel stieg jedoch wesentlich geringer an. Die gewaltige Steigerung der Produktion war hauptsächlich von nationalen wirtschaftspolitischen Überlegungen geleitet. In Europa und in den USA diente die Produktionsausweitung vor allem der steigenden Inlandsversorgung mit Chemikalien, was in fast allen Chemieproduktionsländern zu einer Verringerung des Imports führte (Roth 1952: 56).

Besonders vehement expandierte die chemische Industrie der USA. Die USA stellten 1913 nur 13% ihres Farbenbedarfs im Inland her, während es im Jahre 1927 schon 94% waren (Jahresbericht Basler Handelskammer 1928: 169 zitiert in Roth 1952: 77). Vor dem Krieg absorbierten die USA allein 15% aller international gehandelten chemischen Erzeugnisse, in den betreffenden Jahren bloß noch 9,5% (Roth 1952: 56). Seit Mitte des 19. Jahrhunderts setzten die USA Zölle zum Schutz und Aufbau ihrer eigenen Industrie ein. Der Ruf nach dem Ausbau der Schlüsselindustrien während und nach dem Ersten Weltkrieg hatte die traditionell protektionistische Handelspolitik weiter verstärkt. Dank dieser Politik vermochte die amerikanische Farbstoffindustrie sich innerhalb weniger Jahre aus unbedeutenden Anfängen zum weltweit größten Farbstoffproduzenten aufzuschwingen (Roth 1952: 89).

Die Entstehung neuer chemischer Industrien in zahlreichen Ländern führte zu einer Überproduktion an chemischen Erzeugnissen. Roth (1952: 83) meint, dass auf keinem anderen Gebiet so tiefgreifende protektionistische Maßnahmen ergriffen wurden wie bei der chemischen Industrie. Schutzzölle und Staatssubventionen bewirkten eine zunehmende Verengung des Chemie-Weltmarktes. Zwischen 1913 und 1938 nahm der Anteil des Welthandel an der chemischen Weltproduktion massiv ab. Gelangten 1913 immerhin 32% der Produktion zur Ausfuhr, so ging dieser Anteil nach dem Krieg 1924 auf 20%, 1927 auf 21% und 1938 gar auf 7,2% zurück (Zahlen für 1913, 1924 und 1927 aus Roth 1952: 64) für 1938 aus Metzner, 1955 : 17). Noch vor dem Ersten Weltkrieg spielte sich der weitaus größte Teil des Chemiehandels zwischen den großen Chemieproduzenten ab. Sie waren sich gegenseitig Abnehmer sowohl von chemischen Zwischenprodukten für die Weiterverarbeitung, als auch von neu gefundenen chemischen Stoffen. Sie waren bestrebt, nur diejenigen Produkte herzustellen, für die sie die geeignetsten Produktionsbedingungen aufwiesen (Roth 1952: 56).

3.3.3 Die Basler Konzerne auf dem Weltmarkt in der Zwischenkriegszeit

Im Gegensatz zum Rückgang der Handelsbeziehungen zwischen den anderen traditionellen Chemieproduzenten vermochte die Schweizer Industrie nach dem Krieg ihre Teerfarbenausfuhr in die europäischen Industrieländer dank der zunehmenden Beschränkung auf hochwertige Produkte zu steigern. Zudem konnte die intensive Forschungstätigkeit in rascher Folge mit Hilfe des leistungsfähigen technischen Apparates und einer anpassungsfähigen Absatzorganisation in neue Produkte überführt werden (Roth 1952: 71).

Allerdings hat sich in den Jahren 1913 bis 1939 der Export in Tonnen bloß geringfügig erhöht. Nur zwischen 1927 und 1929 übertrafen die Werte die Vorkriegsmenge. Demgegenüber stiegen die Ausfuhren in Franken bis Ende der zwanziger Jahre auf das Dreifache, 1937 auf das Dreieinhalbfache des Exportwertes von 1913. In den Kriegsjahren waren zeitweise noch stärkere Preiserhöhungen zu verzeichnen. Die Preissteigerungen nach dem Krieg lassen sich durch die Geldentwertung nicht alleine erklären. Vielmehr kommt darin eine Veränderung der Produkte zum Ausdruck. Einerseits war die Farbenindustrie dazu übergegangen, ihre Produkte in wesentlich konzentrierterer Form herzustellen, um

Transportkosten zu senken, anderseits drückt sich in Preissteigerungen auch eine reelle Wertsteigerung als objektive Qualitätsverbesserung der Farbstoffe aus. Die schweizerische Farbstoffindustrie hatte erkannt, dass sie unten den veränderten Wettbewerbsbedingungen nur bestehen konnte, wenn sie sich laufend durch überlegene und originelle Neuschöpfungen gewissermaßen temporäre Monopole auf dem internationalen Farbenmarkt zu sichern wusste (Roth 1952: 79).

Die hochwertigen Produkte waren den Preisschwankungen des internationalen Handels weniger unterworfen als die Massenprodukte. Die Gewinnmarge für Spezialitäten war trotz der höheren Gestehungskosten in der Regel größer. Der patentrechtliche Schutz vermindert auch den Preisdruck durch die Konkurrenz. Dank der Verlagerung auf die Qualitätsproduktion hielten sich die Konzequenzen der Produktionsausweitungen in den Abnehmerländern in Grenzen (Roth 1952: 79).

Nach dem Krieg setzte ein Aufschwung ein. Die Exportmenge stieg von 59000 q im Jahr 1918 auf 108000 q im Jahr 1920, der Exportwert von 29 Mio. CHF 1913 auf 98 Mio. CHF 1918 und auf 211 Mio. CHF im Jahr 1920. Auf die Mengeneinheit gerechnet ergab sich zwischen 1913 und 1920 eine Preissteigerung um beinahe das Siebenfache (Mangold 1935: 42). Die überdurchschnittliche Exportentwicklung der chemischen Industrie führte dazu, dass sie ihren Anteil von 4,8% (67 Millionen CHF) an den schweizerischen Exporten im Jahre 1913 auf 19,7% (256 Millionen CHF) im Jahr 1939 steigerte (Roth 1952: 123).

Bei der Beurteilung der Stellung, die die schweizerische chemische Industrie auf dem Weltmarkt einnimmt, darf die beträchtliche Produktion im Ausland nicht außer Acht gelassen werden. Gemäß dem Jahresbericht 1931 der Basler Handelskammer hatte die Schweiz einen Anteil von 6% am Farbenweltmarkt und stand damit an 5. Stelle hinter Deutschland, den USA, England und Frankreich. Die Basler Handelskammer vertrat die Ansicht, dass unter Berücksichtigung der Produktionsstandorte im Ausland die Basler Farbstoffindustrie an zweiter Stelle zwischen Deutschland und den USA stand (Basler Handelskammer 1932: 183). Die Weltwirtschaftskrise ab 1929 traf auch die chemische Industrie in der Schweiz, obwohl sie sich bislang als die krisenbeständigste erwiesen hatte. Bis 1932 nahm die Exportmenge um mehr als ein Drittel ab. Noch stärker getroffen wurde die Schappeindustrie, womit sich ihr struktureller Niedergang ankündigte (Mangold 1935: 59).

Auch die Ausfuhr pharmazeutischer Produkte expandierte in der Zeit nach dem ersten Weltkrieg bis 1939 außerordentlich. Ihr Exportwert stieg von 6,9 Millionen CHF im Jahre 1913 auf 26 Millionen CHF im Jahre 1929, auf 36,5 Millionen CHF im Jahre 1937 und auf 51,8 Millionen CHF im Jahre 1939. Unter den Abnehmern belegte Deutschland ab 1927 wieder den ersten Platz mit 2 Millionen CHF, ihm folgte Italien mit 1,6 Millionen CHF, Japan mit 1,6 Millionen CHF, die USA mit 1,2 Millionen CHF, Frankreich mit 1,2 Millionen CHF, Großbritannien mit 0,9 Millionen CHF (Jahresbericht Handelsstatistik 1932: 94 zitiert in Roth 1952: 80). Dank mehrerer ungefähr gleich starker Absatzgebiete und des der pharmazeutischen Produktion eigenen Charakters, der weniger Fabrikation und Rohstoffe als vielmehr hochqualifizierte und wissenschaftliche Arbeit in die Preiskalkulation einfließen lässt, war dieser Industriezweig schon zu dieser Zeit relativ unempfindlich gegen Konjunkturschwankungen.

1939 überstieg der Wert der ausführten Farbstoffe denjenigen von 1913 um fast das Vierfache (1913: 28 Millionen, 1939: 106 Millionen CHF). Die wertmäßige Ausfuhr von Pharmazeutika und Riechstoffen stieg ebenfalls auf das 4½fache (1913: 17 Millionen CHF, 1939: 75 Millionen CHF) (Schweizerische Handelsstatistik 1913 und 1939 zitiert in Roth 1952: 110). Trotz der schweren Wirtschaftskrise zwischen 1929 und 1934 vermochte sich die chemische Industrie verhältnismäßig gut zu halten. Sie verzeichnete einen Rückgang von 175 Millionen im Jahre 1929 auf 123,4 Millionen CHF im Jahr 1934. Der Einschnitt in den anderen Exportsektoren war wesentlich größer (Roth 1952:116). Die Industrien, speziell die Maschinenbau- und die chemisch-pharmazeutische Industrie, die während der Zwanziger Jahre das größte Wachstum aufgewiesen hatten, waren von der Krise am wenigsten betroffen[26]. Aber dennoch blieb die chemische Industrie von Schwierigkeiten nicht verschont. Die Textilindustrie fragte weniger Farbstoffe nach, das war ein Hauptgrund für den Exportausfall. Die pharmazeutische Industrie litt vor allem unter den rigorosen Sparmaßnahmen der Staaten, die ihre Budgets für Medikamente, der Spitäler und Krankenkassen stark beschnitten (Basler Handelskammer 1932: 185). Bei den Farbstoffen und bei den pharmazeutischen Produkten drückte sich die Krise auch in einer Verdrängung der hochstehenden Qualitätsprodukte durch billigere Massenprodukte aus, als Folge der verringerten Kaufkraft der Konsumenten (Basler Handelskammer 1933: 187). Aber dank ihrer Kapitalausstattung vermochte die chemische Industrie auch erhebliche Preiseinbußen zu verkraften, um ihre Marktpositionen zu halten (Roth 1952: 117).

Der Zweite Weltkrieg verursachte beträchtliche Versorgungs- und Exportschwierigkeiten (Basler Handelskammer 1942: 151ff). Generell wirkte sich der Krieg unterschiedlich auf die Schweizer Firmen aus. Einerseits verloren sie ihre Investitionen in Osteuropa, andererseits wurden die deutschen Konkurrenten deutlich stärker getroffen, die abermals ihre Einrichtungen auch in den USA verloren. Demgegenüber expandierten die amerikanischen Töchter der Basler Firmen sehr schnell. Dank ihrer Forschungseinrichtungen hatten CIBA und Roche schon Zugang zur prosperierenden medizinischen und pharmazeutischen Forschung in den USA und in Großbritannien, zu einem Zeitpunkt als diese Länder Europa als die fortgeschrittensten Standorte zu übertreffen begannen. Während des 2. Weltkrieges tätigte die US-Regierung massive Investitionen in der Pharmatechnologie (Enright 1995: 88).

3.3.4 Intensivierte Diversifizierung

Der soziale und ökonomische Strukturwandel im Gefolge des Ersten Weltkriegs veränderte auch die chemische Industrie. Der Nachholbedarf im Baugewerbe verlangte große Mengen neuartiger Baustoffe, Kitte, Leime, Farbstoffe, Kunstharze und andere Chemikalien. In der Landwirtschaft wurden vermehrt Dünge- und Schädlingsbekämpfungsmittel nachgefragt. Die Veränderungen in den Bekleidungsgewohnheiten und die rasch wechselnde Moden erhöhten den Absatz von Farbstoffen für den Textilbereich und von Chemikalien für die Kunstseideproduk-

---

[26] Fritz (1992: 66) führt aus, dass die Auswirkungen der Weltwirtschaftskrise auf die Sandoz klein waren.

tion. Auch der Verbrauch von kosmetischen Produkten stieg stark an. Der Ausbau der Krankenkassen und der Sozialfürsorge machte die Präparate der pharmazeutischen Industrie neuen Verbraucherschichten zugänglich. Die verbesserte Hygiene hob die Nachfrage nach Seifen und Waschmitteln. Neue Industriezweige, wie die Photo-, Radio-, Elektro-, Automobil- und Flugzeugindustrie verlangten ihrerseits nach neuartigen Ausgangs- und Hilfsstoffen wie Zelluloidprodukte, plastische Massen, Isoliermaterial, Lacke und Imprägnierstoffe; alles Materialien an deren Herstellung die chemische Industrie beteiligt ist (Roth 1952: 55).

Auf der Grundlage dieses gesellschaftlichen Wandels diversifizierten sich alle vier großen Basler Firmen in der Zwischenkriegszeit beträchtlich; eine Entwicklung, die sich nach dem Zweiten Weltkrieg noch akzentuierte. Die CIBA eröffnete Produktionslinien mit Textilchemikalien, Plastik, Photochemikalien und vor allem Agrochemikalien. Die Sandoz richtete ein Pharma-Departement ein. Die Roche begann Quinin und Opiate zu extrahieren und biochemische Produkte herzustellen, die damals erst in der Forschung gebraucht wurden und setzte sich in den 30er Jahren mit der Synthese von Vitamin C international als Zentrum der Vitaminforschung durch (Fehr 1971; Enright 1995: 85; Peyer 1996). Die Geigy diversifizierte sich in den dreißiger Jahren beträchtlich, erlangte eine starke Position bei den Schädlingsbekämpfungsmitteln (u.a. Insektizide, DDT) und baute 1938 schließlich als letzte auch ihre Pharma-Division auf (Bürgin 1958: 280).

3.3.5 Konzentration auf höherer Ebene: Kartelle und die Gründung der Basler IG

Um die in der Vor- und Kriegszeit errungene Position zu konsolidieren und sich auf die wachsende Konkurrenz seitens der in den Siegerstaaten inzwischen aufgebauten Farbstoffindustrien vorzubereiten, schlossen sich die Basler Farbstofffabriken Gesellschaft für chemische Industrie (CIBA), J. R. Geigy und Chemische Fabrik vormals Sandoz am 7. September 1918 für die Dauer von fünfzig Jahren zur Interessengemeinschaft, der sogenannten Basler IG, zusammen. Sie vereinbarten, ihre damals noch vor allem mit Farben erzielten Erträge zusammenzulegen und untereinander nach festen Quoten zu verteilen. Nach anfänglichen Schwierigkeiten mit dem festgelegten Schlüssel einigten sich die Vertragspartner, die gepoolten Erträge ab 1920 im Verhältnis von 52% für die Ciba, und je 24% für die Geigy und Sandoz zu teilen. Bei dieser Regel blieb es grundsätzlich bis zur vorzeitigen Auflösung der IG Ende 1950 (Erni 1979: 23ff). Dabei herrschte das Bestreben, die Selbständigkeit jeder Firma und ihre Eigenart möglichst zu wahren. Jede Unternehmung konnte Kapitalerhöhungen, Neubauten, Fusionen und dergleichen nur mit der Einwilligung der beiden anderen ausführen (Jaquet 1923: 72f). Die Gründung der Basler IG ist in engem Zusammenhang mit der internationalen Expansion zu sehen.

> Während früher jede einzelne Fabrik durch Gründung einer Filiale oder Angliederung einer Tochtergesellschaft ein Wirtschaftsgebiet ihrem Absatze zu sichern versuchte, hat die Interessengemeinschaft den zielbewussten Ausbau der Auslandsorganisation zur Aufgabe gemacht. An Stelle der Konkurrenz, die die Niederlassungen der einzelnen Unternehmen sich bisher im Ausland gemacht haben, tritt auch hier der Vorteil der Konzentration zutage, in dem die einzelnen Zweiginstitute im Interesse der vereinigten

Stammhäuser arbeiten und neue Gründungen nur durch die Interessengemeinschaft selbst oder mit ihrer Einwilligung ins Leben gerufen werden können. Dadurch wird jede Zersplitterung vermieden, während gleichzeitig für eine systematische und großzügige Ausnützung aller Kräfte Gewähr geboten ist. (Jaquet 1923: 82)

Die Firmen verpflichteten sich fortan zu enger Zusammenarbeit auf wissenschaftlichem, technischem und kommerziellem Gebiet. Das Abkommen sah vor, den Konkurrenzkampf untereinander auszuschalten und eine gemeinsame Einkaufspolitik zu betreiben. Die IG erlaubte, die Absatzorganisationen zu koordinieren und eine gemeinsame Preispolitik auf dem Weltmarkt zu verfolgen. Gemeinsames Vorgehen bei Forschung und Entwicklung ermöglichte große Kosteneinsparungen. Der IG-Vertrag erstreckte sich auch auf bestehende oder neugegründete Werke im Ausland, namentlich Cincinnati, Clayton und Seriate (Jaquet 1923: 74; Roth 1952: 120f). Als Maßnahme gegen die direkte Konkurrenzierung einigten sich die drei Firmen darauf, dass Geigy auf Pharmazeutika verzichtete und auch CIBA und Sandoz ihre Interessengebiete abgrenzten, indem der CIBA unter anderem die Hormone und der Sandoz die Naturstoffe zugewiesen wurden (Fritz 1992: 54).[27] Die CIBA hatte bereits zuvor einige Vorstöße in Richtung Kartellierung unternommen. Die Firmen wollten durch geeignete Zentralisierungs- und Rationalisierungsmaßnahmen eine Zusammenfassung der Kräfte und Interessen der drei Firmen zur Wahrung der gemeinsamen Position im Konkurrenzkampf erreichen. Allerdings gab es ständig Meinungsverschiedenheiten über die Erfüllung der Vertragsbestimmungen (Erni 1979: 23ff).

Die Basler Interessengemeinschaft war Ausdruck eines fortgeschrittenen Konzentrationsprozesses. Sie war die Antwort auf die Bildung der deutschen Interessengemeinschaft im Jahre 1916, der sogenannten 'Anilingruppe', welche die acht größten Farbenfabriken in einem Gesellschaftsvertrag zusammenfasste, und auf die gestiegene Bedeutung der Farbenindustrie in den Ententeländern. Der Vertrag sollte der mächtigen deutschen Anilingruppe einen schweizerischen Block entgegenstellen. Aber der Spielraum blieb begrenzt. Darum kamen anschließend bedeutende Abkommen auch mit ausländischen Gruppen zustande. 1929 schloss sich die Basler IG sogar mit der deutschen IG Farben im sogenannten Zweierkartell zusammen, das im gleichen Jahr durch den Anschluss der französischen Farbhersteller zum Dreierkartell erweitert wurde. Das Abkommen beinhaltete eine Festsetzung von Preisen, die Aufstellung von Exportquoten, Zusammenarbeit im Verkauf, die periodische Neuaufteilung der großen Absatzmärkte und den Austausch von Informationen über Produktionsmethoden (Roth 1952: 120f; Erni 1979: 23ff; Menzi 1983: 28). Das Kartell wurde auf 40 Jahre fest abgeschlossen und sah folgende Quotenverteilung für die Produktion und den Absatz vor: IG Farben 71,67%, Schweizer Gruppe 19,00%, Französische Gruppe 9,33%. Die Quoten bezogen sich auf das gesamte Weltgeschäft der drei Partner, also einschließlich der Heimmärkte. Die jährliche Abrechnung erfolgte aufgrund der wertmäßigen

---

[27] Die Sandoz verzeichnete bereits Anfang 1918 erste Erfolge in der Mutterkornforschung. Arthur Stoll, dem Leiter der Pharmazeutischen Abteilung, gelang die Entdeckung und Herstellung eines Alkaloides, des Ergotarmins, das den ersten einheitlichen, reinen Wirkstoff aus dem Mutterkorn (auf der Roggenähre wachsender Pilz) aufzeigte. Die auf Naturstoffen beruhenden Pharmazeutika wurden für Jahrzehnte ein Pfeiler der Pharmaproduktion der Sandoz (Fritz 1992: 53).

Verkäufe. Mit der Beteiligung der in der Imperial Chemical Industries ICI zusammengeschlossenen englischen chemischen Industrie wurde das Kartell schließlich gar zum Viererkartell ergänzt (Ter Meer 1953: 72ff, zitiert nach Varini 1958: 130f).

Mit dem Kriegsausbruch brach dieses internationale Kartell 1939 auseinander. Die Basler IG blieb zwar bestehen, doch infolge der Übertragung von Ciba-Fabriken in Übersee an Dritte und den unterschiedlichen Produktionsleistungen kam es immer wieder zu Spannungen unter den Partnerfirmen (Roth 1952: 120f; Erni 1979: 23ff; Menzi 1983: 28). Die Abkommen waren auch eine Antwort auf die damalige Überproduktion, die so groß war, dass keine Gruppe ihre Produktionskapazität voll ausnützen konnte. Von der Farbenkrise Anfang der zwanziger Jahre waren auch die Basler Firmen stark betroffen. 1921 entledigte sich zum Beispiel die Sandoz eines Drittels ihrer Beschäftigten (Sandoz bulletin 1986: 4).

Zur Zeit der Vereinbarung der Basler IG waren CIBA, Geigy und Sandoz weitgehend Farbstoffproduzenten. Die Diversifizierungen waren noch nicht weit vorangeschritten und der Aufbau eines multinationalen Produktions- und Verkaufsapparates stand noch in den Anfängen. Weder die Tragweite der Zuweisung einzelner Produktions- und Marktsegmente noch die Chancen einer fortgesetzten Diversifikation waren richtig abzuschätzen. Die Verkäufe außerhalb des Farbstoffgebietes erreichten 1920 noch nicht einmal ein Zehntel des gemeinsamen Umsatzes, während sie 1930 bereits über ein Viertel und 1945 sogar über mehr als die Hälfte ausmachten. Die Pharmazeutika stellten hierbei den Hauptanteil. Dass Geigy nicht in die Pharmazeutika eingestiegen war, wurde nun zum großen Nachteil. Die dem Unternehmen zugeteilten Gerbstoffe und Straßenbauprodukte boten hier keinen Ausgleich. Aufgrund der Spannungen zwischen den Unternehmen wurde 1950/51 der IG-Vertrag durch ein Schiedsgerichtsurteil aufgelöst (Varini 1958: 232; Dürst 1971: 23).

Tab. 3.1. Beteiligung der einzelnen Kartellgruppen an der Deckung des Weltverbrauchs an Teerfarben in den Jahren vor dem 2. Weltkrieg

IG mit angeschlossenen Firmen in Italien und in der Schweiz	42,6%
Schweizer Gruppe mit angeschlossenen Firmen in Frankreich, England, Polen und Italien	10,6%
Französische Gruppe mit Filialen in Polen	4,2%
Englische Gruppe	4,6%
andere dem Viererkartell angeschlossene europäische Erzeuger in Italien, Polen, Tschechoslowakei	2,7%
Gesamtbeteiligung des Viererkartells nebst angeschlossen Gruppen	**64,7%**
Außerhalb des Viererkartells:	
USA	20,7%
Russland	8,7%
Japan	3,2%
Sonstige Erzeuger	2,7%
	100,0%

Quelle: (Ter Meer 1953: 76, zitiert nach Varini 1958: 151)

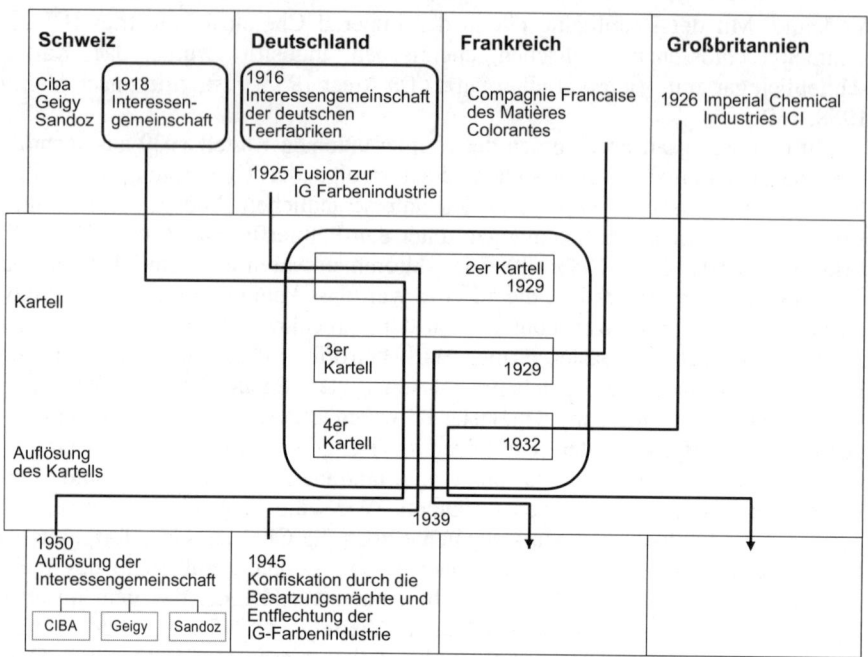

Abb. 3.2. Übersicht der Kartellbildungen (nach Menzi 1983: 28)

Aber dennoch wurden Absprachen getroffen, um Investitionen zu koordinieren und Kapitalverschwendung zu verhindern. Der damalige Chef der CIBA-Geschäftsleitung, R. Käppeli, betonte 1954 den Sinn solcher Abkommen:

> Um aber zu verhindern, dass jeder Produzent unter entsprechendem Aufwand an Forschungs- und Anlagemitteln in sämtliche Gebiete eindringt, ein Vorgehen, das zu sinnloser Kapitalverschwendung und zu einer untragbaren Belastung führen müsste, ist eine Verständigung über eine Fabrikationskonzentration unerlässlich" (Käppeli 1954: 15, zitiert nach Varini 1958: 232).

Aus diesen Überlegungen wurde die im Jahre 1950 aufgelöste Basler IG durch sogenannte Zweierverträge ersetzt. Im Sommer 1954 trafen die Firmen Ciba, Sandoz und Geigy neue Vereinbarungen, die eine bedeutende Erweiterung und Vertiefung der bisher gültigen Zweierverträge darstellten, sich allerdings auf den Farbenbereich beschränkten. Diese Vereinbarungen sollten vor allem die gegenseitige Konkurrenzierung auf den Auslandsmärkten weitgehend vermeiden und die Konkurrenzfähigkeit gegenüber den ausländischen Mitbewerbern steigern. Nach der Auflösung der Basler IG 1950 setzten Ciba, Geigy und Sandoz ihre Zusammenarbeit bei der Angebotsplanung, mit Lizenzabkommen und in der lokkereren Form von Gentlemen agreements fort. Der Zusammenschluss Interpharma erlangte die Bedeutung eines Lobbyverbandes der drei Basler Pharmafirmen (Sulser 1951: 65; Varini 1958: 232f).

Bürgin (1958) betrachtet in seinem vorzüglichen Buch über die Geschichte der Firma Geigy die Abmachungen, Konventionen und Kartelle, die beinahe von

Anfang an die Entwicklung der chemischen Industrie begleiteten, als symptomatisch für diese. Sie weisen auf einen bestimmten Entwicklungsgrad des Kapitalismus hin. Die chemische Neuschaffung von Gütern war nur auf entwickelter industrieller Basis möglich und verlangte von Anfang an Mittel und Organisation, die nur durch umfassende Konzentration bereitzustellen waren. *„Konzentration verlangt Koordination und Planung".* Als Verteidiger von Keynes postuliert Bürgin (1958: 257) gegen die *"Schwarzweißmalerei neoliberalen Stils ..."* *„... , dass unter modernen industriellen Bedingungen dem Monopolisten, dem Großbetrieb oder den Kartellen als großen Kontrolleinheiten überlegene Methoden zur Verfügung stehen. Gerade diese Organisationsformen wurden zum kräftigsten Motor des wissenschaftlichen und technischen Fortschritts und der langfristigen Ausdehnung der Gesamtproduktion; ...".* Das Chemiekartell habe aber nicht nur zu einer allgemeinen Preisstabilität geführt, sondern Anfang der dreißiger Jahre auch Überinvestitionen und eine vorzeitige Kapitalvernichtung verhindert. Stucki (1981: 244) hält fest, dass hier bereits Aspekte *„spätkapitalistischer Planwirtschaft"* auftauchten, zu einer Zeit, *„da gerade im Kampf mit dem kommunistischen Gegenprinzip der liberale Glaube an ungebundenes Unternehmertum im freien Konkurrenzkampf noch durchaus dogmatische Geltung besaß."* Es waren also die Basler Konservativen, nicht die Liberalen, die als erste über den klassischen Liberalismus hinaus stießen, freilich nicht in Richtung staatlicher, sondern privatwirtschaftlicher Planung.

3.3.6 Beginnende Multinationalisierung

Mit der Durchsetzung protektionistischer Wirtschaftspolitiken nach dem Krieg und den damit verbundenen Hemmnissen im internationalen Handel erlangten die Auslandswerke entscheidende Bedeutung. Nach 1920 begannen die Schweizer Unternehmen intensiv Produktionsstätten für Farbstoffe, Chemikalien und Pharmazeutika im Ausland zu errichten. Diese Ausdehnung war nötig, um mit den in ihren Heimatländern bevorzugten ausländischen Konkurrenzunternehmen Schritt zu halten (Roth 1952: 106). Wurden vor dem 1. Weltkrieg hauptsächlich Vertriebsfirmen im Ausland errichtet, so baute die Basler Chemie in den zwanziger Jahren systematisch Produktionsstätten außerhalb der Schweiz auf. Angesichts der stark gesunkenen Farbstoffpreise trugen die Schweizer Firmen bereits Anfang der zwanziger Jahre der Erfordernis Rechnung, ihre Standorte in die Nähe der großen Zentren der nachfragenden Industrie zu suchen (Jaquet 1923: 131). 1919 kauften die drei in der Basler IG zusammengeschlossenen Firmen die Farbenfabrik Ault & Wiborg in Cincinnati (Ohio). Diese wurde nach dem Zeiten Weltkrieg durch eine neue Fabrik in Toms River, New Jersey, abgelöst. In Großbritannien räumte die CIBA ihren Partnern 1919 eine Beteiligung an der Clayton Aniline in Manchester ein. In Italien gründeten die drei Firmen 1925 die Società Bergamasca per l'industria Chimica in Seriate (1968 aufgehoben) (Jaquet 1923: 77ff; Ciba-Geigy Journal 1971: 23; Dürst 1971: 22). Im Folgenden werden die wichtigsten Expansionsschritte von CIBA, Geigy, Sandoz und F. Hoffmann-La Roche im Pharmabereich während der Zwischenkriegszeit festgehalten. Da sich Durand & Hugenin fortan auf Farbstoffe konzentrierte, wird diese Firma nicht weiter beleuchtet.

CIBA

Nach der erfolgreichen Einrichtung von Vertriebsorganisationen setzte in der Zwischenkriegszeit die Multinationalisierung mit Aufbau von Produktionsstützpunkten für Pharmazeutika in den wichtigsten Märkten ein. Anfänglich wurden die Tochtergesellschaften errichtet, um Farben zu verkaufen, sie vertrieben bald auch Pharmaprodukte (Ciba-Geigy Journal 1971: 23; Dürst 1971: 24). Neben dem Aufbau eigener Produktionsstätten nahmen auch die Kapitalbeteiligungen an Unternehmen in anderen Ländern zu. So trat die CIBA 1921 in ein näheres Lizenzverhältnis mit der Dow Chemical Company, Midland. In diesem Unternehmen wurden fortan gewisse Basler Patente und Erfahrungen auf dem Farbstoffgebiet ausgewertet (Roth 1952: 107). Nach dem Ersten Weltkrieg errichtete die CIBA u.a. in England, Frankreich, Italien, Spanien, Japan, Tschechoslowakei und Polen Farbstoffabriken. Während vor dem Ersten Weltkrieg ungefähr 16% der Gesamtproduktion auf die Auslandswerke entfiel, ist dieser Anteil bis 1932 auf 70% angestiegen (Mangold 1933: 82).

In Frankreich nahmen seit 1910 die Laboratoires Ciba in Lyon die Interessen der pharmazeutischen Abteilung der Ciba wahr. Nach dem Ersten Weltkrieg verlagerte die CIBA das Geschäftsdomizil der Laboratoires Ciba von St-Fons nach Lyon und errichtete 1930 die Usine de Lyon zur Herstellung pharmazeutischer Präparate (Wilhelm 1934: 78; Ciba-Geigy-Magazin 1981c; Charlier 1981: 7). 1928 baute sie in Berlin-Wilmerdorf 1928 eine eigene Produktionsstätte auf, die 1943 allerdings total ausgebombt wurde (Ciba-Geigy Zeitschrift 1972a: 7; Ciba-Geigy-Magazin 1990c: 4). In Großbritannien wurden die ersten CIBA-Medikamente bereits 1906 verkauft, anfänglich über Agenturen bis 1919 das Londoner Büro der Clayton Aniline Company den Vertrieb übernahm. 1925 erforderte die Ausweitung des Pharmageschäfts einen Umzug in geräumigere Lokalitäten an der Sothwark Street in London, wo die von Basel importierten Spezialitäten verpackt wurden. 1934 erfolgte die Gründung der CIBA Laboratories als selbständige Pharma-Organisation. Schließlich konnten die CIBA Laboratories im Zuge eines qualitativen Expansionsschritts 1939, einen Monat vor dem Ausbruch des Zweiten Weltkriegs, in Horsham ein neu errichtetes Gebäude mit Büros, Laboratorien und Anlagen für die Pharma-Produktion beziehen (Dürst 1974: 3). 1920 richtete die CIBA eine Tochtergesellschaft in Brüssel-Schaerbeck ein, die vor allem den Vertrieb von Farbstoffen betrieb und ein Jahr später auch Pharmazeutika auf den Markt brachte. Sechs Jahre später eröffnete die CIBA in neuen Räumlichkeiten in Brüssel einen Pharmaverpackungsbetrieb (Ciba-Geigy-Magazin 1991a: 7).

1920 gründete die CIBA in New York, gleichzeitig mit Barcelona, die erste überseeische Verkaufsorganisation. In den USA vollzog sich dann auch die bedeutendste Expansion. Ab 1925 ließ die CIBA Tabletten und Ampullen durch US-Firmen herstellen und verpackte sie dann selbst. Der Pharmasektor war so erfolgreich, dass das Management das Pharmageschäft vom Farbengeschäft in New York trennte und 1937 in Summit, New Jersey, eine pharmazeutische Produktionsstätte errichtete. Während einiger Jahre zuvor wurden die ersten Tabletten und Ampullen in einem umgebauten Gebäude der General Electric in Greenich Village in Manhattan hergestellt. Diese Lokalitäten erwiesen sich 1936 als ungenügend um der steigenden Nachfrage nachzukommen. Zwei Jahre später öffnete

die pharmazeutische Abteilung in Summit bereits ein pharmakologisches Labor
(Ciba Journal 1970: 5; Ciba-Geigy 1987b: 6).

1923 wurde eine Konzerngesellschaft in Kanada gegründet. Der älteste Ver-
kaufsstützpunkt in Asien entstand 1928 in Bombay und die ersten Konzerngesellschaften in Südamerika wurden 1931 in Buenos Aires und 1937 in São Paulo
Konzerngesellschaft gegründet (Ciba-Geigy-Magazin 1981b: 4). 1936 richtete das
Unternehmen in Wien eine Vertretung ein, die 1939 mit der deutschen Konzerngesellschaft zusammengelegt wurde (Dürst 1973: 11). In Japan konfektionierte ab
1922 das Unternehmen Takeda für CIBA Medikamente, bevor diese 1960 die
eigene Produktion aufnahm (Dimery 1983; Ciba-Geigy-Magazin 1991k: 19).

Geigy

Im Gegensatz zu CIBA und Sandoz führte die J.R. Geigy AG weniger zielstrebig
moderne Organisationsstrukturen ein und fungierte in einem gewissen Sinne noch
als Familienunternehmen. In den zwanziger und dreissiger Jahren bekundete das
Unternehmen Mühe, einen befriedigenden Wachstumspfad einzuschlagen. Es litt
unter einer Innovationskrise und vermochte die Kartellquoten der Basler IG von
1929 bis zum Zweiten Weltkrieg nicht mehr zu erfüllen. Zudem war ein Teil der
Unternehmensleitung um Carl Geigy-Hagenbach gegenüber Auslandsinvestitio-
nen und Diversifizierungsprojekten skeptisch eingestellt (Rosenbusch 1997:
170ff). Die Einführung des Insektizids DDT im Jahre 1941 markierte allerdings
den Beginn einer sehr dynamischen Entwicklung im Bereich der Agrochemikali-
en. Paul Müller, dem Entdecker der insektiziden Wirkung dieser Substanz, wurde
1948 der Nobelpreis für Medizin verliehen (Simon 1997: 183).

Die J.R. Geigy AG lancierte die Multinationalisierung im Farbstoff- und Chemi-
kalienbereich erst unmittelbar vor dem Zweiten Weltkrieg. Nach der Errichtung
eines Mahl- und Mischbetriebs für Farbstoffe im französischen Huningue bei
Basel im Jahr 1923 produzierte Geigy in den zwanziger Jahren in Basel, in Grenzach sowie in den Gemeinschaftswerken der Basler IG in Clayton bei Manchester,
in Cincinnati und in Seriate. Den Verkauf wickelte das Unternehmen nur in den
USA, in Grossbritannien und in Italien über eigene Vertriebsgesellschaften, in
allen übrigen Ländern über Vertretungen ab. 1935 wurde das Etablissement Geigy
in Huningue zur Produktion von Textilchemikalien erweitert. Im Jahr 1938 erwarb
Geigy eine Pigmentfabrik in Paisley in Schottland und ein grosses Industrieareal in
Trafford Park im Westen von Manchester, wo sie eine Fabrikationsstätte für unterschiedliche chemische Produkte, wie unter anderem Weichmacher, DDT und
Zwischenprodukte herstellte. Im gleichen Jahr eröffnete Geigy zudem eine Niederlassung in Rio de Janeiro (Geigy 1958: 178, 187; Dürst 1971: 26; Dürst 1974:
4; Charlier 1981: 13).

Geigy stieg erst 1940, nach der Gründung einer pharmazeutischen Abteilung
1938/39, ins Pharmageschäft ein. Der Aufbau dieses Diversifizierungsprojekts
ging mit der zielstrebigen Implementierung neuer Marketing- und Propaganda-
konzepte einher, denen die chemisch-wissenschaftliche Abteilung untergeordnet
wurde (Rosenbusch 1997: 177).

Sandoz

Die Sandoz wuchs in den zwanziger Jahren ebenfalls stark. Sie hing in ihren Internationalisierungsbemühungen den anderen Basler Firmen jedoch eindeutig hinterher. In den ersten Jahren der pharmazeutischen Abteilung, bis Ende 1921, setzte die Sandoz ihre Pharmazeutika fast ausschließlich auf dem Schweizer Markt ab. Angesichts der schärferen ausländischen Konkurrenz reichte das nicht. Der Aufbau des Auslandsgeschäftes wurde zur Überlebensfrage. Bis Ende 1921 hat die Pharmazeutische Abteilung in England, Deutschland, Italien und Spanien Vertriebsorganisationen für pharmazeutische Produkte gegründet. In Paris wurde 1924 die Produits Sandoz SA gegründet. Aus Kostengründen wurden in der Regel die bestehenden Einrichtungen der Farbstoffvertretungen beansprucht und ergänzt.

Auf der Grundlage der Erfolge der Mutterkorn- und Digitalisprodukte und um die deutschen Importrestriktionen zu umgehen, beauftragte Sandoz 1921 den Apotheker Fritz Augsburger in Nürnberg die aus Basel gelieferten Wirksubstanzen zu Sandoz-Präparaten herzustellen. Den großen Markt in Deutschland mit seinen wichtigen Universitätskliniken und seiner wissenschaftlichen Infrastruktur wollte man nicht der deutschen Konkurrenz überlassen, deshalb beschloss man trotz schlechter Währungsverhältnisse und kurzfristig gesehen bescheidenen Gewinnaussichten in Schweizer Franken in Deutschland eine pharmazeutische Produktionsstätte zu errichten. Die Sandoz belieferte von der im Jahre 1927 in Nürnberg[28] eröffneten und günstig produzierenden Fabrik auch Russland, die Balkanstaaten und die Tschechoslowakei. Im Zweiten Weltkrieg wurde die Fabrikation trotz Bombenschäden eingeschränkt weitergeführt. Diese Produktionsstätte markierte den Beginn der internationalen Arbeitsteilung bei Sandoz Pharma und erlaubte eine billigere Arbeitsweise, Verringerung der Transportkosten und Zollabgaben sowie die Produktion entsprechend der Veränderung der Bedingungen von einem Ort zum andern zu verlagern (Sandoz 1956; Fritz 1992: 83, 192ff). In der gleichen Periode, im Jahr 1924, nahm Sandoz in Mailand die Konfektionierung von aus Basel eingeführten Produkten auf. Die Aktivitäten wurden bis zum Zweiten Weltkrieg laufend erweitert (Fritz 1992: 196). Da Frankreich verlangte, dass Pharmazeutika unter Aufsicht eines Apothekers in Frankreich dosiert und abgepackt werden mussten und zudem die Ware französisch aussehen sollten, eröffnete die Sandoz im benachbarten St-Louis im Jahr 1930 auf einem neu erworbenen Areal eine pharmazeutische Fabrik, um die Wirkstoffe aus Basel zu konditionieren und zu verpacken. Später belieferte man auch Spanien und Südamerika mit den Produkten aus St-Louis. Bei Kriegsausbruch neun Jahre später mussten die Tätigkeiten in aller Eile in eine notdürftig eingerichtete Bisquitfabrik in Orléans übersiedelt werden (Sandoz 1969: 16; Sandoz bulletin 1974a; Fritz 1992: 109). In den USA begann die neue Pharmaabteilung 1928 mit der Fabrikation von Tabletten, Salben und Ampullen mit von Basel gelieferten Wirkstoffen. Die 1923 in Kanada gegründeten Sandoz Chemical Works stellten anfänglich ausschließlich Textilfarbstoffe her. Das Pharma-Departement beauftragte eine Firma in Montreal mit

---

[28] Bereits im Jahre 1921 beauftragte die Sandoz den Apotheker Fritz Augsberger, die Sanodz-Präparate in Nürnberg aus den in Basel hergestellten Wirkstoffen herzustellen, um die deutschen Importrestriktionen zu umgehen Zur Prüfung der neu eingeführten Präparate benötigte man auch die deutschen Kliniken (Fritz 1992: 192).

dem Vertrieb von Pharmazeutika (Sandoz bulletin 1973; Sandoz bulletin 1974a; Riedl-Ehrenberg 1989: 22; Fritz 1992: 58ff).

Trotz der Internationalisierungsbestrebungen wollte man die Herstellung der Reinsubstanzen, wie Alkaloide und Glykoside, nach patentierten Verfahren möglichst lange in Basel konzentrieren. Diese sollten in möglichst reiner und konzentrierter Form vom Produktionsstandort Basel an die einzelnen Länder geliefert werden. Die Basler Fabrikationsstätte belieferte weiterhin die Schweiz, England, Holland, Italien und die überseeischen Länder mit Ausnahme von Südamerika. Der Bau einer einfachen Anlage zur Herstellung von Calciumgluconat in Mailand im Jahre 1934 war Antwort auf die Erhöhung des Zolls auf das in Italien äußerst gut verkäufliche *Calcium-Sandoz*-Pulver (Fritz 1992: 61-63).

F. Hoffmann-La Roche

Besonders die F. Hoffmann-La Roche trieb den Aufbau von Auslandsorganisationen systematisch voran, ungeachtet kurzfristiger Misserfolge. Zu den bestehenden Niederlassungen in Mailand, New York, Rio de Janeiro, Montevideo, Barcelona, Wien und London kamen bis zum Ausbruch des Zweiten Weltkriegs Gesellschaften in Brüssel (1920), Bukarest (1922), Warschau und Tokio (1924), Shanghai (1925), Bombay (1928), Buenos Aires (1930), Montreal und Riga (1931) und Stockholm (1939) hinzu. In den zwanziger Jahren baute die Roche auch die ersten Fabrikationsbetriebe im Ausland auf, abgesehen von der Hauptproduktionsstätte im deutschen Grenzach nur rund 5 Kilometer vom Basler Hautsitz entfernt. Zu Beginn des Zweiten Weltkriegs besaß die Roche außer in Basel und Grenzach zehn weitere Fabriken in Europa. Und jenseits des Atlantiks bestanden in Nutley in New Jersey, Montreal, Rio de Janeiro und Buenos Aires nochmals drei Fabrikationsstätten (Fehr 1971: 43ff).

Die weitaus wichtigste Roche-Gesellschaft blieb bis zum heutigen Tag jene in Nutley in New Jersey. Nach dem Ersten Weltkrieg wurde die amerikanische Gesellschaft reorganisiert und in den zwanziger Jahren erwarb die Gesellschaft ein größeres Industriegelände in Nutley, auf dem sie den ersten amerikanischen Fabrikationsbetrieb errichtete. Vor dem Bau in Nutley erlebte die New Yorker Gesellschaft einen phänomenalen Aufschwung und übertraf 1929 im Umsatz selbst das Basler Stammhaus (Peyer 1996: 115). Schon bald entwickelte sich der Betrieb in Nutley zum Ebenbild des Konzernhauses in Basel und Grenzach. Während des Zweiten Weltkrieges hielt sich gar Emil Barell, der Präsident der Direktion und Delegierter des Verwaltungsrates, in den USA auf. Beteiligungen und Märkte wurden auf die amerikanische Gesellschaft übertragen, doch Barell und die Basler Konzernleitung widersetzten sich Bestrebungen, die amerikanische Gesellschaft zumindest teilweise in amerikanische Hände zu überführen. Interessanterweise baute die Roche erst nach dem Zweiten Weltkrieg wirklich einen Schwerpunkt der Produktion und des Verkaufs in Basel auf. Vorher war Basel fast ausschließlich Sitz der Geschäftsleitung und der Forschung, fabriziert wurde im nahegelegenen deutschen Grenzach, in Altstetten bei Zürich und an den Auslandsstandorten (Fehr 1971: 45–50).

Die Roche errichtete bereits in den zwanziger Jahren neben der chemischen Forschung auch pharmakologische Laboratorien im Ausland. Die in vielen Ländern bestehenden wissenschaftlichen Büros für die medizinische Information knüpften früh Kontakte mit ausländischen Hochschulen. Deshalb erwog man bereits 1930 den Gedanken, auch im Ausland Forschungszentren einzurichten. Derartige Projekte wurden aber erst unter der Bedrohung Europas durch den Nationalsozialismus realisiert. Die Roche baute 1938 in Welwyn Garden City bei London eine Abteilung für chemische Forschung auf, der sich später pharmakologische und verfahrenstechnische Abteilung angliederten. Man wollte sich hiermit das in England vorhandene Potential an guten Fachkräften dienstbar machen. Zudem bestanden seit Jahren gute Beziehungen zu renommierten englischen Universitäten. In der gleichen Zeit baute Roche das Forschungszentrum in Nutley, N.J., USA auf. Die politische Motivierung war hierbei offensichtlich. Der Aufbau begann in bescheidenem Umfange in den späten dreißiger Jahren und wurde ab 1940 beschleunigt angetrieben. Die Roche wollte in den USA ein vollwertiges Doppel der Basler Forschung schaffen (Fehr 1971: 42).

Mehr Beschäftigte im Ausland und Bedeutungsgewinn in Basel

Die Multinationalisierung führte dazu, dass die Konzerne bereits vor dem Zweiten Weltkrieg mehr Arbeiter im Ausland als in der Schweiz beschäftigten. Der Jahresbericht der Basler Handelskammer von 1925 (Basler Handelskammer 1926: 107) stellte fest, dass die Farbenfabriken 1914 rund 70 % ihrer Arbeiterschaft in schweizerischen und 30 % in ausländischen Fabriken beschäftigt hatten, im Jahre 1925 hingegen nur noch 55 % in der Schweiz und bereits 45 % im Ausland.[29] Anläßlich der Schweizerischen Landesausstellung 1939 veröffentlichten die vier Interpharma-Firmen ihre Beschäftigtenzahlen im In- und Ausland. Ciba, Hoffmann-La Roche, Sandoz und Wander (Geigy schloss sich 1942 an) verfügten im In- und Ausland über 35 Forschungsinstitute, 57 Fabriken und 476 Vertretungen. Der Personalbestand im Pharmabereich (ohne Vertretungen) umfasste 16 563 Personen, davon 5340 in der Schweiz. Nur noch ein Drittel der Beschäftigten im Pharmabereich arbeitete in der Schweiz. Daraus lässt sich die enorme Bedeutung des Gewichts der Produktion im Ausland ersehen (Führer durch den Interpharma-Pavillon der Schweizerischen Landesausstellung, zitiert nach Roth 1952: 108). Nach dem Zweiten Weltkrieg beschleunigte sich diese Entwicklung. Im Jahre 1954 beschäftigten die vier großen Basler Unternehmungen Ciba, Sandoz, Geigy und Hoffmann-La Roche in der Schweiz zusammen 13 600 Personen, während die Zahl der Arbeiter und Angestellten in ihren ausländischen Werken 24 000 betrug (Varini 1958: 29). Nur noch ein gutes Drittel war also in der Schweiz beschäftigt. Aber trotz des starken Produktionsausbaus im Ausland zwischen den beiden Weltkriegen nahmen auch die Exporte aus der und die Beschäftigten in der Schweiz deutlich zu. Die schnell steigenden Beschäftigtenzahlen in den Betrieben im Ausland sind Ausdruck der Kapazitätssteigerungen.

Die Produktionsstandorte im Ausland erlaubten frühzeitig, protektionistische Maßnahmen der Staaten zu umgehen oder gar selbst auszunutzen und die Devisenrisiken auszugleichen. Die Ausdehnung in viele Länder machte die Firmen etwas unabhängiger von den Konjunkturschwankungen der einzelnen Staaten. Die

---

[29] Zu jener Zeit beklagten sich die Jahresberichte der Handelskammer über zu hohe Zollschranken des Auslandes gegen Opiate (z.B. Basler Handelskammer 1928: 196). Der 53. Bericht über 1928 (Basler Handelskammer 1929: 169) beklagt sich über Überproduktion.

intensiven wirtschaftlichen Verflechtungen halfen auch, der hochwertigen schweizerischen Exportproduktion den Weg auf den fremden Märkten zu öffnen. Transportkosten und die Zollbelastung fielen weg. Diese im Konsumland hergestellten Produkte galten als einheimische Produkte und entsprachen eher der Nachfrage. Die Basler Firmen konnten zudem bereits frühzeitig von den Kontakten mit der ausländischen Forschung und Technik profitieren. Es zeichneten sich also Charakteristika der schweizerischen Wirtschaft ab, die bis heute grundsätzlich gültig sind (Roth 1952: 110f).

In der Pharmaindustrie war der Aufbau von Produktionsstätten im Ausland noch wichtiger als bei den Farbstoffen. Die Heilmittel kommen als konsumreife Fertigprodukte direkt auf die Absatzmärkte, während die Farbstoffe an weiterverarbeitende Industrie in den betreffenden Ländern geliefert werden. Die Internationalisierung setzte um die Jahrhundertwende ein. Die ersten pharmazeutischen Laboratorien der zugleich Farbstoffe produzierenden Stammhäuser (Ciba, Sandoz) lehnten sich vorerst an die schon bestehenden Tochterfirmen an. Bald entstanden auch selbständige Organisationen, die sich nicht nur dem Verkauf und Propaganda widmeten, sondern auch produzierten (Roth 1952: 107).

Das enorme Wachstum im Ausland ging mit einer zunehmenden Bedeutung der chemischen Industrie in Basel einher, obwohl sich das Beschäftigungswachstum nach der Sturmperiode vor und während dem Ersten Weltkrieg in den zwanziger Jahren abkühlte. Die chemische Industrie in Basel zählte 1920 5483 Beschäftigte. Bemerkenswert war schon damals der hohe Anteil von kaufmännischen und technischen Angestellten im Verhältnis zu den Arbeitern. Auf einen Beamten fielen 1870 4,6 und 1920 4,9 Arbeiter. Das erklärt sich aus der Eigenart der Fabrikation und der Absatzorganisation. In der Betriebsüberwachung, in den wissenschaftlichen Laboratorien und Versuchsanlagen und in der aufwendigen Vertriebsorganisaton war zahlreiches, gut ausgebildetes Personal gefragt (Jaquet 1923: 113–116).

Tab. 3.2. Beschäftigte in der chemischen Industrie in Basel

Jahr	1870	1880	1905	1920
Leitende Personen	15	11	15	-
Kaufm. Angestellte			185	757
Techn. Angestellte	}32	}91	130	168
Arbeiter und sonstiges Personal	149	429	1609	4558
Total beschäftigte Personen	196	531	1939	5483

Quelle: Jaquet (1923: 113)

Tab. 3.3. Vergleich der Anzahl Beschäftigte in der Textil- und Chemieindustrie

	1929	1939
Chemieindustrie	5558	7406
Textil	5600	2370

Quelle: Baumgartner (1947, 169, Tab. 4)

In den dreißiger Jahren löste die chemische Industrie, die zwischen 1929 und 1939 mit einer Beschäftigungszunahme von 5558 auf 7406 (33,3%) das größte Wachstum erzielte, die Textilindustrie, deren Beschäftigten sich von 5600 auf 2300 reduzierten, als bedeutendste Industrie der Stadt ab (Baumgartner 1947: 169, Tab. 4). Gemäß Mangold (1937: 243) zählte die chemische Industrie 1929 5673 Beschäftigte in Basel.

3.3.7 Gründe für die erfolgreiche Expansion in der Zwischenkriegszeit

Der Erste Weltkrieg schloss die langjährige Wachstumsperiode, die in den achtziger Jahren des vorigen Jahrhunderts begann, ab. Er hat den Traum einer endlosen, wirtschaftlichen Höherentwicklung und wachsenden Reichtums zerschlagen. Die nationalen Strukturen der Volkswirtschaften gewannen an Bedeutung, während das Volumen des Welthandels zu sinken begann. Zölle und protektionistische Maßnahmen kennzeichneten zunehmend die Wirtschaftspolitik der Staaten. Der Waren- und Kapitalverkehr sowie die Bewegung der Menschen wurden eingeschränkt. Die USA waren mittlerweile Exporteur von Industrieprodukten geworden. Auch Japan begab sich auf diesen Weg (Mangold 1935: 101). Trotz des Rückgangs der Offenheit nationaler Ökonomien und des Internationalisierungsgrades der Weltwirtschaft (vgl. Kitson und Michie 1995: 8; 1999: 167) setzte in der Basler Chemie eine Multinationalisierung ein, die andere große Konzerne in Europa und den USA erst in den fünfziger und sechziger Jahren im großen Stile einleiteten. Die Durchsetzung protektionistischer Wirtschaftspolitiken nach dem 1. Weltkrieg und den damit verbundenen Hemmnissen im internationalen Handel verstärkten den Drang zur Errichtung von Auslandswerken. Doch ein treibender Faktor für die internationale Expansion war die Kapitalakkumulation. In der kleinen Schweiz konnten nicht genügend Verwertungsmöglichkeiten erschlossen werden (vgl. Roth 1952: 106). Bemerkenswerterweise nahm die jüngere Pharmaindustrie praktisch von Beginn an einen multinationalen Charakter an und errichte noch zielstrebiger als die Farbenindustrie eine internationale Produktionsbasis. Was waren die Gründe für die bemerkenswerte Expansion der Basler Chemieindustrie in der Zwischenkriegszeit? Mangold (1935: 93–99) und Roth (1952: 118–121) haben einige Antworten geliefert, die ich hier aufgreife.

1. *Die Konzentration und die internationalen Vereinbarungen:* Der *Konzentrationsprozess* begann parallel mit dem Übergang zum Export (Mangold 1935: 94). Der enorme Kapitalaufwand, die Art ihrer Absatzorganisation und die Betriebsverlegungen ins Ausland drängten früh zum Großbetrieb hin. Die Überproduktion auf dem Farbstoffgebiet nach dem Ersten Weltkrieg rief nach durchgreifenden technischen und organisatorischen Rationalisierungsmaßnahmen, um die Produktionskosten zu senken. Die Konzentration führte bald zum kapitalmäßigen Zusammenschluss unabhängiger Betriebe. Diese Tendenz setzte sich in allen Chemieländern durch (Roth 1952: 120f).

2. *Weitgehende Differenzierung der Produktion und spezialisierte Qualitätserzeugung:* Gleichzeitig mit der Konzentration vollzog sich eine *Differenzierung der Produktion.* Die gesamte schweizerische Exportindustrie hatte zu Beginn der hochkapitalistischen, imperialistischen Wirtschaftsphase die Strategie der Qua-

litätsproduktion eingeschlagen. Die Verbindung größter Hochwertigkeit mit weitgehender Differenzierung und Spezialisierung der Produktionsbasis trug für die schweizerische Exportindustrie fast in ihrer gesamten Geschichte zur Sicherung ihrer Absatzräume bei. Die chemische Industrie und die Maschinenindustrie verfolgten diesen Weg am konsequentesten (Mangold 1935: 94). Die unerschöpflichen Möglichkeiten der Stoffumwandlung durch chemische Vorgänge erlaubte es immer wieder, neue Fabrikationen in Angriff zu nehmen und der Industrie stets neue Impulse zu verleihen. Der chemischen Industrie gelang es, sich den rasch wechselnden Marktbedürfnissen anzupassen oder diese selbst zu gestalten. Die äußerste Differenzierung der Produktion und die Qualitätserzeugung sowie die zunehmende wissenschaftliche Arbeitsorientierung waren insbesondere in Perioden rückläufigen Welthandels entscheidende Vorteile (Roth 1952: 118). Der frühe Einstieg von CIBA und Sandoz ins Pharmageschäft war rückblickend die bedeutendste *Differenzierung* und erwies sich für die spätere Entwicklung der Unternehmen von ausschlaggebender Bedeutung. Die pharmazeutische Industrie konzentrierte sich ihrerseits bald auf ein äußerst spezialisiertes Produktionsprogramm. Später kamen die Herstellung synthetischer Riechstoffe und Süßmittel und nach dem Weltkrieg die Produktion photographischer Präparate dazu.

3. *Frühe Internationalisierung und Vielseitigkeit der Absatzmärkte:* Eng verbunden mit der spezialisierten Produktionsausrichtung war der feingliedrige Ausbau des Vertriebs. Hierzu wurde ein Stab technisch und wissenschaftlich ausgebildeter Vertreter, die wiederum eine Schar von unterstellten Fachleuten um sich hatten, aufgebaut. *„Der ganze Erdteil wird auf diese Weise von den Unternehmen umspannt. Bis tief in das Urwaldgebiet des Amazonasstromes hinein senden Hoffmann - La Roche & Co. ihrer Vertreter; die letzten Stationen der Zivilisation werden in das Absatznetz einbezogen"* (Mangold 1935: 95). Dieser Aufwand lohnte sich nur bei hochwertiger Spezialproduktion, nicht jedoch bei Massenproduktion. Die frühe Errichtung eines dichten Netzes von Absatzorganisationen, die in allen bedeutenden Ländern einen Vertrieb der Produkte garantieren, ermöglichte bei Rückschlägen oder Krisen in einem Gebiet ein bewegliches Ausweichen in andere Regionen. Da die Unternehmungen den Absatz selbst mit ihren eigenen, gut ausgebildeten Fachleuten in die Hand nahmen, konnten sie den Groß- und Zwischenhandel weitgehend ausschalten (Roth 1952: 119).

4. Ein *große Kapitalintensität oder Arbeitsintensität* oder eine Kombination von beiden war wesentliche Voraussetzung für die Qualitätsproduktion, die Spezialisierung, die Forschungsorientierung und die feingliedrige Absatzorganisation. Im Verhältnis zum Kapital wurden zwar wenige, aber hoch qualifizierte, Arbeitskräfte benötigt. Die hohe Kapitalintensität war durch den starken inländischen Kapitalmarkt gesichert. Bereits früh war die Schweiz zudem ein bedeutender Kapitalexporteur, einerseits in der Form des Industrieexports durch gleichzeitigen Kapitalexport und andererseits durch den Kapitalexport in der besonderen Form der Produktionsverlagerung (Mangold 1935: 96).

5. Mangold (1935: 40, 99) führt einen weiteren – politischen – Punkt für die Durchschlagskraft der Schweizer Exportindustrie an: die *schweizerische Neutralität*. Sie entsprach der nationalen Eigenart und Begrenztheit des schweizerischen Staates in einer Zeit, in der sich die großen imperialistischen Staaten vor

allem auf ihren militärischen Apparat stützten. Mit der Neutralität verschaffte sich die Schweizer Industrie allerorts offene Türen. Im Schatten der Großstaaten vermochte die Schweiz dank Neutralität an der kapitalistischen Durchdringung und Erweiterung von Territorien teilnehmen. Gerade während des Ersten Weltkrieges waren die durch die Neutralität erwachsenen Vorteile von großer Bedeutung. Der gesteigerte Bedarf der kriegführenden Staaten und die gesteigerte Nachfrage durch die USA ließ keine Absatzprobleme entstehen und keine Preisdiskussion aufkommen. Ein anderer politisch-militärisch bedingter Grund lag in der *Schwächung der deutschen Konkurrenten* während und nach dem Ersten Weltkrieg. Bedeutsam war insbesondere der Verlust ihrer Vermögenswerte und Patente in den USA (siehe u.a.Enright 1995: 90).

A. Wilhelm bezeichnete in einem Vortrag, den er im Jahre 1941 an der Generalversammlung der Schweizerischen Gesellschaft für Chemie Industrie hielt, die Internationalisierung als die Erfolgsursache dieser Branche.

> Den wichtigsten Beitrag zum Ausbau der ausländischen Chemiewirtschaft haben jedoch die schweizerischen Chemiekonzerne dadurch geleistet, dass sie in allen großen Industriestaaten Fabrikationsstätten und Tochtergesellschaften errichteten, die an fabrikatorischer Bedeutung oftmals mit den schweizerischen Stammhäusern wetteifern können, und die in der Chemiewirtschaft ihrer Gastländer eine bedeutende Rolle einnehmen. Im weiteren haben die führenden schweizerischen Unternehmen im Laufe der Jahrzehnte Verkaufsorganisationen aufgebaut, die die ganze Erde umspannen. So sind insbesondere auf den Gebieten der Teerfarbstoffe, der Pharmazeutika, der Nährmittelchemie und des Aluminiums schweizerische Industriegebilde entstanden, die sich die ganze Welt zum Tätigkeitsgebiet auserkoren haben, und die dergestalt einen wertvollen Beitrag zur ganzen modernen Wirtschaftsentwicklung leisten und auch weiterhin leisten werden" (Wilhelm 1942).

3.4 Die goldenen Jahre

3.4.1 Fortgesetzte Expansion und Diversifizierung

Während und nach dem 2. Weltkrieg erhielt die chemische Industrie kräftigen Auftrieb. Die Nachfrage nach Sprengstoff, verschiedenen Kunststoffen und Farben stieg stark an. Nach dem Krieg verlangte ein gewaltiger Nachholbedarf im Baugewerbe große Menge neuartiger Baustoffe, Farben, Kunstharzen, etc. In der Nachkriegszeit entstand zudem der schnell wachsende und eine enorme Bedeutung erlangende Sektor der Agrochemikalien. Die Schädlingsbekämpfungsmittel waren die Grundlage der enormen Expansion der Firma Geigy. Mit der Photo-, Radio-, Elektro-, Verpackungs-, Automobil- und Flugzeugindustrie entstanden wichtige neue Abnehmer von auf chemischer Synthese beruhenden Produkten. Zugleich führte der technische Fortschritt in der Textil-, Leder- und Kunststoffindustrie zu immer höheren Ansprüchen dieser Bereiche an die Farbstoffe. Einen besonderen Aufschwung erlebte die pharmazeutische Industrie, die immer neuere therapeutische und prophylaktische Präparate anbieten konnte (vgl. Varini 1958: 144).

Bereits in den zwanziger Jahren, verstärkt nach dem Zweiten Weltkrieg, stiegen alle Konzerne in neue Geschäftsbereiche ein, wie Agrochemikalien, Kunststoffe,

Fasern, Aromen, Geruchsstoffe, Vitamine, Süßstoffe, Diätetika, medizinische Geräte, Saatgut, etc. Dabei setzten die Basler Konzerne ihre grundsätzliche Ausrichtung fort, sich auf Produkte *„hohen und höchsten Veredlungsgrades"* auszurichten, wie sich R. Käppeli, Präsident des Verwaltungsrates der CIBA, 1963 in einer Rede ausdrückte (Käppeli 1963: 6).[30]

Die fünfziger und sechziger Jahre waren eine Periode großen Wachstums. Auch nachdem die Basler IG 1951 aufgelöst worden war, setzten CIBA, Geigy und Sandoz ihre Arbeitsteilung mit ihren jeweils spezifischen Schwerpunkten und Spezialisierungen sowie ihre Zusammenarbeit bei der Angebotsplanung und mit Lizenzabkommen fort (Varini 1958: 179). Bei CIBA und Sandoz wurden die Pharmaabteilungen die größten Unternehmensbereiche. Die Roche hatte sich ohnehin seit ihrer Gründung auf Pharmazeutika konzentriert. In dieser Periode konnten die Konzerne ihre Umsätze geradezu phänomenal steigern. In der kurzen Zeit zwischen 1967 und 1973 verdoppelte beispielsweise die Sandoz ihren Konzernumsatz (Sandoz 1986a). Die Geigy wuchs in den sechziger Jahren dramatisch und vervierfachte ihren Umsatz in weniger als zehn Jahren, vor allem dank der spektakulären Erfolge mit ihren agrochemikalischen Produkten (Erni 1979: 82).

Anteile auf den Märkten

Der Weltmarkt der Teerfarbenstoffe lag auch in den 50er Jahren in den Händen einiger weniger Länder, nämlich Deutschland, Schweiz, Großbritanniens und USA. Die Schweizer Chemie konnte nach dem Zweiten Weltkrieg erneut von der Niederhaltung der deutschen Konkurrenz und deren Verluste der Produktionsbasis in den USA profitieren. 1955 hatten die Schweiz und Deutschland beide einen Anteil von rund 31% an den weltweiten Teerfarbenexporten (Varini 1958: 116). Bei Berücksichtigung der Auslandsproduktion wäre der Schweizer Anteil noch wesentlich größer gewesen. So besorgten die Auslandswerke der CIBA im Jahr 1955 rund 75 % ihrer Weltproduktion an Farbstoffen (Geschäftsbericht der CIBA: 11, zitiert nach Varini 1958: 117). Bei den Pharmaprodukten war die Schweizer Industrie mit einem Anteil von 14,7% stärker als die nördliche Konkurrenz, die auf einen Anteil von 8,7% kam (Metzner 1955a: Bd.2: 121). Varini (1958: 120) meint, dass bei Berücksichtigung der Produktionsstätten der Anteil der Schweiz an der Weltversorgung mit pharmazeutischen Produkten etwa das Doppelte betragen würde. Insbesondere die Hoffmann-La Roche dürfte ähnlich hohe oder sogar höhere Auslandsanteile aufgewiesen haben.

Im Gegensatz zu den spezialisierten Märkten der Farben und Pharmazeutika war der Anteil der Schweizer Firmen an der allgemeinen Chemieproduktion mit 0,6% im Jahr 1938 und 0,8% im Jahr 1954 sehr klein. Dementsprechend war auch ihr Anteil an den weltweiten Exporten mit 4,3% und 4,6% in denselben Jahren vergleichsweise gering (Metzner 1955a: 15, 17).

---

[30] An einem Vortrag im Handels- und Industrieverein im Jahr 1954 in St. Gallen erklärte Käppeli die Schwerpunktsetzung der schweizerischen chemischen Industrie und ihren Verzicht auf die Großproduktion. *„Das Schwergewicht der Tätigkeit der schweizerischen chemischen Industrie ruht vielmehr auf dem Gebiet der Weiterverarbeitung chemischer Ausgangsmaterialien zu Endprodukten, die einen Verfeinerungsgrad aufweisen, der die internationalen Wettbewerbschancen dieser Erzeugnisse von der Verfügung über billige Ausgangsmaterialien bis zu einem gewissen Grad unabhängig macht"* (Käppeli 1954: 4 zitiert nach Varini 1958: 53).

Tab. 3.4. Anteile an der Teerfarben-Weltausfuhr

	1913	1937	1952	1954	1955
Deutschland / BRD	90,5%	58,6%	30,6%	34,4%	31,1%
Schweiz	9,5%	19,2%	31,5%	30,9%	31,2%

Quellen: Metzner (1955a: 553), Varini (1958: 116)

Tab. 3.5. Anteile an der Pharmazeutika-Weltausfuhr

	1936	1950	1955
Deutschland / BRD	39,8%	5,0%	8,7%
Schweiz	8,4%	11,9%	14,7%

Quellen: Metzner (1955b: 238), Varini (1958: 121)

3.4.2 Der Schub zur Multinationalisierung in den fünfziger und sechziger Jahren

Parallel zum starken Wirtschaftswachstum, der enormen Nachfrage nach Produkten aus der chemischen Industrie breiteten sich die Basler Firmen in den fünfziger und sechziger Jahren in allen Kontinenten mit einem Netz von Vertriebsorganisationen, Produktionsstätten und einigen zentralen Forschungseinrichtungen aus. Im Jahre 1954 beschäftigten die vier großen Basler Unternehmungen CIBA, Sandoz, Geigy und Hoffmann-La Roche in der Schweiz zusammen rund 13 600 Personen, während die Zahl der Arbeiter und Angestellten in ihren ausländischen Werken 24 900 betrug (Fehr 1954: 15). Dieses Verhältnis veränderte sich nun laufend zugunsten eines immer stärkeren Anteils der Beschäftigten außerhalb der Schweiz. Im folgenden werden die wichtigsten Expansionsschritte im Rahmen der extensiven Multinationalisierung der Pharmabereiche der Konzerne CIBA, Geigy, Sandoz und F. Hoffmann-La Roche beschrieben. Eine umfassende Darstellung der multinationalen Expansion der Produktion in anderen Geschäftsfeldern würde den Rahmen der Arbeit sprengen.

CIBA

CIBA verfügte bereits vor dem Zweiten Weltkrieg über eine internationalisierte Produktionsbasis, was sich während des Krieges vor allem im Falle der USA als sehr vorteilhaft erwies. Nach dem Krieg baute das Unternehmen die Produktionsstätten in der Schweiz und im Ausland im Zuge des explosiven Geschäftsgangs zügig aus. CIBA Deutschland war nach der kriegsbedingten Zerstörung der Produktionsstätte in Berlin, seit 1943 in den Räumen einer stillgelegten Teppichfabrik in Wehr in Süddeutschland tätig, wo sie 1948/49 eigene Gebäude für die pharmazeutische Fabrikation errichtete. Die Anlagen wurden ab 1958 schrittweise erweitert (Ciba-Geigy-Magazin 1990c: 4; Ciba-Geigy Zeitschrift 1972a: 7). Nachdem die 1934 gegründeten CIBA Laboratories einen Monat vor dem Ausbruch des Zweiten Weltkriegs in Horsham in Südengland ein neu errichtetes Gebäude mit

Büros, Laboratorien und Anlagen für die Pharma-Produktion bezogen hatten, übernahm 1951 das neu erstellte multidivisionale Werk Grimsby im Norden Englands die chemische Fabrikation. Das Werk in Horsham wurde für flüssige Arzneiformen sowie Salben ausgebaut und später kam die Tablettierung hinzu (Dürst 1974: 10). 1946 etablierte CIBA eine eigenständige Pharmadivision in Belgien, die 1954 eine Pilotproduktion in Betrieb nahm. 1965 zog das Unternehmen nach Groot-Bijgaarden außerhalb von Brüssel um (Ciba-Geigy-Magazin 1991a: 7). Bereits 1946 beteiligte sich CIBA am Laboratorio Químico-Farmacéutico Garriga, S.A. zur Herstellung ihrer Pharma-Spezialitäten in Spanien (Valls 1992: 12). Anfang der sechziger Jahre eröffnete CIBA eine eigene Produktionsstätte in San Andres in Barcelona (Ciba-Geigy-Magazin 1989c). In derselben Zeit erweiterte das Unternehmen seine Produktionskapazität in Italien mit einer neuen Anlage in Crescenzago bei Mailand (Ciba-Geigy-Magazin 1989c). 1958 gründete CIBA zusammen mit der Firma Lepetit in Torre Annunziata bei Neapel die Firma Fervet (Fermentazione Vesuvio Torre Annunziata) zur biotechnologischen Produktion (Ganz 1993b). Im gleichen Jahr erwarb die österreichische Konzerngesellschaft in Atzgersdorf, am südwestlichen Stadtrand von Wien, ein Grundstück, wo sie als erstes ein Fabrikationsgebäude für die Pharma-Konfektionierung erstellte, das 1965 den Betrieb aufnahm (Dürst 1973: 10). 1964 gründete die französische Konzerngesellschaft die Laboratoires Ciba in Huningue bei Basel und stärkte damit die pharmazeutische Produktionsbasis in Frankreich und der EG massiv (Charlier 1981: 7). Den türkischen Markt erschloss CIBA ab 1964 als Partner der Wander AG und bald danach mit einer Produktionsstätte in Bakirköy bei Istanbul (Hubbard 1985: 5-6).

In den USA wurde die CIBA Pharmafabrik in Summit während des Krieges einer der führenden Anbieter von pharmazeutischen Produkte. Verkäufe an die Streitkräfte der USA nahmen einen Drittel der Inlandsverkäufe ein. Angesichts dieser strategischen Bedeutung erhielt die CIBA die Bewilligung, die Anlage zu erweitern. 1942 fügte sie ein neues Laborgebäude und in den folgenden drei Jahren mehrere Lagerhäuser an. Vor dem Hintergrund großer kommerzieller Erfolge und neuer Produkteinführungen nahm CIBA-Summit in den fünfziger Jahren bedeutende Expansionsprogramme in Angriff. So errichtete das Unternehmen anfang des Jahrzehnts ein großes Pharma-Produktionsgebäude. In dieser Zeit bekräftigte CIBA ihre Position als führenden Hersteller von Herzkreislauf-Medikamenten mit der Einführung von *Ismelin*, ein Mittel zur Langzeitbehandlung von erhöhtem Hochdruck, und *Ser-Ap-Es*, das *Serpasil*, *Apresoline* und *Esidrix* in einer Tablette vereinigte. Im Mai 1965 verlagerte die CIBA Corporation ihr U.S. Headquarters von der Madison Avenue in Manhattan nach Summit in ein neues Bürogebäude (Ciba-Geigy 1987b: 10, 17). Den kanadischen Pharmamarkt erschlossen sich CIBA und Sandoz anfänglich gemeinsam. 1958 gingen die beiden Firmen das Joint Venture Mount Royal Chemicals Limited in Dorval bei Montreal zur Produktion von Pharmazeutika ein. Die Produktionsstätte nahm 1960 ihre Tätigkeit auf. Die Ciba-Geigy hielt die Mehrheit am Joint venture. Beide Firmen hatten ihre administrativen Hauptsitze ebenfalls in Dorval (Sandoz bulletin 1973; Ciba-Geigy-Magazin 1976a; vgl.Fritz 1992: 156).

In Lateinamerika expandierte die CIBA in dieser Periode vor allem in den großen Ländern Mexiko, Argentinien und Brasilien. Bereits 1931 wurde die Productos Químicos Ciba SA in Buenos Aires gegründet, die 1947 ein Pharma-

Konfektionierungsgebäude an der nordwestlichen Stadtperipherie einweihen konnte. Angesicht der sich verschärfenden Schutzzollpolitik war inländische Produktion nötig (Ciba-Geigy-Magazin 1981b: 4-5). Die mexikanische Konzerngesellschaft gründete die CIBA am 24. März 1944 in Mexiko-Stadt, wo sie im Stadtteil Tlalpan Norte später eine Pharmafabrik errichtete (Ciba-Geigy Zeitschrift 1973a; Ciba-Zeitung 1994g). Ein umfassendes Engagement wurde 1950 für Brasilien in die Wege geleitet, als CIBA, Geigy und Sandoz beschlossen, eine gemeinsame und jeweils eigene Produktionsstätten in dem vielversprechenden Markt zu errichten. Am 11. Juni 1957 gründeten die drei Firmen gemeinsam die Indústrias Químicas Resende S.A. (Sandoz 55% : Ciba-Geigy 45%). Nach einem kurzzeitigen Provisorium nahm im Juni 1961 die Farbstoffproduktion im neu erstellten Werk in Resende den Betrieb auf. 1962 wurden die Anlagen im Pharmagebäude für die Wirkstoffproduktion fertiggestellt. 1974 kam eine moderne Pilotanlage für die Pharmaproduktion hinzu. Der frühzeitige Aufbau von Produktionskapazitäten hat den Firmen erlaubt, gewichtige Marktanteile aufzubauen. Im Zuge der steigenden Präsenz der Konkurrenz in Brasilien wurden die Verbesserung der Produktivität und die Sicherstellung einer adäquaten Versorgung der Marketingorganisationen zentrale Anliegen. Der Aufbau einer lokalen Produktionsgesellschaft erwies sich als wichtig, um auf die Marktgeschehen rasch zu reagieren (Sandoz bulletin 1977; Sigg 1982). CIBA betrieb überdies bis 1979 in São Paulo eine pharmazeutische Fabrik, die anschließend durch die neue Fabrik in Taboão de Serra ersetzt wurde (Ciba-Geigy 1980a: 32). Mit der Gründung einer Tochtergesellschaft 1961 in Peru wurde ein weiteres Engagement eingeleitet. Aber erst im Herbst 1970 nahm diese in Lima eine Pharma-Produktionsanlage zur Konfektionierung in Betrieb (Ciba-Geigy Zeitschrift 1975d).

In Asien baute der Konzern in den großen Märkten Indien, Japan und Indonesien eine eigene Produktionsbasis auf. 1958 forderte das japanische Gesundheits- und Wohlfahrtsministerium Koseisho Ciba Products Limited zur lokalen Produktion auf. 1960 wurde in der Vorstadt Takarazuka ein eigener Konfektionierungsbetrieb eröffnet. Schrittweise übernahm CIBA die Produktion vom bisherigen Vertragspartner Takeda. 1965 wurden die Anlagen erweitert und ein Gebäude der Pharma-Administration erstellt. In den sechziger Jahren verzeichnete CIBA Japan enorm hohe Wachstumsraten (1967 +34%) vor allem dank des Agrogeschäfts. 1969 suchte man bereits nach Land für ein neues Pharmawerk (Dimery 1983). In Indien übernahm die CIBA im Jahre 1941 den Verkauf von Medikamenten von den örtlichen Agenturen und 1947, im Jahr der Unabhängigkeitserklärung, gründete sie eine eigene Vertriebsgsellschaft. In der gleichen Zeit begann die CIBA die lokale Konfektionierung durch Drittfirmen, die sie bald selbst übernahm. 1958 eröffnete sie eine pharmazeutische Produktionsstätte in Bhandup bei Bombay. In diesem Werk wurde auch die Zahnpasta Binaca hergestellt. Aufgrund von Importbeschränkungen bezog die CIBA einen Teil der Wirkstoffe von der indischen Firma Atul Products Ltd in Bular. Zudem gliederte das Werk Bhandup der pharmazeutischen Produktion auch eine chemische Wirkstoffproduktion an (Nair 1980: 10; Ciba-Geigy-Magazin 1983b: 20). In Indonesien begann die CIBA schon nach dem Ersten Weltkrieg den Vertrieb von pharmazeutischen Spezialitäten. Einige Jahre später verkauften CIBA und Geigy Farbstoffe in diesem Land. 1968 gründete die Division Pharma eine eigene Gesellschaft, die im Juli 1973 nach zweijähriger Bauzeit ein Pharmawerk in Gandaria, 27 Kilometer außerhalb Jakartas, einweihte (Ciba-Geigy Zeitschrift 1973b: 32).

In Afrika waren nur die vier großen Länder Ägypten, Südafrika, Nigeria und Marokko relevant. 1962 gründeten CIBA, Geigy, Sandoz und Wander zusammen mit lokalen Aktionären die Swisspharma in Kairo (Ciba-Geigy-Magazin 1990a: 5), die dort ab 1965 ein Pharmawerk zur Produktion von Medikamenten für den ägyptischen Markt betrieb (Ciba-Geigy-Magazin 1985a: 5). Das Geschäft in Südafrika wurde 1957 einer eigenen Verkaufsgesellschaft in Johannesburg übertragen. Ab 1962 war CIBA im Vorort Isando tätig, wo auch Produktionsanlagen errichtet wurden (Dürst 1978a: 5). Nachdem CIBA in den fünfziger Jahren über einen britischen Agenten den Verkauf von Pharmazeutika in Nigeria lanciert hatte (über die seit hundert Jahren ansässige Union Trading Company, die sich aus der Tätigkeit der Basler Mission an der damaligen Goldküste entwickelt hatte, begann CIBA gleichzeitig den Verkauf von Farbstoffen), nahm 1964 die CIBA (Nigeria) Limited in Lagos ihre Geschäftätigkeit mit Pharmazeutika auf (Friedlin 1990).

Die CIBA unternahm bereits in den fünfziger und sechziger Jahren namhafte Schritte zur Internationalisierung der Forschung und Entwicklung. Das seit 1937 bestehende Forschungszentrum in Summit, New Jersey, wurde massiv erweitert. Mitte der fünfziger Jahre wurden spezialisierte Anlagen für die Forschung in den Bereichen Virologie und Parasitologie errichtet. 1956, mittlerweile mit 1200 Beschäftigten, 20% davon in der Forschung, eröffnete das Unternehmen ein neues Forschungszentrum. Im Zuge der Vereinigung der Operationen in den USA wurde 1962 auch der Betrieb in Summit reorganisiert. 1962 eröffnete das Unternehmen ein chemisches Entwicklungszentrum. Als eine der ersten Mehrzweckanlagen vereinigte das neue Zentrum Prozess-Forschung und Prozess-Entwicklung unter demselben Dach (Ciba-Geigy 1987b). 1963 eröffnete CIBA in Goregon, 30 Kilometer nördlich von Bombay, ein Forschungszentrum für Grundlagenforschung in den Bereichen Farbstoffe und Pharma hinzu. Das Institut war das erste dieser Art in Indien, das von der Privatindustrie gegründet wurde. Es widmete sich in erster Linie der Bekämpfung von Tropenkrankheiten (Hubbard 1974: 42; Koechlin 1978: 12). 1965 eröffneten auch die CIBA Laboratories in Horsham ein Forschungsgebäude. Schwerpunkt der Forschungtätigkeit war anfänglich die Untersuchung des Stoffwechselverhaltens von Heilmitteln im menschlichen Körper. Diese Arbeiten führten bereits Anfang der siebziger Jahre zur Verbesserung bestimmter Darreichungsformen, zum Beispiel der Entwicklung einer speziellen Retardform verschiedener Hypertonie-Präparate (Dürst 1974: 10). Alle drei Forschungseinrichtungen in Summit (New Jersey), Horsham (England) und Gorgeon (Indien) erlangten in den sechziger und siebziger Jahren eine zunehmende Bedeutung.

Die extensive Multinationalisierung bedeutete nicht, dass die Anlagen in Basel ihre strategische Rolle eingebüßt hätten. Die Betriebsstätten in Basel wurden erweitert und modernisiert. 1967 nahm die Division Pharma in Basel ein Hochhaus für die pharmakologische Biologie in Betrieb. 1957 errichtete die CIBA in Stein im Kanton Aargau ein neues Werk für die pharmazeutische Produktion, das sich zur bedeutendsten Pharmafabrik des Konzerns entwickelte. Das Werk Monthey im Wallis wurde zum wichtigsten Fabrikationsstützpunkt des Konzerns, mit Anlagen zur Produktion von Farbstoffen, Pigmenten, technischen Applikationsprodukten, Agrarchemikalien und Kunststoffen (Dürst 1971: 24).

Geigy

Da Geigy erst 1940 ins Pharmageschäft einstieg, gingen die internationale Expansion und der Aufbau des neuen Geschäftszweiges unmittelbar miteinander einher. Bereits während und dann vor allem unmittelbar nach dem Zweiten Weltkrieg setzte eine sprunghafte Internationalisierung der Geigy ein. Innerhalb eineinhalb Jahre gründete das Unternehmen zwölf Tochtergesellschaften, unter anderem in Paris, Casablanca, Buenos Aires, Montreal, Johannesburg und Sydney. Die meisten dieser Firmen widmeten sich dem Verkauf. Davon wurde die Hälfte zur Expansion in den neuen Tätigkeitsbereichen geschaffen. Bald kamen auf internationaler Ebene neue Gründungen, Erwerbungen und Beteiligungen hinzu. In den USA und in Großbritannien wurden die Aktivitäten organisatorisch in neuen Konzerngesellschaften zusammengefasst. Das Basler Stammhaus verlagerte in der gleichen Zeit nahezu die gesamten Produktion in die benachbarten Stammwerke in Schweizerhalle und Grenzach. 1966 begann Geigy mit dem Bau eines neuen Agrochemikalienwerkes in Kaisten im Kanton Aargau, das 1971 von der Ciba-Geigy in Betrieb genommen wurde. In St. Aubin (Kanton Fribourg) wurde 1970 wurde das Centre de recherches agricoles zur Prüfung und Weiterentwicklung von Pflanzenschutzmitteln in Betrieb genommen (Dürst 1971: 26; Göppert 1989: 32).

Die Etablissements Ciba-Geigy SA. in Huningue wurden ursprünglich 1923 als Mahl- und Mischbetrieb für Farbstoffe errichtet. Dann kamen die Aufarbeitung von Tanninen, die Herstellung synthetischer Gerbstoffe und Hilfsgerbstoffe und 1935 die ersten Textilchemikalien hinzu. Während des Zweiten Weltkriegs wurde das Werk wegen seiner exponierten Lage evakuiert. Fabrikate, Rohstoffe und wichtige Anlagen wurden nach Lyon disloziert. Nach dem Krieg folgte ein stetiger Aufschwung. Seit 1953 wurden auch vermehrt Grundsubstanzen und Zwischenprodukte für Pharmazeutika hergestellt (Geigy 1958: 178; Charlier 1981: 13). Das Unternehmen betrieb aber keine pharmazeutische Produktion in Frankreich. Ebenso erschloss sich Geigy den deutschen Pharmamarkt seit 1949 über ein Kooperationsabkommen mit Dr. Karl Thomae GmbH in Biberach, einer Tochtergesellschaft von Boehringer Ingelheim (Ciba-Geigy-Magazin 1976b; Erni 1979: 395ff). Auch in Belgien war die Geigy war vor allem über Vertretungen in Belgien aktiv. 1950 gründete sie die Verkaufsgesellschaft Colopa, die zehn Jahre später den Namen Geigy annahm (Ciba-Geigy-Magazin 1991a: 7). Hingegen errichtete die seit 1940 bestehende Geigy-Pharmaorganisation in Großbritannien Anfang der sechziger Jahre eine Fassonierungs- und Konfektionierungsanlage für Pharmazeutika in Macclesfield bei Manchester. Zuvor hatte die Geigy andere Firmen mit der Verarbeitung der Wirksubstanzen zu den verschiedenen Darreichungsformen beauftragt. Das Spektrum der in Macclesfield hergestellten Arzneiformen war breit und umfasste Tabletten, Dragées, Kapseln, Sirupe, Salben, Crèmes, Suppositorien und Injektionslösungen. Ende der sechziger Jahre wurde ein Neubau auf die Forschungstätigkeit der pharmazeutischen Entwicklung zugeschnitten (Dürst 1974: 5). Im Rahmen einer Zusammenfassung verschiedener Tätigkeiten und Einrichtungen der Firma auf einem neuen Areal in Mailand, nahm die Geigy S.A. Ende der fünfziger Jahre die lokale Konfektionierung und Fassonierung von Pharmazeutika in Italien auf (Geigy 1958: 185). Den Weg der Übernahme wählte Geigy in Spanien, wo sie 1943 die Laboratorio Padró S.A. in Barcelona übernahm und diesem Unternehmen die Fabrikation und den Verkauf pharmazeutischer Spezialitäten für den lokalen Markt übertrug. Im Jahre 1953 wurde das Tochterunternehmen Irga S.A. in Geigy Sociedad Anónima umbenannt, das den bisher durch die Laboratorio Padró S.A. besorgten Verkauf von pharmazeutischen Spezialitäten und Haushaltsprodukten übernahm (Geigy 1958: 189f; Valls 1992: 12).

Die Stärke der Geigy begründeten auch in den USA traditionell die Farbstoffe und seit dem Erscheinen der DDT-Produkte in den vierziger Jahren die Agrochemikalien. Bald nach dem Krieg begann Geigy im Jahr 1947 eine pharmazeutische Abteilung in den USA aufzubauen, die die Pharmaspezialitäten des Mutterhauses vertrieb. Ein bedeutender Expansionsschritt war der Erwerb der auf Textilhilfsmittel spezialisierten Alrose Chemicals Company in Cranston am Pawtuxet-Fluss, unweit von Rhode Islands Hauptstadt Providence, im Jahre 1949. Nach 1960 wurde das Werk mit zahlreichen Neubauten stark erweitert. Dazu gehörte auch ein Mehrzweckbau für pharmazeutische Zwischenprodukte und Wirksubstanzen sowie ein großes Fabrikationsgebäude für Pharma-Wirksubstanzen und für einen besonders hohen Reinheitsgrad erfordernde Chemikalien (Ciba-Geigy Zeitschrift 1971: 6). Nach fünfzigjähriger Tätigkeit in der New Yorker City eröffnete die Geigy Corporation im Jahr 1956 in Ardsley, rund 15 Meilen nördlich von Manhattan, ihren neuen Hauptstandort der US-amerikanischen Konzerngesellschaft. Auf dem campus-ähnlichen Betriebsgelände wurden der Hauptsitz und ein Laborbau für Farbstoffgewinnung errichtet. In den folgenden Jahren erlebte der Standort einen massiven Ausbau. 1959 folgte ein Bau für die pharmazeutische Forschung, 1962 ein zweites Labor- und Dienstgebäude, 1964 ein weiterer Büroblock, 1968 ein zusätzliches medizinisches Forschungsgebäude (Geigy 1958: 199ff; Ciba-Geigy-Magazin 1981a: 1). 1965 konnte Geigy die Pharmaproduktion von Ardsley ins rund 40 Kilometer entfernte Suffern verlagern, wo die Firma die damals angeblich modernste Pharmafabrik der Welt in Betrieb nahm. Zwischen 1964 und 1969 wuchs Geigys Pharmageschäft kontinuierlich. 1969 leitete daher das Management Komitee eine Verdoppelung der Produktions- und Lagerkapazitäten der Fabrik mit neuen Formulierungs-und Analysegebäuden in die Wege, die von der fusionierten Ciba-Geigy 1970 umgesetzt wurde (Ciba-Geigy 1971: 21; 1990c). Die 1953 gegründete kanadische Pharmaabteilung belieferte den Markt hingegen ohne eigene Produktionsstätte (Geigy 1958: 202).

Wie bei den anderen Firmen standen Mexiko, Argentinien und Brasilien im Vordergrund der Expansionsbestrebungen in Lateinamerika. In Argentinien war Geigy ab 1932 durch die Firma Bossart Limitada offiziell vertreten. Am 16. Juni 1945 erfolgte die Gründung der Geigy Argentina, die aber weiterhin die Fertigprodukte von Basel einführte. Nach 1951 wurden zunehmend lediglich noch die Wirkstoffe importiert und die galenische Produktion über die Drogeria Franco-Inglesa S.A. abgewickelt. 1969 nahm die Geigy Argentina ihre eigene pharmazeutische Produktionsstätte in der Ortschaft San Miguel, etwas außerhalb Buenos Aires, in Betrieb. Diese stellte auch nach der Fusion alle Heilmittel der argentinischen Ciba-Geigy her (Ciba-Geigy-Magazin 1981b: 5, 7). Die Geigy do Brasil SA. wurde 1938 in Rio de Janeiro gegründet und vertrieb anfänglich Farbstoffe und ab 1945 Insektizide. Der Verkauf pharmazeutischer Präparate wurde 1951 aufgenommen (Geigy 1958: 204ff; Hubbard 1979: 8). Geigy beteiligte sich an der 1957 zusammen mit CIBA und Sandoz gegründeten Indústrias Químicas Resende S.A, die 1961 die Produktion von Farbstoffen und ein Jahr später von Pharma-Wirkstoffen aufnahm (Sandoz bulletin 1977; Sigg 1982). Nach Mexiko zog Geigy hingegen erst 1961 und gründete die Geigy Mexicana S.A. de C.V. ohne eine örtliche Pharmaproduktion aufzubauen (Ciba-Zeitung 1994g).

Nachdem Geigy bereits im späten 19. Jahrhundert Farbstoffe nach Japan exportierte (Ciba-Geigy-Magazin 1991k: 19) und vor dem Ersten Weltkrieg während vieler Jahre durch die deutsche Firma Bleifus in Japan vertreten wurde, gründete sie 1925 die J.R. Geigy Agency in Osaka. Für die Geigy-Medikamente besaß die japanische Firma Fujisawa seit den frühen fünfziger Jahren die Alleinvertretung und stellte sie zum Teil auch in Lizenz her. Diese Verbindung blieb bis Mitte der siebziger Jahre bestehen. Erst 1975 übernahm die fusionierte Ciba-Geigy das Marketing der Geigy-Pharmaprodukte (Dimery 1983). Nach dem Zweiten Weltkrieg gründete die Geigy zwei indische Gesellschaften: die eine zum Vertrieb der Farbstoffe, Textilchemikalien und Pharmazeutika, die andere für die Aufarbeitung der DDT-Präparate, die in der Malariabekämpfung eine große Rolle spielten. 1955 wurde in Ahmedabad die Suhrid Geigy Limited gegründet (Nair 1980: 10; Ciba-Geigy-Magazin 1983b: 20). Diese errichtete eine Frabrikationsstätte in Baroda nördlich von Bombay, wo in Lizenz Geigy-Pharmazeutika und optische Aufheller hergestellt wurden (Geigy 1958: 57; Ciba-Geigy-Magazin 1983b).

Auch in Südafrika war Geigy seit den vierziger Jahren zunächst über Agenten anwesend. 1946 stieg Geigy Manchester mit einer eigenen Tochtergesellschaft in Johannesburg ein. Geigy übernahm danach die Kapstädter Firma Pharmakers, die seit 1949 ihre Heilmittel vertrieb und war Ende der sechziger Jahre kurz vor der Fusion mit CIBA daran, im Johannesburger Vorort Isando ein größeres Verwaltungszentrum aufzubauen (Dürst 1978a: 5).

Die internationale Ausbreitung der Geigy war in den fünfziger und sechziger Jahren wesentlich stärker durch das Geschäft mit Farben- und Textilveredelungsprodukten als durch den Pharmasektor geprägt. In diesen Sektoren vollzog sich eine eigentliche Multinationalisierung über den Aufbau eigener Produktionsstätten. Pharmavertriebsgesellschaften wurden vielerorts an die bereits bestehenden Einrichtungen angegliedert. Das Pharmageschäft hingegen internationalisierte Geigy wesentlich stärker als CIBA über Vertretungen und lokale Lohnfabrikation. Dieses Vorgehen erlaubte mit vergleichsweise geringen Investitionen eine schnelle Expansion. Für die Produktion der Wirksubstanzen war zur Hauptsache die 1938 erstellte und seither laufend modernisierte Produktionsstätte in Schweizerhalle bei Basel zuständig. Trotz des Aufbaus des Forschungszentrums in Ardsley bei New York und der Laboratorien in Macclesfield bei Manchester blieben die Forschungstätigkeiten weitgehend auf Basel beschränkt.

Sandoz

In den fünfziger und sechziger Jahren errang die Pharmasparte zunehmend die Führungsposition innerhalb des Konzerns. Bezüglich Internationalisierung befand sie sich in einem Aufholprozess. In den fünfziger Jahren rückte die deutsche Konzerngesellschaft mit ihrer Pharmafabrik in Nürnberg nach den USA wieder zur zweit wichtigsten im Konzern auf (Sandoz 1956; Fritz 1992: 83, 192ff). 1951 wurde die pharmazeutische Produktion in Mailand an einen neuen Standort in der Stadt verlagert und ausgebaut (Fritz 1992: 196). Die Produktion am Standort Orléans erfuhr nach dem Krieg eine starke Ausdehnung. Der Hauptsitz in Frankreich wurde 1933 und 1950 jeweils innerhalb von Paris an andere Standorte verlagert.

Die Sandoz verstärkte sich in Frankreich im Jahr 1960 mit dem Erwerb der Firma Salvoxyl. Die Integration der Laboratoires Salvoxyl im Jahre 1966 brachte eine Erweiterung des pharmazeutischen Produktsortiments. Auf Anfang 1972 wurden sie zu den Laboratoires Salvoxyl-Wander verschmolzen. Gleichzeitig übernahmen sie die meisten Handelsprodukte der Laboratoires Wander. 1968 machte das Wachstum der Gruppe schließlich dessen Übersiedlung in einen neuen Gebäudekomplex in Rueil-Malmaison notwendig. Die Produits Sandoz S.A. und die Laboratoires Sandoz S.À.R.L. bezogen 1968 ihren neuen Hauptsitz in Rueil-Malmaison (Sandoz 1969: 16; Sandoz bulletin 1974a; Fritz 1992: 109). Nach einem jahrelangen Provisorium in Stonebridge Park, London, eröffnete Sandoz im Juni 1961 in Horsforth ein Pharmawerk und verfügte damit endlich auch in Großbritannien über eine eigene Produktionsbasis (Kemp 1986: 11ff; Fritz 1992: 156). Der spanische Pharmamarkt war für die Sandoz verhältnismäßig wichtig. 1941 richtete Sandoz in Barcelona einem gekauften Gebäude eine Ampullenstation und eine Fassonierabteilung ein. Nachdem die Produktionsstätte mehrfach erneuert und erweitert wurde, erfolgte 1969 die Inbetriebnahme eines Neubaus für die pharmazeutische Produktion (Fritz 1992: 157; Sandoz 1970: 17). Mit der Übernahme der Biochemie Ges.m.b.H. in Kundl, Österreich, im Dezember 1963 stieg Sandoz ins Antibiotikageschäft ein. In deren Produktionsstätte wurde Mitte der sechziger Jahre auch die chemische Grundstofffabrikation aufgenommen. In der Folge wurde die gesamte fermentative Herstellung von Basel nach Kundl verlagert (Fritz 1992: 104, 145, 174). Das Geschäft mit pharmazeutischen Spezialitäten wurde aber erst 1968 von einer Vertretung an eine eigene Tochtergesellschaft übertragen (wie auch in Griechenland) (Fritz 1992: 108). Den türkischen Markt bediente ab 1959 die Fabrik der Mirel Ltd. in Levent bei Istanbul, an der die Sandoz mehrheitlich beteiligt war (Fritz 1992: 156).

Später als die CIBA lancierte die Sandoz im Jahr 1925 eine reine Pharmaverkaufsabteilung in den USA. Auch bei der Aufnahme der Produktion in den USA hinkte die Sandoz der CIBA und Hoffmann-La Roche hinterher. 1950 eröffnete die Sandoz Inc. in East Hanover, New Jersey, eine Produktionsstätte, die sich bald zu einem strategischen Pfeiler der Sandoz Pharmaabteilung entwickeln sollte. Bereits 1965 erweiterte das Unternehmen die Anlagen für das in den USA immer höhere Erlöse einbringende Psychopharmazeutikum *Melleril*. In East Hanover wurde damit auch die Produktion chemischer Wirksubstanzen aufgenommen (Fritz 1992: 157, 198). Im Zuge der Übernahme der Wander AG im Jahr 1967 erwarb Sandoz die Firma Smith-Dorsey in Lincoln, Nebraska. Damit dehnte sie ihre Produktionskapazitäten für Pharmazeutika und Diätetika in den USA massiv aus (Sandoz bulletin 1983; Sandoz 1969: 16).

Um die hohen Importzölle zu umgehen, errichtete Sandoz bereits Anfang der fünfziger Jahre in Mexiko eine pharmazeutische Produktionsabteilung. In derselben Periode wurde aufgrund des behördlichen Drucks in Argentinien, Brasilien, Chile und Indien die galenische Produktion von Tabletten, Lösungen und Sirupen aufgenommen. In Argentinien und Brasilien wurde die Produktion jeweils auf Lohnbasis der Firma Squibb, in Chile der Firma Abbott und in Indien der CIBA übertragen. Zu den bereits früher gegründeten Tochtergesellschaften in Argentinien, Uruguay, Venezuela und Mexiko unterstrich die Sandoz 1964 mit Etablierung weiterer Niederlassungen in Chile, Kolumbien und Peru ihr Interesse am südamerikanischen Subkontinent. Dank der lokalen Produktionsstätten konnte sich

Sandoz in diesen Märkten trotz der regelmäßigen Geldentwertungen halten (Fritz 1992: 87: 105). Die Aufnahme der Fabrikation pharmazeutischer Wirkstoffe im neuen brasilianischen Werk in Resende Ende 1962 war ein bedeutsamer Schritt für die künftige Erschließung dieses großen Marktes (Sandoz bulletin 1977; Sigg 1982; Fritz 1992: 103). Drei Jahre später nahm Sandoz zudem die eigene Produktion in Buenos Aires und Santiago de Chile auf (Fritz 1992: 158).

Sandoz Yakuhin wurde im Jahre 1960 anfänglich als Vertriebsgesellschaft für Japan gegründet. In den ersten Jahren arbeitete Sandoz mit Sankyo beim Vertrieb zusammen, weil sich die Produktpaletten der beiden Konzerne ergänzten. Eine eigene Produktionsstätte errichtete Sandoz erst in den siebziger Jahren (Sandoz-Gazette 1990). Dem großen indischen Markt ließ die Sandoz besondere Aufmerksamkeit zukommen. Bereits seit 1959 stellte sie in Kolshet *Calcium-Sandoz*-Ampullen und die hierzu benötigten Calciumsalze her (Fritz 1992: 155). Die Fabrik wurde zwischen 1968 und 71 ausgebaut und um eine neue Synthetica-Anlage und Extraktionsanlage für Senna und Digitalis Glykoside sowie atropine Alkaloide erweitert (Sandoz 1969; 1970; 1971). Sandoz erkannte bereits 1962 die Zweckmäßigkeit einer eigenen Produktionsstätte in Pakistan und traf mit den Behörden die entsprechenden Vereinbarungen. Der Krieg zwischen Pakistan und Indien 1965 verzögert allerdings den Bau. Der ursprüngliche ausgewählte Standort in Lahore wurde von der Regierung aufgrund der Grenznähe zu Indien abgelehnt. Schließlich kaufte man 1967 ein Industriegrundstück in Jamshoro / Kotri, etwa 10 Kilometer von Hyderabad entfernt. Nach längeren Vorarbeiten wurde im Januar 1969 mit dem Bau begonnen. Das Werk umfasste ein Gebäude für die pharmazeutische Produktion und eines für die Chemikalien-Produktion. Im Februar 1970 wurde die Produktion von pharmazeutischen Spezialitäten aufgenommen und im August 1970 die Chemikalien-Produktionsanlage in Betrieb genommen (Aebi 1971; Sandoz 1971). Diese Fabrik wurde erbaut, *„weil sonst die Grenzen zugegangen wären"*, wie sich Max Link, der Leiter der Pharmadivision Ende der achtziger Jahre, ausdrückte (zitiert nach Stutz und von Arb 1989: 148). In Afrika war die Sandoz im Gegensatz zu den anderen Basler Konzernen außer ihrer Beteiligung an der Swisspharma in Ägypten nicht mit eigenen Produktionsstätten tätig.

Den ersten bedeutenden Schritt zur Internationalisierung der Forschung unternahm Sandoz mit der Eröffnung des neuen Forschungszentrum in East Hanover, New Jersey, im Jahre 1964. Dieses Zentrum forschte in der Folge zunächst auf den Gebieten Arteriosklerose, Appetitzügler und Endokrinologie. Das Sandoz Research Center entwickelte sich neben den zentralen Forschungseinrichtungen in Basel zum zweiten Pfeiler der weltweit expandierenden Forschungsorganisation. Am 2. Juli 1970 weihte Sandoz in Wien ein weiteres Forschungsinstitut ein (Riedl-Ehrenberg 1989: 26; Fritz 1992: 147f, 150).

F. Hoffmann-La Roche

Ab den fünfziger Jahren erlangten die Pharma-Spezialitäten eine dominierende Stellung bei Roche. Die Arzneimittel wurden spezifischer und ihre Lebensdauer kürzer. Die Vitamine fanden neue Anwendungsgebiete, ihre Preise sanken und die Produktionsmengen stiegen stark an. Ausgehend von diesen beiden Hauptachsen expandierte Roche in neue Produktgruppen wie Lebensmittelfarbstoffe, Kosmetika, Riechstoffe und Aromen, Diagnostika und medizinische Elektronik. Andererseits wurden wichtige Stützen vergangener Jahrzehnte, wie die Pflanzenextrakte, aufgegeben. Zum enormen Wachstum nach dem Zweiten Weltkrieg trugen sowohl die Pharma- als auch die Vitaminsparte bei. Das große Wachstum in dieser goldenen Aera lässt sich unter anderem an der Beschäftigungsentwicklung ausdrücken. Am Ende des Zweiten Weltkrieges beschäftigte der Roche-Konzern 5900 Personen. 1960 waren es doppelt so viele. Bis 1970 ergab sich wiederum eine Verdoppelung auf über 27 000 Beschäftigte (Fehr 1971: 79).

In den fünfziger Jahren führte die Hoffmann-La Roche eine ganze Reihe von Sulfonamiden und anderen antibakteriellen Wirkstoffen ein. Eines dieser Produkte war das in Nutley entwickelte Antituberkulosmedikament *Rimifon*, das 1951 und 1952 eingeführt wurde. Im Rahmen der Arbeiten für und mit *Rimifon* wurde das Interesse an psychotropen Substanzen geweckt. Die Roche führte Anfang der sechziger Jahre einen Wirkstoff gegen Angst und Spannung unter der Marke *Librium* ein, der ein Welterfolg wurde. Aus der gleichen Familie der Benzodiazepine entstanden kurz darauf 1963 *Valium* und weitere Produkte. *Valium* wurde die Grundlage des Aufstiegs der Roche zum umsatzgrößten Pharmakonzern zwischen 1967 und 1976. Das Unternehmen blieb auch größter Hersteller der Vitamine A, B, C und E. Die Einführung von *Larodopa* im Jahre 1970 war das erste wirksame Arzneimittel gegen die Parkinsonsche Krankheit. Die Entwicklungsdauer von der Aufklärung der Wirksubstanz bis zur Einführung des Medikaments dauerte 57 Jahre. Die Tranquilizer *Librium* und *Valium* waren die Grundlage für ein explosives Wachstum des Umsatzes in den sechziger Jahren. Ihr Anteil am Umsatz stieg 1968 auf einen Höhepunkt von 62% (Fehr 1971: 61–64; Peyer 1996: 190, 213).

Vor dem Krieg lancierte Roche die Vitaminherstellung in Basel und kurz danach in Grenzach, Fontenay-sous-Bois, Welwyn und Nutley. Die Nachfrage nach Vitaminen erforderte in der Nachkriegszeit erstmals großchemische Anlagen. Die ausländischen Fabrikationsanlagen wurden darum zielstrebig ausgebaut. Aufgrund der medizinischen Vorschriften, Zollprobleme und in den ersten Nachkriegsjahren auch der Devisenbewirtschaftung und der Kontingentierung musste die Weiterverarbeitung der Wirkstoffe der Spezialitäten hingegen in immer größerem Ausmaß am Konsumort selber vorgenommen werden. Als Standorte für großchemische Anlagen eigneten sich in erster Linie Nutley und Grenzach. Beide Werke wurden in den fünfziger und sechziger Jahren großzügig erweitert, in etwas geringerem Ausmaß auch die Werke in Fontenay-sous-Bois bei Paris und in Welwyn bei London. Da das nicht genügte, errichtete Roche weitere Fabrikationsstätten. In Dalry unweit bei Glasgow wurde etappenweise ein großes Produktionszentrum für Vitamine erstellt. Zwischen 1958 und 1962 errichtete die Roche eine Fabrik für Vitamin A in der Nähe von Bombay, nachdem sie vorher auf dem Areal der indischen CIBA produziert hatte. Für die lokale Fabrikation von Spezialitäten für den indischen Markt erwarb die Roche die Anglo-French Drug Company. In der gleichen Zeit entstand auch in der Türkei eine kleinere chemische Fabrik (Fehr 1971: 74–75). Trotz der Internationalisierung stellte sich Roche das Problem, das Gleichgewicht zwischen den Konzernteilen in der Schweiz und im Ausland zu halten. Die Forschung braucht den unmittelbaren Kontakt mit der Fabrikation. Die Konzernleitung wollte auf keinen Fall auf einen schweizerischen Produktionsschwerpunkt verzichten. Seit dem Ersten Weltkrieg hat die Schaffung eines schweizerischen Produktionsschwerpunktes die Roche-Leitung beschäftigt. Anfang der sechziger Jahre eröffnete die Roche im Fricktal in den Gemeinden Sisseln und Eiken im Kanton Aargau eine moderne Produktionsanlage für Vitamine. Einige Jahre später baute Roche Nutley in Belvidere, New Jersey, etwa 70 Kilometer westlich des Stammwerks, eine neue Vitaminfabrik. Anfang der siebziger Jahre wurde in Village-Neuf wenige Kilometer von Basel entfernt ein großzügiges Vitaminwerk eröffnet (Fehr 1971: 75–76; Peyer 1996: 205).

Die chemische Produktion für Pharma-Wirkstoffe stützte sich Anfang der sechziger Jahre auf die Fabrikationszentren in Basel, Grenzach, Fontenay-sous-Bois, Nutley, Welwyn und Tokio. Zudem wurden zwischen den fünfziger und Anfang der siebziger Jahren in Argentinien, Brasilien, Südafrika und Kanada (bei Montreal) kleinere chemische Produktionsanlagen erstellt. Gewisse Produktionsstätten dienten also sowohl der Herstellung von Vitaminen als auch Zwischenstufen von Wirksubstanzen (Fehr 1971: 77; Peyer 1996: 195).

Bereits vor dem Zweiten Weltkrieg verfügte Roche über eine dichtes Netz an galenischen Fabrikationsstätten für pharmazeutische Spezialitäten in Europa (Basel, Grenzach, Fontenay-sous-Bois, Brüssel, Mailand, Welwyn). Mit Ausnahme des Kaufs einer Pharmafabrik in Madrid 1952 wurden in Europa in der Nachkriegszeit daher weniger neue Betriebe erstellt als die bestehenden erneuert und vergrößert. Neue Pharmabetriebe entstanden in Mexiko und Japan 1953. Ende der fünfziger Jahre wurden in der Türkei, Spanien, Argentinien, Brasilien, Kolumbien und Peru sowie an den bestehenden Standorten Grenzach, Nutley und Indien neue Anlagen errichtet. Neue Niederlassungen wurden darüber hinaus in den Niederlanden, in Dänemark, Portugal, Iran, mehreren süd- und zentralamerikanischen Staaten, in Australien, Südafrika und auf den Philippinen eingerichtet. Im Zeitraum zwischen 1969 und 1977 baute Roche in Portugal, Marokko, Indonesien und auf den Philippinen pharmazeutische Fabriken, in Puerto Rico eine für Chemikalien und Pharmazeutika. Die Herstellung bei lokalen Firmen wurde in Algerien, Israel, Uruguay, Pakistan, Sri Lanka und Taiwan aufgenommen (Fehr 1971: 77; Peyer 1996: 195–198, 249; Roche Magazin 1996).

Die Vitaminproduktion führte die Roche in weitere Tätigkeitsfelder wie die Kosmetika (die Produktlinie Panteen ab 1945) und Karotinoide als Lebensmittelfarbstoffe (ab 1956). Bei der Synthese von Vitamin A fallen Zwischen- und Nebenprodukte an, die zur Herstellung von Aromen und Riechstoffen verwendet werden. Die Firma Givaudan in Vernier bei Genf war Abnehmerin dieser Substanzen. Aus diesem Kunden-Lieferanten-Verhältnis zwischen Givaudan und Roche entwickelte sich eine Zusammenarbeit, die schließlich 1963 zur Übernahme der Givaudan-Gruppe führte. Diese ermöglichte neue Perspektiven auch in der räumlichen Organisation des Konzerns. Die chemischen Produktionsbetriebe der Givaudan waren überwiegend erneuerungsbedürftig, verfügten aber teilweise über interessante Raumreserven. Modernisierung und Ausbau verliefen parallel zur Integration ins Gesamtsystem der Roche. Gemeinsame Fabrikationsbetriebe entstanden in Südamerika und in Spanien. Givaudan brachte auch eine Beteiligung an der chemischen Fabrik Icmesa, in Seveso in der Nähe von Mailand, ein. Dieser Betrieb wurde in den sechziger Jahren ganz übernommen und kam wegen der Giftgaskatastrophe von 1976 in die Schlagzeilen. Givaudan betreute nun die gesamte Riechstoff- und Aromensparte der Roche. In Dübendorf bei Zürich errichtete die Roche ein eigenes Institut für Aromenforschung (Fehr 1971: 66, 73, 77; Peyer 1996: 206, 235).

Angesichts der verbesserten medizinischen Diagnosemöglichkeiten entschloss sich Roche 1967, die in den zwanziger Jahren aufgenommene und später durch andere Prioritäten verdrängte Herstellung von Diagnostika mit Biochemika wieder aufzunehmen. Dabei ging es darum, die sich abzeichnenden Veränderungen in Richtung automatisierte Laboranalysen aufzugreifen. 1968 übernahm die Roche die bestehende Diagnostikabteilung der Chemischen Fabrik Schweizerhalle und stärkte damit diese Ausrichtung. Zudem nahm die Roche in mehreren Ländern Verbindung zu bedeutenden analytischen Laboratorien auf und leitete damit eine Zusammenarbeit mit spezialisierten Unternehmen für den Bau von Analysegeräten ein (Peyer 1996: 311).

Die Forschung wuchs in den fünfziger und sechziger Jahren so stark an wie kein anderer Teil der Roche. Das Wachstum der Forschung machte eine Verselbständigung und Neuorganisation der drei Forschungszentren in Basel, Nutley und Welwyn nötig. Die Forschung wurde von den technischen Departementen abgetrennt Ein Forschungsleiter für den ganzen Konzern übernahm die Leitung des sogenannten *Roche Research Management* Teams, das von den Forschungsleitern in Basel, Nutley und Welwyn gebildet wurde.

Roche begann während des Zweiten Weltkriegs in Nutley mit der Antibiotikaherstellung (Penicilin), die nach dem Kriegsende aber eingestellt werden musste. Das Arbeitsgebiet wurde dennoch nicht aufgegeben, sondern intensiv weitergepflegt. Dabei ergab sich eine Arbeitsteilung zwischen Nutley, das die fermentativen Prozesse durchführte, also die Stoffumwandlung durch Gärung, und Basel, das die reinen Synthesen antibiotischen Substanzen bearbeitete. Mit dem Blockbuster *Rocephin* stellten sich aber erst in den achziger Jahren große Erfolge bei den Antibiotika ein (Fehr 1971: 69–71; Peyer 1996).

In den sechziger Jahren wuchs die medizinische Grundlagenforschung stark an. Die Forschung wurde zugleich ständig kapitalintensiver. Die pharmazeutische Industrie kam zum Schluss, dass ohne neue fundamentale Erkenntnisse in der Biologie der lebenden Zelle weitere Fortschritte nur noch schwer möglich wären. Daher entschloss sich die Roche-Leitung, in den USA und in der Schweiz je ein Institut für freie Grundlagenforschung aufzubauen. 1968 nahm das Roche Institute of Molecular Biology in Nutley seine Tätigkeit auf, und 1969 wurde in Basel mit dem Aufbau des Instituts für Immunologie begonnen. Beide Forschungsinstitute bezogen 1971 eigene Gebäude. 1970 eröffnete Roche sogar in Japan, in Ofuna bei Tokio, eine Forschungsabteilung. Ende 1970 waren in der Roche-Forschung international 3500 Personen tätig. Zwischen Basel und Nutley entwickelte sich eine die Leistung fördernde Konkurrenz. Gleichzeitig wurden die traditionellen Beziehungen zwischen der industriellen Forschung und den Hochschulen in vielen Ländern intensiviert. Die Roche-Forschung zeichnete sich früh durch eine feste Verankerung in der internationalen wissenschaftlichen Welt aus (Fehr 1971: 73).

3.4.3 Konzentrationsprozesse in den 50er und 60er Jahren

Expansion und Diversifizierung mit Übernahmen

Die erste Welle von Fusionen und Übernahmen im regionalen und nationalen Rahmen wurde bereits Ende des letzten Jahrhunderts abgeschlossen. Die CIBA,

Geigy, Sandoz und die Hoffmann-La Roche setzten sich damals als die vier Großen durch. In der Aufschwungphase der fünfziger und sechziger Jahre verstärkte
sich der Prozess der Zentralisation des Kapitals in der chemischen Industrie, aber
vorerst weitgehend im nationalen Rahmen. 1958 übernahm die Hoffmann-La
Roche die Sauter Laboratoires in Genf als Ausgangsbasis für populäre Pharmazeutika, 1958 die Anglo-French Drug Company in Indien, 1964 die L. Givaudan
& Cie S.A. in Vernier bei Genf, einer der größten Hersteller von Aromen und
Geruchsstoffen, 1964 den französischen Riechstoffhersteller Roure Bertrand Du-
pont S.A. und 1970 diversifizierte sie sich mit dem Kauf der Firma Dr. Maag in
Dielsdorf in den Bereich des Pflanzenschutzes. Neunzehn Jahre später veräußerte
sie diese Firma im Zuge der neuen Strategie der 'Konzentration auf das Kerngeschäft' an die Ciba-Geigy (Peyer 1996: 206ff, 245). Die CIBA integrierte im Zuge
ihres umfangreichen Diversifizierungsprozesses 1969 die bedeutende britische
Fotochemiefirma Ilford. Die Sandoz schluckte 1967 die Wander AG in Bern,
einen international tätigen Produzenten von Lebensmittel und OTC Pharmazeutika
mit bedeutenden Anlagen in Nordamerika, und 1969 die alte Basler Chemiefirma
Durand & Huguenin, die ihr Areal gerade neben der Sandoz hatte. Alle vier Firmen tätigten etliche kleinere Übernahmen von Firmen mit nationaler Bedeutung,
um den entsprechenden Markt schneller zu erschließen.

Insbesondere Geigy expandierte mit einer flexiblen Strategie, die sich unterschiedlicher Kooperationsformen mit national verankerten Firmen bediente. Die
Geigy war in den sechziger Jahren die weitaus dynamischste Firma. Sie vervierfachte die Verkäufe innerhalb eines Jahrzehnts, wobei große Firmenübernahmen
keine entscheidende Rolle einnahmen. Man sprach daher bisweilen vom 'Geigy-
Wunder'. Die enorme Expansion an der Verkaufsfront verlangte neue Organisationsformen. Im Jahre 1968 verlieh sich die Geigy AG mit Hilfe der Beratungsfirma
Mc Kinsey eine moderne Konzernstruktur. Anlässlich der Einführung der neuen
Organisationsstrukturen postulierte der Verwaltungsratspräsident Louis von Planta
in Worten, die auch heute sehr vertraut klingen, eine ausgeprägtere Marktorientierung, eine genauere Definition der individuellen Verantwortungen, ein modernes
Planungs- und Kontrollsystem sowie eine systematische Motivation auf allen
Stufen und insbesondere des oberen Managements. Samuel Koechlin, Präsident
der Geschäftsleitung, betonte, dass mit der Stärkung individueller Verantwortungen vor allem das Forschungspotential gestärkt werden solle. Man strebe nach
einer dynamischen und geplanten Entwicklung der weltweiten Konzernaktivitäten.
Die fünf Divisionen bekamen die Verantwortung, ihr Geschäft und alle Kunden-
beziehungen selbst zu organisieren. Die *Divisionen* wurden nicht entsprechend
den Produktionstypen, sondern nach der Art der Kunden und Märkte eingeteilt.
Die *Regionen* wurden eingerichtet, um die Aktivitäten der Konzerngesellschaften
zu koordinieren und organisieren. Die regionalen Managements garantierten die
Verbindung zwischen der Konzernzentrale und den Organisationen in den einzelnen Märkten. Die *Funktionen* waren für sechs zentrale Aktivitäten verantwortlich:
Forschung, Produktion, Finanzen, Rechtswesen, Personalwesen und Werbung.
Zusätzlich wurde eine Reihe von Stabsdiensten direkt der Konzernleitung angegliedert (Ciba-Geigy Journal 1971: 31). Diese dreidimensionale Organisationsform übernahm dann weitgehend auch die Ciba-Geigy nach der Fusion.

Die Fusion Ciba-Geigy

Die Fusion von CIBA und Geigy im Jahre 1970 war eines der wichtigsten Ereignisse der Basler Chemie. Etwas über Hundert Jahre nach der Entstehung der Anilinfarbenproduktion entstand mit dieser Fusion ein Weltkonzern, der in vielen industriellen Bereichen führend war und dazu ansetzte, in einigen Jahren auch zur vordersten Spitze der Pharmaproduzenten vorzustoßen. Da beide Firmen bereits stark internationalisiert waren, hatte diese 'Basler Heirat' (Erni 1979) weitreichende internationale Konsequenzen. Die CIBA hatte zum Zeitpunkt der Fusion in 37 und die Geigy in 23 Ländern Niederlassungen. Die USA und Großbritannien waren für beide Firmen die wichtigsten Operationsgebiete im Ausland. Die Geigy hatte 1968 einen Drittel ihrer Aktiven in den USA (Ciba-Geigy Journal 1971: 31ff.), 1950 betrugen der US-Anteil am weltweiten Geschäft bei der CIBA bereits 24% und bei der Geigy 35%, 1968 23% für die CIBA und 46% für die Geigy (Erni 1979: 80ff).

Robert Käppeli, der Präsident des Verwaltungsrates der Ciba-Geigy, erklärte im Geschäftsbericht 1970 – der erste des fusionierten Konzerns – der Zusammenschluss sei keineswegs primär auf eine beschleunigte Expansion ausgerichtet gewesen, sondern sei vielmehr durch Überlegungen der Wirtschaftlichkeit ausgelöst worden. Es ging darum, den Nutzeffekt der sich verknappenden Produktionsfaktoren Arbeit und Kapital zu steigern (Ciba-Geigy 1971). Die Fusion führte zu einer wesentlich ausgewogeneren geographischen Verteilung des Geschäfts, und die Produktsortimente der beiden Konzerne ergänzten sich recht gut. Im Jahre 1969 tätigte die Geigy 50% ihres Umsatzes in Nordamerika, die CIBA 24%. Bei der CIBA fielen jedoch Europa und Asien mit einem 49%-, respektive 11%-Anteil stärker ins Gewicht. Die Geigy verkaufte in Europa 35% und in Asien nur 3% ihrer Produkte.

Besonders stark war der fusionierte Konzern in den Bereichen Farbstoffe, Pharmazeutika, und Pflanzenschutzmittel. Für die im Aufbau begriffenen Bereiche der Kunststoffe und Additive, der Photochemie und der Markenartikel bestanden weitreichende Expansionpläne. Die Position beider Firmen in den USA war so stark, dass das Justizdepartement der USA den Verkauf einer US-Tochtergesellschaft verlangte (Erni 1979: 93). Aufgrund der Auflagen der Antitrustbehörden in den USA trat die Ciba-Geigy im Pharmabereich wichtige Präparate an die USV Pharmaceutical Company, eine Tochtergesellschaft von Revlon, ab. Im Tausch erhielt sie von Revlon ein bereits erfolgreich eingeführtes Anitdiabetikum und eine angemessene finanzielle Entschädigung (Ciba-Geigy 1972). Aus markttechnischen Gründen sowie aus Rücksicht auf die Anforderungen des mit dem Department of Justice vereinbarten Consent Decree liefen auch nach der Fusion die beiden CIBA- und Geigy-Linien auf dem Gebiet der Pharmazeutika vorläufig getrennt weiter (Ciba-Geigy 1971). Schließlich übernahm in den USA die Geigy die CIBA in Umkehrung des Verfahrens bei den Stammhäusern, dabei wurden ein Teil der Agrochemikalien- und Farbengeschäfte der CIBA und ein Teil der Geigy Pharmazeutika verkauft (Erni 1979: 99-101, 131).

In den späten fünfziger Jahren und ganz massiv in den sechziger Jahren hatte sich das Kräfteverhältnis zwischen der jahrzehntelang führenden CIBA und der Geigy verändert. Die Geigy lancierte mit der kommerziellen Auswertung der DDT-Präparate zur einer spektakulären Expansion im Agrarchemiebereich an und setzte diesen mit den erfolgreich verwendeten Herbiziden fort. Die CIBA begann erst zehn Jahre später systematisch Mittel zur Schädlingsbekämpfung zu entwikkeln. Der Erfolg der Geigy beruhte aber praktisch auf einem Produkttyp, den Triazinen, während das CIBA-Geschäft produktemäßig und geographisch breiter gefächert war (Erni 1979: 30).

Studien zeigten Ende 1968, dass vor allem im Farbstoffbereich aus der Zusammenlegung der Aktivitäten der beiden Firmen erhebliche Vorteile zu erzielen waren. Im Pharmabereich war allerdings die Geigy immer noch am Aufholen begriffen und der Forschungsleiter der CIBA meinte, dass ihm die Fachkollegen von der Geigy wenig zu bieten hätten. Bereits seit Jahrzehnten betrieben die CIBA, Geigy und Sandoz gemeinsame Fabrikationsstätten in Clayton (Manchester), Seriate (Oberitalien) und Toms River (New Jersey) und gewannen damit wertvolle Kooperationserfahrungen. Zudem waren die schweizerischen Stammhäuser der drei Firmen seit Ende 1952 durch ein kompliziertes Netz von Zweier- und Dreierverträgen für die gegenseitige Belieferung mit Farbstoffen, Roh- und Zwischenprodukten verbunden. Viele Vereinbarungen hatten ihren Ursprung noch in der alten Basler IG (Erni 1979: 31).

Tab. 3.6. Konzernumsatz nach Divisionen in Prozenten 1969 und 1970

	Ciba und Geigy 1969	Ciba-Geigy 1970	Differenz
Farbstoffe	1587	1824	15%
Pharmazeutika	1854	2012	9 %
Agrarchemikalien	1591	1500	-6%*
Kunststoffe und Additive	9040	1056	17%**
Photochemie	150	376	9%
Markenartikel	167	182	9%
Total	6253	6950	11%

Quelle: Ciba-Geigy (1971: 10)

*   Der für Agrarchemikalien ausgewiesene Rückgang der Verkäufe ist verursacht durch die im Vergleichsjahr 1969 in den USA erfolgte Vorverschiebung einer Verkaufskampagne der Geigy für das Jahr 1970.
** Im Jahr 1969 wurde der Umsatz der Ilford Ltd. erst ab 1. November in jenem der Ciba voll erfasst. In der Wachstumsrate von 9% sind die Verkäufe der Ilford-Gruppe für das ganze Jahr 1969 voll erfasst.

Tab. 3.7. Konzernumsatz nach Wirtschaftsgebieten in Prozenten 1969 und 1970

	Ciba 1969	Geigy 1969	Ciba-Geigy 1970
Europa	49	35	46
davon EWG	26	18	25
davon EFTA	17	12	15
Nordamerika	24	50	33
Lateinamerika	10	89	9
Asien	11	3	7
Afrika, Australien und Ozeanien	6	4	5
Total	100	100	100

Quelle: Ciba-Geigy (1971: 11)

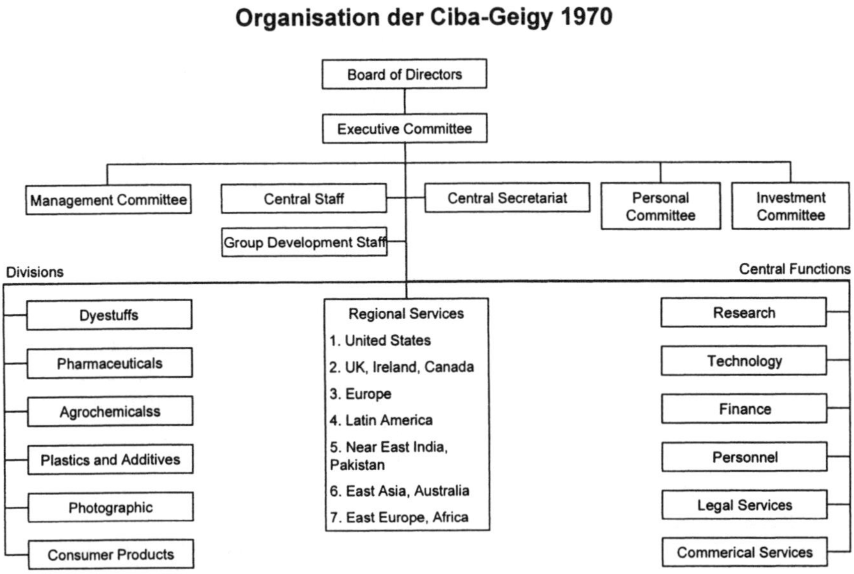

Organisation der Ciba-Geigy 1970

```
                        ┌─────────────────────┐
                        │  Board of Directors │
                        └─────────────────────┘
                        ┌─────────────────────┐
                        │ Executive Committee │
                        └─────────────────────┘
┌──────────────────┐ ┌──────────────┐ ┌────────────────────┐ ┌──────────────┐ ┌──────────────┐
│Management Committee│ │ Central Staff│ │ Central Secretariat│ │   Personal   │ │  Investment  │
└──────────────────┘ └──────────────┘ └────────────────────┘ │   Committee  │ │   Committee  │
                     ┌────────────────────┐                   └──────────────┘ └──────────────┘
                     │Group Development Staff│
                     └────────────────────┘
Divisions                                                              Central Functions
```

Divisions	Regional Services	Central Functions
Dyestuffs	1. United States	Research
Pharmaceuticals	2. UK, Ireland, Canada	Technology
Agrochemicalss	3. Europe	Finance
Plastics and Additives	4. Latin America	Personnel
Photographic	5. Near East India, Pakistan	Legal Services
Consumer Products	6. East Asia, Australia	Commerical Services
	7. East Europe, Africa	

Abb. 3.3. Organigramm der Ciba-Geigy nach der Fusion von Ciba und Geigy (siehe besondere Bedeutung der zentralen Funktionen)

Dennoch kam bezeichnenderweise der Funken für die Fusion aus den For-schungsabteilungen, die sich dem Problem der enorm steigenden Ausgaben für die Grundlagenforschung gegenüber sahen und sich von einer Fusion Synergien und einen effizienteren Mitteleinsatz versprachen. Bereits vor der Fusion beschlossen die beiden Konzerne 1969, ein gemeinsames Institut zur Grundlagenforschung, das später Friedrich Miescher-Institut, aufzubauen (Erni 1979: 32ff).

Der Konzern strukturierte sich einerseits nach den Tätigkeitsbereichen und an-dererseits nach industriellen Betriebs- und Verwaltungseinheiten an den verschie-denen Standorten, die meist als rechtlich selbständige Gesellschaften organisiert waren. Die Divisionsleitungen waren mit den entsprechenden Organisationsele-menten der 'auswärtigen Stützpunkte' verknüpft. Die zentrale Konzernleitung faßte das Ganze zusammen. Damit übernahm die fusionierte Ciba-Geigy die be-reits stark modernisierten Strukturen der Geigy.

3.4.4 Fazit: Erfolgreiche Erschließung der Weltmärkte

Die Transformation der Unternehmen in Aktiengesellschaften bereits vor dem Ersten Weltkrieg oder unmittelbar danach war eine wichtige Voraussetzung für eine gemäßigte vertikale Integration und vor allem für die nach dem Zweiten Weltkrieg einsetzenden aggressiven Diversifizierungsstrategien (Chandler 1990). Im Zuge des gesellschaftlichen Wandels und der langen stabilen Aufschwungs-phase expandierte die chemische Industrie enorm. In nahezu alle Bereiche des täglichen Lebens und der Produktionsgüter hielten Produkte Einzug, die auf der chemischen Umwandlung und Neuschaffung von Substanzen beruhten.

Infolge der Weitergabe eines Teils der Produktivitätsgewinne an die Beschäftigten und der Reallohnerhöhungen steigert sich die Nachfrage nach neuen Produkten laufend. Das erlaubte es den Chemiekonzernen, ihre Produktion in dieser Zeit des Spätkapitalismus (Mandel 1972) planmäßig erweitern. Varini (1958: 221) stellte bewundernd fest, dass die schweizerische chemische Industrie in den fünfziger Jahren ihre Gewinne zu halten, die Exportpreise zu senken und trotzdem die Kaufkraft der Löhne zu steigern vermochte. Diese außergewöhnliche Entwicklung war möglich dank einer Qualitätsverbesserung der Exportprodukte und einer günstigen Entwicklung der Arbeitskosten je Produktionseinheit. Zwischen 1929 und 1950 wies die chemische Industrie im Vergleich zu den wichtigsten Produktionszweigen der schweizerischen Volkswirtschaft sowohl die höchste Arbeitsproduktivität als auch die stärkste Steigerung auf (Varini 1958: 224). Tatsächlich bezahlte die Basler chemische Industrie überdurchschnittlich hohe Löhne und Gehälter, nicht nur im internationalen Vergleich, sondern auch verglichen mit andern Sektoren in der Schweiz (Varini 1958: 64–67).

Herausragendes Kennzeichen der Spezialitätenchemie und vor allem der Pharmaindustrie waren schon früh die enorm hohen Forschungsaufwendungen. Alle vier dargestellten Firmen, besonders aber die Hoffmann-La Roche, unterstrichen mit ihren Strategien die Bedeutung der Wissensgeneration und der Wissenserschließung. Die 'Basler Konzerne' kennzeichneten sich früh durch ein gutes Kontaktnetz zu wissenschaftlichen Instituten und den Aufbau von Forschungszentren im Ausland, vor allem in den USA, aus. Verglichen mit den Konkurrenten aus Deutschland, Frankreich, Großbritannien und USA setzte ihre Internationalisierung und die Multinationalisierung der Produktionsbasis früher ein und war bis Ende der sechziger Jahre wesentlich weiter vorangeschritten. Im internationalen Vergleich nahezu einmalig war die Internationalisierung der Forschungsorganisation, inbesondere bei F. Hoffmann-La Roche und in geringerem Maße auch bei CIBA (vgl. Howells 1996; Dolata 1996; Bathelt 1995b; Bathelt 1997).

Es ist daher nicht verwunderlich, dass die Spezialitätenchemie bereits Anfang der fünfziger Jahre sehr hohe Kostenanteile für Forschung und Werbung aufwies (Sulser 1951: 82; Varini 1958: 160, 183–187). Der zunehmend geplante Charakter der Vermarktung (Fritz 1992: 103ff) war sozusagen die andere Medaille der langen Innovations- und Produktzyklen sowie der großen Forschungsausgaben in der Pharmaindustrie. Die Unternehmen trachteten danach, mit einer gezielten Marketingstrategie möglichst hohe Verkaufserlöse in zunehmend internationalem Maßstab zu erzielen und damit die Gewinne, trotz der hohen Forschungs- und Enwicklungskosten, zu vergrößern. Die langfristige Absatzplanung bezeichnete Mandel (1972: 210) als ein mit der dritten technologischen Revolution verbundenes Kennzeichen des Spätkapitalismus beziehungsweise Neokapitalismus.

Den enormen Kapitalbedarf deckten die Unternehmen, trotz des reichlichen Angebots auf dem schweizerischen Kapitalmarkt und den günstigen Beschaffungsbedingungen für Kapital, zu einem großen Teil aus eigenen Mitteln. Diese Finanzierungsart erlangte aufgrund der großen Ertragskraft weit überdurchschnittliche Bedeutung. Allerdings war und ist die Selbstfinanzierung keine Besonderheit der schweizerischen Chemie. Nach dem Zweiten Weltkrieg hat sich die Selbstfinanzierung in allen industrialisierten kapitalistischen Staaten zunehmend verbreitet (Sulser 1951: 133; Varini 1958: 62). Mandel (1972: 295) sah die Selbstfinanzierung und Überkapitalisierung als Folge der voranschreitenden Kapitalakkumulation und Kapitalkonzentration, die den oligopolistischen Großkonzernen aufgrund der von ihnen realisierten Surplus-Profite immer mehr Kapital zur Verfügung stellte. Daraus erwuchs auch der Zwang zur Expansion über den nationalen Markt hinaus.

Neben dem vergleichsweise frühen Beginn des Internationalisierungsprozesses weisen die Internationalisierungsstrategien von CIBA, Geigy, Sandoz und Roche noch weitere Gemeinsamkeiten auf. Alle vier Firmen konnten aufgrund der Grenzlage Basels schon in den achtziger Jahren des 19. Jahrhunderts oder, wie im Falle von Roche, unmittelbar nach der Firmengründung auf Produktionsstätten in Deutschland und etwas später auch in Frankreich zurückgreifen. Damit verbesserten sie ihre Möglichkeit, wichtige Auslandsmärkte frühzeitig mit 'nationalen' Produktionsstätten zu beliefern. Spätestens zu Beginn des 20. Jahrhunderts hatten alle vier Firmen die Expansion auf den US-Markt mit besonderer Aufmerksamkeit verfolgt, obwohl dieses Unterfangen mit beträchtlichen Schwierigkeiten und zeitweiligen Rückschlägen verbunden war. Nach dem Zweiten Weltkrieg ging es für Hoffmann-La Roche, CIBA und in geringerem Maße für Sandoz und Geigy darum, die Produktionsstrukturen in Europa zu konsolidieren, die Expansion in den USA energisch voranzutreiben und in die wichtigsten Länder Südamerikas und Asiens vorzudringen.

Dennoch unterscheidet sich der konkrete Verlauf des Internationalisierungspfades der Firmen. Dabei waren die Bedeutung der Pharmazeutika, ihr Verhältnis zu den anderen Geschäftsbereichen sowie der Zeitpunkt des Einstiegs in das Pharmageschäft wesentliche Faktoren. Bei CIBA und Sandoz folgte bis in die zwanziger Jahre die Internationalisierung des Pharmabereichs jener des Farben- und Chemikaliengeschäfts. An bereits bestehende Niederlassungen wurden zunächst Pharmavertriebsbüros angegliedert. Im Zuge der zunehmenden Bedeutung der pharmazeutischen Abteilungen entwickelte sich eine spezifische Pharma-Internationalisierungsdynamik. Als Späteinsteiger musste Geigy das Pharmageschäft hingegen sofort mit dessen Lancierung 1940 im internationalen Maßstab aufbauen. Da der Aufbau einer eigenen, internationalen und dezentralen Produktionsbasis nur ein langfristiger Prozess sein konnte, war es naheliegend, die Expansion mit relativ flexiblen Kooperationsverträgen und der Vergabe von Lohnfertigung an Dritte energisch voranzutreiben.

Die erst 1896 gegründete F. Hoffmann-La Roche war von Anbeginn eine reine Arzneimittelfirma. Hoffmann-La Roche internationalisierte nicht nur den Vertrieb sofort, sondern auch die Produktion und eröffnete 1897 eine Fabrikationsstätte im deutschen Grenzach. Roche war angesichts mehrerer Produktionsstätten in Europa bereits in den zwanziger Jahren ein multinationales Unternehmen. Damit einher ging die besondere Aufmerksamkeit gegenüber den Belangen der Forschung. Vor dem Zweiten Weltkrieg verfügte die Roche über eine ausgebaute internationale Forschungsinfrastruktur in Basel, Nutley und Welwyn und übertraf damit auch die CIBA, die 1937 ihre pharmazeutischen Laboratorien in Summit eröffnete.

Die Investitionen in den fünfziger und sechziger Jahren dienten allen Pharmaunternehmen einem doppelten Ziel: Im chemischen Bereich musste man in konzentrierten Großbetrieben die notwendigen Kapazitäten zur Deckung des wachsenden Bedarfs von Wirkstoffen bereitstellen; im pharmazeutischen Bereich waren dezentralisierte Verarbeitungsbetriebe zur Versorgung der zahlreichen nationalen Märkte erforderlich. Ab den fünfziger Jahren erschwerten viele der aufstrebenden Länder in Südamerika, Asien und Afrika im Zuge ihrer Industrialisierungsbemühungen die Einfuhr fertiger Arzneimittel und teilweise auch von Wirkstoffen mit Zöllen, Devisenbestimmungen und Einfuhrlizenzen. In großen Märkten Europas, in den USA und in Japan waren jeweils spezifische Zulassungsbedingungen für die Medikamente zu beachten.

Diese Faktoren führten in den fünfziger und sechziger Jahren zu einer starken geographischen Ausdehnung der Produktionsbasis. Die Verpackung fertiger Arzneimittel wurde am schnellsten dezentralisiert. Insbesondere in den sechziger Jahren setzte eine massive Expansion mit dem Aufbau von pharmazeutischen Fabriken in Südamerika, Indien und Japan ein. Letztlich wurden nahezu alle Varianten der Expansion verfolgt: diese reichten von der Vertretung, über den Aufbau einer eigenen Verkaufsorganisation, der Lohnfabrikation, der eigenen Verpackung, dem Aufbau eigener pharmazeutischer Produktionsstätten und sogar der Errichtung kleiner Anlagen zur Wirkstoffproduktion. Letztere Option wurde allerdings nur in ganz wichtigen Märkten und bei restriktiven politischen Rahmenbedingungen verfolgt. Grundsätzlich war die tendenziell unrationelle Dezentralisierung der Produktionsinfrastruktur nicht erwünscht, sondern wurde eigentlich nur vorangetrieben, um die Zutrittsbedingungen zu den Märkten zu verbessern. Nach der frühen Multinationalisierung in Europa und in Nordamerika bis zum Zweiten Weltkrieg waren die Strategien der Konzerne anschließend von einer extensiven multinationalen Expansion gekennzeichnet, die einerseits in einer deutlichen Verstärkung der Präsenz in Europa und in Nordamerika und andererseits in einer Ausdehnung von Tochtergesellschaften und mit eigener Produktionsbasis in Asien, Südamerika und Afrika bestand (zur theoretischen Beurteilung dieses Sachverhalts siehe Abschnitt 9.1.1 und Tab. 9.1).

Nach diesem historischen Exkurs stellt sich nun erstens die Frage, welche Entwicklungen sich in den letzten drei Jahrzehnten des 20. Jahrhunderts vollzogen, die in eine neue Qualität von Internationalisierung der Organisation und Strategien von Konzernen in der Pharmaindustrie mündeten; zweitens, durch welche Erscheinungen sich diese neue Qualität ausdrückt; und drittens, welches die Gründe für diese Entwicklungen und Erscheinungen sind und wie sie begrifflich am besten zu charakterisieren sind. Der historische Rückblick ist in diesem Zusammenhang wichtig, um längerfristige Entwicklungstendenzen zu erkennen und von aktuellen Erscheinungen zu isolieren. Letztere erscheinen oftmals nur schon als neuartig, weil sie aktuell sind, das Gedächtnis hingegen kurz ist. Aufgrund der Fülle des aufgearbeiteten Materials beschränke ich mich bei der detaillierten Darstellung des Internationalisierungspfades vom Ende der sechziger Jahre bis zur Jahrhundertwende auf Novartis und ihre Vorläuferfirmen Ciba-Geigy und Sandoz. Doch zunächst bietet das nächste Kapitel einen Überblick über die Charakteristika und die Entwicklungstendenzen der pharmazeutischen Industrie. Die nachfolgenden Kapitel im Teil II analysieren die allgemeine Entwicklung der Ciba-Geigy, Sandoz und Novartis insbesondere ihre Strategien im Pharmabereich.

4 Forschungsintensität und globale Konkurrenz als Triebkräfte der Konzentration in der pharmazeutischen Industrie

4.1 Kennzeichen und Besonderheiten der Pharmaindustrie

4.1.1 Einleitung

Die meisten Pharmakonzerne in Europa sind historisch aus der chemischen Industrie hervorgegangen. Der Ursprung der großen Pharmaunternehmen in den USA liegt hingegen mehrheitlich außerhalb der chemischen Industrie, nämlich bei den Apotheken. Sie haben sich seit ihrer Gründung auf die Herstellung von Arzneimitteln fokussiert. Zudem haben sich einige Unternehmen aus der Lebensmittel- oder Kosmetikindustrie in die wertschöpungsintensivere und profitablere Arzneimittelherstellung diversifiziert und schließlich ihren angestammten Bereich teilweise oder ganz verlassen (Liebenau 1984; Noponen 1993; Drews 1998: 198).

Die Entstehung der pharmazeutischen Industrie muß vor dem Hintergrund tiefgreifender Veränderungen in den Naturwissenschaften und in der Medizin verstanden werden. Die medizinischen Disziplinen verankerten sich zwar mehr und mehr in der modernen Wissenschaft und übernahmen die rationalen Überlegungen und Untersuchungsmethoden der Naturforschung. Doch die nationalen Schulen der Medizin unterschieden sich erheblich. Die Chemie war bis zum Entstehen der Biotechnologie als einzige Naturwissenschaft zur Trägerin eines Industriezweiges geworden. Sie hatte weite Gebiete der organischen Chemie erobert und dadurch Brücken zur medizinischen Wissenschaft geschlagen.

In Deutschland begannen sich chemische Betriebe mit pharmazeutischen Problemen zu beschäftigen. Bekannte Unternehmen der Farbenindustrie hatten sich pharmazeutische Departemente angegliedert und einige traditionelle Apotheken waren in industrielle Proportionen gewachsen. In der Schweiz hatte die CIBA schon 1889 die Herstellung von Arzneimitteln aufgenommen. Die Sandoz baute 1917 eine pharmazeutische Abteilung auf, nachdem sie bereits seit den neunziger Jahren des vorangehenden Jahrhunderts verschiedene Arzneimittel produziert hatte. Die Geigy stieg im Kriegsjahr 1940 ins Pharmageschäft ein (Fehr 1971: 11f; Fritz 1992: 39). Die Roche hingegen konzentrierte sich seit der Firmengründung 1896 auf die Erforschung und Herstellung pharmazeutischer Präparate. In dieser Hinsicht gleicht der Ursprung von Hoffmann-La Roche jenem großer US-

Pharmaunternehmen wie Pfizer und Eli Lilly, die sich ebenfalls aus Apotheken fortentwickelt haben. Hauptkennzeichen der pharmazeutischen Industrie ist ihre Forschungsintensität und der überdurchschnittliche Anteil wissenschaftlichen Personals. Die Innovationsfähigkeit ist eine grundlegende Basis der Konkurrenzfähigkeit der Unternehmen.

Die Globalisierungstendenzen einzelner Pharmakonzerne sind nur vor dem Hintergrund eines Verständnisses der Spezifika dieser Industrie und ihrer Entwicklungstendenzen zu erklären. Dieses Kapitel stellt darum zunächst die wichtigsten Arzneimittelkategorien und die aktuellen Tendenzen und Besonderheiten der Pharmamärkte vor. Anschließend werden zentrale Widersprüche der Industrie und strategische Optionen der Unternehmen beleuchtet.

4.1.2 Produkte

In einem breiten Verständnis umfaßt die Pharmabranche Unternehmen, die pharmazeutische Wirkstoffe und Arzneimittel sowie Diagnostika herstellen und vertreiben. Der Markt für Therapeutika läßt sich in mehrere Kategorien unterteilen. Einerseits können wir in Originalpräparate und Generika unterscheiden, andererseits lassen sich die Medikamente nach der Reglementierungsart der Zulassung und der Marktstruktur in rezeptpflichtige und frei verkäufliche Präparate klassifizieren (Pharma Information 1999: 69-72).

Rezeptpflichtige Präparate. Verschreibungspflichtige Medikamente sind nur auf ärztliche Verschreibung in Apotheken erhältlich oder werden in Kliniken dem Patienten verabreicht. Für viele Medikamente besteht eine gesetzliche Vertriebsbindung, die den Apotheken ein Warenmonopol zugesteht. Dazu gehören auch Präparate, die nicht verschreibungspflichtig sind. Nicht verschreibungspflichtige Medikamente können ebenfalls auf ärztliche Verordnung abgegeben werden. Allerdings sind nicht alle apothekenpflichtigen Medikamente voll oder teilweise erstattungsfähig. Die Erstattungsfähigkeit ist Gegenstand politischer Auseinandersetzung und wird in vielen Ländern häufig verändert.

Freiverkäufliche Arzneimittel (Over the Counter). Freiverkäufliche Medikamente können ohne ein ärztliches Rezept gekauft werden. Allerdings kann der Vertrieb dieser Arzneimittel aus Imagegründen freiwillig auf Apotheken beschränkt werden. Nicht an Apotheken gebundene Over the Counter Arzneimitteln können in Reformhäusern, Drogerien und Lebensmittelläden frei über den Ladentisch gekauft werden. Nach einigen Jahren können verschreibungspflichtige Präparate, deren Verabreichung relativ unbedenklich ist, in das Segment der OTC-Produkte wechseln. Mit dieser Maßnahme drücken die Gesundheitsbehörden die Kosten im Gesundheitswesen.

Originalpräparate. Originalpräparate sind Arzneimittel für deren Wirkstoff oder Darreichungsform der Hersteller ein Erfindungspatent oder eine entsprechende Lizenz erhalten hat. In der EU und in der Schweiz beträgt der gesetzlich verankerte Patentschutz 20 Jahre ab Anmeldung. Die langen Forschungs- und Entwicklungszeiten führten dazu, dass der effektive Schutz nur etwa acht bis zehn

Jahre dauert. Allerdings hat der Patentinhaber in der EU und in der Schweiz das Recht, ein ergänzendes Schutzzertifikat für höchstens 5 weitere Jahre zu beantragen, jedoch nur bis zu einer effektiven Schutzdauer von maximal 15 Jahren ab Markteinführung (Pharma Information 1999: 46).

Generika. Medikamente, die ihren Patentschutz verloren haben, dürfen als sogenannte Generika nachgeahmt werden. Ein Generikum entspricht in seiner Zusammensetzung, Menge, Dosierung und galenischen Form dem Originalpräparat. Generika können sowohl vom Inhaber des ursprünglichen Patents als auch von anderen Herstellern angeboten werden. Generika werden in der Regel billiger angeboten als die Originalpräparate, da die Unternehmen keinen Forschungsaufwand abgelten müssen. Sobald Generika auf einem bestimmten Markt erscheinen, verändern sich die Marktbedingungen grundlegend. Dann kann ein harter Verdrängungswettbewerb über den Preis entstehen.

Der Anteil der Generika hat in den neunziger Jahren massiv zugenommen. Deutschland ist das Land mit der höchsten Generika-Quote. Sie betrug im Jahre 1998 nach Berechnungen des BPI gemessen am Umsatz des GKV-Marktes (zu Lasten der gesetzlichen Krankenkassen verordnete Arzneimittel) 41,2 % und bezogen auf die verordneten Verpackungen gar 55,8% (BPI 2000: 12). 1996/97 betrug der Marktanteil im Durchschnitt der EU 15%, in den USA 11% (VFA 2000: 43). Abb. 4.1 verdeutlicht die Kategorien der Arzneimittel im deutschen Apothekenmarkt, dessen Umsatz 1999 auf 52,2 Mrd. DM angestiegen ist. In den USA hat sich der Anteil von Generika an den verschreibungspflichtigen Medikamenten von 18,6% der Verpackungseinheiten im Jahre 1984 auf 47,1% im Jahr 1999 gesteigert. Die große Zahl von innovativen Produkten, die bald ihren Patentschutz verliert, wird zu einem weiteren starken Wachstum des Generikasektors in den nächsten zehn Jahren beitragen (PhRMA 2000: 70).

Diagnostika. Im weiteren Sinne können auch die Diagnostika zur pharmazeutischen Industrie gezählt werden. Sie dienen der Diagnose von Krankheiten. Sie bestehen zumeist aus verschiedenen Typen von Antikörpern, die in *in vitro* Immu-

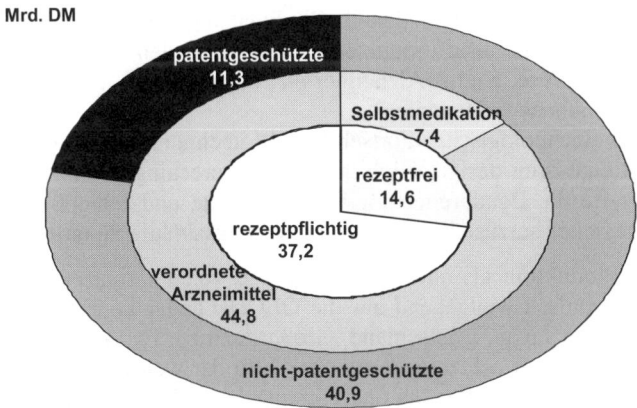

Abb. 4.1. Kategorien von Arzneimitteln Segmente des Apothekenmarktes in Deutschland im Jahr 1999 (VFA 2000: 55)

noassays oder in *in vivo* Diagnostika genutzt werden. Neue Ansätze genetischer Diagnostika nutzen die Polymerase Kettenreaktion (PCR) oder andere molekularbiologische Techniken.

Im Unterschied zu den Therapeutika haben sie keine heilende Wirkung. Auch ihre Wertschöpfungskette unterscheidet sich deutlich von Arzneimitteln. Nicht zuletzt unterliegen sie anderen gesetzlichen Bestimmungen als Therapeutika. Einige große Pharmakonzerne wie z.B. F. Hoffmann La Roche, Abott Laboratories und Bayer sind zugleich führend in den Diagnostika-Märkten. Die Mehrheit der führenden Konzerne hat jedoch keine größeren Marktanteile bei den Diagnostika oder ist vor einigen Jahren aus diesem Bereich ausgestiegen wie z.B. Ciba im Rahmen des Kooperationsabkommens mit Chiron im Jahre 1994.[31]

4.1.3 Märkte

Produktion und Konsum von Pharmazeutika

Der Weltmarkt für pharmazeutische Produkte belief sich 1999 auf USD 337,2 Mrd. (IMS 2000d). Die pharmazeutische Industrie erlebte auf internationaler Ebene in den letzten Jahren ein stark überdurchschnittliches Wachstum. Von 1970 bis 1992 erhöhte die pharmazeutische Industrie ihren Anteil an der gesamten industriellen Wertschöpfung. Insbesondere während der Rezessionen Anfang der achtziger und neunziger Jahre steigerte sie ihren Anteil an der industriellen Wertschöpfung in den OECD-Staaten. Die Anzahl der industriellen Arbeitsplätze stieg in der Pharmaindustrie im Gegensatz zu anderen Sektoren in den OECD-Ländern bis Anfang der neunziger Jahre an (OECD 1996: 75).

Drei miteinander verbundene Entwicklungen haben in den letzten Jahren ein starkes Wachstum der pharmazeutischen Industrie bewirkt (vgl. OECD 1996: 73):

- Ausweitung der Märkte für Gesundheitsprodukte in den OECD-Staaten durch breitere Versicherungsabdeckungen und Wachstum in Südostasien und Teilen von Lateinamerika.
- Neue Produkte: Die vor allem in den OECD-Staaten alternde Bevölkerung fragt in zunehmendem Maße neue Produkte gegen Krankheiten wie Arthritis, Herzkreislauf, Osteoporose, Krebs, Alzheimer etc, nach. Neue Viren wie z.B. Aids verlangen ebenfalls neue Therapien.
- Der schnelle technologische Fortschritt (Biotechnologie, kombinatorische Chemie, Rational drug design, High-throughput screening, Genomics, Proteomics) erweiterte die Bandbreite möglicher Produkte und erlaubt es, Medikamente viel gezielter herzustellen und die Forschungsabläufe zu rationalisieren.

Sowohl die Produktion als auch die Nachfrage von Pharmazeutika sind auf Weltebene geographisch weitgehend auf die OECD-Länder konzentriert. Allein die G7-Staaten USA, Japan, Deutschland, Großbritannien, Frankreich, Italien und Kanada deckten Ende der achtziger Jahre über 70% der weltweiten Nachfrage an Medikamenten ab (Ballance, Pogány und Forstner 1992: 30). In den sieben Phar-

---

[31] Chiron verkaufte im Rahmen einer Refokussierung im November 1998 sein Diagnostikgeschäft für 1,1 Mrd USD an Bayer (Chiron / SEC 1999: 3).

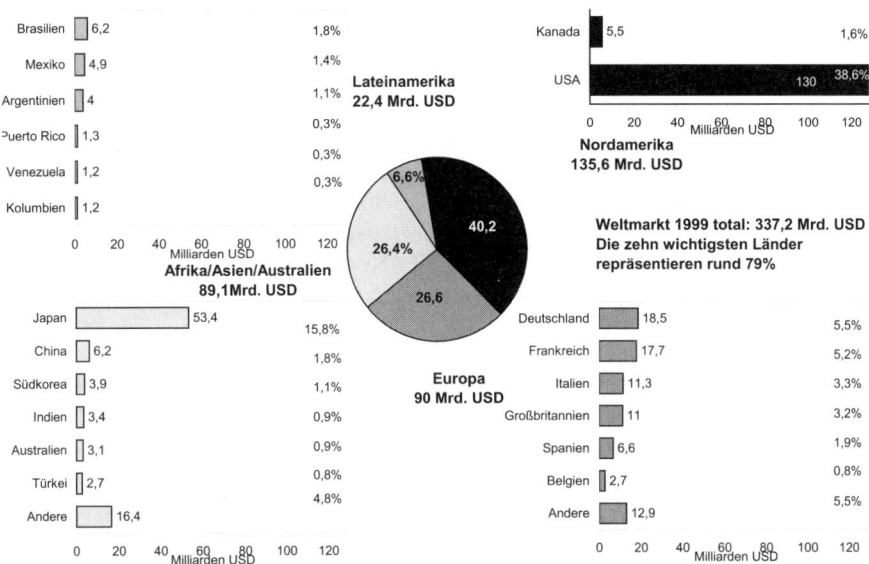

Abb. 4.2. Anteile der Länder am Weltmarkt 1999
Quelle: zusammengestellt nach IMS (2000d)

ma-Nationen USA, Japan, Frankreich, Deutschland, Großbritannien, Italien und Schweiz wurden im Jahre 1999 pharmazeutische Erzeugnisse im Wert von um 201 Mrd. ECU produziert (VFA 2000: 10)[32].

Seit den siebziger Jahren hat sich der Konsum noch stärker auf die reichen Länder konzentriert. Von 1975 bis 1990 hat sich der Anteil der OECD-Länder am Pharmazeutikakonsum von 65,2% auf 71,7% erhöht, jener Osteuropas und der UdSSR von 10,6% auf 9,3 vermindert und jener der Entwicklungsländer gar von 23,4% auf 18,9% Pharmazeutika reduziert. Den stärksten Anstieg verzeichneten in dieser Phase Japan und die USA. Andererseits gingen die Marktanteile Afrikas von 3% auf 1,9 % und Lateinamerikas von 7,7% auf 6% zurück (Ballance, Pogány und Forstner 1992: 30).

Räumliche Konzentration der Forschung und Entwicklung

Am konzentriertesten sind die Aufwendungen für Forschung und Entwicklung und somit die pharmazeutischen Innovationen. Die Pharmaunternehmen gaben allein in den USA, Japan, Deutschland, Frankreich, Großbritannien, Schweiz, Italien und Schweden in den Jahren 1997 und 1999 rund 92% der weltweit von Unternehmen getätigten F&E-Ausgaben im Pharmabereich aus (PhRMA 1998: 69; 2000: 88). Die Arzneimittelhersteller der Länder USA, Japan, Großbritannien, Deutschland, Frankreich und Schweiz gaben 1997 zusammen 30,6 Mrd. ECU für

---

[32] Pharmazeutische Erzeugnisse nach SITC 54, Rev. 3 einschl. Sulphonamiden, Werte von USA für 1995. Zusammengestellt nach European Federation of Pharmaceutical Industries and Associations, Pharmaceutical Research and Manufacturers of America, Japan Pharmaceutical Manufacturers Association.

Forschung und Entwicklung aus (VFA 2000: 28).[33] Ein ähnliches Bild ergibt sich, wenn wir auf die Verteilung der forschungsbasierten Unternehmen schauen. Unter 300 Unternehmen, die weltweit am meisten in F&E investieren, sind 39 Pharmaunternehmen. Von diesen sind 15 in den USA, 12 in Japan, 4 in Deutschland, jeweils 3 in der Schweiz und in Großbritannien und je eines Dänemark und Irland beheimatet (Scrip 2000b). Es ist daher nicht überraschend, dass auch Forschungsoutput gemessen an der Einführung neuer Substanzen NCEs/NASs *(New Chemical Entities / New Active Substances)* geographisch sehr konzentriert erfolgt. Von den 117 in den Jahren 1997–99 neu eingeführten Substanzen wurden 50 in den USA, 18 in Japan, 9 in Deutschland, 8 in Frankreich und in der Schweiz, 7 in Großbritannien und 6 in Dänemark erfunden oder entdeckt (VFA 1998: 33; 1999: 33; 2000: 33).

Die pharmazeutischen Innovationen im Laufe der letzten hundert Jahre haben wesentlich dazu beigetragen, dass sich die Gesundheitssituation der Menschen zumindest in den reichen kapitalistischen Staaten deutlich verbessert hat. Viele Krankheiten wurden ausgerottet oder verdrängt. Das führte auch zu einer wesentlich längeren Lebenserwartung. Pharmazeutische Produkte wie die Antibabypille haben die sozialen Verhältnisse nachhaltig beeinflußt. Mit dem gesellschaftlichen Wandel hat sich wiederum auch die Nachfrage nach Medikamenten verändert. Spielten in den zwanziger Jahren beispielsweise Antibiotika und Vakzine eine Hauptrolle bei der Krankheitsbekämpfung, so nehmen heute Arzneimittel gegen Alterskrankheiten, Krebs und sogenannte Zivilisationskrankheiten die wesentlichen Marktanteile ein und sind Ziele der großen Forschungsanstrengungen. In jüngerer Zeit war gar die Rede vom Aufkommen von *'life style'* Medikamenten. Das Antidepressivum *Prosac* sowie die 1998 eingeführten Präparate *Viagra* gegen erektile Disfunktion und *Xenical* gegen Fettleibigkeit können als Zeichen für diesen Trend interpretiert werden.

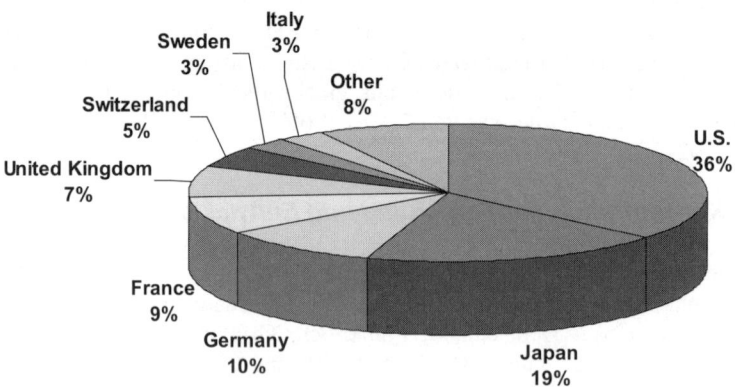

Abb. 4.3. Unternehmensfinanzierte F&E nach Ländern 1997
Quelle: Center for Medicines Research, UK, 1999, entnommen aus PhRMA (2000: 88).

---

[33] Zusammengestellt nach European Federation of Pharmaceutical Industries and Associations, Pharmaceutical Research und Manufacturers of America, Japan Pharmaceutical Manufactureres Association.

Pharmazeutika zur Behandlung in den drei anatomischen Bereichen Herz-Kreislauf, Verdauungstrakt / Stoffwechsel und Zentralnervensystem stehen in Nordamerika und in Europa klar an oberster Stelle (siehe Abb. 4.4). Bemerkenswerterweise bestehen zwischen den Triadeblöcken teilweise erhebliche Unterschiede in der Bedeutung der anatomischem Bereiche für den Verkauf von pharmazeutischen Präparaten, was auf die unterschiedliche kulturelle und soziale Ausprägung von bestimmten Krankheiten und Therapiekonzepten hindeutet. Dieser Sachverhalt zeigt, dass auch globale Pharmakonzerne ihre Marketinganstrengungen weiterhin spezifisch auf die Märkte ausrichten müssen.

Anhand der laufenden klinischen und präklinischen Projekte läßt sich ersehen, welche Produkte in den nächsten Jahren neu eingeführt und voraussichtlich die Märkte prägen werden. In den USA gaben die Pharmaunternehmen insgesamt 26,4 Mrd. USD für F&E aus. Davon gingen 28% in den Bereich Zentralnervensystem und Sinnesorgane, 21% in den Bereich Neoplasmen, endokrines System und Stoffwechselkrankheiten, 15,8% in den Bereich der kardiovaskulären Krankheiten, 20%in den Bereich Infektionskrankheiten und Parasitologie, einschließlich viraler Krankheiten und Antibiotika-Substanzen und 3,8% dienten der Erforschung von Krankheiten der Atemwege einschließlich Asthma (PhRMA 2000: 20f).

Im November 1998 wurden gemäß der führenden F&E Datenbank *Pharmaprojects* weltweit 11054 Forschungs- und Entwicklungsprojekte verfolgt, 6444 waren davon Pharmazeutika in aktiver Entwicklung. Neurologische Krankheiten, Krebs und Infektionskrankheiten stehen zur Zeit in der höchsten Priorität bei den Forschungsanstrengungen in der Arzneimittelforschung (Currie 1999: 66).

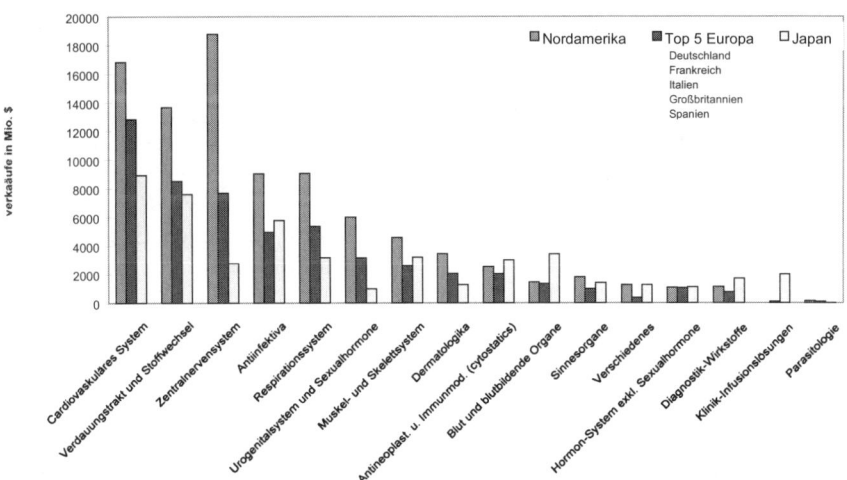

Abb. 4.4. Arzneimittelverbrauch nach anatomischen Bereichen in wichtigsten Märkten 1999
Quelle: zusammengestellt nach IMS (2000a: Drug Monitor January – December 1999)

Tab. 4.1. Schwerpunkte der Pharmaforschung und –entwicklung

Therapeutische Klasse	Anzahl 1997	Projekte 1998	+ / - 97-9
Krebs	1331	1394	4,7%
Neurologika	1363	1314	-3,6%
Biotech-Produkte	1116	1222	9,5%
Infektionskrankheiten	1233	1167	-5,3%
Formulierungen	884	926	4,8%
Muskel- und Skelett	834	780	-6,5%
Stoffwechsel	727	777	6,9%
Herz-Kreislauf	737	766	3,9%
Immunologika	520	479	-7,9%
Atmungswege	443	442	0%
Urogenitalsystem / Sexualhormone	421	438	4,0%
Blut und blutbildende Organe	619	405	-34,6%
Dermatologika	391	357	-8.7%
Sinnesorgane	190	193	-6,8%
Verschiedene	206	192	1,6%
Hormone (exkl. Sexualhormone)	159	154	-3,1%
Antiparasitika	61	48	-21,3%
Total	**11235**	**11054**	**9.5%**

Quelle: Currie(1999: 66)

Internationaler Handel

Allgemeine Trends. Der Welthandel mit Pharmazeutika hat sich zwischen 1980 und 1994 etwa vervierfacht und stieg von 14 Mrd. auf 57 Mrd. USD an. Damit wuchs der Welthandel wesentlich schneller als die Weltproduktion, die sich im gleichen Zeitraum von 75 Mrd. auf 205 Mrd. USD erhöhte. Dennoch ist der Pharmasektor nicht so handelsintensiv wie andere Industriebereiche. Zudem unterscheiden sich die Länder in ihrer Weltmarktintegration stark. Während die Schweiz über 80% der Pharmaproduktion exportiert, führen Großbritannien, Frankreich und Deutschland nur um die 30% und die USA gar weniger als 12% ins Ausland aus (OECD 1996: 85).

Im Jahr 1994 tätigten die OECD-Länder 92% des weltweiten Exportes und 78% des weltweiten Imports von pharmazeutischen Präparaten. Die fünf bedeutendsten Exportländer Deutschland, Schweiz, USA, Großbritannien und Frankreich stellten 60% der Exporte, allerdings bei rückläufiger Tendenz. Die fünf größten Importländer Deutschland, USA, Japan, Frankreich und Großbritannien tätigten 40% aller Importe. Die sogenannten Entwicklungsländer beanspruchten 1994 nur 17% aller Importe und waren für nur 6% der Exporte pharmazeutischer Produkte verantwortlich. Mit ihrer unterschiedlichen Integration in den Weltmarkt stellen Japan und die Schweiz die beiden gegensätzlichen Extreme dar. Die Schweiz hat einen sehr kleinen Binnenmark, ist der größte Nettoexporteur und hat sehr große Exporte im Verhältnis zum Konsum und zur Nachfrage. Japan demgegenüber ist der zweitgrößte Markt und der größte Nettoimporteur, die Importe nehmen dennoch einen relativ kleinen Anteil am Konsum ein (OECD 1996: 84f).

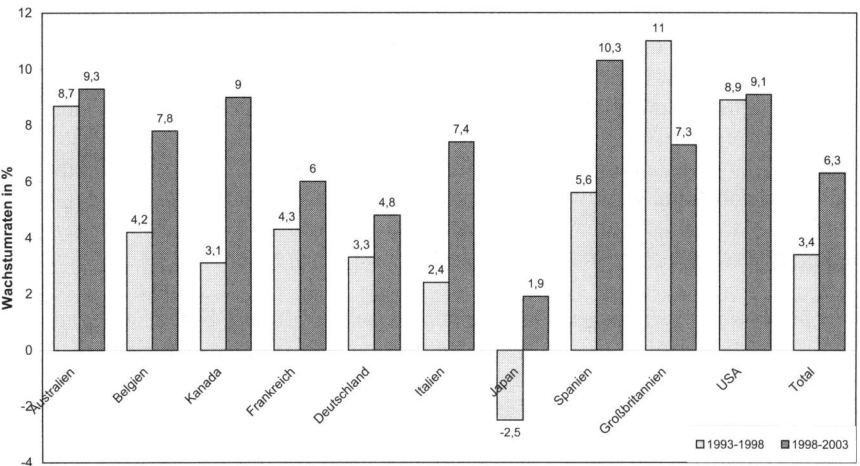

Abb. 4.5. Wachtumsraten der größten Pharmamärkte
Quelle: zusammengestellt nach IMS (1999b)

Während der ganzen neunziger Jahre blieben die genannten fünf Länder mit deutlichem Abstand an der Spitze. Immerhin verzeichneten die USA in den letzten Jahren 1996–98 sogar eine steigende negative Handelsbilanz (VFA 1998: 17; 1999: 17; 2000: 17). Wenn wir sowohl Wirkstoffe wie galenische Endprodukte berücksichtigen weist die Schweiz seit Jahren den mit Abstand größten Handelsbilanzüberschuss auf (Pharma Information 1995: 17; 1996: 17; 1997: 19; 1998: ; 1999; 2000: 17)

Die Importe und Exporte von Zwischenprodukten belaufen sich auf rund 40% aller pharmazeutischen Importe und Exporte in OECD-Ländern. Interessanterweise gingen die Anteile der Importe von Zwischenprodukten zwischen 1970 und 1993 deutlich zurück. Dagegen stieg der Handel von Fertigprodukten innerhalb der Triaderegionen stark an. In der Schweiz ging der Anteil der Exporte von Zwischenprodukten an allen Pharmaprodukten von 39% im Jahr 1970 auf 36% 1993 zurück. Der Anteil der Importe von Zwischenprodukten an allen Pharmaprodukten reduzierte sich in der gleichen Zeitspanne von 47% auf 39% (OECD 1996: 89f). Das deutet darauf hin, dass einerseits Produktionsstätten für pharmazeutische Wirkstoffe vermehrt im Ausland errichtet wurden und zugleich die Produktion fertiger Pharmazeutika in der Schweiz bedeutend geblieben ist, aber die Arbeitsteilung innerhalb der Wirtschaftsgroßräume zugenommen hat.

Bedeutung des industrie- und firmeninternen Handels. Daten über den internationalen Handel, der sich innerhalb der großen Konzerne der Pharmaindustrie abspielt, sind trotz seiner immensen Bedeutung kaum aufgearbeitet und nur für die USA erhältlich. Der firmeninterne Handel nimmt sowohl auf der Export- wie auf der Importseite eine zentrale Rolle ein. Daten über die Handelsbeziehungen von Filialen von US-Firmen mit den USA illustrieren die relative Bedeutung des firmeninternen Handels. Im Jahr 1989 wickelten sich 97% der Exporte dieser Firmen in die USA und 92% ihrer Importe aus den USA innerhalb der Firma ab. Für Filialen ausländischer Konzerne in den USA gilt das gleiche. Sie exportierten 83% ihrer Produkte zur und importierten 93% ihrer Produkte von ihrer Muttergesellschaft oder anderen Niederlassungen des Unternehmens. Der firmeninterne Handel in der Pharmaindustrie ist damit bedeutender als in anderen Industrien. Aus Europa kommen 90% aller firmeninternen Importe und nach Europa gehen zwischen 50% und 60% aller firmeninternen Exporte. Kanada, Japan und Lateinamerika sind die anderen wichtigen Destinationen (OECD 1996: 91).

Besonderheiten der Pharmamärkte

Bedeutung des Marketings. Die pharmazeutische Industrie basiert auf globalen Produkten, die, infolge unterschiedlicher Gesundheitssysteme und Sicherheitsbestimmungen, in national stark segmentierten Märkten verkauft werden. Das bedeutet, dass trotz der Tendenz, F&E und Produktion in möglichst großen räumlichen Kontexten zu organisieren, dem national spezfischen Marketing eine gewichtige Bedeutung zukommt. Die gegenseitige Durchdringung der Heimmärkte der Konkurrenten und Rivalen sowie die Harmonisierung der Regulierung innerhalb und teilweise zwischen den großen Wirtschaftsräumen hat die Tendenz zur Vereinheitlichung der Produkte beschleunigt.

Im Unterschied zu zahlreichen anderen Konsumgütern werden die Kaufentscheide für verschreibungspflichtige Arzneimittel nicht von den Konsumenten selbst getroffen. Das Medikament wird vom Arzt verschrieben und vom Patienten bezahlt, wobei je nach Versicherungsschutz die Krankenversicherung einen Teil des Kaufpreises übernimmt. Diese Bedingungen führen dazu, dass die Nachfragekurven von einer schwachen oder sogar positiven Preiselastizität gekennzeichnet sind (Wolf 1993: 308). Die Pharmahersteller versuchen das Verschreibungsverhalten der Ärzte zu beeinflussen, indem sie große Verkaufsorganisationen halten und ihre Vertreter die Ärzte regelmäßig besuchen. Diese Außendienstmitarbeiter müssen gut ausgebildet sein und über ein breites Wissen über Krankheiten und Therapieansätze verfügen. Die Ausbildungskosten der Verkaufsabteilungen sind beträchtlich. Medizinische Konferenzen und Werbung in medizinischen Fachzeitschriften sind weitere wichtige Instrumente des Marketings. Im Zuge des Bedeutungsgewinns der Selbstmedikation wird auch die Werbung über Massenmedien zunehmend wichtiger. Der Verankerung von Markennamen kommt neben dem Patentschutz eine ganz besondere Bedeutung zu, um die Präparate gegenüber Konkurrenzprodukten und Generika hervorzuheben.

Patentschutz. Der Patentschutz ist ein entscheidendes Kennzeichen der pharmazeutischen Industrie. Mit Patenten erlangen die Firmen eine zeitlich befristete Exklusivität, also ein Monopolrecht, ein Produkt zu verkaufen. Aus der Sicht der Pharmaunternehmen ist der Patentschutz wichtig, um die nötigen finanziellen Mittel für künftige Forschungsanstrengungen zu akkumulieren.

Grundsätzlich gibt es zwei Typen von Patenten: Das Produktpatent schützt die chemische Substanz während das Verfahrenspatent die Verfahrens- oder Produktionsmethode deckt, in der Regel also einen geringeren Schutz gewährt. Der Patentschutz weist beträchtliche nationale Unterschiede auf. Die Länder der wichtigsten Märkte verleihen die effektiveren Produktpatente und zugleich auch Verfahrenspatente (Taggart 1993: 21).

Nach dem Ablauf des Patents trifft das Produkt auf die Konkurrenz von Generika, die aus dem identischen Wirkstoff wie das Originalpräparat bestehen. Sie sind einem Preiswettbewerb ausgesetzt. Um die Gesundheitskosten einzudämmen, fördern Krankenversicherungen und Regierungen den Ersatz der Originalpräparate durch Generika, sobald der Patentschutz abgelaufen ist. Das trägt zur Verkürzung der Lebensspanne der Produkte bei. Die formale Dauer des Patentschutzes vom Zeitpunkt Anmeldung des neuen Wirkstoffs bis zum Auslaufen des Patents betrug in den Ländern der EU und in den USA lange Zeit fünfzehn Jahre. Da die Dauer des effektiven Patentschutzes aufgrund der längeren Entwicklungszeiten zunehmend erodierte, wurde der Patentschutz schließlich in den meisten Ländern auf zwanzig Jahre ausgedehnt. Ein verschärfter Kostendruck ergibt sich auch dadurch, dass die Regierungen Positivlisten respektive Negativlisten von verschreibungspflichtigen Medikamenten führen, die von den Krankenkassen teilweise vergütet oder von der Vergütung ausgeschlossen werden.

Innovationsdruck. Die Pharmaindustrie basiert in besonderem Maße auf einem kontinuierlichen Fluss neuer Produkte, die das Ergebnis wachsender Anstrengungen in Forschung und Entwicklung sind. Die Profitabilität und letztlich das Überleben der Firmen hängt von der Wettbewerbsposition ab und diese ist wiederum ein Ergebnis der Innovationsrate. Aufgrund der gewachsenen Komplexität des gesamten Innovationsprozesses und der Verlängerung der Entwicklungszeiten sind die Kosten für F&E im Verhältnis zu den Umsätzen in den letzten Jahrzehnten stark angestiegen. Grabowski und Vernon (1994) ermittelten, dass nur drei von zehn Produkten, die zwischen 1980 und 1984 in den USA eingeführt wurden, höhere Erträge als die durchschnittlichen F&E-Kosten einbrachten. Die ertragreichsten 20% der Produkte generierten 70% der Verkaufseinnahmen. Angesichts des hohen Risikos stützen sich die Unternehmen auf eine kleine Anzahl extrem erfolgreicher Produkte. Die Jagd nach 'Blockbustern', die mindestens eine Milliarde USD Umsatz jährlich erreichen, prägt die strategische Orientierung. Bei vielen Konzernen steuern drei bis vier Präparate bereits um die 30% zum Umsatz bei.

Bereits während der Periode des Patentschutzes besteht die Tendenz, dass Konkurrenten immer schneller Produkte mit einer ähnlichen Wirkungsweise auf den Markt bringen. Das hängt auch damit zusammen, dass wichtige Innovationen nicht einzeln, sondern zeitlich geclustert auftreten (Drews und Ryser 1996: 98). Zwei Beispiele zeigen, wie sich die Zeit, innerhalb derer ein Medikament exklusiv verkauft wird, verkürzt hat: Das 1977 eingeführte Präparat *Tagamet* gegen Magengeschwür genoss eine Zeitspanne von sechs Jahren bis *Zantac* gegen die gleiche Indikation im Jahre 1983 eingeführt wurde. *Invirase* war des erste Produkt einer neuen Klasse von Anti-HIV-Präparaten, den sogenannten Protease Inhibitoren. Es kam 1995 auf den Markt. Nur wenige Monate später erschien 1996 bereits *Norvir* von Abbott Laboratoies für dieselbe Anwendung. Die 1999 Exklusivität des von Searle eingeführten Antirheimatikums *Celebrex* dauerte drei Monate. Denn kurz danach brachte Merck *Vioxx* auf den Markt (PhRMA 2000: 68). Diese Situation bewirkt einen zusätzlichen Druck auf die 'pay-back' Periode. Die Verkürzung der Lebenszyklen kommt somit auch einer Verkürzung der Zeit, innerhalb derer Monopolprofite abgeschöpft werden können, gleich.

Marktstrategien. Der Wettbewerb beruht bei patentgeschützten Medikamenten und Generika auf unterschiedlichen Strategien. Bei den patentgeschützten Arzneimitteln stützen sich die Wettbewerbsvorteile auf die Innovation und der Erfolg hängt vom extensiven Marketing bei Ärzten ab. Die F&E-Kosten sind hoch und müssen in der relativ kurzen Zeit des Patentschutzes mit einer weltweiten Verkaufsstrategie gedeckt werden. Je schneller ein Produkt auf allen wichtigen Märkten eingeführt wird, desto eher können die F&E-Investitionen wieder eingefahren werden.

Nachdem das Patent abgelaufen ist, setzt ein harter Preiswettbewerb ein. Die Produktion wird oftmals an kleinere Firmen ausgelagert und die Profitspannen sind wesentlich geringer. Verschiedentlich produzieren und vertreiben forschungsbasierte Pharmaunternehmen alte Produkte weiterhin, besonders wenn sie einen starken Markennamen erworben haben und mittels veränderter Dosierungen oder Darreichungsformen der Lebenszyklus verlängert werden kann (ein Beispiel ist das Antirheumatikum *Voltaren* von Novartis).

Die besondere Marktstruktur der Pharmazeutika erklärt die bislang relativ stabile Verteilung und Konzentration der Firmen mit einer kleinen Gruppe von forschungsbasierten Firmen, die hoch profitable und zahlenmäßig begrenzte Produkteportfolios über eine lange Zeit entwickeln und einer großen Anzahl kleinerer Unternehmen, die in der Regel auf den OTC und Generikamärkten tätig sind. Viele Generikahersteller haben ihre Aktivitäten traditionell auf nationale Märkte beschränkt. Mehrere forschungsbasierte Pharmakonzerne sind im großen Stile auch in das Generikageschäft eingestiegen, allerdings mit unterschiedlichem Erfolg. Damit hat sich der Konsolidierungsprozess auch in diesem Sektor verschärft. In den USA werden sogar 80% des Generikamarktes von forschungsbasierten Pharmafirmen bedient (Wolf 1993: 308–312; OECD 1996: 84).

Rolle der Regierungen und Regulierung. Die Regierungen prägen mit ihren Regulierungstätigkeiten und Förderstrategien die technologische Entwicklung und die Lokalisierung von F&E maßgeblich mit. In der pharmazeutischen Industrie sind beispielsweise die Preissetzung und das gesamte Zulassungsverfahren für neue Medikamente stark staatlich reguliert. Die *Food and Drug Administration* der USA ist für die Zulassung neuer Medikamente zuständig und setzt aufgrund ihrer Macht mittlerweile weltweit die Standards. Andererseits versuchen die Regierungen über Anreize wie Steuerbegünstigungen, Forschungsbeihilfen, erleichterte Gesetzgebungen, Ausnahmebewilligungen, F&E-Einrichtungen in das Land oder die Region zu ziehen.

Die Einführung des europäischen Binnenmarktes hatte weitreichende Konsequenzen für die pharmazeutische Industrie. Mit der Schaffung der europäischen Zulassungsbehörde für Medikamente (*European Agency for the Evaluation of Medicinal Products*, EMEA) in London wurde das Zulassungsverfahren für die EU-Länder vereinheitlicht. Gentechnisch veränderte Präparate müssen obligatorisch durch die EMEA bewilligt werden. Der Binnenmarkt animierte die Pharmaunternehmen zu weitreichenden Veränderungen ihrer internationalen Produktionssysteme und führte zu neuen Formen der Arbeitsteilung innerhalb der EU (vgl. Howells 1992; Wolf 1993: 321ff). Die in Kapitel 8 dargestellte Analyse der Produktionsorganisationen von Ciba-Geigy, Sandoz und Novartis veranschaulicht die umfassenden Veränderungen. Das Abkommen über die handelsbezogenen

Aspekte der intellektuellen Eigentumsrechte (Trade-Related Aspects of Intellectu-
al Property Rights, TRIPS) im Rahmen der Schaffung der World Trade Organization (WTO) verpflichtet jedes Mitgliedsland einen Patentschutz von total zwanzig
Jahren zu gewähren. Das führt insbesondere in vielen Ländern des Südens zu
Preissteigerungen der Medikamente, da das Kopieren von patentierten Präparaten
verunmöglicht wurde (Schweitzer 1997: 132).

4.1.4 Der Wertschöpfungsprozess und Kostenstruktur eines Medikaments

Der Weg eines Medikaments von der Idee bis zum Markt ist lang und oftmals
kurvenreich. Nicht selten nimmt der Forschungs- und Entwicklungsprozess mehr
als ein Jahrzehnt in Anspruch. Viele Tätigkeiten werden aus Kosten- und Wettbe-
werbsgründen zunehmend parallel durchgeführt. Die wichtigsten Etappen in der
Herstellung von Arzneimitteln sind die Wirkstoffsuche, die präklinische Entwicklung, die klinischen Tests, die Zulassung und die Produktion. Diese einzelnen
Schritte werden in den Kapiteln 7 und 8 eingehend beschrieben. An diesem Prozess sind nicht nur Pharmaunternehmen beteiligt. Wichtige Aufgaben in der Forschung werden immer mehr von Biotechunternehmen übernommen. Teile der
klinischen Entwicklung können an Contract Research Organizations (CRO) vergeben und verschiedene Phase der Produktion an sogenannte Lohnfabrikanten
ausgelagert werden (siehe Abb. 4.6).

Setzen wir die Kosten für die wichtigsten Unternehmensfunktionen mit den
Verkäufen ins Verhältnis, ergibt sich in der forschungsbasierten Pharmaindustrie
im Vergleich zu anderen Branchen ein überdurchschnittlich hoher Anteil von
F&E-Kosten von 10% bis 30%. Die Produktionskosten betragen bloß um die 15-
30%. Während der Anteil der Produktionskosten im Laufe der letzten 25 Jahre
ständig zurück ging, stieg der Kostenanteil für F&E deutlich an. Bedeutsam ist,
dass der Anteil der Marketingkosten jenen für F&E deutlich übersteigt. Der Anteil
Marketingkosten ist mittlerweile bis auf über 25% des Umsatzes angestiegen. Die

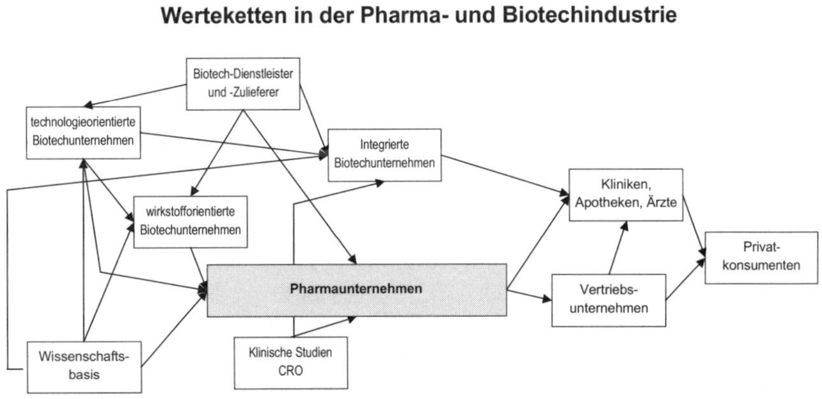

Abb. 4.6. Unternehmen in Input-Output-Systemen der Pharma- und Biotechindustrie

hohen Marketingkosten sind Ergebnis der hohen und länderspezifischen Verkaufsanstrengungen, die nur durch große Verkaufsorganisationen zu bewältigen sind. Diese haben während der relativ kurzen Monopolstellung des Produktes eine maximale Verkaufsleistung zu erbringen. Noch wichtiger ist das Marketing im OTC-Segment, wo zunehmend auch über Massenmedien Produktwerbung betrieben wird. Im Kontext einer längerfristigen Betrachtung ist zudem bemerkenswert, dass es der Industrie gelang, den *operating profit* (Gewinn vor Steuern und Abschreibungen) seit 1973 von um die 20% auf rund 30% wieder deutlich zu erhöhen (OECD 1996: 74; Schweitzer 1997: 101–105). In den Abschnitten 5.1.2, 5.2.2, 5.3.5 und im Kapitel 9 dieser Aspekt eingehend aufgegriffen.

4.2 Entwicklung und Dynamik der Pharmaindustrie

Die Bedingungen in der pharmazeutischen Industrie haben sich im Laufe der letzten drei Jahrzehnte grundlegend verändert. Die komplexeren Forschungsprozesse und die längeren Entwicklungszeiten haben die F&E-Kosten in die Höhe getrieben. Zugleich eröffnen sich der pharmazeutischen Industrie mit neuen biotechnologischen Werkzeugen zahlreiche neue Innovationspotentiale. Die verschärfte Konkurrenz stellt jeden Konzern aber vor neue Zwänge. Diese Dynamik der pharmazeutischen Industrie bietet den Rahmen für die strategische Orientierung von Novartis und ihrer Vorgänger.

4.2.1 Tendenzen in der Forschung und Entwicklung

Das Goldene Zeitalter der pharmazeutischen Industrie

Auf der Basis der biochemischen Revolution und des Nachkriegsaufschwungs erlebte die pharmazeutische Industrie in den fünfziger und sechziger Jahren ihr goldenes Zeitalter. Hunderte von neuen Substanzen wurden entdeckt. Viele neue Produkte in den Bereichen Herzkreislauf und Zentralnervensystem sowie neue Antibiotika wurden auf den Markt gebracht. Anfang der sechziger Jahre erlebten mit den Verhütungsmitteln die Hormonpräparate einen Aufschwung.

Vor dem Zweiten Weltkrieg war der Welthandel mit Pharmazeutika relativ gering und wurde in erster Linie von deutschen Firmen geprägt. Diese verloren ihre Stellung während und nach dem Krieg. Die Durchbrüche bei den Antibiotika ereigneten sich in den USA und in Großbritannien. Die Schweizer Firmen, die bereits vor dem Zweiten Weltkrieg in den USA eine starke Stellung erobert hatten, waren in der Lage, ihre Stellung massiv auszubauen. Die US-Firmen waren letztlich am besten situiert, parallel zum Aufschwung in die internationalen Märkte zu expandieren (Noponen 1993: 181).

In den siebziger Jahren begannen sich die Grenzen der 'Chemotherapie Revolution' (Noponen 1993) respektive des 'chemischen Paradigmas' (Drews 1998) zu offenbaren. Parallel dazu hatten die Regierungen nach dem Contergan-Skandal Anfang der sechziger Jahre die Zulassungsbestimmungen für Medikamente deutlich verschärft. Unter inflationären Rahmenbedingungen haben sich die Kosten für

F&E überdurchschnittlich erhöht. Zusätzlich hat sich mit dem Auslaufen der Patente für die Kassenschlager die Konkurrenz durch Generika verschärft. Diese Faktoren übten spätestens ab Mitte der achtziger Jahre einen verschärften Druck auf die pharmazeutische Industrie aus.

Kosten der Forschung und Entwicklung

Der Forschungs- und Innovationsprozess in der pharmazeutischen Industrie ist risikoreich, zeitaufwendig und sehr teuer. Die finanziellen Aufwendungen für Forschung und Entwicklung sind im Laufe der letzten zwanzig Jahre deutlich angestiegen.[34] Sie sind in keiner anderen Industrie so hoch wie in der Pharmaindustrie. Besonders hoch ist die Forschungsintensität bei den führenden großen Pharmakonzernen, die sich einem globalen Innovationswettbewerb befinden. So investieren die Top Ten der Pharmaindustrie zwischen 17-25% ihres Umsatzes in die Forschung und Entwicklung. Auf Grundlage der F&E-Kosten können 'returns on R&D investment' und die Forschungsproduktivität erfasst werden. Die steigenden F&E-Kosten sind eine der Triebfedern des Konzentrationsprozesses in der Industrie. Sie beeinflussen die Ausprägung der internationalen Ressourcenzuteilung und der internationalen Wettbewerbsfähigkeit (DiMasi et al. 1991: 108).

Die verschiedenen publizierten Studien über die Entwicklung der F&E-Ausgaben in der Pharmaindustrie ergeben zwar widersprüchliche Ergebnisse über die absoluten F&E-Beträge, zeigen aber alle, dass sich die Aufwendungen seit Anfang der sechziger Jahre um ein Vielfaches erhöht haben, die Anzahl zugelassener NCE (new chemical entities)[35] aber sogar abgenommen und schwankt seit den frühen neunziger Jahren auf einem tiefen Niveau auf und ab. Nach Angaben der Pharmaceutical Research and Manufacturers of America (PhRMA) verdoppelten sich die gesamten F&E-Ausgaben der forschungsbasierten Pharmaunternehmen in den USA (inkl. Ausgaben im Ausland) für verschreibungspflichtige Medikamente seit 1980 von 1,5 Mrd. USD alle fünf Jahre und kletterten bis 1995 auf 11,8 Mrd. USD. Für das Jahr 2000 wird das Total der F&E-Ausgaben sogar auf 22,5 Mrd. USD geschätzt (Mossinghoff 1995: 1082; PhRMA 2000: 113).

DiMasi (1995: 375f) ermittelte mit einem wesentlich komplexeren Berechnungsverfahren, das Inflation und Kapitalverzinsung berücksichtigt, einen Anstieg der F&E-Ausgaben der Pharmaunternehmen in den USA (Mitglieder der PhRMA) von rund 1,1 Milliarden im Jahre 1963 auf 13 Milliarden US Dollar 1993. Besonders nach 1979 vollzog sich eine scharfe Steigerung der Wachstumsraten. Inflationsbereinigt stiegen die F&E-Ausgaben nach 1979 jährlich um 10%. Da sich in derselben Periode die Zahl der jährlich eingeführten NCEs kaum erhöht hat, lässt sich eine bedeutende Kluft zwischen F&E-Ausgaben und Marktzulassungen feststellen (vgl. DiMasi et al. 1991: 113).

---

[34] Gemäß einem Bericht der OECD (1996: 78) hat sich der Anteil der F&E-Ausgaben in zwölf OECD-Ländern an der Gesamtproduktion von 7% im Jahre 1973 auf 12% im Jahr 1992 erhöht.
[35] Ein NCE kann definiert werden als ein Molekül, das bisher noch nicht an Menschen getestet wurde. Ausgeschlossen sind Salze und Ester von bestehenden Molekülen; chirurgische und diagnostische Substanzen, gewisse extern anwendbare Substanzen wie Desinfektiva, Antiperspirationsmittel, Nahrungsmittelzusätze und gewisse biologische Substanzen wie Vakzine, Antigene, Antisera, Immunoglobeline oder gereinigte Extrakte von bestehenden Medikamenten (DiMasi et al. 1991: 108).

Obwohl es noch andere Formen pharmazeutischer Innovation gibt, sind die Angaben über die F&E-Aufwendungen für jede neue, zugelassene Substanz ökonomisch am aussagekräftigsten. Allerdings ist es methodisch nicht einfach, von aggregierten Daten auf die Kosten pro zugelassene neue Substanz zu schließen, nicht zuletzt wegen des beträchtlichen und länger gewordenen *time lag* zwischen Forschungsinput und -output. Zudem beinhalten aggregierte Daten auch vom Ausland einlizenzierte Substanzen, die eine andere Kostenstruktur aufweisen (DiMasi et al. 1991: 113). Daher ist es nicht verwunderlich, dass die verschiedenen Autoren bei den F&E-Aufwendungen per zugelassene Substanz unterschiedliche Beträge ermittelt haben.[36] Mossinghoff (1995: 1085), der frühere Präsident der PhRMA, veranschlagte die gesamten F&E-Kosten in den USA per zugelassenes NCE für das Jahr 1976 auf rund 116 Millionen Dollar, 1987 auf 287 Millionen Dollar und 1990 gemäß *Office of Technology Assessment* (OTA) auf 359 Millionen Dollar. Diese Kosten sind inflationsbereinigt und beziehen sich auf den Dollarwert von 1990. Sie umfassen auch die Aufwendungen für eingestellte Projekte und nicht eingeführte Substanzen sowie die Opportunitätskosten, also die Kapitalisierung der Beträge. Inzwischen werden die Kosten auf über 500 Millionen Dollar geschätzt (Drews 1998: 186).[37]

Bemerkenswerterweise sind die höheren F&E-Kosten aber nicht einhergegangen mit niedrigeren *'returns to pharmaceutical R&D'*, da die Verkäufe und Cash flows aus den neu eingeführten Medikamenten ebenfalls drastisch angestiegen sind. Das kann auch damit erklärt werden, dass in den achtziger Jahren mehr innovative Produkte auf den Markt kamen, die höhere Erträge einbrachten (Grabowski und Vernon 1994: 438).

Im Verhältnis zu den Umsätzen schwankten die Forschungs- und Entwicklungsausgaben der US-Pharmaunternehmen in den siebziger Jahren um die 11% und kletterten von 1980 bis 1993 bis in den Bereich von rund 15%-20%, wo sie sich seither stabilisiert haben. Nach Angaben von Standard & Poor's belaufen sich die F&E-Ausgaben im Sektor *'Drugs and Medicine'* aber bloß auf 11,9% (Drews 1998: 233). Die F&E-Kosten sind für die einzelnen Stoffgruppen und therapeutischen Anwendungen sehr unterschiedlich. Unbestritten investiert die Pharmaindustrie ungleich höhere Anteile des Umsatzes in die Forschung und Entwicklung als andere Industrien, einschließlich Hightech Industrien wie Elektronik und Luftfahrt.[38] Bemerkenswert ist, dass nur 12% der F&E-Ausgaben für den eigentlichen Synthese- oder Extraktionsprozess neuer Wirkstoffe verwendet werden und alle präklinischen Tätigkeiten mit gut 40% weniger als die Hälfte der Aufwendungen, die klinischen Tests alleine aber bereits über ein Drittel verschlingen.

---

[36] Für eine Diskussion der verschiedenen Ansätze der F&E-Kostenberechnung siehe (DiMasi et al. 1991; DiMasi 1995).

[37] An anderer Stelle nennt Drews (1998: 230), Angaben der PhRMA von 1996 zitierend, folgende, nicht inflationsbereinigten Zahlen: 1956-66: USD 24,4 Mio.; 1976: USD 54 Mio.; 1987: USD 231 Mio. und 1990:USD 359 Mio. Die Boston Consulting ermittelte sogar bereits für 1990 durchschnittliche F&E-Kosten per Medikament von 500 Millionen USD (PhRMA 1998: 20).

[38] Die Aufwendungen für Marketing und Vertrieb liegen traditionellerweise gar bei rund 25%. Selbstkritisch fragt Drews, ob es in einem Klima, bei dem es auf den echten therapeutischen Wert eines Medikaments ankomme, gerechtfertigt sei, mehr Geld für Ärztebesucher und Anzeigen zu verwenden als für Forschung und Entwicklung (Drews 1998: 234).

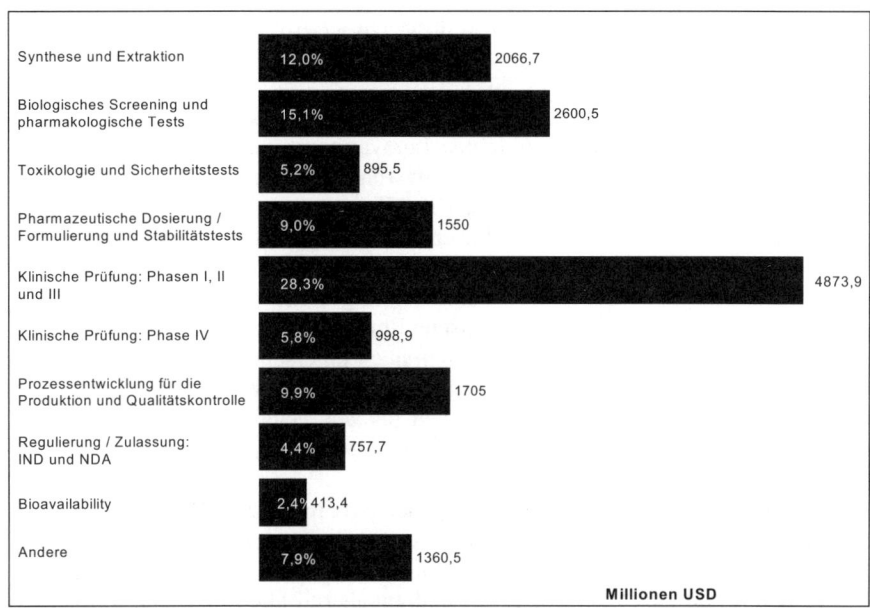

Synthese und Extraktion	12,0% 2066,7
Biologisches Screening und pharmakologische Tests	15,1% 2600,5
Toxikologie und Sicherheitstests	5,2% 895,5
Pharmazeutische Dosierung / Formulierung und Stabilitätstests	9,0% 1550
Klinische Prüfung: Phasen I, II und III	28,3% 4873,9
Klinische Prüfung: Phase IV	5,8% 998,9
Prozessentwicklung für die Produktion und Qualitätskontrolle	9,9% 1705
Regulierung / Zulassung: IND und NDA	4,4% 757,7
Bioavailability	2,4% 413,4
Andere	7,9% 1360,5

Millionen USD

Abb. 4.7. Aufteilung der Kosten nach Tätigkeiten und Phasen bei verschreibungspflichtigen Medikamenten, Unternehmen in den USA 1998 in Millionen USD
Quelle: PhRMA (2000: 119).

Die Zunahme der F&E-Kosten geht hauptsächlich auf einen Anstieg der Entwicklungskosten und eine Verlängerung des gesamten Entwicklungsprozesses zurück, was eine ständig erhöhte Komplexität des Entwicklungsprozesses reflektiert. Der Aufwand für die wissenschaftlichen Studien, die für eine Neuzulassung erforderlich sind, hat sich seit Ende der siebziger Jahre ständig erhöht (DiMasi 1995: 379f; Drews 1998: 186). Allerdings gelang es im Zuge der massiven Rationalisierungsmassnahmen in jüngster Zeit, der Anteil der Entwicklungskosten wieder etwas zu senken (PhRMA 2000: 26, 119).

Problem Entwicklungszeit

Das *Tufts Center for the Study of Drug Development* hat in mehreren Studien dokumentiert, dass sich die Entwicklungs- und Prüfzeiten zwischen 1964 und 1992 deutlich verlängert haben. Die präklinische Phase (vom Zeitpunkt der ersten pharmakologischen Tests bis zu den ersten Tests an Menschen) veränderte sich zeitlich nur wenig und schwankte zwischen zwei und vier Jahren. Dennoch dehnte sich die gesamte präklinische und klinische Phase selbsthergestellter NCEs (New Chemical Entities) massiv aus: von 7,9 Jahren in den sechziger Jahren, 11,1 Jahren in den siebziger Jahren auf schließlich 13,8 Jahre in den achtziger Jahren und schließlich auf 15 Jahre Anfang der neunziger Jahre (DiMasi 1995: 382; PhRMA 1998: 20; 2000: 25). Noch in den fünfziger und sechziger Jahren umfassten die Entwicklungskosten durchschnittlich etwas weniger als 50% der gesamten Forschungs- und Entwicklungsaufwendungen. Sie stiegen dann an und erreichten in einigen Unternehmen einen Anteil von 80%. Dieser Anstieg ist überwiegend auf eine überproportionale Steigerung des Aufwandes für die klinischen Untersuchungen zurückzuführen (Drews 1998: 232).

Gleichzeitig hat sich jedoch der technologische Wandel massiv beschleunigt und die Lebensdauer neuer Produkte und Innovationen ständig verkürzt. Die Zeit des effektiven Patentschutzes hat sich auf rund acht Jahre verkürzt (Howells 1990a: 499f). Die dadurch massiv verschärfte Konkurrenz übte einen wesentlichen Rationalisierungsdruck aus. Darum haben die Firmen seit Anfang der neunziger Jahren große Anstrengungen unternommen, den Entwicklungsprozess zu straffen. Mittlerweile werden wieder klinische Entwicklungszeiten von vier bis fünf Jahren (vom Eintritt einer Substanz in die klinische Entwicklung bis zur Registrierung im ersten Land) erreicht und werden bisweilen auch unterschritten. Das drückt einen erheblichen Beschleunigungsprozess gegenüber der Situation vor zehn Jahren aus, als die Entwicklungszeiten noch bei sieben bis zehn Jahren lagen (Drews 1998: 233) (siehe Abschnitte 7.2.5 bei Ciba-Geigy, 7.3.4 bei Sandoz und 7.4.1 bei Novartis).

Statt einer sequenziellen Organisation der Arbeitsphasen werden Tätigkeiten vermehrt parallel durchgeführt. So kann man z.B. bereits zu Beginn der Entwicklungsphase, ein Jahr vor Aufnahme der klinischen Studien soviel Substanz produzieren, dass damit alle toxikologischen und annähernd alle klinischen Studien zu bestreiten sind. Auch können die klinischen Phasen II und III operativ als eine Phase abgewickelt werden. Solche als *'front loading'* bezeichneten Beschleunigungen können aber riskant sein, umso mehr je origineller die Substanz ist. Welche Entwicklungsstrategie sinnvoll ist, hängt neben den technischen und finanziellen Risiken nicht zuletzt auch von den Konkurrenzbedingungen ab. Das Entwicklungsmanagement der Unternehmen ist also bestrebt, für jede originelle Substanz, die eine oder mehrere therapeutische Wirkungen verspricht, *„optimale Entwicklungsgeschwindigkeit, den richtigen Mitteleinsatz und auch die Reihenfolge der anvisierten Einsatzgebiete zu bestimmen"* (Drews 1998: 188ff, 227).

Zwischen Innovationsdefizit und neuen Durchbrüchen

Die Forschungskosten wachsen schneller als andere Kosten. Die Methoden sind ständig zu erneuern. Apparative Fortschritte zwingen eine Forschungseinheit dazu, alle paar Jahre neue, leistungsfähigere und teurere Geräte anzuschaffen. Die Forschung wird immer komplexer, leistungsfähiger und kostspieliger. Zugleich können die Preise der Medikamente angesichts der Preiskontrollen nicht im selben Ausmaß gesteigert werden wie die Zunahme der F&E-Ausgaben. Drews (1998: 232) macht auf ein grundlegendes Dilemma der Pharmaindustrie aufmerksam. Sie muss einerseits den gesamten Innovations- und Produktionsprozess verbessern und rationeller gestalten, andererseits gibt sie nicht nur für F&E immer mehr Geld aus, sondern auch für Marketing und Vertrieb.

Die zunehmende Komplexität der Forschung sowie die damit verbundenen Kosten und Zeitanforderungen, um neue Innovationen voranzutreiben, erhöhten den Druck, die Schnittstellen zwischen Grundlagen- und angewandter Forschung zu verbessern. Gerade in der pharmazeutischen Industrie müssen die Forschungsanstrengungen vermehrt auf komplexere und bisher wenig bekannte Systeme gerichtet werden, um die physio-chemischen Abläufe des Körpers besser zu verstehen. Parallel dazu wurde die Suche nach neuen pharmazeutischen Wirkstoffen immer länger (Howells 1990a: 499).

Die Rate der pharmazeutischen Sondierungs-Innovation (innovation discovery), ausgedrückt durch die *New Chemical Entities* (NCEs) sank weltweit ständig von einem jährlichen Durchschnitt von 86,2 in der Periode von 1961–65 zu einem Durchschnitt von 55,5 für die Zeit von 1981–85 (Reis Arndt 1987). Seither sank der jährlich Output neuer Substanzen trotz zwischenzeitlichen Steigerungen weiter.[39] Gemäß *Scrip Magazine* wurden 1993 39 NAS (*New Active Substances*), 1994 47 NAS, 1995 39 NAS, 1996 51 NAS, 1997 47 NAS, 1998 38 NAS und 1999 gar nur 32 NAS in ihrem ersten Markt neu eingeführt. Der Begriff *'new active substances'* wird verwendet, um auch begrifflich die neuen biologischen Substanzen aus der Biotechforschung einzuschließen (Davis 1998; Shimmings 1999; 2000).

Drews und Ryser (1996) haben auf der Basis der Anzahl der präklinischen Forschungsprojekte bei den 50 größten Pharmaunternehmen im Jahre 1993 versucht, die Anzahl der NCEs für das Jahr 1999 vorauszusagen (bei einer Entwicklungszeit von sechs Jahren). Sie gingen davon aus, dass zwischen der Anzahl präklinischer Projekte und jener der in Zukunft auf den Markt gebrachten Substanzen eine feste Beziehung besteht. Sie stellten die These auf, dass sich die bereits seit einiger Zeit bestehende Tendenz zu weniger Neueinführungen fortsetzen werde und die Top-50 Unternehmen zwischen 1999 und 2002 jährlich nur 13 NCEs auf den Markt bringen könnten (S. 101). Unter der Annahme von durchschnittlichen Verkaufserlösen von 400 Millionen Dollar und einer Lebensdauer der Präparate von durchschnittlich 17 Jahren werde offensichtlich, dass die Industrie ihre bisherige Größe nicht erhalten könne. Sogar bei einem Nullwachstum fehlten der Industrie elf neue Substanzen pro Jahr. Aufgrund dieses Innovationsdefizits sei es unwahrscheinlich, dass die Industrie insgesamt ein nennenswertes Wachstum zeigen könne, was nicht ausschließe, dass einzelne Firmen aufgrund guter Forschungsleistungen auch in Zukunft erfolgreich sein werden. Auch die geschätzten 14 von oder mit Biotechunternehmen jährlich entwickelten neuen rekombinanten Proteine und monoklonalen Antikörper würden dieses Defizit nur teilweise kompensieren (Drews 1996: 1516, Drews erwartete jährlich 13-24 NCE's). Diese Situation werde in eine weitere Konsolidierung der Industrie münden.

Die Firma Andersen Consulting kam in einer Untersuchung von zehn führenden Pharma- und Biotechunternehmen, in deren Verlauf um die 100 Forschungsleiter und Manager befragt wurden, zu ähnlichen Ergebnissen. Die Top Ten Konzerne haben zwischen 1990 und 1994 im Durchschnitt nur 0,45 NCE's lanciert, und erfahrungsgemäß haben nur 8% der eingeführten Produkte Umsatzzahlen von über 350 Mio. USD erreicht. Das sei zu wenig, um der Industrie ein nachhaltiges Wachstum zu garantieren. Die 10 größten Unternehmen müssten im Verlauf der nächsten zehn Jahre jährlich mindesten 5 NCE's auf den Markt bringen, um jeweils ein Umsatzwachstum von 10% realisieren zu können, vorausgesetzt jede Substanz habe ein Potential von mindestens 350 Mio. USD (bescheidener 'Block-

---

[39] Taggart (1993: 17ff) führt verschiedene Studien auf, die ebenfalls eine Verlangsamung des Outputs neuer NCEs im Vergleich zur Boomperiode in den fünfziger Jahren feststellen. Zur Innovationskapazität und Einführung von NCS's in der US-Pharmaindustrie unter den Anfang der sechziger Jahre veränderten Regulierungsbedingungen siehe Grabowski (1976).

buster'). Während die Entwicklungsaktivitäten in letzter Zeit stark rationalisiert wurden, sei die Forschung aber weitgehend unangetastet geblieben. Genau in der Organisation der Forschung und in der Verbesserung des Übergangs von der Forschung zur präklinischen Entwicklung sehen die Berater aber die größten Potentiale zur Effizienzsteigerung. So müsse die Forschungsphase (diese umfaßt: Target Identification/Validation, Lead Identification, Lead Optimization und das Discovery/Development Interface) von durchschnittlich 4 bis 7 Jahren auf 2 bis 4 Jahre halbiert werden. Gleichzeitig müsse aber die Zahl der *Leadsubstanzen,* die in die Entwicklung gehen, verdreifacht werden, von 4 bis 5 auf 14 *Leadsubstanzen* per 1000 Discovery-Mitarbeiter und pro Jahr (Andersen Consulting 1997: 6).

Drews und Ryser raten den Pharmaunternehmen die Entwicklung zu rationalisieren und das gesparte Geld in die Forschung zu stecken, eine sowohl quantitativ breite als auch mit qualitativ hochstehenden Technologien bestückte Innovationsbasis zu pflegen, die Qualität der *'in-house drug discovery'* zu verbessern und insbesondere innovationsfreundliche Organisationsformen zu entwickeln, die Beziehungen mit auswärtigen Partnern zu systematisieren und das traditionelle Forschungsmanagement durch ein umfassendes Innovationsmanagement zu ersetzen, die Umschlagsgeschwindigkeit der Projektportfolios zu beschleunigen und schließlich die Forscher mit sinnvollen Anreizsystemen zu belohnen (Drews und Ryser 1996: 106f). Novartis antwortete auf diese Herausforderung mit einer Reorganisation der präklinischen und klinischen Entwicklung, die vor allem auch die Schnittstellen der verschiedenen Phasen besser miteinander verknüpfte (siehe Abschnitt 7.4.1).

Zwar entwickelt sich die Anzahl der NCE/NAS nicht ganz so bescheiden, wie das Drew und Ryser prognostiziert haben. Doch der anhaltende Konzentrationsprozess in der pharmazeutischen Industrie und die nach wie vor sehr wechselhafte Dynamik der Biotechnologie bestätigten zumindest eingeschränkt ihre These vom Innovationsdefizit (Davison 2000). Obgleich nicht jeder Konzern im selben Maße mit dem Problem konfrontiert ist. Pfizer z.B. plant, in den nächsten Jahren überdurchschnittlich viele NAS einzuführen (PricewaterhouseCoopers 1998). Doch ist keineswegs bewiesen, dass große Pharmagiganten eine bessere F&E-Produktivität aufweisen. Im Gegenteil, jüngere Modellschätzungen deuten darauf hin, dass Konzerne ab einer Umsatzschwelle von 20 Mrd. USD mittel- und längerfristige eine eher schlechtere Performance aufweisen könnten (Neild und Alcraft 2000). Eine entscheidende Frage ist, inwiefern die neuen Technologien wie Genomics und Gentherapie in den nächsten Jahren dieses Innovationsdefizit beenden. Beide Technologien lassen neue Durchbrüche erwarten.

Miniaturisierung der chemischen Wirkstoffsuche und neue Chancen mit Genomics und Gentherapie

Die moderne pharmazeutische Forschung wurde von wissenschaftlichen Disziplinen wie Chemie, Pharmakologie, Mikrobiologie/Fermentation und Molekularbiologie geprägt. Letztere hat die Forschung nach neuen Medikamenten in den letzten beiden Jahrzehnten stark beeinflusst. Dennoch haben sich ihre direkten Wirkungen in der Therapie vorläufig auf die Verwendung von rekombinanten Proteinen und monoklonalen Antikörpern beschränkt. Gleichzeitig wurde auch die chemische

Wirkstoffesuche mit kombinatorischer Chemie, High-Throughput Screening und Rational Drug Design revolutioniert.

Kombinatorische Chemie. Die kombinatorische Chemie hat sich in den neunziger Jahren zu einem wichtigen Instrument der Wirkstoffsuche entwickelt. Sie umfaßt Technologien zur Beschleunigung und Optimierung der Arzneimittelforschung durch effizientes Screening von Substanzdatenbanken. Durch die richtige Kombination von Bausteinen werden Substanzbibliotheken mit Hunderttausenden von Substanzen erstellt, die dort eingesetzt werden können, wo die Kenntnis der chemischen Struktur und der Funktion eines biologischen Zielmoleküls zu gering ist, um erfolgreich mit traditionellen pharmazeutischen semirationalen Screening-Prozessen zu beginnen.

Die Substanzen werden in hochautomatisierten Testabläufen mit Robotern, dem sogenannten High-Throughput Screening, gegen eine ebenfalls sehr hohe Zahl von Zielproteinen (im Rahmen von Genomics identifiziert) getestet. Durch die erfolgreiche Kombination von Substanzen lassen sich neue Leitsubstanzen kreieren. Die ausgewählten Substanzen sind anschließend zu optimieren. Das kann wiederum durch kombinatorische Techniken oder durch Synthesen mit halbrationalen Vorgehensweisen geschehen, die an Struktur-Wirkungs-Beziehungen orientiert sind.

In einem gewissen Sinne greift man mit der kombinatorischen Chemie wieder auf blindes Screening zurück. Viele Substanzbibliotheken haben noch den Mangel, dass sich die Substanzen zu ähnlich sind. Aber immer häufiger gibt es Bibliotheken mit hohem Diversitätsgrad (Drews 1998: 218).

Rational drug design. Das Rational drug design ist eine computergestützte Methode, um zu untersuchen, was auf molekularer Ebene passiert, wenn ein Wirkstoff sich an einen Rezeptor bindet. Der Computer liefert ein virtuelles dreidimensionales Bild der Moleküle. Das Ziel besteht darin, Substanzen zu entwickeln, die optimal zu einem Rezeptor passen, vergleichbar mit einem Schlüssel, der optimal in ein Schloß paßt, und daher die Wirksamkeit erhöht. Dieser Ansatz unterscheidet sich vom medizinischen Ansatz, der mehr auf extensiven Testverfahren beruht.

Genomics. Mit Genomics ist die Medikamentenforschung in ein neues Stadium getreten. Das menschliche Genom enthält rund 100 000 Gene und damit alle art- und individualspezifischen Merkmale. Dazu gehören auch Neigungen zu gewissen Krankheiten. Das Verständnis der Genstrukturen und –funktionen wird helfen zu erklären, inwiefern Gene für bestimmte Krankheitsphänotypen verantwortlich sind. Diese Kenntnisse werden zahlreiche neue Ansätze für therapeutische Interventionen eröffnen. Bislang zielten die medikamentösen Therapien auf ungefähr 500 molekulare Anknüpfungspunkte (Drews 1998: 128). Zusammen mit den Erkenntnissen aus der Molekularbiologie, insbesondere der Genetik und Zell- und Entwicklungsbiologie, entsteht „*ein Informationsschub, wie es ihn in der Biologie und Medizin noch nie gegeben hat*" (Buckel 1996: 56).

Es wird angenommen, dass rund 100 wichtige Krankheiten die Menschen in den industrialisierten Ländern belasten und kommerziell lohnende Ziele für die Arzneimittelforschung darstellen. Diese Krankheiten werden in unterschiedlicher Weise von genetischen Faktoren und Umweltfaktoren verursacht. Man kann davon ausgehen, dass jeweils 5 bis 10 Gene zu einem komplexen Krankheitsbild beitragen. Das ergäbe dann rund 1000 Gene, die an den häufigsten Krankheiten beteiligt sind. Diese Gene und ihre Produkte stellen allerdings nicht unbedingt selbst gute Kandidaten für Medikamente dar. Aber fast alle dieser Proteine sind Teile von Signalwegen, an denen sich viele Proteine beteiligen. Wenn jedes Gen mit drei bis zehn anderen Proteinen in Signalwegen interagiert, die gute Kandidaten für therpeutische Ansätze sind, dann stiege die Anzahl möglicher molekularer Ziel für neue Therapien auf 3000 bis 10000 in einigen Jahrzehnten. Das hieße, dass die therapeutischen Ansatzpunkte viel spezifischer werden und ihre Anzahl um ein Vielfaches gegenüber der heutigen Situation erhöht werden könnte (Drews 1996: 1518; 1998: 99, 120, 128; Drews und Ryser 1997).

Wenn die gesamte Sequenz eines Gens bekannt ist, kann es exprimiert werden. Damit stehen nicht nur die DNA-Sequenzen zur Verfügung, sondern auch die entsprechenden Proteine. In Analogie zum Genom bezeichnet man mit einem Proteom die Gesamtheit aller im Organismus hergestellten Proteine. Mit der Erkennung der strukturellen Merkmale der Proteine kann man ihre Fähigkeit, kleine Moleküle im großen Maßstab zu binden, testen (Drews 1998: 218).

Die Genomforschung wird eine größere Selektivität von Medikamenten bewirken (Drews 1998: 267; Drews und Ryser 1997: 366). Das heißt, dass Medikamente und spezifische Dosierungen für ganz bestimmte Patientengruppen hergestellt werden. Mit *Pharmacogenomics* könnten Krankheiten, die durch bestimmte genetische Mechanismen entstehen, auch mit ganz spezifischen Behandlungen therapiert werden [für eine aktuelle Diskussion siehe \(Roses 2000). Das Wissen über die Struktur, Funktion und Interdependenz von Genen wird voraussichtlich Möglichkeiten eröffnen, potentielle Angriffspunkte für neue Medikamente schärfer und selektiver als bisher zu definieren. Damit könnte eine neue Basis für die Arzneimitteltherapie geschaffen und die gentherapeutischen Ansätze spezifiziert werden. Bereits haben sich Biotechunternehmen (Genaissance Pharmaceuticals und Variagenics) formiert, um speziell diesen Ansatz kommerziell zu nutzen (Ernst & Young 1999a: 43).

Da unter dieser Prämisse Medikamente offensichtlich nur für spezifische und somit auch kleinere Patientengruppen wirksam sind, käme dies aber auch einer Schrumpfung der Verkaufszahlen gleich. Diesem Problem könnte auf der Kostenseite mit einer spezifischeren Ausrichtung der klinischen Prüfungen auf bereits vorselektionierte Patientengruppen begegnet werden. Letztlich werden die mit der Genomforschung verbundenen Kenntnisse die Medizin voraussichtlich diagnostischer und präventiver machen.

Während der nächsten zehn Jahre wird die Verbindung von Genomforschung und Arzneimittelforschung voraussichtlich allerdings noch keinen spektakulären Anstieg der Innovationsfrequenz bewirken. Danach ist hingegen eine Beschleunigung des Innovationsprozess denkbar. Denn erstens steigt die Zahl der identifizierten Ziele für Arzneimitteltherapien an, zweitens könnte die kombinatorische Chemie viele neue 'passende' Verbindungen liefern und drittens kann es möglich werden, dank der Automatisierung und Miniaturisierung von Screeningvorgängen die Vielfalt biologischer Ziele und der noch größeren Anzahl möglicher chemischer Verbindungen in einen produktiven Zusammenhang zu bringen (Drews 1998: 130).

Der durch die Genomforschung ausgelöste Informationsschub ging mit einem richtiggehenden Rennen zwischen Biotech- und Pharmafirmen um die Produktion und den Erwerb von Know-how in diesem Bereich ab 1994 einher. Seither ereignete sich eine Welle von Firmenkooperationen auf dem Gebiet der Genisolierung zwischen auf die *'Gene-Discovery'* spezialisierten Firmen und Pharmaunternehmen (Buckel 1996: 58f). Wissen, Informationen und Technologien scheinen mehr als je zuvor die strategisch zentralen Elemente der Kapitalakkumulation zu sein. Die Bekanntgabe des 'ersten Entwurfs' der Entschlüsselung des menschlichen Genoms im Sommer 2000 stellt einen Markstein in der neuen Gentechnik dar. Noch werden aber Jahre bis zur genauen Beschreibung des Genoms vergehen und bis die Funktionen der einzelnen Gene bekannt sein werden (Scrip 2000c). Zur Entwicklung neuer therapeutischer Angriffspunkte ist die Entschlüsselung des Proteoms und der Wirkungsmechanismen der einzelnen Proteine noch wesentlicher. Diese Tätigkeiten werden unter dem Stichwort *Proteomics* zusammengefasst (u.a. Pandey und Mann). Mittelfristig bietet das neue Wissen der pharmazeutischen Industrie die Möglichkeit, nicht nur den Drug Discovery Prozess, sondern ihre gesamte technologische Grundlage neu zu formieren.

Bioinformatics. Die Sequenzierung von Genomen ist mit der Produktion riesiger Datenmengen verbunden. Der Vergleich von Sequenzen, von Sequenzhomologien und von Funktionen, die mit bestimmten Sequenzen in einigen Organismen in Verbindung gebracht werden können, dient der Strukturierung dieser Daten. Die gesamte Genomforschung ist also mit einer imensen Zahl interpretationsbedürftiger Daten verbunden. In enger Verzahnung zur Genomforschung entwickelt sich eine Bioinformatik, die ein neuer Zweig der pharmazeutischen Wirkstoffforschung wird (Drews 1998: 126). Im Lauf der neunziger Jahre sind im Zusammenhang mit den Fortschritten in der Genomics zuerst in den USA und dann auch in Europa zahlreiche Unternehmen entstanden, die sich auf spezielle Tätigkeiten und Dienstleistungen im Bereich der Bioinformatics fokussieren [Razvi, 1997 #1392; , 1997 #1391(Ernst & Young 1999b; 1999a; 2000b; 2000a).

Gentherapie. Die Gentherapie steckt zwar noch in den Anfängen, aber sie könnte, sofern sie erfolgreich sein wird, völlig neue Ansätze eröffnen. Ein verändertes (mutiertes) Gen ist bei vielen Erkrankungen dafür verantwortlich, dass ein nicht funktionsfähiges oder kein Protein synthetisiert wird. Die somatische Gentherapie behandelt diese Krankheiten, indem in die Zellen, des von einem Defekt dieser Art betroffenen Organs, eine intakte Kopie des jeweiligen Gens eingeführt wird. Zum Transport dieses therapeutischen Gens werden vielfach gentechnisch veränderte Viren verwendet. Das eingeschleuste Gen sorgt für die Produktion des fehlenden Proteins. Somatisch wird diese Form der Therapie deshalb genannt, weil nur Körperzellen (somatische Zellen) des Patienten mit der Genkopie ausgestattet werden sollen, nicht aber Zellen der Keimbahn. Die Voraussetzung für eine breite Anwendung am Menschen ist die Entwicklung von sicheren Transportvehikeln, die jeweils für ein bestimmtes von der Krankheit betroffenes Organ spezifisch sind.

Die Gentherapie kennt grundsätzlich zwei Strategien: Bei der Ex-vivo-Strategie werden dem Patienten Zellen entnommen, die dann in vitro transfiziert, anschließend vermehrt und schließlich dem Patienten wieder zurückgegeben werden. Bei der In-vivo-Strategie werden die genetischen Konstrukte dem Patienten direkt injiziert, entweder lokal oder systemisch. Allerdings ist die Gentherapie nach den Maßstäben der Berurteilung von Arzneimitteln weder sicher noch wirksam. Es wird noch viele Jahre dauern, bis diese Verfahren so ausgereift sind, dass sie allgemein und relativ unbedenklich angewendet werden können (Drews 1998: 131-142). Positiver schätzten Analysten der amerikanischen Investmentbank Lehman Brothers die Aussichten der Gentherapie ein. Schon bald könnten positive Ergebnisse erwartet werden. Die meisten klinischen Versuche werden im Bereich der Krebsbehandlung durchgeführt (Lehman Brothers 1997). Die US-Kartellbehörde schätzte im Rahmen ihrer Prüfung der Fusion von Ciba und Sandoz das Marktpotential der Gentherapie auf rund 45 Mrd. USD im Jahr 2010 (FTC 1996b: 3). Drews (1998: 142, 200) meint allerdings, dass die Gentherapie, sollte sie erfolgreich sein, die bisherigen wissenschaftlichen und unternehmerischen Grundlagen der Pharmaindustrie erschüttern und große Bereiche der bisherigen Arzneimitteltherapie gar ersetzen könnte. Krankheiten wären dann langfristig durch eine einmalig oder in großen Abständen erfolgende gentherapeutische Behandlung beherrschbar. Noch überwiegen die Unsicherheiten. Nach einem Tod eines Gentherapie-Patienten 1999 verstärkte sich auch die Debatte um die Sicherheitsvorschriften bei klinischen Studien (Rhein 2000).

Industrielle Kultur und Veränderungen des Forschungsmanagements

Die Kultur der pharmazeutischen Industrie in Europa war über ein Jahrhundert von der Chemie geprägt. Auch die Technologieschübe der Biochemie, Mikrobiologie und Fermentation haben daran nichts geändert. Selbst die mit den Durchbrüchen in der Molekularbiologie verbundenen Errungenschaften in der Gentechnik, die sogar eine eigene Industrie hervorgebracht haben, brachten keine grundlegende Veränderung. Das Wesen der pharmazeutischen Forschung ist immer noch chemisch und beruht auf den Erfahrungen und Annahmen, dass Lebensvorgänge in chemischen Kategorien geschildert werden können. Krankheiten stellen Abweichungen von 'normalen' chemischen Vorgängen dar, die therapeutisch wieder korrigiert werden können. Drews (1998: 101f) geht soweit, dass er die Ansätze in der pharmazeutischen Forschung in Anlehnung an den Begriff des wissenschaftlichen Paradigmas von Thomas Kuhn als Ausdruck eines chemischen Paradigmas in der Medizin charakterisiert. Das betrifft nicht nur die Forschung, sondern den gesamten industriellen Kontext. Die pharmazeutische Forschung ist mit den kulturellen Merkmalen der Chemie verbunden. Diese haben in der Zeit, als die chemische und bald darauf die pharmazeutische Industrie entstanden sind, auch die Arbeitsweise und die Kultur dieser Industrie geprägt. Das war eine strenge Kultur der Genauigkeit und zugleich der Abhängigkeit, Disziplin und Unterordnung. Die Molekularbiologie entstand hingegen unter anderen gesellschaftlichen Bedingungen, die stärker demokratisch und individualistisch geprägt waren. Dazu kommt, dass die chemische Industrie ihren starken Aufschwung in Kontinentaleuropa erlebte, während die Molekularbiologie ihre industrielle Form zunächst in den USA annahm.

Die molekulare Genetik könnte in der Medizin nun wiederum einen paradigmatischen Wandel zu einem informationellen Paradigma herbeiführen (Drews 1998: 103f, 112), bei dem die genetische Information die zentrale Rolle einnimmt. Im Verständnis der Genomforschung geht man davon aus, dass die Kenntnis des Genoms und der von ihm ausgehenden Funktionen es erlauben wird, Krankheiten und Krankheitsdispositionen als Informationsfehler oder -defizite zu beschreiben.

Die Therapie ist nun bestrebt, fehlende Information zu ersetzen oder falsche Information zu korrigieren. Auf der Ebene der DNA würde eine erfolgreiche Gentherapie einsetzen, während die neue Arzneimitteltherapie auf der Ebene der vom Genom spezifizierten Proteine eingreift. Innerhalb des nächsten Jahrzehnts verspricht aber die Verschmelzung der Resultate aus der Genomforschung und Proteomforschung mit den neuen Techniken der Chemie (kombinatorische Chemie) und automatischen Screeningverfahren (High Throughput-Screening) die am erfolgversprechendste Perspektive für therapeutische Durchbrüche zu sein. Diese Methoden werden die pharmazeutische Industrie in den nächsten Jahren stark verändern. Durchbrüche in der Gentherapie sind innerhalb des nächsten Jahrzehnts eher unwahrscheinlich. Sie könnten aber noch grundlegendere Umwälzungen der Industrie mit sich bringen.

Mit der wissenschaftlichen Revolution haben sich auch neue Formen des Forschungsmanagements durchgesetzt. Traditionellerweise synthetisierten die Wissenschaftler große Mengen von Substanzen auf der Basis von relativ bescheidenem Wissen über ihre therapeutischen Eigenschaften. Das enorm verstärkte Wissen über die Funktionsweise des menschlichen Körpers und der Krankheiten hat rationalere und wissenschaftlichere Methoden in der Medikamentenforschung begünstigt (Gambardella 1995). Im Extremfall des *rational drug design* wird gar versucht, ideale Substanzen für bestimmte Zell-Rezeptoren planmäßig zu kreieren. Diese Veränderungen wirkten sich auch auf die Organisation der Forschung aus. Die früher mit dem massenhaften Screening von Substanzen erforderliche Größe der Labors wurde weniger relevant. Dagegen zeigte sich, dass flexible, informelle und relativ kleine Organisation oftmals eher neue Ideen hervorbringen. Im Zuge der zunehmenden Verwissenschaftlichung des *drug discovery* haben sich die Unterschiede zwischen Forschung und Entwicklung verstärkt. Den Topmanagern stellte sich die Frage, wie stark sie die Forschungsorganisation nach Projekten organisieren und wieviel Freiheit sie den Wissenschaftlern gewähren sollten. Della Valle und Gambardella (1993: 291) plädierten in diesem Zusammenhang dafür, die Forschung offener zu gestalten, da der Nutzen der Geheimhaltung abgenommen habe. Die Absorption von externen wissenschaftlichen Kenntnissen falle einfacher, wenn sich die Forscher in den Unternehmen so verhalten, wie es in der Wissenschaftsgemeinde üblich sei. Die beiden Autoren sind der Meinung, dass die verstärkte Wissenschaftsbasis auch die Arbeitsteilung und die Zergliederung der Innovationsprozesse auf verschiedene Akteure begünstige. Im Gegensatz zur früheren Integration des gesamten Innovationsprozesses von der Forschung bis zum Marketing in großen Unternehmen, resultieren neue Medikamente zunehmend aus komplexen Firmennetzwerken. Die technologische Revolution habe tatsächlich dazu geführt, dass die großen Pharmaunternehmen Anfang der neunziger Jahre begonnen haben, ihre bürokratischen Strukturen umzuwälzen, um innovations- und risikofreundlichere Bedingungen zu schaffen. Gleichzeitig gingen die Pharmaunternehmen Kooperationen mit Biotechfirmen ein, um auf diese Weise neue Substanzen, Know-how und Technologien zu erwerben (Valle und Gambardella 1993).

4.2.2 Bedeutung der Biotechindustrie

Die Biotechindustrie entsteht räumlich konzentriert

Die Pharmaunternehmen stecken mittlerweile große Ressourcen in die Biotechnologie als Methode der Wirkstoffgewinnung. Eine wichtige Rolle in der Kommerzialisierung der Biotechnologie spielen vor allem die Biotechunternehmen. Sie arbeiten sowohl an völlig neuen Ansätzen (Gentherapie, Genomforschung) als auch an der Entwicklung von Strategien der Wirkstoffsuche, die mit traditionellen Verfahren der Pharmaforschung kombiniert werden können (Biochemotechnologie; kombinatorische Chemie). Die kommerzielle Verwertung von Forschungsergebnissen ist bei diesen Unternehmen die unternehmensbegründende und antreibende Kraft.

Grundsätzlich wird die Gentechnik für zwei Ziele eingesetzt. Erstens erlauben rekombinante DNA-Techniken neue Proteine herzustellen. Zweitens kann die Gentechnik dazu dienen, auf rationale Art synthetische Moleküle zu entwerfen. Mit dem Klonen von Genen können Rezeptoren produziert werden, anhand derer die Substanzen studieren werden können, die Rezeptoren binden. In diesem Falle dient die Gentechnik also vor allem dazu, die Krankheitsmechanismen besser zu verstehen und das 'rational drug design' zu erleichtern (Grabowski und Vernon 1994: 440).

Bis Anfang 2000 wurden um die 60 rekombinante Proteine und monoklonale Antikörper als Arzneimittel in den wichtigen Märkten zugelassen[40] und 369 biotechnologische Arzneimittel befanden sich zu diesem Zeitpunkt im Stadium der klinischen Studien (Scrip 2000a). Bald werden die biotechnologisch gewonnenen Arzneimittel knapp die Hälfte aller Neueinführungen von Medikamenten ausmachen. Allerdings werden die jährlich eingeführten rekombinanten Proteine und monoklonalen Antikörper die Menge von 12-24 kaum übersteigen (Drews 1996: 1516; 1998: 98, 247).

Nach den wissenschaftlichen Durchbrüchen in den frühen siebziger Jahren wurden in den USA bald die ersten Biotechfirmen gegründet. Der Venture Capitalist Robert Swanson und der Biochemiker Herbert Boyer lancierten im Jahre 1976 mit Genentech die erste Biotechfirma, deren Geschäftszweck darin bestand, die wissenschaftlichen Erkenntnisse im Bereich der Herstellung rekombinanter Humanproteine zu kommerzialisieren. Bald folgten andere Unternehmen. In den USA vollzog sich in der zweiten Hälfte der achtziger Jahre ein regelrechter Gründungsboom, der sich räumlich auf die Regionen Bay Area (San Francisco / Oakland, Palo Alto), Boston, San Diego, New Jersey / New York, Maryland und Research Triangle Park in North Carolina konzentrierte. Ende 1999 gab es in den USA rund 1273 Biotechfirmen (seit 1995 von 1311 leicht abnehmend), die rund 162 000 Personen beschäftigten und Verkäufe von USD 16,1 Mrd. verzeichneten,

---

[40] In den USA wurden bis Ende 1999 63 rekombinante Proteine und monoklonale Antikörper eingeführt (PhRMA 2000: 10). In Deutschland wurden bis Ende 1999 48 rekombinante Wirkstoffe zugelassen. In der Schweiz kamen bis zum selben Zeitpunkt 45 Medikamente und sechs Impfstoffe, die gentechnisch hergestellt wurden, auf den Markt (BPI 2000: 53; Pharma Information 2000: 40). Da in den Quellen nicht klar definiert wird, ob es sich um Wirkstoffe, Medikamente einschließlich oder ausschließlich der Impfstoffe handelt, sind die Zahlen nicht direkt vergleichbar.

aber immer noch einen Nettoverlust von USD 5,6 Mrd. (bei leicht steigender Tendenz) aufwiesen. Die addierte Börsenkapitalisierung schwankte in den letzten Jahren massiv. Der Boom der frühen neunziger Jahre mündete in eine ernüchternde Performance in den Folgejahren. Die Periode von Anfang 1999 bis Frühjahr 2000 war allerdings von einer förmlichen Explosion der Börsenkurse der Biotechfirmen gekennzeichnet. Die Börsenkapitalisierung stieg von Juni 1999 bis Juni 2000 von 137,9 auf 353,5 Mrd. USD an. Damit übertraf die Bewertung der Biotechfirmen in den USA erstmals die Börsenkapitalisierung des damals noch größten Pharmakonzerns Merck (Ernst & Young 1998b: 6; 1999a: 4; 2000a: 14). Noch bis Anfang neunziger Jahren trachteten viele Unternehmen danach, sich zu integrierten pharmazeutischen Firmen zu entwickeln. Tatsächlich hat das nur eine Handvoll wie Genentech, Amgen, Chiron, Biogen und Genzyme geschafft. Aber nur Amgen blieb unternehmerisch unabhängig. Alle andern weisen beträchtliche Kapitalbeteiligungen von Pharmakonzernen auf.

Seit Ende der achtziger Jahre gewinnt die Biotechnologieindustrie auch in Europa an Bedeutung. Die meisten Biotechfirmen wurden in Großbritannien gegründet. Mit einer gewissen zeitlichen Verzögerung weist die Branche seit Mitte der neunziger Jahre jedoch vor allem in Deutschland ein beeindruckendes Wachstum, das nicht zuletzt durch die BioRegio Initiative der Bundesregierung begünstigt wurde. Auch in Westeuropa sind ausgesprochene 'Biotech-Cluster' entstanden. Die stärksten 'Biotech-Regionen' sind Cambridge, Oxford, München, Rheinland, Heidelberg / Mannheim und Evry bei Paris. Diese Konzentration von Biotechunternehmen und Forschungsstätten deutet darauf hin, dass die räumliche Nähe gewisse innovative Prozesse fördert (EuropaBio 1997).

Die Biotechindustrie in Europa zählte Ende 1999 1351 *'entrepreneurial life sciences companies'*[41] mit insgesamt 53500 Beschäftigten (Ernst & Young 2000b: 4). Die Tätigkeitsschwerpunkte der Unternehmen sind nicht immer einfach zu definieren. Sie überlagern sich oft und können sich schnell verändern. Die folgende Auflistung von Ernst & Young (1999b: 5) enthält darum Mehrfachnennungen. Rund 57% der Unternehmen entwickelten Plattformtechnologien, die ein breites Anwendungspotential in der Life Sciences Industrie haben, wie z.B. kombinatorische Chemie und Biologie, Genomics und Darreichungstechniken. Gleichviele waren in der Auftragsforschung und -produktion tätig, rund 52% richteten sich auf Therapeutika und 38% auf Diagnostika aus. 30% boten Dienstleistungen und andere Vorprodukte an. 28 % stellten Biochemikalien her. Die anderen Sektoren wie Umwelt, Agro und Nahrungsmittel waren bedeutend weniger wichtig. Diese Verteilung unterscheidet sich nicht grundsätzlich von jener der Branche in den USA, wo aber die Agrobiotechnologie nicht dermaßen marginal ist.

Zunächst wurde das Umsatzwachstum durch das Eindringen in zusätzliche Absatzfelder – so z.B. durch 'antizipierte neue Indikationen' für Produkte, die bereits auf dem Markt sind – stimuliert. Nunmehr steht aber zunehmend auch die Einfüh-

---

[41] Ernst & Young (Unternehmensberatung und Rechnungsprüfung) definiert die *'European entrepreneurial life science companies'* (ELISCO's) als Unternehmen, die moderne biologische Techniken anwenden, um Produkte oder Dienstleistungen in den Bereichen Gesundheit, Tierpflege, Landwirtschaft und Nahrungsmittelproduktion zu entwickeln. Mit dem Begriff ' *entrepreneurial'* wird eine Abgrenzung von kleinen und mittelgroßen Life Science Unternehmen zu den multinationalen Chemie-, Agrochemie- und Pharmaunternehmen unternommen. Ein ELISCO hat maximal 500 Beschäftigte (Ernst & Young 1998a: 2).

rung neuer Proteine und monoklonaler Antikörper auf dem Programm. Starke Anstöße für die Umsatzzunahmen gehen von Wachstumshormonen mit Indikation für aidsbedingte Kachexie aus. Andere rekombinierte Proteine werden beginnen, ihre mit herkömmlichen Verfahren produzierten Gegenstücke zu substituieren. Dies gilt für den rekombinierten Faktor VIII und für rekombinierte Fertilitätshormone.

Bei der Biochemotechnologie steht die Entwicklung mehr oder weniger konventioneller chemischer Arzneimittel im Vordergrund, die auf neu entdeckte oder alte, jedoch erst kürzlich geklonte Bioziele angesetzt werden können. Zu diesen Biozielen gehören Enzyme und Rezeptormoleküle - darunter auch solche, die an zellularen Signalmechanismen beteiligt sind. Da sich die Technologien verschmelzen, ist der Werdegang vieler Therapeutika mittlerweile gentechnologisch geprägt ohne dass die Substanz selbst ein rekombinantes Protein ist.

Kooperationen zwischen Pharma- und Biotechunternehmen

Der Vorstoß von Biotechnologiefirmen in die Pharmaindustrie bedeutet der erste bedeutende Neueinstieg in diese Branche seit dem Ende des Zweiten Weltkriegs (Grabowski und Vernon 1994: 440). Der Innovationsprozess in der pharmazeutischen Industrie ist mittlerweile so komplex und vielfältig geworden, dass auch große Pharmakonzerne nicht mehr in der Lage sind, die wichtigen technologischen Erneuerungen und die Suchprozesse für neue Wirkstoffe alleine zu tätigen. Darum haben sie seit den achtziger Jahren Strategien entwickelt, neue Wirkstoffe und Technologien über Kooperationen zu erwerben. Hintergrund dieses Strategiewandels ist das Entstehen einer Biotechindustrie in den USA (vgl. Gambardella 1995).

Mitte der neunziger Jahre verwendeten die führenden Pharmaunternehmen durchschnittlich rund 15 bis 20% des Forschungsbudgets für Kooperationen mit externen Partnern (Drews 1998: 211). Mit den sehr unterschiedlich ausgestalteten Kooperationsabkommen können vielfältige Ziele verfolgt werden. Vereinbarungen zur Nutzung einer bestimmten Technologie zur Erfindung oder Entdeckung bestimmter Wirkstoffe standen bisher im Mittelpunkt (50% der Abkommen). Etwa 30% der Abkommen dienten der gemeinsamen Entwicklung bereits ausgewählter Substanzen. Bei den übrigen 20% der Abkommen ging es um methodenorientierte Kooperationen oder um nicht näher klassifizierte Tätigkeiten. Die Pharmafirmen sind inbesondere daran interessiert, Know-how über die Chemie kleiner Moleküle, Gentherapie, Genomforschung, intrazelluläre Regulation, kombinatorische Chemie und neue *'drug delivery'*-Systeme zu erwerben (Drews 1998: 247).

Auch die Universitäten sind vor allem in den USA vermehrt Partner der Pharmaindustrie geworden. Neben den klassischen Formen der Zusammenarbeit über Stipendien und Forschungsunterstützungen, Finanzierung von Professuren und Veranstaltungen sind es vor allem klinische Projekte, die im Auftrag von Unternehmen an Unversitätseinrichtungen realisiert werden. Kooperationsformen wie mit Biotechunternehmen sind bei Universitäten nur oder erst in Ansätzen zu erkennen (Gambardella 1995: 48–61; Drews 1998: 248).

Der Abschluss von Kooperationen mit Pharmakonzernen ist für die Biotechunternehmen eine der wichtigsten Finanzierungsquellen. Im Jahr 1997, das für die Finanzierung über Initial Public Offerings und andere Quellen an den Kapitalmärkten eher flau war, schnellte der Gesamtbetrag der Kooperationsverträge von 2 Mrd. auf 5,9 Mrd. USD hoch. Fusion und Übernahmen wurden für 3,7 Mrd. USD getätigt (Scrip 1998). Zwei Jahre später, in der Boomphase zwischen Juni 1999 und Juni 2000 explodierten die Finanzierungen mit IPO's förmlich auf 2,7 Mrd. USD und Folgefinanzierungen von 4,853 Mrd. USD 10,5 Mrd. USD. Dazu kommt noch, dass alleine Hoffmann-La Roche im dreistufigen, teilweisen Börsengang von Genentech insgesamt 7,8 Mrd. USD erzielte. Im gleichen Zeitraum erzielten Biotechunternehmen in 207 weiteren Finanzierungsaktionen rund 8,2 Mrd. USD. Auch die frühe Venture Finanzierung stieg an: 118 Unternehmen organisierten in 127 Finanzierungsaktionen insgesamt 1,740 Mrd. USD Venture Capital Einlagen (Ernst & Young 2000a: 52f). Zur Übersicht über die jüngere Entwicklung der Finanzierung der US-Biotechunternehmen sind in Tab. 4.2 die Finanzierungsarten zusammengestellt, wie sie die private Merchant Bank Burrill & Co. in San Francisco regelmäßig ermittelt. Der Anteil der Finanzierung über Kooperationen mit Pharmakonzernen und anderen Biotechunternehmen schwankte zwischen 34% und 61% (Burrill & Co 1998; 1999; 2000). Der Rückgang dieses Anteils ist nicht zuletzt auch eine Folge des Boom von Börsengängen in den letzten beiden Jahren. Dabei ist allerdings nicht zu vergessen, dass die großen Pharmakonzerne über ihre Beteiligungen an Venture Funds zusätzliche Mittel in die Biotechnologie pumpen, die als solche nicht sichtbar werden (vgl. dazu die Ausführungen betreffend Ciba-Geigy und Sandoz in Kapitel 7).

Tab. 4.2. Finanzierung der Biotechunternehmen in den USA 1997-99 in Mio. USD

	IPO	Second. Public	Convert. Debts	Private	Venture Capital	Other	Total	Partner-ing	Total
1997	709	3005	1288	1297	609	213	7121	5892	10159
1998	371	516	1140	977	799	206	4009	6150	10159
1999	670	5757	1371	1178	1015	236	10227	5290	15517

Quelle: zusammengestellt nach Burrill & Co (1998; 1999; 2000)

4.2.3 Spezifische Gründe für die Internationalisierung der chemisch-pharmazeutischen Industrie

Parallel zum stürmischen Wachstum vollzog sich in den vergangenen vierzig Jahren eine zunehmende Internationalisierung der chemisch-pharmazeutischen Industrie. Ein wesentlicher Grund der Internationalisierung der Investitionstätigkeit liegt in den enormen Forschungs- und Entwicklungskosten. Es geht darum, den wirtschaftlichen Ertrag aus den großen Investitionen mit einer Expansion in neue Märkte zu maximieren. Seit den siebziger Jahren mussten die Pharmakonzerne ihre Geschäftätigkeit zunehmend im Kontext weltweiter Märkte planen, um die enormen Investitionskosten zu amortisieren.

Die Anteile der Verkäufe im Ausland haben für die großen Pharmaunternehmen alle massiv zugenommen. Für die meisten Konzerne übersteigen die Einnahmen aus dem Ausland 40% des Gesamtumsatzes. Viele Firmen begannen ihre Internationalisierung über Verkaufsabteilungen bereits einige Jahre nach ihrer Gründung in der zweiten Hälfte des 19. Jahrhunderts. Dazu gehörten auch Lizenzierungsstrategien, Marktvereinbarungen und Joint Ventures. Mit Ausnahme der Unternehmen aus den kleinen Ländern beschränkte sich der Internationalisierungsprozess bis zum Ende des Zweiten Weltkriegs meist auf diese Schritte. In den fünfziger Jahren setzte dann die große Expansion über die Errichtung eigener Filialen und Produktionsstätten im Ausland ein, vor allem in den reichen Ländern und in geringerem Ausmaß auch in den Entwicklungsländern, zuerst durch die US-amerikanischen und danach durch die europäischen Pharmakonzerne (Taggart 1993: 29-34).

Neben den allgemeinen Gründen für die Internationalisierung, wie der Notwendigkeit, in neue Märkte zu expandieren, um die Gewinnmaximierung voranzutreiben, gab es eine Reihe von Faktoren, die spezifisch für die pharmazeutische Industrie sind. Die hohen und schnell angestiegenen F&E-Kosten mußten mit einer möglichst breiten Marktdurchdringung gedeckt werden. Infolge der Verkürzung der Lebenszyklen ergab sich der Druck, die Produkte in möglichst vielen Märkten schnell einzuführen und rasch ein Maximum an Verkaufserlösen zu erzielen. Ein weiterer Anreiz zur Internationalisierung ergab sich durch den Patentschutz, den es auf internationaler Ebene zu nutzen gilt (Taggart 1993: 33).

Die Internationalisierung ging mit einer zunehmenden industriellen Konzentration auf internationaler Ebene einher. Im Rahmen oligopolistischer Strategien erhielt die Internationalisierung zusätzliche Schubkraft. Die Konzerne waren nicht nur bestrebt, ihre eigenen Märkte auszudehnen, sondern es galt ab den achtziger Jahren zunehmend auch die oligopolistischen Rivalen (Chesnais 1997) in ihren Heimmärkten anzugreifen. Die Globalisierung oder besser die Triadisierung der Märkte und die oligopolistische Rivalität verschärften den Konkurrenzkampf und den Kostendruck. Das stellte die Unternehmen vor die Aufgabe, ihre Organisation der gesamten Wertschöpfungskette neu zu konfigurieren und koordinieren (Porter 1986) und Strategien des 'global switching' und 'global focusing' zu entwickeln (Howells und Wood 1993: 142-152).

Die Bestände der Direktinvestitionen sind auch in der Pharmaindustrie schneller gewachsen als der internationale Handel. Die Hauptquellen von Direktinvestitionen waren die USA und Europa, die Hauptdestinationen waren die USA, Europa und Japan. Die Direktinvestitionen in Entwicklungsländer waren gering und ihr Anteil ging zurück. Die Internationalisierung der Kapitalbestände hat sich also auf Triaderegionen konzentriert, und Japan verzeichnet bei der Pharmaindustrie im Unterschied zu anderen Industrien bedeutende einwärtsgerichtete Investitionen. Die ausländischen Kapitalbestände der Pharmaindustrie in den USA explodierten förmlich und stiegen von 5,9 Mrd. USD im Jahr 1985 auf 37,4 Mrd. USD 1993 an. 88% davon kamen aus Europa und alleine die 'Basler Konzerne' hielten wiederum die Hälfte des europäischen Kapitals. Andererseits hielten die US-Pharmakonzerne im Jahr 1993 36,5 Mrd. USD im Ausland, 90% davon in reichen kapitalistischen Ländern, 71% in Europa und 12,5% in Japan. Die Flüsse der Direktinvestitionen zeigen dasselbe Bild. Die in die USA gerichteten Direktinvestitionen zogen in den achtziger Jahren stark an, gingen nach 1990 etwas zurück und stiegen seit 1993 erneut an (OECD 1996: 93).

Später und in geringerem Ausmaß als die Produktion internationalisierten die Konzerne auch ihre F&E-Infrastruktur. Im Zuge der gestiegenen Komplexität der Forschung und der geographischen Expansion der Verkäufe ergab sich zunehmend ein Druck, neue Ressourcen für die Forschung und Entwicklung zu erschließen. Die Verfügbarkeit von ausgebildeten Fachkräften und wissenschaftlichem Know-how ist ein zentraler Inputfaktor für die pharmazeutische Industrie. Taggart (1991: 236) ermittelte, dass neben den Erfordernissen der Markterschließung und effizientem Patentschutz die Existenz einer kritischen Masse von Wissenschaftern und ausgebildeten Fachkräften die zentralen Standortfaktoren für die Errichtung von F&E-Stätten außerhalb des Stammlandes sind. Die Internationalisierung der Forschung und Entwicklung bedeutet keineswegs, dass sich die F&E-Einrichtungen zunehmend über die ganze Welt verteilen. Die Forschung und Entwicklung bleibt hochgradig auf die reichsten Industriestaaten konzentriert (vgl. Abschnitt 4.1.3 und Abb. 4.3).

Mit wenigen Ausnahmen (z.B. der Konzerne aus der Schweiz) betrieben die großen Pharmaunternehmen ihre Forschung und Entwicklung trotz Internationalisierung bis Mitte der neunziger Jahre mehrheitlich in ihrem Stammland. Der Aufbau internationaler Forschungszentren ist auf wenige Länder beschränkt. So haben nahezu alle großen Pharmaunternehmen Europas im Laufe der achtziger Jahre Forschungseinrichtungen in den USA aufgebaut (OECD 1996: 78ff). Die ausländischen Pharmaunternehmen waren im Jahr 1992 im Industrievergleich die größten, ausländischen F&E-Investoren in den USA und ihre F&E-Ausgaben stiegen während der achtziger Jahren am schnellsten an. Zu laufenden Preisen haben die Filialen ausländischer Konzerne in den USA im Jahr 1993 USD 3,8 Mrd. in die Forschung und Entwicklung gesteckt. Das entsprach einem Drittel der industriellen F&E-Ausgaben aus dem Ausland. Im Vergleich dazu haben die US-Firmen über USD 2 Mrd. im Ausland für F&E ausgegeben. Die japanischen Firmen haben demgegenüber nur wenig Forschungsstätten im Ausland errichtet (OECD 1996: 81; Dolata 1996). Diese Welle europäischer Investitionen hängt einerseits mit der dynamischen Entwicklung des Pharmamarktes in den USA zusammen. Andererseits ging es den europäischen Konzernen darum, in Kontakt mit den neuen wissenschaftlichen Innovationen in der Biotechnologie zu kommen und sich über Kooperationen Know-how anzueignen.

Wie bereits in Kapitel 2 dargelegt, vollzieht sich die Internationalisierung der F&E und der Technologie keineswegs nur über die Lokalisierung von F&E-Zentren. Der Erwerb von technologischen Potentialen und Wissen über Kooperationen und Lizenzabkommen, der internationale Schutz des Wissens und Technologien über die zentralisierte Patentierungsaktivitäten sowie internationale technologische Allianzen zur Schaffung internationaler technologischer Oligopole sind weitere, zentrale Dimensionen der internationalen technologischen Expansion von Multinationalen Konzernen (Chesnais 1997). Im Rahmen der Untersuchung der Entwicklung der F&E-Organisation der 'Basler Konzerne' werden diese Aspekte aufgegriffen (siehe Kapitel 7).

4.2.4 Konzentrationsprozess: globale Oligopole

Zwar ist die Pharmaindustrie insgesamt nicht so konzentriert wie andere Hochtechnologieindustrien, beispielsweise die Computer- oder Mikroelektronikindustrie oder die Automobilindustrie. Oligopolistische Verhältnisse mit hohen Marktkonzentrationen zeigt die Pharmaindustrie allerdings in den Märkten der einzelnen therapeutischen Indikationsgebiete, wo es zudem eine geringe gegenseitige Nachfrageelastizität zwischen einzelnen Submärkten und keine wirklichen Preiswettbewerb gibt (Taggart 1993: 28; Wolf 1993: 318f).

Seit Ende der 80er Jahre ist eine verstärkte Konzentration in der Industrie zu beobachten. Mit einer starken Steigerung der Direktinvestitionen versuchen die Konzerne die Stellung ihrer Konkurrenten in ihren Heimmärkten anzugreifen. Nur noch die größten Konzerne sind in der Lage, die Mittel für die gigantischen Forschungsaufwendungen aufzubringen und die neuen Produkte weltweit möglichst schnell einzuführen. Die pharmazeutische Industrie wird von rund zwanzig forschungsorientierten Konzernen angeführt. Die führenden Positionen haben sich im Laufe des letzten Jahrzehnts oft verändert, die Gruppe der größten Konzerne blieb jedoch weitgehend dieselbe. Alle Firmen der Top-15 im Jahr 1992 gehörten auch zu den Top-20 im Jahr 1981. Allerdings setzte in den achtziger Jahren ein verstärkter Konzentrations- und Konsolidierungsprozess ein, der zunächst aber noch geringer war, als es die steigenden Forschungskosten hätten erwarten lassen. Die Situation von 1989 war jener von 1981 immer noch ähnlich. Die Marktanteile der Top-8, Top-16 und Top-50 hatten sich etwas erhöht, während die Anteile der Top-4 leicht von 12% auf 11% zurückgegangen waren. In Europa blieb der Konzentrationsgrad etwa gleich, in Japan erhöhte er sich leicht und den USA ging er von einem höheren Niveau aus sogar zurück (Wolf 1993: 330ff; OECD 1996: 82).

Seit 1989 verging kein Jahr, ohne dass nicht eine große Übernahme oder Fusion geschah. Eigentliche Übernahmewellen mit sehr großen Transaktionen ereigneten sich 1989, 1995-1997 und kürzlich wieder 1999-2000. Damit verstärkte sich der Konzentrationsgrad in der Industrie deutlich. 1988 verfügten die vier größten Firmen zusammen über einen Anteil von 12,1%, die zehn größten Firmen zusammen etwas knapp über ein Viertel. Bis 1998 hatten die vier größten Pharmakonzerne ihren Marktanteil auf 16,5% gesteigert, die Top-10 auf 35,9% und die Top-20 auf 48,6%. Trotz der Konsolidierung hatte bis zum Jahr 2000 kein Konzern mehr als 5% Marktanteil auf Weltebene und keiner mehr als 20% in einem Land. Die jüngste Fusionswelle änderte das. Mit der Fusion von Glaxo-Wellcome und SmithKline Beecham zu GlaxoSmithKline und der Übernahme von Warner-Lambert durch Pfizer sind zwei Megakonzerne entstanden, die über Marktanteile von 7,0% respektive 6,9% verfügen. Die nächsten Verfolger wie Merck, AstraZeneca, Bristol-Myers Squibb und Novartis werden eine entsprechende Größe durch inneres Wachstum nicht erreichen können und wiederum zu großen Transaktionen schreiten, sofern sie eine ähnlich große Masse anstreben. Im Jahr 2000 verfügen die Top-10-Konzerne zusammen nunmehr über Marktanteile von 46%. Die Übernahme und Fusionswelle hat mittlerweile ein Maß erreicht, dass rund die Hälfte der größten 25 Pharmakonzerne in den Jahren 1998 und 99 in eine Fusion oder eine substantielle Übernahme involviert war (Davison 2000).

Tab. 4.3. Die 10 bis 20 größten Pharmakonzerne und ihre Marktanteile zwischen 1988 und 1999

1988		1994		1995	
Merck & Co	3,9	Glaxo	3,6	GlaxoWellcome	4,7
Glaxo	2,9	Merck & Co	3,4	Merck & Co	3,5
Ciba	2,8	Bristol-Myers Squibb	3,2	Hoechst Marion Roussel	3,5
Hoechst	2,5	Roche	2,8	Bristol-Myers Squibb	3,1
Johnson & Johnson	2,2	Pfizer	2,7	American Home Products	3
American Home Products	2,2	Johnson & Johnson	2,7	Pfizer	2,9
Bayer	2,2	SmithKline Beecham	2,5	Johnson & Johnson	2,9
Pfizer	2,1	Ciba (ohne Ciba Vision)	2,5	Roche	2,6
SmithKline Beecham	2,1	American Home Products	2,3	SmithKline Beecham	2,5
Sandoz	2	Hoechst	2,3	Ciba (ohne Ciba Vision)	2,5
		Bayer	2,2	Rhone Poulenc Rorer	2,2
		Eli Lilly	2,1	Bayer	2,1
		Sandoz	1,9	Eli Lilly	2
		Schering Plough	1,8	Sandoz	1,9
		Rhone Poulenc Rorer	1,8	Schering Plough	1,9
		Abbott	1,7	Astra	1,8
		Astra	1,6	Pharmacia-UpJohn	1,7
		Takeda	1,5	Boehringer Ingelheim	1,6
		Sankyo	1,5	Sankyo	1,6
		Boehringer Ingelheim	1,4	Takeda	1,6

1996		1997		1998		1999	
Novartis	4,43	Merck & Co	4,63	Novartis	4,24	Merck & Co	4,5
GlaxoWellcome	4,42	GlaxoWellcome	4,46	Merck & Co	4,22	AstraZeneca	4,35
Merck & Co	3,99	Novartis	4,32	GlaxoWellcome	4,20	GlaxoWellcome	4,1
Hoechst Marion Roussel	3,26	Bristol-Myers Squibb	3,71	Pfizer	3,93	Pfizer	4,1
Bristol-Myers Squibb	3,19	Johnson & Johnson	3,51	Bristol-Myers Squibb	3,90	Bristol-Myers Squibb	4,0
Johnson & Johnson	3,13	Pfizer	3,42	Johnson & Johnson	3,59	Novartis	4,0
American Home Products	3,12	American Home Products	3,33	American Home Products	3,11	Aventis	3,9
Pfizer	3,08	SmithKline Beecham	2,96	Roche	3,05	Johnson & Johnson	3,85
SmithKline Beecham	2,67	Hoechst Marion Roussel	2,81	Eli Lilly	2,93	American Home Products	3,1
Roche	2,65	Eli Lilly	2,61	SmithKline Beecham	2,93	Roche	3
Astra	2,13	Roche	2,55	Astra	2,75	Eli Lilly	2,9
Bayer	2,13	Abbott Astra	2,45	Abbott	2,53	SmithKline Beecham	2,8
Eli Lilly	2,1	Schering Plough	2,26	Hoechst Marion Roussel	2,48	Warner-Lambert	2,8
Schering Plough	2,05	Bayer	2,16	Schering Plough	2,45	Abbott	2,6
Rhone Poulenc	2,05	Astra	2,12	Warner-Lambert	2,37	Schering Plough	2,5
Abbott	2	Warner-Lambert	1,9	Bayer	2,1	Mit Fusionen für 1999:	
Pharmacia & UpJohn	1,8	Rhone Poulenc Rorer	1,8	Rhone Poulenc	1,8	Glaxo Smith Kline	7,0
Boehringer Ingelheim	1,5	Pharmacia-UpJohn	1,8	Pharmacia & UpJohn	1,8	Pfizer inkl. Warner	6,9
Takeda	1,5	Boehringer Ingelheim	1,5	Zeneca	1,5	Pharmacia inkl. Mons-	3,0
Warner-Lambert	1,4	Takeda	1,5	Boehringer Ingelheim	1,4	anto	

Basis: Herstellerpreisen, rezeptpflichtige und rezeptfreie Medikamente (ohne Krankenhäuser), rund 70% des Weltmarktes, Quellen: (Pharma Information 1994; 1995; 1996; 1997; 1998; 1999; 2000; NZZ 1997; Caspar 1995; IMS 1999a; IMS 2000c)

Interessanterweise vollzog sich im Gegensatz zur weltweiten Konzentrations-bewegung in verschiedenen Ländern auf nationaler Ebene bis Ende der achtziger Jahre sogar eine Verringerung des Konzentrationsgrades. Gemäß Ermittlungen der OECD (1996: 83) reduzierten sich in den USA die Marktanteile der Top-4, Top-8 und Top-50 in der Periode zwischen 1947-87. Dennoch ist im größten Pharma-markt der Welt, in den USA, der Konzentrationsgrad höher als auf Weltebene. Im Jahre 1996 hatten die vier größten Konzerne einen kumulierten Marktanteil von knapp einem Viertel, und die zehn größten Konzerne kontrollierten 56% und die Top Zwanzig drei Viertel des US-Marktes für verschreibungspflichtige Medikamente.[42]

Auch in Deutschland gingen die Anteile der ersten 6, 10 und 50 Firmen zwischen 1976 und 1988 leicht zurück. In Japan verminderten sich Marktanteile der ersten 4 und 10 Firmen zwischen 1965 und 1988 sogar recht deutlich *(OECD 1996: 83)*. Diese Daten deuten darauf hin, dass der weltweite Konzentrationsprozess und die Herausbildung globaler oder triadischer Oligopole mit einer Ablösung der nationalen Oligopole einher geht *(vgl.Chesnais 1997)*. Mit der Übernahme von Rivalen trachten die Firmen danach, ihre globalen Marktanteile zu vergrößern. Auf bestimmte Produktgruppen spezialisierte Firmen müssen in allen wichtigen Märkten präsent sein.

Die kumulierten Marktanteile der ersten vier, acht oder zehn Konzerne auf Weltebene zu ermitteln, ergibt zwar eine allgemeine Aussage über die Bedeutung der Konzerne im Pharmamarkt. Aufgrund der geringen Substitutionselastizität der Pharmapräparate und der immer noch wichtigen nationalstaatlich unterschiedlichen Regulierungen der Märkte müßten eigentlich die Marktanteile der Unternehmen in den jeweiligen therapeutischen Gebieten analysiert werden. Leider sind die diesbezüglichen Daten nur mit einem finanziellen Aufwand zu erwerben, der den Rahmen einer akademischen Studie bei weitem übersteigt. In der Zeitschrift Scrip werden immerhin kleine Datenausschnitte publiziert.

Noch präziseren Einblick in die Marktsituation erhält man, wenn man die Marktanteile von bestimmten Produkten in den entsprechenden therapeutischen Märkten erfasst und damit ein Bild über die Marktmacht einzelner Unternehmen in bestimmten Feldern erhält. Die meisten Pharmakonzerne arbeiten nur auf einem beschränkten Bereich von therapeutischen Indikationen. Die drei stärksten Produkte umfassen in der Regel bereits 45-60% des Umsatzes in einem Submarkt und sogar 80-90% in einigen Submärkten (OECD 1996: 84). Das gegen Magengeschwüre wirkende Produkt *Zantac* (ranitidine) von Glaxo war mehrere Jahre das meist verkaufte Medikament der Welt mit Verkäufen im Wert von 3 Mrd. USD, davon alleine in den USA 1,7 Mrd. USD (IMS America 1998). *Zantac* erreichte im Gastrointestinal-Markt 1993 (im drittletzten Jahr ohne Konkurrenz durch Generika) einen Marktanteil von 36% weltweit, 49% in den USA, 42% in Europa und 10% in Japan (Scrip 1995d).

Wesentliche Gründe für die Übernahmen und Fusionen unter den großen Pharmafirmen sind die steigenden F&E-Kosten, die kürzeren Lebenszyklen und die höchst ungleichen Verkaufserlöse aus den pharmazeutischen Innovationen. Dazu kommen weitere Gründe wie der Erwerb von Technologien und der Zutritt zu zusätzlichen Märkten. Die Konzentration auf den Märkten und die Verschärfung der oligopolistischen Rivalität führt aber weniger zu einem verschärften Preiswettbewerb unter den forschungsorientierten Unternehmen, sondern eher zu einer Reduktion und Rationalisierung des Produktsortiments (Wolf 1993: 311).

---

[42] Ermittelt aus Daten von IMS America, zitiert aus Pharma Marketletter via News Edge Corporation, April 15, 1998.

Tab. 4.4. Fusionen und Übernahmen in der Pharmaindustrie zwischen 1980 und 1998 mit einer Transaktionssumme von mindestens 1 Mrd. USD

Käuferfirma resp. Partner	Erworbene Firma resp. Partner	Art der Transaktion in USD
1981 Dow Chemical	Richardson-Merrell	
1985 Monsanto (US)	G.D.Searle (US)	
1985 Rorer (US)	USV/Armour	
1986 Schering-Plough (US)	Key (US)	
1988 Eastman Kodak (US)	Sterling and Winthrop Drug (US)	5,3 Mrd
1988 SmithKline Beckman (US)	Bio-Science Labs (US)	
1988 Boehringer Ingelheim (D)	Bio-Mega (US)	n.a.
1989 Novo (DK)	Nordisk (DK)	n.a.
1989 Beecham (UK)	Smith Kline Beckmann (US)	Fusion 7,9 Mrd.
1989 Dow Merrell (US)	Marion (US)	Fusion 7,7 Mrd.
1989 Bristol Myers (US)	Squibb (US)	Fusion 12,1 Mrd.
1989 American Home Products (US)	A.H. Robins (US)	
1989 Fujisawa (J)	Lyphomed (US)	n.a.
1989 Institut Mérieux (F)	Connaught (Ca)	n.a.
1990 Hoffmann-La Roche (CH)	Genentech (US)	2,021 Mrd., Beteil. 60%
1990 Rhône-Poulenc (F)	Rorer (US)	3,476 Mrd.
1990 Pharmacia (S)	Kabi	
1990 Boots (US)	Flint (US)	
1991 Chiron (US)	Cetus(US)	Übernahme
1991 Sterling Drug; North American Operat. (US)	Sanofi, North, Latin Americ. Op. (F)	Übernahme 2,4 Mrd.
1991 Sanofi Europ. Operationen (F)	Sterling Drug European Ops (US)	Übernahme 4,5 Mrd.
1991 Hoffmann-La Roche (CH)	Nicholas (Nichaloas Kiwi AU) NL	Übernahme 0,82 Mrd.
1992 American Home Products (US)	Genetics Institute	Übernahme 0,667 Mrd.
1992 American Cyanamid (US)	Immunex	Kontr. Anteil 0.736 Mrd.
1993 Warner-Lambert OTC Prod (US)	Wellcome (OTC Prod) GB	Übernahme 4,397 Mrd.
1993 Hoechst (D)	Copley Pharmaceuticals (US)	Übernahme 0,546 Mrd.
1993 Merck (US)	Medco Containment Services (US)	Übernahme 6,6 $ Mrd.
1994 SmithKline Beecham (UK/US)	Diversified Pharmac. Serv. (US)	Übernahme 2,3 Mrd.
1994 SmithKline Beecham UK/US)	Sterlling (OTC unit) (US)	Übernahme 2,925 Mrd.
1994 Johnson&Johnson (US)	Eastman Kodak-Clinical (US)	Übernahme 1,008 Mrd.
1994 Sanofi (F)	Sterling (presc. drugs.) (Kodak) US)	Übernahme 1,680 Mrd.
1994 Kabi Pharmacia AB (S)	Erbamont Inc. Farmitalia (I)	Übernahme 1,618 Mrd.
1994 Hoffmann-La Roche	Syntex	Übernahme 5,307 Mrd.
1994 BASF Knoll (D)	Boots, Pharmac. Operations (GB)	Übernahme 1,584 Mrd.
1994 Eli Lilly (US)	PCS Health Systems (McKeeson) (US)	Übernahme 4,000 Mrd.
1994 Ciba-Geigy (CH)	Chiron (US)	Anteil 47% 2 Mrd.
1994 American Home Products (US)	American Cyanamid (US)	Übernahme 9,561 Mrd.
1995 Schwarz Pharma (D)	Reed & Carnick	
1995 Rhône-Poulenc Rorer (F)	Fisons (GB)	Übernahme 2,888 Mrd.
1995 Pharmacia (S)	UpJohn (US)	Fusion, 6,316 Mrd.
1995 Hoechst-Roussel (D)	Marion Merrell Dow (US)	Übernahme 7,121 Mrd.
1995 Gynopharma	Ortho-McNeil (US)	
1995 Glaxo (GB)	Borroughs Wellcome (GB)	Übernahme 14,1 Mrd.
1995 Glaxo (GB)	Affymax (NL)	Übernahme 0,593 Mrd.
1995 Watson Pharmaceuticals (US)	Circa Pharmaceuticals (US)	Übernahme 0,609 Mrd.
1996 Elan (US)	Athena Neurosciences (US)	
1996 Ciba-Geigy (CH)	Sandoz (CH)	Fusion 30,1 Mrd.
1997 Nycomed	Amersham	
1998 Hoffmann-La Roche (CH)	Boehringer Mannheim (D)	Übernahme 11 Mrd.
1999 Warner-Lambert	Agouron	Übernahme 2,1 Mrd.
1999 Johnson&Johnson	Centocor	Übernahme 4,9 Mrd.
1999 Shire Pharmaceuticals	Roberts	Übernahme 1 Mrd.

1999	PharmaciaUpJoihn	Sugen	Übernahme 0,729 Mrd.
1999	Millenium	Leukosite	Übernahme 0,910 Mrd.
1999	Hoechst Marion Roussel (D)	Rhône-Poulenc Rorer (F)	Fusion
1999	Sanofi SI (F)	Synthélabo (F)	Fusion 8 Mrd.
1999	Astra (S)	Zeneca (GB)	Fusion 35 Mrd.
1999	Hoffmann-La Roche	Genentech (nach vollst. Übernahme)	Public Offering 7,8 Mrd.
2000	Celltech	Medeva	Übernahme 0,912 Mrd.
2000	Pharmacia UpJohn (S/US)	Monsanto (US)	Fusion 23 Mrd.
2000	GlaxoWellcome (GB)	Smithkline Beecham (GB/US)	Fusion 115 Mrd.
2000	Pfizer (US)	Warner Lambert (US)	Übernahme 92,5 Mrd.
2000	CIBA Vision (Novartis)	Wessley Jesen	Übernahme 0,785 Mrd.
2000	Novartis	Zwei Produkte von SmithKline Beech.	Übernahme 1,63 Mrd.
2001	Abbott Laboratories	BASF Pharma / Knoll	Verkauf 6,9 Mrd.

Zusammengestellt nach: (Grabowski und Vernon 1994: 437; OECD 1996: 94; NZZ 1998; PhRMA 1999: 62; 2000: 71; Davison 2000: 48; Pfizer 2000; Pilling 2000; BASF MR 2000; CIBA Vision MR 2000b; Novartis MR 2000x)

4.2.5 Fazit: Perspektiven und Strategien

Perspektiven der Pharmaindustrie

Die meisten großen Pharmakonzerne befinden sich in einer ökonomisch blendenden Verfassung und konnten in den letzten Jahren ihre Renditen deutlich steigern. Die bisherigen Erläuterung zeigen aber, dass einige Faktoren den Spielraum und die Profitabilität dieser Industrie in mittlerer Zukunft beeinträchtigen und die Pharmakonzerne vor grundlegende Herausforderungen stellen können. In den meisten kapitalistischen Staaten versuchen die Regierungen, die Gesundheitskosten zu reduzieren. Vielfach wird über Positiv- oder Negativlisten die Menge der erstattungsfähigen Medikamente reguliert. In den USA organisieren HMO (Health Maintenance Organizations) zunehmend die Nachfrageseite und versuchen, die Anbieter zur Preiskonkurrenz zu zwingen. Das schnellere Erscheinen von Konkurrenzprodukten und die Förderung von Generika bewirken ebenfalls einen Preisdruck. Das heißt, dass zumindest in gewissen Marktsegmenten die Monopolstellung einzelner Konzerne zunehmend beeinträchtigt werden könnte.

Das weltweit führende Pharma-Marktforschungsunternehmen IMS prognostiziert ein durchschnittliches jährliches Wachstum des Pharma-Weltmarktes in den Jahren 1999 bis 2003 um 7% auf USD 435 Mrd. (IMS 1999c). Basierend auf den gigantischen Forschungs- und Entwicklungsausgaben der letzten Jahre seien die Pipelines mit neuen Substanzen gefüllt wie nie zuvor. Die erwartete erfolgreiche Lancierung neuer Produkt werde der Industrie zu nachhaltigem Wachstum verhelfen. Nordamerika, Lateinamerika, der Mittlere Osten Südostasien und ganz besonders China (11,1% jährliche Wachstumsrate in China und Südostasien) würden auch in den nächsten Jahren ein überdurchschnittliches Wachstum verzeichnen. In Nordamerika würden neue Produkte und eine zunehmende Kostendeckung für verschreibungspflichtige Medikamte für Empfänger von Medicare und Medicaid Programmen das Wachstum antreiben. In Europa hingegen wird ein weiterer

Druck durch Kostendämpfungsmaßnahmen erwartet. Für Japan wird gar eine Marktschrumpfung um 0,2% vorausgesagt.

Die Zuverlässigkeit derartiger Marktvoraussagen ist beschränkt. Dennoch ist offensichtlich, dass wichtige Faktoren auch in Zukunft eine Ausdehnung der Märkte bewirken:

- eine Zunahme von mit der Alterung der Bevölkerung zusammenhängenden Krankheiten;
- neue technologische Errungenschaften und neue Heilungsmethoden lassen erwarten, dass in Zukunft gegen bisher als unheilbar geltende Krankheiten Therapien entwickelt werden;
- relativ kaufkräftige Mittelschichten in den urbanen Ballungszentren der sogenannten 'emerging markets' treten zunehmend als Käufer von Medikamenten auf, die auch in den reichen kapitalistischen Ländern an der Spitze stehen, wie z.B. Präparate in den Bereichen Stoffwechsel, Herzkreislauf und Zentralnervensystem.

Andererseits stellt sich trotz günstiger Marktprognosen für die nächsten Jahre die Frage, ob die Märkte so ausgedehnt werden können, wie es für ein kontinuierliches Wachstum der gesamten Industrie nötig wäre. Die Anzahl von Menschen ohne sozialen Schutz und ohne Krankenversicherung nimmt auch in den reichen kapitalistischen Ländern wieder zu. Die Länder der sogenannten 'emerging markets' erlitten Ende der neunziger Jahre eine tiefe ökonomische Krise und einen Kaufkraftverlust breiter Bevölkerungsschichten. Die Kaufkraft in den meisten Ländern in Lateinamerika, Asien und Afrika wird sich kurzfristig kaum deutlich erhöhen. Diese Faktoren beschränken das Wachstum der Pharmamärkte.

Angesichts generell geringerer Wachstumsraten in den meisten Volkswirtschaften verglichen mit den vergangenen Jahrzehnten, entsteht die Frage, wie lange die Pharmamärkte ein weit überdurchschnittliches Wachstum verzeichnen und weiterhin stark expandieren können. Medizinische Versorger wie Krankenhäuser äußern vermehrt den Wunsch, aufeinander abgestimmte therapeutische und diagnostische Leistungen aus einer Hand zu beziehen. Diese Tendenz zeigt sich beispielsweise bei der Diagnose und Therapie der HIV-Infektion. Damit stehen die Konzerne vermehrt vor der Herausforderung, ganze Bündel von zusammengehörigen Maßnahmen bereitzustellen (Drews 1998: 269).

Zu großen Teilen lebt die Pharmaindustrie immer noch von den großen Innovationen der siebziger Jahre. In den nächsten Jahren werden einige Blockbuster-Präparate von Generika verdrängt werden. Die enormen Forschungsaufwendungen sind auch Ausdruck des Bestrebens, dieses Problem zu überwinden. Es ist zu erwarten, dass die im Zuge der molekularbiologischen Revolution gewonnenen Erkenntnisse und neue Discovery Technologien wie kombinatorische Chemie, *rational drug design* und *genomics* schon bald in neue innovative Produkte münden und das Innovationsdefizit reduzieren oder gar auflösen. Die Konvergenz bislang getrennter technologischer Pfade in der Chemie, Biotechnologie und Informationstechnologie eröffnet das Potential zu einer neuen industriellen Dynamik. Tatsächlich hebt sich auch die Trennung zwischen klassischer pharmazeutischer Industrie und neuer Biotechindustrie immer stärker auf. Zugleich entstehen neue Unternehmensmodelle, die auf eine stärkere vertikale Desintegration der Wertschöpfungskette hinauslaufen. Sogenannte virtuelle Pharmaunternehmen sowie die zunehmende Bedeutung von *Contract Research Organizations* (CRO) und *Contract Manufacturing Companies* sind Ausdruck dieser Entwicklung (Charlish 2000; Gubser und Hiscocks 2000; Polastro und Tulcinsky 2000).[43]

Die Fortschritte in Genomics und Proteomics werden einerseits zahlreiche neue Therapiemöglichkeiten eröffnen, zugleich sind sie aber auf wesentlich spezifischere Patientengruppen anzuwenden, als das heute der Fall ist (Ernst & Young 1999a; 2000a). Das bedeutet, dass sich die wissenschaftlichen Möglichkeiten und die ökonomischen Zwänge widersprechen (Drews und Ryser 1997: 366, 371). Aber im Unterschied zum phantastischen Aufstieg der chemischen und pharmazeutischen Industrie nach dem Zweiten Weltkrieg, als neue Innovationen und neue Produkte auf eine steigende Nachfrage trafen und daher ein langanhaltendes Wachstum erlaubten, sehen wir zur Zeit keine vergleichbare Konstellation. Obwohl die Konzerne in der Lage waren, ihre Profite in den letzten Jahren massiv zu steigern, unterminieren die Rationalisierungsprogramme und die Reduktion der Arbeitskräfte volkswirtschaftlich ein stabiles Wachstum. Umsätze und Profite basieren oftmals nur auf wenigen Produkten. Die gigantischen Forschungs- und Entwicklungskosten, die Verschärfung der weltweiten Konkurrenz und die Verkürzung der Lebensspannen veranlassen die Konzerne dazu, die Produktionskosten zu senken, die Entwicklung zu beschleunigen und die Forschung innovativer zu gestalten. Sollte sich die Nachfrage nicht nachhaltig erweitern, wird die Industrie angesichts enormer Investitionen in F&E und Anlagen, den sich erweiternden Überkapazitäten, also einer Überakkumulation, weitere Runden von Übernahmen und Fusionen erleben.

Die Entwicklung und Perspektiven der pharmazeutischen Industrie werfen in aller Schärfe zentrale gesellschaftliche Probleme auf. Die Profit- und Konkurrenzlogik zwingt die Unternehmen zur Jagd auf *blockbusters* und dazu, sich auf profitable Marktsegmente und Produktegruppen zu fokussieren. Die marktvermittelte Nachfrage entspricht aber keineswegs den sozialen Bedürfnissen. In die Entwicklung von Therapien gegen Krankheiten der Armen, wie Malaria und Mangelerkrankungen, werden kaum mehr Ressourcen gesteckt. Die Pharmafirmen konzentrieren sich vielmehr auf Krankheiten, die unter zahlungskräftigen Schichten in den Industrieländern oft vorkommen oder gar nur auf Lifestyleprodukte. Auch ein mit der Industrie verbundener Autor wie Drews (1997: 266) erkennt, dass sich hiermit ein zunehmender Widerspruch zwischen der eigentlichen gesellschaftlichen Aufgabe und dem tatsächlichen Verhalten der Industrie auftut. Letztlich ist dies nicht eine Frage der Innovationsfähigkeit der Industrie, sondern wirft das Problem auf, wie die Industrie dazu gebracht werden kann, ihre Ressourcen entsprechend den sozialen Bedürfnissen einzusetzen.

---

[43] Allerdings können CRO in starke Abhängigkeit von den Pharmaunternehmen geraten. Das mit toxikologischen und klinischen Studien befasste Unternehmen Parexel, immerhin eine der großen CRO, geriet im März 2000 in arge Bedrängnis als Novartis seine Aufträge stoppte. Novartis stand für 22% der Einnahmen von Parexel. Nach Kündigung des Vertrags sackten die Aktien von Parexel am 1. März 2000 um 40% ab und das Unternehmen baute über 400 Stellen ab (Chiesa 2000).

Strategische Optionen der Internationalisierung einzelner Konzerne

Die Konzerne können mit unterschiedlichen Strategien auf die Herausforderungen reagieren: Grundsätzlich lassen sich eine defensive und eine offensive strategische Orientierung unterscheiden. Verschiedene Pharmakonzerne haben mit HMOs Allianzen vereinbart, um ihre Medikamente innerhalb der von der HMO vertretenen Bevölkerungsgruppe möglichst weit zu verbreiten. Der US-Konzern Merck hat im Jahre 1993 die Medikamentenverteilfirma Medco für 6,6 Milliarden USD übernommen. Eli Lilly und SmithKline Beecham hatten ähnliche Schritte unternommen. Allerdings zogen sich beide 1998 respektive 1999 verlustreich aus diesem Geschäftszweig zurück. Merck scheint es hingegen gelungen zu sein, mit Medco einen Pharmacy Benefits Manager zu integrieren (Schweitzer 1997: 119; NZZ 1997; 1999). Mit der Übernahme von Vertriebsunternehmen haben sich diese Pharmafirmen auch Daten über Patienten, Verschreibungsgewohnheiten von Ärzten und pharmakoökonomische Daten aller Art angeeignet, um damit die Märkte besser strukturieren und bedienen zu können.

Demgegenüber können Pharmakonzerne auch eine offensive Strategie verfolgen, die primär auf Innovation und neue Produkte ausgerichtet ist. Wenn es gelingt, regelmäßig genügend neue und patentgeschützte Produkte auf den Markt zu bringen, können weiterhin hohe Gewinne erzielt werden. Eine Studie von Reuters Business Insights ermittelte, dass unter den Top Ten Firmen im Markt der verschreibungspflichtigen Medikamente, jene am profitabelsten sind, die sich am stärksten auf verschreibungspflichtige Medikamente fokussieren (Pharma Marketletter 1998b). Voraussetzung hierfür ist ein hohes Engagement in der Forschung

Tab. 4.5. Strategievarianten in der pharmazeutischen Industrie

Distributionsstrategien:
- Versuche, einen größeren Teil des Marktes zu kontrollieren oder zu organisieren, wie über vertikale Vorwärtsintegration (z.B. Mercks Akquisition von Medco)

Marktstrategien:
- Expansion in andere Pharmamärkte wie OTC und Generika.
- Expansion in pharmaverwandte Märkte und Erzielung von Synergiegewinnen. Z.B. die Expansion von Roche in den Bereichen Diagnostika und Vitamine oder Novartis' starke Position in Kliniknahrung.
- Konzentration auf Kerngeschäfte

Innovationsstrategien:
- Große Anstrengungen in F&E, um im Innovationswettbewerb vorne zu bleiben und Monopolprofite mit neuen Produkte abzuschöpfen
- Forschungsabkommen, um Produkte, Technologien und Wissen zu internalisieren.

Rationalisierungsstrategien:
- Rationalisierungen und neue räumliche Organisation der Produktion
- Fusionen und Firmenübernahmen

Lifecycle Strategien:
- Große Konzerne treten ältere Produkte an kleinere Pharmafirmen ab
- Große Konzerne treten nahezu entwickelte NCE's, die als zu wenig profitabel eingeschätzt werden (sogenannte 'Lazarus' NCEs) an kleinere Pharmafirmen ab.

Finanzstrategien:
- Aktivitäten in nicht-operativen Bereichen (Finanzoperationen)
- Kotierung an allen wichtigen Börsenplätzen

und Entwicklung. Das Innovationsfeld hat sich mittlerweile dermaßen aufgefächert, dass diese Anstrengungen nicht mehr alleine *'in house'* getätigt werden können. Darum nehmen seit Ende der achtziger Jahre Kooperationsabkommen mit Biotechunternehmen und akademischen Forschungsstätten eine bedeutende Rolle im gesamten pharmazeutischen Innovationsprozess ein. In diesem Zusammenhang lassen sich mehrere strategische Grundmodelle und spezifische Ausrichtungen unterscheiden, die sich teilweise ausschließen, in der Regel jedoch in unterschiedlicher Weise kombinieren lassen (siehe Tab. 4.5).

Letztlich ist jede Strategie jedoch firmenspezifisch und Ergebnis der Geschichte des Unternehmens, der 'bargaining relations' mit Zulieferern, Abnehmern, Lohnabhängigen, den staatlichen Regulierungen, den Kapitalgebern, der Perzeption der Strategie der Rivalen und vielen anderen Faktoren (vgl. Ruigrok und van Tulder 1995) (siehe Kapitel 2).

Fragen zur weiteren Bearbeitung

Das vorliegende Kapitel leistete einen deskriptiven Einstieg in die Spezifika, Rahmenbedingungen und Perspektiven der pharmazeutischen Industrie. Im Hinblick auf die empirische Untersuchung der Internationalisierung einzelner Konzerne werden dadurch einige zusätzliche Fragen aufgeworfen, die die im Kapitel 1 induktiv und im Kapitel 2 deduktiv hergeleiteten Fragen in den Kontext der jüngeren Entwicklungen in der pharmazeutischen Industrie stellen.

Märkte und Wettbewerb: Die relevanten Pharmamärkte sind geographisch auf die reichen Länder konzentriert. Inwiefern trifft dies auch für den Umsatz der Basler Konzerne zu? Die Diversifizierung (z.B. in OTC und Generika oder sogar andere Bereiche) kann teuer sein, hilft aber auch Risiken abzufedern. Wie balancieren die Basler Konzerne die Vor- und Nachteile von Konzentration auf das 'Kerngeschäft' und Diversifizierung? Aufgrund der Geschichte und der industriellen Tradition in der Schweiz ist zu erwarten, dass die Pharmakonzerne aus der Schweiz sich auf hochwertige Produkte fokussieren und gleichzeitig ihre Präsenz in allen wichtigen Marktregionen ausbauen. Parallel zu den Internationalisierungsstrategien ist zu untersuchen, mit welchen Strategien sich die 'Basler Pharmakonzerne' im weltweiten Konzentrationsprozess behaupten?

Organisation der Wertschöpfungskette: Die Kostenexplosion in der F&E und die Globalisierung der Konkurrenz zwingt die Konzerne zu Rationalisierungsprozessen. Welche Bedeutung haben die Maßnahmen zur Verkürzung der Entwicklungszeiten und die Rationalisierungen in der Produktion auf die räumliche Organisation der Konzerne? Unter welchen Bedingungen spielt die regionale Einbettung von Produktions- und F&E-Einrichtungen eine Rolle? Wie entwickelt sich in diesem Zusammenhang die konzerninterne internationale Arbeitsteilung? Welche Rolle nehmen flexiblere Produktionskonzepte wie z.B. 'multi purpose' Anlagen in der Produktion ein. Inwiefern geht mit dem Einsatz flexiblerer Anlagen auch Bedeutungsgewinn von *economies of scope* und eine Flexibilisierung der Arbeitsverhältnisse einher?

Innovationsdefizit, technologische Revolution und Innovationsstrategien: Die Forschung ist die zentrale strategische Funktion der pharmazeutischen Industrie und steht vor der Aufgabe innovativ und effizient zugleich zu sein. Wie begegnen die untersuchten Konzerne dieser Herausforderung? Welche Maßnahmen treffen die Unternehmen, um dem von Drews diagnostizierten Innovationsdefizit zu begegnen. Inwiefern verfolgen die Konzerne globale Innovationsstrategien? Verschiedene Autoren interpretieren den durch die Molekularbiologie ausgelösten technologischen Wandel im Sinne einer technologischen Revolution (Freeman 1990; Valle und Gambardella 1993; Buckel 1996) oder des Übergangs von einem chemischen zu einem informationellen Paradigma (Drews und Ryser 1997) respektive zu einem biotechnologischen Paradigma (Becker und Sablowski 1998). Ergeben sich aus der Analyse einzelner Konzerne Anhaltspunkte, die diese These bestätigen? Welche Anzeichen sprechen dafür, dass sich eine derartige grundlegende Umwälzung der technologischen Grundlagen in der pharmazeutischen Industrie ereignet und sich letztlich auf ihre gesamte Struktur und Organisation niederschlägt?

Diese Aufarbeitung bietet einen wichtigen Rahmen für das Verständnis der strategischen Orientierung der Pharmakonzerne. Darauf aufbauend leisten die Kapitel 7 und 8 konkrete Analysen der räumlichen Entwicklung der Forschungs- und Entwicklungsorganisation und des Produktionssystems von Novartis und ihren Vorgängerfirmen. Auf eine detaillierte Darstellung von Hoffmann-La Roche verzichte ich aufgrund der Fülle des Materials. Zudem lassen sich wichtige Etappen der Firmengeschichte von F. Hoffmann-La Roche in Peyer (1996) nachlesen. Einige Aspekte der Reorganisation der Produktionsbasis von F. Hoffmann-La Roche in Europa in den neunziger Jahren und die Entwicklung der Forschungsorganisationen von Novartis und Roche habe ich bereits an anderen Stellen erläutert (Zeller 2000a; 2000b).

TEIL II:

Von der ersten über die zweite 'Basler Hochzeit' zu einem führenden Gesundheitskonzern

5 Von Ciba-Geigy und Sandoz zu Novartis: diversifizierte oder konzentrierte Expansion?

Das Ziel dieses Kapitels besteht darin, die Grundzüge der Internationalisierungsdynamik von Ciba-Geigy, Sandoz und nach ihrer Fusion von Novartis zu erfassen. Das Kapitel zeichnet demnach den allgemeinen strategischen und organisatorischen Rahmen für die Untersuchung der Internationalisierung der gesundheitsorientierten Unternehmenseinheiten, die in den nachfolgenden Kapiteln anhand der Entwicklung der Pharmadivisionen sowie ihrer Forschungs- und Entwicklungstätigkeiten und der Produktion dargestellt wird. Aufgrund der Beschränkung auf Novartis und ihre Vorläuferfirmen erlangen die Kapitel 5 bis 8 somit den Charakter einer Fallstudie des spezifischen Internationalisierungspfades von Novartis. Für das Verständnis der Entwicklungsdynamik der Pharmadivisionen der untersuchten Konzerne ist es unabdingbar, die Entwicklung der ganzen Konzerne zu verstehen. Die Dynamik der Pharmadivisionen war unmittelbar mit der Entwicklung der Gesamtkonzerne und anderer Geschäftsbereiche verknüpft, da strategische Entscheide in der Regel Entscheide zwischen alternativen Optionen sind. So kann beispielsweise das Investitionsverhalten im Pharmabereich auch von den Geschäftserwartungen in anderen Divisionen beeinflusst sein. Dieser Zusammenhang galt besonders bei den diversifizierten Konzernen wie Ciba-Geigy und Sandoz, weniger aber beim bereits historisch auf den Pharmabereich konzentrierten Konzern F. Hoffmann-La Roche und in jüngster Zeit bei der auf Life Sciences fokussierten Novartis. Daher wird in diesem Kapital ein Überblick über die Konzernentwicklung von Ciba-Geigy, Sandoz und Novartis in der Zeit zwischen 1970 und 2000 geboten.

5.1 Ciba-Geigy: Transformation zur breit abgesicherten Flotte in drei Verbänden

5.1.1 Zwischen Diversifizierung und Konzentration

Bald nach der Fusion von Ciba und Geigy kündigten sich umfassende Veränderungen der wirtschaftlichen Großwetterlage an. Die Konjunktur schwächte sich ab. *„In jenen Bereichen, die maßgeblich zum stürmischen Wachstum der industriellen Gütererzeugung in der Nachkriegszeit beigetragen haben, zeigen sich Sättigungserscheinungen"* warnte der Geschäftsbericht 1970 (Ciba-Geigy 1971: 10). Allerdings blieb die schweizerische chemische Industrie von diesen Tendenzen vorderhand noch weitgehend verschont. Der Grund lag in der Konzentration auf hochwertige Spezialprodukte. Das erlaubte es, verhältnismäßig elastisch auf veränderte Marktbedingungen zu reagieren. Diese Ausrichtung wurde mit im internationalen Vergleich weit überdurchschnittlichen Aufwendungen für die Forschung bezahlt. Der Zerfall der Währungsordnung von Bretton Woods, die der kapitalistischen Weltwirtschaft jene Stabilität gegeben hatte, die die gewaltige Ausdehnung des Welthandels ermöglichte, und der Fall des Dollars waren Anzeichen für die kommenden wirtschaftlichen Veränderungen ab Mitte der siebziger Jahre.

In der ersten Rezession 1974/75 erwies sich die geographisch und sektoriell breite Diversifizierung des Konzerns als vorteilhaft, da flexible Anpassungen vor allem in den multidivisionalen Werken und andere Maßnahmen es erlaubten, den Produktionsausstoß der Stammwerke trotz Konjunktureinbruch zu erhöhen (1974 um + 15%) (Ciba-Geigy 1975: 15). *„Die diversifizierte Struktur unserer Firma hat sich bewährt und als erfreulich krisenfest erwiesen, "* schrieb Verwaltungsratspräsident Louis von Planta im Geleitwort zum Geschäftsbericht 1975 (Ciba-Geigy 1976: 6). Der Konjunkturrückgang wirkte sich stark auf die Abnehmerindustrien der Divisionen Farbstoffe / Chemikalien und Kunststoffe / Additive aus. Die befriedigende Geschäftsentwicklung der Divisionen Pharma und Agrarchemie glich diese rezessionsbedingten Umsatzeinbußen allerdings weitgehend aus. In einer Zeit der Ablösung des generellen Wirtschaftswachstums durch eine unterschiedliche und wechselhafte Entwicklung der einzelnen Branchen und Märkte machte der durch die Fusion erreichte Risiko- und Chancenausgleich zwischen den vier umsatzmäßig vergleichbar starken Trägern des Geschäfts durchaus Sinn (Ciba-Geigy 1977: 10). Die Bedeutung der diversifizierten und geographisch breiten Verankerung des Konzerns brachten die Geschäftsberichte ab 1974 durch die ausführliche Beschreibung der Entwicklung der Konzerngesellschaften allen Kontinenten zum Ausdruck.

Wenn wir die Entwicklung der Umsätze der verschiedenen Geschäftsbereiche beobachten, fällt auf, dass die Zyklen unterschiedlich waren und sich gegenseitig abfederten. Im Geschäftsgang der Industriedivisionen spiegelt sich primär der Konjunkturverlauf der Abnehmerindustrien. Der Agrarbereich war ausgesprochen abhängig vom Gang der Landwirtschaft, insbesondere in den großen Märkten der USA und Europas und verzeichnete jeweils aufgrund der ausgesprochenen Agrarzyklen die größten Umsatzschwankungen. Besonders deutlich war das 1986 und 1987 der Fall, als sich die US-amerikanische Landwirtschaft in einer tiefen Überproduktionskrise befand und durch Anbaubeschränkungen gezeichnet war. Der Pharmasektor war weniger von derartigen konjunkturellen Schwankungen gekennzeichnet. Die Nachfrage wurde vielmehr vom Wandel im Gesundheitswesen und den staatlichen Kostendämpfungsprogrammen beeinflusst.

In den 26 Jahren zwischen der Fusion von Ciba und Geigy und der Fusion von Ciba-Geigy und Sandoz blieb das Spannungsfeld zwischen Diversifizierung und Konzentration ein permanentes Thema der (Selbst-) Beurteilung der Konzernstrategie. Obgleich die Konzernleitung verhältnismäßig konstant an der strategischen Ausrichtung festhielt, und die Anteile der drei großen Marktbereiche Pharmazeutika, Agrarchemie und Industriechemie am Konzernumsatz sich nur allmählich zugunsten der Pharmazeutika veränderten, können wir im Laufe dieses Vierteljahrhunderts einige deutliche Veränderungen erkennen. Textilfarbstoffe, Chemikalien, Additive, gewisse Kunststoffe, Agrochemikalien und Pharmazeutika bildeten konstant die strategischen Pfeiler. Zu diesen Kernaktivitäten lancierte die Ciba-Geigy in den siebziger und achtziger Jahren zahlreiche, teilweise sehr umfangreiche Diversifikationsprojekte in Europa und in den USA. 1990 setzte eine Kehrtwende und die Konzentration auf strategisch klar definierte Sektoren ein. Dieser Wandel vollzog sich aber weit weniger radikal als bei Sandoz. Die folgende Darstellung der wichtigsten Diversifikations- und Fokussierungsschritte zeigt deutlich, dass die Entwicklung des Pharmabereichs (Kapitel 6) bei Ciba-Geigy nur im Kontext des Portfoliomanagements des Gesamtkonzern verständlich wird.[44]

Die Division Farbstoffe / Chemikalien musste sich 1971 aufgrund der Vorschriften der Federal Trade Commission in den USA nach der Fusion von Ciba und Geigy vom Farben- und Aufhellergeschäft der CIBA trennen. In den siebziger und achtziger Jahren bediente sich die Division etlicher Übernahmen und Joint Ventures, um in neue Tätigkeitsbereiche und geographische Märkte zu expandieren. Als wichtige Transaktionen sind u.a. zu nennen: 1973 ein Joint Venture mit Asahi Chemical Industry in Japan für eine gemeinsame Produktionsstätte von Epoxidaharzen; 1973 ein Joint Venture mit Bayer zur gemeinsamen Herstellung von Zwischenprodukten für die Farbherstellung in Brunsbüttel bei Hamburg (1985 stieg Ciba-Geigy aus diesem wenig erfolgreichen Versuch der Rückwärtsintegration aus); 1974 die Übernahme der Firma Chas S. Tanner Co. in Greenville, South Carolina, die 1980 allerdings wieder verkauft wurde; 1982 die Übernahme der American Color and Chemical Corporation und 1986 den Erwerb des Dispersionsfarbengeschäfts von Eastman Kodak. In den neunziger Jahren expandierte die Division Textilfarbstoffe in mehreren Schritten in Südostasien und China. 1994 vereinbarte sie mit der Qingdao Dystuff Factory ein Joint Venture zur Herstellung von Farben in China und ein Jahr später mit BASF zur gemeinsamen Optimierung der vorhandenen Produktionskapazitäten in Europa, Nordamerika und Asien. Ebenfalls 1995 gliederte die Division ihr Ledergeschäft in das mit der deutschen Hülschemie vereinbarte Joint Venture 'Together for Leather' aus.

Die in der Division Kunststoffe / Additive zusammengeschlossenen Geschäfte zeichneten sich durch ein äußerst aktives Portfoliomanagement aus. Ein wichtiges Expansionsfeld waren spezialisierte Kunststoffe. Hierzu wurden 1972 die Mallinson Aircraft Ltd. in Großbritannien (Herstellung von Flugzeugböden) und 1977 die Reliable Manufacturing Inc. in den USA (Konstruktionsklebestoffe und Verbundwerkstoffe für die Luft- und Raumfahrtindustrie) übernommen. 1979 erwarb Ciba-Geigy eine Mehrheitsbeteiligung an der im Bereich der Composites tätigen J. Brochier et Fils. S.A. in Frankreich und übernahm die R&D Chemicals Company, die Dichtungsmassen für Autokarosserien herstellte. 1981 wurde die Produktion und der Vertrieb von Verbundwerkstoffen mit der Gründung eines Joint Venture mit Ahsai Chemical Industrie nach Japan und eines anderen Joint Venture nach Taiwan ausgedehnt. 1985 erfolgte die Übernahme des Flugzeugzulieferers Panel Air Corp. in Costa Mesa, in Kalifornien. Im Rahmen des Einstiegs in die Elektronikchemikalien übernahm der Konzern 1978 die CAMCO (Communication Accessory Manufacturing Co.) in Charlotte, North Carolina, und CEECO (Communication Equipment and Engineering Company) in Melrose Park, Ilinois und 1986/87 die Furane Products von Rohm und Haas in den USA, die international tätige Ingold-Gruppe mit Hauptsitz in der Schweiz sowie zwei Unternehmensbe-

---

[44] Die Ausführungen über die strategische Orientierung stützen sich soweit nichts anderes vermerkt ist, auf die Auswertung der Geschäftsberichte der Ciba-Geigy von 1970 bis 1995.

reiche des französischen Konzerns Rhône Poulenc. 1979 gelang mit der Übernahme der US-Firma Hercules Inc., die neben ihren drei Produktionsanlagen in den USA auch in Belgien und in den Niederlanden produzierte, ein massiver Einstieg in das Pigmentgeschäft, das sogleich mit weiteren Übernahmen und Joint Ventures verstärkt wurde. Dazu gehörten die Übernahme der Pentex Pty. 1980 in Australien, das Joint Venture Daihan Swiss Chemical Corp. 1981 in Südkorea, der Erwerb des Geschäfts mit Chinacridon-Pigmenten von E.I. du Pont de Nemours einschließlich einer Produktionsstätte in Newport, Delaware, das Joint Venture mit Mitsui Petrochemicals 1984 in Japan, der Erwerb von Know-how und Technologie von Blythe Burell in Großbritannien. Ein weiteres Expanisonsfeld war das sich auffächernde Gebiet der Feinchemikalien, das 1979 durch eine Mehrheitsbeteiligung an der Chimosa Chimica Organica in Bologna und die 1983 Übernahme von Albright&Wilson in Großbritannien (flammenfeste Weichmacher) verstärkt wurde. Selbstverständlich trennte sich Ciba-Geigy im Rahmen dieser strategischen Neuorientierung auch von zahlreichen Unternehmensteilen und Firmen. Dazu gehören u.a. 1972 die Barrington Chemicals (USA) im Bereiche der Metallbehandlungschemikalien, 1981 Aktivitäten in der Abwasserbehandlung und Gießereichemikalien in Großbritannien, 1981 einen Teil des 1971 erworbenen Kunststoffproduzenten REN in den USA. 1991 wird das weltweite Geschäft mit Flammschutzmitteln, Weichmachern und Wasseraufbereitungschemikalien an die FMC Corporation in Chicago veräußert.

1974 diversifizierte sich Ciba-Geigy mit der Übernahme der US-Firma Airwick Industries zudem in ein breites Feld von chemischen Marken- und Haushaltsartikeln für Endverbraucher. Airwick war neben den USA auch in Frankreich und Argentinien verankert. Mit der Akquisition der CX Corporation, Seattle, verstärkte sich Ciba-Geigy 1978 im Fotofinishing. Dieser neue Unternehmensteil wurde mit der schon lange zur Ciba-Geigy gehörenden Gretag-Gruppe zur Gretag /CX-Gruppe verschmolzen.

Diese zahlreichen Expansionen führten zu einer enormen Hetereogenität und großen organisatorischen Problemen im chemisch-industriellen Bereich. Die US-Konzerngesellschaft ging 1984 mit einigen Strukturbereinigungen voran. Eine ganze Reihe von Unternehmungen wurde verkauft, darunter die Markenartikel und die Airwick Industries, das Spectrum Home and Garden Business und P&A's Pipe System (Ciba-Geigy 1985b: 7). Schließlich wurde in den Jahren 1987 bis 1991 der gesamte chemisch-industrielle Bereich schrittweise reorganisiert und gestrafft. Die Division Kunststoffe / Additive wurde 1988 in die Divisionen Additive, Pigmente und Kunststoffe dreigeteilt. Letztere baute weiterhin wichtige Positionen bei den neuen Werkstoffen auf. Noch im gleichen Jahr verstärkte sich Ciba-Geigy in diesem Bereich mit dem Fotoresistgeschäft von Merck, Darmstadt, dem Erwerb der Produktions- und Vertriebsrechte für Epoxid-Gießharze von Bayer und dem Abschluss eines Jointventures mit Cheil Synthetic Textiles in Südkorea zur Produktion und zum Vertrieb ebensolcher Epoxidharze. Die Übernahme der US-Firma Heath Tecna, einer führenden Herstellerin von Flugzeuginnenausstattungen mit rund 1300 Mitarbeitern, ebenfalls 1988, bildete einen wichtigen Pfeiler für das Composite-Geschäft, das im Rahmen der großen Reorganisation des gesamten Konzerns von 1991 neben der Division Polymere schließlich in eine eigene Division überführt wurde. Das stark auf die Flugzeugindustrie ausgerichtete Composites-Geschäft geriet allerdings bald in Schwierigkeiten. Nachdem 1994 bereits eine Fabrik verkauft wurde, fusionierte Ciba-Geigy die ganze Division mit der US-Firma Hexcel, Washington, und erwarb zugleich einen 49,9%-igen Anteil an Hexcel. Die Division Polymere expandierte ihrerseits 1990 mit der Kooperation respektive 1991 der teilweisen Übernahme von Olin in New Jersey (1995 wieder verkauft), 1992 dem Erwerb des Polymergeschäfts von Rhône Poulenc und 1995 der Übernahme weiterer Polymer-Formulierungen in Italien und Großbritannien.

Mit dem Erwerb einer 20%-igen Beteiligung 1986 und ein Jahr später schließlich der Akquisition von Spectra Physics stieg Ciba-Geigy in die Lasertechnolgie ein und setzte zugleich einen Fuß mitten ins Silicon Valley (Firmensitz San Jose und Mountain View). Spectra Physics und ihre Tochterunternehmen waren auch in den Bereichen Chromatographie und Laborautomation tätig. Mit der Übernahme der Firma Linear Instruments, die Detektoren und elektronische Schreiber herstellte, wurde dieser Bereich 1988 in der Gruppe elektronische Systeme zusammengefasst. Der Erwerb der US-Firmen Toledo und Ohaus im Jahre 1989 diente der Stärkung des Geschäfts mit Präzisionswagen, in dem Ciba-Geigy bereits seit der Übernahme von Mettler im Jahre 1980 tätig war.[45] Nur wenige Jahre später brach Ciba-Geigy dieses Diversifizierungsprojekt wieder ab und trennte sich von einem großen Teil der Neuerwerbungen. 1990 verkaufte sie die in der Gruppe Elektronische Geräte (Gretag, CX-Gruppe) zusammengefassten Geschäfte sowie die Spectra Physics. Bereits Ende 1988 hatte Ciba-Geigy die Ilford-Gruppe und das ganze Fotochemikaliengeschäft an International Paper veräußert. Neben strategischen Entscheiden dürften nicht zuletzt auch Währungsrelationen einige dieser Verkäufe begünstigt haben. So war es während der Hochdollarphasen Ende der achtziger Jahre attraktiv, Verkaufsgelegenheiten in den USA zu ergreifen (Ciba-Geigy 1990a).

Im Jahr 1975 stieg Ciba-Geigy fast zeitgleich mit Sandoz ins Saatgutgeschäft ein. Mit Funk Seeds übernahm sie einen in den USA führenden Saatguthersteller mit Niederlassungen in Kanada, Mexiko, Frankreich und Spanien. Gleichzeitig wurde die kanadische Saatgutfirma Stewart Seeds übernommen und mit Funks Seeds verschmolzen. Bald folgten weitere Übernahmen von Saatgutfirmen: 1976 Matão in Brasilien, 1979 Louisiana Seed Company in Louisiana, 1984 Hartman's Plants Inc. in Florida, 1987 New Farm Crops in Großbritannien. Ab Mitte der achtziger Jahre vereinbarte die Division Agro mehrere Kooperationsverträge mit US-Firmen im Bereich der Biotechnologie. Nach einem bemerkenswerten Hoch in der ersten Hälfte der achtziger Jahre und einem anschließenden Einbruch pendelte sich der Agarbereich wieder auf einen stabilen Anteil von um die 22% am Konzernumsatz ein. Neben dem Aufbau des Saatgutgeschäfts war der Bereich Tiergesundheit eine wichtige Expansionsachse. Die Division Saat war die erste Produzentin, die in den USA von den Umweltschutzbehörden die Erlaubnis zur Produktion von genmanipuliertem Mais erhielt (Ciba 1996c). Neben dem Einstieg in die Saatgutmärkte bewahrte Ciba-Geigy ihre weltweit führende Stellung als Agrochemikalienproduzentin, allerdings ohne eine Übernahmeaktivität wie in den anderen Division zu entfalten. 1984 wurden das Mais- und Sorghumgeschäft sowie Forschungsaktivitäten der Ring Around Products Inc. in Dallas übernommen.

---

[45] Zur Einschätzung der Perspektiven der Gruppe Elektronische Geräte durch die Ciba-Geigy siehe Ciba-Geigy-Magazin (1987f). Die Bedeutung von Spectra Physics wurde in Ciba-Geigy-Magazin (1986a), Keene (1986) und Ciba-Geigy-Magazin (1987e) dargestellt.

1990 übernahm Ciba-Geigy von F. Hoffmann-La Roche die Maag AG in Diels-dorf bei Zürich. 1991 schloss Ciba-Geigy ein globales Entwicklungs- und Ver-marktungsabkommen mit der Kumiai Chemical Industry Company in Japan für ein Soyaherbizid ab. Zudem setzte Ciba-Geigy 1977 mit der Übernahme der fran-zösischen Firma Arkovet einen Fuß in die Tiermedizin, quasi als Verbindungs-element zwischen dem Agrarmarkt und der chemisch-pharmazeutischen Produkti-on. 1985 wurde dieser Bereich durch den Erwerb der Veterinärproduktlinie des US-Konzerns Squibb in mehreren europäischen Ländern massiv verstärkt. Fünf Jahre später integrierte Ciba-Geigy von der frisch fusionierten Bristol-Myers Squibb deren restliches Geschäft mit Tiergesundheitsprodukten.

Der Anfang der achtziger Jahre getroffene Beschluss, den Pharmabereich zu verstärken, hatte eine allmähliche Steigerung des Pharmaanteils am Umsatz von rund 28% auf annähernd 40% bis Mitte der neunziger Jahre zur Folge. In diese Zeit fällt die massive Expansion in neue Märkte im Gesundheitsbereich, wie das Linsen- und Augenheilmittelgeschäft der Ciba Vision, die Diagnostika, die Selbstmedikations-Produkte und die Generika. Im Bereich der verschreibungs-pflichtigen Pharmazeutika gab es in den achtziger Jahren allerdings keine größe-ren Akquisitionen. Die Pharmastrategie stützte sich primär auf internes Wachstum und eine langsame Steigerung der Forschungsanstrengungen in den achtziger Jahren. Während die siebziger und achtziger Jahre von zahlreichen Veränderungen des Portfolios in den Industriedivisionen gekennzeichnet waren, dienten in den neunziger Jahren die große Mehrheit von kleineren Übernahmen und vor allem Kooperationen der Stärkung und Diversifizierung des Pharmabereichs. Das näch-ste Kapitel widmet sich eingehend der Expansion im Pharmabereich.

In den siebziger und frühen achtziger Jahren nahm Ciba-Geigy zunehmend das Gesicht eines breit diversifizierten Industriekonzerns an, der sich in Einzelfällen auch rückwärts integrierte, sich aber ebenso mit chemiebasierten Konsum- und Markenartikeln zunehmend auf die Endverbraucher ausrichtete. Nach dem Einge-ständnis des Scheitern dieser Ausrichtung strebte der Konzern ab Mitte der achtzi-ger Jahre eine technologiegestützte Diversifizierung in einen breit abgestützten Hochtechnologiekonzern an. Man wollte bei den wesentlichen neuen Hochtech-nologiemärkten führend dabei sein. Die Basis bildete immer die chemische Pro-duktion sowohl für pharmazeutische, agrochemische und unterschiedliche indu-strielle Zwecke. Der Verkauf von Spectra Physics, der Gretag/CX-Gruppe und weiterer Geschäfte um 1990 offenbarten jedoch, dass auch diesem Projekt kein Erfolg beschieden war. Die Vorbereitung der Veräußerung von Mettler-Toledo und die Ausgliederung 1995 brachten bereits vor der Novartis-Fusion die zuneh-mende Rekonzentration des Konzerns zum Ausdruck. Systematisch weitergetrie-ben wurden hingegen die Aktivitäten in der Biotechnologie, deren Bedeutung man sich bereits in den frühen achtziger Jahren bewusst wurde. Die biotechnologischen Forschungstätigkeiten wurden zuerst im Agrochemiebereich und dann vor allem im Pharmabereich mit Investitionen und Akquisitionen gestärkt. Die Konzernlei-tung entschied sich, in den kommenden Jahren bedeutende Mittel in Expansion der Gebiete Diagnostika, Selbstmedikation, Impfstoffe und Composites zu stecken (Lippuner 1990c). Nach der großen Reorganisation von 1990/91 wies die Ciba-Geigy den Divisionen spezifische Rollen zu. Die Divisionen Pharma, Pflanzen-schutz und Additive waren die Ertragspfeiler des Geschäfts. Sie erzielten zwi-schen 1993 und 1995 konstant rund 56 % des Umsatzes. Selbstmedikation, Dia-

gnostika und Ciba Vision galten als Wachstumsbereiche und verzeichneten regelmäßig die höchsten Zuwachsraten. Die Divisionen Saat und Composites hatten in
ihren Bereichen technologische Vorreiterrollen für künftige Nutzungen zu übernehmen. Die Tiergesundheit war ein attraktives Nischengeschäft. Die übrigen
Industriedivisionen Textilfarbstoffe, Chemikalien, Pigmente, Polymere und Mettler Toledo sollten als sogenannte Kerngeschäfte im Industriebereich primär Cash
für den Umbau der biologischen Divisionen liefern (Ciba 1994a).

Die Strategie des Portfoliomanagements war nun weniger auf radikale Korrekturen als auf Bereinigungen und Abrundungen ausgerichtet, wie beispielsweise
1993 mit der Akquisition von Laboratoire H. Faure im Augenheilmittelbereich
und der Desinvestition des Polyester- und Aminoplast-Geschäfts (Ciba 1994a). Im
Jahre 1995 ging die Ciba-Geigy im schwierigen Feld der Textilfarben eine Zusammenarbeit mit der BASF ein und stärkte sich in Asien. Die Chemikalien Division
trat das Ledergeschäft in eine Joint Venture mit Hüls ab. Die Composites Division
fusionierte mit Hexcel, wobei Ciba an der gemeinsamen Firma 49,9% der Aktien
übernahm. Die Division Polymere verkaufte ihren Anteil am Olin Joint Venture an
Olin und es wurde beschlossen, Mettler-Toledo, den weltweit führenden Waagen-
hersteller ebenfalls zu verkaufen (Ciba 1996c). Die Ciba relativierte also die Strategie des breit diversifizierten Industriekonzerns. Die begrenzte Fokussierung
wurde mit strategischen Allianzen ergänzt, ohne eine grundsätzliche Neuorientierung mit einer energischeren Fokussierung oder gar Fusionen ins Auge zu fassen.

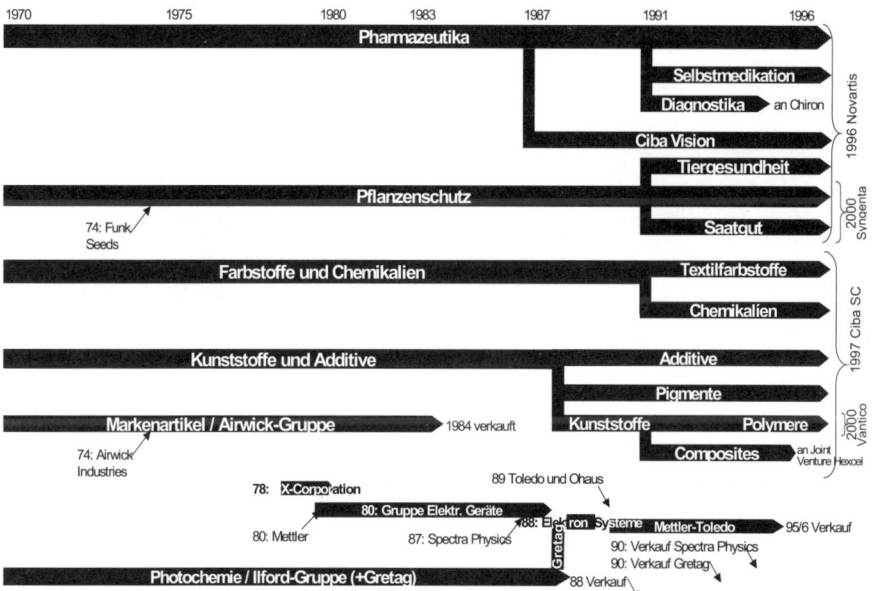

Abb. 5.1. Darstellung der Geschäftsfelder und organisatorischen Einheiten von Ciba-Geigy
zwischen 1970 und 1996

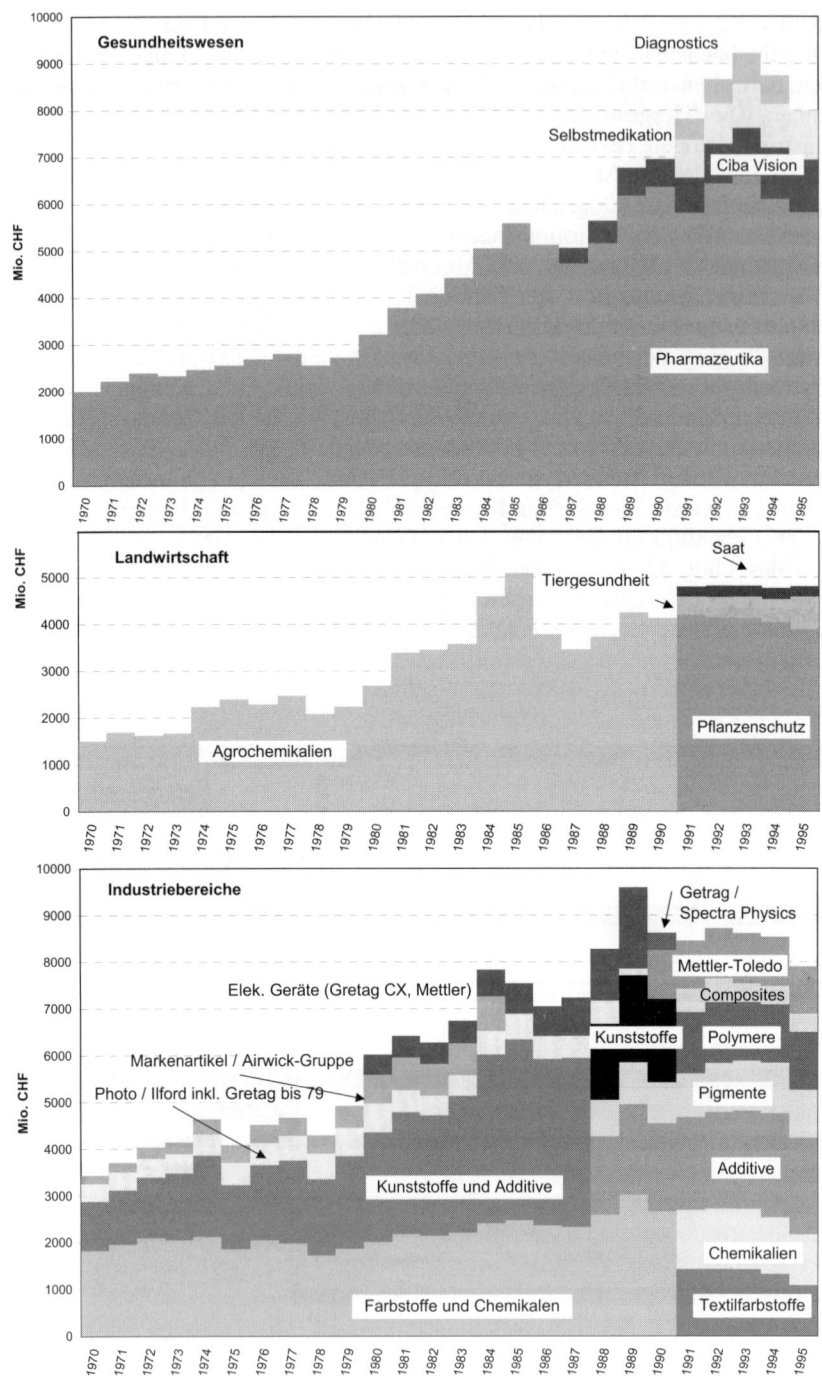

Abb. 5.2. Umsatzanteile der Divisionen und Geschäftsbereiche von Ciba-Geigy zwischen 1970 und 1995

Seit Ende der achtziger Jahre hat die Geschäftsleitung in den Jahresberichten, an den Aktionärsversammlungen und gegenüber den Medien regelmäßig das Bekenntnis zu einer breiten Verteilung des strategischen Portfolios mit den Bereichen Gesundheitswesen, Landwirtschaft und Industrie bekräftigt. Allerdings wurden die Geschäfte innerhalb des strategischen Portfolios mehrfach umgeschichtet, die biologischen Divisionen durch gezielte Akquisitionen und Beteiligungen weiter gestärkt und die industriellen Divisionen auf Märkte mit hoher Wertschöpfung konzentriert. Die Konzernleitung hielt bis unmittelbar vor der Fusion mit Sandoz an der Strategie eines breit diversifizierten Konzerns mit den drei Hauptpfeilern fest und begründete dies mit folgenden Argumenten:

- Die starke Stellung in den drei Sektoren erlaubt es, am Potential und den Entwicklungschancen unterschiedlichster Märkte teilzuhaben. Gleichzeitig wird das Risiko zyklischer Schwankungen und anderer nachteiliger Einflüsse in einzelnen Tätigkeitsgebieten begrenzt (Ciba 1995c: 2).
- Infolge der *„bedrohlichen Strukturveränderungen im Gesundheitswesen und in den Agrarmärkten"* hat sich das unbeirrte Bekenntnis zu den Industriedivisionen ausbezahlt und dank der gut durchdachten Diversifikationsstrategie sind die Industriedivisionen besser denn je für einen konjunkturellen Aufschwung gerüstet (Ciba 1994a: 2).
- Die Industriedivisionen unterstützen mit ihrem Cash Flow eine geordnete Ausrichtung der biologischen Divisionen auf die sich abzeichnenden neuen Realitäten in Landwirtschaft und Gesundheit. *„Den biologischen Divisionen sollen auch künftig ausreichend Mittel zur Verfügung gestellt werden, um innovative Produkte rechtzeitig zur Marktreife zu bringen"* (Ciba 1994a: 3). Der durch die Industriebereiche erwirtschaftete Cash half den biologischen Divisionen an der Innovationsfront zu bleiben. Tatsächlich beanspruchte der Gesundheitsbereich in der ersten Hälfte der neunziger Jahre rund 54% aller Mittel für F&E, der Agrobereich etwas über 20%, die Industriedivisionen um die 18% und die Konzernforschung noch etwa 6-7%.

Die wiederholten Begründungen dieser Ausrichtung nahmen nicht selten den Tonfall von Rechtfertigungen gegen die aus der Finanzwelt vorgebrachte Kritik einer zu breiten Diversifizierung an. Die Geschäftsentwicklung schien der Konzernleitung vorerst recht zu geben. Tatsächlich vermochten Anfang der neunziger Jahre die Industriebereiche trotz des erheblichen Preisdrucks ihre Beiträge an den Konzerngewinn während mehrerer Jahre zu verbessern (Ciba 1994a). Die deutliche Ergebnisverbesserung sowie die Beitrags- und Cash Flow-Steigerung bei den meisten Industriedivisionen 1994, einem Jahr, in dem die Margen im Gesundheits- und Landwirtschaftssektor unter Druck standen, habe bewiesen, *„dass wir zwischen Fokussierung und Diversifikation den richtigen Mittelweg gefunden haben"* und das Aktivitätenportfolio richtig liege (Ciba 1995c: 2).

Die Strategie des breit abgestützten Technologiekonzerns ging schließlich nicht auf. Viele Märkte entwickelten sich bescheidener als erwartet und die Diversifizierung des Konzerns bewirkte erhebliche Reibungsverluste, umso mehr als zwischen den zu unterschiedlichen Bereichen kaum Synergieeffekte erzielt werden konnten. Die Verschmelzung verschiedener Technologien muss sich keineswegs unter der Obhut eines Konzernes vollziehen, sondern kann auch im Geflecht von Kooperationsbeziehungen zwischen formal unabhängigen Unternehmen erfolgen. Die Bewertung der unsteten Umbruchsphase zwischen 1987 und 1991 fällt nicht leicht. Ohne Insiderwissen ist es auch nachträglich nicht möglich, klar zu unterscheiden, welche Schritte strategischen Optionen beziehungsweise Richtungsentscheiden entsprachen und welche das Ergebnis opportunistischer Gelegenheiten zum Erwerb oder der Veräußerung von Geschäftsteilen waren. Dazu kommt, dass die Währungsrelationen eine nicht unwichtige Rolle spielen können.

Die Ciba-Geigy stand bis zur Fusion mit Sandoz in einem Dilemma. Zwar entschied die Konzernleitung, langfristig im Pharmabereich und in zweiter Linie im Agrobereich zu expandieren. Die Industriedivisionen sollten als *cash cows* dazu dienen, die Umstrukturierungen der biologischen Divisionen abzusichern und mitzufinanzieren. Allerdings klappte im Pharmasektor der Produktenachschub nach dem Auslaufen von verschiedenen Patenten nicht befriedigend und gleichzeitig wurden zumindest einige der Industriedivisionen durch die Krise in Mitleidenschaft gezogen. Der einzige Ausweg schien darin zu bestehen, ein labiles Gleichgewicht der drei Sektoren weiterzuverfolgen, bis die heikle Übergangsphase überwunden ist und der Pharmabereich mehrere neue Produkte auf den Markt werfen kann. Die Industriedivisionen wurden dabei massiv verschlankt, in Joint Ventures überführt (Composites und die Lederchemikalien) oder wie Mettler-Toledo, die keine Synergien zu den anderen Geschäftsbereichen aufwies, verkauft. Die am 6. März 1996 angekündigte Fusion mit Sandoz stellte also einen weitgehenden Bruch zur bisherigen Strategie dar.

5.1.2 Langsame Steigerung der Ertragslage und organisatorischer Umbau

Die siebziger Jahre standen im Zeichen der Integration von Ciba und Geigy. Die Investitionen in den ersten Jahren nach der Fusion waren immer noch Ausdruck der ehemaligen Entwicklungspläne der beiden Konzerne vor ihrer Fusion. Von den Investitionen im Wert von 773 Millionen CHF (+ 9% gegenüber dem Vorjahr) im Jahre 1971 wurden 50% in die Schweiz und in Grenzach, 20% in den USA und 11% in GB getätigt. Aufgrund der Verknappung der Ressourcen in der Schweiz wurden zunehmende Produktionsverlagerungen ins Ausland angekündigt, obwohl der Schwerpunkt der Investitionen weiterhin in der Schweiz verortet wurden. Akquisitionen als Mittel des Konzernausbaus traten in jener Zeit zurück. Der Kauf der Ilford im Jahre 1969 zur Stärkung des Fotogeschäfts bildete eine Ausnahme (Ciba-Geigy 1971: 12). Erst 1972 gingen die Investitionen im Zuge der Integration etwas zurück, danach stiegen sie bis zur Rezession 1975 erneut stark an. Der Anteil der Schweiz am gesamten Investitionsvolumen sank im Jahre 1973 mit 41% erstmals unter die Hälfte des Gesamtaufwandes. Die Abwertung des Dollars gegenüber dem Schweizer Franken verstärkte die Bedeutung der Produktion in den USA und die Exportmöglichkeiten von dort. Daher stieg der Anteil der in den USA getätigten Investitionen an, obwohl sie sich, in Franken ausgedrückt, relativ verbilligten. Nach Abschluss der ersten Integrationsarbeiten im Jahre 1972 ging es darum, in den Jahren 1973–79 Fusionssynergien zu realisieren und eine neue Identität als Ciba-Geigy zu formieren. Tatsächlich verlief der Integrationsprozess nicht konfliktfrei und war durch einen langanhaltenden Kulturkonflikt zwischen den beiden ehemaligen Konzernen bis Ende der siebziger Jahre gekennzeichnet (vgl. Buschor 1996: 72f). Bisweilen wurde sogar die Ansicht geäußert, dass erst die Novartis-Fusion den alten Ciba- und Geigy-Identitäten ein Ende bereitet hätte. Die widerspruchsvolle und verschlungene Geschichte der Einführung des Antirheumatikums *Voltaren* illustriert, dass es gerade im Pharmabereich noch lange Reibungsverluste gab (vgl. Kapitel 6).

Aufgrund der Rezession Mitte der siebziger Jahre erlitt der Industriebereich 1975 spürbare und der Agrarbereich schwache Umsatzeinbußen. Die Division Pharma wurde erst 1978 von einem scharfen Einbruch erfasst, von dem auch die Sektoren Agro und Industrie nach einem Zwischenhoch erneut getroffen wurden. Bei den Farbstoffen setzte Anfang der siebziger Jahre eine langandauernde Stagnationsphase ein. Die Umsatz- und Eigenkapitalrenditen sanken 1975 beide auf 2,1% und waren somit auf einem historischen Tief. Daraufhin wurden durch Straffung der Organisation und Erhöhung der Produktivität auf allen Gebieten die am Standort Schweiz anfallenden Kosten reduziert (Ciba-Geigy 1976). Die Rationalisierungen halfen das Ergebnis zu verbessern und die Umsatzrendite 1977 auf 4,2% zu verbessern. Allerdings stellte sich keine nachhaltige Verbesserung der Rendite ein.

Auf die abermals rückläufigen Gewinnentwicklungen 1979 und 1980 (bei steigendem Umsatz) reagierte die Ciba-Geigy 1981 unter dem Stichwort 'Turnaround' mit Rationalisierungsprogrammen und einer Reduktion des Personals vor allem bei den Industriedivisionen (vgl. Chemische Industrie 1982; Kinkead 1983). Aufgrund des starken Ölpreisanstiegs 1980 verteuerten sich die Produkte umso stärker, je näher sie bei der Rohstoffbasis Erdöl lagen. Im Stammhaus wurde der Personalbestand 1981 und 1982 um rund 1100 auf 19763 Mitarbeiter reduziert. Tatsächlich stieg der Gewinn 1981 bei einer 14%-igen Umsatzzunahme um 71% und 1982, trotz internationaler Krise und bescheidenem Umsatzwachstum, um 19% auf 622 Mio. CHF an. Die eingeleiteten Restrukturierungen begannen sich auszuzahlen. Im Gegensatz zu den industriellen Divisionen waren die Bereiche Agro und Pharma von der Rezession 1981 nur wenig betroffen. Besonders der überdurchschnittlich wachsende Pharmabereich leistete einen wesentlichen Gewinnbeitrag. Trotz sinkender Beschäftigtenzahl nahm das Produktionsvolumen in den Stammhauswerken dank Modernisierungs- und Rationalisierungsmaßnahmen zu. Mit der anziehenden Konjunktur stießen die Chemie-Werke in der Schweiz im Jahr 1983 insgesamt 19% und 1984 16% mehr Waren aus (Ciba-Geigy 1982a: 10, 18; 1983a: 7, 12; 1984a, 12; 1985a: 12). Die zwischen 1980 und 1983 durchgeführten Maßnahmen zur Strukturbereinigung und -verbesserung wirkten sich positiv aus. Angesichts der nur leicht angestiegenen Personalzahl, den fortgesetzten Rationalisierungsmaßnahmen und der Anwendung verbesserter Technologien ergab sich ein deutlicher Produktivitätszuwachs. Tatsächlich steigerte der Konzern die Umsatzrendite 1985 auf 8,1% und die Vermögensrendite auf 6,5%, also auf Niveaus, die letztmals Anfang der siebziger Jahre und dann später erst wieder 1994 übertroffen wurden. 1985 erreichten Umsatz, Gewinn und Rendite ein vorläufiges Spitzenergebnis. Der Konzern profitierte von der anhaltend guten wirtschaftlichen Konjunktur, vor allem in Nordamerika. Am eindrücklichsten war der Erfolg bei der Division Agro. Der hohe Dollarkurs begünstigte das Ergebnis zusätzlich. Ausdruck dieses Wachstums war auch, dass sich 1984 das Produktionsvolumen in der Schweiz um 16% vergrößerte. Der Personalbestand erhöhte sich in der Schweiz um 618 auf 22278 Mitarbeiter, wobei 220 Akademiker eingestellt wurden. In dieser Periode fand auch eine großangelegte Erneuerung der Bausubstanz statt. Alleine im Werk Basel wurden 1984 zwölf Gebäude abgebrochen und stillgelegt und durch neue Produktionsbauten in der Schweiz und anderen Ländern ersetzt. Wie schon im Vorjahr vollzog sich eine starke Zunahme des Investitionsvolumens in Nordamerika, wo rund ein Drittel der gesamten Investitionssumme eingesetzt wurde. Ebenfalls ein Drittel der Investitionen fiel auf die Schweiz (Ciba-Geigy 1985a: 7-13). Nachdem bereits in den siebziger Jahren Leitbild- und Mittelfristplanungen durchgeführt wurden, erstellte die Konzernleitung nach Abschluss des Turnaround-Programms im Jahre 1984 erstmals einen strategischen Konzernplan, der eine Konzentration auf das Spezialitätengeschäft und stärkere Investitionen in Forschung und Entwicklung vorsah (Buschor 1996: 72).

Im Zuge eines kleinen Konjunktureinbruchs in den USA wurde 1986 das Wachstum abgebremst, aber nicht geknickt. Die Division Agro erlitt eine beträchtliche Umsatzeinbuße. Die weltweite Krise der Landwirtschaft infolge Überproduktion, sinkenden Agrarpreisen und geringeren Anbauflächen verschärfte sich. Auch der Konzerngewinn verringerte sich um 21% auf 1161 Millionen CHF, wobei Wechselkurseinbußen von rund 660 Millionen CHF verbucht wurden (Ciba-Geigy 1987a). Der Währungszerfall des US-Dollars und die Schwäche anderer wichtiger Leitwährungen beeinträchtigten das Geschäft auch 1987.

Zwischen 1987 und 1990 setzte erneut ein starke Wachstumsphase ein. Besonders erfolgreich war die Ciba-Geigy in dieser Phase auf dem amerikanischen Kontinent, zuerst vor allem dank der Erholung des Agrogeschäfts, dann auch wegen des Wachstums im Pharmabereich. Der Umsatz stieg 1988 um 12% und der Gewinn nach Steuern um 20%. Die starke Verbesserung des Ertrags war nicht währungsbedingt, sondern auf die erhöhte Produktivität und weitere Rationalisierung zurückzuführen. 1989 gab es ein Rekordergebnis in Umsatz und Gewinn bei einem hohen Dollarkurs.

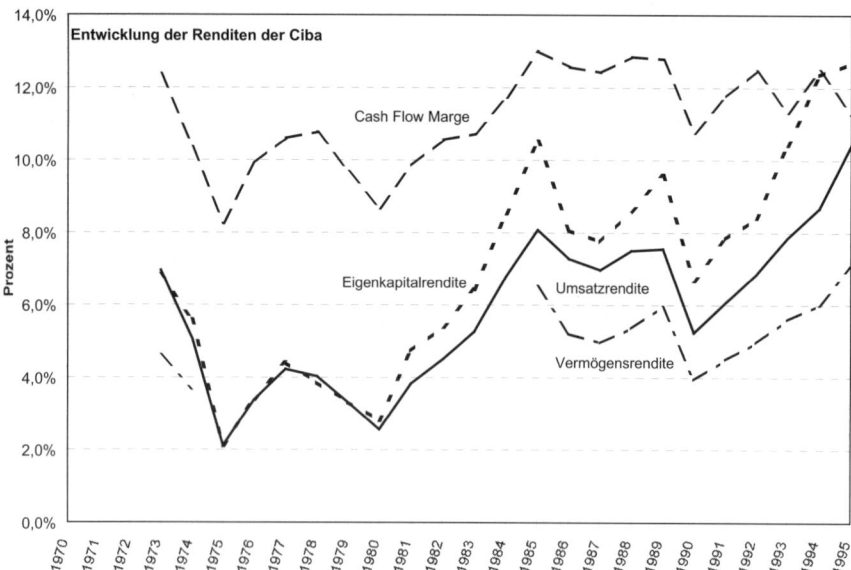

Abb. 5.3. Entwicklung der Renditen
Quelle: berechnet nach Geschäftsberichten von Ciba-Geigy 1970–95

1990 war ein Jahr der Trendwende und des Umbruchs. Die Konjunktur schwächte sich ab, die Inflation, insbesondere in der Schweiz, erhöhte sich und das Ergebnis in CHF wurde durch bedeutende Währungseinbußen beeinträchtigt. Der Umsatz knickte zwar nur schwach ein, viel entscheidender war jedoch, dass die Renditen auf den Umsatz (5,2%), das Eigenkapital, das Vermögen und den Cash Flow wieder etwa auf das Niveau von 1983 absackten (siehe Abb. 5.3). Erstmals seit längerer Zeit reichte der Cash Flow nach Abzug der Dividendenausschüttung nicht mehr zur Deckung der auf 2058 Millionen CHF angestiegenen Nettoinvestitionen. Verschiedene Akquisitionen verschlangen zusätzliche finanzielle Mittel, die zwar durch die Verkäufe von Spectra Physics und Gretag teilweise kompensiert wurden. Allerdings war diese in Schweizer Franken ausgedrückte Verschlechterung hauptsächlich Resultat der massiven Währungsverschiebungen (Ciba-Geigy 1991a).

In der zweiten Hälfte der achtziger Jahre setzte eine umfassende Erneuerung des Spitzenmanagements ein. Am 6. Mai übernahm Alex Krauer die Nachfolge als Präsident und Delegierter des Verwaltungsrates von Louis von Planta, der dieses Amt seit der Fusion innehatte. Ein Jahr später trat Heini Lippuner nach Alfred Bodmer den Vorsitz der Konzernleitung an. Die beiden neuen Spitzenmänner waren lang gediente Kader der Ciba-Geigy. Parallel zum bald einsetzenden Konzernumbau wurde auch das Management der Divisionen stark verjüngt.

Nachdem schon seit Mitte der achtziger Jahre zunehmend das Prinzip verfolgt wurde, die Verantwortung für die Ergebnisse den jeweiligen Geschäftseinheiten direkt zu übertragen (Ciba-Geigy 1989a), reagierte die Konzernleitung 1990 mit einer ganzen Reihe von Maßnahmen: u. a. eine konsequente strategische Fokussierung auf die Pfeilergeschäfte sowie auf jene Aufbaugeschäfte, bei denen Synergien zu gewinnen sind; die Beschleunigung des Produktnachschubs aus der Forschung und Entwicklung; eine Dynamisierung der Organisation, die Schaffung eigenständiger Unternehmensbereiche mit verstärkter Kundenorientierung und eindeutiger Resultatverantwortung, Qualitäts- und Produktivitätsverbesserungen in allen Bereichen, die Delegation von Kompetenzen und Verantwortung an die 'Front', Einführung neuer Formen der Gewinnbeteiligung für Kader und Mitarbeiter, eine Verbesserung von Transparenz und Kommunikation nach innen und nach außen, die Internationalisierung des Aktionariats und der Ausbau der Beziehungen zu den institutionellen Investoren. Diese aufeinander abgestimmten Maßnahmen stellten die Schwerpunkte der unternehmerischen Vision 2000 der Ciba-Geigy dar (Ciba-Geigy 1991a). Mit der Vision 2000 antwortete Ciba-Geigy auf die ökonomischen, gesellschaftlichen und umweltpolitischen Veränderungen der achtziger Jahre und fasste die unternehmerischen Handlungsmaximen in den Bereichen wirtschaftliche Expansion, Management und Unternehmensorganisation, gesellschaftliche Verantwortung und Ökologiepolitik in einer plakativen Plattform zusammen. Die Vision 2000 wurde ein wichtiges Instrument für den Wandel der Unternehmenskultur und sollte demonstrieren, dass die Ciba-Geigy ein ausgewogenes Verhältnis zwischen der wirtschaftlichen, der gesellschaftlichen und der ökologischen Verantwortung anstrebt (Ciba-Geigy-Zeitung 1991b; Ciba-Geigy-Magazin 1991j; Kennedy 1993; Carigiet 1995: 39ff).[46]

---

[46] Nicht zuletzt die öffentliche Diskussion über die Vision 2000 und die von Alex Krauer, dem Präsidenten des Verwaltungsrates signalisierte Dialogbereitschaft in Fragen der Sondermüll-

Im Jahr 1991 realisierte die Konzernleitung die seit der Fusion zur Ciba-Geigy umfassendste Reorganisation und Restrukturierung des Konzerns. Der Konzern gliederte sich in vierzehn eigenständige, von der Forschung bis zum Marketing voll integrierte Divisionen mit insgesamt 34 Geschäftseinheiten, um eine größere Kundennähe, ein stärkeres Kostenbewusstsein sowie mehr Eigeninitiative zu schaffen. Mit dieser Divisionalisierung nahm Ciba-Geigy von der bisherigen dreidimensionalen Matrixorganisation mit der für sie typischen Aufteilung in Divisionen, Funktionen und Konzerngesellschaften Abstand und verlagerte so viele Tätigkeiten wie möglich in die autonomen Divisionen, die sich fortan als starke Unternehmensbereiche auf globaler Ebene organisierten. Die geographische Dimension der Konzerngesellschaften in den Ländern blieb zwar bestehen, wurde aber den Divisionen nachgeordnet. Die dritte Dimension der Zentralen Dienstleistungsbereiche, der 'Zentralen Funktionen' wurden auf reine Dienstleistungseinheiten am Stammhaus reduziert, die gegen volle Verrechnung anderer Unternehmenseinheiten Leistungen erbrachten (Lippuner 1990a; 1990b; Engriser 1991; Kennedy 1993). Die bisher von Produktionserfordernissen geprägten Organisationsprinzipien wurden zu einer weitgehenden Marktorientierung transformiert. Die Divisionen wechselten im selben Zug von einer produktionsorientierten zu einer marktorientierten Warenversorgung (Carigiet 1995; Buschor 1996: 125).

Die Reorganisation transformierte den Konzern von einem Tanker in eine Flotte unterschiedlicher Schiffe verschiedener Größe und Ausrichtung in den drei Verbänden Gesundheit, Agro und Industrie (Ciba-Geigy-Zeitung 1990f). Während vor 1990 die sechs Divisionen rund 58% ihrer Kosten kontrollierten und für 42% das Stammhaus in Basel verantwortlich war, so steigerten die Divisionen ihre Verantwortlichkeit bis 1993/94 auf rund 73% der Kosten. Nur noch 27% stammten aus den Zentralen Bereichen, wobei 22% als volle Kosten angerechnet wurden (Carigiet 1995: 52).[47] Kennedy (1993: 21) zitiert Heini Lippuner, Vorsitzender der Konzernleitung, mit der Aussage, dass 1993 94% der Ausgaben durch die Divisionen kontrolliert wurden und nur noch 6% oder 7% Konzernoverhead-Kosten waren. Mit der Schaffung der vierzehn Divisionen wurden auch die Leitungen der Divisionen und des Gesamtkonzerns deutlich verjüngt. Die Organisation wurde dynamisiert, die Hierarchien verflacht, Bürokratie abgebaut, individuelle Kompetenzen wurden erhöht und juristische Titel abgeschafft. Damit verbunden war die Einführung eines sogenannt resultatorientierten Führungsstil mit Förderung persönlicher Initiative und Verantwortung (Ciba 1993a). Um das unternehmerische Denken und Handeln auf allen Stufen zu fördern, wurden neue Anreizinstrumente

---

beseitigung und der Biotechnologie festigte den Ruf der Ciba-Geigy, einen im Vergleich zu Sandoz und Hoffmann-La Roche wesentlich offeneren, weniger hierarchischen sowie sozial und ökologisch aufgeschlosseneren Kurs zu verfolgen (Der Spiegel 1989; Schiesser 1991). Die Umsetzung der Vision 2000 lief mit der strategischen Neuausrichtung auf chemisch-biologische Spezialitäten parallel. Im Gegensatz zu Buschor (1996) vermag ich nicht zu erkennen, dass die Vision 2000 für diese großen strategischen Optionen des Konzerns bestimmend war. Vielmehr war sie ein Instrument, den umfassenden Konzernumbau mit zahlreichen Rationalisierungsprogrammen in Teilbereichen des Konzerns, in einen kohärenten Rahmen mit der Firmenkultur und mit dem öffentlichen Erscheinen zu stellen.

[47] Carigiet hat in seiner Dissertation diesen Wandlungsprozess der Ciba-Geigy am Beispiel der Pflanzenschutzdivision untersucht. Er konzentrierte sich dabei auf Organisierung und Durchsetzung der Veränderungen am Stammhaus.

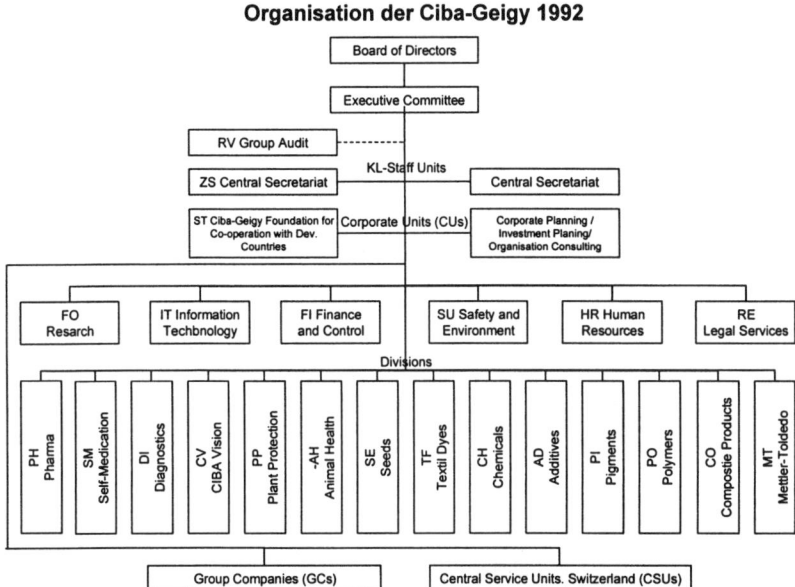

Abb. 5.4. Organisation der Ciba-Geigy 1992–96

geschaffen. So bot die Ciba-Geigy im Jahre 1991 den Mitarbeitern mit einer Wandelanleihe die Möglichkeit, über den günstigen Erwerb von Aktien vermehrt am Erfolg der Firma teilzuhaben. Kader wurden über die Möglichkeit des Optionserwerbs mehr am langfristigen Erfolg des Unternehmens beteiligt (Ciba-Geigy 1991a). Das Jahr 1991 leitete auch eine deutliche Trendwende in Richtung einer substanziellen Steigerung der Ertragslage ein. Das war sowohl auf die Wettbewerbsposition als auch auf die erhöhte Produktivität zurückzuführen. Zugleich wurden im Zuge des Programms 'Desiderio' zur Stellenreduktion 1600 Beschäftigte am Hauptsitz vorzeitig pensioniert (Ciba-Geigy 1992b). Im Rahmen der selben Bemühungen schafften die drei 'Basler Konzerne' ein Jahr später den Teuerungsausgleich für das Personal gegen den bloß symbolischen Protest der Gewerkschaften ab.

In den Geschäftsberichten spiegelte sich ab 1992 das weltweite Zusammenwachsen der Märkte auch darin wider, dass fortan für jede Division angegeben wurde, welchen Rang sie weltweit in ihrem Marktsegment einnahm. Und um den globalen Anspruch symbolträchtig zu untermauern, führte der nun in Ciba unbenannte Konzern im Frühjahr 1992 seine Bilanzmedienkonferenz erstmals in London durch. Die Gewinne stiegen in diesem Jahr um 19% (währungsbereinigt 6%) an, nicht zuletzt dank beachtlicher Produktivitätsfortschritte. Erstmals hob der Geschäftsbericht 1992 auch die finanziellen Resultate wesentlich ausführlicher heraus. Die operativen Verbesserungen bewirkten eine Erhöhung der Umsatzrendite auf 6,8%. Die Rendite der flüssigen Mittel kletterte gar auf 11,6%, wofür die Verwendung von derivativen Instrumenten entscheidend war. In diesem Sinne wurden auch die Kurssicherungsstrategien für Fremdwährungen weiter verfeinert. Trotz Rezession schnitten die Industriedivisionen erstaunlich gut ab (Ciba 1993a).

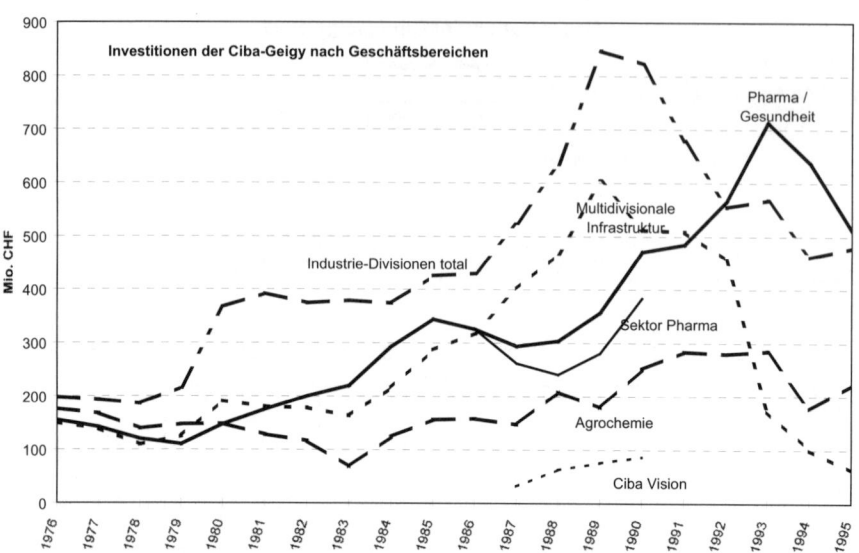

Abb. 5.5. Investitionen nach Geschäftsbereichen
Quelle: berechnet nach Geschäftsberichten von Ciba-Geigy 1970–95

Die Autonomie der Divisionen ging mittlerweile so weit, dass es zwischen den Divisionen nur noch Diskussionen gab wenn die Arbeiten sich überlagerten. Die Zirkulation von Know-how über die innerbetriebliche Mobilität des Personals blieb aber wichtig. So kamen die Produktionsmanager der Pharmadivision oftmals von den Industriedivisionen, wo sie sich ihre Kenntnisse über die chemische Produktion angeeignet hatten. In der Forschung gab es allerdings in einem bestimmten Maß durchaus Diskussionen zwischen den Agro- und Pharma-Forschern im Bereich der Biotechnologie und Forschungsmethodologie (Staples 1994: 36).

Die erste Hälfte der neunziger Jahre war von agrarpolitischen Unsicherheiten gekennzeichnet. Dementsprechend gingen die Umsätze der Division Pflanzenschutz und Saatgut zurück. Dank Produktivitätsverbesserungen konnte die Rentabilität allerdings gehalten werden. Die erfolgreiche und schnell expandierende Division Tiergesundheit konnte diese Rückschläge teilweise kompensieren. Im Jahr 1993 eröffnete sie in China erstmals eine Produktionsstätte für Tierarzneimittel (Ciba 1994a: 16).

Von 1993 bis 1996 ging der Umsatz in Schweizer Franken zurück, in lokalen Währung nahm er jedoch weiterhin zu. Bemerkenswert ist aber, dass die Gewinne und vor allem die Margen massiv gesteigert werden konnten. Die Ciba vermochte die Umsatzrendite zwischen 1990 und 1995 von 5,2% auf 10,4% zu verdoppeln. Die operative Marge stieg von 10,4% im Jahre 1993 auf 12,4% 1994 und schließlich auf 14,7% 1995. Besonders beeindruckend fiel die Steigerung der operativen Marge im Gesundheitsbereich aus. Lag er im Jahr 1993 bei 18%, so stieg er 1994 auf 19% und 1995 auf 24%. Der Agrobereich steigerte dieselbe Kennziffer von 13% auf 15% und dann auf 20%. Im Industriebereich hingegen verblieb das Verhältnis bei rund 11%. Hier waren es vor allem Divisionen Additive, Pigmente und

Polymere, die starke Beiträge zum Ertrag und Cash Flow des Konzerns lieferten (Ciba 1996c; 1996b: 5, 7).

Im Zuge des Investitionsbooms der achtziger Jahre wurden Überkapazitäten angehäuft. Die internationale Expansion führte letztlich zu einem verschärften Wettbewerb. Daher mussten in den neunziger Jahren Investitionen in Sachanlagen generell reduziert werden. Andererseits setzte man vermehrt erhebliche Mittel für Akquisitionen von Unternehmen ein (Ciba 1995c). Angesichts der veränderten Wettbewerbsbedingungen wurde die Verkürzung der Durchlaufzeiten in wichtigen Prozessen immer mehr zum entscheidenden Wettbewerbsfaktor. Die wichtigsten Maßnahmen zur Effizienzsteigerung beinhalteten hauptsächlich (Ciba 1995b: 5):

- die Anpassung in den Marketing-Organisationen;
- das Projekt 'Faster Time to Market' der Division Pharma;
- die Modernisierung und Konzentration von Produktionsstandorten (in Europa auf weniger Produktionsstätten und Formulierungsstandorte) (Ciba 1993a);
- die Schaffung integrierter Produktionsstandorte (Pharma) oder europaweite Logistik- und Distributionsnetzwerke in allen Divisionen des Industriesektors;
- Neugestaltung von Arbeitsabläufen

5.1.3 Geographische Schwerpunkte: Triadisierung mit starkem Pfeiler in Basel

Bedeutung des konzerninternen Austausches

In den Jahren nach der Fusion dezentralisierte die Ciba-Geigy den Konzern systematisch. Damit verbunden waren die Verlegung der Marketing-Aktivitäten und der Verantwortung für das Geschäft möglichst nahe an die Verkaufsfront, der gezielte Ausbau der Konzerngesellschaften im Produktionsbereich, wie auch bei der Forschung und Entwicklung. Mit dieser Politik wurde auch das durch den hohen Frankenkurs benachteiligte Stammhaus entlastet. Auf das Stammhaus entfiel 1976 rund die Hälfte der Produktionskapazitäten (Ciba-Geigy 1977: 15). Im Jahre 1978 lag dessen Anteil an der Produktion bei 40%, bei den verkaufsbezogenen und administrativen Tätigkeiten bei 20% und in der Forschung bei über 60% (Ciba-Geigy 1979a: 21). Bemerkenswerterweise befanden sich auch 1987 die chemischen Produktionsanlagen etwa zu 40% in der Schweiz und etwa zu 60% in den Konzerngesellschaften, schwerpunktmäßig in den USA und in Großbritannien (Ciba-Geigy 1988a: 13).

Die Expansion und eine fortschreitende internationale Arbeitsteilung innerhalb des Konzerns zeigte sich auch im zunehmenden Gewicht des konzerninternen Handels zwischen dem Stammhaus und den Konzerngesellschaften Mitte der siebziger Jahre. Die Umsätze des Stammhauses kamen im Jahre 1974 zu rund zwei Dritteln und ein Jahr später zu drei Fünfteln aus Lieferungen an die Konzerngesellschaften (Ciba-Geigy 1975: 10; 1976). Dieser Trend setzte sich auch in den achtziger und neunziger Jahren fort (Ciba-Geigy 1977; 1981a: 20; 1992b: 57). Andererseits wurden 1983 rund 90% der Produkte, zumindest in der Endstufe, von den ausländischen Niederlassungen abgesetzt und nur etwa 10% in Form von Direktlieferungen an Dritte in der Schweiz oder von der Schweiz aus verkauft

(Ciba-Geigy 1984a)[48]. Da auch in den neunziger Jahren nur 2% des Konzernumsatzes in der Schweiz erzielt wurde, hier aber rund ein Drittel der Kosten und Aufwendungen anfiel, ergab sich eine relativ starke Währungsexposition.

Allerdings nahmen die Konzerngesellschaften unterschiedliche Rollen im internationalen Produktionssystem ein. So verzeichnete zum Beispiel die britische Konzerngesellschaft aufgrund ihrer Rolle bei der Produktion von Zwischenprodukten einen sehr hohen Exportanteil. Dieser lag 1977 bei über einem Drittel der totalen Verkäufe (Ciba-Geigy 1978: 21). Mitte der achtziger Jahre (1985) exportierte die Ciba-Geigy PLC beinahe 40% ihrer Produkte ins Ausland. Dies traf vor allem für die Bereiche Kunststoffe, Pigmente und Industriechemikalien zu. Das Photogeschäft Ilford war noch stärker exportorientiert (Ciba-Geigy 1986a: 15).

Expansion in Europa, Nordamerika und Asien ohne Bedeutungsverlust von Basel

Der Konzern erwirtschaftete seit Anfang der achtziger Jahre rund 98% des Umsatzes außerhalb der Schweiz. Trotz einer kontinuierlichen Abnahme des Anteils der in der Schweiz getätigten Investitionen von um die 50% im Jahre 1970 auf rund 30% in der ersten Hälfte der neunziger Jahre blieb Basel der weitaus wichtigste Konzernstandort.[49] Der Konzern hielt auch in den neunziger Jahren den überwiegenden Anteil des Vermögens und der Anlagen in der Schweiz. Im Zuge der Rezessionen Mitte der siebziger und Anfang der achtziger Jahre gingen die Investitionen in der Schweiz zwar merklich zurück. Doch in der zweiten Hälfte der achtziger Jahre ereignete sich ein wahrer Investitionsboom in der Schweiz. Im Jahre 1986 erhöhte sich der Anteil der Schweiz an den Investitionen von 37% im Vorjahr auf 45%. Davon entfielen drei Viertel auf die Produktionsanlagen und die technische Infrastruktur. Insbesondere in die Werke Monthey und Schweizerhalle flossen erhebliche Mittel. Andererseits ging der Anteil Nordamerikas von 32% auf 22% zurück, was sich teilweise auch durch die Abschwächung des Dollars erklärt

---

[48] Das gesamte Stammhaus der Roche verzeichnete Anfang der 90er Jahre beträchtliche Umsatzsteigerungen. Fast zwei Drittel der Verkäufe wurden in Europa realisiert. Die Lieferungen an die Konzerngesellschaften nahmen deutlich zu. Ihr Anteil stieg gegen auf 90% (Roche 1994: 33).

[49] Zwischen der Fusion im Herbst 1970 und 1977 sank der Anteil der auf die Schweiz fallenden Investitionen von knapp über 50% auf knapp unter 40%. Henri Schramek, Mitglied der Konzernleitung der Ciba-Geigy sah die Gründe für die Grenzen der Expansion in der Schweiz in der räumlichen Enge und dem beschränkten einheimischen Arbeitsangebot. Dennoch betonte er, dass am Produktionsstandort Schweiz festzuhalten und dieser sogar begrenzt auszubauen sei. Kostenvergleiche hätten überdies gezeigt, dass der Standort Schweiz sich bezüglich Fabrikationskosten, beispielsweise für Farbstoffe, durchaus mit den ausländischen Produktionsstätten messen könne. Daher sei eine vermehrte Verschiebung von Investitionen in andere Länder nicht mehr sinnvoll. Ciba-Geigy werde in den folgenden Jahren zwischen 35 und 40% des Bauvolumens in der Schweiz investieren. Die Schwerpunkte der außerhalb der Schweiz getätigten Investitionen waren die USA, Großbritannien und die BRD. In den USA strebte die Ciba-Geigy seit Jahren eine weitgehende Selbstversorgung bezüglich Produktion an, was entsprechend große Investitionen zur Folge hatte. Die zeitweise erheblichen Investitionen in den Entwicklungsländern waren auf sogenannte Fertigungsprozesse gerichtet, wobei es darum ging, importierte Wirkstoffe und Konzentrate im Lande in verkaufsfertige Formen zu verarbeiten (Schramek 1977: 8).

(Ciba-Geigy 1987a: 9). Die in dieser Periode in der Schweiz getätigten Investitionen führten zu einer markanten Erneuerung und Kapazitätserhöhung der gesamten produktiven Infrastruktur (Abb.5.7). Bedeutend waren zudem die Investitionen im Umwelt- und Sicherheitsbereich.

An den Umsatzkurven lassen sich grob die zeitlich verschobenen Konjunkturzyklen in Europa und in den USA ablesen. Der Anteil Europas an den Umsätzen ging im Laufe der beobachteten 25 Jahre von 46% auf rund 40% zurück. Dieser Prozess vollzog sich nicht kontinuierlich. In den Jahren vor der ersten Rezession 1975, Ende der siebziger und in der zweiten Hälfte der achtziger Jahre stiegen die Verkäufe in Europa jeweils stark an und damit auch der Anteil Europas am Gesamtumsatz (Abb.5.6). Demgegenüber nahm der Anteil Europas (ohne Schweiz) an den Investitionen von rund einem Viertel auf über ein Drittel deutlich zu. Die beträchtlichen Investitionen in Europa Anfang der neunziger Jahre waren Ausdruck der Vorbereitungen auf den europäischen Binnenmarkt. Diesem Anstieg entsprach nahezu spiegelbildlich ein Rückgang der Investitionen in der Schweiz. Allerdings wurde ein großer Teil dieser Investitionen in der unmittelbaren europäischen Nachbarschaft von Basel getätigt, wie z.B. das Biotechnikum, der Ausbau der Pharmaproduktion und der Tiergesundheit in Huningue sowie Erneuerungsinvestitionen für die Industriedivisionen in Grenzach.

Die USA waren traditionell ein strategischer Pfeiler der Ciba-Geigy. Das zeigte sich auch an den zähen Auseinandersetzungen rund um die Fusion von Ciba und Geigy. In den siebziger Jahren verlor der Konzern als Folge der Fusion und der Wechselkursveränderungen Marktanteile in den USA. Gegen Ende jenes Jahrzehnts verstärkte der Konzern seine Präsenz in den USA außerordentlich und gewann Marktanteile zurück. Wichtig hierfür waren drei Punkte (Ciba-Geigy 1980b; Ciba-Geigy 1981a: 21).

• Die USA betrachtete man als außerordentlich guten Standort. Die Konzernspitze glaubte an das soziale, politische und ökonomische Klima des Landes. Sturzenegger, der damalige CEO der US-Konzerngesellschaft, sagte 1980: *„Die USA sind relativ gesehen ein Hafen der politischen und sozialen Stabilität.“*
• Die enorme Größe des US-Marktes verlieh gute Expansionsperspektiven. Im Unterschied zum fragmentierten Europa bestand damals in den USA bereits ein Binnenmarkt.
• Die Position der Ciba-Geigy im Akquisitionsmarkt wurde durch den hohen Wert und die Stabilität des Schweizer Frankens begünstigt. Die Marktentwicklung in der zweiten Hälfte der siebziger Jahre bot ausländischen Firmen verhältnismäßig günstige Möglichkeiten, Firmen in diesem Land zu erwerben.

Die Investitionen in Nordamerika nahmen Anfang und Ende der achtziger Jahre stark zu. Im Jahre 1984 erreichte der Anteil dieser Region an der gesamten Investitionssumme einen Rekord von knapp 34%. Trotz eines weiteren starken Anstiegs verringerte sich anschließend der relative Anteil Nordamerikas an den Gesamtinvestitionen Ende der achtziger und Anfang der neunziger Jahre wieder auf ein gutes Viertel, da in dieser Periode zuerst in der Schweiz und dann in anderen europäischen Ländern stark investiert wurde.

Asien, womit vor allem Japan und die boomenden Länder Südostasiens gemeint sind, steigerte die relative Bedeutung als Absatzregion kontinuierlich von 7% im Jahre 1970 auf 16% 1994. Die Investitionstätigkeit trug dieser Entwicklung Rech-

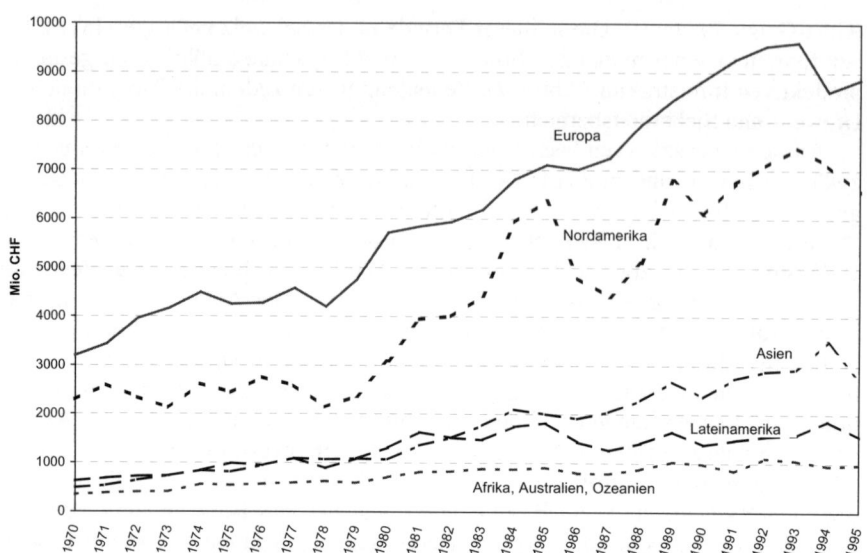

Abb. 5.6. Umsätze von Ciba-Geigy nach Großregionen
Quelle: zusammengestellt nach Geschäftsberichten von Ciba-Geigy 1970–95

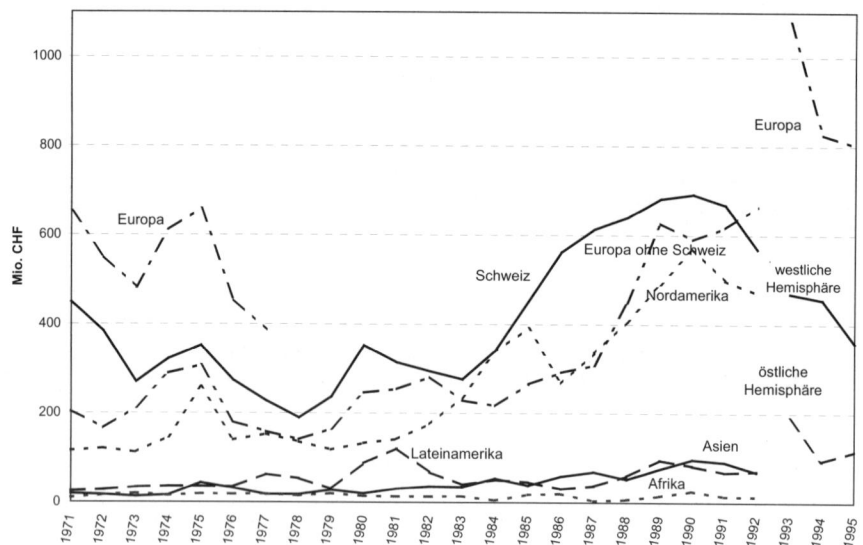

Abb. 5.7. Investitionen von Ciba-Geigy nach Großregionen
Quelle: zusammengestellt nach Geschäftsberichten von Ciba-Geigy 1970–95

nung. Aber trotz des Aufbaus wichtiger Produktionsanlagen in China und in Indonesien sowie der Erneuerung von Einrichtungen stieg der Anteil dieser Region am Investitionsaufkommen bis 1995 nicht über 7 bis 9%. Nach einer von mit Wachstumserwartungen für Afrika geprägten Periode in den siebziger Jahren leitete der Konzern nach einer massiven Verschärfung der Probleme mit einer sprunghaft angestiegenen Inflation und wegen der mangelnden Kaufkraft eine Wende ein (Ciba-Geigy 1982a: 23). Mit Ausnahme von Südafrika spielte der gesamte afrikanische Kontinent Mitte der neunziger Jahre fast keine Rolle mehr.

Verlagerung von Arbeitsplätzen?

Ein weiterer Indikator für die geographische Ausdehnung des Konzerns und die Stärke der einzelnen Konzerngesellschaften ist die Entwicklung der Beschäftigten (vgl. Abb. 5.8). In den sechziger Jahren bis zum Konjunktureinbruch 1974 vollzog sich in allen Regionen ein massiver Beschäftigungszuwachs, der allerdings in Europa (ohne Schweiz) und in den USA deutlicher ausfiel als in der Schweiz. Mitte der siebziger Jahre baute der Konzern allerorts Personal ab. Die Zahl der Beschäftigten in der Schweiz nahm danach allerdings wieder zu, besonders zwischen 1983 und 1990, als die Anzahl der Beschäftigten mit 24 439 den Höchststand erreichte. In Europa erreichte die Ciba-Geigy 1974 ihren Rekord mit 30 756 Beschäftigten. In den folgenden zwanzig Jahren reduzierte der Konzern den europäischen Personalbestand auf 23 102, also um rund ein Viertel. Allerdings wurde das überaus starke Personalwachstum Ende der sechziger Jahre durch die Akquisition von Ilford und der Rückgang Ende der achtziger Jahre durch deren Verkauf mitgeprägt. Anders sieht der Verlauf der Beschäftigtenzahlen in den USA aus. Bemerkenswerterweise verstärkte sich die Ciba-Geigy Corporation in drei großen Schüben jeweils unmittelbar vor Rezessionen, das heisst 1974, 1979 und 1986-89. Diese Personalzunahme war nicht zuletzt Ergebnis von Firmenakquisitionen. Der Rückgang der Beschäftigten unmittelbar nach diesen Schüben spiegelt beträchtliche Rationalisierungen und Umgruppierungen im Konzernportfolio wider. Die übrigen Gebiete (Asien, Afrika, Australien) verzeichneten in den sechziger Jahren ein starkes Beschäftigungswachstum. Während sich in Asien der Personalbestand zwischen 1972 und 1992 von 3875 auf 9412 mehr als verdoppelte, nahm die Zahl der Ciba-Beschäftigten in Lateinamerika in den siebziger Jahren noch zu, stagnierte dann in den achtziger Jahren und ging seit 1990 sogar zurück (1972: 6431, 1982: 8092, 1992: 7946).

Der Anteil des Personals in der Schweiz am gesamten Konzern bewegte sich in den siebziger und achtziger Jahren um rund 28 % herum und sank zwischen 1989 und 1994 auf 24% ab. Wie auch die Analyse der Produktionsorganisation in Kapitel 8 zeigt, drücken sich in diesen Veränderungen keineswegs Verlagerungen von Arbeitsplätzen aus. Die Schwankungen der Beschäftigtenzahlen sind zu einem guten Teil Akquisitionen und Firmenverkäufen geschuldet. Die gestiegenen Investitionen und der Personalausbau in den USA und in Asien waren Ergebnis der Orientierung auf diese Märkte. Bis zu einem gewissen Grad trifft sogar der umgekehrte Sachverhalt zu. Der weitaus größte und im Lauf der siebziger und achtziger Jahre gestiegene Anteil der in der Schweiz hergestellten Produkte ging an Konzerngesellschaften (Ciba-Geigy 1981a: 20). Zudem vollzog sich seit 1990, dem historischen Höchststand mit 94 141 Beschäftigten, weltweit, außer in Asien, ein

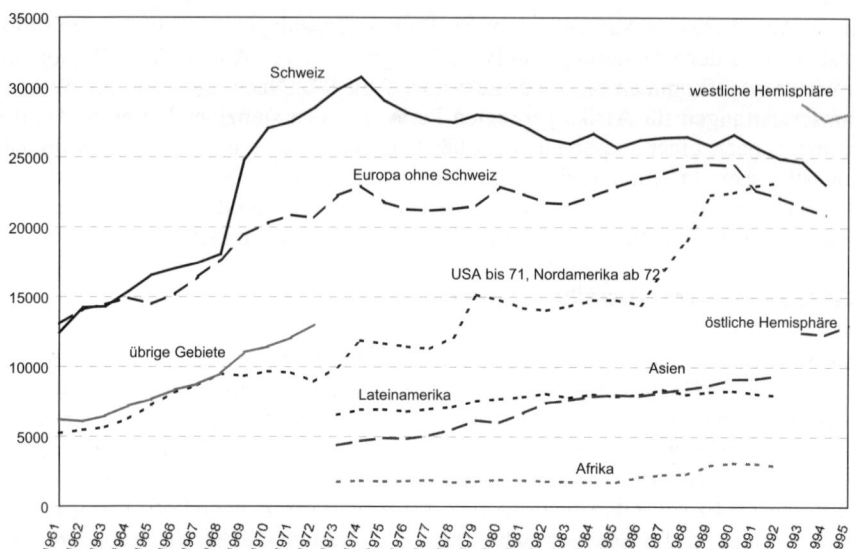

Abb. 5.8. Entwicklung der Beschäftigten der Ciba-Geigy nach Großregionen
Quelle: zusammengestellt nach Geschäftsberichten von Ciba-Geigy 1970–95

Rückgang der Ciba-Beschäftigten. 1995 arbeiteten rund 10 000 Personen weniger bei Ciba. Viel deutet darauf, dass, von bestimmten Geschäftssegmenten abgesehen, Rationalisierungen und Umstrukturierungen, kaum aber Verlagerungen für den Abbau des Personals in der Schweiz, Europa und danach auch in den USA verantwortlich. Inwiefern einzelne Produktionsstandorte, wie z.B. jene in der Schweiz, im Zuge der internationalen Expansion an Bedeutung verloren haben, lässt sich letztlich nur durch eine konkrete Analyse der Produktionssysteme in den einzelnen Konzernbereichen ermitteln (siehe Kapitel 8).

Die Modernisierung, Rationalisierung und Verwissenschaftlichung der Tätigkeiten im Stammhaus drücken sich nicht zuletzt in den Veränderungen der Struktur des Personalbestandes aus. Anfang der achtziger Jahre arbeiteten noch rund 30% der Beschäftigten in der Produktion, knapp ein Viertel in der Forschung und Entwicklung und etwas weniger als die Hälfte im Infrastrukturbereich der Werke sowie in kaufmännischen und administrativen Bereichen (Ciba-Geigy 1983a: 12). Im Vergleich zu 1980 beschäftigte die Ciba-Geigy 1989 rund 25% mehr Hochschul- und HTL (Fachhochschul)-Absolventen und -Absolventinnen, 5% mehr technische Angestellte und Handwerker, während der Bestand an kaufmännischen Angestellten um 5% und derjenige der Betriebsarbeiter und -arbeiterinnen um 8% abgenommen hat (Ciba-Geigy 1990a). Dieser starke Wandel der Zusammensetzung der Beschäftigten in Richtung auf einer höhere Qualifikation hin verlief nicht ohne Probleme. Ende der achtziger Jahre litt die Ciba-Geigy unter dem zunehmenden Mangel an qualifizierten Fachkräften in allen Kategorien, vor allem an Hochschulabsolventen spezieller Fachrichtungen. Viele AkademikerInnen wurden im Ausland rekrutiert. Der Ausländeranteil bei den neu eingetretenen Hochschulabsolventen lag 1988 in der Schweiz bei 62% und sogar bei drei Viertel.

Noch im Jahre 1989 fehlten in der Schweiz 500-700 qualifizierte Mitarbeiter. Der Mangel an wissenschaftlichen Fachkräften wurde mitunter als Grund für die verstärkten Forschungsanstrengungen in den USA angeführt (Ciba-Geigy 1989a; 1990a). Einen großen Teil des Produktionspersonals rekrutierten die 'Basler Konzerne' in den achtziger Jahren im Elsass und in Süddeutschland (Zeller 1992).

Zunehmende Internationalisierung der Finanzierung

Die nach dem Zusammenbruch des Währungssystems von Bretton Woods zunehmenden Veränderungen der Währungsrelationen hatten weitreichende Konsequenzen auf die großen Konzerne und den Welthandel. Die massive Aufwertung des Schweizer Frankens in den siebziger Jahren und dann wieder Anfang der neunziger Jahre gegenüber den meisten anderen Währungen zeitigte allerdings unterschiedliche Wirkungen. Negativ für einen Schweizer Konzern war, dass der in Schweizer Franken anfallende Anteil des Konzernaufwandes durch abgewertete Erlöse in ausländischen Märkten gedeckt werden musste. Positiv war, dass die internationale Kaufkraft von Gewinn und Cash Flow zunahm, was die Finanzierung von Investitionen und Akquisitionen im Ausland verbilligte (Ciba-Geigy 1978: 10). Allerdings sind das rechnerische Größen, denn das Geldkapital muss ja weder in die Schweiz zurücktransferiert werden, noch müssen Investitionen im Ausland ausschließlich mit Kapital aus der Schweiz finanziert werden. Dank ihrer echten Multinationalität waren die Basler Konzerne in der Lage, mit schnell verändernden Währungsparitäten umzugehen.

Der Finanzbedarf der Konzerngesellschaften kann über verschiedene Vorgehensweisen gedeckt werden. Der gestiegene Frankenkurs Ende der siebziger Jahre machte es zum Beispiel attraktiver, die Bedürfnisse der Konzerngesellschaften durch Zuschüsse des Stammhauses zu finanzieren (Ciba-Geigy 1978: 12). Mitte der achtziger Jahre hielten die Konzerngesellschaften ihre den Währungs- und Transferrisiken angemessene Kreditbeanspruchung in Lokalwährungen aufrecht. Im Zuge der Globalisierung der Finanzmärkte beschaffte sich die Ciba-Geigy angesichts besserer Zinsbedingungen Anfang 1987 durch Emission einer Anleihe von 50 Millionen US-Dollars auf dem japanischen Inlandmarkt kostengünstige Mittel zur Finanzierung der USA-Konzerngesellschaften (Ciba-Geigy 1988a). Danach setzte sie angesichts stabilerer Währungsaussichten 1988 wieder vermehrt Stammhausmittel im Konzern ein. Einen Teil ihres Bedarf bestritten die Konzerngesellschaften jedoch durch Ausweitung ihrer kurzfristigen Lokalkredite, um die Währungs- und Transferrisiken klein zu halten (Ciba-Geigy 1989a). Langfristige Mittel wurden beschafft, wenn sich günstige Gelegenheiten ergaben und nicht erst, wenn sie benötigt wurden. Der Konzern konnte sich damit zunehmend neue Chancen auf den internationalen Kapitalmärkten erschließen (Ciba-Geigy 1992b). Dazu gehören, neben unterschiedlichsten Formen der Internationalisierung der Finanzierung, eine ganze Reihe von Finanzinstrumenten und Hedging-Operationen wie Devisentermin- und Optionskontrakte, Zinsatz- und Währungsswaps zur Absicherung von Währungs- und Zinsrisiken sowie zur Verbesserung der Rendite auf den liquiden Vermögenswerten (Ciba 1994a).

Die Ciba-Geigy passte im Jahr 1990 ihre Kapitalstruktur der Globalisierung der Finanzmärkte und der fortschreitenden Integration der Wirtschaftsräume an und ermöglichte auch Ausländern, sich als Namenaktionäre ins Aktienregister einzutragen (Ciba-Geigy 1991a). Zuvor genoss die Ciba-Geigy in U.S.-Finanzkreisen ein geringes Profil. Begrenzte Anteile konnten von nun an entweder in Form von Aktien oder von *American Depository Receipts* (ADRs), deren fünfzig dem Wert einer Aktie entsprachen, erworben werden. Die Ciba-Geigy beauftragte zur Emission der ADRs die J.P. Morgan Bank. Allerdings verboten es die Bestimmungen der Securities and Exchange Commision (SEC), dass die Ciba-Geigy die ADR ihren Angestellten aktiv verkaufen durfte. Im Zuge dieser Öffnung baute der Konzern in den USA eine neue Investor Relations Funktion auf (Ciba-Geigy 1992c: 27). Um den Kontakt mit den Investoren zu vertiefen, wurden 1991 in der Schweiz, England, den USA und Japan spezielle Informationsveranstaltungen für Investoren durchgeführt (Ciba-Geigy 1992b). Im Frühjahr 1992 begab sich dann Verwaltungsratspräsident Alex Krauer persönlich in die USA, um die Investoren Community für Ciba-Geigy-Papiere zu begeistern (Ciba-Geigy 1992c: 27). Sogar die Umbenennung in das einfache 'Ciba' mit einem neuen Logo war Teil der aggressiveren Investor Relations-Strategie. Es ging darum, das Profil des Konzerns in internationalen Märkten zu stärken und die Basis der Investoren zu verbreitern (Ciba 1993b: 2).

Tatsächlich wurde der Aktionärskreis Anfang der neunziger Jahre deutlich internationalisiert. Ende 1990 befanden sich rund zwei Drittel des Gesamtkapitals in schweizerischen Händen. Zwar bestand dieses Verhältnis auch 1993 noch (Ciba-Geigy 1991a; Ciba 1994a). Doch wurde der Anteil der U.S.-Investoren am Aktienkapital des Konzerns bis Ende 1991 auf 5%, 1993 auf 9% und bis Ende 1994 auf 10% gesteigert. Im Jahre 1993 schuf Trust, eine Einheit des Treasurer's Department, zudem eine weitere Möglichkeiten für Angestellte, sich am Investment Savings Plan des Unternehmens zu beteiligen (Ciba-Geigy 1992c: 27; Ciba 1994b: 4; 1995a: 23).

Das Finanzmanagement wurde in den achtziger Jahren zu einem entscheidenden strategischen Pfeiler der Konzernleitung. Der Wandel der wirtschaftlichen Gegebenheiten drückte sich auch im veränderten Vokabular der Geschäftsberichte aus. Im Jahr 1984 wurde erstmals die Börsenhaltung des Konzerns und 1987 der Begriff Globalisierung, sinnigerweise im Zusammenhang mit der Globalisierung der Finanzmärkte, erwähnt. Der Jahresbericht 1993 hob erstmals die Steigerung der Börsenkapitalisierung ausdrücklich hervor (Ciba-Geigy 1985a; 1988a; Ciba 1994a).

5.2 Sandoz: von der Chemie zu den Life Sciences

5.2.1 Von der Diversifizierung zur Konzentration

Die Periode Ende der sechziger Jahre war nicht nur für Ciba und Geigy, sondern auch für Sandoz eine bedeutende Umbruchs- und Expansionsphase. Die Sandoz schluckte im Oktober 1967 die Wander AG in Bern, einen traditionsreichen und bedeutenden Produzenten von Lebensmittel und OTC Pharmazeutika (zur Geschichte von Wander siehe Sandoz bulletin 1990a). 1969 integrierte sie die alte Basler Chemiefirma Durand & Huguenin, die ihr Areal gerade neben der Sandoz hatte. Diese Übernahmen hatten zwar bei Weitem nicht die Tragweite der Fusion von Ciba und Geigy. Mit der Übernahme von Wander stieg Sandoz in das Nahrungsmittelgeschäft ein, verstärkte sich deutlich bei den selbstverkäuflichen Medikamenten und verschaffte sich Zugang zu wichtigen Märkten. Nicht zuletzt wurde auch die Produktionsinfrastruktur bedeutend erweitert. Die Übernahme des benachbarten traditionsreichen Farbenherstellers Durand & Hugenin in Basel war bescheidener, brachte aber eine sehr nützliche Erweiterung im Farbenangebot und eine Abrundung des Werkareals in Basel.

Im Zuge der Integration von Wander wurde das 1967 geschaffene Direktions-Comité oberstes Organ der Geschäftsleitung. Bei der Reorganisation der Geschäftsbereiche wurden 1968 die Departemente Farben und Chemikalien zusammengelegt und der Agrobereich als eigene Abteilung organisiert. Die Integration von Wander zog sich über mehrere Jahre hin. Gewisse Konzerngesellschaften fusionierten erst Mitte der siebziger Jahre.

Nach der Übernahme von Wander bis 1975, als das neue Departement Ernährung geschaffen wurde, bestand der Konzern aus den drei Departementen Pharma, Farbsstoffe, Agro und Ernährung. Pharma steuerte in dieser Periode zwischen 52% und 54% an den Konzernumsatz bei. Die Verkäufe des Farbendepartements machten ein knappes Drittel aus und die Einnahmen des 1967 gegründeten Departements Agro / Ernährung schwankten bei sinkender Tendenz zwischen 17% und knapp 14%.

Die Geschichte von Sandoz in den letzten drei Jahrzehnten vor der Fusion mit Ciba war zunächst von einer Diversifizierungstrategie gekennzeichnet, die einige zentrale Projekte verfolgte und zugleich in etlichen kleineren Angelegenheiten sehr opportunistische Züge hatte. Ab 1990 setzte sich jedoch eine Strategie der klaren Fokussierung auf die Kerngeschäfte in den *Life Sciences* durch. Charakteristisch für die Entwicklung der Sandoz war die allmähliche relative Bedeutungsverminderung für das traditionelle Farben- und Chemikaliengeschäft an den Umsätzen des Konzerns. Nach Abschluss der Reorganisation des Konzerns, die im Zuge der Übernahme von Wander durchgeführt wurde, steuerte das zusammengelegte Departement Farben und Chemikalien Ende der sechziger Jahre rund 31% an die Verkaufserlöse des Konzerns bei. Dieser Anteil hielt sich bis Mitte der siebziger Jahre als der Einstig ins Saatgutgeschäft eine deutliche Gewichtsverlagerung ergab. 1969 wurde mit der Übernahme der benachbarten Basler Farbenfabrik Durand & Hugenin das Farbengeschäft gestärkt. Der Anteil des Departements Chemikalien sank dann zwischen 1977 und 1984 weiter von 26,5% auf 22,6% ab. Dennoch wurden die Geschäftsbereiche der Spezialitätenchemie gezielt ausgebaut, so etwa durch die Übernahme der deutschen K.J. Quinn (Lederchemikalien) und der italienischen Sarma S.p.A. (Masterbatches) im Jahr 1988. Der neue Geschäftsbereich Masterbatches (Farbkonzentrate zur Einarbeitung in Kunststoffe und Spinnfasern) wurde in der Folge mit weiteren Akquisitionen zielstrebig ausgebaut. Auch das Farbendepartement expandierte weiter und übernahm 1981 die S.A. Cardonner (Spanien) und 1983 die US-Firma Sodeyco, Inc.

Mitte der achtziger Jahre übernahm das 1985 in Division Chemikalien umbenannte Farbendepartement verschiedene Unternehmen für Bauchemikalien und Umwelttechnik und stieß damit in ein neues Feld vor, von dem man sich Synergien zum angestammten Chemikaliengeschäft versprach. Die Übernahme von Master Builders, Inc. in Cleveland, Ohio, und der Nisso Master Builders K.K. in Tokyo bildete den Grundstein dieses neuen Sektors. Man wollte das Know how der Division Chemikalien mit den Verfahren der Bautechnik verbinden. In den folgenden Jahren wurde das Bauchemikaliengeschäft mit dem Erwerb Meynadier-Gruppe (Schweiz), der MAC S.p.A. in Treviso (Italien) und weiterer Unternehmen ausgebaut. 1988 stieg die Sandoz mit der Übernahme der McLaren Environmental Engineering sogar in das jener Zeit boomende Umweltgeschäft ein. Diese neuen Geschäftssegmente im Bereich Bau und Umwelt wurden schließlich Anfang 1989 in einer neuen selbständigen Division unter dem Namen Master Builder Technologies (MBT) zusammengefasst. Letztlich war dieser Bereich aber zu heterogen und die Synergien zu anderen Sektoren des Konzerns waren zu gering, als daß er im neuen Konzern Novartis Platz gefunden hätte. MBT wurde noch vor Vollendung der Novartis Fusion im August 1996 an den deutschen Konzern SKW Trostberg verkauft. Zuvor wurde das Umwelt-Engineering-Geschäft ausgegliedert und verkauft.

Trotz dieser Expansionsschritte reduzierte sich angesichts der systematischen Stärkung der Bereiche Pharma und Nahrungsmittelgeschäfts sowie der Diversifizierung in die Bauchemikalien der Anteil des klassischen Chemiegeschäfts bis 1994 sogar auf knapp unter 15%. Mit der Ausgliederung der Division und die Gründung der Clariant AG im Sommer 1995 fand letztlich die Trennung von dem Geschäftsbereich statt, der ursprünglich die tragende Säule der frühen Expansion von Sandoz war. Rolf W. Schweizer übernahm die Leitung des neuen Konzerns. Er hat zuvor über viele Jahre an entscheidender Stelle die Strategie von Sandoz, insbesondere im Bereich der Industriechemikalien, geprägt.

Das Departement Pharma war bereits in den sechziger Jahren das wichtigste. Doch schätzte die Konzernleitung die längerfristigen Perspektiven relativ zurückhaltend ein. Die pharmazeutische Forschung war an gewisse Grenzen gestoßen. Die Anzahl eingeführter *New Chemical Entities* begann weltweit zu sinken. Die Pharmaunternehmen versuchten dieser Entwicklung mit steigenden Forschungs- und Entwicklungsaufwendungen zu begegnen. Ein Mitglied des Verwaltungsrates vertrat sogar die Meinung, dass die Zeit der großen und grundlegenden Erfindungen auf dem Gebiet der Pharmazeutika vorbei sei (Studer 1986: 42). Die Sandoz begegnete dem Problem Anfang der siebziger Jahre mit einer ausgesprochenen Diversifizierungsstrategie im Gesundheitswesen (Sandoz 1973: 10). So übernahm die Sandoz in Europa und Nordamerika zwischen 1969 und 1975 sieben im Hospital Supply-Geschäft tätige Unternehmen. Eine erste Präsenz in diesem Markt erreichte sie eher zufällig über die kanadische Tochtergesellschaft von Wander. Der Umsatz in diesem Gebiet erreichte bald 100 Millionen Franken. Das Vorhaben scheiterte jedoch. Sandoz überführte 1977 das Geschäft in ein Joint Venture mit Rhône Poulenc. Auch der Einstieg ins Fitness-Geschäft über den Erwerb einer Mehrheitsbeteiligung an der John Valentine Fitness AG Ende 1971 scheiterte und wurde nach einigen Jahren wieder aufgegeben.[50] Tragfähig erwiesen sich demgegenüber die Bestrebungen der ab Anfang der achtziger Jahre vorangetriebenen Expansionsbemühungen in die Bereiche Selbstmedikation und Generika. Diese

---

[50] Rund 25 Jahre später wurde Novartis wieder im Fitnessgebiet tätig. Anfang 1999 eröffnete der Konzern auf Bestreben des Konzernchefs Vasella im Werk St. Johann ein großes Fitness-Center für die Beschäftigten und dessen Führung vertraute er ausgerechnet wieder John Valentine an (Mamane 1997c; 1998; Müller 1999).

besonderen Pharmamärkte stellen auch für Novartis weiterhin strategische Pfeiler dar.

Eine ganz besondere Bedeutung erlangte die Diversifizierung in die Diätetika, die mit der Übernahme von Wander 1967 eingeleitet wurde. Die Diätetika wurden auf Anhieb die drittgrößte Sparte im Sandoz-Konzern hinter den Pharmazeutika und den Farben, aber vor den Chemikalien und den Agrochemikalien. Der Anstoß zum Zusammenschluss ging zwar von Wander aus (Studer 1986: 38; Fritz 1992: 181), dieser Schritt bildete aber den Auftakt zu einer umfassenden Expansion in den Bereich der diätischen Ernährung. Die Ertragslage war anfänglich schwach und es erwies sich als schwierig, aus dem heterogenen Wander-Sortiment eine konsistente Strategie zu entwickeln. Anfang der siebziger Jahre begann die Konzernleitung das Geschäft auf hochwertige Spezialnährmittel für spezifische Marktsegmente zu positionieren, die zudem gegebenenfalls gewisse Synergien zum Pharmabereich ergeben sollten. Mit der Übernahme der Delmark in Minneapolis im Jahr 1972 begann die Umsetzung dieser letztlich recht erfolgreichen und fünfundzwanzig Jahre später von Novartis verfeinerten Strategie. Der Durchbruch und die wirtschaftliche Gesundung gelang jedoch erst im Zuge der umsatz- und ertragsmäßig bedeutenden Übernahme des schwedischen Unternehmens Wasa im Jahr 1982. Zwölf Jahre später holte die Sandoz zu einem großen Schlag aus und verdoppelte die Umsätze der Division Ernährung mit der Übernahme des in den USA führenden Babyfoodherstellers Gerber. Dieses 1928 gegründete, traditionsreiche Unternehmen hatte in den USA im Babyfoodsegment einen Marktanteil von 70% (zur Geschichte von Gerber siehe Sandoz bulletin 1994b).

Nicht zuletzt aufgrund des unbefriedigenden Verlaufs des Agrochemikalien-Bereichs lancierte die Sandoz Mitte der siebziger Jahre eine Diversifikation in das Saatgutgeschäft. Die quantitativen Einschätzungen und Vorgaben des 10-Jahresplans von 1972 erwiesen sich wegen der Rezession rasch als überholt. Dieser Plan formulierte jedoch auch das Ziel einer ehrgeizigen Umsatzsteigerung im Agrobereich und das endgültige Überschreiten der Gewinnschwelle. Man erkannte, daß der Pflanzenschutz breiter als nur die über Schädlingsbekämpfungsmittel zu fassen ist. Zudem verwies der strategische Plan auf die Notwendigkeit im nordamerikanischen Markt Fuß zu fassen. Die Übernahme des Pflanzenschutzbereichs der International Minerals and Chemical Corp. 1973 war der erste Umsetzungsschritt. Zwei Jahre später, 1975, überschritt Sandoz mit der Übernahme des Gemüsesaatherstellers Rogers Seed Co. mit Sitz in Boise, Idaho, erstmals den Agrochemikaliensektor und legte den folgenreichen Grundstein für den Aufbau des Saatgutgeschäfts. Kurz darauf, 1976 übernahm Sandoz das große und dynamische Saatgutunternehmen Northrup King Co, Minneapolis. NK war einer der führenden Hersteller von Getreide-, Mais-, Sorghum-, Soja und Sonnenblumensaatgut und verfügte über zahlreiche Zuchtstationen und Produktionsanlagen in den USA, Kanada und Europa. Die Übernahme der niederländischen Zaadunie Gruppe, einer führenden Anbieterin von Gemüsesaatgut in Europa, Afrika und Asien sowie von Blumensaatgut und Jungpflanzen weltweit, schloss diese erste Expansionswelle ab. Die neue Sparte steigerte ihren Anteil am Konzernumsatz bis zum Jahr 1981 auf 11%. Fast ein Jahrzehnt später, im Jahr 1989, übernahm die Division Saatgut den auf Zuckerrüben, Mais, Sonnenblumen und Raps spezialisierten Saatguthersteller Hilleshög in Schweden. Die Sandoz steckte beträchtliche Forschungsmittel in den Saatgutsektor, um neue Sorten zu züchten. Ab den neunziger Jahren erlangten biotechnologische Methoden eine große Bedeutung zur Züchtung von Sorten, die Schädlings- und Herbizidresistenzen aufweisen. Schließlich brachte es Sandoz Seed bis Mitte der neunziger Jahre zur zweitgrößten Saatgutfirma der Welt.

Der traditionelle Agrochemikalien-Sektor wurde aber dennoch nicht verlassen. Im Gegenteil, im Frühjahr 1983 erwarb Sandoz Agro die Zoecon Corporation in Palo Alto. Sie baute damit ihre Marktposition im Pflanzenschutz aus und stieß mit der Consumer & Animal Health Division von Zoecon auch in die Bereiche Tiergesundheit, Hygiene und Haushalt vor. 1986 akquirierte die Division Agro das Herbizidgeschäft der Velsicol Chemical Co. Chicago mit ihrer Produktionsstätte in Beaumont, Texas. Im gleichen Jahr erwarb sie eine Beteiligung an der japanischen SDS Biotech K.K. in Tokio. Mit diesen Übernahmen konnte Sandoz Agro ihre Wettbewerbsposition merklich steigern. Die stürmische Entwicklung schlug sich auch einer Verdreifachung des Umsatzes von 339 Millionen auf 1165 Millionen CHF. zwischen 1980 und 1989 nieder. Die neunziger Jahre waren demgegenüber von einer nahezu stagnierenden Entwicklung gekennzeichnet (Sandoz bulletin 1996a: 23).

Nahezu alle Diversifizierungen in neue Märkte erfolgten über Übernahmen. Im Nachhinein lassen sich zwar Strategien erkennen, doch vielen Übernahmen lagen letztlich im konkreten Fall opportunistische Erwägungen zu Grunde. Nicht wenige Expansionsschritte waren anfänglich sogar von Zufällen bestimmt oder waren unbeabsichtigte Konsequenzen anderer Entscheidungen. Der Konzern stand mehrfach vor der Frage, einen kleinen Geschäftszweig abzustoßen oder ihn durch weitere Zukäufe auf eine kritische Masse zu heben.

Rückblickend drängt sich aber die Schlußfolgerung auf, daß letztlich nur jene Expansionsschritte auch längerfristig erfolgreich verfolgt wurden, die in enger Beziehung zu den bestehenden Geschäften standen und/oder äußerst zielstrebig mit Hilfe der Ressourcen des Gesamtkonzerns vorangetrieben wurden. Die Expansionen in die Bereiche Saatgut und in bestimmte hochwertige Segmente der Ernährung illustrieren dies deutlich. Daher entspricht es durchaus auch einer gewissen Logik der längerfristigen Unternehmensentwicklung, dass neben der übergewichtigen Division Pharma genau diese beiden Geschäftszweige der Input waren, den Sandoz in die Novartis-Fusion einbrachte.

Die Ende der sechziger Jahre eingeleitete Diversifikation erlaubte es der Sandoz, die unterschiedlichen Konjunkturzyklen in den einzelnen Geschäftszweigen und die durch die unterschiedlichen Produktzyklen hervorgerufenen Aufschwungs- und Konsolidierungs- und Abschwungphasen teilweise aufzufangen. Die Wirtschaftskrisen von 1975/76 und 1981/82 offenbarten gerade bei den Chemikalien und Farben die Abhängigkeit von den Abnehmerindustrien. Die Bereiche Agrochemikalien und Saatgut waren immer durch spezifische Agrarzyklen (insbesondere in den USA) geprägt. Der Pharmabereich war zwar weniger konjunkturanfällig, doch die Zweifel über die langfristigen Entwicklungsperspektiven begünstigten in den siebziger Jahren Diversifikationsanstrengungen.

In den achtziger Jahren offenbarte diese Strategie jedoch ihre Grenzen. Es wurde klar, dass nur mit einer grundlegenden Reorganisation des Kerngeschäfts im Pharmabereich langfristig die Profitabilität deutlich gesteigert werden konnte. 1993 beschloss die Konzernleitung das Unternehmen auf die Kernbereiche Pharma und Ernährung zu fokussieren, die zusammen mit dem Saatgutgeschäft in der

Life Science Division zusammengefasst wurden. Diesen Aktivitäten sprach man ein wesentlich größeres Wachstumspotential, eine geringe Anfälligkeit für zyklische Schwankungen sowie höhere operative Margen und Kapitalrenditen zu. Die Nicht-Kernbereiche der Chemikalien, Agro und Bau & Umwelt fasste man in der Division Chemikalien und Umwelt zusammen. Diese Geschäftsbereiche wollte man als nützliche Cashlieferanten halten, kündigte aber bereits an, dass sie bei günstigen Gelegenheiten auch desinvestiert werden könnten. Hintergrund dieser Entscheidung waren auch die bedeutenden Kapitalerfordernisse der Bereiche Pharma und Ernährung, wenn diese ihre Ambitionen, in ihren Märkten zur Weltspitze zu gelangen, verwirklichen wollten. Besonders die Pharmadivision musste, angesichts der erwarteten Fusions- und Übernahmewelle, der gigantischen Forschungsausgaben und Finanzierung von Forschungsallianzen, mit großen finanziellen Reserven auf kommende Herausforderungen gerüstet sein.

Mit der Übernahme von Gerber 1994 und der Ausgliederung der Division Chemikalien fokussierte sich Sandoz auf die drei strategischen Pfeiler Pharma, Ernährung und Agro. Exakt diese Grundausrichtung verfolgte auch Novartis nach der Fusion von Sandoz mit Ciba. Die Ausrichtung des Konzerns auf diese drei Pfeiler verlieh dem Bereich menschliche Gesundheit als gemeinsame Basis stärkeren Nachdruck. Die Konzentration auf *life sciences* ermöglichte dem Management, sich auf das zentrale Anliegen zu konzentrieren: dem breiten Angebot von gesundheitsbezogenen Produkten. Daniel Vasella, der CEO von Sandoz Pharma in der Zeit unmittelbar vor der Fusion mit Ciba, legte dar, dass der Strategie ein Ansatz zugrunde liege, der Gesundheit als Kontinuum sehe, das Gesundheitserhaltung über Prevention und Diagnostik zu Pflege und Behandlung reicht. Auf diesem Kontinuum befänden sich nun die Gesundheitsnahrung, Selbstmedikation, medizinische Ernährung und verschreibungspflichtige Medikamente. Denn die Vertriebskanäle von Gesundheitsnahrung und OTC-Präparaten seien dieselben und die Vertiebskanäle von medizinischer Ernährung und verschreibungspflichtigen Medikamenten seien ebenfalls die gleichen. Zugleich steige aber die Forschungsintensität von Gesundheitsnahrung zu den verschreibungspflichtigen Medikamenten stark an. Die OTC-Medikamente stellen in dieser Konzeption also die Brücke zwischen den beiden Polen dar. Sie teilen die Vertriebskanäle mit speziellen Nahrungsmitteln und die Wissenschaftsbasis mit verschreibungspflichtigen Medikamenten (Koberstein 1995: 40).

Tab. 5.1. Übernahmen von Sandoz zwischen Mitte der sechzigerJahre und 1996

Jahr	Partnerfirma	Schwerpunkttätigkeit	Inhalt des Abkommens
1963	Biochemie Ges.m.b.H, Kundl, Tirol, Österreich	Antibiotika	Übernahme
1967	Wander, Bern	Pharma, diätische Ernährung	Übernahme
1969	Monaghan Company, Denver	Hospital Supply, künstliche Beatmung	Übernahme
1969	Sterilplast, Italien	Hospital Supply, Einmalartikel (Katheter, Sonden, etc.)	Übernahme
1969	Dasco	Hospital Supply, Hämodialyse, künstl. Nieren, Oxygneatoren	Übernahme
1969	Durand & Huguenin, Basel, Schweiz	Farben, Chemikalien	Übernahme

1970	Contraves, Schweiz	Hospital Supply	Abkommen zur gemeinsamen Entwicklung von medizinisch-elektronischen Geräten
1971	John Valetine Holding AG, Zürich	Fitnessclub	Mehrheitsbet.
1971	Dascon N.V., Uden, Niederlande	Verkaufsorganisation	Übernahme
1971	Laboratoires Salvoxyl S.à.r.l., Orléans, France	Pharma, Vertrieb	Zusammenschluss mit Laboratories Wander S.à.r.l., Champigny-sur-Marne
1972	Schweiz. Teerindustrie AG, Pratteln, Schweiz	Materialen für Farben	Mehrh. --> 100%
1972	Delmark Company Inc., Minneapolis	Ernährung, Diäten	Übernahme
1973	E.R. Squibb & Sons, Inc.	Pharma	Einlizenzierung des Breitband-Penicillins *Spectacillin*
1973	Lokale Unternehmen in Bulgarien, Polen und der Tschechoslowakei	Pharmazeutische Produktion	Vereinbarungen zur lokalen Lizenzfabrikation
1974	Vital Assist, Inc., Salt Lake City, Utah	Herstellung und Vertrieb von Hämodialysemateria (künstliche Niere)	Erwerb von 81%-Beteiligung
1974	J.F. Hartz Company Ltd., Kanada	Vertriebsgesellschaft für Hospital Supply	Verkauf
1975	Rogers Brothers Seed Company, Idaho Falls, Idaho	Gemüsesaatgut	Übernahme
1976	Plaznet, Frankreich	Spezialitäten in Ernährung	Übernahme
1976	Northrup King Co., Minneapolis, Minnesota	Saatgut für Feld- und Gemüsebau, international tätig	Übernahme
1976/ 77	Chicago Dietetic Supply Inc., Chicago	diätische Spezialitäten, gutes Verteilnetz	Übernahme
1977	Gründung Sopamed AG Holding, Fribourg, Schweiz hält Kapital an Hospal Firmen	Zusammenfassung bisheriger kleiner Akquisitionen im Bereich Hospital Supply	50/50-Joint Venture mit Rhône Poulenc
1978	Polycril Quimica Industrial, Brasilien	Veredelungschemikalien	Übernahme
1978	Leofarin-Gruppe Holding, Schweiz	hochwertige Backwaren (Roland Murten AG, Floridor SA (Avenches), AG Ch. Singer's Erben (Basel)	Übernahme
1979	John Valentine Holding AG, Basel Health Clubs in Frankreich und Deutschland	Health Clubs	Verkauf
1979	Sarma S.p.A., Milano	Pigmentverarbeitung	Übernahme
1979	Quinn G.m.bH., Leinfelden, Deutschland	Lederzurichtungsprodukte	Übernahme
1979	B.W. Mud Limited (Tochtergesellschaft von KCA International Limited)	Chemikalien	Zusammenarbeit auf dem Gebiet der Entwicklung und des Verkaufs von Chemikalien für die Erdölförderung
1980	Mc Nair, USA	Saatgut	Übernahme
1980	Zaadunie B.V., Enkhuizen, Niederlande	Gemüse- und Blumensaatgut	Übernahme
1980	Cardoner, Barcelona	Schwefelfarbstoffe	Substantielle Beteiligung als erste Stufe zur Übernahme
1980	Mount Royal Chemicals Ltd., Dorval, Kanada	pharmazeutische Produktion	Verkauf der Sandoz-Beteiligung an Ciba-Geigy
1981	Ex-Lax Pharmaceutical Co, New York	Pharma Publikumspräparate	Übernahme inklusive verschiedene Unterbeteiligungen und Produktionsstätte in Puerto Rico.

1981	Viking Brew Ldt., North-shields, England	Ernährung	Übernahme
1981	Gründung der Dia Fine KK, Tokio	Vertrieb von Farbstoffen und Chemikalien	Joint Venture mit Mitsubishi Petrochemicals
1981	Toms River Chemical Corp., Toms River, New Jersey		Verkauf der Beteiligung an Ciba-Geigy
1981	Pharmaco S.A., Athen	Pharmazeutische Produktion	Übernahme eines bisheri mit griechischen Partnern betriebenen Joint ventures
1981	Aare-Tessin AG für Elektrizität	Stromerzeugung	Erwerb Anteil
1982	Wasa, Schweden	Nahrungsmittel, Knäckebrot, Extruderbrot, Snacks	Übernahme
1982	Wistar-Institute, Philadelphia	Pharma, Biotechnologie	Kooperation
1982	Genetics Institute, Boston	Pharma, Biotechnologie, Immunstimulans, Interleukin-2	Kooperation
1984		Proteine lymphocytaires	Intensifierung der Kooperation Blutwachstumtsfaktor
1983	Zoecon Corp., Palo Alto. CA	Saatgut, Pflanzenschutz, Tiergesundheit, Hygiene und Haushalt	Übenrahme
1983	Sodyeco Inc., Charlotte, NC	Schwefelfarbstoffe, Chemikalien	Übernahme
1983	Celamerck, Deutschland	Farben, Pflanzenschutzmittel	Übernahme der spanischen Tochtergesellschaft
1983	Kanada		Erwerb der Neo Citran-Präparate
1984	Sun Chemical, New York	Pigmente	Kooperation: Sun nutzt Fabrik in Huningue und Sandoz erhält besseren Zugang zu Pigmentmarkt in den USA
1985			Ausbau der Zusammenarbeit
1984	Collaborative Research, Lexington (USA)		Gemeinsame Produktion eines Enzyms zur Behanldung Herzinfarkte und Lungenembolien
1985	Master Builders,Cleveland, Ohioi	Bauchemikalien, Spezialmörtel, Kunststoffbeschichtungen	Übernahme
1985	Nisso Master Builders, Tokio	Bauchemikalien	Mehrheitsbeteiligung
1985	MAC, Treviso, Italien	Bauchemikalien, Betonfverflüssiger	Mehrheitsbeteiligung
1985	Indonesien, lokaler Partner	Pharmazeutika	Abschluß eines Joint venture zur Produktion
1985	Südkorea	Pharmazeutika	Joint venture zur Produktion
1986	Clayton Aniline Co. Ltd., Manchester, GB	Farbstoffe	Verkauf der Beteiligung von 25% an Ciba-Geigy
1986	Bernicolor A.P.S., Dänemark	Farbstoffe	Übernahme
1986	Schering-Plough, Kenilworth, NJ, USA	Herz-, Kreislaufkrankheiten	Kooperation zur Entwicklung eines ACE-Hemmers zur Behandlung von Herz-Kreislaufkrankheiten, Blutwachstumsfaktor
1986	Schering AG, Berlin	Zentrales Nervensystem	Kooperation zur Entwicklung eines Medikaments im Bereich ZNS
1986	Collaborative Research, Lexington	Biotech, Pharma	Kooperation
1986	L.P.B. Istituto Farmaceutico S.p.A., Milano	Pharma	Übernahme Mehrheitsbeteiligung, inklusive Produktionsstätte
1986	Gema S.A., Barcelona	Antibiotika	Erwerb Minderheitsbeteiligung, 1989 vollständige Übernahme
1986	Céréal-Gruppe, Frankreich	diätische Backwaren, cereals	Erwerb grosser Minderheitsbeteiligung, 1987 Mehrheitsbeteiligung
1986	Velsicol Chemical Co., Chicago	Herbizide	Übernahme des Herbizidsektors
1986	SDS Biotech K.K., Tokyo	Agro, Biotechnologie	Erwerb einer Beteiligung, ab 1987 Mehrheit
1986	Meynadier, Zürich	Bauchemikalien	Übernahme

1986	Macnaughton-Brooks Ltd., Kanada	Bauchemikalien	Übernahme
1986	IW Industries, USA	Bauchemikalien	Übernahme
1987	Stauffer Seeds Co., USA	Saatgut	Übernahme durch Northrup King
1987	Musser Seeds, USA	Saatgut	Übernahme durch Roger Seeds
1987	Productores de Semillas S.A., Valladolid, Spanien	Saatgut	Übernahme durch Northrup King
1987	Yates-Cooper, Neuseeland	Saatgut	Übernahme durch Roger Seeds
1987	Neo-Plants Ltd., GB	Saatgut	Übernahme durch Zaadunie
1987	Repligen	Biotechnoloige	Biotechnologische Zusammenarbeit für Papierindustrie und Mehrheitsbeteiligung
1987	Drei kleine Unternehmen in Skandinavien	Ernährung	Übernahme durch Wasa
1987	N.V. DC-Center Dieetcentrum S.A., Beerzel-Antwerpen, Belgien	Diätika	Übernahme durch Wasa
1987	Gambro, Schweden	Hospital Supply	Verkauf von Hospal (Joint Venture mit Rhône Poulenc) durch Vermittlung von Industri AB Trekanten (Tochterges. von Volvo)
1987	Gene Labs	Biotechnologie	Zusammenarbeit auf Immunsuppression und AIDS
1987	Swisspharma, Taiwan	Pharmazeutika	Inbetriebnahme Produktionstätte eines Joint ventures mit Ciba-Geigy
1987	Adhesive Engineering Co, USA	Polymere für Bauindustrie	Übernahme
1988	Dinol AB, Hässleholm, Schweden	Korrosionsschutzmittel für die Automobil- und Flugzeutindustrie	Übernahme der international tätigen Firmengruppe
1988	Reed Plastics Corporation, Holden, MA	Masterbatches	Übernahme
1988	Plastikolor Ltd., Istanbul	Masterbatches	Übernahme
1988	Virgo Optics, Port Richey, FL	Opto Electronics, Chemikalien	Übernahme
1988	Ceilcote GmbH, Biebesheim, Deutschland	Bauchemikalien	Übernahme, mit Niederlassungen in USA, Japan und Europa
1988	Halesa S.A., Madrid	Bauchemikalien	Übernahme
1988	DIW, Wien	Bauchemikalien	Übernahme
1988	Shanghai Master Builder Co., Ltd.	Bauchemikalien	Aufnahme Produktoin und Vertrieb
1988	McLaren Environmental Engineering, Rancho Cordova, CA	Umweltschutz	Übernahme
1988	Harry S. Peterson Co., Inc. Lake Orion, Michiagan, USA	Bauchemikalien	Übernahme
1988	Samil S.p.A., Rom	Pharmazeutika	Übernahme
1988	Coker's Pedigree Seed Co., USA	Saatgut	Übernahme durch Northrup King
1988	Fredonia Seed Co., USA	Saatgut	Übernahme durch Northrup King
1988	Mitsubishi Kasei Corp., Plant Research Institute	Saatgut	Übernahme durch Zaadunie
1988	Topy Industries	Saatgut	Übernahme durch Zaadunie
1989	Hilleshög AB, Landskrona, Schweden	Saatgut für Zuckerrüben	Übernahme
1989	Vaughan's Seed Company, Inc., Downers Grove, Illinois	Saatgut	Übernahme
1989	MBT Umwelttechnik AG, Zürich	Bau + Umwelt	Gründung
1989	Cytel, San Diego, CA	Biotechnologie	Zusammenarbeit auf Immunsuppression
1989	Repligen, Cambridge, MA	Biotechnologie	Zusammenarbeit auf retroviraler Forschung

1989	Emacolor, Brüssel	Masterbatches	Übernahme
1990	Amrad, Melbourne	Biotechnologie	Zusammenarbeit zur Entwicklung von Lymphokinen
1990	Protein Desgin Labs, Palo Alto, CA	Biotechnologie	Zusammenarbeit auf dem Gebiet der antitumoralen Antikörper
1990	Sloan Kettering Memorial Institute	Biotechnologie	Zusammenarbeit auf dem Gebiet der somatischen Gentherapie
1990	Prof. F. Bach, Minneapolis	Biotechnologie	Zusammenarbeit auf dem Gebiet der Transplantation
1992			Aufbau eines Zentrums am Deaconnes Hospital in Boston, das Arbeit im Forschungszentrum Wien ergänzen soll.
1990	NK Lawn and Garden	Saatgut	Ausgliederung des Geschäftsbereichs Kleinpackungen und Rasenprodukte
1990	Chips OY, Finnland	Ernährung, Snacks	Joint venture des skandinavischen Snack-Geschäfts mit Chips OY
1990	Tecnocreto S.A. de C.V., Mexiko	Bauchemikalien	Übernahme
1990	Verbia AG, Olten, Schweiz	Bauchemikalien (bituminöse Dachbahnen)	Verkauf
1990	Hart Environmental Management Corp., New York	Umwelttechnologie	Übernahme und Zusammenschluss mit McLaren Environmental Engineering
1991	Dinol-Gruppe	Korrosionsschutz	Verkauf an EMS-TOGO AG
1991	Dana-Farber Institute, Boston		Zusammenarbeit zur Erforschung neuer Therapiemöglichkeiten bei Krebs für die Dauer von zehn Jahren
1991	Avalon Ventures, La Jolla		Gründung der Gesellschaft Avalon Medical Partners zur Finanzierung neuer Forschungsprojekte
1991	Novo Nordisk, Soeberg, Dänemark		Zusammenarbeit zur Erforschung von Erkrankungen des zentralen Nervensystems
1991	ARCH Development Corporation der University of Chicago		Zusammenarbeit zur Klonierung spezifischer Peptid-Rezeptoren
1991	Genetic Therapy Inc., Gaithersburg, Maryland	Gentherapie	Zusammenarbeit des Forschungszentrums East Hanover auf dem Gebiet der Genthe-rapie
1991	SyStemix Inc., Palo Alto	Forschung auf dem Gebiet der Stammzellen	Zusammenarbeit auf dem Gebiet der Immunologie
1992			Beteiligung von 60%
1991	Eden, Deutschland	Reformhausangebot	Übernahme
1991	Diététique et Santé S.A., Frankreich	Reformhausangebot	Übernahme
1991	Dietisa, Spanien	Reformhausangebot	Übernahme
1991	STIA Pratteln AG, Schweiz	Strassenbaugeschäft	Verkauf
1992	Scripps Research Institute, La Jolla	Medizinisches Forschungsinstitut	Langfristiges Forschungabkommen in den Bereichen Immunologie, Zentralnervensystem und kardiovaskuläre Erkrankungen
1992	Sandoz Korea Ltd.	Pharmazeutika	Erwerb der Kapitalmehrheit
1992	Conchem	Bauchemikalien	Übernahme
1992	Lafarge	Bauchemikalien	Übernahme des Geschäfts mit Betonzu-satzmittel in Kanada und in den USA
1992	Allentown Pneumatic Gun Co.	Geräte für Bauchemikalien	Übernahme
1992	Jena Umwelttechnik G.m.b.H.	Umwelttechnik	Gründung eines Joint venture mit Mehr-heitsbeteiligung
1993	Gema S.A., Barcelona		Verkauf des Werks in Sta. Perpetua

1993	Procept Inc., Cambridge, USA		Kooperation zur Entwicklung hochspezifischer, niedermolekularer Substanzen zur Behandlung von Organabstossungen und Auto-Immun-Erkrankungen
1993	Biotransplant, Boston		Kooperation auf dem Gebiet der Xenotransplanation
1993	Imutran, Cambridge, GB		Kooperation auf dem Gebiet der Xenotransplanation
1993	Terry Fox Laboratories, Vancouver, Kanada		Kooperation auf dem Gebiet der Krebsbehandlung
1993	Progenesys		Joint venture mit SyStemix auf dem Gebiet der Gentherapie
1993	Reforma-Dianata B.V., Veenendaal, NL	Ernährung	Übernahme
1993	NK Lawn & Garden Co., Minneapolis	Saatgut	Verkauf
1993	Spectrum Ltd., Minneapolis	Chemikalien	Übernahme
1993	Syntechrom, Brasilien	Masterbatches, Chemikalien	Übernahme der Masterbatches-Aktivitäten
1993	Veneziani SpA, Triest, I	Bau + Umwelt	Übernahme der Masterbatches-Aktivitäten
1993	FEB Ltd., Manchester	Bau + Umwelt	Übernahme
1994	ALPHEN Pratteln AG	Pigmente und Additive	Verkauf an Schenectady International, USA
1994	Gerber Products Company, Fremont, Michigan	Ernährung, Baby Food	Übernahme des Gerber Konzerns für 3815 Mio. US Dollar
1994	Marion Merrell Dow	Pharmazeutika	Abkommen zur gemeinsamen Promotion und das Marketing
1994	Astra	Pharmazeutika	Abkommen zur gemeinsamen Promotion und das Marketing
1994	American Cyanamid	Herbizide	Strategische Allianz zur Verstärkung der Herbizidlinie in den USA
1994	Pyridate (Produkte-Linie)	Herbizid	Kauf eines Mittels gegen Unkräuter im Maisanbau
1994	Gazzoni 1907 SpA, Bologna, I	Ernährung	Übernahme
1994	Red Line HealthCare Corp., Golden Valley, Minnesota	Ernährung	Übernahme
1994	Laboratoires Monal S.A., F.	Pharma und Ernährung, Selbstmedikation	Übernahme inklusive Produktionsstätte
1995	Genetic Therapy, Inc., Gaithersburg	Gentherapie	Übernahme für 295 Mio. US Dollar
1995	Roferm SpA, Rovereto, Italien	Antibiotikahersteller	Übernahme durch Biochemie, Kundl
1995	Johns Hopkins University, Baltimore	Forschung	Kooperation in Genomics
1995	Max Planck Institut, Berlin	Forschung	Kooperation in Genomics
1995	Pharmacopeia	Kombinatorische Chemie	Zusammenarbeit in kombinatorischer Chemie
1995	Clariant	Division Chemikalien	Verkauf der Division Chemikalien durch Börsengang
1995	Scripps Institute, La Jolla	Biotechnologie Forschung	Ausdehung auf 17 gemeinsame Projekte gegenüber 5 1994
1995	McLaren/Hart, USA	Umwelttechnologien	Verkauf
1995	MBT Umwelt, Schweiz	Umwelttechnologien	Verkauf
1995	Construction contracting Bereich von Masterbuilders	Vertrags-Baugeschäft	Verkauf
1995	Gerber Childrenswear, Inc., Greenville, South Carolina		Verkauf

Quellen: Zusammengestellt nach Sandoz Geschäftsberichten 1970-1994, Sandoz bulletin und Sandoz-Gazette

5.2.2 Geschäftsentwicklung: erfolgreiche Steigerung der Profitabilität

Rezession Mitte der siebziger Jahre. Die Rezession Mitte der siebziger Jahre traf die Geschäftsbereiche sehr unterschiedlich (vgl. Abb. 5.9 und 5.10). Während das Farbengeschäft einen sprürbaren und der Agrobereich einen schwachen Einbruch erlitten, stiegen die Pharmaverkäufe bis 1977 weiter deutllich an und erlitten erst 1978 einen Einbruch. Nach einen Zwischenhoch sanken oder stagnierten im selben Jahr auch die Umsätze der übrigen Departemente. 1970 wurde knapp die Hälfte der Investitionen in der Schweiz getätigt. Aufgrund starker Ausbaumaßnahmen in Basel stieg dieser Anteil 1973 auf 63%. 1977 sackte der Anteil der Investitionen in Schweiz auf 42% und reduzierte sich seither laufend weiter. In den Jahren 1977 und 1978 gingen dann die Investitionen in den USA sprunghaft in die Höhe und ihr Anteil steigerte sich von 5% 1976 auf 21% und 28% in den beiden Folgejahren. Diese abrupte Verschiebung war nicht zuletzt eine Konsequenz der Übernahmen in den Bereichen Chemikalien und Saatgut in den USA.

In der ersten großen Rezession seit dem Zweiten Weltkrieg Mitte der siebziger Jahre erlitt die Sandoz beträchtliche Umsatzeinbußen und Gewinneinbrüche. Noch bedeutender war allerdings, dass die Renditen seit 1969 eine rückläufige Tendenz aufwiesen. Die Konzernleitung machte dafür die höheren Kosten für Kapital und Arbeit verantwortlich, die nur im bescheidenen Maße durch eine Steigerung der Produktivität wett gemacht werden konnten (Sandoz 1973: 9; 1975: 7). Zusätzlich führten die Veränderungen der Wechselkursparitäten und die Unmöglichkeit, sofort Preisanpassungen vorzunehmen, dazu, dass die Profitabilität im Jahre 1971 absackte (Sandoz 1972: 6). In den folgenden beiden Jahren konnte die Ertragskraft zwar wieder etwas gesteigert werden, doch die generell rückläufige Tendenz der Renditen hielt noch für mehrere Jahre an. Sie erreichten 1976 einen historischen Tiefstand (Umsatzrendite 3,5%, Cash Flow Rendite 9,4%, Eigenkapitalrendite 4,9%). Darauf galt es zu reagieren. Das Unternehmen fror in Basel die Löhne ein und verhängte einen Einstellungsstop. Zugleich drosselte man auch die Aufträge an Baufirmen, Lieferanten und Dienstleistungsbetriebe (Studer 1990: 10).

Die Aufwertung des Schweizer Frankens traf insbesondere Tochtergesellschaften, die Erzeugnisse aus der Schweiz unverändert oder geringfügig verändert verkauften. In verschiedenen Fällen griff das Stammhaus Tochtergesellschaften finanziell unter die Arme (Sandoz 1975: 7). Die Rezession und die ungünstige Gewinnentwicklung veranlassten den Konzern, die Investitionen in Sachanlagen 1975 deutlich zurückzuschrauben (Sandoz 1976: 7). Der Anteil der Investitionen ging fortan in den siebziger bis Mitte der achtziger Jahre zurück. 1975 begann auch eine Trendwende im Personalbestand des Stammhauses in Basel.

Erste Rationalisierungswelle und wenig Investitionen bis Mitte der achtziger Jahre. Die Rezession 1982 traf die Departemente abermals ungleich. Während das Departement Farben und das Saatgutgeschäft Umsatzeinbußen erlitten, verzeichneten die Bereiche Pharma und Agro nur eine deutliche Wachstumsverminderung. Die massiv steigenden Verkäufe des Departements Ernährung gingen hingegen auf die Übernahme des Unternehmens *Wasa* zurück. Das Jahrzehnt zwischen 1975 und 1985 war von einer ausgesprochen schwachen Investitionsneigung in allen Geschäftszweigen gekennzeichnet. Aufgrund der Übernahmen von *Wasa* und *Zoecon* verzeichneten die Bereiche Ernährung und Agro 1982 als einzige eine

Investitionszunahme. Dieser Rückgang der Investitionstätigkeit zwischen 1982 und 1986 galt im wesentlichen für alle Regionen. Im Einklang mit der anziehenden Konjunktur drehte 1983/84 die Entwicklung im Pharmabereich sowohl bezüglich Verkäufe als auch Investitionen zuerst wieder auf Wachstumskurs. Ein kleiner Konjunkureinbruch 1986 bewirkte bei den Pharmazeutika, der Ernährung und dem Saatgut erneut Umsatzeinbußen sowie einen Stillstand der Investitionstätigkeit in den Jahren 1987 und 1988. Kaum betroffen von diesem Zwischentief war jedoch die industrieorientierte Division Chemikalien.

Die Gewinne und Gewinnmargen verbesserten sich Ende der siebziger Jahre aber nicht grundlegend, obwohl der Personalbestand des Stammhauses vom Höchststand von 9717 im Jahr 1974 um 16% auf 8150 Beschäftigte bis Ende 1980 reduziert wurde. 1981 erreichte der Reingewinn von 227 Millionen Franken gerade mal knapp das Niveau von 1972. Die Renditen auf Umsatz und Cash Flow sanken 1981 sogar wieder auf 3,9% beziehungsweise 9,4%. Zugleich hatte sich zwischen 1976 und 1980 auch der Anteil der Personalkosten am Stammhausumsatz von 32% auf 36,6% erhöht. Angesichts dieser mangelnden Performance und vor dem Hintergrund der zweiten Rezession von 1981/82 mußte nun härter durchgegriffen werden. Als eines der ersten großen Unternehmen in der Schweiz lancierte die Sandoz ein umfassendes Rationalisierungsprogramm. Auf der Basis einer von McKinsey im Stammhaus von März bis Juli 1981 durchgeführten Wertanalyse der Gemeinkosten wurden bis Ende 1984 rund 1300 Stellen eingespart und das Personal somit gegenüber 1980 um weitere 16% vermindert, ohne die Leistungsfähigkeit der Firma zu beinträchtigen.[51] Der Personalabbau erfolgte zur Hauptsache über eine Ausnutzung der natürlichen Fluktuation, vorzeitigen Pensionierungen und vereinzelt auch Entlassungen. Die Maßnahmen trafen mehr die Lohnabhängigen in den Büros als die Arbeiterschaft in der Produktion. Die eingesparten Mittel konnten in der Folge für die weitere Expansion durch Akquisitionen verwendet werden (Sandoz 1982: 11; Walter-Busch 1986: 51; Sandoz bulletin 1996a: 22).

Verkaufs- und Investitionsboom. Die Jahre 1987 bis 1989 waren für alle Sparten eine ausgesprochene Boomphase, die die Divisionen Pharma und Ernährung nach einem kurzen Einschnitt im Jahr 1990 bis 1992 respektive 1993 fortsetzten. Das Departement Chemikalien boomte bis 1988 und erlitt nach 1990/91 eine deutliche Einbuße, die von einem bescheidenen Wachstum abgelöst wurde. Die Geschäftsbereiche Agro und Saatgut verzeichneten ab 1992 ebenfalls nur noch bescheidene Zuwächse oder sogar Einbußen. Die Jahre 1987 bis 1992 waren durch eine förmliche Explosion der Investitionen gekennzeichnet. Am stärksten galt dies für das Pharmageschäft. Allerdings überhöhten die veröffentlichten Zahlen diesen Investitionsboom im Pharmabereich zusätzlich, weil infolge der Divisionalisierung bisher den *Zentralen Funktionen* zugerechnete Aufwendungen nun den Divisionen zugeschlagen wurden. Diese Neuorganisation wirkte sich im Pharmabereich besonders aus. Erstaunlicherweise fand dieser Investitionsboom in allen wichtigen

---

[51] Die Übungsanlage war ungleich härter. Die Abteilungsleiter des in Gruppen zu 15 bis 20 Mitarbeitern zusammengefassten Personals mußten mitteilen, wie der bestehende Output mit 40% weniger Personal zu erreichen sei (Hirzel 1982).

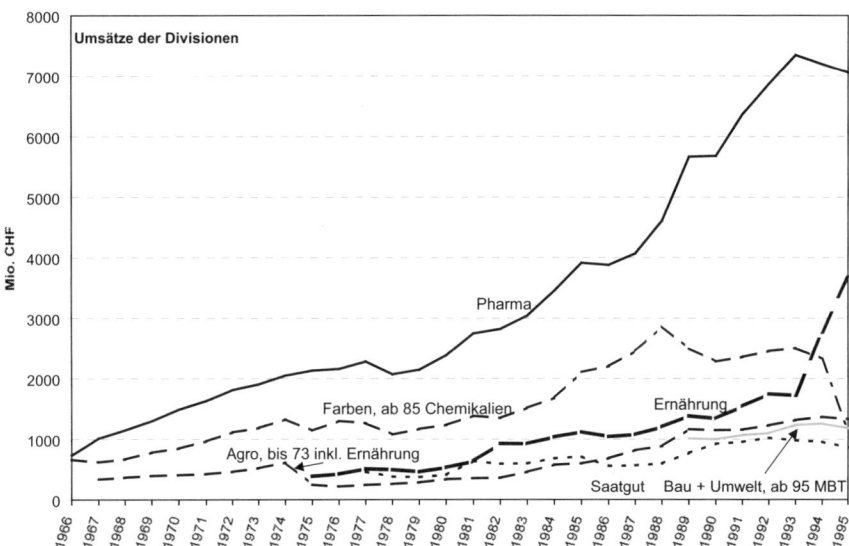

Abb. 5.9. Umsätze von Sandoz in den einzelnen Geschäftsbereichen
Quelle: berechnet nach Geschäftsberichten von Sandoz 1966–95

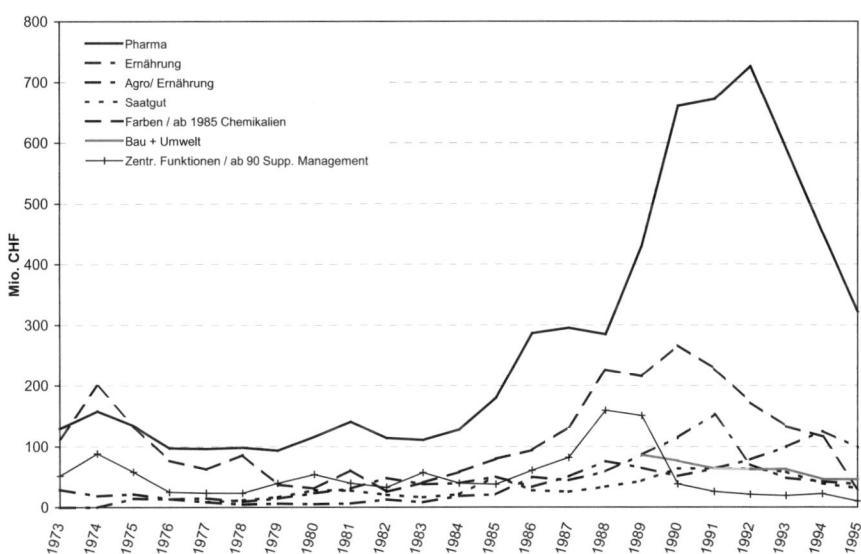

Abb. 5.10. Investitionen von Sandoz in den einzelnen Geschäftsbereichen
Quelle: berechnet nach Geschäftsberichten von Sandoz 1973–95

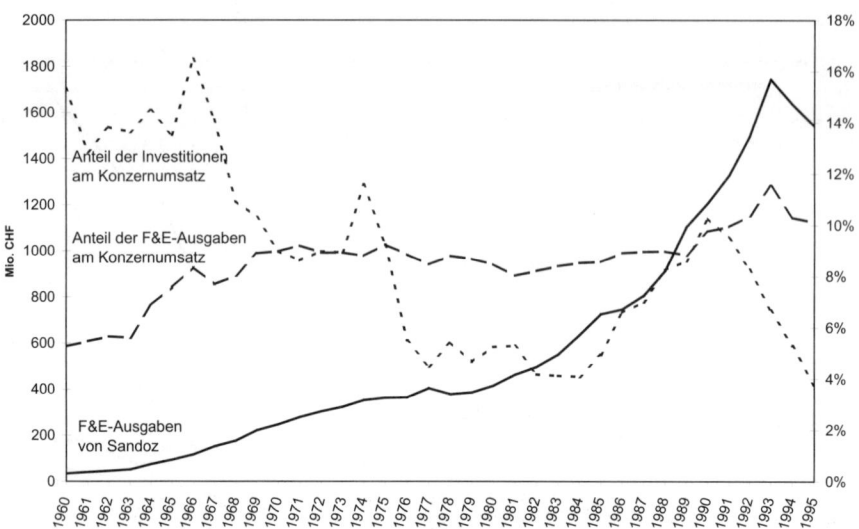

Abb. 5.11. Vergleich des Anteils der Investitionen und der F&E-Ausgaben am Konzernumsatz von Sandoz. Quelle: berechnet nach Geschäftsberichten von Sandoz 1968–95

Märkten statt, ganz besonders auch in der Schweiz und in anderen europäischen Ländern. Zeitlich um etwa ein Jahr verschoben und bis 1991 anhaltend vollzog er sich in Nordamerika. Im Verhältnis zum Umsatz erreichten die Investitionen im Jahre 1990 mit einem Anteil von 10,3% die Spitze, das entsprach etwa dem Niveau Ende der sechziger Jahre, war aber dennoch nicht so hoch wie in den Boomjahren bis 1966, als die Investitionen zeitweise mehr als 15% der Verkaufserlöse ausmachten. Mit diesen Investitionen ging eine weitgehende Erneuerung der Produktions- und Forschungsinfrastruktur in allen Geschäftsbereichen einher. Die achtziger Jahre waren zwar von einer langsamen Verbesserung der Renditen gekennzeichnet. Doch just gegen Ende des Aufschwungs zeichnete sich 1989/90 erneut eine Stagnation der Ertragslage ab.

Zeitlich gegenüber dem Investitionsboom um einige Jahre versetzt, erreichten die F&E-Ausgaben im Jahre 1993 sowohl absolut wie im Verhältnis zum Umsatz (11,5%) ihren historischen Höchststand. Langfristig gesehen hat sich der Anteil der F&E-Ausgaben am Umsatz fast gegenläufig zu jenem der Investitionen entwickelt. Anfang der sechziger Jahre machten die Investitionen rund 15% und die F&E-Ausgaben zwischen 5% und 6% des Umsatzes aus. Mitte der neunziger Jahre waren die Verhältnisse fast umgekehrt mit einem 5%-Anteil der Investitionen und 10%-Anteil der F&E-Ausgaben. Noch deutlicher ist diese Diskrepanz im Pharmabereich, wo die F&E-Ausgaben 1993 immerhin 18,1 % des Umsatzes, die Investitionen aber bloß 8% ausmachten (siehe Abb. 5.11). Diese Zahlenvergleiche zeigen deutlich, dass die innovationsorientierten Aufwendungen für Technologien und an Menschen gebundenes Know how gegenüber den Investitionen in fixes Kapital in den letzten Jahrzehnten, insbesondere aber seit Ende der achtziger Jahre, deutlich zugenommen haben.

Tatsächlich trugen die Maßnahmen zur Steigerung der Produktivität und der Ertragskraft ab 1982 einer Erhöhung der Renditen bei. Rückblickend leitete die beim Personal große Unsicherheit hervorrufende und in der Öffentlichkeit stark beachtete Analyse sogar eine langfristige Wende ein. Denn seit der Gemeinkostenwertanalyse steigerte die Sandoz ihre Renditen Jahr für Jahr. Nur 1989, gegen Ende des Booms der achtziger Jahre, stagnierte die Cash Flow Rendite und 1994 gingen Umsatz- und Cash Flow Rendite aufgrund der besonderen Aufwendungen für die Gerber-Akquisition leicht zurück. Vermutlich hat sich die seither bei Sandoz durchgesetzte Kultur der permanenten Umwälzung und der Schocks auf die Renditen positiver ausgewirkt als das eher bedächtigere, integrativere Herangehen beim Lokalrivalen Ciba-Geigy.

Tiefgreifende Rationalisierung. Ende der achtziger Jahre leitete der Konzern eine weitgehende Neuorganisation ein, die in die Herausbildung weitgehend autonomer Divisionen mündete (siehe Abb. 5.12). Die Sandoz setzte diese Divisionalisierung konsequenter um, als die Ciba-Geigy und Hoffmann-La Roche, indem sie 1990 den Konzern in juristisch eigenständige Divisionen gliederte. Sie wandelte die bestehenden Divisionen Chemikalien, Pharma, Agro, Seeds, Ernährung und MBT Holding AG (Division Bau + Umwelt) in Aktiengesellschaften um und vereinigte sie in der Sandoz Holding AG. Damit wurden die Divisionen im Rahmen der Konzernzielsetzung für die Erschließung und Erweiterung ihrer Märkte voll verantwortlich. Die Sandoz International AG wurde die Management-Gesellschaft des

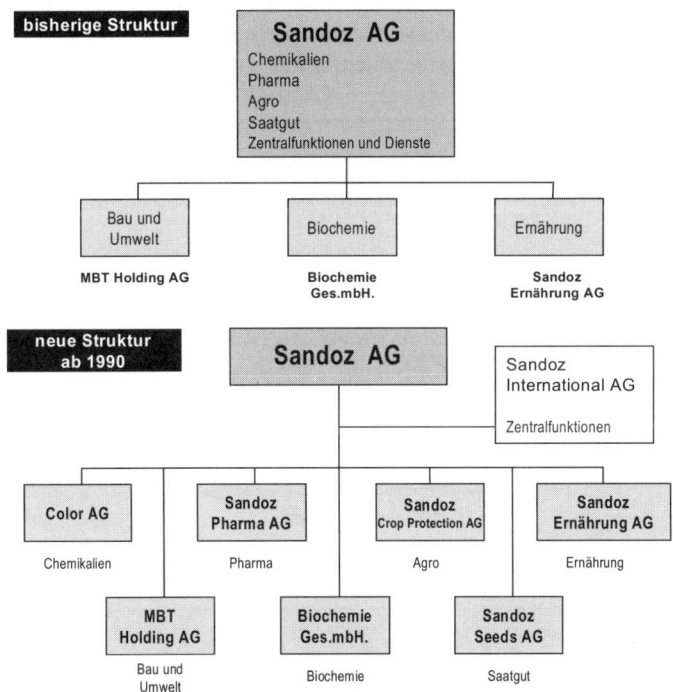

Abb. 5.12. Umbau der Konzernstruktur 1990

Konzerns und in der Sandoz Technologie AG wurden die divisionsübergreifenden Bereiche Umweltschutz und Sicherheit, Industrielle Technologie, Patente und Marken sowie Informatik zusammengefasst. In der Region Basel wurden die traditionellen Strukturen des Konzerns aufgelöst und die ehemalige Stammhausorganisation in die neuen Gesellschaften eingegliedert (Sandoz 1991a: 22; Sandoz bulletin 1996a: 26; mehr dazu siehe Bärlocher 1989).

Diese Neugliederung war aber wesentlich mehr als die Implementierung eines neuen organisatorischen Modells. Sie war der erste Schritt zur späteren Fokussierung der Aktivitäten und der Ausgliederung der nichtprioritären Geschäftszweige. Die Schaffung starker Divisionen, die im Rahmen der strategischen Zielsetzungen sich selbst verantwortlich sind, bewirkte auch eine größere Transparenz und steigerte den unternehmerischen Druck auf die Unternehmenseinheiten (Sandoz bulletin 1996a: 26). Die Divisionalisierung ging also mit der strategischen Umorientierung von der Diversifikation zur systematischen Stärkung der Kerngeschäfte einher. Als diese galten zunehmend die Sparten der *life sciences* mit Pharma, Saatgut, Agrochemikalien und Diätetika. Parallel zur Restrukturierung vollzog sich eine räumliche Neuorganisation des Konzerns. Verschiedene Konzernbereiche wurden entflochten und neu konzentriert. So wurde beispielsweise die Produktion der Division Chemikalien von Basel in die benachbarten Gemeinden Muttenz (Schweiz) und Huningue (Frankreich) sowie nach Prat in Spanien verlagert (Sandoz 1991a: 24). Auf der Basis einer weitgehend erneuerten Produktionsinfrastruktur leitete die Konzernleitung Anfang der neunziger Jahre umfassende Reorganisations- und Rationalisierungmaßnahmen ein, die dem Konzern in vielen zentralen Bereichen bis Mitte der neunziger Jahre ein komplett neues Gesicht verliehen. Der umfassende Wandel des Konzerns zwischen 1988 und 1995 ging nicht überraschend mit bedeutenden personellen Wechseln einher. Am 7. Mai 1985

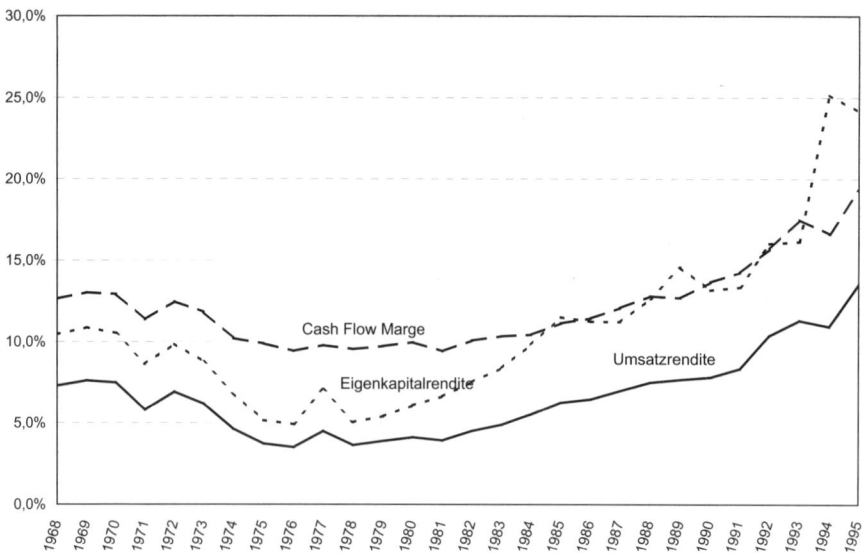

Abb. 5.13. Entwicklung wichtiger Ertragsziffern bei Sandoz 1968–1995
Quelle: berechnet nach Geschäftsberichten von Sandoz 1968-95

trat Marc Moret die Nachfolge von Yves Dunant als Präsident und Delegierter des Verwaltungsrates an. Er drückte mit seiner autoritären Führung dem Konzern seinen Stempel auf, umso mehr als in dieser Zeit zahlreiche Spitzenpositionen der Konzern- und Divisionsleitungen mehrfach wechselten.

Die Umsätze waren in allen Bereichen zwischen 1993 und der Fusion mit Ciba 1996 rückläufig. Die Investitionen wurden massiv reduziert. Rigide Sparmaßnahmen wurden insbesondere auch bei den Löhnen gegen nur unwesentlichen Widerstand der Gewerkschaften durchgesetzt. Die Einschnitte bewirkten schließlich die erwünschte Verbesserung der Ertragslage. Zwischen 1990 und 1995 wurde die Umsatzrendite konzernweit von 7,8% auf 13,5% und Rendite des Cash Flows von 13,6% auf 19,3% gesteigert. Die überdurchschnittlich profitable Division Pharma steigerte ihre operative Marge auf 21,8% im Jahre 1994 und auf 24,9% im Folgejahr (siehe Abb. 5.13).[52]

Geographische Schwerpunkte: von der transatlantischen zur triadischen Ausrichtung

Die langfristige Betrachtung der geographischen Verteilung des Konzernumsatzes zeigt, dass die Märkte Europas zwar immer die wichtigsten waren und in der ersten Hälfte der siebziger Jahre noch über die Hälfte aller Verkäufe absorbierten (siehe Abb. 5.14). Seit 1975 ging der Anteil Europas am Sandoz-Umsatz von 56% laufend auf schließlich 39% im Jahre 1995 zurück. Nahezu gegenläufig entwickelte sich die Bedeutung des nordamerikanischen Marktes. Sein Anteil sank zwar zwischen 1969 und 1976 von gut 26% auf 20%. Im Zuge der Übernahmen im Saatgutgeschäft in den USA stieg dieser Anteil 1977 sprunghaft auf 28% und erhöhte sich mit leichten Abs und Aufs schließlich auf 34% im Jahre 1995. Waren Lateinamerika und Afrika in den siebziger Jahren noch aufstrebende Märkte, so hatte sich in den achtziger Jahren ein deutliche Ernüchterung eingestellt. Diese Anteile beider Großregionen am Sandoz-Umsatz haben sich bis Anfang der neunziger Jahre deutlich verringert. Dagegen haben die asiatischen Märkte massiv zugelegt. Wurden Anfang der siebziger Jahre rund 10% der Erlöse in Asien eingefahren, so schwankte dieser Anteil von 1986 bis 1995 zwischen 17% und 19%.

Der konzerninterne Handel war äußerst bedeutend. Denn der Stammhausumsatz setzte sich Anfang und Mitte der achtziger Jahre zu zwei Dritteln aus Lieferungen an die Tochtergesellschaften und zu einem Drittel aus Direktverkäufen an Kunden und Agenten zusammen (Sandoz 1983: 7; 1984: 7; 1985: 6). Spätere Zahlen wurden nicht mehr publiziert. Allerdings hilft nur eine detaillierte Untersuchung des Produktionssystems die Arbeitsteilung und die Austauschprozesse besser zu verstehen. In Kapitel 8 wird der Versuch unternommen, die Entwicklungsdynamik der Produktionsorganisation im Pharmabereich zwischen 1970 und 2000 zu entschlüsseln.

Bis 1982 war die Schweiz vor dem übrigen Europa und den USA das wichtigste Investitionsland (siehe Abb. 5.15). Während der ganzen achtziger Jahren überstiegen die Investitionen in anderen europäischen Ländern und zwischen 1984 und 1986 auch in Nordamerika jene in der Schweiz. Der bereits erwähnte Investitions-

---

[52] Leider sind keine divisionsspezifischen Angaben erhältlich, die deren Profitabilität über einen längeren Zeitraum vergleichen ließe.

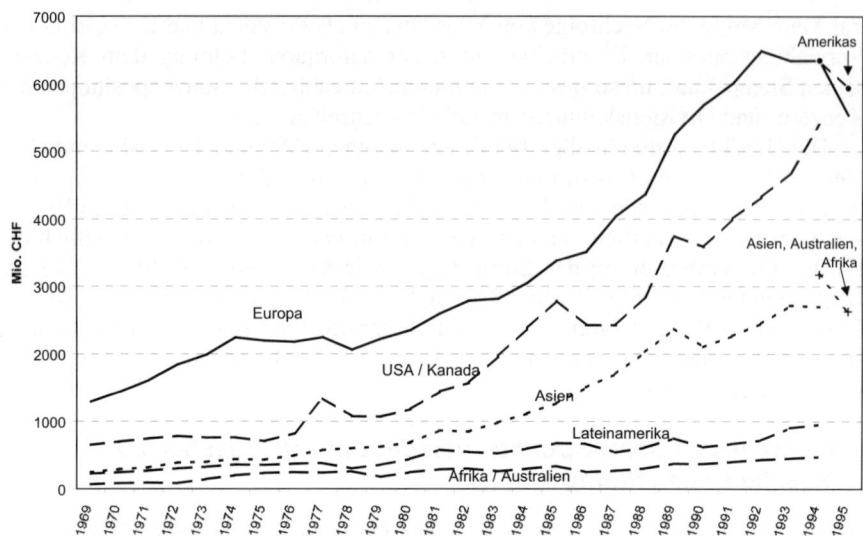

Abb. 5.14. Entwicklung des Umsatzes von Sandoz in den Großregionen
Quelle: berechnet nach Geschäftsberichten von Sandoz 1968-95

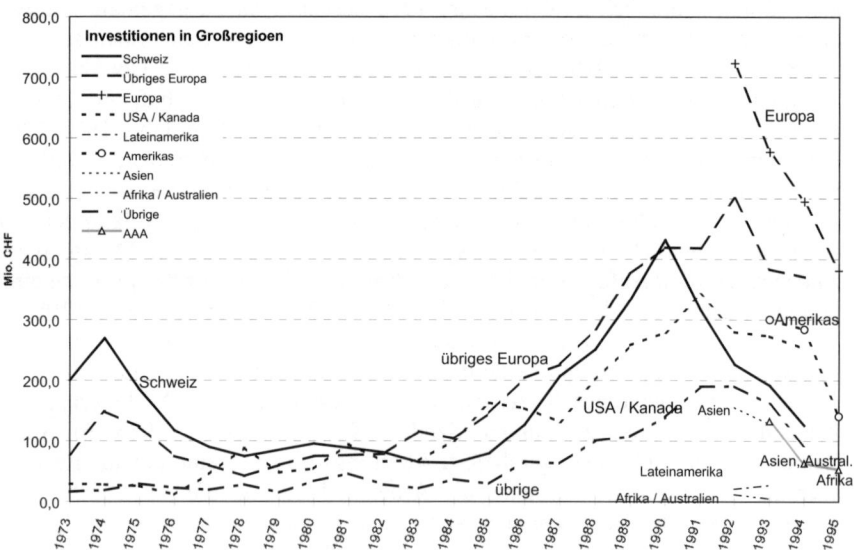

Abb. 5.15 Entwicklung der Investitionen von Sandoz in den Großregionen
Quelle: berechnet nach Geschäftsberichten von Sandoz 1968-95

onsboom zwischen 1986 und 1990/92 fand in allen Marktregionen statt, allerdings zeitlich jeweils um ein bis zwei Jahre versetzt. So erreichten die Investitionen in der Schweiz 1990, in den USA 1991 und im übrigen Europa 1992 den Höchststand. Die Investitionen im Stammhaus und in Europa sind im Zusammenhang mit der Modernisierung und Reorganisierung der Produktions- und F&E-Infrastrukturen, nicht zuletzt im Hinblick auf die Einführung des Binnenmarktes, zu sehen. Die großen Investitionen in den USA dienten vor allem dem Ausbau der Forschungsinfrastruktur im Pharmabereich.

Bemerkenswert ist, dass im Jahr 1992, als die Investitionen eine absolute Rekordhöhe erreichten, auf der Ebene des Gesamtkonzerns 84% der gesamten Investitionen in den Ausbau und die Erneuerung der Produktionsanlagen sowie Rationalisierung gesteckt wurden. In dieser Zahl sind auch die großen Aufwendungen für die chemischen Produktionsstätten des Baus 25 in Basel und die neue Fabrik in Ringaskiddy verborgen (vgl. Kapitel 8). Auf Forschung und Entwicklung entfielen hingegen nur 14% der Investitionssumme in Sachanlagen (Sandoz 1993a: 15). Das zeigt, dass die F&E-Ausgaben vor allem in variables Humankapital flossen.

Zu den F&E-Ausgaben sind keine Zahlen erhältlich, die eine lückenlose Betrachtung ihrer geographischen Verteilung ermöglichen würden. Dennoch ist offensichtlich, dass im F&E-Bereich eine ohnehin schon bedeutende Internationalisierung sich vor allem in den achtziger Jahren verstärkt hatte. In der ersten Hälfte der siebziger Jahre schwankte der Anteil der in der Schweiz getätigten F&E-Ausgaben um etwa 62%. In den folgenden zehn Jahren sank dieser Anteil auf 44% (1984 und 1985). Bermerkenswerterweise hat sich anschließend der Anteil der in der Schweiz ausgegebenen Forschungs- und Entwicklungsgelder bis 1994 und 1995 wieder auf 55% gesteigert. Das deutet auf zwei Tendenzen hin: Erstens widmete die Sandoz dem Forschungspotential in den USA größte Aufmerksamkeit. Sie ließ sich dieses Engagement über Investitionen in eigene Infrastruktur und Kooperationsabkommen mit forschungsorientierten Firmen beträchtliche Summen kosten. Zweitens blieb der Forschungsstandort Schweiz trotz eines relativen Bedeutungsverlustes strategisch immer noch bei weitem am wichtigsten.

Die Entwicklung des Personals in den einzelnen Regionen und Divisionen ist im wesentlichen Ergebnis des internen Wachstums und der Rationalisierungen einerseits sowie der Akquisitionen und Desinvestitionen andererseits (siehe Abb. 5.16). Zwischen 1974 und 1985 wurde die Zahl der Beschäftigten im Stammhaus systematisch von 9717 Personen auf 6751 reduziert. In den folgenden Aufschwungjahren nahm der Personalbestand bis 1990 wieder auf 7644 zu. Die dritte Rezession Anfang der neunziger Jahre und der verschärfte Kostendruck leiteten abermals eine deutliche Personalreduktion im Stammhaus und in der Schweiz auf 6673 Mitarbeiterinnen und Mitarbeiter im Jahr 1994 ein. Nach der Ausgliederung der Industriedivision in das neue Unternehmen Clariant waren noch 6251 Personen bei Sandoz in der Region Basel beschäftigt. Für die gesamte Schweiz verlief die Personalentwicklung ähnlich, war jedoch stärker noch von Firmenübernahmen und -verkäufen geprägt.

Aufgrund der regen Akquisitionstätigkeit nahm die Anzahl der Beschäftigten in Europa zwischen 1980 und 1982 sowie 1990 schubartig zu. Auch in den USA erhöhte sich im Jahr 1983 sowie zwischen 1987 und 1989 das Personal sprunghaft (z.B. Akquisition Master Builders). Es wurde seither aber wieder deutlich reduziert. Ein anhaltender Beschäftigungszuwachs, besonders in der zweiten Hälfte der achtziger Jahre, ist eigentlich nur in wichtiger werdenden Märkten Asiens festzustellen. Einzelne Akquisitionen spielten zwar auch hier eine Rolle, bedeutsam war jedoch vielmehr der Aufbau eigener Vertretungen und Produktionsstätten in Ländern wie Japan, Indonesien, Singapore, Malaysia, Indien und China.

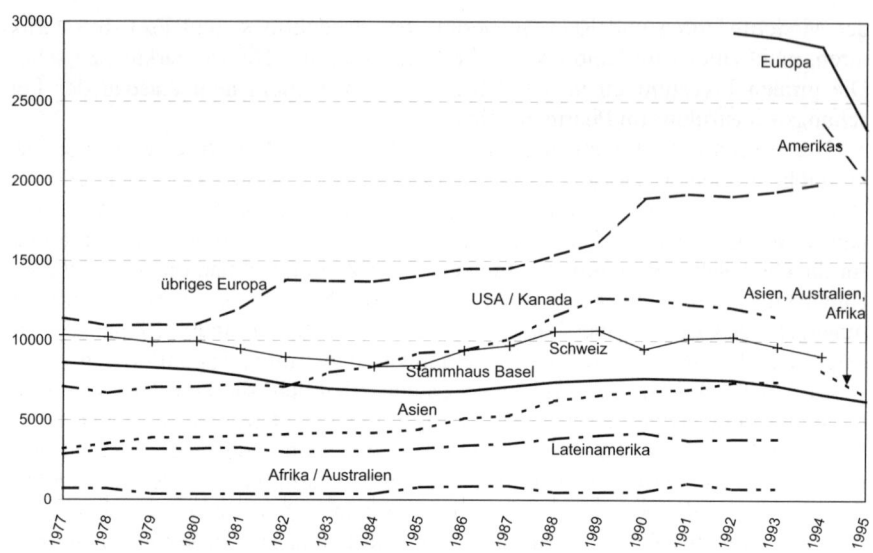

Abb. 5.16. Entwicklung der Anzahl der Beschäftigten von Sandoz in den Großregionen
Quelle: berechnet nach Geschäftsberichten von Sandoz 1977–95

Bemerkenswert ist die Beschäftigungsentwicklung der Divisionen. Hier zeigt sich deutlich die durch Übernahmen und Desinvestitionen verursachte sprunghafte Personalentwicklung. Ganz im Einklang mit der Strategie, den Pharmabereich auszubauen, stieg in diesem Sektor das Personal zwischen 1988 und 1992 deutlich an, wobei der extreme Anstieg auf den Gehaltslisten der Division Pharma im Jahr 1990 überwiegend auf die Reorganisation des Konzern zurückzuführen ist. Damals wurde ein großer Teil der Zentralen Funktionen den Divisionen anvertraut. Andererseits haben auch die deutlichen Aufstockungen der Pharmavertriebsorganisationen in jener Zeit zu einem Beschäftigungszuwachs, vor allem in den USA, geführt. Die deutlichen Einschnitte im Verkauf zwischen 1992 und 1995 haben den Personalbestand aber ebenso schnell wieder reduziert.

Internationalisierung der Finanzierung und Steigerung des Börsenwertes

Noch 1985 waren über 95% der Namenaktien in Schweizer Besitz (Sandoz 1986b: 12). Im Gefolge des organisatorischen Umbaus und der strategischen Neuorientierung Anfang der neunziger Jahre ergriff Sandoz 1991 eine Reihe von Maßnahmen um den Konzern für internationale Investoren attraktiver zu machen. Das Aktienkapital wurde von 300 Millionen auf 630 Millionen CHF und das Partizipationsschein-Kapital von 65 Millionen auf 137 Millionen CHF erhöht. Gleichzeitig wurden die Nennwerte der Aktien auf 100 Franken festgesetzt. Ab dem 15. Mai 1991 wurden ausländische Investoren als Namenaktionäre zugelassen, die fortan alle drei Titelkategorien – Namenaktien, Inhaberaktien und Partizipationsscheine – erwerben konnten. Damit unterstrich der Konzern, dass er im Zuge der zunehmenden Globalisierung des Geschäfts auch seine Aktionärsstruktur zumindest teilweise internationalisieren wollte. Sandoz erlangte dadurch besseren Zugang zu den Finanzmärkten in Europa und in den USA und verschaffte sich bessere Möglichkeiten, das schnelle Konzernwachstum leichter zu finanzieren. Im November des gleichen Jahres wurde zudem ein American Depositary-Recepts (ADR)-Programm lanciert, das amerikanischen Investoren erlaubte, über diese ADR an der New Yorker Börse Sandoz-Namenaktien einfacher zu erwerben. 50 ADR entsprachen dabei einer Namenaktie (Sandoz bulletin 1991; 1996a: 28). Das Echo der Sandoz auf den Finanzmärkten war weit überdurchschnittlich. Die Börsenkapitalisierung stieg auf Ende 1991 innert Jahresfrist um 58% auf 18,2 Mrd. CHF (Sandoz 1992a: 14).

Die Generalversammlung von 1994 beschloss eine neue Kapitalstruktur. Die Partizipationsscheine wurden in Namenaktien umgewandelt und die Inhaber- und Namenaktien wurden im Verhältnis 1:5 gesplittet, respektive deren Nennwert von 100 auf 20 CHF umgewandelt. Damit verbesserte man die Liquidität der Sandoz-Aktien und gestaltete eine übersichtlichere Kapitalstruktur, um die Attraktivität für die in- und ausländischen Aktionäre zu erhöhen (Sandoz bulletin 1994c). Die außerordentliche Wachstumsdynamik des Konzerns Anfang neunziger Jahre drückte sich nicht zuletzt in einer überdurchschnittlichen Steigerung der Aktienkurse und der Börsenkapitalisierung, besonders 1995, aus.

5.3 Novartis: ein wirklicher Global Player werden, ohne die Verankerung in der Schweiz zu verlieren

5.3.1 Supernova am Rhein: Ciba und Sandoz fusionieren zu Novartis

Am 7. März 1996 schlägt ein um 5 Uhr morgens bei den Medien eintreffendes Fax wie eine Bombe ein: Ciba und Sandoz fusionieren. Kaum ist die Börse eröffnet, schnellen innerhalb von Minuten die Aktienkurse der beiden Konzerne um rund 25% in die Höhe. Sie pendeln sich gegen Mittag zwar auf etwas bescheidenerem Niveau ein. Eines steht aber bereits fest: über Nacht sind einige Familien der alten Eliten Basels und die institutionellen Anleger um Milliarden von Franken reicher geworden. Die Börsenkapitalisierung beider Konzerne steigt sprunghaft um 18 Milliarden CHF auf 81,2 Mrd. CHF. Über Mittag geben die Konzernleitungen bekannt, dass mit der Fusion ein Abbau von 10 000 Stellen und davon 3500 in der Schweiz einher gehen werde. Dazu komme noch der Stellenbau von Konzernteilen, die ausgegliedert würden. Überrascht, sorgenerfüllt und zugleich bewundernd versuchen die Medien und die Bevölkerung die Nachricht zu verdauen. Die bis dahin größte Fusion in der Industriegeschichte ist von den beiden Konzernleitungen innerhalb von nur drei Monaten minutiös und absolut geheim eingefädelt worden. Nichts ist nach außen gedrungen. Ein, vielleicht zwei, Dutzend Konzernmanager haben einen Entscheid getroffen, der die Stadt und die Region weitreichender beinflusst, als alle Entscheide der demokratisch gewählten lokalen und nationalen Parlamente und Regierungen der letzten Jahre. Das Damoklesschwert der gigantischen Umstrukturierungen in der chemisch-pharmazeutischen Industrie und des Stellenabbaus hängt nun über jeder sozial- und wirtschaftspolitischen Diskussion in der Region Basel.

Die Fusion von Ciba und Sandoz zu Novartis war Ausdruck der globalen Strukturveränderungen und der Konzentrationsprozesse in der Chemie-und Pharmaindustrie und heizte diesen Prozess zusätzlich an. Novartis wurde weltweit Nummer eins im Agrobusiness und jeweils Nummer zwei in den Bereichen Pharma, Saatgut, Generika und Tiergesundheit. Punkto Börsenkapitalisierung stieß Novartis vorübergehend unter die größten 20 Konzerne vor. Finanztechnisch elegant wurde die Fusion über einen Aktientausch abgewickelt, der zudem steuerlich neutral war. Damit haben Sandoz und Ciba einen wesentlich günstigeren Weg als eine teure Akquisition (wie zum Beispiel die Übernahme von Wellcome durch Glaxo im Jahr 1995) eingeschlagen.

Alex Krauer, der designierte Präsident des Verwaltungsrates von Novartis, leitete die Medienorientierung am 7. März mit den Worten ein: *„Was ein kleiner Spaziergang ist über den Rhein vom einen Standort zum andern, ist ein gewaltiger Schritt für die beiden Unternehmungen"*[53]. Er brachte damit das Spannungsfeld von lokalen, räumlichen, ökonomischen und sozialen Bedingungen sowie den globalen Zwängen und Strategien sinnbildlich auf den Punkt. Marc Moret, der langjährige Präsident von Sandoz, betonte, dass der neue Konzern ein weltweiter Branchenführer sein werde und sich dennoch auf ein gemeinsames kulturelles Erbe stütze (Novartis 1997b: 6).

Mit der Fusion stieß Novartis auf den zweiten Rang der weltgrößten Pharmakonzerne. Auf dem ersten Platz war GlaxoWellcome, die nach der nach Übernahme von Wellcome 1995 einen Marktanteil von 4,8% innehatte, Ciba und Sandoz brachten es zusammen vorübergehend auf 4,6% (Sandoz/Ciba 1996). Die Novartis-Fusion verlieh der bereits seit einigen Jahren rollenden Konzentrationswelle in der Pharmaindustrie zusätzlichen Schub. Wenig mehr als ein Jahr später gab der Lokalrivale Hoffmann-La Roche bekannt, das deutsche Unternehmen Boehringer Mannheim zu übernehmen. Seither gab es weitere große Fusionen (siehe Kapitel 4). Die gigantischen Forschungsaufwendungen erfordern es, eine kritische Masse zu erlangen und die Akkumulation des Kapitals auf einer höherer Stufenleiter zu vollziehen. Das ist nicht bloß eine Frage der Marktmacht, sondern auch der Kapitalprofitablität. Es geht um die Finanzkraft und Fähigkeit, neue Produkte nicht nur zu finden, sondern sie schnell zu entwickeln und geballt auf die Märkte zu werfen, um die aufgelaufenen R&D-Kosten zu amortisieren. Ein genügend hoher freier Cash Flow, also eine gefüllte Kriegskasse, soll jederzeit zusätzliche Akquisitionen ermöglichen.

Der Zusammenschluss von Ciba und Sandoz war nicht nur eine Fusion, sondern brachte eine komplette Umstrukturierung der beiden Konzerne mit sich. Novartis konzentrierte sich fortan auf drei Geschäftsbereiche: Gesundheit, Agribusiness und Nutrition, die unter der plakativen Etikette der *Life Sciences* zusammengefasst wurden. Der für die Ciba wichtige Geschäftsbereich Industrie (vor allem Spezialchemikalien) wurde verselbständigt und die Instrumentendivision Mettler-Toledo an eine US-Investmentfirma verkauft. Beide zusammen hatten einen

---

[53] Die Hauptsitze und großen Fabrikgelände liegen am linken und rechten Rheinufer und sind nur einige hundert Meter von einander entfernt.

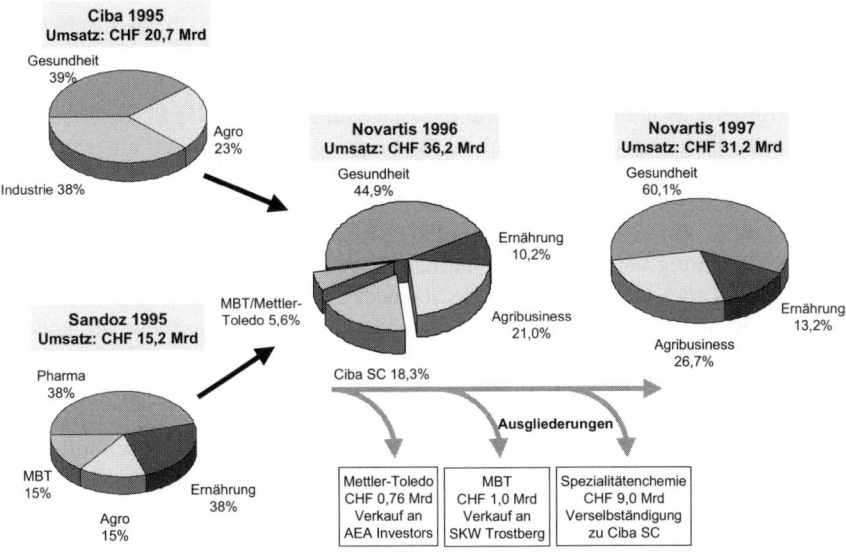

Abb. 5.17. Novartis: Fusion und Ausgliederung der Geschäftszweige

Umsatzanteil von 38%. Die seit 1985 von der Sandoz formierte Division Bauchemikalien ging an die deutsche SKW Trostberg. War diese Strategie durchaus in einer gewissen Kontinuität der von der Sandoz bereits vorher eingeleiteten Konzentration auf die sogenannten *Life Sciences*, so bedeutete sie für die Ciba eine klare Abkehr vom Dreisäulenkonzept mit einer starken Präsenz in der industriellen Spezialitätenchemie. Bereits 1995 hatte Sandoz ihre Chemikaliendivision abgestoßen und mit einem Börsengang den neuen Konzern Clariant gebildet.

Novartis war kein Einzelfall. Andere Konzerne leiteten ähnliche Umgruppierungen ihrer Tätigkeitsbereiche vor. Bereits in den frühen neunziger Jahren trennten sich ICI (Spezialitätenchemie) und Zeneca (Pharma und Agrochemikalien). Der deutsche Konzern Hoechst leitete mit der schrittweisen Ausgliederung der Chemiesektoren im Jahr 1996 eine ähnliche Strategie ein. Der neue Konzern Aventis, der 1998/99 mit der Fusion von Hoechst Marrion Roussel und Rhône Polenc entstand, verstand sich für kurze Zeit ebenfalls als Life Science Unternehmen mit den beiden Füßen Gesundheit und Agro.[54] Die Konzerne der chemisch-pharmazeutischen Industrie befinden sich seit Ende der achtziger Jahre in einem umfassenden Prozess der Umstrukturierung, die nicht nur ihre innere Organisation, sondern das gesamte industrielle Gefüge umfasst. Fusionen, Abspaltungen,

---

[54] Aventis scheint mit einer rund eineinhalbjährigen Verzögerung die Strategie von Novartis nachzuvollziehen. Im November 2000 gab die Konzernleitung bekannt, das Agrogeschäft abstoßen zu wollen (Aventis MR 2000). Novartis hatte diesen Schritt bereits im Dezember 1999 mit der Bekanntgabe der Fusion ihres Agrogeschäfts mit demjenigen von AstraZeneca zu Syngenta eingeleitet (vgl. Abschnitt 5.3.3).

Übernahmen und Umgruppierungen in vielen Formen wälzen die Branche komplett um. Die Haupttendenzen dieser Entwicklung sind:

- In Europa vollzieht sich weitgehend eine Trennung der pharmazeutischen und chemischen Industrie. Die meisten Pharmakonzerne konzentrieren sich auf wenige Geschäftsbereiche, die sich gut kombinieren lassen und ähnliche Strategien erfordern. Novartis verkörperte die Bewegung zu den Life Sciences mit den Gebieten Pharmazeutika, Ernährung und Agribusiness am deutlichsten. Roche demgegenüber fokussierte sich zunehmend auf Pharmazeutika und Diagnostika. Die weiterhin stark diversifizierten deutschen Konzerne Bayer und BASF[55] haben diese Entwicklung bislang nur sehr beschränkt vollzogen. Die jüngst erfolgte Trennung verschiedener Pharmakonzerne vom Agrogeschäft zeigt allerdings, dass auch das integrierte Life Sciences Konzept keinen Bestand hat.
- Nicht die absolute Größe oder gesamte Marktmacht ist entscheidend, sondern die Kapazität, genügend Mittel zu akkumulieren, die in die Entwicklung neuer Produkte gesteckt werden können. Das unterstreicht die Bedeutung der Innovationskapazität und der Fähigkeit kontinuierlich neue Präparate auf den Markt zu bringen, die es erlauben, möglichst lange eine Monopolrente abzuschöpfen.

5.3.2 Komplexes Projekt

Die Fusion erfolgte über einen Aktientausch, wobei die früheren Sandoz-Aktionäre 55% und die früheren Ciba-Aktionäre 45% der Novartis-Anteile erhielten.. Die Sandoz-Aktionäre erhielten für jede ihrer Aktien eine Novartis-Aktie. Aufgrund des etwas höheren Kurses, wurden die Ciba-Aktien in 1 1/15 Novartis-Aktien getauscht. Die Mehrheit der Aktien befindet sich weiterhin in Schweizer Besitz, obgleich nach der Fusion das Interesse ausländischer Investoren, vor allem aus den USA, stark zugenommen hat.

Mit der Ankündigung der Fusion am 7. März 1996 brach in beiden Konzernen und in vielen Standortregionen eine Zeit der Unsicherheit und Verunsicherung an. Welche Abteilungen und welche Firmenstandorte bleiben bestehen? Was wird geschlossen, verkauft oder umstrukturiert? Welche Tätigkeiten werden verlagert und wohin? Insbesondere in der Region Basel und an den wichtigen Standorten in New Jersey herrschte unter den Beschäftigten und dem Management während Monaten eine äußerst angespannte Situation.[56] Tatsächlich wurden in den Jahren 1997-2000 die Einrichtungen und Standorte in New Jersey in einem stärkeren Maße umstrukturiert und rekonfiguriert als in der Schweiz.

Für die beiden Konzernleitungen bestand die erste und absolut zentrale Aufgabe darin, die Strukturen des neuen Konzerns zu definieren und die Kader zu nominieren, die den Fusionsprozess bis in die letzten Abteilungen der beiden Konzerne

---

[55] Am 14. Dezember 2000 vereinbarte allerdings BASF und der US-Konzern Abbott Laboratories mit Sitz in Abbot Park, Illinois, dass Abbott das Pharmageschäft von BASF (meist unter dem Namen Knoll) für 6,9 Mrd. USD übernimmt. Aufgrund der fehlenden kritischen Maße vollzog damit BASF dieselbe Trennung, aber mit umgekehrter Schwerpunktsetzung (BASF MR 2000). Es ist zu erwarten, dass auch Bayer ähnliche Schritte unternehmen wird.

[56] Mein erster Aufenthalt in den USA fiel genau in diese Zeit. Diese besondere Situation machte es auch schwierig, mit geeigneten Gesprächspartnern der Firmen in Kontakt zu treten.

umsetzen sollten. Die Planung des Fusionsprozesses, die Bildung von über 300 Task Forces und die Nominierung von über 3500 Kaderstellen wurde bis Mai 1996 abgeschlossen. Bis September ermittelten die Task Forces die Integrationsschritte, Synergien und entschieden wichtige Standortfragen. Auf der Basis dieser Vorarbeiten konnte nach der formellen Gründung von Novartis, die am 20. Dezember 1996 unmittelbar nach der Zulassung der Fusion in den USA durch die Federal Trade Commission und mit dem Eintrag ins Handelsregister erfolgte, die rasche Implementierung der Fusion in Angriff genommen werden. In den ersten drei Monaten von 1997 fusionierten bereits 65% des Konzerns weltweit. Erst 1998, ein Jahr später, vollzogen schließlich auch die Konzerngesellschaften in Indien und Pakistan den Zusammenschluss.

Die Fusion ermöglichte Kosteneinsparungen von 2 Milliarden CHF, von denen 62% im Jahre 1997, 89% bis Ende 1998 und 100% bis 1999 realisiert wurden. Die einmaligen Aufwendungen beliefen sich auf rund 1,9 Milliarden CHF netto, die aus Restrukturierungskosten nach Steuern von brutto 3,4 Milliarden CHF abzüglich eines außerordentlichen Gewinns aus Desinvestitionen von 1,5 Milliarden CHF nach Steuern resultierten (Novartis 1997a: 2, 8; 1998a; 1999a). Was in der Managementsprache Synergiegewinne sind, bedeutet für viele Beschäftigte den Verlust ihres Arbeitsplatzes, die Frühverrentung, erhöhten Stress und Unsicherheit. Tatsächlich zielten zwei Drittel der Kosteneinsparungen direkt auf die Reduzierung des Personals. Die Novartis-Strategie bestand vor allem darin, die Konzern-Overheads massiv zu reduzieren und die gesamte Organisation erheblich zu verschlanken. In dieser Hinsicht unterschied sich die Novartis-Fusion beispielsweise von dem ein Jahr zuvor eingeleiteten Zusammenschluss von Pharmacia und UpJohn oder der Übernahme von Marion Merrell durch Hoechst, bei denen die Kosteneinsparungen größtenteils das Ergebnis von verkleinerten Verkaufsorganisationen oder im Falle von Hoechst (HMR) sogar in einer substanziellen Reduktion der F&E-Projekte bestanden. Die geplanten Kosteneinsparungen betrafen zu 25% die Produktion, zu 18% die F&E, zu 32% die Finanzen und Administration und zu 25% das Marketing und die Verkaufsorganisationen. Im Vergleich der Divisionen wurden rund 55% der Kostensynergien bei der Gesundheit und 19% im Agribusiness erzielt. Gemessen an der Anzahl der Beschäftigten waren die Einsparungen bei den Unternehmens- und zentralen Diensten des Konzerns mit 26% aber am bedeutendsten. In diesem Bereich wurden vor allem die zentralen Konzerneinheiten der ehemaligen Ciba zerschlagen, die als massiv überdimensioniert galten. Das betraf natürlich die Einrichtungen am Stammhaus in Basel ganz besonders. Die weitgehend in Basel lokalisierten Dienstleistungs- und Infrastrukturtätigkeiten wie die Infrastruktur der Werke in Basel, das Engineering, die zentrale Beschaffung, die Information Services, die zentrale Forschungsdienstleistungen und der Sektor Personalpolitik Schweiz wurden in der Novartis Services AG als eigenständigem Unternehmen zusammengefasst (Sandoz-Gazette 1996c) (mehr dazu in Abschnitt 5.3.6). Die gesamte Division Nahrungsmittel (ausschließlich ehemals Sandoz) sowie der Sektor CIBA Vision (ausschließlich ehemals Ciba) blieben dagegen von der Fusion zunächst unberührt. Die Analysten von Salomon Brothers schätzten die Synergiegewinne von 2 Mrd. CHF im Vergleich zu anderen großen Fusionen als eher unambitioniert ein (Hauber und Wilson 1997: 20–22).

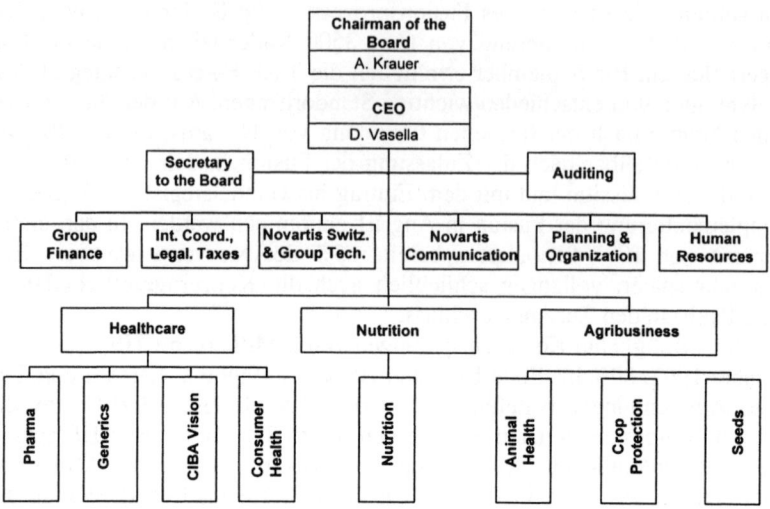

Abb. 5.18. Novartis Konzernstruktur 1997–98

Anfang 1996 hatten die beiden Konzerne zusammen rund 130500 Beschäftigte. Davon fanden sich bis Februar 1997 36000 infolge der Auslagerung der Industriechemiegeschäfte und des Verkaufs einiger Agrogeschäftseinheiten auf den Lohnlisten anderer Firmen wieder. Bei den verbliebenen 94500 Beschäftigten ging die Fusion mit einem Stellenabbau von rund 12% weltweit einher. Alleine in der Schweiz, also vor allem in der Region Basel, wurden rund 3500 Stellen abgebaut. Im Jahre 1 nach der Fusion baute der Konzern 9100 Stellen ab, hauptsächlich über natürliche Fluktuation und frühzeitige Pensionierungen. Bis Ende 1998 konnten, früher als geplant, bereits 97% der Personalreduktion von 12000 Beschäftigten durchgeführt werden. Andererseits stellte Novartis alleine 1997 2400 neue Mitarbeiterinnen und Mitarbeiter ein. Insbesondere die Verkaufs- und Marketingabteilungen des Pharmasektors verstärkten sich 1997–2000 mit zahlreichen Neueinstellungen (Novartis 1998b: 4; 1999a: 3; Vasella 2000: 18). Die Gewerkschaften in Basel und anderswo hatten bei den Vertragsverhandlungen einen schweren Stand. Novartis setzte die Drohung mit dem Abbau oder der Verlagerung von Arbeitsplätzen mehr oder weniger offen ein, um die Verträge in ihrem Sinne durchzusetzen (Kindler 1997).

In der öffentlichen Diskussion und in den Medien wurde in Basel und eingeschränkter auch in New Jersey die unterschiedliche Firmenkultur der beiden Konzerne hervorgehoben und als Problem für den reibungslosen Vollzug der Fusion aufgeführt. Nicht zuletzt die Gewerkschaften in Basel befürchteten, dass die als offener und dialogbereiter wahrgenommenere Kultur der Ciba durch die autoritären Strukturen der Sandoz überdeckt würden. Aus Sicht der Konzernleitungen waren die Unterschiede allerdings unvergleichlich kleiner als wenn einer der beiden Partner mit einem US-Konzern fusioniert hätte. Die geographische Nähe (nicht nur in Basel, sondern an mehreren wichtigen Standorten in der Welt) und der gemeinsame kulturelle Hintergrund waren wesentliche Faktoren, die eine rasche Klärung über die strategische Richtung und die Führungsverantwortung während der streng geheimen Fusionsverhandlungen, also noch vor der Bekanntgabe der Fusion, ermöglichten. Während des gesamten Integrationsprozesses gelangte zu keinem Moment eine Information über allfällige Differenzen über die strategische Vision des Top-Managements nach außen.

Die Fusion wurde finanztechnisch elegant als Aktientausch zweier ähnlich starker Partner vollzogen. Auch die gesamte Fusion wurde in der Öffentlichkeit und gegenüber den Beschäftigten als Fusion zweier gleichberechtigter Partner dargestellt, die zusammen eine neue Firma mit einer neuen Identität schaffen. Dennoch zeigt die Analyse der jüngeren Geschichte und der strategischen Entwicklung der beiden Vorgängerkonzerne, dass die Fusion und die strategische Ausrichtung von Novartis letztlich näher in der Kontinuität der Sandoz als der Ciba lag. Daher erstaunt es auch nicht, dass Marc Moret, der langjährige starke Mann der Sandoz, im Spätherbst 1995 die Initiative für diesen Schritt ergriffen hatte, der für die Geschichte der Basler Industrie von historischer Tragweite war.

Während die schweizerischen und die EU-Behörden der Fusion keine Auflagen stellten, ließ die Entscheidung der Federal Trade Commission, der US-amerikanischen Kartellbehörde, wie schon 26 Jahre früher beim Zusammenschluss von Ciba und Geigy, länger als geplant auf sich warten und hatte Konsequenzen für die Fusion. Dennoch lief das Verfahren wesentlich reibungsloser als ein Vierteljahrhundert vorher bei der ersten 'Basler Hochzeit' (Erni 1979). Aufgrund der Auflagen der FTC veräußerte Novartis im Agrobereich zwei Geschäfte und trat im Bereich der Gentherapie die Rechte an Technologien ab (FTC 1996b; 1996a; Novartis 1997a: 18).

Am 24. Dezember 1996 verkaufte Novartis einen Teil des Maisherbizid-Geschäfts der ehemaligen Sandoz an die BASF. Der Verkauf umfasste im wesentlichen die Rechte für die landwirtschaftliche Nutzung der Maisherbizide, basierend auf den Wirkstoffen Dicamba in den USA und in Kanada sowie Dimethenamid weltweit, inklusive die entsprechende Produktionsstätte in den USA. Um eine zu starke Marktmacht im Bereich der Tiergesundheit zu verhindern, musste Novartis auch hier Korrekturen vornehmen. Darum verkaufte sie das Tiergesundheitsgeschäft der ehemaligen Sandoz in den USA an die Central Garden & Pet Company in Lafayette, California. Diese beiden Geschäftsbereiche erzielten im Jahr 1996 einen Umsatz von 510 Millionen CHF. Vielleicht noch bedeutender war aber, dass sich Novartis bereit erklären musste, eine Anzahl nichtexklusiver Lizenzen für spezifische Indikationen und Technologien auf dem Gebiet der Gentherapie zu veräußern. Aufgrund der strategischen Partnerschaft von Ciba mit der kalifornischen Firma Chiron, die nach der Übernahme der Firma Viagene über eine starke Position in der Gentherapie verfügte und der Übernahme von Genetic Therapy in Gaithersburg, Maryland, durch Sandoz, kam Novartis in dieser Technologie zu einer weltweit einmalig starken Position. Das Problem der Antitrustbehörden der FTC bestand letztlich darin, künftige monopolistische Situationen in einer Technologie abzuschätzen, deren Anwendung überhaupt noch als sehr schwierig einzuschätzen war.

5.3.3 Novartis: von den Life Sciences zur Gesundheit

Das Fusionsjahr und vor allem 1997 waren äußerst erfolgreich und beflügelten die Phanatasie der Anleger. Der Umsatz stieg 1997 um 9% in lokalen Währungen und erreichte 31,2 Milliarden CHF. Der Reingewinn steigerte sich gar um 43% auf 5,2 Milliarden CHF. Besonders beeindruckend war die Steigerung des operativen Ergebnisses von 5781 auf 6783 Millionen CHF, wobei die Division Gesundheit weit überdurchschnittlich abschloss und ihr operatives Ergebnis von 3839 auf 5004 Millionen CHF steigerte. Die Umsatzrendite konnte 1997 gegenüber dem Vorjahr von 13,9% auf 16,7%, die Eigenkapitalrendite von 16,7% auf 20,7% und die operative Marge von 18,8% auf 21,8% gesteigert werden. Alleine die Division Gesundheit verbesserte diese für die Profitabilität des Kapitals wichtige Kenngröße um 2,1% auf 26,7% und stieß damit zur Spitzengruppe der profitabelsten US-amerikanischen Pharmakonzerne vor. Nach den stark rückläufigen Investitionsraten in den Vorjahren wurde der Anteil der Investitionen in Sachanlagen wieder leicht von 4,8% auf 5% erhöht. Die Forschungsausgaben stabilisierten sich auf einem hohen Niveau von 3,7 Milliarden CHF, wobei 2,9 Milliarden CHF auf das Konto der Gesundheitsdivisionen, hauptsächlich Pharma, gingen (Novartis 1998b; 1998a). Trotz der sich aus der Fusion langsam auszahlenden Synergiegewinne basierte dieser Erfolg dennoch auf den Anstrengungen der beiden Vorläuferfirmen. Insbesondere im Pharmabereich verzeichnten Präparate, die bereits Anfang der neunziger Jahre eingeführt wurden, große Umsatzsprünge. Der Sektor Crop Protection verstärkte sich mit der Übernahme des Insektizidgeschäfts des US-Konzerns Merck & Co. Inc. und behauptete seine Stellung als weltweiter Marktführer. Im Rahmen des Life Sciences Konzeptes entwickelten die Sektoren Crop Protection und Seeds eine gemeinsame Strategie in der Biotechnologie. Der sich weniger erfolgreich entwickelnde Bereich Nutrition legte die Prioritäten zunehmend auf die Marktsektoren Medical Nutrition und Infant & Baby Nutrition. Eine besondere Rolle zur Stärkung der Aktivitäten bei der Babynahrung kam der Globalisierung des Geschäfts von Gerber Products zu, das 1994 von Sandoz übernommen wurde (Novartis 1998b: 5).

Dass die Bäume nicht in den Himmel wachsen, zeigte sich schon ein Jahr später. Die Umsätze stiegen 1998 nur noch um 5% in lokalen Währungen und erreichten 31,7 Milliarden CHF. Der Reingewinn steigerte sich um 16% und kletterte auf 6,1 Milliarden CHF. Allerdings führte der Sektor Pharma einige neue Präparate ein, die der etwas missmutigen Financial Community als mittelfristig äußerst erfolgversprechend dargestellt wurden. Die Finanzkrisen in Asien und Südamerika und der damit zusammenhängende Nachfrageeinbruch zeitigten ihre Wirkung. Insbesondere der Sektor Crop Protection stagnierte weitgehend, wobei hierfür in erster Linie der gesättigte Markt und die Wetterbedingungen in den USA verantwortlich waren. Aber auch die Pharma-Verkäufe liefen vor allem in Japan und Brasilien, aber auch in den USA unbefriedigend. Die neuen Präparate waren erst in der Einführungsphase. Auch das OTC-Geschäft schloss 1998 unbefriedigend ab, obwohl Novartis Self-Medication weltweit das siebtgrößte Unternehmen im Selbstmedikationsmarkt blieb. Die von der Konzernleitung zu Beginn des Fusionsprozesses lancierte Kampagne, wonach Novartis die weltweite Nummer 1 in den Life Sciences sei und dies auch bleiben wolle, verfolgte wohl vor allem das Ziel, einerseits die Beschäftigten und andererseits die internationale

'Financial Community' in dieser schwierigen Phase für das neue Unternehmen zu gewinnen. Angesichts der Dynamik der US-Konzerne und der weiterdrehenden Fusions- und Übernahmespirale konnte die Konzernleitung kaum wirklich die Perspektive verfolgen, sich nachhaltig gegenüber Merck & Co, Pfizer und GlaxoWellcome durchzusetzen. Eine wesentliche Triebkraft für die Fusion lag in den enormen Forschungaufwendungen. Tatsächlich steigerte Novartis den Anteil der F&E-Ausgaben und der Investitionen am Umsatz wieder, nachdem sowohl Ciba und Sandoz in den beiden Jahren vor der Fusion diesen leicht reduziert hatten. Insgesamt beschäftigte Novartis 1998 13000 Mitarbeiter in Forschung & Entwicklung, wofür sie 3,7 Milliarden CHF investierte (Novartis 1999b: 7).

Im August 1998 leitete der Konzern mit der Eingliederung des Sektors Self-Medication in die Division Nutrition eine weitreichende Umstrukturierung ein. Die neue Division Consumer Health bündelte fortan die drei Kerngeschäfte rezeptfreie Medikamente, Health & Functional Nutrition (wozu auch Gerber mit dem Segment Infant & Baby Nutrition gehört) und Medical Nutrition. Gleichzeitig begann die neue Division Unternehmensteile mit einem Umsatzvolumen von insgesamt 1,3 Milliarden CHF zu verkaufen. Bis Anfang 1999 veräußerte Novartis die Geschäftsbereiche Redline (medizinischer Vertrieb in den USA), Beteiligung an der schwedischen Firma OLW, italienische zuckerfreie Marken, Roland, Eden und Wasa (diätetische Backwaren). Diese Reorganisation unterstrich die enorm gestiegene Bedeutung des Marketings. Der Konzern wollte durch den organisatorischen Zusammenschluss von rezeptfreien Medikamenten mit speziellen Nährmitteln mehr Synergien erzielen, als mit der bisherigen organisatorischen Nähe von rezeptpflichtigen und rezeptfreien Arzneimitteln. Man beobachtete, dass in den USA die Grenzen zwischen Produktsegmenten und Vertriebskanälen zwischen OTC-Präparaten und Medical und Health Nutrition verschwunden sind. Die neue Division beschäftigt seither rund 12500 Beschäftigte und hat den globalen Hauptsitz in Nyon unweit Genf (am Standort der ehemaligen und von der Ciba übernommenen Zyma) lokalisiert.

Aufgrund rückläufiger Umsatz- und Gewinnzahlen spekulierten Finanzanalysten und Medien zunehmend über die Zukunft des Agrogeschäfts von Novartis. Von einer Fusion mit dem US-Agroriesen Monsanto mit seiner interessanten Pharmatochter Searle bis über einen Verkauf der Division kursierten die unterschiedlichsten Varianten auf dem internationalen Gerüchtemarkt. Noch im Sommer 1999 verstärkte sich der Sektor Saatgut in Europa mit dem Erwerb der Mehrheit der Saatgutaktivitäten des französischen Konzerns Eridania Béghin-Say deutlich. Die Transaktion umfasste die Mehrheit der Unternehmen Agra in Italien, Agrosem in Frankreich, Koipesol Semillas in Spanien sowie Saatgutgeschäfte in Ungarn und Polen (Novartis MR 1999d). Schließlich gaben Novartis und Astra-Zeneca PLC (1998/99 aus der Fusion des schwedischen Pharmakonzerns Astra und des britischen Pharma- und Agrokonzerns Zeneca entstanden) am 2. Dezember 1999 in Basel bekannt, ihre Agrogeschäft jeweils auszugliedern und in einen neuen Konzern mit dem Namen Syngenta zu fusionieren. Mit Syngenta entstand im November 2000 der weltweit mit Abstand größte Produzent von Agrochemikalien, die Nummer drei im Saatgutgeschäft und der bislang erste Konzern, der sich auschließlich auf den Agrobereich konzentriert (Umsatz 1999 7,06 Milliarden USD). Hauptsitz des neuen Konzerns ist Basel. Die Aktionäre von Novartis erhielten

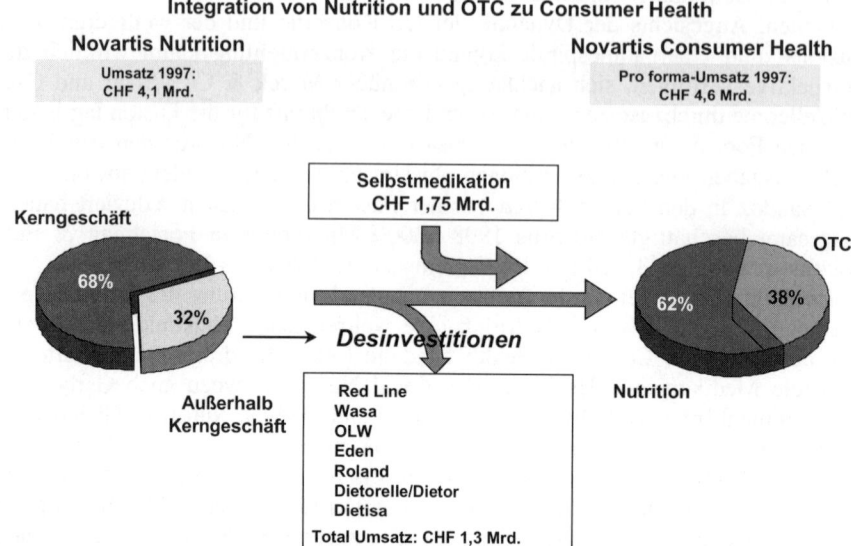

Abb. 5.19. Die Verschmelzung der Division Nutrition mit dem Sektor Sektor Selfmedication zur Division Consumer Health

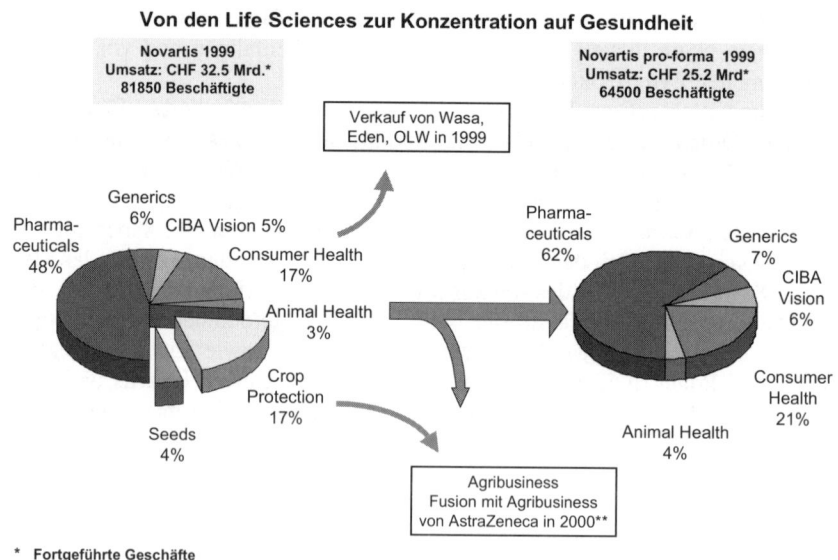

Abb. 5.20. Die Veränderung strategischen Ausrichtung von Novartis zwischen 1998 und 2000

Novartis Konzernstruktur Dezember 1999 bis Juli 2000

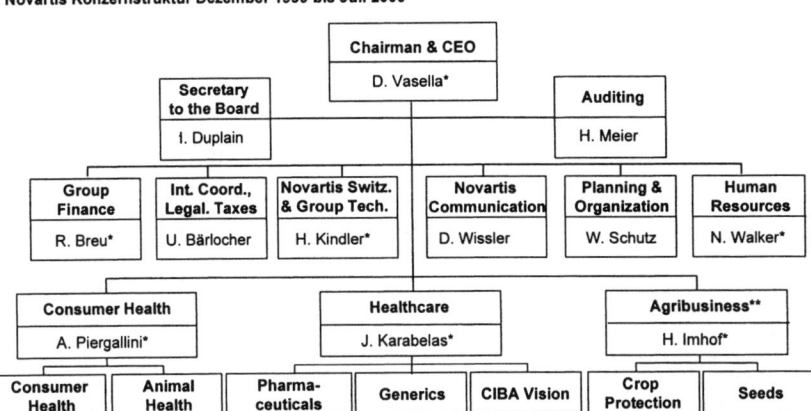

* Mitglied des Exekutivkommittees Novartis   Gültig vom 2. Dezember 1999 bis 10. Juli 2000
** Bis spin-off

Abb. 5.21. Novartis Konzernstruktur nach der Bildung der Division Consumer Health und während des Ausgliederungsprozesses des Agribusiness. Im Zuge der Reorganisation des Pharma Sektors übernahm Anfang Juli 2000 Thomas Ebeling die Position des CEO. Die anderen wurden Sektorleiter direkt Daniel Vasella unterstellt.

Novartis Konzernstruktur 2001

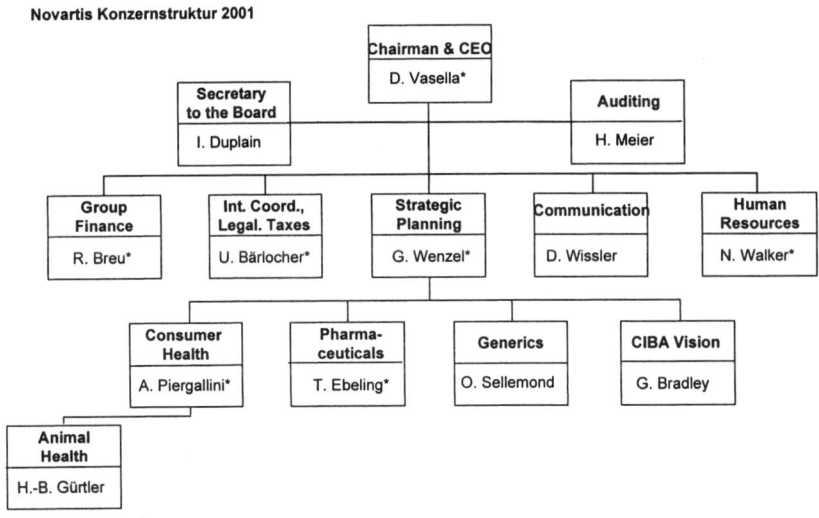

Gültig nach der Ausgliederung von Agribusiness am 13. November 2000
* Mitglied des Exekutivkommittees Novartis

Abb. 5.22. Novartis Konzernstruktur nach der Ausgliederung des Agribusiness am 13. November 2000. Die Sektorleiter unterstehen mit Ausnahme von Animal Health direkt Daniel Vasella. Animal Health ist Teil des Sektors Consumer Health.

Tab. 5.2. Umsatzentwicklung der Divisionen und Sektoren von Novartis (Quelle: zusammengestellt nach Novartis Finanzberichten 1996–1999)

	1996 Mio. CHF	1996 Mio. CHF Modifizierte Berechnung	1997 Mio. CHF	1998 Mio. CHF	1999 Mio. CHF Modifizierte Berechnung
Gesundheit	**16272**	**15583**	**18742**	**17535**	**19050**
Pharma	12184	11571	14112	14501	15595
Consumer Health	1651	1613	1755		
Generics	1231	1205	1452	1529	1823
CIBA Vision	1206	1194	1423	1505	1632
Agribusiness	**7626**	**6996**	**8327**	**8379**	
Crop Protection	5594	5044	6088	6021	
Seeds	1189	1150	1346	1457	
Spin off Agribusiness (→ Syngenta)					7056
Animal Health	841	802	893	901	927
Nutrition/Consumer Health (ohne Desinv.)	**3703**	**3565**	**4111**	**5289**	**5250**
Nutrition				3598	
Self-Medication				1691	
Desinvestitionen Consumer Health				499	182
Total Umsatz	**27599**	**26144**	**31180**	**31203**	**32465**
Ciba SC	6623				
Andere ausgegliederte Industrieaktivitäten	2011				
Total Abgänge im Bereich Industrie	8634	8634			
Abgänge im Bereich Life Sciences		510			
Effekt der Neudefinition der Netto-Umsätze		945			
Total der Auswirkungen der Ausgliederungen Und der Neudefinition von Nettoumsätzen		10089			
Total inkl. Life Sciences + Industrie	**36233**				

61% und jene von AstraZeneca 39% der Syngenta-Aktien. Der Sektor Animal Health blieb bei Novartis und wurde der Division Consumer Health angegliedert. Die Verselbständigung des Agribusiness kam einem Eingeständnis gleich, dass die Dreisäulenstrategie der Life Sciences gescheitert ist. Offensichtlich stellte sich heraus, dass die Vorteile einer ausschließlichen Konzentration auf den Bereich Gesundheit die begrenzten Synergien zwischen den Divisionen Gesundheit und Agribusiness überwiegen. Zugleich drängte sich aufgrund der sinkenden Margen im Agrogeschäft bei den meisten großen Agrochemikalienherstellern und der Überkapazitäten eine weitere Zentralisation des Kapitals in diesem Bereich auf (Novartis MR 1999b). Da der neue Konzern Syngenta bei gewissen Fungiziden eine zu starke Marktstellung erlangt hätte, mußte Novartis Agribusiness aufgrund der Bedingungen der Federal Trade Commission der USA und der europäischen Antitrustbehörden die Fungizid-Produktlinie *Flint* verkaufen. Schließlich übernahm im Oktober 2000 die Bayer AG das Geschäft einschließlich der Produktionsanlagen und rund 90 Beschäftigten in Muttenz für 1,33 Mrd. CHF (Novartis MR 2000j). Die Ausgliederung des Agribusiness bedeutete einen offensichtlichen Bruch mit der seit der Gründung von Novartis verfolgten Strategie, die letztlich also nur gerade gut drei Jahre verfolgt wurde. Mit der Fokussierung auf Gesundheit und Consumer Health glich Novartis ihre Strategie der Ausrichtung der großen US-amerikanischen und britischen Rivalen an, die sich bereits seit langem nahezu ausschließlich auf die Gesundheitsmärkte konzentrieren.

Der bei Novartis verbleibende Sektor Animal Health setzte aber just in der Phase der Ausgliederung des Agribusiness zu einer Offensive im Markt der Tiervakzine an, vor allem in Nordamerika. Er erwarb zwischen November 1999 und Juli 2000 mit Vericore, Biostar und Cobequid Life Sciences drei in diesem Bereich tätige Unternehmen mit insgesamt mehreren Hundert Beschäftigten in Großbritannien und Kanada (Novartis MR 1999e; 2000f; 2000n; 2000q).

Tab. 5.3. Übernahmen, Joint Ventures und Desinvestitionen der 1997 und 2000 ausgegliederten Unternehmensbereiche Spezialitätenchemie und Agribusiness (Transaktionen in den Bereichen Healthcare und Consumer Health siehe Kapitel 6)

Spezialitätenchemie (nur bis zur Ausgliederung von Ciba Spezialitätenchemie Anfang 1997)

Jahr	Firma	Schwerpunkttätigkeit	Vorgang
1996	Hexcel	Composties, Wabenstrukturen für den Flugzeugbau	Zusammenschluss der Composites Division der ehemaligen Ciba mit Hexcel und Erwerb von 49,9% der Aktien an Hexcel
1996	AEA Investors	Waagen, Laborgeräte	Verkauf der Mettler Toledo-Gruppe der ehemaligen Ciba für 1,1 Mrd. CHF
1996	SKW Trostberg	Bauchemikalien	Verkauf der ehemaligen Sandoz Division MBT für 1,3 Mrd. CHF.
1996/ 97	Ciba SC	Spezialitätenchemie	Ausgliederung und Verselbständigung der Industriedivisionen der ehemaligen Ciba

Agribusiness (bis zur Ausgliederung und Fusion mit dem Agrogeschäft von AstraZeneca zum neuen Konzern Syngenta aufgeführt). Der Sektor Animal Health bleibt bei Novartis.

Jahr	Firma	Schwerpunkttätigkeit	Vorgang
1996	BASF, Ludwigshafen	Diversifizierter Chemiekonzern	Verkauf eines Teils des Maisherbizidgeschäfts der Sandoz, hauptsächlich in den USA mit entsprechender Produktionsstätte
1996	Central Garden & Pet Company, Lafayette, California	Tiergesundheit	Verkauf des Tiergesundheits-Geschäftes der Sandoz in den USA und in Kanada mit entsprechender Produktionsstätte
1997	Merck & Co.	Diversifizierter Pharmakonzern	Erwerb der Recht eam Insektizid Abamectin und am Fungizid Thiabendazole für 910 Mio. USD
1998	Oriental Chemical Industries, Südkorea		Erwerb einer Produktionsstätte für 196 Mio. CHF durch Sektor Crop Protection
1998	Seoul Seeds Co. Ltd.	Saatgut	Übernahme
1988	SDS Biotech K.K., Tokyo	Agrochemikalien	Verkauf
1999	Eridania Béghin-Say, Frankreich	Diversifizierter Konzern im Agro- und Nahrungsmittelbereich	Novartis Seeds übernimmt nahmhafte Saatgutgeschäfte in Frankreich, Italien, Spanien, Polen und Ungarn
1999	Vericore Holdings Limited, GB	Tiervakzine	Übernahme durch Novartis Animal Health inkl. 40% an Firma Cobequid in Kanada
2000	Biostar Inc., Saskatoon, Kanada	Tiervakzine	Novartis Animal Health Tiervakzingeschäft von Biostar übernimmt das Unternehmen
2000	Diamond Animal Health, Des Moines, Iowa	Tiervakzine	Novartis Anmal Health vereinbart Allianz
2000	Cobequid Life Sciences, Kanada	Fischvakzine	Übernahme durch Novartis Animal Health
2000	Bayer AG, Leverkusen	Diversifizierter Chemiekonzern	Novartis Agribusiness verkauft Produktlinie Flint (Fungizide) inklusive Produktionsanlagen in Muttenz für 1,33 Mrd. CHF an Bayer
2000	AstraZeneca	Crop Protection und Saatgut	Novartis und AstraZeneca lagern Crop Protection und Seeds aus und fusionieren sie zum neuen Konzern Syngenta

5.3.4 Stärkung des nordatlantischen Charakters

Investitionen und Anlagen. Die Fusion bewirkte zunächst keine grundlegenden Veränderungen der geographischen Schwerpunkte des neuen Konzerns. Der in Amerika und besonders in den USA bessere Verlauf des Umsatzes als in Europa spiegelte den günstigeren Konjunkturverlauf zwischen 1995 und 1999 in den USA wider. Im Zuge der Krise in Südostasien und des langanhaltend mageren Wachstums in Japan gingen die Umsätze in diesem Teil der Welt zwischen 1996 und 1998 deutlich zurück und erholten sich erst 1999 wieder spürbar. Obwohl die Fusion einen nationalen Charakter aufwies und sich auch das Aktionariat nach der Fusion nicht sprunghaft internationalisierte, verfolgte der Zusammenschluss eindeutig globale Ziele. Insbesondere sollte die Fusion erlauben, die Stellung des neuen Konzerns in den USA gegenüber den erstarkten US-Rivalen zu verbessern.

Obwohl das konzernweite Investitionsvolumen im Rahmen der Rationalisierungsmaßnahmen seit 1996 von 1877 Mio. auf 1371 Mio. CHF im Jahre 1999 deutlich zurückging, verblieben die Investitionen in den Amerikas auf einem hohen Niveau von um oder über die 500 Mio. CHF. Der Anteil Nord- und Südamerikas an den konzernweiten Investitionen stieg von 27% im Jahr 1995 auf 37,2% im Jahr 1999. Der Anteil der in den USA getätigten Investitionen erhöhte sich von 21% im Jahr 1997 auf über 32% zwei Jahre später. Hinter diesem deutlichen Anstieg der Investitionen in den USA verbergen sich vor allem die Lancierung des Genomics Institutes of the Novartis Research Foundation und des Novartis Agricultural Discovery Institutes in San Diego (siehe Kapitel 7) sowie der Ausbau respektive die Modernisierung der Produktionsinfrastruktur, vor allem in Broomfield, Colorado, und im Generika-Sektor. Zudem dürften auch Investitionsvorhaben der Partnerfirma Chiron teilweise in diesen Zahlen inbegriffen sein. Leider sind keine geographisch aufgeschlüsselten Angaben über die Forschungsaufwendungen erhältlich. Aufgrund des Aufbaus des erwähnten Forschungszentren in San Diego und den zahlreichen Kooperationsabkommen mit Biotechfirmen dürfte der Anteil der USA ähnlich stark oder noch stärker als bei den Investitionen gestiegen sein. Dieser nach den Investitionswellen von 1983–85 und 1989–91 dritte Investitionsschub in den USA bewirkte aber erst ab 1999 eine Verschiebung der geographischen Verteilung des Nettobetriebsvermögens zugunsten der USA. Denn in den Jahren zuvor hatte Novartis in den USA (wie aber auch in anderen Regionen) das Volumen ihrer Anlagen deutlich reduziert. Bemerkenswert ist immerhin, dass das Nettobetriebsvermögen sowohl in der Schweiz wie in den USA im Jahr 1999 jeweils einen Anteil von 25,8% einnahm. Die energischen Bemühungen, in den USA nicht übermäßig Marktanteile im Pharmamarkt zu verlieren, drückten sich in den Jahren 1999 und 2000 auch in einem massivem Ausbau der Verkaufsorganisation aus. Damit stockte Novartis erstmals seit dem Anfang der neunziger Jahre einsetzenden massiven Personalabbau den Personalbestand in den USA wieder auf (Novartis 1997a: 21; 1998a: 27; 1999a: 25; 2000a: 32; Novartis / SEC 2000: F-22; vgl. UNCTAD 1999: 81f; Vasella 2000: 18).

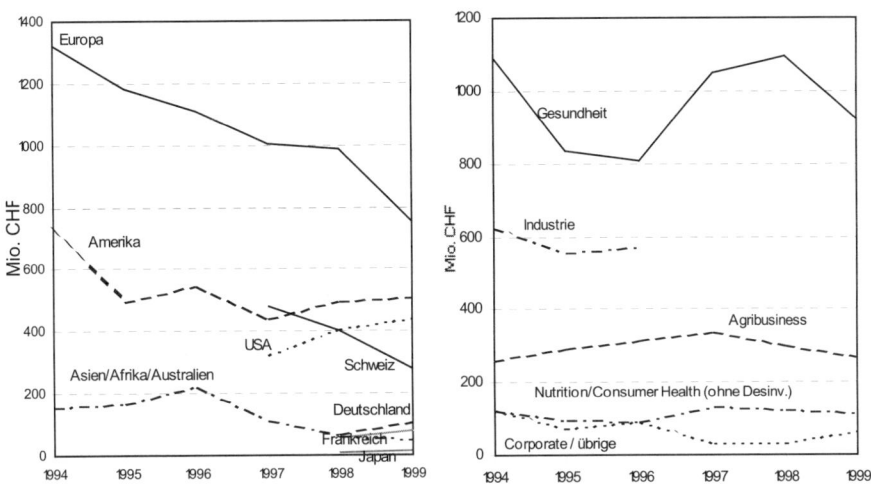

Abb. 5.23. Entwicklung der Investitionen von Novartis in Großregionen und Geschäftsbereichen
Quelle: ermittelt nach Geschäftsberichten von Novartis 1996–99

Nordatlantisierung des Spitzenmanagements. Bereits in den achtziger Jahren wurden Formen der internen Personalzirkulation auf internationaler Ebene und das internationale Management-Development vorangetrieben.[57] Die Formierung internationaler Projektteams und regelmäßige internationale Management- und F&E-Konferenzen trugen in den neunziger Jahren bei Ciba-Geigy und Sandoz zur fortschreitenden 'inneren Internationalisierung' des Spitzenmanagements und des mittleren Kaders bei. Novartis löste allerdings einen massiven Schub zur weiteren Internationalisierung der obersten Konzern- und Divisionsleitungen sowie zahlreicher mittlerer Kaderpositionen aus. Ende des Jahres 2000 war die operative Führung der meisten Sektoren in den Händen von Nicht-Schweizern. Nur noch Animal Health und Seeds wurden von Schweizern geleitet. Die Leitung der Division Gesundheit sowie der Sektoren Pharma, Generika und CIBA Vision ist weitgehend internationalisiert. Die Konzernleitung besetzte innerhalb kurzer Zeit etliche Schlüsselstellen mit Spitzenmanagern, die ihre bisherige Karriere in US-Konzernen machten.

Der deutsche Thomas Ebeling übernahm auf Anfang 1997 vom US-Amerikaner David Pyott die Leitung der Division Nutrition. Der Marketing-Spezialist, der zuvor die Verkäufe bei Pepsi-Cola in die Höhe getrieben hatte, baute in der Folge den Um- und Aufbau der neuen Division Consumer Health und die Verschmelzung mit dem OTC-Sektor voran. Nach der Bekanntgabe der Abtrennung des

---

[57] So betonten z.B. Sturzenegger und MacKinnon, CEO und COO von Ciba-Geigy in den USA, die Bedeutung des internationalen Austauschs in beiden Richtungen um die Erfahrungen der Kader zu verbreitern (Ciba-Geigy 1985b). Die Ciba in Basel ermunterte die Beschäftigten, sich Erfahrungen in ausländischen Konzerngesellschaften anzueignen und errichtete z.B. ein ‚Japan desk', eine Art Konsulat der japanischen Konzerngesellschaft am Hauptsitz in Basel (Staples 1994: 44).

Agrogeschäfts im Dezember 1999 wechselte Ebeling in den Sektor Pharma, wo er seine Marketing-Expertise in der Funktion des neu geschaffenen Chief Operating Officers (COO) zur Geltung brachte und im Juli schließlich Chief Executive Officer (CEO) wurde. Ein sehr bedeutender personeller Wechsel vollzog sich Anfang 1998 im Bereich Gesundheit. Argeris 'Jerry' Karabelas, US-Amerikaner griechischer Abstammung, der bei SmithKline Beecham in den USA eine Karriere bis in oberste Spitzenpositionen (Executive Vice President Worldwide Pharmaceuticals) absolvierte, übernahm die Leitung des Bereiches Gesundheit und des Sektors Pharma (Novartis MR 1997f). Er löste damit Pierre Douaze, einen altgedienten Manager der ehemaligen Ciba ab. Jerry Karrabelas wurde neben Daniel Vasella eine zentrale Figur des gesamten Konzerns bis ihn im Juli 2000 der junge Thomas Ebeling beerbte. Karabelas wurde am 1. September 2000 Leiter des neu geschaffenen und mit 50 Mio. USD dotierten Novatis BioVenture Funds und damit aus der operativen Führung verdrängt (Novartis MR 2000o; NZZ 2000g). Seit dem 1. Mai 1998 wirkt der Schotte Norman Walker als weltweiter *Head of Human Resources* von Novartis auf Konzernebene und seit Oktober 1999 auch beim Sektor Pharma. Im Dezember 1999 wurde er zudem in die Konzernleitung berufen. Zuvor war Walker Human Resources Manager bei Kraft Jacobs Suchard, GrandMet und bei der Ford Motor Company (Novartis MR 1998f; info.novartis 2000). Mit der Anstellung von Jim New als Leiter des globalen Business Development & Licensing im Januar 1999 holte sich Novartis Pharma einen weiteren Manager, der zwei US- und einen britischen Rivalen von innen kennt. New war eine Schlüsselperson der äußerst dynamischen Lizenzierungs- und Kollaborationsstrategie des US-Konzerns Pfizer, für den er fünf Jahre gearbeitet hatte. Zuvor hatte er die Lizenzierung von Glaxo-Wellcome geleitet und während zwölf Jahren Karriere bei Bristol-Myers Squibb gemacht (Novartis Pharma MR 1999e). Im April 1999 übernahm der Engländer Andrew Kay die Funktion des *Head Global Marketing* im Sektor Pharma. Kay war zuvor globaler Leiter des Pharmaceutical Business Management und der Diagnostics Division von Zeneca Pharmaceuticals (Novartis Pharma MR 1999a). Zeneca trat im Rahmen der Fusion mit dem schwedischen Konzern Astra 1999 in einen umfassenden Umstrukturierungsprozess. Im Juli 1999 übernahm Paulo Costa, der bislang eine führende Rolle im US-Healthcarekonzern Johnson & Johnson innehatte, die Funktion des *President and CEO of Novartis Pharmaceuticals Corporation* in den USA (Novartis MR 1999f). Schließlich wurde im November 2000 mit Gilbert Wenzel ein Direktor der Beratungsfirma McKinsey verantwortlich für strategische Planung und Mitglied des Exekutivkomitees des Konzerns (Novartis MR 2000a). In der gleichen Zeit wurden weitere zentrale Führungspositionen des Sektors Pharma in wichtigen Märkten wie den USA, Japan, und Kanada ebenfalls mit Personen besetzt, die ihre bisherige Karriere bei wichtigen Rivalen Bristol-Myers Squibb, Searle (Monsanto) und SmithKline Beecham gemacht hatten (Novartis Pharma MR 1999e). Diese 'internationalistische' Besetzung des Spitzenmanagements trägt wesentlich dazu bei, die Unternehmenskultur und das Erscheinungsbild des Konzerns zu internationalisieren und ist Ausdruck des systematischen Bemühens, die Position von Novartis in den USA gegenüber den US-Rivalen zu stärken. Die im 2. Kapitel ausführlich diskutierte oligopolistische Rivalität (Chesnais 1997) erstreckt sich also nicht nur auf Absatzmärkte und den Technologieerwerb, sondern auch auf die Verpflichtung von Spitzenkadern.

5.3.5 Profitabilität und Sharholder Value

Nach dem seit Anfang 1998 von der Börse als enttäuschend aufgenommenen Geschäftsgang vermeldete Novartis bei ihrer Jahrespräsentation am 17. Februar 2000 wieder Zahlen, die von den Finanzanalysten vorsichtig positiv bewertet wurden. Der Umsatz der weitergeführten Bereiche Gesundheit und Consumer Health stieg um 9% (in lokalen Währungen auf 6%) auf 25227 Millionen CHF. Das operative Ergebnis der weitergeführten Aktivitäten stieg ebenfalls um 9% und der Reingewinn gar um 11%, hauptsächlich dank Generics, CIBA Vision und Pharma. Die operative Marge stabilisierte sich auf hohem Niveau zwischen 22 und 23% im Gesamtkonzern auf 31% im Sektor Pharma. Parallel zum Verkauf von Geschäften im Nahrungsmittelbereich und der in Angriff genommen Ausgliederung des Agribusiness konzentrierte Novartis 1999 die Produktportfolios insbesondere im Pharmabereich auf Wachstumsprodukte, was zu einem erhöhten Anteil dieser Produkte am Umsatz führte. Insgesamt wurden die Bereiche Marketing & Vertrieb sowie Forschung & Entwicklung durch höhere Investitionen weiter ausgebaut. Das Agribusiness erlitt dagegen eine Umsatzeinbuße von 7% in lokalen Währungen und einen Rückgang des operativen Ergebnisses um 33%. Die mittlerweile auf 12,7 Milliarden CHF angeschwollene Netto-Liquidität untermauert die finanzielle Potenz des Konzerns und lässt vermuten, dass die durch die diversen Desinvestitionen gewonnenen Mittel schon bald zur Stärkung des Kerngeschäftes im Pharmasektor eingesetzt werden (Novartis MR 2000w).

Die Fusion verlief trotz der Größe der Geschäfte und des Anspruches, zwei gleichberechtigte Partner zu vereinigen, erstaunlich schnell und reibungslos. Dennoch befindet sich der Konzern auch nach Abschluss der Fusion in einem Prozess der permanenten Umstrukturierung. Die Reorganisation der Bereiche Self-Medication und Nutrition sowie die Ausgliederung des Agrogeschäfts waren dabei die umfassendsten Veränderungen. Vielmehr als noch zu Beginn der neunziger Jahre, stehen die Pharmakonzerne unter dem ständigen Druck der institutionellen Investoren, den Shareholder Value, letztlich also die Profitabilität des Kapitals, zu steigern. Gerade die Ausgliederung des Agrogeschäfts lässt hierbei aufhorchen. Nur gerade zwei, drei Jahre vorher wurde die Vereinigung und Fokussierung der Geschäftsbereiche mit einer Verbindung zu den Life Sciences und biotechnologischen Erkenntnissen als Strategie gepriesen. Angesichts der langen Innovationszyklen mutet es merkwürdig an, dass nun bereits das Scheitern dieser Ausrichtung feststeht. Es ist zu vermuten, dass die verstärkte Ausrichtung der Konzernstrategie im Sinne der Logik der Finanzmärkte dazu führt, dass strategische Entscheide kurzatmiger getroffen werden und trotz ihrer großen finanziellen Dimension einen bloß taktischen Charakter einnehmen. Dieser Feststellung steht allerdings entgegen, dass gerade der extrem langfristige Charakter des Pharmageschäfts und die komplizierten Innovationsprozesse enorme Kapitalmengen erfordern, die im Zuge der Fokussierung auf diesen Bereich zusätzlich verfügbar gemacht werden können.

Die Fusion löste einen gewaltigen Sprung der Börsenkurse aus. Die Hoffnung auf Synergiegewinne und massive Steigerung der Profite untermauerten bis ins Frühjahr 1998 eine weitere Steigerung des Aktienwertes. Die Marktkapitalisierung kam zeitweilig nahe an die des Branchenführers Merck & Co heran. Eine mit Blick auf den Shareholder Value konzipierte Öffentlichkeitsarbeit von CEO Vasella heizte die Erwartungen der Investoren und der Medien zusätzlich an. Bald erwiesen sich die mit der Fusion verbundenen enormen Vorschusslorbeeren und Erwartungen der Investoren als übertrieben oder voreilig. Trotz der Rekordumsätze und -gewinne hinkte Novartis bezüglich Profitabilität wichtigen US-Rivalen hinterher. In der Shareholder Value-Ökonomie war es daher nur logisch, dass sich der Börsenkurs von Novartis zwischen Mitte 1998 und Anfang 2000 weit unterdurchschnittlich entwickelte. Dennoch bleibt natürlich gültig, dass die nachhaltige Steigerung des Unternehmenswertes abhängig von den langfristigen Erfolgsaussichten und der Profitabilität ist. Und weil diese als grundsätzlich günstig bewertet wurde, verzeichnete der Aktienkurs zwischen März und Dezember 2000 eine weit überdurchschnittliche Performance.

Interessant ist, dass trotz des globalen Handelns, der verhältnismäßig starken Marktmacht in Europa und in den USA sowie der beträchtlichen Internationalisierung des oberen und mittleren Managements, die große Mehrheit des breit gestreuten Aktienkapitals von Novartis immer noch in schweizerischem Besitze ist. Ende 1999 hatte Novartis rund 176000 registrierte Aktionäre. Nicht registrierte Aktionäre besaßen rund 4% des Aktienkapitals und kein registrierter Aktionär besaß mehr als 4% des Aktienkapitals. Ende 1998 waren 76% und Ende 1999 79% des Aktienkapitals in Schweizer Hand. Schätzungsweise 8% des Aktienkapitals wurden von 880 registrierten Aktionären aus den USA gehalten (Novartis 1999a: 11; 2000a: 17), damit war ihr Anteil sogar etwas tiefer als bei der Ciba, aber höher als bei der Sandoz vor der Fusion. Um den Bekanntheitsgrad des Unternehmens an den Finanzmärkten erhöhen, die Aktionärsbasis in den USA stärker zu verankern und eine größere Beweglichkeit bei der Übernahme von US-Konzernen zu erlangen (z.B. Transaktionen über Aktientausch), sind seit 11. Mai 2000 Novartis-Anteilscheine in Form von American Depositary Receipts (ADRs) auch an der New Yorker Börse erhältlich (Novartis MR 2000s). Dieser Schritt wird dazu beitragen, die Kapitalstruktur stärker zu internationalisieren. Die größten Aktionäre mit Anteilen zwischen 2 und 5% waren am 28. April 2000 die Emasan Gruppe (3,94%, Schweizerische Lebensversicherung (2,36%), Chase Manhattan (4,45%) und die State Street Bank (2,415) (Novartis / SEC 2000: 40).

Dass zwischen der Internationalität der Kaptialstruktur und der Internationalität der Geschäftstätigkeit in der Pharmabranche kein Zusammenhang besteht, illustriert der Vergleich mit Aventis und Roche. Auch nach der Fusion von Hoechst Marion Roussel und Rhône-Poulenc zu Aventis ist das Geschäft des neuen Konzerns geographisch, insbesondere in den USA, weniger breit abgestützt als von Novartis oder auch Roche. Zugleich wies Aventis 1999 aber über eine stark internationalisierte Aktionärsstruktur auf (Anteil von Aktionären in Deutschland 15,1%, Frankreich 10,7%, USA 22,0%, Kuwait 13,9%, Großbritannien/Irland 10,2%) (Aventis 2000: 40). Andererseits befindet sich der Basler Lokalrivale F. Hoffmann-La Roche trotz der langen Tradition internationaler Geschäfts- und Forschungstätigkeit in Bezug zur Kapitalstruktur sogar noch unter Kontrolle einer Basler Familiengemeinschaft.

Tab. 5.4 Entwicklung der wichtigsten Ertragsziffern der Geschäftseinheiten von Novartis

Operative Margen	1996 ohne Ciba SC	1997	1998	1999
Gesundheit	24,6%	26,7%	28,4%	28,5%
Pharma		30,1%	31,0%	31,0%
Generics		16,5%	18,2%	19,0%
CIBA Vision		16,2%	15,0%	15,3%
Nutrition	10,5%	6,9%		
Consumer Health (inkl. Selfmed.)		11,4%	10,9%	12,4%
Agribusiness total	18,3%	19,9%	15,6%	11,9%
Animal Health		21,9%	23,4%	23,3%
Agribusiness (Agro & Seeds)		19,7%	14,7%	10,4%
Operative Marge Gesamtkonzern	18,8%	21,8%	22,2%	22,6%
Umsatzrendite Gesamtkonzern	13,9%	16,7%	19,3%	20,5%
Eigenkapitalrendite Gesamtkonzern	15,4%	19,4%	19,1%	17,9%

Quelle: berechnet nach Novartis Finanzberichten 1996–1999

5.3.6 Reorganisation der Konzerndienstleistungen

Bereits während des Fusionsprozesses in den Jahren 1996 und 97 erlebten die Unternehmensdienstleistungen radikale Kürzungen. Die Novartis Services AG fasste die weitgehend in Basel lokalisierten Dienstleistungs- und Infrastrukturtätigkeiten zusammen. Im September 1997 trat Novartis Services die in Basel lokalisierten Informatikdienste auf Konzernebene an ein Joint Venture mit IBM ab. Das neue Unternehmen ITpro übernahm 220 Beschäftigte von Novartis. Am 1. Oktober 1998 übernahm IBM auch die IT-Betreuung und 15 Beschäftigte von Novartis Pharma in der Schweiz (Novartis MR 1997c; 1998g). Auf Anfang 1999 wurde zudem die Verwaltung sämtlicher nicht industriell genutzter Liegenschaften in der Schweiz an die Turegum Immobilien AG, eine Tochtergesellschaft der Zürich Versicherung, abgetreten. Die Ressorts Zentrale Analytik, Physik, Katalyse & Synthesedienste der *Wissenschaftlichen Dienste* wurden auf September 1999 als „Management Buy-out" unter dem Namen Solvias verselbständigt. Die neue Firma Solvias bietet ihre wissenschaftlich-technischen Dienstleistungen auf dem Markt auch anderen Unternehmen der pharmazeutischen und chemischen Industrie an. Von den betroffenen rund 200 Beschäftigten wurden knapp 180 von Solvias an ihren bisherigen Standorten im Raum Basel weiterbeschäftigt (Novartis MR 1999h; Renz 1999).

Im Zuge der Fokussierung auf die Kerngeschäfte Pharma und Gesundheitsnahrung sowie der Ausgliederung des Agribusiness kam die Konzernleitung zum Schluss, dass noch radikalere Schritte von Nöten seien. Nach einer umfangreichen Evaluation und längeren Verhandlungen mit mehreren Firmen gab Novartis am 30. November 2000 die Gründung der beiden Joint Ventures Valorec Services AG und Johnson Controls IFM AG (Integrated Facility Management) bekannt. Beide wurden am 1. Januar 2001 operativ. Die mit dem französischen Konzern Vivendi Environnement gegründete Valorec Services AG übernahm für die vier Basler Novartis Standorte Klybeck, Rosental, St. Johann und Schweizerhalle die gesamte

Energieversorgung sowie die Abfall- und Lösungsmittelverbrennung, die Löse-
mittel-Recyclierung und die Sondermüllverbrennung. In diesen Bereichen arbei-
teten zu diesem Zeitpunkt die 300 Beschäftigte. Das Abkommen mit dem US-
Konzern Johnson Controls beeinhaltete die Gründung von Johnson Control IFM
AG. Diese neue Firma übernahm sämtliche Aktivitäten, die mit dem Unterhalt der
Gebäude, der Produktionsanlagen und der Laboreinrichtungen zusammenhängen,
sowie alle Werksdienstleistungen (Bewachung, Feuerwehr, Post, Arealdienste,
Werkärztlicher Dienst etc.). Hier arbeiteten um die 900 Mitarbeiterinnen und
Mitarbeiter. Novartis wird während einer Übergangsfrist von zwei Jahren eine
Minderheitsbeteiligung an den beiden Gemeinschaftsunternehmen halten. Für eine
Vertragsdauer von insgesamt sieben Jahren, hat Novartis Absatzzusagen als Ge-
genleistung zu Kostenreduktionen vereinbart. Alle Anlagen und Gebäude verbleiben im Besitz der Novartis bzw. der Syngenta (Novartis MR 2000y; 2000u;
2000v). Die Personalvertretungen von Novartis beklagten allerdings, dass das
anfängliche Versprechen, wonach die Nachfolgeunternehmen die Beschäftigungs-
bedingungen von Novartis übernehmen werden, nicht eingehalten wurde. Darum
musste Novartis den Betroffenen eine Abgangsentschädigung bezahlen (live
2000).

Novartis Services war für die Berufsbildung der insgesamt rund 600 Lehrtöch-
ter und Lehrlinge von Ciba Spezialitätenchemie und Novartis in der Schweiz verantwortlich. Darum wirkte sich die Auslagerung der Dienstleistungen auch auf die
Organisation der Berufsbildungseinrichtungen aus. Nun führen die Ciba Spezialitätenchemie, Novartis und Syngenta ab 2001 die Berufsausbildung in einem Ausbildungsverbund mit dem Namen *aprentas* weiter. Weitere Firmen können sich an
Aprentas beteiligen (Novartis MR 2000d).

Hinter der sukzessiven Auslagerung der Konzerndienstleistungen, die mit deutlichen Veränderungen der Arbeitsbeziehungen am Hauptsitz einhergingen, verbirgt sich eine radikale strategische Neuorientierung des Konzerns. Die ausgela-
gerten Tätigkeiten zählen nicht mehr zu dem wesentlich enger definierten Kernbereich. Die Fokussierung auf profitabelste Geschäfte in den Bereichen Pharmazeutika und Gesundheitsernährung bedeutet auch, dass unterstützende Aktivitäten, die
externe Anbieter voraussichtlich günstiger anbieten können, nicht mehr selbst
unternommen werden. Vivendi Environnement mit über 180 000 und Johnson
Controls mit 112 000 Beschäftigten (nur Sektor Gebäudekontrollsysteme 27 000
Beschäftigte) sind in ihren Feldern starke 'Global Players'. Sie bieten ihre Dienste
zahlreichen großen Konzernen unterschiedlicher Branchen an. Zu den Kunden von
Johnson Controls gehören beispielsweise auch Pfizer, Merck, GlaxoWellcome,
SmithKline Beecham und Roche. (Vivendi Environnement 2000; Johnson Controls 2000). Durch ihre langjährige Erfahrung, ihre weltweite Präsenz und die
Erzielung von *economies of scale* sind sie in der Lage, Service- und Unterhaltstä-
tigkeiten günstiger zu erbringen, als ihre Kunden. Wenn sie zudem, wie im beschriebenen Falle, die Arbeits- und Lohnverhältnisse für die Beschäftigten ver-
schlechtern, vergrößern sie ihre Kostenvorteile zusätzlich. Die Auslagerung dieser
Tätigkeiten erlaubt Novartis und anderen Konzernen wiederum, die Profitabilität
des auf das Kerngeschäft fokussierten Kapitals zu steigern.

5.4 Fazit: Konzentration auf strategische Pfeiler in der Triade und starke Steigerung der Profitabilität

Von der Diversifikation zur Fokussierung

Ciba-Geigy und Sandoz verfolgten bis Ende der achtziger Jahre eine ausgeprägte Diversifizierungsstrategie in neue Geschäftsfelder, wobei die größere Ciba-Geigy über ein wesentlich breiteres Unternehmensportfolio verfügte und trotz der 1990 eingeleiteten strengeren Fokussierung eigentlich bis zur Novartis-Fusion 1996 immer noch stark bei den Industriechemikalien verankert war. Die nahezu zeitgleich von Sandoz im Jahr 1990 eingeleitete Wende war radikaler und mündete in die Formierung juristisch unabhängiger, global organisierter Divisionen. In der öffentlichen Diskussion wurde hingegen der von der 'Vision 2000' begleitete, letztlich aber weit weniger konsequent durchgeführte, Konzernumbau der Ciba-Geigy stärker wahrgenommen.

Die von den sechziger bis achtziger Jahren betriebene Diversifikation lässt sich als Antwort auf die unbefriedigende Profitabilität in den angestammten Sektoren interpretieren. Diesem Problem versuchten die Konzerne mit Geschäftstätigkeiten in neuen Bereichen, die von früheren Phasen des Profitzyklus (Markusen 1985) und einer geringeren organischen Zusammensetzung (Verhältnis vom konstanten zum variablen Kapital), somit einem höheren relativen Mehrwert und damit auch einer höheren Profitabilität geprägt waren (Mandel 1972), zu begegnen. Mit Quersubventionierung zwischen den Divisionen und Marktgebieten (vgl. Hamel und Prahalad 1985: 141) konnte die strategische Flexibilität erweitert werden. Insbesondere die Ciba-Geigy setzte in den achtziger Jahren die Industriedivisionen als Cash Cows zum Aufbau neuer Bereiche und danach zur Stärkung des Pharmabereichs ein. In den achtziger Jahren offenbarte diese Strategie jedoch ihre Grenzen. Es wurde klar, daß nur mit einer grundlegenden Reorganisation der Kerngeschäfte langfristig die Profitabilität deutlich gesteigert werden kann. Die Sandoz verfolgte diesen Strategiewechsel konsequenter als die Ciba-Geigy und leitete bereits in den frühen achtziger Jahren umfassende Rationalisierungsprogramme ein, die tatsächlich dazu betrugen, die Gewinnmargen in den folgenden Jahren zu steigern. Es ging also darum, nicht nur neue und jüngere Sektoren zu erschließen, sondern das Hauptgeschäft selbst grundlegend zu verjüngen.

Mit der strategischen Ausrichtung auf Pharmazeutika, Agrochemikalien und Saatgut sowie hochwertige Nahrungsmittel bewegte sich Novartis wesentlich näher in der Kontinuität von Sandoz als von Ciba. Die entweder vor oder im Zuge der Fusion ausgegliederten Unternehmensbereiche nahmen zudem bei Ciba einen wesentlich größeren Anteil am Umsatz und am Kapitalstock ein als bei Sandoz. Der breiten (bio-)technologischen Orientierung auf die Geschäfte Pharmazeutika, Agro und Nutrition in den sogenannten 'Life Sciences' war jedoch nicht der erwartete Erfolg beschieden. Die technologischen Produktions- und Vermarktungssynergien zwischen den Tätigkeitsfeldern waren geringer als erhofft. Im Gegenteil, angesichts der sehr unterschiedlichen gesellschaftlichen Akzeptanz von gentechnischen Methoden in den Bereichen Pharma, Landwirtschaft und Nahrungsmitteln entstanden im Marketing sogar Reibungsverluste. Unter den Bedingungen national weitgehend getrennter Märkte wären diese vielleicht kein Problem gewesen. Angesichts der zunehmenden Globalisierung der drei Schlüsselbereiche und einer zumindest ansatzweisen Globalisierung der öffentlichen Wahrnehmung von Konzernen entstand das Bild einer inkohärenten Firmenstrategie, wenn z.B. Gerber Products mit seinem Babyfoodgeschäft öffentlich verlauten lässt, auf genveränderte Zutaten zu verzichten, der Sektor Saatgut aber alles unternimmt, um genverändertem Saatgut international zum Durchbruch zu verhelfen. Die im Dezember 1999 eingeleitete und im November 2000 vollzogene Ausgliederung der Sektoren Crop Protection und Seeds und ihre Fusion mit denselben Unternehmensbereichen von Astra-Zeneca zum neuen Konzern Syngenta dürfte letztlich aber der offensichtlich längerfristig als unbefriedigend eingeschätzten Profitabilität dieses Sektor in seiner gegenwärtigen Größe geschuldet sein.

Novartis fokussiert ihre Aktivitäten fortan auf den Bereich 'Gesundheit' und versucht in spezifischen Marktsegmenten jeweils eine global führende Rolle als oligopolistischer Rivale einzunehmen. Interessant ist, dass die Konzentration auf die Schwerpunkte Pharma und Consumer Health recht nahe der strategischen Ausrichtung ist, die die Sandoz bereits 1993 mit ihrer Gruppierung der Divisionen in die Life Sciences und Chemicals & Environment angebahnt hatte. Die Übernahme der Gerber Products 1994 und die Verselbständigung der Industriechemikalien 1995 unterstrichen diese Kursänderung. Zudem prüfte die Sandoz schon damals auch die Abtrennung des Agrochemikaliengeschäfts, das bei ihr weit weniger wichtig war als bei der Ciba.

Nur die Konzentration auf die stärksten Felder erlaubt es, eine kritische Masse zu entwickeln, auf deren Basis die jeweiligen Märkte selbst strukturiert und gestaltet werden können. Eine entsprechende Kapitalakkumulation ist zudem Voraussetzung, um sowohl die Forschungs- und Entwicklungsprozesse als auch die Produktionsabläufe möglichst kostengünstig zu organisieren und *economies of scale* zu erzielen und um zugleich die produktive Basis der Industrie grundlegend zu erneuern respektive zu verjüngen. Diese letzteren Aspekte werden in den folgenden drei Kapiteln anhand der Veränderungen im Pharmabereich umfassend analysiert.

Technologieorientierung

Die ab Mitte der achtziger Jahre stark zunehmende Forschungs- und Technologieorientierung ist ebenfalls Ausdruck des systematischen Bemühens, in profitträchtigere Marktsegmente vorzustoßen, diese zu verteidigen und technologische Renten respektive Surplus-Profite zu erzielen (Mandel 1972). In der pharmazeutischen Industrie ist dies aufgrund der langen Forschungs- und Entwicklungszyklen und der durch den Patentschutz zeitweilig garantierten Monopolrenten besonders wichtig. Wie der gescheiterte Vorstoß der Ciba-Geigy in die Elektronik und Elektronikchemikalien zeigt, kann das sehr risikoreich sein. Nur mit einem unvergleichlich größeren finanziellen Engagement hätte Ciba-Geigy eine kritische Masse in diesem Sektor erlangen können. Da lag letztlich der Schluss nahe, die Ressourcen lieber in die dem Pharmamarkt wesentlich näher liegenden Bereiche der Augenheilmittel, der Selbstmedikation, der Generika und der Diagnostika sowie in den Aufbau einer umfassenden Kompetenz in der Biotechnologie zu stecken. Diese Thematik wird in den Kapiteln 6 und 7 eingehender dargestellt.

Expansion und Internationalisierung

Die Analyse der Konzernentwicklung ab Ende der sechziger Jahre zeigt, dass die zunehmende Internationalisierung der Konzerne an sich kein Ziel war, sondern mit den markt- und technologieorientierten Expansionsstrategien einher ging (Dunning 1993b: 57ff; Michalet 1985: 61ff). Daher ist es nicht erstaunlich, dass diese Expansion geographisch äußerst selektiv verlief und sich weitgehend auf Europa, Nordamerika und Südostasien beschränkte. Sowohl Umsatz als auch Investitionen waren in den siebziger Jahren geographisch sogar breiter verteilt als in der jüngsten Vergangenheit, da die Konzerne ihr Interesse an Afrika, Südamerika und einigen Länder Asiens weitgehend verloren haben. Die internationale Expansion nahm also mehr die Form einer Triadisierung als einer Globalisierung an. Die Anfang der siebziger Jahre einsetzende Entspannung zwischen Ost und West wirkte sich zwar vorteilhaft auf das Geschäft mit den osteuropäischen Ländern aus (Sandoz 1973: 14). Dennoch waren die Länder Osteuropas und die Sowjetunion nie ein wesentlicher Markt. Die Ciba-Geigy war etwas offensiver als die Sandoz und vereinbarte bereits 1971 mit der jugoslawischen Firma Pliva eine enge Zusammenarbeit in der Produktion pharmazeutischer Wirkstoffe und Endprodukte. Zwanzig Jahre später, nach der politisch-ökonomischen Wende, startete die Ciba-Geigy über ein Joint Venture mit der ungarischen Firma Biogal und einer Kollaboration mit russischen Firma Litpharm Versuchsprojekte in diesen Märkten. Allerdings setzte sich bald die Skepsis über die Wachstumschancen durch. Weder Ciba-Geigy und Sandoz noch Novartis verfügten je über bedeutende Anlagen in Osteuropa.

Der organisatorische Umbau der Konzerne mit der Stärkung der marktorientierten Divisionen und der Zuweisung der operativen Verantwortung auf globaler Ebene an die Divisionen um 1990 ging keineswegs mit einer zunehmenden internationalen Ausbreitung der unternehmerischen Tätigkeiten einher. Im Gegenteil, die Globalisierung der Konzernstrukturen ging mit massiven Rationalisierungen, dem Verzicht auf gewisse Unternehmensbereiche und Konzentration auf sogenannte Kernbereiche einher, was vielfach einer geographischen Konzentration entsprach. Gleichzeitig verloren die im Zuge der Multinationalisierung in den fünfziger und sechziger Jahre aufgebauten Konzerngesellschaften in den Ländern an Autonomie und konzerninternem Gewicht. Die globale Divisionalisierung führte dazu, dass sich die Konzerne innerhalb der Divisionen geographisch zentralisierten und zugleich die Autonomie der Divisionen stärkten, sich in diesem nicht-geographischen Sinne also dezentralisierten. Die zentralen Managements der Divisionen und des Gesamtkonzerns, die für die strategische langfristige Planung der Division respektive des gesamten Konzerns verantwortlich sind, wurden gestärkt; die Leiter der Ländergesellschaften aber geschwächt.

In organisatorisch-räumlicher Hinsicht war Ciba-Geigy seit den zwanziger Jahren ein nahezu klassischer multinationaler Konzern (vgl. Porter 1986; Bartlett und Ghoshal 1989), der sich mit zahlreichen Tochtergesellschaften in den unterschiedlichsten Märkten verankerte. Sandoz war trotz der breiten multinationalen Präsenz, vor allem in Europa und Lateinamerika, kulturell hingegen stärker von ethnozentrischen (vgl. Perlmutter 1969) Zügen gekennzeichnet, leitete aber in den frühen achtziger Jahren entschlossener die Transformation zu einem auf globaler Ebene zentralisiert agierenden Konzern ein. Das größere Beharrungsvermögen

von Ciba-Geigy auf dem bereits Jahrzehnte zuvor eingeschlagenen Internationalisierungspfad bestätigt die These von Ruigrok und van Tulder (1995: 199), wonach
es einem Konzern in einem fortgeschrittenen Internationalisierungsstadium
schwer fällt oder gar unmöglich ist, einen anderen Internationalisierungspfad
einzuschlagen.

Investitionen und Rationalisierungen

Die Investitionen verliefen ausgesprochen zyklisch. Zusammen mit den ebenfalls
zyklischen Rationalisierungsbemühungen, die aber nicht parallel zu den Zyklen
der Investitionen verliefen, bewirkten sie periodisch umfassende Erneuerungen
der Produktions- und Forschungsinfrastruktur sowie der Arbeitsorganisation in
den unterschiedlichen Geschäftsbereichen. Tatsächlich gelang es Ciba-Geigy und
noch deutlicher Sandoz, die Rentabilität des Kapitals ab Mitte der achtziger Jahre
deutlich zu steigern. Die massive Investitionswelle und Expansionswelle innerhalb
der Triade gegen Ende der achtziger Jahre lässt sich demnach nicht zuletzt mit
massiv gesteigerten Gewinnerwartungen durch die Konzernleitungen erklären. Mit
welchen konkreten Veränderungen auf die Organisation der F&E und der Produktion sowie auf die Arbeitsteilung diese Investitions- und Rationalisierungszyklen
verbunden waren, läßt sich nur durch eine detaillierte Analyse dieser Unternehmensfunktionen ermitteln. Insbesondere sind Antworten darauf zu suchen wie sich
das Zusammenspiel von Expansion und Rationalisierung, von Dezentralisierung
und Zentralisierung, von extensiver (ausbreitender) Internationalisierung und
intensiver (sich zunehmend verflechtender) Globalisierung auf die Bereiche Produktion, Entwicklung und Forschung in der Schlüsselsparte des Konzerns, der
Division Pharma, ausgewirkt hat. Die folgenden drei Kapitel versuchen, diese
Fragen, die einige der im Kapitel 2 formulierten Forschungsfragen präzisieren, zu
beantworten.

Verschiebung der Währungsrelationen

Die Schwankungen der Währungsrelationen nach dem Zusammenbruch der festen
Wechselkurse unter dem Bretton Woods System im Jahr 1971 stellte die multinationalen Konzerne vor einige neue Herausforderungen. Der Wertverlust des Dollars Anfang der siebziger Jahre führte zur Verringerung des Umsatzes (Sandoz
1972: 14). So drückte sich z.b. im deutlichen Umsatzrückgang im Jahr 1978 eine
Verschiebung der Währungsrelationen mit einer Aufwertung der Schweizer Frankens aus (Sandoz 1979: 16). Die Verschiebung der Währungsrelationen schränkt
die Vergleichbarkeit der Geschäftsentwicklungen in unterschiedlichen Regionen
generell ein. Zugleich waren sie oftmals auch Anlass für kurz- oder mittelfristige
geschäftliche Umorientierungen. Die Aufwertung des Schweizer Frankens und die
Kosteninflation Mitte der siebziger Jahre oder später wieder Anfang der neunziger
Jahre beeinflussten die in Schweizer Franken ausgedrückten Ergebnisse negativ.
Zugleich begünstigten Phasen günstiger Dollarpreise die Investitionen und die
Akquisition von Firmen in den USA insbesondere Ende der achtziger und Anfang
der neunziger Jahre. Andererseits erschienen die Umsatz- und Investitionszahlen
in den USA in Zeiten eines hohen Dollarkurses wie z.B. in der ersten Hälfte der
achtziger Jahre vergleichsweise überhöht. Selbstverständlich haben die Konzerne

ihr Instrumentarium, derartige Schwankungen auszugleichen, massiv erweitert. Die Aspekte der neuen Finanztechniken großer, global tätiger Konzerne werden in der vorliegenden Arbeit jedoch nicht berücksichtigt.

Novartis: nationale Fusion zur Steigerung der globalen Position

Die Novartis-Fusion war Ausdruck der allgemeinen Tendenz zur Konzentration und Zentralisation des Kapitals sowie zur oligopolistischen Rivalität. Allerdings ist es wichtig, die Maßstabsebene im Auge zu behalten. Die meisten Fusionen in der pharmazeutischen Industrie waren Transaktionen von Konzernen aus demselben Ursprungsland. Die Fusion von Hoechst Marrion Roussel und Rhône Poulenc 1998/99 war die erste, in der sich unterschiedliche nationale Kapitale zu einem europäischen Pharmakonzern zusammenschlossen. Der neue Konzern Aventis stellt diesen europäischen Charakter in seiner Eigendarstellung sogar offensiv heraus. Eine andere große transnationale Fusion war jene zwischen Smith Kline Beckman (USA) und Beecham (GB) im Jahre 1989. Transnationale Übernahmen waren hingegen zahlreicher, wobei die Transaktionssumme bei Übernahmen kaum jene von Fusionen erreicht und Übernahmen gerade dadurch gekennzeichnet sind, dass das Machtzentrum des übernehmenden Unternehmens intakt bleibt. Sind Fusionen 'unter Gleichen', die finanztechnisch als Aktientausch vollzogen werden, schon bei Partnern mit dem selben nationalen und kulturellen Ursprung eine gigantische und komplexe Angelegenheit, so dürfte die Verschmelzung von Konzernen, die aus unterschiedlichen kulturellen Kontexten kommen, noch schwieriger sein. Zudem scheinen transnationale Fusionen 'unter Gleichen' auch an der zentralen Frage zu scheitern, welche Kapitalfraktionen schließlich den bestimmenden Einfluss über den neuen Konzern haben werden. Durch eine klare Führungsposition des stärkeren Konzerns können die Prozesse hingegen vereinfacht werden.

Dennoch haben 'nationale' Fusionen weltweite Auswirkungen. Ja, der eigentliche Zweck dieser Fusionen besteht gerade darin, sich im globalen Wettbewerb – oder besser ausgedrückt, in der globalen Rivalität – durchzusetzen (Chesnais 1997). Das heisst, die Zentralisation der Kapitale findet immer noch mehrheitlich auf nationaler Ebene statt. Hingegen entwickelt sich die strategische Orientierung der Konzerne infolge der Globalisierung der Märkte ebenfalls seit Ende der achtziger Jahre zunehmend auf globaler Ebene.

Die Fusion von Ciba und Sandoz zu Novartis war in diesem Kontext rückblickend ein sehr naheliegender Schritt. Obwohl die Wachstumserwartungen nicht völlig erfüllt wurden, hätten sowohl Ciba wie Sandoz angesichts der Veränderungen in der Branche ohnehin vor der Frage einer Repositionierung gestanden. Aufgrund der geographischen und kulturellen Nachbarschaft der beiden Konzerne, nicht nur in Basel, sondern auch ihrer wichtigsten Tochtergesellschaften, konnte der Fusionsprozess aus Konzernsicht relativ problemlos vollzogen werden. Die Fusion ermöglichte es dem neuen Konzern, viel massiver in die Gestaltung und Strukturierung der Märkte einzugreifen und längerfristig die Mittel für die hohen Forschungs- und Entwicklungsausgaben und eine Steigerung der Marketing und Vertriebsausgaben bereit zu halten. Ciba und Sandoz stünden ohne Fusion heute vor einer ungleich schwierigeren Situation als Novartis.

Nach diesem Überblick über die Entwicklung der Gesamtkonzerne, insbesondere hinsichtlich ihrer strategischen Kombination und Abfolge von Diversifizierung und Konzentration auf das 'Kerngeschäft' sowie der Skizze über die Fusion von Ciba und Geigy steigt das folgende Kapitel in die konkrete Analyse der Konzernstrategien im Pharmabereich ein. Schwergewicht der Untersuchung liegt in der Analyse der therapeutischen Schwerpunkte und ihrer Kontinuität sowie den Expansionsstrategien in den Pharmamärkten. Der dritte Teil des Kapitels hält die Konsequenzen der Fusion im Pharmasektor fest und dokumentiert die Geschäftsentwicklung von Novartis in diesem wichtigsten Pfeiler des Konzern. Das bietet die Grundlage, in den darauf folgenden beiden Kapiteln zu analysieren, wie der neue Konzern die Forschung und Entwicklung sowie die Produktion reorganisierte und welche räumlichen Implikationen diese Restrukturierungen zeitigten.

6 Pharmazeutika: konzentrierte Expansion in therapeutischen Gebieten

Nachdem im letzten Kapitel die Dynamik der Gesamtkonzerne im Mittelpunkt stand, geht es im Sinne einer Konkretisierung nun darum, die pharmazeutischen Geschäftsbereiche von Ciba-Geigy und Sandoz, die sich im Laufe der achtziger Jahre – in unterschiedlichem Maße – zu den Hauptsäulen beider Konzerne entwickelt haben, näher zu untersuchen. Das Kapitel untersucht die Pharma Divisionen von Ciba-Geigy und Sandoz, und nach deren Fusion von Novartis nach derselben Gliederung und den gleichen Kriterien. Jeweils der erste Abschnitt bietet einen Überblick über die allgemeine Geschäftsentwicklung und berücksichtigt dabei, sofern es die Datengrundlage erlaubt, die geographischen Aspekte der Geschäftsexpansion. Anschließend werden die Hauptpfeiler der pharmazeutischen Aktivitäten beschrieben und untersucht, inwiefern die Unternehmen ihr Engagement in verschiedenen therapeutischen Indikationsgebieten verändert haben. Der dritte Abschnitt zeigt, auf welche Mittel sich die Pharmadivisionen bei ihren Expansionsstrategien stützten, das heisst in welchem Maße Firmenübernahmen, Joint Ventures, Kooperationsabkommen, Lizenzierungen und internes Wachstum zur Erreichung strategischer Ziele eingesetzt wurden. Der vierte Abschnitt untersucht die strategischen Diversifikationsvorhaben im Gesundheitsbereich. Die Darstellungen schließen jeweils mit einer Zusammenfassung der wichtigsten strategischen Orientierungen, insbesondere hinsichtlich der Internationalisierung des Pharmageschäfts. Nach dieser Analyse von Ciba-Geigy, Sandoz und Novartis endet das Kapitel mit einem Zwischenfazit.

6.1 Ciba-Geigy: Kontinuität und Expansion in neue Felder

6.1.1 Allgemeine Entwicklungslinien des Pharmageschäfts

Das Pharmageschäft verlief zwar weniger sprunghaft als der an die Landwirtschaftszyklen gebundene Agrobereich und die mit den entsprechenden Abnehmerindustrien verbundenen Sektoren der Spezialitätenchemie. Dennoch kannten auch die Pharmaumsätze ausgeprägte zyklische Bewegungen, die dem allgemeinen Konjunkturverlauf aber eher etwas hinterher hinkten.[58] Nach den ersten erfolgrei-

---

[58] Die von Ciba-Geigy in den Geschäftsberichten veröffentlichten Zahlen ermöglichen nur, die Umsatzentwicklung des Pharmabereichs zu beurteilen. Die Investitionen wurden ab 1976 und die Forschungsausgaben sogar erst ab 1993 für einzelne Konzernbereiche getrennt aufgeführt. Eine geographisch aufgeschlüsselte Untersuchung des Pharmabereichs ist daher nur beschränkt

chen Nachfusions-Jahren gab es 1973 einen ersten Dämpfer mit einer Umsatzeinbuße, der geringere Wachstumsraten ankündigte. Ein richtiger Einbruch des Pharmaumsatzes (-8,8%) ereignete sich aber erst 1978. Überdurchschnittlich erfolgreich war der Geschäftsverlauf in den Jahren 1980 und 1981. Auch 1984 und 1985 konnte trotz kostendämpfende Maßnahmen im Gesundheitswesen und einer zunehmenden Konkurrenz von Generika die steigende Umsatzentwicklung fortgesetzt werden. Nach einem Umsatzrückgang Mitte der achtziger Jahre steigerte die Division Pharma zwar wieder ihren Umsatz, vermochte aber mit dem Wachstum des Pharma-Marktes nicht mehr Schritt zu halten. Die großen Märkte der USA, Kanadas und Großbritanniens wuchsen überdurchschnittlich, unter dem Durchschnitt lagen Japan, Italien und die BRD. Der Vormarsch von Generika, die Verschärfung der Zulassungsbedingungen und der Kostendruck im Gesundheitswesen zeigten die Grenzen des Geschäfts auf. Wie bedeutend die Verschiebungen der Währungsrelationen sein konnten, zeigte sich im Jahre 1986. Zwar vermochte die Pharma Division ihre Verkäufe in lokalen Währungen weiterhin um 9% zu steigern, in CHF ausgedrückt ging der Umsatz jedoch um 8,3% zurück.

In den Jahren 1988 und 1989 sowie 1992 verzeichnete die Pharmadivision beträchtliche Umsatzsteigerungen. Aufgrund der Wertsteigerung des Frankens wurde in den folgenden Jahren das in Franken gerechnete Ergebnis beeinträchtigt. Im Jahre 1994 sank der Umsatz in Schweizer Franken, in lokalen Märkten stieg er weiterhin an. Im letzten Jahr vor der Fusion mit Sandoz erlebten die Pharmaumsätze jedoch auch in lokalen Währungen einen herben Rückschlag. Bemerkenswert ist das Wachstum in Brasilien. Dieses Land entwickelte sich 1995 zum fünftwichtigsten Markt der Division Pharma (Ciba 1996c: 7).

Anfang der achtziger Jahre begann die Ciba-Geigy auch im Gesundheitsbereich eine Diversifizierungsstrategie einzuschlagen. Nach und nach wurden die Position bei den Generika verstärkt sowie die Geschäftsbereiche CIBA Vision und Selbstmedikation aufgebaut, die ab 1987 respektive 1991 getrennt in den Geschäftsberichten aufgeführt wurden, zuvor aber noch in den Zahlen der Division Pharma inbegriffen waren.

Im Unterschied zu den konjunkturabhängigeren Industrie- und Agrargeschäften verläuft die Kurve der Investitionen im Pharmabereich sehr ähnlich wie die Umsatzkurve. Etwas verzögert wirkte sich die Rezession Mitte der siebziger Jahre in einem Investitionsrückgang aus. Bis 1985 stiegen die Pharma-Investitionen dann beträchtlich an. Der Konjunktureinbruch 1982 hatte weder auf die Umsätze noch die Investitionen einen wesentlichen Einfluss. Erst zwischen 1985 und 1987/88 gingen die Investitionen zurück und stiegen dann bis 1993 steil an. Danach trat man rigoros auf die Bremse. Allerdings hätte eine Kurve der in lokalen Währungen dargestellten Investitionen einen leicht anderen Verlauf. So verliefe der massive Anstieg Ende der achtziger Jahre (hoher Dollar) etwas weniger steil und das Absinken nach 1993 wäre ebenfalls weniger deutlich (hoher Franken).

---

möglich und stützt sich primär auf eine Auswertung des Textteils der Geschäftsberichte. Zu berücksichtigen ist ferner, dass die Vergleichbarkeit der Umsatzzahlen nicht für alle Jahre gewährleistet ist, da im Zuge der Diversifikationsbemühungen die divisionale Zuordnung der Angaben mehrfach verändert wurde.

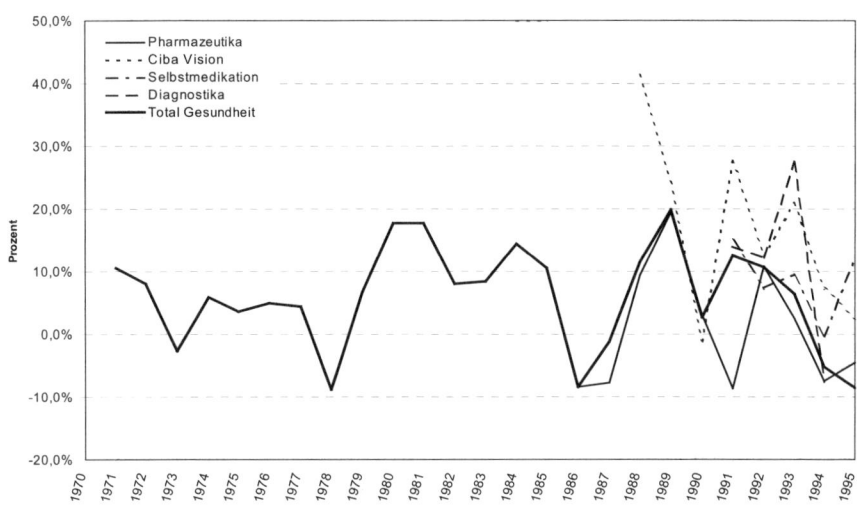

Abb. 6.1. Wachstumsraten des Pharmaumsatzes
Quelle: berechnet nach Geschäftsberichten von Ciba-Geigy 1970–95

Anfang der achtziger Jahre entfiel der Großteil der Investitionen auf die Konzerngesellschaften in den Märkten. 1980 wurde etwas mehr als ein Viertel der Mittel in der Schweiz investiert, 1982 entfielen rund ein Drittel auf das Stammhaus und zwei Drittel auf Konzerngesellschaften (Ciba-Geigy 1981a; 1983a). Auch im gesamten Konzern wurde bereits seit Anfang der siebziger Jahre mehr im Ausland als in der Schweiz investiert. Der 'Schweizer'-Anteil sank zwischen 1972 und 73 abrupt von 53% auf 41%, schwankte dann bis 1985 zwischen 41% und 34%, erhöhte sich 1986 und 87 erneut auf 45%, sank dann bis 1992 auf knapp 31%. Leider sind keine geographisch aufgeschlüsselten Daten über die Pharma-Investitionen erhältlich, und wurden ab 1991 nur noch Zahlen aller vier im Gesundheitsbereich summierten Divisionen (Pharma, CIBA Vision, Selbstmedikation und Diagnostika) zusammen publiziert. Immerhin ermöglicht eine Auswertung der Angaben über wichtige Investitionsvorhaben in den Geschäftsberichten eine Interpretation der geographischen Schwerpunkte der Investitionstätigkeit im Pharmabereich (vergleiche mit Aspekten der Produktionsinfrastruktur in Kapitel 8).

Im Fusionsjahr 1970 entfiel nahezu ein Drittel der Pharmaverkäufe des Konzerns in der Höhe von 2012 Millionen CHF auf die USA. In den folgenden Jahren reduzierte sich dieser Anteil auf knapp ein Viertel. Derweil hielt sich der Anteil Westeuropas in der ersten Hälfte der siebziger Jahre auf rund 50%. Die BRD mit 10% und Italien mit 6% waren neben den USA die anderen wichtigen Absatzländer (1974). Jeweils 10% des Umsatzes wurden in Asien und Lateinamerika erzielt (1976)(Ciba-Geigy 1971; 1975; 1976; 1977). Bis in die erste Hälfte der neunziger Jahre sank der Anteil Europas am Pharmaumsatz auf etwa ein Drittel, während jener Nordamerikas sich wieder auf über ein Drittel steigerte. Die relative Bedeutung Lateinamerikas war zwischenzeitlich auf unter 10% abgesunken, näherte sich 1995 dieser Marke aber wieder an. Deutlich zugenommen haben die Verkäufe in

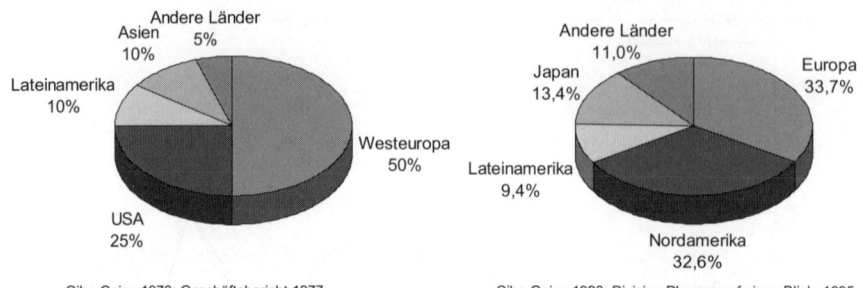

Ciba-Geigy 1976: Geschäftsbericht 1977   Ciba-Geigy 1996: Division Pharma auf einen Blick, 1995

Abb. 6.2. Geographische Verteilung der Umsätze der Division Pharma 1976 und 1995

Ostasien. Allein in Japan setzte die Ciba-Geigy in den Jahren 1993 bis 1995 zwischen 12,3% und 13,3% ihrer Pharmaerzeugnisse ab. Im übrigen asiatisch-pazifischen Raum wurden im Jahre 1993 4,5%, im Mittleren Osten 3% und in Afrika 2,3% der Pharmazeutika verkauft (Ciba-Geigy 1994; 1995; 1996).

6.1.2 Indikationsgebiete der Ciba-Geigy

Anfang der siebziger Jahre bestand das Sortiment der Ciba-Geigy aus Herz-Kreislaufmitteln (vor allem blutdrucksenkende Präparate wie *Trasicor 80*), Psycho- und Neuropharmaka (*Anafranil, Symmetrel, Tofranil*); entzündungshemmenden Präparaten, namentlich Antirheumatika wie *Butazolidin* und *Tanderil*), Analgetika, Antibiotika (wie *Rimactan* zur Behandlung von Tuberkulose und *Celospor*), Antidiabetika, Intestinalpräparaten, Hormonpräparaten (wie *Synacthen*-Depot zur Hormonausscheidung der Nebennierenrinde und das Antikonzeptivum *Yermonil*), Präparaten gegen Hauterkrankungen (*Locasalen*) und tropenmedizinischen Heilmitteln. Die Hauptumsatzträger waren die Herz-und Kreislaufmittel, die Antiphlogistika und Antidepressiva (Ciba-Geigy 1971: 20; 1972: 34; 1973: 20; 1974: 25).

Mitte der siebziger Jahren schälten sich die vier therapeutischen Felder Herz-Kreislaufprodukte, Antirheumatika und andere entzündungshemmende Präparate, Psycho- und Neuropharmaka sowie Antiinfektiva als die zentralen Geschäftsbereiche heraus. Die Herz- und Kreislaufpräparate standen an erster Stelle. Die Ciba-Geigy stützte ihre starke Wettbewerbsstellung auf die Erfolge der zum expandierenden Segment der Beta-Blocker gehörenden Präparate *Trasicor* und *Lopresor* (1978 in USA registriert) und konnte sie durch Produkterweiterungen wie *Slow-Trasicor* und *Slow-Trasitensin* (Kombination der Wirksubstanzen von *Trasicor* und *Hygroton*) in den Jahren 1977/78 zusätzlich ausbauen. An zweiter Stelle waren die Antirheumatika, wo vor allem das 1973 eingeführte *Voltaren* die Erwartungen bald übertraf. Voltaren wurde zuerst in Japan und in den folgenden Jahren nach und nach in Europa und Südamerika eingeführt. 1975 wurden der Beta-Blocker *Lopresor* und das von der Firma Astra für die USA übernommene *Brethine*, ein Mittel gegen Bronchialerkrankungen, eingeführt. *Voltaren* hatte sich 1977, vier Jahre nach der Einführung, zum umsatzstärksten Produkt der Pharma-

Division entwickelt (Ciba-Geigy 1975: 27; 1976: 26; 1977: 27; 1978: 27; 1979a: 27). Die Forschungsschwerpunkte lagen in dieser Zeit bei den Antidepressiva und Neuroleptika, den Antihypertensiva und Antirheumatika. Im Jahre 1975 wurde ein neuer Forschungsbereich Antibiotika/Chemotherapie geschaffen und das Engagement in Tropenkrankheiten verstärkt (Ciba-Geigy 1977: 27). Der Bereich Antiinfektiva, vor allem Antibiotika, wurde Ende der siebziger Jahre stark gefördert (Ciba-Geigy 1980a: 30). Die Präparate in den vier Indikationsgruppen Herz-Kreislauf, Antirheumatika und andere entzündungshemmende Präparate, Psycho- und Neuropharmaka sowie Antiinfektiva garantierten in den Jahren 1979/80 drei Viertel des Umsatzes. Der Rest verteilte sich auf eine Vielzahl weiterer Produkte. Insgesamt vertrieb die Pharmadivision rund 300 Präparate. Diese oft kritisierte Vielzahl von Produkten wurde mit den stark voneinander abweichenden Bedürfnissen einzelner Länder und Patientengruppen begründet. Dennoch wurde ein Viertel des Umsatzes mit nur fünf und die Hälfte des Umsatzes mit nur fünfzehn Produkten erreicht (Ciba-Geigy 1980a: 31; 1981a: 27).

Bei den **Herz-Kreislauf-Präparaten** stiegen nach den erfolgreichen Einführungen die Verkäufe der Betablocker *Lopresor* und verschiedener *Trasicor*-Kombinationen auch Anfang der achtziger Jahre. 1981/82 führte die Division Pharma *Nitroderm TTS*, ein Pflaster zur transdermalen Verabreichung gegen Angina pectoris, erfolgreich ein. *Nitroderm TTS* verzeichnete in den Jahren nach der Einführung beträchtliche Umsatzzuwächse. Es war schließlich 1993 und 1994 das zweitwichtigste Präparat (Ciba-Geigy 1981a: 28; 1983a: 24; 1986a: 25; 1987a: 27). Auch *Lopresor* vermochte die Umsätze bis Ende achtziger Jahre zu steigern, war dann vor allem in den USA zunehmender Konkurrenz durch Generika ausgesetzt. Beide Präparate gehörten Ende der achtziger Jahre im Herz-Kreislauf-Bereich zu den meistverschriebenen Arzneimitteln. 1987 erhielt die Ciba-Geigy für zwei weitere Medikamente gegen Bluthochdruck die Zulassung, für *Medoros* in Großbritannien und für *Cadrilan* in Italien (Ciba-Geigy 1988a: 29; 1990a: 28; Ciba 1995c: 7).

In den Jahren 1990/91 brachte die Division unter dem Namen *Cibacen* in Europa und *Lotensin* in den USA einen neuen ACE-Hemmer als Mittel zur Blutdrucksenkung auf den Markt (Ciba-Geigy 1991a: 25; 1992b: 14). *Cibacen / Lotensin* entwickelte sich schließlich zu einem der wachstumsstärksten Produkte und war 1995 das fünftwichtigste Produkt (Ciba 1993a: 10; 1995c: 7; 1996c: 7). Mit *Cibadrex*, einer Kombination des ACE-Hemmers mit einem Diuretikum, wurde die Anwendung von *Cibacen* in Deutschland und Frankreich 1994 verbreitert (Ciba 1995c: 7). In den USA wurde ein Jahr später *Lotrel*, eine Kombination von *Lotensin* mit dem Kalziumantagonisten Amlodipine zur Behandlung des Bluthochdrucks erfolgreich eingeführt (Ciba 1996c: 7).

Im Feld der **Antirheumatika und Schmerzmittel** nahm *Voltaren* während der ganzen Zeit die unbestrittene Spitzenposition ein und war das mit Abstand wichtigste Produkt der Division Pharma. Mit *Rengasil* wurde 1980 zwar ein neues Antirheumatikum und Analgetikum eingeführt. Dieses vermochte jedoch nicht in die Hitliste der erfolgreichen Präparate zu kommen (Ciba-Geigy 1981a: 28). Im Jahre 1982 rückte *Voltaren* auf Platz 10 der weltweit meistverkauften Pharma-Präparate vor (Ciba-Geigy 1983a: 24).

Merkwürdigerweise wurde *Voltaren* in den USA erst 1988, 15 Jahre nach der Einführung, zugelassen. Die Verkäufe erlebten damit einen abermaligen Schub.

Der weltweite Umsatz stieg um 38% auf 1400 Millionen CHF (Ciba-Geigy 1989a: 24; 1990a: 28). Mit mehreren Modifizierungen der Darreichungsformen (so z.B. eine slow-release Formulierung, *Cataflam* als schneller wirkende Form und *Voltaren Emulgel* als Salbe) wurde der Lebenszyklus der Produktes systematisch verlängert, so dass sogar nach Ablauf des Patentschutzes Umsatzzuwächse erzielt wurden (siehe Tab. 6.1). Mit einem eigenen Generikum des Wirkstoffs Diclofenac sicherte der Konzern seine führende Stellung auf dem Gebiet der Rheumabehandlung zusätzlich ab (Ciba 1993a: 10; 1995c: 7; 1996c: 9).

Innerhalb der Indikationsgruppe **zentrales Nervensystem** waren 1980 die Präparate *Tofranil*, *Anafranil* und *Ludiomil* auf dem Gebiet der Psycho- und Neuropharmaka führend auf dem Weltmarkt (Ciba-Geigy 1981a: 28). Das Antidepressivum *Ludiomil* (1981 auch in USA eingeführt) gewann bis Ende der achtziger Jahre an Bedeutung. Das Antiepileptikum *Tegretol* steigerte sich in den achtziger Jahren zum erfolgreichsten Präparat in dieser Gruppe. 1992 wurde mit *Tegretol Oros* eine besonders gezielt wirkende Darreichungsform lanciert (Ciba 1993a: 10). Trotz des hohen Alters war *Tegretol* auch 1995 immer noch das zweitwichtigste Produkt der Division, sogar mit wachsendem Umsatz. *Tegretol* war längst eine Standardbehandlung bei Epilepsie. Mit *Trileptal* führte Ciba-Geigy 1991 zudem ein weiteres Antiepileptikum ein (Ciba-Geigy 1986a: 25; 1987a: 27; 1989a: 24; 1991a: 25; Ciba 1995c: 7; 1996c: 6).

Ebenfalls zur Gruppe zentrales Nervenssystem zählt das 1981 eingeführte *Scopoderm TTS*. Dieses Mittel zur Verhütung von Übelkeit bei Reisekrankheiten war das erste transdermale therapeutische System, das die Ciba-Geigy auf den Markt brachte. Es konnte sich aber nicht zu einem Umsatzrenner entwickeln (Ciba-Geigy 1982a: 27; 1983a: 24).

Bei den **Antiinfektiva** gab es, nachdem die Forschungsanstrengungen in den siebziger Jahren verstärkt wurden, Anfang der achtziger Jahren eine Welle von Neueinführungen von Antibiotika. Die Dynamik hielt aber nicht an. Im Jahre 1980 wurden *Duracef*, ein orales Breitspekturm-Cephalosporin, *Monaspor,* ein parenterales Cepholosporin und *Halospor*, ein weiteres Breitbandantibiotikum, eingeführt. Zwei Jahre später wurde mit *Oraspor* ein weiteres Antibiotikum auf den Markt gebracht (Ciba-Geigy 1981a: 28; 1983a: 24).

Erfolgreiche Präparate brachte Ciba-Geigy zudem in **den Bereichen Hormone, Krebs, Knochenleiden und Raucherentwöhnung** auf den Markt. Anfang der achtziger Jahre erschien *Orimeten* zur Behandlung von fortgeschrittenem Brustkrebs (Ciba-Geigy 1982a: 27). Zehn Jahre später, in den Jahren 1989-91, wurde *Aredia* zur Behandlung von tumor-induzierter Hyperkalzämie eingeführt. *Aredia* entwickelte sich in den Folgejahren zu einem der Umsatzträger und erhielt 1995 in den USA die Zulassung zur Anwendung bei multiplem Myelom und Knochenmetastasen (Ciba-Geigy 1991a: 25; 1992b: 14; Ciba 1996c: 7). Ihr Engagement im Bereich Krebs unterstrich die Ciba-Geigy mit der Ersteinführung von *Lentaron*, einem Aromatasehemmer der 2. Generation zur Behandlung von Brustkrebs, Ende 1992 in Großbritannien (Ciba 1994a: 10).

Mit *Estraderm TTS* kam 1983 (in den USA 1986) eine transdermale Östrogentherapie gegen Klimakteriumsbeschwerden auf den Markt, die sich bald zu einem der Umsatzträger der Division durchsetzte (Ciba-Geigy 1987a: 27; 1989a: 24). Mit der Registrierung von *Estraderm TTS* für die Indikation Osteoporose-Prophylaxe in den USA im Jahr 1991 wurde der Markt zusätzlich erweitert (Ciba-

Tab. 6.1. Umsatzentwicklung in Mio. CHF der wichtigsten Präparate in den neunziger Jahren

Produkt	Therapeutisches Gebiet	1991	1992	1993	1994	1995
Voltaren-Gruppe	Entzündung	1698	1630	1686	1645	1539
Tegretol-Gruppe	Epilepsie	433		497	481	471
Nitroderm-Gruppe	Angina Pectoris	489		539	493	458
Estraderm-Gruppe	Östrogenpfaster	298	392	449	407	416
Cibacen-Gruppe	ACE-Hemmer, Bluthochdruck	Einf.		189	274	345
Lopresor-Gruppe	Beta-Blocker, Bluthochdruck	493	280	477	236	213
Anafranil-Gruppe	Depression			222	214	190
Ritalin-Gruppe	Zentralnervöses Stimulans			133	154	169
Desferal	Komplexbildner			111	106	111
Ludiomil	Depression					93
Nicotinell TTS	Raucherentwöhnung		617 USA: 474	237	121	

Quelle: zusammengestellt nach: Ciba-Geigy (1992a; 1994; 1995; 1996; Kulhof 1996b; 1996a)

Geigy 1992b: 14). Ab 1992 wurde mit der Einführung von *Estracomb TTS*, einem neuen Kombinationspflaster zur Behandlung menopausaler Beschwerden, der Markt zusätzlich ausgeweitet (Ciba 1993a: 11; 1996c: 7).

Das 1990 eingeführte Raucherentwöhnungspflaster *Nicotinell TTS (Habitrol* in den USA) (Ciba-Geigy 1991a: 25) war anfänglich ziemlich erfolgreich. Die deutliche Steigerung des Divisionsumsatzes 1992 beruhte weitgehend auf dem Erfolg dieses Präparates, dessen Verkäufe sich alleine in den USA auf 474 Mio CHF beliefen. Obwohl es in europäischen Ländern früh und in den USA 1996 eine OTC-Lizenz erhielt, verlor es bald an Bedeutung (Ciba 1993a: 10; 1995c: 9; 1996c: 9). Mit den Mitte der achtziger Jahre (in den USA 1986) eingeführten Präparaten *Ten-K* gegen Kaliummangel, *Cibacalcin* zur Hemmung des Knochenabbaus und *Lampren* gegen Lepra (Ciba-Geigy 1987a: 27), dem 1988 in den USA eingeführten *Actigall* zur Auflösung von Gallensteinen sowie dem 1990 auf den Markt gebrachten Antiasthmatikum *Foradil* zeigte die Ciba-Geigy Präsenz in weiteren Tätigkeitsfeldern, die aber mit Ausnahme des Bereichs Asthma nicht in den Aufbau neuer Schwerpunktfelder mündeten (Ciba-Geigy 1991a: 25; 1992a).

In den Jahren vor der Novartis-Fusion fungierten immer die gleichen Produkte als Umsatzträger. Die vier wichtigsten Produkte *Voltaren*, *Tegretol*, *Nitroderm TTS* und *Estraderm TTS* hielten ihre Umsätze erstaunlich stabil. Aufsteigerprodukte waren *Cibacen* und *Aredia*. Hingegen befanden sich *Lopresor* und die *Anafranil-Gruppe* auf der absteigenden Phase des Lebenszyklus.

6.1.3 Expansionsstrategien im Bereich Pharma

Die Analyse der Geschäftsschwerpunkte von Ciba-Geigy im Pharmabereich zeigt eine große Konstanz der bearbeiteten therapeutischen Gebiete. In der ganzen Periode zwischen den Fusionen zu Ciba-Geigy 1970 und zu Novartis 1996 nahmen die drei Indikationsgebiete Herz-Kreislauf, Zentrales Nervensystem und Entzündung/Rheuma eine zentrale Bedeutung ein. In den siebziger und Anfang der achtziger Jahre wurde der Bereich Antibiotika stark ausgebaut, später aber wieder aufgegeben. Ab Mitte der achtziger Jahre erschienen keine wichtigen Produkte mehr aus diesem Segment. Die Division Pharma baute die Bereiche Krebs, Knochenkrankheiten und Asthma im Laufe der achtziger Jahre zu zunehmend wichtigeren Pfeilern aus. Das Produkteportfolio wurde mehrfach gestrafft und die Indikationen, die nicht in einen der Schwerpunktbereiche gehörten, wurden nicht mehr weiterverfolgt. Eine wichtige Erweiterung stellte der Erwerb und die Weiterentwicklung der transdermalen Darreichungsformen TTS dar. Seit dem Erwerb der Firma ALZA im Jahre 1978 brachte die Ciba-Geigy bis 1996 vier wichtige TTS-Therapeutika auf den Markt (vgl. Abschnitt 7.2.10).

Die Innovationsintensität gemessen an der Anzahl eingeführter Wirkstoffe verringerte sich deutlich im Laufe der achtziger Jahre und in den neunziger Jahren. In den zehn Jahren vor der Novartis-Fusion brachte Ciba-Geigy nur wenige wirklich neue Präparate auf den Markt (wie z.B. *Foradil, Aredia, Cibacen*). Hingegen war man sehr erfolgreich im *life cycle management*, der Verlängerung des Lebenszyklus von Präparaten durch Modifikationen der Darreichungsform und Kombinationen mit anderen Wirkstoffen. Die Technologie der transdermalen Darreichungsform bot eine weitere Grundlage für ansprechende Umsatzzahlen.

Anfang der neunziger Jahre kam die Ciba-Geigy gegenüber der Konkurrenz zunehmend unter Druck. Seit Mitte der achtziger Jahre hatte Ciba-Geigy langsam, aber kontinuierlich Marktanteile verloren und rutschte auf der Liste der größten Phrarmaunternehmen vom 2. respektive 3. Rang, den die Pharmadivision bis 1988 inne hatte, auf den 10. Rang (ohne CIBA Vision) im Jahre 1995 ab (Pharma Information 1996). Nach den Patentabläufen von *Lopresor* und *Voltaren* 1994 in den USA begannen Nachahmerprodukte deren Umsätze drücken. Diese Herausforderung griff man teilweise mit verbesserten Darreichungsformen auf (Ciba 1994a: 10; 1995c: 8). Letztlich stellten die Jahre vor der Novartis-Fusion eine Übergangsphase dar. Die Situation wurde durch die massiv verzögerte Einführung neuer Produkte wie *Hirudin* (gegen Venenthrombosen) weiter verkompliziert. Dieses Produkt wurde erst nach der Fusion zugelassen. Auch die Lancierung des erfolgversprechenden Präparates *Diovan* (Valsartan) gegen Bluthochdruck blieb trotz der kurzen Entwicklungszeit der Novartis im Jahre 1997 vorbehalten.

Die Ciba-Geigy unternahm in der gesamten Periode zwischen den beiden Fusionen keine einzige größere Fusion oder Übernahme im Kernbereich der verschreibungspflichtigen und patentgeschützten Therapeutika. Die ab den neunziger Jahren von der Division Pharma getätigten kleinen bis mittelgroßen Übernahmen dienten alle der Expansion in neue Bereiche wie den Generika, den OTC-Produkten, den Augenheilmittel und den Diagnostika. Die Expansionsstrategie im Pharmabereich konzentrierte sich auf sogenanntes inneres Wachstum, wobei eine bemerkenswerte Stabilität der therapeutischen Ausrichtung festzustellen ist. Die Expansion in den Bereichen Krebs, Knochenkrankheiten und Asthma wurde intern vorangetrieben. Die Steuerung der längerfristigen Orientierung erfolgte vor allem über die Investitionen in Sachanlagen und die F&E-Ausgaben, die in der zweiten Häflte der achtziger Jahre stark anstiegen.

Nach den Fusionen von Bristol Myers und Squibb sowie Smith Kline Beckmann und Beecham im Jahr 1989 und im Zuge des zunehmenden Konzentrationsprozesses in der Pharmaindustrie stand Ciba-Geigy Anfang der neunziger Jahre vor der Entscheidung, ob sie Fusionen anstreben sollte. Die Konzernleitung befand einen solchen Schritt für unnötig und beurteilte, dass der Konzern über die kritische Masse für künftige Expansionen verfüge. Demgegenüber beschritt man einen Weg der

Allianzen. Der ab Ende der achtziger Jahre einsetzende strategische Wandel zeigt sich nicht zuletzt an den zunehmend wichtigeren Kooperationen mit forschungsorientierten Biotechunternehmen (vgl. Kapitel 7). Seit 1990 vereinbarte Ciba-Geigy jedes Jahr zahlreiche Kooperationsabkommen mit forschungsorientierten Biotechunternehmen, vor allem, um sich technologisches Wissen und erfolgversprechende Wirkstoffe anzueignen. Pierre Douaze, der damalige Leiter der Division Pharma, erklärte 1994, dass mit Kooperationen und Allianzen mit kleinen Partnern, die auf einem speziellen Gebiet führend sind, die eigenen Investitionen verhältnismäßig klein gehalten werden können. Der Kauf von Biotechnologie-Unternehmen könnte hingegen limitierend sein (Staples 1994: 38).

Motive und Typen von Akquisitionen

Die zahlreichen Übernahmen, Joint Ventures und Kooperationsabkommen, die Ciba-Geigy im Pharmabereich getätigt hat, sind bezüglich ihres wertmäßigen Umfanges sowie ihrer strategischen Tragweite und Zielsetzung sehr unterschiedlich. In den siebziger Jahren stand zumeist die marktmäßige und geographische Expansion im Vordergrund von Übernahmen und Joint Ventures. Die achtziger Jahre standen unter dem Eindruck des Aufbaus neuer Sektoren wie Generika, Selbstmedikation, Kontaktlinsen und Diagnostika, während zur Stärkung des Hauptpfeilers der verschreibungspflichtigen Therapeutika erstaunlich wenig Transaktionen getätigt wurden. Die neunziger Jahre waren vor allem durch eine markante Zunahme von Forschungskollaboration mit Biotechunternehmen gekennzeichnet. Das Motiv der sektoriellen und geographischen Expansion in neue Märkte trat demgegenüber stark zurück. Ein Vergleich der Investitionstätigkeit mit den Akquisitionen zeigt, dass je nach Marktsituation, bereits bestehender und neu erworbener Infrastruktur einer Akquisition neue Investitionen, oder auch Rationalisierungen, oder beide kombiniert folgen können. Diese Transaktionen lassen sich unter strategischen Gesichtspunkten in die im Folgenden beschriebenen Kategorien einteilen.

Durchdringung und Erschließung neuer Märkte. Das bedeutendste Motiv für Übernahmen und Kooperationsabkommen in den siebziger und achtziger Jahren bestand in der Durchdringung und Erschließung neuer Märkte. Das gilt sowohl für die Präsenz in neuen Sektoren als auch für geographische Expansionen. Vor allem beim Aufbau der neuen Geschäftsbereiche CIBA Vision, Selbstmedikation und Diagnostika waren Übernahmen von Firmen und Produktgruppen wichtig. Im Bereich der verschreibungspflichtigen Therapeutika haben Übernahmen von Firmen eine untergeordnete Rolle gespielt. Dennoch haben die Übernahmen der Firmen Lepetit im Jahre 1970 und Fervet 1978, beide in Torre Annunziata bei Neapel, und des Laboratorio Normal in Mem Martins, Portugal, eine langfristige Bedeutung erlangt. Diese Akquisitionen dienten sowohl dem Erwerb neuer Produkte als auch der Erschließung zusätzlicher geographischer Märkte. Im selben Zuge wurden auch Produktionsinfrastrukturen übernommen, die sogar im europäischen Produktionskonzept von Novartis noch eine Rolle spielen.

Das Motiv der geographischen Expansion, vor allem in Südamerika, Asien und Afrika, war in den siebziger Jahren noch wichtig, verlor aber danach an Gewicht. Teilweise noch im Rahmen der Integration unterschiedlicher Ciba- und Geigy-

Tochtergesellschaften und Vertriebsorganisationen wurden in den siebziger Jahren in zahlreichen Ländern neue Konzerngesellschaften gegründet. Oftmals musste aufgrund nationaler Bestimmungen der Weg von Joint Ventures mit lokalen Firmen beschritten werden (z.B. in Iran, Thailand, Südkorea, China). Aufgrund des politischen und ökonomischen Wandels blickte der Konzern ab Ende der achtziger Jahre verstärkt nach Osteuropa und zur Gemeinschaft Unabhängiger Staaten. So beabsichtigte Ciba-Geigy im Jahre 1991 mit einem Joint Venture mit der ungarischen Firma Biogal und der Beteiligung an Litpharm, einem Unternehmen zur Produktion und Distribution von Pharmaka in der Gemeinschaft Unabhängiger Staaten, nach Osteuropa zu expandieren. Diese Bestrebungen wurden in den Folgejahren wegen der ökonomischen Schwierigkeiten dieser Länder allerdings nicht intensiviert.

Ergänzungen und Erwerb von Rechten an bestimmten Produkten. Einfacher und weniger riskikohaft als Akquisitionen ganzer Unternehmen oder Unternehmensabteilungen ist es, bestimmte Produkte oder Produktgruppen zu erwerben oder die Rechte an ihnen einzulizenzieren. Mit kleineren Akquisitionen und Einlizenzierungen können Geschäftsfelder vervollständigt werden. Die Pharmadivision, wie auch die Agro- und Industriedivisionen von Ciba-Geigy beschritten diesen Weg in den siebziger und achtziger Jahren mehrfach.

Vermarktungsallianzen. Vermarktungsallianzen bieten sich an, wenn mit einem Partnerunternehmen ein bestimmter, zumeist geographisch begrenzter Markt eines Produktes oder einer Produktgruppe kostengünstiger und mit beschränkterem Risiko erschlossen werden kann als alleine. Über nationale Vertreterfirmen hat die Ciba-Geigy beispielsweise eine ganze Reihe von Märkten bedient, bevor eigene Konzerngesellschaften aufgebaut wurden (vor der Fusion hatte die Geigy diesen Weg systematisch verfolgt). Andererseits ging die Ciba-Geigy im Jahre 1983 eine derartige Vereinbarung mit dem US-Konzern *Bristol-Myers* in Argentinien ein und vertrieb dort aufgrund ihrer stärkeren Präsenz *Bristol-Myers* Produkte.

Erwerb von Wissen und Technologie. Der Aufbau neuer therapeutischer Schwerpunkte bei den verschreibungspflichtigen Medikamenten wurde demgegenüber vor allem über inneres Wachstum vorangetrieben. Bei den komplexen Forschungstätigkeiten und entsprechenden organisatorischen Erfordernissen ist es nur unter bestimmten Bedingungen sinnvoll, gesamte F&E-Abteilungen anderer Unternehmen zu integrieren. Erfolgversprechender war also der langfristige Aufbau eigener Kompetenzen. Die im Zuge der biotechnologischen Revolution sich vollziehende Ausdifferenzierung der Technologien zur Wirkstoffsuche trug ab den achtziger Jahren allerdings dazu bei, dass sich die Pharmakonzerne strategisch neu orientierten und technologie- und wirkstofforientierte Kooperation mit Biotechfirmen eingingen. Als frühe Vorwegnahme dieser Tendenz der neunziger Jahre kann die Mehrheitsbeteiligung der Ciba-Geigy an der ALZA Corporation in Palo Alto zwischen 1977 und 1981 angesehen werden, die dem Zugang zu neuen Technologien für spezielle therapeutische Darreichungsformen diente. Der Erwerb von Wissen und Technologien über Kooperation und Übernahmen ist Gegenstand von Kapitel 7.

Tab. 6.2 Übernahmen; Joint Ventures, Kooperationen und Desinvestitionen im Bereich Pharmazeutika

Jahr	Partnerfirma	Schwerpunkttätigkeit	Inhalt des Abkommens	Motiv
1970	Lepetit, Torre Annunziata, Italien	Antibiotika	Übernahme der Antibiotika-Betriebe und Vereinigung mit Ciba-Geigy-Betrieb in Fervet	P M
1970	Steromex, Mexiko	Herstellung von Basissteroiden	Übernahme	P
1970	Hermes Süssstoff AG 50/50 Joint Venture mit Sandoz	Produktegruppe	Verkauf an Klosterfrau, Köln	V
1971	USV Pharmaceutical Corp., USA (Tochterges. von Revlon)	Rechte an Produkten	Abtretung wichtiger Produkte (Bedingungen der US-Antitrustbehörden). Erhält dafür Antidiabetikum und finanzielle Kompensation	V
1971	Hässle, Schweden (bisherige Geigy-Vertretung)	Vertrieb	Gründung einer Vertriebsgesellschaft Hässle-Ciba-Geigy	M K
1971 -72	Boehringer Ingelheim, Deutschland mit Filialen u.a. in Österreich, USA	Boehringer vertrieb Geigy Produkte in BRD und A; Geigy vertrieb Boehringer Produkte in USA	Vertreterverhältnis wird aufgelöst, eigene Konzerngesellschaft übernimmt 1972 Vertrieb	M K
1971	Ciba-Geigy: Singapore, Malaysia und Thailand	Vertrieb	Gründung von Konzerngesellschaften	M K
1971	Pliva, Jugoslavien	Pharmaproduktion	Errichtung gemeinsamer Fabrikationsstätte	P
1971	Ciba-Geigy und Sandoz: Venezuela	Werk für lokale Fassonierung und Konfektionierung	Aufbau Gemeinschaftswerk mit Sandoz	P
1975	Suhrid Geigy Ldt und Suhrid GeigyTrading Ldt.; Indien	?	Zusammenarbeit beendet	?
1975	Astra AB, Schweden	Pharma	Übernahme des Produkts *Brethine*, ein Mittel gegen Bronchialerkrankungen	A
1976	Lokale Firma in Rasht, Iran	Pharmazeutikaherstellung	Gründung Joint Venture und Landerwerb	P M
1977	Dr. E. Baeschlin AG, Winterthur, Schweiz mit Tochtergesellsch. in BRD	Ophthalmologika	Zyma erwirbt Mehrheitsbeteiligung	A
1977	ALZA Corporation, Palo Alto	Entwicklung und Vertrieb therap. Systeme (Dareichungsformen)	Erwerb kontrollierende Beteiligung	T
1978	Versch. Firmen	Versch. Pharma-Produkte	Abschluss von Lizenzen	M
1978	Possehl-Gruppe (Dr. Christian Brunnengräber), Lübeck	Magen- und Darmtherapeutika	Übernahme	A M
1978	Fervet S.p.A., Torre Annunziata	Pharmafabrikation	Eingliederung in die Ciba-Geigy S.p.A.	P
1978	Konzerngesellschaft, Norwegen	Vertrieb	Auflösung Agenturvertrag und Gründung Konzernges.	M K
1978	Astra AB, Schweden	Vertrieb	Auflösung des Joint Venture mit Hässle-Ciba-Geigy	V
1978	Konzerngesellschaft, Nigeria	Vertrieb von Ciba-Geigy-Produkten	Aufgrund Regierungsdekret nur noch Minderheitsbeteiligung	?
1979	Laboratório Normal Ldt., Mem Martins, Portugal	Pharmaproduktion	Zusammenarbeit (Erweiterung des Angebots und lokaler Produktionsstandort)	P M
1980	C. N. Pharmaceutical Co.Ltd., Bangkok	Pharmazeutika	Mehrheitsbeteiligung	M
1980	Laboraório Normal Ltd., Mem Martins, Portugal	Pharmaproduktion	Erwerbung restliches Aktienpaket	P M

1980	eigene Gesellschaft, Australien	?	Etablierung	M K
1980	C.N. Pharmaceuticals C. Ltd., Thailand	?	Sicherung der Aktienmehrheit	M
1980	SWIRAN, Rasht, Iran	Produktion, Vertrieb	Verstaatlichung der Produktions-joint Venture	P M
1981	Sutramed	?		?
1981	ALZA Corporation, Palo Alto	Transdermale Dareichungs-formen	Zusammenarbeit wird neu geregelt unter Aufgabe der bisherigen Mehrheitsbeteiligung	T
1981	Vital Communications Pty. Ltd, Artarmon	Notruf- und Kommunikations-system	Akquisition	M
1982	Han-Su Jea Yak, Seoul	Herstellung und Vertrieb von Pharmazeutika in Korea	Gründung einer Joint Venture mit Ciba-Geigy-Mehrheit	M P K
1983	Bristol-Myers, Argentinien	Verschiedene Produktelinien	Ciba-Geigy vertreibt in Argentinien Bristol-Myers Produkte	M
1983	Ciba-Geigy/Passi AG(CH) Belém, Brasilien	Produktion und Export von Fruchtsaft in Belém, Brasilien	Joint Venture zur Devisenbeschaf-fung	M
1983	Konzerngesellschaften in Indien und Pakistan	Produktion, Vertrieb	Erhöhung des Anteils lokalen Ka-pitals	M K
1986	Chiron, Emeryville, California	Biotechnologie	Gründung des Joint Venture Biocine Company zur Herstellung von synth. Impfstoffen	T M
1987	International Research Laboratory, Osaka	Life Science und Materialwis-senschaften	Baubeginn eines eigenen For-schungszentrums	T
1989	NEDA-Arzneimittel GmbH, BRD	Herstellerin von Laxativa	Übernahme	M
1989	Care Laboratories, GB (ICI-Tochterfirma)	Geschäft mit antiseptischen Produkten	Übernahme dieses Geschäfts	M
1989	Naturopathic Laboratories, USA	Herstellung von analgetischen Salben	Übernahme	M
1989	Connaught, Kanada	Impfstoffhersteller	Übernahme gescheitert	M
1990	University of California San Diego, San Diego	Unterstützung von Arthritis-Forschungsprojekten	Abkommen im Wert von 20 Mio. $	T
1990	Isis Pharmaceuticals, Carlsbad, CA	Antisense-Technologie für neuartige Heilmittel	Zusammenarbeit in neuartigen Gebieten der Molekularbiologie	T
1990	Tanox Biosystems Inc., Houston, TX	Biotechnologie	strategische Allianz zur Entwicklung von Anitallergika und AIDS-Therapeutika	T
1990	Biocine Co.	Entwicklung von Impfstoffen	Vertiefung der Kooperation	T
1990	ICI, GB	Antiseptikum Savlon	Erwerb	M
1991	Affiymax, Palo Alto	Computergestützte Prüfung von neuen medizinischen Wirkstoffen	strategische Allianz	T
1991	Sclavo S.p.A., Siena, Italien	Vakzin-Geschäft	Übernahme durch das Biocine Joint Venture	T
1991	Biogal, Ungarn	Vertrieb	Joint Venture	M
1991	Litpharm, GUS	Produktion und Distribution von Pharmaka in der GUS	Erwerb einer Beteiligung	M
1991	Klinik für Tumorbiologie, Freiburg, Deutschland		Beteiligung an Bau und Betrieb der forschungsorientierten Klinik	T
1991	Venture Capital Funds	Finanzierung von Biotechfirmen	Investitionen werden fortgeführt (wann begonnen)	T
1991	Isis Pharmaceuticals, San Diego	Biotechnologie, Antisense-technologie	Forschungsabkommen in Antisen-setechnologien, die die Produktion von in gesunde Zellen invahierenden Proteinen abblocken. Diese Tech-nologien haben ein Potential bei Therapien gegen Krebs und virale Infektionen als auch bei Hauts –und Entzündungskrankheiten	T

1991	Chiron, Emeryville	Biotechnologie	Forschungsabkommen über insulinähnliche Wachstumsfaktoren zur Behandlung von Diabetes, ernsten Trauma und Osteoporosis	T
1991	Tanox Biosystems, Inc., Houston	Biotechnologie	Forschungsabkommen zur Entwicklung auf monoklonalen Antikörpern beruhenden Produkten gegen allergische Reaktionen und Infektionen	T
1992	Sibia Inc., La Jolla, California	Biotechnologie	Forschungsabkommen (Erforschung von Rezeptoren für die excitatorische Aminosäuren)	T
1992	GlycoTech Inc., Gaithersburg, MD	Glycotechnologie	Forschungs- und Lizenzvereinbarung mit dieser neu gegründeten Firma	T
1993	Joint Venture Asahi-Ciba, Japan	?	Ausweitung der Joint Ventures auf Marketing, Forschung und Entwicklung	M
1993	Konzerngesellschaft, Shanghai	Vertrieb	Gründung 100% Gesellschaft	M K
1994	Chiron, Emeryville, CA	Biotechnologie, kombinat. Chemie	strategische Allianz im Wert von über 2,8 Mrd CHF	M T
1994	CoCensys, Irvine, CA	Biotechnologie, Zentralnervensystem	Entwicklungsvereinbarung (Präparat für die Behandlung von Hirntrauma und Schlaganfall und gem. Vertrieb von Ciba-Produkten	T
1994	Synaptic Pharmaceuticals Corp., Paramus, NJ	Biotechnologie, Herz-Kreislauf	Entwicklungsvereinbarung (Wirkstoffe zur Prävention von Risikofaktoren bei Herz-Kreislauf-Erkrankungen)	T
1994	Schering AG, Berlin und Tumorklinik Freiburg	Krebsforschung	Entwicklungsvereinbarung im Krebsbereich (Angiogenesis)	T
1994	Isis Pharmaceuticals, San Diego	Biotechnologie, Antisensetechnologie	Fortsetzung	T
1994	Colgate-Palmolive, Indien	Mundhygiene-Geschäft	Hindustan Ciba -Geigy verkauft dieses Geschäft für 42 Mio	V
1995	New York University, New York	Optical mapping of genes	Zusammenarbeit vonCiba mit Chiron und NYU	T
1995	Chiron Diagnostics	Diagnostika		V
1995	Myriad Genetics, Salt Lake City	Biotechnologie	Zusammenarbeit auf Herz-Kreislauf-Gebiet	T
1995	Isis Pharmaceuticals, San Diego	Biotechnologie, Antisensetechnologie	Erweuterung des Abkommens zur Entwicklung einer Antisense-Sustanz von Isis. Ciba erhöht Kapitalbeteiligung um USD 7 Mio.	T
1995	Medarex, New Jersey	Biotechnologie	globale Allianz zur Entwicklung und Vermarktung des MDX ®Bispecific Produktes	T
1995	IDUN Pharmaceuticals, San Diego	Biotechnologie	Zusammenarbeit auf dem Gebiet des natürlichprogrammierten Tods von Zellen und des Zentralnervensytems	T
1995	Oncogene Science	Biotechnologie	Zusammenarbeit bei der Rekombination des Human Transforming Growth Factor Beta 3.	T
1995	Rx-America	Managed Healthcare	Zusammenarbeit	M
1995	Physician practice management	Managed Healthcare	Zusammenarbeit	M

Quellen: Geschäftsberichte der Ciba-Geigy 1970–1995, Ciba-Geigy Zeitung 1971–1991, Ciba Zeitung 1992-1995, Ciba-Geigy Magazin 1976–92, Ciba Magazin 1993

Erläuterung der Kurzzeichen in der Spalte *Motiv*
M   Marktexpansion
P   Erwerb von Produktionseinrichtungen
T   Technologie und Forschung
R   Rationalisierung, Bereinigung des Portfolios
V   Verkauf

6.1.4 Die Expansion im Generikageschäft

Im Laufe der achtziger Jahre stiegen etliche große Pharmakonzerne in das Segment der ständig wichtiger werdenden Generika ein. Für die Ciba-Geigy unternahm deren Tochtergesellschaft in den USA diesen Schritt Ende der siebziger Jahre und legte damit den Grundstein für eine erfolgreiche Verbreiterung des Pharmageschäfts. Nachdem eine Tochtergesellschaft der Ciba-Geigy Corporation und die auf die Produktion von Generika spezialisierte S. J. Tutag & Company in Broomfield, Colorado, bereits seit dem Juni 1978 zusammenarbeiteten, übernahm die Division Pharma in den USA diese Firma Ende August 1979. Die S. J. Tutag & Company hatte im Jahre 1978 380 Beschäftigte und wies einen Umsatz von 16 Mio. USD aus (Ciba-Geigy 1979b: 13). Diese Übernahme eröffnete der Ciba-Geigy Corporation den Zutritt zum stark expandierenden Generika-Markt in den USA. Die Ciba-Geigy stützte sich dabei auf Schätzungen, die den Generika für Mitte der achtziger Jahre einen Marktanteil von 50-60% am gesamten Medikamentenmarkt prognostizierten. Die S. J. Tutag & Company operierte fortan als unabhängige Einheit der amerikanischen Division Pharma (Ciba-Geigy 1980b: 20). Don McKinnon, der damalige Präsident von Ciba-Geigy Pharmaceuticals, betonte, dass Ciba-Geigy dennoch ein forschungsorientiertes Unternehmen bleiben werde und die Forschungsanstrengungen verstärkt würden, um neue Durchbrüche zu erzielen (Ciba-Geigy 1979b: 14). Die am Jahresende 1982 in Geneva Generics unbenannte Tutag Corporation blieb zwar klein, entwickelte sich aber besser als erwartet (Ciba-Geigy 1983b). Geneva Generics war die erste Firma, die von der FDA die Zulassung erhielt, eine Generikaversion von Methyldopa (gegen hohen Blutdruck) zu produzieren (Ciba-Geigy 1985a).

Auch bei den Generika ist Geschwindigkeit der Produkteinführung enorm wichtig. Entscheidend ist es, als erstes Unternehmen eine Generikaversion eines populären verschreibungspflichtigen Medikaments auf den Markt zu bringen. 1986 positionierte sich Geneva Generics bereits unter den ersten drei im U.S.-Generikamarkt. Zu dieser Zeit entfielen 26% aller Verschreibungen in den USA auf Generika. Geneva Generics baute die Produktionskapazitäten aus und setzte die Entwicklung einer breit gefächerten Produktlinie fort. Im Jahr 1986 formulierte die Geschäftseinheit einen strategischen *business plan* für die folgenden fünf Jahre. Ein Jahr darauf baute Geneva die Qualitätskontrolle und Entwicklungslabors aus, um mehr Produkte selbst zu produzieren, anstatt bei Dritten einzukaufen. Daraus erhoffte man sich erhöhte Profite und ein kohärenteres Produktesortiment (Ciba-Geigy 1987c: 18). Das Generika-Geschäft in den USA verzeichnete auch 1988 ein überdurchschnittliches Wachstum von 12%. Geneva Generics erreichte eine Rekordzulassungen von 23 neuen Produkten. Um dem schnellen Wachstum stand zu halten, baute das Unternehmen Produktions- und Entwicklungsstätten aus (Ciba-Geigy 1989b: 12).

1989 sah sich Geneva Generics einer massiven Preiskonkurrenz ausgesetzt. Anfang der neunziger Jahre war die Firma aber wieder erfolgreich auf Expansionskurs. Sie konnte 1990 wieder steigende Profite vermelden (Ciba-Geigy 1990b: 6; 1991b: 6). In den Jahren 1991 bis 93 erzielte Geneva Generics beträchtliche Umsatzsteigerungen und begann, sich einen großen Teil des Generika-Kuchens abzuschneiden, der sich durch das Auslaufen einiger wichtiger Marken mit einem Umsatzvolumen von 5 Milliarden USD ergab. 1991 einigte sich Geneva mit Marsam Pharmaceuticals Inc. auf ein Joint Venture. Diese Partnerschaft stärkte die Position im Krankenhausmarkt, indem sie eine enge Zusammenarbeit mit GPO (Group Purchasing Organizations) praktizierte. 1992 wurde die Firma in Geneva Pharmaceuticals unbenannt. Für den Umsatzzuwachs war vor allem die Generika-Version eines ICI-Produkts verantwortlich. Geneva erhielt auch die Rechte, Generika-Versionen von den eigenen Ciba-Geigy-Produkten *Lopresor* und *Voltaren* sowie von verschiedenen Medikamenten der Firma Upjohn herzustellen (Ciba-Geigy 1992c: 7; Ciba 1993b: 6; 1994a; 1994b: 13).

Auf der Basis dieser Erfolge nahm die Firma 1994 ein 52 Mio. USD Expansionsprojekt in Angriff, das eine umfassende Erweiterung und Modernisierung der Produktionsstätte in Broomfield beinhaltete. Dazu gehörten Investitionen in die Produktion, die Qualitätssicherung, den Kundendienst, die Entwicklung und die Administration. Bis zum Jahre 2000 sollte die Produktionskapazität von 4 auf 12 Milliarden Kapseln und Tabletten gesteigert werden. Im Rahmen der Neuorganisation der Marketing- und Verkaufsorganisation in den USA wurden die Marketingorganisationen der Spezialitätenpharmazeutika und Generika unter dem Dach von CibaGeneva vereinigt. Damit erhoffte man sich, die spezifischen Stärken der beiden Geschäftsbereiche zu kombinieren und Synergiegewinne zu erzielen. Durch den Abschluss einer Allianz mit American Drug Stores, Inc. verstärkte man die Marketingkompetenz zusätzlich (Eberhard-Metzger 1994b; Ciba 1995a: 9; 1996a: 7, 10).

Die Ciba-Geigy weitete das Generika-Geschäft in andere Länder aus. So übernahm sie Anfang der achtziger Jahre die niederländische Firma Multipharm, die auch Generika-Wirkstoffe herstellte (Ciba-Geigy 1987a: 27). 1986 erwarb die Division Pharma einen Anteil von 60% am Generikahersteller Rolab (Pty) Limited in Südafrika, den sie Anfang 1994 auf 70% erhöhte. Die restlichen Anteile hielt ein südafrikanischer Partner. In der Produktionsstätte Garankuwa, im ehemaligen Bophuthatswana, wurden vorwiegend feste Darreichungsformen hergestellt und verpackt. Rolab gehörte 1994 zu den drei wichtigsten Generikaherstellern in Südafrika und beschäftigte 165 Angestellte (Ganz 1994b: 23). Mit der Tochtergesellschaft *Servipharm* produzierte und vertrieb Ciba Generika speziell für die Entwicklungsländer (Eberhard-Metzger 1994b).

Ciba-Geigy setzte vor allen wichtigen europäischen Konkurrenten einen Fuß in das Generika-Geschäft und vermochte sich damit in erster Linie in den USA eine äußerst starke Position aufbauen. Geneva Pharmaceuticals wurde schließlich der zweitgrößte Anbieter von Generika in den USA. Der Zusammenschluß der Marketing Organisationen von Ciba Pharmaceuticals und Geneva Pharmaceuticals 1995 sollte der CibaGeneva Pharmaceuticals erlauben, besser auf die umfassenden

Tab. 6.3. Übernahmen im Bereich Generika

Jahr	Firma	Tätigkeit der Firma	Vorgang
1979	Servipharm AG, Basel	Kostengünstige Arzneimittel für Dritte Welt	Gründung durch Ciba-Geigy
1979	Tutag Company, Broomfield, CO	Pharma	Übernahme
198?	Multipharm, Niederlande	Generikahersteller	Übernahme
1986	Rolab Pty Limited, Südafrika	Generikahersteller	Übernahme 60%, 1994 Aufstockung auf 70%
1991	Marsam Pharmaceuticals, USA		Joint Venture zur Stärkung der Position im Spitalmarkt.
1995	American Stores	Apothekengeschäft	Geneva und American Stores betreiben gemeinsam die Gesellschaft RxAmerica, ein 'Pharma Benefits Management'-Unternehmen

Quellen: Geschäftsberichte der Ciba-Geigy 1970–1995, Ciba-Geigy Zeitung 1971–1991, Ciba Zeitung 1992-1995, Ciba-Geigy Magazin 1976–92, Ciba Magazin 1993

Veränderungen im Pharmamarkt zu reagieren (Ciba 1996a: 7). Die großen Einkaufsorganisationen bestimmten den Markt auf der Nachfrageseite zunehmend. Da die Health Maintencance Organizations (HMO) aus Kostengründen vorzugsweise mit Anbietern verhandeln, die ein breites Sortiment einschließlich der günstigen Generika anbieten, vermochte sich Ciba gegenüber den kollektiven Nachfragern sehr gut zu positionieren. 1993/94 vollzog sich eine breite Übernahmewelle von Generikafirmen durch Pharmakonzerne, die in diesem Segment mitmischen wollten. Aufgrund des harten Kostenwettbewerbs und mangelnder kritischer Masse haben einige Konzerne diesen Vorstoß bald darauf wieder abgeblasen. Durch die Fusion mit Sandoz, die über die Firma Biochemie ebenfalls stark bei den Generika vertreten war, wurde Novartis gar weltgrößter Generika-Anbieter.

Die Expansion im Geschäft für Augenheilmittel und Kontaktlinsen

Die Ciba-Geigy legte im Jahr 1980 den Grundstein für ein weiteres sich bald äußerst erfolgreich entwickelndes Geschäft. Sie traf mit dem führenden Kontaktlinsenhersteller Titmus Eurocon in Aschaffenburg (BRD) (über die Tätigkeiten der Firma siehe Wittmer 1984) eine Lizenzvereinbarung für die Produktion und den Vertrieb seiner Kontaktlinsen in den USA und gründete eine neue Unternehmenseinheit unter dem Namen CIBA Vision Care (CVC). Für deren Sitz leaste Ciba-Geigy ein Gebäude in den Suburbs von Atlanta (Ciba-Geigy 1981a). Bereits gegen Ende 1980 bewilligte die FDA die Vermarktung von Titmus-Eurocon Soft-Kontaktlinsen in den USA (Ciba-Geigy 1981b). Mit der Lancierung dieses Bereichs bewies die Ciba-Geigy-Führung ein scharfes Auge für kommende Marktchancen im Bereich der Augenmedizin. Allerdings wurden für eine erste Periode beträchtliche Verluste in Kauf genommen, bevor das Vorhaben Profite einbrachte (Ciba-Geigy 1983b). Das Ziel bestand darin, bis 1987 eine 'kritische Masse' und bis 1990 einen Marktanteil zu erreichen, der sich schützen lässt (Wittmer 1984).

Der Aufbau des Vision-Geschäfts wurde planmäßig vorangetrieben. Im Jahre 1982 brachte CIBA Vision Care bifokale Kontaktlinsen auf den Markt und errichtete in Atlanta Forschungsanlagen (Ciba-Geigy 1983a). Allerdings verschärfte sich die Konkurrenz rascher als erwartet. Der schnelle Aufstieg der TV-Werbung und mehrere Akquisitionen in diesem Segment überraschten das Management. Darum erreichte CIBA Vision 1983 noch nicht den Punkt, den sie angestrebt hatte. In diesem Jahr erhielt sie immerhin die FDA-Zulassung für die Weichlinsen *Soft-colors*. Aber noch immer fuhr das Geschäft Verluste ein (Ciba-Geigy 1984b: 28). Schließlich erwarb die Ciba-Geigy im Jahr 1983 die Titmus-Eurocon-Gruppe, was ihr einen europäischen Stützpunkt für den weltweiten Ausbau des Geschäfts mit Kontaktlinsen und Linsenpflegemitteln einbrachte. Damit übernahm sie die gleiche Firma, von der sie 1980 nur die Lizenzen für die Linsenproduktion in den USA erworben hatte (Ciba-Geigy 1984a).

Erfolgreiche Linsenanbieter offerieren eine vielseitige Produktlinie. Die Fähigkeit, die Preise aggressiv festzulegen, ist sehr wichtig. Um die Verkaufsorganisation und angemessene Marketinganstrengungen zu finanzieren, musste CIBA Vision mit gängigen Produkten höhere *economies of scale* erzielen. Der Erwerb des Geschäfts mit Kontaktlinsen und Linsenpflegemitteln der Firma *American Optical* im Jahre 1985 verschuf CIBA Vision die Größe und Vielseitigkeit, um sich wirksamer im Wettbewerb zu bewegen. Die Verkäufe stiegen gegenüber dem Vorjahr fast um die Hälfte, nachdem sie bereits 1984 mehr als 60% zugenommen hatten (Ciba-Geigy 1985a; 1986a).

Die Verkäufe von Kontaktlinsen und Linsenpflegemittel verzeichneten 1986 eine Umsatzsteigerung von über 70%. Die Unternehmenseinheit verstärkte sich durch den Zukauf der beiden Marken *Galileo* und *Salmoiraghi* sowie vor allem mit der Übernahme des Kontaktlinsen-Geschäfts von Alcon Pharmaceuticals Ltd. in Europa und in den USA (Alcon mit Hauptsitz in Fort Worth war Teil des Nestlé-Konzerns. In die Übernahme waren die Gesellschaften Medicornea in Frankreich, Scanlens AB in Schweden, Scanlens APS in Dänemark, Alcon Optic U.S. in Van Nuys, Kalifornien, und Central Candada Contact Lens in Toronto eingeschlossen (Ciba-Geigy-Magazin 1986e). Nach fünf Aufbaujahren belegte CIBA Vision Care weltweit bereits den fünften Rang im Markt. Damit wurde auch eine kritische Masse erreicht, die die Ausgliederung des Geschäfts aus der Division Pharma und die Schaffung einer eigenen Gruppe rechtfertigte (Ciba-Geigy 1987a: 17, 27).

Die Verkaufserfolge 1986 waren zu einem guten Teil Ergebnis der 1985 von American Optical erworbenen Linsen und Linsenpflegemitteln (Ciba-Geigy 1987c: 27). Hauptkunden von CIBA Vision waren Augenärzte, Optiker und Optiker-Verkaufsketten. Allerdings bewegte sich das Unternehmen mit dem Aufbau einer Detailverkaufsorganisation stärker zu einer konsumentenorientierten Ausrichtung im Linsenpflegebereich. Gleichzeitig forcierte man die Forschung und Entwicklung und die Vermarktung neuer Produkte. Gemeinsam mit anderen Unternehmungen versuchte CIBA Vision, den FDA-Zulassungprozess zu vereinfachen. CIBA Vision übertraf angeblich die Profitabilitätsziele 1986 und 1987. Allerdings wurden keine Zahlen veröffentlicht (Ciba-Geigy 1987c: 19; 1988b: 22).

Mittlerweile verfügte CIBA Vision über eines der besten Vertriebssysteme für Linsen. Die Marktbedingungen änderten sich schnell. Die Konkurrenz konsolidierte sich. CIBA Vision hatte 1987 noch sechs Konkurrenten. Der Markt wuchs etwa um 5%, während zehn Jahre zuvor die jährliche Wachstumsrate des Linsenmarkts noch bei 100% lag. In diesem Kontext verringerten sich auch die Profitraten. Allerdings erwarte man in der Branche eine Explosion neuer Produkte ab 1990, vor allem in den Bereichen der flexiblen und disposablen Linsen. Das sind Linsen, die nur für kurze Zeit getragen und häufig gewechselt werden (Ciba-Geigy 1988b: 23).

Seit Anfang 1987 war die CIBA Vision Care nicht mehr Teil der Division Pharma, sondern eine eigenständige internationale Geschäftseinheit von Ciba-Geigy. CIBA Vision in den USA unterstand von nun direkt dem COO der U.S. Konzerngesellschaft, Charles O'Brien. Die neuen Führungs- und Kapitalstrukturen der Gruppe trugen dem internationalen Charakter des Geschäfts Rechnung. Der Umsatz konnte 1987 abermals um 25% in lokalen Währungen auf 339 Millionen CHF gesteigert werden. Der Personalbestand betrug Ende 1987 2668 Personen. CIBA Vision verschaffte sich 1987 mit dem Erwerb der Sterile Pharmaceuticals Ltd. in Mississauga, Kanada, eine eigene Produktionsbasis in Toronto für Linsenpflegemittel für den nordamerikanischen Markt. Gleichzeitig begann die Vision Gruppe eine neue Produktionsanlage für Kontaktlinsen in Großwallstadt in der Nähe von Aschaffenburg (ehemals Titmus Eurocon) zu errichten (Ciba-Geigy 1988a).

Nach einer weiteren Expansionsoffensive stieg CIBA Vision 1988 zur weltweit drittgrößten Anbieterin von Kontaktlinsen und Linsenpflegemittel auf. Der Ertrag wuchs gar noch stärker als der Umsatz. Im November 1988 nahm die CIBA Vision in Großwallstadt bei Aschaffenburg die modernste Linsen-Produktionsanlage Europas in Betrieb. Im gleichen Jahr übernahm die CIBA Vision-Gruppe das Pflegemittelgeschäft der Cooper Companies außerhalb der USA, wogegen die Übernahme des U.S.-Geschäfts am Widerstand der Federal Trade Commission scheiterte[59]. Schließlich wurde das Pharmawerk im Ciba-Geigy-Zentrum in Macclesfield in England der CIBA Vision übertragen, die dort 1990 die Produktion von Linsenpflegemitteln aufnahm. Das Group Management wurde in Bülach bei Zürich konzentriert. Der ganze Markt befand sich in einem Umbruch. 1988 wurden in den USA erstmals auf breiter Basis *'disposable lenses'* durch zwei Konkurrenzunternehmen lanciert. Bereits ein Jahr später führte CIBA Vision ein derartiges Produkt ebenfalls ein (Ciba-Geigy 1989a).

Als die CIBA Vision startete, war sie die 27. Einsteigerin in den Markt der Kontaktlinsen. 1988 führte sie die Industrie in den Marktsegmenten der weichen Kontaktlinsen und der kalten Desinfektionsmittel an und war auch bei den Tageslinsen sehr stark. CIBA Vision trachtete nun danach, ihre Position durch eine Differenzierungsstrategie weiter zu stärken. Interessant ist, dass gewisse Produkte, wie *Atlafilcon-A* (schmutzabstoßende, flexible Linsen), auch Ergebnis interdisziplinärer, gemeinsamer Forschung von Vision in Atlanta und der Central Research Polymers Group in Ardsley bei New York (Hauptsitz der Ciba-Geigy in den USA) waren.[60] Die neuen Produkte waren generell Ergebnis verstärkter Forschungsanstrengungen. Atlanta wurde zum Hauptzentrum für die weltweite Produktfor-

---

[59] Ursprünglich wollte Ciba-Geigy das weltweite Geschäft mit Kontaktlinsen-Pflegemitteln von Cooper Companies, Inc., Palo Alto, für 155 Mio USD zu übernehmen. Die FTC legte aber das Veto ein (Ciba-Geigy-Magazin 1987c).

[60] Bereits früher erkannte die Zentrale Forschung des Konzerns, dass sich gewisse Polymere als Basismaterial für Linsen hervorragend eignen (Ciba-Geigy-Magazin 1989a: 17).

schung sowie Entwicklungs- und Lizenzaktivitäten von CIBA Vision (Ciba-Geigy 1989b: 15).

Das Geschäft expandierte 1989 weiterhin, aber langsamer als in den Jahren zuvor. Der Umsatz stieg um 24% (lokale Währungen um 14%, in den USA um 21%) auf 595 Millionen CHF. Die Konzentration auf den Märkten, erhöhter Wettbewerbsdruck und Verschiebungen zu preisgünstigeren Produkten führten in den meisten Ländern zu einer Preiserosion im traditionellen Linsengeschäft. Das Geschäft mit Linsenpflegemitteln lief hingegen besser. Die CIBA Vision-Gruppe überprüfte ihr gesamtes Projektportfolio und konzentrierte die verschiedenen Funktionen auf weniger Standorte. So wurde die auf Hartlinsen gerichtete Forschung und Entwicklung ausschließlich in Großwallstadt konzentriert, die übrige Forschung und Entwicklung dagegen in Atlanta. Desgleichen wurde die Herstellung von Eintageslinsen in Atlanta und in Großwallstadt konzentriert, die Linsenproduktionsstätte in Schweden dagegen geschlossen und jene in Frankreich auf ein Zehntel reduziert. Die europäische Produktionsstätte für Linsenpflegemittel wurde in Macclesfield errichtet und in John's Creek bei Atlanta ein campusähnliches Administrations-, Distributions-, Forschungs-, Entwicklungs- und Exportzentrum auf dem neuen Gelände eröffnet. Im Jahre 1989 wurde das neue Hauptquartier in Bülach bei Zürich bezogen. Der dort arbeitende Führungsstab bestand aus bloß 20 Personen (Ciba-Geigy 1990a). Zwischen 1981 und 1989 führte die CIBA Vision Corporation (CVC) 24 intern entwickelte neue Produkte oder Produktlinienerweiterungen sowie 19 akquirierte oder einlizenzierte neue Produkte oder Produktlinienerweiterungen ein. Mehr als die Hälfte des Umsatzes von 1988 beruhte auf Produkten, die nach 1984 auf den Markt kamen. Die CVC befand sich Ende der achtziger Jahre in einem Kopf-an-Kopf-Rennen mit dem langjährigen Industrieführer Bausch & Lomb um den ersten Platz im Geschäft mit weichen Eintageslinsen. Im Markt der Pflegemittel für weiche Kontaktlinsen hatte CVC den dritten Rang erreicht (Ciba-Geigy 1990b: 10). Trotz fortschreitender Reifung war das internationale Umsatzwachstum im Jahr 1990 mit 12% weiterhin stärker als bei den Pharmazeutika (7%) und regional breit abgestützt. CIBA Vision hatte sich mittlerweile auf Rang 2 der weltweiten Wettbewerber vorgearbeitet (Ciba-Geigy 1991a). In Europa war CIBA Vision 1989 bereits Nummer 1 auf dem Gebiet der Kontaktlinsen und Linsenpflegemittel (Ciba-Geigy-Magazin 1989a: 17).

Neben der Einführung einer ganzen Reihe neuer Produkte war 1990 der Einstieg in das Augenheilmittelgeschäft (*Ophthalmics*) entscheidend. Diese Expansion war Teil einer weltweiten Diversifizierungsstrategie von CIBA Vision, und zugleich stellen die Augenheilmittel entsprechend ihrer Produktionserfordernisse ein Bindeglied zum klassischen Pharmageschäft dar. Zudem war die Ciba-Geigy über die Tochterfirma Zyma in Europa bereits in diesem Markt präsent. Das Hauptquartier der neuen *Ophthalmic Pharmaceuticals Division* wurde bei den bestehenden Einrichtungen in Atlanta lokalisiert. Als ihr erstes Produkt brachte sie 1991 erfolgreich *Voltaren Ophthalmic* auf den Markt, ein nichtsteroides und spezifisch zur Entzündungshemmung nach Augenoperation des Grauen Stars anzuwendendes Medikament (Ciba-Geigy 1991b: 10; 1992b). Bereits ein Jahr später belegte das Präparat mehr als die Hälfte des Marktes der verschriebenen, nichtsteroiden, entzündungshemmenden Medikamente im Augenbereich (Ciba 1993b: 9).

Im Jahr 1991 eröffnete CVC nach mehrjähriger Bauzeit in John's Creek im Norden von Atlanta einen imposanten Gebäudekomplex für Distribution, Forschung und Entwicklung und Administration. Die Fabrikation hingegen wurde am Standort Amwiler (ebenfalls bei Atlanta) belassen (Ciba-Geigy 1991b: 11). Die stürmische Expansion von CIBA Vision Care in den USA schlug sich auch im Wachstum der Beschäftigten wieder. Arbeiteten 1988 immerhin bereits 1200 Personen für CVC, so waren es 1990 schon 2000. Um die Innovationslust der Beschäftigten zu fördern, startete das *Technical Affairs and Business Development Department* das Experiment der 'Innovation Fridays'. Damit wurden die Beschäftigten ermutigt, an den Freitagen ihren Forschungs- und Entwicklungsideen für neue Produkte oder Problemlösungen selbständig nachzugehen (Ciba-Geigy 1991b: 11). Diese Maßnahme knüpfte an ähnliche Konzepte in Hochtechnologiefirmen, z. B. Genentech in Kalifornien an.

Ebenfalls 1991 nahm CIBA Vision eine für 50 Mio. CHF errichtete Produktionsanlage für Linsenpflegemittel am ehemaligen Pharmaproduktionsstandort in Macclesfield bei Manchester in Betrieb, die von nun an die europäischen Vertriebsgesellschaften belieferte. Wie in der pharmazeutischen Produktion baute man spezialisierte Produktionsstätten auf, die möglichst große Märkte bedienen (siehe Kapitel 8). 1989 war die Herstellung von Linsen hauptsächlich in den beiden Fabriken in Atlanta und im neuen Werk in Großwallstadt, dem Standort der ehemaligen Titmus Eurocon, konzentriert. Daneben gab es noch kleinere Produktionsstätten in Marcon bei Venedig, in Toulouse und in Niederwangen bei Bern. Die Linsenpflegemittel für ganz Nordamerika wurden bei der im Dezember 1987 akquirierten Sterile Pharmaceuticals Ltd in Mississauga (Kanada) hergestellt. Die Produktion in Europa war auf München, Wehr, Southampton und Stein bei Basel verteilt. Nach Bezug der erneuerten Produktionsstätte in Macclesfield belieferte diese ausschließlich den europäischen Markt (Ciba-Geigy-Magazin 1989a: 21). Einige Jahre später wurde aufgrund von Überkapazitäten in Macclesfield schließlich die Produktion weitgehend in der neuen Produktionsstätte in Großwallstadt konzentriert.

Um auch im Augenheilmittelsektor nach der Übernahme des entsprechenden Geschäfts von *Zyma* weltweit eine führende Position zu erlangen (*Zyma* hatte bereits 1986 die auf Augenheilmittel spezialisierte *Dispersa* in Winterthur und die *Dispersa-Baeschlin* in München übernommen), akquirierte CIBA Vision 1991 die französische Firma *Laboratoire Martinet Ophtalmologie* in Paris und traf mit *Insite Vision* in Alameda bei Oakland ein Abkommen zur Erforschung und Entwicklung neuartiger Augenheilmittel, Lizenzierung sowie Übernahme einer Minderheitsbeteiligung für USD 10 Millionen. Das Kontaktlinsengeschäft baute seine Stellung auch in Japan erheblich aus. Hierzu startete CIBA Vision 1991 eine Zusammenarbeit mit *Ricky*, einem Hersteller und Händler von Kontaktlinsen, Linsenpflegemitteln und ophthalmischen Instrumenten und übernahm Ende 1992 die restliche Anteile dieser Firma.

Im Rahmen einer Reorganisation bildete CVC in den USA im Jahr 1991 eine neue Operation Unit, die Fabrikation, Distribution, Materialmanagement und Qualitätskontrolle zusammenfasste sowie eine neue Funktion für Produktmarketing und Marktforschung für Linsen und Linsenpflegemittel beinhaltete. In diesem Jahr ging CVC auch sogenannte Vendor Partnerships ein, hierzu arbeitete sie eng mit Software-Designern und Rohmateriallieferanten zusammen (Ciba-Geigy 1992c: 13). Die neue Geschäftseinheit *CIBA Vision Ophthalmics (CVO)* profitierte bei ihren Expansionsbestrebung stark von der Pharma Division. Die gemeinsame

Forschungs- und Entwicklungsarbeit erfolgte dabei nicht nur zwischen Atlanta und Summit sondern auch auf internationaler Ebene innerhalb des Konzerns (Ciba-Geigy 1992c: 13). Ein Jahr später setzte man eine einzigartige, neue R&D Project Management Group ein mit dem Auftrag, die Zeit bis zur Marktreife zu verkürzen. Interfunktionale Projektteams arbeiteten eng mit den Vorgesetzten der funktionalen Einheiten zusammen, um die materiellen und menschlichen Ressourcen rationeller einzusetzen. Tatsächlich bewirkten diese Maßnahmen eine Beschleunigung der Entwicklungspipeline und verkürzten die Zyklen auf dem Weg der Produktzulassung (Ciba 1993b: 9).

Ab dem Jahr 1993 arbeitete CIBA Vision mit einer grundlegend erneuerten organisatorischen Struktur, die die geographische Organisationsstruktur durch eine nach Geschäftseinheiten gegliederte Organisation ersetzte. Diese umfasste die *Optics Business Unit* (Kontaktlinsen und Linsenpflegemittel) und die *Ophta Business Unit* (Augenheilmittel). Das neue globale Headquarters der weltweiten CIBA Vision und die Optics Unit siedelte man in Atlanta an, während die Ophta-Geschäfte weiterhin von Bülach bei Zürich geleitet wurden. Diese neue Organisationsstruktur sollte die Produktionsmittel wirkungsvoller einsetzen, die Kommunikationslinien in der F&E und im Marketing verkürzen, mehr Mitarbeiter für interfunktionale und intergeographische Verantwortungen ermächtigen sowie die Organisation auf künftiges Wachstum einstellen (Ciba 1993b: 9).

Mit dem Umsatzzuwachs um 19% auf 1020 Mio. CHF überschritt 1993 CIBA Vision die Milliardengrenze. Die Akquisition von *Rocky* trug 8% zum divisionalen Zuwachs bei. Die Akquisition des Laboratoire H. Faure verdoppelte in Frankreich den Marktanteil und brachte neue Produkte für die internationale Vermarktung ein. 1993 erhielt CIBA Vision die Bewilligung zur Gründung einer eigenen Gesellschaft in China, einem Markt mit großen Wachstumschancen für Augenpflegeprodukte. Damit wurde die geographische Expansion energisch vorangetrieben. Als Reaktion auf die eindrucksvolle Steigerung der Nachfrage nach Austauschlinsen verdoppelte CIBA Vision im Verlauf eines Jahres die Produktionskapazitäten. Im Zuge der Umsatzsteigerungen für Kontaktlinsenprodukte erweiterte die CVC insbesondere ihre Produktionsstätte in Amwiler bei Atlanta erneut und verdoppelte die Produktionskapazität (Ciba 1994a; 1994b: 15-16).

CIBA Vision übernahm im Jahr 1994 die Augenheilmittellinie der IOLAB Corporation, ein Unternehmen des Johnson&Johnson Konzerns. Diese Akquisition schloss annähernd 40 Produkte ein und machte CIBA Vision Ophthalmics (CVO) zu einem der fünf größten Unternehmen im weltweiten Augenheilmittelmarkt. Im selben Jahr ging CVO eine strategische Marketingallianz mit der Autonomous Technologies Corporation (ATC) in Florida ein und erhielt damit verschiedene Vertriebsrechte an einem Lasergerät (*excimer laser and tracking system*) von ATC, das bessere Ergebnisse bei Laserchirurgie zur Augenkorrektur versprach. In Ergänzung zu den eigenen Forschungsanstrengungen vereinbarte CVO mit der kanadischen Firma Quadra Logic Technologies in Vancouver eine weltweite gemeinsame Entwicklung einer photodynamischen Therapie von Augenkrankheiten (Ciba 1995a: 8-9). Zusätzlich wurden Synergien aus der strategischen Allianz der Division Pharma mit Chiron im Hinblick auf die Expertise dieser Firma bei chirurgischen Sehkorrekturen geprüft (Ciba 1995c). Ein Jahr später ging CVO in den USA mit Adams Laboratories eine Partnerschaft zur Vermarktung des CVO-Produkts *Livostin* (antihistamine for ocular allergies) ein. Damit profitierte CVO von den engen Beziehungen dieses Unternehmens mit Allergie-spezialisten und Allgemeinärzten (Ciba 1996a: 10). Die äußerst gute Performance des Geschäfts mit Kurzzeit-Linsen im Jahr 1995 widerspiegelte zugleich den Rückgang des konventionellen Linsensegments. In Nordamerika und einigen europäischen Ländern wurde das Geschäft mit wechselbaren Linsen bereits wich-tiger als jenes mit konventionellen Linsen. In allen geographischen Schlüsselge-bieten stiegen die Verkäufe weiter (Ciba 1996c) und die beiden CVC-Einheiten Ophthalmics und Optics brachten auch im Jahr vor der Novartis-Fusion mehrere neue Produkte auf den Markt (Ciba 1996a: 9).

Die Expansion und der Kostendruck zwangen CIBA Vision sowohl in den USA als auch Europa, die Produktionsprozesse zu reorganisieren. Die U.S. *Optics Unit* startete 1995 ein ausgedehntes Reengineering-Programm, das weitgehende strate-gische Veränderungen einleitete. Mit technologischen Erneuerungen, wie einer automatischen Linsenfärbungsanlage und einer vollintegrierten, automatischen Linsenproduktionslinie, rationalisierte CVC den Produktionsablauf in der Fabrik bei Atlanta umfassend (Ciba 1996a: 9-10). Den Veränderungen in der Nachfrage entsprechend wurde auch das europäische Produktionszentrum in Großwallstadt restrukturiert. Die Konzentration auf wenige Fabrikationsstätten und die Imple-mentierung von Eurologistics ergaben zusammen mit der Zentralisierung des Vertriebs für den europäischen Markt in Großwallstadt große Produktivitätsge-winne (Ciba 1996c).

Mit der Gründung einer Vertretung in Indien und ersten Verkäufen in China führte CIBA Vision die geographische Ausweitung fort und setzte sich in diesen zukunftsträchtigen Märkten Asiens fest. In Zusammenarbeit mit der Ciba Stiftung für Zusammenarbeit mit Entwicklungsländern unterstützte sie ihr Geschäft in China mit einem großen Kontaktlinsen-Schulungsprogramm. In Batam Island[61] in Indonesien wurde 1995 eine neue Produktionsanlage fertiggestellt, um die stei-gende Nachfrage in Asien und im Weltmarkt abzudecken (Ciba 1996c). Ein Jahr später expandierte CVC mit der Übernahme der argentinischen Augenheilmittel-firma Laboratorios Flaminio in Südamerika. Über ein Lizenzabkommen mit der Ueno Fine Chemicals, Ltd. in Osaka erwarb sich CIBA Vision die Rechte, eine Therapie gegen Glaucoma außerhalb Japan, Taiwan und Südkorea zu entwickeln und zu vermarkten (CIBA Vision 2000).

Mit dem erfolgreichen Einstieg in das Wachstumsgeschäft Augenpflege be-folgte die Ciba-Geigy die bereits im Pharmaleitbild von 1976 formulierte Strate-gie, die Division Pharma zur einer 'Health Care' Division auszubauen (Wittmer 1984). Sowohl im Optics- als auch im Ophta-Bereich erzielte CIBA Vision Zu-wachsraten über dem Marktdurchschnitt. Durch geeignete Akquisitionen und Allianzen, Innovation und geographische Ausdehnung wurde in wenigen Jahren eine Führungsposition erreicht. Der anfänglichen Expansionsstrategie scheint zwar ein grobes Konzept zugrunde gelegen haben, doch die konkreten Schritte waren

---

[61] Batam Island liegt vor den Toren Singapurs. Die Insel hat sich seit 1978 u.a. aufgrund der tiefen Löhne und massiver Steuergünstigungen von einem Ort mit 3000 Fischern zu einem Industrie- und Tourismuszentrum mit 400 000 Einwohnern mit einer Exportleistung von USD 6 Mrd. im Jahre 1999 entwickelt (NZZ 2000f). CIBA Vision zählt zu den bedeutendsten Inve-storen im Industriepark auf der Insel (mündliche Auskunft einer Vertreterin von BIDA (Batam Industrial Development Authority) am 5. Dezember 2000 auf Batam.

Tab. 6.4. Übernahmen im Bereich CIBA Vision (Kontaktlinsen und Augenheilmittel)

Jahr	Firma	Tätigkeit der Firma	Vorgang
1980	Titmus Eurocon, Aschaffenburg	Produktion von Kontaktlinsen und Linsenpflegemitteln	Lizenzvereinbarung für Produktion und Vertrieb von Kontaktlinsen in den USA. Aufbau der Geschäftseinheit CIBA Vision Care in den USA
1983	Titmus-Eurocon-Gruppe	Produktion von Kontaktlinsen und Linsenpflegemitteln	Akquisition
1985	American Optical	Kontaktlinsen und Linsenpflegemittel	Akquisition
1986	Alcon Europa und Nordamerika	Kontaktlinsen	Akquisition des Alcon Kontaktlinsengeschäfts in Europa und Nordamerika
1987	Sterile Pharmaceuticals Ltd., Mississauga, Kanada	Linsenpflegemittel	Akquisition
1988	Cooper Companies	Linsenpflegemittelmittelgeschäft ausserhalb der USA	Übernahme des Cooper Vision Geschäfts ausserhalb der USA (aufgrund Widerstand der FTC)
1991	Zyma (inklusive Dispersa), Nyon (Tochterfirma von Ciba-Geigy)	Augenmedikamente	Integration des Augenheilmittelgeschäfts von Zyma
1991	Laboratoire Martinet Ophthalmlogie, Paris	Augenheilmittelsektor	Akquisition
1991	Inisite Vision, Alameda		Abkommen über Forschung und Entwicklung neuartiger Augenheilmittel, Lizenzierung sowie Übernahme einer Minderheitsbeteiligung
1991	Ricky, Japan	Kontaktlinsen	Zusammenarbeit
1992	Ricky Kontaktlinsen, Tokyo	Hersteller und Händler von Kontaktlinsen, Linsenpflegemitteln und ophthalmischen Instrumenten	Akquisition der restlichen Anteile
1992	Cooperative Research Center for Eye Research and Technology, Australien		Gemeinsame Projekte
1993	Laboratoire H. Faure, Annoney, Ardèche F	Produktelinie deckt wichtigste Therapiesegmente der Augenheilkunde ab (Umsatz 100 Mio. FFR)	Akquisition
1993	Insite Vision		Fortsetzung Zusammenarbeit
1994	Iolab (Johnson & Johnson), USA, Ophthalmologische Produktelinie		Akquisition
1994	Quadra Logic Technologies Phototherapeutics, Inc, Vancouver, Canada	Phototherapeutika	Kooperation zur Entwicklung der photodynamischen Therpie für Augenkrankheiten
1994	Autonomous Technologies Corp.	Lasertechnologie	Kooperation für Vermarktung innovativer Laser-Chirurgie am Auge
1995	Leiras Oy, Skandinavien		Vertriebsabkommen für Augenheilmittel
1995	Adams Laboratories		Vermarktung *Livostin* durch CIBA Vision Ophta

Quellen: Geschäftsberichte der Ciba-Geigy 1970–1995, Ciba-Geigy Zeitung 1971–1991, Ciba Zeitung 1992-1995, Ciba-Geigy Magazin 1976–92, Ciba Magazin 1993

jeweils sehr opportunistisch. Die Internationalisierung des Geschäftsbereichs richtete sich, ausgehend von Know how und Lizenzen aus Deutschland, zunächst klar auf die USA aus. Von hieraus erfolgte dann die schrittweise, weltweite Expansion zunächst in Europa und später in den großen Märkten Asiens. CIBA Vision kombinierte als junger Geschäftszweig eine sehr expansive Internationalisierung und eine frühe Ausrichtung auf große Märkte mit einer bald einsetzenden Konzentration und Fokussierung der Ressourcen auf wenige Standorte. Aufgrund der insgesamt opportunistischen Kultur des Geschäftsbereiches ging das aber nicht ohne – rückblickend unkoordiniert wirkende – Verschwendung von Ressourcen vor sich. Als Beispiel könnte die Umwidmung der Produktionsstätte in Macclesfield angeführt werden, die dann nach kurzer Zeit wieder aufgegeben wurde (vgl. Kapitel 8). Die schnelle Expansion und die zahlreichen Übernahmen spiegelten sich auch in einer überdurchschnittlichen Internationalität des obersten Managements mit nur zwei Schweizern, drei US-Amerikanern, einem Kanadier (Ciba-Geigy-Magazin 1989a: 20).

Selbstmedikation

Angesichts der Erwartung, dass im Zuge der Veränderungen im Medikamenten-markt und des Kostendrucks die Selbstmedikation zunehmen werde, lancierte die Ciba-Geigy im Jahre 1982 in den USA eine weitere strategische Unternehmenseinheit. Die Ciba Consumer Pharmaceuticals mit Sitz in Edison, New Jersey, nicht weit vom Hauptsitz der US-Pharma-Division in Summit, übernahm fortan den Verkauf von rezeptfreien Medikamenten (Ciba-Geigy 1983a). Mitte der achtziger Jahre umfasste der OTC-Markt rund 33% der gesamten Medikamentenver-käufe, und man erwartete, dass dieser Anteil bis zur Jahrhundertwende auf etwa 40% steigen würde. Die großen Trends im Gesundheitswesen, wie die wachsenden Kosten und die alternde Bevölkerung beeinflussten die Perspektiven des Selbstmedikations-Geschäfts. Die Kostensteigerungen belasteten die ältere Generation stärker. CCP sah deshalb eine Wachstumsmöglichkeit, sich mit Produkten speziell an diese Bevölkerungsgruppe zu wenden (Ciba-Geigy 1987c: 18).

Bereits 1983 brachte Ciba Consumer Pharmaceuticals erfolgreich den Appetit-zügler *Acutrim* und *Slow FE* auf den Markt (Ciba-Geigy 1984a; 1984b). Insbesondere *Acutrim*, mit der gezielt und langsam wirkenden OROS-Dareichung (*osmotic release system*, vgl. Kapitel 7) verzeichnete ein schnelles Umsatzwachstum und war Mitte der achtziger Jahre das Spitzenprodukt (Ciba-Geigy 1987c: 18). Im Jahre 1985 erweiterte der Bereich Selbstmedikation sein Aktionsgebiet um fünf Länder und steigerte den Umsatz um die Hälfte. Im Rahmen dieser Expansion in Deutschland übernahm Ciba-Geigy die Firma Med GmbH & Co in Berlin (Ciba-Geigy 1986a). 1986 brachte der Unternehmensbereich in den USA Vitamin C in den Verkauf durch Supermärkte (Ciba-Geigy 1987a). Im gleichen Jahr übernahm die Zyma SA das auf Augenheilmittel spezialisierte Unternehmen Dispera AG in Winterthur und Dispersa-Baeschlin GmbH in Gamering bei München zu 100%. Zyma SA und Galenica AG Bern hatten bereits seit 1978 je 50%-Anteile an Dispersa gehalten. Damit intensivierte Zyma ihre Anstrengungen im ophthalmologischen Bereich, die Entwicklung neuer Produkte zu beschleunigen (Ciba-Geigy-Magazin 1985e; Wittmer 1986a: 22).

Wie beim Aufbau von CIBA Vision wurde die Expansion vor allem über die Strategie von Produktakquisitionen verfolgt. Ende 1986 erwarb Ciba Consumer Pharmaceuticals von der Firma Bio Products das Produkt Q-Vel gegen nächtliche Beinkrämpfe. Die Suche nach mehr Produktakquisitionen, Lizenzen und Entwicklungsaktivitäten, um die Produktlinie für Ältere zu erweitern, wurde fortgesetzt (Ciba-Geigy 1987c: 19). Im Jahr 1987 integrierte CCP die Doan's Produktlinie mit Analgetika gegen Rückenschmerzen, und 1989 kam mit *Eucalyptamint*, einem natürlichen lokalen Analgetikum, ein weiteres Produkt dazu, das ein Jahr später bereits wesentlich zum Umsatzwachstum beitrug (Ciba-Geigy 1988a; 1990b: 6; 1991b: 6). Im Jahr 1991 schloss Ciba Consumer Pharmaceuticals mit der kalifornischen Firma ALZA ein Lizenzabkommen zur Entwicklung und Vermarktung von Efidac/24. Dieses Präparat nutzt die von ALZA entwickelte Technologie OROS, die den Wirkstoff allmählich und kontinuierlich dem Körper abgibt. 1993 konnte Efidac/24 als erstes OTC-Produkt eingeführt werden, das eine 24-Stunden-Linderung von Erkältungen und Nasenverstopfung verspricht (Ciba-Geigy 1992c: 6; Ciba 1994b: 18).

Im Rahmen der Umstrukturierungen des gesamten Konzerns integrierte die Ciba-Geigy die Zyma AG Mitte 1991 vollständig und erwarb die restlichen Zyma-Aktien. Im selben Zug wurden die weltweiten Aktivitäten von Ciba-Geigy und Zyma im Bereich Selbstmedikation zu einer eigenen Division im Bereich Gesundheit zusammengelegt und das Augengeschäft von Zyma der CIBA Vision übertragen. Damit sollten die Voraussetzungen für eine Expansion dieser Sektoren vor allem in Europa und in den USA verbessert werden (Ciba-Geigy 1992b; Ciba-Geigy-Magazin 1991c). In Erwartung des größeren Wachstums bezog CCP in diesem Jahr ein größeres Hauptquartier in Woodbridge, New Jersey, nur einige Meilen vom bisherigen Standort Edison entfernt (Ciba 1993b: 7). Auf internationaler Ebene erreichte die Division 1991 einen Umsatzzuwachs von 14% währungsbereinigt, bzw. von 15% in CHF (Ciba-Geigy 1992b).

1992, im zehnten Jahr ihrer Existenz, erzielte die Ciba Consumer Pharmaceuticals erstmals einen Gewinn (Ciba 1993b: 7). Und am Ende dieses Jahres unternahm die Division mit der Akquision der nordamerikanischen Selbstmedikationslinie von Fisons den bisher größten Expansionsschritt. Dank Fisons' etablierter Marken in Kanada und den USA verstärkte sie die Position in Nordamerika spürbar. Diese Akquisition erhöhte den Geschäftsumfang der CCP in den USA um USD 50 Millionen. Im gleichen Jahr übernahm die Ciba-Geigy auch den spanischen Hautpflege-Produzenten Carrera SA und unterstrich damit, das Geschäft auch in Europa ausdehnen zu wollen. Der Selbstmedikations-Markt erfuhr infolge der Aufhebung von Kostenerstattungen für verschreibungspflichtige bzw. verschriebene Präparate eine massive Ausdehnung. Die Ciba war bestrebt, die Entwicklungen im öffentlichen Gesundheitswesen in den USA und in Europa für die Expansion des Selbstmedikations-Geschäfts aufzugreifen (Ciba 1993a).

Die positive Entwicklung mit einem Umsatzwachstum von 12% 1993 war vor allem durch das Geschäft in den USA getragen, wo die Verkäufe gar um 63% zunahmen. Die Akquisition der nordamerikanischen Selbstmedikationslinie von Fisons hatte die Marktstellung erheblich verstärkt. Zur Erlangung einer kritischen Masse war sie ein zentraler strategischer Schritt (Staples 1994: 38). Die europäischen Selbstmedikationsaktivitäten von Zyma stagnierten demgegenüber im Rahmen der allgemeinen Marktentwicklung. Die Rezession sowie die Kostenkontrolle mit dem Entzug der Erstattungsfähigkeit in verschiedenen Ländern beinträchtigten den Umsatz. In den USA erwartete das Unternehmen demgegenüber von der Reform des Gesundheitswesen keine nennenswerten Einflüsse auf das Selbstmedikationsgeschäft. Man erhoffte sich von den Deregulierungen gar positive Effekte, indem bisher verschreibungspflichtige Medikamente frei verkäuflich werden. Deshalb verstärkte die Division ihre Präsenz in Nordamerika weiter. Im Zuge der Veränderungen der Rahmenbedingungen begann CCP 1993 in den USA nationale Marketing-Kampagnen für populäre Markenprodukte durchzuführen (Ciba 1994a; 1994b: 18).

Die Akquisition der nordamerikanischen OTC-Linie von Rhône Poulenc Rorer Ende 1994 war der massivste Ausbauschritt. Damit stieß die nunmehr *Ciba Self-Medication, Inc.* (CSM) heissende Konzerneinheit unter die zehn größten OTC-Unternehmungen in den USA vor. Diese Akquisition verdoppelte etwa die CSM Verkäufe und umfasste einige sehr bekannte Produkte wie *Maalox* (antacid), ein führendes Markenpräparat in Nordamerika, *Perdiem* (laxative) und *Ascriptin* (buffered aspirin) sowie eine Fabrikationsstätte in Fort Washington, Pennsylvania (Ciba 1995c; 1995a: 8).

Nach der Übernahme der amerikanischen Selbstmedikationslinie von Fisons und der Einführung von *Efidac/24* aus eigener Entwicklung 1993 ging das Management davon aus, dass die Division mit dieser erneuten Expansion die kritische Masse in Umsatz und Distribution erreicht habe, um sich erfolgreich im wettbewerbsintensiven US-Markt zu behaupten. Das Geschäft wurde mit der Gründung neuer Gesellschaften in Dänemark, Ungarn, Polen und Schweden auch in Europa geographisch weiter ausgedehnt. Zudem plante man die Expansion in den asiatisch-pazifischen Raum, die sich bislang auf eine begrenzte Präsenz in Thailand und Singapur stützte, sowie den Eintritt in den japanischen Markt. Die Division setzte sich zum Ziel, bis zum Ende des Jahrzehnts zu den weltweit führenden Selbstmedikations-Anbietern zu gehören (Ciba 1995c). Die Übernahme der spanischen Kosmetikfirma Carreras im Jahre 1992 und ihre Fusion mit Zyma drei Jahre später war Ausdruck des Bestrebens, auf spezifischen, immer noch sehr national strukturierten Märkten Fuß zu fassen (El Pais 1995).

Der weltweite Umsatz stieg 1994 währungsbereinigt um 7% und 1995 um 23%, wovon die von Rhône Poulenc Rorer übernommenen Produkte einen guten Teil ausmachten. Das Europa-Geschäft erholte sich von der Schwäche, die Situation blieb aber unbefriedigend. Einige Produkte, wie z.B. das Raucherentwöhnungspflaster *Nicotinell TTS* wurde nach Aufhebung der Verschreibungspflicht in Großbritannien und Deutschland erfolgreich als Selbstmedikationsprodukt weitergeführt. In den USA wurde dasselbe, aber unter dem Namen *Habitrol* laufende, Produkt in Erwartung dieses Schrittes bereits von CSM zur Vermarktung übernommen (Ciba 1995c; 1996c: 9). In den USA galt es, die im Vorjahr getätigten Akquisitionen zu verdauen und die Produkte ins eigene Angebot zu integrieren. 1995 formierte CSM eine nordamerikanische Geschäftseinheit, um die Tätigkeiten in den USA und in Kanada zentral zu organisieren. Die neue Organisation erleichterte die Integration der neuen Produkte und erlaubte es, die durch das North American Free Trade Agreement (NAFTA) ausgelösten Vorteile besser zu nutzen (Ciba 1996a: 9).

Tab. 6.5. Übernahmen im Bereich Selbstmedikation

Jahr	Firma	Tätigkeit der Firma	Vorgang
1978	Dart Industries Inc, Südafrika (Rexall-Produkte-Gamme)	OTC	Übernahme
1982	Ciba Consumer Pharmaceuticals, USA	Consumer Pharmaceuticals	Neugründung einer Konzerneinheit
1985	Med GmbH & Co, Berlin	Selbstmedikation	Akquisition
1987	Doan's Produkte-Linie	Nicht-rezeptpflichtige Heilmittel	Erwerb einer Produktelinie
1990	Webber, Kanada	eine Vitamin-Linie	Erwerb einer Produktelinie
1991	ALZA, Palo Alto	Darreichungsformen	Lizenzabkommen zur Entwicklung und Vermarktung von *Efidac/24*. Das Mittel nutzt die ALZA-Technolgoie *OROS*.
1992	Carreras SA, Spanien		Akquisition der Hautpflegeprodukte-Linie
1993	Fisons; Ipswich GB Selbstmedikations-Linie in Nordamerika		Akquisition. Fisons hat etablierte Märkte in Kanada und USA
1994	Rhône Poulenc Rorer, F. OTC Produktelinie von in USA		Akquisition, u.a. führendes Magenpräparat in Nordamerika
1995	Carreras, Spanien	Hautpflege, Kosmetik	Fusion mit Zyma

Quellen: Geschäftsberichte der Ciba-Geigy 1970–1995, Ciba-Geigy Zeitung 1971–1991, Ciba Zeitung 1992-1995, Ciba-Geigy Magazin 1976–92, Ciba Magazin 1993

Diagnostika

Parallel zu den enormen Fortschritten in der Biologie und Chemie, der Explosion des Wissens in den biologischen Wissenschaften, veränderten sich auch die Diagnostika grundlegend. In diesem wachsenden Geschäft wollte die Ciba-Geigy dabei sein. Darum gründete sie im Jahre 1985 zusammen mit der Fima Corning Glass Works, in Medfield im High Tech-Gürtel bei Boston gelegen, auf je hälftiger Basis das Joint Venture Ciba Corning Diagnostics Corp., das ihr Zugang zum interessanten Markt der Diagnostika eröffnete. Dieser Schritt stellte eine weitere Absicherung gegen die wechselnden Marktbedingungen in den angestammten Geschäften dar und brachte die Pharma Division weiter in Richtung einer breit abgestützten Healthcare Division. Das Gemeinschaftsunternehmen führte das von Corning eingebrachte Geschäft mit medizinischen Diagnosesystemen weiter und verstärkte die Entwicklung neuer Technologien mit dem Know-how der Ciba-Geigy-Forschung (Ciba-Geigy 1986a). Bei der Entwicklung eines strategischen Plans für CIBA-Corning konnten Synergien zwischen dem Pharmabereich, vor allem den Entwicklungstätigkeiten, und den Diagnostik-Geschäften nutzbar gemacht werden. Zudem erhoffte sich die Ciba-Geigy die Generierung von Synergien zu einigen Tätigkeitsfeldern der Unternehmensgruppe Elektronische Geräte mit Mettler, Gretag und Spectra Physics (Wittmer 1986b; Ciba-Geigy 1987c: 19; Ciba-Geigy-Magazin 1987f).

Ciba Corning Diagnostics verfügte über mehrere Standorte in der Hochtechnologieregion Boston. Am Hauptsitz Medfield produzierte das Unternehmen Sensoren und Analysegeräte zur qualitativen und quantitativen Erfassung verschiedener biologisch und klinisch wichtiger Substanzen. Wenige Kilometer davon entfernt, in Walpole, wurden Immundiagnostika entwickelt. Die biomedizinische Forschung in Cambridge bei Boston befasste sich mit der Entwicklung immunologischer Techniken und Messmethoden. Über weitere wichtige Produktionsstandorte verfügte Ciba Corning Diagnostics in Oberlin bei Cleveland, Palo Alto bei San Francisco und Irvine bei Los Angeles. Anfänglich hatte diese Firma rund 1800 Mitarbeiter, hauptsächlich in den USA, aber auch in Großbritannien, der Bundesrepublik Deutschland, Frankreich, Japan und Hong Kong (Ciba-Geigy 1986a: 25; Wittmer 1986b). Nach der Aufbauphase übernahm 1989 die Ciba-Geigy den 50%-Anteil der Partnerfirma *Corning Ink* an Ciba Corning Diagnostics, so dass sie nunmehr einen 100%-Anteil hatte. Demzufolge wurde ab 1990 das Ergebnis der Diagnostika-Geschäft voll in der Buchführung der Ciba-Geigy konsolidiert (Ciba-Geigy 1990a; 1991a).

Neben der Festigung im Bereich Notfalldiagnostik wurde die Präsenz in der Immundiagnostik verstärkt. Nach langjährigen Forschungsanstrengungen wurde im Jahr 1991 das neue, vollautomatische Diagnosesystem *AC:180* für private und Krankenhauslabors eingeführt. Der Umsatz erhöhte sich 1991 in lokalen Währungen um 9% oder 14% in CHF auf 461 Mio. CHF. Die Verkäufe verteilten sich je zur Hälfte auf die Bereiche Notfalldiagnostik und klinische Immundiagnostik (Ciba-Geigy 1992b).

Ciba-Geigy betrachtete die Diagnostika als ein ausgesprochenes Wachstumsgeschäft und erwartete überdurchschnittliche Umsatz- und Beitragszuwächse. Rund 14% des Umsatzes wurden 1992 in Forschung und Entwicklung gesteckt. Im gleichen Jahr übernahm man die Firma *Trition Diagnostika* und erweiterte damit die Basis in der Krebsdiagnostik (Ciba 1993a). Auf der Basis der positiven Umsatzentwicklung 1993 (+ 23% auf 659 Mio. CHF) erweiterte Ciba Corning in Jahren 1993 und 1994 die Fertigungs-, Forschungs- und Entwicklungsstätte in Walpole, Massachusetts (Ciba 1994a). Allerdings flachte sich das Ergebnis 1994 deutlich ab (Umsatzzuwachs von 5% in lokalen Währungen), übertraf aber noch immer deutlich die Marktentwicklung, die angesichts der weltweiten Anstrengungen zur Kostendämpfung im Gesundheitswesen stagnierte.

Tab. 6.6. Übernahmen im Bereich Diagnostika

Jahr	Firma	Tätigkeit der Firma	Vorgang
1985	Corning Glass Works, Medfield, MA	Diagnostics	Gründung der Ciba Corning Diagnostics Corporation, 50/50 Beteiligung
1989	Corning Ink, USA		Übernahme des Anteils der Corning Ink an Ciba Cornig Diagnostics, jetzt 100% Ant.
1990	Corning USA, USA		50% der Corning USA übernommen
1992	Trition Diagnostika	Krebsdiagnostik	Akquisition
1993	Kodak		Ciba Corning erwirbt von Kodak Lizenz eines Patentes, das für Diagnose-System verwendet wird
1994	Metra Biosystem, California	Technologie für Test auf Knochenerkrankungen wie Osteroporose	Vereinbarung, dass Ciba diese Technologie entwickelt
1994	Diagnostika Division		Angliederung an Chiron im Rahmen des Kooperationsabkommens

Quellen: Geschäftsberichte der Ciba-Geigy 1970–1995, Ciba-Geigy Zeitung 1971–1991, Ciba Zeitung 1992-1995, Ciba-Geigy Magazin 1976–92, Ciba Magazin 1993

Im Rahmen der strategischen Kooperation mit Chiron trat Ciba-Geigy ihre Diagnostika Division 1995 an Chiron ab (Ciba 1995c). Offensichtlich erwiesen sich Aufbau diese Geschäftszweiges schwieriger und die Wachstumsperspektiven geringer als erwartet. Insbesondere hätte die notwendige Akkumulation einer kritischen Masse mehr Mittel beansprucht. Diese wollte man aber eher in die Stärkung des pharmazeutischen Kerngeschäftes stecken. Für Chiron hingegen bot der neue Geschäftszweig die Gelegenheit, sich einen Cash Generator für die hohen Forschungsaufwendungen der anderen Unternehmensbereiche anzugliedern.

6.1.5 Zwischenfazit: Von den Pharmazeutika zur Gesundheit, Intensivierung der Forschung und starke Präsenz in der Triade

Diversifizierung

Die Anfang der achtziger Jahre eingeleitete Expansionsstrategie im Gesundheitsbereich wurde mit einer Reihe von Diversifizierungen untermauert. Ciba-Geigy begann, sich systematisch neue Geschäftsfelder und Märkte zu erschließen. Mit der Übernahme der Firma Tutag Company in Broomfield in Colorado im Jahr 1979 stieg sie in den USA ins Generika-Geschäft ein. Ein Jahr später erwarb sie von Titmus Eurocon in Aschaffenburg (BRD) die Lizenz zur Herstellung von Kontaktlinsen in den USA. Die gleichzeitig gegründete Firma CIBA Vision Care in Atlanta übernahm den Aufbau des Geschäfts und errichtete dort eine Kontaktlinsenfabrik. In Italien lancierte die Ciba-Geigy Geschäfte auf den Gebieten des chirurgischen Nahtmaterials sowie der medizinischen Fachbücher. In Australien übernahm die Ciba-Geigy sogar eine Firma, die ein Notruf- und Kommunikationssystem entwickelt hat (Ciba-Geigy 1982a). Im Jahre 1982 eröffnete sie in den USA unter dem Namen Ciba Consumer Pharmaceuticals eine weitere strategische Unternehmenseinheit für den Verkauf nicht-rezeptpflichtiger Medikamente. Und 1985 stieg sie mit der Gründung der Joint Venture Ciba Corning Diagnostics Corp.mit der Firma Corning Glass Works in Medfield, Massachusetts, ins Diagnostika-Geschäft ein.

Der Aufbau der neuen Geschäftsbereiche vollzog sich unterschiedlich. Bei CIBA Vision stand der Erwerb von Rechten an einem deutschen Produkt, das dann in den USA hergestellt wurde, am Anfang. Die kritische Masse des Kontaktlinsengeschäfts wurde zunächst in den USA erreicht und auf dieser Basis die Expansion in Europa und später in Asien vorangetrieben. Der Ausbau des Augenheilmittelgeschäfts beruhte teilweise auf bereits vorhandenen Aktivitäten der Tochtergesellschaft Zyma und erlaubte direktere Synergien zum pharmazeutischen Kerngeschäft. Bei den Generika und bei den Diagnostika bildeten Akquisitionen von ganzen Firmen mit ihren Produktionsanlagen und Vertriebsnetzen den Einstieg. Während bei den Diagnostika dieser Ersteinstieg sehr massiv und ansatzweise international war, wurden die Generika schrittweise und auf die nationalen Märkte abgestimmt aufgebaut. Produkte der Selbstmedikation vertrieb Ciba-Geigy bereits früher als Teil der Pharmadivision und der Tochtergesellschaft Zyma. Hier kombinierte die Expansionsstrategie verschiedene Ansätze wie die Reorganisation eigener Geschäftsbereiche sowie die Akquisition von Produkten und ganzen Firmen. Alle vier strategischen Diversifikationen im Gesundheitssektor wurden also mit einer Kombination von Zukäufen und internem Wachstum mit Investitionen und F&E-Ausgaben vorangetrieben.

Die sich verändernden Umwelt- und Marktverhältnisse schlugen sich auch in den Strukturen der Division nieder. Um sich besser auf künftig zu erwartenden Entwicklungen auszurichten, organisierte sich die Divisionsleitung neu und gründete das *Department Business Development*. Zu den Aufgaben dieses Organs gehörten die strategische Planung sowie der Auf- und Ausbau und die konzernweite Führung dieser neuen gesundheitsrelevanten Tätigkeitsgebiete außerhalb des angestammten Spezialitätengeschäfts (Ciba-Geigy 1983a).

Auffallend ist, dass die Ciba-Geigy ihre neuen Geschäftsfelder mit Ausnahme der Generika von Beginn an auf allen Ebenen - Forschung, Produktion und Vertrieb - zumindest mittelfristig in einer globalen Perspektive aufbaute. Die relative Verselbständigung dieser Bereiche erleichterte es, früher und direkter modernere Führungsstrukturen sowie aggressiveres und flexibleres Marktverhalten durchzusetzen (Aronson 1996). Aufgrund der flexibleren Gestaltungsmöglichkeiten und der schwächeren Bindung an bestehende Verhältnisse (Arbeitskräfte, Kapital) war dies im Rahmen des Aufbau eines neuen Geschäftsbereiches einfacher, als mit der Umstrukturierung bestehender Kerngeschäfte.

Die geographischen Schwerpunkte waren unterschiedlich. Die Generics wurden auf die USA und einige Länder Europas konzentriert. Das Programm der Servipharm bot zudem kostengünstige Generika Ländern der Dritten Welt an. Die Selbstmedikation wurde im Zuge der strukturellen Veränderungen der Gesundheitssysteme vor allem in den USA und Europa aufgebaut. Die CIBA Vision begann zwar in den USA, expandierte aber bald auch in Europa und in einigen der sogenannten 'emerging markets' in Asien. China und Indonesien erfuhren frühzeitig große Aufmerksamkeit. Die Diagnostika wiederum fokussierten sich auf die USA und Europa.

Die neuen Geschäftsfelder wuchsen in der Regel schneller als das angestammte Pharma-Geschäft mit rezeptpflichtigen Medikamenten. Im Jahre 1984 entfielen 90% des divisionalen Umsatzes auf das angestammte Spezialitätengeschäft (Ciba-Geigy 1985a). 1987 waren es noch 84%. CIBA Vision hatte mittlerweile genügend kritische Masse und wurde in diesem Jahr als selbständiges Geschäft aus der Division Pharma ausgegliedert (Ciba-Geigy 1986a; 1987a; 1988a). Zum Zeitpunkt der Schaffung von vier unabhängigen Gesundheits-Divisionen im Jahre 1991 belief sich der Spezialitäten-Anteil noch auf gut 74% und sank bis zur Übertragung der Diagnostika-Division an Chiron im Jahre 1994 auf knapp 70% und erhöhte sich 1995 dadurch wieder auf 73%.

Straffung des Produktportfolios, Faster Time to Market und Aufbau einer starken Präsenz in der Triade

Anfang der neunziger Jahre stand die Division Pharma erneut vor der Herausforderung, den Wachstumseinbussen und dem Margendruck energisch zu begegnen um sich gegenüber den Rivalen zu behaupten. Ciba-Geigy sackte 1992 auf den 5. und 1993 auf den 8. Platz der größten Pharmaunternehmen ab und angesichts der eher bescheidenen Produktpipeline und der angelaufenen Übernahme- und Fusionswelle war ein weiterer Verlust von Marktanteilen zu befürchten. Im Jahre 1992 arbeitete die Division Pharma einen strategischen Plan aus, der die wesentlichen Geschäftsziele bis ins Jahr 2000 festlegte. Die wichtigsten Zielvorgaben waren:

• Die Division Pharma wollte sich bis zum Ende des Jahrtausends unter den fünf Großen weltweit behaupten und in den darauf folgenden zehn Jahren wieder unter die drei führenden Pharmaunternehmen aufrücken.
• Den Umsatz wollte man bis in Jahr 2000 um mehr als das Doppelte auf 14 Milliarden CHF steigern (1992: 6,44 Milliarden CHF).
• Eine erhebliche Verkürzung der Zeitspanne für die Markteinführung neuer Produkte.
• Konzentration der Geschäftsaktivitäten auf die Triade-Länder USA, Japan und die großen europäischen Länder.

An rund 300 Veranstaltungen für die Kader wurde der Plan weltweit in der der Division verankert. Mit Broschüren und Videopräsentationen wollte man auch unter den Beschäftigten einen Mobilisierungeffekt bewirken (Ganz 1993a). Das 'Wachstum von innen' stand im Mittelpunkt dieser Strategie. Gleichzeitig sollten systematisch Möglichkeiten wahrgenommen werden, neue Technologien über Kooperationen mit Dritten, vor allem Biotechunternehmen, zu erschließen.

Die erste Stufe des *Strategischen Plans* 1992 bis 1994 *Getting into Shape* sollte die Voraussetzungen für künftiges Wachstum schaffen. Das Programm *Faster Time to Market* im Bereich Entwicklung war ein Hauptpfeiler des strategischen Planes. Man wollte die Entwicklung beschleunigen und Produktivität in den zwei folgenden Jahren um zwei bis drei Prozent des Umsatzes verbessern (siehe Abschnitte 7.2.5–7). Um die Kräfte zu bündeln, beschloss man, keine Produkte mehr zu entwickeln, deren Umsatzpotential unter 300 Millionen Schweizer Franken erwartet wird. Der Plan bewirkte die Globalisierung der Entwicklungsorganisation und bezweckte den Aufbau einer attraktiven Entwicklungspipeline sowie die Steigerung von Effizienz und Effektivität der gesamten Division. Die zweite Stufe *Building for Growth* für den Zeitraum zwischen 1995 und 1997 sah mit Hilfe weltweiter Marketinginstrumente die schnelle Einführung der neuen Produkte (z.B Valsartan, Letrozol, Hirudin) in den Schlüsselmärkten und damit eine markante Umsatzsteigerung vor (Douaze 1993; Mielecki 1995a).

Die globale Koordination zur optimalen Steuerung von Forschung, Entwicklung und Registrierung neuer Produkte wurde weiterhin gestärkt. Mit dem Wegfall von Handelsbarrieren begann die Produktion, sich auf regionale Zentren zu konzentrieren. Innerhalb der Europäischen Gesellschaft/Union wurde im Rahmen des Projektes 'EFI' eine Spezialisierung und Konzentration der Produktionsstätten in die Wege geleitet (siehe Abschnitt 8.2.2). Um den veränderten Marktbedingungen in den USA, in Deutschland und Italien Rechnung zu tragen, wurden 1993 in diesen Ländern Restrukturierungsprogramme eingeleitet. Allein die Pharma Division in den USA reduzierte die Mitarbeiterzahl um rund 850 Personen (Ciba 1994a).

Auf der strategischen Ebene konnten unterschiedliche Optionen eingeschlagen werden. Der US-Konzern *Merck* wagte mit der Übernahme von *Medco Containment* einen Schritt in Richtung vertikale Integration. *Roche* verbreiterte sich im Jahr 1994 mit der Übernahme von *Syntex* horizontal. Ciba lehnte große Fusionen und Übernahmen ab, ging stattdessen 1994 mit *Chiron Corporation*, einem der wichtigsten Biotechunternehmen in den USA, eine strategische Allianz ein und bewegte sich damit in Richtung virtuelle Integration. Hauptziel war dabei, neue Technologien zu inkorporieren (vgl. Mielecki 1994a: 41) (siehe Kapitel 7).

Globalisierung und Straffung des Marketings

Der Strategische Plan sah eine weltweite Vereinheitlichung des Portfolios vor. Ende 1993 wurden von Konzerngesellschaften 39 Präparate aus dem Markt genommen, deren Verkäufe international jeweils unter einer Million Schweizer Franken lagen. Weitere 34 Präparate und 52 Darreichungsformen folgten Ende 1994 (Mielecki 1994a: 43).

Bezeichnenderweise gingen der Implementierung des *Strategischen Planes* entscheidende Veränderungen im Marketing voraus. Bereits Anfang der neunziger Jahre drängte sich zunehmend eine Vereinheitlichung des Zugangs zu den Märkten auf. Die Globalisierung der Marketingorganisation vollzog sich auf zwei Ebenen: Auf der Managementebene war das 1991 gegründete *International Marketing Board* Ausdruck dieser Bestrebungen. Dieses Gremium tagte zweimal im Jahr und brachte die Entscheidungsträger aus Basel sowie die Marketingleiter aus den USA, Kanada, Japan, Deutschland, Großbritannien, Frankreich, Italien und Spanien zusammen. Auf der Projektebene wurden internationale Projektteams geschaffen. Im Sinne eines Pilotmodells wendete man den neuen Ansatz erstmals bei der Einführung des Produkts *Diovan* (Valsartan, ein Produkt zur Senkung des Blutdrucks) an. Bereits vier Jahre vor der für 1997 vorgesehenen Einführung des Präparats definierte ein internationales Projektteam mit Marketingsvertretern aus den voraussichtlich wichtigsten Ländern ausgehend von den Bedürfnissen der einzelnen Märkte gemeinsame Marketingstrategien. So entstand ein 'globales' Produktprofil. Das war neu, denn bisher entwickelte jedes Land sein eigenes Produktprofil, das auf seine eigenen speziellen Marktbedürfnisse zugeschnitten war. Die Botschaft für Valsartan sollte aber in jedem Land die gleiche sein. Dazu diente eine globale Marketingstrategie (Hüll 1995a).

Die Expansion in den USA, dem größten Pharmamarkt der Welt, war ein absolut vorrangiges Ziel (Staples 1994: 38). Schließlich kombinierte die Ciba-Geigy die Verkaufs- und Marketing Organisation des Spezialitätengeschäfts mit jener von Geneva Pharmaceuticals, dem Generika-Geschäft in den USA. Dieser organisatorische Zusammenschluss schuf ein einheitliches Angebot für patentgeschützte Medikamente und für Generika. *CibaGeneva* bot eine der breitesten Produktpaletten in den USA an und verstand es, die Vorteile dieser Kombination im wachsenden Segment des Managed Healthcare auszunutzen. Gemessen an der Zahl der Verschreibungen lagen Ciba und Geneva im Jahre 1994 gemeinsam an zweiter Stelle im amerikanischen Pharmamarkt (Ciba 1995c: 7; 1996c: 7).

Nach dieser Analyse der Strategie der Ciba-Geigy in den Pharma- und Gesundheitsmärkten wenden wir uns nun der Rivalin und zukünftigen Fusionspartnerin Sandoz zu. Das ermöglicht uns, anschließend zu erkennen, inwiefern Novartis die strategische Orientierung ihrer beiden Vorgängerfirmen weitergeführt hat.

6.2 Sandoz: *Sandimmun* als Fundament der Expansion

6.2.1 Allgemeine Entwicklungslinien des Pharmageschäfts

Die Pharmasparte errang im Laufe der sechziger Jahre die Führungsposition innerhalb der Sandoz. Mit der Übernahme der international tätigen Wander AG im Jahr 1967 verstärkte der Konzern neben dem Einstieg in den Ernährungssektor auch seine Pharmasparte. Diese Vergrößerung war auch Anlaß, die Orientierung und Organisation des Konzerns zu überprüfen. Der Pharmaumsatz setzte sich in den folgenden Jahren aus den Sparten Sandoz, Wander, Biochemie, Sanabo und pharmazeutische Chemikalien zusammen (Fritz 1992: 107). Die 1967 eingerichtete Stabstelle *Planung* wendete verstärkt systematische Planungsmethoden an. Ein 1968 erstellter Fünfjahresplan bestimmte für jedes Tätigkeitsgebiet des Pharmadepartements die Politik, die Strategie und die Methoden. Aus heutiger Sicht und im Lichte der Orientierung von Novartis bemerkenswert ist die Vorgabe für das Marketing. Dieses erhielt die Aufgabe, die Grundlagen dazu zu schaffen, *„um aus Sandoz, dem Hersteller von Pharmazeutica von heute, ein Unternehmen zu machen, das morgen entscheidend zur 'Gesundheit des Menschen' beiträgt"* (zitiert aus Fritz 1992: 169). Der Konzern widmete der Diversifikation im Gesundheitswesen in den siebziger Jahren besondere Aufmerksamkeit (Sandoz 1973: 10). Der Einstieg in das Hospital Supply-Geschäft und in das Fitness-Geschäft standen dabei vorerst im Vordergrund. Über den Geschäftsgang der Produkte von Wander wurde noch bis 1971 getrennt berichtet. In diesem Jahr wurden die pharmazeutischen Marketingorganisationen von Wander und Sandoz in Basel sowie in einigen Tochtergesellschaften integriert (Sandoz 1972: 14). Die Geschäftsentwicklung zwischen der Wander-Übernahme 1967 und der Fusion zu Novartis 1996 lässt sich in etwa fünf Phasen gliedern.[62] Wie auch bei Ciba-Geigy verlief der zyklische Verlauf von wachstumsstarken und rezessiven Phasen zeitlich etwas verschoben zum gesamtwirtschaftlichen Konkjunkturverlauf.

Die Jahre der Wander-Integration waren durch ein ausgesprochen dynamisches Wachstum mit der Erschließung neuer Märkte und der Einführung neuer Produkte gekennzeichnet. Die größten Wachstumssteigerungen wurden 1970 allerdings mit den bereits verankerten Präparaten wie *Hydergin* und *Dihydergot, Melleril, Calcium-Sandoz, Bellergal* und *Cafergot* erzielt (Sandoz 1971: 14). Die Währungskrise von 1971 brachte eine erste Beeinträchtigung des Geschäftsgangs. In dieser ersten Phase wurde im EWG-Raum bisweilen eine überdurchschnittliche Umsatzentwicklung erzielt (Sandoz 1969: 13). In wichtigen Ländern wie BRD, Japan, Brasilien, aber auch in Frankreich, Italien, der Schweiz, Spanien und der Türkei konnten die Marktanteile erhöht werden. Auch in Japan verzeichnete die Sandoz stark wachsende Umsätze (Sandoz 1975: 18; 1972: 14). Anfang der siebziger Jahre wurde die Funktion Marketing schrittweise in den Verantwortungsbereich der

---

[62] Die Geschäftsberichte bieten wie bei Ciba-Geigy nur mangelhafte geographische Informationen. Ab 1989 enthielten sie Zahlen über die geographische Aufschlüsselung der Pharmaverkäufe und Investitionen. Einschätzungen über die geographische Gewichtung der Pharmageschäfts sind allerdings durch eine Interpretation des Textteils der Berichte zu gewinnen.

Tochtergesellschaften oder des *Product Management* verlagert. Das führte dazu, daß auf Konzernebene das *Länder-Management* und das *Produkt-Management* an den Platz des Marketings traten. Diese beiden Linienstellen bildeten fortan zusammen mit Forschung, Produktion und Diversifikation die fünf Hauptfunktionen des Pharma-Departements (Sandoz 1974: 20).

Die Rezession 1975/76 leitete die zweite Phase ein. Im Jahr 1976 sackte die Wachstumsrate auf 1,3% ab. Und 1978 mußte in Schweizer Franken gar ein deutlicher Umsatzrückgang in Kauf genommen werden, nicht jedoch in lokalen Währungen. In diesen Jahren erzielte Sandoz namentlich in Deutschland und Japan beachtliche Umsatzsteigerungen (Sandoz 1978: 16; 1979: 16; 1980: 16; 1981: 16).

In einer dritten Phase Anfang achtziger Jahre konzentrierte sich Sandoz verstärkt darauf, die Umsätze der neu eingeführten Produkte mit gezielten Marketinganstrengungen zu vergrößern, um das eigene Innovationspotentials besser auszuschöpfen. Grundsätzlich suchte der Konzern die Antwort auf die zunehmende Konkurrenz durch Imitationen in der verstärkten Entwicklung neuer Heilmittel, die auch besser dem Druck auf die Preise widerstehen (Sandoz 1981: 16). Tatsächlich behauptete sich Sandoz in den Rezessionsjahren 1981/82 mit beachtlichen zweistelligen Umsatzsteigerung in lokalen Währungen, wofür die relativ jungen Produkte maßgeblich betrugen (Sandoz 1982: 18). Insbesondere der US-Konzerngesellschaft gelang es, die Umsätze markant zu steigern und den Marktanteil zu erhöhen. Besonders erfolgreich waren *Melleril, Parlodel* und *Restoril*. Zudem wurde der Beta-Blocker *Visken* endlich zugelassen (Sandoz 1983: 18).

Neben den weltwirtschaftlichen Gegebenheiten beeinträchtigten der zunehmende interventionistische Druck der Behörden und Einschränkungen bei Preisanpassungen sowie der anhaltende Trend, Originalpräparate durch Nachahmungen zu ersetzen das Geschäft (Sandoz 1984: 18). Während des Konjunkturhochs 1983-1985 gelang es insbesondere in Nordamerika, die Umsätze zu steigern und die Marktstellung sowohl bei den verschreibungspflichtigen als auch den Publikumspräparaten verbessern (Sandoz 1984: 18; 1985: 18). Der Umsatz verzeichnete im Boomjahr 1985 eine Steigerung von 13,3% in Franken und 25% in lokalen Währungen. Allerdings beklagte sich der Konzern über wachstumshemmende Kostensenkungsmaßnahmen in Europa (Sandoz 1986b: 28). Anfang der achtziger Jahre verstärkte Sandoz das Interesse für den US-Markt, was sich auch in der Übernahme des auf Selbstmedikation spezialisierten Unternehmens *Ex-Lax* im Jahre 1981 zeigte. 1986 ging der Umsatz in Franken erstmals seit 1978 leicht zurück, in lokalen Währungen betrug die Steigerung aber weiterhin stolze 18,4%. Sandoz versuchte mit dem Marketing daher die Kosten-Nutzen-Verhältnisse ihrer Präparate herauszustreichen. Dank der Neueinführung mehrerer Produkte vermochte die Sandoz in Japan hohe Umsatzzuwächse zu erzielen. Auch in den USA konnte der Konzern das Geschäft mit verschreibungspflichtigen Medikamenten ausbauen (Sandoz 1987: 22).

Die zweite Hälfte der achtziger Jahre verlief ausgesprochen dynamisch, nicht zuletzt aufgrund der neueren Produkte. In dieser vierten Phase setzte sich *Sandimmun* neben *Zaditen, Parlodel, Miacalcic* und *Sandoglobulin* als Hauptumsatzträger durch (Sandoz 1989: 22). Der gute Geschäftsgang schuf günstige Voraussetzungen, sich für eine weitere Expansion des Geschäftes zu rüsten. So verstärkte Sandoz ihr Pharmageschäft in Italien 1986 mit der Übernahme des L.P.B. Istituto

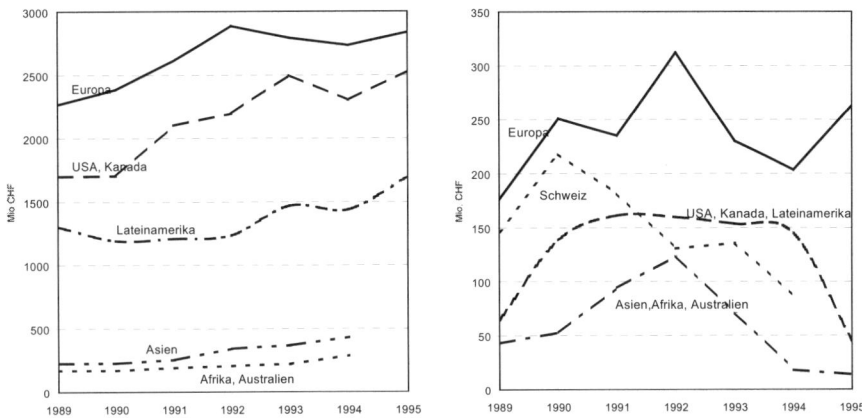

Abb. 6.3. Entwicklung der Umsätze und Investitionen von Sandoz Pharma
Quelle: Sandoz Geschäftsberichte 1989–1995

Farmaceutico in Mailand und 1988 mit der Übernahme von Samil S.p.A. in Rom
(Sandoz 1987: 17; 1989: 17). Der Konzern vermeldete in allen drei Polen der
Triade eine erfolgreiche Entwicklung (Sandoz 1989: 22; 1990a: 26). In dieser Zeit
dehnte Sandoz ihre Position in Japan massiv aus. Als drittgrößter ausländischer
Pharma-Produzent baute Sandoz in Japan ein eigenes Verteilnetz auf und regelte
die dreißigjährige Partnerschaft mit Sankyo neu. Noch bedeutsamer war der Aufbau des Pharma-Forschungszentrums in Tskuba in den Jahren 1989–93 (Sandoz
1989: 22; Sandoz bulletin 1994a).

In Westeuropa wurde der Geschäftsverlauf 1990 durch die Währungssituation
negativ beeinflußt. Weiterhin beklagte sich die Sandoz über die behördlichen
Maßnahmen, mit denen die Preise gesenkt und der Konsum pharmazeutischer
Produkte eingeschränkt werden sollte (Sandoz 1991a: 28). Zudem beeinflußte
auch die Konzentration im europäischen Medikamentengroßhandel den Markt
nachhaltig (Sandoz 1992a: 27).

Für die Sandoz Pharmaceuticals Corporation in den USA setzte sich trotz Verschlechterung der allgemeinen Konjunkturlage die Boomperiode bis 1992 mit sehr
hohen Steigerungsraten des Umsatzes fort (1990 + 19,4%, 1991 + 17,8%, 1992 +
12,1% in US-Dollar). Die Pharmadivision erzielte zwischen 1989 und 1995 mit
Abstand die höchsten Steigerungsraten aller Divisionen. Der Anteil der US-
Pharmadivision am Gesamtumsatz erhöhte sich zwischen 1989 und 1993 von
knapp 40% auf über 49%. Die Übernahme von Gerber 1994 ließ dann den Anteil
der Division Ernährung von 5% auf 37,3% hochschnellen und jenen der Pharmadivision auf 34% absinken (Sandoz 1990b; 1991b; 1992b; 1993b; 1995b; 1996b).
In der gleichen Zeit verzeichnete Sandoz zudem in den Ländern des Fernen Ostens
ein dynamisches Wachstum. Angesichts der politischen und wirtschaftlichen
Umwälzungen in Osteuropa verstärkte Sandoz auch dort ihre Präsenz (Sandoz
1991a: 28f). Die in den siebziger Jahren eingeführten Präparate *Hydergin, Parlodel* und *Visken/Viskaldix* mußten ab 1990 Umsatzeinbußen hinnehmen, gehörten

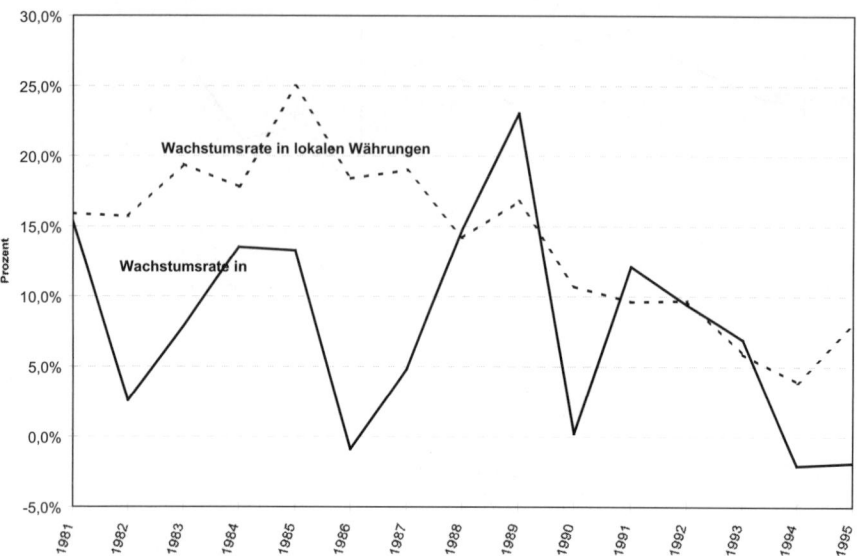

Abb. 6.4. Wachstumsraten des Umsatzes von Sandoz Pharma
Quelle: berechnet nach Sandoz Geschäftsberichten 1981–1995

aber dennoch für eine gewisse Zeit zu den Umsatzträgern der Division. Der Umsatz von *Sandimmun* überschritt 1992 erstmals die Milliardengrenze (Sandoz 1991a: 30; 1993a: 26).

Die Rezession in den frühen neunziger Jahren leitete die fünfte Phase ein. Der Konjunktureinbruch und behördliche Auflagen im Zuge der Kostenkontrollen im Gesundheitswesen beeinträchtigten das Geschäft in allen wichtigen Ländern. Sandoz' strategische Antwort war die verstärkte Entwicklung neuartiger Spezialitäten (Sandoz 1993a: 26f). Angesichts der anhaltenden Rezession und den veränderten Bedingungen im Gesundheitswesen erlitt Sandoz in Europa 1993 erstmals seit mehreren Jahren wieder Umsatzeinbußen. In den USA zog das Geschäft aber bereits wieder an. Ein beträchtliches Wachstum erzielte die Division Pharma hingegen in Asien. Die Sandoz baute in den neuen Märkten Mittel- und Osteuropas ihre lokalen Verkaufsgesellschaften zielstrebig aus. Mit dem 1993 eröffneten Forschungszentrum in Tsukuba wollte man nicht zuletzt auch die Einwicklung neuer Produkte für den japanischen Markt beschleunigen (Sandoz 1994: 22). 1994 und 1995 schwächte sich das Wachstum in lokalen Währungen auf 5% bzw. 8% ab (in Schweizer Franken ging der Umsatz gar um 2,1% bzw. 2% zurück). Der Markt war weiterhin von rezessiven Tendenzen und behördlichen Maßnahmen zur Kosteneindämmung gekennzeichnet. Trotz des Drucks von Generika auf wichtige Produkte wie *Pamelor* vermochte Sandoz in den USA dank *Lescol* den Umsatz leicht zu steigern. *Lescol* wurde von einer großen Zahl von *Managed Care* Organisationen als Cholesterinsenker erster Wahl eingesetzt. Der Bedeutungsgewinn der *Managed Care* Organisationen in den USA stellte die Pharmakonzerne vor die Herausforderung, diese kollektiven Nachfrager mit speziellen Marketingabteilungen zu erreichen. Darum baute Sandoz im Jahr 1994 eine *Managed Care* Abtei-

lung auf. Mit einer gleichzeitigen Rationalisierung der Marketing- und Verkaufs-
organisiation reduzierte sie den Personalbestand der traditionellen Vertriebsorganisation in den USA 1994 um circa 20%. Trotz Preiskontrollen und zunehmenden
Parallelimporten verzeichnete Sandoz in den meisten Ländern in lokalen Währungen ein starkes – in Deutschland, Frankreich und Großbritannien gar ein überdurchschnittliches – Wachstum, nicht jedoch in Schweizer Franken (Sandoz
1995a: 21). Im Jahr vor der Novartis-Fusion beeinträchtigten in Europa Wäh-
rungskursschwankungen und eine Zunahme der Parallelimporte aus Ländern mit
traditionell tiefen, staatlich kontrollierten Preisen das Geschäft. In Japan legte
Sandoz nach einem eher schwachen Jahr erst 1995 wieder kräftig zu (Sandoz
1996a: 20f).

Ein Blick auf die geographische Verteilung der Umsätze zwischen 1989 und
1995 zeigt, daß sich in dieser Periode keine grundlegenden Gewichtsverschiebungen ergeben haben. Der Anteil Europas an den Verkaufserlösen schwankte zwischen 38 und 42%, jener der USA und von Kanada zwischen 30% und 34%. Zwischen 4 und 6% der Pharmazeutika wurden in Lateinamerika und immerhin gut
20% in Asien verkauft.

Die geographische Verteilung der Investitionen widerspiegelt die Tendenz zur
Triadisierung der strategischen Orientierung der Division Pharma. Zwischen 1989
und 1994 ging der Anteil der in der Schweiz getätigten Investitionen von 34% auf
19% zurück. Die Investitionen in Europa (ohne Schweiz) schwankten zwischen
35% und 45% ohne eindeutige Tendenz. Andererseits verdoppelte sich im gleichen Zeitraum der Anteil der Investitionen in den USA und Kanada von 15% auf
32%. Besonders Anfang der neunziger Jahre verzeichneten die Investitionen in
Asien einen starken Anstieg, gingen danach aber wieder zurück. Im Jahr 1995
investierte die Division Pharma dann wieder 82% des gesamten Volumens in
Europa inklusive Schweiz, nur noch 14% in Nord- und Südamerika und gar nur
noch 4% in Asien, Australien und Afrika. Die Angaben über die Investitionen sind
natürlich auch von großen Einzelprojekten geprägt. Dennoch offenbart die Entwicklung zwischen 1989 und 1995 den zielstrebigen Ausbau der Forschungs- und
Produktionseinrichtungen in den USA und in Japan respektive Südostasien. Die
massive Steigerung der Investitionen Mitte der neunziger Jahre in Europa dürfte
im Zusammenhang der weitgehenden Reorganisation der chemischen und pharmazeutischen Produktion zu sehen sein (siehe Kapitel 8).

Indikationsgebiete

Die größten Anteile zum Umsatz trugen Anfang der siebziger Jahre die Präparate
zur Behandlung von Herz-Kreislauf-Krankheiten, Psychopharmaka und Analgetika bei. Wichtige Herz-Kreislauf-Präparate waren *Hydergin, Dihydergot, Brinerdin*
und *Visken*. Die Psychopharmaka waren durch *Melleril* und *Serentil*, die Gruppe
der Schmerz- und Migränemittel wie *Opdalidon* und den 1971 lancierten Präparaten *Sangesic* und *Sandomigran* repräsentiert (Sandoz 1972: 14). Mit dem 1982
eingeführten Immunsuppressionsmittel *Sandimmun* gelang Sandoz der Einstieg in
die Immunologie, nachdem bereits ab 1976 erste nicht sehr erfolgreiche Schritte in
diesem Feld mit dem Impfstoff *Sandovac* unternommen wurden. Der *Sandimmun*-
Wirkstoff Ciclosporin und das Präparat *Lamisil* waren zugleich die Grundlage für
die Expansion in das Feld der Dermatologie. Mit der Lancierung von *Sandoglo-*

bulin 1979, *Sandostatin* 1988 und *Leucomax* 1991 stieg Sandoz zudem in die wichtige Indikation Krebs ein. Auf dieser Basis erlangte Sandoz in den neunziger Jahren eine führende Position in der Immunologie, der Behandlung von Schizophrenie, der Dermatologie sowie in speziellen Bereichen der Onkologie. Das traditionelle Gebiet Herz-Kreislauf blieb dem 1989 eingeführten blutdrucksenkenden Calcium-Antagonisten *Lomir/DynaCirc* und dem 1994 eingeführten Cholesterinsenkungsmittel *Lescol* weiterhin ein wichtiges Feld.

Zentrales Nervensystem, Psychopharmaka, Schmerz- und Migränemittel. Das 1958 eingeführte Neuroleptikum *Melleril* stellte in den ganzen sechziger und siebziger Jahren einen Umsatzträger der Pharmasparte von Sandoz dar. Die Anwendung des Präparats wurde durch die Einführung ergänzender Produkte wie *Imagotan* (1969) und *Serentil* (1970 in den USA und Kanada) zusätzlich gestützt. Auch der Ablauf des Patentschutzes auf *Thioridazin* und die Einführung des Nachfolgeprodukts *Leponex* im Jahr 1973 beeinträchtigten die Nachfrage nach *Melleril* weniger als erwartet (Sandoz 1974: 19; 1975: 18). *Melleril* vermochte seine Umsätze bis 1982 zu steigern. 1980 war es weltweit weiterhin das wichtigste Neuroleptikum. Obwohl das Präparat keinen Patentschutz mehr genoß, erzielte es vor allem in den USA weiterhin gute Umsätze. Erst 1984 verlor es gegenüber Nachahmer- und Nachfolgerprodukten an Marktanteilen (Sandoz 1981: 16; 1983: 19; 1984: 18; 1985: 18).

1972 brachte Sandoz das Neuroleptikum *Leponex* zur Behandlung psychotischer Zustände in der Schweiz und Österreich auf den Markt (Sandoz 1973: 14). Das Produkt stammte aus dem Berner Forschungszentrum. 1974 war es in elf Ländern eingeführt und erzielte rasch ansteigende Umsätze (Sandoz 1975: 18). Allerdings musste das Präparat 1975 wegen potentiell schwerwiegenden Nebenwirkungen vom Markt zurückgezogen werden (Sandoz bulletin 1996a: 16). Erstaunlicherweise erlebte das Präparat vierzehn Jahre später eine Renaissance und setzte sich zur Behandlung therapieresistenter Schizophrenien auf allen Märkten rasch durch. In den USA wurde es 1989 unter dem Namen *Clozaril* eingeführt (Sandoz 1990a: 27; Laing 1995: 31). Bis 1991 war *Leponex / Clozaril* in 30 Ländern zugelassen. Das Präparat verzeichnete Mitte der neunziger Jahre überdurchschnittliche Wachstumsraten und war 1995 das drittwichtigste Produkt (Sandoz 1992a: 29; 1993a: 29; 1994: 23; 1995a: 22; 1996a: 22).

Das Mutterkornpräparat *Hydergin* zur Behandlung gewisser Symptome von Altersdemenz erzielte in den frühen siebziger Jahren überdurchschnittliche Ergebnisse und zählte bis weit in die achtziger Jahre zu den Umsatzträgern von Sandoz. Wie auch das andere wichtige Mutterkornpräparat *Dihydergot* behauptete es weltweit seine Marktstellung trotz aufkommender Konkurrenzprodukte und Nachahmungen. Eine konstante Anpassung an neue Bedürfnisse erlaubte es, den Lebenszyklus mehrfach zu verlängern (Sandoz 1973: 15; 1977: 16; 1978: 16,, 1979 #1116: 16; 1980: 16; 1981: 16; 1982: 18; 1983: 18; 1984: 18; 1985: 18; 1986b: 28; 1987: 22). Ein weiteres in den siebziger Jahren zunehmend verkauftes Präparat war das von Wander stammende Antidepressivum *Noveril*. Zu dieser Gruppe gehörte auch das 1970 eingeführte *Sandomigran* gegen Migräne; ein Feld, wo die Sandoz führend war (Sandoz 1970: 14; 1971: 14; 1972: 14; 1974: 19; 1975: 18; 1977: 16).

Große wissenschaftliche Aufmerksamkeit erhielt das 1975 zuerst in der Schweiz und 1976 in weiteren Ländern lancierte Präparat *Parlodel*. Dieses hemmt die Milchsekretion nach der Geburt und wirkt gegen gewisse Formen der weiblichen Sterilität. Die zahlreichen klinischen Studien, die mit diesem Medikament durchgeführt wurden, ließen eine wesentliche Erweiterung seines therapeutischen Anwendungsgebiets erwarten. Zunächst ergab sich eine Ergänzung für die Behandlung von Akromegalie, eine seltene, aber schwere hormonale Erkankung. Neben der Prolaktinhemmung, einem Hormon der Hirnanhangdrüse, stand die Stimulierung bestimmter Strukturen im zentralen Nervensystem im Vordergrund des Interesses. 1977 wurde *Parlodel* auch in Deutschland und 1978 in den USA eingeführt, wo die FDA es als 'important therapeutic gain' einstufte. Das Präparat wurde sowohl in den ursprünglichen als auch neueren Indikationen sehr erfolgreich. Zudem wurde es auch zur Behandlung der Parkinsonschen Krankheit und der prolaktinbedingten Infertilität zugelassen. Sechs Jahre nach der Erstzulassung stand *Parlodel* 1981 an sechster Stelle unter den Sandoz-Medikamenten. Das Präparat konnte in seinen verschiedenen Indikationen im Bereich der Gynäkologie und der Parkinsonschen Krankheit in den achtziger Jahren die Marktposition laufend verbessern. Ab 1990 verzeichnete es Einbußen, blieb aber ein wichtiges Produkt. Schließlich stoppte Sandoz 1995 die Promotion des Präparates (Sandoz 1976: 15; 1977: 16; 1978: 16; 1979: 17; 1980: 16; 1981: 16; 1982: 18; 1986b: 28; 1987: 22; 1988: 25; 1991a: 30; 1996a: 23).

Zu einem Produkt mittlerer Bedeutung (1995: 12. Rang) entwickelte sich das ab 1984 eingeführte Muskelrelaxans *Sirdalud* (Sandoz 1985: 18; 1986b: 28; 1987: 22). 1986 lizenzierte die Sandoz das Antidepressivum *Pamelor* für den Markt in den USA ein und erzielte damit überdurchschnittliche Umsatzsteigerungen. Das Präparat wurde auch Mitte der neunziger Jahre noch vertrieben (Sandoz 1987: 22; 1988: 24; 1989: 22; 1991a: 30; 1992a: 29).

Herz-Kreislauf. Auf der Basis von *Visken, Brinerdin* und *Dihydergot,* die Anfang der siebziger Jahre zu den wichtigsten Produkten zur Therapie von Herz-Kreislauf-Erkrankungen gehörten, beschloß die Sandoz damals, dieses wichtige Gebiet auszubauen. Zusätzlich zu den traditionellen Mutterkorn-Präparaten *Hydergin* und *Dihydergot* sowie dem 1968 zur Blutdrucksenkung eingeführten *Brinerdin* war ab 1971 auch *Visken* in nahezu allen Ländern zur Behandlung von Herzkrankheiten zugelassen. *Visken* vergrößerte seinen Marktanteil an den Beta-Blockern und gewann ab 1974 auch unter der zusätzlichen Indikation Hypertonie an Bedeutung (Sandoz 1969: 13; 1972: 14; 1973: 14; 1975: 18; 1977: 16). Sandoz kombinierte den Wirkstoff von *Visken* erfolgreich mit mehreren anderen Präparaten. So lancierte sie 1978 eine Kombination von *Visken* mit einem Diuretikum, *Viskaldix,* in der Schweiz, in Deutschland und in Großbritannien (Sandoz 1978: 16; 1979: 16; 1980: 16; 1981: 16). *Visken* und *Viskaldix* legten bis Ende der achtziger Jahre trotz Generika-Konkurrenz noch zu. Ab 1990 mußten sie Umsatzeinbußen hinnehmen und verloren danach ihre Rolle als Umsatzträger (Sandoz 1985: 18; 1986b: 28; 1987: 22; 1991a: 30). Als weiteres Präparat in diesem Segment wurde 1978 *Estulic* gegen alle Formen der Hypertonie in der Schweiz zuerst auf dem Spitalmarkt zugelassen und ab 1979 in weiteren Märkten eingeführt (Sandoz 1979: 16; 1980:16; 1981:16; 1983: 18). Sandoz nahm Anfang der achtziger Jahre mit *Visken, Estulic* und nach der Einführung des neuen Vasodilators *Miretilan,* der den erhöhten Blutdruck durch Erweiterung der peripheren Gefäße senkt, eine starke Stellung als Hypertoniefirma ein (Sandoz 1982: 18; 1983: 18).

Im Gebiet der bluthochdrucksenkenden Mittel verkaufte Sandoz ab 1986 einen von Yamanouchi einlizenzierten Calcium-Antagonisten unter dem Namen *Loxen* in Frankreich und *Perdipina* in Italien (Sandoz 1987: 22; Sandoz 1988: 25). 1989 brachte Sandoz unter dem Namen *Lomir/DynaCirc* einen eigenen blutdrucksenkenden Calcium-Antagonisten in dreizehn Ländern auf den Markt und erhielt bis Ende 1990 u.a. auch für die USA und danach vielen weiteren Ländern die Zulassung. Der einlizenzierte Calcium-Antagonist *Loxen* verkaufte sich in Frankreich und Italien vorerst weiterhin gut. *Lomir/DynaCirc* verzeichnete im hartumkämpften Hypertoniemarkt zwar anfänglich große Zuwachsraten, kam jedoch nicht wesentlich über die CHF 200 Millionenmarke hinaus (Sandoz 1990a: 27; 1991a: 30; 1992a: 28; 1994: 23). 1994 führte Sandoz *Lescol* zur Senkung des Cholesterinspiegels ein. Besonders erfolgreich wurde das Präparat bei Managed Care Organisations in den USA. Dieses Präparat erklomm nach kurzer Zeit einen Spitzenrang unter den Sandoz-Medikamenten (Sandoz 1994: 23; 1995a: 21; 1996a: 22).

Antiallergika / Asthma. Der Erfolg des Antiallergikums *Tavegyl* (1968 erstmals und in den USA 1978 unter dem Namen *Tavist* eingeführt) und die zunehmende Bedeutung von Hauterkrankungen bewogen die Sandoz 1972, die Tätigkeiten auf dem Gebiet der Dermatologie zu verstärken. Mit *Purantix* ergänzte sie gleichzeitig die Palette von Mitteln zur Behandlung allergischer Hautreaktionen. Die zur Gruppe der Corticoiden gehörende Substanz wurde in einer frühen Entwicklungphase einlizenziert (Sandoz 1969: 13; 1979: 16; 1973: 14).

1977 führte Sandoz nach langen Forschungsarbeiten das Medikament *Zaditen*, ein Mittel zur oralen Asthmavorbeugung und zur allgemeinen Behandlung von Allergien, ein. *Zaditen* greift in den Überreaktionsprozeß ein, der bei Allergien im Immunsystem abläuft. Das Präparat entwickelte bald ein dynamisches Wachstum in wichtigen Märkten wie Deutschland und Großbritannien ab 1979 und ab 1983 in Japan (Sandoz 1978: 16; 1979: 16; 1980: 16; 1981: 16; 1983: 18; 1984: 18; 1985: 18; 1986b: 28; 1987: 22). In den achtziger Jahren setzte sich *Zaditen* zu einem Hauptumsatzträger der Division Pharma durch. 1987 schob sich das Präparat auf den ersten Rang der Sandoz-Pharmazeutika. Das Mittel wurde auch zur Behandlung allergischer Hautkrankheiten wie atropischer Dermatitis (in Japan 1987) mit einer neuen galenischen Form zugelassen (Sandoz 1988: 25; Sandoz bulletin 1996a: 21). Anfang der neunziger Jahre erzielte *Zaditen* hinter *Sandimmun* den zweitgrößten Umsatz. Mit mehreren neuen Darreichungsformen wurde der Lebenszyklus des Produkts verlängert (Sandoz 1993a: 29; 1994: 23). Interessant ist, daß *Zaditen*, obwohl Umsatzträger, in Kanada erst 1990 und in den USA erst überhaupt nicht zugelassen wurde (Sandoz 1991a: 28; Laing 1995: 16).

Immunologie. Mit der Einführung des Grippeimpfstoffs *Sandovac* 1976 in der Schweiz, in Deutschland und Österreich betrat Sandoz erstmals das Gebiet der Immunologie. Der Impfstoff stammte aus dem Forschungszentrum in Wien und resultierte aus der Auswertung spezifischer molekularbiologischer Erkenntnisse. 1977 und 1978 errang *Sandovac* in der Schweiz, in Österreich und in Deutschland bedeutende Marktanteile auf dem Gebiet der Grippeprophylaxe. 1978 wurde er in Belgien und Holland auf den Markt gebracht. Im Sinne einer angestrebten Konzentration stellte Sandoz 1981 ihre Tätigkeiten auf dem Gebiet der Vakzine ein und verkaufte die Rechte am selbst entwickelten Impfstoff (Sandoz 1976: 15; 1977: 14; 1978: 16; 1979: 16; 1982: 18).

Die Einführung von *Sandimmun* 1982 zuerst in der Schweiz und danach in den anderen Ländern bedeutete einen großen Schritt in der Transplantationsmedizin. Damit trat Sandoz erstmals in den Markt der Immunsuppression ein. *Sandimmun* war ein Durchbruch auf dem Gebiet der medikamentösen Unterstützung der Organtransplantation. Ende 1983 war das Präparat bereits in neun Ländern, darunter auch den USA, und 1984 in zwanzig wichtigen Ländern eingeführt. *Sandimmun* setzte sich bald zum Standardtherapeutikum in der Transplantationsmedizin durch. Nach der Einführung in Japan 1986 war das Präparat in allen wichtigen Ländern auf dem Markt (Sandoz 1983: 18; 1984: 18; 1985: 18; 1986b: 28; 1987: 22). Das Mittel hemmt die Abstoßreaktion des Körpers gegen transplantierte Organe. Der aus einem Pilz gewonnene Wirkstoff Ciclosporin übt eine starke und vorher unbekannte Wirkung auf das Immunsystem aus. Er verhindert die Abstoßungsreaktion des Immunsystems gegen transplantierte Organe oder übertragenes Knochenmark. Das Präparat erlangte großes wissenschaftliches Interesse, und der Wirkstoff Ciclosporin wurde bald auch außerhalb der Transplantation bedeutsam (Sandoz 1990a: 26; 1991a: 30). Der große Erfolg von Sandimmun bot der Division Pharma ab Mitte der achtziger Jahre die materielle Basis für deren Expansionskurs. 1991 wurde das Mittel erstmals bei den Indikationen Psoriasis und nephrotisches Syndrom eingesetzt (Sandoz 1992a: 29). 1992 überschritt mit Sandimmun erstmals ein Sandoz-Präparat die Umsatzschwelle von einer Milliarden Franken, und auch danach konnte der Umsatz weiter massiv gesteigert werden (Sandoz 1993a: 29; 1994: 23.). 1994 wurde Ciclosporin unter dem Namen *Neoral* in einer neuen Darreichungsform als Mikroemulsion eingeführt. Schließlich zeigte sich in klinischen Prüfungen, daß der Wirkstoff auch bei anderen Krankheiten wie rheumatoider Arthritis, Psoriasis (Schuppenflechte) und atopischer Dermatitis eingesetzt werden kann (Sandoz 1995a: 21; 1996a: 22; Sandoz bulletin 1996a: 30).

Krebs. 1979 lancierte Sandoz das mit dem Zentrallabor des Schweizerischen Roten Kreuzes entwickelte *Sandoglobulin*, ein besonderes reines Gammaglobulin, zur Behandlung angeborener und erworbener Antikörper-Mangelkrankheiten zunächst in der Schweiz, in Österreich und in Deutschland. Das Produkt wurde 1985 auch auf dem japanischen Markt zugelassen. Trotz wachsender Konkurrenz und verschärftem Preiswettbewerb setzte das Präparat bis Anfang der neunziger Jahre seine dynamische Entwicklung fort und vermochte sich auch in den neunziger Jahren noch zu halten (Sandoz 1980: 16; 1986b: 28; 1987: 22; 1990a: 27; 1991a: 30; 1992a: 29).

Mit dem Peptid *Sandostatin* führte Sandoz 1988 in mehreren Märkten ein Präparat zur Behandlung von Symptomen verschiedener Tumore des gastroindestinalen Systems ein.[63] An diesem Beispiel läßt sich die zunehmende Beschleunigung und Internationalisierung der Zulassungsprozesse illustrieren. 1989 war das Präparat bereits in 23 Ländern und 1990 in über 30 Ländern registriert sowie für die zweite Indikation, Akromegalie, in über 15 Ländern zugelassen. Mit einer Reihe weiterer Anwendungen konnten der Markt für das Produkt zusätzlich erweitert

---

[63] Zur Entwicklungsgeschichte von *Sandostatin* siehe Trachsel (1990).

und überdurchschnittliche Wachstumsraten erreicht werden (Sandoz 1989: 23; 1990a: 27; 1991a: 30; 1993a: 29; 1994: 23; 1995a: 22).

Ein weiterer Schritt im Bereich Krebs war die Einführung von *Leucomax* im Jahre 1991. Mehrere Medikamente zur Unterstützung der Chemotherapie waren bereits vorher auf dem Markt. *Leucomax* wurde zusammen mit Genetics Institute, Cambridge (Massachussetts) und Schering-Plough, Kenilworth (New Jersey) entwickelt. Der rekombinant hergestellte Wirkstoff ist ein Blutwachstumsfaktor und gehört zur Gruppe der Zytokine. Er stärkt das Immunsystem des Körpers und bekämpft Infektionen, die als Folge der Krebsbehandlung auftreten (Sandoz 1991a: 31; 1992a: 29). Nachdem im September 1992 der Ausschuß Arzneimittelspezialitäten der Europäischen Kommission die Zulassung von *Leucomax* für den Bereich der EU vorgeschlagen hatten, wurde das Produkt bald auf breiter Basis relativ erfolgreich eingeführt (Sandoz 1993a: 30; 1994: 23; 1996a: 23).

Dermatologie. 1985 wurde das aus dem Forschungsinstitut Wien stammende *Exoderil* gegen Hautpilze in Deutschland und Österreich und danach in weiteren Ländern eingeführt (Sandoz 1986b: 28; Sandoz 1987: 22). Die Einführung von *Lamisil* 1991 bedeutete zusammen mit der Psoriasis-Indikation von Sandimmun die Grundlage, in die Dermatologie einzusteigen, wo sich Sandoz schon bald eine starke Stellung verschaffte (Sandoz 1991a: 30; 1992a: 29; 1993a:30). *Lamisil* bietet als Salbe und in Tablettenform eine Behandlung zahlreicher Pilzinfektionen der Haut und Nägel. Die Anwendung von *Sandimmun Neoral* gegen Psoriasis und von *Zaditen* bei der Therapie von allergischen Hautreaktionen wie Nesselfieber und Entzündung verstärkten die Präsenz von Sandoz in diesem Indikationsgebiet (Sandoz bulletin 1996a: 28). *Lamisil* wurde in vielen Ländern bald Marktführer. *Lamisil* und *Neoral* machten Sandoz Mitte der neunziger Jahre zu einem führenden Anbieter in der Dermatolgie (Sandoz 1994: 23; 1995a: 21; 1996a: 22).

Knochenstoffwechsel. Zur Behandlung gewisser Erkrankungen des Knochensystems (Morbus Paget) und bei bedrohlich erhöhtem Calcium-Blutspiegel wurde 1974 *Calcitonin-Sandoz (Miacalcic)* in der Schweiz eingeführt. Der Wirkstoff ist ein ursprünglich aus dem Salm isoliertes Analogon eines menschlichen Peptidhormons. Das Präparat wurde einige Jahre später auch zur Behandlung gewisser Formen der Osteoporose zugelassen (Sandoz 1975: 18; 1982: 18; 1985: 18; 1986b: 28). Die neue Darreichungsform eines Nasalsprays Ende der achtziger Jahre und 1995 auch in den USA bewirkte jeweils zusätzliche Verkaufsschübe. Das Präparat setzte sich schließlich als wichtiges Mittel bei Störungen des Knochenstoffwechsels bei Osteoporose durch (Sandoz 1988: 25; 1989: 23; 1990a: 27; 1991a: 30; 1992a: 28; 1996a: 22).

Andere Produkte. Vor allem in den siebziger Jahren vertrieb Sandoz zahlreiche Produkte in anderen therapeutischen Gebieten. Etliche dieser Präparate stammten noch aus dem heterogenen Wander-Sortiment. Im Laufe der achtziger Jahre vollzog sich eine zunehmende Straffung des Angebots. Wander brachte in der Schweiz und Sandoz in Mexiko das appetitstimulierende Präparat *Mosegor* 1972 auf den Markt (Sandoz 1973:14). 1973 übernahm Sandoz das Präparat *Spectacillin* von E.R. Squibb & Sons, Inc. in Lizenz und brachte es zuerst in der Schweiz und ein Jahr später in Österreich erfolgreich auf den Markt (Sandoz 1974: 19; 1975: 18).

Tab. 6.7. Umsatzentwicklung in Mio. CHF der wichtigsten Präparate in den neunziger Jahren

Präparat	Indikation / Sektor	1991	1992	1993	1994	1995
Sandimmun / Neoral	Transplantation / Immunologie	970	1150	1328	1419	1420
Zaditen	Asthma / Asthma	460	450	493	442	450
Clozaril / Leponex	Schizophrenie / CNS	110	240	383	415	440
Parlodel	Parkinson / CNS	390	390	415	375	350
Lamisil	Pilzinfektionen / Dermatologie	20	50	184	323	343
Lescol	Cholesterinspiegel / Cardiovas.			0	80	245
Sandostatin	Akromegalie / Krebs	130	180	211	233	240
Miacalcic	Osteoporosis / Knochen	320	320	264	212	214
Sandoglobulin	Immunschwäche / Immunologie	150	180	196	235	210
Lomir / DynaCirc	Bluthochdruck / Cardiovas. Syst.	60	145	207	200	190
Hydergin	Senile Demenz / CNS	245	230	216	184	170
Sirdalud	Muskelrelaxant / CNS			155	165	170
Fiorinal	Schmerzen / CNS	150	180	219	170	160
Calcium-Sandoz	Kalziummangel / Knochen	120	150	150	157	160

Zusammengestellt nach: Puder (1994), Kulhof (1996b; 1996a)

1973 trat Sandoz mit *Rhingergal* in der Schweiz auf den Markt der oralen Schnupfenmittel (Sandoz 1974: 19). 1976 erfolgte unter dem Namen *Vumon* die Ersteinführung eines Cytostatikums, das bestimmte bösartige Erkrankungen des blutbildenden Systems bekämpfte. (Sandoz 1977: 16). 1977 brachte Sandoz mit *Biarison* auch ein Antirheumatikum zuerst in der Schweiz und danach in weiteren Ländern auf den Markt (Sandoz 1978: 16; 1980: 16). Auf den Märkten der Entwicklungsländern nahm die *Calcium*-Linie eine wichtige Bedeutung ein. In den siebziger Jahren versuchte Sandoz dieses Angebot mit neuen, national angepassten Produkten zu ergänzen (Sandoz 1972: 14).

Anfang der neunziger Jahre stammte über die Hälfte der Verkaufserlöse von Produkten aus den therapeutischen Gebieten Immunologie und Zentralnervensystem. Die Investmentbank Salomon Brothers schätzte für 1993 die Umsätze der einzelnen therapeutischen Gebiete wie folgt ein: CNS 32%, Immunologie 24% mit steigender Tendenz, Herz-Kreislauf 12%, Asthma / Allergien 12% mit sinkender Tendenz, Herz-Kreislauf 10%, Knochen / Stoffwechsel 7% mit sinkender Tendenz, Krebs 4%, Dermatologie 7% mit steigender Tendenz und andere 9%. *Sandimmun* steuerte alleine nahezu ein Viertel an den Umsatz der verschreibungspflichtigen Medikamente bei (Laing 1995: 16).

Expansionsstrategien im Bereich Pharmazeutika

Wandel der Indikationsgebiete. Ein wichtiges traditionelles Standbein der Sandoz waren die Neuroleptika und Mutterkornpräparate. Das 1958 eingeführte Mutterkornpräparat *Melleril*, das zur Behandlung verschiedener psychotischer Störungen eingesetzt wurde, nahm lange Zeit eine zentrale Rolle ein. *Melleril* war ein erster großer Erfolg der synthetischen Wirkstoffe, der sich Sandoz seit den fünfziger Jahren verstärkt zugewendet hatte, nachdem sie ihre pharmazeutische Basis mit den Natursubstanzen gelegt hatte. Aufbauend auf diesen Erfolg dehnte sie das Tätigkeitsfeld in verschiedene Anwendungsbereiche im Zentralnervensystem aus. Das zweite Standbein waren die Herz-Kreislauf-Präparate, die zumeist ebenfalls auf der Basis von Mutterkornalkaloiden entwickelt wurden. Die Übernahme von Wander brachte dann eine Heterogenisierung des Sortiments und viele Präparate im Selbstmedikationsbereich. Wichtige Neueinführungen in den siebziger und achtziger Jahren bedeuteten zugleich den Einstieg in neue Indikationsfelder. Das 1978 lancierte Asthmamittel *Zaditen* kam dem Einstieg in die Antiallergika gleich und eröffnete neue Tätigkeitsfelder der Immunologie.

Ciclosporin brachte den Einstieg in Transplantationsmedizin und Immunologie. Ohne die großen Durchbrüche in der Transplantationsmedizin in den siebziger Jahren hätte *Sandimmun* unmöglich diesen kommerziellen Durchbruch erreicht. Zugleich revolutionierte das neue Präparat wiederum die Transplantationsmedizin. Als die Forscherinnen und Forscher feststellten, daß der Wirkstoff Ciclosporin auch gegen Psoriasis wirkt, eröffnete sich ein weiteres Indikationsgebiet, die Dermatologie. Nach verhältnismäßig kurzer Zeit eroberte sich Sandoz mit *Exoderil*, *Lamisil* und *Neoral* eine führende Stellung in diesem Marktgebiet.

Das 1991 eingeführte *Leucomax* war das erste rekombinante Produkt von Sandoz, zugleich basierte es weitgehend auf Wissen, das über eine Kooperation mit der Biotechfirma Genetics Institut erworben wurde. Es symbolisiert gewissermaßen den ersten Erfolg neuer Forschungsstrategien. Mit diesem Präparat eröffnete sich Sandoz das Feld der Blutwachstumsfaktoren und Zytokine. Mit *Sandoglobulin* und *Sandostatin* hatte Sandoz zwar bereits zuvor Präparate im Indikationsgebiet Krebs eingeführt, dennoch war *Leucomax* das erste große Produkt, das auf externen Kompetenzen basierte.

Der kommerzielle Erfolg von Sandoz Pharma entwickelte sich in den vergangenen dreißig Jahren also vorwiegend um bestimmte Wirkstoffe, die sich erfolgreich über eine längere Zeit durchsetzten. Diese waren die strategischen Stützen für die Präsenz in bestimmten Indikationsgebieten und boten unter Umständen Anknüpfungspunkte, um in neue Felder vorzustoßen. Die Expansion in neue Felder vollzog sich in den siebziger und achtziger Jahren weitgehend auf der Basis der eigenen Kompetenzen. Ende der achtziger Jahre erlangte dann die Expansion über Kooperationen und den Erwerb von Wissen über Partner zunehmend an Bedeutung, deren erstes wichtiges Ergebnis *Leucomax* war. Aber in keinem Falle stieg Sandoz über auswärtige Partner in ein wirklich neues Indikations- und Marktgebiet ein. Ausgangspunkt der Kooperationen waren immer bereits bestehende eigene Kompetenzen in den jeweiligen Tätigkeitsbereichen.

Marketing und Produkteinführung. Die Einführungsstrategien neuer Produkte haben sich im Laufe der achtziger Jahre grundlegend verändert. Bis Mitte der achtziger Jahre erfolgte die Ersteinführung eines neuen Präparates häufig in der Schweiz. Als Beispiel hierfür können angeführt werden: *Leponex* (und in Österreich) 1972, *Mosegor* (und in Mexiko) 1972, *Sanorex* 1973 (und in vier anderen Ländern), *Miacalcic* 1974, *Spectacillin* 1973, *Parlodel* 1975, *Rhingergal* 1973, *Sandovac* (sowie in Deutschland und Österreich) 1976 *Viskaldix* (sowie in der BRD und in GB) 1978, *Sandoglobulin* (sowie in Deutschland und Österreich) 1979, *Miretilan* 1981, *Sandimmun* 1982, *Sirdalud* (und in zwei anderen Ländern) 1984, *Sandonorm* 1985.

Nicht selten gab es früher auch Produkte, die nur in bestimmten Märkten vertrieben oder für ganz spezifische Märkte von anderen Firmen einlizenziert wurden, um Lücken der eigenen Pipeline zu überbrücken oder um aus anderen Gründen in einem bestimmten Markt präsent zu sein. So wurde das einlizenzierte *Pamelor* ab 1986 nur in den USA verkauft. Im gleichen Jahr wurde ein von *Yamanouchi* einlizenzierter Calcium-Antagonist in Frankreich unter dem Namen *Loxen* und in Italien *Perdipina* eingeführt.

Angesichts des verschärften Wettbewerbdrucks und der Globalisierung der Märkte drängte es sich mehr und mehr auf, ein neues Präparat möglichst gleichzeitig in vielen großen Märkten einzuführen. Sandoz führte *Lomir/DynaCirc* 1989 in dreizehn Ländern gleichzeitig ein. Das 1991 lancierte *Lamisil* wurde nicht zuletzt wegen der raschen Einführung in vielen Ländern schon bald Marktführer bei den Mitteln gegen Hautpilz. Es wurde das zweitwichtigste Produkt von Sandoz, schon bevor es in den USA und Japan im Jahr 1996 lanciert wurde. Außerhalb der USA und Japan war 1995 die orale Form von *Lamisil* mit einem Marktanteil von 30% Marktführer. Weltweit hatte es bereits 10% Marktanteil. Die *Lamisil* Crème war die drittwichtigste Antipilzcrème weltweit. Ein Schlüssel dieses Durchbruchs war das globale Marketing. Das Produkt hat auf der ganzen Welt den gleichen Namen, überall werden dieselben Werbemotive verwendet, und die Marketingmethoden sind weltweit ähnlich. *Lescol* durchlief 1994 eine nahezu globale Einführung. Die Marketingstrategie unterschied sich aber völlig von jener bei *Lamisil*. Hier griff Sandoz mit einer 55%-Preisreduktion gegenüber den engsten Rivalen in das Marktgeschehen ein. In den USA ging Sandoz zur Vermarktung von *Lescol* zudem eine Co-Marketing-Vereinbarung mit Marion Merrell Dow ein (dieses Unternehmen wurde kurz darauf von Hoechst übernommen). Auch die Ersetzung von *Sandimmun* durch *Neoral* im gleichen Jahr ist ein Beispiel für die Globalisierung des Marketings, die binnen achtzehn Monaten in 66 Ländern erfolgte (Koberstein 1995: 41). Mit diesem raschen Produktwechsel wurde erfolgreich die Kundenbindung verteidigt, was angesichts des Patentablaufs von *Sandimmun* von großer Bedeutung war. Die drei Präparate *Neoral, Lamisil* und *Lescol* entwickelten sich zu sogenannten Blockbustern mit einem Verkaufspotential von über einer Milliarden Schweizer Franken.

Sandoz verfolgte das Ziel, unter die Top-Pharmaunternehmen vorzustoßen, wobei das Unternehmen allerdings weniger den Marktanteil im gesamten Pharmamarkt als vielmehr die Spitzenposition in bestimmten therapeutischen Indikationen im Auge hatte. Tatsächlich schaffte es Sandoz, bis 1995 gemäß Daniel Vasella, dem damaligen CEO von Sandoz Pharma, Nummer 1 im Bereich Transplantation, Nummer 2 bei den Immunglobulinen, Nummer 1 bei der Schizophrenie, Nummer 2 bei der Migräne, Nummer 1 bei den endokrinen Behandlungen von Krebs und Nummer 1 in Osteporose zu werden (Koberstein 1995: 41).

Trotz den erwähnten Erfolgen hatte Sandoz jedoch auch eine beträchtliche Anzahl reifer Präparate im Portfolio, deren Umsätze stagnierten oder zurückgingen. *Sandimmun / Neoral* steuerte noch immer einen überproportionalen Beitrag an die Verkaufserlöse bei. Allerdings enthielt die F&E-Pipeline einige vielversprechende Kandidaten, von denen eine Belebung der künftigen Umsatzentwicklung erwartet wurde (Laing 1995: 17). Tatsächlich brachte nach der Fusion Novartis einige dieser Präparate wie *Exelon* zur Behandlung von Alzheimer und *Simulect* zur Unterstützung von Organtransplantationen auf den Markt.

Expansion über Akquisitionen und Kooperationen

Zwischen der Übernahme von Wander und der Novartis-Fusion fand im Gegensatz zu den anderen Sparten im Pharmabereich keine einzige größere Akquisition mit internationaler Dimension statt. Außer der Einlizenzierung des Breitband-Penicillins *Spectacillin* vom U.S. Pharmunternehmen E.R. Squibb & Sons, Inc. im Jahre 1973 und Vereinbarungen zur lokalen Lizenzproduktion in einigen osteuropäischen Ländern schloß Sandoz in den siebziger Jahren keine größeren Kooperationen ab.

Vergleichsweise früh ging Sandoz forschungs- und technologieorientierte Kooperationen mit Biotechunternehmen und Forschungsinstituten in den USA ein. Abkommen mit dem Wistar-Institute in Philadelphia und Genetics Institute in Cambridge bei Boston im Jahr 1982 markierten den Beginn neuer Innovationsstrategien. Die 1984 erweiterte Kooperation mit Genetics Institute und die Vereinbarung von 1986 mit Schering Plough mündeten 1991/92 schließlich in die Lancierung von *Leucomax*, des ersten rekombinanten Medikaments von Sandoz. Kooperationen zur Internalisierung von Wirkstoffen und Technologien spielten eine zunehmend wichtigere Rolle. Davon zeugt die lange Liste von Kooperationspartnern. In Kapitel 7 über die Internationalisierung der Forschung und Technologie wird dieser grundsätzliche Wandel eingehender analysiert.

Firmenübernahmen dominierten bei der Expansion in neue Märkte wie z.B. das Hospital Supply-Geschäft in den siebziger und den Selbstmedikationsbereich in den achtziger Jahren. Zudem übernahm die Sandoz im Pharmabereich einige kleine Firmen mit bloß nationaler Bedeutung wie z.B. das L.P.B. Istituto Farmaceutico S.p.A., Milano 1986 und die Samil S.p.A., Rom, 1988. Das 1992 vereinbarte Abkommen der Sandoz mit der Firma *Santen Ltd.* in Japan, das eine Zusammenarbeit auf dem Gebiet der Ophthalmologie zur Entwicklung einer neuen Form für zwei Sandoz-Präparate eröffnete, erfüllte sowohl den Zweck der gemeinsamen Entwicklung als auch der besseren Erschließung des örtlichen Marktes.

Eine weitere Form von Kooperation stellten die verschiedentlich vor allem in Asien geschlossenen Vereinbarungen zur besseren Durchdringung lokaler Märkte dar. Sandoz vereinbarte Joint Ventures und Verträge zur Lizenzproduktion, um besser Märkte zu erschließen, in denen der Konzern (noch) über keine eigenen Produktionsstätten verfügte. Beispiele hierfür waren die *Sandoz Korea Ltd.*, an der Konzern 1992 nach einer längeren Anlaufphase die Kapitalmehrheit erwarb (Sandoz 1993a. 28) und das 1986 mit lokalen Partnern und der Biochemie G.m.b.H. Kundl vereinbarte Joint Venture in Indonesien. Die Tabelle 1.8 stellt alle wesentlichen Übernahmen, Kooperationen und Desinvestitionen von Sandoz im Pharmabereich seit der Übernahme der Wander AG im Jahre 1967 zusammen.

Tab. 6.8. Übernahmen, Kooperationen und Desinvestitionen im Bereich Pharma

Jahr	Partnerfirma	Schwerpunkttätigkeit	Inhalt des Abkommens	Motiv
1967	Wander, Bern	Pharma, diätische Ernährung	Übernahme	MPT
1971	Laboratoires Salvoxyl S.à.r.l., Orléans, France	Pharma, Vertrieb	Zusammenschluss mit Laboratories Wander S.à.r.l., Champigny-sur-Marne	M

1973	E.R. Squibb & Sons, Inc.	Pharmazeutischer Großkonzern	Einlizenzierung des Breitband-Penicillins *Spectacillin*	M
1973	Lokale Unternehmen in Bulgarien, Polen und der Tschechoslowakei	Pharmazeutische Produktion	Vereinbarungen zur lokalen Lizenzfabrikation	M
1980	Mount Royal Chemicals Ltd., Dorval, Kanada	pharmazeutische Produktion	Verkauf der Sandoz-Beteiligung an Ciba-Geigy	R
1981	Pharmaco S.A., Athen	Pharmazeutische Produktion	Übernahme eines bisher mit griechischen Partnern betriebenen Joint Ventures	M
1982	Wistar-Institute, Philadelphia	Forschung in Pharma und Biotechnologie	Kooperation	T
1982	Genetics Institute, Boston	Forschung in Biotechnologie, Immunstimulans, Interleukin-2	Kooperation	T
1984		Proteine lymphocytaires	Intensifierung der Kooperation Blutwachstumsfaktor	
1984	Collaborative Research, Lexington (USA)		Gemeinsame Produktion eines Enzyms zur Behanldung Herzinfarkte und Lungenembolien	T
1985	Südkorea	Pharmazeutika	Joint Venture zur Produktion	M
1986	Schering-Plough, Kenilworth, NJ, USA	pharmazeutischer Großkonzern	Kooperation zur Entwicklung eines ACE-Hemmers zur Behandlung von Herz-Kreislaufkrankheiten, Blutwachstumsfaktor	T
1986	Schering AG, Berlin	pharmazeutischer Großkonzern	Kooperation zur Entwicklung eines ZNS-Medikaments	T
1986	Collaborative Research, Lexington	Biotech, Pharma	Kooperation	T
1986	L.P.B. Istituto Farmaceutico S.p.A., Milano	Pharma	Übernahme Mehrheitsbeteiligung, inklusive Produktionsstätte (bis 1993)	M P
1987	Gene Labs	biotechnologische Forschung	Zusammenarbeit auf Immunsuppression und AIDS	T
1987	Swisspharma, Taiwan	Pharmazeutika	Inbetriebnahme Produktionstätte eines Joint Ventures mit Ciba-Geigy	M P
1988	Samil S.p.A., Rom	Pharmazeutika	Übernahme	M P
1989	Cytel, San Diego, CA	biotechnologische Forschung	Zusammenarbeit auf Immunsuppression	T
1989	Repligen, Cambridge, MA	biotechnologische Forschung	Zusammenarbeit auf retroviraler Forschung	T
1990	Amrad, Melbourne	biotechnologische Forschung	Zusammenarbeit zur Entwicklung von Lymphokinen	T
1990	Protein Desgin Labs, Palo Alto, CA	biotechnologische Forschung	Zusammenarbeit auf dem Gebiet der antitumoralen Antikörper	T
1990	Sloan Kettering Memorial Institute	biotechnologische Forschung	Zusammenarbeit auf dem Gebiet der somatischen Gentherapie	T
1990	Prof. F. Bach, Minneapolis	biotechnologische Forschung	Zusammenarbeit auf dem Gebiet der Transplantation.	T
1992			Aufbau eines Zentrums am Deaconnes Hospital in Boston, das Arbeit im Forschungszentrum Wien ergänzen soll.	
1991	Dana-Farber Institute, Boston		Zusammenarbeit zur Erforschung neuer Therapiemöglichkeiten bei Krebs für die Dauer von zehn Jahren	T
1991	Avalon Ventures, La Jolla	Venture Capital	Gründung der Gesellschaft Avalon Medical Partners zur Finanzierung neuer Forschungsprojekte	T

1991	Novo Nordisk, Soeberg, Dänemark	Chemie- und Pharmaunternehmen	Zusammenarbeit zur Erforschung von Erkrankungen des zentralen Nervensystems	T
1991	ARCH Development Corporation der University of Chicago	Forschung	Zusammenarbeit zur Klonierung spezifischer Peptid-Rezeptoren	T
1991	Genetic Therapy Inc., Gaithersburg, Maryland	Forschung in Gentherapie	Zusammenarbeit des Forschungszentrums East Hanover auf dem Gebiet der Gentherapie	
1991 1992	SyStemix Inc., Palo Alto	Forschung auf dem Gebiet der Stammzellen	Zusammenarbeit auf dem Gebiet der Immunologie Beteiligung von 60%	T
1992	Scripps Research Institute, La Jolla	Medizinisches Forschungsinstitut	Langfristiges Forschungabkommen in den Bereichen Immunologie, Zentralnervensystem und kardiovaskuläre Erkrankungen	T
1992	Sandoz Korea Ltd.	Pharmazeutika	Erwerb der Kapitalmehrheit	M P
1992	Santen, Japan	Pharmazeutische Darreichungsformen	Entwicklung einer neuen Form für zwei Sandoz-Präparate im Bereich Ophthalmologie	TM
1993	Procept Inc., Cambridge, USA	Forschung in Transplantation	Kooperation zur Entwicklung hochspezifischer, niedermolekularer Substanzen zur Behandlung von Organabstossungen und Autoimmun-Erkrankungen	T
1993	Biotransplant, Boston	Forschung in Transplantation	Kooperation auf dem Gebiet der Xenotransplanation	T
1993	Imutran, Cambridge, GB	Forschung in Transplantation	Kooperation auf dem Gebiet der Xenotransplanation	T
1993	Terry Fox Laboratories, Vancouver, Kanada	Biotechnologische Forschung	Kooperation auf dem Gebiet der Krebsbehandlung	T
1993	Progenesys	Forschung in Gentherapie	Joint Venture mit SyStemix auf dem Gebiet der Gentherapie	T
1994	Marion Merrell Dow	Pharmazeutika	Abkommen zur gemeinsamen Promotion und das Marketing von Lescol Sandoz) und Sabril (MMD)	M
1994	Astra	Pharmazeutika	Abkommen zur gemeinsamen Promotion und das Marketing	M
1994	Ajinomoto Co. Inc., Tokio	Entwicklung und Vertrieb	Abkommen zur Entwicklung und Vetrieb des neuen oralen Antibiotikums A-4166, Marktaufteilung	M
1995	Genetic Therapy, Inc., Gaithersburg	Gentherapie	Übernahme für 295 Mio. US Dollar	T
1995	Johns Hopkins University, Baltimore	Forschung	Kooperation in Genomics	T
1995	Max Planck Institut, Berlin	Forschung	Kooperation in Genomics	T
1995	Pharmacopeia., Princeton, New Jersey	Kombinatorische Chemie	Zusammenarbeit in kombinatorischer Chemie	T
1995	Scripps Institute, La Jolla	Biotechnologie Forschung	Ausdehung auf 17 gemeinsame Projekte gegenüber 5 1994	T

Quelle: Sandoz Geschäftsberichte 1968–1995, Sandoz bulletin 1970–1996, Sandoz-Gazette 1985–1996

Erläuterung der Kurzzeichen in der Spalte *Motiv*:
M   Marktexpansion
P   Erwerb von Produktionseinrichtungen
T   Technologie und Forschung
R   Rationalisierung, Bereinigung des Portfolios

6.2.2 Expansion in neue Geschäftsfelder

Biochemie, Antibiotika und Generika

Die Übernahme der Biochemie Ges.m.b.H. in Kundl, Tirol, im Jahr 1963 erwies sich später als folgenreiche Grundsteinlegung einer sehr erfolgreichen Expansionsachse von Sandoz. Die Firma Biochemie wurde 1946 am Standort einer stillgelegten Bierbrauerei der Österreichischen Brau AG gegründet, um Penicillin herzustellen. Mit Penicillin gelang zu dieser Zeit ein Durchbruch bei der Bekämpfung von Infektionskrankheiten. Anfang der fünfziger Jahre entwickelte *Biochemie* das erste Penicillin, das oral eingenommen werden konnte. Zwei Jahre nach der Übernahme wurde die Biochemie 1965 in den Sandoz Konzern integriert. Sandoz baute nach der Übernahme das Unternehmen Schritt für Schritt zum weltweit größten Anbieter von Penicillinen und Cephalosporinen aus. Nach dem Konsolidierungsprozeß trat Biochemie im Jahr 1970 wieder in eine Phase der Expansion. Sandoz übernahm das Marketing für die Antibiotika. Der Verkauf von Massenware blieb ein Pfeiler von Biochemie. Die mikrobiologische Produktionskapazität für Penicillin und Fermentationsprodukte sowie für pharmazeutische Aktivsubstanzen wurde in den siebziger Jahren massiv ausgebaut (Sandoz 1971: 13, 15). Über das von der Biochemie entwickelte Veterinär-Antibiotikum *Tiamutin* war Sandoz seit 1978 sogar im Bereich der Tiermedizin aktiv. Das Produkt war 1979 bereits in mehr als dreissig Ländern auf dem Markt und baute den Umsatz aus. 1983 wurde es in den USA und in Kanada registriert und erlebte in den achtziger Jahren ein bemerkenswertes Wachstum (Sandoz 1979: 17; 1980: 16; 1983: 19,, 1984 #1121: 19; 1986b: 28; 1987: 22; 1988: 25).

Bereits im Jahr 1958 hatte die Firma Biochemie die Alpine Chemische AG in Schaftenau in Tirol erworben. Dieser zweite Produktionsstandort wurde nach Abschluß der Verlagerung der Enzym- und Hormon-Produktion von Wien nach Schaftenau im Jahr 1977 zu einem weiteren Produktionsstützpunkt ausgebaut (Sandoz 1978: 17). Die Produktionsstätte in Schaftenau produziert weiterhin Wirkstoffe auf der Basis chemischer Synthese (Thyroidhormone), Extraktion von Tierorganen (Pancreatin, Heparin) und war Ende der neunziger Jahre in der pharmazeutischen Herstellung steriler Medikamente tätig (info.novartis 1999a).

Das weltweite Antibiotika-Geschäft der Biochemie florierte in den achtziger Jahren. Die Produktionsinfrastruktur erfuhr einen massiven Ausbau. Im Rahmen eines langfristigen Ausbauprogramms der Antibiotika-Produktion wurden die Fermentationskapazitäten erweitert und die gesamte Infrastruktur den steigenden Produktionsvolumen angepasst. 1982 nahm die Biochemie die Produktion von Cephalosporin (7-ACA) auf. 1983 wurde ein neuer Großfermenter in Betrieb genommen. Die Biochemie übernahm auch die Fermentation von Ciclosporin, des Wirkstoffs von *Sandimmun*. Mit der Fertigstellung neuer Anlagen zur Aufbereitung und Synthese von Antibiotika, der Installation eines weiteren Großfermenters und der Errichung einer modernen Lager- und Versandzentrale in den Jahren 1986 bis 1988 wurde der Standort Kundl zum Fermentationszentrum des Konzerns ausgebaut. Gleichzeitig wurde die Produktivität erheblich gesteigert. Die Biochemie verzeichnete auch Ende der achtziger Jahre ein sehr dynamisches Wachstum mit Steigerungsraten von über 20% (Sandoz 1981: 16; 1982: 18; 1983: 18; 1984: 18; 1985: 18; 1986b: 28; 1987: 14, 22; 1988: 25; 1989: 23; 1990a: 27).

1985 und 1986 internationalisierte sich die Biochemie mit dem Abschluß eines Joint Ventures zur Antibiotikaherstellung in Jakarta und der Minderheitsbeteiligung an dem in der Antibiotika-Herstellung tätigen Unternehmen Gema S.A. in Barcelona. Drei Jahre später übernahm sie die Gema S.A schließlich zu 100% (Sandoz 1990a: 27). Trotz den sich verschlechternden Rahmenbedingungen wuchs der Umsatz der Biochemie 1990 entgegen der Divisionsentwicklung weiterhin und lieferte auch in den Rezessionsjahren dank besseren Weltmarktpreisen für Penicillin eine zufriedenstellende Umsatz- und Ertragsentwicklung (Sandoz 1991a: 30; 1992a: 30; 1993a: 30). 1993 wurde die Biochemie restrukturiert. Man verkaufte das Gema-Werk in Sta. Perpetua in Spanien und stieg aus dem Pharma-Handelswarengeschäft aus. Das andere Gema-Werk in Les Franqueses bei Barcelona blieb bestehen. Die Biochemie fokussierte sich fortan stärker auf die Produktgruppen Penicilline und neue Cephalosporine. Diese Rückwärtsintegration sollte eine günstigere Produktion erlauben. Mit der Errichtung einer eigenen Cephalosporin-Galenik wollte man die Position auf diesem Gebiet zusätzlich festigen. Die genannten Maßnahmen bewirkten 1993 einen leichten Umsatzrückgang, der auch 1994 noch nicht wettgemacht werden konnte (Sandoz 1994: 24; 1995a: 23). Mit Erweiterung der Fermentations- und Aufbereitungskapazität für *Sandimmun* im Jahr 1990, der Inbetriebnahme einer neuen Cephalosporin-Anlage (7-ACA) 1992, einer Anlage zur Herstellung rekombinanter Proteine 1994 und dem Baubeginn einer neuen Produktionsstätte für Cephalosporin-Zwischenprodukte untermauerte das Unternehmen die Bedeutung einer modernen Produktionsinfrastruktur (Sandoz 1991a; 1993a: 30; info.novartis 1999b).

Die Umsätze verbesserten sich 1995 trotz widrigen Währungsverhältnissen wieder. Mitte 1995 nahm eine weitere Spezialeinrichtung zur Produktion von Cephalosporinen den Betrieb auf, womit die Produktionsanlagen von Penicillin und Cephalosporin getrennt wurden. Biochemie festigte ihre Position als führende Herstellerin von Antibiotika-Wirksubstanzen mit der Übernahme des Antibiotika-Herstellers *Roferm SpA* in Rovereto, Italien (Sandoz 1996a: 23, 25). Zum Zeitpunkt der Novartis-Fusion deckte Biochemie ein Drittel des gesamten Weltbedarfs an oralem Penicillin ab (Sandoz bulletin 1996a: 17).

Die Biochemie war allerdings nicht nur Fermentationszentrum und für die Produktion von Antibiotika zuständig. Ein bedeutender Zweig des Unternehmens widmete sich der Herstellung und Vermarktung von Generika. 1996 machten die Generika immerhin rund 20% des Umsatzes von rund 7 Milliarden österreichischen Schilling aus (at.novartis 1998). Die Sandoz brachte aber nur punktuell Generika-Versionen der eigenen Präparate auf den Markt. Die Biochemie fokussierte sich auf das Generika-Geschäft mit Antibiotika-Substanzen. Allerdings führte die Sandoz in den USA unter dem Namen Creighton Pharmaceuticals einen Generika-Ableger. Nach der Fusion mit Ciba wurde Creighton Pharmaceuticals in die ungleich größere Geneva Pharmaceuticals von Ciba integriert (Geneva Pharmaceuticals 2000).

Tab. 6.9. Übernahmen, Kooperationen und Desinvestitionen im Bereich Biochemie / Antibiotika

Jahr	Partnerfirma	Schwerpunkttätigkeit	Inhalt des Abkommens
1963	Biochemie Ges.m.b.H, Kundl, Tirol, Österreich	Antibiotika	Übernahme
1985	Indonesien, lokaler Partner	Antibiotika	Abschluß des Joint Venture *Sandoz-Biochemie Farma Indonesia* zur Produktion
1984	Henkel KGaA	Chemieunternehmen, Waschmittel	Abschluß des Joint Venture *Biozym Gesellschaft m.b.H.* zur Herstellung von Waschmittelenzymen in den Anlagen der Biochemie
1986 1989	Gema S.A., Barcelona	Antibiotika	Erwerb Minderheitsbeteiligung vollständige Übernahme
1993	Gema S.A., Barcelona	Antibiotika	Verkauf des Werks in Sta. Perpetua de Mogoda an Gist-brocades
1995	Roferm SpA, Rovereto, Italien	Antibiotikahersteller	Übernahme

Quelle: Sandoz Geschäftsberichte 1968–1995, Sandoz bulletin 1970–1996, Sandoz-Gazette 1985–1996

Selbstmedikation

Wander Pharma hatte im Segment der Selbstmedikation traditionell eine starke Stellung. So wurden 1908 *Bulboid-*, 1921 *Alucolk-*, 1927 *Alcacy-l* und 1927 *Euceta-*Präparate auf den Markt gebracht, die auch in den neunziger Jahren noch eine starke Stellung hatten. Die OTC-Marke *Sandoz-Wander* bot in den neunziger Jahren ein außerordentlich breites Spektrum von Präparaten in den Bereichen Stärkungsmittel, Grippe und Erkältungen, Magenbeschwerden und Osteoporose-Vorbeugung an. Die Schweiz nimmt bei der Bedeutung der Selbstmedikation international eine Spitzenstellung ein. 1989 war die Sandoz-Wander Pharma AG mit 49 Produkten und einem Marktanteil von 8,1% die führende Firma auf dem Schweizer Selbstmedikationsmarkt, vor Zyma, Hoffmann-La Roche und Ciba-Geigy (Wäger 1990). Im Rahmen der Reorganisation der Sandoz-Wander-Aktivitäten in der Schweiz im Jahr 1987 wurden auch das Marketing und der Vertrieb der Division Pharma in der Schweiz neu geregelt und der Ausbau des OTC-Geschäfts verstärkt vorangetrieben (Sandoz-Gazette 1987).

Ähnlich frühzeitig wie Ciba-Geigy reagierte Sandoz insbesondere in den USA auf die sich verändernden Marktbedingungen mit einer verstärkten Präsenz bei den freiverkäuflichen Präparaten. Bereits 1981 übernahm Sandoz die auf Selbstmedikationsprodukte ausgerichtete US-Firma *Ex-Lax Pharmaceutical Co. Inc.,* New York, mit ihren verschiedenen Unterbeteiligungen sowie einer Produktionsstätte in Humacao in Puerto Rico und einer Vertriebsorganisation in Kanada. Der Geschäftsverlauf im ersten Jahr unter Sandoz-Regie übertraf gar die Erwartungen. In den nachfolgenden Jahren wurde das Produktsortiment planmäßig ausgeweitet und die Vertriebsorganisation verstärkt (Sandoz 1980: 16; 1982: 6, 12, 18; 1983: 19). Kurz darauf, im Jahr 1983, erwarb Sandoz von *Kellog* in Kanada die *NeoCitran-*Präparate zur Behandlung von Erkältungen und baute damit die Stellung im

Bereich der verschreibungsfreien Medikamente weiter aus. Erfolgreich war in dieser Zeit insbesondere das *Triaminic*-Sortiment (Sandoz 1984: 18f).

Trotz der negativen Auswirkungen der Währungsrelationen erreichte das Selbstmedikationsgeschäft befriedigende Ergebnisse. Vor allem auf den wichtigen Märkten Schweiz, BRD, Italien und Großbritannien wurden beträchtliche Verkaufszuwächse erzielt. Die erfolgreichsten Produkte waren *Ex-Lax, Neo-Citran, Dynamisan* und *Lemoncin*. In den USA und in mehreren europäischen Ländern belebten vor allem Präparate zur Behandlung von Erkältungskrankheiten und Laxativa das Geschäft (Sandoz 1988: 25; 1989: 23). Sandoz verzeichnete im Selbstmedikationsgeschäft Ende der achtziger Jahre äußerst hohe Wachstumsraten (1988: 17%, 1989: 25%, 1990: 20%). Sandoz war Anfang der neunziger Jahre in allen wesentlichen OTC-Marktsegmenten außer den Diagnostika vertreten. Vor allem in den beiden Sparten Erkältungsmittel und Magen-Darm-Präparate, die zusammen 76% des OTC-Umsatzes ausmachten, besaß Sandoz bedeutende Marktanteile. Generell konzentrierte sich Sandoz auf Präparate, die ein pharmazeutisches Image besitzen, und auf Produkte, die es erlaubten, den Lebenszyklus von rezeptpflichtigen Medikamenten zu verlängern und bei denen die bestehenden F&E- und Marketing-Stärken ausgenutzt werden konnten. Bis 1989 stieß Sandoz auf den zwölften Platz in der OTC-Weltrangliste vor. Der OTC-Markt machte mittlerweile rund 20% des gesamten Pharmamarktes aus und man vermutete, dass dieser auf 30% ansteigen werde. Die ansteigenden Kosten der Sozialversicherungen, ein erhöhtes Konsumentenbewusstsein für Gesundheit und die Aufhebung der Rezeptpflicht für viele Präparate bewirkten eine Vergrößerung dieses Segments (Heidig 1990).

1990 erfuhr das OTC-Geschäft eine weitere geographische Ausdehnung. Der Bereich konnte seine Dynamik auch im Folgejahr aufrechterhalten (Sandoz 1991a: 30; 1992a: 30). In den USA stärkte Sandoz den Selbstmedikationsbereich mit der Umstufung bisher rezeptpflichtiger Medikamente (z.B. *Tavist* 1992). Allgemein erschwerten sich aber die Marktbedingungen im OTC-Geschäft. Die Umstufung von *Tavist* erwies sich als sehr erfolgreich. Im Hinblick auf die Sparmaßnahmen im Gesundheitswesen widmete Sandoz diesem Segment zusätzliche Beachtung (Sandoz 1993a: 30; 1994: 23). Allerdings führte die schwierige Konkurrenzsituation 1994 zu einem Rückgang der Verkäufe. Um sich im Gebiet der Selbstmedikation in Frankreich besser zu verankern und der steigenden Nachfrage nach Phytopharmaka Rechnung zu tragen, übernahm Sandoz 1994 das kleine Unternehmen Laboratoires Monal S.A. in Palaiseau (Essone, Frankreich) (Sandoz 1995a: 22, 46). Die Laboratoires Monal S.A. (160 Beschäftigte) verfügten über eine Produktionsstätte in Saint-Quentin-Fallavier bei Lyon. Das Unternehmen konzentrierte sich auf planzliche Heilmittel und stand vor einer finanziell ungewissen Zukunft (Les Echos 1994b; 1994a).

Die Verkäufe von nicht-verschreibungspflichtigen Medikamenten wurde 1995 in mehreren Ländern durch Tiefpreis-Konkurrenzprodukte, die von großen Apothekenketten verkauft wurden, beeinträchtigt. Sandoz reagierte mit einer deutlich stärkeren Mittelzuweisung. In den USA erhöhte sie das Personal und stärkte die Forschungs- und Entwicklungsaktivitäten (Sandoz 1996a: 22, 46). Eines der meist verkauften OTC-Produkte von Sandoz war das 1992 von den verschreibungspflichtigen Präparaten gewechselte *Tavist*. Es zeigte sich, dass OTC-Präparate wie *TheraFlu* (*Neo Citran*) alten Wirkstoffen wieder neues Leben verleihen können.

Sandoz ging davon aus, das die Selbstmedikation angesichts der Kostendämpfungsmaßnahmen der Regierungen ein wichtiger Pfeiler des Gesundheitssystems bleiben werde. Dennoch war immer klar, daß die innovationsorientierten verschreibungspflichtigen Medikamente das Kerngeschäft bleiben. Zugleich ging es darum, die OTC-Möglichkeiten systematisch auszuloten. So erachtete Daniel Vasella, der damalige Chef der Pharmadivision, die Hautpilzcrème *Lamisil*, die über einen globalen Markennamen verfügt, im Jahr 1995 als vorzügliche Kandidatin für einen Wechsel in den OTC-Bereich (Koberstein 1995: 40). Das Profil des OTC-Geschäfts von Sandoz war geographisch ungleich. Ins Gewicht fiel die starke Position der USA. Hier wurden Ende der achtziger Jahre 54% des gesamten Umsatzes erzielt (der Anteil der USA am weltweiten OTC-Markt betrug 41%). Hinzu kamen die Märkte von Kanada, Deutschland und der Schweiz mit je 10%-Anteil. Die nächsten Ränge belegten die Märkte in Italien, Türkei und Großbritannien. Sandoz gehörte zu den wenigen europäischen Konzernen mit einer starken Präsenz in den USA. 1990 formulierte Sandoz im Rahmen eines Zehn-Jahresplans das Ziel, zu den zehn größten OTC-Anbietern mit einem Marktanteil von mindesten 2% aufzurücken. Zwar setzte Sandoz nicht überwiegend auf Übernahmen oder Fusionen als Instrument der Expansion in diesem Segment. Dennoch waren die Übernahme von Ex-Lax in den USA 1981 sowie der Erwerb der Marken *Neo Citran* und *Fowler* in Kanada äußerst wichtige Marksteine in der Entwicklung des Sandoz-OTC-Geschäfts (Heidig 1990).

Tab. 6.10. Übernahmen, Kooperationen und Desinvestitionen im Bereich Selbstmedikation

Jahr	Partnerfirma	Schwerpunkttätigkeit	Inhalt des Abkommens
1981	Ex-Lax Pharmaceutical Co, New York	Pharma Publikumspräparate	Übernahme inklusive verschiedene Unterbeteiligungen und Produktionsstätte in Puerto Rico.
1983	Kellog, Kanada	Erkältungspräparate	Erwerb der Neo Citran-Präparate
1994	Laboratoires Monal S.A., F.	Pharma und Ernährung, Selbstmedikation, pflanzliche Heilmittel	Übernahme inklusive Produktionsstätte in Saint-Quentin-Fallavier bei Lyon

Quelle: Sandoz Geschäftsberichte 1981–1995, Sandoz bulletin 1981–1996, Sandoz-Gazette 1985–1996

Hospital Supply

Die Übernahme von Wander im Jahr 1967 brachte Sandoz auch ein 'trojanisches Pferd' in Form einer kanadischen Tochtergesellschaft, die im Hospital Supply-Geschäft tätig war. Trotz der schlechten Ertragslage war das Unternehmen zu groß und in einem als zu zukunftsträchtig angesehen Sektor tätig, als dass man es hätte aufgeben wollen. Somit schlitterte Sandoz fast diskussionslos in ein Diversifierungsabenteuer, das sich bald als Fehler erweisen sollte (Studer 1986: 41). Zwischen 1969 und 1975 übernahm Sandoz in den USA und in Europa sieben in diesem Sektor tätige Unternehmen zu stolzen Preisen und drückte den Umsatz bald auf über 100 Millionen Franken hoch. Den Anfang machte die Übernahme der Monaghan Company in Denver im Jahr 1969, die eine Reihe von Geräten für die künstliche Beatmung, die Untersuchung und Behandlung der Atmungswege herstellte. Im gleichen Jahr expandierte Sandoz mit der Übernahme der italienischen Firmen Sterilplast und Dasco in die Bereiche von Einmalartikeln aus Plastik (Katheter, Sonden etc.), sowie von Geräten für die Hämodialyse (sogenannte künstliche Nieren) und Ixygenatoren für die künstliche Versorgung des Blutes mit Sauerstoff bei Operationen (Sandoz 1970: 15). Ein Jahr später vereinbarte Sandoz mit Contraves die gemeinsame Entwicklung von medizinisch-elektronischen Geräten (Sandoz 1971: 15). 1972 wurden die Geschäfte mit Beatmungsgeräten von Monaghan in Denver und künstlichen Nieren von Dasco in Mirandola ausgebaut und neue Produktionsstätten errichtet (Sandoz 1973: 15). 1973 begann auch die japanische Konzerngesellschaft Hospital Supply Produkte zu verkaufen (Sandoz 1974: 20). Mit dem Erwerb der Kapitalmehrheit an der US-Gesellschaft Vital Assists, Inc., die Hämodialysematerial herstellte, verstärkte sich Sandoz im Jahr 1974 auf der Produktlinie *Niere*, neben *Lunge* der zweite Schwerpunkt. In Salt Lake City wurde eine Forschungsgruppe installiert, die mit mehreren amerikanischen Universitäten zusammenarbeitete (Sandoz 1975: 19). In den folgenden Jahren stand das Geschäft im Zeichen der Konsolidierung seiner Struktur, sowohl in den Produktionszentren als auch im Marketing der Tochtergesellschaften. Die Umsätze und Marktanteile stiegen an. Gleichzeitig ging es darum, die teilweise noch gewerbliche Herstellung durch eine echt industrielle abzulösen. Zudem beschränkte man sich fortan auf den Nieren- und den Lungensektor (Sandoz 1976: 16).

Tab. 6.11. Übernahmen, Kooperationen und Desinvestitionen im Bereich Hospital Supply

Jahr	Partnerfirma	Schwerpunkttätigkeit	Inhalt des Abkommens
1969	Monaghan Company, Denver	Hospital Supply, künstliche Beatmung	Übernahme
1969	Sterilplast, Italien	Hospital Supply, Einmalartikel (Katheter, Sonden, etc.)	Übernahme
1969	Dasco	Hospital Supply, Hämodialyse, künstl. Nieren, Oxygneatoren	Übernahme
1970	Contraves, Schweiz	Hospital Supply	Abkommen zur gemeinsamen Entwicklung von medizinisch-elektronischen Geräten
1971	Dascon N.V., Uden, Niederlande	Verkaufsorganisation	Übernahme
1974	Vital Assist, Inc., Salt Lake City, Utah	Herstellung und Vertrieb von Hämodialysemateria (künstliche Niere)	Erwerb von 81%-Beteiligung
1974	J.F. Hartz Company Ltd., Kanada	Vertriebsgesellschaft für Hospital Supply	Verkauf
1977	Gründung Sopamed AG Holding, Fribourg, Schweiz hält Kapital an Hospal Firmen	Zusammenfassung bisheriger kleiner Akquisitionen im Bereich Hospital Supply	50/50-Joint Venture mit Rhône Poulenc
1987	Gambro, Schweden	Hospital Supply	Verkauf von Hospal (Joint Venture mit Rhône Poulenc) durch Vermittlung von Industri AB Trekanten (Tochterges. von Volvo)

Quelle: Sandoz Geschäftsberichte 1969–1987, Sandoz bulletin 1970–1987, Sandoz-Gazette 1985–1987

Letztlich erwies sich der verfolgte Ansatz als nicht erfolgversprechend. Es war nicht möglich, acht heterogene und verstreut lokalisierte Unternehmen zu einer gewinnbringenden Einheit zu vereinen. Zudem drängten mächtige Konkurrenten auf den Markt. Daher restrukturierte Sandoz die Sparte im Jahr 1976 und brachte sie in ein Joint Venture mit Rhône Poulenc ein. Das Schwergewicht lag weiterhin auf künstlichen Nieren- und Lungenapparaten. Das Joint Venture Sopamed AG stützte sich auf die Forschung von Rhône Poulenc und das internationale Vertriebsnetz von Sandoz. 1977 wurden die verschiedenen Geschäftsbereiche integriert. Es wurden beträchtliche Investitionen in Forschung und Entwicklung getätigt. Aufgrund der Währungslage besaßen die Konkurrenten in den USA und in Japan einen starken Vorteil. In einer neuen Produktionsstätte in den USA konnten die ersten Mengen künstlicher Nieder hergestellt werden (Sandoz 1977: 17; 1978: 17; 1979: 17).

1981 wurde das Produktsortiment erneut gestrafft und auf das Gebiet der künstlichen Niere konzentriert. Nach einer Stagnationsphase wurden 1985 und 1986 wieder deutliche Umsatzsteigerungen registriert und das Geschäft konnte in redimensionierter Form doch noch zur Gewinnschwelle geführt werden (Sandoz 1982: 19; 1984: 19; 1986b: 28; 1987: 22; Studer 1986: 41). Dennoch mußte Sandoz letztlich das Scheitern dieses Diversifizierungsprojektes eingestehen. Auf den 30. Juni 1987 verkauften Sandoz und Rhône Poulenc das Joint Venture Sopamed an das schwedische Unternehmen Gambro (Sandoz 1988: 17).

Fitnessgeschäft

Noch offensichtlicher war das Scheitern des 1971 lancierten Diversifikationsprojekts der Fitnesscenter, das auch innerhalb der Sandoz-Führung nicht unumstritten war (Studer 1986: 42). In diesem Jahr übernahm Sandoz die Mehrheit an der John Valentine Holding AG mit einer Kette von Fitnesszentren. 1972 und 1973 eröffnete der Geschäftsbereich weitere Fitness- und Healthzentren in der Schweiz und in Paris. Bis 1974 brachte man es auf sieben Einrichtungen in der Schweiz, drei in Frankreich und zwei in der BRD. Aber die verschlechterte Konjunkturlage beeinträchtigte bereits die Eröffnung neuer Zentren (Sandoz 1972: 15; 1973: 15; 1974: 20; 1975: 19).

Das Geschäft hatte die Gewinnschwelle bis 1975 noch nicht erreicht. Die Umsätze blieben auch in den folgenden Jahren unbefriedigend (Sandoz 1976: 19; 1977: 17). Schließlich stellte man nach einer Überprüfung fest, dass die festgelegten Zielsetzungen verfehlt wurden. Das ursprünglich als bedeutende Diversifikation gedachte Projekt baute auf weitgehend falschen Annahmen mit der Übertragung nordamerikanischer Fitnesskonzepte. Schließlich wurden die Health Clubs in der Schweiz, Frankreich und in der BRD auf Anfang 1979 an Dritte verkauft (Sandoz 1978: 17; 1979: 17). Angesichts der Fitness- und Wellnesswelle in den neunziger Jahren kam das Experiment vielleicht fünfundzwanzig Jahre zu früh und zu unspezifisch. Novartis eröffnete 1999 mit propagandistischer Begleitung durch die Firmenzeitung *Live* wieder ein Fitnesszentrum für die Beschäftigten in einem ehemaligen Produktionsgebäude auf dem Basler Firmenareal.

Tab. 6.12. Übernahmen, Kooperationen und Desinvestitionen im Bereich Fitness Centers

Jahr	Partnerfirma	Schwerpunkttätigkeit	Inhalt des Abkommens
1971	John Valetine Holding AG, Zürich	Fitnessclub	Mehrheitsbet.
1979	John Valentine Holding AG, Basel Health Clubs in Frankreich und Deutschland	Health Clubs	Verkauf

Quelle: Sandoz Geschäftsberichte 1971–1979, Sandoz bulletin 1971–1979

6.2.3 Zwischenfazit zur Strategie von Sandoz Pharma: Spitzenstellung in ausgewählten Bereichen und dosierte Diversifikation

Die Anfang der siebziger Jahre lancierten Diversifikationsprojekte in Fitness und Hospital Supply standen unter dem Eindruck reduzierter Wachstumserwartungen bei den Pharmazeutika, der immer teureren und relativ unergiebigeren Forschung und der rückgängigen Renditen. Die Diversifikation in neue Bereiche war insofern eine Antwort auf die Innovationsverlangsamung im Pharmabereich und war auch Ausdruck der Suche nach neuen wachstumsdynamischen und profitablen Sektoren. Der Stärkung des Selbstmedikations-Geschäfts lag die Einschätzung zugrunde, daß dieser spezifische Medikamentenmarkt im Zuge der Maßnahmen zur Kostendämpfung im Gesundheitswesen und der Verschiebung gewisser Segmente der Heilmittel in Richtung Publikumsmärkte massiv an Bedeutung gewinnen werde. Während die Diversifizierung in pharmaferne Felder bereits nach kurzer Zeit scheiterte, war der Expansion in die viel nähere Selbstmedikation wesentlich mehr Erfolg beschieden. Äußerst bemerkenswert entwickelte sich das Antibiotika-Geschäft der Biochemie. Auf der Basis technologischer Durchbrüche, früher kommerzieller Erfolge und vor allem der Potenz des Gesamtkonzerns gelang es, die Biochemie systematisch zu einem der Weltmarktführer bei den Antibiotika auszubauen. Im Gegensatz zu einem gewissen Trend zur vertikalen Desintegration in der Pharmaindustrie vollzog Sandoz mit der Biochemie erfolgreich eine Rückwärtsintegration und baute in den neunziger Jahren eine umfassende internationale Produktionsstruktur in den Bereichen Fermentation und halbsynthetische Antibiotika auf, die nicht nur die eigenen Werke, sondern auch andere Pharmaunternehmen belieferte. Im Jahr 1994 steuerten die verschreibungspflichtigen Medikamente schätzungsweise 80% zum Umsatz und 90% zum operativen Gewinn der gesamten Division bei. Die restlichen Anteile fielen auf den OTC-Bereich und die Biochemie mit ihren Antibiotika, Fermentationszwischenprodukten und Generika (Laing 1995: 16).

Parallel zur Refokussierung auf das Kerngeschäft der verschreibungspflichtigen Medikamente und zu dessen systematischer Stärkung gegen Ende der achtziger Jahre vollzog sich auch ein Wandel der Innovationsstrategien. Aufgrund des schnellen technologischen Wandels im Zuge der biotechnologischen Revolution und der enormen Ausdifferenzierung der Technologien mußte auch Sandoz dem

Erwerb von Wissen, Know-how und Technologien über Forschungskooperationen wesentlich stärkere Aufmerksamkeit widmen als zuvor. Die Sandoz Pharma verfolgte seit Anfang der neunziger Jahre das strategische Ziel, in mindestens vier Forschungsgebieten wie Osteoporose, Transplantationsmedizin, Gentherapie und Tumor-Forschung weltweit führend zu sein. Max Link, Delegierter des Verwaltungsrates der Sandoz Phrama AG, stellte die strategischen Vorgaben gemäß dem Langzeitplan der Division Anfang 1991 vor. Sie bestanden in einer verstärkten Suche nach Partnern, einer verbesserten Rentabilität, der Erhöhung der F&E-Ausgaben, der Modernisierung der Produktionsstätten und der geographischen Rekonfiguration der Produktionskapazitäten, der Verbesserung der Marketingkapazitäten durch Schaffung sogenannter 'Turbo-Projekte' außerhalb der traditionellen Strukturen und einer nicht näher definierten Verbesserung der menschlichen Seite des Unternehmens (Sandoz-Gazette 1991). Großes Gewicht wurde der Etablierung einer globalen Marktstrategie beigemessen (Link 1992).

Trotz einer Abschwächung des Wachstums in den neunziger Jahren befand sich die Pharmadivisionen von Sandoz in einer verhältnismäßig starken Position. Die erfolgreichen Produkteinführungen und vor allem der langanhaltende Erfolg des Wirkstoffs Ciclosporin in der Transplantationsmedizin verliehen dem Unternehmen eine stabile Grundlage für weitere Expansionsschritte. Insofern erstaunt es nicht, daß die Initiative zur Novartis-Fusion von der dynamischeren Sandoz ausging, deren Führung im Zusammenschluß mit Ciba die Möglichkeit sah, auf die allervordersten Positionen in der Pharmaindustrie vorzustoßen. Im Gegensatz zu den Pharmadivisionen von Ciba-Geigy und Hoffmann-La Roche entwickelte sich Sandoz Pharma eigentlich erst in den achtziger Jahren zu einer wirklich weltweit verankerten Firma. Während sie ihre Marktanteile langsam steigerte, kämpfte die Pharma Divison von Ciba-Geigy eher darum, nicht von den Spitzenrängen verdrängt zu werden.

6.3 Novartis: im Pharmabereich zur Spitze vorstoßen

Der Pharmabereich lag zweifellos im Zentrum des Interesses für die Fusion. Angesichts der gigantischen Forschungsausgaben und der noch gigantischeren Marketingausgaben können sich nur noch Unternehmen mit einer entsprechenden Kapitalausstattung erfolgreich im Ring der weltweiten oligopolistischen Rivalen (Chesnais 1997) bewegen.

Die Stärkung geballter organisierter Forschungskapazitäten in den wichtigsten Pharma- und Biotechregionen der Welt, die Erzielung von Synergien und Rationalisierungsgewinnen in der gesamten Konzernorganisation und größere Marketingpotentiale waren im Pharmabereich die Hauptgründe für den Zusammenschluss von Ciba und Sandoz. Novartis hat seither mehr Möglichkeiten, die technologische Entwicklung in einem relativen breiten Spektrum zu verfolgen und die als erfolgreich eingeschätzten Technologien aufzusaugen. Angesichts der oligopolistischen Rivalität um die Dominanz in den einzelnen therapeutischen Gebieten und spezifischen Anwendungsfeldern von Medikamenten haben die größten Konzerne mehr Möglichkeiten, die Märkte sowohl auf nationaler als auch globaler

Ebene selbst zu strukturieren. Es geht darum, in den bearbeiteten Teilmärkten sogleich eine führende oder gar dominierende Rolle einzunehmen.

Die Konzernleitung von Novartis betonte mehrfach, dass das Hauptmotiv der Fusion im künftigen Wachstum, nicht in Kostensenkungen liege. Selbstverständlich sind beide nicht voneinander zu trennen. Tatsächlich ging es darum, kurzfristig aus der zusammengelegten Verkaufsorganisation und mittelfristig aus der breiter verankerten Präsenz in den wichtigen therapeutischen Märkten wie Herz-Kreislauf, Zentralnervensystem und Krebs zu profitieren. Die gemeinsamen Forschungsmittel bieten die materielle Grundlage, genügend Präparate für ein langfristiges Wachstum zu generieren.

6.3.1 Phantasien und Ernüchterung

Insbesondere im Pharmabereich erleichterte die räumliche Nähe der strategisch wichtigsten Einrichtungen in Basel und in New Jersey den Integrationsprozess. Große Aufmerksamkeit galt einer möglichst reibungslosen Verschmelzung der F&E-Strukturen. Die relativ gute Ergänzung der Tätigkeitsfelder mit wenigen Überschneidungen war von Vorteil. Es war daher nicht nötig, bestehende Organisationen zu zerschlagen. Im Produktionsbereich gab es hingegen offensichtliche Überkapazitäten. Gewissermaßen in Fortsetzung und Radikalisierung der von den beiden Konzernen bereits vor der Fusion implementierten Veränderungen der internationalen Produktionsstrukturen nahm Novartis eine radikale Verschlankung der Produktionsorganisation, insbesondere in der pharmazeutischen Produktion, in Angriff (zu den Veränderungen in Forschung & Entwicklung und Produktion siehe Kapitel 7 und 8). Um die Kohäsion des neuen Konzern zu sichern, wurde in einer ersten Periode darauf geachtet, dass die neuen Kaderstellen zu ähnlichen Anteilen von ehemaligen Ciba- und Sandoz-Kadern besetzt wurden. Schon bald, insbesondere in den Positionen des obersten Managements der Sektoren, setzte ein weiterer Generationenwechsel mit der Einstellung zahlreicher auswärtiger Kader ein. Parallel dazu vollzog sich eine beträchtliche Internationalisierung des obersten und mittleren Managements. Insbesondere im Pharmasektor vollzog sich diese Entwicklung sehr ausgeprägt. Die Schweizer sind mittlerweile in der Divisionsleitung klar in der Minderheit (siehe Kapitel 5).

In den Jahren 1998 und 99 verlief die Umsatzentwicklung des Sektors Pharma unbefriedigend mit 6% respektive 4% Wachstum in lokalen Währungen. Besser schnitten hingegen die Generika mit lokalen Umsatzsteigerungen von 13% und 18% sowie CIBA Vision mit 9% und 4% ab. Die durch die Fusion verdeckte Umbruchphase, in der die Ciba und eingeschränkter auch die Sandoz vor der Fusion steckten, war de facto noch nicht vorbei. Die alten Umsatzträger *Voltaren Cataflam* und *Sandimmun/Neoral* hatten ihren Umsatzhöhepunkt erreicht, die Verkäufe einiger anderer, in den achtziger Jahren noch zentraler Produkte gingen zurück. Der Cholersterinsenker *Lescol*, eigentlich als 'Blockbuster' gedacht, wurde durch die Umsatzexplosion des Rivalen *Lipitor* von Warner-Lambert gebremst. Zugleich begannen die Verkäufe für die neuen Präparate wie *Diovan, Exelon* und *Simulect* erst anziehen. Trotz guter Konjunktur verlor daher Novartis insbesondere in den USA Marktanteile.

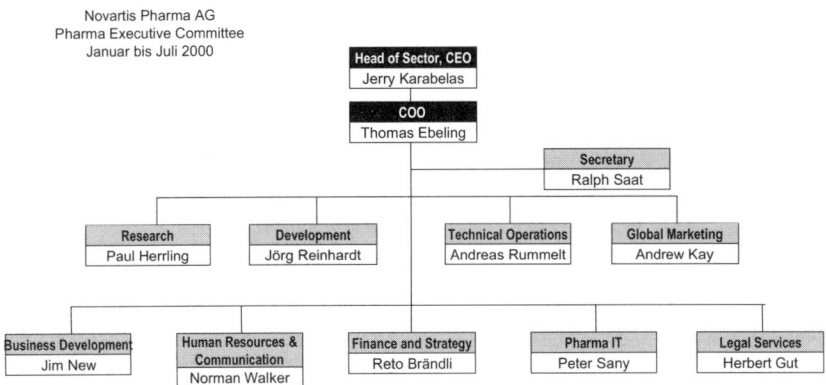

Novartis Pharma AG
Pharma Executive Committee
Januar bis Juli 2000

Abb. 6.5. Organigramm des Pharma Executive Commitees von Novartis, Januar bis Juli 2000. Im Juli 2000 übernahm Thomas Ebeling die Position des CEO von Novartis Pharma. Jerry Karabelas wurde auf 1. September Leiter des Novartis BioVenture Funds.

Tab. 6.13. Division Healthcare: Investitionen und F&E-Ausgaben im Verhältnis zum Umsatz

	1996	1997	1998	1999
Investitionsrate Division Gesundheit	5,0%,	5,6%	6,2%	4,8%
F&E-Rate Sektor Pharma	18,8%	18,6%	18,0%	18,3%

Quelle: berechnet nach Novartis Finanzberichte 1996–1999

Bemerkenswert ist, dass die Fusion weder bei den Investitionen noch bei den Forschungsausgaben mit wesentlichen Kürzungen einherging. Im Gegenteil, gerade für die Erneuerung der produktiven Infrastruktur wurden in den ersten beiden Jahren nach der Fusion beträchtliche zusätzliche Mittel bereit gestellt. Mit Forschungsausgaben von 2848 Millionen CHF im Bereich der patentgeschützten, verschreibungspflichtigen Pharmazeutika im Jahre 1999 gehörte Novartis zusammen mit Lokalrivale Roche und GlaxoWellcome zu den Spitzenreitern der Branche. Der Anteil der F&E-Ausgaben am Umsatz bewegte sich zwischen 1996 und 1999 nahezu konstant zwischen 18 und 19% (Breu 1999: 9; Novartis 2000b).

6.3.2 Kontinuität der therapeutischen Indikationen

Ausgehend von den klassischen Stärken von Ciba und Sandoz führte die Fusion dazu, dass Novartis in den sieben therapeutischen Feldern Immunologie / Transplantation, Zentralnervensystem (CNS), Herz-Kreislauf / Endokrinologie / Metabolismus, Dermatologie / Wundheilung, Onkologie, Arthritis / Entzündung / Knochen, Atemwege mit bekannten Medikamenten über relativ starke Positionen verfügt. Allerdings zeigte sich, dass Novartis trotz der gefüllten und erfolgversprechenden Entwicklungspipeline anfänglich einen relativ großen Anteil von älteren Präparaten vertrieb. Die Erfolgsprodukte *Voltaren*, *Sandimmun* oder *Tegretol* erzielen, obwohl die Patente abgelaufen sind, immer noch erstaunlich hohe

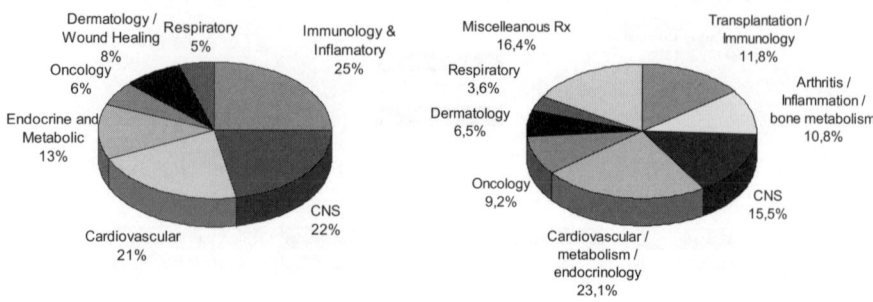

Nach Hauber und Wilson 1999: Global Equity Research: Pharmaceuticals, SalomonSmith Barney, p. 73

Nach Pictet & Cie 1999: Swiss Pharmaceuticals In Perspective, p. 15-16

Abb. 6.6. Umsätze der therapeutischen Gebieten von Novartis Pharma 1998. Die unterschiedliche Angaben für die einzelnen Gebiete ergeben sich durch unterschiedliche Gruppierungen der therapeutischen Gebiete. Die Umsatzzahlen der einzelnen Präparate widersprechen sich nicht. Quellen: Hauber / Wilson (1999: 73) und Pictet & Cie (1999: 15f)

Umsätze. Novartis brachte seit 1996, mit Ausnahme von *Diovan*, kein Produkt auf den Markt, das explosionsartige Umsatzzuwächse erzielte. Die Forschungs- und Entwicklungsstrategen von Ciba-Geigy und Sandoz hatten die Prioritäten, wie bereits dargestellt, verhältnismäßig konservativ gesetzt. Die seit Mitte der neunziger Jahre vor allem von US-Konzernen eingeführten sogenannten 'Life-Style'-Präparate weisen dagegen teilweise deutlich überdurchschnittliche Umsatzpotentiale auf. Das waren die Gründe, warum Novartis Pharma, im Gegensatz zu den erfolgreicheren Rivalen Pfizer mit *Viagra*, Warner-Lambert mit *Lipitor* oder Roche mit *Xenical* zwischen 1997 und 1999 nur ein unterdurchschnittliches Umsatzwachstum erzielte. Dennoch ist die Liste der Neueinführungen beeindruckend (Tab. 6.15, 6.16). Doch schauen wir uns den Geschäftsgang der wichtigsten Produkte etwas genauer an (Novartis 1997b: 12–14; 1998b; 1999b; Novartis / SEC 2000: 9; Hauber und Wilson 1999: 44–73; Pictet & Cie 1998; 1999).

Dermatologie / Wundheilung. Das von der Sandoz 1992 und 1993 (USA) lancierte *Lamsil* (Terbinafine), ein Mittel gegen Haut- und Nagelpilzinfektionen, ist das drittwichtigste Präparat von Novartis. Es eines der weniger Antipilzmittel, das oral ohne toxische Nebenwirkungen eingenommen werden kann, und es hat sich in klinischen Tests als wirksamer als *Sporanox* von Johnson & Johnson erwiesen. Im Juni 1998 führte Novartis das lebende Hautäquivalent *Apligraf* zur Behandlung offener Beine in den USA ein. Dieses biotechnologisch gewonnene Produkt hatte Novartis zusammen mit der Firma Organogenesis bei Boston entwickelt. Organogenesis besitzt die Produktionsrechte und erhält eine Entschädigung für die Produktion plus Royalties auf die weltweiten Verkäufe. Da *Apligraf* nur fünf Tage 'lebt', stellen sich beträchtliche logistische Probleme an das von Novartis entwickelte 'just-in-time'-System.

Immunologie und Transplantation. *Neoral* und *Sandimmun*, die beide auf dem Wirkstoff Ciclosporin beruhen, sind weiterhin die mit großem Abstand wichtigsten Präparate von Novartis und brachten 1999 über 2 Mrd. CHF Umsatz ein. Ciclosporin blockiert die Abstoßreaktion des Körpers gegen transplantierte Organe und setzte sich in den achtziger Jahren als Standardsubstanz in der Transplanationsmedizin durch. *Sandimmun* und *Neoral* werden auch bei der Kontrolle von Autoimmunreaktionen bei rheumatoider Arthritis und Psoriasis (Schuppenflechte) eingesetzt. Um die Bindung an das Produkt auch nach Ablauf der Patentfrist zu halten, vermochte bereits Sandoz *Sandimmun* weitgehend durch *Neoral* in einer besseren Applikationsform zu ersetzen. Seit Dezember 1998 ist allerdings eine Generikaversion von flüssigem *Neoral* (SangCya) erhältlich und seit 2000 auch in der Kapselform. Daher wurde der Umsatzhöhepunkt wahrscheinlich in den Jahren 1999 und 2000 überschritten. Zudem drängen weitere Substanzen gegen die Abstoßreaktion bei der Transplanation auf den Markt (u.a. *Cellcept* von Roche und Protein Design Labs). Mit der Einführung von *Simulect* (Basilliximab) 1998 unterstrich Novartis, weiterhin auf diesem Feld vorne dabei bleiben zu wollen. Basiliximab ist, wie es die drei letzten Buchstaben des Namens ausdrücken, ein monoklonaler Antikörper und wirkt als spezifisches Immunsuppressivum gegen die akute Transplantationsabstoßung nach einer de-novo-Nierentransplantation. Zudem bereitet Novartis mit *Certican* im Jahr 2002 und ERL 080 im Jahr 2003 die Einführung weiterer Präparate in diesem Feld vor

Herz-Kreislauf / Endokrinologie / Metabolismus. Im breiten Spektrum von HerzKreislauf-Erkrankungen ist Novartis sehr stark, vor allem auf der Grundlage einer langen Tradition von Ciba-Geigy. Das von Ciba-Geigy Ende der achtziger Jahre (USA: 1990) eingeführte Präparat *Cibacen/Lotensin* (Benzazepil) ist ein Angiotensin-konvertierendes Enzym (ACE) und bewirkt eine Senkung des Blutdrucks. Es verzeichnete ein allmähliches Wachstum bis auf 882 Mio. CHF im Jahr 1999 und ist damit ein Umsatzträger. Allerdings dürfte sein Umsatz kaum über 1100 Mio. CHF steigen, da die Konkurrenz auf diesem Markt sehr stark ist. Zur gleichen Gruppe der blutdrucksenkenden Mittel gehört das ebenfalls aus den Ciba-Labors stammende *Lotrel*, eine Kombination eines ACE-Hemmers mit einem Kalizumantagonisten, das 1996 eingeführt wurde. Mit *Diovan* (Valsartan, Angiontensin II (ATII) Inhibtor) brachte Novartis für gewisse Anwendungen gegen hohen Blutdruck selbst einen Konkurrenten/Nachfolger auf den Markt. Das von Ciba-Geigy in den neunziger Jahren entwickelte *Diovan* erweist sich als das weitaus erfolgreichste Newcomer-Präparat von Novartis Pharma (zu den Aspekten der Produktion des Wirkstoffes Valsartan siehe Kapitel 8). Der weltweite Bluthochdruckmarkt wird auf mindestens 20 Mrd. USD geschätzt und die neue Substanzklasse der ATII wird die bisherigen ACE Inhibitoren aufgrund ihrer besseren Verträglichkeit ablösen. Obwohl der Markt heiss umkämpft ist, schaffte es Novartis in kurzer Zeit, mit *Diovan* einen beträchtlichen Marktanteil auf Kosten von *Cozaar* von Merck zu erobern. Nur wenige Monate nach der Einfühung von *Diovan* Anfang 1997 brachten allerdings Bristol-Myers Squibb mit *Avapro* und AstraZeneca mit *Atacand* ähnliche Präparate auf den Markt und stabilisierten den Marktanteil von *Diovan* in den USA zunächst auf gut 20%. Die Frage ist nun, ob die klinische Wirksamkeit oder der Zeitpunkt der Lancierung über den längerfristigen Marktanteil entscheiden werden. Novartis führte bereits *Co-Diovan*, eine Kombination von *Diovan* mit einem Diuretikum, ein, um das Umsatzpotential zu vergrößern. Zudem befand sich der Wirkstoff Ende 2000 im Zulassungsprozess für die Indikation der Herzinsuffizienz und dem Zustand nach einem Myokardinfarkt. Damit wird sich das Marktpotential nochmals beträchtlich ausweiten (Novartis MR 2000b). *Diovan* wird nächstens *Voltaren* und *Sandimmun* als Spitzenprodukt und Hauptumsatzträger ablösen. Die Investmentbanker von SalomonSmithBarney und Pictet & Cie schreiben *Diovan* bereits im Jahr 2003 einen Umsatz von über 1,7 Mrd. CHF zu (Hauber und Wilson 1999: 52; Pictet & Cie 1999: 16). Die Umsätze des von Ciba-Geigy schon in den achtziger Jahren lancierten transdermalen Pflasters *Nitroderm TTS* (Nitroglycrin) gegen Angina Pectoris gehen mittlerweile zurück, sind aber nicht abgestürzt. *Starlix* (Nateglinide) zur Behandlung von Altersdiabetes wurde in der Schweiz und Brasilien bereits Ende 2000 eingeführt. Am 23. Dezember 2000 gab die FDA die Zulassung für die USA. Nateglinide ist eine abgeleitete Aminosäure, die die frühe Insulinabgabe stimuliert und kurzfristig wirkt. Das Präparat soll die Inuslinproduktion vor einer Mahlzeit anregen und damit eine bessere Glukosekontrolle ermöglichen (Novartis MR 2000{). *Starlix* könnte schon bald nach der Einführung Umsätze von über 500 Mio. CHF erzielen. Der weltweite Diabetesmarkt wurde für 1998 auf 3,5 Mrd. USD geschätzt und wird von relativ vielen Anbietern bearbeitet (Hauber und Wilson 1999: 68f). Im Februar 2000 beantragte Novartis gleichzeitig in den USA und in der EU die Zulassung für *Zelmac* (Tegaserod) zur Behandlung von Reizdarm (irritable bowel syndrome). Reizdarm ist in den Ländern der westlichen Welt eine häufige chronisch-funktionelle Störung des Magen-Darm-Trakts, die sich in Verstopfung oder/und Durchfall äußert. Reizdarm ist gemäß Angaben von Novartis einer der häufigsten Gründe für Abwesenheit am Arbeitsplatz. *Zelmac* ist somit ein typisches Mittel für kaufkräftige Schichten in Europa und Nordamerika. Nicht überraschend wird diesem Präparat ein schnelles Wachstum und 'Blockbuster-Potential' zugeschrieben.

Atemwege. Das bereits verhältnismäßig alte Sandoz-Präparat *Zaditen* zur Asthmabehandlung konnte sich lange mit beträchtlichen Umsatzzahlen halten. Bemerkenswerterweise fand es in der Form von Augentropfen zur Behandlung von allergischen Zuständen des Auges eine zusätzliche Verwendung und wird hierzu durch CIBA Vision vermarktet. Das Asthma-Medikament *Foradil* (Formoterol) wurde bereits von der Ciba eingeführt und entwickelte sich Ende der neunziger Jahre zu einem mittelgroßen Umsatzträger von Novartis. Der Wirkstoff Formoterol wurde ursprünglich von Yamanouchi entwickelt und bereits 1986 in Japan eingeführt. Ciba hatte sich die Marketingrechte außerhalb Japans erworben. AstraZeneca verkauft denselben Wirkstoff unter dem Namen *Oxis*. In den USA erfolgte die Zulassung von *Foradil* allerdings erst 1998. Ein vielversprechendes Produkt gegen Asthma könnte vorbehaltlich der Zulassung voraussichtlich 2002 eingeführt werden. *Xolair* (Olizubamab-E25, Anti-IgE), basierend auf einem rekombinanten monoklonalen Antikörper, wurde/wird gemeinsam von Tanox (Houston), Genentech (South San Francisco) und Novartis für die Indikationen allergische Rhinitis und Asthma-Profilaxe entwickelt. Obwohl die Therapie mit einem humanisierten monoklonalen Antikörper relativ teuer sein wird, könnte das Präparat auf eine beträchtliche Nachfrage treffen und sich mittelfristig zu einem wirklichen 'Blockbuster' von bis zu 2 Mrd. CHF Umsatz entwickeln. Das nach dem Misserfolg der Substanz Hirudin leer stehende Biotechnikum in Huningue bei

Basel wird diese Substanz im industriellen Maßstab produzieren (Novartis Pharma MR 2000b) (vgl. Abbschnitt 8.4.1).

Rheuma, Knochen, Hormonersatz. Noch immer erzielt *Voltaren* (Diclophenac) trotz Konkurrenz durch Generika enorme Umsätze. Gerade viele ältere Menschen, die unter Rheuma leiden, setzen nach wie vor auf die Wirksamkeit des Präparates. Ciba-Geigy war es zudem gelungen, über eine geschicktes Life-Cycle-Management mit Produktmodifikationen und speziellen Darreichungsformen wie *Cataflam* und *Voltaren Emulgel* sowie durch eine Markenstrategie die Bindung an das Produkt zu festigen. Dennoch wird der Rheumamarkt seit 1999 umgewälzt. Searle (Pharmadivision von Monsanto) brachte 1999 in den USA (2000 in Europa) mit *Celebrex* (Celecoxib) ein Präparat auf den Markt, das wesentlich besser verträglich ist. Die Umsätze von *Celebrex* explodierten unmittelbar nach der Einführung.[64] Auf das gleiche Indikationsfeld zielt zudem der langjährige Branchenführer Merck mit seinem ebenfalls 1999 in den USA eingeführten *Vioxx* (Rofecoxib), das nach Angaben von Merck noch besser verträglich sein soll als *Celebrex*. Beide Präparate gehören zur neuen Substanzklasse von Cox-II-Inhibitoren und liefern sich ein Kopf an Kopf Rennen um die Marktführerschaft. Das von der Sandoz entwickelte Medikament *Miacalcic*, ein vom Lachs gewonnenes Calcitonin, zur Behandlung von Stoffwechselstörungen der Knochen, einschließlich der Osteoporose, erfährt mittlerweile auch eine Ausweitung der Anwendungsfelder durch neue Darreichungsformen wie ein Nasenspray bei Knochenerkrankungen. Im Jahre 2003 will Novartis mit COX189 einen eigenen Cox II Inhibitor auf den Markt bringen, der die erfolgreiche Nachfolge von *Voltaren Cataflam* antreten und den (verspäteten?) Kampf mit den Rivalen *Celebrex* und *Vioxx* aufnehmen soll. Der Cox II Inhibitor von Novartis soll aber breiter einsetzbar sein und auch gegen Zahnschmerzen wirken (Novartis MR 2000z).

1998 erwarb Novartis von Rhône Poulenc Rorer das Präparat *Menorest* zur Linderung menopausaler Beschwerden und zur Vorbeugung von Osteoporose und *Estalis,* eine Hormonersatztherapie. Novartis erhielt die Rechte an diesen Produkten für alle Länder außer Japan und die USA. Damit sicherte sich Novartis nach dem Bedeutungsverlust des alten Ciba-Produktes *Estraderm TTS* und zusammen mit dem erwähnten *Miacalcic* die Präsenz im Markt der Frauengesundheit.

Zentralnervensystem (CNS). Da sowohl Ciba und Sandoz im Bereich des Zentralnervensystems bereits stark und zugleich in unterschiedlichen Indikationen vertreten waren, führte die Fusion in diesem Bereich zu einem reellen 'powerhouse' mit einem relativ breiten Spektrum an CNS-Therapeutika. *Clozaril* zur Behandlung von Schizophrenie gehörte Ende der neunziger Jahre weiterhin zu den Umsatzträgern. Im Abschnitt über die therapeutischen Schwerpunkte der Sandoz wurde bereits darauf hingewiesen, dass der Wirkstoff Clozapine erstmals bereits in den sechziger Jahren eingeführt wurde, aufgrund tödlicher Nebenwirkungen zurückgezogen und Anfang der neunziger Jahre wieder eingeführt wurde. Seit

---

[64] Nicht zuletzt dieses Präparat dürfte ein Grund gewesen sein, warum Novartis und Pfizer im Sommer 1999 mehrfach als potentielle Übernehmer von Searle oder des gesamten Monsanto-Konzerns genannt wurden. Letztlich entschloss sich Monsanto im Herbst 1999 mit Pharmacia-UpJohn zu fusionieren.

1998 ist *Clozaril* dem Wettbewerb durch Generika ausgesetzt. *Lescol* (Fluvastatin) bewegt sich auf dem heiss umkämpften Markt von Mitteln gegen einen zu hohen Cholersterinspiegel. Es wurde von Sandoz 1994 erfolgreich eingeführt. Die Einführung von *Lipitor* durch Warner-Lambert Anfang 1997 schüttelte den Markt der Cholesterinsenker mit seinem explosionsartigen Verkaufserfolg vor allem in den USA total durcheinander. *Lipitor* ist das Medikament mit dem schnellsten und größten Umsatzwachstum aller Zeiten. Der Erfolg dieses Präparates dürfte ein nicht geringer Grund für die Übernahme von Warner-Lambert durch Pfizer sein. Für Novartis stellt sich seither das Problem, *Lescol* neu zu positionieren. Novartis verkauft *Lescol* um rund 30% günstiger als *Lipitor* und *Zocor* von Merck und versucht nun, über eine höhere Dosierung und neue klinische Daten die Marktanteile für *Lescol* zu vergrößern. Das Präparat *Comtan* zur Linderung der Effekte von Parkinson wurde von der finnischen Firma Orion entwickelt (Sandoz-Gazette 1996a). Novartis vermarktet *Comtan* seit 1999 (Zulassung im September 1998) in gewissen europäischen Ländern und nach der entsprechenden Zulassung ab 2000 auch in den USA. Damit bleibt Novartis nach dem Rückgang des alten Sandoz Präparates *Parlodel* in der Parkinson-Therapie tätig. *Exelon* (Rivastigmine) erhielt im März 1998 die Zulassung in der EU und im Mai 1999 durch die FDA. Das aus den Labors der Sandoz stammende Präparat lindert und bremst die Degenerierung der Gehirnzellen bei der Alzheimerkrankheit. Vor *Exelon* waren nur zwei andere Präparate auf den Markt gekommen. Wobei seit Anfang 1997 *Aricept* von Eisai/Pfizer das Präparat *Cognex* von Warner-Lambert weitgehend abgelöst hatte. Das 1996 von Sandoz eingeführte *Migranal* (Dihydroergotamine - DHE Nasalspray) ist ein Beispiel dafür, wie auch ein alter Wirkstoff, dessen Patent längst abgelaufen ist, in einer neuen Darreichungsform wieder erfolgreich vermarktet werden kann (der Umsatz betrug 1998 120 Mio. CHF und könnte sich bis 2003 verdoppeln). *Migranal* beruht auf der gleichen Substanz wie das bereits im Jahr 1946 registrierte Sandoz-Medikament *Dihydergot* (vgl. Fritz 1992: 216). DHE war lange Jahre als intramuskuläre Behandlung der Migräne erhältlich, verursachte aber Nebeneffekte wie Übelkeit und Brechreiz. Nasalspray reduziert diese Nebeneffekte und die Magenprobleme, die bei einer oralen Darreichung bestehen. Nach der Einführung in den USA im Jahr 1998 schnellte der Umsatz immerhin auf 120 Mio. CHF hoch. Vom Gesichtspunkt des Lebenszyklus ist das alte Ciba-Geigy-Produkt *Tegretol* sehr interessant. Obwohl *Tegretol* bereits seit über zwanzig Jahren verkauft wird, ist es immer noch ein Standardpräparat zur Behandlung von Epilepsie dessen Umsatz sich stabil auf einem sehr hohen Niveau hält und im Jahr 1999 sogar auf 645 Mio. CHF gestiegen ist. Das 1994 eingeführte Nachfolgepräparat *Trileptal* garantiert, dass Novartis in diesem Segment eine starke Stellung behalten wird. Zudem hätte mit *Xilep* (Rufinamid) bereits im Jahr 2002 ein weiteres Epilepsie-Medikament erscheinen sollen. Entweder aufgrund unbefriedigender Ergebnisse in der Phase III der klinischen Prüfungen oder eines ungenügenden Marktpotentials wurde das Präparat im Herbst 2000 aus dem Entwicklungsportfolio gestrichen. Zudem vertreibt Novartis im Bereich des Zentralnervensystems mehrere ältere Präparate, die nach wie vor bedeutende Umsätze zwischen 50 und 250 Mio. CHF erzielen. Trotz ihrer Reife und den abgelaufenen Patenten geht ihr Umsatz nur ganz langsam zurück oder bleibt konstant. Dazu zählen u.a. das trizyklische Antidepressivum *Anafranil* und das zentralnervöse Stimulans *Ritalin* von Ciba-Geigy sowie das Antiparkinsonmittel *Parlodel* von Sandoz, das in einer speziellen Darreichungsform auch für andere Indikationen wie Infertilität und Störungen des Menstruationszyklus eingesetzt wird.

Onkologie / Hämatologie. Novartis bietet im breiten Feld der Krebsbehandlung zahlreiche Präparate an und hat weitere in der Pipeline. Aus betriebswirtschaftlicher Sicht besteht das Problem darin, dass die Anwendungen sehr spezifisch sind und sich daher jeweils keine Superumsätze erzielen lassen. Zudem steigen die Verkäufe nur langsam. Nachdem sich ein Produkt durchgesetzt hat, kann es aber einen langfristigen und stabilen Beitrag zum Umsatz beisteuern. *Aredia* (ursprünglich von Ciba bei Henkel einlizenziert), 1992 zur Behandlung von Hypercalzämie und 1995 von krebsbedingter Knochenschädigungen und Knochenmetastasen zugelassen, konnte seine Indikation auf den Einsatz bei multiplem Melanom und Brustkrebs erweitern. Das Präparat schob sich mit einem Umsatz 835 Mio. CHF im Jahr 1999 mittlerweile auf den fünften Rang im Novartis-Sortiment vor. Nachdem im Jahr 2000 voraussichtlich ein Konkurrenzprodukt auf den Markt kommen und das Patent 2005 ablaufen wird, ist jedoch kaum davon auszugehen, dass die Umsätze wesentlich über 1 Mrd. CHF steigen werden. *Femara* (Letrolzol), ein 1996/97 eingeführter Aromatase-Inhibitor zur Behandlung von fortgeschrittenem Brustkrebs, ist bis 1999 aber noch nicht unter die Top-20 von Novartis vorgestoßen. *Sandostatin* wurde 1997 um die Langzeitversion *Sandostatin LAR* zur Behandlung der Akromegalie in einer neuen Darreichungsform ergänzt und konnte dadurch seither den Umsatz signifikant steigern. *Amdray* (Valspodar) wollte man zunächst als Mittel gegen die Resistenz, die Krebszellen gegenüber bestimmten Chemotherapeutika entwickeln und im Jahr 2000 einführen. Die Phase III der klinischen Studien ergab aber keine zufriedenstellenden Ergebnisse. Zugleich wird es auf die Wirksamkeit zur Behandlung von Gebärmutterkrebs geprüft. Für diese Indikation könnte *Amdray* voraussichtlich 2002 lanciert werden. Das Präparat wird kaum ein Blockbuster werden und sich aufgrund der spezifischen Anwendung nur langsam verbreiten. Ein weiteres, neues Krebsmedikament ist *Zometa* (Zoledronate, zoledronic acid for injection), ein intravenöses Bisphosphonat zur Behandlung von krebsbedingter Hyperkalzämie, das in klinischen Studien eine höhere Effizienz als *Aredia* gezeigt hat. Die Zulassung erfolgt voraussichtlich im Jahr 2001. *Zometa* wird auch zur Behandlung von Knochenmetastasen bei Brust, Prostata und Lungenkrebs und des multiplen Melanoms geprüft. Eine Erfolgsgeschichte besonderer Art könnte *Glivec* werden. Diese Substanz zeigte in der Phase II erstaunlich gute therapeutische Ergebnisse gegen eine spezielle Art von Leukämie. Dank einer extrem kurzen Entwicklungszeit will Novartis die Einführung von *Glivec* bereits auf Ende 2001/Anfang 2002 vorziehen. Obwohl das Präparat aufgrund der spezifischen Indikation sicherlich kein Blockbuster werden wird, ist es für Novartis äußerst wertvoll. Denn wenn sich die Ergebnisse über die heilende Wirkung gegen chronische myeloische Leukämie bestätigen sollten, kann *Glivec* eine wichtige Rolle für das öffentliche Erscheinungsbild von Novartis und für die Motivation der Beschäftigten zukommen (Epstein 2000; Novartis MR 2000z).

Im Januar 1999 erhielt Novartis in der Schweiz die erste Zulassung für ein völlig anderes Medikament, das nicht in die aufgeführten Klassen passt. Aus einer Kooperation mit dem Institut für Mikrobiologie und Epidemiologie in Beijing, die von der ehemaligen Ciba in die Wege geleitet wurde, entstand das Malariamittel *Riamet* (Artemether/Lumefantin). Dieses ist ein Kombinationspräparat aus Artemether, einem traditionellen chinesischen Pflanzenheilmittel, und Lumefantin, einem synthetischen Wirkstoff. Die Wirksamkeit des Medikaments beruht teilweise darauf, dass es den Fortpflanzungszyklus des Malariaparasiten unterbricht (Novartis Pharma MR 1999b). Obwohl es zweifellos ein großes Bedürfnis nach neuen wirksamen Malariamedikamenten gibt, wird *Riamet* wirtschaftlich nur ein Nischenprodukt für Novartis sein. Denn gerade in den Ländern des Südens übersetzen sich Bedürfnisse nicht in kaufkräftige Nachfrage.

Tab. 6.14. Umsätze in CHF der 20 meist verkauften Präparate von Novartis 1995–1999

Präparat	Indikation	Firma	1995	1996	1997	1998	1999
Sandimmun / Neoral	Transplantation, Psoriasis	S	1539	1612	1820	1851	2009
Voltaren	Antirheumatikum	C	1420	1437	1605	1571	1420
Lamisil	Dermatomykosin	S	364	558	912	938	1051
Cibacen/Lotensin	Bluthochdruckmittel	C	345	453	662	834	882
Aredia	Hyperkalzämie / Knochenkrebs	C	91	183	358	567	835
Diovan	Bluthochdruck	C	–	–	116	409	740
Lescol	Cholesterinsenker	S	245	460	618	612	689
Tegretol	Epilepsie	C	471	501	601	606	645
Leponex/Clozaril	Schizophrenie	S	440	540	593	588	594
Miacalcic	Osteoporose	S	214	286	391	463	563
Sandostatin	Onkologie	S	229	267	335	451	541
Estraderm	Hormonersatz	C	416	435	435	430	380
Nitroderm	Angina Pectoris, Herzinsuffizienz	C	458	413	402	334	332
Zaditen	Allergien, Atmungswege	S	438	389	347	260	294
Sandoglobulin	Immunschwächeerkrankungen	S	210	214	255	287	285
Foradil	Atemwegserkrankungen	C	44	104	179	224	270
Parlodel	Parkinson	S	338	321	317	235	233
Ritalin	Aufmerksamkeitsschwäche, Hyperaktivität	C	169	183	231	227	231
Desferal	Eisenüberanreicherung	C	111	118	140		167
Anafranil	Depressionen	C	190	198	196	168	162

C: ehemaliges Produkt von Ciba, S: ehemaliges Produkt von Sandoz
Quellen: (Zahlen zusammengestellt nach: Kulhof 1996b: 36; Hauber und Wilson 1997; 1999; Novartis 1998b: 8; Novartis MR 1999c: 7; Pictet & Cie 1999: 16; Vasella 1999: 5)

Tab. 6.15. Ersteinführungen durch Novartis Pharma 1996–2000 und ihre Umsatzentwicklung

Einf.	Name (gener. Name)	Indikation	Firma	1996	1997	1998	1999
1996	Femara (Letrozol)	Krebs	C		25	65	
1996	Diovan (Valsartan)	Bluthochdruck	C	–	116	409	740
1997	Revasc (rDNAHirudin)	Blutgerinnung (an Rhône Poulenc ausliz.).	C	?	?	?	?
1998	Simulect	Transplantation	S	–	–	15	
1998	Apligraf (Hautersatz)	Lebender Hautersatz (einliz. Organogensis)	S	–	–	15	
1998	Rescula (Zul. USA :2000)	Glaukomtherapie (einliz. durch Ciba Vision)					
1999	Riamet (Co-arthemter)	Malaria (Kooperation mit chinesischem Institut)	C	–	–	–	
1999	Comtan (Entacapone)	Linderung von Parkinson (einliz. Orion)	S	–	–	–	28
1999	Exelon (Rivastigmine)	Alzheimer	S	–	–	–	65

C: ehemaliges Produkt von Ciba, S: ehemaliges Produkt von Sandoz
Quellen: (Zusammengestellt nach: Hauber und Wilson 1997; 1999; Novartis 1998b: 8; Novartis 1997a: 7; Pictet & Cie 1999: 16)

Tab. 6.16. Neueinführungen durch Novartis Pharma 2000–2003 und geschätzte Umsatzentwicklung

Einf.	Name (gener. Name)	Indikation	Firma	2000	2001	2002	2003
2000	Visudyne (Verteporfin)	Makuladegeneration / Erblindung		50	200	400	500
2000/1	Starlix (Nateglinide)	Diabetes Typ II (einliz. von Ajimoto , Japan)	C	20	400	600	855
2001	Zometa (Zoledronate)	Hyperkalzämie, Knochenmetastase	C	20	150	400	500
2001	Zelmac (HFT919)	Reizdarm	S	20	350	550	700
2001	Xolair (Olizumab, E25)	Asthma, allergische Rhinitis	C		50	300	600
2001	Glivec (STI 571)	Leukämie				?	?
2002	Elidel ASM 981	Dermatitis	S		50	150	250
2002	Amdray (Valspodar)	Gebärmutterkrebs				?	?
2002	Certican (Everolimus / RAD)	Transplantation	S			50	200
2003	COX 189	Rheumatoide Arthritis, Osteoarthritis					?
2003	ERL 080	Transplantation					?
2003	Zomaril (Iloperidone)	Schizophrenie (einlizenz. von Titan / HMR)					100
>2003	EPO 906 (Epothilone B)	Tumore					
>2003	OctreoTher	Typ 2 Diabetes					?
>2003	ICL 670	Thalässemie					
>2003	DPP 728/LAF 237	Bluthochdruck					
>2003	SPP 100 auslizenziert	Bluthochdruck					
>2003	NKP 608	Depression und soziale Phobie					

Quellen: (Zusammengestellt nach: Hauber und Wilson 1997; 1999; Pictet & Cie 1999: 16; Novartis 2000b; Novartis MR 2000z; Ebeling 2000; Reinhardt 2000a)

Zwischen Februar und Dezember 2000 wurden 10 Projekte aufgegeben. Dazu zählte auch *Xilep* (Rufinamide) zur Behandlung von Epilepsie, das als Nachfolgpräparat von *Tegretol* gedacht war und bereits im Jahr 2002 hätte eingeführt werden sollen. Immerhin wurden in derselben Zeit 17 Projekte neu in das Portfolio aufgenommen (Reinhardt 2000a: 81–83).

6.3.3 Expansionsstrategie: Konzentration auf Wachstumsträger und teilautonome Geschäftseinheiten

Stärkung der Marketingkapazitäten und gezielte Erweiterung des Portfolios

Novartis plant, in den Jahren 2001 bis 2003 elf neue therapeutische Substanzen einzuführen (siehe Tab. 6.16). 2003 soll außerdem ein Cox-II-Inhibitor (COX 189) zur Linderung von (rheumatoider und Osteo-)Arthritis, der zugleich auch gegen Zahnschmerzen wirkt, erscheinen. Mit dieser eindrücklichen Entwicklungspipeline gehört Novartis zweifellos zu den innovativsten Pharmakonzernen und wird im Vergleich zu den wichtigsten Rivalen überdurchschnittlich viele Substanzen einführen. Ein weiterer Pluspunkt ist, dass im Jahr 1999 nur um die 12% des Verkäufsertrages von Präparaten stammte, die in den Jahren 2000 bis 2004 ihren Patentschutz verlieren. Die meisten wichtigen Rivalen verfügen über ein wesentlich reiferes Produktsortiment (IMS 2000b; Novartis MR 2000z; Vasella 2000: 13). Ende 2000 bestand das Entwicklungsportfolio aus 54 Projekten, davon waren 24 in der Phase III der klinischen Prüfungen oder bereits im Zulassungsprozess, 14 in der Phase II und 16 in der Phase I. 57% dieser Entwicklungsprojekte betrafen neue molekulare Einheiten, 1997 waren das nur 44% (Reinhardt 2000a: 3f) (vgl. Tab. 7.5 in Abschnitt 7.4.1).

Obwohl fünf Präparaten 'Blockbuster-Qualitäten' Umsatzpotentiale von mindestens einer Milliarde Schweizer Franken zugesprochen werden, besteht das Problem von Novartis im Vergleich zu einigen US-Rivalen aber darin, dass sie keinen 'Super-Blockbuster' in der Pipeline hat, der schnell Umsätze von weit über 2 Mrd. CHF erzielen könnte, wie z.B. *Lipitor* von Warner-Lambert, *Viagra* von Pfizer oder die Voltaren-Konkurrenten *Celebrex* von Searle (jetzt Teil von Pharmacia-UpJohn/Monsanto) und *Vioxx* von Merck. Das Herz-Kreislauf-Medikament *Diovan* wird diesem Anspruch am ehesten gerecht. Bis die in den Jahren 1999–2003 eingeführten Präparate richtig Tritt gefasst haben, beruht die Wachstumsdynamik zu einem großen Teil auf *Diovan* (Scrip 1999; Novartis MR 2000z). Gemäß einer Aufstellung von IMS Health verfügt Novartis Pharma zwar über die umfangreichste Entwicklungspipeline (Phase III oder später), aber der Anteil von Präparaten in Entwicklung in wirklich umsatzträchtigen therapeutischen Gebieten ist geringer als bei Pfizer (inkl. Warner-Lambert), der fusionierten Glaxo SmithKline und Bristol-Myers Squibb (IMS 2000b).

Die gezielte Einlizenzierung von bereits in Entwicklung befindlichen Substanzen ist eine Möglichkeit, Lücken oder Defizite in der eigenen Entwicklungspipeline zu überbrücken oder bestehende Marketingkapazitäten in einem bestimmten Feld kurz- bis mittelfristig mit neuen Produkten zu versorgen. Allerdings agierte Novartis seit der Fusion auf diesem Feld nicht sehr aktiv. Tatsächlich stammen viele der aktuellen 'Blockbusters' von US-Konzernen gar nicht aus deren eigenen Forschungskapazitäten, sondern wurden in einem späten Entwicklungsstadium einlizenziert. Einige der 1998–2000 von Novartis eingeführten Präparate wie *Comtan*, *Starlix* und *Apligraf* sind ebenfalls das Ergebnis auswärtiger Forschung. Allerdings waren es noch Ciba und Sandoz, die die entsprechenden Kooperationen vereinbarten. Nun läßt sich spekulieren, dass die enormen, intern orientierten Anstrengungen im Zusammenhang mit der Fusion die Aufmerksamkeit gegenüber Lizenzmöglichkeiten geschmälert oder Kapazitäten andersweitig gebunden hatten. Zudem waren die größten US-Konzerne wie Pfizer Ende der neunziger Jahre aufgrund ihrer Verkaufsmacht für Firmen, die auslizenzieren wollten, vielfach die attraktiveren Partner (vgl. Hauber und Wilson 1999: 20).

Der erste strategische Plan von Novartis Pharma von Anfang 1998 stellte Schwächen beim Marketing im Vergleich zu anderen Pharmakonzernen fest. Daher wird das Marketing mittlerweile frühzeitig während der Entwicklungsphase an der Profilierung von Produkten beteiligt. Eine weitere Priorität ist die konsistente Etablierung der Produkte auf Weltebene und damit verbunden die Profilierung von *'global brands'* oder globaler Marken. Der strategische Plan bezeichnete die Wachstumsträger der einzelnen therapeutischen Gebiete und definierte die Prioritäten der Mittelzuweisung für die nächsten fünf Jahre (momentum 1998). Angesichts der gigantischen Marketingerfordernisse gliederte Novartis Pharma im Jahr 1999 die wichtigsten Präparate je nach Marketingstrategie in drei Kategorien. Zu den Wachstumsmotoren auf Massenmärkten gehören *Diovan*, *Miacalcic*, *Lamisil*, *Lescol*, *Foradil*, *Exelon* und *Lotrel*. Wachstumsmotoren auf Spezialmärkten sind *Aredia, Femara, Sandostatin LAR, Comtan, Apligraf* und *Trileptal*. Zugleich will man die alten Produkte *Neoral*, *Voltaren* und *Clozaril* möglichst lange verteidigen (Karabelas 1999a). Mit einem 1998 lancierten Programm vereinheitlichte Novartis die Marketingsstandards auf globaler Ebene. Ein Jahr später wurden im Zuge einer weitgehenden Reorganisation die Entwicklungs- und Marketingbereiche miteinander harmonisiert. Damit sollte der Aufbau globaler Marken gestärkt werden (Novartis 1999b: 12) (vgl. Abschnitt 7.4.1).

Neben dem bereits erwähnten Problem des mangelnden 'Super-Blockbusters' hat Novartis ein anderes Problem. Um auf dem nach wie vor expandierenden US-Markt Terrain zu gewinnen, bedarf es einer riesigen Verkaufsorganisation und großen Marketinganstrengungen. Hier lag Novartis gegenüber den wichtigen heimischen US-Rivalen klar im Hintertreffen. Während im Jahr 1999 Pfizer 5400, Bristol-Myers Squibb 4800 und Merck 4700 Verkaufsagenten zu den Ärzten und Healthcare Organizations schickten, standen nur derer 3400 zu Novartis' Diensten. Allerdings hat Novartis im Rahmen der Intensivierung der gesamten Marketinganstrengungen die Verkaufsorganisationen ab 1998 verstärkt. Weltweit arbeiteten Ende 1999 12908 Verkaufsvertreter für Novartis (Novartis / SEC 2000). In den Jahren 1999 und 2000 stockte Novartis Pharma ihre Verkaufsorganisation in den USA mehrfach energisch auf. Die US *sales force* stieg von 2855 im Jahr 1998 um 34% auf 3820 bis Ende 1999 und schließlich abermals um 20% auf 4575 bis Ende 2000 (Vasella 2000: 18). Auch in Deutschland, Spanien und Japan wurden die Verkaufsabteilungen verstärkt. Neben der Promotion von *Diovan* und *Lamisil* wurde damit auch bereits die Einführung von *Zelmac* und der weiteren neuen Präparate vorbereitet Die Planungsvorgaben dieser Expansionsschritte wurden dabei mehrfach nach oben revidiert (Scrip 1999; NZZ 2000d).

Die Schaffung von *'global brands'* ist zentrales Anliegen der globalen Funktion *Marketing & Sales*. Darum weist Novartis Pharma über 50% der Marketingressourcen den fünf prioritären Produkten zu (Novartis MR 2000z). In den USA wurden in den Jahren 1999 und 2000 gar 59% der Marketingausgaben in die fünf *'growth drivers'* Diovan, Cibacen/Lotrel, Miacalcic, Exelon und Lamisil in den Jahren 1999 und 2000 gesteckt (Vasella 2000: 2).

Damit einher geht eine massive Erweiterung der Marketingkapazitäten. Das globale Marketingteam wurde zwischen Oktober 1999 und Dezember 2000 um 50% auf rund 250 Personen aufgestockt. 75% der neu rekrutierten Mitarbeiter waren vorher in anderen großen Pharmaunternehmen tätig. Acht sogenannte *global brand teams* sind dafür verantwortlich, die wichtigsten Präparate auf Weltebene zu lancieren und voranzutreiben. Dabei werden die zehn wichtigsten Märkte ganz besonders bearbeitet. Spezialisierte Teams sorgen dafür, dass das Marketing frühzeitig die Forschungs- und Entwicklungsstrategien beeinflußt (Kay 2000: 2ff).

Fokussierte Übernahmen und Allianzen

Die Konzernleitung von Novartis betonte mehrfach, dass das interne Wachstum im Zentrum der Strategie stünde. Tatsächlich unternahm Novartis seit der Fusion im Pharmabereich keine größere Übernahme und ging auch keine umfassende strategische Allianz ein. Die einzigen Firmenübernahmen waren jene von Imutran in Cambridge, GB, und von SyStemix in Palo Alto im Jahre 1996. Mit beiden Firmen hatte die Sandoz aber schon vorher enge Beziehungen gepflegt einschließlich namhafter Kapitalinvestitionen. Selbstverständlich setzte Novartis die Strategie der Kooperationen mit kleineren Biotechfirmen fort (siehe Kapitel 7). Allerdings gab Novartis Pharma am 31. August 2000 eine sehr umfassende Transaktion mit SmithKline Beecham bekannt. Die Federal Trade Commission (FTC), die die

Antitrustbehörde der USA, hatte verlangt, dass sich SmithKline Beecham vor der Fusion mit GlaxoWellcome von einigen antiviralen Dermatologiepräparaten trennt, weil auch der Fusionspartner GlaxoWellcome wichtige Präparate in diesem Bereich vertreibt. Für Novartis Pharma ergab sich daher die Gelegenheit, ihr Dermatologieportfolio mit zwei relativ jungen Medikamenten gegen Herpesinfektionen zu verstärken. Für die Summe von 1,63 Millionen USD erwarb Novartis die Präparate *Famvir* (Famciclovir) und *Vectavir/Denavir* (Penciclovir) von Smith-Kline Beecham. Das ist eine stolze Summe für eine Transaktion, die keine Anlagen umfasst. Die Höhe erklärt sich durch das Umsatzpotential und die Umsatzdynamik der beiden Präparate, die sich zu wichtigen Therapiemitteln gegen die sehr verbreiteten Herpes Simplex Viren (HSV 1 und 2) durchsetzen können. Der Umsatz des 1994 lancierten *Famvir* stieg im Jahr 1999 um 26% auf 321 Millionen CHF, jener des erst 1996 eingeführten *Vectavir/Denavir* um 115% auf 30 Millionen CHF. Novartis erwarb mit dieser Transaktionen sämtliche Marketing- und Produktionsrechte auf globaler Ebene sowie das Recht, die Substanzen auch weiterzuentwickeln. Novartis erwartet, dass sich zusammen mit der Vermarktung von dem Antipilzmittel *Lamisil* und den Hormonersatztherapien beträchtliche Synergiegewinne erzielen lassen und will mit dieser Erweiterung vor allem ihre Stellung in der Allgemeinmedizin auf dem US-Markt stärken (Novartis MR 2000x; pharma update 2000a).

Novartis vereinbarte im Jahr 2000 mehrere punktuelle Marketing-Partnerschaften. Die deutsche Merck KGaA verfügt dank dem Präparat *Glucophage* eine starke Präsenz in der oralen Diabetestherapie. Darum vereinbarte Novartis Pharma mit Merck Anfang August 2000 ein Co-Marketingabkommen für das neue Antidiabetikum *Starlix*. Die beiden Unternehmen werden *Starlix* in Europa sowie in einigen Ländern Südostasiens, Lateinamerikas und Afrikas gemeinsam vermarkten. Novartis hat den Wirkstoff Nateglinide ursprünglich von Ajinomoto Co. Inc., Japan, einlizenziert. Yamanouchi und Hoechst Marion Roussel vermarkten den Wirkstoff in Japan (Novartis MR 2000c; 2000{).

Am 7. September 2000 gaben Novartis Pharma und die finnische Orion Corporation den Abschluss einer weiteren Vermarktungsvereinbarung bekannt. Die Abkommen beinhaltet orale Formulierungen von drei Wirkstoffen gegen die Parkinsonkrankheit, die in einer Tablette kombiniert werden. Diese Dreifach-Kombinationstherapie enthält das Medikament Entacapon von Orion, das Novartis seit 1999 unter dem Namen *Comtan* vermarktet (vgl. Tab. 7.9), in Kombination mit den Substanzen Levodopa und Carbidopa. Novartis erwarb mit dem Abkommen die Exklusiv-Marketingrechte für das neue Präparat in den USA und in anderen Gebieten. Orion übernimmt die Vermarktung in Deutschland, Großbritannien, Irland sowie in den Ländern Nord- und Osteuropas. Die Zulassung wird in den USA und der EU wird für 2003 erwartet (Novartis MR 2000m).

Eine größere Dimension nimmt der am 18. Oktober 2000 bekanntgegebene Abschluss einer strategischen Allianz mit Bristol-Myers Squibb ein. Die Vereinbarung umfasst die gemeinsame, weltweite (außer Japan) Vermarktung von *Zelmac* und die Entwicklung von zwei Substanzen aus der BMS-Forschung. Da Novartis im Gebiet der gastrointestinalen Therapien keine Tradition hat, will das Novartis Marketing auf diesem Gebiet die Erfahrung und Präsenz eines stärkeren Partners nutzen, um das eigene Präparat zu vertreiben. Zudem hofft Novartis von den Erfahrungen von BMS bei der Lancierung potentieller Blockbuster und mit Directto-Consumer-Kampagnen zu profitieren. Gleichzeitig erbrachte die Forschung von Bristol-Myers Squibb zwei Immunosuppressoren, die Novartis mit ihrer langjährigen Expertise bei Autoimmunkrankheiten entwickeln kann (Novartis MR 2000k; pharma update 2000b).

Anfang November 2000 gaben Novartis und Noven Pharmaceuticals, Inc., Miami bekannt, dass Novartis die exklusiven Marketingrechte am *Estradot* ausser in USA, Kanada und Japan erworben habe. *Estradot* ist ein transdermales Östrogen-Pflaster zur Behandlung von menopausalen Beschwerden und zur Prevention von postmenopausaler Osteoporose. Novartis und Noven vermarkten *Estradot* bereits seit Mitte 1998 gemeinsam in den USA. Noven produziert das Präparat und liefert es an Novartis. Novartis Pharma baute mit den *Estradot*-Abkommen ihre Position im Markt der Frauengesundheit aus (Novartis MR 2000p).

Derartige fokussierte Partnerschaften könnten in Zukunft eine wesentlich wichtigere Rolle einnehmen, umsomehr als keineswegs gesichert ist, dass die Mega-Fusionen im Stile von Glaxo Wellcome / SmithKline Beecham oder Pfizer / Warner-Lambert tatsächlich erfolgreich sein und die Innovationsfähigkeit steigern werden (WSJE 2000). Allianzen erlauben eine wesentlich flexiblere strategische Ausrichtung und sind in der Regel selbst veränderlich (Gomes-Casseres 2000).

Tab. 6.17. Wichtige Marketingabkommen und Produktübernahmen von Novartis Pharma 1996–2000

Jahr	Partnerfirma	Schwerpunkttätigkeit	Inhalt des Abkommens
1996	Orion Pharma, Espoo, Finnland	Pharmakonzern	Sandoz erwirbt weltweite Marketingrechte für Entacapone / *Comtan*, ein Mittel in der Parkinsontherapie (in Phase III der klinischen Versuche)
1998/5 1999/2 2000/11	Noven Pharmaceuticals, Inc., Miami	Pharmaunternehmen, Darreichungstechnologien	1. Noven und Novartis gründen 51:49 Joint Venture, u.a. zur Vermarktung eines Estrogenpflasters von Noven 2. Vivelle Ventures LLC beteiligt sich am Marketing von Miacalcin Nasalspray 3. Novartis erwirbt exklusive Marketingrechte an *Estradot* ausser in USA, Kanada und Japan. Novartis und Noven vermarkten *Estradot* bereits gemeinsam in den USA. Noven produziert das Präparat und liefert es an Novartis.
2000/8	Merk KGAa, Damstadt, Deutschland	Pharmakonzern	Novartis und Merck vermarkten gemeinsam *Starlix* in Europa und Teilen Asiens, Südamerikas und Afrikas.
2000/8	SmithKline Beecham, GB/USA	Diversifizierter Pharmakonzern	Novartis erwirbt für 1,63 Mio. USD globale Rechte für zwei antivirale Präparate gegen Herbes Simplex und Herpes Zoster.
2000/9	Orion, Espoo, Finnland	Pharmakonzern	Novartis erwirbt Marketing und Co-Marketingrechte an einer Dreifach-Kombinationstherapie gegen Parkinson.
2000/10	Bristol-Myers Squibb, Princeton, New Jersey	Diversifizierter Pharmakonzern	1. Novartis und BMS vermarkten gemeinsam *Zelmac*. 2. Novartis erhält das Recht, zwei BMS Substanzen im Bereich Immunologie zu entwickeln

Quellen für Tabelle 7.8 : Novartis MR (2000c; 2000k; 2000m; 2000p; 2000x); Noven MR (1998; 1999)

Neuorganisation in unternehmerische Geschäftseinheiten

Im Juli 2000 leitete Novartis Pharma die weitgehenste Reorganisation seit der Fusion 1996 ein. Die neue Organisationsstruktur verbindet die globalen Funktionen mit unternehmerischen Geschäftseinheiten. Der Sektor Pharma gliedert sich nun in fünf Business Units, die jeweils das Geschäft mit Präparaten spezifischer Eigenschaften zusammenfassen (Novartis MR 2000o; Reorganization pharma update 2000a; 2000b; 2000c; Scrip 2000f; NZZ 2000g).

Die Einheit *Primary Care / General Practice* (Allgemeinmedizin) konzentriert sich auf die Unterstützung von Markteinführungen neuer potentieller Blockbuster-Marken und auf die Zuteilung von Ressourcen zur Förderung des Wachstums wichtiger Umsatzträger wie zum Beispiel *Diovan*. Diese Einheit wird für den Großteil des Wachstum von Novartis Pharma in den nächsten Jahren verantwortlich sein.

Die jeweils auf *Oncology, Transplantation* und *Ophthalmics* fokussierten Einheiten bilden zusammen den Bereich *Specialty Businesses*. Die Onkologie wird von David Epstein in East Hanover, New Jersey, geleitet. Sie hat die Aufgabe, eine führende Onkologie-Franchise zu entwickeln und die Marktanteile in diesem Bereich zu steigern. Die voraussichtlich baldige Einführung des erfolgversprechenden Leukamie-Präparats *Glivec* wird der *Oncology Unit* einen besonderen Schub verleihen. Die Leitung des Transplantations- und Immunologiegeschäfts übernahm Drummond Paris, der in Basel arbeitet. Die *Transplanation Unit* soll trotz der rückgängigen Verkaufzahlen von *Sandimmun / Neoral* den Übergang zu neuen Produkten bewerkstelligen. Die Augenheilmittel (Ophthalmics) wurden von CIBA Vision zu Pharma transferiert, weil hier größere Synergien erwartet werden. Sie werden weiterhin von Luzi von Bidder in Bülach bei Zürich geleitet. Ophtha verfügt weiterhin über eigene Produktionsstätten in Kanada, der Schweiz und Frankreich. Diese Einheit verfolgt das Ziel, das neu eingeführte *Visudyne* zu einem Blockbuster zu machen. CIBA Vision konzentriert sich fortan auf den Bereich Sehkorrektur mit den Geschäften Kontaktlinsen, Kontaktlinsenpflege und augenchirurgische Geräte.

Die neue Einheit *Mature Products* ist verantwortlich dafür, den ökonomischen Wert älterer Produkte zu steigern. Das geschieht über mögliche neue Anwendungen und Darreichungsformen, mit neuen Marketingmodellen und einem *life cycle management,* um den Lebenszyklus der Präparate zu verlängern.

Die Leitungen der *Business Units* verfügen über eine beträchtliche Autonomie. Sie sind für das Management ihres Portfolios von der Forschung über die Entwicklung und die Zulassung bis zu den Marketingaktivitäten und dem Verkauf voll verantwortlich. Allerdings erfordern nicht alle Geschäftseinheiten dieselben Forschungsressourcen. Die drei *Specialty Business*es und die *Primary Care Unit* verfügen über ihre spezifischen Forschungs- und Entwicklungskapazitäten. Demgegenüber kann die *Mature Products Business* auf eine eigene Forschungsfunktion verzichten. Die *Business Units* haben die Möglichkeit, Kooperationen mit anderen Firmen einzugehen. Demgegenüber wird über die Forschungs- und Entwicklungsstrategien sowie über das Portfoliomanagement auf der übergeordneten Ebene des gesamten Pharmasektors entschieden, aber auf der Grundlage der Inputs und Empfehlungen der *Business Units*. Ein kniffliges Problem der Implementierung war natürlich die Frage, welche Dienste und Fähigkeiten zentral von den *Global Functions* für die *Business Units* bereitgestellt werden und welche in die *Business Units* zu integrieren sind. Es liegt gerade im Wesen der *Business Units* begründet, dass keine einheitlichen Lösungen für die Allokation von Forschungs-, Entwicklungs- und Marketingressourcen gefunden werden konnten. Trotz gesteigerter Transparenz besteht natürlich die Gefahr, dass aufgrund zu weitgehender Autonomie und vor allem der spezifischen Dynamiken der *Business Units* Tätigkeiten überflüssigerweise doppelt wahrgenommen werden und die Übermittlung wichtiger Informationen zwischen den Geschäftsbereichen gehemmt wird. Gerade im *Discovery*-Bereich und beim unternehmensinternen Technologietransfer dürfte dies eine zentrale Herausforderung sein.

Die Leiter der neuen Geschäftseinheiten sind direkt dem neuen weltweiten Pharma-Leiter, Thomas Ebeling, unterstellt. Die *Business Units* sollen die Produktentwicklung beschleunigen und sind für die weltweite Einführung der Präparate verantwortlich. Die geringere Größe der Geschäftseinheiten soll die Eigenverantwortlichkeit verstärken und schnellere Entscheide begünstigen. Zugleich kann bei den Basistechnologien, den Fachkenntnissen und bei der Produktion weiterhin auf die Vorteile einer großen Organisation mit den entsprechenden *economies of scales* zurückgegriffen. Die *Business Units* bestellen fortan Produktionsleistungen bei der globalen Funktion *Technical Operations*.

Letztlich wird also das Ziel verfolgt, die Vorteile großer und kleiner Organisationen miteinander zu kombinieren. Die Gliederung der Einheiten nach Marktkategorien wie Allgemeinmedizin, Spezialitätenprodukte und reife Produkte zeigt, dass das vordringliche Ziel darin besteht, die diesen Produktkategorien innewohnenden Geschäftsdynamiken besser zu erfassen und zugleich selbst zu gestalten. Es geht also darum, Wege zu finden, die einzelnen Märkte besser zu bearbeiten.

Mit dieser Reorganisation ging auch ein Wechsel an Spitze bei Novartis Pharma einher. Jerry Karabelas wurde nach nur zweieinhalb Jahren aus der operativen Leitung verdrängt. Er übernahm am 1. September 2000 die Leitung des neu geschaffenen BioVenture Funds. Dieser mit 50 Mio. USD dotierte Funds soll erfolgversprechende Biotechunternehmen unterstützen und den Zugang zu neuen Substanzen und Technologien erleichtern. Mit Thomas Ebeling, als neuem Pharmachef, werden die marktorientierten organisatorischen Veränderungen zusätzlich untermauert. Denn Ebeling verdankt seinen schnellen Aufstieg an die Pharmaspitze vor allem seiner ausgewiesenen Marketingkompetenz. Er vermochte mit seinem aggressiven, dem (europäischen) Pharmageschäft bislang eher fremden, Stil die Orientierung von Novartis Pharma maßgeblich zu prägen.

Die Geschäftseinheiten-Struktur steigert die organisatorische Klarheit. Zugleich erfordert sie aber entscheidende Veränderungen im Verhalten der Mitarbeiter. Diese Reorganisation bedeutete ein weiterer Schritt weg von der komplexen und zuweilen unübersichtlichen Matrixorganisation und hin zu global integrierten organisatorischen Strukturen. Mit der Umstrukturierung verstärkte Novartis letzlich die Ausrichtung, die bereits mit den *Go-to-Launch-Teams*, den *International Project Teams* und den *Heavyweight-Teams* mit einer intensiveren Verzahnung von Entwicklungs- und Marketingtätigkeiten in den Jahren zuvor eingeleitet wurde (vgl. Abschnitt 7.4.1).

Die drei Einheiten *Oncology, Transplantation* und *Ophthalmics* fungieren als Pilotversuche. Ursprünglich dachte man daran, auch *Central Nervous System* in einer eigenen Einheit zu organisieren. Da dieser Bereich jedoch Spezialisten Produkte

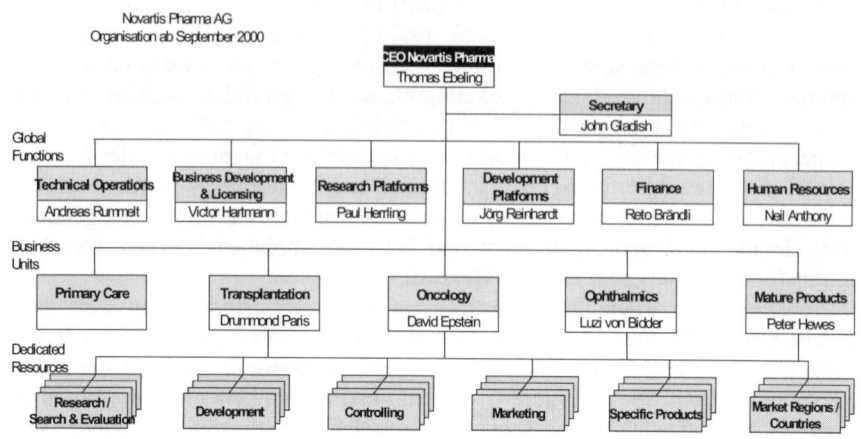

Abb. 6.7. Organigramm von Novartis Pharma nach der Implementierung der neuen Strukturen im September 2000.

und Massenprodukte umfasst, wäre eine Kategorisierung schwierig gewesen. Die Einheit *Primary Care / Allgemeinmedizin* besteht aus allen anderen Bereichen (CNS, Herz-Kreislauf/Endokrinologie/Metabolismus, Dermatologie, Rheuma/Knochen und Atemwege), die nicht als eigene Einheit strukturiert werden konnten. Die Reorganisation bedeutete also noch keine vollständige Neugliederung des Sektors Pharma. Sollten sich die *Business Units* bewähren, ist die Ausdehnung des Modells auf andere therapeutische Gebiete denkbar. Neben den erwarteten internen Vorteilen, wie einer gesteigerten Flexibilität und Transparenz und einem unternehmerischeren Geschäftsverhalten könnten sich mittelfristig weitergehende strategische Optionen eröffnen. Im Sinne einer Intensivierung einer Strategie von Allianzen und Kooperationen ist zum Beispiel denkbar, dass einzelne *Business Units* auch umfassendere strategische Allianzen mit anderen Unternehmen(steilen) eingehen könnten.

6.3.4 Generika

Mit der Novartis-Fusion wurden auf den ersten Blick recht unterschiedliche Geschäftszweige zum Sektor Biochemie zusammengefasst. Einerseits waren das die verschiedenen Generika-Unternehmen von Ciba wie Geneva Pharmaceuticals in den USA, Multipharm in den Niederlanden, Rolab in Südafrika, Laboratorio Normal in Portugal, Genevar in Frankreich, die Ciba-Geigy Pharmazeutika in Bangladesch und die Tochter Servipharm, die Generika in der Dritten Welt vertrieb. Andererseits kamen das Generika-Geschäfts von Sandoz mit den Creighton Pharmaceuticals in den USA, der erst 1996 erworbenen Azupharma in Deutschland sowie das Generika-Geschäft und das Massengeschäft mit Antibiotika der bereits international verankerten Biochemie Ges.m.b.H. in Österreich zum neuen Novartis Generika-Sektor zusammen. Der Sektor Biochemie gliedert sich seit der

Implementierung der Fusion in die beiden Bereiche *Retail Generics* (fertige Arzneimittel) mit einem Umsatzanteil von 45% und *Industrial Generics* (reine Wirkstoffe zur Weiterverarbeitung) mit einem Umsatzanteil von 55% im Jahre 1998. Der Bereich *Retail Generics* umfasst die bereits genannten Generika-Unternehmen sowie das Generika-Geschäft inklusive einer pharmazeutischen Produktionsstätte der Biochemie in Kundl. Die *Industrial Generics* besteht aus der *Biochemie* mit ihren internationalen Tochtergesellschaften, die vor allem industrielle Abnehmer mit Wirksubstanzen beliefert. Der Schwerpunkt liegt auf verschiedenen Antibiotika, wie semisynthetischen Penicillinen, Cefalosporinen und Makroliden. Die *Biochemie* ist der größte Arzneimittelhersteller in Österreich und der weltweit bedeutendste Produzent von Penicillin V (ein Drittel der Weltproduktion (Novartis 1999b: 13)). Mit den langjährigen Kompetenzen in der Fermentation hat sich die *Biochemie* einen internationalen Namen gemacht. Zum Produktionsverbund der Biochemie Ges.m.b.H. gehören neben der Produktionsstätte in Kundl, Fabriken in Schaftenau in Österreich, in Les Franqueses bei Barcelona, in Citerup bei Jakarta, in Rovereto im Trentino (Italien) und eine 1998 von Hoechst erworbene Anlage in Frankfurt am Main (vgl. Kapitel 5 und 8).

Das Generika-Geschäft ist im Unterschied zu den patentgeschützten Pharmazeutika weiterhin stark durch nationale Besonderheiten der Märkte gekennzeichnet. Somit ist eine globale Präsenz weniger wichtig als bei den patentgeschützten Medikamenten. Gezielte nationale Verankerungen können jedoch helfen, die gesamte Marktmacht eines Pharmakonzerns deutlich zu stärken. Novartis verfügt insbesondere in den USA, Deutschland und Österreich über eine sehr starke Stellung. Geneva Pharmaceuticals, das Generikaunternehmen von Novartis in den USA, produziert in Broomfield (Colorado) um die 200 pharmazeutische Produkte in über 500 Verpackungsgrößen für den U.S.-Markt. Geneva ist für Novartis eine wertvolle Stütze, enge Marketingbande mit den *Managed Care Organizations* zu halten. Im Zuge der wachsenden Bedeutung von Maßnahmen gegen die steigenden Kosten im Gesundheitswesen können Novartis Pharmaceuticals und Geneva Pharmaceuticals zusammen ein breites Spektrum von Markenpharmazeutika und günstigen Generika anbieten. Das verleiht Novartis Pharmaceuticals zudem die Möglichkeit, auch bei den verschreibungspflichtigen Medikamenten eine aggressive Preispolitik zu verfolgen.

Mit der Übernahme von Azupharma, dem drittgrößten Generikahersteller in Deutschland, durch Sandoz kurz vor dem Vollzug der Fusion im Jahre 1996 und deren anschließende Integration in die Division Generics stieg Novartis zum weltweit größten Anbieter generischer Arzneimittel mit einem Umsatz von über einer Milliarde CHF auf (Novartis 1997b: 9). Auch in den USA verstärkte sich der Sektor weiter. Im Dezember 1999 übernahm Geneva Pharmaceuticals die Firma Invamed, Inc. mit einer Produktions- und Forschungsstätte in Dayton, New Jersey. Invamed war für seine anwendungsorientierte Forschung und Entwicklung bekannt. Novartis erwarb mit diesem Kauf eine interessante Produktpipeline und erweiterte die Entwicklungskapazitäten. Das neue Tochterunternehmen fungiert fortan unter dem Namen Geneva Pharmaceuticals Technology Corporation (Geneva Pharmaceuticals 1999). Ein Jahr später leitete Geneva Generics die Verlagerung der Produktion nach Broomfield, Colorado, ein. Zugleich konzentrierte sich die neue Geneva Pharmaceuticals Technology Corp. in New Jersey auf F&E-Tätigkeiten (Fletcher 2000).

Novartis verstärkte sich auch im industriellen Bereich der Antibiotika. Im November 1998 übernahm die Biochemie das Antibiotika-Geschäft von HMR inklusive einer fermentativen Produktionsstätte in Frankfurt für 49 Mio. CHF. Die Fabrik wies in etwa dieselbe Fermentationskapazität wie die Anlagen in Kundl auf und beschäftigte 350 Personen (Novartis MR 1998e). Ein halbes Jahr später nahm die Biochemie eine umfassende Erweiterung des Werks Frankfurt im Höchster Industriepark in Angriff. Mit einer Investition von 85 Mio. DM wurde bis Ende 2000 eine neue Anlage zur enzymatischen Herstellung von jährlich 400 Tonnen 7-Aminocefalosporansäure (7-ACA) errichtet. 7-ACA ist die wichtigste Komponente für die Herstellung von Cefalosporin-Antibiotika. Mit dieser Erweiterung verdoppelte die Biochemie ihre Kapazität auf jährlich 700 bis 800 Tonnen /-ACA und ist damit die weltgrößte Produzentin dieser Substanz (Biochemie MR 1999). Im Dezember 1999 verstärkte sich die Biochemie mit dem Erwerb des Penicillingeschäfts der Wyeth/Ayerst Einheit von American Home Products in dreizehn lateinamerikanischen Staaten. Damit verschaffte sich die Biochemie in Lateinamerika eine sehr starke Marktposition bei den Penicillinen (Novartis MR 1999a).

Ein Jahr später, am 21. Dezember 2000, gab Novartis Generics bekannt, auf den 1. Januar 2001 die argentinische Generikafirma Labinca S.A. in Buenos Aires zu übernehmen. Die Übernahme umfasste eine moderne Produktionsstätte in Buenos Aires. Labinca erzielte im Jahr 1999 einen Umsatz von 46 Mio. USD und beschäftigte 270 Personen. Mit dieser Übernahme verstärkte Novartis Generics ihre Position in Lateinamerika und Argentinien, dem elftgrößten Pharmamarkt der Welt, abermals massiv (Novartis MR 2000r).

Ebenfalls auf den 1. Januar 2001 wurde eine weitere Verstärkung wirksam. Die Biochemie erwarb die Rechte der Apothecon, Inc., des Generikaarms von Bristol-Myers Squibb, an den Generika-Präparaten in den USA. Die Übernahme beinhaltete die oralen und injizierbaren Antibiotika und andere Produkte mit einem Umsatzvolumen von einigen hundert Millionen USD. Die Präparate werden zunächst weiterhin von BMS produziert und während einer Übergangsphase in die Produktionsstätten von Novartis Generics in den USA und Europa verlagert. Damit ergänzte die Biochemie ihre starke Position auf dem Antibiotika-Wirkstoffmarkt mit Produktlinien fertiger Antibiotika-Medikamente in den USA. Mit der verbesserten vertikalen Integration ist die Biochemie bestrebt, zusätzliche Synergiegewinne zu erzielen (Novartis MR 2000i).

Aber auch die Position auf dem immer noch fragmentierten Generikamarkt in Europa wurde massiv verstärkt. Am 4. Dezember 2000 gab Novartis Generics die Übernahme des europäischen Generika-Geschäfts von BASF Pharma bekannt.[65] Die BASF hatte Generika-Ableger in Deutschland, Frankreich, Italien, den Niederlanden, der Schweiz und Spanien mit einem Verkaufsvolumen von 91 Mio. CHF und 224 Beschäftigten betrieben (Novartis MR 2000g). Technologisch orientiert war hingegen die Übernahme der kleinen Firma Grandis Biotech in March-Hugstetten bei Freiburg im Breisgau im April 2000. Damit beschleunigte Novartis Biochemie ihren Einstieg in die Herstellung rekombinanter Wachstumshormone (Novartis MR 2000h).

---

[65] Eine Woche informierte BASF über den Verkauf des gesamten Pharmageschäfts an Abbott Laboratories (BASF MR 2000; NZZ 2000b).

Die Ende 1999 eingeleitete Expansionsoffensive ist beeindruckend. Innerhalb eines guten Jahres hatte Novartis Generics sieben, teilweise bedeutende Akquisitionen getätigt. Obwohl das Generikageschäft durch einen starken Preiswettbewerb gekennzeichnet ist, verlief die Entwicklung des Umsatzes und der operativen Marge außerordentlich dynamisch. Der zunehmende Druck auf die Gesundheitskosten bewirkte ein freundliches Klima für die Generikabranche. Geneva Pharmaceuticals und Azupharma bieten ein breites Sortiment von Pharmazeutika an, darunter auch solche, die vor einiger Zeit die Blockbusters der Pharmakonzerne waren, wie zum Beispiel Ranitidin gegen Magengeschwüre (*Zantac* von Glaxo). Insbesondere das Antibiotikageschäft von Biochemie verzeichnete in den letzten Jahren bisweilen Umsatzzuwächse von über 20% und wuchs in Osteuropa, Asien und Lateinamerika über der Marktentwicklung. Dank der Expertise bei der Herstellung von Antibiotika übernahm die Biochemie auch die pharmazeutische Endproduktion von Antibiotika für eine wachsende Zahl von Pharmaunternehmen. Die Produktion pharmazeutischer Wirkstoffe für Dritte, wie die kundenspezifsche Herstellung von Cephalosporinen und ihren Zwischenprodukten, war eine der zentralen Wachstumsgrundlagen. Langfristige Lieferverträge mit den Abnehmern ermöglichen eine sorgfältige Planung der Infrastruktur. Entgegen anderen Tendenzen in der Pharmaindustrie verfolgt die Biochemie also eine Strategie der vertikalen Integration von der biotechnologischen und chemischen Produktion der Wirkstoffe bis zur Endfertigung der Arzneimittel, wobei beide Tätigkeiten auch für Dritte angeboten werden.

Die langfristige Akkumulation unterschiedlicher Produktionskompetenzen auf zunehmend internationaler Ebene ist zweifellos ein Vorteil der Biochemie. Trotz der immer noch national strukturierten Generikamärkte hat Novartis Generics aufgrund der globalen Präsenz, der internationalen Produktionsinfrastruktur und den erzielten *economies of scale* wesentlich mehr Möglichkeiten, auf Marktentwicklungen zu reagieren, kostengünstiger zu produzieren und damit auch eine aggressivere Preispolitik zu betreiben als nationale Firmen. Punktuell ergeben sich zudem Synergien mit dem Marketing und der Produktion des Sektors Pharma. Dennoch nimmt Novartis Generics Rücksicht auf den nationalen Charakter des Generika-Geschäfts. Die bisherigen Firmennamen werden weitergeführt. Ein Blick auf die Webpage von Azupharma in Deutschland (http://www01.-azupharma.de/welcome_4.html) zum Beispiel ergibt zunächst überhaupt keinen Hinweis darauf, dass das Unternehmen vollständiger Teil von Novartis Generics ist.

Im Rahmen der Zusammenarbeit mit einer neuen Forschungsgruppe für Infektiologie in La Jolla können Mitarbeiter der Biochemie ihrer Erfahrungen auf dem Gebiet der Betalactam- und Pleuromulin-Antibiotika einbringen. Es ist anzunehmen, dass Novartis den Generikabereich gezielt über kleinere Akquisitionen weiter ausbauen und beim Konsolidierungsprozess der Generikaindustrie eine wesentliche Rolle spielen wird. Damit unterscheidet sich Novartis von den meisten anderen großen Pharmakonzernen, die entweder nicht in den Generikasektor eingestiegen sind oder erfolglose Expansionsschritte nach einiger Zeit wieder aufgegeben haben. Offensichtlich hat es Novartis dank der starken Präsenz in gewissen Märkten geschafft, diese selbst zu prägen. Das erklärte Ziel von Novartis Generics ist es, die globale Führungsposition weiter auszubauen. Novartis' Expansion im Generikabereich illustriert, wie ein global tätiger Konzern gezielt regionale, nationale

Tab. 6.18 Übernahmen, Kooperationen und Desinvestitionen in den Bereichen Biochemie / Antibiotika und Generika

Jahr	Partnerfirma	Schwerpunkttätigkeit	Inhalt des Abkommens
1996/ 11	Azupharma GmbH, Gerlingen bei Stuttgart	Produktion und Vertrieb von Generika	Übernahme von Gehe AG durch Sandoz Pharma
1998/ 12	Hoechst Marrion Roussel	Antibiotika-Geschäft	Erwerb des Antibiotika-Geschäft von HMR und eines Fermentationswerks in Frankfurt durch den Generics Sektor für CHF 49 Mio.
1999/ 12	Wyeth/Ayerst (American Home Products), USA	Penicillin-Geschäft	Biochemie (Generics Sektor) übernimmt das Penicillin-Geschäft von Wyeth/Ayerst in Mexiko und zwölf weiteren Ländern Lateinamerikas
1999/ 12	Invamed, Inc., Dayton, New Jersey	Produktion und Vertrieb von Generika	Übernahme durch Geneva Pharmaceuticals und Umbenennung in Geneva Pharmaceuticals Technology Corporation
2000/ 4	Grandis Biotech, March-Hugstetten, Deutschland	Biotechunternehmen	Biochemie übernimmt Grandis Biotech zur Herstellung rekombinanter Wachstumshormone.
2000	SBPA, Australien	Generika	Novartis Generics übernimmt SBPA
2000/ 12	BASF Pharma	Diversifizierte Chemiekonzern	Novartis übernimmt das europäische Generika-Geschäft von BASF Pharma für 174 Mio. CHF.
2000/ 12	Apothecon, Inc. / Bristol-Myers Squibb, USA	Diversifzierter Pharmakonzern	Novartis Generics übernimmt Rechte in den USA an Antibiotika-Präparaten
2000/ 12	Labinca S.A., Buenos Aires	Generikaunternehmen	Novartis übernimmt Labinca inklusive Produktionsstätte

Quellen: Novartis Geschäftsberichte 1996–1999, Live 1996–2000, Novartis Media Releases 1996–2000

und kontinentale Eigenheiten aufgreifen und diese, dank der globalen Präsenz, im Sinne des eigenen strategischen Kalküls gestalten kann. Es ist zu erwarten, dass die Generikamärkte im Zuge des Eindringens von starken Global Playern sich ebenfalls internationalisieren werden und internationale Marken an Bedeutung gewinnen werden.

6.3.5 CIBA Vision

CIBA Vision wurde als einziger Sektor der Division Gesundheit von der Fusion nicht direkt betroffen. Auch nach der Fusion setzte CIBA Vision die 1980 eingeleitete Expansion weiter, obwohl sich die Wachstumsraten deutlich auf einstellige Zahlen reduziert haben (Novartis 1997b: 18f; 1998b: 16f; 1999b: 14f; 2000b: 17). CIBA Vision gliedert sich in die drei Geschäftseinheiten Augenheilmittel (Umsatzanteil 1998: 30%), Kontaktlinsen (44%) und Linsenpflegemittel (26%). Das Unternehmen ist weiterhin weltweit der zweitgrößte Hersteller von Kontaktlinsen und nimmt im Markt der Augenheilmittel den fünften Rang ein.

Im Optikgeschäft vollzog sich ein Wandel von konventionellen Kontaktlinsen zu Austausch- und Einweglinsen. Damit war auch ein Rückgang der Nachfrage nach Linsenpflegemitteln verbunden. CIBA Vision forcierte diesen Trend und führte ein breites Sortiment von Austausch- und Einweglinsen ein. Dennoch konnte auch die Rentabilität im Linsenpflegemittelbereich aufrecht werden. Besonders die Einweglinsen *Dailies* verzeichneten nach ihrer Einführung im Jahr 1996 ein überdurchschnittliches Wachstum. Bereits vor der Fusion hatte CIBA Vision *Focus Toric* auf den Markt gebracht. Das war die erste weiche Linse für Astigmatismus, einen Sehfehler, bei dem horizontale und vertikale Sehachsen verschoben sind, was zu einem verzerrten Sehen führt. 1998 und 99 lancierte CIBA Vision Optics *Focus Night & Day*, eine hoch sauerstoffdurchlässige Kontaktlinse mit einer verlängerten Tragezeit von 30 Tagen, die aus einem völlig neuen Material besteht. Der Verkauf der Einweglinsen wurde mit großen Werbekampagnen und Akzeptanztests vorangetrieben. Besonderes Gewicht wurde dabei auf die Markenbindung mit der Familie der *Focus*-Monatslinsen gelegt.

Aufgrund der beträchtlichen Nachfragesteigerungen baute CIBA Vision die Produktionskapazitäten massiv aus. Die erweiterte Produktionsstätte in Batam, Indonesien, steigerte den Ausstoß von Kontaktlinsen und senkte die Produktionskosten deutlich. Diese Fabrik produziert und verpackt Austausch- und Einweglinsen für den weltweiten Verkauf. 1998 waren die Produktionskapazitäten für die Produkte *Focus* und *Dailies* gar ausgelastet und in den USA wurde eine weitere Anlage in Betrieb genommen. Nachdem in den achtziger Jahren CIBA Vision das Kontaktlinsengeschäft primär in Nordamerika und in Europa aufbaute, erlangte in den neunziger Jahren die geographische Expansion in Südostasien und in jüngster Zeit zusätzlich Lateinamerika eine ständig größere Bedeutung.

Der Unternehmensbereich Augenheilmittel profitiert stark von der Zusammenarbeit mit dem Sektor Pharma. So fanden einige Wirkstoffe aus dem Pharmabereich in neuer Darreichungsform auch als Ophthalmika Verwendung, wie zum Beispiel *Voltaren Ophta* zur Behandlung von Augenentzündungen. Weitere wichtige Präparate sind *Ophtalin* und *Michol*, die beide bei der Operation des grünen Stars verwendet werden, *Hyoptears* zur Behandlung des trockenen Auges, *Betimol* zur Behandlung des Glaukoms und *Livostin* gegen allergische Augenerkrankungen (Novartis 1997b: 18f). Mit der Einführung der *Zaditen*-Augentropfen gegen allergische Zustände des Auges 1997 kam ein altes Sandoz-Antiallergikum in einer neuen Form zu einem weiteren Wirkungsfeld, nachdem der Höhepunkt des Lebenszyklus dieses Wirkstoffes bereits überschritten war. Mit einer 1996 getroffenen Lizenzvereinbarung für das Präparat *Rescula* außerhalb von Japan und Südkorea verschaffte sich CIBA Vision Zugang zu einer neuen Glaukomtherapie. Dieses wurde 1998 als erstes Medikament einer neuen Produktklasse in zehn Ländern eingeführt.

Der Erwerb des Geschäftes mit intraokularen Linsen der kalifornischen Firma Mentor Corporation im Mai 1999 bedeutete sogar den Einstieg in den Markt der Augenchirurgie. Zum Sortiment dieser Firma gehörte die *MemoryLens*, die weltweit einzige zusammengerollte intraokulare Linse, die in der refraktiven Chirurgie eingesetzt wird. Sie kann bei Operationen durch eine kleine Öffnung eingeführt werden. 1999 konnte CIBA Vision das im Rahmen einer langjährigen Kooperation mit der Biotechfirma Isis Pharmaceuticals in San Diego entwickelte *Vitravene* zur Behandlung von Aids-bedingten Netzhautentzündungen einführen. Aus der 1994 eingegangenen Kooperation mit der Firma QLT PhotoTherapeutics ging nach längerer gemeinsamer Entwicklungszeit das Produkt *Visudyne* (Verteporfinum) hervor. Dieses wurde, nachdem es im Dezember 1999 in der Schweiz die weltweit erste Zulassung erhalten hatte, im Jahr 2000 weltweit lanciert. *Visudyne* (Verteporfinum) wird zur Behandlung von feuchter, altersbedingter Makuladegeneration (AMD) eingesetzt. AMD ist die häufigste Ursache für das Erblinden von Menschen im Alter von über 50 Jahren in der westlichen Welt. *Visudyne* ist Ergebnis der photodynamischen Therapie, einer neuen Plattformtechnologie. Zuerst wird *Visudyne* in den Arm des Patienten gespritzt. Anschließend wird durch einen auf das Auge gerichteten Laserstrahl das Medikament im Auge aktiviert, das dann einen Verschluss der abnormen Blutgefäße auslöst und damit den Sehverlust stabilisiert (CIBA Vision MR 1999e).

Mit der Übernahme des US-amerikanischen Kontaktlinsenherstellers Wesley Jessen zwischen Juni und Oktober 2000 für 785 Mio. USD verleibte sich CIBA Vision einen der größten Konkurrenten in den USA auf diesem Markt ein. Das Angebot von CIBA Vision übertraf ein auf 625,6 Mio. USD belaufendes feindseliges Übernahmeangebot des Rivalen Bausch&Lomb. Damit ergriff CIBA Vision die Rolle eines 'weissen Ritters'. CIBA Vision ist nun hinter Johnson&Johnson, aber klar vor Bausch&Lomb der zweitgrößte Anbieter von Kontaktlinsen auf der Welt. CIBA Vision brachte es nach dieser Übernahme bei 8900 Beschäftigten pro forma auf einen Umsatz von 1,4 Mrd. USD (Ende 1999: bei 6041 Beschäftigten einen Umsatz von knapp 1,1 Mrd. USD. Mit dieser Übernahme untermauerte Novartis ihre Strategie, in bestimmten Bereichen klare Führungspositionen aufzubauen (CIBA Vision MR 2000b; Scrip 2000d; NZZ 2000e).

Das von der Ciba-Geigy 1980 gestartete Diversizierungsprojekt hat sich innerhalb von zwanzig Jahren zu einem stabilen Geschäftsfeld mit mittlerweile über 6000 Beschäftigten und einer operativen Marge von um die 15% entwickelt. Während in den ersten Aufbaujahren Firmenakquisitionen ein zentrales Instrument der Expansion waren, traten in den neunziger Jahren zunehmend die forschungs-, entwicklungs- oder vermarktungsorientierten Kooperationen in den Vordergrund. Die jüngst erfolgte Übernahme von Wesley Jessen zeigt allerdings, dass die Führung von CIBA Vision auch vor großen Transaktionen nicht zurückschreckte, um eine führende Position zu erhalten oder zu verteidigen. Angesichts der Produktwechsel und der technologischen Fortschritte erwies es sich zunehmend wichtiger, ähnlich wie im Bereich der verschreibungspflichtigen Medikamente, die Entwicklungsprogramme und die weltweite Zusammenarbeit mit externen Forschungsinstituten und forschungsorientierten Unternehmen zu intensivieren. Der auf September 2000 vollzogene Transfer der Einheit Ophthalmics an den Pharmasektor zeigte, dass die Synergien zwischen den doch recht unterschiedlichen Bereichen der Augenmedizin nur schwer zu erzielen sind. CIBA Vision besteht fortan aus den Bereichen *Lens Business Unit, Lens Care Business Unit* und *Ophthalmic Surgical Business Unit.* Zwar wird hin und wieder über einen Spin off von CIBA Vision spekuliert. Angesichts des erfolgreichen Geschäftsaufbaus sowie der befriedigenden Wachstumsraten und Ertragsziffern, ist aber kaum davon auszugehen, dass Novartis diesen Schritt in nächster Zukunft tätigen wird.

Tab. 6.19. Übernahmen, Kooperationen und Desinvestitionen von CIBA Vision

Jahr	Partnerfirma	Schwerpunkttätigkeit	Inhalt des Abkommens	Motiv
1996	Laboratorios Flaminio, Argentinien	Ophthalmika	Übernahme der Augenheilmittelgeschäfts	M
1996	Ueno Fine Chemicals, Ltd., Osaka		CIBA Vision erwirbt die Rechte a einer Therapie gegen Glaucoma außerhalb Japan, Taiwan und Südkorea	M
1997	Isis Pharmaceuticals, La Jolla, California	Biotechnologie Antisensetechnologie	CIBA Vision erwirbt die weltweiten Vertriebsrechte für *Formivirsen*, ein neues Medikament gegen AIDS-bedingte Cytomegalvirus retinitis	M T
1997	Sun Yat-sen Medical University in Guangzhou, China Hong Kong Olyclinic University	Forschung und Ausbildung	Abschluss eines Programmes zur Ausbildung von Spezialisten in der Augenmedizin	M
1999	Mentor Corporation, Santa Barbara, California	Produziert Materialen für die Chirurgie	CIBA Vision erwirbt Geschäft mit intraokulären Linsen (*Memory Lens*) inklusive Produktionsstätte in Cidra, Puerto Rico	M P
1999	Otsuka, Japan	Pharmazeutika	Ein bereits bestehendes Marketingabkommen der beiden Partner wird mit den USA ergänzt. CIBA Vision übernimmt den Vertrieb von *Ocupress Ophthalmic Solution* gegen Glaukoma.	M
1999	University of Iowa Center for Molecular Degeneration, Iowa City Université Pasteur, Strasbourg	Forschung	CIBA Vision vereinbart mit beiden Partner ein gemeinsames Forschungsprojekt über biologische Ursachen und mögliche Therapien für retinale Degenerationen	T
1999	E-DR. Network, Jacksonville, FL	E-Commerce im Augenheilmittelbereich	CIBA Vision leistet Marketing- und Verkaufssupport für E-Dr. Network und dessen Website. E-Dr. Network garantierte CIBA Vision den Einstieg in E-Commerce Vertrieb und Marketing.	M
1999	Destiny Pharma, Brighton, UK	Photodynamische Technologie	CIBA Vision erwirbt exklusive globale Rechte, die photodynamische Therapie Technologie zur Behandlung von Augenkrankheiten zu entwickeln	M T
2000	QLT Photo Therapeuticslnc., Vancouver, Kanada	Photodynamische Therapien	Ausdehnung der 1995 eingangenen Partnerschaft, die zur Entwicklung von V*isudyne* führte. Forschung und Entwicklungsaktivitäten werden gemeinsam durchgeführt, Kosten und Erlöse hälftig geteilt	M T
2000	Wesley Jessen Corp., USA	Kontaktlinsen	CIBA Vision übernimmt Wesley Jesen für 785 Mio. USD.	M P T

Zusammengestellt nach Jahresberichten und CIBA Vision MR (1997; 1998; 1999c; 1999a; 1999f; 1999b; 1999d; 2000a).

Erläuterung der Kurzzeichen in der Spalte *Motiv*
M   Marktexpansion
P   Erwerb von Produktionseinrichtungen
T   Technologie und Forschung

6.3.6 Self-Medication / Consumer Health

Der Zusammenschluss der OTC-Geschäftsbereiche von Ciba und Sandoz brachte den Novartis Sektor Consumer Health in Europa mit einem Marktanteil von 3,1% auf Platz 5 und in den USA mit einem Marktanteil von 4,5% auf Platz 7 im Selbstmedikationsmarkt. Besondere Markpräsenz hatte das neue Unternehmen in den Bereichen Grippe und Erkältungen (*Otrivin, TheraFlu, NeoCitran*), Venenleiden (*Venoruton*), Sodbrennen (*Maalox*) und Allergiebeschwerden (*Tavist*) (Sandoz/Ciba 1996). Selbstmedikationspräparate kommen auf zwei unterschiedlichen Wegen auf den OTC-Markt. Erstens wechseln verschreibungspflichtige Medikamente durch Änderungen der Zulassungsbestimmungen oder über veränderte Formulierungen zu den rezeptfrei erhältlichen Arzneimitteln ('switching'). Zweitens werden vorhandene Technologien genutzt, um neue rezeptfreie Medikamente zu entwickeln. Das Selbstmedikationsgeschäft richtet sich direkt an die Konsumenten. Darum erlangen Anzeigekampagnen und seit einiger Zeit ganz besonders auch TV-Werbung eine besondere Bedeutung.

Noch während des Fusionsprozesses führten die beiden Unternehmen ein neues 'Lead-Marketingkonzept' ein, das die Entwicklung von Schlüsselmarken der Verantwortung einzelner Ländergesellschaften übertrug. Die Implementierung von Strategien, die das Wachstum einzelner Marken europaweit fördern, sollte dem nahezu stagnierenden Umsatz neue Impulse verleihen (Novartis 1997b: 16). Im Zuge der Integration von Ciba und Sandoz wurde der Sektor 1997 stark umstrukturiert und die gemeinsame *„Organisation von allem Ballast befreit"*. Zwei größere Produktionsstätten, jene in Fort Washington in Pennsylvania, und jene München wurden stillgelegt und die Fertigung an anderen Standorten zusammengefasst (vgl. Kapitel 8) (Novartis 1998b: 13).

Das erhöhte Gesundheitsbewusstsein, die gestiegene Bedeutung der Präventivmedizin, das Anwachsen der für rezeptfreie Medikamente zugelassenen Indikationen und der vermehrte Wechsel von rezeptpflichtigen Medikamenten zum Status der OTC-Präparate im Zuge der Kostendämpfungsprogramme der Krankenversicherungen ließen in den neunziger Jahren zwar den Selbstmedikationsmarkt anwachsen. Andererseits ließen Restriktionen der Erstattungsfähigkeit von Medikamenten, insbesondere im OTC-Bereich und die rezessiven Tendenzen in vielen Ländern Europas das Geschäft in den Jahren 1996–98 stagnieren. Vor diesem Hintergrund sowie wegen Rationalisierungen und einer Reduktion der Angebotspalette erlitt der Sektor 1997 in lokalen Währungen sogar einen Umsatzrückgang von 1% und wuchs auch 1998 nur um 3%, abzüglich der verkauften Geschäftseinheiten (Novartis 1998b: 12; 1999b: 25).

Trotz der umfassenden Restrukturierungen im Jahr 1997 entschloss sich die Konzernleitung 1998, den Bereich Selbstmedikation grundlegender umzuwälzen. Aufgrund der zunehmend wichtigeren Massenwerbung für OTC-Präparate, insbesondere in den USA, kam man zum Schluss, dass die Synergien zu den Schlüsseltätigkeiten der ebenfalls an die Endkonsumenten orientierten Division Nutrition größer sind, als zu den klassischen Pharmazeutika. Dies obwohl sich die Forschungs-, Entwicklungs- und Produktionstätigkeiten der verschiedenen Arzneimitteltypen natürlich nach wie vor ähneln oder sogar dieselben sind. Tatsächlich sind in den USA die Grenzen zwischen Produktsegmenten und Vertriebskanälen zwischen OTC-Pharmazeutika, Medical Nutrition sowie Health und Functional Food bereits verschwunden.

Im August 1998 leitete Novartis darum die Zusammenführung des Selbstmedikations- und des Nutrition-Geschäftes in die neu gegründete Division Consumer Health ein. Diese umfasst seither die drei Geschäftseinheiten *OTC*, *Health & Functional Food* und *Medical Nutrition*. Für die drei folgenden Jahre plante man Kostensynergien, die das operative Ergebnis jährlich um 70 Millionen CHF verbessern sollten, und Wachstumssynergien für einen Zeitraum von vier bis fünf Jahren. Die Zusammenlegung der Geschäftsbereiche ging mit einem Abbau von rund 380 Stellen einher. Beim Integrationsprozess achtete man darauf, dass bereichsübergreifende Synergien der wichtigsten Geschäftseinheiten genutzt werden können. Gefördert wurde die Zusammenarbeit von Medical Nutrition mit Health & Functional Nutrition bei der Konzeption eines neuen Sortiments von Nährmitteln, das sowohl für die Endverbraucher als auch für Pflegeheime, Spitäler und die Hauspflege bestimmt ist. Ein weiteres Programm fördert die Nutzung von Synergien zwischen Functional Food, Medical Nutrition, OTC und Pharma in den wichtigsten Therapiegebieten. Diese sind vor allem im Bereich des Marketing und Verkaufsorganisation zu finden. Durch die gemeinsame Nutzung des Verteilernetzes und des Außendienstes bei Apotheken, Ärzten und Spitälern sowie Verkäufe im Lebensmittelhandel will man fortan die Umsätze der einzelnen Segmente gegenseitig unterstützen. Die gleichzeitige Übernahme von verschreibungspflichtigen Präparaten in das OTC-Sortiment diente dazu, die kritische Masse für die neue Organisation zu erreichen. Bei der strategischen Umorientierung des Konzernbereichs ging es nicht zuletzt darum, die Ressourcen freizustellen, die eine Expansion in neue Märkte ermöglichen (Novartis 1999b: 6f, 26; 1999a; Novartis MR 1998a; 2000w). Eine zentrale Achse hierbei sind Functional Foods. Das sind Nahrungsmittel mit einer gewissen medizinisch-therapeutischen Wirkung, also zum Beispiel Schokolade oder Müsli, denen bestimmte therapeutisch wirksame Substanzen beigemischt werden. Ende 1999 lancierte die Division die Produktline *Aviva* mit Müsli, das eine Substanz zur Senkung des Cholesterinspiegels enthält (Novartis 2000b: 17). Functional food und Medical Nutrition stellen somit nicht nur vom Marketing, sondern auch von ihrer stofflichen Zusammensetzung ein Bindeglied zwischen speziellen Nahrungsmitteln und Therapeutika auf einem 'Healthcare Continuum' dar (siehe Abb. 6.7). Was so modern klingt, ist für Novartis eigentlich gar nicht so neu. Bereits 1901 oder 1902 erwarb Sandoz die Rechte an der 5% Gujacolcarbonat enthaltenden Hustenschokolade *Davosin*. Der Verkaufserfolg war jedoch ungenügend. Gut zwanzig Jahre später, nach der Gründung der pharmazeutischen Abteilung 1919, lancierte Sandoz 1923 das mit Vaseline getränkte Gebäck *Martial* als diätetisches Abführmittel. Der therapeutische Nutzen war allerdings sehr beschränkt (Fritz 1992: 41, 50).

Die USA bildeten zunächst den Schwerpunkt der Offensive in Functional Food. Im Februar 2000 vereinbarten Novartis Consumer Health und die bekannte Ernährungsfirma The Quaker Oats Company die Gründung des 50/50 Joint Ventures Altus Foods Company mit Sitz in Chicago. Altus entwickelte und vermarktet funktionelle Lebensmittel in den USA, in Kanada und Mexiko. Altus ist die erste derartige Allianz zwischen einem global tätigen Pharmakonzerns und einem großen Unternehmen im Bereich Lebensmittelmarketing. Das neue Unternehmen verkörpert gewissermaßen die organisatorische Schnittmenge auf dem Healthcare

Das "Healthcare Continuum":

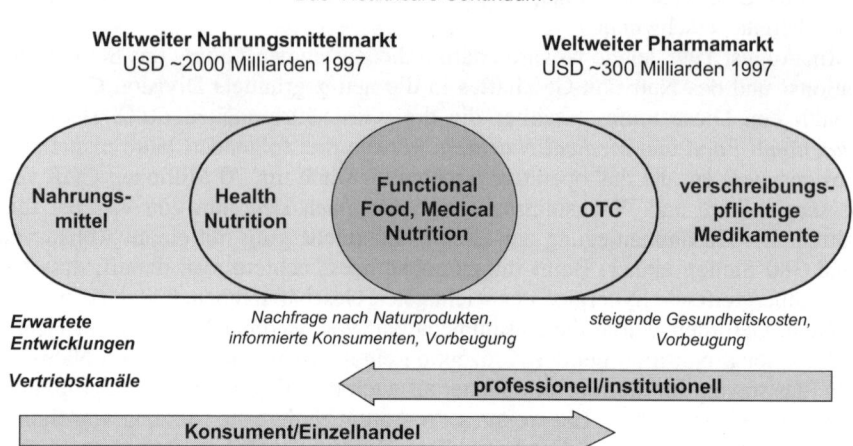

Abb. 6.8. Healthcare Continuum Health Nutrition – Pharmazeutika
Quelle: verändert nach Novartis MR (1998a)

Continuum. Erklärtes Ziel ist es, die Führungsposition im auf rund 10 bis 20 Mrd. USD geschätzten und jährlich etwa 10% wachsenden Markt des Functional Food innezuhaben. Die beiden Konzerne investieren jeweils 50% in das Joint Venture und teilen sich die Gewinne (Novartis Consumer Health MR 2000).

Neben Novartis sind auch andere Pharmaunternehmen in diesen wachsenden Markt der 'Nutraceuticals' über Allianzen mit Lebensmittelunternehmen eingestiegen. Die Verteilung der Risiken, die Nutzung komplementärer Kompetenzen und Marketingkanäle sowie die Chance eines schnellen Marktzutritts sind die wesentlichen Triebkräfte dieser Strategie (vgl. Dichek 1999; Halioua und Beyen 1999).

Ob das Konzept des Heathcare Continuums und die organisatorischen Antworten längerfristig erfolgreich sein werden, lässt sich erst nach einiger Zeit sagen. Immerhin haben sich die Geschäftsergebnisse aller drei Geschäftseinheiten der neuen Division Consumer Health in ihrem ersten Jahr 1999 deutlich verbessert, wobei dies auch der konjunkturellen Verbesserung geschuldet ist (Novartis 2000b). Trotz der großen Rationalisierungsanstrengungen setzte die OTC-Geschäftseinheit die sektorielle und geographische Expansion fort. So reagierte Novartis 1998 mit der Einführung eines neuen weltweit einheitlichen Sortiments von Phytopharmaka unter der Markenbezeichung *Valverde* auf die gestiegene Nachfrage nach pflanzlichen Arzneimitteln. In dieselbe Richtung zielte der Erwerb der deutschen Firma Heilpunkt Naturpharma GmbH & Co KG in Gütersloh von der Lichtwer Pharma AG in Berlin. Heilpunkt Naturpharma war mit der Marke Aktivpunkt bei den Mineralstoffen und Vitaminprodukten im deutschen Drogeriemarkt und Lebensmitteleinzelhandel gut verankert (Novartis Deutschland MR 2000).

Im Jahr 1999 lancierte die OTC-Geschäftseinheit ein 50/50 Joint Venture mit der japanischen Kao Corporation, um ihre bislang schwache Stellung im asiatisch-pazifischen Raum massiv auszubauen. Das Joint Venture lanciert OTC-Produkte,

Tab. 6.20. Übernahmen, Kooperationen und Desinvestitionen der ehemaligen Division Nutrition sowie im Sektor Self-Medication / OTC von Consumer Health

Jahr	Partnerfirma	Schwerpunkttätigkeit	Inhalt des Abkommens	Motiv
1996	Galenica, Bern	Vertrieb von Medikamenten	Erwerb Markenrechte für Kinder- und Ernährungsprodukte in der Schweiz durch Sandoz Nutrition	M
1996		Kinderartikel	Verkauf der Gruppe Gerber Childrenswear, Inc. Greenville durch Sandoz	R
1998	Hiborn S.A., Rio de Janeiro	Selbstmedikation, Ernährung	Übernahme	R
1998	Roland AG, Murten, Schweiz	Ernährung	Verkauf	R
1998	Red Line Healthcare, Golden Valley, Minnesota	Pharmavertrieb	Verkauf	R
1998	Zuckerfreie Marken der Division Nutrition in Italien	Ernährung	Verkauf	R
1999	Wasa-Produktlinie	Ernährung, spezielle Gebäcke	Verkauf an Barilla, Italien	R
1999	Kao, Japan	OTC-Medikamente	Joint Venture zur gemeinsamen Vermakrtung von OTC-Präparaten in Südostasien	M
2000/2	The Quaker Oats Company, Chicago	Ernährung	Novartis Consumer Health und Quaker formieren das 50/50 Joint Venture *Altus Food Company* mit Sitz in Chicago	
2000/7	Lichtwer Pharma AG, Berlin	Mineralstoff- und Vitaminprodukte im Drogeriehandel	Übernahme der Heilpunkt Naturpharma GmbH, Gütersloh	M

Quellen: Novartis Geschäftsberichte 1996–1999, Live 1996–2000, Novartis Media Releases 1996–2000

Erläuterung der Kurzzeichen in der Spalte *Motiv*
M   Marktexpansion
P   Erwerb von Produktionseinrichtungen
T   Technologie und Forschung
R   Rationalisierung, Bereinigung des Portfolios

darunter auch solche auschließlich für den japanischen Markt. Novartis gibt diese Zusammenarbeit die Möglichkeit, die eigenen Consumer Health Produkte, dank der Kenntnisse von Kao über die spezifischen Verbrauchergewohnheiten in Japan besser zu vermarkten (Scrip 2000e). Generell setzte der OTC-Sektor vermehrt darauf, die geographische Verankerung durch den gezielten Aufbau regionaler und globaler Marken zu verbessern (Novartis 1999b: 25, 27).

6.3.7 Zwischenfazit zur Strategie von Novartis Pharma: Stärkung der Innovation und fokussierte unternehmerische Organisation

Die Konzernleitung von Novartis betonte mehrfach, dass das interne Wachstum im Zentrum der Strategie stünde. Tatsächlich unternahm Novartis Pharma seit der Fusion keine größere Firmenübernahme und ging auch keine umfassende strategische Allianz ein. Die einzigen Übernahmen waren jene von Imutran in Cambridge, GB, und von SyStemix in Palo Alto. Diese Transaktionen waren klein, zudem hatte Sandoz mit beiden Firmen schon vorher enge Beziehungen gepflegt einschließlich namhafter Kapitalinvestitionen. Wesentlich bedeutender waren hingegen der Erwerb und die Einlizenzierung von Produkten. Den größten Umfang hatte die Übernahme der weltweiten Vermarktungs-, Produktions- und Weiterentwicklungsrechte der beiden Herpes-Präparate *Famvir* und *Vectavir/Denavir* von SmithKline Beecham für den Betrag von 1,63 Mrd. USD (2,79 Mrd. CHF). Diese Transaktion übertraf den Umfang zahlreicher Firmenübernahmen. Auch die Co-Marketing Abkommen mit Bristol-Myers Squibb und Merck KgaA verdeutlichen, dass es zwischen rein internem Wachstum und der Akquisition von Firmen zahlreiche weitere Expansionsoptionen gibt. Die bereits von Ciba-Geigy und Sandoz praktizierte Strategie der Forschungs- und Entwicklungskooperationen wurde von Novartis Pharma intensiviert und verfeinert (siehe Kapitel 7). Aufgrund der genannten Schwächen im Vergleich zu den stärksten US-Rivalen (keine Megablockbusters), den enormen liquiden Mitteln von Novartis und nach der Abtrennung des Agribusiness ist davon auszugehen, dass die Konzernleitung strategische Schritte der externen Stärkung ins Auge fasst. Da die meisten für eine Fusion in Frage kommenden US-Konzerne allerdings an der Börse höher bewertet werden und sich das Konzern-Management nach der erfolgreich vollzogenen Fusion wahrscheinlich kaum erneut in derartig umfassendes Abenteuer stürzen will, sind mittelgroße Transaktionen einleuchtender. Zudem müssen die fusionierten Glaxo SmithKline und Pfizer den Beweis des Erfolgs noch antreten. Denkbar sind weitere Erwerbungen einzelner Produkte, die Übernahme eines mittelgroßen US-Pharmakonzerns und vor allem die Intensivierung einer Allianzstrategie. Die Frage ist natürlich, welche Unternehmen über eine passende F&E-Pipeline und die erwünschte sektorielle und geographische Verankerung in den Märkten verfügen.

Trotz den organisatorischen Umbrüchen, den wiederkehrenden Rationalisierungsbemühungen zeigt sich bei den bearbeiteten therapeutischen Gebieten eine lange Kontinuität. Novartis hat kein zentrales Tätigkeitsfeld der Vorgängerfirmen aufgegeben. Neue Gebiete wurden weniger hinsichtlich der therapeutischen Märkte als zur Akkumulation von Discovery- und Entwicklungstechnologien erschlossen (siehe Kapitel 7). Eine bedeutende Ausnahme ist das Präparat *Zelmac* gegen Reizdarm, da Ciba überhaupt nicht und Sandoz kaum im Bereich der gastrointestinalen Therapien tätig waren. Expansionen in neue Märkte trieb Novartis eher bei den Sektoren Generika, CIBA Vision und Self-Medication bzw. Consumer Health voran. Allerdings sind die enorm langen Innovations- und Produktzyklen zu beachten. Denn die von Novartis eingeführten Präparate sowie die Substanzen in der dritten, allenfalls auch in der zweiten Phase der klinischen Entwicklung sind immer noch Ergebnisse der Forschungsanstrengungen von Ciba und Sandoz, respektive ihrer Einlizenzierungen. Das zeigt auch, dass sich über internes Wachstum vollzogene strategische Neuorientierungen erst nach einiger Zeit manifestieren, was die Bedeutung der langfristigen Forschungs- und Entwicklungsplanung untermauert. Ein neues therapeutisches Feld wird zur Zeit im Zuge des Aufbaus eines neuen Forschungszentrums in La Jolla bei San Diego erschlossen. Auf der Grundlage einer Bedarfsanalyse baut Novartis eine Forschungseinheit zur Entwicklung neuer Antiinfektiva gegen Infektionskrankheiten in Industrie- und Entwicklungsländern auf (Novartis 1999b: 13). Damit griff Novartis auf neuer Grundlage ein Feld auf, was die Ciba-Geigy bereits in den siebziger Jahren bearbeitet und dann aufgegeben hatte und in welchem die Sandoz über die Biochemie

Ges.m.b.H. und ihre Antibiotikaprodukte ebenfalls bereits eine starke Präsenz hatte.

Stärker auf den Erwerb von Firmen, Anlagen und Produkten stützte sich die Expansion in den Sektoren Consumer Health, Generika und CIBA Vision. Besonders Novartis Generics lancierte ab 1999 eine regelrechte Offensive mit der Übernahme zahlreicher Firmen. Diese externe Expansion wurde mit der gezielten Erweiterung der eigenen Kapazitäten verknüpft. Novartis Generics strukturiert damit die Generikamärkte neu und befördert den internationalen Konzentrationsprozeß. Auch CIBA Vision tätigte mit der Übernahme des Konkurrenten Wesley Jessen im Sommer 2000 einen bedeutenden Schritt in Richtung stärkerer Oligopolisierung des Kontaklinsengeschäfts. Mehr unter dem Vorzeichen der Reorientierung und Fokussierung stand hingegen der seit Anfang 1999 bestehende Sektor Consumer Health. Die Verschmelzung von OTC-Präparaten mit Gesundheitsnahrung und Krankenhausnahrung sowie der gezielte Aufbau von starken Positionen in Functional Food kann die Grundlage für eine erfolgreiche Expansion auf wesentlichen Abschnitten des 'Healthcare Continuums' bieten.

Nach der Abkehr des vagen Life Sciences Konzeptes, da zu stark auf der Annahme von Technologie induzierten Synergien beruhte, ist die spezifischere Ausrichtung auf alle wichtigen Pharmazeutika-Märkte (patentgeschützte, verschreibungspflichtige Arzneimittel, Generika und Selbstmedikation) und ausgewählte Märkte von gesundheitsorientierten Nahrungsmitteln wesentlich stärker von der Dynamik des Marketings geprägt. Die neue Strategie geht davon aus, dass sich mit dem gewählten Portfolio Synergien im Marketing und im Verkauf erzielen lassen. In diese Logik passt auch die im Herbst 2000 implementierte Neugliederung des Sektors Pharma, die ebenfalls wesentlich stärker am Marketing orientiert ist. Zugleich ist die Schaffung der marketinggetriebenen *Business Units* die konsequente Fortführung der Ende 1998 eingeleiteten Restrukturierung der Entwicklungstätigkeiten mit der Schaffung der sogenannten PRIDE-Teams (siehe Kapitel 7).

6.4 Fazit: Nur noch Gesundheit für die Gesundheit des Konzerns

Die Analyse der Gesamtkonzerne und der Pharma Divisionen ermöglicht nun, im Sinne einer Zwischenbilanz, einige der im 2. Kapitel formulierten Forschungsfragen aufzugreifen und teilweise zu beantworten. Offensichtlich ist, dass die aktuellen Internationationalisierungsstrategien nur im Lichte der historischen Evolution verstanden werden können. Die Strategien von Ciba-Geigy, Sandoz und Novartis sind Ergebnis der spezifischen Geschichte der Unternehmen, deren aktueller Perzeption der Märkte, der Einschätzung der von den Rivalen verfolgten Strategien und der erwarteten Gewinnaussichten sowie deren Einbettung in ihre industriellen Komplexe (Ruigrok und van Tulder 1995) respektive in die nationalen und regionalen Innovationssysteme (u.a. Howells 1999). Das vorhergehende Kapitel hat zudem klar aufgezeigt, dass eine Analyse des Pharmasektors, die nicht zugleich auch die anderen Divisionen von breit diversifizierten Konzernen berücksichtigt, keine belastbaren Einschätzungen erlaubt.

Veränderungen der Marktbedingungen. Die letzten drei Jahrzehnte waren von großen Veränderungen im Gesundheitswesen gekennzeichnet, die das Geschäft der pharmazeutischen Industrie prägten. Der Anteil der Gesundheitsausgaben am Bruttoinlandsprodukt stieg in allen industrialisierten Ländern deutlich an. Seit Anfang der siebziger Jahre macht das Schlagwort der 'Kostenexplosion im Gesundheitswesen' die Runde.

Die Sandoz beklagte sich in den Geschäftsberichten Ende der sechziger und in den siebziger Jahren regelmäßig über die immer strengeren behördlichen Vorschriften bei der Registrierung einer pharmazeutischen Spezialität, die von einigen Tochtergesellschaften größere Anstrengungen im Zulassungsprozeß verlangen und Kostensteigerungen verursachen würden, die weder durch verstärkte Rationalisierungen noch durch Preiserhöhungen ausgeglichen werden könnten. Besonders die verschärften Vorschriften der FDA in den USA fielen ins Gewicht und hätten zu einer Verringerung des Wachstums geführt (Sandoz 1969: 13; 1970: 14; 1976: 15). Sandoz machte die weitergehenden Qualitätsanforderungen für die Registrierung neuer Präparate nicht nur für eine Steigerung der Kosten für Forschung und Entwicklung, sondern auch für die Verminderung der Neueinführungen verantwortlich, so daß therapeutisch wertvolle Produkte verspätet für die Behandlung der Patienten zur Verfügung stünden. Der Trend zu verschärften Sicherheitsauflagen für neue Produkte wurde bis 1985 kritisiert (Sandoz 1978: 16; 1979: 16; 1986b: 28).

Ciba-Geigy kritisierte bereits 1972 und 1973 den behördlichen Druck auf die Preise der Medikamente angesichts der *„weltweiten Kostenexplosion im Gesundheits- und Sozialwesen"* und wiederholte ständig die Klage, dass mit *„unrealistischen Preisreglementierungen für Arzneimittel"* der Ertrag beeinträchtigt würde. Im Zuge der guten Konjunktur in der zweiten Hälfte der achtziger Jahre trat diese Frage wieder etwas in den Hintergrund. Anfang der neunziger Jahre verschärften sich diese Auseinandersetzungen, so z.B. mit dem Gesundheitsreformgesetz in Deutschland und der letztlich gescheiterten Gesundheitsreform in den USA. Diese Entwicklung verhalf den Generika zu einem Bedeutungsgewinn. Im Geschäftsbericht 1993 warnte die Ciba gar, dass die Zukunft des Pharmageschäftes im starkem Maße von den Reformen des Gesundheitswesens in Europa und Nordamerika abhänge (Ciba-Geigy 1973: 19; 1974: 26; 1975: 27; 1976: 25; 1977: 26; 1980a: 30; 1986a: 25; 1990a: 28; 1991a: 25; Ciba 1994a: 8). Angesichts der wachsenden Gesundheitsausgaben und der Budgetprobleme in den meisten Staaten verschärfte sich diese Auseinandersetzung in den achtziger Jahren, insbesondere in den großen Märkten Europas (Sandoz 1981: 16; 1985: 18; 1986b: 28; 1988: 25).

Interessant ist, dass die Konzernleitung von Ciba-Geigy mitten in der ersten großen Nachkriegsrezession in den Jahren 1975/76 feststellte, dass nicht die Rezession, sondern die andauernde Schwächung der Ertragslage das wichtigste Problem des Pharmageschäfts sei. Sie ortete die Ursachen hauptsächlich in den währungsbedingten Verlusten sowie in der seit langem bestehenden Diskrepanz zwischen den inflationär ansteigenden Kosten einerseits und den Preisblockierungen der Behörden, die die notwendigen Preiserhöhungen verunmöglichen würden, andererseits (Ciba-Geigy 1976: 25). Tatsächlich ist die Ertragslage oder Profitabilität ein zentraler Faktor, eine Industrie oder ein Unternehmen zu beurteilen. Allerdings griffen die vom Unternehmen wohl eher aus politischen Gründen angeführten Ursachen viel zu kurz. Die für die höhere Sicherheit der Patienten erlassenen schärferen Sicherheitsvorschriften können keineswegs als Gründe für die Probleme der Industrie angeführt werden. Wesentliche Ursachen lagen im steigenden Anteil des konstanten Kapitals, im sich verschärfenden Innovationsdefizit und in den gesellschaftlich-politischen Kräfteverhältnissen, die durch eine Wiedererstarkung der Gewerkschaften und anderer Oppositionskräfte gegenzeichnet waren. Kapitel 5 hat gezeigt, dass die Renditen in den siebziger Jahren tatsächlich auf ein sehr tiefes Niveau gefallen sind und im Zuge der tiefgreifenden Umwälzungen der Produktions-, Innovations- und Managementprozesse seit Ende der achtziger Jahre wieder deutlich gesteigert werden konnten.

Wie auf das Innovationsdefizit reagieren? Jenseits des allgemeinen Wachstums des Pharma-Weltmarktes und der zeitweiligen Stagnationserscheinungen auf einzelnen Märkten, offenbarte sich ein grundsätzlicheres Problem. Denn die Anzahl der wirklich neuen Medikamente, die auf den Markt kamen, war bereits Ende der siebziger Jahre gesunken und der Vorsprung jeweils neu eingeführter Produkte auf Nachahmer wurde immer kürzer (Andersen Consulting 1997: 6; Drews und Ryser 1996; Drews 1998; PhRMA 1999; 2000). Zudem machte sich seit Ende der siebziger Jahre eine wachsende Konkurrenz durch Generika, vor allem in den USA, bemerkbar.

Die Strategen der Pharma Division von Ciba-Geigy kündigten angesichts dieser Entwicklung Anfang der achtziger Jahre an, von einem stark produkte- und marktorientierten Denken zu einer einheitlicheren Betrachtung des Gesundheitswesens überzugehen (Ciba-Geigy 1980a: 30; 1981a: 27). Eine der Konsequenzen war der Einstieg in neue Bereiche wie Generika, Augengesundheit (vor allem Kontaktlinsen und danach auch Augenheilmittel) und Selbstmedikation in den Jahren 1978 bis 1982 (u.a. Sandoz 1978: 16; 1980: 16). Die Ciba-Geigy war darüberhinaus zwischen 1986 und 1994 im Bereich der medizinischen Diagnostik tätig. Sandoz hatte bereits Anfang der siebziger Jahre auf die gleiche Herausforderung mit dem Einstieg in das Hospital Supply-Geschäft reagiert, der aber bereits 1977/78 erfolglos abgebrochen werden musste. Die 1962 übernommene und 1965 integrierte Biochemie Ges.m.b.H. in Kundl bot in den achtziger Jahren die Grundlage, das Massengeschäft mit Antibiotika als wichtige Ergänzung auf internationaler Ebene massiv zu erweitern. Zudem wurde die Sandoz ähnlich wie die Ciba-Geigy in dieser Zeit zunehmend in den Bereichen Generika und vor allem Selbstmedikation tätig. Für das letztere Feld bot sich die Weiterführung und Pflege der Wander-Produktlinie an.

Ciba-Geigy verschaffte sich mit der Übernahme der Firma Tutag in Broomfield, Colorado, eine verstärkte Ausgangsbasis für eine großangelegte Expansion im Generika-Geschäft in den USA. Aufgrund der Veränderungen des Gesundheitsmarktes, den behördlichen Maßnahmen zur Kostendämpfung und den Änderungen der Verschreibungspraxis zugunsten von Generika (u.a.Sandoz 1986b: 28; 1994:22) erwies sich die starke Präsenz im Generikamarkt längerfristig als zusätzliche Ertragsstütze.[66] Nach der Fusion stieg Novartis gar zum weltgrößten Generikaanbieter auf. Mit dem frühzeitigen Einstieg in die Generika unterschieden sich

---

[66] Bisweilen profitierte die Pharmaindustrie auch von markant verbesserten Marktbedingungen. So beschloß 1978 das italienische Parlament ein Gesetz, das die Patentierung pharmazeutischer Produkte erlaubte (Sandoz 1979: 16).

die Ciba-Geigy und Sandoz von anderen Pharmaherstellern, die diesen Schritt erst später und zum Teil erfolglos unternahmen. Der Lokalrivale F. Hoffmann-La Roche hingegen traf nie Anstalten, in diesem Bereich tätig zu werden und begründete dies mit der strategischen Fokussierung auf die innovativen, patentgeschützten Präparate.

Trotz der erfolgreichen Erschließung dieser neuen Gesundheitsmärkte zeigte sich spätestens Mitte der achtziger Jahre, dass nur mit einer energischen Intensivierung der Forschungsanstrengungen und einer Verbesserung der Innovationskapazitäten die Aussicht bestand, dem grundlegenden Problem des verlangsamten Produktnachschubs und der erneut rückgängigen Profitraten wirksam zu begegnen. Beide Konzerne begannen sodann in der zweiten Hälfte der achtziger Jahre, die Forschungsausgaben sowie die Investitionen zur Modernisierung und Rationalisierung der Produktionsinfrastruktur deutlich zu steigern. Mit dieser zunehmenden Refokussierung auf das Geschäft der patentgeschützten Arzneimittel ging es letztlich darum, den Kern der industriellen Pharmazeutikaherstellung selbst grundlegend zu erneuern. Ciba-Geigy und Sandoz waren mit diesen Anstrengungen nicht alleine. Besonders die US-Konzerne lancierten in der ersten Hälfte der neunziger Jahren umfassende Rationalisierungen und Umstrukturierungen. Die Umwälzungen und die damit einhergehenden Veränderungen in den Innovationsstrategien mit einer Vervielfachung von Kooperationen mit Biotechunternehmen führten zu einem verhältnismäßig weitreichenden Verjüngungsprozeß einer an sich reifen Industrie.

Konstanz der therapeutischen Gebiete und Expansion in Selbstmedikation und Generika. Sowohl die Ciba-Geigy als auch die Sandoz verfügten zwischen Mitte der achtziger und Mitte der neunziger Jahre mit Voltaren respektive Sandimmun jeweils über ein dominantes Präparat sowie über rund ein halbes Dutzend weiterer wichtiger Präparate, die das Wachstum und die Expansionsstrategien trugen. Sandimmun war für Sandoz, insbesondere als Cashgenerator für die nachhinkende Verstärkung ihrer Positionen in den USA, noch wichtiger als Voltaren für Ciba-Geigy, das hier wahrscheinlich aufgrund firmeninterner Unstimmigkeiten erst 1986, 13 Jahre nach der Ersteinführung, lanciert wurde. Allerdings stützte sich der Verkauf keiner der beiden Firmen jeweils dermaßen auf eines dieser Präparate wie zum Beispiel Glaxo in den frühen neunziger Jahren auf Zantac, ein Mittel gegen Magengeschwüre, oder ganz aktuell Warner-Lambert auf den Cholesterinsenker Lipitor.

Insbesondere Ciba-Geigy wies eine große Konstanz in der Ausrichtung auf bestimmte therapeutische Gebiete auf. Sandoz nahm zwar keine kurzfristigen Gewichtsverlagerungen vor, konnte aber dank *Sandimmun* im großen Stile in die Immunologie und mit *Lamisil* in die Dermatologie einsteigen, während die klassischen Schwerpunkte im Gebiet des Herz-Kreislaufes etwas vermindert wurden. Diese Konstanz ist auch Ausdruck der extrem langen Forschungs- und Entwicklungszeiten in der pharmazeutischen Industrie. Strategische Neuorientierungen in der Forschung machen sich erst nach einigen Jahren im Produktportfolio bemerkbar. Schnellere Wechsel können allerdings über Einlizenzierungen von einzelnen Präparaten oder über Firmenübernahmen vorgenommen werden. Das heisst auch, dass strategische Neuorientierungen äußerst kostspielig und risikobehaftet sind. Wenn allerdings, wie im Falle von Sandoz und *Sandimmun* bereits ein starkes

Produkt vorhanden ist, kann dieses Ausgangspunkt einer verstärkten Präsenz in einem therapeutischen Gebietes sein.

Von der weltweiten Expansion zur triadischen Konzentration. Hinsichtlich der geographischen Ausdehnung der Pharma Divisionen wiesen die Ciba-Geigy und die Sandoz keine grundlegenden Unterschiede auf. Für beide Konzerne nahmen die USA eine zunehmend wichtigere Rolle ein, einerseits aufgrund der Größe und der Dynamik des Pharmamarktes und andererseits wegen des technologischen Potentials der USA, das im Zuge der molekularbiologischen Revolution massiv an Bedeutung gewonnen hatte. Insbesondere seit Mitte der achtziger Jahre hatte sich zur traditionellen Outputorientierung oder Marktorientierung auf die USA die Ausrichtung auf technologische Inputs massiv verstärkt (zur Forschung siehe Kapitel 7)[67]. Im Zuge der Verzahnung der ehemals nationalen Märkte, der Harmonisierung der Zulassungsbestimmungen und vor allem der Herausbildung oligopolistischer Verhältnisse auf triadischer Ebene entstand ein weiterer, für die Expansion der Konzerne absolut entscheidender Zwang, sich in den USA fest zu verankern. Die starken US-Rivalen konnten nur in ihrer eigenen Heimbasis wirkungsvoll angegriffen werden (Chesnais 1997). Die nahezu explosionsartig steigenden Investitionen und Forschungsausgaben in den USA in der zweiten Hälfte der achtziger Jahre drücken neben der Markt- und der Technologieorientierung auch diesen Sachverhalt aus. Die Fusion zu Novartis diente nicht zuletzt dem Ziel, auf der Basis einer größeren Kapital- und Marktmacht, die Position in den drei Triadeblöcken, vor allem aber in den USA, zu verbessern. Der Internationalisierungsgrad und insbesondere das große Gewicht des Nettobetriebsvermögens und der Investitionen in den USA waren weit überdurchschnittlich im Vergleich zu deutschen und französischen Pharmakonzernen (vgl. Bathelt 1995b; Dolata 1996).

Novartis: Bedeutung der Konzentration auf Gesundheit. Parallel zur erneuten Stärkung der Aktivitäten bei den patentgeschützten Medikamenten und der Intensivierung der Forschungsanstrengungen verließen beide Konzerne in der ersten Hälfte der neunziger Jahre Felder der industriellen Chemie, in denen sie schon seit Langem tätig waren oder die sie auch erst im Laufe der achtziger Jahre aufnahmen. Die Diversifizierungsstrategien konzentrierten sich fortan auf die Märkte im Gesundheitsbereich. Sogar das seit etwa 1993 von Sandoz verfolgte und von Novartis systematisierte 'Life Sciences' Konzept, das die Sparten Gesundheit, Agribusiness und hochwertige, spezielle Nahrungsmittel unter einem Firmendach vereinigte, war den Novartis-Strategen noch zu breit. Nach der Abtrennung des Agrogeschäfts und dessen Vereinigung mit dem Agrosektor von AstraZeneca zum neuen Konzern Syngenta orientiert sich die Expansionsstrategie von Novartis innerhalb des in diesem Kapitel beschriebenen Gesundheitskontinuums. Novartis versucht nunmehr, innerhalb eines Spektrums von forschungsintensiven, patentgeschützten Arzneimitteln, freiverkäuflichen Medikamenten und hochwertigen Nahrungsmitteln zu expandieren, Märkte zu segmentieren und neue Märkte zu schaffen und dabei sowohl in der Forschung als auch in der Produktion und vor allem im Marketing Synergiegewinne aus der spezifischen Kombination dieser Tätigkeiten zu erzielen.

---

[67] Siehe u.a die strategischen Orientierungen bei Dunning (1993b: 57f) und (Michalet 1985: 60f).

Marketing. Im Bereich des Marketings vollzog sich eine Gewichtsverlagerung von den Anforderungen des 'local' oder 'national responsiveness' zum 'global' oder 'continental responsiveness' (vgl. Prahalad und Doz 1987; Ghoshal 1987; Bartlett und Ghoshal 1989; Ghoshal und Nohria 1993). Noch Ende der siebziger Jahre reagierte Sandoz auf den erhöhten Druck auf die Verkaufspreise und die gestiegenen Anforderungen der Registrierungsbehörden mit einer Stärkung der Strukturen in einigen Ländern, um den lokalen Verhältnissen zu entsprechen (Sandoz 1979: 16). Im gleichen Zug unternahm Sandoz verstärkte Anstrengungen, die Beziehungen zur Ärzteschaft, insbesondere zu Spezialisten, auf internationaler Ebene zu vertiefen (Sandoz 1980: 16). Selbstverständlich sind derartige spezifische Reaktionen auf nationalen Märkten auch heute noch äußerst wichtig, besonders in den OTC- und Generikabereichen. Gerade die Jahre 1998 und 1999 waren von einer massiven Aufstockung der Verkaufsorganisation von Novartis in den USA gekennzeichnet. Dennoch haben sich weitreichende Veränderungen im Marketing durchgesetzt. Das vorliegende Kapitel unterstrich am Beispiel des Antipilzmittels Lamisil die wachsende Bedeutung einer global vereinheitlichten und raschen Einführung neuer Medikamente, die mittlerweile oftmals soweit geht, dass sogar die Werbemotive global vereinheitlicht werden. Zugleich werden aber unter gewissen Bedingungen nach wie vor auch national spezifische Produkte weitergeführt.

Die Marketingausgaben sind enorm angestiegen und übertreffen gemessen am Umsatz sogar die F&E-Ausgaben. Insbesondere in großen Märkten wie den USA ist eine starke, flexible und rasch einsetzbare Verkaufsorganisation entscheidend für die Austragung der oligopolistischen Rivalität geworden. Gerade in dieser Hinsicht wären Ciba und Sandoz ohne Fusion in einer schlechteren Position verblieben. Allerdings hätte eine transnationale Fusion mit einem US-Konzern eine schnellere und umfassendere Positionsverbesserung bewirkt zugleich aber auch zahlreiche andere strategische Schwierigkeiten mit sich gebracht und natürlich die schweizerische Dominanz der Kapitaleignerschaft in Frage gestellt.

7 Von der Internationalisierung zur selektiven globalen Integration von Forschung und Entwicklung

Die Forschung und Entwicklung sind Schlüsseltätigkeiten in der pharmazeutischen Industrie. Aufgrund der theoretischen Ausführungen in Kapitel 2 und der Analyse im vorangegangen Kapitels können wir davon ausgehen, dass die Forschung und Entwicklung auch für die Internationalisierungs- und Globalisierungsprozesse der Konzerne ein entscheidender Faktor sind. Das Kapitel gliedert sich in fünf Abschnitte. Der erste Abschnitt stellt den Ablauf der Forschungs- und Entwicklungsprozesse sowie die Prinzipen, denen sie unterliegen, vor. Dazu gehört auch ein kurzer Überblick über neue Forschungstechnologien. Der zweite und der dritte Abschnitt widmen sich den Veränderungen und den Internationalisierungsprozessen der Forschung und Entwicklung bei Ciba-Geigy und Sandoz. Dabei wird der Kontinuität beziehungsweise den Veränderungen der Tätigkeitsfelder, deren Lokalisierung und den organisatorischen Veränderungen besondere Aufmerksamkeit gewidmet. Anschließend stellt der vierte Abschnitt die wichtigsten Veränderungen vor, die sich bei der Forschung und Entwicklung durch die Fusion von Ciba und Sandoz ergeben haben. Es wird geprüft, inwiefern die Fusion einen zusätzlichen Globalisierungsschub für die F&E ausgelöst hat. Der letzte Abschnitt hebt die wichtigsten Grundzüge des langanhaltenden Internationalisierungsprozesses hervor und liefert Antworten auf die im Kapitel 2 hinsichtlich der Forschung und Entwicklung formulierten Forschungsfragen.

7.1 Die Charakteristika von Forschung und Entwicklung

Der Prozeß der pharmazeutischen Innovation lässt sich in viele Stadien unterteilen. Die Pharmafirmen haben im Bestreben, den gesamten Ablauf möglichst rationell und dennoch innovationsfördernd zu strukturieren, unterschiedliche organisatorische Modelle gewählt. Letztlich sind es aber zwei Schritte: die Schaffung einer neuen Substanz in der Forschung und ihre Entwicklung zum medizinisch einsetzbaren Medikament (Drews 1998: 193ff, 224).

Obwohl im Sprachgebrauch und in der Literatur oftmals als begriffliche Einheit verstanden, sind Forschung und Entwicklung durch sehr unterschiedliche Funktionen und Arbeitsprinzipien gekennzeichnet. Die Pharmaforschung erarbeitet neue therapeutische Konzepte und realisiert diese in Form von bestimmten Wirkstoffen oder Prototypen. Sie ist auf einen engen Kontakt zu den Grundlagenwissenschaften angewiesen, muß neue wissenschaftliche und technische Errungen-

schaften aufgreifen und selbst erzeugen. Die Aufgabe der angewandten Pharmaforschung ist es also, Neues zu schaffen. Schematische und zu stark im Prozess-
haften verankerte Abläufe sind forschungsfeindlich. Daher brauchen die Forschungsgruppen viel operative Freiheit, die Spontaneität zulässt. Die Organisationsformen müssen neuen Impulsen förderlich sein.

Die Entwicklung setzt ein, wenn bereits eine Substanz vorhanden ist, über die
begründbare Hypothesen über die Wirksamkeit für eine oder mehrere Indikationen
vorhanden sind. Es geht also darum, eine biochemisch, pharmakologisch und tier-
experimentell erforschte Substanz in ihrer Wirksamkeit auf den Menschen zu
prüfen. Die Aufgabenstellung ist wesentlich klarer und der konzeptionelle Schritt
nicht groß. Absolut wichtig ist jedoch die Reproduzierbarkeit der Ergebnisse und
die Verläßlichkeit der Methoden. Die methodische Komplexität ist unter dem
durch den wirtschaftlichen Druck bedingten Zeitdruck nur mit einer systematischen Planung und einem dichten Regelwerk zu bewältigen.

Dennoch sind die beiden Funktionen durch beträchtliche kulturelle Unterschiede geprägt, die etwas schematisch für die Forschung auf die Begriffe Neuartigkeit
und Innovation und für die Entwicklung auf Geschwindigkeit und Exaktheit zusammengefasst werden können. Die großen Pharmafirmen haben in den letzten
Jahren unterschiedliche Wege beschritten, um diesen teilweise widersprechenden
Erfordernissen zu genügen. Viele Konzerne haben beispielsweise Forschung und
Entwicklung organisatorisch getrennt. Obwohl auch Roche diese Option eingeschlagen hat, bestreitet der ehemalige Leiter der globalen Forschung von Roche,
Jürgen Drews (1998: 195f), dass dies sinnvoll ist. Denn Forschung und Entwicklung sind gegenseitig aufeinander angewiesen. Einerseits hat die Entwicklung alle
aus der Forschung stammenden Informationen über eine neue Substanz oder ein
neues Wirkungsprinzip zu berücksichtigen, andererseits muß aber auch die Forschung die Ergebnisse der Entwicklung in ihr methodisches Repertoire integrieren.

7.1.1 Komplexe Forschung

Die Wirkstoffsuche und Wirkstoffsynthese

Ein Arzneimittel muß zuerst entweder als Molekül synthetisiert oder als 'Wirkung' entdeckt werden, um anschließend seine biologischen und chemischen
Eigenschaften zu beschreiben, gezielte Wirkungsnachweise in Zellsystemen zu
erbringen und erste Hypothesen über den möglichen klinischen Einsatz des neuen
Stoffes formulieren zu können (Drews 1998: 143). Da die Forscher der Pharmaindustrie konkrete Problemlösungen untersuchen, zählt dieser Bereich zur angewandten Forschung. Sie ist auf die Erkenntnisse der Grundlagenforschung angewiesen, die vor allem an den Hochschulen betrieben wird. In der pharmazeutischen Industrie wurden und werden verschiedene Strategien zur Suche neuer
Wirkstoffe verfolgt, die im folgenden kurz skizziert werden.

Die Suche nach Enzymhemmern und Rezeptorantagonisten gehört immer noch
zu den dominierenden Strategien der Arzneimittelforschung. Sie kann als 'semira-
tionale' Methode bezeichnet werden (Drews 1998: 148). Dabei verfährt man nach
dem Prinzip von 'Versuch und Irrtum'. Man hat empirisch gewonnene oder auch

nur spekulative Vorstellungen davon, welche chemischen Modifikationen die gewünschten Wirkungen erzeugen könnten und überprüft anschließend diese Vorstellungen im biologischen Versuch. Die Ergebnisse sind nur teilweise verallgemeinerbar und auf andere Situationen anwendbar. Trotz großer Fortschritte im Verständnis molekularer Strukturen konnte sich als Alternative dazu eine völlig durchrationalisierte Arbeitsweise nicht durchsetzen, bei der die Kenntnis der Wirkstoffstruktur zwangsläufig aus der genauen Kenntnis der Struktur der biologischen Zielmoleküle resultieren müßte. Die zu beachtenden Parameter sind zu zahlreich und zu komplex. Das andere Extrem liegt beim 'blinden Screening' mit einem wahllosen Austesten der unterschiedlichsten Verbindungen in einem oder mehreren biologischen Tests. Allerdings hat auch diese Methode nur wenig eingebracht. Drews (1998: 149) betont, dass bei der Findung praktisch aller wichtigen Wirkstoffe Hypothesen und Theorien im Spiel waren. Das blinde Screening hat zu ersten 'Leitsubstanzen' geführt, die dann in halbrationaler Weise weiterbearbeitet wurden.

Pharmaunternehmen haben traditionellerweise die Wirkstoffe über chemische Synthese sowie biologische Extraktion und Fermentation gewonnen. Im Zuge der wissenschaftlichen Durchbrüche in den siebziger Jahren in der Molekularbiologie sind zahlreiche weitere Technologien dazu gekommen, die den Discoveryprozeß grundlegend verändert haben. Die Aneignung neuer Technologien nimmt im strategischen Kalkül der Pharmakonzerne eine zentrale Rolle ein.

Von der Biochemie zur Genomforschung und Gentherapie

Seit etwa Mitte der vierziger Jahre wird die Arzneimittelforschung zunehmend von biochemischen Methoden und Verfahren geprägt. Sie ermöglichen es, Prozesse des Lebens auf chemischem Wege zu verstehen und zu erklären sowie Krankheiten als messbare Abweichung von normalen chemischen Vorgängen zu interpretieren. Die Arzneimitteltherapie stellte aus dieser Perspektive den Versuch dar, gestörte Fließgleichgewichte und Zusammensetzungen durch die Zufuhr definierter chemischer Stoffe zu normalisieren.

Nach der Entdeckung des Penicillins im Jahre 1929 und seiner Entwicklung 1938-42 erlebte die Fermentation als Methode der Suche nach neuen Antibiotika und der Wirkstoffgewinnung einen Aufschwung. Die Behandlung bakterieller und anderer mikrobieller Infektionen erfuhr bedeutende Fortschritte. Im Zuge dieser neuen Möglichkeiten lieferten sich die Pharmaunternehmen ein wahres Rennen, Verfahren der Massenproduktion für Antibiotika herzustellen. Die Regierungen unterstützten angesichts des hohen Bedarfs dieser Substanzen während des Zweiten Weltkriegs diese Anstrengungen (Tucker 1985: 12).

Der Aufstieg der Biochemie mit der Erforschung von Enzymen und Rezeptoren eröffnete der Pharmaforschung neue Wege zum Verständnis von Organfunktionen und führte in den fünfziger und sechziger Jahren zu zahlreichen neuen Medikamenten. Psychopharmaka, Beta-Blocker, Kalziumantagonisten, Diruretika, neue Anästhetika und antiinflammatorische Substanzen können als Vertreter einer eigentlichen Arzneimittelrevolution genannt werden (Drews 1998: 97f, 199).

Auf der Basis der wissenschaftlichen Durchbrüche in den siebziger Jahren hat die Molekularbiologie die biomedizinische Forschung derart verändert, dass völlig neue Wege zur Suche nach Arzneimitteln beschritten werden können. Die Methoden der Biotechnologie eröffneten die Möglichkeit eines neuen und umfassenderen Weges des Verständnisses von Krankheiten, ihrer Diagnose und Behandlung. Zuerst waren rekombinante Proteine (wie Humaninsulin, Wachstumshormone und Alpha-Interferon) und monoklonale Antikörper die Ziele, die in um die 60 zugelassene Medikamente gemündet haben. Mittlerweile nehmen gentechnische Methoden in allen Bereichen der therapieorientierten Forschung eine wichtige Rolle ein (Drews 1998: 98, 199; Pharma Information 2000; PhRMA 2000)(vergleiche Kapitel 4).

Hieraus hat sich die Genomforschung entwickelt. Mit der Kartierung und Sequenzierung von Genen, dem Verständnis ihrer Funktion, ihrer Interdependenz und ihrer Rolle in Physiologie, Pathophysiologie und in der Entwicklungsbiologie, will man versuchen, krankheitsverursachende Gene und Genprodukte zu identifizieren und zu verstehen. Es geht also um die Beschreibung von biologischen Mechanismen und Ursachen von Krankheiten. Mit diesem Ansatz verfolgt man neue Methoden zur Auffindung und Entwicklung kausal wirkender Therapeutika. Damit geht auch ein neues Verständnis in der Medizin einher (Buckel 1996: 60; Drews 1998: 98, 199).

Drews (1998: 113ff) gliedert den Einfluß der Molekularbiologie auf die Arzneimittelforschung in vier Phasen: In der bereits abgeschlossenen *Pilotphase* konzentrierte man sich auf die Herstellung von Proteinen, deren therapeutische Wirkung schon bekannt bzw. abzusehen war. Ihr innovativer Charakter bestand darin, dass Proteine, deren Gewinnung bis dahin schwierig oder unmöglich war, zugänglich wurden. Menschliches Insulin, menschliches Wachstumshormon und Interferon waren die ersten therapeutischen Proteine, die auf diesem Wege gewonnen wurden.

Parallel dazu wurden in einer *biotechnischen Phase* unbekannte oder nur ihrer Aktivität nach bekannte Proteine gewonnen. Dazu standen verschiedene Wege offen. Sie führten zu einem weiteren Anstieg rekombinanter Proteine, unter denen auch neuartige Stoffe wie Interferone, Interleukine, Erythropoietin und koloniestimulierende Faktoren waren. Die Palette gentechnisch herstellbarer Proteine erfuhr durch die Fusion von Genen, die in geeigneten Vektoren auch die Synthese von Fusionsproteinen steuern, eine wesentliche Bereicherung. Dieser Ansatz ermöglicht die Herstellung 'humanisierter' monoklonaler Antikörper, die sich zu wichtigen therapeutischen Werkzeugen entwickeln.

Mit der direkten Nutzung von Proteinen für therapeutische Zwecke sind in einer *pharmakologischen Phase* Anstrengungen unternommen worden, pharmakologisch interessante Proteine gentechnisch herzustellen, um sie in Experimenten als Modelle für die Wirkung kleiner organischer Moleküle zu verwenden. Viele Enzyme und Rezeptoren können auf diesem Wege in ihrer molekularen Struktur untersucht werden. Mit Hilfe der kombinatorischen Chemie kann vor allem nach neuen Stoffen gesucht werden, die mit den pharmakologisch interessanten Proteinen auf die gewünschte Weise interagieren. Die pharmakologische Phase hat durch die Genomforschung eine neue Bedeutung erlangt.

Eine vierte *gentherapeutische Phase* befindet sich erst am Anfang ihrer Entwicklung. Sie zielt darauf, defekte oder nicht vorhandene genetische Informationen durch gentherapeutische Verfahren zu ersetzen. Bislang bestehen aber noch eine Reihe technischer Probleme, deren Lösung für eine schnellere Entwicklung der Gentherapie erforderlich ist. Drews erwartet keine kurzfristigen Durchbrüche.

Darum bietet in den nächsten 10-15 Jahren die Verschmelzung der Resultate der Genomforschung mit neuen Techniken der Chemie und automatisierten Screeningverfahren die überzeugendsten Perspektiven.

Unter dem Gesichtspunkt der Eingriffstiefe kennzeichnete Buckel (1996: 61f) drei Stufen der gentechnischen Proteinherstellung. Die erste Generation von biotherapeutischen Produkten umfasst in der Natur vorkommende Proteine wie Nervenwachstumsfaktoren und Erythropoietin, die als natürliche Wirkstoffe therapeutisch eingesetzt, aber mittels rekombinanten Methoden hergestellt werden. Zur zweiten Generation gehören veränderte Proteine oder 'Muteine'. Dazu zählen im Gegensatz zu den in Natur vorkommenden Proteinen, solche die man 'zurechtschneidert' und ihnen eine Funktion gibt, die für die Therapie in einer bestimmten Situation besonders geeignet ist. Schließlich bildet die in-vivo Herstellung von Proteinen im Körper mittels Gentherapie die dritte Generation.

7.1.2 Schnelle und disziplinierte Entwicklung

Wenn ein Wirkstoff gefunden ist, seine chemischen und biologischen Grundeigenschaften geklärt sind und bereits eine Vorstellung seiner therapeutischen Verwendbarkeit besteht, müssen eine Reihe weiterer Fragen geklärt werden, um von einem Wirkstoff zu einem Medikament zu gelangen. Die pharmakologische Wirkung des Stoffes muß geprüft und für die Zielpopulation (der Patienten) dokumentiert werden. Weiterhin muß eine wirksame Dosierung gefunden, Nebenwirkungen erfaßt und beurteilt, Wechselwirkungen mit anderen Arzneimitteln beschrieben, eine passende galenische Form gefunden und der Produktionsprozeß des Wirkstoffes ausgearbeitet werden. Die Gesamtheit der operativen Einzelschritte vom Wirkstoff bis zu einem Medikament gleichbleibender Qualität, das auf dem Markt frei verfügbar ist, kann als Entwicklung zusammengefaßt werden (Drews 1998: 155).

Präklinische Entwicklung / nichtklinische Entwicklung

Im Rahmen der präklinischen Untersuchungen wird die Wirksamkeit und Verträglichkeit einer neuen Substanz geprüft. Voraussetzung ist aber, dass die Substanz in größeren Mengen herstellbar ist. Dazu muß meistens ein neues Syntheseverfahren entwickelt werden, da die im Labor benutzten Methoden nicht die benötigten Mengen liefern. Für die späte klinische Phase III muß häufig nochmals ein neues chemisches Verfahren entwickelt und validiert werden. Es muß geklärt werden wie der neue Stoff auf lebendes Gewebe und auf einen lebendigen Organismus wirkt und wie der Organismus den Wirkstoff verändert respektive metabolisiert. In der biochemischen präklinischen Entwicklung wird der Weg der Wirkstoffe durch den Körper, die Zielorgane, der Abbau und die Ausscheidung der Wirkstoffe untersucht.

Im biologischen Abschnitt der Präklinik werden die Stoffe in Tierversuchen oder in In-vitro-Systemen auf ihre Toxizität, Kanzerogenität (Krebs), Teratogenität (Missbildungen des ungeborenen Kindes) sowie weitere erwünschte und unerwünschte pharmakologische Wirkungen überprüft. Hierfür müssen bereits vorläufige Darreichungsformen entwickelt worden sein. Bevor man die klinischen Versuche am Menschen beginnen kann, müssen die Abbauprodukte der Prüfsubstanz im Organismus und Wirkungen auf wichtige Organsysteme des Tieres bekannt sein. In diese Phase fällt auch die Entwicklung und Herstellung geeigneter Darreichungsformen für die Anwendung am Menschen. Vor der klinischen Prüfung muß die galenische Entwicklung bereits eine (weitere) vorläufige galenische Form für die Verabreichung an Mensch und Tier entwickelt haben.

Wenn ein Wirkstoff nach diesen Untersuchungen immer noch als erfolgversprechend eingeschätzt wird, gelangt er in die 'Pipeline' der klinischen Prüfung. In den USA ist vorher bei der *Food and Drug Administration (FDA)* eine *Investigational New Drug Application (IND)* einzureichen. Sofern die FDA keinen Einspruch erhebt, kann das Unternehmen dreissig Tage nach Einreichung der IND mit den klinischen Test beginnen (DiMasi et al. 1991: 110). Die präklinischen Studien sind Teil der Dokumentation, auf deren Grundlage ein Medikament zugelassen wird, und unterliegen seit 1979 den sogenannten GLP-Vorschriften (*Good Laboratory Practice*) (Drews 1998: 160).

Klinische Prüfung

Nach den präklinischen Untersuchungen folgt im Rahmen der klinischen Prüfung (DiMasi et al. 1991: 110; Roche 1998: 122; BPI 1998: 26ff; Drews 1998: 161-167) die Erprobung der Wirkstoffe am Menschen. Klinische Prüfungen werden nach strengen wissenschaftlichen und medizinischen Kriterien durchgeführt. Zur Sicherheit der Probanden und Patienten und der Qualität der Ergebnisse müssen detaillierte Prüfanordnungen eingehalten werden. In vielen Ländern sind vor Beginn einer klinischen Studie Bewilligungen von Ethikkommissionen und Gesundheitsbehörden einzuholen. In den Normen der *Good Clinical Practice (GCP)* sind die Pflichten von Prüfärzten und der Pharmaunternehmen genau festgeschrieben. Die klinische Prüfung erfolgt in vier Phasen. Abgesehen von der ersten Phase finden die klinischen Studien in der Regel außerhalb der pharmazeutischen Unternehmen in Spitälern und allenfalls spezialisierten Arztpraxen statt.

Phase I. In der Phase I wird der Wirkstoff und seine pharmakologische[68] und pharmakokinetische[69] Wirkung an freiwilligen gesunden Personen getestet. Die Dosen werden langsam bis in die vorgesehene therapeutische Größenordnung gesteigert. Dabei wird die Verträglichkeit mit Toleranztests, ihre Verteilung im Körper und - wenn möglich - ihre Wirkungsweise geprüft. Derartige Versuche umfassen zumeist 20 bis 80 Probanden, die stationär betreut und überwacht werden. Das Hauptziel ist also, herauszufinden, ob und inwieweit der Wirkstoff vom menschlichen Körper aufgenommen und vertragen wird. Parallel zur Phase I der klinischen Test wird der Wirkstoff in genügend großen Mengen für die weiteren Phasen der klinischen Untersuchungen hergestellt.

---

[68] Pharmakologie: Lehre von den Wechselwirkungen zwischen körperfremden Substanzen, Heilmitteln oder Giften und dem lebenden Organismus.

[69] Pharmakokinetik: Lehre von den Wechselwirkungen zwischen Organismus und pharmazeutischem Wirkstoff: Aufnahme, Verteilung, Umwandlung und Ausscheidung des Wirkstoffs

Phase II. Darauf folgt in Phase II die Überprüfung der therapeutischen Wirkung und die chemische Veränderung des Wirkstoffs im Organismus in kontrollierten und randomisierten Prüfungen mit Placebokontrolle an einer kleinen Anzahl von freiwilligen kranken Patienten. In Kliniken suchen Prüfärzte geeignete Patienten für die Untersuchung aus. Dabei wird die optimale Dosierung ermittelt, die Wirksamkeit absolut und im Vergleich zu anderen Krankheiten sowie die Verträglichkeit im kranken Organismus untersucht. In dieser Phase werden durchschnittlich 200 bis 400 Patienten in die Prüfungen einbezogen. Bei positiven Resultaten, wenn das Präparat von den Patienten gut vertragen und zur Heilung der Krankheit oder zumindest zur Linderung der Symptome geführt hat, gelangt das Medikament in die Phase III.

Phase III. Zur statistischen Absicherung wird in Phase III die Anwendung einigen Hundert bis einigen Tausend Patienten verabreicht, um die bis zu diesem Punkt gewonnen Ergebnisse zu erhärten. Geprüft werden die Wirksamkeit in verschiedenen Situationen und die Interaktionen mit anderen Medikamenten. Im Verlauf dieser Prüfung werden die Dosierung, die Darreichungsform und nötigenfalls eine zeitliche Beschränkung der Einnahmedauer festgelegt. Wegen der hohen Patientenzahl beteiligen sich an einem solchen Programm meistens verschiedene Zentren, die nach vereinheitlichten Regeln arbeiten (Multicenter-Studien). Die FDA verlangt für die Zulassung eines neuen Wirkstoffs mindestens zwei solcher multizentrischer Studien, wovon eine in den USA durchgeführt werden muß. Insgesamt braucht man für die Zulassung in mehreren Ländern die Daten von 3000 bis 5000 Patienten. Eine Phase III-Studie kann bis zu 50 Mio. Dollar kosten (Drews 1998: 165).[70] Das letztlich ausgewählte Präparat muß sich in umfangreichen, jahrelangen Studien unter praxisnahen Bedingungen einer Klinik bewähren. Gleichzeitig erfolgt die Entwicklung der endgültigen Darreichungsform und laufen die Vorbereitungen für die Markteinführung und die Produktion an.

Die Phase I dauert etwa ein Jahr, die Phase II mindestens zwei Jahre und die Phase drei nimmt zwischen zwei und vier Jahre in Anspruch. Die Zulassung durch die FDA und andere wichtige Behörden kann nochmals zwei Jahre dauern (wobei gewisse Präparate in den Genuss eines schnelleren Verfahrens kommen). Die gesamte Entwicklungszeit beträgt trotz der enormen Anstrengungen zur Verkürzung meistens immer noch etwa fünf bis acht Jahre (Drews 1998: 186).

Phase IV. Nach der Zulassung und Registrierung des Medikaments beginnt die Phase IV. Die weitere Erprobung des Medikaments dient der Erfassung eventueller seltener Nebenwirkungen, die erst bei einer großen Zahl von Anwendungen sichtbar werden, und der Abklärung weiterer Einsatzmöglichkeiten des Produkts.

---

[70] Mitte der achtziger Jahre betrugen die Kosten für ein humanpharmakologisches Projekt nur etwa ein Fünftel der Aufwendungen einer Phase II-Prüfung bzw. ein Zehntel einer Phase III-Prüfung (Ciba-Geigy-Magazin 1988b).

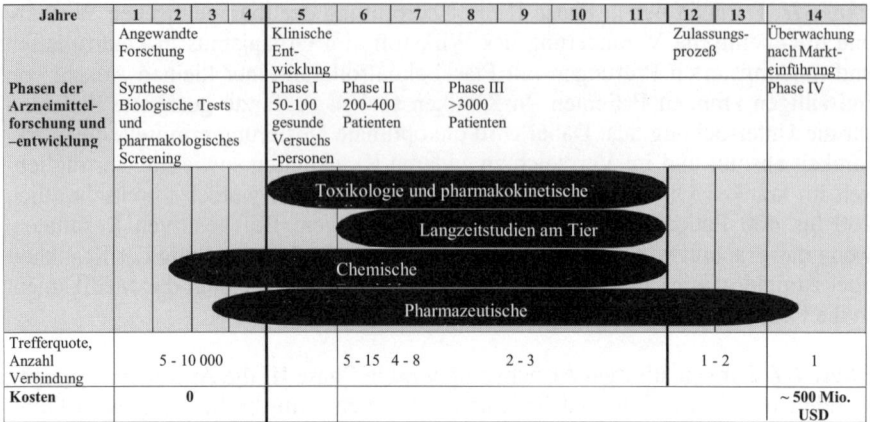

Abb. 7.1. Entwicklung eines neuen Medikamentes: Zeitbedarf, Phasen, Kosten
Quelle: Drews (1998: 183)

Verfahrensentwicklung

Parallel zur klinischen und galenischen Entwicklung werden im Rahmen der chemischen respektive biotechnischen Entwicklung die Up-scaling-Prozesse durchgeführt. Dabei geht es um die Entwicklung von Methoden, die eine rationelle Produktion der Wirkstoffe in den nötigen Mengen erlauben. Für ihre Herstellung muß ein genau spezifiziertes Syntheseverfahren entwickelt werden, das innerhalb enger Grenzen immer wieder zu dem gleichen Produkt führt. Tests zur Prüfung der Einhaltung der vorgeschriebenen Qualitätsstandards müssen entwickelt und validiert werden (Drews 1998: 156).

Galenische Entwicklung

Die galenische Entwicklung dient der Ermittlung der geeigneten Darreichungsform, um die optimale Wirkung der Wirkstoffe im Körper zu entfalten. Sie beginnt bereits nach den ersten präklinischen Ergebnissen, die zeigen, ob ein Wirkstoff für die Fortentwicklung geeignet ist oder nicht. Dadurch können die Versuchspersonen in der anschließenden klinischen Prüfung die Medikamente bereits in der gleichen Form einnehmen wie später die Patienten. Auch muß absehbar sein, dass die Darreichungsform später problemlos großtechnisch herstellbar ist. Die Darreichungsform kann die Bioverfügbarkeit wesentlich beeinflussen. Mit dem Begriff Bioverfügbarkeit bezeichnet man die Gesamtheit der Einflüsse von Arzneimittelform, Wirkstoff und Zusatzstoffen auf die Aufnahme, Verteilung und die Verarbeitung des Medikaments durch den Körper.

7.1.3 Zulassung und Registrierung

Die gesammelten präklinischen und klinischen Daten werden in einem Antrag zusammengefaßt, um bei der zuständigen Arzneimittelbehörde eines Landes die Zulassung eines fertig entwickelten Stoffes zu beantragen. Dieses in den USA *'New Drug Application'* oder NDA genannte Dokument wurde zum internationalen Prototyp einer Registrierungsunterlage. Ein Antrag besteht ca. aus 50.000 bis 250.000 Druckseiten, von denen der überwiegende Anteil klinischen Inhalts ist (Drews 1998: 168).

Die *Food and Drug Administration* (FDA, http://www.fda.gov/) ist die weltweit wichtigste Regulierungsbehörde der Arzneimittelzulassung. Sie setzt die Standards und Vorschriften, nach denen sich alle pharmazeutischen Unternehmen zu richten haben, die auf dem US-amerikanischen Markt tätig sein wollen. Die Zulassungsvorschriften in vielen Ländern haben gewisse Ähnlichkeiten mit dem Verfahren der FDA in den USA.

Die *European Agency for the Evaluation of Medicinal Products* (EMEA, http://www.eudra.org/emea.html) in London ist die Zulassungsbehörde für Arzneimittel in der EU, die seit 1995 ein zentralisiertes Verfahren ermöglicht. Sie zielt auf eine Harmonisierung der nationalen Zulassungsvorschriften. Bei positiver Beurteilung erteilt sie eine europäische Zulassung für die Vermarktung. Dieses Prozedere ist bei gentechnologischen Produkten zwingend, für andere neue Arzneimittel freiwillig. Das CPMP (*Committee for Proprietary Medicinal Products*) ist der europäische Arzneimittelausschuß, der für die Registrierung neuer Arzneimittel und Arzneimittelüberwachung in den EU-Ländern verantwortlich ist.

EMEA und FDA sind nicht nur für die Zulassung von Medikamenten zuständig. Beide Instanzen nehmen eine enorm wichtige Rolle bei der Beurteilung und Validierung von Forschungs- und Produktionsstätten ein. Die pharmazeutische Industrie ist durch eine außerordentlich hohe Regulierungsdichte charakterisiert, die trotz Harmonisierungsbestrebungen immer noch stark nationalstaatlich geprägt sind. Relevant sind nicht nur die Zulassungsbestimmungen, sondern auch die überdurchschnittlich starke Regulierung der Märkte, die von national unterschiedlichen Bestimmungen der Medikamentenpreiserstattung und Krankenversicherungssystemen geprägt sind.

7.2 Ciba-Geigy: von der frühen Internationalisierung zur organisatorischen Straffung der F&E

7.2.1 Integration der Forschung und Entwicklung von CIBA und Geigy

Die Fusion der Forschungsabteilungen im Pharmabereich erhöhte das Forschungspotential von CIBA und Geigy bedeutend, erlaubte eine Straffung des Forschungsbetriebes und erbrachte wesentliche Einsparungen. Zur langfristigen Stärkung der Grundlagenforschung hatten die beiden Firmen bereits 1969, also vor ihrer Fusion, die Gründung des Friedrich Miescher-Instituts in Basel bekannt gegeben und kurz darauf das in die Division Pharma integrierte Woodward-Institut gegründet (Ciba-Geigy 1972; 1973; Erni 1979: 239).

Die Fusion ermöglichte, die Forschungsaufwendungen massiv zu steigern. Zwischen 1970 und 1975 nahmen die Forschungsmittel um 43% zu, während der Umsatz nur um 22% gesteigert wurde (Ciba-Geigy Zeitschrift 1975e). Bereits 1970 steckte die Ciba-Geigy rund die Hälfte des gesamten Forschungsaufwandes der Firma in die Pharmaforschung (245 Mio CHF), obwohl der Pharmabereich nur 29% zum Umsatz beisteuerte. Dieser Anteil reduzierte sich bis 1979 wieder auf 40%, stieg Anfang der achtziger Jahre abermals auf 50% und pendelte sich in den neunziger Jahren schließlich bei etwa 54% ein (Ciba-Geigy 1971; 1980a; 1983a).

Die Forschungsschwerpunkte lagen Mitte bis Ende der siebziger Jahre bei den Antidepressiva und Neuroleptika, den Antihypertensiva und den Antirheumatika. 1976 kam der neue Forschungsbereich Antibiotika/Chemotherapie hinzu. Im Jahre 1974 gelang einem Forschungsteam der Ciba-Geigy ein wissenschaftlicher Durchbruch, indem es mit Hilfe neuartiger Methoden der Peptidchemie in gezielter Weise Humaninsulin synthetisierte (Ciba-Geigy 1975; 1977; 1980a).

Nach der Fusion wurden die Ziele und Prioritäten in der Forschung in den verschiedenen Forschungsstätten neu gewichtet und die Forschungseinrichtungen räumlich konzentriert. Die Forschungs- und Entwicklungsaktivitäten der verschiedenen Forschungszentren wurden besser und klarer aufgeteilt, um das Stammhaus längerfristig zu entlasten und um den zeitlichen Unterschied zwischen der Einführung neuer Präparate in der Schweiz und in anderen Ländern zu verkürzen. Damit schritt auch der Internationalisierungsprozeß der Forschung voran (Ciba-Geigy 1977: 27).

Über die weitaus größten pharmazeutischen Forschungseinrichtungen verfügte der fusionierte Konzern in Basel. Zudem waren die Zentralen Forschungsdienste in Basel für die Pharmaforschung wichtig. 1974 bezogen diese für die Bereiche Analytik und Physik einen Neubau (K-127), der auf rund 600 Arbeitsplätze dimensioniert wurde. Die Analytik arbeitete als zentrale Dienstleistungsorganisation für die Divisionen Farbstoffe und Chemikalien, Pharma und Agrarchemie (Ciba-Geigy Zeitschrift 1972b; 1974a). Eine Verstärkung erfuhr auch die chemische Entwicklung, die hier 1976 neue, den modernen Ansprüchen an die Betriebssicherheit entsprechende Versuchsanlagen zur Durchführung spezieller Reaktionen in Betrieb nahm (Ciba-Geigy 1977: 28).

Die CIBA betrieb bereits seit 1939 in Summit, New Jersey, ein Forschungszentrum, das laufend erweitert wurde, und Geigy baute 1960 in Ardsley, nördlich von New York City, ihr Forschungszentrum auf. Seit 1965 betrieb die Ciba zudem an ihrem Pharmaproduktionsort Horsham im Süden von London eine kleinere Forschungstätte, und die Geigy war in Macclesfield bei Manchester im Bereich der pharmazeutischen Entwicklung tätig. Darüberhinaus gab es kleinere klinische Forschungseinheiten in Paris, die 1972 im *Centre de la Santé* vereinigt wurden. Interessanterweise hatte die CIBA bereits 1963 in Goregon bei Bombay ein Forschungszentrum aufgebaut, das sich mit seinen knapp 300 Mitarbeiterinnen und Mitarbeitern vor allem Tropenkrankheiten widmete. Im Zuge der erwähnten Aufteilung der Forschungsaktivitäten wurde 1975 zudem mit dem Aufbau eines *Drug Safety*-Laboratoriums in Japan begonnen und die Planung eines neuen Zentrums für die zentrale Konzernforschung in Manchester eingeleitet (Ciba-Geigy 1976: 27).

Der Anteil der F&E-Ausgaben am Konzernumsatz stieg von 6,4% im Jahre 1971 auf etwas über 8% Anfang der achtziger Jahre, schließlich auf 10,6% im Jahre 1987 und verblieb etwa auf diesem Niveau bis 1992. Leider sind keine umfassenden Zahlen über die F&E-Ausgaben der Division Pharma gesondert verfügbar. Aber im Pharmabereich dürfte der Anteil der F&E-Ausgaben am Umsatz rund 50% höher gelegen haben. Da die großen Rationalisierungsbemühungen seit Beginn der neunziger Jahre auch vor den F&E-Aufwendungen nicht halt machten, ging seither ihr Anteil am Umsatz wieder leicht zurück. Wie die Umsatzbewegungen wurden auch die in Franken ausgedrückten F&A-Ausgaben zeitweilig stark von Währungsverschiebungen beeinflußt. So war ihr Rückgang 1986 Ausdruck des schwächeren Dollars, respektive der Aufwertung des Schweizer Frankens (Ciba-Geigy 1987a).

Die in den Jahresberichten veröffentlichten Angaben über den Gesamtkonzern vermitteln immerhin einen allgemeinen Überblick, obgleich das Gewicht des Forschungsstandortes USA im Pharmabereich sicherlich ungleich höher war als bei den Industriechemikalien. In der zweiten Hälfte der siebziger Jahre entfielen zwischen 60% und über zwei Drittel des Forschungs- und Entwicklungsaufwandes des Konzerns auf die Schweiz (1975: 60%, 1976: über 66%, 1978: 66%) und etwa ein Fünftel auf die USA (Ciba-Geigy 1977: 15; 1978: 15). Hansjörg Heller, Mitglied der Konzernleitung, wies aber bereits 1975 darauf hin, dass der Anteil der Forschung und Entwicklung im Ausland zunehmen werde. Eine Ursache sei die marktnähere Entwicklung. Ganz generell werde die Produkt- und Verfahrensentwicklung gegenüber der Erforschung wirklich neuer Produkte wichtiger werden (Ciba-Geigy Zeitschrift 1975e). Tatsächlich sank im Jahre 1981 der Anteil der Schweiz an den konzernweiten Forschungsausgaben unter die traditionellen 60%, jener der USA stieg auf 23%. Knapp weitere 20% entfielen auf Großbritannien, Frankreich, Deutschland, Indien und andere Länder (Ciba-Geigy 1982a: 15). In den folgenden Jahren stieg der Anteil der USA weiter an.

7.2.2 Fokussierung und neue Technologien

Reorganisierung der Forschung und Entwicklung 1984/85

Im Jahre 1981 wurde ein neues Forschungsleitbild erarbeitet, dass sich klar zu einer dezentralisierten Forschung und Entwicklung bekannte und zugleich eine Konzentration auf die vier Schwerpunkte Zentrales Nevensystem, Herz-Kreislauf, Rheuma und Schmerz sowie Infektionskrankheiten anstrebte (Ciba-Geigy 1982a). Im Rahmen der intensivierten strategischen Planung reorganisierte die Divisionsleitung die Forschung und Entwicklung 1984 auf internationaler Ebene. Um die Innovationskapazitäten zu verbessern, teilte sie die Hauptverantwortlichkeiten für die wichtigsten Forschungsgebiete auf die Zentren in der Schweiz, in den USA, in Großbritannien und Indien neu auf (Ciba-Geigy 1985a: 25). Die Division Pharma begann internationale *centers of excellence* aufzubauen und eine koordinierte Arbeitsteilung zwischen den Forschungsteams einzuleiten. Die Division begrenzte die Forschung auf bestimmte interessante Gebiete, in denen sie führend sein wollte.

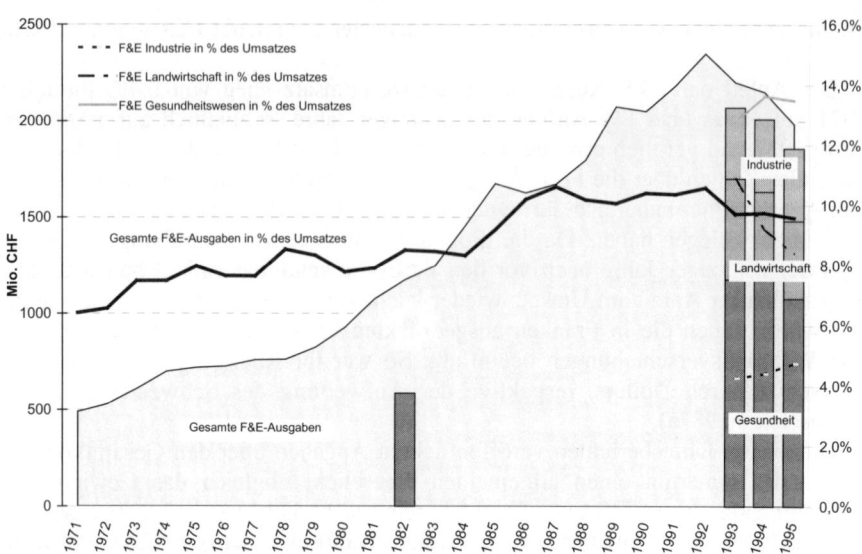

Abb. 7.2. Ausgaben für Forschung und Entwicklung der Ciba-Geigy
Quellen: berechnet nach Geschäftsberichten Ciba-Geigy 1970-1995

Doppelspurigkeiten zwischen den verschiedenen Zentren wurden abgebaut. Jedes Forschungszentrum wurde zuständig für bestimmte therapeutische Problemlösungen. So legte die Divisionsleitung fest, dass die Gebiete der Arteriosklerose und ausgewählte Krankheiten des Zentralen Nervensystems von Forschern in den USA berarbeitet wurden. Die Angina-Forschung hingegen wurde aus den USA in die Schweiz verlagert. Zugleich beschloss man, dass die Forschung in den USA nicht mehr länger die Behandlung von Depressionen untersucht (Ciba-Geigy 1985b: 14).

1985 leitete die Division Pharma bedeutende Änderungen in der Organisation von Forschung und Entwicklung ein. In den USA unternahm man einen damals noch unüblichen Schritt und schuf *Portfolio functions* für die therapeutischen Fachgebiete Entzündungen/Hormone, Herz-Kreislauf, Zentrales Nervensystem und allgemeine Medikamente.[71] Das Portfolio-Management wurde verantwortlich für die Prüfung der wirtschaftlichen Rentabilität aller Heilmittelkomponenten. Es hatte die Entwicklung neuer Medikamente schneller und effizienter voranzutreiben. Die enorm hohen Entwicklungskosten eines Medikaments bis zur Marktfähigkeit und die beissende Konkurrenz zwangen die Pharmaabteilung, sich mehr um das wirtschaftliche Potential ihrer Produkte zu kümmern. Kein Produkt durfte ohne Bewilligung des Portfolio-Managements weiter entwickelt werden. Diese Instanz beobachtete auch sorgfältig bereits vermarktete Produkte und prüfte weitere Verwendungsmöglichkeiten. Mit diesen Maßnahmen erhoffte man sich, die

---

[71] Der Report to Employees 1986 in den USA erwähnte diese Neuerung vor den Konzernpublikationen in der Schweiz. Auch Paioni (1997a) setzt den Anfang der *therapeutic areas* auf 1987. Daher ist anzunehmen, dass die US-Konzerngesellschaft diese neuen Organisationsformen etwas früher implementierte.

Projektselektion und die Erträge der Entwicklungskosten zu verbessern. Die *portfolio function* arbeitete eng mit der klinischen Funktion zusammen, um das klinische Testprogramm im Rahmen des Zulassungsprozesses zu planen. Die rechtzeitige Markteinführung wurde immer wichtiger für die erfolgreiche Vermarktung eines Medikaments (Ciba-Geigy 1986b: 14-15).

Aufbau von Centers of Excellence und Gliederung in Therapeutic Areas

Die Ciba-Geigy verstärkte 1987 im Rahmen einer neuorientierten strategischen Planung mit einer Konzentration der Kräfte die klare Zuweisung der Verantwortung auf *centers of excellence* und intensivierte das zentrale Entwicklungsmanagement. Damit wurden in Basel und in den anderen Forschungszentren auf Indikationsgebiete ausgerichtete Einheiten gebildet. Elf Schlüsselprojekte wurden mit besonderem Einsatz voran getrieben (Ciba-Geigy 1988a: 30).

Traditionell bestand die Forschung aus den großen organisatorischen Einheiten Chemie, Biologie und Medizin. Es zeigte sich jedoch, dass diese Gliederung nach Fachdisziplinen alleine nicht mehr sinnvoll war. Aufgrund des technologischen Wandels drängte es sich auf, die Forschung in *therapeutic areas* mit interdisziplinären Projektteams zu gliedern. Diese Veränderungen vollzogen sich ansatzweise bereits vor der Etablierung einer neuen formalen Organisationsstruktur 1987. Die Forschungsrealität in den Projekten verlangte eine intensivere Zusammenarbeit von Chemikern, Biologen, Biotechnologen und Toxikologen. Dann stellte sich die Frage, ob in der Organisationsmatrix die vertikale Linie der Fachdisziplin oder die horizontale Linie des Projektleiters federführend ist. Die um *therapeutic areas* gruppierten Teams bestanden aus etwa 150 bis 200 Mitarbeiterinnen und Mitarbeitern. Ein therapeutisches Gebiet wie z.B. Zentrales Nervensystem hatte dann einen Chemiebereich und zwei oder drei Biologiebereiche. Wichtig blieb, dass die Fachleute der einzelnen Disziplinen in einer kritischen Masse zusammenarbeiten konnten. Die Aufteilung der Chemie als Gesamtdisziplin, die die Industrie ein Jahrhundert lang geprägt hatte, kann in einem gewissen Sinne sogar als historisch betrachtet werden. Die Reorganisationen in Projektteams gingen allerdings nicht so weit, dass dem Projektleiter sämtliche Führungsbelange übertragen wurden, sondern nur die projektbezogenen Arbeitsbereiche und Problemlösungen. Probleme der Fachdisziplin, Lohnfragen, Beförderungen und das Management Development blieben den Fachbereichsleitern vorbehalten (Paioni 1997a).

Einstieg in die Biotechnologie

Die achtziger Jahre waren die Zeit des großangelegten Einstiegs in die Biotechnologie. Die CIBA betrieb bereits im Jahr 1955 biotechnologische Forschung im Bereich der Antibiotika und Stereoide. Die Antibiotika *Rimactan* und *Celospor* sowie das eisenbindende Medikament *Desferal* waren Ergebnisse dieser frühen Anstrengungen. Die Fermentations- und Aufarbeitungsverfahren zu deren Herstellung wurden laufend weiter entwickelt. Insofern verfügte die Ciba-Geigy über gute Voraussetzungen für den Ausbau einer biotechnologischen Forschungseinheit, die mit den modernen gentechnologischen Methoden arbeitete.

1980 begann eine multidisziplinäre Forschungsgruppe auf den Gebieten Biotechnologie und Genetic Engineering zu arbeiten. Diese Ausrichtung wurde in den folgenden Jahren intensiviert (Ciba-Geigy 1981a; 1982a), und bereits 1983 wurde die Biotechnologie zusammen mit der Chemie und Biologie eine der drei gleichwertigen Einheiten der Ciba-Geigy-Pharmaforschung in Basel. Im Oktober 1983 konnten die bislang verstreut arbeitenden rund 155 Mitarbeiterinnen und Mitarbeiter dieser Einheit unter Leitung von Prof. Dr. Jakob Nüsch, dem späteren Leiter der Pharma-Forschung in Basel, zusammen ein neues Forschungsgebäude in Basel beziehen, das für 43 Millionen Schweizer Franken errichtet wurde. Diese Gruppe arbeitete fortan schwergewichtig in der produkt- und verfahrenstechnisch orientierten biotechnologischen Forschung. Die Nähe zu Entwicklungskapazitäten, wie *pilot plants*, war wichtig. Die gentechnologische Forschung im Agrobereich wurde demgegenüber in einem Forschungszentrum im Research Triangle Park in North Carolina angesiedelt (Muschter 1984; Ciba-Geigy-Magazin 1983a; Ciba-Geigy 1984a: 10: 25). Im Zuge der neuen technologischen Möglichkeiten verschob sich im Discovery-Prozeß das Gewicht nach und nach von der Chemie und Biologie zur Molekular- und Zellbiologie.

Bemerkenswert ist, dass Ciba-Geigy den konzernweiten Schwerpunkt der Biotechnologie in Basel, nicht in den USA, aufbaute. Parallel dazu organisierte sie den Technologieinput in der Biotechnologie zunehmend über Partnerschaften mit anderen Firmen, hauptsächlich in den USA. Die *in house*-Anstrengungen im Bereich der Biotechnologie wurden in den USA und in der Schweiz gezielt verstärkt. 1990 reichte Ciba-Geigy den Bewilligungsantrag für ein Biotechnikum in Basel zur Herstellung von Wirksubstanzen im Pilotmaßstab ein. Den Standort Basel priorisierte man, weil man die räumliche Integration von Forschungs-, Entwicklungs- und Produktionsaktivitäten als vorteilhaft einschätzte (Ciba-Geigy 1991a: 13). Nach einer langen politischen Auseinandersetzung errichtete die Ciba-Geigy das ursprünglich in Basel geplante Biotechnikum zur Marktproduktion von Hirudin zwischen 1994 und 96 im benachbarten Huningue in Frankreich (siehe Kapitel 8).

Eine große Bedeutung zur Erlangung biotechnologischen Know hows erlangten aber bald die Kooperationen mit Biotechfirmen in den USA. Die Gründung des Joint Venture Biocine Company zusammen mit der Chiron Corporation zur Entwicklung rekombinanter Impfstoffe im Jahre 1986 war dabei der erste große Schritt. Die Zusammenarbeit mit Chiron vertiefte sich in den folgenden Jahren und mündete schließlich in den Abschluß einer strategischen Kooperation und der Übernahme von rund 47% des Aktienkapitals von Chiron durch die Ciba-Geigy.

7.2.3 Fortschreitende Internationalisierung der Forschung

Ausbau der Forschungszentren

Die Reorganisationen in den achtziger Jahren waren auch mit einer Investitionsoffensive im Forschungs- und Entwicklungsbereich, vor allem in den USA, verbunden (siehe Abb. 5.5 und 5.7) Einen Blick auf die Modernisierungsprogramme bei den Forschungszentren vermittelt einen Eindruck der räumlichen Dynamik der F&E-Organisation. Von den Anfang der neunziger Jahre weltweit etwa 24000

Beschäftigten der Division Pharma war annähernd ein Sechstel in der Forschung und Entwicklung tätig. Die Forschungsaktivitäten im Pharmabereich verteilten sich auf die sieben Zentren in Basel Summit/Ardsley, Horsham, Takarazuka, Tübingen/Wehr, Rueil-Malmaison und Torre Annunziata (Ciba 1993a: 11; Haas 1993).

Nachdem die Division Pharma in **Basel** bereits 1983 einen modernen Forschungsneubau für die Biotechnologie in Betrieb genommen hatte, tätigte sie hier vor allem Investitionen zur Stärkung der Entwicklungsinfrastruktur. 1986 eröffnete sie nach dreijähriger Bauzeit ein neues Zentrum für die Entwicklung (K-135). Dieser Bau erlaubte die Zusammenfassung bisher verstreut arbeitender Mitarbeiterinnen und Mitarbeiter der Pharma-Entwicklung (Ciba-Geigy-Zeitung 1986: 5; Ciba-Geigy 1985a: 25; 1986a: 26). Im Dezember 1992 kam ein neues Gebäude der Entwicklungs-Logistik hinzu. Damit sollten rationellere Arbeitsabläufe, eine Beschleunigung der Belieferung und Modernisierung der Verpackung von klinischem Prüfmaterial und sichere Lagerhaltung von Darreichungsformen und Pakkungsmaterial gewährleistet werden (Ciba-Zeitung 1992). Eine weitere größere Investition unternahm die Division Pharma unmittelbar vor der Fusion mit Sandoz im Bereich der galenischen Entwicklung (Entwicklung der Darreichungsformen). Da die bisherigen Anlagen der Pilotproduktion für die pharmazeutische Entwicklung veraltet waren und auf ihre Kapazitätsgrenzen stießen, wurde im Werk Klybeck ein neues Gebäude für die Herstellung von festen Darreichungsformen für die klinischen Prüfungen errichtet (BaZ 1994; 1995; Ciba-Zeitung 1994c: 17; 1995e).

Mitte der achtziger Jahre setzte ein massiver Ausbau der F&E-Infrastruktur in den USA am Standort **Summit** ein. Die Division Pharma errichtete hier zwischen 1980 und 82 für 15 Millionen USD ein Gebäude für die Abklärung der Produktsicherheit mit Toxikologielaboratorien, das zunächst auch den Divisionen Plastics & Additives und der Agro diente (Ciba-Geigy 1980b: 21; 1982a: 21; 1983a: 19). 1983 wurde in **Ardsley** ein Zentrum für die pharmazeutische Grundlagenforschung in Betrieb genommen (Ciba-Geigy 1984b: 33). Zu dieser Zeit hatte sich also die Konzentration der Pharmaforschung auf den Standort Summit noch nicht durchgesetzt. 1986 nahm man nach zweijähriger Bauzeit in Summit drei neue Gebäude für Chemieforschung, für die medizinische Forschung und ein wissenschaftliches Informationszentrum in Betrieb. Diese neuen Gebäude ersetzten alte Anlagen aus der Zeit unmittelbar nach dem 2. Weltkrieg. Bereits zuvor wurde eine neue Forschungseinheit für Human-Biologie gegründet (Ciba-Geigy 1983b; 1984a: 16; 1984b; 1985a: 25; 1987a: 18, 28). Zwischen 1990 und 1993 baute die Division Pharma schließlich das größte jemals vom Ciba-Geigy Konzern erstellte Gebäude. Das neue USD 137 Millionen teure, für 410 Wissenschaftler ausgelegte und 440 000 Quadratfuß große *Life Science Building* nahm die biologische Forschung und die präklinische Entwicklung auf und wurde zum Herz der Forschung in den Bereichen Kreislauf, Arteriosklerose, rheumatische Arthritis und Osteoarthritis. Mit dieser Zentralisierung aller F&E-Tätigkeiten in Summit war die Schließung der entsprechenden Einrichtungen an den ehemaligen Geigy-Standorten Arsdley und Suffern verbunden (Ciba-Geigy 1991b: 6; Ciba 1994b: 13; 1996a: 10; Mielecki 1993: 23). Das *R&D Magazine* zeichnete 1995 das *Life Science Building* aufgrund der besonderen Architektur gar als das 'Laboratorium des Jahres' aus (Koprowski 1995).

Die Forschungstätigkeiten in **Horsham** führten bereits Anfang der siebziger Jahre zur Verbesserung bestimmter Darreichungsformen (Dürst 1974: 10). Mit der Errichtung des Forschungszentrums für neue Applikationsformen von Arzneimitteln und umfangreichen Investitionen in neue Labor- und Bürogebäude zwischen 1984 und 1986 wurde diese Orientierung massiv ausgebaut. Ende 1986 nahm die mit einem Aufwand von 10 Millionen CHF eingerichtete Forschungseinheit *Neue Darreichungsformen* ihre Arbeit auf. Horsham wurde damit das konzernweite Zentrum für *Advanced Drug Delivery Research* (Ciba-Geigy 1985a: 25; 1986a: 26; 1987a: 28; Ciba-Geigy-Magazin 1985b; 1986b; Dörler 1987). In den folgenden Jahren nahm das Forschungszentrum eine zunehmend wichtigere Rolle in der Forschung und der klinischen Entwicklung der Ciba wahr. Eine Gruppe beschäftigte sich zum Beispiel mit der Zusammensetzung von Wirkstoffen und mit explorativen, neuartigen Darreichungsformen (Drug Preformulation and Delivery). Eine wichtige Tätigkeit war die Präformulierung biologisch schwierig zu erhaltender Moleküle wie Proteine oder Peptide. Dazu zählten Projekte mit biotechnologisch hergestellten Produkten wie Alpha Interferon (gegen Hepatitis B und C, dessen Virus 1987 von Chiron-Wissenschaftern entdeckt wurde) sowie rekombiniertes Hirudin (gegen Thrombose). Man erforschte auch neue Darreichungsformen von *Desferal*, einem Medikament gegen Eisenüberladung (*Desferal* wurde in Torre Annunziata bei Neapel produziert). Daneben arbeitete die Abteilung für Liposomentechnologie hier. Deren Aufgabe war es, das von Fetttröpfchen umhüllte Medikament ganz gezielt zu den Krankheitsherden oder denjenigen Geweberegionen zu transportieren, die vor allem fettlösliche Substanzen aufnehmen, damit es dort seine Wirkung entfaltet. Diese Technologie wird bei bestimmten Krebsarten mit kleinen festen Tumoren in der Lunge oder der Blase angewendet (Ganz 1994a).

Zunehmendes Gewicht erhielt das High-Tech-Land Japan. Die Division Pharma hatte bereits 1981 eine Forschungs- und Entwicklungsabteilung am Hauptsitz in **Takarazuka** unweit Osaka errichtet (Dimery 1983: 8). 1985 fällte der Konzern im Rahmen des strategischen Planes den Entscheid, die *International Research Laboratories* zu errichten. Damit gehörte Ciba-Geigy zu den ersten ausländischen Pharma- und Chemiekonzernen, die diesen Schritt in Japan wagten. Zwei Jahre später war Baubeginn dieses ehrgeizigen Projektes, und am 26. Oktober 1990 wurde das für 75 Millionen CHF erbaute Forschungszentrum schließlich eröffnet. Die drei Abteilungen – das Bioorganische Forschungsdepartement, das New Materials Forschungsdepartement und das Informatikdepartement – waren auf die anwendungsbezogene Grundlagenforschung für Heilmittel, Agroprojekte und Materialwissenschaften ausgerichtet. Die Schwerpunkte bildeten die biotechnologische Proteinforschung, Inhibitoren von Insektenwachstumshormonen und hochwertige Pigmente für Fotokopierer und Laserdrucker. Das viergeschossige Gebäude mit 12000 Quadratmetern bot Arbeitsplätze für rund 120 Forscher (Ciba-Geigy 1988a: 11; 1989a: 10; Ciba-Geigy-Zeitung 1990c: 1; Ciba-Geigy-Magazin 1991i: 13). Die Kosten der Labors und die Betriebskosten von insgesamt rund 60 Millionen Franken pro Jahr wurden von der japanischen Konzerngesellschaft getragen. Das IRL arbeitete grundsätzlich aber für den ganzen Konzern (Ciba-Geigy-Zeitung 1990d: 11). Mit der Errichtung der IRL wollte man von Universitäten und anderen Forschungsinstitutionen als Insider und forschungsorientiertes Unternehmen wahrgenommen werden (Ciba-Geigy-Magazin 1991i: 13).

Bereits ab 1966 führte die ehemalige CIBA humanpharmakologische Versuche an Freiwilligen in **Tübingen** durch. 1980 gründete die Ciba-Geigy Wehr GmbH Wehr in Tübingen das Humanpharmakologische Institut als zweite, ergänzende Struktureinheit. Das Institut in Tübingen konzentrierte sich vorwiegend auf humanpharmakologische Untersuchungsmethoden und -techniken zur Charakterisierung von zentralnervös wirksamen Substanzen sowie auf gastroenterologisch wirkende Mittel. Die humanpharmakologischen Untersuchungen bilden die Phase I der klinischen Prüfungen. Das HPI nahm auch die Aufgabe wahr, die Abteilungen Klinische Prüfung sowie Arzneimittelsicherheit/Zulassung des Bereichs Medizin der Ciba-Geigy GmbH Wehr zu unterstützen. In Erwartung eines weiteren Wachstums bezogen das HPI und 35 Mitarbeiter im Februar 1988 ein eigenes neues Institut (Ciba-Geigy-Magazin 1988b: 20). Aber nach Straffung des Projekt-Portfolios existierten innerhalb der Division Pharma auf diesem Gebiet weltweit Überkapazitäten. Darüber hinaus haben sich die übrigen europäischen Länder bei den Zulassungsbestimmungen dem deutschen Niveau angeglichen. Daher bestand schon bald kein Bedarf mehr an diesem Institut. Dessen Aufgaben wurden danach an anderen Ciba-Standorten wahrgenommen. Das Institut wurde Ende 1994 geschlossen und das Gebäude samt Einrichtungen verkauft. Direkt betroffen waren 27 Mitarbeiterinnen und Mitarbeiter (Ciba-Zeitung 1994a: 44).

Am Hauptsitz der französischen Konzerngesellschaft in **Rueil-Malmaison** befand sich seit den siebziger Jahren auch das *Centre de Recherche Biopharmaceutique*, das sich auf nationaler und internationaler Ebene mit biopharmazeutischen Problemstellungen der klinischen Prüfungen von Medikamenten auseinandersetzte (Charlier 1981:7). Dieses Institut erfüllte allerdings sehr beschränkte Aufgaben im Bereich der Entwicklung.

Im Zusammenhang mit der Einrichtung des Werkes in **Torre Annunziata** als weltweites Fermentationszentrum wurden Anfang der neunziger Jahre auch Laborgebäude errichtet, die der Entwicklung von Sekundär-Metabolismen und der Suche nach neuen 'natürlichen' Produkten dienen. Hier befand sich auch eine Anlage zur Verbesserung von fermentativen Verfahren. Das Labor in Torre Annunziata erhielt 1993 die Aufgabe der Erstuntersuchung (Primary Screening) von Bakterienstämmen, die von der Forschung in Basel geschickt wurden (Ciba-Geigy-Magazin 1992b: 31; Ganz 1993b).

Mit der Konzentration der Kräfte und der Zuweisung der Verantwortung auf *centers of excellence* sowie dem Ausstieg aus den Antibiotika wurde das Forschungszentrum in **Gorgeon** bei Bombay offensichtlich überflüssig. Im Herbst 1988 beschloß der Verwaltungsrat der Hindustan Ciba-Geigy Limited, an der Ciba-Geigy mit 40% beteiligt war, die Pharma-Forschungsaktivitäten in Goregaon bei Bombay einzustellen. Die Gebäude wurden anderen Zwecken zugewiesen. Gemäß ihren neuen Forschungs- und Entwicklungsprogrammen verlagerte die Ciba-Geigy das Schwergewicht ihrer tropenmedizinischen Forschung von der klassischen Chemotherapie auf die Vorbeugung durch Vakzine. Zu jener Zeit befanden sich in Gorgeon keine erfolgversprechenden Substanzen in Entwicklung. Man rechnete nicht damit, dass innerhalb von zehn Jahren ein wichtiges Produkt zur Marktreife gebracht werden könne. Beschäftigte wurden innerhalb der Firma umplaziert oder mit einem Sozialplan abgefunden (Ciba-Geigy-Zeitung 1988a).

Forschungsausgaben

Nach der Investitionswelle in feste Anlagen Mitte der achtziger Jahre zogen zeitlich etwas verschoben auch die Forschungsausgaben an. Ihr Anteil am Divisionsumsatz pendelte sich zwischen 1990 und 1995 auf hohem Niveau zwischen 15 und 16% ein. Im Fusionsjahr 1970 betrug dieser Anteil noch 11,4%. Weltweit gehörten sie absolut zu den höchsten Beträgen im Bereich der pharmazeutischen Industrie, relativ lagen sie im Rahmen der Hauptkonkurrenten. Allerdings ging ihr Anteil angesichts der großen Rationalisierungsbemühungen auch im F&E-Bereich ab 1993 wieder leicht zurück. Die Ausgliederung der Division Diagnostika und die reduzierten Forschungsausgaben in der Schweiz führten zu einem Rückgang der F&E-Ausgaben im Jahre 1995 um rund 2% in lokalen Währungen. Andererseits war ab 1995 der Anteil der Ciba an den Forschungsausgaben der Chiron Corporation in den Zahlen enthalten (Ciba-Geigy 1992b: 12; Ciba 1993a: 11; 1996b: 5).

Auf der Ebene des Gesamtkonzerns ging der Anteil der in der Schweiz getätigten Forschungs- und Entwicklungsausgaben im Laufe der achtziger Jahre bis 1990 auf rund die Hälfte zurück und stabilisierte sich bis 1995 auf dieser Höhe (Ciba-Geigy 1991a: 11; Ciba 1995c: 4; 1996b: 5). Die Forschungsaufwendungen des Gesamtkonzerns in den Gesundheitsbereich stiegen zwischen 1990 und 1995 von einem Anteil von 50% auf über 54% an. Der gesamte Gesundheitsbereich steuerte immerhin 62,2% an den operativen Ertrag, aber bloß 38,6% des Umsatzes an den Konzern bei. Der gesamte F&E-Aufwand verteilte sich in dieser Zeit im Verhältnis 1:2 auf die Forschung einerseits und die Entwicklung andererseits (Haas 1993).

7.2.4 Neunziger Jahre: Fokussierung auf vier Indikationsgebiete

Die Forschung fokussierte sich Anfang der neunziger Jahre auf Indikationsgebiete der zunehmend bedeutenderen Alters- und Zivilisationskrankheiten, wie Krebs, kardiovaskuläre Erkrankungen, auf Krankheiten des zentralen Nervensystems, Atemwegs- und Knochenerkrankungen und Allergien. Die Forschungstätigkeiten gliederten sich in vier Zentralbereiche.

Auf dem Gebiet der **Herz-Kreislauf-Erkrankungen** trachtete man danach, neue Medikamente zur Blutdrucksenkung, zur Behandlung von Angina pectoris, gegen degenerative Gefässerkrankungen (wie Arteriosklerose) und Herzversagen zu entwickeln.

Die Projekte im Bereich der Erkrankungen des **Zentralen Nervensystems** führten zur Identifikation neuer biologischer Konzepte in der Behandlung von Depressionen, Schizophrenie und Epilepsie. Hierzu zählten auch die intensivierten Forschungen auf dem Gebiet der Alzheimer'schen Krankheit.

Im Hauptbereich **Rheuma, Knochenerkrankungen und Allergien** konzentrierte sich die Ciba-Geigy auf die Behandlung der Osteoarthritis (Erkrankung der Gelenkweichteile und Gelenkknochen) und auf die Entwicklung von Nachfolgeprodukten des erfolgreichsten Anti-Rheumatikums *Voltaren*. Bei den Allergien befand sich eine neue Klasse von Anti-Asthmatika in klinischer Prüfung. Auf dem Gebiet der Knochenerkrankungen hatte die Ciba bis 1993 bereits drei Medikamente eingeführt: *Cibalcin*, eines der ersten marktreifen Biopharmazeutika, *Estraderm TTS* und *Aredia*.

Den vierten Zentralbereich bildete die Erforschung von Behandlungsmöglichkeiten von **Krebs und Infektionskrankheiten** (Onkologie/Virologie). Die ausschließlich in Basel betriebene Krebsforschung brachte Anfang der neunziger Jahre ebenfalls neue Produkte. Zu den eingeführten Präparaten *Orimeten* und *Lentaron* (Aromatasehemmer zur Behandlung hormonabhängiger Tumore wie etwa des Mammakarzinoms und *Aredia* (zur Prävention der tumorinduzierten Zerstörung des Knochengewebes) kamen drei weitere hinzu, die das Tumorwachstum hemmen.

Die Aktivitäten im Impfstoff- und Diagnostika-Gebiet sowie auf die auf Biotechnologie basierenden Projekte in den Bereichen Diabetes, Krebs, Osteoporose und Thrombosen wurden systematisch ausgebaut. Das Feld der Antibiotika hatte die Ciba-Geigy inzwischen wieder verlassen. Im Impfstoffmarkt strebten Ciba und Chiron im Rahmen des Joint Ventures Biocine Company eine führende Rolle bei der Entwicklung von gentechnologisch hergestellter Vakzine an (Ciba-Geigy-Zeitung 1990e; Ciba-Geigy-Magazin 1991f; Ciba-Geigy 1991a; 1993a: 11ff; Haas 1993).

1991 erzielten die Präparate im Bereich des Zentralnervensystems − Depression/Angst, Verbesserung der Lern- und Gedächtnisfunktionen, Antipsychotika, Epilepsie und Schlaganfall/Schädeltrauma − rund 23% des insgesamt mit Arzneimittelspezialitäten erzielten Umsatzes. 20% flossen in der Form von Forschungs- und Entwicklungsaufwendungen in diesen Bereich zurück (Ronner 1993).

In den Jahren vor der Fusion mit Sandoz wurden die Forschungsbemühungen vor allem über Kooperationen mit Biotechfirmen auf einige weitere therapeutische Segmente und Technologien ausgedehnt. In den traditionellen drei Bereichen Herz-Kreislauf-Erkrankungen, Erkrankungen des Zentralnervensystems sowie entzündliche und rheumatische Erkrankungen ging es darum, die Marktposition zu konsolideren und zu erweitern. Neue Techniken in der Computertechnologie, Analytik sowie der Zell- und Molekularbiologie begünstigten die Forschung auf dem Gebiet der sogenannten Biopharmaka (peptidähnliche Hormone mit mittlerem Molekulargewicht). Der antithrombotische Wirkstoff Hirudin ist ein Beispiel für diese Stoffklasse. Dazu gehören auch die hochmolekularen und normalerweise glykosylierten monoklonalen Antikörper.

In der Erwartung neuer lukrativer Geschäftsfelder begann sich die Ciba in Kooperation mit *Isis Pharmaceuticals* in Carlsbad, California, mit den sogenannten **Antisense-Nukleotiden** und zusammen mit *Glycotech* in Gaithersburg, Maryland, den **Glykopharmaka** zu beschäftigen. Allerdings waren dies sehr langfristig angelegte Engagements, so dass es zunächst darum ging, mit Hilfe der zentralen Forschungslaboratorien in Basel und den Partnerfirmen auf diesen Gebieten Fuß zu fassen.

Auch die Ciba-Geigy steckte zeitweise erhebliche Mittel in die Suche nach Wirkstoffen gegen das **Aidsvirus**. Im Rahmen der Zusammenarbeit mit der Biocine Company, dem Joint Venture mit der Chiron Corporation, war man auf der Suche nach einem synthetischen Impfstoff gegen das Aidsvirus. Zusammen mit der texanischen Firma Tanox wurden monoklonale Antikörper hergestellt, die als potentielle Aids-Therapeutika klinisch geprüft wurden (Haas 1993).

7.2.5 Mit *'Faster Time to Market'* 1993 zur Globalisierung der Entwicklung

Ciba-Geigy war zu langsam

Angesichts der Veränderungen im Gesundheitsmarkt, den Kostensenkungsbestrebungen der öffentlichen Haushalte und der verschärften Konkurrenz in der Industrie kam es neben der Innovation selbst immer mehr auch auf den frühen Zeitpunkt der Markteinführung eines neuen Produktes an. Nur die Unternehmen, die zu den ersten gehören, können sich im Konkurrenzkampf behaupten und eine aus der Nutzung der Patente resultierende Monopolrente abschöpfen. Die Ciba hinkte diesbezüglich wichtigen Konkurrenten hinterher, und die Divisionsleitung stellte fest, dass mit den bestehenden Strukturen die Prozesse nicht genügend beschleunigt werden konnten. Die Divisionsleitung ortete das Hauptproblem im Missverhältnis zwischen dem großen Aufwand an Investitionen und personellen Ressourcen in den Bereichen Forschung und Entwicklung und der relativ niedrigen Anzahl von Neuentwicklungen, die den Markt erreichten (Ganz 1993c). Ein Problem bestand darin, dass die klinischen Studien bis Anfang der neunziger Jahre oft mit bloß geringen Veränderungen im Design in mehreren Ländern wiederholt wurden, weil die wichtigen ausländischen Ciba-Tochtergesellschaften selbst entschieden, wann sie ein Produkt zur Registrierung einreichen wollten. Die Zusammensetzung der Entwicklungsteams ergab sich oftmals auch aus persönlichen Kontakten. Dadurch begannen Entwicklungsprojekte in der Regel in dem Forschungszentrum, wo die Substanz entdeckt wurde. Nachdem man sich entschieden hatte, das Präparat in Europa und in den USA zu registrieren, nahm man am zweiten Standort ein weiteres, unabhängiges Entwicklungsprojekt in Angriff und wiederholte wichtige Tätigkeiten. Es kam auch vor, dass Entwicklungsabteilungen Projekte für Wirkstoffe, die in einem anderen Forschungszentrum entdeckt wurden, benachteiligten (Hüll und Mielecki 1995; Buschor 1996: 136; Main 1997).

Als Beispiel für die zu langsame Entwicklung wurde das Blutdruckmittel *Ciba-cen* angeführt. Dieses ging im September 1983 in die Phase I. 80 Monate später kam es im Mai 1990 als achter ACE-Hemmer erstmals auf einen größeren Markt (Frankreich). Das lag zwar unter dem Industriedurchschnitt, war aber im Vergleich zu einem US-Rivalen zu langsam. Dieser begann zwar etwas früher, brachte aber ein Vergleichsprodukt nach nur 45 Monaten Entwicklungszeit auf den deutschen Markt. *Cibacen* fand sich zu diesem Zeitpunkt immer noch in Phase I. Die Einführung des Antidepressivums *Brofaromine*, auf dem anfänglich viele Hoffnungen ruhten, brach die Ciba nach 148 kostspieligen Entwicklungsmonaten schließlich ab. Die Roche hatte nach 96 Monaten ein bereits zuvor vergleichbares Produkt zur Marktreife gebracht (Ganz 1993c: 7).

Beschleunigung der Produkteinführung

Der Entwicklungsprozeß für neue Produkte musste beschleunigt werden. Daher leitete die Division Pharma im Jahre 1993 im Rahmen des *Strategischen Planes 1992-2000* eine grundlegende Reorganisierung des gesamten Bereichs Forschung und Entwicklung ein. Den Anfang setzte man bei der klinischen Entwicklung, wo die größten Probleme verortet wurden, mit der Lancierung des Programm *Faster*

Time To Market (FTTM). Man bereinigte das Portfolio und konzentrierte die Ressourcen noch stärker auf die Präparate, die signifikante therapeutische Fortschritte versprachen, eine hohe Erfolgswahrscheinlichkeit besaßen, und mit denen man unter den Erstanbietern in den Markt treten konnte (Ciba 1994a). Produkte, die in den Entwicklungsprozeß traten, mussten ein weltweites Ertragspotential von 300 Millionen CHF haben (Staples 1994: 35). Zugleich wurden der Entwicklungsprozess weltweit koordiniert und die bestehenden Verfahren für die Einführung neuer Produkte verfeinert und weltweit standardisiert. Mit der Einrichtung von klaren, projektorientierten Prozessen versuchte man, neue Arzneimittel weltweit so schnell wie möglich zur internationalen Marktreife zu bringen. Hierfür wurden Projektverantwortliche ernannt, mit der nötigen Autorität und angemessenen Ressourcen ausgestattet. Es wurde ein wichtiges Anliegen, nicht genügend Erfolg versprechende Entwicklungsprojekte rechtzeitig zu stoppen. Dies war bei der Ciba-Geigy bisher oftmals nicht gelungen (Ganz 1993c).

Eine zentrale Rolle bei der Implementierung des FTTM nahm der Mediziner und Biochemiker William Jenkins ein, der im November 1992 die Leitung des Departements *Medizin und Klinische Entwicklung* übernahm. Davor war er Leiter der weltweiten Klinischen Forschung bei Glaxo. Unverblümt charakterisierte er die Situation bei der Ciba als *„langsam, relativ unproduktiv"* und sah *„eine ausgesprochen schwierige Ausgangslage"* als er seine neue Stelle antrat. Er hielt der Ciba vor, sie habe im Schnitt elf Jahre gebraucht, um ein Produkt herauszubringen, während der führende Wettbewerber mit sechs Jahren ausgekommen sei (Jenkins 1993: 10). Unter seinem Vorsitz lancierte das Departement *Medizin und Klinische Entwicklung* unmittelbar nach der Veröffentlichung des strategischen Planes im Herbst 1992 die Planung des Projekts *Faster Time to Market*. Als von außen kommender und eine reichhaltige Erfahrung mitbringender Manager konnte Jenkins mit der nötigen Härte den Umbauprozeß in Angriff nehmen. International und interdisziplinär zusammengesetzte Arbeitsgruppen trieben die Projektarbeit voran.[72] Es bestanden drei Vorgaben: die Einrichtung des *Global Research and Development Board (GRDB)*, die Reorganisation von Forschung und Entwicklung sowie die Neuordnung des Prozesses der Markteinführung neuer Produkte. Die fünf Projektgruppen Projektauswahl, Programm-Management, Chemische und Pharmazeutische Entwicklung, Steuerung der klinischen Studien und die Dossierdokumentation trieben das FTTM-Projekt in ihren Bereichen voran. Aufgrund der ungenügenden finanziellen Performance gewann das Ziel der Kostenreduktion gegenüber der Zeitreduktion im Laufe der Implementierung des Programmes an Bedeutung.

Die Dreidimensionalität der Forschung und Entwicklung, nämlich der weltweiten funktionalen Dimension, der durch die Geographie diktierten lokalen Dimension und des jeweiligen globalen Projekts wurde grundsätzlich nicht verändert, jedoch die Gewichtung der einzelnen Dimensionen. Bisher hatte der geogra-

---

[72] Die Division Pharma der US-Konzerngesellschaft hatte bereits unmittelbar nach Vollendung des strategischen Planes 1992 ihr eigenes TTM-Projekt gestartet und optimierte aus ihrer lokalen Perspektive die Entwicklungsprozesse. Aufgrund des unterdurchschnittlichen Geschäftsganges war die US-Konzerngesellschaft in dieser Periode geschwächt. Es gelang der Divisionsleitung, ihre Kollegen für das internationale FTTM-Programm zu überzeugen (Buschor 1996: 176).

phische Standort das größte Gewicht. Der Divisionsleiter in einem Land hatte entscheidenden Einfluss über die Priorisierung von Entwicklungsprojekten. *„Dadurch konnten nicht immer die global notwendigen Ressourcen für eine zügige Entwicklung zur Verfügung gestellt werden. Oftmals haben wir das Rad auch zwei- oder dreimal erfunden. Damit ist künftig Schluß"*, teilte Anders Hove vom Projektteam FTTM dem *Phocus Pharma* (Zeitschrift der Division Pharma) mit (Ganz 1993c: 8).

Das Ende 1992 geschaffene *Global Research and Development Board (GRDB)* wurde verantwortlich für die globalen Forschungs- und Entwicklungsstrategien, es entschied fortan zentral, was wann und wo geforscht und entwickelt wurde. Dem GRDB wurden die vier *Therapeutic Area Review Boards (TARB)* zur Seite gestellt, die den Bereichen *Herz-Kreislauf, Zentrales Nervensystem, Entzündungen, Knochen und Allergie* sowie *Infektionen und Tumor* vorstanden. Jedes TARB lenkte als internationales und inderdisziplinäres Gremium das weltweite Entwicklungsportfolio in einem Therapiegebiet. *„Künftig kann niemand mehr in den USA, in Basel oder in Japan sein eigenes Forschungssüppchen kochen"*, kommentierte William Jenkins. *„Mit zentralen und global verbindlichen Entscheidungen für Forschung und Entwicklung leisten wir die Voraussetzung für eine optimale Nutzung der Ressourcen und für eine hohe Effizienz"* (Ganz 1993c: 8).

Das *Global Research and Development Board* sollte sicherstellen, dass das Produktportfolio der Division effektiv gemanagt wird und dass die Forschungs- und Entwicklungsprojekte zielstrebig vorangetrieben werden. Das Gremium hatte die strategischen Vorgaben und den Prozeß zur Innovations- und Präparateentwicklung zu begleiten. Diesem zehnköpfigen Gremium stand der Divisionsleiter Pierre E. Douaze vor. Vertreten waren die globalen Forschungs- und Entwicklungsverantwortlichen aus Basel, den USA und Japan sowie der Leiter des Marketings und der Leiter der US-Pharma Division. 1995 wurde die strategische Rolle dieses Gremiums, das sich fünf Mal jährlich zusammenfand, zusätzlich gesteigert (Mielecki 1995b; Staples 1994: 35).

Dieser Prozess wurde in den einzelnen Entwicklungsvorhaben von den aufgewerteten *International Project Teams (IPT)* getragen. Sie nahmen ihre neu definierten Tätigkeiten im Herbst 1993 auf und kümmerten sich global um die Entwicklung von jeweils einer Substanz zu fertigen Arzneimitteln. Sie wurden von den TARBs ernannt und unterstützt, und sie trafen wichtige Entscheidungen für ihr Projekt in voller Eigenverantwortung. Die Teamleiter waren einflussreiche Manager im Bereich der Entwicklung. Sie hatten die volle Kontrolle und die Zugriffsmöglichkeit auf die Mittel, die für eine Entwicklung gebilligt worden waren. Insgesamt wurden gegen Ende 1993 25 Internationale Projektteams gebildet. Diese Strukturen ermöglichten flexiblere, transparentere und effektivere Abläufe. Mit dieser Reorganisation orientierte sich die Ciba von vertikalen hierarchiedominierten Strukturen zu zielorientierten und projektbezogenen Arbeitsweisen um. Formale Titel wie Prokurist oder Direktor zählten von nun an nicht mehr. Das mit dem FTTM eingeführte Projektprinzip beinhaltete die Konzentration auf die erfolgversprechendsten Wirkstoffe, die Reduktion der Anzahl der Projekte durch ein strenges Auswahlverfahren und rechtzeitige Entscheidungen über den weiteren Projektverlauf oder dessen Abbruch. Bedeutend war die Schaffung globaler Verantwortlichkeiten im Management der global angelegten Projekte. Um den ganzen Prozess zu beschleunigen, wollte man Aktivitäten wenn immer möglich parallel statt hintereinander führen. Den erfolgreichen Abschluß eines Projekts bildete die weltweite Registrierung. Hierfür mußte während des ganzen Entwicklungsprozesses eines Projekts ein weltweit verwendbares Dossier aufgebaut werden, mit dem Ziel, qualitativ hochstehende Zulassungsunterlagen für alle Schlüsselmärkte zur Verfügung zu haben. Nicht zuletzt der effiziente Einsatz von Informationstechnologie wurde eine wichtige Voraussetzung hierfür (Ganz 1993c).

Die Projektteams rissen aber auch Kompetenzen an sich, die weiterhin den Linienfunktionen mit dem fachlichen Know how vorbehalten waren. Darum warf man im Sommer 1994 das Steuer wieder um und reduzierte das ursprünglich vorgesehene Primat der Projektorganisation zu Gunsten einer Matrixorganisation, in der die Linienfunktion (Forschung und klinische Entwicklung respektive Chemie, Biotechnologie, Biologie und Medizin) für die Qualität der ausgeführten Arbeit verantwortlich war. Die Division Pharma war fortan weltweit in einer zweidimensionalen Matrix organisiert (siehe Abb. 7.4). Die erste Dimension umfasste im Wesentlichen die vier Linienfunktionen Forschung, klinische Entwicklung, Produktion und Marketing sowie unterstützende Funktionen mit jeweils konzernweiter Verantwortung. Die zweite Dimension wurde durch eine konzernweite Projektorganisation gebildet. Forschung, klinische Entwicklung und Marketing waren jeweils in die vier medizinischen Therapiegebiete 'Kardiovaskuläres System', 'Entzündung / Knochen / Allergie', 'Infektion / Tumor' und 'Zentrales Nervensystem' gegliedert (vgl. Buschor 1996: 141).

Die Unternehmensberatungsfirma Cooper's & Lybrand untersuchte die weltweiten Aktivitäten der Abteilung *Medizin und Klinische Entwicklung* und kam 1994 zum Ergebnis, dass viele Aktivitäten geleistet wurden, die für die Arzneimittelentwickung nicht unbedingt notwendig gewesen seien oder anderswo hätten effizienter geleistet werden können. Mit einer weiteren Zentralisierung und Konzentration auf weniger internationale Zentren könne die Produktivität gesteigert werden. Vor dem Hintergrund dieser Empfehlungen wurden 1994 eine Reihe weiterer Maßnahmen eingeleitet. So wurden Managementfunktionen im Sinne von spezifischeren Verantwortungen bei der 'Planung und Durchführung klinischer Entwicklung' umdefiniert und die Gruppen straffer organisiert. Die europäische klinische Entwicklung wurde fortan zentral von Basel aus geleitet, und die weltweite Linienfunktion *Medical Information Management and Statistics* hatte enger mit den Partnern in den USA zu kooperieren und die Verantworung für die Daten aus der klinischen Entwicklung zu übernehmen (Mielecki 1994b).

Der Strategische Plan sah zunächst vor, jährlich ein Medikament erfolgreich auf den Markt zu bringen. Danach wurde dieses Ziel auf alle zwei Jahre reduziert. Jenkins bemängelte, dass die Ciba seit der Fusion von Ciba und Geigy nur ganz wenige Produkte patentiert, selbst entwickelt und auf den Markt gebracht hatte (*Cibacen, Oraspor*, ein äußerlich anzuwendendes Steroid, die TTS-Anwendungen sowie die Weiterentwicklungen der *Voltaren*-Familie). Angesichts der enormen Kosten für die Forschung sei dies zu wenig. Man habe in der Forschung zwar nichts grundlegend falsch gemacht, der Konzern leide aber unter einem zu großen Streueffekt. Die Energien würden zu wenig konzentriert. Das Hauptproblem sei die Entwicklung, und gerade da werde jetzt Ordnung hineingebracht. Jenkins ortete die größten Hindernisse des Wandels bei der mangelnden Führung und beim Widerstand des leitenden Managements. Im Rahmen des FTTM wurde die Anzahl der Projekte massiv reduziert, um die Projekte mit höchster Priorität schneller

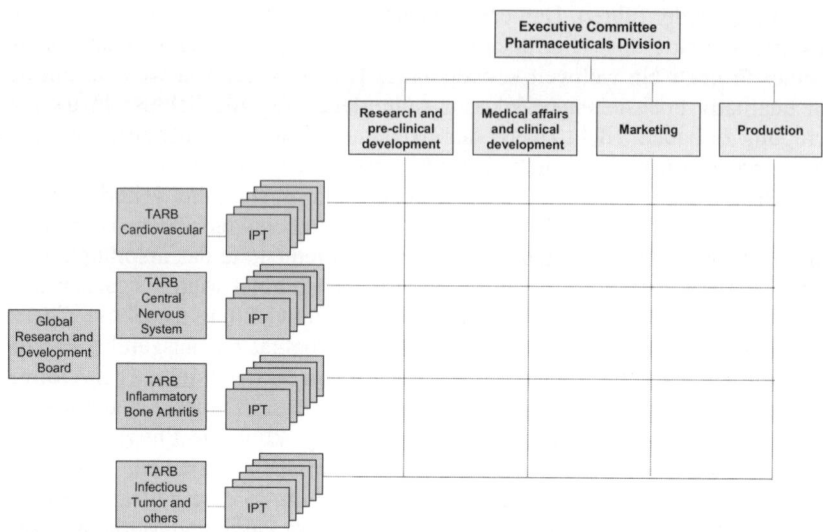

Abb. 7.3. Global Research and Development Board

voranzutreiben und die Produkte auf den Markt zu bringen. Anfänglich schlug der neue Entwicklungschef gar eine 50%ige Reduktion der Projekte vor. Jenkins führte an, dass die Ciba zum Beispiel drei Aromatasehemmer gegen Brustkrebs entwickelte, die sich alle in ihrer Anwendung teilweise überschnitten und trotz unterschiedlichen Vorteilen um gleiche Patientengruppen konkurrierten, jedoch in verschiedenen Ländern vorangetrieben wurden (Jenkins 1993: 11).

Im Rahmen des FTTM-Programmes wurde auch ein *Continuous Improvement Program* eingeführt, das den Lancierungsprozeß neuer Produkte laufend verbessern sollte. Verantwortlich für diese Überwachung war ein *Temporary Organisation Program Set-up* Team mit Mitarbeitern der Forschungszentren Summit und Basel (Ciba-Zeitung 1995h: 11). Um einen effektiven Mitteleinsatz zu gewährleisten, wurde es immer wichtiger, schon in frühen Stadien der Produktentwicklung Fragen des Preispotentials zu erörtern. Daher mussten für die wichtigen Produkte parallel zur klinischen Entwicklung auch pharmakoökonomische Studien durchgeführt werden, um die Wirtschaftlichkeit der Präparate und Rahmenbedingungen für die Preisargumentation abzuschätzen (Ciba-Zeitung 1995f: 4).

7.2.6 Mit dem Reserach *Operating Plan 1994* die Innovation antreiben

Rund ein Jahr nach den einschneidenden und weitreichenden Veränderungen im Departement *Klinische Entwicklung* reorganisierte die Division Pharma ihre weltweite Forschungsorganisation. Zwar haben die spektakulären Fortschritte der molekular-biologischen Forschung in den vergangenen fünfzehn Jahren zahlreiche neue Möglichkeiten für Therapien von bisher als unheilbar geltenden Krankheiten eröffnet, aber die Kosten für die Konzerne, um zuvorderst im Konkurrenzkampf um Forschungs- und Entwicklungsvorsprünge mitzuhalten, sind enorm angestiegen. Mit dem am 1. Juli 1994 in Kraft getretenen ROP *Research Operating Plan 1994* versuchte die Ciba den Veränderungen Rechnung zu tragen. Im Februar 1994 ging das ROP-Team daran, mit umfangreichen Interviews quer durch die Forschungszentren in Basel, England und den USA, zu ergründen, welches die Stärken und Schwächen der Forschung, vor allem hinsichtlich der Prozesse und Technologien zum Auffinden neuer Wirkstoffe in diesen drei Zentren sind. Danach analysierte das ROP-Team die bestehenden Ressourcen wie Anzahl und Ausbildung der Mitarbeiter, Flexibilität, Technologiestand, externe Kooperationen und alle mit den Forschungsprojekten zusammenhängenden Prozesse.

Es zeigte sich, dass die Forschungsabläufe in den verschiedenen Zentren, Indikations- und Therapiegebieten sehr unterschiedlich organisiert waren. Auch die Beurteilung wissenschaftlicher Arbeiten wurde unterschiedlich gehandhabt (Eberhard-Metzger 1994a). Offensichtlich hatten sich zuvor verschiedene Einheiten in ihrer Entfaltung gegenseitig neutralisiert. *„War ein Land A für ein Projekt, dann war Land B dagegen."* Dadurch wurden viele Projekte verzögert und viele attraktive Präparate blieben gar auf der Strecke. Andererseits gab es Überschneidungen, wie etwa bei der Rheuma- und Kreislaufforschung in Basel und Summit. Mit einer neuen *„Organisation für Forschung und Entwicklung mit zentraler Führung und weltweit verbindlichen Zielsetzungen"* wollte man diese Mängel überwinden. Andererseits fand die Pharma-Leitung keine Anhaltspunkte dafür, dass die falschen Indikationsgebiete bearbeitet wurden. Tatsächlich blieben die Gebiete CNS (Zentralnervensystem), CVS (Herz/Kreislauf) sowie Entzündungen, Knochenerkrankungen und Allergien seit der Fusion von 1970 die Hauptpfeiler (Haas 1994: 15).

Die Reorganisation begann man bei der *Präklinischen Entwicklung*. Bereits im Herbst 1992 wurden die vier in Japan, den USA, England und der Schweiz beheimateten Bereiche der präklinischen Sicherheit zu einer weltweit harmonisierten Einheit zusammengeschmiedet, mit Vince Traina als erstem weltweiten Leiter (Haas 1994: 16). Das ROP-Team erarbeitete daraufhin weltweit einheitliche Richtlinien für den Beginn und die Abwicklung von Projekten. Die Projekte wurden die maßgebende Organisationsform. Dagegen verloren die organisatorische Einheit und die Linienfunktionen an Bedeutung. Man gliederte Projekte in die *Early Project* und die *Full Project* Phase. Mit der Begrenzung der Dauer der frühen Phase auf drei und der vollen Phase auf ein bis drei Jahre erhöhte man die Projektflexibilität. Wenn die Projektziele wiederholt nicht erreicht wurden, konnte das Projekt in jedem Stadium beendet werden. Diese Organisationsform sollte auch dazu beitragen, gute Projektvorschläge besser und schneller aufzufangen. Die Therapiegebietsleiter wählten die Projektleiter aus. Diese waren dafür verantwortlich, innerhalb eines bestimmten Zeitrahmens, mit einer bestimmten Anzahl von Ressourcen, Präparate zu finden, die in ihren Eigenschaften so gut sind, dass sie für eine klinische Entwicklung vorgeschlagen werden können. Mit dem Abbau von Hierarchien wurden weitere Effizienzsteigerungen angestrebt. Der Leiter eines Therapiegebietes beurteilte aufgrund der Berichte des Projektleiters, ob das Projekt den definierten Kriterien entspricht und nach spätestens drei Jahren in die volle Projektphase übertreten kann. Das *International Research Management Committee (IRMC)*, wo sich unter der Leitung des Chefs der weltweiten Forschung und Präklinischen Entwicklung alle Forschungsleiter der Zentren trafen, befand in Anlehnung an den Strategischen Plan über den weiteren Projektverlauf in der vollen Phase. Die Forschungsleiter brachten auf der Basis der Forschungsarbeiten aber auch Ideen ein, die zu einer Veränderung der Strategie hätten führen können (Eberhard-Metzger 1994a; Paioni 1997a). Nachdem eine Verbindung (*Early Development Compund*) für die Entwicklung ausgewählt wurde, kam das Projekt in die dritte Phase. In dieser für ein bis zwei Jahre veranschlagten letzten Phase (*Outphasing*), ging es darum, geeignete Nachfolgepräparate bereitzustellen.

Die Restrukturierung verlangte von den Mitarbeitern eine wesentlich stärkere Flexibilität und Bereitschaft, den Arbeitsplatz und das Projekt zu wechseln. Der interne Wettbewerb um Ressourcen begann die Forschung maßgeblich mitzubestimmen. Andererseits gab es aber auch kritische Stimmen, die meinten die neuen Organisationsformen seien zu starr und kreativitätshemmend (Eberhard-Metzger 1994a). Die gesamte Reorganisation führte nicht zuletzt auch zu einem massiven Stellenabbau im Departement Forschung.

Wichtig in der neuen Organisation wurde die Verzahnung zwischen der *Forschung* und der *Präklinischen Entwicklung*. Die Leiter der *globalen Linien-Funktionen* in der *Präklinischen Entwicklung* wurden stärker als bisher in den Entscheidungsprozeß zur Auswahl eines neuen Entwicklungspräparates einbezogen. Allerdings blieb die Finanzschraube angezogen und der für die Pharma-Forschung ausgegebene Betrag auf rund eine Milliarde Schweizer Franken stabilisiert. Man erwartete, dass noch einige Jahre verstreichen würden, bis sich die neuen Produkte, die Mitte der neunziger Jahre auf den Markt kamen, durchsetzen würden (Haas 1994: 17).

Während sich keine grundsätzliche Korrektur der Forschungsanstrengungen bezüglich ihrer therapeutischen Orientierung aufdrängte, wurde doch klar, dass größere Investitionen in neue Technologien wie die Molekulargenetik, kombinatorische Bibliotheken, roboterisiertes Screening, Antisense und die somatische Gentherapie getätigt werden mußten (Mielecki 1994a: 41). Eine wichtige Aufgabe des ROP bestand nun nicht zuletzt darin, die organisatorischen Bedingungen zu verbessern und über Kooperationen erschlossene Technologien in der globalen Forschungsorganisation adäquat zu nutzen.

Der *Research Operating Plan* führte zu einer weiteren konzernweiten Harmonisierung und Fokussierung der Forschungsaktivitäten auf weniger Projekte. Die Division Pharma zentralisierte die internationale Verantwortung für bestimmte Forschungsgebiete und wies sie den einzelnen Forschungszentren in Basel, Summit und Horsham zu. Eine differenzierte Management-Struktur sollte die Innovationskraft steigern. Damit wurden die Prozesse transparenter und die hierarchischen Strukturen flacher. Die Leiter der Projektteams erhielten mehr Verantwortung und Entscheidungsbefugnisse. Ein Ziel dieser relativen Globalisierung der Forschungsorganisation bestand auch darin, die weltweite Präsenz des Unternehmens optimaler zu nutzen.

Die vier therapeutischen Hauptgebiete Zentrales Nevensystem (CNS), Herz-Kreislauf-Erkrankungen (CVS), das Gebiet der Entzündungen, Knochenerkrankungen und Allergien (IBA) sowie Infektionen, Tumorerkrankungen und andere Indikationen (IT/OTA) blieben grundsätzlich bestehen. Aber die Aufgaben der Forschungszentren im Rahmen dieser Hauptorientierung wurden wesentlich straffer zugewiesen.

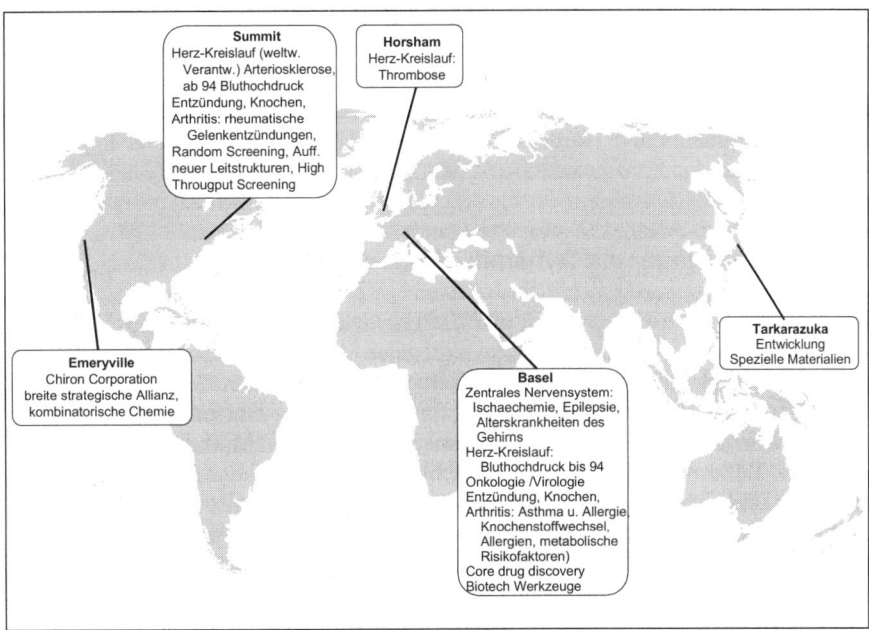

Abb. 7.4. Neuorganisation der weltweiten Pharmaforschung von Ciba-Geigy 1994

Mit der Reorganisation blieb das Forschungszentrum Basel für zwei Hauptge-biete verantwortlich: die ZNS-Forschung konzentrierte sich weiterhin auf die Krankheiten Ischaechemie (Durchblutungsstörungen), Epilepsie und Alterskrank-heiten des Gehirns, die IT-Forschung auf Onkologie und Virologie.

Die weltweite Verantwortung der Herz-Kreislauf-Forschung wurde der Pharma Division in Summit übertragen. Summit konzentrierte sich fortan auch die Arte-riosklerose-Forschung, während Horsham die Bearbeitung des Indikationsgebietes Thrombose als Teil der weltweiten CVS-Forschung übernahm. In Basel wurden die auf die Behandlung des Bluthochdrucks ausgerichteten Projekte bis Ende 1994 zum Abschluss gebracht.

Das Hauptgebiet IBA wurde aufgeteilt: Basel konzentrierte sich auf Asthma und Krankheiten des Knochenstoffwechsels. Summit bearbeitet die Gebiete Ar-thritis und der rheumatischen Gelenkentzündungen.

Das Forschungszentrum Basel behielt die Zuständigkeit für den von *Biotech-nologie* in *Core Drug Discovery Technologies* umbenannten Bereich. Er hatte die Aufgabe, biotechnologische Werkzeuge bereitzustellen sowie die kombinatorische Chemie und zelluläre Technologien weiterzuentwickeln. Die Entwicklung von Biopharmazeutika verblieb als eigenständige Einheit innerhalb der Basler For-schung. Die Forscher in Summit erhielten die Verantwortung für das *Random-Screening*, das Auffinden neuer Leitstrukturen.

Weitere Einzelprojekte wurden getrennt geführt und deren Projektverantwortli-che dem lokalen Forschungsleiter direkt unterstellt. Kleinere Forschungs- und Entwicklungseinheiten blieben in Takarazuka, Rueil-Malmaison und Torre An-nunziata bestehen. Die *International Research Laboratories* in Takarazuka, die im

Rahmen der Zentralen Funktion Forschung verblieben, übernahmen für die Division Pharma weiterhin Aufgaben in der anwendungsorientierten Grundlagenforschung. Es zeigte sich aber, dass es vielleicht schwieriger war als erwartet, in Japan eine ebenbürtige Forschungsorganisation aufzubauen. Die kulturellen, sozialen und sprachlichen Hürden erschweren die nötige menschliche Interaktion (Paioni 1997a).

7.2.7 Hintergründe und Dynamik der Reorganisation

Bis 1992 waren die Forschungs- und die Entwicklungsorganisationen noch weitgehend geographisch organisiert. So arbeiteten die Forschungsorganisationen in den USA und in Basel teilweise in denselben therapeutischen Gebieten. Sie arbeiteten zwar nicht völlig unabhängig und trafen sich jedes Jahr oder alle zwei Jahre zu einer *International Research Conference*. Bis zu einem Maß gab es Doppelspurigkeiten. Bei einem Durchbruch versuchten beide Seiten, die Programme zu bearbeiten. Dadurch entstand ein gewisser Wettbewerb. Allerdings gab es fast nie eine direkte Konkurrenz, denn ab einem bestimmten Punkt wurde beschlossen, welche Gruppe das Projekt weiter verfolgt. Es bestand also eine lockere Koordination. Die Forschungs- wie auch die Entwicklungsgruppen, insbesondere in den USA, bearbeiteten immer noch auch nur lokal orientierte Projekte. Besonders bei der Entwicklung war das auch durch die Interessen des Marketings geprägt, das von spezifischen nationalen Marktgegebenheiten ausging (Main 1997). Die Forschung und Entwicklung waren bis zu dieser Zeit in derselben Struktur vereinigt. Im Zuge der Implementierung des strategischen Planes 1992 trennte man Forschung und Entwicklung organisatorisch. Die meisten großen Pharmakonzerne unternahmen Anfang der neunziger Jahre ähnliche Schritte, so auch F. Hoffmann-La Roche, Sandoz, Glaxo und Bayer. Der Grund hierfür lag in der unterschiedlichen Logik dieser Tätigkeiten und der damit einhergehenden spezifischen Arbeitskulturen begründet (vgl. erster Abschnitt dieses Kapitels).

Die Implementierung des FTTM-Programms und des *Research Operating Plans* ging selbstverständlich nicht reibungslos vor sich und war von Widerständen einzelner Kader und Teilorganisationen begleitet. Der Umbau der Entwicklung wurde dadurch erleichtert, dass bereits im Frühjahr 1992, also vor der Verabschiedung des strategischen Planes, begonnen wurde, die Linienfunktion *Toxikologie* der präklinischen Entwicklung zu globalisieren. Auf einem internationalen Treffen, das durch die persönliche Initiative eines Einzelnen zustande kam, einigten sich die Toxikologen auf gemeinsame Standards, Verfahren und auf eine einheitliche globale Plattform (Buschor 1996: 198). Obwohl die Tragweite dieser Veränderungen relativ gering war, halfen sie, den viel umfassenderen Globalisierungs- und Standardisierungsprozess der Entwicklungsabteilung umzusetzen und alle klinischen Tätigkeiten und die präklinische Entwicklung (bei Ciba das upscaling der Synthese, Toxikologie, galenische Entwicklung) einzubeziehen. Alle diese Tätigkeiten sind nötig, um das Präparat zu entwickeln und in die klinischen Studien zu führen. Sie müssen alle unter GLP-Bedingungen ablaufen. Aus einer Geschäftsperspektive drängte es sich auf, nur ein Set von Toxikologiestudien zu machen, sei es in der Schweiz, in England oder in den USA. Wichtig ist, dass sie unter denselben Standards erfolgen. Diese Strategieveränderung war natürlich nur möglich, weil sich die Regulierungsbestimmungen international zunehmend harmonisierten. Wenn die FDA klinische Studien, die unter GLP-Bedingungen in der Schweiz durchgeführt wurden, auch für die USA akzeptiert, erübrigt sich deren nochmalige Durchführung. Noch immer ist Japan als großer Markt nicht in diese Harmonisierung der Regulierungen einbezogen. In Extremfällen mußten zuvor Dutzende von klinischen Studien in einen Antrag für die FDA integriert werden, weil diese verlangte, alle bisher geleisteten Studien über ein Präparat einzusehen. Die unterschiedlichen klinischen Studien waren aber vielleicht noch mehr ein Ergebnis der Marketingbemühungen, sei es weil das eigene Produkt mit einem lokalen Konkurrenzprodukt verglichen wurde oder weil es in einer leicht anderen Dosierung oder Darreichungsform verkauft wurde, um so den angenommenen spezifischen 'nationalen Marktbedingungen' eines Landes eher zu entsprechen. Das führte natürlich zu einer unglaublichen Verschwendung von Ressourcen (Main 1997).

Die Globalisierung der Entwicklung war nicht zuletzt von den Globalisierungsprozessen der Märkte getrieben. Seit den neunziger Jahren war Ciba bestrebt, dasselbe Produkt auf der ganzen Welt zu vertreiben, während zuvor in den einzelnen Ländern leicht veränderte Produkte unter anderen Namen verkauft wurden. So waren Ciba und ab 1996 Novartis bestrebt, das neue Blutdruckmittel *Diovan* (Valsartan) möglichst gleichzeitig in allen großen Märkten einzuführen. Es geht darum, die Patentzeit maximal auszunutzen, ein Maximum an Synergien zu erzielen und hiermit die Monopolrente (eine Form von Surplusprofit) möglichst umfassend abzuschöpfen. Die Divisionsleitung leitete im Rahmen des FTTM Programms die Wende ein und erhöhte auch den Druck auf die lokalen Konzernstrukturen. Alan Main, der damalige Forschungsleiter von Ciba und anschließend bis 1999 Head of Research von Novartis Pharmaceuticals in Summit betonte in einem Interview, dass die Verkaufsprinzipien der Ländergesellschaften gegenüber den globalen Marketingstrategien deutlich zurücktraten. Dieses aggressive Programm zur Kostensenkung und Beschleunigung des Entwicklungsprozesses rief daher auch Spannungen in der Konzernorganisation hervor. Mit der Stärkung der internationalen Projektteams wollte man die Zusammenarbeit zwischen den klassischen Linienfunktionen in der Forschung und Entwicklung verbessern und die arbeitsteiligen Prozesse enger miteinander verschränken, um damit die ganze Projektabwicklung zu beschleunigen (Main 1997).

Als Beispiel für diese Organisation läßt sich die Einführung von *Femara*, einem Präparat gegen Brustkrebs, im Jahre 1996 anführen. Die Wirksubstanz wurde in Summit erfunden. Der Entwicklungsprozess verlief dann globalisiert. Ein Projektteam war für jeden Schritt bis zur Markteinführung verantwortlich: die Herstellung der Wirksubstanz, die Durchführung der klinischen Studien (eine in Europa und eine in den USA) und die Beantragung der Zulassung bei der FDA sowie den entsprechenden Instanzen in der EU und in anderen Staaten.

Die Ciba hatte seit 1992 eine zweigeteilte F&E-Organisation mit Forschung einerseits und Entwicklung andererseits. Jeder Pharmakonzern organisiert die zahlreichen und mitunter ziemlich unterschiedlichen Tätigkeiten dieses Bereichs auf seine Weise. Letztlich spielen für die unmittelbare organisatorische Ausgestaltung die Geschichte und die gewachsenen Strukturen des Konzerns eine große Rolle. Die Ciba ordnete 1992/93 alle Tätigkeiten, die nicht mit humanen Studien zu tun hatten, dem Forschungsbereich zu. Dazu gehörten das ganze *drug discovery* und dazugehörende Technologien wie *genomics* und *combinatorial chemistry*, aber auch Toxikologie, Formulierung sowie die Up-scaling-Anlagen und die chemische Entwicklung – gewissermaßen alle Tätigkeiten, die nicht mit Studien am Menschen zu tun hatten, wo aber die Kreativität der Menschen entscheidend ist. Andererseits gehörten alle Tätigkeiten, die sehr von regulatorischen Bestimmungen wie GLP und GMP geprägt sind, zum Bereich der klinischen Entwicklung. Aufgrund dieser sehr unterschiedlichen Bedingungen und Logiken drängte sich eine organisatorische Trennung beider Bereiche auf. Die Novartis schuf aufgrund der Größe der Organisation gar drei Einheiten (Main 1997) (siehe Abschnitt 8.4).

Der *Research Operating Plan* von 1994 war hingegen weniger von einer Idee der Globalisierung der Forschung geleitet. Vielmehr sollte diese Restrukturierung eine effiziente *drug discovery strategy* initiieren, die die Internalisierung all der neuen Technologien ermöglichen und dem gesamten Forschungsprozeß einen Innovationsschub verleihen sollte. Globalisierung erfolgte im Sinne einer Vereinheitlichung der Standards, aber nicht im Sinne eines globalen Managements der Ressourcen. Es ging also darum, sicherzustellen, dass alle Zentren dieselben Kriterien anwendeten, wenn zentral entschieden wurde, ob eine Substanz weiter entwickelt werden sollte. Aber es ging nicht so weit, dass alle Forscherinnen und Forscher, die beispielsweise in Bereich Herz-Kreislauf arbeiteten, derselben Person unterstellt waren. *„We didn't take that step. We just aligned our processes to make sure that we are using the same language around the globe, we are doing things the same way"* (Main 1997).

Ein wichtiger Aspekt des *Research Operating Plans* war der *Research Technology Plan,* der prüfte, wie der Forschungsprozeß beschleunigt werden konnte. Hier ging es sinngemäß um *'Faster Time to Development'*, also wie von der Idee einer Substanz diese auch möglichst schnell zur Entwicklung gebracht werden kann. Die neuen Technologien spielten hierin eine entscheidende Rolle. Aber die Ciba war zu dieser Zeit noch nicht im Bereich der Genomik und nur wenig in der kombinatorischen Chemie tätig, hatte hingegen ziemlich gute Ressourcen im High-Throughput Screening und in neuen Technologien wie Glycobiologie und Antisensetechnologie. Die Forschungsleitung prüfte hierauf alle möglichen neuen Technologien und entschied, ob sich die Division engagieren sollte oder nicht. Um einen Fuß in *genomics* zu haben und den Rückstand zu schließen, schloss die Division Pharma bald darauf ein Kooperationsabkommen mit Myriad in Salt Lake City, einer in diesem Feld tätigen, wichtigen Biotechfirma. Zur Stärkung der Expertise in der kombinatorischen Chemie vereinbarte sie eine Zusammenarbeit mit Chiron und baute die eigenen Kompetenzen aus. Im High-Throughput Screening stärkte man vor allem die eigenen Kräfte im Forschungszentrum in Summit. Aber es ging zugleich darum, diese Technologien konzernintern als globale Ressourcen zu nutzen. In diesem Sinne bewegte sich auch die Forschungsorganisation langsam in Richtung Globalisierung.

Anfang 1995 erfolgte dann mit *Research 2000* ein weiterer Schritt in Richtung globaler Organisation der therapeutischen Gebiete. So war der Bereich *oncology* gewissermaßen de facto globalisiert, da er nur im Forschungszentrum in Basel bearbeitet und geleitet wurde. Der Bereich *CNS* wurde von einem Leiter in Basel geführt. Summit war auf Herz-Kreislauf und Arthritis fokussiert. Zugleich waren aber auch in Basel Arbeitsgruppen in diesen Feldern tätig. So wurde 1995 beschlossen, die Herz-Kreislauf- und Arthritis-Forschung in Basel zu schließen, die

Mitarbeiter, soweit möglich, nach Summit zu bringen und die freigesetzten Ressourcen zur Stärkung der Forschung in den Bereichen Krebs und Zentralnervensystem in Basel zu verwenden. Mit der Stärkung der Herz-Kreislauf- und Arthritisforschung in Summit wollte man zugleich ein Signal setzen, dass zwei der historisch wichtigsten therapeutischen Gebiete des Unternehmens nun in den USA berarbeitet werden. Mit dieser Stärkung des Forschungszentrums in Summit wollte man sicherstellen, dass die Forschung in den USA, einem sehr dynamischen Umfeld, gegenüber den US-Rivalen nicht ins Hintertreffen gerät. Das Zentrum Horsham in England wurde teilweise verantwortlich für Krankheiten der Atemwege. Bereits 1992 wurde das *International Research Management Committee* gegründet, das sich monatlich traf und dafür verantwortlich war, dass alle Einheiten dieselben Standards benutzten und sicherstellen sollte, dass Entdeckungen und Wissen zwischen den Zentren und therapeutischen Gebieten transferiert wird. Damit wurde das *IRMC* für die Forschung zur weltweit wichtigsten Koordinierungsinstanz, während sich in der Praxis das *GRDB* mehr mit Entwicklungs- und Marketingfragen beschäftigte und das Portfolio von in der Entwicklung befindlichen Präparaten begutachtete und letztlich auch beurteilte, in welche Projekte mehr Geld gesteckt werden sollte (Main 1997; Paioni 1997a). Mit diesen Maßnahmen wurden die Strukturen der Forschung und Entwicklung besser auf die veränderten Marktgegebenheiten ausgerichtet (Ciba-Zeitung 1994e: 8; Ciba 1995c).

Die Schwerpunkte der therapeutischen Gebiete blieben bei Ciba-Geigy äußerst stabil. Das Wissen kumulierte sich jeweils um bestimmte Erfolge herum und führte zu einer spezifischen Evolution der Forschungs- und Marktorientierungen. Im Laufe der Zeit ergaben sich historische Fokussierungen mit einer beträchtlichen Akkumulation von Know how. Die kritische Masse bewirkte somit eine Art Eigendynamik der Wissensproduktion. Mangels kritischer Masse stieg daher die Ciba-Geigy auch wieder aus dem Gebiet der Antibiotika aus. Obwohl beispielsweise der Markt der Magensekretion sehr groß ist, stiegen weder Ciba noch Sandoz ein, weil es unverantwortlich hohen Anstrengungen bedurft hätte, in Konkurrenz zu Glaxo mit dem Blockbuster *Zantac* zu treten.

Aufgrund der historischen Stärke in den drei Hauptfeldern Herz-/Kreislauf, ZNS und Rheuma, war es naheliegend, diese Bereiche weiterzuverfolgen. Allerdings nahm die Ciba-Geigy strategische Anpassungen innerhalb dieser großen Hauptgebiete vor. Denn aufgrund des gesellschaftlichen und technologischen Wandels haben sich diese Indikationsgebiete selbst auch gewandelt. Als weiterer Parameter kam außerdem jeweils hinzu, wieviele Ressourcen in die internen Anstrengungen und respektive in Kooperationen mit auswärtigen Partnern gesteckt werden (Paioni 1997a).

Trotz der klaren Zuweisung der Verantwortlichkeiten nahm das Konkurrenzverhältnis unter den Forschungszentren eher zu. Ähnlich wie in der Produktion wurde eine Art interner Wettbewerb um die Forschungsmandate etabliert. Phocus Pharma, die Mitarbeiterzeitung der Divison Pharma in Basel, zitierte die Leiterin der Klinischen Entwicklung, Ewa Celinska, in Horsham im Zusammenhang mit dem Programm *'Faster time to Market'*: „*Wir wollen in der Klinischen Entwicklung zu den besten gehören und in jedem Fall Basel in nichts nachstehen. Um das zu beweisen, müssen wir uns weitere größere Aufgaben von Basel ergattern.*" Das könne bald so sein, meint sie. Und der Redaktor von Phocus Pharma stellte klar, dass Horsham neben der Expertise, den Qualifikationen und Erfahrungen eine weitere Eigenschaft habe, die auch in Basel bekannt sei. Die Kosten in Großbritannien lägen erheblich unter dem Schweizer Niveau (Ganz 1994a). Die Botschaft ist klar. Entweder wird die Forschung in Basel kostengünstiger oder sie verliert Tätigkeiten an den anderen Standort.

7.2.8 Zentrale Forschungslaboratorien

Nach der Fusion von Ciba und Geigy 1970 wurden die Divisionen als in sich geschlossene operative Einheiten mit Forschung, Verfahrensentwicklung und Fabrikation verstärkt die Hauptträger der produkt- und marktorientierten Forschung und Entwicklung. Im Rahmen der dreidimensionalen Matrixorganisation des Konzerns erfüllten die *Zentralen Funktionen* wichtige konzernweite Aufgaben und Dienstleistungen. So stand die *Zentrale Funktion Forschung* mit ihren Laboratorien in Basel, Marly bei Fribourg, Macclesfield bei Manchester und Ardsley den Divisionen zur Seite. Sie war verantwortlich für allgemeine Forschungsdienste, wie Analytik, Physik, Synthesedienst, methodologische Fragen, wissenschaftliches Rechenzentrum, Patente und Dokumentation. In Basel wurde dieser Bereich vier Jahre nach der Fusion in einem großen Neubau für Analytik im Klybeckareal zusammengefasst. Im Jahre 1974 bezogen die Bereiche Analytik und Physik der Zentralen Forschungsdienste den Neubau K-127, der auf rund 600 Arbeitsplätze dimensioniert wurde. Die Analytik arbeitete als zentrale Dienstleistungsorganisation für die Divisionen Farbstoffe und Chemikalien, Pharma und Agrarchemie. Die Zentrale Funktion Forschung kooperierte eng mit dem 1970 eröffneten und formal unabhängigen *Friedrich Miescher-Institut* für die biologische Grundlagenforschung und dem in die Divison Pharma integrierten, auf die Chemie ausgerichteten *Woodward-Institut* für die Synthese von Naturstoffen. Letzteres wurde allerdings 1979/80 geschlossen (Ciba-Geigy 1971: 12; 1973: 14; 1977: 15; Ciba-Geigy Zeitschrift 1972b; 1974a).

Die Aufgabe der *Zentralen Forschungslaboratorien (ZFL)* bestand darin, im Gesamtinteresse des Unternehmens in ausgewählten, zukunftsträchtigen Gebieten der Chemie, der Biochemie und der Physik zu forschen sowie hochqualifizierte Spezialisten und modernes Know-how in den ZFL zu konzentrieren. Man verfolgte im Wesentlichen zwei Ziele: einerseits die Bearbeitung experimenteller Entscheidungsgrundlagen in neuen wissenschaftlich und wirtschaftlich interessanten Gebieten und andererseits den Divisionen bei Bedarf spezifisches, modernes Know-how zur Verfügung zu stellen. Anfang 1985 arbeiteten in den ZFL in Basel und Macclesfield rund 70 akademische Mitarbeiter auf 14 Forschungsgebieten. 8 Gebiete mit vorwiegend organisch-chemischer oder biochemischerAusrichtung und je 2 makromolekulare, physikalisch-chemische und katalytische Forschungsgebiete (Ciba-Geigy-Magazin 1985d).

Die Konzernforschung hatte durch Identifikation und Evaluation eher spekulativer Technologien neue Arbeitsgebiete zu erschließen, die zu einem späteren Zeitpunkt entweder in den Divisionen bei der Entwicklung neuer Produkte oder, falls die Ergebnisse außerhalb der divisionalen Tätigkeitsgebiete lagen, mit Dritten genutzt werden konnten (Ciba 1993a: 32). Die Zentren der Konzernforschung in Basel, Marly, Macclesfield und ab 1989/90 Takazuka bei Osaka bearbeiteten Anfang der neunziger Jahre schwerpunktmäßig die Chemie und Biochemie bioaktiver Substanzen, die Chemie und Physik neuer Materialien sowie die Analytik (Ciba 1993a: 32). Diese zentrale Forschungseinheit stand als Gruppe den verschiedenen Divisionen mit ihrem Know how für Hilfestellungen auch in den neunziger Jahren zur Verfügung (Staples 1994: 36). Allerdings entfielen Anfang der neunziger Jahre 95% des F&E-Aufwandes auf die divisionalen Forschungsaktivitäten (Ciba-Geigy 1992b: 32). Die zentralen Forschungseinrichtungen des Konzerns hatten ihre Bedeutung also gegenüber jener der Divisionen weitgehend eingebüßt. Im Rahmen der Novartis-Fusion wurde die *Zentrale Funktion Forschung* aufgelöst und ihre Tätigkeiten den Divisionen zugeordnet. Daneben gab es noch die *Zentrale Funktion Technik,* die Instrument der Koordination in der Führung der für verschiedene Divisionen tätigen Stammhaus- und Konzernwerke war. Die Verfahrensentwicklung mit besonderer Berücksichtigung der Ökologie bildete eine ihrer Hauptaufgaben. Die Grenzen zwischen den Divisionen und der Zentralen Funktion Forschung waren fließend und veränderten sich je nach Entwicklungsstand.

Die *Zentrale Forschung* war also ein Ort im Unternehmen, wo die Mitarbeiterinnen und Mitarbeiter „*unabhängig vom Druck und Stress, vom täglichen Kampf an der Front der Indikationen, etwas aufziehen konnten, das technolgisch, methodologisch oder auch vom Gebiet her, langfristige Bedeutung*" für die Divisionen haben konnte (Paioni 1997a). Genau diese relative Freiheit machte die ZFL bei den Forscherinnen und Forschern beliebt (Greuter 1997). Aber es scheint eine gewisse Gefahr bestanden zu haben, dass diese Forschungseinheiten in zu großer Eigenständigkeit arbeiteten und ihre Ergebnisse zu spät an die Divisionen transferierten. Gemäß Romeo Paioni, dem damaligen Leiter der Pharmaforschung in Basel, funktionierte dieser Prozess dennoch sehr gut. Man bildete gemischte Teams mit Vertretern der Zentralen Forschung und der divisionalen Forschung.

Die Zentralen Forschungslaboratorien spielten eine gewisse Rolle bei der Animierung von interdisziplinären Forschungsprojekten, an denen auch verschiedene Instanzen der Ciba mit Dritten zusammenarbeiten. Beispiel ist die 1992 vereinbarte Kooperation zwischen Ciba Vision, dem Cooperative Research Center for Eye Research and Technology in Australien und der Ciba Konzernforschung zur Entwicklung neuer Materialien für verbesserte Kontaktlinsen und künstliche Hornhaut. Eine anderes Beispiel ist die Zusammenarbeit der ZFL mit den Divisionen Pharma, Pigmente und Textilfarbstoffe auf dem Gebiet der photodynamischen Krebstherapie oder ein gemeinsames Projekt von Ciba Corning Diagnostics und der analytischen Forschung auf dem Gebiet der Biosensoren (Ciba 1993a). Auf diese Weise wurde versucht, gewisse Synergien aus der Diversifizierung des Konzerns zu erzielen.

7.2.9 Friedrich Miescher Institut

Bereits im Frühjahr 1969, also noch vor ihrer Fusion, vereinbarten Ciba und Geigy zur Stärkung der biologischen Grundlagenforschung das Friedrich Miescher-Institut zu gründen (Erni 1979: 239; Bürk et al. 1979: 24). Das 1970 eröffnete und nach dem Namen des Basler Physiologen Friedrich Miescher (1844–1895), der die Nukleinsäuren entdeckte und damit die Grundlage zur modernen Molekularbiologie geschaffen hatte, benannte FMI genoß bis Ende 1974 aber noch Gastrecht im neu erstellten Biozentrum der Universität Basel. Nach der Einweihung des Forschungsgebäudes 1060 im Werk Rosental am 28. Februar 1975 bezog das FMI seine Labors auf dem Firmengelände (Ciba-Geigy Zeitschrift 1972b; 1975f).

Das in einer formal von der Ciba-Geigy unabhängigen Stiftung organisierte FMI betrieb anwendungsorientierte Grundlagenforschung auf Feldern, die für die Industrie wichtig waren. Es beschäftigte sich Anfang der siebziger Jahre mit biologischen Grundprozessen, die für die Entwicklung und zur Evaluierung neuer Substanzen von Bedeutung waren (Ciba-Geigy 1972: 34; 1973: 14). Das FMI entwickelte sich zur einer langfristigen Investition des Konzerns, vergleichbar mit dem Engagement von F. Hoffmann-La Roche für das Institut für Immunologie.

Ende der siebziger Jahre arbeiteten sechzehn Forschungsgruppen am FMI in den Bereichen der Zellbiologie, der genetischen Virologie, der gentechnischen Pflanzenzellbiologie, der Transkription und Translation bei der Proteinsynthese und der Neurobiologie. Nur die Forschungsleiter waren fest angestellte Mitarbeiter. Die meisten der jungen Akademiker kamen zwei bis drei Jahre in das FMI und stammten zu gleichen Teilen aus Großbritannien, der BRD, den USA und der Schweiz (Bürk et al. 1979: 24).

In den achtziger Jahren glückten den Mitarbeiterinnen und Mitarbeitern des FMI einige weitreichende Durchbrüche in der Molekularbiologie. Der Gruppe um Barbara Hohn gelang 1986 beispielsweise zum ersten Mal der Transfer von Genen in Mais. Diese Erkenntnisse wurden vom Biotechnischen Forschungszentrum der Division Agro in North Carolina aufgegriffen und zur industriellen Anwendungsreife gebracht. Am FMI wurde auch der Western-blot, eine Methode zum Nachweis von Proteinen mit Hilfe von Antikörpern, entwickelt, und hier wurden die Kosmide als Trägereinheiten für den Transfer großer DNA-Stücke erkannt. Dank dem FMI floß dem Unternehmen zudem ein nahezu unaufhörlicher Strom von Patenten zu (Ciba-Geigy-Magazin 1991b: 19). Zu den bahnbrechenden Arbeiten in den neunziger Jahren gehörte die Entdeckung eines Nervenwachstumsfaktors, dessen molekularer Wirkungsmechanismus bereits bekannt war. Am FMI wurde auch ein Projekt begonnen, das danach die Ciba respektive Novartis weiterentwikkelten, nämlich der Wundheilfaktor TGF-Beta 3 (Ciba-Zeitung 1995a: 23; 1995d: 23). Nach 1996 unterstützte Novartis das FMI in einem ähnlichen Sinne wie zuvor die Ciba.

Auch 25 Jahre nach seiner Gründung war das Friedrich Miescher-Institut auf die Grundlagenforschung spezialisiert. 1995 zählte das Institut 230 Mitarbeiter, von denen der größere Teil von einer durch die Ciba alimentierte Stiftung bezahlt wurde. Diese leistete etwa 26 Millionen Franken jährlich zur Deckung der Betriebskosten des FMI. Ein steigender Anteil der Kosten wurde durch Mittel abgedeckt, die das FMI selber erwirtschaftete. Die Arbeitsgebiete waren weiterhin vor allem die Molekular- und Pflanzenbiologie, aber auch die Bereiche Neurobiologie, Tumorforschung, Bioinformatik und Protein-Chemie sowie die Signaltransduktion bei Genen und der Genregulation. Die Leiter der knapp zwei Dutzend Forschungsgruppen sind lediglich dem wissenschaftlichen Beirat des Friedrich Miescher-Instituts Rechenschaft schuldig, der die Resultate einer strengen Qualitätskontrolle unterwirft. In ihren Arbeitsgebieten und Forschungszielen sind die Gruppenleiter frei. Im Jahre 1995 hielten achtzehn der FMI-Gruppenleiter als Professoren oder Privatdozenten Vorlesungen an der Universität Basel. Die lokale Verankerung mit der Universität ist gepaart mit der Internationalität der Mitarbeiter, die aus über dreißig Ländern kommen. Die Ciba trug das FMI, weil die Grundlagenforschung eine zentrale Voraussetzung für Basis-Innovation ist und weil sie die gut ausgebildeten Forscher teilweise rekrutierte. Das FMI diente somit auch dazu, die Partnerschaften mit den Hochschulen zu pflegen und zu vertiefen. Ein weiterer Aspekt ist der Vorteil, Ergebnisse der Forschung effizient im eigenen Konzern umzusetzen.

7.2.10 Forschungskooperationen

Demographische Veränderungen, gewandelte Lebensstile und neue Krankheiten veränderten den Gesundheitsmarkt. Alterskrankheiten und AIDS wurden wichtige Gebiete der Pharmaforschung. Der Prozeß der Entdeckung und Entwicklung von Medikamenten wurde immer komplexer und breiter gefächert. Darum wurde es auch immer wichtiger, Zugang zu den fortgeschrittensten Werkzeugen und Technologien, die den Erfindungsprozess steuern, zu haben. Es wurde immer dringender, neben eigenen Anstrengungen Erkenntnisse von Dritten zu erwerben. Ende der achtziger Jahre haben sich die Forschungs- und Entwicklungsstrategien allmählich verändert. Die Ciba-Geigy ging, wie auch einige ihrer Rivalen, vermehrt Kooperationsabkommen mit jungen Unternehmen ein, die im Bereich der biotechnologischen Forschung tätig waren. Die große Mehrzahl dieser Unternehmen befand sich in den USA, hauptsächlich in den Regionen Kalifornien, Massachusetts und New Jersey (siehe Tabelle 7.1). Zugleich ergänzte man die unterschiedlichen Kooperationsformen verstärkt durch Akquisitionen, Lizenzabkommen und Joint Ventures.

Beim Abschluss von Allianzen ist es wichtig, dass die Ziele übereinstimmen. Divisionsleiter Douaze erklärte in einem Interview, dass es die Ciba vermeide, die kleinen Unternehmen, mit denen sie zusammenarbeite, zu überfallen. Denn sie wisse, dass ihre Partner flexibel seien und schnell wachsen könnten. Sie wolle Nutzen hieraus ziehen und nicht störend eingreifen (Staples 1994: 38). Im folgenden wird näher auf einige wichtige Kooperationen von Ciba-Geigy eingegangen. Die Zusammenarbeit mit der kalifornischen Firma ALZA wird etwas näher vorgestellt, weil sie schon sehr früh künftige Entwicklungen und Formen des Technologietransfers andeutete. Besondere Aufmerksamkeit verdient die strategische Allianz mit Chiron, ebenfalls in Kalifornien, die weit über den Rahmen einer rein technologie- oder produktorientierten Biotechkooperation hinausreicht.

ALZA, frühe Erschliessung neuer Darreichungsformen

Im Jahr 1977 übernahm die Ciba-Geigy eine Mehrheitsbeteiligung an der ALZA Corporation in Palo Alto. Diese Kooperation wies bereits Ähnlichkeiten mit der Art von Kooperationen auf, wie sie zehn Jahre später im großen Stile mit Biotech-Unternehmen eingegangen wurden. Die ALZA war auf neuartige und sehr spezifische Darreichungsformen von Medikamenten spezialisiert, die eine kontrollierte Wirkstoffabgabe gewährleisten. Diese Technologien schienen der Ciba-Geigy sehr vielsprechend zu sein. Die Zusammenarbeit führte bei der galenischen Forschung zur intensiven Bearbeitung von neuen oralen, rektalen und transdermalen Darreichungsformen sowie zu neuen Ophthalmologika (Ciba-Geigy 1979a; Dürst 1978b).

Bereits 1978 wurde *Ocusert* im Rahmen dieser Kooperation lanciert, ein okuläres therapeutisches System, das unsichtbar unter dem Augenlied des Patienten während einer Woche kontinuierlich kleine Portionen eines Wirkstoffes gegen den Grünen Star abgibt. Im gleichen Jahr erhielt ALZA von der FDA die Erlaubnis, ein transdermales Pflaster zur Behandlung von Reisekrankheiten zu vermarkten. Auf weitere bereits eingeführte Produkte erwarb die Ciba-Geigy Vertriebsoptionen. Mit *Oros*, *Transiderm* und *Chronomer* hatte *ALZA* einige weitere vielversprechende Projekte in der Pipeline, deren Einführung für die frühen 80er Jahre geplant war. *Oros* war ein orales Applikationssystem mit einer osmotisch kontrollierten Dosierungsform, die ihre Wirkstoffe im Magen und Darm abgibt. Der pharmazeutische Wirkstoff wurde von einer semi-permeablen Membran umgeben, durch die mit Laser eine kleine Öffnung gebohrt wurde. Das Resultat war eine kontrollierte Abgabe-Vorrichtung, die den Hauptteil ihres Inhalts in einer konstanten Rate abgab. *Transiderm* war ein transdermales therpeutisches System in der Form eines Pflasters, das die Aufnahme der Wirkstoffe durch die Haut ermöglichte. Einige Jahre später erreichte Ciba-Geigy mit derartigen TTS große kommerzielle Erfolge. Ein weiteres Projekt war *Chronomer*. Dieses bestand aus einem biologisch abbaubaren Polymer, das die pharmakologisch aktive Substanz in dispergierender Form enthielt. In Form kleiner Stäbchen, unter der Haut oder anderswo im Körper angebracht, löste es sich dort über die gewünschte Zeit auf und gab gleichzeitig den Wirkstoff ab. Eine Anwendung war das *Hemac*-System, das für eine kontrollierte Abgabe der Medikation in den Magen-Darm-Trakt programmiert werden konnte (Ciba-Geigy 1979b: 7, 13; 1982b: 4; Dürst 1978b: 16). Diese Zusammenarbeit wurde so konzipiert, dass ALZA als forschungsorientiertes Unternehmen selbständig weiter arbeitete. Die im Januar 1978 abgeschlossene Vereinbarung sah vor, dass Ciba-Geigy das Recht auf die Platzierung von Forschungs- und Entwicklungsprogrammen bei ALZA sowie die Bearbeitung eigener Projekte mit ALZA-Systemen erhielt (Dürst 1978b: 16).

Aber kurze Zeit später, 1981, gab die Ciba-Geigy ihre Mehrheitsbeteiligung an der ALZA wieder auf. Die beiden Firmen setzten die Zusammenarbeit in einer anderen Form fort. Die Ciba-Geigy sicherte sich weiterhin den Zugang zu den ALZA-Technologien. Die Division Pharma führte von nun an die Forschung und Entwicklung neuer transdermaler und oraler Darreichungsformen in eigenen Laboratorien durch. Sie schuf hierfür zunächst in der Schweiz und den USA die entsprechenden Kapazitäten und baute danach in England eine wichtige Forschungseinheit für neuartige Darreichungsformen auf (Ciba-Geigy 1982a; 1983a).

Während das ALZA-Personal die Machbarkeit einer speziellen Darreichungsform erforschte, waren Mitarbeiter einer interdisziplinären Gruppe in Suffern, NY, für den Technologietransfer zur Division Pharma und die nachfolgende Entwicklung zu kommerzialisierbaren Formen besorgt. Wissenschaftler verschiedenster Disziplinen wie Polymere, physikalische, organische und analytische Chemie und Ingenieure beteiligten sich an der Erforschung neuer Darreichungsformen (Ciba-Geigy 1982b: 4). Die ursprünglich von der ALZA entwickelten transdermalen Wirkstoffsysteme TTS haben sich gegen Anfang der 90er Jahre schließlich zu einer der Hauptstützen des Arzneimittelgeschäfts der Ciba entwickelt. Bis 1996 hatte die Ciba-Geigy mindestens vier sehr erfolgreiche TTS-Therapeutika auf den Markt gebracht.

Die Ciba-Geigy setzte große Hoffnungen in die Entwicklung neuer Darreichungsformen mit ALZA. Diese Technologien lieferten tatsächlich eine zusätzliche Dividende, indem sie den Patentschutz gewisser Medikamente verlängerten. In einigen Fällen wurden die speziellen Darreichungsformen patentiert, obwohl das Patent auf die eigentliche Wirksubstanz bereits abgelaufen war (Ciba-Geigy 1985b: 6). In Basel arbeitete in den achtziger Jahren eine spezielle Entwicklungsabteilung *Neuartige Darreichungsformen* an weiteren Methoden, wie z.B. der Verwendung von Liposomen, das sind winzige Fettbällchen, die aufgrund ihres chemischen Aufbaus in der Lage sind, in ihrem Kern, einem Hohlräumchen, Wirkstoffe einzulagern (Michel-Alder 1984). Schließlich eröffnete die Ciba-Geigy 1986 in Horsham eine eigene Forschungseinheit für neue Applikationsformen von Arzneimitteln. Horsham wurde damit das konzernweite Zentrum für *Advanced Drug Delivery Research* (Ciba-Geigy 1987a: 28; Ciba-Geigy-Magazin 1986b; Dörler 1987).

Auch Ciba Consumer Pharmaceuticals erkannte die Möglichkeiten neuer Darreichungsformen und vereinbarte im Jahr 1991 mit ALZA ein Lizenzabkommen zur Entwicklung und Vermarktung von *Efidac/24*. Dieses Präparat nutzte die von ALZA entwickelte Technologie *OROS (osmotic release system)*, die den Wirkstoff allmählich und kontinuierlich dem Körper abgibt. 1993 führte sie Efidac/24 als erstes OTC-Produkt ein, das eine 24-Stunden-Linderung von Erkältungen und Nasenverstopfung verspricht (Ciba-Geigy 1992c: 6; Ciba 1994b: 18).

Chiron, vom Impfstoff-Joint venture zur strategischen Allianz

Biocine Joint venture als Einstieg in das Impfstoffgeschäft. Im Herbst 1986 legte die Ciba-Geigy mit einem Kooperationsabkommen mit *Chiron Corporation* in Emeryville bei Oakland, eine der wichtigsten Gentechnologiefirmen, den Grundstein für eine Zusammenarbeit, die später in eine großangelegte strategische Allianz mündete. Die beiden Firmen gründeten unter dem Namen *The Biocine Company* ein Joint Venture mit Sitz in Emeryville bei Oakland (am Sitz von Chiron) zur Entwicklung und zum Vertrieb von gentechnisch hergestellten Impfstoffen. Das Forschungsprogramm umfasste synthetische Vakzine gegen verschiedene Formen von Hepatitis und Herpes, gegen Zytomegalie, einer bei Neugeborenen oft tödlich verlaufenden Virusinfektion, gegen Malaria sowie gegen Aids. *Chiron* erzielte 1986 mit der Freigabe des ersten rekombinanten Impfstoffes gegen Hepatits B durch die FDA den ersten großen Erfolg. Bereits 1988 brachte The Biocine Company zwei biotechnologisch hergestellte Impfstoffe gegen Aids und zur Vorbeugung gegen Herpesinfektionen zur klinischen Prüfung (Ciba-Geigy-Magazin 1986c; 1987d; Ciba-Geigy 1987b; 1988a).

Mit der Gründung des Biocine Company Joint Ventures mit Chiron Corporation stieg die Ciba-Geigy in den Bereich der gentechnisch produzierten Vakzine ein. Dabei stützte sie sich auf ihre Kenntnisse bei den chemisch definierten Immunsystem-Modulatoren. Der Vorteil der gentechnisch hergestellten Impfstoffe besteht darin, dass sie eine synthetische Kopie der Virusproteine benützen, um das Immunsystem zur Produktion von Antikörpern anzuregen. Damit soll eine maximale Immunantwort bei einer Minimierung des Risikos für den Patienten bewirkt werden (Ciba-Geigy 1988b: 16). Bemerkenswert ist, dass der Report to Employees 1987 der US-Konzerngesellschaft das für die Zukunft der Ciba-Geigy immerhin sehr bedeutende Kooperationsabkommen mit Chiron nicht erwähnt hatte. Das deutet darauf hin, dass die Divisionsleitung in Basel alleine für dessen Abschluss verantwortlich war.

Im Rahmen der Bestrebungen, das Impfstoffgeschäft auszubauen, bemühte sich die Division Pharma 1989, den kanadischen Impfstoffhersteller Connaught zu übernehmen. Das Vorhaben wurde aber abgebrochen, als die Konkurrenzofferte wesentlich höher war. Wahrscheinlich hätte dieses Unternehmen eine gute Ergänzung zur Kooperation mit Chiron und The Biocine Company ergeben. Der Geschäftbericht schreibt nur lakonisch: „Für den Aufbau eines Geschäfts mit neuen, gentechnisch hergestellten Impfstoffen bestehen Alternativen" (Ciba-Geigy 1990a).

Eine dieser Alternativen wurde 1991 wahrgenommen, als Ciba-Geigy und Chiron im Rahmen der Biocine Company das Impfstoffgeschäft der Sclavo SpA in Siena übernahmen. Sclavo bot eine komplette Impfstofflinie für Kinder an, die Vakzine gegen Diphterie, Keuchhusten, Tetanus, Kinderlähmung, Masern, Mumps und Röteln umfasste. Das Unternehmen war daran, einen Impfstoff gegen den Erreger von Hirnhautentzündung bei Kindern und einen rekombinanten Keuchhusten-Impfstoff zu entwickeln. Aus der Zusammenarbeit zwischen Scalvo und Biocine erwarteten die beteiligten Unternehmen bedeutende Synergien. Mit der Übernahme wollte man in Europa die Basis für eine bedeutende Marktposition für zukünfige Biocine Produkte vorbereiten (Ciba-Geigy-Magazin 1991e; Ciba-Geigy 1992b: 12). Nach dieser Expansion arbeiteten 1993 170 Mitarbeiter in Emeryville und rund 400 Mitarbeiter in Siena an der Entwicklung einer neuen Impfstoffgeneration (Eberhard-Metzger 1993). Mit der Übernahme einer 49%-Beteiligung am Impfstoffgeschäft der Behringwerke AG (Tochtergesellschaft von Hoechst), einem der wichtigsten Impfstoffhersteller in Deutschland, unternahm *Chiron* im Februar 1996 einen weiteren großen Schritt zur Stärkung der Position im Markt der Impfstoffe (Hitz 1996).[73]

Strategische Allianz 1994. Inzwischen hatte die Ciba-Geigy ihr direktes Interesse an Chiron verstärkt. Anfang 1989 erwarb sie für 20 Millionen US-Dollar 1 Million der neu ausgegebenen Aktien von Chiron und erlangte damit einen Anteil von 7,9% am Aktienkapital. Mit dieser Transaktion war kein Transfer von Rechten, Verpflichtungen oder Technologien verbunden (Ciba-Geigy-Magazin 1989e).

Im Rahmen der Implementierung des *Research Operating Plans* offenbarte sich in aller Klarheit, dass die Ciba im Bereich der neuen Discovery Technologien unter einem Nachholbedarf litt. Es galt einen schnellstmöglichen Anschluß auf diesem Gebiet einschließlich der Biotechnologie zu finden. Nach strategischen Schwankungen in den achtziger Jahren schlug die Ciba wieder verstärkt eine innovationsorientierte Strategie ein. Unter mehreren geprüften Optionen traf die Kon-

---

[73] Chiron verfolgte eine sehr pragmatische Expansionsstrategie, die zu einem guten Teil auf Joint Ventures mit Pharmakonzernen beruhte und darauf ausgerichtet war, möglichst bald eigene Umsätze zu erwirtschaften. So hatte Chiron u.a. auch mit Johnson & Johnson ein größeres Joint Venture vereinbart (Chiron 1995a; Chiron 1995b; Chiron / SEC 1995; Dalal 1996).

zernleitung schließlich den Entscheid, eine strategische Allianz mit Chiron einzugehen.

Die 1981 von den drei Wissenschaftlern Edward Penhoet, William Rutter und
Pablo Valenzuela gegründete Chiron Corporation gehörte mittlerweile zu den
weltweit führenden Biotechunternehmen und zählte 2700 Mitarbeiterinnen und
Mitarbeiter. Chiron war eines der wenigen Biotechunternehmen, die es geschafft
haben, sich zu einer *fully integrated biotechnology company*' zu entwickeln.
Chiron hatte bereits ein recht diversifiziertes Geschäftsportfolio: Diagnostika,
einschließlich Immun- und DNA-Diagnostika, Impfstoffe gegen Infektionskrankheiten, Therapeutika mit den Schwerpunkten Onkologie, Endokrinologie sowie
schwerwiegende Infektionen und ophthalmologische Produkte für die chirurgische
Korrektur des Sehvermögens. Die Ciba versprach sich von einer engen Zusammenarbeit mit Chiron eine massive Stärkung bei den Diagnostika und eine umfassende Präsenz in allen Bereichen, wo Methoden und Instrumente der Biotechnologie wichtig sind.

Im Herbst 1994 vereinbarten die Ciba und Chrion eine strategische Partnerschaft. Ihr gemeinsames Ziel bestand darin, durch wissenschaftliche und technische Innovation zu wachsen. Die umfassende Allianz konnte auf der bereits seit
sieben Jahren existierenden Zusammenarbeit im Rahmen des Biocine Company
Joint Ventures aufbauen. Ziel war es, weltweit biotechnologische und andere
medizinische Produkte zu erforschen, zu entwickeln, zu produzieren und zu vermarkten. Das sehr umfangreiche Abkommen umfasste mehrere Ebenen von Transaktionen und gegenseitigen Verpflichtungen zwischen den beiden Unternehmen
(Ciba 1995b: 20, 30; Eberhard-Metzger 1995). Ciba übernahm 49,9% am Aktienkapital von Chiron. Diese Beteiligung setzte sich aus drei Elementen zusammen:

- dem Kauf von 11,9 Millionen der Chiron Stammaktion zu 117 USD pro Stück,
  was einem Anteil von 37,3% der Chiron-Aktien entsprach, die bisher nicht im
  Besitz der Ciba waren;
- der Übernahme von 6,6 Millionen neu ausgegebener Stammaktien im Austausch für das weltweite Ciba-Corning Diagnostika-Geschäft und den 50%igen
  Anteil an The Biocine Company und Biocine SpA (den Impfstoff-Joint Ventures mit Chiron);
- den 1,4 Millionen Chiron-Aktien, die Ciba bereits früher erworben hatte.

Der gesamte Umfang der Transaktion belief sich auf 2,8 Millionen CHF. Zusätzlich zur Beteiligung an Chiron ging Ciba eine Reihe weiterer Verpflichtungen
gegenüber Chiron ein.

- Gewährung von Garantien für Darlehen an Chiron von bis zu 425 Millionen
  USD unter bestimmten Bedingungen;
- Erwerb von neuem Aktienkapital in der Höhe von bis 500 Millionen USD auf
  Chiron's Wunsch;
- Gewährung eines Vorschusses von 250 bis 300 Millionen USD zur Finanzie-
  rung der Forschung von Chiron über die folgenden fünf Jahre.

Das bisherige Board of Directors von Chiron wurde von acht auf elf Mitglie-
dern erweitert. Die drei neuen Mitglieder waren Verwaltungsratspräsident Alex
Krauer, Forschungsleiter François L'Eplattenier und Leiter der Division Pharma
Pierre E. Douaze. Chiron bewahrte sich mit diesem Abkommen eine relative Un-

abhängigkeit. Ciba rückte von der zunächst diskutierten Mehrheitsbeteiligung ab und ließ eine gewisse Vorsicht walten. Denn man wollte die spezifische und kreative Unternehmenskultur von Chiron erhalten, um die erhoffte Innovationsquelle nicht zu gefährden. Es galt einen *'brain-drain'* zu verhindern. Aus ähnlichen Gründen hatte die Roche das Biotechunternehmen Genentech nicht vollständig übernommen. Denn im Zutritt zu neuen Technologien und Innovationen bestand die Hauptmotivation von Seiten der Ciba. Diesen Sachverhalt zuspitzend, erklärte Martin Kuhn, der Leiter *Neue Geschäftsbereiche*, *„Innovation bedeutet letzlich nichts anderes als den Zugriff auf die Gehirne, die Innovationen produzieren"* (Eberhard-Metzger 1995: 8).

Das erste gemeinsame Projekt fassten die beiden Partner im Bereich der kombinatorischen Bibliotheken ins Auge. Die kombinatorische Chemie eröffnete völlig neue Möglichkeiten, erste Prototypen neuer Wirkstoffe in bislang ungeahnter Geschwindigkeit aufzufinden. Aufgrund der sehr unterschiedlichen Unternehmenskultur der beiden Unternehmen war ein umsichtiges Vorgehen bei der Durchführung gemeinsamer Projekte und dem Austausch von Mitarbeitern einzuschlagen. Erstmals wurden pro Jahr nicht mehr als fünf gemeinsame Projekte ins Auge gefasst. Mit dieser strategischen Allianz legte sich die Ciba auf ein sehr langfristig angelegtes Engagement mit ungewissem Ausgang fest. Die beiden Unternehmen installierten ein gemeinsames *Science Committee*, das die Verantwortlichen für Forschung und Entwicklung von Ciba und Chiron umfasste und jährlich dreimal abwechselnd in Emeryville und Basel zusammentraf. Das *Science Committee* spielte eine wichtige Rolle im Austausch von Erfahrungen, Wissen und Ideen sowie der Bewertung der gemeinsamen Projekte (Ciba-Zeitung 1995g: 12; Hitz 1995).

Kooperation mit Chiron und der New York University. Als erstes gemeinsames Projekt gaben die beiden Firmen zusammen mit der New York University im Mai 1995 die Entwicklung einer neuen Methode zur optischen Kartierung von Genen bekannt. Damit konnten Gensequenzen in Stücke geschnitten werden, die dann als Muster zur Identifizierung weiterer Gene dienten. Im Rahmen des Abkommens erlangte Chiron gegen Bezahlung die exklusive weltweite Lizenz für eine an der Universität New York erfundene Technologie. Ciba wiederum erhielt von Chiron eine Unterlizenz zu Forschungszwecken. Beide Unternehmen vereinbarten ein dreijähriges Forschungsprogramm, das in den Forschungs- und Entwicklungseinrichtungen in Basel und Emeryville durchgeführt wurde. Chiron und Ciba unterstützen zudem das Forscherteam an der New York University, um die Entwicklung von Prototypgeräten zu ermöglichen (Ciba-Zeitung 1995b; Ciba 1996c: 8).

Kooperation mit Chiron in kombinatorischer Chemie. Am 28. November 1995 gaben Ciba und Chiron eine Zusammenarbeit auf dem Gebiet der kombinatorischen Chemie im Rahmen ihrer strategischen Allianz bekannt. Die Techniken der kombinatorischen Chemie erlauben es, in kurzer Zeit eine große Anzahl von Molekülstrukturen herzustellen und in Bibliotheken zu sammeln. Gegen Bezahlung von Lizenzgebühren erhielt Ciba das Recht, die Technologie von Chiron für die Synthese und gezielte Suche nach neuen Substanzen zu nutzen. Ciba erhielt zudem die Exklusivrechte zur Bearbeitung von zwei krankheitsrelevanten biologischen Systemen in wichtigen Indikationen und die Option, in zwei weiteren Indikationen zu arbeiten. Ein wichtiger Aspekt der Vereinbarung bestand darin, die Technologie weiterzuentwickeln und neue Verfahren zur Beschreibung von Molekülstrukturen zu erforschen (Hüll 1995b).

Intensivierung der Kooperationsstrategie

Alleine 1995 vereinbarte die Ciba mehr als zehn Kooperationen mit forschungsorientierten Biotechfirmen, um die modernsten Technologien und innovative Präparate zu entwickeln (Ciba 1996c). Forschungskooperationen mit anderen multinationalen Konzernen waren selten. Ein Beispiel für eine derartige Zusammenarbeit war die Anfang 1988 zwischen Ciba-Geigy und Nestlé vereinbarte Kooperation zur Grundlagenforschung auf dem Gebiet der mikrobiellen Genetik. Ziel dieser Zusammenarbeit war es, mikrobielle Expressionssyteme zu entwickeln. Das Projekt wurde von den Forschungszentren in Basel und Lausanne (Nestlé) bearbeitet (Ciba-Geigy-Magazin 1988a).

Sehr früh wurde die Bedeutung von Forschungskooperationen mit Hochschulen und des direkten Wissenstransfers aus der akademischen Welt auf internationaler Ebene erkannt. Bereits 1949 hatte die Ciba in London die *Ciba Foundation* gegründet, deren Aufgabe in der Förderung der internationalen Zusammenarbeit und der Organisation von wissenschaftlichen Symposien auf dem Gebiet der Medizin und der chemischen Forschung bestand (Ciba-Geigy 1975: 15). In der gleichen Periode wurden die Kontakte mit führenden Hochschulen laufend wichtiger die Innovationsprozesse im Konzern (Ciba-Geigy 1990a).

Eine besondere Form des Wissens- und Technologieerwerbs stellte die Strategie dar, über die enge Zusammenarbeit mit Venture Funds Kontakte zu jungen Unternehmen zu knüpfen. Wie auch Sandoz und F. Hoffmann-La Roche beteiligte sich die Ciba-Geigy seit Ende der achtziger Jahre an Venture Capital Firmen in den USA. Obwohl erst der Jahresbericht von 1991 erstmals Investitionen in Venture Capital Funds erwähnte (Ciba-Geigy 1992b: 33), ist davon auszugehen, dass diese Form des technologischen Scanning bald eine große Bedeutung annahm. Ein Bericht der Investmentberatungsfirma Mehta und Isaly (1995) und ein Wall Street Journal Artikel (King und Moore 1995) stellten fest, dass alle drei 'Basler Konzerne' weit verzweigte Kooperationsnetze gesponnen hatten. Die Tabelle 7.1 dokumentiert die seit Ende der achtziger Jahre enorm gestiegene Bedeutung von Forschungs- und Entwicklungsallianzen für Ciba-Geigy. Im Zuge der strategischen Allianz mit Chiron erschloss sich die Ciba-Geigy zudem zahlreiche weitere Kontakte zu Biotechunternehmen in den USA (Tabelle 7.2).

Tab. 7.1. Forschungs- und Entwicklungskooperationen von Ciba-Geigy bis 1996

Beginn	Unternehmen / Gesellschaft	Indikationsgebiet / Anwendung	Projekt / Produkt
1986/1	Biogen, Inc., Cambridge, Massachusetts	Biotechnologie	C-G lizenziert Gewebepromotersystem zur Herstellung von Vakzine
1988 /10	ALZA Corp., Palo Alto	Darreichungssysteme	1. Ciba Self Medication erwirbt Marketingrechte an *OROS*-Technologie für Erkältungs- und Allergiemittel 2. Marketingabkommen für transdermale Dareichungssysteme für versch. Präparate

1990/5	Tanox, Houston Genentech, South San Francisco	Infektionen, Allergien, beruhend auf monoklonalen Antikörpern	Entwicklungsabkommen zu Antikörper, IgE-Projekt. Tanox erhält Lizenzabkommen und Co-Marketingrechte für die USA und teilweise Fernost
1990/6	Metra Biosystems	?	Lizenzierungs- und Forschungsabkommen im Bereich Knochenkrankheiten
1990/9	Isis Pharmaceuticals	Antisensetechnologie im Bereich Krebs	- Fünfjahriges, $30 Mio. Forschungsabkommen: C-G erhält weltweite, exklusive Marketingrechte Kapitalbeteiligung $1,5 Mio. (7%)
1995/2			- Erweiterung um drei Jahre
1995/6			- Zusätzliche Kapitalbeteiligung
1995/9			- Zusätzliche Kapitalbeteiligung
1996/2			- Erweitert um Entwicklungsabkommen
1991/10	InSiteVision, Alameda, California	Augenkrankheiten	AquaSite, MethaSite, PilaSite
1991/11	Noven Pharmaceuticals, Miami	Endokrinologie, Drug delivery, Hormonersatz	Exklusives Lizenzierungsabkommen für die USA und Kanada für transdermales Estrogendarreichungssystem von Noven, Kapitalbeteiligung $ 1 Mio. (5%)
1992	Glyco Tech, Inc., Gaithersburg, Maryland	Glycotechnologie Kohlehydrate mit antiheumat. Potential	Forschungsabkommen zur Entwicklung von Präparaten Entzündungskrankheiten
1992	G D Searle & Co. (Monsanto)	Pharmakonzern	Einlizenzierung von epoxymexrenone
1992	Sibia Neurosciences, San Diego	Neurologie, Schlaganfall, Epilepsie, Demenz	- Medikamente, die an exitatorischen Aminosäurerezeptoren wirken
1996/3			- Abkommen um drei Jahre verlängert
1993/4	BioCryst Pharmaceuticals, Inc.	Biotechnologie	Weltweite Lizensierung für eine Gruppe von PNP Inhibitoren
1993/9	Oncogene Science, Inc. und Pfizer, Inc.	Augenkrankheiten, Wundheilung	F&E-Abkommen für Gewebewachstumsfaktor TGF-beta 3 zur Behandlung chronischer Hautwunden. Kapitalbeteiligung $1 Mio. (6%)
1994 1995/10	CoCensys, Inc., Irvine, California	Neurologie, zerebrale Ischämie	Ciba übernimmt Entwicklung Acea 1021 und Kapitalbeteiligung $2,3 Mio. (15%)
1994	Institute of Microbiology and Epidemology, Beijing, China	Antimalariamedikament	Entwicklungs- und Marketingabkommen
1994	Neurospheres Ltd., Kanada	Zelltherapie	F&E-Abkommen Gehirnzellregenerationstechnologie
1994/11	Chiron Corp., Emeryville, California	Gentherapie, kombin. Chemie Erforschen von Biopharmaka	Breite strategische Allianz, Ciba erwirbt 47,7% an Chiron: Chiron übernimmt Marketing für Aredia in den USA;
1995/11			Ciba erwirbt während fünf Jahren Rechte an kombinatorischer Chemie von Chiron
1994/6	Quadra Logic Phototherapeutics, Inc.	Augenkrebs	F&E-Abkommen und Kapitalbeteiligung $ 0,5 Mio. (3%). Entwicklung von lichtaktivierten Medikamenten gegen Krebs und Psoriasis
1994/8	Synaptic Pharmaceutical Corp.	Neurologie, Fettleibigkeit	Dreijähriges Entwicklungsabkommen für Medikamente, die auf neuropeptiden Rezeptoren beruhen und Appetit- und Blutdruck kontrollieren.Ciba erhält weltweite Produktions- und Marketingrechte. Synaptic erhält Meilensteinzahlungen, Forschungsbeihilften und Lizenzgebühren
1995	Draxis Health Inc.		Marketingabkommen für Tegretol und Lioseral
1995/7	Schering AG, Berlin Tumorklinik, Freiburg	Krebs, Angiogenese	F&E-Abkommen in Angiogenese
1995/4	Oncogene Science, Inc.		Lizenzierungsabkommen für TGF-beta 3, Ciba beteiligt sich mit $5 Mio am Kapital
1995/5	Chiron, New York University		Ciba erwirbt Zugang zu optischer Kartierung und Sequenzierung von Genen
1995/5	Medarex, Inc.	Krebs	Entwicklungs- und Marketingabkommen für MDX-

			210-Technologie zur Behandlung von Krebs Kapitalbeteiligung $ 0,75 Mio. (8%)
1995/5	Myriad Genetics, Inc., Salt Lake City, Utah	Herz/Kreislauf, Genomforschung	Fünfjahres $60 Mio. Abkommen für Gentargets gegen Herz-Kreislauf-Krankheiten
1995/9	IDUN Pharmaceuticals, Inc., San Diego	Neurologie, Signalumwandlung	Fünfjähriges Forschungs- und Lizenzierungsabkommen, Entwicklung der Zelltod-Technologie im Zentralnervensysstem
1996	Focal (und Chiron)	Restenosis	Innerer Belag der Koronararterien
1996	Neurocrine Biosciences	ZNS, Multiple Sklerose	Veränderte Peptid-Liganden Kapitalbeteiligung
?	Lohmann Therapeutic Systems	Drug Delivery	Forschungsabkommen für transdermale Darreichung von Nicotinell TTS

Quellen: zusammengestellt nach Geschäftsberichten von Ciba-Geigy, Mehta and Isaly (1995), Kulhof (1996a, 1996b), Bioscan (April 1996, S- 281–283)

Tab. 7.2. Forschungs- und Entwicklungskooperationen von Chiron Corporation bis 1996

Beginn	Unternehmen / Gesellschaft	Indikationsgebiet / Anwendung	Projekt / Produkt
1993/11 1995/9	Viagene, San Diego	Gentherapie	- HIV Direktinjekt., HBV Genther., Gamma Interferon, Gentherapie, Kapitalbeteiligung - Komplette Übernahme
1992/10	Lynx	Drug Design, Antisense	Forschungskooperation auf Antisense und antivirale Angriffspunkte, 5% Kapitalbeteiligung
1994/9	Procept	Drug Design	Procept benutzt Substanzbibliothek von Chiron und erhält weltweites Marketing, Chrion erhält erfolgsabhängige Zahlungen
1992/5	Allelix	Endokrinologie, Osteoporose PTH-Analog,	EuroCetus liefert ALXI-11. Kommerzielle Rechte liegen bei Glaxo
1994/4	CytoMed	Infektionen, Komplementinhibitor	Forschungsabkommen auf CMI-CAB-2 für insgesamt $14,5 Mio., Kapitalbeteiligung
1995/4	Progenitor	Nicht-virale Gentherapie	Forschungsabkommen in den Bereichen Gentherapie, Melanoma, Infektionskrankheiten, Herz-Kreislauf, insgesamt $50 Mio. an Progenitor
1995/3	Genelabs	Diagnostik	Weltweites Diagnostik Joint Venture in Hepatitis C
1992	Schering AG (via Cetus)	Multiple Sklerose	Chiron produziert den Wirkstoff von Betaseron für Schering AG (Berlex Laboratories)
1994/1	Cephalon	Neurologie	Chiron finanziert Forschung auf Myotrophin (IGF-1), SOD, Cardioxane, rbFGF, Teilung der Gewinne, Kapitalbeteiligung $0,8 Mio. + $0,75 Mio. Optionen
1994	DepoTech	Krebs, Drug Delivery	Depo Cyt und andere Kapitalbeteiligung
1994	Ribozyme Pharmaceuticals	Gentransfer, Gentherapie	Kapitalbeteiligung
1994	Searle	Gewebefaktor-Nerven-Inhibitor	TFPI
1995	GalaGen	Passive Immunisierung	
1995	Roche	CMV-Retinitis	Gancyclovir
1995	New York University und Ciba	Optical Mapping	Gen. Information für Diagnost., Vakzine
1995	Ribozyme Pharmaceutical Inc.	Gentherapie	VEGF-Rezeptor, Abstoßreaktion nach Hornhaut-Transplanta-tionen, Krebs, HIV Kapitalbeteiligung
1996	Virus Research Institute	Infektionen/AIDS	Intrazell. Immunisierungsagent
?	MGI	Krebs	Salagen

Quellen: zusammengestellt nach Geschäftsberichten von Ciba-Geigy, Mehta and Isaly (1995), Kulhof (1996a, 1996b), Bioscan (April 1996, S- 281–283)

7.3 Sandoz: nachhinkende und zielstrebige Internationalisierung von Forschung und Entwicklung

7.3.1 Dezentralisierung der Forschung und Entwicklung

Nach der Übernahme der Wander AG verfügte das Departement Pharma der Sandoz über die drei Forschungszentren Basel, Bern (ehemals Wander) und East Hanover in New Jersey. Die Schwerpunkte der Forschung lagen 1968 auf den Gebieten Psychopharmakatherapie, verschiedenen Feldern der Herz-Kreislaufkrankheiten und auf dem Gebiet der Allergie-Immunologie. Zudem liefen Projekte zur Therapie und Behandlung verschiedener Formen von Kopfschmerz (Sandoz 1969: 12). Zu dieser Zeit betrieb Sandoz eine breit angelegte Dezentralisierung der Forschungsstätten. Ohne Unterstützung durch eine lokale Forschungsorganisation sei in den USA eine erfolgreiche Geschäftsaktivität im Pharmabereich nahezu nicht erreichbar, schrieb der Geschäftsbericht 1970 (Sandoz 1971: 13).

Der langfristig bedeutsamste Schritt zur Verbesserung der Position in den USA bestand im Aufbau eines Pharma-Forschungszentrums in East Hanover. Die Konkurrenz gegen die US-Firmen war nur zu bestehen, wenn sich die *Sandoz Inc.*, wie sie seit 1957 hieß, als Insider mit eigenen Forschungseinrichtungen verhielt. Misstrauisch und zugleich anerkennend sah man in Basel die offenere Forschungsorganisation an amerikanischen Universitäten. Es wurde bald klar, dass Sandoz mit einer stärkeren Präsenz vor Ort von der amerikanischen Forschung profitieren würde. Schließlich eröffnete Sandoz nach dreijähriger Bauzeit im Jahr 1964 in East Hanover das neben Basel zweite Pharma-Forschungszentrum (Riedl-Ehrenberg 1989: 26). 1969 bezog die Sandoz Inc. ein zweites Forschungebäude (Sandoz 1969: 16; 1970: 13, 18). Aber noch immer war das Forschungszentrum wesentlich kleiner als die Forschungs- und Entwicklungseinrichtungen in Basel.

Nach zweieinhalbjähriger Bauzeit weihte die Sandoz am 2. Juli 1970 in Wien-Liesing das Sandoz-Forschungsinstitut (SFI)ein. Die Standortwahl fiel auf Wien in der Erwartung, dass es hier möglich sei, das benötigte gut ausgebildete Personal in kurzer Zeit zusammenzubringen. Die österreichischen Behörden unterstützten das Vorhaben. Aufgrund der begrenzten Anzahl qualifizierten Personals verzichtete Sandoz auf eine weitere Vergrößerung des Forschungsapparates in der Schweiz. Das Sandoz-Forschungsinstitut Wien begann seine Arbeiten mit 330 Angestellten (Jacottet 1970; Sandoz 1971: 13). Es fokussierte sich ursprünglich auf die Erforschung von Wirkstoffen zur Behandlung von Infektionen, die durch Bakterien, Pilze, Viren oder Parasiten hervorgerufen werden. Neben der Forschung auf den Gebieten der Penicilline und Cephalosporine wurden auch andere Antibiotikaklassen wie beispielsweise Pleuromutiline, bearbeitet. Die Impfstoff-Forschung konzentrierte sich auf Infektionen der Atemwege, wie Grippe und grippeähnliche Erkrankungen, sowie auf Herpes-Virus-Erkrankungen (Malainer 1996). Das Institut gliederte sich anfänglich in eine organisch-chemische, bakteriologische, virologische und parasitologische Abteilung, eine Immunchemie, eine Abteilung für Veterinärmedizin und Tierernährung, eine Toxikologie, eine biochemische Abteilung und eine Gruppe Chemotherapeutika, die die ersten Phasen der klinischen Forschung am Menschen selbst durchführte (Maske 1970).

Nach dieser schnellen Expansion der Forschungskapazitäten in den sechziger Jahren trat das Departement Pharma in eine Phase der Konsolidierung. Zudem galt es auch, das Wander Forschungszentrum in Bern in den Gesamtkonzern und konkret in die *Sandoz Forschung Schweiz* zu integrieren und die nötigen Umbauarbeiten der Forschungslaboratorien vorzunehmen. Die *Sandoz Forschung Schweiz* bestand zu dieser Zeit aus den Laboratorien in Bern, Muttenz und Basel, die eng zusammenarbeiteten und eine breite Basis zur Entwicklung neuen Produkte lieferten. Die Zentren in East Hanover und Wien waren dagegen stärker spezialisiert (Sandoz 1972: 13; 1973: 18).

Die erweiterte Infrastruktur hatte zur Folge, dass der engeren Koordination der Tätigkeiten der Forschungszentren größere Aufmerksamkeit geschenkt werden musste. Im Zuge der Integration der Wander AG erfolgte eine Konzentration des Entwicklungspotentials auf ausgewählte, therapeutisch wichtige und aussichtsreiche Präparate. Die Zusammenfassung der Leitung der gesamten Forschung und Entwicklung des Pharma-Departementes seit dem 1. Januar 1973 in einer Hand erleichterte die Straffung der verfügbaren Kräfte (Sandoz 1973: 13).

Der Aufbau der Forschungszentren in East Hanover und Wien bedeutete aber keineswegs, dass die Forschung und Entwicklung in Basel vernachlässigt worden war. Im Gegenteil, Basel blieb weiterhin das mit Abstand wichtigste Forschungszentrum des Konzerns. In den frühen siebziger Jahren entstanden auf dem Werksareal St. Johann in Basel jene Gebäude, die die Werkssilhouette und das Stadtbild noch heute prägen. 1973 bezog das Departement Pharma die beiden neuen Hochhäuser für analytische Labors und Administration und 1976 wurde auch das Laborhochhaus der medinisch-biologischen Forschung fertiggestellt. In derselben Periode nahm auch ein Gebäude für die chemische Entwicklung seinen Betrieb auf (Sandoz 1973: 17; 1974: 8; 1975: 8; 1977: 8).

Dezentralisierung von Entwicklungstätigkeiten

In den siebziger und achtziger Jahren bestand die Tendenz einer Dezentralisierung der Entwicklungstätigkeiten. Die Abweichungen der behördlichen Vorschriften, die Verfügbarkeit von Arbeitskräften und Rohstoffen, technologische Möglichkeiten und Umweltbedingungen stellten die international tätigen Pharmaunternehmen vor die Alternative, entweder im Mutterland Mitarbeiter einzustellen, die mit den Problemen der internationalen Entwicklung vertraut sind, oder im Ausland kleine, aber wirksame, mit den zentralen Instanzen eng verbundene Entwicklungslaboratorien einzurichten (Cooper 1973: 13). Nicht selten verlangten die nationalen Behörden auch die lokale Ausübung von Entwicklungstätigkeiten im Gegenzug für einen leichteren Marktzutritt.

Bereits 1970 errichteten die Laboratoires Sandoz nach dem Bezug der neuen Gebäude am Hauptsitz in Rueil-Malmaison bei Paris ein nach internationalen Gesichtspunkten ausgerichtetes Zentrum für pharmakokinetische Forschung. Hier studierte eine Gruppe von Chemikern und Biologen den Metabolismus von Molekülen mit therapeutischer Wirkkraft (Breitman und Albony 1971: 9). Ein weiteres Beispiel zu jener Zeit war die Eröffnung eines pharmakologischen Laboratoriums in Japan. Nach den von Umweltskandalen hervorgerufenen Massenvergiftungen verschärfte die japanische Regierung die Registrierungsvorschriften für Medikamente. Pharmakologische, toxikologische und klinische Unterlagen zur Registrierung der Präparate mussten fortan in Japan selbst erstellt werden. Das zwang ausländische Pharmaunternehmen, diese Tätigkeiten in Japan selbst durchzuführen oder japanischen Partnern zu übertragen. Ende 1973 eröffnete Sandoz in Kawaguchi-ko, 120 Kilometer südlich von Tokio, nach einjähriger Bauzeit ein toxikologisches Labor für die Evaluierung der Produktsicherheit. Da die neue Einheit auf Marketing und die damit verbundene Entwicklungsforschung ausgerichtet war, wurden die Investitionen in die baulichen Anlagen bewusst gering gehalten. Einrichtungen für die Basisforschung standen nicht zur Diskussion (Sandoz 1973; 1974; Sandoz bulletin 1974b).

Ebenfalls als Zugeständnis an spezifische Bedingungen ist die Eröffnung eines kleinen Forschungszentrums am 9. Dezember 1974 in Indien zu werten. Dieses wurde für Aufgaben in den Bereichen Pharmazeutika und Pestizide konzipiert und sollte in den Gebieten Pflanzenchemie, Biochemie und Ernährungswissenschaften arbeiten (Sandoz bulletin 1975). Es ist anzunehmen, dass Sandoz dieses Zentrum weitgehend aufgrund behördlichen Drucks eröffnete und ihm nur eine sehr bescheidene Rolle zuwies (Hediger 1978: 18). Da es weder im Sandoz bulletin noch in der Sandoz-Gazette nochmals erwähnt wurde, ist davon auszugehen, dass die Einrichtung bald wieder geschlossen wurde.

Um die strategische Expansion kohärenter voranzutreiben, arbeitete Sandoz einen umfassenden 10-Jahresplanes aus, der am 1. Januar 1973 in Kraft trat. Man sah vor, detailliertere Pläne fortan in Zwei- und Fünfjahres-Rhythmen zu erstellen. Die Forschungungsprogramme wurden in der Folge im Sinne des Zehnjahresplanes angepasst (Sandoz 1973: 10; 1974: 19; 1975: 18).

Infolge der Rezession wurden 1975 und in den folgenden Jahren zahlreiche Investitionen und Forschungsausgaben zurückgestellt. Auf der Ebene des Gesamtkonzerns ging der Anteil der F&E-Ausgaben zwischen 1975 und 1981 von 9,2% auf 8,0% zurück. Der Anteil der Investitionen am Umsatz sank im gleichen Zeitraum von 9,2% auf 5,3% und bis 1984 gar auf 4,1%. (siehe Abb. 5.11).

Die Forschungs- und Entwicklungsorganisation von Sandoz Pharma wuchs bis 1978 mittlerweile auf 2735 Mitarbeiter an, von denen 650 Akademiker waren. In dieser Zahl sind die Tätigkeiten der Konzernforschung in Basel/Muttenz, Bern, East Hanover, Kawaguchi-ko, Rueil-Malmaison, Wien und Kundl inbegriffen. Nicht enthalten sind die medizinische Forschung und die Entwicklungsabteilung von Tochtergesellschaften, die sich ausschließlich mit standortspezifischen Problemen befassten. Die weitaus größten Einrichtungen bestanden trotz anlaufender Dezentralisierung in der Schweiz, wo in den Bereichen chemische Forschung 386, medizinische und biologische Forschung 594, pharmazeutische Entwicklung 580, medizinische Grundlagenforschung 46 und Management 40, insgesamt also 1646 Mitarbeiter beschäftigt waren. Das Sandoz-Forschungsinstitut Wien zählte 441 und das Sandoz Researach Institute in East Hanover 436 Beschäftigte. Die Biochemie Kundl hatte 158 F&E-Mitarbeiter. Das auf klinische Studien ausgerichtete F&E Institut in Rueil-Malmaison bei Paris und das Toxikologielabor in Kawaguchi-ko in Japan beschäftigten 24 beziehungsweise 30 Mitarbeiter. Der Forschungaufwand belief sich im gleichen Jahr auf 230 Millionen CHF (Berde 1980: 8). Trotz des Personalabbaus im Konzern und Departement Pharma zwischen 1975 und 1978 wurden die Personalbestände in Forschung und Entwicklung nicht reduziert. Die Dezentralisierung der Forschungsaktivitäten blieb letztlich sehr beschränkt. Der rationelle Mitteleinsatz und die Notwendigkeit der interdisziplinären Zusammenarbeit erforderten weiterhin eine räumliche Konzentration der Kräfte (Sandoz 1978: 9).

Um der stark zugenommenen organisatorischen Komplexität der Strukturen entgegenzuwirken, wurden in den Jahren 1978/79 die chemischen, pharmakologischen und toxikologischen Forschungsabteilungen in einer Hauptabteilung *Präklinische Forschung* zusammengefasst. Die neue Organisation installierte projektorientierte Forscherteams, in denen Vertreter zahlreicher Disziplinen koordiniert zusammenarbeiteten. Damit wurden ansatzweise bereits organisatorische Formen eingeführt, die etwas mehr als zehn Jahre später die Restrukturierung der Forschungs- und Entwicklungsorganisation prägen sollten (Sandoz 1979: 17; 1980: 17). Allerdings nahm der Entwicklungsaufwand wesentlich stärker zu als Kosten für die reine Forschung (Sandoz 1977: 9). Dieser längerfristigen Tendenz begegnete man fünfzehn Jahre später mit energischen Maßnahmen.

7.3.2 Reorientierung und Erneuerung der Produktpipeline

Die frühen achtziger Jahre waren von einer Phase der allmählichen Reorientierung der Forschung gekennzeichnet. Bereits 1981 wurde festgelegt, dass das Departement Pharma auf der Basis der traditionellen Stärke des Unternehmens in der gewissen Sektoren der Biotechnologie, insbesondere der Fermentation und der Aufarbeitung mikrobieller Produkte, sich auch der diesen Prozessen vorgelagerten Forschung und der gentechnischen Veränderung von Organismen widmen wird (Sandoz 1982: 19).

1982 arbeitete das Departement Pharma einen neuen langfristigen strategischen Plan aus, der eine verstärkte Hinwendung auf biotechnologische Forschung, molekulare Genetik und Immunologie einleitete. Eine neu gegründete Forschungseinheit in Basel nahm die entsprechenden Arbeiten auf. Um die eigenen Anstrengungen zu ergänzen, vereinbarte die Sandoz in diesem Jahr mit dem Wistar-Institute in Philadelphia und dem Unternehmen Genetics Instiute in Boston die ersten molekularbiologisch und gentechnisch orientierten Kooperationsabkommen (Sandoz 1983: 19). Die erfolgreiche Einführung von *Sandimmun* 1982–84 bot die Grundlage, sich systematischer der Immunologie zu widmen. Allerdings hatte sich Sandoz bereits 1974 auf der Basis eines neuartigen Gruppenimpfstoffs, den das Forschungszentrum in Wien entwickelte, der *Immunprophylaxe* zugewendet, einem Gebiet, das damals auch im verstärkten Interesse von Ärzten und Gesundheitsbehörden lag. Allerdings stellte Sandoz 1981 ihre Tätigkeiten auf dem Vakzingebiet wieder ein (Sandoz 1975: 20; 1982: 18).

Es zeigte sich, dass der Grundlagenforschung vermehrte Aufmerksamkeit zukommen musste. Um die Forschung breiter anzulegen und in Kontakt mit der wissenschaftlichen Expertise in England zu kommen, vereinbarten Sandoz Products Ltd. und das University College, London im Dezember 1981, dass Sandoz auf dem UCL-Gelände das *Sandoz Institute for Medical Research (SIMR)*, London errichtet. Sandoz übernahm die Renovierung und Neueinrichtung der veralteten Räumlichkeiten, während das UCL einen großen Teil der erforderlichen Infrastruktur wie beispielsweise Bibliotheken zur Verfügung stellte. Das Institut nahm

1985 seine Arbeit auf und widmete sich der präklinischen Forschung, besonders im Bereich der Rolle der Neurotransmitter und Neuromodulatoren in der Informationsübertragung und -verarbeitung des Nervensystems. Der Akzent wurde auf Schmerzforschung gelegt. Mitarbeiter des SIMR entdeckten grundlegend neue Methoden der Schmerzbehandlung, deren Entwicklung durch neue Erkenntnisse über die physiologischen Mechanismen des Schmerzes möglich wurde. Viele dieser Fortschritte waren der Grundlagenforschung des UCL zu verdanken. Mit der Gründung des SIMR wollte Sandoz ein Zentrum für präklinische Forschung schaffen, das mit den bereits bestehenden Forschungseinrichtungen des University College eng zusammenarbeiten sollte. Man hoffte, vom hohen Standard des Lehrangebots im Bereich der Neurologie und speziell der Pharmakologie in Großbritannien zu profitieren. Das für beide Seiten neuartige Unternehmen bewährte sich. Das SIMR befand sich als einziges Sandoz-Forschungszentrum direkt auf einem Universitätscampus. Im Institut arbeiteten 1995 rund 70 Personen (davon 55 Wissenschafter), dazu kamen 10–15 temporäre Mitarbeiterinnen und Mitarbeiter einschließlich Studenten und Postdoktoranden (Sandoz 1982: 19; Sandoz bulletin 1982; 1995d; 1996c).

Während in den siebziger Jahren auf Konzernebene zwischen 58% und 63% der Forschungs- und Entwicklungsausgaben auf die Schweiz fielen, ging dieser Anteil von 1980 bis 1985 sprunghaft von 61% auf 44% zurück und erreichte damit den Tiefpunkt. Diese Entwicklung war vor allem Ausdruck von gewichtigen Firmenübernahmen im Saatgutbereich und der Bauchemikaliengruppe Masterbuilders in den USA. Die Zahlen reflektieren zum Teil aber auch die Verlagerung von marktnahen Entwicklungsarbeiten in die Tochtergesellschaften, um den regional unterschiedlichen Problemstellungen und speziellen Anforderungen der Märkte besser Rechnung zu tragen (Sandoz 1986b: 13; 1987: 14). Leider sind keine pharmaspezifischen Zahlen über die räumliche Verteilung der F&E-Ausgaben verfügbar. Dennoch ist anzunehmen, dass auch Ende der achtziger Jahre weiterhin deutlich über 50% für die Pharma-F&E in Basel ausgegeben wurden, da trotz Dezentralisierungstendenzen die Erfordernisse der Konzentration deutlich überwogen.

7.3.3 Von der Dezentralisierung zum Aufbau der Centers of Excellence in der Triade

Die Forschung und Entwicklung der Pharmadivision von Sandoz war zwischen Anfang der achtziger und den frühen neunziger Jahren von drei grundlegenden Tendenzen gekennzeichnet: Erstens dem Einstieg in die Gentechnologie und dem damit verbundenen Aufbau eines Forschungsnetzwerkes mit externen Partnern, vor allem in den USA; zweitens, gestützt auf den Erfolg von *Sandimmun*, dem großanlegten Einstieg in die Immunologie und die Transplantationsmedizin und in der Folge auch in die Bereiche Krebs und Dermatologie sowie drittens dem Aufbau einer triadischen Forschungs- und Entwicklungsinfrastruktur.

Einstieg in die Gentechnologie gestützt auf langjährige Erfahrung in der Biotechnologie

In den frühen achtziger Jahren begann die Sandoz die Errungenschaften der gentechnologischen Revolution der siebziger Jahre in die Pharmaforschung zu integrieren. Die Sandoz – wie übrigens auch die Lokalrivalen Ciba-Geigy und Hoffmann-La Roche – stieg damit, verglichen mit anderen Chemiekonzernen, sehr früh in die moderne Biotechnologie und Gentechnik ein. Bereits 1981 baute sie, um ihre traditionelle Stärke in gewissen Bereichen der Biotechnologie, insbesondere der Fermentation und Aufarbeitung mikrobieller Produkte, besser auszunützen, die diesen Prozessen vorgelagerte Forschung weiter aus. Die hierzu beauftragten Forschungsgruppen beschäftigten sich mit der zielgerichteten Änderung der genetischen Eigenschaften von geeigneten Mikroorganismen (Sandoz 1982: 19). Im Rahmen des 1982 ausgearbeiteten langfristigen, strategischen Planes für Forschung und Entwicklung bekräftigte das Departement Pharma die Wende zur biotechnologischen Forschung, molekularen Genetik und Immunologie (Sandoz 1983: 19).

Trotz den eigenen Kapazitäten und Erfahrung war klar, dass die erforderlichen Kompetenzen zu einem guten Teil über Kooperationsverträge mit kürzlich entstandenen Biotechunternehmen in den USA erworben werden mussten. Daher vereinbarte Sandoz bereits 1982 Kooperationsverträge mit Biotechnologiefirmen und -Instituten in den USA. Wichtige Eckpunkte im Rahmen dieser technologischen Offensive waren die Abkommen mit Genetics Institute in Boston 1982 und 1984, Wistar Institute in Philadelphia 1982 und dem Collaborative Research Institute in Lexington 1984. Im Rahmen der Zusammenarbeit mit Genetics Instiute gelang es, 1983 das natürliche Immunstimulans Interleukin-2 in Bakterien zu produzieren und für die klinische Erprobung bei AIDS-Patienten bereitszustellen (Sandoz 1984: 19). 1984 wurde die Zusammenarbeit vertieft und besondere Aufmerksamkeit auf Lymphokin regulierende Proteine gelegt. Gleichzeitig trieb man auf dem Feld der monoklonalen Antikörper die Arbeit mit dem Wistar-Institut sowie in den eigenen Labors in Wien und East Hanover voran (Sandoz 1985: 10). Zusammen mit Genetics Institute gelang es 1985, das Lymphokin CSF (Colony Stimulating Factor) nach einem gentechnischen Verfahren herzustellen. Dieses regulierende Protein zur Behandlung von Immunabwehrschwächen wurde zur klinischen Prüfung vorbereitet (Sandoz 1986b: 29).

Im Jahr 1985 verstärkte und reorganisierte die Division Pharma ihre Tätigkeiten im Bereich der Biotechnologie. In der präklinischen Forschung Basel wurden die Tätigkeiten in der Gentechnologie, die Zell- und Mikrobiologie, die Herstellung im Grammmaßstab sowie die Proteinreinigung in einer neuen Abteilung *Biotechnologie* mit rund 100 Mitarbeitern zusammengefasst. Auch die Forschungsabteilungen in Wien, East Hanover und der Biochemie Ges.m.b.H. in Kundl betrieben Speziallaboratorien für Gentechnik und Biotechnologie (Sandoz 1986b: 14, 29; Guttmann 1986).

Dank der ausgebauten Fermentationskapazitäten der Biochemie in Kundl verfügte die Sandoz nicht nur eine hohe Forschungskompetenz in der Biotechnologie, sondern war auch in der Lage, die Up-scaling-Prozesse und die industrielle Produktion auf diesem Gebiet ständig weiterzutreiben. Die Division Pharma von Sandoz war seit ihrem Bestehen 1919 in der klassischen Biotechnologie tätig, und zwar über die pharmazeutische Anwendung von Mutterkorn. Viereinhalb Jahrzehnte später erlebten biotechnologische Tätigkeiten abermals einen Aufschwung, als Sandoz 1962 die österreichische Firma Biochemie Ges.m.b.H. in Kundl übernahm und 1965 in den Konzern integrierte. Die Biochemie hat sich auf die fermentative Produktion Antibiotika spezialisiert. Die lange Tradition von Tätigkeiten in der klassischen Biotechnologie trug sicher dazu bei, dass die Pharmaforschung von Sandoz früh über ein feines Gespür für diese neuen technologischen Möglichkeiten verfügte. Die Naturstoffe pflanzlichen, tierischen und menschlichen Ursprungs bildeten schon seit Langem eine Quelle für die Generierung pharmazeutischer Wirkstoffe.

Demgegenüber behinderte die traditionelle Ausrichtung auf die Chemie die deutschen Konzerne Hoechst, Bayer und BASF, eine ähnlich frühe Orientierung auf Biotechnologie einzuschlagen. Eine Ausnahme in Deutschland war die Firma Boehringer Mannheim, die seit Ende der vierziger Jahre in Tutzing und später in Penzberg südlich von München Fermentationsanlagen betrieb und in den achtziger Jahren ebenfalls früh und entschlossen in die Gentechnologie einstieg (Fischer 1991; Dolata 1996).

Führungsposition in der Immunologie

Die Forschungsschwerpunkte waren einerseits von einer langen Kontinuität und Stabilität auf einigen traditionell bearbeiteten Feldern des Zentralnervensystems (Psychopharma), der kardiovaskulären Krankheiten sowie der Allergie-Immunologie gekennzeichnet. In den siebziger Jahren arbeitete die Forschung vor allem auf den Gebieten Kreislauf, insbesondere Antihypertensiva, Atmungskrankheiten (z.B. *Zaditen*), Schmerz und Entzündung, Psychiatrie, Stoffwechsel- und Infektionskrankheiten. Andererseits gab es zwischen 1970 und 1996 drei wesentliche Veränderungen und Ergänzungen des Forschungsportfolios. (Sandoz 1977: 17; 1979: 16):

Nach einem erfolglosen Ausflug in die Immunologie über das Vakzingeschäft Mitte der siebziger Jahre führte die Erforschung des aus einem Pilz gewonnenen Wirkstoffes Ciclosporin und dessen Entwicklung zu *Sandimmun* zu einer nachhaltigen Veränderung der strategischen Forschungsausrichung der Sandoz. Der Erfolg von *Sandimmun* bot in den achtziger Jahren die Grundlage, die Aktivitäten im Feld der Immunologie zu verstärken und schließlich zu einem Schwerpunkt der Forschung zu entwickeln. Eine 1986 eingeleitete Reorientierung der Forschungsanstrengungen führte in den Gebieten gastrointestinale Krankheiten und Arteriosklerose zwar zu ersten Ergebnisse mit neuen Substanzen (Sandoz 1988: 26), aber zu Hauptpfeilern vermochten sich diese Bereiche dennoch nicht entwickeln.

1991 wurden die Forschungs- und Entwicklungaktivitäten erneut einer grundsätzlichen Analyse unterzogen und ein neues Forschungsportfolio zusammengestellt (Sandoz 1992a: 31). Sandoz Pharma formulierte das strategische Ziel, auf mindestens vier Forschungsgebieten weltweit führend zu sein. Das waren die Bereiche Osteoporose, Transplantation, Gentherapie und Tumor-Forschung (Sandoz-Gazette 1991). Als wesentliche Neuerung kam die Onkologie hinzu. Ende der achtziger Jahre kam Sandoz Pharma nach einer systematischen Studie zum Schluss, in das Gebiet der Onkologie einzusteigen. Aufgrund der günstigeren Voraussetzungen in diesem Feld in den USA beschloss die Division Pharma das entsprechende Forschungsgebiet in East Hanover aufzubauen. Entscheidender Hebel war die nach längerer Vorbereitungszeit 1992 für zehn Jahre vereinbarte Zusammenarbeit mit dem Dana Farber Institute, Boston. Das heisst die Zusammenarbeit erfolgte nach dem auf 'globaler Ebene' getroffenen Entscheid 'lokal' zwischen East Hanover und Boston. Der Onkologie-Entscheid wie auch der Beschluss, das Sandoz Research Institute in East Hanover massiv auszubauen sowie der Abschluss zahlreicher Kooperationen in den frühen neunziger Jahren waren stark von einzelnen Personen geprägt. Besonders wichtig waren die Initiativen von Max Link, des damaligen Leiters der Sandoz Pharmaceuticals in den USA, danach auch kurzzeitigen CEO der Sandoz Pharma AG (Hauser 1997).

Der Erfolg des Pilzmittels *Lamisil* und die Anwendungserweiterung von *Sandimmun / Neoral* zur Behandlung von Psoriasis boten schließlich die Grundlage, die Tätigkeiten in der Dermatologie im Forschungszentrum Wien deutlich zu verstärken. Somit waren 1993 Immunologie/Transplantation, Zentralnervensystem, Dermatologie, Asthma, Onkologie und Diabetes die Hauptgebiete der Forschung und Entwicklung (Sandoz 1994: 24). Diese Ausrichtung blieb bis zur Fusion mit Ciba-Geigy drei Jahre später bestehen, wobei nicht zuletzt bei Krebs und in der Immunologie neue technologische Ansätze verfolgt wurden (z.B. Interleukin 3 und Interleukin 6) (Sandoz 1994: 24; 1995a: 20). In den vier Bereichen Immunologie, Zentralnervensystem, Dermatologie und Krebs strebte Sandoz eine weltweit eine führende Position an (Sandoz bulletin 1996b).

Aufbau einer triadischen Forschungs- und Entwicklungsinfrastruktur

Die veränderten Rahmenbedingungen sowie die neuen technologischen Möglichkeiten legten es nahe, das Forschungsprogramm grundsätzlicher zu überprüfen. Sandoz Pharma beschloss im Jahr 1986, sich noch stärker auf innovative Gebiete und auf jene Felder zu konzentrieren, wo das Unternehmen bereits über besonders große Kompetenzen verfügte. Im Sinne dieser neuen Orientierung bereinigte Sandoz Pharma 1986 das Forschungs-Portfolio und restrukturierte die Forschungszentren. Die bisher starke Autonomie der Forschungszentren wurde durch eine konzernweite Zuteilung der Forschungsgebiete auf die Zentren relativiert. Im Entwicklungsbereich war die Mehrzahl der klinischen Projekte zwar bereits global in dem Sinne, dass sie gleichzeitig an mehreren Orten bearbeitet wurden. Aber es war immer noch möglich, dass z.B. die US-Konzerngesellschaft zwei, drei spezifische nur auf den Markt der USA ausgerichtete Projekte verfolgte (Hauser 1997). Entsprechend den neuen Zielsetzungen wurde das Forschungsinstitut in Wien auf präklinische Aktivitäten redimensioniert und die Abteilung Biotechnologie in Basel zugleich weiter ausgebaut. Parallel zur Stärkung der eigenen Kompetenzen spezifizierte die Division Pharma auch die Kooperationsbeziehungen mit forschungsorientierten Biotechunternehmen. Andererseits wurde in Japan eine Entwicklungsabteilung für pharmazeutische Darreichungsformen geschaffen, um der lokalen Nachfrage eher zu entsprechen (Sandoz 1987: 14, 23).

Die Intensivierung der Forschungsanstrengungen vollzog sich einerseits über neue Forschungskollaborationen. So vereinbarte Sandoz mit dem US-Konzern Schering-Plough die Entwicklung eines ACE-Hemmers zur Behandlung verschiedener Herz-Kreislauf-Erkrankungen und mit der Schering AG (Berlin) die Entwicklung eines Medikaments gegen Krankheiten im Zentralnervensystem. Andererseits wurden 1986 Planungen für umfangreiche Forschungsneubauten in East Hanover und Basel in Angriff genommen. Ein wesentliches Ziel der strategischen Reorientierung von Forschung und Entwicklung bestand in der massiven Stärkung der Präsenz in den USA und in Japan im kommenden Jahrzehnt (Sandoz 1987: 23; 1988: 26). Diese strategische Ausrichtung der F&E auf die Triade wird im folgenden anhand der massiven Erweiterung des Forschungszentrums in East Hanover und dem Aufbau des primär auf die Entwicklung ausgerichteten Zentrums in Tsukuba bei Tokio näher beschrieben.

East Hanover. Nach den Aufbauarbeiten in den sechziger und frühen siebziger Jahren wurden die Forschungs- und Entwicklungseinrichtungen in East Hanover bis Mitte der achtziger Jahre, mit Ausnahme der Modernisierung und Erweiterung wichtiger Entwicklungsbetriebe im Jahre 1978, kaum wesentlich erweitert (Sandoz 1979: 8). Der große kommerzielle Erfolg der zur Behandlung von Schizophrenie eingesetzten Psychopharmazeutikums *Melleril* in den USA trug dazu bei, die nötigen Mittel für die erste Auf- und Ausbauetappe zu generieren. Sandoz war bestrebt, die größeren Investitionen mit den im Lande selbst erwirtschafteten Mitteln zu finanzieren (Hauser 1997).

1984 setzten die ersten Veränderungen ein. Um die Forschung effizienter zu gestalten und den Kontakt mit anderen Instituten und Kliniken zu erleichtern, regruppierte die Sandoz, Inc, in East Hanover in diesem Jahr die Forschungs- und Entwicklungstätigkeiten des Sandoz Research Institute (Sandoz 1985: 18), und erweiterte zwei Jahre später aufgrund der gestiegenen Ansprüche die Laborkapazitäten (Sandoz 1987: 13).

Im Jahr 1986 begann die Sandoz, Inc., die Planung für eine umfassende Erweiterung des SRI in die Hand zu nehmen, deren Baubeginn schließlich 1989 war (Sandoz 1987: 23; 1990a: 28). Im März 1992 eröffnete die Sandoz Pharmaceuticals Corporation das für USD 50 Millionen erstellte Forschungszentrum, als erste Etappe der umfassenden Erweiterungen, die auch Teil eines 1988 lancierten US-Expansionsplanes waren. Das neue Forschungsgebäude wurde auf 250 Wissenschafter und unterstützendes Personal konzipiert. Die Sandoz-Pläne sahen vor, das Forschungszentrum bis Mitte der neunziger Jahre von insgesamt 850 auf über 1400 Mitarbeiter zu vergrößern. Sandoz wollte die Forschungs- und Entwicklungskapazitäten in den USA verdoppeln. 40% der Investitionsumme von insgesamt einer Milliarde USD war der Forschungs- und Entwicklung vorbehalten. Das Sandoz Research Institute konzentrierte sich auf die Forschungsgebiete Arteriosklerose, Diabetes und Krebs sowie auf die Durchführung klinischer Studien (Stokes 1992). Im Herbst des gleichen Jahres begann der Bau eines großen Gebäudes für Arzneimittelsicherheit, das schließlich im April 1995 eröffnet wurde. Dadurch erhielt das SRI 15000 m² zusätzliche Bodenfläche. Das neue Gebäude erhöhte die Kapazität zur Tierhaltung um 300%. Damit konnten mehr und länger dauernde Studien gleichzeitig durchgeführt und die Produkteinführung beschleunigt werden. Gleichzeitig wurde die erneuerte und erweiterte Anlage für die Produktentwicklung und die Produktion von festen Medikamenten für die klinische Prüfung in Betrieb genommen. Die Nutzfläche des ersten, bereits 1950 eröffneten Gebäudes mit den Produktionsanlagen für feste Formen wurde deutlich vergrößert.

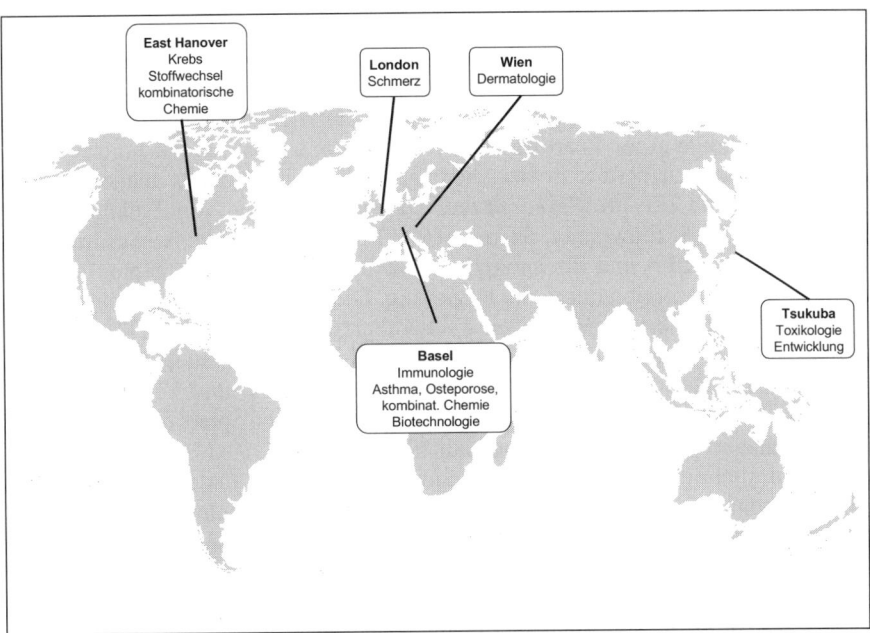

Abb. 7.5. Sandoz Pharmaforschung Centers of Excellence 1993–1996

Die Expansion unterstrich den Bedeutungszuwachs des SRI für die Forschungs- und Entwicklungsorganisation von Sandoz (Sandoz bulletin 1996e). Wie schon zwanzig Jahre früher erzeugte der kommerzielle Erfolg einzelner Präparate in den USA – vor allem das 1983 hier zugelassene *Sandimmun* – die wirtschaftliche Grundlage für diese massive Expansion. Auch *Lescol* zur Senkung des Cholesterinspiegels stammte aus diesen Labors (Sandoz 1990a: 27). Trotz der Einbindung in die konzernweite Forschungsorganisation war die Leitung des Zentrums bestrebt, eine gewisse Selbständigkeit zu bewahren, weil eine zu zentralistische Leitung durch die Zentrale in Basel die Motivation der Mitarbeiter beeinträchtigt hätte. Dieser 'Selbstbehauptungswille' setzte sich nicht immer konfliktfrei durch. Interessant ist aber, dass die Initiative für die großen Kooperationsabkommen mit Genetic Therapy und SyStemix und für den Einstieg in die Gentherapie von Personen der Konzernzentrale in Basel kam. Mitte der neunziger Jahre beschäftigte das Sandoz Research Institute 750 Wissenschaftler und andere Mitarbeiter, davon etwa 200 in der Forschung, 200 in der klinischen Entwicklung, weitere 350 in der Toxikologie und in der chemischen, analytischen und galenischen Entwicklung (Vision 1996; Hauser 1997).

Tsukuba. Bereits 1986 wurde in Japan eine Entwicklungsabteilung für pharmazeutische Formen geschaffen, um den lokalen Bedürfnissen besser Rechung tragen zu können (Sandoz 1987: 23). Kurz darauf entschloss sich Sandoz, ein richtiges Forschungszentrum in Japan zu errichten und zwar in Tsukuba Science City. Die seit Mitte der sechziger Jahre mit riesigen staatlichen Investitionen errichtete Universitäts- und Wissensschaftsstadt Tsukuba Science City, rund 60 Kilometer im

Nordosten von Tokio, ist eines der bedeutensten Wissenschafts-und Technologie-zentren Japans. 1988, zur Zeit der Planungsphase des Sandoz-Forschungszentrums, befanden sich 46 nationale Forschungsinstitute, 87 Stiftun-gen und 120 Firmen mit ihren Forschungs- und Entwicklungsabteilungen in Tsu-kuba. Auch einige große Pharmafirmen wie Takeda, Upjohn, Eizai, Fujisawa und Sankyo hatten sich bereits in den achtziger Jahren in Tsukuba niedergelassen (Watanabe 1988: 29). Im *'Research and Education District'* von Tsukuba lebten 1989 über 162 000 Einwohner, davon 10 000 Forscher. Tsukuba ist Ausdruck der staatlichen Industrie- und Technologiepolitik und weitgehend Ergebnis direkter Planung und Konzeption durch die Regierung. Die Anfänge von Tsukuba reichen noch vor die Lancierung des großen Technologieprogramms des MITI *Ministery of International Trade and Industry* in den achtziger Jahren zurück. In dieser Zeit entstand mit Kansai bei Osaka ein zweites Wissenschafts- und Technologiezen-trum, das im Rahmen von *public private partnerships* konzipiert und weitgehend privat finanziert wurde (Castells und Hall 1994: 65–76).

Nach dreijähriger Bauzeit weihte Sandoz Yakuhin am 1. Oktober 1993 das mit einem Investitionsaufwand von 200 Millionen Franken errichtete und architekto-nisch herausragende Forschungszentrum in Tsukuba in Anwesenheit der Konzern-spitze und des schweizerischen Botschafters in Japan ein. Mit diesem Forschungs-zentrum wollte Sandoz die Entwicklung neuer Produkte für den japanischen Markt wesentlich bechleunigen, die Stellung im japanischen Markt, dem zweitgrößten der Sandoz nach den USA, entscheidend verstärken und längerfristig auch der gesamten Konzernforschung neue Impulse verleihen.

Das Forschungszentrum beschäftigte anfänglich rund 120 Mitarbeiter. Der Ge-bäudekomplex besteht aus je einem Hauptflügel für die biologische, physikalisch-chemische und biomedizinische Forschung, einem Verwaltungstrakt und einem Gebäudetrakt mit dem hauseigenen Kraftwerk. Der Biologie-Flügel beherbergt eine Pharmakologie-, eine Toxikologie- sowie eine Metabolismus-Abteilung. Der Gebäudeflügel für die biologische Forschung und jener für phyikalisch-chemische Forschung wurden durch eine L-förmige Verbindung in unmittelbare räumliche Nähe gebracht, um eine bessere Kommunikation zwischen den Forschern der verschiedenen Disziplinen und eine engere Verbindung unter den Projektteams zu befördern. Der von Fumihiko Maki, einem der berühmtesten Architekten Japans, konzipierte Gebäudekomplex wurden mit dem 35. Architekturpreis des japani-schen Baumeisterverbandes ausgezeichnet. Dieser Preis wird jährlich für heraus-ragende Werke der japanischen Architektur vergeben (Sandoz 1994: 22; Sandoz bulletin 1994a; 1995b; Ettlin 1996).

Das Tsukuba-Institut erhielt bestimmte Spezialgebiete im Rahmen der interna-tionalen Arbeitsteilung in der Forschung zugewiesen. In einer ersten Phase bekam das Zentrum die Aufgabe, Prüfsubstanzen, die in Europa und den USA entdeckt wurden, weiterzuentwickeln und so rasch als möglich zu neuen Produkten zu verarbeiten, die einem japanischen Marktbedürfnis entsprechen. Außerdem erhielt es den Auftrag, im Zuge der globalen Strategie präklinische Forschungsaufträge zu erledigen. Die Fortschritte in der globalen Harmonisierung des offiziellen Prüf-prozesses erlaubten es, dass Tsukuba Versuchsdaten für amerikanische und euro-päische Registrierungsverfahren zur Verfügung stellte. In einer zweiten Phase beteiligte sich das Tuskuba-Institut auch an der 'Discovery' neuer Wirkstoffe, um dank der Verbindung des japanischen Forschungspotentials mit dem Wissensschatz von Sandoz innovative Produkte für den Weltmarkt zu entwickeln. Entsprechend den spezifischen Bedürfnissen bildeten anfänglich die Atemwegserkrankungen, Herz-Kreislauf-Erkrankungen und Onkologie die bevorzugten Forschungsgebiete des Forschungszentrums (Sandoz bulletin 1994a).

Die Pläne sahen vor, dass das Institut Ende der neunziger Jahre etwa 70% seiner Kapazität für präklinische Untersuchungen einsetzen werde, die der weltweiten Registrierung neuer Arzneimittel dienen. Die restlichen 30% sollten auf lokale Aktivitäten entfallen wie beispielsweise die Unterstützung örtlicher Untergruppen von internationalen Projektteams, zusätzliche Untersuchungen, die nur in Japan für die Registrierung benötigt werden, und Projekte im Zusammenhang mit dem Life-Cycle-Management im inländischen Markt (Ettlin 1996). Ein wichtiger Aspekt war aber auch, dass das Institut als Schaufenster für die örtliche Forschungsgemeinschaft dienen und damit mit dem japanischen Innovationssystem in Kontakt treten sollte.

Liesing bei Wien (Sandoz). Im Zuge einer generellen Überprüfung des Forschungsportfolios und der Konzentration auf bestimmte Tätigkeiten durch die gesamte Division Pharma wurde im Jahr 1986 das Forschungsinstitut in Wien redimensioniert. Dieses beschränkte sich fortan auf präklinische Aktivitäten (Sandoz 1987: 23). Der 1976 eingeführte Grippeimpfstoff *Sandovac* war das erste Präparat des Instituts. Die 1976 wieder eingestellte Tiergesundheitsforschung hatte das Veterinärantibiotikum *Tiamutin* gebracht, das immer noch breit eingesetzt wird. Auf der Basis einer neuen Klasse antifungaler Wirkstoffe entstand die *Exoderil*-Salbe. In Zusammenarbeit mit Genetics Institute in Boston wurde *Leucomax* entwickelt, das bei Krebs-Chemotherapie und nach Knochenmarktransplantationen eingesetzt wird. Das intravenös anwendbare Immunglobelin *Sandoglobulin*, das natürliche Antikörper gegen eine Vielzahl von Infektionskrankheiten enthält, entstand aus einer Zusammenarbeit der Pharmaforschung Basel mit dem Schweizerischen Roten Kreuz und wurde im SFI auf seine Wirksamkeit untersucht. Das bisher erfolgreichste Medikament aus dem SFI war das Pilzmittel *Lamisil*, das auf einer Weiterentwicklung des Wirkstoffs von *Exoderil* beruhte. Das Erfolgspotential von *Lamisil* bot auch die Grundlage für den Ausbau der Dermatologie als Forschungsschwerpunkt des SFI.

Das SFI kooperierte weltweit mit internen und externen Forschungsgruppen. Mit der Wiener Universitätsklinik für Dermatologie hat es auf seinem Schwerpunkt einen wichtigen Partner vor Ort, sowohl für die Grundlagenforschung als auch die klinischen Tests. Im Rahmen des 1989 auf dem Gelände des SFI eröffneten *Vienna International Research Cooperation Center (VIRCC)* arbeitete das SFI eng mit Wiener Universitätsinstituten zusammen. Trotz der Zuteilung der Verantwortlichkeiten an die Forschungszentren, wurden Techniken, Methoden und potentielle Wirkstoffe ausgetauscht. Insbesondere wurden die weiteren Entwicklungsschritte bis zur Registrierreife für Wirkstoffe in enger Zusammenarbeit zwischen Pharma Basel und dem SFI durchgeführt. Darüberhinaus nutzte das SFI auch Kooperationen der Muttergesellschaft mit externen Forschungspartnern. Zusammen mit dem Max Planck Institut in Berlin lancierte das SFI ein Projekt zur Identifikation genetischer Faktoren, die zu Hauterkrankungen oder Allergien führen. Ende 1995 arbeiteten im SFI 200 ständige Mitarbeiterinnen und Mitarbeiter, darunter 70 Wissenschafter und 90 Forschungsassistenten. Dazu kommen temporär tätige Diplomanden, Doktoranden, Postdoktoranden und Gastwissenschafter (Malainer 1996).

Basel bleibt wichtig. Die massive Erweiterung respektive der Aufbau der Forschungs- und Entwicklungszentren in East Hanover und Tsukuba ging keineswegs mit einer Minderung der Bedeutung von Forschung und Entwicklung in Basel einher. Im Gegenteil, auf der Ebene des Gesamtkonzerns stieg der Anteil der in der Schweiz getätigten F&E-Ausgaben zwischen 1985 und 1990 wieder von 44% auf 57% und blieb auch bis 1995, mit Ausnahme von 1993 (51%), auf einem hohen Niveau von 55%. Auch die Entwicklung der Investitionen in feste Anlagen zeigt, dass diese in der Schweiz bis 1991 höher waren als in den USA und während der Boomphase in der zweiten Hälfte der achtziger Jahre sogar stärker anstiegen als in den anderen wichtigen Investitionsregionen in den USA und Europa. Erst für die Zeit zwischen 1992 und 1996 läßt sich eine spürbare relative Bedeutungsminderung des Investitionsstandortes Schweiz beobachten, wofür die großen Investitionen in Forschung und Entwicklung sowie Produktion in den USA, Europa und Japan verantwortlich sein dürften. Obwohl diese Konzern-Zahlen nicht direkt auf die Division Pharma übertragbar sind und zudem durch Währungsschwanken beeinflusst wurden, zeigen sie dennoch, dass der Aufbau von Forschungskapazitäten in den USA und in Japan wesentlich mehr einer Expansion als einer Verlagerung entsprach.

Die Geschäftsberichte kündigten bis Mitte der achtziger Jahre eine weitere Dezentralisierung der Entwicklung an. Ab 1988 führten sie die verbesserten Möglichkeiten, außerhalb der Schweiz hochqualifizierte Spezialisten und gut ausgebildetes Fachpersonal zu finden, als Gründe für die Dezentralisierung der Forschung an (Sandoz 1989: 15; 1990a: 15; 1991a: 19). In den folgenden Jahren warnten die Geschäftsberichte jeweils vor einer Verschlechterung der politischen Rahmenbedingungen wegen der Kritik an Tierversuchen und der Gentechnologie (Sandoz 1992a: 17). Ein Blick auf die Entwicklung der F&E-Ausgaben, der Investitionen und vor allem eine Analyse des Werdegangs der F&E-Zentren außerhalb der Schweiz offenbart, dass dieser Diskurs die reale Entwicklung stark überhöhte. Den Mangel an hochqualifiziertem F&E-Personal in der Boomphase zwischen 1996 und 90 glich Sandoz am Stammhaus in Basel nicht zuletzt durch die Anstellung einer wachsenden Zahl ausländischer Spezialisten aus, wobei in dieser Phase der Anteil der Ausländer an den Beschäftigten in Basel generell zunahm (Sandoz 1989: 15; 1990a: 17).

Nachdem der physische Ausbau vor allem in den frühen siebziger Jahren stattgefunden hatte, war die Verstärkung der F&E in Basel in achtziger und neunziger Jahren weniger durch neue Gebäude als durch eine permanente Modernisierung der Ausrüstung und organisatorische Anpassungen gekennzeichnet. Zu nennen sind insbesondere der frühzeitige Computereinsatz (Sandoz 1986b: 12), die Schaffung und ständige Erweiterung des Forschungsbereichs Biotechnologie (Sandoz 1986b: 29), der Ausbau der pharmazeutischen und die Ausstattung der chemischen Entwicklung (Sandoz 1987: 23; 1988: 12).

Stephan Guttmann, der langjährige Leiter der Forschung und Entwicklung der Sandoz Pharma AG, hob *„das ausgezeichnete Forschungsniveau, die sehr hohe Arbeitsmoral sowie die überdurchschnittliche Produktivität unserer Forschungseinheiten auf den Plätzen Basel und Bern"* hervor. *„Weiterhin liegt für die phar-*

mazeutische Forschung die Attraktivität vorwiegend in der Regio mit den vier
Universitäten Basel, Freiburg im Breisgau, Straßburg und Karlsruhe sowie der
ETH und der Universität in Zürich, mit welchen wir enge Kontakte pflegen"
(Guttmann 1991). Die Verlagerung der Forschungstätigkeiten des Sandoz For-
schungsinstituts Bern zwischen 1995 und 97 nach Basel unterstrich die zentrale
Bedeutung der Einrichtungen in Basel (Sandoz bulletin 1995e; Sandoz-Gazette
1996g; live 1997).

Research Advisory Board. Die Sandoz gewichtete die divisionsübergreifende,
zentrale Forschung wesentlich geringer als die Ciba-Geigy. Um allerdings eine
übergeordnete Koordination zwischen den Divisionen zu gewährleisten und der
Konzernleitung strategische Entscheidungshilfen zu gewähren, gründete Sandoz
1982 das *Research Advisory Board.* Das *RAB* prüfte als beratendes und koordi-
niertendes Gremium klar definierte Forschungsvorhaben, die für den Konzern von
Interesse waren, von den Divisionen alleine aber nicht verfolgt werden konnten.
Es befasste sich mit Fragen der Forschungsorganisation und der Zusammenarbeit
mit externen Institutionen. Eine wichtige Aufgabe war es, den Erwerb und die
Anwendung neuer Technologien zu planen. Aufgrund des großen Gewichtes der
Pharmaforschng, war es naheliegend, dass sich das *Research Advisory Board*
schwergewichtig mit Forschungsproblemen der Division Pharma beschäftigte und
allenfalls Verbindungen zu den anderen Divisionen herstellte. 1988 betreute und
finanzierte das *Research Advisory Board* zum Beispiel 16 Forschungs- und 2
Technologieprojekte. Die Kosten für diese Arbeiten, die ein besonders hohes
Risiko- und Erfolgspotential aufwiesen und oft divisonübergreifend waren, betrugen im selben Jahr 18 Millionen CHF (Sandoz 1984: 14; 1986b: 14; 1987: 14;
1988: 14; 1989: 14). Das RAB behielt auch nach der Implementierung der neuen
Konzernstruktur 1990 seine wichtige integrierende Funktion und erhielt mit dem
neu geschaffenen *Technology Advisory Board* zusätzliche Mittel, die nicht aus den
Forschungsbudgets der Divisionen stammten (Sandoz 1990a: 15; 1991a: 19).

Das *Research Advisory Board* und das *Technology Advisory Board* gaben 1991
ihre Zustimmung zur zentralen Finanzierung von 28 als besonders zukunftsorien-
tiert eingeschätzten Pilotprojekten (1994: 21 Projekte). Nach durchschnittlich drei
Jahren wurden sie entweder von der entsprechenden Division weitergeführt oder
aufgegeben. Durch diese Verfahrensweise erlangten das RAB und das TAB die
Rolle einer Art konzerninterner Venture Funds (Sandoz 1992a: 17; 1995a: 14).

Im Rahmen des konzernweiten Wissensmanagements beobachten das *Research
Advisory Board* und das *Technology Advisory Board* die globalen Entwicklungen
in Wissenschaft und Technik und beurteilen deren Bedeutung für Sandoz. Die
beiden Organe unterstützen divisionsübergreifende Projekte, halfen mit, Synergien
zu nutzen und sorgten für eine rasche Umsetzung der Kenntnisse in Innovationen.
Kooperationen und strategische Allianzen ergänzten und erweiterten das in den
eigenen Forschungsabteilungen vorhandene Wissen.

7.3.4 Globale Integration der Entwicklung

Straffung der klinischen Entwicklung

Die massive Erweiterung der F&E-Infrastruktur und die Modernisierung der Produktionsanlagen kam einer regelrechten Explosion der Investitionen in feste Anlagen zwischen 1988 und 1990 gleich. Sie stiegen zweimal um jeweils die Hälfte an. Sandoz Pharma zählte 1992 in den Bereichen Forschung und Entwicklung 4300 Mitarbeiter und der F&E-Aufwand hatte sich seit 1987 von 575 Millionen CHF innerhalb von fünf Jahren auf 1116 Millionen CHF verdoppelt (Sandoz 1988; 1989; 1991a; 1993a).

Nach dieser enormen Expansion der Forschungs- und Entwicklungsinfrastruktur und der damit einher gegangenen Komplexität der Abläufe und Strukturen sah sich die Division Pharma Anfang der neunziger Jahre vor die Herausforderung gestellt, die gesamte Forschung- und Entwicklungsorganisation konzernweit und an allen Standorten einer tiefgreifenden Reorganisation zu unterziehen. 1991 analysierte Sandoz Pharma das Forschungsportfolio grundlegend und arbeitete einen neuen Langzeitplan aus. Dieser formulierte zudem das Ziel, die Flexibilität bei der Aufnahme neuer Forschungsprojekte zu steigern und die gesamte F&E-Produktivität zu erhöhen (Sandoz 1992a: 31). Bereits die rechtliche und unternehmerische Verselbständigung der Divisionen im Jahr 1990 kam einem zunehmenden Bedeutungsgewinn der globalen Strukturen innerhalb der Divisionen gleich. Die grundsätzliche Herausforderung bestand darin, die dreidimensionale Organisation von Linienfunktionen, Projektausrichtung und die geographische Ebene optimal auszusteuern. Bei Sandoz wie bei zahlreichen anderen Pharmakonzernen begannen Anfang der neunziger Jahre die globalen Linienfunktionen und ein globales prozeßorientiertes Projekt-Management einer immer wichtigere Rolle einzunehmen (Meier 1992: 20).

Um dem steigenden Kostendruck, der abnehmenden Produktivität und der zunehmenden Komplexität von Forschung und Entwicklung zu begegnen, leitete Sandoz Anfang 1993 eine Umstrukturierung der Pharma-Organisation ein, die in eine verstärkte Globalisierung zentraler Managementaufgaben mündete. Das *Pharma Corporate Management (PCM)* übernahm die weltweite Führungsverantwortung. Das PCM befand sich mehrheitlich, aber nicht ausschließlich in Basel. Im Bereich Entwicklung wurde ein *Product Development Committee* geschaffen, das gestützt auf Informationen aus den Tochtergesellschaften die Entwicklungsprojekte beurteilte, Prioritäten setzte und Ressourcen zuwies. Das Portfolio & Project Management und das Product Management waren die größten Bereiche des Pharma Corporate Management. Die Aktivitäten von Sandoz Pharma in Basel wurden Anfang 1993 davon getrennt durch die *Pharma Basel Operations* geführt. Diese umfassten rund 3700 Mitarbeiter in Produktion, Logistik, Direkt-Länderaktivitäten, Forschung und Entwicklung, Sicherheit und Umweltschutz sowie gewisse Bereiche der Registrierung (Sandoz-Gazette 1993c).

Daniel Vasella, CEO von Sandoz Pharma ab Mai 1995 bis zur Novartis-Fusion und 1994 der erste weltweite Leiter des Entwicklungsdepartementes, war maßgeblich an der Reorganisation der Forschungs- und Entwicklungsorganisation in den Jahren 1993/94 beteiligt. Er attestierte der Sandoz eine hohe Innovationskapazität, verortete aber Schwächen bei Geschwindigkeit und Effizienz der Entwicklung.[74] Weil die Arbeitsweisen in Forschung und Entwicklung immer unterschiedlicher wurden, trennte man 1994 diese in getrennte organisatorische Einheiten. Man wollte, dass sich die beiden Arbeitskulturen jeweils nach ihren spezifischen Erfordernissen der Innovationsfähigkeit respektive der Effizienz besser entfalten können (Herrling 1994; Sandoz 1995a: 20). Die Umstrukturierung mündete in den Aufbau weltweiter Organisationen, mit je einem globalen Leiter für Forschung und für Entwicklung mit eigenen Budgets. Ebenso wurden die Positionen der globalen Leiter der klinischen Entwicklung, der präklinischen Sicherheit (Toxikologie) und für technische Belange geschaffen. Vor der Reorganisation hatten die großen Konzerngesellschaften in Europa, in den USA und in Japan ihre eigenen Leiter der Forschung und Entwicklung. Die Entwicklungsaufgaben wurden von Land zu Land unterschiedlich ausgeführt.

Bereits vor der organisatorischen Trennung von Forschung und Entwicklung hatte Sandoz Pharma eine umfassende Reorganisation bei der Entwicklung eingeleitet. Um den gesamten Entwicklungsprozeß zu beschleunigen führte Sandoz Pharma 1993 ein konzernweites *Project Management* ein. Alle Entwicklungsprojekte wurden fortan durch internationale Projektteams betreut, die die Aufgabe hatten, die neuen Substanzen schneller und länderübergreifend zu entwickeln. Es ging darum, die Integration der funktionalen Aktivitäten wie der Toxikologie oder der klinischen Forschung und Entwicklung zu optimieren. Der Angelpunkt der Reorganisation war, die Linienfunktionen horizontal in Teams zu integrieren. Das funktionsübergreifende Projektteam (cross-functional project team) erhielt die direkte weltweite Verantwortung für einen Wirkstoff in der Entwicklungspipeline bis zum Marketing. Diese Organisationsform verlieh den Projektteams mehr Eigenverantwortung. Dem Top-Management blieb es hingegen vorbehalten, die strategischen Entscheide zu treffen. Die klassischen Funktionen blieben ebenfalls als Departemente bestehen (u.a. Forschung, Entwicklung, Produktion, Marketing). Sie unterstützten die quer zur klassischen funktionalen Gliederung arbeitenden horizontalen Projektteams. Es wurde also eine Matrixorganisation von internationalen Projektteams und weltweiten Linienfunktionen implementiert, die fortan die Arbeiten koordinierte. Die bislang bestehende geographische Dimension von lokaler und globaler Matrix verlor an Bedeutung. Projektteams gab es eigentlich schon vor 1992. Aber sie hatten nur einen ad-hoc Charakter ohne größeren Einfluss und bestanden nur auf Ebene eines Forschungszentrums, also in Basel oder in East Hanover, aber nicht global. Neben der interdisziplinären Integration erhielten die Projektteams die Aufgabe, die Entwicklungsprozesse wirklich weltweit, oder besser – auf triadischer Ebene anzuleiten.

Die klinischen Studien mussten parallel in den USA, Europa und Japan durchgeführt werden, um die rasche Registrierung in den wichtigsten Märkten zu erhalten.[75] Aufgrund der dezentralen Durchführung pharmakologischer und klini-

---

[74] Daniel Hauser, Leiter des Sandoz Research Institute und nach der Fusion *Head of US Operations, Preclinical Development* in East Hanover, meinte, dass sowohl Ciba wie Sandoz als auch Roche gegenüber Glaxo und Merck ins Hintertreffen gerieten, nachdem diese die weltweite Entwicklung mit rasantem Tempo vorangetrieben hatten (Hauser 1997)

[75] Um zum Beispiel in Großbritannien über eine lokale Basis für klinische Studien zu verfügen, errichtete Sandoz in Frimley, dem Hauptsitz von Sandoz Pharma in Großbritannien, Anfang der neunziger Jahre ein klinisches Entwicklungszentrum (Sandoz 1991a: 32; Rich 1996).

scher Studien in Zusammenarbeit mit ausgewiesenen Kliniken war die Entwicklung von ihrer Struktur her weniger zentral als die Forschung, organisatorisch aber wesentlich stärker integriert. Um Doppelspurigkeiten zu vermeiden, begann man systematisch klinische Studien so anzulegen, dass sie nicht nur in einem einzigen Land Gültigkeit besaßen, sondern in wichtigen Teilen auch den gesetzlichen Vorschriften anderer Länder entsprachen. Auf der Grundlage einer effizienten globalen Entwicklung und der Implementierung globaler Marken kann, je nach Erfordernissen der konkreten Marktbedingungen, das Marketing dann wieder flexibler und lokal angepasst agieren. Eine flexible Verknüpfung der räumlichen Maßstabsebenen bedingt natürlich, dass der Informationsfluss zwischen dem Zentrum des Projektteams und den Marketingteams in den Ländern klappt, und zwar interaktiv in beide Richtungen. Wichtiger Bestandteil dieser organisatorischen Innovationen war nicht zuletzt der Einsatz neuer Informationstechnologien. Sie waren eine wichtige Voraussetzung, um die Zusammenarbeit zwischen den beteiligten Instituten und mit den Registrierungsbehörden effizient zu gestalten und dadurch die Entwicklungszeit deutlich zu verkürzen. Neben den grundsätzlichen organisatorischen Veränderungen straffte das Departement 1994 auf der Basis neuer Evaluierungsmethoden sein Tätigkeitsportfolio und reduzierte die Zahl der Entwicklungsprojekte auf 30 gegenüber 45 zwei Jahre zuvor (Herrling 1994; vgl. Koberstein 1995: 42–44; Sandoz 1994: 24; 1995a: 24–25; 1996a: 25). Selbstverständlich ist der Erfolg neuer Organisationskonzepte erst nach einiger Zeit evaluierbar. Da die Ciba einen ähnlichen Veränderungsprozess durchmachte, war es neben den Rationalisierungserwägungen auch unmittelbar naheliegend, dass Novartis viele Elemente dieser Organisationsformen übernahm.

Neues Zentrum für die galenische Entwicklung

Im Zuge der Dezentralisierung spezifischer Entwicklungsaufgaben errichtete Sandoz France für 34 Millionen französische Francs ein Zentrum für galenische Forschung auf dem Technologiegelände ('*technopôle*') von Orléans-la-Source, das seine ersten Arbeiten im Januar 1994 aufnahm und am 4. April 1995 offiziell eingeweiht wurde. In den Jahren zuvor hatte Sandoz ihre pharmazeutische Produktionsstätte in Orléans unter großem Aufwand auf den neuesten technischen Stand gebracht. Das neue Institut wirkte gemeinsam mit den übrigen Galenik-Teams in Basel, East Hanover und Tsukuba an der Entwicklung neuer Arzneimittel. Es spezialisierte sich auf die Entwicklung oraler Darreichungsformen – wie zum Beispiel Gelkapseln, Tabletten, Filmtabletten, Trinklösungen, Sachets und Mikrogranulate. Es übernimmt jährlich zwei bis drei neue Wirkstoffe aus der Sandoz F&E-Pipeline und arbeitet deren endgültige Darreichungsform aus. Es validierte die entsprechenden Herstellungsverfahren, prüfte das industrielle Handling, die Stabilität und Haltbarkeit der Präparate und bereitet die pharmazeutischen Registrierungsdossiers entsprechenden den Anforderungen der FDA, der europäischen Länder und der japanischen Gesundheitsbehörden vor. Das Institut bekam auch teilweise die Verantwortung für die Herstellung und Verpackung und vollständig für die Logistik der Sandoz-Arzneimittel, die in französischen Krankenhäusern klinisch getestet wurden. Schließlich übernahm es auch teilweise die Verpackung von Präparaten für internationale klinische Studien für andere europäische Sandoz-Filialen. Als integrierter Bestandteil der Forschung und Entwicklung in Frankreich wurde das Galenikzentrum funktionell der internationalen Pharma-Entwicklung unterstellt, welche die Tätigkeiten der vier Entwicklungszentren koordiniert. Das Galenikzentrum nahm zugleich eine Scharnierfunktion von der Entwicklung zur pharmazeutischen Produktion ein (Sandoz bulletin 1995a; Scrip 1995c).

7.3.5 Weltweite Koordination der Forschung

Die rasante Entwicklung in der Zellbiologie und der Molekularbiologie führte zu neuen Ansätzen, die oft für mehrere therapeutische Forschungsbereiche relevant sind. Ihre Anwendung muss daher sorgfältig intern und international koordiniert werden. Mit der Gründung von Mechanismus-orientierten Forschungsgruppen, sogenannten *'mechanism related groups'* oder *'MRG's'*, versuchte Sandoz Pharma diese Entwicklung organisatorisch aufzugreifen. Die Aufgabe dieser MRG's bestand darin, grundlegende Mechanismen auf zellulärer Ebene, die für die Entstehung bzw. die Therapie von verschiedenen Krankheiten bedeutend sind, zu erkennen und, darauf aufbauend, Möglichkeiten zur Beeinflussung dieser Mechanismen auszuarbeiten. Die mehr anwendungsorientierten Forschungsgruppen, die *'disease related groups'* oder *'DRG'* übernahmen dann die Prüfung der Hypothesen sowie die allfällige Weiterentwicklung zu einem Entwicklungsprojekt (Meier 1992: 18).

Im Zuge der Reorganisation der weltweiten Forschung straffte Sandoz auch in der Schweiz die Forschungseinrichtungen und begann 1995, die Tätigkeiten des Berner Forschungszentrums nach Basel zu verlagern und die Forschungseinrichtungen in Bern zu schließen. Das ehemalige Forschungsinstitut der Wander AG fungierte ab 1. Januar 1987 als Sandoz Forschungsinstitut Bern. Die Arbeiten hatten sich auf die Gebiete der Entzündungskrankheiten (z.B. Rheuma) und der Hirnforschung (Geisteskrankheiten, Hirnschlag, Epilepsie) konzentriert. Die schrittweise Integration dieser Tätigkeiten in das Forschungszentrum in Basel diente der unabdingbaren Konzentration der Kräfte. Die Mehrzahl der 150 Beschäftigten des Instituts, vorwiegend Laboranten und Forscher, erhielt Stellenangebote in Basel. Eine kleinere Anzahl wurde vorzeitig pensioniert oder andersweitig bei Wander in Bern beschäftigt (Sandoz bulletin 1995e; Sandoz-Gazette 1996g). Novartis schloss die Verlagerung des Forschungsinstitutes Mitte 1997 ab (live 1997).

Verglichen mit der bereits vorher eingeleiteten internationalen Reorganisation der Forschung war das allerdings nur ein bescheidener Schritt. Sandoz Pharma verfeinerte die Arbeitsteilung und Koordination zwischen den Forschungszentren. Geographisch wurde ein Forschungsprojekt in einem Zentrum angesiedelt. Die Projektstruktur sollte jedoch helfen, dass, wenn nötig, auch Fachkräfte aus anderen Zentren dem Projekt zugeordnet werden konnten (Herrling 1994). Um die potentiellen Synergien zwischen den Gebieten aufzuspüren und auszunutzen, legte man großes Gewicht auf die Verbesserung der Kommunikation zwischen den Zentren. Die Forschungszentren in Basel/Bern, East Hanover, Wien und London wurden als eigentliche 'centers of excellence' strukturiert und ihre Arbeitsschwerpunkte auf spezifische Indikationen fokussiert. Die Forschung konzentrierte sich Mitte der neunziger Jahre auf vier therapeutische Gebiete: Immunologie, Zentrales

Nervensystem, Dermatologie und Onkologie (Herrling 1994; Sandoz 1993a: 31; 1995a: 23; 1996a: 23; 1996b: 23; Sandoz bulletin 1996b).

Die Schwerpunkte der Forschung in Basel/Bern waren die Immunologie mit den Hauptgebieten Transplantation und rheumatoide Arthritis, das Zentralnervensystem (Demenz, Schizophrenie) sowie Asthma und Osteoporose. 1996 zählte das Forschungszentrum Basel um die 700 Mitarbeiter (die Verlagerung des Berner Instituts war noch im Gange). Eine Gruppe von Forschern mit gebietsübergreifenden Aufgaben unterstützte die Teams in den therapeutischen Gebieten. In Zusammenarbeit mit dem Unternehmen Pharmacopeia in Princeton, New Jersey, beschäftigte sich ein Team mit kombinatorischer Chemie. Diese Technologie erlaubt es, eine große Zahl von neuen chemischen Verbindungen zu erzeugen, die in einem Hochleistungsscreeningprogramm (High-Throughput Screening) auf ihre Wirksamkeit getestet werden. Eine Genomics-Gruppe widmete sich der Erforschung des menschlichen Erbgutes und möglichen Hinweisen auf Ursachen von Krankheiten, die dann auch therapeutische Ansatzpunkte sein könnten. Diese Forschungseinheit kollaborierte mit einer Gruppe der John Hopkins University in Baltimore. Eine 1992 aufgenommene Zusammenarbeit mit dem Scripps Research Institute in La Jolla bei San Diego ergänzte die eigenen Programme in den Bereichen Immunologie und Zentralnervensystem.

Das Sandoz Research Institute in East Hanover bearbeitete mit seinen 200 Mitarbeitern hauptsächlich Aufgaben in der Onkologie, ergänzt durch Tätigkeiten über metabolische Krankheiten, speziell Diabetes. Die Onkologieforschung setzte erst Anfang der neunziger Jahre ein und wurde vor allem in Zusammenarbeit mit dem Dana-Farber Institute nach 1992 stark erweitert. Die Teams suchten einerseits nach Wirkstoffen, die die Chemotherapie unterstützen und andererseits nach selektiven Therapieansätzen, vor allem mit Hilfe von Gen- und Zelltherapie. Das SRI richtete in Zusammenarbeit mit Pharmacopeia, Princeton, ebenfalls eine Einheit für kombinatorische Chemie ein. Das Sandoz-Forschungsinstitut Wien arbeitete schwerpunktmäßig in der Dermatologie und widmete sich darüberhinaus zeitweilig (1992) auch der Identifizierung von Substanzen für die AIDS-Therapie. Die 200 Mitarbeiter konzentrierten sich 1996 auf die Erfoschung von Psoriasis (Schuppenflechte) und Neurodermitis. In Zusammenarbeit mit dem Max-Planck-Institut in Berlin beschäftigten sich die Forscher mit der Identifikation von genetischen Faktoren, die zu Hauterkrankungen führen. Das Institut begann mit Hilfe von Pharmacopeia, roboterisierte Analysemethoden und kombinatorische Chemie einzusetzen.

Das Sandoz-Institut für Medizinische Forschung (SIMR) in London mit rund 70 Wissenschaftern befasste sich seit der Gründung 1985 ausschließlich mit den Mechanismen und der Bekämpfung des chronischen Schmerzes.

Das neue F&E-Zentrum in Tsukuba hatte noch keine spezifischen Aufgaben in therapeutischen Indikationen erhalten. Es nahm primär Aufgaben im Entwicklungsbereich wahr.

Die Übernahme der Firma Genetics Therapy Inc. in Gaithersburg, Maryland, im Jahr 1995 bot die Grundlage, in Zukunft ein speziell auf Gentherapie ausgerichtetes Forschungszentrum aufzubauen (vgl. Abschnitt 7.3.6).

Dieses konzernweite Netzwerk wurde durch die gezielte Zusammenarbeit mit externen Partnern wie Biotechunternehmen, Forschungsinstituten und Kliniken ergänzt. Besondere Aufmerksamkeit schenkte das Forschungsdepartement der

Nutzung neuer Technologien wie der kombinatorischen Chemie und der Genom-forschung. Dabei stellte sich allerdings die Schlüsselfrage, wie über Kooperationen erworbenes Wissen und Technologien konzernintern zirkulieren und von den entsprechenden Forschungsgruppen, zunächst den *'mechanism related groups'*, dann aber auch den *'disease related groups'* genutzt werden können.

Die Veränderungen der Forschungs- und Entwicklungsorganisationen führten dazu, dass die einzelnen Tätigkeiten im Laufe der Forschungs- und Entwicklungs-prozesse konzernweit integriert ablaufen können, während vorher die Präparate in der Regel im gleichen Zentrum entdeckt und dann auch entwickelt wurden. Aufgrund der Größe und strategischen Bedeutung kam die große Mehrheit der Präparate vom Zentrum Basel. In East Hanover entstand zum Beispiel *Lescol,* und das sehr erfolgreiche *Lamisil* wurde in Wien entdeckt und zum Teil auch entwickelt (Hauser 1997).

7.3.6 Über Kooperationen Zutritt zu neuen Technologien

Im Abschnitt 7.3.3 über den Einstieg in die Gentechnologie wurde bereits auf das sehr aktive Kooperationsmanagement von Sandoz in den achtziger Jahren hinge-wiesen. Besonders im Rahmen der 1983 für zehn Jahre abgeschlossenen For-schungskooperation mit Genetics Institute konnte sich die Forschungsorganisation von Sandoz zahlreiche neue Erfahrungen aneignen, obgleich der Output an neuen Produkten sicherlich hinter den Erwartungen zurückblieb. Immerhin brachte Sandoz mit dem Blutwachstumfaktor *Leucomax* 1993 ein gemeinsam mit Genetics Institute entwickeltes Präparat auf den Markt (das sich umsatzmäßig aber relativ bescheiden entwickelte (Sandoz-Gazette 1993a). Bis 1991 steigerte Sandoz Pharma die Zahl der Forschungskollaborationen auf über 30 (Sandoz 1992a: 26). Die Geldmittel für Kooperationen haben seit Beginn der achtziger Jahre zugenommen. Dennoch machten sie 1992 immer noch nur knapp 10% des gesamten Aufwandes für Forschung und Entwicklung von CHF 1116 Millionen aus (Sandoz-Gazette 1993b). In den Jahren bis zur Novartis-Fusion ereignete sich allerdings eine rich-tige Welle von Kooperationsabkommen, die an dieser Stelle nicht einzeln gewür-digt werden können. Ein Analyst von Salomon Brother meinte gar, dass Sandoz 1994 bereits ein Drittel des F&E-Budgets für externe Kooperationen verwendete (Laing 1995: 41). Obwohl der Sprung von 10% auf über 30% innerhalb von drei Jahren eher unrealistisch erscheint, ist klar, dass Sandoz im Industrievergleich in dieser Zeit überdurchschnittlich viele Kooperationsabkommen abschloss. Im Hin-blick auf die längerfristige Forschungsorientierung von Sandoz Pharma ist es hilfreich, einige Schlüsselkooperationen näher zu betrachten. Besonders im Jahr 1991 vereinbarte Sandoz Pharma Abkommen, die bald strategischen Charakter erlangten (siehe Tabelle 7.3).

Mit der Übernahme einer Mehrheitsbeteiligung an Systemix Inc. in Palo Alto wollte Sandoz Pharma die weltweit führende Positionen in der Immunologie wei-ter ausbauen. Sandoz erhoffte sich, Zugang zu einem besonders interessanten Forschungsportfolio auf dem Gebiet der Charakterisierung, Isolierung und Reini-gung von Stammzellen aus dem menschlichen Rückenmark zu erhalten. Ebenfalls 1991 vereinbarte Sandoz unter Leitung des Forschungszenrums in East Hanover eine Kooperation mit Genetic Therapy Inc. in Gaithersburg, Maryland, und mit dem auf Krebstherapien spezialisierten Dana-Farber Instiute in Boston. Die auf zehn Jahre angelegte USD 100 Millionen-Partnerschaft mit Dana-Farber war ein wichtiger Schritt, um am Forschungszentum in East Hanover eine Forschungseinheit Onkologie aufzubauen (Brink 1991; Sandoz-Gazette 1994a; Hauser 1997).

Die 1991 vereinbarten Kooperationsabkommen mit Genetic Therapy und SyStemix waren das Fundament für den Aufbau eines umfassendes Netzwerkes in den Bereichen Gentherapie und Zelltherapie in den USA. Genetic Therapy wurde 1995 und SyStemix 1996 von Sandoz übernommen. Etwas später begann sich Sandoz, aufbauend auf ihrer Expertise in der Transplantationsmedizin und Immunologie, in der Xenotransplantation zu engagieren. Eckpunkte hierzu waren die 1993 abgeschlossenen Kooperationen mit Imutran in Cambridge und Biotransplant in Boston sowie die Zusammenarbeit mit dem Diaconess Hospital in Boston.

Eine besonders interessante Kooperation vereinbarte Sandoz Pharma 1991 mit der Venture Capital Firma Avalon Ventures in La Jolla bei San Diego, mit der sie die Gesellschaft Avalon Medical Partners gründete. Das gemeinsame Unternehmen erhielt den Auftrag, besonders erfolgversprechende Forschungsprojekte zu finden und zu finanzieren (Sandoz 1992a: 31). Die Zusammenarbeit mit einer Venture Capital Firma erlaubte sodann eine besonders effiziente Beobachtung und Kontrolle der Biotechszene in den USA und erleichterte es, sich erfolgversprechende Technologien zu erschließen

Genetic Therapy, Inc. (GTI)

Sandoz Pharma vereinbarte 1991 mit GTI eine umfassende Kooperation auf dem Gebiet der Gentherapie. Das Abkommen beeinhaltete auch eine Kapitalbeteiligung im Wert von USD 10 Millionen an GTI und die Finanzierung zweier Forschungsprogramme. Schließlich übernahm Sandoz im August 1995 Genetic Therapy Inc., mit mittlerweile 150 Mitarbeitern, für insgesamt USD 295 Millionen und setzte sich damit an eine weltweite Spitzenposition in der Gentherapie. GTI führte damals die weltweit am weitesten fortgeschrittenen klinischen Versuche in der gentherapeutischen Behandlung von Gehirntumoren und arbeitete an Gentherapien für Krebs, HIV, zystische Fibrose, die Gaucher- sowie die Bluterkrankheit (Fisher 1995; Sandoz bulletin 1995f; Barrett 1996). Sandoz lancierte mit Genetic Therapy, Inc. eines der umfangreichsten Versuchsprogramme in der gentherapeutischen Behandlung von bösartigen Gehirntumoren (Sandoz bulletin 1996a: 28). Da auch die Ciba-Partnerin Chiron Corporation über das zuvor erworbene Unternehmen Viagene in der Gentherapie tätig war, schätzte die Federal Trade Commission bei ihrer Prüfung der Novartis-Fusion, die Position des neuen Unternehmens in der Gentherapie so stark ein, dass sie die Auslizenzierung bestimmter Technologien verlangte (FTC 1996b; 1996a).

SyStemix

1991 begann Sandoz mit SyStemix in Palo Alto zusammenzuarbeiten, ein Jahr später übernahm sie eine Beteiligung von 60%, die sie 1995 auf 71,6% erhöhte. SyStemix spezialisierte sich auf die Entwicklung innovativer Therapien für schwere Störungen des Blutsystems, die auf dem Einsatz humaner hämatopoietischer Stammzellen (HSC) beruhten. Die Stammzellen sorgen für eine konstante

Erneuerung der Blut- und Immunzellen im menschlichen Körper. Mögliche Anwendungen erhofft man sich in den Bereichen der Chemotherapie und der Knochenmarktransplantation. Im Mai 1996 bot Sandoz dem Verwaltungsrat von SyStemix die vollständige Übernahme für USD 17 je ausstehende Aktie an (Gerlach 1993; Sandoz-Gazette 1996e). Schließlich übernahm Novartis im Jahr 1997 SyStemix zu einem allgemein als sehr teuer beurteilten Preis. Vorher war es den Aktionären gelungen, den Preis mehrfach zuzutreiben.

Neue Erkenntnisse dank Scripps Research Institute

Eine besonders umfassende und wissenschaftlich bedeutsame Zusammenarbeit vereinbarte Sandoz Pharma 1992 mit dem Scripps Research Institute in La Jolla bei San Diego, dem größten nicht gewinnorientierten medizinischen Forschungsinstitut in den USA. Mit dem ab 1997 auf zehn Jahre angelegten Vertrag verschaffte sich Sandoz für 300 Millionen USD Zugang zu wichtigen Forschungsergebnissen der über 650 Wissenschaftler dieses Instituts. Die langfristige Kooperation ergänzte die eigenen Forschungsprogramme in den Bereichen der Immunologie, des Zentralnervensystems und der kardiovaskulären Erkrankungen (Rose 1992; Sandoz 1993a: 17). Diese Kooperation löste in den USA heftige Debatten über die Abhängigkeit akademischer Forschung von den Interessen (ausländischer) multinationaler Unternehmen aus. Insbesondere die Direktorin des National Institutes for Health, Bernadine Healy, warnte vor dramatischen Konsequenzen für die freie Forschung (Stern und Rose 1993; Holzmann 1993). Aufgrund des politischen Druckes musste der Umfang des Abkommens im Jahr 1994 auf ein Vertragsvolumen von USD 200 Millionen reduziert werden. Anstatt des unbeschränkten Technologiezutritts durfte Sandoz nur noch 47% der Scripps-Erfindungen lizenzieren. Sandoz verlor auch das Recht, die Consulting-Verträge der Scripps-Wissenschafter zu kontrollieren und ihre Publikationen zu prüfen (Rose 1994).

In weiteren Vereinbarungen intensivierten die beiden Partner ihre Zusammenarbeit. Sandoz Pharmaceuticals Corporation in East Hanover verpflichtete sich, The Scripps Research Institute während fünf Jahren 20 Millionen USD zu bezahlen. Dafür erwarb Sandoz das Recht, ab 1997 nach freier Wahl rund die Hälfte der Entdeckungen aus der allgemeinen Forschung von Scripps zu kommerzialisieren (Sandoz bulletin 1994d). Die beiden Partner steigerten bereits zwischen 1994 und 1995 die Anzahl gemeinsamer Projekte von fünf auf siebzehn (Sandoz 1995a: 23; 1996a: 24).

Mit Pharmacopeia in die kombinatorische Chemie

Das am 3. Oktober 1995 bekannt gegebene Forschungsabkommen mit der 1993 gegründeten Firma Pharmacopeia in Princeton, New Jersey, betraf die Synthese zahlreicher neuer, mit Hilfe der kombinatorischen Chemie generierter Wirkstoffverbindungen. Das auf fünf Jahre geplante Projekt beinhaltete, dass Pharmacopeia Bibliotheken neuer chemischer Verbindungen herstellte und Sandoz zur Verfügung stellte. Diese testete dann mit Hilfe ihrer Hochleistungs-Screening-Programme die Substanzen im Hinblick auf ihre therapeutischen Anwendungen. Über den finanziellen Umfang wurde nichts bekanntgegeben. Die Sandoz richtete

mit Unterstützung von Pharmacopeia die kombinatorische Chemie in den Forschungszentren Basel, East Hanover und Wien ein (Gerlach 1995b; Sandoz bulletin 1996d).

Imutran: Hoffnungen in die Xenotransplantation

Im April 1996 übernahm Sandoz die auf Xenotransplantation spezialisierte Firma
Imutran in Cambridge, England. Mit dem bereits 1993 vereinbarten Kooperationsabkommen hatte sich Sandoz gegen Lizenzgebühren und andere Zahlungen an
Imutran die Rechte für die Vermarktung und den Verkauf der von Imutran entwickelten Organe gesichert. Imtrun gelang es erstmals, das Problem der unmittelbaren Abstoßung des eingepflanzten tierischen Gewebes durch den menschlichen
Körper zu dämpfen. Neben der Zusammenarbeit mit Imutran verfügte Sandoz in
diesem Feld über Forschungskooperationen mit Biotransplant, Inc., einem Biotechunternehmen in Boston, und mit dem Deaconess Hospital, das zur Harvard
University in Boston gehört und in welchem sich das Sandoz-Zentrum für Im-
munbiologie befand (Sandoz-Gazette 1996f; Sandoz bulletin 1996b).

Tab. 7.3. Forschungsorientierte Allianzen von Sandoz bis 1996

Beginn	Unternehmen / Gesellschaft	Indikationsgebiet / Anwendung	Projekt / Produkt
	ALZA Corp., Palo Alto	Darreichungsformen	Entwicklung einer DynaCirc basierten Darrei-chungsform von Isradipine
	BioResearch, Ireland		Contract Research
	Columbia University, New York		Nicht-exklusives Lizenzabkommen für einen rDNA Extraktionsprozess
	Johnson Matthey		F&E-Abkommen für einen neuen Anti-HIV-Wirkstoff
	Schering AG, Berlin		Entwicklungsabkommen für Medikament gegen Angstzustände
	Schweiz. Allergie- und Asthmaforschungsinstitut		Forschungsabkommen
	University of Glasgow		Forschungsabkommen für monoklonale Antikörper gegen Endotoxin
	Vienna International Research Cooperation Center (VIRCC)		Forschungsabkommen im Bereich Xenotrans-planation
80er J.	Royal Free Hospital, London	Immunologie	Forschungsabkommen für Mabs in Transplanation und Autoimmunkrankheiten (CHI 621)
80er J.	Sloan Kettering Memorial Inst.	Gentherapie	
1982	Wistar Institute, Philadel-phia		Forschungsabkommen im Bereich monoklonale Antikörper als Tumorantigene und gegen Infektionen
1982	Genetics Institute, Boston	Immunologie, Krebs	Exklusive Lizenz für weltweite Vermarktung von GM-CSF, IL-3, IL-6 (Interleukine)
1984	Collaborative Research Institute, Lextington		Forschungsvereinbarung im Bereich Krebs
1987/8	INCSTAR Corp.	Diagnostika	Auf monoklonale Antiköpern basierende Diagnosti-ka für Ciclosporin, nichtexklusives, weltweites Entwicklungsabkommen
1990	Somerset Pharmaceuticals	Neurologie, Parkinson	Sandoz promotet Eldepryl (seleginine) in den USA
1991	Avalon Medical Partners LP, San Diego	Venture Capital	Gründung und Finanzierung von Biotechunterneh-men
1991	Mallinckrodt	Kontrastmittel	Tumordiagnostika

1991	Schering Plough	Herz/Kreislauf, Krebs	Entwicklungsabkommen für ACE-Inhibitor Spirapril, Leucomax
1991/3	Dana Farber Cancer Institute, Boston	Krebs, Immunologie, Herz, Kreislauf	Forschungsabkommen für 10 Jahre und 100 Mio. für Behandlungen mit Signaltransduktion im Bereich Krebs
1991/11	Genetic Therapy, Gaithersburg, Maryland	Krebs, Gentherapie	Breites Abkommen auf Gentherapie FK (GLI 328) Kapitalbeteiligung ab 1995 100%
1991/3	Protein Design Labs, Inc., Mountain View, CA	Humanisierte Antikörper	Entwicklungsabkommen für antivirologische MAB und MAB gegen Krebs
1991/5	Athena Neurosciences, Inc.	Neurologie, Multiple Sklerose	Athena erwirbt exklusives Lizenzabkommen für Sirdalud zur Behandlung von Spastizität (u.a. Multiple Sklerose) für USA und Kanada
1992	Allergan	Immunologie	Ophtalmolog. Ciclosprorin A
1992	SyStemix, Palo Alto	Immunologie, AIDS, Krebs	Knochenmarkzellentherapie gegen AIDS, Übernahme von 72%-Beteiligung
1992	Scripps Research Institute, San Diego	Immunologie, Zellbiologie etc.	Breites Forschungskollaboration für $ 300 / 200 Mio., zahlreiche Projekte
1992/1	Affimax NV, Niederlande	Biotechnologie	F&E-Abkommen auf katalytischen Antikörpern
1993/1	Neurosciences Institute	Neuroscience	Breite Kooperation für 14 Jahr
1993	Bio Transplant	Immunologie, Xenotransplantation	Forschungsabkommen für XenoMune, transgene Tiere und Xenotransplantationstechnologien Kapitalbeteiligung $ 5 Mio.
1993 1996	Imutran, Cambridge, GB	Immunologie, Xenotransplantation	F&E-Abommen transgene Tiere für Xenotranplanation Übernahme
1993	Terry Fox Laboratories	Immunologie	Forschungsabkommen für Hämatopoese-Hemmer und Vermehrung von Stammzellen
1993/12	Ajinomoto Co., Inc., Japan	Endokrinologie, Diabetes	Exklusives Lizenzabkommen außerhalb Japan, Korea, China, Taiwan, UK und Iralnd für A-4166 Wirkstoff gegen Diabetes
1993/12	NeXstar Pharmaceuticals, Inc.	Gentherapie	Entwicklungsabkommen für Gentherapie gegen Aids durch SyStemix
1993/4	Bio-Technology General Corp.		Exklusive, weltweite Rechte für Aminopeptidase Enzyme zur Behandlung genetisch veränderter Proteine
1993/9 1995/9	Procept, Inc.	Kleine Moleküle im Bereich Immunsuppression	- Sandoz finanziert insgesamt $29 Mio. an Forschung und erhält Marketingrechte in Europa und Asien und Co-Marketingrechte in Nordamerika - Abkommen um ein Jahr verlängert
1994	Children's Hospital, Boston	ZNS	Alzheimer
1994	Deaconess Hospital - Harvard University, Boston		Forschungsabkommen im Bereich Xenotransplantation. Etablierung des Sandoz Center for Immunology Harvard University
1995	AMRAD Corp. Ltd.	Krebs	Lizenzabkommen für LIF=Leukemia Inhibitory Factor
1995	Argonaut	Kombinatorische Chemie	
1995	Fuji Photo Film, Japan		Lizenz an Sandoz über Dana Farber Institute in Krebs (MKT-077/FJ-776)
1995	Johns Hopkins University, Baltimore	Genomforschung, Neurologie	Schizophreniegen über Genomics
1995	Max Planck Institute, Berlin	Genomforschung	Entwicklung von Genexpressionkatalogen über Genomics
1995/10	Pharmacopeia, Inc., Princeton, New Jersey	Drug Design, kombinatorische Chemie	F&E-Abkommen und Lizenzierung von Rechten auf Wirkstoffe aus kombinatorischer Chemie (Krebs, Transplantation, CNS, Dermatologie)
1996/1	Organogenesis, Inc.; späterer Name: OSI Pharmaceuticals	Wundheilung	Exklusives Lizenzabkommen für Hauttransplantationspräpart (Apligraf)

Quellen: zusammengestellt nach Geschäftsberichten von Ciba-Geigy, Mehta and Isaly (1995), Kulhof (1996a, 1996b), Bioscan (April 1996, S- 281–283).

7.4 Novartis: Selektive und konzentrierte Globalisierung der technologischen Kompetenzen

Die für die Forschung und Entwicklung erforderliche Kapitalmasse ist eine der Triebfedern des gegenwärtigen Konzentrationsprozesses in der pharmazeutischen Industrie. Das galt auch für den Zusammenschluss von Ciba und Sandoz. Novartis Pharma wendete 1996 2292 Millionen CHF und 1999 2848 Millionen CHF für die Forschung und Entwicklung auf und stand damit in absoluten Zahlen an der Spitze der gesamten Pharmaindustrie und hinter Hoffmann-La Roche bezüglich des F&E-Anteils am Umsatz (Novartis 2000a). Die Erlangung einer kritischen Masse in den bearbeiteten therapeutischen Gebieten wurde als essentiell angesehen, wie Pierre Douaze, bis Ende 1997 Leiter der Division Gesundheit von Novartis, betonte (Douaze 1997). Novartis setzte sich das Ziel, jährlich mindestens drei neue Substanzen einzuführen. Das sei eine Voraussetzung, um an der Weltspitze mitreden zu können (Räber 1997).

7.4.1 Integration und Reorganisation der Forschungs- und Entwicklungsorganisationen

Verschmelzung der Strukturen

Die Fusion von Ciba und Sandoz brachte zwei Forschung- und Entwicklungsorganisation von über 8000 Personen zusammen, die in vier großen (2xBasel, Summit, East Hanover), vier mittelgroßen (Wien, Horsham, Takarazuka, Tsukuba) und drei kleineren Forschungszentren (Gaithersburg, London, Cambridge) arbeiteten. Auf der Entwicklungsseite betraf die Integration zusätzlich noch die Entwicklungslabors in Rueil-Malmaison (2x) bei Paris, in Orléans und Frimley (GB). Dazu kamen die sehr umfassenden Kooperationsabkommen mit Chiron und SyStemix sowie Dutzende von eher punktuellen Partnerschaften hauptsächlich in den USA, aber auch in Europa.

Die Herausforderung einer derartigen Fusion bestand darin, die äußerst komplexe Integration so zu verwirklichen, dass einerseits die erwünschten Rationalisierungseffekte eintreten und Synergiegewinne mit dem Abbau von Doppelspurigkeiten erzielt werden, ohne aber andererseits die Innovationskapazität zu beeinträchtigen. Eine neue dynamische und flexible Organisation sollte erlauben, ein Maximum an Synergien über die therapeutischen Gebiete und zwischen den Funktionen zu gewinnen.

Aufgrund der Größe und Komplexität der fusionierten Forschungs- und Entwicklungsbereichs radikalisierte Novartis die 1992 und 1994 von Ciba und Sandoz eingeführte Trennung in Forschung und Entwicklung und formierte gar die drei globalen Bereiche *Research* (geleitet von Paul Herrling, ex-Sandoz), *Pre-Clinical Development and Project Management* (geleitet von Jörg Reinhardt, ex-Sandoz) sowie *Clinical Development & Drug Regulatory Affairs* (geleitet von William Jenkins, ex-Ciba). Die F&E-Einheiten von Ciba und Sandoz wurden nun auf diese drei Bereiche aufgeteilt und miteinander verschmolzen.

Das funktionale Departement *Pre-Clinical Development and Project Management* erhielt dabei eine Schlüsselrolle. Zu den eigentlichen präklinischen Tätigkeiten der Toxikologie, biologischen Sicherheit und internen Qualitätssicherung übernahm diese Einheit auch das Projektmanagement. Dieses nahm eine zentrale Aufgabe wahr, die funktionsübergreifende, horizontale Integration aller Pharma-Funktionen zu garantieren. Diese Funktionen waren *Research, Pre-Clinical Development and Project Management, Clinical Develolpment & Drug Regulatory Affairs, International Marketing and Country Operations* und *Technical Operations.* Das Projektmanagement musste also sicherstellen, dass die Inputs aus allen Funktionen und Departementen, einschließlich wichtiger Kunden, in der Planung, in der Implementierung und Evaluierung aller Projekte während des gesamten Entwicklungszyklus' berücksichtigt wurden. Diese Struktur bedeutete, dass die *International Project Teams*, die von einem Projektmanager des *Project Management* angeleitet werden, die treibende Kraft im Entwicklungsprozess der einzelnen Projekte waren. Mit dieser Struktur versuchte Novartis die Herausforderungen der Matrix anzupacken. Die Philosophie der *International Project Teams* sollte helfen, redundante Aktivitäten zu reduzieren, unnötige Lernkurven zu vermeiden, die Transparenz der Projekte für alle Beteiligten zu erhöhen sowie die Evaluierung und Bewertung der Projekte auf einer gemeinsamen Basis der Entscheidungsstrukturen zu erlauben (interaction 1996e: 6).

Tab. 7.4. Integration der Forschungs- und Entwicklungsorganisation von Novartis 1996 bis Ende 98

Research P. Herrling	Pre-Clinical Development & Project Management J. Reinhardt	Clical Development & Drug Regulatory Affairs W. Jenkins
Ciba Discovery Units Therapeutic Areas, Indication Areas, Core Drug Discovery Technology, etc. with the exception of those functions now located in Pre-Clinical Development & Project Management **Sandoz Discovery** Therapeutic Areas and Core Technologies **Ciba and Sandoz** All external research collaborations	**Ciba global line functions previously located in PH2 Ciba Research Department:** Pharmaceutical & Analytical Development; Pre-Clinical Safety; Bioanalytics & Pharmacokinetics; Biopharmaceutical Development and Production. **Ciba Development Logistics** **Ciba Development Planning** (formerly in Ciba Medicine and Clinical Development) **Ciba Chemical Development** (currently in Technical Operations) **Sandoz Technical Research & Development** Sandoz Drug Safety (Toxicology, Drug Metabolism, Pharmacokinetics) **Sandoz Project Mangement**	**Ciba Medicine & Clinical Development** (with the exception of those functions now located at Pre-Clinical Development & Project Management) **Sandoz Clinical Research & Development** **Sandoz Clinical Pharmacology** **Sandoz Medical Operations** **Sandoz Drug Registration & Regulatory Affairs**

Quelle: interaction (1996e)

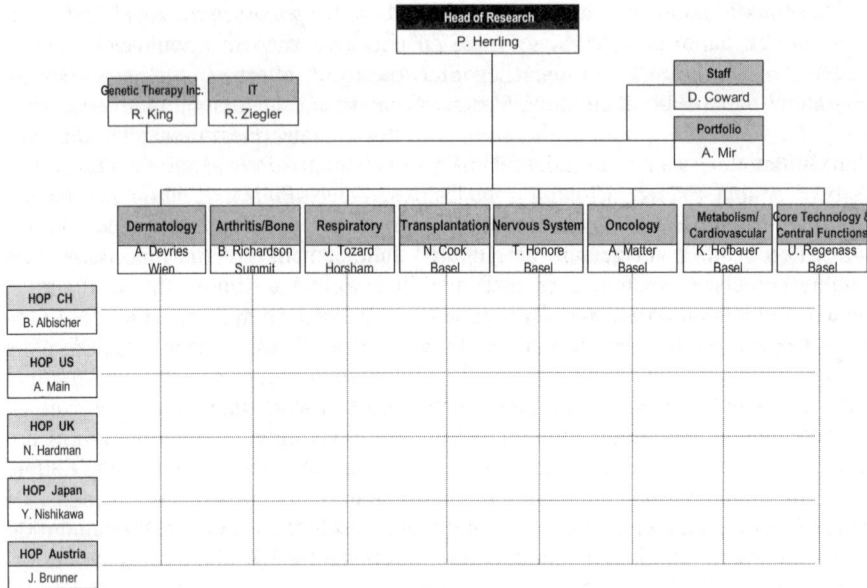

Abb. 7.6. Novartis Pharma Research Organisation mit Heads of Therapeutic Areas und Heads of Operations der Forschungszentren, Stand August 1997.

Die Forschung nahm vorerst keine Korrekturen der Ausrichtung vor und strukturierte die Forschungsaktivitäten in den therapeutischen Gebieten in die folgenden sieben Einheiten: Dermatologie, Arthritis und Knochenmetabolismus, Atemwegserkrankungen, Transplantation, Zentrales Nervensystem, Onkologie und Herz-Kreislauf/Stoffwechsel. Man formierte relativ kleine und unabhängige Teams mit flachen Hierarchien, die für diese Gebiete verantwortlich wurden. Das Ziel war es, organisatorische Formen zu finden, die der Kreativität förderlich sind. Zugleich mussten die Kommunikation und der Austausch zwischen den Teams gewährleistet sein. Auf dieses Weise strebte die Forschungsleitung an, jährlich zwanzig Projekte der Entwicklung zu überreichen (interaction 1996e: 6). Im Jahr 1997 begann Novartis den Aufbau einer *Genomic Function Group* vorzubereiten, um die Erkenntnisse aus der Genomanalyse in therapeutische Konzepte einfließen zu lassen (Räber 1997). Novartis verfolgte 1999 12 Transplantationsprojekte in der klinischen und präklinischen Entwicklung und war damit das aktivste Unternehmen in diesem Segment (Novartis 1999b: 11).

Bei den Projekten wird neben der Wirksamkeit und Sicherheit der Substanzen auf die künftige Vermarktbarkeit geachtet. Die Funktion *Clinical Development & Drug Regulatory Affairs* erhielt somit zur Durchführung der klinischen Studien weitere wichtige Aufgaben, die eine Verbindung zum Marketing herstellen. Bevor eine Substanz in die Entwicklung aufgenommen wurde, prüfte sie die potentielle Nachfrage nach dem Produkt und klärte ab, ob sich bei der Zulassung Schwierigkeiten ergeben könnten. Damit erhielten die klinischen Studien nicht nur die Auf-

Tab. 7.5. Anzahl Wirkstoffe in klinischer Prüfung nach therapeutischen Gebieten, Stand Februar und Dezember 2000

Therapeutic Area	Phase I		Phase II		Phase III und Registration		Total	
	Feb.	Dez.	Feb.	Dez.	Feb.	Dez.	Feb.	Dez.
Dermatology	1	2	1	1	4	4	6	7
Cardiovascular/Metabolism, Endocrinology			2	4	6	6	8	10
Respiratory diseases	1	2	1	3	2	2	4	7
Transplantation/Immunology	2	1	2	1	2	2	6	4
Nervous system	3	4	3	2	3	2	9	8
Arthritis/Inflammation/Bone metabolism			1	1	1	2	2	3
Oncology	5	7	2	2	5	6	12	15
Total	**12**	**16**	**12**	**14**	**23**	**24**	**47**	**54**

Quelle: Reinhardt (2000b; 2000a)

gabe, die Wirksamkeit und Sicherheit des Präparates zu beweisen, sie wurden zugleich zu einem Instrument des Marketings, um das werdende Medikament im Markt gegenüber Konkurrenzprodukten zu positionieren. Die Selektion der Projekte gehört zu den schwierigsten Aufgaben. Aufgrund des starken Kosten- und Zeitdrucks ist man bestrebt, diese schon in der frühesten Entwicklungsphase vorzunehmen und dabei vermehrt die Präparate mit den größten Verkaufszahlen zu bevorzugen. Das bedingt eine gute Kooperation zwischen den Forschern und den medizinischen Experten und führt dazu, dass das Marketing also schon zu einem frühen Zeitpunkt in den Forschungs- und Entwicklungsprozess eingreift. Die bereits von Ciba und Sandoz umgesetzte globale Integration der Entwicklungstätigkeiten wurde verstärkt. *Clinical Development* sollte sozusagen als globales Team funktionieren, wo jeder Mitarbeiter seinen Platz innerhalb dieses Teams kennt. Die globale Leitungs- und Koordinationsfunktion der *International Projectteams* in Forschung und Entwicklung wurde vom *Innovation Management Board* übernommen, das etwa dem *Global Reserarch and Development Board* der ehemaligen Ciba vergleichbar ist (interaction 1996e: 6; Paioni 1997b; Main 1997; Räber 1997; momentum 1998; pharma update 1998).

Reorganisation der Entwicklung und der Präklinischen Entwicklung im Dezember 1998

Obwohl die Entwicklungszeiten im Rahmen der bereits erwähnten Rationalisierungsbemühungen durch Sandoz und Ciba schon vor der Fusion deutlich verkürzt werden konnten, insbesondere bei den Präparaten *Diovan* und *Exelon*, schätzte die Divisionsleitung die Situation weiterhin als unbefriedigend ein. Darum wurde im Dezember 1998, zwei Jahre nach Vollzug der Fusion, eine grundlegende Reorganisation des gesamten präklinischen und klinischen Entwicklungsbereichs in Angriff genommen. Die Reorganisation beeinhaltete drei zentrale Veränderungen (Development News 1998; 1999):

1. Um die funktionsübergreifende Zusammenarbeit und Kommunikation zu verbessern, wurden alle Tätigkeitsbereiche der Clinical Development and Regulatory Affairs (CD&RA) und Pre-clinical Development and Project Management

(PDPM) in einem Subsektor zusammengeschlossen. Mit einer Stärkung der Projektdimension innerhalb der Entwicklungsorganisation wollte man einen nahtlosen Arbeitsfluss durch die Entwicklung verbessern.

2. Ein großes Problem besteht darin, frühzeitig die Projekte zu identifizieren, die scheitern werden, und die Ressourcen auf jene Projekte zu konzentrieren, die eine höhere Erfolgswahrscheinlichkeit aufweisen. Trotz Bemühungen, die Koordination zwischen den einzelnen Abteilungen und die Schnittstellen zu verbessern, drängte sich eine substantielle Änderung auf. Darum gliederte die neue Funktion *Development* den Entwicklungsprozess in *Early Development* und *Full Development*. In Early Development übernehmen spezielle sogenannte PRIDE Teams (*Proof of Research in Development*) die Evaluierung und Selektion der Projekte. Die PRIDE-Teams bestehen aus Vertretern aller für die Evaluierung relevanten Funktion wie *Research, Toxicology, Drug Metabolism, Chemical and Analytical Development, Pharmaceutical Development, Clinical Pharmacology* und *Project Management*. Dazu werden die *Therapeutic Area Heads,* ein Mitglied des globalen *Innovation Management Boards* und Vertreter weiterer Strukturen nach Bedarf eingeladen. Die PRIDE-Teams nehmen von ihren Standorten eine globale Verantwortung war. Die Gebiete *Nervous System, Oncology* sowie *Transplantation/Dermatology* werden von Basel, *Arthritis/Bone/Metabolism, Antiinfective, Cardiovascular/Metabolism and Endocrine* von East Hanover und *Respiratory* von Horsham aus geleitet. Die Entwicklungszentren in Orléans / Rueil-Malmaison in Frankreich und Tsukuba in Japan erfüllen demgegenüber nur spezifische Aufgaben der pharmazeutischen Entwicklung ohne Verantwortung über ein ganzes therapeutisches Gebiet (siehe Abb. 1.7).

3. Die Key Projects in Full Development werden dann von zentralen International Projectteams geführt, deren Leiter direkt dem globalen Head of Development und dem Innovation Management Board unterstehen. Die sieben Schlüsselprojekte sind Präparate, die weit gediehen sind und Priorität vorangetrieben werden.

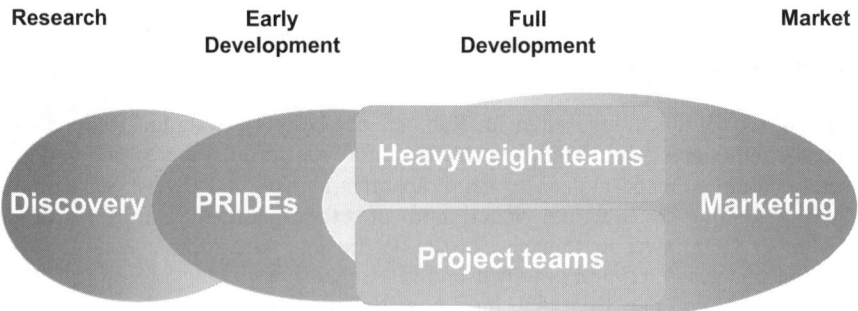

Abb. 7.7. Reorganisation der präklinischen und klinischen Entwicklung Ende 1998

Diese Reorganisation bedeutete eine Abkehr von der bei der Gründung von Novartis eingeführten Dreiteilung in Forschung, Präklinische Entwicklung und Entwicklung und eine Rückkehr zur Gliederung in die Funktionen *Research* (unter der Leitung von Paul Herrling) und *Development* (unter der Leitung von Jörg Reinhardt). Der bisherige Leiter von *Clinical Development and Regulatory Affairs*, William Jenkins, verließ Novartis. Das neue Organisationsmodell mit dem Superdepartement *Development* führte zu einer wesentlich stärkeren Betonung des gesamten Entwicklungsprozesses. Jörg Reinhard, dem Head of Development, unterstehen nun die Funktionen wie *Clinical R&D, Drug Regulatory Affairs, Clinical Pharmacology, Technical R&D, Preclinical Safety, Project Management* und *Information Technology*, die frühe Projektevaluierung mit den fünf PRIDE Teams der therapeutischen Gebiete und das Management der sieben Schlüsselprojekte. Gleichzeitig wurden auch die länderspezifischen Organisationsstrukturen der bisherigen Funktionen aufgebrochen und in globale Strukturen überführt. Diese Reorganisation verstärkte Tendenzen, die bereits Anfang der neunziger Jahre eingeleitet wurden. Am augenfälligsten sind die Betonung der Geschwindigkeit des Entwicklungsprozesses sowie die zunehmend einheitlichere und straffere Organisation der involvierten Zentren auf triadischer Ebene. Das kontrastiert mit der nach wie vor beträchtlichen Autonomie der Forschungseinheiten, die bisweilen sogar wieder verstärkt wurden (z.B das neue *Genomics Institute of the Novartis Research Foundation* in San Diego). Anderthalb Jahre nach dieser Reorganisation des Entwicklungsbereich leitete Novartis Pharma im Juli 2000 eine wesentlich weitergehende Neugliederung des gesamten Sektors ein, die in die Schaffung nach Marktkategorien gegliederter, teilautonomer *Business Units* mündete (siehe Abschnitt 6.3.3).

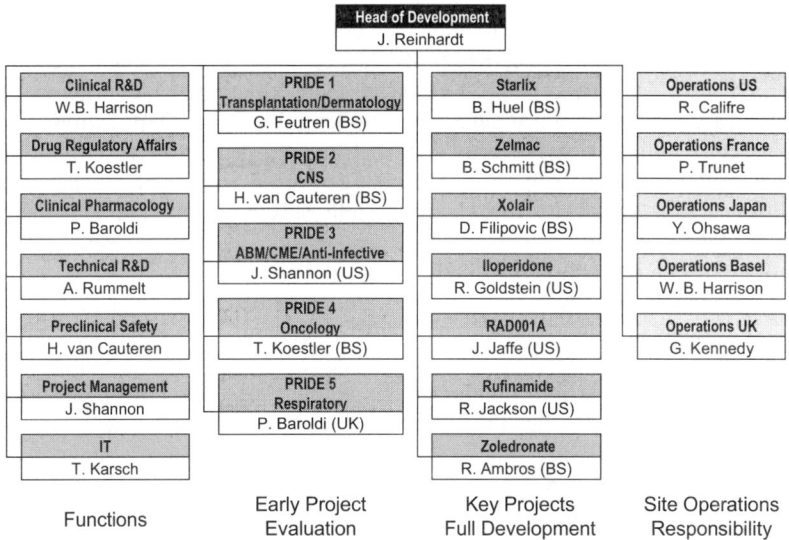

Abb. 7.8. Reorganisation von Novartis Pharma Development Januar 1999

7.4.2 Integration der Forschung und strategische Orientierung auf Genomics

Verschmelzung der therapeutischen Gebiete in der Forschung

Da Ciba und Sandoz die therapeutischen Schwerpunkte im Zuge des Aufbaus ihrer *'centers of excellence'* unterschiedlich legten, stellte sich für Novartis das Problem, einen Weg zu finden, wie die F&E-Organisation nicht nur funktional, sondern auch geographisch möglichst sinnvoll integriert werden konnte. Die Tatsache, dass die beiden Konzerne in Basel in nächster Nachbarschaft und in New Jersey auch bloß eine Viertelstunde Autofahrt von einander entfernt lagen, erleichterte den Integrationsprozess massiv.

In einem ersten Schritt wurde einfach der Ist-Zustand von 1996 weitergeführt, und man verschmolz die Forschungsorganisationen auf den lokalen Ebenen, ohne große Verschiebungen von Tätigkeiten und Gruppen vorzunehmen. Da die Ciba ihre Onkologieeinheiten in Basel, die Sandoz aber in East Hanover hatte, wurden beide Bereiche zusammengelegt, aber an ihren Standorten belassen. Zugleich arbeitete in Takarazuka, Japan, eine Gruppe auf dem Feld der Onkologie. Der gesamte Onkologiebereich wurde aber weltweit von derselben Person geleitet, die in Basel arbeitete.

Die Sandoz und Ciba betrieben ihre Forschung auf den kardiovaskulären Krankheiten inklusive Metabolismus in East Hanover respektive Summit. Zugleich hatte die Ciba in diesem Gebiet eine Gruppe in Basel. Der Leiter von *Metabolism/Cardiovascular* arbeitete in Basel. Verschiebungen ergaben sich von Basel nach Horsham im Bereich der Atemwegserkrankungen, die aber bereits von der Ciba eingeleitet worden waren.

Aufgrund dieser Situation leitete Novartis Pharma im Bereich Forschung keine kurzfristige geographische Bereinigung der Forschungsstandorte ein. Die Forschungsgruppen umfassen in der Regel 40–70 Personen, und bei einer Standortverlagerung wäre das Risiko zu groß gewesen, viele Mitarbeiter zu verlieren, die ihren Wohnort nicht wechseln wollten. Wegen der zahlreichen Duplikationen der Tätigkeitsfelder stützte sich Novartis zunächst auf ein dezentraleres Organisationsmodell mit relativ unabhängigen Forschungszentren und einer eigenen Leitungsstruktur. Eine weltweite Koordination stellt sicher, dass keine Tätigkeiten doppelt durchgeführt werden. Zugleich hielt man es sich aber offen, eine evolutionäre geographische Konsolidierung in die Wege zu leiten.

Jedes therapeutische Gebiet wird nun auf globaler Ebene von einer Person geleitet, und zwar unabhängig von ihrem eigenen Arbeitsort. Das heisst aber nicht, dass der Leiter eines *therapeutic area* allen Mitarbeitern sagt, was sie zu tun haben. Es ist vielmehr eine ihm unterstellte Expertengruppe des Forschungsbereiches, die über den Fortgang des Projektes entscheidet. Die einzelnen Zentren verfügen immer noch eine beträchtliche Autonomie. Der Preis dieser Integrationsmethode ist ein sehr hoher Reiseaufwand für die Gruppenleiter und ihre entsprechend geringere Präsenz vor Ort bei den Mitarbeitern. Denn regelmäßige direkte 'face-to-face' Kontakte sind trotz bester elektronischer Kommunikationsmittel unabdingbar, um die Forschungsprojekte voranzubringen (Hauser 1997; Main 1997). *„You can't underestimate the face-to-face discussions, particularly the cultural differences and the beers in the bar after the meeting when people can* *talk freely"* unterstreicht Alan Main, Leiter des Novartis-Forschungszentrums in Summit. Nur über elektronische Medien lässt sich kein internationales Team aufbauen. Aufgrund kultureller und sprachlicher Unterschiede entstehen Missverständnisse. Zugleich hat die gewählte Organisationsform den Vorteil, dass die Forschungsgruppen in den verschiedenen Zentren mit unterschiedlichen Schlüsselpersonen und Netzwerken im entsprechenden Fachgebiet in Kontakt kommen. *„So you spread you network a little bit larger around the globe. So that's a big advantage. The advantage for us was, we didn't go through this incredible crisis which would have meant half of our best people would have been told you have no job. So we avoided that crisis from a business perspective. Again, you tap into different cultures. People look at problems differently from an American perspective or from a Swiss perspective"* (Main 1997).

Aufgrund der strategischen Bedeutung neuer Technologien existiert neben den sieben *therapeutic areas* auch eine Gruppe *core technologies*, die in Basel angesiedelt ist. Diese Einheit verfolgt die technologischen Entwicklungen, spielt eine wichtige Rolle beim Abschluss von technologieorientierten Forschungsabkommen und sorgt dafür, dass selbst entwickelte oder erworbene Technologien innerhalb der gesamten Forschungsorganisation zu den richtigen Teams weitertransferiert werden. Zu diesem Zweck hält *core technologies* einen intensiven Kontakt zu den Leitern der *therapeutic areas*.

Letztlich entspricht die von Novartis gewählte Organisationsform der Forschung einem Kompromiss, der keinen längeren Bestand haben wird. Eine mögliche Tendenz könnte die Systematisierung der *centers of excellence* und die klare Zuordnung der gesamten therapeutischen Gebiete auf einzelne Zentren, das heisst eine starke räumliche Konzentration, sein. Damit entfielen zahlreiche Koordinationsaufgaben. Es könnte sich aber auch eine völlig andere Richtung empfehlen, zumindest in einzelnen Tätigkeitsfeldern. Im Zuge der Genomics-Revolution entstehen zahlreiche neue therapeutische Angriffspunkte. Nun ist aber vielfach nicht klar, ob ein 'target', das im Rahmen eines Onkologieprogrammes identifiziert wurde, auch tatsächlich am besten in der Onkologie weiterverfolgt wird. Grundlegende Prozesse können unter Umständen in unterschiedlichen Gebieten wichtig werden. Das spräche dafür, die Wissenschaftsbasis, also z.B. die Kineaseforschung (Enyzmgruppe) oder bestimmte Tätigkeiten im Bereich der Genomik, auch als Ausgangspunkt für die organisatorischen Prinzipien zu nehmen und die Gliederung nach therapeutischen (Markt-)Gebieten aufzugeben. Tatsächlich organisieren sich einige Biotechunternehmen nach derartigen Prinzipien. Allenfalls könnte zumindest die teilweise Implementierung derartiger technologieorientierter Strukturen auch die Kooperation mit Biotechunternehmen erleichtern. So betrifft beispielsweise die im Mai 2000 bekannt gegebene Allianz zwischen Novartis und der Firma Vertex in Cambridge (Massachusetts) Medikamente unterschiedlicher therapeutischer Anwendungen, die auf der Basis von Proteinkineasen gewonnen werden sollen (Novartis Pharma MR 2000a). Zugleich würde eine wissenschaftsorientierte Organisationsstruktur aber die Unterschiede zur marktgetriebenen Dynamik, die im Entwicklungsbereich herrscht, noch verstärken, die Forschung und Entwicklung also noch stärker voneinander trennen. Eine weitere Alternative könnte die Organisierung der *center of excellence* als semiautonome Forschungeinheiten sein (Mills 1996; 1997; Drews 1998: 206ff, 243ff). Die Grundidee hierbei ist, dass große Pharmakonzerne sich organisatorischer und kultureller Prinzipien bedienen, die auch bei den kleineren Biotechunternehmen vorherrschen. Es geht vor allem darum, den Forschungsteams und den größeren Forschungseinheiten innerhalb der global abgesteckten Tätigkeitsfelder ein größeres Maß an Autonomie zuzugestehen und sowohl die Zusammenarbeit zwischen den Fachgebieten als auch zwischen den Etappen des Forschungs- und Entwicklungsprozesses mit sogenannten *crossfunctional teams* zu fördern. Ein derartiges Verfahren erlaubt zudem, dass sich das Forschungszentrum besser der Forschungs- und Arbeitskultur der Standortregion anpassen kann. Dass sich vor allem neue Forschungszentren, die zudem in einer interessanten Forschungsumgebung situiert sind, am ehesten zur Erprobung neuer organisatorischer Konzepte eignen, zeigte sich bei der Neuorganisation des Forschungszentrums von Roche Bioscience in Palo Alto nach der Integration von Syntex durch Hoffmann-La Roche im Jahr 1994. Aufgrund der spezifischen Aufgabenstellung im neuen Technologiefeld *functional genomics* eröffnet sich auch Novartis die Möglichkeit, das neue *Genomics Institute of the Novartis Research Foundation* in San Diego in einer spezifischen Organisationsform entwickeln zu lassen (siehe unten).

Die von Novartis Pharma im Juli 2000 eingeleitete Reorganisation greift verschiedene dieser Elemente auf und eröffnet eine weitere Perspektive. Die Schaffung relativ autonomer *Business Units*, die um spezifische Marktkategorien und therapeutische Gebiete gruppiert sind, setzt den Marketingaspekt in den Vordergrund. Da diese *Business Units* gemeinsam Technologien einsetzen, werden zugleich Einheiten geschaffen, die einerseits an der technologischen Forschungsfront bleiben und andererseits für einen reibungslosen Wissens- und Informationsfluss zu den marktgetriebenen *Business Units* sorgen müssen (siehe Abschnitt 6.3.3).

Aufteilung der Tätigkeiten auf die 'Centers of Excellence'

Basel bleibt größtes Forschungs- und Entwicklungszentrum. Für den Forschungsstandort Basel brachte die Fusion keine grundlegenden Veränderungen. Die Forschungseinrichtungen in Basel sind weiterhin die mit Abstand wichtigsten und größten des Konzerns geblieben. Aufgrund der unmittelbaren Nachbarschaft der Forschungsgebäude jeweils auf der gegenüberliegenden Seite des Rheins gestaltete sich der Zusammenschluss ungemein einfacher, als wenn sich die Herausforderung einer Konsolidierung mit einem US- oder auch anderen europäischen Konzern gestellt hätte. Das große Einzugsgebiet hervorragender Forschungseinrichtungen einschließlich Zürich, Freiburg und Strasbourg sowie das günstige arbeitsrechtliche Umfeld machen Basel nach wie vor zu einem attraktiven Forschungsstandort für Novartis und F. Hoffmann-La Roche.

Novartis Pharma beschäftigt in der Region Basel in der Drug Discovery rund 1400 Personen. Dazu kommen noch ähnlich viele Beschäftigte in der präklinischen und klinischen Entwicklung. Das Verhältnis von Akademikern zu anderen Mitarbeitern ist 1 zu 2. Jährlich gibt Novartis für Pharmaforschung um die 300 bis 330 Millionen CHF in Basel aus. Das nach Anzahl der Mitarbeiter größte Gebiet in Basel ist die Forschung im Bereich Zentrales Nervensystem. Tätigkeitsschwerpunkte sind Schizophrenie, Epilepsie und Alzheimer. Insbesondere die ZNS-Forschung ist in Basel Teil einer äußerst dichten Kompetenzkonzentration, denn auch F. Hoffmann-La Roche forscht in Basel auf diesem Gebiet, und im

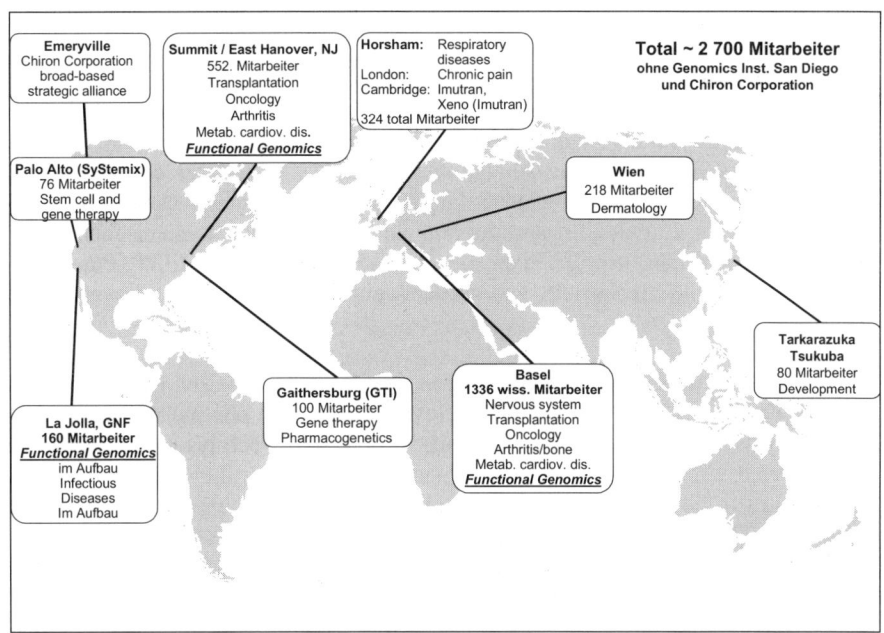

Abb. 7.9. Triadisches Forschungsnetzwerk von Novartis Pharma im Jahr 2000

Biozentrum der Universität wurde die Neurobiologie zur Schwerpunkttätigkeit ausgebaut. In der Industrie, industrienahen Forschungsinstituten, Universität und Kliniken arbeiten über 400 Forscherinnen und Forscher in Basel auf Gebieten der Neurowissenschaften. Auf der Basis dieser Dichte wollen Interessengruppen aus diesen Institutionen Basel zu einem weltweit führenden Standort der Neurowissenschaften ausbauen (Hicklin 1998a; 1998b).

Das zweite Gebiet ist die Transplantationsmedizin. Die starke Stellung von Novartis in diesem Feld geht auf den Erfolg des Wirkstoffs Ciclosporin zurück, der Sandoz mit den Präparaten *Sandimmun* und *Neoral* anfangs der neunziger Jahre den Aufstieg unter die Top Ten der Pharmakonzerne ermöglicht hatte. Die Forschung ist nun mit der Suche und Entwicklung von geeigneten Nachfolgeprodukten von Ciclosporin beschäftigt. Das dritte Gebiet ist die Onkologie. Diese Einheit beschäftigt sich mit verschiedenen Signalübertragungen der Zellen und Mechanismen im Innern der Zellen, die für die Zellteilung und Vermehrung zuständig sind. Das vierte Tätigkeitsfeld umfasst die Krankheiten des Stoffwechsels und des Herz-Kreislauf-Systems. Ein großer Markt ist die Fettleibigkeit. Novartis erforscht in einer Kooperation mit der US-Biotechfirma Synaptic Pharmaceuticals einen Nervenbotenstoff im Gehirn, der gezielt in die Appetitregulation eingreift.[76] Die bereits erwähnte Gruppe *'core technologies'* prüft Technologien für den ganzen Konzern, wie z.B. im Bereich der kombinatorischen Chemie.

---

[76] Das Roche-Präparat *Xenical* mit der selben Indikation entwickelte sich schon anderthalb Jahre nach der Einführung zu einem Umsatzträger mit einem Verkaufserlös von 940 Millionen CHF im Jahr 1999 (Roche 2000: 17).

Wichtig für den Forschungsstandort Basel sind zudem die Anlagen für die up-scaling Prozesse der chemischen Entwicklung und die großen Abteilungen der klinischen Entwicklung. So existieren hier 1000-Liter Fermenter, die biotechnologisch Proteine für die Forschung herstellen (Hicklin 1998b). Novartis Pharma stärkte den Entwicklungsstandort Basel im Jahr 2000 mit der Inbetriebnahme eines neuen Mahlbetriebs. Die Anlage stellt neue Wirkstoffe für die weltweiten klinischen Studie. Sie erfüllt eine Scharnierfunktion zwischen chemischer und pharmazeutischer Entwicklungsproduktion und muss hohen hygienischen Standards und Flexibilitätsansprüchen entsprechen. Daher die 'New Milling Plant', die rund 10 Millionen CHF kostete, von großer logistischer Bedeutung (Novartis MR 2000e).

Summit und East Hanover: Integration in zwei Stufen. Die Ciba-Geigy konsolidierte in den Jahren vor der Fusion mit Novartis sämtliche pharmazeutischen Forschungstätigkeiten in den USA in Summit, New Jersey. Noch bis in die neunziger Jahre betrieb Ciba-Geigy in Ardsley, rund 15 Meilen nördlich Manhattan, Laboranlagen für die pharmazeutische Grundlagenforschung (siehe Abschnitt 7.2.3). Im Zuge des massiven Ausbaus des Forschungszentrums und der Errichtung des hochmodernen, für rund USD 150 Millionen errichteten 'Life Science Buildings' in Summit wurden die Forschungstätigkeiten in Ardsley aufgegeben. Nach der Fusion verfügte Novartis mit East Hanover und Summit über zwei Forschungszentren, die nur rund eine Viertelstunde Autofahrt voneinander entfernt liegen. Da es nicht möglich war, die Tätigkeiten an einem Ort zu konzentrieren und die zuvor getätigten umfassenden Investitionen zudem eine örtliche Bindung nahelegten, entschloss sich Novartis Pharma zunächst für ein pragmatisches Integrationsverfahren. Die Forschung wurde in Summit konzentriert und die Tätigkeiten der präklinischen Entwicklung und Entwicklung in East Hanover zusammengefasst, wo Sandoz neue präklinische Einrichtungen und ein neues Toxikologiegebäude errichtet hatte. Diese räumliche Entflechtung beziehungsweise Konzentration der Tätigkeiten wurde gewählt, weil die Interaktionen innerhalb der beiden Funktionen wesentlich größer sind als zwischen ihnen und um die therapeutischen Gebiete wirklich zu verschmelzen. Die Kontakte der Forscher in Summit mit den Forschungsteams in Basel sind auch eindeutig zahlreicher als die, zwar wichtigen, Beziehungen zur präklinischen und klinischen Entwicklung im benachbarten East Hanover. Dieser Sachverhalt wird noch dadurch verstärkt, dass die Forschung in Summit weitgehend in therapeutischen Feldern arbeitet, die sie sich mit den Kollegen in Basel teilt (Hauser 1997; Main 1997).

Trotzdem kündigte Novartis im September 1999 an, das Areal in Summit zu verkaufen und die *'drug discovery'* Einheiten mit rund 900 Beschäftigten[77] nach East Hanover, wo rund 2500 Beschäftigte arbeiten, zu verlagern. Bereits im Juli 1999 hatte Novartis die Verschiebung der Hauptsitztätigkeiten des Konzerns mit 30 Beschäftigten von Summit nach Manhattan in die unmittelbare Nachbarschaft zur 'financial community', den institutionellen Investoren, den Banken und den Medien eingeleitet. Mit dem US-Pharmakonzern Schering-Plough fand Novartis einen unmittelbaren Nachbar als Käufer. Der Hauptsitz von Schering-Plough in

---

[77] Zu diesem Zeitpunkt arbeiteten in Summit noch rund 1300 Beschäftigte. Zur Zeit der Fusion 1996 zählte der Standort rund immerhin 2200 Beschäftigte (Silverman 1997).

Madison liegt nur wenige Meilen von East Hanover entfernt. Am 13. Juli 2000 gaben gaben die beiden Konzerne bekannt, dass Schering-Plough das gesamte Areal bis Ende 2000 erwirbt, das Novartis bis zum endgültigen Auszug am 31. März 2003 als Mieterin genutzt wird. Auf dem wesentlich größeren ehemaligen Sandoz-Areal in East Hanover soll nun innerhalb der nächsten fünf Jahre für mehr als 100 Millionen USD ein neues Forschungszentrum mit einer Nutzfläche von rund 500 000 Quadratfuß gebaut werden. Der US-Hauptsitz der Division Consumer-Health mit rund 400 Beschäftigten soll hingegen, je nach Aushandlungsmöglichkeiten mit dem neuen Eigentümer, in Summit verbleiben. Novartis verbindet diese zusätzliche räumliche Konzentration mit weitreichenden Rationalisierungsbemühungen und Kosteneinsparungen (einschließlich massiver Einschnitte bei den Sicherheitsvorkehrungen). Mit diesem Wegzug von Novartis verliert die Gemeinde Summit (1999: 21000 Einwohner) ihren weitaus wichtigsten Steuerzahler, der jährlich rund 4 Millionen USD an das Gemeindebudget von 15 Millionen USD besteuerte (Silverman 1999b; 1999a; Loder 1999a; 1999b; Novartis Pharma MR 2000d; Schering-Plough MR 2000).[78]

Summit war seit 1937 der wichtigste Standort der Division Pharma von CIBA respektive Ciba-Geigy in den USA. Die Aufgabe des traditionell bedeutendsten Standortes in den USA, wo Ciba zudem 1993 das damals modernste und architektonisch ausgezeichnete 'Life Science Building' in den USA eröffnet hatte, unterstreicht die Bedeutung der Konzentration der Forschungs- und Entwicklungstätigkeiten an einem Standort. Allerdings ist diese Verlagerung der Tätigkeiten nur möglich, weil East Hanover nur wenige Meilen von Summit entfernt ist und die große Mehrheit der hoch qualifizierten Beschäftigten den Umzug mitmachen kann.

Großbritannien: ein Center of Excellence und zwei kleinere, spezialisierte Forschungsstätten. Das Forschungszentrum Horsham südlich von London wurde bereits von der Ciba verstärkt. Unmittelbar vor der Fusion leitete die Ciba den Umzug ihrer Aktivitäten im Bereich der Atemwegserkrankungen von Basel nach Horsham ein. Daher lag es nahe, dass Novartis die Forschungstätigkeiten in Großbritannien ebenfalls weitgehend in Horsham konzentrierte. Der Standort dient fortan als internationales *center of excellence*. Erster Schritt in diese Richtung bildete die Verlagerung des *Sandoz Clinical Development Center*, das internationale klinische Prüfungen koordinierte sowie Analysedaten aufbereitete und analysierte, vom ehemaligen Sandoz-Hauptsitz Frimley nach Horsham. Frimley wurde Sitz der Novartis Pharmaceuticals (UK) Ltd.. Die von Novartis vervollständigte Verlagerungen des Bereichs *Respiratory Basic Research* von Basel nach Horsham war mit der Verschiebung von ungefähr 100 Stellen verbunden. Auch im Bereich des *Clinical Development* wurden die medizinischen Teams in Horsham durch das Therapiegebiet der Atemwegserkrankungen der Ciba in Basel verstärkt. Damit

---

[78] Im Jahre 1995 bezahlte Ciba-Geigy 3,614 Millionen USD Steuern an die Gemeinde Summit. Zweitgrößte Steuerzahler war Hoechst-Celansese Corporation mit 0,483 Millionen USD. Die Aaa- und AAA-Ratings von Moody's beziehungsweise Standard & Poor's unterstreichen die finanzielle Ausstattung von Summit (City of Summit and Smith Barney Inc. 1996). Bürgermeister Walter Long zeigte sich in einem Interview äußerst selbstsicher über die Zukunft der Stadt. Er ging 1996 davon aus, das Novartis trotz der Schließung der Produktion in der Stadt bleiben werde (Long 1997).

baute Novartis das Zentrum in Horsham zum konzernweiten center of excellence im Bereich der Atemwegserkrankungen aus. Die für Pharmaforschung relevanten Tätigkeiten der *Central Research Laboratories* der Ciba in Macclesfield kamen ebenfalls nach Horsham. Die übrigen Forschungseinrichtungen der Zentralen Forschungslaboratorien in Macclesfield wurden Mitte 1997 geschlossen. Das auf Forschung im Bereich des chronischen Schmerzes ausgerichtete *Sandoz Institute for Medical Research* verblieb hingegen am University College in London. Aufgrund der globalen Überkapazitäten schloss Novartis eine Reihe von Tätigkeiten und Einrichtungen. wie z.b. das Forschungs- und Entwicklungslaboratorium der Ciba in Stamford Lodge, das mit präklinischen Sicherheitsanalysen befasst war (interaction 1996b; 1996d; Scrip 1996b).

Im Forschungsbereich des *Novartis Horsham Research Centre* (NHRC) arbeiten rund 170 Wissenschafterinnen und Wissenschafter aus den Bereichen Biologie, Molekularbiologie, Pharmakologie und Chemie. Die Projektteams stützten sich sowohl auf chemische als auch gentechnische Methoden. Neben der Aufgabe, neue Medikamente zur Behandlung von Krankheiten der Atemwege, insbesondere Asthma und chronische obstruktive Atemwegserkrankungen (chronische Bronchitis) zu identifizieren und entwickeln, ist das Zentrum auch stark in Entwicklungsarbeiten engagiert. Die spezifische Expertise des Zentrums im Bereich der *Technical Research and Development* liegt bei Inhalierungsformen (NHRC 1999).

Das bereits im April 1996 von Sandoz übernommene Biotechunternehmen Imutran in Cambridge bildete bis Ende 2000 den dritten Forschungsstandort in England. Imutran's Kernkompetenzen lagen im Bereich der Transplantation und Xenotransplantation Aufgrund der unsicheren Aussichten in diesem Feld, gab Novartis im September 2000 bekannt, Imutran auf Anfang 2001 mit dem Unternehmen Biotransplant in Boston, das ebenfalls in der Xenotransplantation tätig ist und mit dem Sandoz bereits seit 1993 zusammengearbeitet hatte (inkl. Kapitalbeteiligung) zusammenzuschließen. Das fusionierte Unternehmen konzentriert seine Forschung nun in Boston (siehe Abschnitt 7.4.3) (Novartis MR 2000t).

Wien: Konzentration auf Dermatologie. Das Forschungszentrum Wien wurde von der Fusion weniger stark betroffen als die anderen Zentren. Das Zentrum konzentriert sich weiterhin auf den traditionellen Schwerpunkt Dermatologie. Dieses therapeutische Gebiet brachte nur die Sandoz in Novartis ein.

Japan: Integration von Takarazuka und Tsukuba. In Japan wendet Novartis grundsätzlich ein ähnliches Verfahren wie zunächst in New Jersey an und trennte Entwicklung und Forschung auf die beiden Zentren auf. Den Hauptsitz von Novartis Pharma lokalisierte man in Tokio, wobei ein Teil der Hauptsitzfunktionen nach Takarazuka kam. Das ehemalige Ciba-Forschungszentrum in Takarazuka in der Nähe von Osaka beherbergt fortan auch die Forschung von Novartis. Vor der Fusion waren hier die *International Research Laboratories* für die Pharma-, Agro- und Industriedivisionen der Ciba tätig. Mit Novartis hat sich das Forschungszentrum auf Tätigkeiten des 'drug discovery' spezialisiert und sucht nach neuen Substanzen in verschiedenen Therapiegebieten. Die präklinischen und klinischen Gruppen der Toxikologie, Pharmakologie und Galenik arbeiten dagegen im erst 1993 von Sandoz eröffneten, architektonisch sehr attraktiven *Tsukuba Research Institute*. Die Aktivitäten hier sind hauptsächlich auf den nationalen Markt ausgerichtet. Zunehmend werden aber auch globale Studien durchgeführt (interaction 1996c; Lederer-Ganse 1998b).

Ernüchterung in der Gentherapie und Zusammenlegung von SyStemix und Genetic Therapy

Anfang der neunziger Jahre setzte die Sandoz große Erwartungen in die Gentherapie. Unter der maßgeblichen Initiative des damaligen Leiters der Pharmadivision in den USA, Max Link, stieg Sandoz damals über Kooperationen im großen Stil in die Gentherapie ein. Im Rahmen dieser Offensive beteiligte sich Sandoz im Jahr 1991 am Kapital von Genetic Therapy in Gaithersburg, Maryland, und übernahm diese Firma schließlich 1995, womit die Investitionen auf insgesamt auf über USD 300 Millionen stiegen. Ebenfalls 1991 hatte sich Sandoz zu 60% an SyStemix in Palo Alto beteiligt. Die restlichen Anteile wurden schließlich 1997 von Novartis übernommen, nachdem die SyStemix-Minderheitsaktionäre den Preis nochmals hochgetrieben hatten. Hier beliefen sich die Gesamtinvestitionen auf rund USD 548 Millionen. Über den Partner Chiron hatte Novartis zudem Zutritt zu Technologien der Firma Viagene in San Diego, die 1995 von Chiron für USD 100 Millionen übernommen wurde. Im Falle von SyStemix deutet viel darauf hin, dass die vollständige Übernahme eher einer Notlösung entsprach, um die vollständige Kontrolle über das Unternehmen zu erlangen, eine gezieltere Selektion des Forschungsportfolios vorzunehmen und das Unternehmen neu zu positionieren. Spätestens Anfang 1998 setzte aber eine große Ernüchterung ein. Die klinischen Test verliefen enttäuschend. Gentherapie ist noch immer eine nicht ausgereifte Technologie.[79] Weder SyStemix noch Genetic Therapie brachten bisher ein Produkt oder eine Therapieform auf den Markt. Auch andere in diesem Feld tätige Firmen waren nicht wesentlich erfolgreicher. Aber noch 1996 schätzte sogar die Federal Trade Commission die Aussichten der Gentherapie und ihr kommerzielles Potential wesentlich optimistischer ein. Darum schrieb die FTC bei der Prüfung der Novartis-Fusion vor, dass gewisse gentherapeutische Patente von GTI und Chiron auslizenziert werden mussten. Nach Abschluss einer diesbezüglichen Absichtserklärung zwischen Novartis, Chiron und Rhône Poulenc Rorer konnte die Fusion vollzogen werden. Damit wollte die FTC eine künftige monopolistische Situation von Novartis in diesem Feld verhindern (Chiron 1996; FTC 1996b; FTC 1996a; Moore 1996; Lehman Brothers 1997: 49-56; Langreth und Moore 1999).

Schließlich legte Novartis im Herbst 1998 ihre beiden hundertprozentigen US-Tochtergesellschaften im Bereich der Zell- und Gentherapie, SyStemix, Inc. und Genetic Therapy, Inc. zusammen. Die in verwandten Gebieten tätigen, ehemals selbständigen Unternehmen erhielten spezifische, stärker auf die Grundlagenforschung orientierte Aufgaben zugewiesen, nachdem das *Innovation Management Board* Mitte das Forschungsportfolio grundsätzlich überprüft hatte. Genetic Therapie konzentrierte sich fortan auf die Erforschung von Verabreichungssystemen der viralen Vektortechnologie in der Gentherapie. SyStemix arbeitete weiterhin im Bereich der auf Zellen beruhenden Gentherapien. Der Zusammenschluss erlaubte

---

[79] In jüngster Zeit gibt wieder vermehrt durch gentherapeutische Methoden bewirkte Therapieerfolge zu vermelden (NZZ 2000c). Inwiefern die Entzifferung des menschlichen Genoms auch der Gentherapie zusätzliche Impulse verleihen, wird sich zeigen.

den Abbau von 90 Stellen im administrativen Bereich der zusammen 450 Mitarbeiter zählenden Tochtergesellschaften. Um den Richtungswechsel durchzusetzen musste zudem nahezu das gesamte Spitzenmanagement von Genetic Therapie ausgewechselt werden (Langreth und Moore 1999). Beide Gesellschaften sind auf ihren Tätigkeitsgebieten zwar weiterhin führend, und Novartis verfügt innerhalb der Pharmabranche über das größte Programm für die Gen- und Zelltherapie (Novartis MR 1998h). Fast gleichzeitig mit dem Zurückschrauben der Aktivitäten in der Gentherpaie orientierte sich Novartis wesentlich stärker auf Functional Genomics und untermauerte diesen Forschungsschwerpunkt mit dem Aufbau neuer Forschungsgruppen in Basel und Summit / East Hanover sowie der Errichtung eines eigens auf Functional Genomics ausgerichteten Forschungszentrums in San Diego. Die Übernahme von Genetic Therapy und SyStemix sowie die Konsolidierung im Zuge ihres Zusammenschlusses zeigt, dass die räumlichen Ausprägungen der Unternehmensstruktur unter Umständen weitgehend vom wissenschaftlichem Erfolg oder Misserfolg bestimmt werden, die absolut nichts mit den Qualitäten des Standortes zu tun haben.

Neues Zentrum für Genomik in San Diego und die Verknüpfung von Innovationssystemen

Nicht überraschend weisen die Forschungskooperationen klare regionale Schwerpunkte auf. Nachdem alle drei Basler Pharmakonzerne in der ersten Hälfte der achtziger Jahre Kooperationsabkommen mit den fortgeschrittensten Biotechunternehmen in der San Francisco Bay Area und in der Region Boston vereinbart hatten, begannen sie sich ab 1989 mit beträchtlichen Investitionen in der Biotechnologie und in diesen beiden Regionen zu verankern. So übernahm Roche 60% Anteil an Genetech in South San Francisco. Sandoz erwarb 1991 und 1992 in zwei Schritten 60% an SyStemix in Palo Alto. Ciba schloss im Jahr 1994 mit Chiron, Emeryville bei Oakland, eine strategische Allianz mit einer Kapitalbeteiligung von 47% ab. Im gleichen Jahr übernahm Hoffmann-La Roche den U.S. Pharmakonzern Syntex, der über ein großes Forschungszenrum in Palo Alto verfügte. Mit diesen breiten Allianzen erwarben die Pharmakonzerne zugleich ein Netz weiterer Kollaborationen und den Zugang zu den regionalen Innovationssystemen in den Regionen San Francisco / Oakland, Boston und in jüngerer Zeit San Diego. Diese Einbettung wurde durch eine Vielzahl von Forschungsbeihilfen an Universitätsprojekte und weitere Biotech-Kollaborationen in der Bay Area ergänzt. Als Beispiel für diesen Prozess stelle ich hier kurz die wachsende Integration von Novartis in der Region San Diego / La Jolla vor. Aus der Tabelle 7.8 können unschwer die beiden anderen regionalen Schwerpunkt der Kooperationsbeziehungen ersehen werden: die Region Boston und die San Francisco Bay Area.

Ciba-Geigy und Sandoz waren schon seit den frühen neunziger Jahren über mehrere, sehr breit angelegte Forschungskooperationen in La Jolla und San Diego präsent. Ciba-Geigy begann 1990 mit Isis Pharmaceuticals auf dem Gebiet der Antisense Technologie zusammenzuarbeiten. Diese Kooperation wurde von CIBA Vision erfolgreich bis zur Einführung von *Vitravene*, einem Präparat zur Behandlung von AIDS-bedingter Netzhautentzündung (Retinitis), im Jahr 1998 weitergeführt. Sandoz vereinbarte bereits 1992 mit The Scripps Research Institute (TSRI) eine intensive, auf zehn Jahre anlegte Forschungskooperation, die mittlerweile mehrfach erweitert wurde. Aufgrund des politischen Drucks und der Befürchtungen über die zu umfassende Abhängigkeit der akademischen Forschung von den Interessen des Konzerns musste der Umfang des Abkommen zurückgeschraubt werden (vgl. Abschnitt 7.3.6). Mit dieser Partnerschaft wurde Sandoz ein indirekter, aber wichtiger Akteur in der schnell wachsenden Biotechszene in San Diego (Rose 1992). Seit Anfang der neunziger Jahre schlossen Ciba-Geigy und Sandoz, respektive Novartis zahlreiche weitere Abkommen mit jungen Biotechfirmen in San Diego und La Jolla ab und verankerten sich zunehmend stärker in der Region.

Die Biotechnologie entwickelte sich in der Region San Diego im Verlaufe der neunziger Jahre äußerst dynamisch, und vermutlich verfügt San Diego über die höchste Konzentration biomedinischer Forschung innerhalb Fusswegdistanz. Im Salk Institute, Scripps Research Institute, Burnham Research Instiute und an der University of California San Diego arbeiten mehr als 1000 postdoctoral research fellows in biomedizinischen Wissenschaften (Bigelow 1999). Offensichtlich schätzte die Forschungs- und Divisionsleitung von Novartis Pharma das regionale wissenschaftliche und technologische Umfeld und den Pool von wissenschaftlichen Fachkräften in San Diego / La Jolla als dermaßen interessant ein, dass sie sich entschied, den groß angelegten Einstieg das Feld der *functional genomics* vor allem hier zu vollziehen. Im Januar 2000 eröffnete die Novartis Research Foundation das neue Institut für Genomics Research in La Jolla unmittelbar neben dem *Scripps Research Institute*. In diesem neuen Forschungszentrum arbeiten im Jahr 2001 213 Beschäftigte, knapp die Hälfte davon sind Wissenschafter. Es bildet einen wesentlichen Pfeiler in *functional genomics* der *in-house* Kapazitäten von Novartis. Das *Genomics Institute of the Novartis Research Foundation* (GNF) ist eines der größten Forschungszentren, das sich ausschließlich der *functional genomics* widmet. Im Institut arbeiten rund 20 Laboratorien zusammen, die sich mit neuen Fragen in der molekularen Epidemologie, molekularen und strukturellen Biologie, Bioinformatik, kombinatorischer Chemie, High-Throughput Screening, Proteomics und transgenen Modellorganismen auseinandersetzen. Die Genomforschung ist bestrebt, die für bestimmte Krankheiten typischen Genmuster und -merkmale zu identifizieren und somit neue Angriffspunkte für Therapien zu ermitteln. Der Begriff *functional genomics* umfasst alle Aktivitäten und Techniken, die den Zusammenhang der funktionalen Beziehung zwischen einem bestimmen Genotyp und einer Krankheit entschlüsseln. Bei der Ankündigung des Projekts am 8. April 1998 gab die Novartis Research Foundation bekannt, das neue Institut für Functional Genomics mit einer Investitionssumme von 250 Millionen USD über zehn Jahre zu finanzieren. Novartis begründete die Standortwahl offiziell mit der einzigartigen Ballung biomedizinischer Forschung in La Jolla im Norden San Diegos. Die Region sei eine der kreativsten biomedizinischen Forschungsgegenden der Welt. Die Leitung des Instituts wurde Peter Schultz, Professor für Chemie an der University of California, Berkeley, übertragen. Das Institut widmet der Rekrutierung hochqualifizierter Wissenschafter größte Aufmerksamkeit. Und gerade in dieser Hinsicht wird der Standort La Jolla mit der einmaligen Umgebung von anderen Instituten und Biotechunternehmen als sehr vorteilhaft eingeschätzt (Hicklin 1998c; Novartis MR 1998c; 1998i; McBride 2000; Schultz 2000).

Inzwischen nahm Novartis zwei weitere, sehr umfassende Investitionsvorhaben in Angriff. Im Herbst 1998 begann der Aufbau des *Novartis Agricultural Discovery Institute (NADI)* in La Jolla. Das Institut wurde für 180 Forscher konzipiert und gehört zu den größten Forschungszentren, die sich der pflanzenorientierten Genomforschung widmen. Für dieses Projekt kündigte Novartis eine Rieseninvestition von insgesamt 600 Millionen USD während der kommenden zehn Jahre an (Novartis MR 1998d). Ursprünglich hätte dieses Zentrum eine herausragende Rolle in der Technologiestrategie von Novartis einnehmen und mit dem *Novartis Agribusiness Biotech Research* Zentrum in Research Triangle Park in North Carolina sowie den anderen Agroforschungsstationen von Novartis zusammenarbeiten sollen. Im Zuge der Ausgliederung des Agrogeschäfts und dessen Fusion mit dem Agrosektor des Pharmakonzerns AstraZenca übernahm im November 2000 der neue Konzern Syngenta dieses Forschungszentrum.

Im April 1999 wurde bekannt, dass Novartis Pharma gar eine dritte Forschungseinrichtung in La Jolla aufbaut, und zwar zur Erforschung von Infektionskrankheiten. Diese werde ein jährliches Budget von 30 bis 40 Millionen USD zur Verfügung haben. Diese Institute dürften Novartis und Syngenta zusammen jährlich über 115 Millionen USD kosten. Natürlich erwarten die Direktoren der lokalen Forschungsinstitute und der Wirtschaftsbehörden kumulative Effekte durch diese immensen Novartis-Investitionen (Bigelow 1999), dennoch ist es schwierig, die längerfristigen Effekte einzuschätzen. Bemerkenswert ist, dass der City Council trotz dieser offensichtlichen Attraktivität des Standortes Novartis Steuererleichterungen (property tax) und günstigere Wasserpreise zusprach (SDUT 1999b).

Mittlerweile haben sich die transatlantischen Geschäfts- und Innovationsbeziehungen zwischen Basel und San Diego auch auf kleine Unternehmen und Spinnoffs ausgedehnt. So übernahm z.B. die in San Diego domizilierten Firma Discovery Partners im Juni 1999 Discovery Technologies, ein Unternehmen mit rund 25 Beschäftigten in Basel, das sich während der Novartis-Fusion als Spin-off der Ciba gegründet hatte und vom Novartis Venture Fund finanziert wurde. Discovery Partners verfolgt die Strategie, Biotechfirmen zu übernehmen und sie als relativ autonome Filialbetriebe weiterzubetreiben (Kupper 1999a).

Wenn wir die enormen Investitionen, die Novartis und die Vorgängerfirmen Sandoz und Ciba bereits im Rahmen der zahlreichen Kooperationsabkommen in der Region San Diego investiert haben, vergegenwärtigen, bekommen wir eine Idee davon, wie wichtig die Kapitalflüsse in ein regionales Innovationssystem wie San Diego / La Jolla sind, die von auswärtigen multinationalen Konzernen getätigt werden. Obwohl Novartis zu den aktivsten Pharmakonzernen in San Diego gehört und mit dem Aufbau eigener Forschungszentren vorerst alleine dasteht, sind nahezu alle der zehn größten Konzerne der Branche in der Region präsent. So übernahm der in Morristown, New Jersey, domizilierte Pharmakonzern Warner-Lambert Anfang 1999 Agouron Pharmaceuticals, das 1984 gegründete und dank des Aidsmedikaments *Viracept* erfolgreichste Pharma- und Biotechunternehmen der Region mit rund 1000 Beschäftigten, für rund 2,1 Milliarden USD. Nach der Übernahme von Warner-Lambert durch Pfizer im Jahr 2000 wird der nunmehr größte und dynamischste Pharmakonzern eine starke Präsenz in San Diego aufweisen. Pfizer vereinbarte schon 1991 eine Forschungszusammenarbeit mit der Biotechfirma Ligand. Weitere Beispiele sind die ebenfalls in New Jersey beheimateten Pharmakonzerne Johnson & Johnson und Merck & Co. J&J hält 11% am Biotechunternehmen Amylin, und Merck & Co. arbeitet mit der lokalen Firma Vical im Impfstoffbereich zusammen. Der Chemiekonzern Dow Chemical bewerkstelligte seinen Einstieg in die Biotechnologie nicht zuletzt über die Akquisi-

Tab. 7.6. Kooperationen von Novartis mit Biotechfirmen in San Diego / La Jolla

Jahr	Unternehmen	Abkommen
Ciba-Geigy		
1990	Isis Pharmaceuticals, Carlsbad	Antisense Technologie
1990	University of California, La Jolla	Arthritis, Gentherapie
1992	Sibia, Inc., La Jolla	Aminoacid Receptoren
1993	Viagene, La Jolla	Via Chiron: Gentherapie, 1995 von Chiron übernommen
1994	CoCensys, Irvine	Zentralnervensystem, Entwicklung und Marketing
1994	Isis Pharmaceuticals, Carlsbad	Fortsetzung und Ertweiterung
1994	Isis Pharmaceuticals, Carlsbad	Fortsetzung
1995	Isis Pharmaceuticals, Carlsbad	Fortsetzung
1995	IDUN Pharmaceuticals, La Jolla	Zelltod, Signalübertragung, Zentralnervensystem
1996	Neurocrine Biosciences Inc.	Multiplesklerose-Medikament
Sandoz		
1989	Cytel, San Diego	Forschungskooperation in Immunosuppression
1991	Avalon Ventures, La Jolla	Gründung der Venture Firma Avalon Medical Partners
1992	Scripps Research Institute, La Jolla	Breite, langfristige Forschungallianz
1995	Scripps Research Institute, La Jolla	Erweiterung der breiten, langfristigen Forschungallianz
Novartis		
1997	Neurocrine Biosciences Inc.	Fortsetzung, Novartis beendete Kooperation 1999
1997	Biosite, Inc. Diagnostics, Inc.	Novartis lizenziert Antibodies zur Prüfung eines Immunosuppresiven Medikaments
1998	Molecular Simulations, Inc. (Pharmacopeia)	Simulationstechnologie für pharmazeutische Entwicklung
1998	Trega Biosciences, Inc.	Kombinatoriische Chemie, Fettleibigkeit, Diabetes
1998	CombiChem, Inc.	Agro-Forschung, kombinatorische Chemie
1999	Diversa, Inc.	Saatgut, Agro-Forschung
1999	Invitrogen Corp.	Functional genomics, Klonierungstechnologien, Expressionssysteme
Genomics Institute of the Novartis Research Foundation		
2000	Molsoft (Molecular Software), La Jolla	Gemeinsame Forschung mit GNF. GNF erhält Zugang zu Datenbank von Molsoft
2000	Salk Institute, La Jolla	Neuropeptide Charakterisierung
2000	The Scripps Research Institute, La Jolla	Osteoarthritits, Zentralnervensystem, Schlaganfall
2000	Univ. of California San Diego, La Jolla	Antidepressiva
2000	Univ. of Calif. Irvine (bei Los Angeles)	Eierstockkrebs

Quellen: zusammengestellt aus Geschäftsberichten von Ciba-Geigy, Sandoz, Novartis, verschiedenen Ausgaben von San Diego Union-Tribune und Schultz (2000).

tion des Unternehmens Mycogen aus San Diego im Jahre 1999. Diese 'Invasion' der Giganten setzte bereits in den achtziger Jahren ein, als Eli Lilly die Biotechfirma Hybritech im Jahr 1986 übernommen hatte. Allerdings verkaufte Eli Lilly dieses Unternehmen später wieder. Eli Lilly übernahm Ende der neunziger Jahre die Entwicklung eines Diabetesmedikamentes von Ligand Pharmaceuticals. Schließlich pflegt auch der Basler Lokalrivale Hoffmann-La Roche seine Beziehungen mit Firmen in San Diego. So sicherte sich Roche gewichtige Marketingrechte an Rituximab, einem der bislang noch wenigen Produkte, deren Wirkstoff hier entdeckt wurde. Die Firma IDEC entdeckte den monoklonalen Antikörper und entwickelte ihn zusammen mit Genentech und Roche zur Behandlung von Non-Hodgkin's Lymphoma. IDEC und Genentech produzieren und vermarkten das Präparat unter dem Namen *Rituxan* in den USA. Roche vertreibt es unter dem

Namen *MabThera* in der übrigen Welt außer in Japan (IDEC MR 1997; Roche MR 1997a; Kupper 1998; 1999b; 1999a).

Die Abhängigkeit der Biotechfirmen von den großen Pharmakonzernen wurde auch ein Thema der Lokalpresse. Noch keine der Firmen aus San Diego hat es geschafft, sich zu einem integrierten Pharmaunternehmen zu entwickeln. Das Biotechcluster in San Diego ist jünger als jene in den Regionen Boston und San Francisco. Zudem hat sich die Industrie verändert, seitdem sich die Flagschifffirmen Amgen, Genentech und Chiron durchgesetzt haben. Nach dem Boom in den frühen neunziger Jahren floss das Geld Ende der neunziger Jahre nicht mehr so günstig bei Börsengängen. Die Erlöse der wenigen zugelassenen Produkte von Firmen aus San Diego fließen größtenteils den Partnerkonzernen zu. Daher ist die Frage noch offen, ob sich die Biotechindustrie langfristig zu einer wirklichen Wachstumsträgerin der regionalen Ökonomie durchsetzen und die Industrieführer in der Bay Area und in der Region Boston einzuholen vermag (Kupper 1998). Auch der jüngste Biotechboom an den Börsen von etwa Mitte 1999 bis Frühjahr 2000, der unter anderem auch mit den hohen Erwartungen in die Fortschritte der *functional genomics* zusammenhängt, lässt diese Frage unbeantwortet.

Das *Genomics Institute of the Novartis Research Foundation* (GNF) ist in zwei Divisionen organisiert. Die eine konzentriert sich auf die Entwicklung von 'discovery technologies', die andere widmet sich konkreten 'discovery projects'. Die Abteilung *Technology* besteht aus den Departementen *Proteomics, Computational Biology, Chemistry, Engineering, Biology, Genomics* und *Information Technology*. Die Division *Discovery* setzt sich aus den Departementen *Neurobiology, Cell Biology, Immunology* und *Biological Chemistry* zusammen. Das Ziel besteht darin, eine integrierte Technologieplattform aufzubauen, die die für die Erforschung neuer Angriffspunkte und Substanzen wesentlichen Disziplinen der Bio-, Chemie-, Ingenieur- und Computerwissenschaften unter einem Dach vereinigt. Das GNF verfolgt *discovery projects* u.a. den Feldern neurodegeneartive Krankheiten (Alheimer, Parkinson), Zentralnervensystem, Onkologie, Differenzierung und Regeneration von Stammzellen, Entzündungen, Hepatitis C und B, HIV, Herz-Kreislauf, Osteoarthritis (McBride 2000; Schultz 2000).

Sind die Komplexität und Ausdifferenzierung der unterschiedlichsten Biotechnologien ein wesentlicher Grund für die großen Pharmakonzerne, vermehrt Forschungskooperationen mit externen Partnern einzugehen, so kam Novartis zugleich zum Schluss, dass es nur mit geballten eigenen Anstrengungen möglich sein wird, die unterschiedlichen technologischen Stränge zusammenzuführen und an der Innovationsfront zu bleiben.

Neben dem neuen Zentrum in La Jolla / San Diego baute Novartis Pharma auch in Basel und Summit Einheiten für funktionelle Genomik mit jeweils 40 respektive 60 Forschern auf. Diese drei in-house Kompetenzzentren kooperieren mit den Forschungszentren in Wien und Großbritannien in den jeweiligen therapeutischen Gebieten, mit Genetic Therapy in Gaithersburg auf dem Feld der Pharmacogenetics und Gentherapie und mit SyStemix in der Zell- und Gentherapie. Dieses interne Forschungsnetzwerk mit den drei Knoten San Diego, Summit und Basel arbeitet mit externen Partnerfirmen und –institutionen zusammen. Die wichtigsten Partner sind Affimetrix in South San Francisco, Celera in Rockville, Incyte in Palo Alto, Rigel in South San Francisco, Protana in Odense (Dänemark), die University of Maryland, GeneProt in Genf und Genedata in Basel (Novartis 1999b: 11; Vasella 1999; Herrling 2000). Dazu ist das NFG eigenständig rund zwei Dutzend weitere Kooperationen in spezifischen Tätigkeitsfeldern eingegangen. Zu den Partnern zählen neben den genannten Unternehmen und Institutionen, The Scripps Research Institute, das Salk Institute, die University of California San Diego sowie die Unternehmen Invitrogen und Molsoft (Molecular Software) in San Diego, weitere Universitäten in Kalifornien und in den USA sowie Institute in Europa, Asien und Südamerika. Interessanterweise lassen sich auch Institute als Partner des GNF finden, die sich Naturstoffen zur Gewinnung therapeutischer Wirksubstanzen widmen, wie das Institut für traditionelle Medizin in Peru, das Kunming Institute in China und die Tamagawa University. Das unmittelbar benachbarte Scripps Research Institute bleibt aufgrund des sehr vielfältigen und direkten Austausches aber der wichtigste Partner (Schultz 2000).

Neue Technologien und Informationsverarbeitung

Neue Discovery Prozesse. Nicht überraschend gehen die enormen technologischen Veränderungen in der Chemie und Biologie mit industriellen Umwälzungen einher. Die *genomics revolution* mit ihrer Potentierung von Informationen, die zu verarbeiten sind, bewirkt die Industrialisierung von Teilen des Forschungsprozesses. Die Forschung in der pharmazeutischen und biotechnologischen Industrie ist durch eine vermehrte Automatisierung der Systeme, eine Miniaturisierung, neue analytische Werkzeuge, den Einsatz enormer Computerkapazitäten und Robotertechnologien gekennzeichnet. Besonders charakteristisch ist die Veränderung der Maßstäbe der wissenschaftlich-biomedizinischen Forschung und der Arzneimittelentwicklung z. B. durch den Einsatz von kombinatorischer Chemie, Genchips und Genomsequenzierung. Um die Geschwindigkeit und Effizienz des Wirkstoffentdeckungsprozesses zu steigern, werden Tätigkeiten vermehrt parallel durchgeführt.

Die Forschungsorganisation von Novartis Pharma bestand bislang aus nach therapeutischen Gebieten organisierten Gruppen, die von Gruppen in sogenannten Technologieplattformen ergänzt wurden. Die rasante technologische Entwicklung brachte Novartis Pharma dazu, diese Struktur mit drei weiteren Typen von Forschungsgruppen zu ergänzen. Die *target platforms and biology platforms* beschäftigen sich mit gemeinsamen biologischen Mechanismen. Diese Gruppen haben die Aufgabe, Synergien zwischen therapeutischen Gebieten zu ermitteln, z.B in der Immunologie und der Angiogenesis.

Die *drug discovery centers* sind gewissermaßen industrialisierte Einheiten, um schnell Leadsubstanzen zu finden und zu profilieren. Sie bedienen sich dem parallelen *high-throughput screening*, der Entwicklung von Assays, dem Aufbau chemisch diverser Archive und sogenannter *in silco* Werkzeuge.

Die *technology platforms* stellen weiterhin zentral verwaltete Werkzeuge und Technologien zur Verfügung, die in allen therapeutischen Gebieten eingesetzt werden können. Sie entwickeln darüberhinaus Instrumente des Wissensmanagements. Die Haupttätigkeitsfelder liegen in *functional genomics* und der Berarbeitung zentraler Technologien wie struktureller Biologie, Bildverarbeitung, chemischer Analyse sowie Miniaturisierungs- und Robotertechnologien.

Diese technisch-organisatorischen Neuerungen sollen zu einer Multiplizierung der Arzneimittelkandidaten und zu einer Verkürzung der Wirkstoffentdeckungszeiten von sechs auf vier Jahre führen. Zudem werden vermutlich mehr Therapien gefunden, die Krankheiten kausal auf molekularer Ebene angreifen (Herrling 2000). Ein entscheidender Punkt für jeden Pharmakonzern wird allerdings sein, ob es ihm gelingt, die internen Maßnahmen mit einer adequaten Partner- und Allianzstrategie zu verknüpfen.

Problem Informations- und Erfahrungsaustausch. Der Austausch von Wissen, Erfahrungen und Perzeptionen ist eine der größten Herausforderungen für eine große, internationale Forschungsorganisation. Bei einer Fusion zweier großer Organisationen potenziert sich diese Herausforderung. Ein besondere Aufgabe ist es, neue Technologien, Wissenschaftsmodelle und Molekularbibliotheken, die eine Forschungseinheit generiert oder erwirbt, schließlich für die gesamte Palettte der therapeutischen Forschungsgebiete innerhalb des Konzerns auf internationaler Ebene zu nutzen. Neben der Anwendung neuer Technologien und der Implementierung der bereits erwähnten organisatorischen Strukturen müssen auch Verfahren gefunden werden, die beteiligten Forscherinnen und Forscher immer wieder direkt zusammenzubringen. Um die Kommunikation innerhalb der weltweiten Organisation zu fördern, führte Novartis Pharma nicht zuletzt regionale und internationale Konferenzen durch. Mitte April 1997 führte die Gruppe Science Boards von Novartis International AG z.B. eine divisionsübergreifende Wissensmesse über die Anwendung künstlicher neuronaler Netze in Basel durch (Schaub 1997b). Wesentlich breiter, aber zugleich näher bei den Forschungsaktivitäten des Pharmasektors war die Pharma Forschungskonferenz vom 3. bis 5. September 1997 in Barcelona. Über 800 Forschungsmitarbeiter aus den verschiedenen Forschungszentren in den USA, Japan und Europa präsentierten in über 700 Postern Resultate und Methoden ihrer Forschungsprojekte (Räber 1997). Die Organisierung solcher Großveranstaltungen zeigt, dass eine Fusion auch ein Anlass sein kann, neue Organisations- und Kommunikationsstrukturen überhaupt zu schaffen, die ohne derartigen Energieschub wahrscheinlich nicht in dem Maße möglich gewesen wären. Zwei Jahre später, vom 6. bis 9. September 1999, fand in Florenz die zweite derartige globale Konferenz mit rund 900 Teilnehmern statt. Neben den Vorträgen und Posterpräsentationen wurde an dieser Konferenz zum Beispiel auch die Hochleistungsscreening-Technologie des Kooperationspartners EVOTEC Biosystems aus Hamburg präsentiert, um deren Anwendbarkeit in den verschiedenen therapeutischen Gebieten zur Diskussion zu stellen (pharma update 1999).

Die Zusammenarbeit mit Biotechfirmen stellt einen großen Pharmakonzern vor beträchtliche Herausforderungen an seine organisatorischen Fähigkeiten. Solange die Abkommen produktorientiert sind und nur ein therapeutisches Gebiet betreffen, können die Zuständigkeiten innerhalb des Konzern einfach geregelt werden. Viele Abkommen, vor allem technologieorientierte, betreffen mehrere therapeutische Gebiete und erfordern daher eine enge Koordination der betroffenen Einheiten. Zudem wollen die Biotechfirmen normalerweise nur eine Schnittstelle zum großen Partner haben. Die Aufgabe besteht darin, das Wissen und die Technologien, die im Rahmen der Kooperation entstehen, innerhalb der eigenen Organisation so zu transferieren, dass möglichst alle Teams, die diese nutzen können, auch tatsächlich Zugriff darauf haben. Wenn z.B. eine Kooperation über das Forschungszentrum in Wien abläuft, dann besteht das Problem, die Technologien und das damit verbundene Know how auch den richtigen Forschungsgruppen in New

Jersey zur Verfügung zu stellen. Duplikationen und mangelnder Informationsfluss sind dabei unvermeidbar (Main 1997). Die Herausforderung des Technologie- und Know how-Transfers werden umso schwieriger, je mehr es um den Transfer und Austausch von 'tacit knowledge' oder 'uncodified knowledge' geht (Howells 1998; 1999; Storper 1997). Gerade diese Probleme der Wissensproduktion und -übermittlung zwingen auch Konzerne mit einer triadischen Forschungsorganisation gewisse Tätigkeiten und Innovationsprozesse in bestimmten centers of excellence räumlich extrem zu konzentrieren.

7.4.3 Erwerb von Wissen und Technologien über Kooperationen

Novartis Pharma steigerte den Anteil der Foschungsausgaben für Kooperationen mit externen Partnern von 23% im Jahr 1997 auf 27% im Jahr 2000. Allerdings ist anzunehmen, dass ein wesentlich höherer Anteil als 30% die Managementressourcen vor zu große Probleme stellen würde (Herrling 1998; 2000). Mittlerweile treffen Hunderte von Kooperationsangeboten jährlich ein. Kooperationen lohnen sich für den großen Konzern nur, wenn dieser die wissenschaftliche und kommerzielle Dynamik im betreffenden Tätigkeitsfeld gut einschätzen kann. Zudem muss eine Kooperation von den Forschern im eigenen Haus wirklich mitgetragen werden. Zur Zeit des Biotechbooms Anfang der neunziger Jahre wurden von führenden Managern oftmals Kooperationen abgeschlossen, die letztlich von den eigenen Forschungsabteilungen sehr skeptisch beurteilt wurden. Darum läßt Novartis mittlerweile wenn möglich die eigenen Mitarbeiter Kooperationen mit auswärtigen Partnern vorschlagen. Wenn es allerdings darum geht, in ein neues therapeutisches Gebiet vorzustoßen oder sich eine neue Technologie anzueignen, die Vertragssumme letztlich also auch wesentlich größer ist als bei kleinen spezifischen Projekten, wird eine Zusammenarbeit zunächst ausschließlich und vertraulich vom Spitzenmanagement in die Wege geleitet (Herrling 1998; Hicklin 1998b).

Neben der internen Forschungstätigkeit und Technologieproduktion hat die Novartis-Forschung in den USA nicht zuletzt auch die Aufgabe, die technologischen und wissenschaftlichen Entwicklungen in den USA und die dynamischen Biotechnologieunternehmen zu beobachten. *"We try to keep our fingers on the pulse of what's happening in the U.S. and we see technologies or trends emerging, making sure our colleagues in Switzerland know about those trends and try to influence the global organization. I think we recognized fairly early here the critical importance of genomic databases and we were pushing very hard for a long time, maybe too long, to get the same sense of urgency to our colleagues"* (Main 1997). Eine nicht zu unterschätzende Rolle nimmt dabei die Einstellung ehemaliger Mitarbeiter der US-Rivalen ein, von denen die Novartis-Forschung z.B. erfährt, welche technologischen und organisatorischen Tendenzen sich herauskristallisieren, in welchen Feldern man hinter der aktuellen Entwicklung hinterher hinkt oder gegebenenfalls auch voraus ist.

Im Zuge der Reorientierung der Forschung und der intensivierten Hinwendung auf das Feld der Genomik ist es nicht überraschend, dass die meisten der jüngeren Forschungskooperationen den gemeinsamen Projekten sowie dem Erwerb von Technologien und Wissen in *functional genomics* dienen.

Die Innovationsstrategie von Novartis Pharma beruht auf drei Säulen: interne Forschung, Verknüpfung von interner und externer Forschung wie durch das Genomics Institute in San Diego und auf Kooperationen mit externen Partnern. In der fruchtbaren Kombination dieser drei Ansätze besteht eine der wesentlichen Herausforderungen für die Forschungsorganisation eines großen Pharmakonzerns. Die Kooperationen lassen sich entsprechend ihrer zentralen Zielsetzung in zwei Typen unterscheiden (Herrling 2000):

- Kooperationen zur Unterstützung eigener Forschungsanstrengungen: Diese Kooperationen dienen dem Erwerb therapeutischer Leadsubstanzen, von Angriffspunkten und Krankheitsmodellen, neuer Discovery-Technologien (*enabling technologies*) und dem Einstieg in neue Felder. Ende 2000 betrieb Novartis 26 größere derartige Kooperationen.
- Allianzen zur Erlangung externer Expertise in spezifischen Feldern: Mit solchen weitergehenden Allianzen erhält Novartis den Zugang zu externer Expertise in spezifischen Gebieten. Der Partner liefert Wirksubstanzen, die Novartis in die Pipeline der klinischen Prüfungen aufnehmen kann. Eine weitere Aufgabe des Partners besteht in der Erarbeitung neuer Prozesse der Wirkstoffentdeckung. Die nachfolgend kurz erläuterte Allianz mit Vertex Pharmaceuticals ist Hauptbeispiel dieser Form der Zusammenarbeit.

Aus den Tabellen 7.8 und 7.9 läßt sich die Vielfalt von Forschungs- und Entwicklungskooperationen ersehen. Die Kooperationen mit The Scripps Research Institute und dem Dana Farber Cancer Institute dienen dazu, neue Hypothesen zu Krankheiten und Angriffspunkten zu erhalten. Im Rahmen der Zusammenarbeiten mit den Firmen Cubist und Versicor steigt Novartis in neue Felder ein. Neue Discovery-Technologien (Ultra High-Throughput Screening, Nanoscreening, kombinatorische Chemie, Substanzbibliotheken, Informationstechnologien) wurden /werden von den Firmen Evotec, Rigel, Incyte und Celera erworben. Die Allianz mit Vertex schließlich dient der Erschließung neuer Angriffspunkte und Substanzen. Die folgende Darstellung von drei Abkommen aus dem Jahr 2000 verdeutlicht die Aspekte der Gewinnung neuer Substanzen und Technologien.

Strategische Allianz mit Vertex. Am 9. Mai 2000 gaben Novartis Pharma und Vertex Pharmaceuticals in Cambridge, Massachusetts, den Beginn einer umfangreichen Zusammenarbeit bekannt. Die beiden Firmen werden gemeinsam niedermolekulare Wirkstoffe entdecken, entwickeln und vermarkten, die mit Proteinen aus der Familien der Kineasen reagieren. Kineasen sind Enzyme, die bei der Übertragung von Signalen zwischen und innerhalb von Zellen eine Schlüsselrolle spielen. Sie steuern auch die Aktivierung von Proteinen und können daher ideale Angriffpunkte für Interventionen mit kleinen Molekülen bilden. Novartis leistet eine Anfangszahlung von 15 Millionen USD und wird über einen Zeitraum von sechs Jahren weitere 200 Millionen USD Forschungsgelder an Vertex bezahlen. Vertex ist für die Wirkstoffentdeckung und die klinische Prüfung des Konzptes für die potentiellen Arzneimittel verantwortlich. Novartis erhält im Gegenzug die weltweiten Exklusivrechte auf die Entwicklung, Herstellung und Vermarktung von acht klinisch und kommerziell relevanten Arzneimittelkandidaten. Falls die Ergebnisse bestimmten Kriterien entsprechen, kann Novartis Lizenzgelder, Meilenstein-Prämien und Entschädigungen in der Höhe von 600 Millionen USD an Vertex bezahlen.

Novartis lagert also Forschung und frühe Entwicklungstätigkeiten in einem spezifischen Feld an einen Biotechpartner aus. Die Allianz schafft ein Modell des Innovationsprozesses, bei der das Vertex-Verfahren der integrierten parallelen Wirkstoffsuche in Familien von Zielmolekülen mit dem System des Portfolio-Management und den PRIDE-Teams von Novartis verknüpft wird (vgl. Abschnitt 7.4.1). Vertex übernimmt mit seinen rund 370 Mitarbeitern eigenständig partiell die Aufgabe eines Forschungszentrums von Novartis und beliefert die Novartis-Entwicklung mit acht Arzneimittelkandidaten. Einerseits bewahrt Vertex die Autonomie in der Forschung und profitiert von Novartis' Expertise. Andererseits akzeptiert Novartis nach eigenem Ermessen therapeutische Kandidaten oder lehnt sie ab. Um die enge Zusammenarbeit zu garantieren, bilden die beiden Firmen gemeinsame F&E-Teams (Herrling 2000; Novartis Pharma MR 2000a).

Proteomics. Etwas weniger umfassend, aber dennoch strategisch wichtig ist ein im Oktober 2000 vereinbartes Abkommen im neuen Technologiebereich der Proteomics. Novartis erschloss sich über eine Allianz mit Geneva Proteomics (Genf und Evanston, Illinois) den Zutritt zur Findung neuer Therapeutika, Targets und Biomarkern. GeneProt analysiert das Proteinprofil (Proteom) von drei kranken menschlichen Geweben oder Körperflüssigkeiten, die von Novartis ausgewählt werden. Novartis wird potentiell interessante Proteine oder Peptide für weitere Forschungs- und Entwicklungsarbeiten auswählen. Novartis investiert 43 Millionen USD Kapitalbeteiligung und wird damit wesentlicher Teilhaber an Geneva Protemomics. Innerhalb von vier Jahren zahlt Novartis nochmals 41 Millionen USD. Weitere Lizenzabgaben, Meilensteinzahlungen sind je nach Erfolg möglich. Zugleich wird Novartis bevorzugter Partner von GeneProt und erhält Ausschließlichkeitsrechte an Proteinen und Peptiden. Geneva Proteomics geht davon aus, in absehbarer Zeit je eine Fabrik in Meyrin bei Genf und eine Princeton, New Jersey, zur industriellen Herstellung therapeutischer Proteine errichten zu können (Novartis MR 2000l; NZZ 2000a).

Xenotransplantation. Aufgrund der Ernüchterung über die Perspektiven in der Xenotransplantation reorganisierte Novartis im September 2000 ihre Tätigkeiten und Partnerschaften in diesem Bereich. Darum gründete Novartis mit der Firma BioTransplant, Charlestown bei Boston, ein Joint Venture, das ab Januar 2001 die Tätigkeiten beider Firmen in der Xenotransplantation zusammenfasst. Novartis steuerte das Tochterunternehmen Imutran in Cambridge, GB, an das Joint Venture bei und hält an ihm fortan einen kontrollierenden Anteil von 67%. BioTransplant ist ein alter Partner von Novartis. Sandoz hatte bereits im Jahr 1993 im Rahmen einer Zusammenarbeit eine Kapitalbeteiligung von 5 Mio. USD an BioTransplant erworben. Im Februar 1997 hatte Novartis zudem ein Abkommen in der Gentherapie und ein weiteres in der Transplantation und Xenotransplantation mit BioTransplant vereinbart. Nach dieser Konsolidierung in der Xenotransplanation trat Biotransplant in anderen Feldern bereits wieder auf Expansionskurs und übernahm im Dezember 2000 das ebenfalls in der Transplantationsmedizin tätige Unternehmen Eligix in Medfield, Massachusetts (BioTransplant MR 2000; Novartis MR 2000t).

Die nachfolgende Zusammenstellung der von Novartis abgeschossenen Bio-
tech-Kooperationen bietet einen Überblick über die thematische Ausrichtung und
die 'Vertragsmechanik' der Kooperationen. Die Tabellen basieren im Wesentlichen auf einer Auswertung von Medienerklärungen von Novartis und der Partnerfirmen. Die Kooperationen sind dabei in die *early stage* Forschungs- und die
late stage Entwicklungsabkommen gegliedert.

Tab. 7.7. Übernahmen von Novartis Pharma 1996–2000 im Bereich Forschung

Jahr	Partnerfirma	Schwerpunkttätigkeit	Inhalt des Abkommens
1996/4	Imutran, Cambridge, UK	Biotechnologie, Xeno-transplantation	Sandoz übernimmt Imutran. Bereits seit 1993 bestand Forschungskooperation
1997/2	SyStemix Inc., Palo Alto, California	Biotechnologie, Stamm-zelltherapie	Übernahme der verbleibenden 26,8% der noch nicht im Besitze befindlichen Aktien für USD 19,5 per Aktie oder für total USD 75,749 Mio.
2000/9	BioTransplant Inc., Boston	Xenotransplantation	Novartis und BioTransplant gründen zusammen ein Unternehmen, das sich auf Xentransplantation konzentriert. Novartis bringt Imutran ein und hält 67% am neuen Unternehmen

Tab. 7.8. Wichtige Forschungskooperationen und Lizenzierungsabkommen von Novartis
Pharma 1996– März 2000 + wichtige weitergeführte Abkommen von Ciba und Sandoz

Jahr	Partnerfirma	Schwerpunkttätigkeit	Inhalt des Abkommens
1971 fortlau-fend	Friedrich Miescher Institut, Basel		Breite Forschungszusammenarbeit
1991/3	Dana Farber Cancer Institute, Boston		Onkologie, Signal-Übertragung
1992	Scripps Research Institute, San Diego		Breite Forschungszusammenarbeit
1994/11	Chiron		Kombinatorische Chemie
1995/5	Myriad Genetics, Inc., Salt Lake City, Utah	Herz/Kreislauf, Genomfor-schung	Fünfjahres $60 Mio. Abkommen für Gentargets gegen Herz-Kreislauf-Krankheiten und Stoffwech-sel
1999/9		Getreide-Genomics	Novartis Agriculturual Discovery Institute, San Diego, und Myriad vereinbaren zweijährige Zu-sammenarbeit für $33,5 Mio. in Genomics
1995/7	Tumorklinik Freiburg		Onkologie; Angiogenese-Mediatoren
1995/10	Pharmacopeia		Kombinatorische Chemie
	Universität Wien	Dermatologie	Dendritische Zellen
1995 1998	Johns Hopkins University	Genomics	Neurologie, Schizophreniegen über Genomics Transplantation
1996	Isis Pharmaceuticals, Carlsbad bei San Diego, California	Antisensetechnologie	Ciba und Isis vereinbaren Erweiterung der bisheri-gen Zusammenarbeit. Ciba bezahlt Isis bei Disco-very-Aktivitäten mit Antisensetechnologie und erhält Marketingrechte. Das 1991 abgeschlossene Abkommen mündete bereits in zwei klinische Programme im Krebsbereich
1996/3	Research Genetics, Inc. (RGI), Huntsville, Alabama, am 2. Feb.2000 von Invitrogen, San Diego, übernommen	Entwicklung von geneti-schen Markern, Genombi-bliotheken	Sandoz bezahlt USD 1 Mio.für die Entwicklung von Forschungswerkzeugen zur Kartierung des menschlichen Erbguts

Jahr	Partnerfirma	Schwerpunkttätigkeit	Inhalt des Abkommens
1996/5 1998/11 1999/10	Evotec Biosystems GmbH, Hamburg	Screening-Technologie	- Sandoz vereinbart Kooperation für Hochdurchsatzscreeningsystem EVOscreen - Meilenstein in der Technologieentwicklung erreicht - Evotec liefert erste EVOscreen-Komponente an Novartis
1997?	Neurosciences Research Foundation	Neurobiologie	Computermodelle von neuralen Netzwerken
1997	Neurocrine Bioscience, Inc. San Diego, California	Neurologie	Enwicklung eines Wirkstoffs zur Behandlung von Multiple Sklerose
1997/2	BioTransplant, Inc., Charlestown, Mass.	Xenotransplantation, Autoimmunkrankeiten	1. Abkommen in Gentherapie 2. Transplantation und Xenotransplantation. Novartis garantiert Meilensteinzahlungen bis USD 36 Mio.
1997/4	CoCensys, Inc., Irivine, California	Wirkstoff zur Behandlung von Hirnschlag	Novartis beendet die früher von Ciba abgeschlossene Zusammenarbeit
1997/6	Osiris Therapeutics, Inc., Baltimore, Maryland	Stammzellentechnologie	Entwicklung von Therapeutika für die Gewebeerneuerung basierend auf humanen Stammzellen. Novartis beteiligt sich mit USD 10 Mio. am Eigenkapital von Osiris, bezahlt USD 3 Mio. an Forschung, weitere Meilensteinzahlungen und Gewinnbeteiligungen bei erfolgreichen Präparaten
1997/6 1998/1	Incyte Pharmaceuticals, Inc. Palo Alto, California	Bioinformatics, Functional Genomics Datenbanken LifeSeq Datenbanken Gen-Chips	- Entwicklung einer konzernweiten Bioinformatics Software für Novartis - Bisheriges Abkommen wird erweitert. Novartis erhält Zugang zu Microarray Genexpressions-Technologie für vier Jahre
1997/7	Alexion Pharmaceuticals, Inc., New Haven, Connecticut	Gentherapie, Vektoren für in-vivo Therapie	Novartis erhält über Tochtergesellschaft Genetic Therapy exklusive weltweite Rechte, immunogeschützte virale Gentherapieprodukte für direkte in-vivo Therapien zu entwickeln und vermarkten. Novartis bezahlt USD 10 Mio. und zusätzlich allfällige Gewinnbeteiligungen an Alexion.
1997/8	U.S. National Institutes of Health	Transplantationsmedizin	Forschungs- und Entwicklungsabkommen für die Substanz Anti-CD3 Immunotoxin und deren exklusive weltweite Lizenzierung an Novartis
1997/9	Biosite Diagnostics Inc., San Diego	Diagnostische Produkte	Novartis lizenziert Antikörper bezahlt nach erreichten Meilensteinen an Biosite für das *Neoral* Assay zur Überprüfung des Ciclosporinspiegels
1997/10	Avant Immunotherapeutics, Inc., Needham, Mass. Bis Mitte 1998 unter dem Namen T Cell Sciences	Immunotherapeutika, Transplanation	Zusammenarbeit zur Entwicklung von TP10, ein Wirkstoff für die Transplantationsmedizin, Novartis hat Option zur Lizenzierung dieser Substanz
1997/11	Targeted Genetics Corp., Seattle	Gen- und Zelltherapie	Novartis-Tochter Genetic Therapy vereinbart mit Targeted Genetics und Fred Hutchinson Cancer Center nicht-exklusive Sublizensierung für PG13 Zelllinie
1997/12 1999/9 2000/1	Affymetrix, Inc. Santa Clara, California	Gensequenzierung, Functional Genomics	Novartis erhält Zugang zu *GeneChip* Instrumenten, Software und DNA Proben-Arrays zur Überwachung von Genexpressionen gegen Bezahlung per analysierte Gene Novartis Institute for Functional Genomics, Scripps Research Insititute und Novartis Agricultural Discovery Institute erwerben Zugang zu *GeneChip*-Technologie Novartis Pharmaceuticals Corporation erwirbt Zugang zu *GeneChip*Technologie und maßgeschneiderten Gensequenzierungs- und Datenbankinformationen

Jahr	Partnerfirma	Schwerpunkttätigkeit	Inhalt des Abkommens
1998	Neurospheres Ltd., Calgary, Canada	ZNS, Gehinrzellenregene-ration	Novartis verkauft Mehrheit an Universität Calgary
1998/1	Focal Inc., Lexington, Massachusetts	Chirurgische Verschluss-materialien	Novartis beendet das 1996 von Ciba eingegangene Abkommen
1998/3	Biomatrix, Inc., Ridgefield, NJ	Viscolelastische medizini-sche Produkte	Novartis erhält exklusive Marketingrechte für *Synvisc* in Lateinamerika
1998/5	Trega Biosciences, San Diego, California. Auf Anfang 2001 von Lion Bioscience, Heidelberg übernommen	Kombinatorische Chemie, Drug Discovery in Stoff-wechsel, Herz/Kreislauf, Übergewicht	Forschungs-, Entwicklungs- und Marketingverein-barung für orale Behandlungen von Fettleibigkeit und Diabetes. Novartis leistet Eigenkapitalbeitrag von $ 7 Mio. und bezahlt Meilenstein-Zahlungen
1998/11	University of California Berkeley	Akademische Forschung	Novartis Agricultural Discovery Institute erhält günstige Verhandlungsbedingungen für Lizenz-rechte auf künftige patentierbare Entdeckungen im Agrobereich während fünf Jahre und bezahlt USD 25 an UCB
1999/2	Cubist Pharmaceuticals, Inc. Cambridge, MA	Forschung, Entwicklung, Kommerz. Antimikrobischer Therapeutika	Novartis nutzt Cubist's *VITA* Technologie bei der Identifizierung neuer antiinfektiver Wirkstoffe
1998/11	Medarex, Inc., Annandale, New Jersey	Menschliche monoklonale Antikörper-Technologie	Novartis erhält das Recht, im gesamten Konzern die HuMab-Mouse-Technologie von Medarex zur Herstellung monoklonaler Antikörper während zehn Jahren einzusetzen. Bezahlung könnte UDS 50 Mio. übersteigen
1999	Stanford University, Palo Alto	Transplantation	
1999	Zentrum für Neurowissen-schaften, Zürich	Zentrales Nervensystem	
1999	Université de Genève	Stoffwechsel, Herz/-Kreislauf; Übergewicht	
1999	University of Colorado	Transplantation	Fas-Ligand
1999	Transplantation Technolo-gies Inc. (TTI)	Xenotransplantation	
1999/	Mochida Pharmaceutical, Japan	Transplantation	Novartis erwirbt weltweite Rechte an Fas Ligand (Zellmembran Proteine, die, kombiniert mit Fas Antigen, programmierten Zelltod auslösen)
1999	Protana, Odense, Däne-mark	Functional Genomics, Software zur Proteinfor-schung	
1999/1	Infigen, DeForest, Wisconsin	Transgene Schweine Xenotransplantation	Imutran (100% Novartis) bezahlt Lizenzgebühren und Forschungsunterstützung und erhält Zugang zu Technologien von Infigen
1999/3	Versicor, Fremont, California	Infektionskrankheiten	Dreijährige Zusammenarbeit zur Entdeckung von antibakteriellen Wirkstoffen gegen Metalloenzym Deformylase und Enzym Mur Pathway. Novartis leistet Direktzahlung, Kapitalbeteiligung, Meilen-steinzahlungen und Abgaben für insgesamt $ 38 Mio.
1999/4	Celera Genomics (Einheit von Perkin-Elmer), Rock-ville, Maryland	Functinoal Genomics, Humangenom-Datenbanken	Fünfjahres-Abkommen: Novartis erhält Zugang zu drei Datenbanken und Genomikinformationen von Celera. Novartis behält alle Rechte an möglichen neuen Entdeckung unter Nutzung von Celeras Datenbanken. Input von Novartis nicht näher spezifiziert.

Jahr	Partnerfirma	Schwerpunkttätigkeit	Inhalt des Abkommens
1999/4	Genomics-Konsortium in US + EU (Wellcome Trust, Bayer-Gruppe, BMS, Glaxo Wellcome, HMR, Monsanto, Novartis, Pfizer, Roche, SKB, Zenca	Single nucleotide polymorphism (SNP)	Konsortium von Pharmakonzernen und Forschungsinstitutionen finanziert öffentliche Datenbank menschlicher Genmarker (SNPs).
1999/7	University of Southern California, Los Angeles	Gentherapie	u.a. research fellowships
1999/6 1999/10 2000/8	Rigel, South San Francisco	Functional Genomics Target discovery validation	- Fünf Forschungsprojekte für fünf Jahre zur Identifizierung von drug targets. Novartis leistet Direktzahlungen, Kapitalbeteiligung, Meilensteinbezahlungen und Abgaben - Start des zweiten gemeinsamen Projektes - Kleinmolekulare Wirkstoff-Kandidaten, die epitheliale Zellfunktion regulieren
1999/9	University of Maryland	Zentrales Nervensystem	Discovery neuer Behandlungen von Schizophrenie
1999/10	Invitrogen Corp., San Diego		Genomics Institute of Novartis Research Found. Erhält Zugang zu Klonierungstechnologien und Expressionssystemen, um neue Reagenzien zu entwickeln
2000/1	Novalon Pharmaceutica, Durham, North Carolina, am 10. 5. 2000 von Karo Bio, Schweden, übernommen.l	Molekülbibliothek, Screening	Novartis Research Foundation schließt Forschungs- und Lizenzabkommen für BioKey assays zur Anwendung im Agrobereich ab
2000/1	Axys Pharmaceuticals, Inc. Axys Advanced Technologies, Inc., South San Francisco	Kombinatorische Chemie	GNF (Genomics Institute of Novartis Research Found) erhält Zugang zu Bibliotheken von kombinatorischer Chemie. NFG screent die Compounds
2000/5	Vertex Pharmaceuticals, Inc., Cambridge, Massachusetts	Proteinkinasen	Nach einer Anfangszahlung von USD 15 Mio. wird Novartis bis 2006 weitere USD 200 Mio. an Vertex für Forschung über Proteinkinasen bezahlen. Entsprechend Ergebnissen können weitere USD 600 Mio. fließen. Novartis erhält Rechte zur Entwicklung, Herstellung und Vermarktung von acht Medikamentenkandidaten
2000/1	LifeSpan Biosciences Kalifornien		GNF kauft Zugang für GPCR-Datenbank
2000/4	Molfsoft LLC, La Jolla / San Dieog	Molekulare Software, Computerbiologie	Gemeinsame Forschung mit GNF. GNF erhält Zugang zu Datenbank von Molsoft
2000/5	Lark Technologies, Houston, Texas	DNS-Sequenzierung, Molecularbiolog. Contract Research Organization	Genomics Institute of Novartis Research Found. lizenziert High-throughput DNA sequencing-Technologie
2000/6	Modex, Lausanne	Zelltherapie, Stammzellen, Darreichung	Forschungszusammenarbeit in ECT System von Modex zur Anwendung in der Onkologie
2000/6	Third Wave Technologies	Gene Expression, Pharmacogenomics, Bioinformatics	Forschungs- und Lizenzabkommen für 10000 SNP assays
2000/8	Xenogen, Alameda, Kalifornien	Real-time in vivo imaging	Lizenzabkommen für Lichtemitierende Gensysteme
2000/10	Geneva Proteomics, Genf und Evanston, Illinois	Proteomics	Allianz zur Findung neuer Therapeutika, Targets und Biomarkern. Novartis investiert 43 Mio. USD Kapitalbet. und zahlt innerhalb von 4 Jahren weitere 41 Mio. USD. Lizenzabgaben, Meilensteinzahlungen sind möglich. Novartis wird bevorzugter Partner von GeneProt und erhält Ausschließlichkeitsrechte an Proteinen und Peptiden.
2000	Genedata, Basel	Datenanalyse in Genomics und Proteomics	Zusammenarbeit auf Expressionsanalyse
2000	Biozentrum, Basel		NMR

Tab. 7.9. Wichtige Entwicklungskooperationen und Lizenzierungsabkommen von Novartis Pharma 1996–März 2000 + wichtige weitergeführte Abkommen von Ciba und Sandoz

Jahr	Partnerfirma	Schwerpunkttätigkeit	Inhalt des Abkommens
1990/5	Genentech, South San Francisco; Tanox, Houston	Asthma, Allergien	Entwicklungsabkommen zu Antikörper, IgE-Projekt. Tanox erhält Lizenzgebühren und Co-Marketingrechte für die USA und teilweise Fernost
?	Lohmann Therapeutic Systems, Andernach, Deutschland	Darreichungsformen	Forschungsabkommen für transdermale Darreichung im Bereich CNS
1997/6	Bristol-Myers Squibb, Princeton, New Jersey	Pharmakonzern	BMS erwirbt von Novartis die weltweiten Entwicklungs- und Marketingrecht für zwei Protease Inhibitoren zur Behandlung von Aids
1998/7	IOMED, Inc., Salt Lake City	Darreichungsformen	Novartis beendet 1995 von Ciba abgeschlossenes Abkommen
1997/7	Knoll (Pharmadivision von BASF)	Pharma- und Chemiekonzern	Knoll AG und Novartis vereinbaren gemeinsame Entwicklung eines von Knoll entdeckten D3-Rezeptor Antagonisten zur Behandlung von Schizophrenie
1997/10	Yoshitomi Pharmaceuticals, Japan	Transplantation	Lizenz von FTY 720 Immunossuprressivum auf der Basis eines Pilzes, klinische Prüfung durch Novartis
1997/11	Titan Pharmaceuticals, Inc., South San Francisco	Therapeutika im Bereich Nervensystem	Novartis erwirbt weltweite Marketingrechte außer Japan für Iloperidone und bezahlt $ 18 Mio. Lizenzgebühren, $5 Mio. Kapitalbeteiligung und sagt Meilensteinbezahlungen bei Produktzulassungen zu
1997/12	Emisphere Technologies, Inc., Tarrytown, New York	Darreichungstechnologie	- Erprobung der oralen Darreichungstechnologie von Emisphere mit zwei Novartis-Präparaten für USD 35 Mio.
2000/3			- Fortsetzung des ersten Abkommens mit Lizenzierung an Novartis und gemeinsame Entwicklung einer weiteren Wirksubstanz mit einer speziellen Darreichungstechnologie
1998	Prographarm, Frankreich (1999/12 von Ethypharma übernommen)	Darreichungsformen	
1998/1	Elan, Corp. plc, Dublin	Pharmazeutika und Darreichungsformen	Elan entwickelt eine neue Darreichungsform eines auf dem Markt befindlichen Novartis-Präparates
1998/4	Molecular Simulatinos, San Diego, 1998/6 von Pharmacopeia übernommen	Simulationstechnologie	Pharmaceutical Development Consortium
1998/7	Soltec Research (Faulding & Co. Ltd.), Adelaide	Darreichungsformen	Novartis erforscht Anwendungsmöglichkeiten von der Liquipatch-Technologie von Soltec
1998/11	Faulding & Co Ltd., Adelaide	Pharmakonzern	Novartis erwirbt Rechte an Darreichungstechnologie und Marketingrecht außer in Australien und Neuseeland
1998/11	SkyePharma PLC, London	Darreichungssysteme	Gemeinsame Entwicklung einer neuen Darreichungsform des Novartis-Asthmaittels Foradil. Novartis beteiligt sich mit $ 10 Mio. am Kapital
2000/6	Celgene, Warren, New Jersey	Integriertes Pharmaunternehmen	Entwicklungs-, Lizenz- und Marketingabkommen für d-methylphenidate (Ritalin) im Bereich CNS
2000/10	Bristol-Myers Squibb, Princeton, New Jersey	Diversifizierter Pharmakonzern	Novartis erwirbt Entwicklungsrechte an den beiden Immunosuppressoren CTLA 4Ig und LEA 29Y
2000/11	SS Pharma, Japan		Co-Marketing des NSAI transdermalen Bandes in Japan
2000/11	Cephalon, West Chester, Pennsylvania und Guildford, England		Cephalon übernimmt für 40 Mio. USD Marketing von vier CNS Präparaten zusammen n mit eigenem Provigl in GB

Quellen für Tabellen 7.7. 7.8.und 7.9: (Ciba MR 1996; Sandoz-Gazette 1996b; Sandoz-Gazette 1996a; Sandoz-Gazette 1996f; NADI MR 1998; 1999; Novartis MR 1997i; Novartis MR 1997g; Novartis MR 1997h; Novartis MR 1997e; Novartis MR 1997d; Novartis MR 1998b; Novartis Pharma MR 1999d; Novartis Pharma MR 1999c; Novartis Pharma MR 2000c; Novartis Pharma MR 2000a; Novartis 2000c; Novartis MR 2000t; Novartis MR 2000k; Novartis MR 2000l); (Affimetrix MR 1997; 1999; 2000; Biosite MR 1997; CoCensys MR 1997; Avant MR 1998; Biomatrix MR 1998; BioTransplant MR 1998; BMS MR 1997; Elan MR 1998; Evotec MR 1997; 1998a; 1998b; Faulding MR 1998; Focal MR 1998; Incyte MR 1998; Infigen MR 1999; IOMED MR 1998; Japan Chemical Week 1997; 1998; Knoll MR 1998; Medarex MR 1998; Neurocrine Biosciences MR 1998; Die Pharmazeutische Industrie 2000; Rigel MR 1999a; 1999b; SDUT 1999a; SkyePharma MR 1998; Targeted Genetics MR 1998; Titan MR 1998; Trega MR 1998; Celera MR 1999; Cubist MR 1999; Versicor MR 1999; Axys MR 2000; Novalon MR 2000; Celgene MR 2000b; 2000a; Cephalon 2000; Lark MR 2000; Molsoft MR 2000; Recombinant Capital 2000b).

7.5 Fazit: Restrukturierung und selektive Globalisierung der Forschung und Entwicklung

Zusammenfassend lassen sich fünf wesentliche Merkmale und Veränderungen in der Forschung und Entwicklung der 'Basler Pharmkonzerne' feststellen. Erstens mündete die frühe Internationalisierung in den achtziger Jahren in eine Triadisierung. Zweitens versuchen die Konzerne seit den neunziger Jahren, die F&E-Prozesse zu beschleunigen. Drittens beobachten wir eine jahrzehntelange Kontinuität der wichtigsten therapeutischen Gebiete. Viertens hat die globale Überwachung der technologischen Entwicklung und die Internalisierung extern erzeugter Innovationen eine zentrale Bedeutung erlangt. Fünftens erkennen wir sehr selektive und ungleiche Globalisierungsprozesse in der Dynamik der F&E-Organisation.

7.5.1 Von der Internationalisierung zur Triadisierung

Frühe Internationalisierung der Forschung

Die Schweizer Konzerne der chemischen und pharmazeutischen Industrie zeichnen sich im internationalen Vergleich durch eine äußerst frühe Internationalisierung von Forschungs- und Entwicklungseinrichtungen aus. Der Pharmakonzern F. Hoffmann-La Roche errichtete bereits in den dreißiger Jahren ein voll integriertes Werk mit Produktion, Entwicklung und Forschung in Nutley, New Jersey. Das Werk in Nutley war sozusagen ein Ebenbild des Mutterhauses in Basel. Neben der Bedienung des großen US-Marktes erhielt Roche Nutley während des Zweiten Weltkrieges die Rolle einer strategischen Reserve. Ein anderes Forschungszentrum hatte Roche in den dreißiger Jahren in Welwyn Garden City nördlich von London errichtet (Fehr 1971; Peyer 1996). Auch der Chemie- und Pharmakonzern CIBA hatte bereits 1937 in Summit, New Jersey, seine pharmazeutischen Forschungslaboratorien errichtet, nachdem er die örtliche Produktion bereits in den zwanziger Jahren aufgenommen hatte. Im Zuge des starken Wirtschaftsaufschwunges und der Diversifizierung der Unternehmen verstärkte sich der Internationalisierungsprozess in den fünfziger Jahren. Die stärker auf Agrochemikalien ausgerichtete Geigy errichtete zwischen 1959 und 1962 ihre pharmazeutische Forschungsinfrastruktur in Ardsley, rund 15 Meilen nördlich von Manhattan (Geigy 1958: 199ff; Ciba-Geigy-Magazin 1981a: 1). Nach dem Sandoz bereits 1950 eine Produktionsstätte in East Hanover, New Jersey, eröffnet hatte, bezog das Unternehmen im Jahre 1964 am selben Ort ein Forschungszentrum. Am 2. Juli 1970 weihte Sandoz in Wien ein weiteres Forschungsinstitut ein (Riedl-Ehrenberg 1989: 26; Fritz 1992: 147f, 150). Fünf Jahre vorher, 1965, hatte die CIBA in Horsham südlich von London weitere Forschungseinrichtungen eröffnet (Dürst 1974: 10).

Die Chemiefirmen aus Basel gehörten zu den ersten ausländischen Unternehmen, die in den USA Forschungstätigkeiten aufnahmen. Sie investierten in den USA weit mehr als andere Firmen, und sie schufen nicht nur *'listening posts'* (Hakanson 1990: 261), um zu erfahren, was sich wissenschaftlich und technologisch tut, sondern begannen frühzeitig ihre eigenständigen Aktivitäten zu entfalten. Die Region zwischen New York und Philadelphia war das historische Zentrum der pharmazeutischen Industrie in den USA. Die meisten großen U.S.-Pharma-Konzerne hatten hier ihren Ursprung oder ließen sich später hier nieder (Noponen 1993; Feldman und Schreuder 1996; Schreuder 1998).

Diese Strategie verlieh den Schweizer Konzernen beträchtliche Vorteile gegenüber anderen nicht-amerikanischen Firmen, die sich den US-Markt erschließen wollten (Enright 1995: 91). Alle vier 'Basler Firmen' unterstrichen mit ihren Strategien die Bedeutung des Wissensgeneration und der Wissenserschließung. Sie zeichneten sich früh durch ein gutes Kontaktnetz zu wissenschaftlichen Instituten und den Aufbau von Forschungszentren im Ausland, vor allem in den USA, aus (zu den deutschen Firmen siehe Bathelt 1995b; 1997; Dolata 1996;   zu SmithKline Beecham sieheHowells 1996). Diese frühe Internationalisierung war Ausdruck des kleinen Binnenmarktes der Schweiz und ging mit der frühen Spezialisierung und Internationalisierung auch anderer Branchen einher. Der Aufbau dieser Forschungszentren darf allerdings nicht darüber hinweg täuschen, dass bis in die Gegenwart, die größten Forschungs- und Entwicklungseinrichtungen immer noch in Basel lokalisiert sind.

Tendenz zur Dezentralisierung

Bei Ciba-Geigy waren die siebziger Jahre zunächst durch die Verschmelzung der Forschungsorganisationen von Ciba und Geigy gekennzeichnet. Obwohl die Forschungsabteilungen wahrscheinlich die treibende Kraft hinter der Fusion von Ciba und Geigy waren und dank der Fusion auch mehr Mittel zur Verfügung erhielten, schien die Innovationsstrategie eher von opportunistischen Erwägungen geleitet gewesen zu sein. In Basel bestanden mit Abstand die größten Forschungs- und Entwicklungseinrichtungen, trotz der verstärkten Tendenz zur Dezentralisierung. Es brauchte viele Jahre, bis die beiden Forschungsorganisationen wirklich vereinigt wurden. Weder in England noch in den USA gab es eine zügige Konzentration der Forschungseinrichtungen auf einen Standort. Im Gegenteil, für die Pharmaforschung und -entwicklung wurde bis weit in die achtziger Jahre an den ehemaligen Geigy-Standorten Ardsley und Macclesfield investiert, obgleich letztlich in den neunziger Jahren alle Forschungstätigkeiten in Summit respektive Horsham zentralisiert wurden.

Eine bedeutende Stellung nahmen die Zentralen Forschungslaboratorien ZFL der Zentralen Funktion Forschung im Rahmen der dreidimensionalen Organisationsstruktur des Gesamtkonzerns ein (Geschäftsbereiche, Regionen, Zentrale Funktionen). Die Zentrale Forschung übernahm wichtige Aufgaben in den Bereichen, die nicht unmittelbar produktorientiert waren, und erbrachte Forschungsdienstleistungen an die divisionalen Forschungen. Mit großen Investitionen in neue Gebäude in Basel und Ardsley untermauerte die Konzernleitung die Bedeutung der Zentralen Forschung. Im Laufe der achtziger Jahre und dann vor allem im Zuge der Divisionalisierung 1991 verloren die ZFL aber ihre Bedeutung. Die Ciba-Geigy unterstrich mit der Errichtung des Friedrich Miescher-Instituts im Fusionsjahr 1970 die entscheidende Bedeutung der anwendungsorientierten Grundlagenforschung und der regelmäßigen Kontakte zur akademischen Forschung. Die Sandoz hinkte in ihrer Internationalisierung der Forschungstätigkeiten den beiden Lokalrivalen Ciba-Geigy und Hoffmann-La Roche hinterher. Mit der Eröffnung der Forschungszentren in East Hanover im Jahr 1964 und in Wien 1970 unternahm auch Sandoz energische Schritte, die geographische Innovationsbasis zu verbreitern. Die Sandoz hatte traditionell eine wesentlich kleinere divisionsübergreifende Forschung als Ciba-Geigy. Schließlich verabschiedete sich Novartis von dieser Einrichtung und integrierte die entsprechenden Tätigkeiten in die Divisionen.

Eine gewisse Tendenz zur geographischen Dezentralisierung vollzog sich im Entwicklungsbereich. Das ab 1972 bestehende *Centre de la Santé* in Paris und das *Centre de Recherche Biopharmaceutique* in Rueil-Malmaison organisierten Symposien, stellten wissenschaftliche Informationen für die Ärzteschaft bereit und bearbeiteten biopharmakologische Problemstellungen der klinischen Prüfungen. Das 1980 von der Ciba-Geigy Wehr GmbH Wehr gegründete Humanpharmakologische Institut in Tübingen unterstützte die klinischen Studien des Stammhauses. Eine ähnliche Funktion nahm ein Institut in Stamford Lodge (unweit Manchester) wahr. Sandoz schlug denselben Weg und errichtete 1970 in Rueil-Malmaison ein Zentrum für Pharmakokinetische Forschung. Drei Jahre später wurde in Kawaguchi-ko in Japan ein toxikologisches und pharmakologisches Laboratorium eröffnet. Diese Dezentralisierungstendenz in der Entwicklung fand in der gleichen Periode ihre Parallele im Aufbau zahlreicher Produktionsstätten in den Ländern mit einem minimalen Marktpotential (siehe Kapitel 8).

Stärkung der Forschung in den USA ohne Basel zu schwächen

Die Bilanz der siebziger Jahre war jedoch ernüchternd. Die Anzahl neu eingeführter Präparate nahm deutlich ab, und die Entwicklungspipeline, insbesondere bei Ciba-Geigy, war von mäßigem Umfang. Wenn in dieser Zeit mehr neue Wirkstoffe gefunden worden wären, hätte die Division Pharma ab Mitte der achtziger Jahre nicht unter einem Engpass in der Entwicklungspipeline gelitten. Nicht zuletzt aufgrund dieser Probleme leitete die Ciba-Geigy Anfang der achtziger Jahre die Strategie ein, einen diversifizierten Gesundheitsbereich aufzubauen, der weit über das Angebot von verschreibungspflichtigen Medikamenten hinausreichte. Aber auch Sandoz begann aus ähnlichen Erwägungen neue Gesundheitsmärkte zu erobern. Ciba-Geigy ging hierbei mit dem Aufbau von Geschäftseinheiten für Generika, Selbstmedikation, Augenheilmittel und Kontaktlinsen sowie Diagnostika weiter als Sandoz, die ihre Aktivitäten bei den Generika und vor allem in der Selbstmedikation ausbaute. Obwohl es Anfang der achtziger Jahre gewisse Anzeichen dafür gab, dass sich Ciba-Geigy von der Innovationsorientierung im Pharmabereich zugunsten einer breiten Verankerung in unterschiedlichen Gesundheitsmärkten lösen könnte, erkannte die Konzernleitung bald, insbesondere nach der Übernahme der Führung durch Alex Krauer im Jahr 1986, wie wichtig es ist, die Forschungs- und Entwicklungsanstrengungen, in den USA, zu stärken. Die Größe des Marktes, der Pool hervorragender Wissenschaftler und die technologische Entwicklung legten es den europäischen Pharmakonzernen zunehmend nahe, in den USA mit starken Forschungseinrichtungen tätig zu sein. Zudem hatten die USA ihre Steuergesetze in der Hinsicht modifiziert, dass es attraktiver wurde, in Forschungsprojekte zu investieren.

Alle drei 'Basler Konzerne' bauten Ende der achtziger und Anfang der neunziger Jahre ihre Forschungs- und Entwicklungszentren in New Jersey (Ciba-Geigy in Summit, Sandoz in East Hanover, Roche in Nutley) systematisch aus und untermauerten damit ihre Strategie, am Technologiepool der USA teilhaben zu wollen. Die zunehmend zahlreicheren Forschungskooperationen mit US-Biotechfirmen ergänzten diese Ausrichtung. Dennoch wurde der Einstieg in die Biotechnologie in den frühen achtziger Jahren von allen drei Konzernen zuerst in Basel unternommen, als es galt, die Kompetenzen in diesem neuen Wissenschaftszweig innerhalb des Unternehmens zu akkumulieren. Größere Aufmerksamkeit begannen sie Japan zu widmen. Ciba-Geigy eröffnete im Jahr 1990 ihr Forschungszentrum in Takarazuka, Roche 1992 in Kamakura und Sandoz 1993 in Tsukuba.

Neben dieser explizit triadischen Orientierung begannen die Konzerne auch zunehmend, die Organisation ihrer F&E-Einrichtungen international strenger zu koordinieren und die bislang relativ starke Autonomie vor allem der Zentren in den USA in eine explizitere Arbeitsteilung nach therapeutischen Gebieten überzuführen. Im Zuge dieser Reorganisationen wurden die bisherigen Doppelspurigkeiten zwischen den Zentren reduziert. Alle drei Konzerne begannen ihre Forschungszentren als *centers of excellence* mit spezifischen Arbeitsschwerpunkten in bestimmten therapeutischen Gebieten zu konzipieren.

Jürg Meier, der damalige Leiter Forschung und Entwicklung Schweiz, drückte 1992 die geographische Gewichtsveränderung der Forschungs- und Entwicklungskapazitäten bei Sandoz bildlich etwas missverständlich mit dem Wechsel von einem einbeinigen Melkstuhl zum dreibeinigen Klavierstuhl aus. Einige Jahre später ist allerdings zu konzedieren, dass das dritte Bein in Japan nur äußerst schwach ausgebildet wurde und das zweite in den USA nach wie vor schwächer ist als das Hauptbein in Basel (Meier 1992: 18).

Mit der Verstärkung der Forschungs- und Entwicklungstätigkeiten in den USA und in Japan konnten lokales Know how und lokale Entwicklungschancen besser genutzt und den jeweiligen Behörden die von ihnen verlangten Daten und Unterlagen auch lokal beschafft werden. Die Forschung war dabei ein wichtiges Führungsinstrument im Hinblick auf die langfristige Weiterentwicklung der Konzerne. Ende der achtziger Jahre begünstigten auch die Rekrutierungsschwierigkeiten und insbesondere der Wunsch nach Marktnähe von Entwicklungstätigkeiten einen verstärkten Aufbau von Forschungseinrichtungen außerhalb der Schweiz. Der Standort Basel behielt dabei immer seine Bedeutung, da die strategische Führung der Konzerne eine aktive und kompetente Stammhausforschung bedingte.

7.5.2 Beschleunigung der Entwicklung und globale Zuweisung der Forschungsaufgaben

Straff und innovativ in den Kernländern der Triade

Nach einer enormen Expansion der Forschungs- und Entwicklungsinfrastruktur zwischen 1987 und 1992 und der damit einher gegangenen Komplexität der Abläufe und Strukturen sahen sich die Pharmakonzerne Anfang der neunziger Jahre vor die Herausforderung gestellt, die gesamte Forschung- und Entwicklungsorganisation konzernweit und an allen Standorten einer tiefgreifenden Reorganisation zu unterziehen. Bereits die Organisierung der Konzerne in große, vertikal integrierte, und im Falle von Sandoz sogar rechtlich und unternehmerisch verselbständigte, Divisionen in den Jahren 1990 und 1991 bedeutete einen zunehmenden Bedeutungsgewinn der globalen Strukturen. Die grundsätzliche Herausforderung im F&E-Bereich bestand darin, die dreidimensionale Organisation von Linienfunktionen, Projektausrichtung und geographischer Ebene optimal auszusteuern. Bei zahlreichen Pharmaunternehmen nahmen ab Anfang der neunziger Jahre die globalen Linienfunktionen und ein globales prozeßorientiertes Projekt-Management eine immer wichtigere Rolle ein (Meier 1992: 20).

In den frühen neunziger Jahren setzte in der gesamten pharmazeutischen Industrie eine große Umstrukturierungswelle ein, die mit umfassenden Veränderungen bei Produktion, Entwicklung und Forschung einher ging. Die Restrukturierungen der F&E-Organisation von Ciba-Geigy, Sandoz und Hoffmann-La Roche bestanden im Wesentlichen aus der organisatorischen Trennung von Forschung und Entwicklung, der Beschleunigung der Produkteinführung und des gesamten Entwicklungsprozesses und einer präziseren Zuteilung der therapeutischen Arbeitsgebiete auf die Forschungszentren.

Trennung von Forschung und Entwicklung

Die Arbeitsweisen in Forschung und Entwicklung wurden immer unterschiedlicher. Darum trennten die Ciba 1992, die Sandoz und Hoffman-La Roche 1994 die Forschung und Entwicklung in getrennte organisatorische Einheiten. Das Ziel bestand jeweils darin, dass sich die beiden Arbeitskulturen nach ihren spezifischen Erfordernissen besser entfalten könnten. Im 'Discovery'-Bereich brauchen die Forscher ein Maximum an Freiheit innerhalb bestimmter Richtlinien und Ziele. Die Entwicklung hingegen bedarf einer disziplinierten, exakt und effizient arbeitenden Organisation (Herrling 1994; Sandoz 1995a: 20). Die Umstrukturierungen mündeten in den Aufbau weltweiter Organisationen, mit je einem globalen Leiter für Forschung und für Entwicklung mit eigenen Budgets. Vor dieser Reorganisation hatten die großen Konzerngesellschaften in Europa, in den USA und in Japan jeweils ihre eigenen Leiter der Forschung und Entwicklung. Die Entwicklungsaufgaben wurden von Land zu Land unterschiedlich ausgeführt.

Beschleunigung der Produkteinführung und Globalisierung der Entwicklung

Angesichts der Veränderungen im Gesundheitsmarkt, den Kostensenkungsbestrebungen der öffentlichen Haushalte und der verschärften Konkurrenz in der Industrie kam es neben der Innovation selbst immer mehr auf den frühen Zeitpunkt der Markteinführung eines neuen Produktes an. Nur die Unternehmen, die zu den ersten gehören, können sich im Konkurrenzkampf behaupten und eine aus der Nutzung der Patente resultierende Monopolrente abschöpfen. Die drei Schweizer Pharmaunternehmen unternahmen daher in den Jahren 1992 bis 94 große Anstrengungen, die in der Vorperiode stark angestiegenen Entwicklungszeiten wieder zu verkürzen und die schwerfällig gewordenen Entwicklungsabteilungen zu reorganisieren. Die Unternehmen attestierten sich in der Regel eine gute Innovationskraft, stellten aber fest, dass sie gegenüber gewissen Rivalen aus den USA und GB unter vergleichweise langen Entwicklungszeiten litten. Ein Problem bestand darin, dass die klinischen Studien bis Anfang der neunziger Jahre oft mit bloß geringen Veränderungen im Design in mehreren Ländern wiederholt wurden (Hüll und Mielekki 1995; Buschor 1996; Main 1997). Die Tendenz zu großen gemeinsamen Märkten in Europa und in Nordamerika ließ eine dezentral organisierte Entwicklung, die zahllose spezifisch nationale klinischen Studien durchführte zu einem aufgeblähten Kostenfaktor werden, der seine Aufgaben nicht mehr erfüllte. Das heißt, verbunden mit der generellen Neuorganisation des Konzerns in starke, global strukturierte Divisionen im Jahre 1991 mußten auch Forschung und Entwicklung einer radikalen Prüfung unterzogen werden.

Um den gesamten Entwicklungsprozeß zu beschleunigen, führte Sandoz Pharma 1993 ein konzernweites *Project Management* ein. Im gleichen Jahr lancierte die Division Pharma von Ciba-Geigy im Rahmen des *Strategischen Planes 1992-2000* das Programm *Faster Time To Market (FTTM)*. Man bereinigte das Portfolio und konzentrierte die Ressourcen noch stärker auf die Präparate, die signifikante therapeutische Fortschritte versprachen, eine hohe Erfolgswahrscheinlichkeit besaßen (Ciba 1994b).

Beide Konzerne implementierten internationale Projektteams, die die Aufgabe hatten, die neuen Substanzen schneller und länderübergreifend zu entwickeln. Die funktionalen Aktivitäten wie Toxikologie oder klinische Forschung und Entwicklung wurden optimiert und horizontal in Teams integriert. Das funktionsübergreifende Projektteam (cross-functional project team) erhielt die direkte weltweite Verantwortung für einen Wirkstoff in der Entwicklungspipeline bis zum Marketing. Diese Organisationsform verlieh den Projektteams mehr Eigenverantwortung. Dem Top-Management blieb es hingegen vorbehalten, die strategischen Entscheide zu treffen. Es wurde also eine Matrixorganisation von internationalen Projektteams mit entsprechenden Leitungsstrukturen und weltweiten Linienfunktionen implementiert, die fortan die Arbeiten koordinierte. Bisher hatte der geographische Standort das größte Gewicht, was oft zu Doppelspurigkeiten führte. Fortan sollte die horizontale Ebene der Projektteams die entscheidende Ebene sein. Neben der interdisziplinären Integration begannen die Projektteams die Entwicklungsprozesse auf triadischer Ebene durchzuführen. Novartis rationalisierte die Entwicklungsorganisation noch weiter. Die enge Verschränkung der frühen Entwicklung mit der vollen Entwicklung über die *PRIDE teams*, die *heavyweight teams* und die *project teams* auf Anfang 1999 stärkte den Einfluss des Marketings auf die Entwicklungstätigkeiten.

Reorganisation der Forschung

Die von Ciba-Geigy, Sandoz und Hoffmann-La Roche ebenfalls zwischen 1992 und 1994 durchgeführte Reorganisation der Forschung beinhaltete eine Zentralisierung der internationalen Verantwortung und eine klarere Zuweisung der Tätigkeiten in den therapeutischen Gebieten auf die Forschungszentren. Die Forschungszentren wurden im Sinne eines *'global focusing'* (Howells 1993; Howells und Wood 1993) als eigentliche *centers of excellence* mit definierten Arbeitsschwerpunkten strukturiert.

Der *Research Operating Plan* von Ciba-Geigy im Jahr 1994 sollte eine effiziente *drug discovery strategy* initiieren, die die Internalisierung der neuen Technologien ermöglichen und dem gesamten Forschungsprozeß einen Innovationsschub verleihen sollte. Eine Globalisierung erfolgte im Sinne einer Vereinheitlichung der Standards, aber nicht im Sinne eines globalen Managements der Ressourcen. Also zum Beispiel, dass alle Forscherinnen und Forscher, die in Herz-Kreislauf arbeiteten, derselben Person unterstellt waren und diese Person verantwortlich für die Strategie in diesem Gebiet war. Das konzernweite Netzwerk wurde durch die gezielte Zusammenarbeit mit externen Partnern wie Biotechunternehmen, Forschungsinstituten und Kliniken ergänzt. Besondere Aufmerksamkeit schenkten die Forschungsdepartemente der Nutzung neuer Technologien wie der kombinatorischen Chemie und der Genomforschung. Dabei stellte sich allerdings die Schlüsselfrage, wie über Kooperationen erworbenes Wissen und Technologien konzernintern zirkulieren können. Für diese Aufgaben wurden spezielle Technologiegruppen (Sandoz: *'mechanism related groups'*; Ciba: *'core drug discovery technologies'*) gegründet.

Trotz des Ausbaus der Forschungszentren in den USA und in Japan bewahrte Basel bei Ciba-Geigy und Sandoz, aber auch bei Hoffmann-La Roche die herausragende Rolle in der weltweiten Forschungsorganisation. Die Vorteile des Standortes Schweiz waren offensichtlich: die gute Ausbildung der Chemiker und Physiker an den Universitäten und an den Fachhochschulen, die guten Kontakte zwischen Hochschulen und der Industrie. Drei weitere Zusammenhänge sprachen für die Pflege des Standortes Basel: Einerseits werden die Forschung und Entwicklung durch die Erträge der Produktion alimentiert, andererseits erachtete man die räumliche Nähe von Forschung, Entwicklung und Produktion als nützlich für den Wissenstransfer und zur raschen Einführung neuer Produkte (Ciba-Geigy 1989a: 10). Insofern war die Attraktivität des Forschungsstandortes Schweiz mit derjenigen des Produktionsstandortes eng gekoppelt, wie François L'Eplattenier, Chef der Konzernforschung, darlegte (Ciba-Zeitung 1994f). Zudem verbanden die Konzernleitungen die *„Aufrechterhaltung eines wesentlichen Forschungsanteil in der Schweiz"* mit der *„Führungsfunktion des Stammhauses"* (Ciba-Geigy 1978: 15).

Ciba-Geigy investierte auf der Ebene des Gesamtkonzerns zwischen 1990 und 1995 immer noch um die 50% der Forschungsausgaben am Hauptsitz. In den siebziger Jahren waren es allerdings um die zwei Drittel. Verglichen mit den großen Chemie- und Pharmakonzernen in Deutschland, Frankreich und den USA war der Internationalisierungsgrad der Forschung und Entwicklung von Ciba-Geigy,

Sandoz und Hoffmann-La Roche weit höher. Dennoch bewahrten die Forschungs-
und Entwicklungsstätten in Basel auch in den neunziger Jahren ihre strategisch
wichtigste Rolle. Die neben dem Aufbau der *centers of excellence* wichtigste
Veränderung in der Forschungslandschaft war die Vervielfachung von Forschungskooperationen mit Biotech- und anderen forschungsorientierten Unternehmen ab etwa 1986. In gewisser Hinsicht sind in den beiden Phänomenen gar
die beiden Seiten der gleichen Medaille zu sehen.

Wie bereits die Fusion von CIBA und Geigy zu Ciba-Geigy im Jahr 1970
diente der Zusammenschluss von Ciba-Geigy und Sandoz zu Novartis im Jahr
1996 nicht zuletzt der Verstärkung des Forschungspotentials. Die Novartis-Fusion
brachte für die Organisation der Forschung und Entwicklung, außer den unmittelbar mit der Fusion zusammenhängenden Veränderungen, zunächst keine grundlegenden strategische und organisatorische Repositionierungen. Novartis Pharma
führte vorerst alle Forschungszentren weiter, bereinigte aber einige Aufgabenzuteilungen, um die Doppelspurigkeiten zu vermeiden. Insbesondere der Entwicklungsbereich wurde mehrfach umstrukturiert und auf globaler Ebene wesentlich
straffer organisiert. In der Forschung erhielten die Leiter der *therapeutic areas* nun
eine klare globale (divisionsweite) Verantwortung über ihr Gebiet. Allerdings
wurden die *therapeutic areas* (noch?) nicht ausschließlich einzelnen *centers of
excellence* zugewiesen. Mit dem Aufbau des *Genomics Institute of the Novartis
Research Foundation* in La Jolla / San Diego unterstreicht Novartis, dass die konzentrierte *in-house* Forschungstätigkeit in Feldern von längerfristigem, strategischen Interesse trotz des wachsenden Anteils von Forschungskooperationen mit
externen Partnern äußerst wichtig bleibt. Die rasante technologische Entwicklung
führt teilweise zu einer Industrialisierung von Forschungsprozessen. Die Konzerne
versuchen, mit neuen organisatorischen Modellen die Informationsflut zu verarbeiten und die Abläufe zu beschleunigen. Um die neuen Möglichkeiten der Genomik besser zu nutzen, schuf Novartis neben den therapeutischen und technolo-
gie-orientierten Forschungsgruppen sogenannte *target platforms, biology platforms* und *drug discovery centers* mit ihren jeweils spezifischen und fachübergrei-
fenden Aufgabenstellungen.

7.5.3 Kontinuität der therapeutischen Gebiete und Forschung als strategisches Führungsinstrument

Ausrichtung

Aufgrund der Diversität der Forschungsansätze und des enormen Mittelaufwandes
ist die Konzentration auf wenige therapeutische Gebiete unabdingbar. Ciba-Geigy
orientierte sich nahezu in der ganzen Zeit zwischen 1970 und 1996 auf die therapeutischen Indikationen Zentralnervensystem, Herz-Kreislauf, Entzündungen und
Knochenkrankheiten. Der Einstieg in die Antibiotika in den siebziger Jahren wurde gegen Ende der achtziger Jahre wieder aufgegeben. Andererseits gewann die
Indikation Krebs und das Impfstoffgeschäft (über das Joint venture *Biocine Company*) an Bedeutung. Sandoz vermochte insbesondere in der Immunologie und im
Zentralnervensystem eine äußerst starke Position aufzubauen. Neben diesen klassischen Bereichen erweiterte Sandoz die Tätigkeiten in Gebieten wie Asthma,

Dermatologie und Onkologie durch inneres Wachstum und mit langfristigen Kooperationen, wie z.B. mit dem Dana-Farber-Institute im Feld der Onkologie (Meier 1992: 17). Da sich die therapeutischen Gebiete von Sandoz und Ciba-Geigy gut ergänzten, war Novartis im Laufe des Fusionsprozesses nicht gezwungen, das Forschungsportfolio grundlegend neu auszurichten. Im Wesentlichen wurden die einzelnen Therapiegebiete ohne größere Kürzungen zusammengeführt und teilweise neu gruppiert.

Ein wirkliche Neuorientierung vollzog sich bei den Forschungsinstrumenten mit dem Einstieg in die Gentechnologie, die kombinatorische Chemie, die Gentherapie und in jüngster Zeit die funktionelle Genomik, die im Discoveryprozeß eine zunehmend entscheidende Rolle einnahmen. Der Wandel der Technologien und der Philosophie des Forschungsprozesses ist teilweise aber auch für die Konzentration auf wenige therapeutische Gebiete verantwortlich. Noch in den siebziger Jahren war das sogenannte 'random screening' weit verbreitet. Die Chemiker isolierten oder synthetisierten die Substanzen und testeten diese breit an Tiermodellen. Die Einrichtungen waren lokal, und es gab breit ausgerichtete Testanlagen für die einzelnen therapeutischen Gebiete wie Herz-Kreislauf, Zentralnervensystem, Metabolismus. Die Spezialisierung auf enger gefasste Gebiete wie z.B. Diabetes erfolgte erst in den achtziger Jahren. Während dieser Zeit des 'Massenscreenings' haben die Forschungszentren oftmals auch parallel und überlappend gearbeitet. Die Auswahl der erfolgversprechenderen Ansätze oder Projekte setzte allerdings oftmals größere Konflikte ab. *„Und da sind auch kleinere Kriege geführt worden, wer weitermachen darf"* (Hauser 1997). Da heute auf molekularer Ebene gearbeitet wird, sind viele Ganztierversuche entfallen. Aufgrund des technologischen Fortschritts und des stark verbesserten Wissens über die Krankheiten, können die therapeutischen Forschungsschwerpunkte wesentlich genauer definiert werden.

Forschungsportfolio als Ergebnis historischer Evolution

Die Kontinuität und der Wandel des Forschungsportfolios hängen jenseits von den strategischen Erwägungen der Konzerne mit vier grundlegenden Eigenheiten des Innovationsprozesses und der pharmazeutischen Forschung zusammen.

Ein wesentliches Charakteristikum von Innovationsprozessen ist, dass sich Know how um bestimmte Erfolge herum gruppiert (Paioni 1997a). Drews (1998) schreibt, dass Innovationen geclustert auftreten. Dieser Sachverhalt begünstigt die zeitliche und räumliche Persistenz von Forschungsgebieten, kann aber auch den geballten Einstieg in ein neues Gebiet erleichtern, wie z.B. *Sandimmun* (Ciclosporin) Sandoz eine starke Stellung in der Transplantationsmedizin und Immunologie ermöglichte. Die *'evolutionary economists'* (siehe u.a. Dosi et al. 1988; Malerba und Orsenigo 1996) haben wesentliche Beiträge zum Verständnis der technologischen und strukturellen Evolution von Industrien geliefert.

Obwohl die Forschungstätigkeiten in der pharmazeutischen Industrie hochgradig geplant und über große räumliche Distanzen vernetzt werden, sind die Ergebnisse, die Erfolge und Misserfolge und die Durchbrüche letztlich nicht planbar, sondern auch von Zufälllen abhängig. Auch hier erhellt das Beispiel Ciclosporin die Problematik. Hätte ein Mitarbeiter der Sandoz von seinem Urlaub in Norwegen im Jahr 1970 nicht eine Bodenprobe mit dem Pilz mitgenommen, aus dem später Ciclosporin isoliert wurde, wäre der Wirkstoff nicht oder erst später gewonnen worden. Weitere Zufälle und Analogieschlüsse bewirkten, dass entdeckt wurde, dass Ciclosporin gegen die natürliche Abstoßreaktion bei Organtranplanationen eingesetzt werden kann, nicht aber z.B. gegen Krebs. Zudem wäre dem Ciclosporin ohne die Erfolge in der Transplantationsmedizin, die sich vorher und parallel, aber unabhängig von der Entwicklung dieses Wirkstoffes einstellten, wahrscheinlich für längere Zeit das Schicksal einer uninteressanten Substanz beschieden gewesen. Im Laufe der Zeit entdeckte man, dass der Wirkstoff bei weiteren Anwendungen wie z.B. gegen Psoriasis wirkt (Wiskott 1983; Paioni 1997a).

Ein dritter Faktor für die Konstanz liegt in der ökonomischen Begebenheit der extrem langen Pay-back-Perioden in der Forschung begründet. So stammte das Einkommen von Ciba-Geigy und Sandoz in der Periode 1982 bis 1986 hauptsächlich aus jenen Projekten, die zwischen 1965 und 1968 angefangen wurden (Heller 1982: 21). Der Ursprung der heutigen Erfolgsprodukte mit hohen Wachstumsraten geht auf Forschungsprojekte zurück, die Mitte bis Ende achtziger Jahre gestartet und Anfang der neunziger Jahre in die Entwicklungspipline aufgenommen wurden. Demzufolge zeigen strategische Umorientierungen erst nach einiger Zeit ihre Wirkung. Allerdings kann natürlich über Kooperationen, die Einlizenzierung von Wirkstoffen ('late stage' Abkommen) sowie über Firmenübernahmen und Fusionen eine Umorientierung massiv beschleunigt werden.

Eine vierte Komponente hängt mit dem Lebenszyklus von Forschungsbereichen zusammen. Die einzelnen Forschungstätigkeiten weisen eine unterschiedliche Reife aus. Ein Tätigkeitsbereich ist um so reifer, je kleiner die Chance wird, seine Ertragslage durch eine primäre technische Innovation, etwa die Erfindung eines neuen Wirk- oder Werkstoffes, entscheidend zu beinflussen. In technisch reifen Gebieten spielen deshalb sekundäre technische Innovationen, wie Erweiterung der Applikations- und Indikationsgebiete, Veränderungen der Formgebung, Verbesserungen der Produktionsverfahren usw., eine entscheidende Rolle. Pharmaunternehmen bearbeiten im Sinne einer ausgeglichenen Risikoverteilung daher Arbeitsgebiete verschiedener Reife. Neben dem stark angestiegenen Aufwand für die klinischen Prüfungen war das ein weiterer Grund, der eine Verschiebung des Kapitaleinsatzes von der Forschung zugunsten der Entwicklung bewirkte (siehe u.a. Ciba-Geigy 1977: 15). Die verstärkten Forschungsanstrengungen zur Verbesserung der Darreichungsformen und Applikationen sowie die Maßnahmen zur Verlängerung des Lebenszyklus', das sogenannte 'life cycle management', sind ebenfalls Ausdruck dieser Problematik.

Aufgrund der genannten Faktoren und der enormen Kosten ist die Forschung diejenige Aktivität, die sich am schwierigsten und, wenn überhaupt, nur längerfristig verlagern läßt. Aus denselben Gründen ist die Forschung zugleich ein entscheidendes Führungsinstrument für die langfristige Entwicklung eines Pharmakonzerns. Die Ciba-Geigy und Sandoz betrachteten die Forschung als strategisches Mittel zum Wachstum von innen: die Bedürfnisse von morgen und übermorgen sollten durch innovative Produkte aus eigener Forschung und Entwicklung sichergestellt, wenn nötig durch Zukauf von Forschungsergebnissen, über Lizenznahmen von Dritten, Forschungskooperationen und Joint Ventures ergänzt werden. Auch Novartis führt diese Ausrichtung weiter. Das strategische Technologie-Management ist ein absoluter Schlüsselfaktor für den längerfristigen Erfolg eines Konzerns. Es geht dabei um die Frage, wie ein Konzern eine optimale Symbiose zwischen interner Know how-Generation und dem Erwerb extern erzeugter Technologien herstellen kann.

Multinationale Unternehmen sind keine widerspruchsfreien Räume. Vielmehr sind sie Institutionen und Räume permanenter Konflikte, nicht nur zwischen Kapitaleignern, Management und Beschäftigten, sondern auch innerhalb dieser Gruppen. Einzelne Personen können in bestimmten Momenten eine herausragende Rolle spielen und maßgeblich Entscheide in die eine oder anderer Richtung beeinflussen. Das gilt ganz besonders in den Bereichen Forschung und Entwicklung. Zwar ist die Rolle einzelner Personen kein expliziter Untersuchungsgegenstand der vorliegenden Arbeit. Dennoch ist offensichtlich, dass einzelne Führungspersonen die strategische Ausrichtung der Konzerne maßgeblich und nachhaltig prägten. In der Sandoz spielten beispielsweise Max Link, der Leiter von Sandoz Pharmaceuticals Corporation in den USA und danach Leiter von Sandoz Pharma AG und der damalige Forschungsleiter Guttmann in achtziger und in den frühen neunziger Jahren eine maßgebliche Rolle für die äußerst offensive Kooperationspolitik mit Biotechunternehmen und für den massiven Ausbau des Forschungszentrums in East Hanover.

7.5.4 Globale Überwachung von Technologien, Know-how und Wirkstoffen

Im Zuge der molekularbiologischen Revolution und dem Aufkommen der Biotechnologie haben sich die ökonomischen und technologischen Rahmenbedingungen für die pharmazeutische Industrie maßgeblich verändert. In den USA vollzog sich in der zweiten Hälfte der achtziger Jahre ein regelrechter Gründungsboom, der sich räumlich auf die Regionen Bay Area, Boston, San Diego, Maryland und New Jersey / New York konzentrierte (Willoughby und Blakely 1990; Bay Area Bioscience Center 1991; Blakely und Nishikawa 1992; Willoughby 1993; Gray und Parker 1998).

In den achtziger Jahren begannen alle drei Basler Firmen im großen Stil in die Biotechnlogie zu investieren. Bereits 1980 lancierte die Ciba-Geigy ihre erste Biotechnologie-Einheit in Basel. 1983 formulierte die Sandoz einen langfristigen Plan für die Forschung und Entwicklung, um bei den aus der molekularen Genetik und der Immunologie hervorgangenen Biotechnologien dabeizusein. 1985 baute sie einen eigenen Forschungsbereich Biotechnologie im Stammhaus Basel auf. Besonders die Sandoz schloß früh, in der ersten Hälfte der achtziger Jahre, die ersten Kollaborationen mit Biotechunternehmen ab. Zwischen 1988 und 1994 lancierte sie in den USA eine regelrechte Offensive, die massives internes Wachstum wie der Ausbau des Forschungszentrums in East Hanover und eine Vervielfachung von Forschungsvereinbarungen mit Biotechfirmen in den USA miteinander verknüpfte.

Neben dem Aufbau eigener Forschungszentren war der Abschluss von strategischen Allianzen, vor allem in den USA, ein Hauptpfeiler der langfristigen Orientierung von Ciba-Geigy, Sandoz und Roche. Die drei Basler Konzerne haben die Strategie der Biotech-Allianzen dermaßen systematisch und umfassend verfolgt, dass sie zwischen 1990 und 95 nach Schätzung von Analysten mehr als die Hälfte aller Industrieinvestitionen in diesem Sektor in den USA getätigt haben. Wall

Street Journal Europe schrieb patriotisch warnend und dennoch bewundernd: *"With direct or indirect stakes in more than 100 companies such as Genentech Inc. and Chiron Corp., plus near-exclusive access to research centers such as the Scripps Reserarch Institute, the octopus-like Swiss have stealthily captured what may be the biggest foreign share ever of an emerging American technology."* Der Analyst Samuel Isaly, der damals Partner der Investmentfirma Mehta & Isaly war, sagte: *"They have their tentacles all over the place. They are buying biotech from top to bottom."* (King und Moore 1995: 1).

Die Pharmakonzerne belassen dem bestehenden Management der Biotechunternehmen große Autonomie. Denn die Inkorporierung neuer Technologien kann nur sichergestellt werden, wenn das Biotechunternehmen auch weiterhin innovativ bleibt und das Schlüsselpersonal nicht abwandert. *"Capturing new technology is the Swiss companies shared obsession"*, faßte der Wall Street Journal Autor das Anliegen der 'Basler Konzerne' zusammen. Was sich aus den Geschäftsberichten der Ciba, Sandoz, Roche und Novartis nicht ersehen lässt, ist, dass die drei Basler Konzerne zu den aufgeführten Kooperationsabkommen noch viele weitere Formen von Beteiligungen pflegen. Eine besondere Methode der technologischen Beobachtung stellt die Zusammenarbeit mit Venture Capital Firmen dar. Mitarbeiter von Metha & Isaly haben nach langer Recherchierarbeit in einer kleinen Studie festgehalten, dass z.B. Hoffmann-La Roche letzlich hinter einem Biotech-Venture Fund steckte, der von einer US-Venture Capital Firma geführt wurde.

Sandoz Pharma gründete im Jahr 1991 mit der Venture Capital Firma Avalon Ventures in La Jolla bei San Diego das Joint Venture Avalon Medical Partners. Der Jahresbericht 1991 von Ciba-Geigy erwähnte erstmals, dass Investitionen in Venture Funds fortgesetzt wurden, ohne das Datum ihres Beginns zu nennen (Ciba-Geigy 1992b). Tatsächlich hielten oder halten auch Ciba und Roche bedeutende Minderheitsanteile in Funds, die von Accel Partners und Advent International geführt werden. Diese Investitionen verliehen den Basler Firmen immer wieder Kontakte zu interessanten Unternehmensgründungen und erlaubten die systematische Überprüfung potentieller Partner. Bereits zwischen 1989 und 1992 analysierte die Ciba-Geigy mehr als 200 Projekte, von denen einige zu konkreten Allianzen geführt haben. So geht beispielsweise die langjährige Beziehung von Ciba-Geigy und Novartis mit Isis Pharmaceuticals in San Diego auf einen derartigen frühen Kontakt durch eine Venture Capital Firma zurück (Sandoz 1992b: 31; Mehta and Isaly 1995). Die Zusammenarbeit mit Venture Capital Firmen erlaubte eine besonders effizient Beobachtung und Kontrolle des innovativen Geschehens der Biotechszene in den U.SA..

Aufgrund des bereits diskutierten Innovationsdefizits in der pharmazeutischen Industrie und dem steigenden Anteil von Biotechfirmen an den Neuentdeckungen von Wirkstoffen ist es naheliegend, dass auch die großen *centers of excellence* neben der internen Wissens- und Technologieproduktion nicht zuletzt auch die Aufgabe haben, die Innovationsprozesse in ihren Tätigkeitsfeldern genau zu beobachten.

Die Schweizer Pharmakonzerne waren frühzeitig in der Lage, sich Zugang zu viel versprechenden oder wichtigen Technologien wie monoklonale Antikörper, Antisensetechnologie, Gentherapie und Genomics zu verschaffen. Selbstverständlich ging das nicht ohne beträchtliche Fehleinschätzungen. Einer solchen lag z.B.

das (zu?) frühzeitige und äußerst kostspielige Engagement von Sandoz und in der Folge auch von Novartis in der Gentherapie zugrunde.

Novartis Pharma investierte 1997 um die 23% der Forschungsausgaben in Kooperationsabkommen mit externen Partnern. Dieser Anteil ist bis zum Jahr 2000 auf 27% angestiegen (Herrling 2000), weil *"large pharmaceutical companies are now willing to concede that fundamental breakthroughs in technology or science are increasingly likely to occur outside their organizations, and they will need to access them is they complement or are essential to their own research effort."* (Herrling 1998). Zugleich untermauern die immensen Investitionen, die Novartis in den Aufbau des *Genomics Research Institutes* in San Diego steckt, dass geballte *in house*-Kompetenzen Voraussetzung dafür sind, an der Innovationsfront zu bleiben und überhaupt beurteilen zu können, welche Partnerschaften ertragreich sein könnten.

Angesichts der zahlreichen transatlantischen Kooperationsbeziehungen zwischen europäischen Pharmakonzernen und US-Biotechfirmen erstaunt es wenig, dass die US-Biotechindustrie weniger in regionale als in überregionale und globale Verwertungszusammenhänge integriert ist (Pisano 1991; Dolata 1996). Der internationale Technologietransfer nimmt in der Biotechnologie eine ganz besondere Rolle ein (Dibner und Bulluck 1992; Valle und Gambardella 1993; Sharp, Thomas und Martin 1994). Zentrales Problem des Technologietransfers in und zwischen multinationalen Firmen und ihren Kooperationspartnern ist wie stilles (*tacit*) oder nicht-kodifiziertes Wissen unter den beteiligten Akteuren vermittelt werden kann. Denn trotz verstärkter Integration von Forschungszentren auf globaler Ebene mit neuen Informationstechnologien, zeigt sich eine wachsende Bedeutung von *tacit knowledge*, das nicht in kodifizierter Form übermittelt werden kann (Storper 1997; Howells 1998).

Wichtiges Anliegen bei den Kooperationen ist immer, dass wirklich ein intensiver Austausch stattfindet und die beteiligten Personen richtig zusammenarbeiten. Der Austausch fertiger Resultate ist hingegen weniger interessant. In diesem Zusammenhang ist natürlich der Aspekt der Geheimhaltung entscheidend und kann eine Kooperation behindern. Bei intensiven Kooperationsabkommen bilden die Partner in ein gemeinsames 'stearing committee', dass das Programm-Management übernimmt oder überwacht. Die Rahmen der Partnerschaft von Novartis mit Vertex Pharmaceuticals betreiben die beiden Partner gar gemeinsame Forschungsgruppen.

Zwar schenkten Ciba-Geigy und Sandoz und danach auch Novartis der technologischen Überwachung und dem Erwerb neuer Technologien eine äußerst große Beachtung, dennoch vernachlässigten sie wahrscheinlich das pragmatischere Einlizenzieren von bereits entdeckten Wirkstoffen, die eine große Wahrscheinlichkeit eines wirtschaftlichen Erfolges aufwiesen. Besonders der US-Konzern Pfizer entwickelte z.B. eine systematische Strategie von sogenannten '*late stage agreements*', um die eigene Entwicklungspipeline und das Marketingportfolio mit Präparaten zu füllen, die der strategischen Ausrichtung entsprachen (Mills 1997; Hauber und Wilson 1999: 20). Diese Strategie erwies sich als äußerst erfolgreich , und Pfizer war Ende der neunziger Jahre der dynamischste Pharmakonzern unter den Top Ten.

Hunderte von Kooperationsabkommen drücken die Strategie der Pharmakonzerne aus, die Kosten und Risiken, die jedem Forschungsprozess eigen sind, zu minimieren und externalisieren und zugleich ein Maximum von Wissen, Know-how und Technologien zu internalisieren. Obwohl bislang nur wenige Biotechunternehmen in der Lage waren, Produkte auf den Markt zu bringen, sind Pharmakonzerne und Investoren sehr an ihren Innovationskapazitäten, insbesondere im Bereich neuer Discovery-Technologien interessiert, ein großes Interesses entgegen. Die Pharmakonzerne und die Investoren hoffen, dass diese neue Industrie eine der großen Wachstumsmaschinen der nächsten Jahrzehnte wird.

7.5.5 Selektive Globalisierung und Reterritorialisierung von Forschung- und Entwicklung

Die Analyse der Forschung und Entwicklung von Ciba-Geigy, Sandoz und Novartis zeigt, dass im Sinne einer starken Präsenz in den wichtigsten Forschungsregionen der Welt sowie einer zentral angeleiteten Strategie und einer Harmonisierung von Verfahren und Regeln tatsächlich Prozesse der Globalisierung stattfinden. Dennoch ist von einer Globalisierung in eigentlichem Wortsinne nicht zu sprechen. Sowohl die internationale Ausbreitung und Expansion der Forschungs- und Entwicklungseinrichtungen (in der Terminologie von Chesnais 1997: 171) als auch ihre organisatorische Integration verlaufen äußerst selektiv. Ausgehend von den geographischen Schwerpunkten und der organisatorischen Integration der Forschungs- und Entwicklungstätigkeiten könnten wir die Entwicklung als Triadisierung charakterisieren. Da es sich keineswegs um globale, sondern auf die wichtigsten Industrieländer in den drei Wirtschaftsblöcken begrenzte Prozesse handelt. Genaugenommen drängt sich sogar der Begriff Nordatlantisierung auf, denn das ist der geographische Bezugsrahmen der großen Mehrheit der Innovationsprozesse in der pharmazeutischen Industrie. Im Falle der Basler Pharmakonzerne vollzieht sich die Integration auch auf triadischer beziehungsweise nordatlantischer Ebene sehr selektiv zwischen einzelnen Innovations- und Technologieknoten von globaler Bedeutung wie den Regionen Basel, New Jersey / New York, Boston, Bay Area, San Diego, einzelnen Regionen in Deutschland, Großbritannien und Frankreich sowie einigen Technologiezentren in Japan.

Die Maßstäblichkeit der Innovationsprozesse ist durch folgende miteinander verbundene Erscheinungen gekennzeichnet:

- Die konzerninterne Arbeitsteilung sowie der Wissens- und Technologietransfer, die sich vor allem zwischen den *centers of excellence* in Basel, New Jersey, Kalifornien, England und Japan vollziehen (bei Hoffmann-La Roche kommt seit der Übernahme von Boehringer Mannheim noch Deutschland dazu).
- Die Arbeitsteilung sowie der Wissens- und Technologietransfer im Rahmen einer strategischen Partnerschaft zwischen den eigenen Forschungseinheiten und jenen der Partnerunternehmen wie zum Beispiel Chiron.
- Das Aufsaugen von Wissen, Technologien und Wirksubstanzen über Kooperationen mit innovativen Unternehmen in den USA, den wichtigen Ländern Europas und eingeschränkt in Japan.
- Die auf globaler Ebene zentralisierte strategische Leitung des Forschungs- und Entwicklungsportfolios. Diese geht aber durchaus mit einer gewissen Dezentralisierung der Organisation der Forschungsprojekte einher.

- Die Einlizenzierung oder die Vergabe von Lizenzen auf der Ebene der Triade.
- Die global zentralisierte Patentierung im Rahmen der Konzernaktivitäten.
- Der Transfer von wissenschaftlichen Spezialisten und von Spitzenmanagern innerhalb und zwischen den Konzernen auf nordatlantischer Ebene.

Allerdings sind die Entwicklung und die Forschung von unterschiedlichen räumlichen und organisatorischen Dynamiken gekennzeichnet. Auf der Entwicklungsseite war der Bedarf zur weltweiten Integration der Tätigkeiten, organisatorischen Vereinheitlichung und Gleichzeitigkeit von Arbeitsläufen am größten. Die unmittelbaren Gründe hierfür lagen in der Notwendigkeit, die Entwicklungszeit zu verkürzen, um damit Kosten zu sparen, aber vor allem um die Präparate möglichst schnell auf den großen Märkten einführen zu können. Angesichts des verschärften Wettbewerbs wurde die schnelle Einführung eines Präparates oftmals zu einem wettbewerbsentscheidenden Faktor. Wichtige Voraussetzung für die organisatorische Globalisierung der Entwicklungsabteilungen war die internationale Harmonisierung der Zulassungsverfahren für Medikamente. Diese Harmonisierung läuft allerdings de facto auf eine selektive Globalisierung der FDA-Richtlinien hinaus. Noch immer stellt Japan einen gewissen Sonderfall dar. Nicht zuletzt darum wurde es auch wichtig, in Japan mit eigenen Entwicklungseinrichtungen präsent zu sein. War es bis in die achtziger Jahre noch vorteilhaft, Entwicklungstätigkeiten, z.B. im Bereich der klinischen Prüfungen, zu dezentralisieren und den nationalen oder lokalen Erfordernissen (*'local responsiveness'*) (Prahalad und Doz 1987: 18ff, 26) anzupassen, so steht heute die Entwicklung unter dem Druck, die dezentral durchgeführten klinischen Prüfungen global zentralisiert anzuleiten (*'global responsiveness'*).[80]

Demgegenüber bestehen bei der Forschung durchaus Anforderungen der *'local responsiveness'*, nicht aber etwa in Bezug auf die Absatzmärkte, sondern um die regional konzentrierten und spezifischen Technologie- und Wissenspotential zu erschließen. Auch innerhalb der Forschungsorganisationen der großen Pharmakonzerne bestehen nach wie vor unterschiedliche Positionen, wie weit die Globalisierung und Vereinheitlichung der Organisation gehen soll. Effiziente Abläufe und Innovationsfähigkeit sind hier keineswegs gleichlaufende, sondern sich oftmals sogar widersprechende Ziele. Es kann sein, dass gewisse Überlappungen der Arbeitsbereiche und Doppelspurigkeiten der Arbeitsabläufe weniger nachteilig sind, als die Beeinträchtigung der Innovationskapazität durch zu rigide Organisationsformen.

Die Schaffung der globalen Funktionen löste ein fundamentales Umdenken bei den Kadern und Mitarbeitern aus. Sie hatten sich nunmehr nicht mehr geographisch starr auf ihr Forschungszentrum mit den entsprechenden Projekten zu konzentrieren, sondern mussten eine globale oder besser konzernweite Optik lernen. Mittlerweile ist es selbstverständlich, dass Projektmitarbeiter fast täglich mit ihren Kollegen in den anderen Forschungszentren elektronisch oder telefonisch korrespondieren. Zugleich führten die neuen Organisationsformen zu einem Bedeutungsverlust der lokalen Projektleitungen (Hauser 1997).

---

[80] Multinationale Konzerne in unterschiedlichen Industrien tendieren seit Mitte der neunziger Jahre wieder verstärkt dazu, ihre F&E-Organisationen massiv zu konsolidieren und zu verschlanken (Gerybadze und Reger 1999).

Diese Analyse in diesem Kapitel legt es nahe, einige in der Literatur genannten und in Kapitel 2 diskutierten Vorstellungen über die räumliche Dynamik von Forschung und Entwicklung in der pharmazeutischen Industrie zu revidieren. Zwar stimmt es weiterhin, dass Forschungs- und Entwicklungseinrichtungen dazu tendieren, in der Nähe von Hauptsitzen lokalisiert zu werden (Howells und Wood 1993). Diese Feststellung gilt aufgrund ihrer enormen standörtlichen Persistenz für die F&E-Stätten in Basel und in New Jersey. Zugleich wurde es aber absolut entscheidend, entweder über eigene Forschungsstätten oder über eng kooperierende strategische Partner in regionalen und nationalen Innovationssystemen tätig zu sein, die für die technologische Entwicklung des Konzerns relevant sind. Insofern trifft auch die Analyse nicht mehr zu, dass für die Lokalisierung von F&E-Zentren die internen Faktoren wie die Kommunikation innerhalb des Unternehmens relevanter sind als die externen. Vielmehr sind beide Faktoren unmittelbar miteinander verwoben.

Sowohl für Novartis als auch für Hoffmann-La Roche (die allerdings nur summarisch in die Analyse einbezogen wurde) gilt, dass die Forschungs- und Entwicklungsabteilungen in Basel immer noch die strategisch wichtigste Rolle einnehmen. Das heisst aber keineswegs, dass jedes Forschungsgebiet in Basel angeleitet wird. Wesentliche Leitungsfunktionen werden von den globalen *therapeutic area heads* in East Hanover/Summit und Horsham übernommen. Die Organisationsform kommt dem nahe, was Gassmann und von Zedwitz als integriertes F&E-Netzwerk bezeichnet haben (Gassmann 1997; Gassmann und von Zedwitz 1999) Strategisch absolut zentral ist das neue Forschungsinstitut von Novartis für *functional genomics* in San Diego. Hier steht eindeutig, die Nähe und Integration in das regionale Innovationssystem im Vordergrund der Standortentscheidung. Zugleich ist das neue Forschungsinstitut in ein Netzwerk mit weiteren Knoten in Basel und East Hanover/Summit sowie externen Partnern eingebunden.

8 Neue Maßstäbe der Produktion: Multikontinentalisierung

Im Rahmen der Internationalisierungsprozesse von multinationalen Unternehmen spielt die Produktion neben der Forschung und Entwicklung, dem Marketing und den Hauptsitzfunktionen eine zentrale Rolle. Dabei ist das Produktionssystem von den anderen Unternehmensfunktionen, insbesondere der Entwicklung und zu einem geringeren Maße auch der Forschung, nicht wirklich zu trennen (Howells und Wood 1993: 7). Gerade in der pharmazeutischen Industrie entstand mit den länger gewordenen Entwicklungszeiten, den gesteigerten Qualitätsanforderungen und angesichts des verschärften Wettbewerbs ein zusätzlicher Druck, die Innovationszeit und die Einführungszeit neuer Präparate zu verkürzen. Die Unternehmen sahen sich zunehmend gezwungen, bisherige einseitige und lineare Konzeptualisierungen von F&E und Produktionssystem durch interaktive und parallele Abläufe zu ersetzen, die Rückkoppelungen und Feedbacks vom Marketing zur Entwicklung und Forschung, aber auch zur Produktion, insbesondere den Bereichen der Pilotproduktion, zulassen. Da die verschiedenen Unternehmensfunktionen jeweils sehr spezifische Anforderungen bezüglich der Inputs von Kapital und Arbeit, der Standortbedingungen und der organisatorischen Kapazitäten des Unternehmens stellen, ist dennoch eine gesonderte Analyse des Internationalisierungsprozesses des Produktionsapparates und seiner wichtigsten Bestandteile geboten. Die Produktionsfunktion – oder die *technical operations* wie sie oft genannt werden – spielt in der historischen Evolution eines auf patentgeschützte und verschreibungspflichtige Arzneimittel ausgerichteten Pharmakonzerns und für sein kulturelles Selbstverständnis eine zentrale Rolle. Im Laufe der letzten Jahrzehnte hat sich die Position durchgesetzt, dass die Aufgabe der *technical operations* darin besteht, Produktionsdienstleistungen für das Marketing zu erbringen (Goldberger 1991).

Das vorliegende Kapitel stellt die Entwicklung der räumlichen Organisation der chemischen und pharmazeutischen Produktion von Ciba-Geigy, Sandoz und nach deren Fusion 1996 von Novartis zwischen Ende der sechziger Jahre und 1999 dar. Dabei wird die Entwicklung für jeden Konzern einzeln nachgezeichnet. Im Zentrum steht die Frage der internationalen Arbeitsteilung und der internationalen Ausprägung der Produktionskonzepte. Einige bereits im 2. Kapitel diskutierten Erklärungsansätze und Analysekonzepte werden dabei speziell hinsichtlich ihrer Aussagen über die Internationalisierung der Produktion geprüft. Die detaillierte Untersuchung der räumlichen Dynamik der Produktion soll erhellen, wie sich die Organisation der Produktion und der Arbeitsteilung auf internationaler Ebene verändert hat. Die theoretischen Debatten über die Globalisierung und den Wandel der Produktionskonzepte sowie die politischen Auseinandersetzungen über die

Standortpersistenz respektive Standortverlagerungen von Produktionseinrichtungen sind die Ausgangspunkte, um in den folgenden Abschnitten die Untersuchungsfragen und -thesen zu präzisieren.

Vor der ausführlichen Darstellung der Produktionskonzepte der untersuchten Konzerne werden allerdings die wichtigsten Kennzeichen der chemischen und pharmazeutischen Produktion kurz beschrieben. Denn ohne deren Kenntnis kann die Produktionsorganisation in der Pharmaindustrie nicht verstanden werden. Das Kapitel endet mit einer vorläufigen Bewertung der Globalisierungsdiskussion im Lichte der realen standörtlichen Dynamik der Produktionstätigkeiten von Ciba-Geigy, Sandoz und Novartis.

8.1 Produktion der Wirksubstanzen und Darreichungsformen

Der Produktionsprozeß der pharmazeutischen Industrie läßt sich in zwei Hauptphasen unterscheiden. In der ersten Phase erfolgt die Herstellung der physiologischen Wirkstoffe. Diese werden dann in der zweiten Phase zu Darreichungsformen verarbeitet (Taggart 1993: 7ff; Bathelt 1997: 267; Roche 1998).

8.1.1 Produktion der physiologischen Aktivsubstanzen

Arten der Produktion

Die physiologischen Aktivsubstanzen werden meist mittels chemischer Synthese hergestellt. Oftmals bietet es sich jedoch an, die Wirkstoffe über biologische Fermentation und/oder Extraktion aus pflanzlichen und tierischen Stoffen zu gewinnen. Bei vielen pharmazeutischen Wirkstoffen ist es möglich, dieselbe Anlage für die Produktion unterschiedlicher Endprodukte zu benutzen. Für andere, wie z.B. synthetische Hormone, sind hoch spezialisierte Anlagen nötig. Bei kleinen Mengen ist eine erhebliche Flexibilität der Anlagen erforderlich.

Chemische Produktion: Die Produktion der physiologischen Wirkstoffe erfolgt meist über mehrere chemische Synthesestufen (*Diovan*, ein neues Herzkreislauf-Medikament von Novartis, durchläuft z.B. 10 Synthesestufen). Die verschiedenen Prozeßabschnitte oder Stufen umfassen einzelne oder mehrere Operationen ('*unit operations*'): Mischen der Ausgangsstoffe, Reagieren und Aufarbeiten des Reaktionsgemisches, Trennen der Reaktionsprodukte, Reinigen des Produktes sowie Verarbeiten und Rückführen der Nebenprodukte. Die chemischen und physikalischen Operationen können in kontinuierlich arbeitenden Anlagen oder in diskontinuierlichen Apparaten Stufe für Stufe durchgeführt werden. Bei kontinuierlich arbeitenden Verfahren und Apparatesystemen werden die Ausgangs- und die Hilfsstoffe ununterbrochen zugeführt und die Produkte oder Zwischenprodukte laufend abgeführt. In diskontinuierlich arbeitenden Anlagen laufen das Füllen des Apparates, die Prozeßführung und die Entnahmne der Produkte zeitlich nacheinander ab. Viele diskontinuierliche Anlagen sind als Mehrzweckanlagen konzipiert, das heißt, verschiedene Produkte werden nacheinander in derselben Apparategruppe als einzelne Chargen hergestellt.

Biotechnische Produktion: Biotechnische Reaktionen und Synthesen erfolgen in der Regel über Mikroorganismen, welche die gewünschte Substanz in Form von Stoffwechselprodukten auf enzymatischem Wege besser und kostengünstiger als durch komplizierte chemische Synthesen liefern. Meistens dienen Bakterien, Hefen, Schimmelpilze und Zellkulturen als Basis für biotechnische Herstellungsverfahren. Auf diesem Wege werden Antibiotika, Vitamine und pharmazeutische Wirkstoffe produziert. Die Prozesse erfolgen in Bioreaktoren (Fermentern), in denen sich die Organismen in optimalem Milieu rasch vermehren und die gewünschten Biosynthesen durchführen. Die Aktivsubstanzen werden anschließend in aufwendigen Trenn- und Reinigungsverfahren gewonnen. Biotechnische Verfahren arbeiten diskontinuierlich. Im Zuge der Anwendung verschiedener gentechnologischer Methoden hat die Fermentation an Bedeutung gewonnen.

Die chemische und biotechnologische Produktion erfolgt normalerweise zentralisiert. Allerdings können die verschiedenen Stufen der Produktion in räumlich weit voneinander entfernten Anlagen ablaufen. Die Produktionsanlagen sind extrem kapitalintensiv. Da die Mengen der Endprodukte in der Regel nicht sehr groß sind, fallen Transportkosten nicht ins Gewicht. Chemische Wirkstoffe beziehungsweise einzelne Wirkstoffstufen werden sowohl von Pharmaunternehmen als auch von auf die Produktion von Feinchemikalien spezialisierten Unternehmen produziert. Kleine Pharmunternehmen und auf Generika spezialisierte Unternehmen erwerben die Wirkstoffe zumeist von spezialisierten Fabrikanten.

Verfahren der chemischen Produktion

Zum besseren Verständnis der aktuellen Umstrukturierungen in der chemisch-pharmazeutischen Industrie ist es sinnvoll, den Produktionsvorgang kurz zu erläutern. Dieser gliedert sich in die Produktionsvorbereitung und die Produktion (Jermann und Müller 1996):

Produktionsvorbereitung: Auf der Basis von erarbeiteten Fließbildern wird die Produktionseinheit neu konfiguriert. Diese verfügt über ein fest installiertes und ein frei konfigurierbares Rohrleitungsnetz. Letzteres erlaubt es, eine Verbindung von jeder Prozeßeinheit zu jeder anderen Prozeßeinheit einzurichten. Die Risikoanalyse umfasst die Prüfung der Prozeßsicherheit, der Anlagensicherheit und der organisatorischen Sicherheitsmaßnahmen. Nach Abschluß der Rohrleitungskonfiguration wird schließlich die Rezeptur für die Synthesestufe erstellt. Parallel dazu wird die Produktionsdokumentation angefertigt. Abschließend erfolgen die Kontrollen zur Qualitätssicherung. Im Rahmen der Produktionsvorbereitung werden auch die Nebenprodukte deklariert und zur Entsorgung angemeldet. Das gilt für Abluft, Abwasser und Abfälle. Bei den umfangreichen Vorbereitungen müssen zahlreiche Aspekte wie Sicherheitsbelange, der GMP-Anforderungen, Geschwindigkeit (*time to market*), Wirtschaftlichkeit (Anlagenverfügbarkeit und -ausnutzung, Ablauf der Prozesse) und die ökologischen Erfordernisse geprüft werden.

Produktion: Nach Abschluß aller Vorbereitungen und der Anlagenreinigung beginnt die eigentliche Produktion. Der erste Ansatz ist ein 'Placeboansatz'. Dieser dient der Instruktion des Betriebspersonals sowie der Funktionskontrolle der Anlage und der Rezeptur. Nach letzten Korrekturen läuft die Produktion mit dem ersten Batch an.

Die Steuerung solcher Anlagen erfolgt mittels eines rezeptierbaren Prozessleitsystems (PLS). Auf diesem beruht ein heute übliches, graphisches Operator Display System (ODS). Dabei ist jede Kombination von Fernbedienung als reinem Schaltwartenbetrieb und der Bedienung innerhalb der Anlage vor Ort möglich. Normalerweise umfasst ein Team zum Betrieb einer Produktionsanlage einen Betriebsleiter, einen Meister, einen Vorarbeiter und zehn bis fünfzehn Betriebsmitarbeiter.

Anlagenstruktur heutiger Anlagen

Die Faktoren 'Zeit' (Beschleunigung der Produkteinführung) und 'GMP' (Qualität und Sicherheit) sind bei der Konzeption und dem Betrieb von Produktionsanlagen von zentraler Bedeutung. Die Produktion sollte auf neue Produkte und Bedarfsschwankungen kurzfristig reagieren können. Damit eine Produktionsanlage möglichst viele Prozeßschritte bei einem minimalen Installationsaufwand abdecken kann, ist eine hohe Flexibilität in Bezug auf Hard- und Software erforderlich. Die strukturelle Flexibilität erlaubt die Anpassung der Materialflüsse an die produktspezifischen Erfordernisse, also die Herstellung neuer Produkte innerhalb kürzester Zeit. Die kapazitive Flexibilität bezieht sich auf das Arbeitsvolumen. Entscheidend ist zudem das speditive 'Umrüsten' beim Produktwechsel, um die Standzeiten kurz und die Anlageauslastung hoch zu halten. Flexibilität kann aber den Reinigungsaufwand erhöhen, um die behördlichen GMP-Anforderungen zu erfüllen und Cross-Kontaminationen zu verhindern. Aufgrund des Ausrüstungsgrades und der Flexibilität der Rohrsysteme können drei unterschiedliche Anlagetypen gekennzeichnet werden (Jermann und Müller 1996).

Eine Monoanlage ist eine hochautomatisierte Anlage zur kostengünstigen Produktion der immer gleichen Stufe. Produktionseinheiten dieses Typs sind auf die Herstellung einer immer gleichen Stufe ausgelegt. Die Prozeßeinheiten basieren auf einem niedrigen Ausrüstungsgrad.

Eine Mehrproduktanlage ist eine hochautomatisierte Anlage zur kostengünstigen Produktion für ein bestimmtes Produktemix. Produktionseinheiten dieses Typs sind auf die Herstellung eine definierten Reaktionstyps in verschiedenen Stufen ausgelegt. Die Prozeßeinheiten beruhen auf einem mittleren Ausrüstungsgrad.

Tab. 8.1. Zusammenhang zwischen Flexibilität und Investitionen bei Produktwechseln

Anlagenklasse	Flexibilität			Investitionen bei Produktwechseln		
	hoch	mittel	gering	hoch	mittel	gering
Monoanlage						
Mehrproduktanlage						
Mehrzweckanlage						

Quelle: Jermann / Müller (1996: 553)

Eine Mehrzweckanlage dient der Abdeckung von Produktionskapazitäten von zukünftigen Wirkstoffen, deren Struktur und Synthesen zum Zeitpunkt des Anlagenbaus noch nicht bekannt sind. Besonders wichtig ist der Zeitfaktor. Produktionseinheiten dieses Typs sind für die Herstellung verschiedenster Stufen ausgelegt. Die Prozeßeinheiten beruhen auf einem hohen Ausrüstungsgrad. Je höher die Flexibilität einer Anlage ist, desto kürzer und geringer sind die Standzeiten respektive die Umrüstungsarbeiten bei einem Produktwechsel sowie die damit verbundenen Investitionskosten.

8.1.2 Herstellung der Darreichungsformen

Konfektionierung: Nachdem die Wirksubstanzen gemahlen sind, werden sie in der pharmazeutischen oder galenischen Produktion zu Arzneimitteln in den spezifischen Darreichungsformen wie Tabletten, Kapseln, Tropfen, Zäpfchen, Ampullen, Salben etc. weiterverarbeitet. Die galenische Herstellung trägt zur Wirkung und Haltbarkeit von Arzneimitteln sowie zur Vermeidung von Nebenwirkungen bei.

Die Wirksubstanzen und die Hilfsstoffe werden gemäß einer Rezeptur abgewogen und gemischt. Danach folgen je nach Darreichungsform unterschiedliche Preß-, Rühr- oder Mischvorgänge, wobei die Herstellung fester und flüssiger Formen sich beträchtlich unterscheiden kann. Bei Kapseln schließt sich an den Pressvorgang ein Überzug mit einer Glasur an. Besonders aufwendig ist die Produktion steriler Arzneimittel in Ampullen und Infusionsflaschen, die in Sterilräumen unter einem Strom von hochfiltrierter, strikt parallelfließender Luft frei von Partikeln und Mikroorganismen erfolgt. Viele Prozesse und Kontrollschritte laufen computergesteuert ab.

Diese physischen Prozesse unterscheiden sich stark von den Anforderungen und Qualifikationen bei der Produktion der chemischen Wirksubstanzen. Mit Ausnahme der Antibiotika und Hormonpräparate ist es bis zu einem bestimmten Ausmaß möglich, verschiedene Produkte mit derselben Ausrüstung zu produzieren. Diese Produktionsphase ist wesentlich weniger kapitalintensiv, dafür aber arbeitsintensiver als die chemische Produktion. Weite Abschnitte des Produktionsprozesses erfordern kein besonderes Qualifikationsniveau der Beschäftigten.

Dieser Produktionsabschnitt erfolgt eher dezentralisiert. Die Mengen der an die Produktionsstandorte zu liefernden Aktivsubstanzen sind normalerweise klein und die Transportkosten niedrig. Die dezentrale Produktion hat es bisher zudem erlaubt, die Märkte besser zu erschließen. Da Größe und Kapitalausstattung in diesem Bereich nicht so relevant sind, finden wir hier auch kleinere Firmen, die sich auf ausgewählte Produktsortimente spezialisiert haben.

Verpackung: Die Verpackungsvorgänge sind sehr spezifisch auf die jeweiligen Darreichungsformen abgestimmt. Der Verpackungsprozeß erfolgt in einer kompakten Bandstraße, in der verschiedene Maschinen hintereinandergeschaltet sind. Die flüssigen Darreichungsformen werden abgefüllt, die festen in Blisterpackungen verpackt. Anschließend werden diese Packungsformen zusammen mit dem Beipackzettel in die vorbedruckten Faltschachteln gefügt und die Packungen gebündelt. Gewichtskontrolle, Fertigwarenkontrolle und schließlich Freigabe der Lose sind die letzten Schritte.

Tab. 8.2. Die gebräuchlichsten Darreichungsformen

Feste Formen	
Granulat	Ein Granulatkorn besteht aus zusammengekitteten Pulverpartikeln. Granulate werden meist zu Tabletten weiterverarbeitet, kommen aber auch als Trinkgranulate in den Handel.
Dragée	Es besteht aus einem wirkstoffhaltigen Kern und einer schützenden Hüllschicht. Dragées können leichter als Tabletten geschluckt werden und haben einen besseren Geschmack.
Kapsel	Sie besteht aus Gelatine, die den Wirkstoff entweder als Granulat (Hartgelatinekapsel) oder in flüssiger Form (Weichgelatinekapsel) enthält.
Lacktablette	Die Tabletten werden mit einer sehr dünnen Lackschicht überzogen. Dadurch können sie leichter geschluckt werden und ihr Geschmack wird neutralisiert.
Tablette	Meist aus Granulaten durch maschinellen Druck hergestellter Pressling. Eine Tablette zerfällt im Magen-Darm-Trakt. Hier wird der Wirkstoff freigesetzt und dem Körper zur Aufnahme angeboten. Variationen dieser Darreichungsform sind z.B. Lutsch- und Vaginaltabletten.
Halbfeste Formen	
Gel	System aus einer Flüssigkeit und einem Gelbildner. Die Wirkstoffe sind in der Flüssigkeit gelöst.
Salbe	Streichfähige Zubereitung zur lokalen Anwendung auf Haut und Schleimhäuten.
Flüssige Formen	
Dosier-Aerosol	Zumeist treibgashaltige, in Blech- oder Glasgefäße abgefüllte Wirkstoff-Lösung oder -Suspension.
Emulsion	System aus zwei oder mehreren miteinander nicht oder nur teilweise mischbaren Flüssigkeiten.
Lösung	Klare, flüssige Arzneiform, die den Wirkstoff in gelöster Form enthält. Lösungen gibt es als Sirup, Saft, Augen- und Nasentropfen oder Sprays.
Suspension	System aus festen Partikeln und einer Flüssigkeit. Suspensionen gibt es als Pasten und als Säfte.
Spezielle Formen	
Transdermales therapeutisches System	Ein wirkstoffhaltiges Pflaster wird auf die Haut geklebt. Es gibt über einen bestimmten Zeitraum die Substanz durch die Haut an den Körper ab.
Ampulle	Sterile, in ein zugeschmolzenes Glasgefäß abgefüllte wirkstoffhaltige Lösung oder Suspension zur Injektion oder Infusion.

Quelle: BPI (1998)

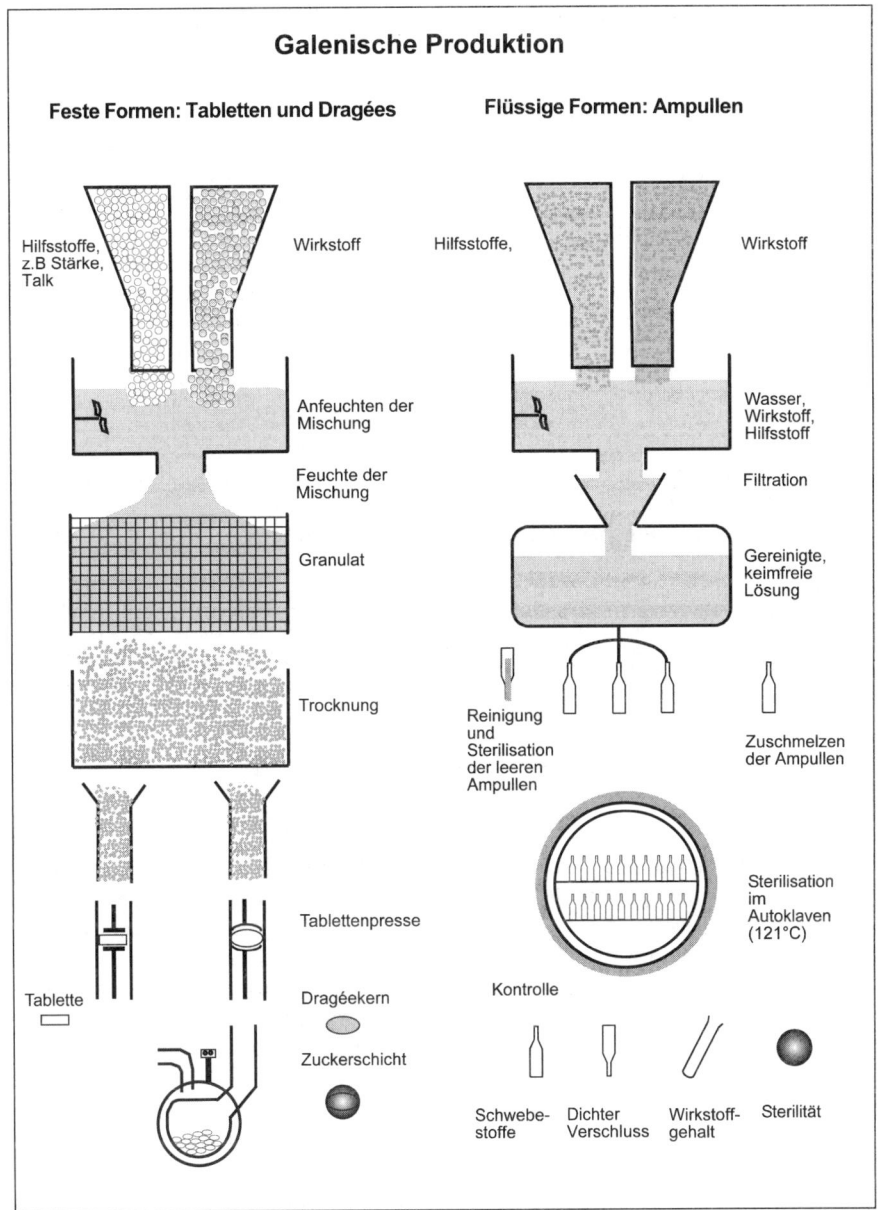

Abb. 8.1. Schritte der galenischen Produktion

8.1.3 Technologische Entwicklung und Arbeitsorganisation

Die chemische Produktion in der Schweiz, sowohl für Pharmazeutika als auch für andere Endprodukte, ist traditionell auf Spezialitäten mit relativ kleinen Produktionsmengen ausgerichtet. Das erleichtert flexible Produktionsumstellungen. Die Konzerne beschaffen sich die benötigten Zwischenprodukte auf dem Weltmarkt zu den jeweils günstigsten Konditionen. Charakteristisch sind flexible Produktionsanlagen mit Mehrprodukt- bzw. Mehrzweckanlagen. Massenherstellung mit Einprodukt-Großanlagen ist jedoch an verschiedenen Standorten auch noch vorhanden. Bei Novartis Pharma werden Kessel bis 6300 Liter eingesetzt, wobei in Ausnahmen sogar 10 000-Liter Kessel zum Einsatz gelangen (in der Farbstoffproduktion fassen die Kessel 10 000 bis 15 000 Liter) (Zimmermann 2000). Die Produktion verläuft hochgradig automatisiert und der Stofffluß ist meist in sich geschlossen. Handarbeit erfolgt an den Schnittstellen zwischen Anlage und Stofftransport sowie in den Bereichen, die der Produktion nachgelagert sind. Insgesamt zeichnen sich die Chemiestandorte in der Schweiz durch eine relativ flexible Produktionsstruktur aus (GBI 1994: 49ff).

Die Rationalisierungsbestrebungen der letzten Jahre umfassten folgende Bereiche (GBI 1994: 53; Schumann et al. 1994: 531ff):

– Verbesserung der Prozeßsteuerung und -sicherung, so daß Stillstand, Störungen und Umstellungszeiten vermindert werden;
– Optimierung der Ablauforganisation und der Aufgabengestaltung in den Produktionshallen;
– Vernetzung der Produktion mit den übrigen Betriebsabläufen (Lager, Zufuhr von Stoffen, Entnahme von Produkten und Abfällen, Vermarktung);
– Vergrösserung der Anlagen zur Abschöpfung von *economies of scale*;
– Stufenweise Kontinuisierung diskontinuierlicher Batchprogramme.

Prozeßleitsysteme (PLS) sind die zentralen Instrumente zur Implementierung der genannten Maßnahmen. PLS sind computergestützte Systeme zur Koordination des Materialflusses im Gesamtbetrieb, zur Optimierung der Anlagenauslastung und zur Steuerung von einzelnen Anlagen. Prozeßleitsysteme sind in der chemischen Produktion erst im Laufe der achtziger Jahre massiv eingeführt worden (Schumann et al. 1994: 554f). Die Computersteuerung der chemischen Prozesse und Stoffflüsse gehört mittlerweile in den schweizerischen Konzernen auf der Ebene einzelner Anlagen, nicht aber auf der Ebene der gesamten Betriebsabläufe zum Standard der Produktion. Handarbeit fällt insbesondere bei schnellen Produktwechseln auch mit neuen Anlagen an. Insbesondere in den nachgelagerten Bereichen wie dem Mahlen, der pharmazeutischen Konfektion und Verpackung sind noch beträchtliche Anteile von Handarbeit vorhanden (GBI 1994: 55ff).[81]

Interessanterweise geht die Flexibilisierung und Modernisierung der Produktionsprozesse nicht generell einher mit einer Flexibilisierung der Arbeit. Flexible Formen der Arbeitsorganisation sind in der chemischen Industrie sowohl bei konventionellen Technologien als auch bei digitalen Prozeßtechnologien ähnlich verbreitet (Schumann et al. 1994: 570f). Darum widerspricht Bathelt (1997: 121)

---

[81] Zu den Rationalisierungstrends Mitte der neunziger Jahre in der chemischen Industrie in der Schweiz siehe u.a (GBI 1994: 79ff).

der Vorstellung, wonach flexible Technologien und flexible Arbeit untrennbar miteinander verbunden seien und gemeinsam zur Überwindung der Fordismuskrise beitragen würden. Tatsächlich werden beide Flexiblisierungsansätze oftmals getrennt voneinander verfolgt.

Im Rahmen seiner neoschumpeterschen Interpretation der Theorie der Langen Wellen stellte Freeman (1990: 74ff) die produktionstechnischen Veränderungen in der chemischen Industrie in den Kontext eines Wechsels des technisch-ökonomischen Paradigmas von einer energieintensiven Massenproduktion zu einer informationsintensiven flexiblen Produktion. Die Vertreter des *Flexible Specialisation* Ansatzes Piore und Sabel (1984) stellten einen Übergang von der standardisierten Massenproduktion zu Spezialchemikalien fest, der mit einer verstärkten Orientierung auf kleinere Marktsegmente und mit einem flexibleren Arbeitskräfte- und Technologieeinsatz einhergeht. Die Darstellung der Produktionssysteme von Ciba-Geigy, Sandoz und Novartis zeigt, daß beide Argumentationen durch die reale Entwicklung widerlegt worden sind. Weder zeichnet sich ein derartiger Wandel des technisch-ökonomischen Paradigmas noch ein genereller Übergang von Massenproduktion zu flexiblen Produktionssystemen ab (vgl. Bathelt 1997). Vielmehr ist eine vielfältige Kombination von flexiblen und starren Produktionssystemen, von kleinen und großen Marktsegmenten festzustellen.

8.2 Ciba-Geigy: von der weltweiten Infrastruktur zur Konzentration

8.2.1 Chemische Produktion

Die Entwicklung der Struktur der chemischen Produktion bei Ciba-Geigy lässt sich grob in zwei Phasen gliedern. Die erste Phase setzte mit der Fusion 1970 ein und dauerte bis Mitte der achtziger Jahre. Sie war in erster Linie durch eine weitere Expansion und die Integration der beider Konzernorganisationen gekennzeichnet. Diese Phase wurde in der zweiten Hälfte der achtziger Jahre und vor allem in den neunziger Jahren durch zunehmend deutlichere Rationalisierungsbestrebungen abgelöst. Aufgrund des unterschiedlichen Charakters der chemischen und pharmazeutischen Produktion drängt es sich auf, beide Stufen gesondert zu analysieren.

Ausbau und Ausdehnung der Produktion mit beschränkter Dezentralisierung

Ende der sechziger Jahre war das wichtigste Werk der CIBA zur Herstellung pharmazeutischer Wirkstoffe jenes am Konzernhauptsitz Klybeck in Basel. Weitere Werke bestanden in Grimsby in England, Lyon in Frankreich und Summit in New Jersey. Die Geigy, bei der die Pharmazeutika einen geringeren Anteil am Gesamtgeschäft einnahmen, stützte ihre Wirkstoffproduktion vor allem auf das Werk Schweizerhalle bei Basel. Einzelne Wirkstoffe wurden zudem in den Werken im benachbarten Huningue in Frankreich, in Cranston in Rhode Island und Pamplona in Spanien hergestellt. Beide Firmen waren zusammen mit 45% an einem Gemeinschaftswerk in Resende, Brasilien, mit der Sandoz beteiligt, die 55% hielt.

Im Unterschied zur Fusion von Ciba-Geigy und Sandoz 26 Jahre später waren Anfang der siebziger Jahre *„die chemischen Produktionsanlagen im Stammhaus und in den Konzerngesellschaften stark ausgelastet, so dass die Planung neuer Anlagen unumgänglich"* wurde (Ciba-Geigy 1974: 28). Der Druck zur Rationalisierung und vollständigen Integration der beiden Produktionskonzepte in ein einheitliches Produktionssystem der Ciba-Geigy war daher gering. Die siebziger Jahre waren vielmehr von einem weiteren Ausbau der Produktionskapazität gekennzeichnet.

Die Werke Klybeck und Schweizerhalle in Basel blieben während der ganzen Zeit die wichtigsten und modernsten Standorte für die Wirkstoffproduktion. Sie erfüllten zudem die Aufgaben für spezielle chemische Reaktionen und die Pilotproduktion. Bereits unmittelbar nach der Fusion wurde das Werk Klybeck weiter ausgebaut, 1976 neue Versuchsanlagen für spezielle Reaktionen eingerichtet und 1977/78 eine neue Produktionsanlage erstellt. Mitte und Ende der achtziger Jahre entstanden mehrere Mehrzweckanlagen, und 1994 erstellte die Division Pharma einen Neubau zur Pilotproduktion. Der Pharmabereich des Werkes Schweizerhalle erhielt 1978 die erste automatisierte Produktionsanlage und wurde auch in den folgenden Jahren weiter ausgebaut. Ende Juni 1988 wurde der für 90 Millionen CHF errichtete Pharma-Produktionsbau 2112 mit einer vollautomatischen und prozessgesteuerten Produktionsanlage in Betrieb genommen. Den massivsten Ausbau in dieser Zeit erlebte die Synthese von Pharmawirkstoffen im seit 1952 bestehenden Werk Grimsby. Angesichts der Produktionsengpässe in Basel wurden zwischen 1971 und 1975 Produktionsaufgaben nach Grimsby verlagert. Das Werk erfuhr in den siebziger Jahren bedeutende Modernisierungen und Kapazitätserweiterungen (Ciba-Geigy 1972; 1974; 1976).

Angesichts der Produktionsengpässe wurde eine Reihe weiterer Chemiewerke zeitweilig oder für längere Perioden zur Herstellung von Pharmawirkstoffen herangezogen. Wichtig in dieser Hinsicht war das ehemalige Geigy-Werk der Etablissements Ciba-Geigy in Huningue, das in den siebziger Jahren neben der Produktion von Gerbstoffen und Pigmenten auch zur vermehrten Herstellung pharmazeutischer Wirkstoffe beauftragt wurde. Das bereits seit 1910 bestehende Chemiewerk St-Fons in Lyon, das in erster Linie der Produktion von Farbstoffen und Textilchemikalien diente, wurde bis in die achtziger Jahre ebenfalls zur Herstellung einiger pharmazeutischer Wirkstoffe genutzt. Auch im ehemaligen Geigy-Werk in Pamplona wurden in den siebziger Jahren einige pharmazeutische Wirksubstanzen hergestellt (Ciba-Geigy 1975: 22). In den achtziger Jahren diente die Anlage zudem der Herstellung einiger pharmazeutischer Wirkstoffe und Präparate für den Bereich der Selbstmedikation (Ciba-Geigy-Magazin 1991h: 8). Mitte der siebziger Jahre wurde vereinzelt gar das Werk der Division Kunststoffe und Additive in Lampertheim, unweit Frankfurt, zur Herstellung pharmazeutischer Zwischenstufen herbeigezogen (Ciba-Geigy 1976: 27).

1971 vereinbarte die Ciba-Geigy ein Joint Venture mit der Pliva Pharmaceutical and Chemical Works in Zagreb, mit der die CIBA bereits seit Mitte der sechziger Jahre zusammenarbeitete. Die beiden Firmen errichteten gemeinsam eine Fabrikationsstätte für die Herstellung pharmazeutischer Produkte auf dem neuen Werkareal in Savski Marof. Ab 1976 produzierte diese Anlage pharmazeutische

Zwischensubstanzen für die Ciba-Geigy. Im Dezember 1985 wurde die Kooperation erneuert (Ciba-Geigy 1971: 34; 1976: 26; Ciba-Geigy-Magazin 1986d: 4). Diese Partnerschaft war nicht zuletzt auch aus Marketing-Überlegungen entstanden (Caveng 1997). Im Zuge einer vorsichtigen Expansion nach Osteuropa gründete die auf Selbstmedikation ausgerichtete Ciba-Geigy-Tochtergesellschaft Zyma AG im Jahr 1980 mit den ungarischen Unternehmen Biogal und Medimpex in Debrecen ebenfalls eine Gesellschaft zur Herstellung pharmazeutischer Wirksubstanzen. Das Joint Venture produzierte bis 1996 den Wirkstoff Nadex. Im selben Jahr wurde das Werk geschlossen (Zimmermann 2000).

Ein neues Feld eröffnete sich die Ciba-Geigy 1970 mit der Übernahme der Antibiotika-Betriebe der Firma Lepetit in Torre Annunziata bei Neapel, die fortan mit dem eigenen Betrieb Fervet eine Einheit bildeten (Ciba-Geigy 1971: 21). 1973 kamen weitere benachbarte Anlagen hinzu, die auf die Herstellung der Celospor-Wirksubstanz (Antibiotikum) ausgerichtet wurden (Ciba-Geigy 1973:21; 1974: 28). Im Laufe der siebziger und achtziger Jahre wurde das Werk zum weltweiten Zentrum für Fermentationsverfahren ausgebaut. Das Werk war auch Produktionsstützpunkt von Desferrioxamin, der Wirksubstanz des Medikaments *Desferal* zur Bekämpfung der Thalassämie.

Die chemische Fabrik in Cranston, Rhode Island, die Geigy 1949 erworben und in den sechziger Jahren stark erweitert hatte, wurde nach der Fusion weiter verstärkt und 1971 mit Abwasserreinigungsanlagen versehen. Die Produktionsstätte erlangte die Funktion einer Art *Pilot Plant,* die eine Vielzahl von Produkten auf verhältnismäßig kurzfristige Bestellung fabrizierte. Größere Mengen verlagerte man in andere Produktionsstätten. Das Werk stellte Anfang der siebziger Jahre über hundert verschiedene Produkte her: neben pharmazeutischen Wirksubstanzen waren dies zahlreiche Substanzen für die Divisionen Additive und Farbstoffe / Chemikalien. Obwohl das Werk 1976 abermals ausgebaut wurde, musste es 1986 schließlich geschlossen werden (Ciba-Geigy Zeitschrift 1971: 6; Ciba-Geigy 1973: 14; 1986b: 3).

Bis in die erste Hälfte der achtziger Jahre betrieb die Ciba-Geigy zudem chemische Produktionsanlagen für einzelne Produkte an einer Reihe weiterer Standorte. In Bhandup in Indien wurde 1973 eine Sulfonamid-Anlage in Betrieb genommen (Ciba-Geigy 1973: 21). Das Werk in Bakirkoy bei Istanbul stellte Wirkstoffe für *Voltaren* her. Im gemeinsam mit der Sandoz betriebenen Werk in Resende (Brasilien) sowie in den eigenen Werken in Puebla (Mexiko), Zarate (Argentinien, 1985 neue Anlage in Betrieb genommenen), Bogota und Kairo wurden ebenfalls einzelne Wirkstoffe produziert. 1977 nahm das Werk Spartan (Isando bei Johannesburg) im kleinen Maßstab die Eigenfabrikation gewisser chemischer Wirkstoffe auf und verstärkte sich 1980 mit einer weiteren Produktionsanlage für Pharmawirkstoffe. Damit vermochte die südafrikanische Konzerngesellschaft einen wesentlichen Teil ihrer im lokalen Markt eingeführten Heilmittel selber herzustellen. Ein erster Schritt in Richtung Eigenproduktion war allerdings bereits 1965 unternommen worden (Dürst 1978a: 5f; Ciba-Geigy-Magazin 1980b; Ciba-Geigy 1981a: 32).

Alle diese Werke waren klein und produzierten lediglich für den lokalen Markt. Sie waren in der Regel nur errichtet worden, weil die Behörden der betreffenden Staaten verlangt hatten, dass ein größerer Anteil der Wertschöpfungskette in ihrem Land produziert wird. Mehrfach zeigte sich Ciba-Geigy in ihren Jahresberichten unzufrieden über diese zunehmende Dezentralisierung. Die Modernisierung, der Ausbau und die Verlagerungen von Kapazitäten für die Wirkstoffproduktion waren von 1970 bis zur zweiten Hälfte der achtziger Jahre von drei grundlegenden Tendenzen gekennzeichnet.

Erstens wurden die Kapazitäten aufgrund von Engpässen generell erweitert. Das galt für die beiden Werke in Basel und insbesondere Grimsby. Zusätzlich wurden gewisse Produktionsaufgaben von den Werken Huningue sowie dem Joint Venture in Zagreb wahrgenommen. Die Werke St-Fons und Pamplona erfüllten dagegen bloß punktuelle Aufgaben, manchmal nur für ein Produkt. Ein weiterer Grund für die Verlagerung der Produktion gewisser Zwischenprodukte nach Grimsby und Pliva waren Anfang der siebziger Jahre nicht zuletzt auch die beschränkten Rekrutierungsmöglichkeiten für Mitarbeiter (Ciba-Geigy 1972; 1976: 26). Nicht alle Verlagerungen hatten langfristigen Charakter. So hielt der Jahresbericht 1974 fest, dass der unerwartet hohe Bedarf an *Voltaren* und *Trasicor* im Stammhaus zu zeitweisen Produktionsengpässen geführt hatte und daher die Produktion von Zwischenprodukten teilweise nach Grimsby und Pliva verlagert wurden, um diese Probleme in den folgenden Jahren zu eliminieren (Ciba-Geigy 1975: 29). Diese Verlagerungen in andere Werke bewirkten zeitweise eine Verringerung des Produktionsausstoßes in den Werken Basel und Schweizerhalle (Ciba-Geigy 1978: 28).

Zweitens wurde eine Reihe von Produktionsstätten in wichtigen Märkten der sogenannten Schwellenländer errichtet. Die Gründe hierfür lagen vor allem in protektionistischen Vorschriften dieser Länder und den besseren Möglichkeiten der Markterschließung, die sich durch die direkte Präsenz mit Produktionsstätten ergaben. Auch die Kooperationen mit Biogal in Debrecen und Pliva in Zagreb dürften teilweise diesem Anliegen geschuldet sein.

Drittens gab es neben den Dezentralisierungstendenzen das klare Bemühen, das Produktionssystem weiterhin auf einige wenige zentrale Produktionsstätten wie Klybeck und Schweizerhalle in Basel sowie Grimsby abzustützen. Trotz der Vermehrung von Produktionsstandorten stellten die drei Standorte weiterhin den weitaus größten Teil des Produktionsvolumens her. Dieser Trend wurde dann Mitte der achtziger Jahre der bestimmende.

Zusammenfassend lassen sich die Produktionsstätten zur Herstellung der chemischen Wirkstoffe in dieser Periode zwischen Fusion und Anfang der achtziger Jahre in drei Kategorien einteilen:

• Die Basler Werke Klybeck und Schweizerhalle waren mit Abstand die wichtigsten Produktionsstätten

• Eine mittlere Bedeutung hatten die Werke Grimsby, das laufend bedeutender wurde, und Huningue. Die Produktionsanlagen in Cranston und Summit erfüllten bloß partielle Aufgaben.

• Die übrigen Werke waren klein, erfüllten sehr beschränkte Produktionsaufträge oder wurden aus politischen Gründen betrieben, um Zugang zu einem bestimmten Markt zu haben.

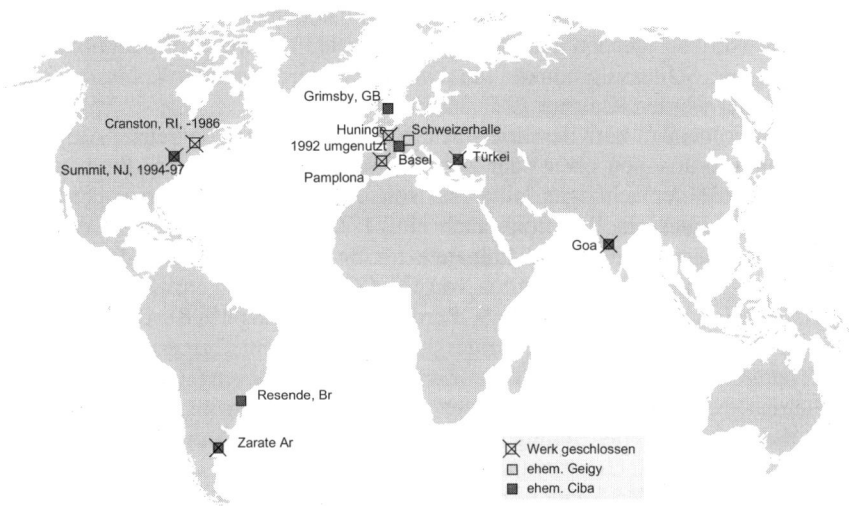

Abb. 8.2. Chemische Produktionsstätten von Ciba-Geigy Entwicklung der chemischen Produktion der Division Pharma

Konzentration der Produktion

Anlagen der chemischen Wirkstoffproduktion. Ab Mitte der achtziger Jahre setzten sich verstärkt Tendenzen einer Rezentralisierung durch. Bereits 1986 wurde die chemische Fabrik in Cranston, Rhode Island, die u.a. auch pharmazeutische Wirksubstanzen herstellte, geschlossen. Die Anlagen in Summit, New Jersey, dem zentralen Forschungs- und Entwicklungsstandort in den USA, wurden ab 1992 schrittweise stillgelegt. Die Installationen waren veraltet und die Investitionen zu ihrer Erneuerung wären unverantwortlich hoch geworden. Chemische Wirksubstanzen wurden fortan nur noch für ein spezielles Produkt und für die Pilotproduktion (Substanzen für die klinischen Tests) hergestellt. Die meisten Aufgaben, insbesondere die Herstellung der Wirksubstanzen von alten und lokalen Produkten wurde Drittproduzenten in Europa und in Nordamerika übertragen. Die 1986 in Angriff genommenen Planungen zur Errichtung einer modernen pharmazeutischen Fabrikationsanlage für rund 90 Millionen USD wurde nach Ablehnung einer Bewilligung im Jahr 1988 und angesichts großer durch die frühere Farbenproduktion verursachten Umweltschäden wieder aufgegeben (Ciba-Geigy-Magazin 1986f; Ciba-Geigy 1987c: 2; 1989b: 17).

Die Frage des Aufbaus einer Produktionsbasis für Pharmawirkstoffe in den USA war in den achtziger Jahren immer wieder Gegenstand von Diskussionen und Auseinandersetzungen innerhalb des Konzerns. Die einen argumentierten, dass bereits mit den Anlagen Klybeck, Schweizerhalle und Grimsby Überkapazitäten bestünden und es daher keinen Sinn mache, für USD 100 Millionen in den USA eine weitere Fabrik zu errichten. Die anderen vertraten die Ansicht, dass die USA mit Abstand der größte Markt seien, und wenn sich in Basel Probleme ergäben oder der Transport Schwierigkeiten bereite, könnten Versorgungsschwierig-keiten mit Aktivsubstanzen auftreten. Darum sollten zumindest Produktionskapa-zitäten für die Schlüsselprodukte wie *Voltaren, Lopressor* oder *Lotensin* in den USA errichtet werden (Caveng 1997; Haas 1997).

Die im Folgenden kurz beschriebenen Werke hatten ganz begrenzte Aufgaben, wie die Produktion von einer oder zwei Zwischenstufen für ältere Produkte. So stellte ab Ende der achtziger Jahre das von den Industriedivisionen betriebene Werk der Inquinasa in Pamplona auch einige Zwischenprodukte und Wirksub-stanzen für Pharmazeutika und Präparate im Bereich der Selbstmedikation her. Bedeutsam für die Division Pharma von Ciba-Geigy war eigentlich nur ein Pro-dukt (Ciba-Geigy-Magazin 1991h: 9; Berdún 1992; Wetter 1998). Das Joint Ven-ture mit Pliva wurde in den neunziger Jahren nicht mehr fortgesetzt. Pliva fun-gierte daraufhin als Drittlieferant von Zwischenstufen (Caveng 1997). Die Divisi-on Pharma beendete ihre etwas bedeutsameren Tätigkeiten im multidivisionalen Werk der Etablissements Huningue zwischen 1992 und 1996 und vergab die Pro-duktionsaufträge nach Grimsby und Schweizerhalle.

Die Anlagen in den Ländern des Südens erfüllten weiterhin sehr beschränkte Produktionsaufträge für die entsprechenden Binnenmärkte. Die kleine Anlage in Zarate (Argentinien) wurde Mitte der neunziger Jahre geschlossen. Auch die größte dieser Anlagen, jene in Resende produzierte bloß für wenige Produkte wie *Voltaren, Tegretol* und einige andere, eher ältere Präparate für den brasilianischen Markt. Diese Produktionsstätten wurden eigentlich nur wegen politischer Erfor-dernisse (Importpolitik) weiter betrieben (Caveng 1997). Aufgrund lokaler Erwä-gungen nahm das seit 1965 gemeinsam mit Sandoz betriebene Joint Venture Swisspharma im Jahr 1994 in Kairo eine kleine chemische Anlage in Betrieb (Jahresausstoß 4 Tonnen). Swisspharma war vorher für die Ciba-Geigy ein aus-schließlich pharmazeutisches Werk. Novartis betreibt die kleine Chemieanlage weiter (Zimmermann 2000).

Sehr widersprüchlich gestaltete sich die Situation in Indien. Das von der Div-sion Agro betriebene Chemiewerk in Santa Monica in Goa, Indien, wurde 1986 mit einer pharmazeutischen Produktionsanlage für Steroide (Hormone) erweitert (Ciba-Geigy 1987a: 20). 1987 nahm das Werk auch die Produktion der Aktivsub-stanz des Medikaments *Voveran* auf, das zusammen mit *Tegretol* äußerst gut ver-kauft wurde (Ciba-Geigy 1988a: 21). Zwar hatte Hindustan Ciba-Geigy die phar-mazeutische Fabrik in Bhandup 1994 verkauft. Im gleichen Jahr lancierte das indische Tochterunternehmen weitreichende Expansionspläne zur Produktion von Wirkstoffen. Hindustan Ciba-Geigy und das südkoreanische Unternehmen Chong Kun Dang vereinbarten 1994 ein 51:49-Joint Venture unter dem Namen Ciba CKD Biochem. Dieses errichtete 1995/96 in Mahad im Bundesstaat Maharashtra für 35,2 Millionen USD eine neue Fabrik zur Produktion von jährlich 125 Tonnen des Tuberkulosemittels *Rifampicin* für den indischen Markt. Diese nahm 1997 ihren Betrieb auf. Interessanterweise stiegen mit Walden Nikko Mauritius Com-pany und American International Group auch US-amerikanische Investmentsfonds in das Joint Venture ein. Etwas später baute Ciba CKD Biochem eine weitere Einheit in Mahad, um das Antibiotikum Cephalosporin herzustellen. Das Unter-nehmen wollte mit einem Mehrfach-Produktportfolio die Basis der Produktions-stätte stärken. Die Anlage dient dazu, Importe zu ersetzen und den indischen Ce-phalosporin-Markt besser zu bedienen. Nach der Fusion von Ciba und Sandoz wurde das Joint Venture in Novartis CKD Biochem unbenannt. Parallel dazu sah man vor, in Santa Monica Generika und verschreibungspflichtige Medikamente herzustellen (BusinessWorld 1994; Financial Express 1995; Economic-Times 1995b; Roberts 1996; Economic-Times 1997; Financial Express 1997; Pharma Marketletter 1997).

Die Fabrik in Torre Annunziata bei Neapel erfüllte immer eine Sonderrolle. Als weltweites Fermentationszentrum war der Standort nur für die Herstellung von biologischen Wirksubstanzen zuständig. Gegen Ende der achtziger Jahre wurde zwischenzeitlich erwogen, den Standort aufzugeben, als die Produktion von *Rimactan* eingestellt und der Wirkstoff fortan von der Firma Lepetit bezogen wurde. Das Werk produzierte nur noch *Desferal* und Ampullen. Schließlich entschied man, Torre Annunziata zu einem südeuropäischen Stützpunkt der pharmazeutischen Produktion sowie als globales Fermentationszentrum auszubauen und die biotechnologische Entwicklung zu stärken. So erhielten die Laboratorien in Torre Annunziata 1993 die Aufgabe der Erstuntersuchung (*primary screening*) von Bakterienstämmen (Ciba-Geigy-Magazin 1992b: 31; 1989b: 3; Ganz 1993b).

Anfang der neunziger Jahre wurde das Werk Grimsby in mehreren Schritten zu einem zentralen Produktionsstützpunkt mit globaler Verantwortung ausgebaut. So wurden 1990 die chemischen Produktionskapazitäten erweitert (Ciba-Geigy 1991a). 1994 weihte die Ciba-Geigy an diesem Standort einen neuen Pharma-Produktionsbetrieb ein. Die Anlage schuf im Rahmen des weltweiten Produktionskonzeptes auch Kapazitäten für neu einzuführende Präparate (Ciba-Geigy-Zeitung 1990b; Ciba Magazin 1993a: 8). Der ehemalige globale Leiter des Departements Technik der Division Pharma, Peter Caveng, bezeichnete Grimsby, das mitten in einer Konzentration von Schwer- und Chemieindustrie an der Mündung des Flusses Humber liegt, als den besten Produktionsstandort von Ciba (Caveng 1997).

Auch die Produktionsstätte Schweizerhalle erfuhr ein umfassendes Modernisierungsprogramm. 1988 wurde ein für 90 Millionen CHF erstellter Pharmaproduktionsbau in Betrieb genommen, der eine vollautomatische und prozessgesteuerte Produktion erlaubte (Ciba-Geigy-Zeitung 1988e; 1988c). In der Anlage wurde die Herstellung verschiedener Zwischenprodukte und des Wirkstoffes für das Antiepileptikum *Tegretol* zusammengefasst (Ciba-Geigy 1987a). Im September 1996 wurde beschlossen, im Hinblick auf die Produktion von Valsartan das Werk abermals für 125 Millionen Franken zu erneuern (Erbacher 1996).

Im Werk Klybeck in Basel nahm die Division Pharma 1987 eine computergesteuerte Mehrzweckanlage zur Produktion von Pharmawirksubstanzen im neuen Bau K-640 in Betrieb, die in den Jahren danach erweitert wurde (Ciba-Geigy-Zeitung 1987: 3; Ciba-Geigy 1988a: 30; 1991a). 1992 kamen ein neues Logistikgebäude und 1994/95 ein Pharma-Neubau für die Pilotproduktion hinzu (Ciba 1993a; 1995c). Was die Produktionsstandorte in und bei Basel immer auszeichnete, war ihre Nähe zu den Forschungs- und Entwicklungseinrichtungen des Konzern, die in den achtziger und neunziger Jahren massiv ausgebaut wurden. Die Nähe zur Entwicklung ist insbesondere für die Pilotproduktion und die erste Phase der Massenproduktion während der Einführung eines neuen Präparats (Launchphase) von großem Vorteil, da der Transfer des Know hows bei den Up-scaling-Prozessen einfacher zu bewerkstelligen ist (Wetter 1998).

Tab. 8.3. Standorte für chemische Wirkstoffproduktion von Ciba-Geigy und Novartis zwischen 1970 und 2000 (inkl. Fermentation)

Standort/Jahr	70	71	72	73	74	75	76	77	78	79	80	81	82	83	84	85	86	87	88	89	90	91	92	93	94	95	96	97	98	99	00
Europa																															
Basel, Klybeck, Ciba.	1884	E	E				E	E	E									E	E	E	E	E									
Basel, Schweizerhalle, Geigy	38																	E	E	E	E	E									
Huningue, Geigy	53																									S	E				
St-Fons, Ciba	10													S																	
Grimsby, Ciba	52																	E	E	E	E	E									
Torre Annunziata	A																														
Pamplona, Geigy																								S							
Zagreb (Pliva)																															
Debrecen (Zyma / Biogal)											JV																				
Nordamerika																															
Summit, New Jersey, Ciba	37																								S						
Cranston, Rhode Island, Geigy	49	E															S														
Südamerika																															
Puebla, Mexiko																															
Resende, Brasilien, JV*	62																							S							
Zarate, Argentinien, Ciba																								S							
Bogotá, Kolumbien																															
Asien																															
Bhandup Ciba																															
Goa, Indien																	E														
Afrika																															
Isando, Südafrika																															
Kairo, Kleinanlage																															

Zentrale Anlagen, deckten 1996 rund 95% des Wirkstoffbedarfs

Zweitrangige Anlagen zur Produktion spezifischer Zwischenprodukte und Wirkstoffe

Periphere Anlagen, errichtet zur besseren Markterschließung

E   Erweiterung
S   Schließung
JV   Joint Venture

Resende war bis 1970 Joint Venture von Sandoz 55%, Ciba 30%, Geigy 15%, 1970 bis 1995 Joint Venture von Sandoz 55%, Ciba-Geigy 45%, 1995 verkaufte Ciba-Geigy ihre Anteile an Sandoz, die die Produktionsstätte ihrerseits an Clariant abtrat. Ciba-Geigy und seither mietet Novartis die pharmazeutischen Produktionsanlagen von Clariant

Letztlich konzentrierte sich das weltweite Produktionssystem zunehmend auf die drei Standorte Klybeck und Schweizerhalle in der Region Basel und Grimsby, die 1996 rund 95% des Bedarfs an Aktivsubstanzen deckten. Diese Produktionsstätten waren mit der modernsten Technologie ausgerüstet und verfügten sowohl über Mono- als auch über Mehrzweckanlagen. Das Werk Schweizerhalle übernahm zudem die Produktion neu eingeführter Präparate während der Launchphase. Innerhalb der Leitung der Pharmadivision wurde Anfang der neunziger Jahre sogar die Meinung vertreten, eines der beiden Basler Werke zu schließen. Letztlich zeigte sich aber, dass die Kosten für entsprechende Investitionen zu hoch und die *pay back Zeiten* zu lange gewesen wären. Eine Konsequenz dieser Überlegungen war aber die Schließung der Pharmaeinheit im Werk Huningue noch vor der Fusion mit Sandoz (Caveng 1997).

Mahlung und Mischung der Wirksubstanzen. Die Mahlung ist die letzte Standardisierung der Wirkstoffe in der chemischen Produktionskette bevor sie in die pharmazeutische Produktion gehen. Der Mahl- und Mischbetrieb ist somit das Bindeglied zwischen chemischer und pharmazeutischer Produktion. Die Pharma Division zentralisierte die Mahlung der Wirksubstanzen noch stärker als ihre chemische Synthese. Im Jahre 1994 eröffnete sie in Stein (rund 30 km von Basel entfernt) ein für 30 Millionen CHF erstelltes zentrales Mahl- und Mischwerk. Nach der Konzentration der chemischen Prozessanlagen zentralisierte die Ciba-Geigy diese Tätigkeit weitgehend in Stein. Nicht nur die chemischen Substanzen der Vorendstufe aus den Werken Klybeck und Schweizerhalle, sondern auch aus Grimsby wurden hier zentral gemahlen. Die kleinen Mengen von lokalen Anbietern und von Drittproduzenten bezogenen Wirkstoffen wurden in der Regel dezentral aufbereitet. Mit diesem Konzept ging eine zentralisierte Lagerung und die prompte Lieferung der Wirkstoffe an die Formulierungsstandorte einher (Ciba-Zeitung 1993; Caveng 1997). Der neue Misch- und Mahlbetrieb erweiterte die seit 1978 bestehenden Anlage. Die zuvor noch im Werk Klybeck gemahlenen Produkte gingen zur Verarbeitung an den Betrieb in Stein über. Schließlich wurde der Mahl- und Mischbetrieb K-371 im Werk Klybeck 1995 eingestellt (Hitz 1994).

Wandel und Strukturen

Persistenz der Strukturen. Die chemische Produktion blieb auch lange Zeit nach der Fusion durch die Strukturen der beiden Vorgängerfirmen Ciba und Geigy geprägt. Bis zur vollständigen Reorganisation des Konzerns im Jahr 1990 und der damit einher gehenden Aufhebung der technischen Funktionen wurde die Zuteilung der Produktionsstandorte sehr opportunistisch gehandhabt. Konzerninterne Interessenwidersprüche beeinflussten nicht unwesentlich den Entscheidungsprozeß. Lokale Konzerngesellschaften verteidigten bisweilen energisch ihren Standort bei Rationalisierungsbestrebungen. Ab 1990 versuchte die Division Pharma systematischer, die Standorte und ihren Verbund längerfristig zu organisieren (Caveng 1997).

Die Strukturen der chemischen Produktion können also nur langsam verändert werden. Ein wesentlicher Grund hierfür besteht in der Kapitalintensität der chemischen Produktion und die enorm langen *pay back* Fristen für die großen Investitionen in neue Produktionsstätten. Wenn bei einer Fusion unterschiedliche Interessen und Firmenkulturen aufeinander prallen oder ein Konzern den Ländergesell-schaften eine weitgehende Autonomie einräumt, kann sich die internationale Re-strukturierung eines Produktionssystems zusätzlich verkomplizieren.

Rückwärts-Integration. Im Laufe der siebziger Jahre verfolgte die Ciba-Geigy zumindest ansatzweise eine Strategie der Rückwärts-Integration sowohl für die Divisionen im Industriebereich als punktuell auch für die Pharmaproduktion. In Basel war die Ciba-Geigy über ihre Mehrheitsbeteiligung an der Säurefabrik Schweizerhalle und dank der dortigen Saline Selbstversorger mit Chlor und Na-tronlauge. Darüberhinaus produzierte die Säurefabrik eine Reihe anorganischer und organischer Grundstoffe, die in der Produktion weiter verwendet wurden. Selbst bei den Pharmazeutika arbeitete man teilweise von der Basis aus, wie z.B. bei den Steroiden, aus denen die Hormonpräparate entwickelt wurden. Das Aus-gangsmaterial wurde durch Extraktion aus Pflanzenwurzeln aus Mexiko gewon-nen. Bei den rein synthetischen Arzneimitteln der Psychopharmaka der Geigy-Linie trieb man eine Rückwärts-Integration bis zum Ortho-Nitrotoluol, einem relativ einfachen Grundstoff der organischen Chemie. Offensichtlich schätzte man zumindest punktuell eine derartige Strategie bezüglich Rentabilität und Versor-gungssicherheit als vorteilhafter ein (Ciba-Geigy Zeitschrift 1974b: 46). Diese Strategie der selektiven Rückwärtsintegration wurde im Laufe der achtziger Jahre weitgehend aufgegeben. Im Gegenteil, sogar ein wachsender Anteil von frühen Synthesestufen wird zugekauft. Ausnahme ist der Bereich der biotechnologischen Fermentation, wo Novartis sich bei gewissen Antibiotika sogar verstärkt rückwärts integriert.

Maßstäblichkeit der Wirkstoffproduktion und –beschaffung. Während in den siebziger Jahren neben der globalen Beschaffung und Produktion von pharmazeu-tischen Wirkstoffen je nach Marktbedingungen auch regional spezifische Beschaf-fungs- und Produktionskonzepte koexistierten, organisierte die Ciba-Geigy die Wirkstoffe ab Ende der achtziger Jahre zunehmend zentralisiert auf globaler Ebe-ne. Die erforderlichen Mengen sind so gering, dass die Transportkosten kaum ins Gewicht fallen. Die national und regional spezifischen Marketingüberlegungen verloren gegenüber der möglichst kostengünstigen und effizienten Herstellung der Wirkstoffe an Bedeutung. Mit der zentralisierten Produktion in Produktionskam-pagnen in flexiblen Mehrzweckanlagen konnten sowohl *economies of scale* als auch *economies of scope* erzielt werden.

8.2.2 Pharmazeutische Produktion

Die pharmazeutische oder galenische Produktion umfasst die zweite Fertigungs-stufe und formuliert die chemischen oder biotechnischen Wirkstoffe in die er-wünschten Darreichungsformen wie Tabletten, Dragées, Salben oder Ampullen. Die pharmazeutische Produktion geschieht in der Regel viel dezentraler und näher an den Märkten als die chemische Produktion. Allerdings haben sich in den letzten dreißig Jahren große Veränderungen bezüglich der ökonomisch-räumlichen Logik vollzogen. Die Analyse der Errichtung, Modernisierung und Schließung pharma-zeutischer Produktionsstätten durch die Ciba-Geigy legt es nahe, die Entwicklung der pharmazeutischen Produktion in drei sich teilweise überlappende Phasen zu kennzeichnen. Die erste Phase von 1970 bis etwa 1982 ist durch die Verschmelzung der Produktionsorganisationen von CIBA und Geigy sowie durch eine weitere Expansion gekennzeichnet. Die zweite Phase entspricht etwa den achtziger Jahren und ist die einer Konsolidierung und selektiven Expansion in bestimmte Märkte und Regionen. Die dritte Phase ab Ende achtziger Jahre ist durch zuerst zaghaftere und danach aber massive Rationalisierungen und die Zentralisierung des Produktionsapparates gekennzeichnet.

Fusion und weltweite Expansion

Fusion. Der Zusammenschluß der pharmazeutischen Produktion vollzog sich äußerst langsam. In vielen Ländern blieben trotz der formalen Vereinigung der Konzerngesellschaften zwischen 1970 und 1972 noch über mehrere Jahre hinweg getrennte Pharmaorganisationen bestehen. Von zentraler Bedeutung waren der Zusammenschluss in der Heimbasis Schweiz und der Konzerngesellschaften in den großen Märkten wie USA, Großbritannien, Deutschland, Frankreich und Italien, die alle über eine namhafte Produktionsbasis verfügten. Die beiden Konzerne brachten unterschiedliche Voraussetzungen in die Ehe ein. Während die CIBA im Pharmabereich bereits über eine geographisch breit abgestützte Produktionsbasis verfügte und den Charakter eines voll ausgeprägten *multinationalen* (Bartlett und Ghoshal 1989) respektive *mutlidomestic* (Porter 1986) Konzerns hatte, stützte sich die stärker auf das Agro- und Farbengeschäft fokussierte Geigy im Pharmabereich auf eine verhältnismäßig schlanke Infrastruktur. Geigy operierte wesentlich stärker über Vertretungen und Drittproduzenten als CIBA. So hatte Geigy beispielsweise den Vertrieb ihrer Medikamente in der Bundesrepublik Deutschland dem Konzern Boehringer Ingelheim übertragen, der einen Teil der entsprechenden Präparate in der Tochterfirma Thomae in Biberach produzieren ließ. Da Geigy auf diese Weise vertraglich gebunden war, konnte die Pharmaproduktion in der BRD erst 1977 im ehemaligen CIBA-Werk Wehr zusammengefaßt werden. Auch in Frankreich verfügte Geigy nicht über eine eigene galenische Produktionsstätte. In Großbritannien, Italien und Spanien hingegen, wo beide Konzerne eigene Fabriken betrieben, wurden zwar die Produktlinien allmählich vereinigt, ohne aber die Produktionsinfrastruktur wirklich zu konsolidieren. In Großbritannien verfolgten die CIBA Laboratories und die Geigy Pharmaceuticals ihre Produktlinien bis 1976 getrennt weiter. Die Konsolidierung der Produktionsstätten und ihre Reduktion auf maximal einen Standort setzte in diesen Ländern erst Ende der achtziger Jahre ein. Das Marketing der Ciba- und der Geigy-Linie wurde noch jahrelang getrennt betrieben. Auch in den USA wurden zunächst beide bisherigen Pharma-Produktionsstandorte von Ciba in Summit und Geigy in Suffern weitergeführt und ausgebaut. Bereits 1971 erfolgte eine Vergrößerung der pharmazeutischen Produktionsanlagen und der zugehörigen Hilfsbetriebe in Summit (Ciba-Geigy 1972: 34). Auch in der Schweiz blieben noch einige Jahre über die Fusion hinaus zwei Pharmaproduktionsstandorte bestehen. Die pharmazeutische Produktion im Werk Stein wurde in den Jahren 1975 bis 79 in mehreren Etappen modernisiert und ausgebaut. Ein wichtiger Schritt war das 1978 in Betrieb genommene automatische Hochregallager. Mit dem Ausbau wollte man das Produktionsvolumen zwischen 1975 und 1984 um 50% und das Verpackungsvolumen um 30% steigern.

Parallel dazu wurde in dieser Zeit die Pharmaproduktion im Werk Rosental reduziert und schließlich 1978 geschlossen (Ciba-Geigy Zeitschrift 1975b; Ciba-Geigy
1977: 28; 1978: 28; 1980a: 32).

Eine eigentliche Konsolidierung und Zusammenfassung der Produktion voll-
zog sich in den Jahren 1971 und 72 in einigen Ländern Lateinamerikas. In Argen-
tinien übernahm 1971 das zwei Jahre zuvor von Geigy eröffnete Werk in San
Miguel, einem Vorort von Buenos Aires, die Produktion für die argentinische
Konzerngesellschaft. Die Räumlichkeiten der Konfektionierung der ehemaligen
CIBA in Buenos Aires wurden in Großraumbüros umgewandelt (Ciba-Geigy-
Magazin 1981b). In Mexiko übernahm das ehemalige CIBA-Werk Tlalpan Norte
in Mexiko Stadt 1972 die gemeinsame Produktion (Ciba-Geigy Zeitschrift 1973a).
Im gleichen Jahr wurde auch die pharmazeutische Produktion in Peru, Chile, Uru-
guay und Österreich zusammengelegt (Ciba-Geigy 1973: 21).

Expansion. Im Unterschied zur Fusion von Ciba-Geigy und Sandoz 26 Jahre
später waren 1970 alle wichtigen Betriebe ausgelastet und die Kapazität der Kon-
fektionierungsbetriebe in der Schweiz war sogar ungenügend. Die Expansion in
den siebziger Jahren hatte im wesentlichen zwei Gesichter: einerseits Erweiterungsinvestitionen in den wichtigen Werken in Europa und Nordamerika und
andererseits eine geographische Expansion vor allem in Südamerika und in gewissen Ländern Asiens.

Unmittelbar nach der Fusion wurden mehrere Ausbauvorhaben in Angriff genommen, insbesondere eine massive Kapazitätserweiterung in Stein, die Vergrößerung der pharmazeutischen Produktionsanlagen und zugehöriger Hilfsbetriebe
in Summit und in Horsham (Ciba-Geigy 1972). Auch die Werke in Wehr und
Atzgersdorf bei Wien wurden erweitert. Im Rahmen der Intensivierung der Zusammenarbeit mit der jugoslawischen Firma Pliva ab 1971 in der chemischen
Produktion wurde auch die pharmazeutische Fertigung von Medikamenten der
Ciba-Geigy durch Pliva in den siebziger Jahren fortgesetzt und verstärkt.

Einen umfangreichen Ausbau, der bereits 1969 durch die Geigy eingeleitet
worden war, setzte die fusionierte Ciba-Geigy in Suffern um. Im Jahr 1975 wurde
die Produktionsstätte der Mont Royal in Dorval (Kanada) erweitert, insbesondere
mit neuen Anlagen zur Formulierung von Salben und Crèmes (Ciba-Geigy-
Magazin 1976a).

In derselben Periode expandierte der Konzern mit dem Aufbau neuer Werke in
wichtigen Ländern Südamerikas, Asiens und vereinzelt Afrikas. 1970 nahm die
Ciba-Geigy Peruana S.A. eine Konfektionierungsanlage in Lima in Betrieb. 1971
beteiligte sich die Ciba-Geigy mit der Sandoz an einem neuen Gemeinschaftswerk
zur lokalen Fassonierung und Konfektionierung in Venezuela. 1973 nahm die
noch durch die alte CIBA in Angriff genommene Fabrik in Gandaria unweit von
Jakarta ihren Betrieb auf. 1974 wurde in Taboão da Serra der aufwendige Bau
einer neuen pharmazeutischen Produktionsstätte in Angriff genommen, die ab
1977/78 die bisherige Produktion in São Paulo ersetzte. Ebenfalls 1977 erfolgte
die Aufnahme einer lokalen Konfektionierung durch Dritte in Ecuador, die 1983
in die Produktion mit einer eigenen Produktionsstätte mündete (Ciba-Geigy 1971:
21; 1972: 34; 1973: 23; 1978: 28; 1980a: 32; Ciba-Geigy Zeitschrift 1973b: 32;
1975d; Sandoz 1972: 10; Hubbard 1979: 10).

In Asien vollzog sich dagegen eine uneinheitliche Entwicklung. Eine zielstrebige Expansion wurde in Japan in die Wege geleitet. Die Geigy ließ ihre Medikamente seit den frühen fünfziger Jahren durch die japanische Firma Fujisawa exklusiv vertreten und teilweise in Lizenz herstellen. Die CIBA betrieb seit 1960 in Takarazuka bei Tokio eine eigene Produktionsstätte, die sie 1965 erweitert hatte. In den sechziger Jahren verzeichnete CIBA Japan enorm hohe Wachsumsraten (1967 +34%), vor allem dank des Agrogeschäfts. 1969 suchte sie bereits nach Land für ein neues Pharmawerk (Dimery 1983). Das wachsende Geschäftsvolumen und die zunehmende Raumknappheit in Takarazuka veranlassten die Ciba-Geigy in Sasayama ein weiteres Werk zu errichten, das längerfristig die gesamte pharmazeutische Produktion in Japan übernehmen sollte. Dagegen sollte Takarazuka dann die im Stadtgebiet Osakas eingeengten Farbstoff- und Pigmentlaboratorien aufnehmen (Ciba-Geigy-Magazin 1977). Als 1973 der Bau des neuen Pharmawerkes in Sasayama eingeleitet wurde, traf der Ölschock Japans Wirtschaft hart. Die Einweihung des Werks fand schließlich erst 1976 statt. Hier wurden ab 1977 alle Flüssigpräparate formuliert und die Konfektionierung der gesamten Ciba-Linie durchgeführt, während die Tabletten- und Dragéeherstellung in Takarazuka verblieb. Für die Fertigung der Geigy-Präparate blieb vertragsgemäß die japanische Firma Fujisawa zuständig (Ciba-Geigy-Magazin 1977; Dimery 1983). Nach einer Erweiterung des Werkes 1986 wurde bis 1987 die gesamte japanische Pharmaproduktion in Sasayama konzentriert (Ciba-Geigy 1987a: 20; 1988a: 30).

Eine besondere Situationen bestand in Indien, wo beide Konzerne bereits seit den vierziger Jahren tätig waren. Die Suhrid Geigy Limited stellte in Baroda nördlich von Bombey in Lizenz Geigy-Pharmazeutika her. Allerdings trat die Ciba-Geigy 1979 ihre Beteiligung dem indischen Partner ab (Ciba-Geigy-Magazin 1983b). Andererseits wurde die 1958 von der Ciba eröffnete Produktionsstätte in Bhandup bei Bombay ausgebaut. Aufgrund der Importbeschränkungen bezog diese die Wirkstoffe von der indischen Firma Atul Products und gliederte sich auch eine eigene Wirkstoffproduktion an. 1980 errichtete die Ciba-Geigy in der zollfreien Zone Kandla neue Fassonierungs- und Konfektionierungsanlagen vorerst für Antibiotika, künftig auch für biotechnische Präparate. Die hier produzierten Produkte waren ausschließlich für den Export bestimmt (Ciba-Geigy 1981a: 23).

In Pakistan stellte die Ciba-Geigy ihre Aktivitäten 1973 wegen der Einführung einer Bestimmung, die den Verkauf von Präparaten nur noch als Generika zuließ, vorübergehend sogar ein. Ein Jahr später nach Aufhebung dieser Bestimmung nahm sie die Geschäftätigkeit wieder auf. 1980 eröffnete die Konzerngesellschaft nach zweijähriger Bauzeit gar eine Formulierungsanlage. Ein brüskes Ende nahm die seit 1977 verstärkt vorangetriebene Verankerung in Iran , als 1980 die kurz zuvor vom Joint Venture SWIRAN eröffnete Produktionsstätte im Zuge der iranischen Revolution verstaatlicht wurde (Ciba-Geigy 1979a: 24; 1981a: 23; Dapp 1981: 14).

Auch in Afrika und Australien expandierte das Pharmageschäft. So wurde das seit 1965 von der Swisspharma betriebene Gemeinschaftswerk von Ciba-Geigy und Sandoz in Kairo in den Jahren 1972/73 sowie 1977/78 mit neuen Anlagen und Gebäuden versehen. Eine umfassende Modernisierung fand in Südafrika statt, wo Geigy Ende der sechziger Jahre im Johannesburger Vorort Spartan ein größeres Verwaltungszentrum aufgebaut hatte. Der 1971 von Ciba-Geigy (Pty) Limited eröffnete Standort Spartan wurde in den siebziger Jahre mehrfach ausgebaut, so dass die Ciba-Geigy (Pty) Limited 1976 ihre fünf Tätigkeitsbereiche Farbstoffe/Chemikalien, Pharma, Agrochemie, Kunststoffe/Additive und Photographie in Spartan vereinigen konnte. Die zweite Bauetappe fand mit der Einweihung eines modernen Pharma-Produktionsgebäudes als größtem einzelnen Investitionsprojekt am 14. Oktober 1976 ihren Abschluß. Der pharmazeutische Produktionsbetrieb erlaubte fortan, praktisch sämtliche im Land registrierten Medikamente in Form von Tabletten, Dragées, Flüssigpräparaten, Crèmes und Salben in eigener Regie zu konfektionieren und fassonieren (Dürst 1978a: 5f). Nur kurze Zeit verfügte die Ciba-Geigy in Australien über eine eigene Produktionsbasis. 1974 richtete sie in Smithfield bei Sydney eine Pharmaproduktionsstätte ein, die sie aber zehn Jahre später wieder schloß (Ciba-Geigy Zeitschrift 1975c: 5; Ciba-Geigy-Magazin 1980a: 5; Gingell 1987: 32).

Der Süden als Markt und Produktionsort. Die Expansion und der Aufbau von Produktionsstätten in Lateinamerika sowie in gewissen Ländern Asiens und Afrikas ließ den Anteil der in der Dritten Welt hergestellten Medikamente in den siebziger Jahren stark ansteigen. Angesichts der in den siebziger Jahren zunehmend geäußerten Kritik an den multinationalen Unternehmen sah sich auch die Ciba-Geigy gezwungen, sich zu ihrer Politik in der Dritten Welt zu äußern. Der Konzern erließ 1974 zur Verbesserung der Akzeptanz seiner Strategie die Richtlinien *'Geschäftspolitik in den Ländern der Dritten Welt'*, die 1977 angepasst und 1981 erneut revidiert wurden. Ciba-Geigy begegnete der Kritik, Neokolonialismus und ausbeuterische Praktiken zu betreiben, mit dem Argument der direkten und indirekten Beschäftigungswirkung der Direktinvestitionen, der Ausbildung ihrer Mitarbeiter, dem Technologietransfer, der Diversifikation der wirtschaftlichen Entwicklung und selbstverständlich dem sozialen Nutzen der verkauften Produkte.

Die Ciba-Geigy beschäftigte 1972 rund 11500, 1977 rund 13500 und 1979 rund 14400 Mitarbeiterinnen und Mitarbeiter in der Dritten Welt. Der Personalbestand in der Dritten Welt wuchs zwischen 1971 und 1979 um 24% und damit fast doppelt so rasch wie der Konzernbestand (13%). Dabei stieg die Zahl Mitarbeiterinnen und Mitarbeiter in der ersten Hälfte der siebziger Jahre besonders stark. Der Anteil dieser Länder am Konzernumsatz betrug 1974 17%, 1977 24% und 1979 23% des Konzernumsatzes. Allerdings wurden 86% dieses Dritte-Welt-Umsatzes 1972 wie 1979 in der Gruppe der teil-industrialisierten Länder erwirtschaftet. Der Umsatz in den Drittwelt-Ländern stieg von 1972 bis 1979 um durchschnittlich 7% pro Jahr, während der konzernweite um nur 3% anstieg (Koechlin und Leisinger 1974; Koechlin 1978; 1981: 9f).

Im Geschäftsbericht 1979 betonte die Ciba-Geigy die wachsende Rolle der Länder der Dritten Welt am Pharmamarkt, ihr Anteil sei insgesamt sogar jenem der USA gleichgekommen. Mit der speziell für den Markt in der Dritten Welt gegründeten Servipharm AG bediente die Ciba-Geigy die Nachfrage nach kostengünstigen Pharmaprodukten in diesen Ländern. So führte sie mit *Lampren*, *Rimactan* und *Servidapson* auch alle drei Medikamente, die von der WHO als Kombinationstherapie zur Lepra-Bekämpfung empfohlen wurden, in ihrem Sortiment. Die *Servipharm*-Linie erlangte insbesondere mit der Lieferung von Basismedikamenten für den öffentlichen Gesundheitssektor in Ländern der Dritten Welt eine gewisse Bedeutung (Ciba-Geigy 1986a; 1988a).

Angesicht der beträchtlichen Markterwartungen wurde die Produktion in Ländern des Südens in den siebziger Jahren kontinuierlich ausgebaut. Ende 1979 wurden bereits 35% der von der Division Pharma weltweit hergestellten Arzneimittel in 20 Produktionsstätten in der Dritten Welt mit insgesamt 2500 Arbeitsplätzen produziert. Dieses Verhältnis blieb bis etwa Mitte der achtziger Jahre bestehen. Auch 1983 und 1984 stammten rund ein Drittel der Verpackungen aus der Dritten Welt (Ciba-Geigy 1980a: 31; 1981a: 27; 1982a: 27; 1983a: 25; 1985a: 25). Wenn von Verpackungen die Rede ist, heißt das allerdings nicht, dass auch die komplette pharmazeutische Formulierung, sondern eben nur der allerletzte Fertigungsschritt gemeint ist, worauf die Tätigkeiten konzentriert waren. Deswegen war die Personalintensität in den Werken der Dritten Welt und der Industrieländer äußerst unterschiedlich. So waren in den zwanzig Produktionsstätten in der Dritten Welt im Jahr 1979 55% der insgesamt in Fabrikation, Verpackung, Lager, technischer Infrastruktur, Qualitätssicherung und Administration tätigen 2500 Mitarbeiter in der Verpackung eingesetzt, in den Pharmaproduktionsstätten der Industrieländer, mit automatischen Verpackungsanlagen, lediglich etwa 30% (Kühni 1980: 13).

Obwohl später keine diesbezüglichen Zahlen publiziert wurden, gibt es keine Anhaltspunkte dafür, dass dieser Anteil auch in den neunziger Jahren zutraf. Im Gegenteil, im Zuge der umfassenden Modernisierung des Produktionsapparates mit großen Produktivitätssteigerungen in Europa und Nordamerika und der Schließung zahlreicher Anlagen im Süden ab den neunziger Jahren ging der Anteil der in der Dritten Welt produzierten oder auch nur verpackten Medikamente deutlich zurück.

Entgegen der bisweilen von Konzernen vorgetragenen Drohungen und von Gewerkschaften geäußerten Ängste, aber auch in der akademischen Diskussion verbreiteten Argumentation der Standortverlagerungen (u.a. Fröbel, Heinrichs und Kreye 1977; 1986), kann nach einiger zeitlicher Distanz, einer Aussage von Hartmann Koechlin, dem damaligen Leiter des Stabes Dritte Welt, aus dem Jahre 1981 beigepflichtet werden. Dieser bekräftigte, dass die Personalkosten in keinem einzigen Fall für eine Investition ausschlaggebend gewesen seien und dass die Verlagerungen nicht zur Personalreduktionen in der Schweiz, sondern die erhöhte Produktion von Zwischenprodukten in der Schweiz sogar zu einer erhöhten Personalnachfrage geführt habe (Koechlin 1981: 9f).

Bezeichnenderweise verschwand das Thema 'Dritte Welt' ab Mitte der achtziger Jahre nahezu vollständig aus den wichtigen Publikationen des Konzerns. Einerseits haben sich die großen Erwartungen in die Märkte des Südens nicht bestätigt, andererseits verstummte auch die kritische Diskussion über die Rolle von multinationalen Konzernen in der Dritten Welt. Folglich gab es keine zwingenden Gründe mehr, sich mit der Problematik auseinanderzusetzen. Das Interesse konzentrierte sich in den neunziger Jahren eindeutig auf die Märkte in den reichen Weltregionen und auf die aufstrebenden Märkte in Südostasien und China.

Konsolidierung und selektive Expansion

Konsolidierung und selektive Expansion in Europa und in den USA. In der zweiten Hälfte der siebziger Jahre drosselte der Konzern die Investitionstätigkeit im Pharma- und Agrarbereich spürbar, nicht jedoch bei industrieorientierten Divisionen. Dieser Rückgang betraf insbesondere die Schweiz, Europa und die USA. Zwischen 1980 und 1985 zog die Investitionstätigkeit im Pharmabereich wieder an. Dennoch trat in dieser Zeit eine Trendwende ein. Die Phase der extensiven Expansion war vorbei. Die ersten umfassenden Rationalisierungsprogramme wurden in den USA und zaghafter in Europa in die Wege geleitet. Es galt, die Abläufe in den bestehenden Werken zu verbessern und deren Kapazitäten zu erweitern. Das Produktionssystem und die internationale Arbeitsteilung erfuhren jedoch keine großen Veränderungen. Große Investitionsprogramme liefen ab Mitte der achtziger Jahre mit dem massiven Ausbau des Werkes Grimsby und der Modernisierung von Klybeck und Schweizerhalle in Basel eher im Bereich der chemischen Produktion.

Die Pharmawerke in Stein und Suffern hatten durch die Modernisierungen der vorangegangenen Jahre eine führende Rolle im internationalen beziehungsweise im US-Maßstab erlangt. Ab 1981 wurde Summit Produktionsstandort der transdermalen Produktionslinien und der OROS-Produkte, für die spezielle Fabrikationsprozesse entwickelt wurden (Ciba-Geigy 1984b: 13). Diese beiden Produktionslinien verblieben als einzige bis zur Novartis-Fusion in Summit. Das Schwergewicht verlagerte sich in den achtziger Jahren allmählich auf die mehrfach ausgebaute und modernisierte Produktionsstätte in Suffern. Mitte der achtziger Jahre ging die Investitionstätigkeit in den USA erneut zurück. Parallel zu den Kosteneinsparungsmassnahmen in den Bereichen Agro und Industrie setzte sich auch Pharma das Ziel, die Produktivität deutlich zu erhöhen sowie die Infrastruktur- und Personalkosten um USD 15 Mio. gegenüber dem Niveau von 1985 zu senken (Ciba-Geigy 1987c: 16).

Auch in Europa blieben die Veränderungen der Standortkonfiguration vorerst geringfügig. Im Jahre 1979 übernahm die Ciba-Geigy Holding Deutschland GmbH die Pharma-Firma Dr. Christian Brunnengräber Chem. Fabrik & Co. GmbH in Lübeck und erweiterte damit ihr Angebot mit Magen- und Darmtherapeutika sowie Herz-Kreislauf-Präparaten. Das Unternehmen führte seine Aktivitäten zunächst selbständig weiter. Letztlich drängte es sich jedoch auf, die veralteten Produktionsanlagen Ende 1987 stillzulegen und die verbliebenen Produkte in Wehr herzustellen. Ein Jahr darauf integrierte Ciba-Geigy die Firma Laboratorio Normal in Mem Martins bei Lissabon und sicherte sich damit eine moderne Produktionsbasis und vor allem ein bestehendes Vertriebsnetz in diesem Land. Eine Integration in ein räumlich übergeordnetes Produktionssystem fand noch kaum statt. Zu den bedeutenderen Modernisierungen gehörte jene im Werk Atzgersdorf bei Wien, das 1982/83 völlig umgebaut wurde. Die Anlagen stammten zum Teil noch aus den Werken Stein und Rosental. Im Rahmen des Ausbaus des Bereichs Selbstmedikation erfolgte die Übernahme der Med GmbH & Co in Berlin. Damit war auch der Erwerb der dortigen Produktionsstätte verbunden. Auf die Organisation der Pharmaproduktion in Europa hatte dies jedoch keinen nennenswerten Einfluß. Die Schließung des Werkes Groot-Bijgaarden bei Brüssel im Jahre 1986 ließ jedoch bereits anklingen, dass eine grundlegendere strategische Wende ins Auge gefasst werden musste (Ciba-Geigy-Magazin 1979a; 1979b; 1984; 1985c; 1987a; 1991a: 7; Ciba-Geigy 1981a: 27; 1986a: 16, 25; 1988a).

Bemerkenswerterweise wurde das Pharmaunternehmen Zyma mit Hauptsitz in Nyon, an dem Ciba-Geigy bereits seit 1960 eine große Aktienmehrheit hielt, in einer weitgehenden operationellen Unabhängigkeit belassen. Zyma konzentrierte sich aber zunehmend auf freiverkäufliche Medikamente und seit der Übernahme der Winterthurer Firma Dispersa 1985 auch auf Augenheilmittel. Zyma verfügte noch über Produktionsstätten in München und Alfreton, Derbyshire sowie in Debrecen, Ungarn, das Joint Venture mit Biogal (Ciba-Geigy Zeitschrift 1975a; Ciba-Geigy-Magazin 1985e; Wittmer 1986a).

Probleme in Lateinamerika, Stagnation und Rückgang in Afrika. Mit dem Ausbruch der Schuldenkrise in Lateinamerika 1982 und einer allgemeinen Wirtschaftskrise Mitte der achtziger Jahre kam die Expansion in diesem Teil der Welt ins Stocken. Größere Ausbauvorhaben fanden außer in Kolumbien in keinem Land statt. 1984/85 nahm in Bogotá eine neue pharmazeutische Fabrikationsstätte ihren Betrieb auf. Allerdings musste sich die Ciba-Geigy auf ein zusätzliches Kompensationsgeschäft einlassen. Darum züchtete die kolumbianische Konzerngesellschaft Rosen für den Export in die USA, in die Schweiz und nach Österreich. Das diente der Devisenerwirtschaftung des Landes. Ein noch umfassenderes Kompensationsgeschäft wurde in Brasilien betrieben. Da nahezu alle Rohstoffe importiert wurden und 93% der Ciba-Geigy-Produktion für den brasilianischen Binnenmarkt bestimmt war, ergab sich aus brasilianischer Sicht eine stark negative Handelsbilanz. Diese Differenz musste aufgrund eines Regierungserlasses mit einem Exportprodukt gedeckt werden. Darum gründete Ciba-Geigy zusammen mit der Schweizer Firma Passi AG im Jahr 1983 das Joint Venture Amafrutas SA in Belém, das Fruchtsäfte aus Passionsfrüchten produzierte und exportierte (Ciba-Geigy 1984a: 17; Ciba Magazin 1993c: 46). Die Entwicklung im wachsenden Markt Brasilien hing auch davon ab, ob die Gesellschaft in der Lage war, einen steigenden Teil ihres Importbedarfes mit selbst erarbeiteten Exporterlösen abzudecken. Bedauernd hielt der Geschäftsbericht 1987 fest, dass dies nur durch weitere Investitionen in lokalen Produktionsanlagen möglich sei (Ciba-Geigy 1988a: 20).

In Afrika hatten sich die Erwartungen der siebziger Jahre ins Gegenteil verkehrt. Es gab nur noch ganz punktuelle Modernisierungen. In Spartan (Südafrika) wurde 1982 eine Mehrzweckanlage und die pharmazeutische Fertigung modernisiert, um das Tuberkulosemittel *Rimactan* lokal herzustellen. In Kairo investierte das Joint Venture Swisspharma in neue Lager- und Administrationsgebäude. Die Swiss Nigerian Chemical Company Limited (Anteil der Ciba-Geigy 1990: 40%) eröffnete 1986 hingegen in Lagos ein neues Fassonierungs- und Konfektionierungsgebäude. Marokko war das vierte Land mit einer eigenen Produktionsbasis. Hier übernahm die Ciba-Geigy 1982 über eine technische Unterstützung hinaus eine 10%-Beteiligung an der Firma Pharindus, die sie 1987, nach einer Übernahme von 51% des Kapitals, in Ciba-Geigy Pharma SA umbenannte. Wegen der steigenden Nachfrage und der Eingliederung der Geigy-Linie wurden danach die Betriebe der Pharmaproduktion in Ain Sebaâ erweitert. 1994 baute Ciba-Geigy die Produktionseinheit erneut aus.

Die Expansion in Südostasien und China. Was sich mit der Expansion in Japan bereits in den siebziger Jahren anbahnte, wurde in den achtziger Jahren systematisch fortgesetzt. Die Zusammenfassung der pharmazeutischen Produktion im neuen Werk Sasayama und die Übernahme des Vertriebs von Medikamenten ab Anfang 1985, die bisher von den japanischen Konzernen Takeda und Fujisawa betreut wurde, stellte eine massive Stärkung der Präsenz von Ciba-Geigy auf dem japanischen Pharmamarkt dar.

Die achtziger Jahre waren die Zeit der systematischen Expansion in den aufstrebenden Ländern Südostasiens. Bereits 1980 eröffnete die Ciba-Geigy das Werk Canlubang auf den Philippinen. Im gleichen Jahr erwarb die Ciba-Geigy die Aktienmehrheit der C.N. Pharmaceutical Company in Bangkok, die anschließend Ciba-Geigy Medikamente herstellte und sich mit neuen Anlagen erweiterte.

1982 gründete die Division Pharma mit lokalen Partnern das Joint Venture *Han-Su Jea Yak* mit Sitz in Seoul, an dem Ciba-Geigy die Mehrheitsbeteiligung besaß. Dieses errichtete kurz darauf eine pharmazeutische Produktionsstätte (Ciba-Geigy 1983a: 21; 1984a: 26). 1989 legten die Ciba-Geigy und der US-Konzern Searle ihre lokalen Partner in Südkorea, Han-Su Pharmaceutical Co. Ltd. und Searle Korea Limited (SKL), auf dem Pharmagebiet zusammen. Beide Gesellschaften übernahmen 45% am neuen Unternehmen, das in Zusammenarbeit mit Mr. J.K. Choi, dem lokalen Partner von SKL, der mit 10% beteiligt war, weiterhin als Joint Venture unter dem Namen Searle Korea Limited mit Sitz in Seoul geführt wurde. Fortan wurden alle pharmazeutischen Produkte von Ciba-Geigy und Searle in der bestehenden Fabrik von SKL in Hoengsung, 200 Kilometer östlich von Seoul, hergestellt, aber von getrennten Marketing-Divisionen verkauft und vertrieben. Während sich für die Beschäftigten der SKL keine großen Veränderungen ergaben, wurden nur rund die Hälfte der Beschäftigten von Han-Su übernommen. Für die übrigen wurde ein Sozialplan aufgestellt (Ciba-Geigy-Magazin 1989d: 2; 1991g: 7). 1991 wurde das Unternehmen in Searle Ciba-Geigy Korea Ltd. umbenannt, was den beiden Konzernen bessere Voraussetzungen bot, sich im koreanischen Markt zu behaupten. Das Unternehmen versetzte sich damit in die Lage, auch Märkte außerhalb von Korea zu beliefern. Wichtige Produkte waren das Searle-Produkt *Cytotec* für die Kurzzeitbehandlung von akuten Zwölffingerdarm- und Magengeschwüren sowie *Voltaren* von Ciba-Geigy zur Behandlung entzündlicher und degenerativer Formen von Rheuma (Ciba-Geigy-Magazin 1991g: 7).

1987 vereinbarten die Ciba-Geigy sowie die Beijing General Pharmaceuticals Corporation (BGPS) und die Beijing No. 3 Pharmaceutical Factory die Gründung eines Gemeinschaftsunternehmens in der Nähe von Beijing. Die BGPS war eines der größten Pharmaunternehmen in China, in dem mehr als siebzig Firmen mit rund 30000 Beschäftigten zusammengeschlossen waren. Es war das erste schweizerisch-chinesische Joint Venture (Ciba-Geigy-Magazin 1987b; Ciba-Geigy 1988a: 21; Ciba-Geigy-Zeitung 1988d). Das Werk wurde schließlich 1993 in Chang Ping eröffnet. Die Ciba-Geigy stockte ihre anfänglich hälftige Kapitalbeteiligung Mitte 1993 auf 60% auf und übernahm damit die Gesamtverantwortung. Mit diesem Engagement unterstrich die Ciba ihr strategisches und langfristig ausgerichtetes Interesse am chinesischen Markt. Die Beijing Ciba-Geigy Limited produzierte mit ihren rund 60 Mitarbeiterinnen und Mitarbeitern zunächst Arzneimittel verschiedener Darreichungsformen zur Behandlung von Krankheiten des Zentralen Nervensystems wie beispielsweise gegen Epilepsie, gegen Herzkreislaufprobleme und gegen Rheuma. Das Antirheumatikum *Voltaren* war das erste Produkt, es folgten *Anafranil, Ludiomil* und *Tegretol.* Das Werk konnte jährlich rund eine Milliarde Tabletten oder Kapseln herstellen. Die BCGP stellt auf internationalem Qualitätsniveau sowohl Produkte für den chinesischen Markt als auch für den Export her. Sie eröffnete zu den bereits bestehenden Einrichtungen in Shanghai, Guangzhou und Tiajin weitere Vertriebsbüros in Wuhan, Shenyang Chongqing und Harbin. Die Gesamtinvestition belief sich auf 30 Millionen CHF (Ciba Magazin 1993b: 24; Ciba-Zeitung 1994h).

Die Aktivitäten in China wurden bald ausgebaut. 1991 vereinbarten die BCGP, die Ciba-Geigy und die Xinchang Pharmaceutical Factory (XPF), dass die XPF auf der Basis von Know how der Ciba-Geigy die Aktivsubstanz für das Produkt *Rimactan* herstellt, die dann über die BCGP an Konzernkunden exportiert wird. Diese Ausfuhren sollten ab 1993 dem Joint Venture einen wesentlichen Teil der benötigten Devisen verschaffen (Ciba Magazin 1993b: 25). Die Ciba beteiligte sich auch an der Entwicklung eines Medikaments gegen Malaria. Diese Vereinbarung beinhaltete, dass die BCGP exklusiv die weltweiten Marketingrechte am neuen Arzneimittel erhielt, was ebenfalls der Devisenerwirtschaftung diente.[82] Die Pharma-Division der US-Konzerngesellschaft schloss in Koordination mit der BCGP zudem ein Abkommen mit führenden Forschungsinstituten in Beijing und in Schanghai ab. Die Ciba-Geigy setzte einige Erwartungen in die führende Rolle Chinas bei der Entwicklung, Produktion und therapeutischer Anwendung von natürlichen Heilmitteln sowie die Forschungsexpertise bei potentiell wirkenden Pflanzenextrakten. Bei der Durchdringung des chinesischen Marktes war es von großer Bedeutung, geeignete Allianzen mit chinesischen Partnerfirmen einzugehen und die Präsenz hiermit auf eine breitere Basis zu stellen. Man befürchtete, dass ein Alleingang rasch ins Abseits hätte führen können. Allianzen erlaubten es, einer langfristigen und auf kontinuierliche Expansion ausgerichteten Strategie zu folgen (Ciba Magazin 1993b: 25).

Ein bescheideneres Engagement ging Ciba-Geigy in Taiwan ein, wo das von Ciba-Geigy und Sandoz betriebene Gemeinschaftsunternehmen Swisspharma bereits 1987 ein Werk in Hsin-Chu Hsien eröffnet hatte. Zwei Jahre später nahm die Ciba-Geigy im Rahmen eines Joint Ventures schließlich auch in Tongi, in Bangladesch, eine Produktionsstätte in Betrieb. Ciba-Geigy hatte sich damit entschieden, in diesem bevölkerungsreichen Land auf längere Sicht zu investieren. Die staatliche Bangladesh Chemical Industries beteiligte sich 40% am Aktienkapital. Diese Fabrik belieferte sowohl Bangladesch als auch die umliegenden Länder mit Medikamenten der Ciba-Geigy und der eigenen Generikalinie Servipharm, die zuvor importiert worden waren (Ciba-Geigy 1988a: 21; Ciba-Geigy-Magazin 1990b: 9; Sandoz 1988: 13).

Bereits 1987 bahnte Ciba-Geigy, trotz Devisen- und Finanzierungsproblemen, verstärkt neue Kontakte und Geschäftsmöglichkeiten in Vietnam an (Ciba-Geigy 1988a: 21). Schließlich verstärkte der Konzern im Jahre 1996 sein Engagement in Vietnam beträchtlich. Für rund 20 Mio. Franken baute die Ciba-Geigy in Sonadezi zwei Fabrikationslinien. Seit 1997 werden dort Pflanzenschutzprodukte abgepackt sowie Medikamente hergestellt und verpackt (BaZ 1996).

Andererseits verlief die Entwicklung in Indien uneinheitlich. Das 1980 errichtete Fassonierungs- und Konfektionierungswerk in der zollfreien Zone Kandla stellte vor allem Antibiotika ausschließlich für den Export her (Ciba-Geigy 1981a:

---

[82] Anfang 1999 erhielt Novartis die erste Zulassung für das Malaria-Präparat *Rimamet*, wobei sich Novartis mittlerweile die weltweiten Vermarktungsrechte außer in China gesichert hatte (Novartis Pharma MR 1999b).

23). Im Werk Bhandup widersetzten sich die Beschäftigten zwischen 1981 und 84 mehrfach mit langen Streiks der Unternehmensleitung. Auch nach der Beilegung dieser Konflikte entsprach das Werk nicht den Erwartungen und 1993 wurde es schließlich stillgelegt und die Produktion an Vertragspartner vergeben. Bereits 1988 schloss die Hindustan Ciba-Geigy das Forschungszentrum in Goregon.

Nachdem zehn Jahre Verluste eingefahren wurden, schloss die Hindustan Ciba-Geigy im Jahr 1993 auch das Werk Bhandup, vergab die Produktion an Vertragsproduzenten und verkaufte es 1994 zusammen mit dem Mundhygienegeschäft an Colgate Palmolive. Hindustan Ciba-Geigy machte die Preispolitik der Regierung, Schwierigkeiten Lizenzen zu erhalten, den Rückzug von einigen Produkten Mitte der achtziger Jahre, einen Rückgang der Exporte in die Länder der ehemaligen UdSSR und die hohen Produktionskosten für den Misserfolg verantwortlich. Für die pharmazeutische Formulierung wurden fortan Drittproduzenten beauftragt (Manufacturing-Chemist 1993; Economic-Times 1995a). Der Verkauf der Produktionsstätte in Bhandup 1994 bedeutet aber nicht den Rückzug aus Indien. Im Gegenteil, im selben Jahr vereinbarten Hindustan Ciba-Geigy und das südkoreanische Unternehmen Chong Kun Dang ein 51:49-Joint Venture unter dem Namen Ciba CKD Biochem zur Produktion von 125 Tonnen *Rifampicin* in der Stadt Mahad.

Einstieg in neue Sektoren. Charakteristisch für diese Phase war letztlich weniger die Expansion in neue geographische Märkte – mit Ausnahme von Asien –, sondern vielmehr der Einstieg in neue Geschäftsbereiche, die mit dem klassischen Pharmageschäft verwandt sind. Mit der Übernahme der S. J.Tutag & Company in Broomfield, Colorado, 1979 erwarb die Division Pharma zugleich eine Produktionsstätte. Ende 1982 wurde die Firma in *Geneva Generics* umbeannt und bildete fortan die Grundlage für das stark expandierende Generika-Geschäft der *Ciba-Geigy Pharmaceuticals* in den USA. Nach und nach wurde die Fabrik in Broomfield zum zentralen Produktionsstandort für Generika in den USA ausgebaut. Der Einstieg in das Geschäft mit Kontaktlinsen und Augenheilmitteln, der ab 1980 mit dem Ausbau einer großen Produktions- und Forschungsstätte bei Atlanta verbunden war, der etwas später einsetzende Aufbau des Selbstmedikations-Geschäfts sowie die zeitweiligen Aktivitäten in den Diagnostika werden ausführlich im Kapitel 6 beschrieben.

Rationalisierung, Zentralisierung und selektive Expansion

Ab Mitte der achtziger Jahre bahnte sich in Europa eine grundlegende Veränderungen der Organisation der pharmazeutischen Produktion an. Aufgrund der erneut gesunkenen Renditen (vgl. Abb. 5.3 über die Umsatzrendite und Eigenkapitalrendite im Kapitel 5) und der sich verschärfenden Konkurrenz und Überkapazitäten ergab sich ein verstärkter Rationalisierungsdruck. Zugleich eröffnete die Perspektive des europäischen Binnenmarktes respektive des NAFTA-Abkommens neue Möglichkeiten, die Produktion auf kontinentaler Ebene zu reorganisieren.

Konzentrierte Expansion in den USA. Das pharmazeutische Produktionssystem in den USA ist in engem Zusammenhang mit den Expansionsstrategien des Konzerns in dieser Region zu sehen. Nach einem Rückgang der Investitionen Mitte der achtziger Jahre setzte gegen Ende dieses Jahrzehnts ein wahre Investitionswelle zur Erneuerung der Produktions- und Forschungsinfrastruktur in Nordamerika ein. Die Phase zwischen 1987 und 1990 war auch von überdurchschnittlichen Wachstumsraten bei den Pharmaverkäufen in den USA gekennzeichnet. Gleichzeitig dehnte die Ciba-Geigy ihre Aktivitäten über Geneva Generics im Bereich Generika und über Ciba Vision in den Bereichen Kontaktlinsen, Linsenpflegemittel und Augenheilmittel systematisch aus.

In dieser Zeit, also 1986/87, formulierte die Division Pharma in den USA das Ziel, die Produktion von Summit nach Suffern zu verlagern, wo wesentlich mehr Platz für Produktionserweiterungen vorhanden war. Der Standort Summit wurde fortan zum zentralen Standort für Forschungs- und Entwicklungtätigkeiten, für das Marketing und für die administrativen Hauptsitzfunktionen ausgebaut. So wurde Mitte der achtziger Jahre die in Suffern verbliebene Entwicklungsabteilung für feste Formen in Summit konsolidiert (Haas 1997). Außer einigen transdermalen Präparaten und den OROS-Darreichungsformen verlor Summit in den neunziger Jahren nahezu alle pharmazeutischen Produktiontätigkeiten.

Das Werk Suffern belieferte Anfang der neunziger Jahre die USA und exportierte zudem einige transdermale Medikamente (Mielecki 1993: 23). In der ersten Hälfte der neunziger Jahre flossen große Investitionsmittel in die Produktionsstätte in Suffern. 1992 wurde ein neues, für 14,5 Millionen USD errichtetes Lagergebäude in Betrieb genommen. Für dieses automatische 70'000 Quadratfuß große Hochregallager fanden die neusten Technologien Anwendung wie schnelle, zehn Stockwerk hohe, automatische Stapelkräne und führerlose, computergesteuerte Fahrzeuge, die die Güter schnell und effizient durch die Anlage transportieren (Ciba 1993b: 6).

Im September 1993 begann die Ciba Pharmaceuticals Corporation einen neuen Produktionsbau für 112 Millionen USD zu errichten (Ciba 1994b: 13), der schließlich 1997 von der Novartis in Betrieb genommen wurde. Die neuen Produktions- und Verpackungsanlagen wurden baulich auf Teamwork- und kontinuierliche Arbeitsverbesserungs-Konzepte abgestimmt (Ciba Pharmaceuticals 1995). Das alte Produktionsgebäude wurde in ein Verpackungsgebäude umgebaut (Haas 1997). Das Werk Suffern wurde somit bereits vor der Novartis-Fusion zu einem regelrechten Flaggschiff der pharmazeutischen Produktion ausgebaut.

Einen anderen Charakter hatte der Ausbau der Produktionskapazitäten mit der Einrichtung einer Medikamentenfabrik in Caguas, Puerto Rico, im Jahre 1990. Ein Kooperationsabkommen mit MOVA Pharmaceutical Corporation, der ersten einheimisch kontrollierten pharmazeutischen Unternehmung auf der Insel, erlaubte es der Pharma Division, die von Puerto Rico offerierten Geschäftsanreize (Steuervergünstigungen) zu nutzen und Produktiontätigkeiten zu einer qualitativ hochstehenden, existierenden Produktionsstätte mit gut ausgebildetem Personal zu verlagern. *Lopresor* war das erste Ciba-Geigy-Erzeugnis dieser Anlage, 1991 folgte *Voltaren*. Die Fabrik in Puerto Rico wurde als integrierter Bestandteil in das System der diversifizierten pharmazeutischen Produktionsressourcen der Ciba-Geigy eingebaut (Ciba-Geigy 1991b: 6).

Die Produktionsstätte von Geneva Generics in Broomfield, Colorado, die bereits nach ihrer Übernahme 1980 ausgebaut wurde, erfuhr in den Jahren 1994 und 1995 umfangreiche Investitionen zur Modernisierung der Anlagen und Erweiterung der Kapazität (Smallman und Parker 1994: 212). Die Fabrik war aber nur teilweise in das Produktionssystem der Pharma Division integriert.

Eine zusätzliche Produktionsstätte erwarb Ciba-Geigy zudem im Rahmen der Übernahme des Selbstmedikationsgeschäfts von Rhône-Poulenc in den USA und Kanada (Ciba-Zeitung 1995i). In dieser Fabrik in Fort Washington, Pennsylvania, arbeiteten Ende 1994 380 Beschäftigte. Ciba-Geigy übernahm 360 der insgesamt 480 Mitarbeiter des gesamten Geschäftszweiges (Scrip 1995a).

Rationalisierung und Reorganisation in Großbritannien 1988-90. Eine größere Reorganisation und Rationalisierung führte Ciba-Geigy zwischen 1988 und 90 in Großbritannien durch. Bemerkenswerterweise wurden seit der Fusion 1970 die ehemaligen Fabriken der Geigy in Macclesfield und der Ciba in Horsham noch zwanzig Jahre weiter betrieben. Das Spektrum der in Macclesfield hergestellten Arzneiformen umfasste Tabletten, Dragées, Kapseln, Sirupe, Salben, Crèmes, Suppositorien und Injektionslösungen (Dürst 1974: 5). Es drängte sich auf, die Pharma-Produktion zusammenzulegen. Schließlich verschob die Ciba-Geigy Pharmaceuticals bis Mitte 1990 alle zur Produktion gehörenden Aktivitäten nach Horsham.

Zuvor wurden in Horsham, wo sich auch der Sitz der britischen Pharmadivision befand, ab Mitte der achtziger Jahre die pharmazeutischen Produktionsanlagen umfassend modernisiert und erweitert (Ciba-Geigy 1986a: 26; 1988a: 17). Im Oktober 1990 eröffnete die britische Pharmadivision die für 20 Millionen Pfund (50 Millionen CHF) errichteten neuen und modernisierten Produktions-, Entwicklungs- und Qualitätssicherungsstätten des Pharma-Stützpunktes, dessen alte Anlagen zum Teil noch aus den frühen fünfziger Jahren stammten. Damit wurde im gleichen Zug die Verlagerung der Pharmaproduktion von Macclesfield nach Horsham eingeleitet. Der Ausbau führte in Horsham zu 50 zusätzlichen Arbeitsplätzen (Ciba-Geigy-Zeitung 1990a).

Anschließend bezog Ende 1990 die stark expandierende CIBA Vision Gruppe den frei gewordenen Raum in Macclesfield für die Herstellung von Augenpflegemitteln, und Anfang 1991 nahm die *Ciba Vision Lens Care Production Ldt.* eine neue, hochmoderne Produktionsstätte in Betrieb. Die Investitionskosten beliefen sich auf über 20 Millionen englische Pfund. Macclesfield wurde damit zum wichtigsten europäischen Produktionsstandort der Ciba Vision für Linsenpflegemittel. Sämtliche Produktionsabläufe waren computergesteuert (Ciba-Geigy-Zeitung 1991a; Ciba-Geigy-Magazin 1991d). Dieser Standortbezug erfolgte im Rahmen einer internationalen Neuorganisation der Ciba Vision Gruppe. Ende 1993 zogen zudem die Divisionen Farbstoffe und Chemikalien sowie Pigmente nach Macclesfield um, wo ein neues Gebäude mit Büros und technischen Labors eröffnet wurde. Diese räumliche Neukonfiguration war mit einem Restrukturierungsprogramm verbunden, das alle von der Schlüsseltätigkeit her zusammengehörigen Arbeitsgruppen der beiden Divisionen auch geographisch zusammenführte (Ciba-Zeitung 1994j: 3). Bereits Mitte 1989 wurde auch der Hauptsitz der britischen Konzerngesellschaft vom Buckingham Gate in London nach Macclesfield verlegt (Ciba-Geigy-Zeitung 1988b). Macclesfield verlor damit seine Stellung als Pharmastandort, konnte aber eine wichtige Rolle innerhalb des gesamten Konzerns und für andere Divisionen bewahren. Diese Reorganisation in England illustriert zugleich, dass bei einem derart diversifizierten Konzern wie Ciba-Geigy die Standortdynamik einzelner Divisionen nicht unabhängig voneinander zu verstehen ist.

Der Europäische Binnenmarkt und das Programm EFI. Ein Drittel der Umsätze der Division Pharma wurde Ende der achtziger Jahre in den Ländern der EG erzielt. Das war etwa gleich viel wie in den USA. Viele Produktionsstätten in Europa waren bei Weitem nicht ausgelastet. Sie wurden nicht zuletzt betrieben, um Anforderungen der Nationalstaaten zu erfüllen und um die Märkte besser zu bedienen. Mit der erwarteten Öffnung des freien Warenflusses für registrierte Medikamente zwischen den einzelnen EU-Ländern ab 1993 ergaben sich neue Möglichkeiten eines internationalen Produktionsverbundes, obwohl der Pharmamarkt als Teil des Gesundheitssektors verhältnismäßig stark landesspezifisch reglementiert blieb (Hauser 1989). Die Division Pharma fasste das Ziel, die Zahl der Produktionsstätten im Europa des Binnenmarktes mittelfristig auf vier bis fünf zu reduzieren und die gesamte Organisation massiv zu verschlanken (Studer 1992).

Den Anfang machte man in Südeuropa. Nachdem bereits 1986 die Produktionsstätte in Belgien geschlossen worden war, leitete die Division Pharma im Hinblick auf den kommenden Europäischen Binnenmarkt 1989 eine umfassende Reorganisation der Produktion in Spanien, Frankreich und Italien ein. Das neue Produktionskonzept 'EFI' (España, France, Italia) führte zu einem integrierten Produktionssystem, das den westlichen Mittelmeerraum und Belgien umfasste. Bisher bestanden in den Ländern Frankreich, Spanien und Italien je zwei Produktionsstätten pro Land. Mit dem EFI-Programm wurde in jedem Land eine spezialisierte Fabrik eingerichtet, die für die Herstellung bestimmter Darreichungsformen verantwortlich zeichnete. Die Produktionsanlagen in diesen drei Ländern wurden auf eine optimale Belieferung des sich öffnenden Binnenmarktes ausgerichtet (Ciba-Geigy 1991a; Staples 1994: 40).

Die Werke in Torre Annunziata am Fuße des Vesuvs und Huningue bei Basel in Frankreich wurden ausgebaut und in Barbera del Vallés bei Barceolona wurde auf der grünen Wiese ein neues Werk errichtet, das die alten Produktionsstätten San Andrés (ehemals Ciba) und Carlos I (ehemals Geigy) in Barcelona ersetzte. Die Werke Lyon und Crescenzago bei Milano wurden ebenfalls 1991 respektive 1992 geschlossen[83]. Jedes Werk hatte fortan innerhalb des Verbundes spezialisierte Aufgaben zu erfüllen und den europäischen Markt zu versorgen. Das neu errichtete Werk in Barbera del Vallés diente ab 1994 der Produktion kleinvolumiger fester Formen wie Tabletten, Dragées und Kapseln. Dem Werk in Torre Annunziata wurden ab 1993 die großvolumigen Medikamente in festen Formen zur oralen Verabreichung zugewiesen. Die Laboratoires Ciba-Geigy in Huningue konzentrierten sich ab 1992 auf die Produktion der nicht-festen Pharmaformen (Suppositorien, Salben, Crèmes, Sirupe, Tropfen und Ampullen). Die Konzentration erlaubte es, die Qualität zu verbessern und die Produktivität zu steigern. Trotz der unterschiedlichen Preisniveaus und voneinander abweichenden Kostengrundlagen in den betreffenden Ländern erwies sich eine derartige Einbindung der Produktionsstandorte in ein übergeordnetes System als sinnvoll (Ciba-Zeitung 1994d). Für die Zuweisung der Produktionsmandate spielte neben zahlreichen anderen Überle-

---

[83] 15. Oktober 1992 wehrten sich rund 250 Beschäftigte mit einem zweistündigen Streik gegen die Schließung des Werkes bei Milano (Grassi 1992).

gungen auch eine konzerninterne Konkurrenz eine Rolle. So wurde der spanischen Organisation eine hohe Flexibilität im Vergleich zu anderen Standorten beschieden.

Das EFI-Programm kostete rund 240 Millionen CHF und reduzierte die Zahl der Beschäftigten bis 1994 um 15%. In Milano hatten 1989 noch rund 300 und in Lyon 180 Personen gearbeitet. Ihre Arbeitsplätze waren mit dem neuen Konzept überflüssig. Die Beschäftigten der alten Werke in Barcelona konnten neue Jobs im neuen Werk in Barbera del Vallés finden (Chemical-Week 1993; Ciba-Geigy-Zeitung 1989; Ganz 1993b).

Die Ciba investierte in Torre Annunziata 150 Milliarden Lire (95 Millionen USD) in die Erweiterung der Anlagen und eine Abfallbehandlungsanlage. In Frankreich steckte sie 170 Millionen FRF (30 Millionen USD) in den Ausbau. Die neue Fabrik in Barbera del Vallés kostete 80 Millionen CHF (Chemical-Week 1993). Darüberhinaus wurden beträchtliche Summen in den Ausbau von Bereichen wie der Fermentation und gewissen Forschungstätigkeiten im Werk Torre Annunziata investiert, die nichts mit dem Programm EFI zu tun hatten (Investitionen in Torre Annunziata 1989–1992 insgesamt 220 Millionen CHF) (Ciba-Geigy-Magazin 1989b: 3).

Die Implementierung dieses EFI-Umstrukturierungsprogrammes bedeutete einen ersten Schritt in Richtung eines Produktionskonzeptes für die EU. Hans Kindler, Mitglied der Divisionsleitung Pharma teilte bereits 1989 mit, dass auch die Bedeutung der übrigen sieben Pharma-Werke in Europa und im Stammhaus überdacht und angepasst werde. Die Steuerung der im Verbund arbeitenden spezialisierten Pharma-Werke wurde einer kleinen und leistungsfähigen zentralen Führungsorganisation übertragen (Ciba-Geigy-Zeitung 1989). Über das *Materials Management* übermittelten die Konzerngesellschaften in den vier EFI-Ländern ihre Bedarfsprognosen nach Basel. Von hier wurden sie an die Werke weitergeleitet. Die Wirksubstanzen wurden in Stein bestellt, da diese dort zentral gemahlen wurden. Die fertigen Produkte gingen von den Werken direkt an die Lager der Konzerngesellschaften, die dann für die Auslieferung an ihren lokalen Markt zuständig waren. Diese Vorgänge wurden mit einem integrierten Computersystem abgewickelt (Ganz 1993b).

Die Konzentration der Pharma-Produktion in Europa im Rahmen des EFI-Projekts brachte im Jahre 1994 auch den Verkauf der österreichischen Produktionsstätte in Wien-Atzgersdorf an die Firma Globofarm mit sich. Der Vertrag legte fest, dass Globofarm noch während vier Jahren weiterhin Ciba-Präparate herstellte und alle 44 Mitarbeiterinnen und Mitarbeiter, die bisher in der Pharmaproduktion der Ciba arbeiteten, übernahm. Die Aufträge wurden jedoch stufenweise verringert (Ciba-Zeitung 1994i: 17).

Am Rande des EFI-Programmes vollzogen sich weitere Veränderungen der Produktionsorganisation. Die Belieferung der übrigen EU-Länder wurde unter Ausnutzung der Produktionsstrukturen in der BRD (Wehr), in Großbritannien (Horsham) und in der Schweiz (Stein) ebenfalls neu organisiert (Hauser 1989) Auf die Schließung des Werkes Groot-Bijgaarden bei Brüssel 1986 wurde bereits hingewiesen. Zudem veräußerte die Division Pharma im Jahr 1990 die seit 1981 bestehende Produktionsstätte in Pallini, Griechenland, an ein Joint Venture (Ciba-Geigy 1990a: 30). Die Divisionsleitung erwog auch das Werk Mem Martins bei Lissabon zu schließen und den portugiesischen Markt von den EFI-Ländern aus zu

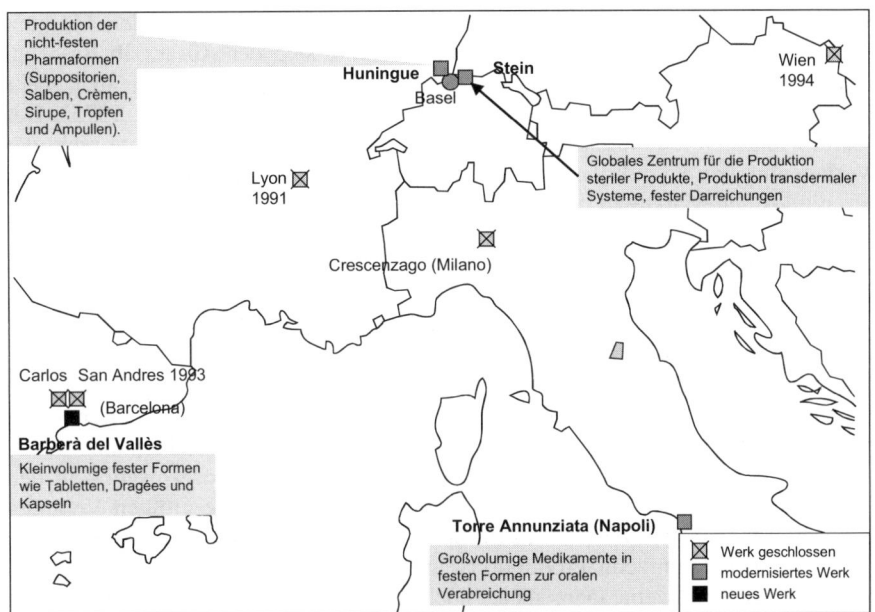

Abb. 8.3. Das Konzept EFI España, France, Italia und die Rekonfigurierung der Produktionsstätten

bedienen. Letztlich entschied sie sich aber dazu, dem Werk Anfang 1996 die Aufgabe zuzuweisen, Generika für den europäischen Markt und in einer späteren Phase gar für den Export nach Asien und Lateinamerika zu produzieren (Scrip 1996a; Caveng 1997). Die Fabrik in Bakirköy bei Istanbul behielt dagegen vorerst ein stark auf den nationalen Markt ausgerichtetes Produktionsmandat.

8.2.3 Zwischenfazit: Von der Multinationalisierung zur Multikontinentalisierung

Die extensive Multinationalisierung zog sich bis weit in die siebziger Jahre hinein. In Europa und Nordamerika machten sich aber bereits die Grenzen des Wachstumsmodells bemerkbar, dass nach dem Zweiten Weltkrieg durch eine Welle weit überdurchschnittlicher Wachstumsraten gekennzeichnet war. Tatsächlich verzeichnete auch die Ciba-Geigy seit ihrer Fusion stagnierende und ab 1974 sinkende Umsatzrenditen. Dennoch schritt man noch nicht zu umfassenden Rationalisierungsprogrammen. Der Ausbau in Europa und in Nordamerika erfolgte über die Modernisierung und Erweiterung der bestehenden Anlagen. In Südamerika sowie in ausgewählten Ländern Asiens und Afrikas war der Konzern jedoch bemüht, über zusätzliche eigene Produktionsstätten die Märkte besser erschließen zu können. Produziert wurde in diesen Fabriken jedoch ausschließlich für die betreffenden Länder und allenfalls noch Nachbarstaaten. Vielfach war die lokale Produktion nötig, um den entsprechenden Bestimmungen dieser Länder Rechnung zu tragen. Auf die gesteigerte Bedeutung der Konzerngesellschaften in den Märkten deutet auch hin, dass ab Mitte der siebziger Jahre sich der Absatz ab Basel an Dritte spürbar zu Lieferungen an Konzerngesellschaften verschob, die auch mehr und mehr das Direktgeschäfts abwickelten (Ciba-Geigy 1973; 1974; 1975). Der Aufbau lokaler Produktionseinrichtungen in Ländern des Südens diente nicht der Verlagerung von Produktionsschritten aus Kostengründen, sondern wurde getätigt, um die lokalen Märkte zu bedienen. Mit einer dreidimensionalen Matrixorganisation mit einer starken Betonung der geographischen Komponente und relativ autonomen Länderorganisationen dachte man, am ehesten den ökonomischen Erfordernissen jener Zeit zu entsprechen.

Die achtziger Jahre waren gekennzeichnet von einer Stabilisierung und Modernisierung des produktiven Apparates in Europa und in den USA, einem mäßigen Ausbau oder gar Stagnation in Lateinamerika, Afrika und Indien sowie einem schnell wachsenden Engagement in Südostasien. In den neunziger Jahren setzte sich diese ungleiche Entwicklung fort. Südostasien und China erlebten eine weitere Zunahme expansiver Direktinvestitionen. Die Produktionsorganisation in den USA wurde primär auf den Standort Suffern ausgerichtet. Die größten Veränderungen vollzogen sich ab 1988 in Europa. Verfügte die Pharmadivision im Jahre 1986 noch über fünfzehn Produktionsstätten für verschreibungspflichtige Medikamente, waren es zehn Jahre später noch sieben. Parallel dazu wurden auch die Anlagen der Tochtergesellschaft Zyma und des Selbstmedikationsgeschäftes massiv reduziert. Keine einzige diese Fabrikschließungen erfolgte aus Gründen der Produktionsverlagerung in Billiglohnländer.

Die einzige Verlagerung, die eindeutig aus Erwägungen tieferer Löhne und niedrigerer Steuern erfolgte, war jene 1990 von den USA nach Puerto Rico. Die Fabrik in Caguas wurde darum auch integrierter Bestandteil der Produktionsorganisation in den USA. Auch der Entschluß, die neue pharmazeutische Fabrik am bestehenden Standort Torre Annunziata und nicht etwa Mailand zu errichten, dürfte vom niedrigeren Lohnniveau in Süditalien und den Regierungsbeihilfen beeinflußt gewesen zu sein. Aber es handelte sich ebenfalls nicht um eine einfache Produktionsverlagerung. Das Programm EFI war vielmehr ein im nahezu europäischen Maßstab durchgeführtes Rationalisierungs- und Optimierungsprogramm.

Mitte der neunziger Jahre, also kurz vor der Fusion mit Sandoz, können wir das pharmazeutische Produktionssystem der Division Pharma wie folgt charakterisieren. Die Produktion in Europa wurde von den sechs Produktionsstätten Stein, Wehr, Horsham, Huningue, Torre Annunziata und Barbera del Vallés getragen. Das Werk Stein war mit Abstand das wichtigste und größte. Hier wurden fast alle Darreichungsformen mit der breitesten Bandbreite von Produktionstechnologien produziert. Das Werk exportierte nach Europa und auf die Märkte weltweit. Es erfüllte zudem zunehmend die Rolle einer Launchsite, die neu eingeführte Medikamente als erste produzierte. Die Werke Huningue, Torre Annunziata und Barbera del Vallés übernahmen im Rahmen des Konzeptes EFI ganz spezifische Aufgaben für etwa die Hälfte des europäischen Marktes. Die ebenfalls stark ausgebauten Produktionsstätten in Wehr und Horsham exportierten sowohl nach Europa wie weltweit.

In den USA stützte sich die Produktion in erster Linie auf das Werk Suffern, die OTC-Produktion schwergewichtig auf das Werk Fort Washington und auf Drittproduzenten und die Generika-Produktion auf das Werk Broomfield und teilweise auch Suffern. Eine Reihe von Medikamenten wurde in Caguas, Puerto Rico, formuliert. Das Werk Dorval bei Montreal hingegen wurde trotz des nordamerikanischen Freihandelsabkommens NAFTA aufgrund von FDA-Bestimmungen nur ansatzweise in ein gemeinsames Produktionssystem integriert (Haas 1997). Demgegenüber produzierten die Werke in Lateinamerika, Afrika und Asien weiterhin hauptsächlich für die entsprechenden nationalen Märkte und die Märkte der Nachbarländer.

Eine weltweite Analyse der Produktionsorganisation führt somit zum Ergebnis, dass wir zu keiner Zeit von einer echten Globalisierung der pharmazeutischen Organisation sprechen können, im Gegensatz zur Globalisierung der chemischen Produktion von Pharmawirkstoffen. Die Werke erfüllten äußerst ungleiche Aufgaben und bedienten sehr unterschiedlich große Märkte. Während das Werk Stein ein globales Produktionsmandat hatte und zu 90% auf den Export ausgerichtet war, erfüllten andere Werke in Europa primär nationale oder kontinentale Aufgaben. Desgleichen bediente das Werk Suffern primär der nordamerikanischen Markt. In diesem Sinne drängt sich Charakterisierung auf, dass sich die pharmazeutischen Produktion im untersuchten Zeitraum von einer Multinationalisierung zur einer Multikontinentalisierung bewegte.

Tab. 8.4. Pharmazeutische Produktionsstätten von Ciba-Geigy und Novartis zwischen 1970 und 2000

Standort	70	71	72	73	74	75	76	77	78	79	80	81	82	83	84	85	86	87	88	89	90	91	92	93	94	95	96	97	98	99	00
Europa																															
Basel Rosental, Geigy	40							S																							
Stein, Ciba	57																														
Wehr, Ciba	48																														
Lübeck, Brunnengräber																		S													
Huningue, Ciba	64																														
Lyon, Ciba	30																					S									
Crescenzago, (Milano)																									S						
Torre Annunziata	70																														
Barcelona, S. Andres																								S							
Barcelona, Carlos																								S							
Barbera del Vallés																															
Horsham, Ciba	38																														
Macclesfield, Geigy																					S										
Belgien, Ciba																	S														
Wien-Atzgersdorf	65																							V							
Pallini, Athen (JV)																				V											
Bakirköy, Istanbul			72																												
Zagreb (Pliva), JV,	66																			V											
Mem Martins																													Generika		
Nordamerika																															
Suffern (Geigy)	70																										S				
Summit (Ciba)	37																												S		
Dorval (Ciba)	V																										S				
Caguas																															
Broomfield, Generics																												Generika			
Ft. Washington, SM																											S				
Südamerika																															
Tlalpan																															
Taboão da Serra	69																														
San Miguel, A (Geigy)		Jv																													
Caracas (JV Sandoz)																											S				
Santa Fé de Bogotá																											S				

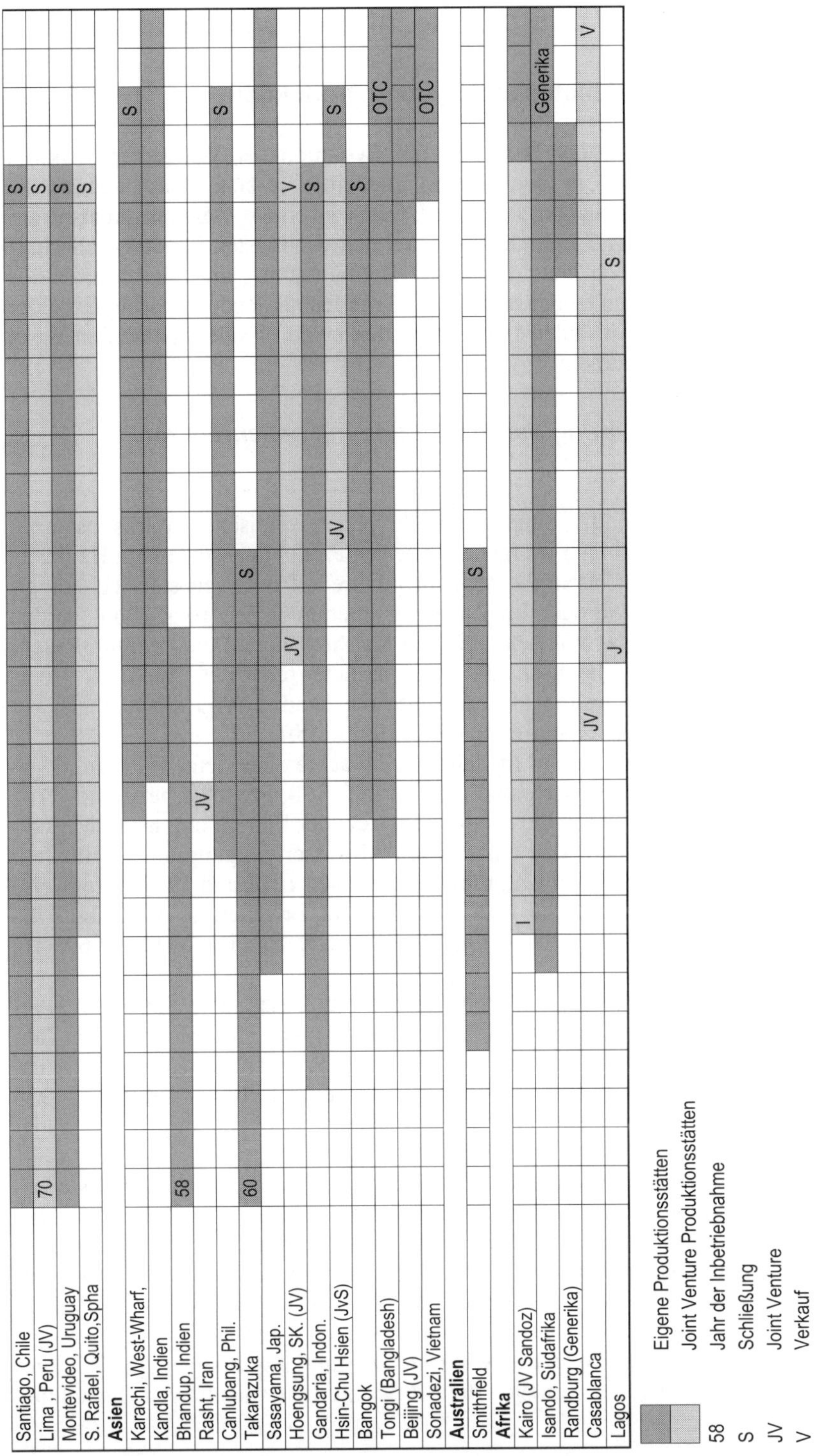

Row labels (Standorte):

- Santiago, Chile — S
- Lima, Peru (JV) — 70, S
- Montevideo, Uruguay — S
- S. Rafael, Quito, Spha — S
- **Asien**
- Karachi, West-Wharf, — S
- Kandla, Indien
- Bhandup, Indien — 58, JV
- Rasht, Iran — S
- Canlubang, Phil. — S
- Takarazuka — 60
- Sasayama, Jap.
- Hoengsung, SK. (JV) — JV, V
- Gandaria, Indon. — S
- Hsin-Chu Hsien (JvS) — JV, S
- Bangok
- Tongi (Bangladesh) — OTC
- Beijing (JV) — OTC
- Sonadezi, Vietnam
- **Australien**
- Smithfield — S
- **Afrika**
- Kairo (JV Sandoz) — I
- Isando, Südafrika — Generika
- Randburg (Generika)
- Casablanca — JV, V
- Lagos — J, S

Legende:

Eigene Produktionsstätten

Joint Venture Produktionsstätten

58 Jahr der Inbetriebnahme

S Schließung

JV Joint Venture

V Verkauf

8.3 Sandoz: Basel und flexible internationale Expansion

8.3.1 Chemische und biotechnologische Produktion

Ähnlich wie bei Ciba-Geigy lässt sich die Evolution der Wirkstoffproduktion zwischen 1967 und 1996 in zwei Phasen gliedern. Die erste Phase dauerte bis ungefähr Anfang der achtziger Jahre und war von einem weiteren Ausbau der Kapazitäten vor allem in Basel, aber auch bei den wichtigsten Ländergesellschaften gekennzeichnet. Nach einer Phase der Reorientierung und einschneidenden Rationalisierungen in den frühen achtziger Jahren leitete Sandoz Pharma Ende der achtziger Jahre eine Zweisäulenstrategie mit den beiden Produktionsstätten Basel und Ringaskiddy in Irland ein.

Ausbau und Ausdehnung der Produktion mit beschränkter Dezentralisierung

Das Produktionssystem der Sandoz für die pharmazeutischen Wirksubstanzen basierte während Jahrzehnten weitgehend auf den Produktionsstätten am Hauptsitz in Basel, die permanent bis in die neunziger Jahre auf dem neuesten technologischen Stand gehalten wurden. Im Zuge der internationalen Expansion wurden 1950 in East Hanover (New Jersey), 1959 in Kolshet (Indien) und 1959 in Resende (Brasilien) kleinere chemische Produktionsstätten errichtet. Nach der Übernahme der Biochemie Ges.m.b.H. integrierte die Sandoz 1965 die Anlagen zur Basisproduktion in Kundl (Österreich) (Fritz 1992: 155ff).

Die Übernahme von Wander im Jahr 1967 brachte eine kleinere Produktionsstätte in Locarno, die Wirkstoffe und eine Anzahl Bulk-Produkte herstellte (Fritz 1992: 189). Allerdings wurde die Produktion, trotz der Einrichtung neuer Maschinen im Jahr 1968 und dem Bau einer neuen Abwasserreinigungsanlage, im Jahr 1971 aufgrund der großen Umweltprobleme zwischen 1972 und 1974 stufenweise eingestellt. Den Standort nutzte man weiterhin zur Erweiterung der Labors als Außenstelle der pharmazeutischen Qualitätskontrolle Basel (Sandoz 1969: 16; 1972: 13; 1973: 10; 1975: 9).

In unmittelbarer Nachbarschaft zum Hauptsitz in Basel nahm Sandoz in Huningue auf der gegenüberliegenden Seite der Landesgrenze in Frankreich im Jahr 1969 eine neue Anlage für pharmazeutische Wirksubstanzen in Betrieb. Die Anlage wurde von der Division Chemikalien geführt, die am selben Standort seit 1966 vor allem Farbstoffe, Pigmente und später Masterbatches herstellte (Baumgartner und Knöpfel 1987: 5; Sandoz 1970: 18).

In der selben Periode wurden kleinere und nur für die lokalen Märkte bestimmte Produktionsstätten in Pakistan und Indien errichtet, respektive erweitert. 1970 nahm die pakistanische Tochtergesellschaft in Jamshoro bei Hyderabad in Pakistan eine Fabrik für Industriechemikalien, Aktivsubstanzen und Pharmazeutika in Betrieb (Sandoz 1971: 13). In der Produktionsstätte von Kolshet in Indien, wo auch die Sparte Farben / Chemikalien produzierte, nahm die Sparte Pharma bereits im Jahr 1959 die Produktion von *Calcium-Sandoz*-Ampullen und Calciumverbindungen auf, erweiterte in 1964 die Fabrik mit der fermentativen Herstellung von Calciumgluconat und Fruktose und nahm in 1971 eine Extraktionsanlage für Senna und Digitalis glycosides und atropine Alkaloide in Betrieb (Fritz 1992: 154f; Sandoz 1972: 11, 13).

Eine weitere kleinere Produktionsstätte betrieb Sandoz Pharma in East Hanover, New Jersey. Dieses Werk entwickelte sich nach seiner Eröffnung im Jahr 1950 zum wichtigsten Standort von Sandoz Pharma in Nordamerika und beherbergte ab 1964 ein zunehmend bedeutenderes Forschungszentrum. Zur marktnäheren Produktion erstellte die Sandoz 1965 hier eine neue Fabrikationsstätte für das äußerst erfolgreiche Präparat *Melleril* (Fritz 1992: 157). Angesichts der Erwartungen eines weiterhin steigenden Bedarfs an den neuen synthetischen Wirkstoffen und um die eigene Produktionsbasis in den USA zu stärken, erweiterte und modernisierte die *Chemische Produktion Pharma* in den Jahren 1976 bis 78 die Produktionsanlagen in East Hanover (Sandoz 1977: 17; 1979). 1975 kaufte die US-Konzerngesellschaft ein größeres Gelände in Martin in South Carolina, um ein neue chemische Fabrik für alle Departemente zu errichten. Vier Jahre später nahm die Produktionsstätte ihren Betrieb mit der Farbenproduktion auf. Von der Herstellung von Pharmawirkstoffen hatte man unterdessen Abstand genommen. Der Ausbau der Pharmakapazitäten wurde auf die bestehenden Werke in Basel und East Hanover beschränkt (Sandoz 1976: 8; 1980: 9).

Seit 1959 betrieben die Kollegialfirmen Ciba, Geigy und Sandoz im Rahmen der Indústrias Químicas Resende S.A. (IQR) eine Produktionsstätte zur Herstellung von Farbstoffen, Pigmenten und pharmazeutischen Wirkstoffen in Resende, Brasilien, die Anfang der achtziger Jahre rund 650 Beschäftigte zählte (Sigg 1982).

Eine besondere Rolle nahm die 1963 von Sandoz übernommene Biochemie Ges.m.b.H. mit ihren Produktionsstätten in Kundl und Schaftenau in Tirol, Österreich, ein. Bereits Ende der sechziger Jahre wurde die biotechnologische Fermentation von Basel nach Kundl verlagert. Der Standort Kundl wurde in den siebziger und achtziger Jahren systematisch zum Fermentationszentrum des Konzerns ausgebaut. Dazu bestand bis 1977 in Wien eine Produktionsstätte der 1966 übernommenen Firma Sanabo zur Herstellung von Hormonen und Fermenten. Diese Tätigkeiten wurden 1977 in die neu gebaute Fabrikationsanlage der Alpine Chemische AG in Schaftenau verlagert (Fritz 1992: 176ff; Sandoz 1978: 17).

Die Existenz dieser Produktionsstätten darf aber nicht darüber hinwegtäuschen, dass in den frühen siebziger Jahren eigentlich alle wesentlichen chemischen Aktivsubstanzen in der Fabrik am Hauptsitz in Basel hergestellt wurden. Die verhältnismäßig wichtige Produktionsstätte in East Hanover diente der besseren Erschließung des US-Marktes und beherbergte auch Pilotproduktion für klinische Prüfungen. Die Anlage in Huningue hatte spezielle Produktionsaufgaben und die Produktionsstätten in Brasilien, Indien und Pakistan nahmen weitgehend lokale und politisch bedingte Aufgaben wahr (vgl. Winkler 1974). Die Produktionsstätten im Stammhaus in Basel hatten während der gesamten Firmenexistenz die mit Abstand größte Bedeutung und wurden nahezu permanent auf den neuesten Stand der Technik gebracht. Zugleich sind jedoch auch Investitionswellen erkennbar, die mit der Einrichtung der Produktionsinfrastruktur auf neue Produkte oder mit der Rationalisierung der Infrastruktur zu hatten (vgl. Kapitel 5).

Die erste Hälfte der siebziger Jahre stand im Zeichen des Ausbaus der Kapazitäten. Mit der Eröffnung einer neuen Extraktionsanlage für Ergot-Produkte und eine Mehrzweckanlage für Zwischenprodukte und Synthetika in den Jahre 1970 und 1971 wurde die Ergot Produktionskapazität stark erweitert (Sandoz 1971: 13; 1972: 13). Neben dem Ausbau spezifischer Produktionslinien dienten die umfangreichen apparativen Ergänzungen und Neuerungen der chemisch-pharmazeutischen Produktionsbetriebe des Stammhauses der Rationalisierung, um den Schwierigkeiten der Personalbeschaffung entgegenzuwirken und Umweltschutzeinrichtungen zu installieren (Sandoz 1973: 13). Die starke Auslastung der Anlagen stellte die *Chemische Produktion Pharma* vor zusätzliche Erweiterungsaufgaben. Das Sortiment umfasste 1974 über 100 Wirkstoffe mit beinahe 500 Zwischenstufen für die bereits auf dem Markt befindlichen Präparate.[84] Die chemische Produktion ist generell durch komplizierte Synthesen, große Mengenunterschiede je nach Produktgruppen und hohe personelle Ansprüche an die Betreuung der Produktion aus Sicherheits- und Qualitätsgründen gekennzeichnet. Die gestiegene Nachfrage beanspruchte die in Basel und einigen Tochtergesellschaften bestehende Kapazität nahezu vollständig. Daher formulierte die *Chemische Produktion Pharma* 1974 ein Gesamtprojekt, das der mutmaßlichen Entwicklung Rechnung trug und für die neuen Substanzen zusätzliche Produktionsmöglichkeiten prüfte (Winkler 1974: 4; Sandoz 1975: 19).

Der Schwerpunkt der Produktion lag in der Schweiz, wo 56% der damals 846 in der chemischen Produktion beschäftigten Personen arbeiteten. Die wichtigsten Produktionsstätten außerhalb der Schweiz waren jene in Österreich und East Hanover. In der Reihenfolge ihrer Bedeutung folgten Huningue, Resende, Kolshet und Jamshoro. Die chemischen Anlagen in Buenos Aires, Bogotá, Nürnberg und Levent beschränkten sich auf Laborproduktionen. Verlagerungen ins Ausland erfolgten nur bei äußeren Auflagen, und es wurde Wert darauf gelegt, dass die Wirkstoffproduktion für die wichtigsten Spezialitäten in der Schweiz verblieb. Aufgrund der hohen Flexibilitätsansprüche mit unterschiedlichen Mengen und Komplexität der Synthesen wurde der Chargenbetrieb in Mehrzweckanlagen der bevorzugte Produktionsbetrieb. Etwas mehr als die Hälfte der im Bereich der chemischen Produktion investierten 250 Millionen CHF ging in Anlagen in der Schweiz. Gemäß des 1974 verabschiedeten 10-Jahreplans entfiel auch in der Folge der Großteil der für die Erneuerung und den Ausbau der Anlagen vorgesehenen Investitionen auf die Schweiz (Winkler 1974: 4ff).

Trotz einsetzender Rezession war die *Chemische Produktion Pharma* sowohl im Stammhaus wie in den Tochtergesellschaften 1975 weiterhin gut ausgelastet. Die Verlagerung einzelner Produktionsaufgaben ins Ausland ermöglichte dem Stammhaus, neue Substanzen in das Fabrikationsprogramm zu nehmen (Sandoz 1976: 16). Angesichts der Erwartungen eines weiterhin steigenden Bedarfs an den neuen synthetischen Wirkstoffen setzte die *Chemische Produktion Pharma* von 1976 bis 1978 ein Erneuerungs- und Erweiterungsprogramm der Produktionsanlagen in Basel und East Hanover um. Die neuen Syntheseanlagen erlaubten rationellere Verfahren und steigerten die Produktionsflexibilität. Ende der siebziger Jahre stand der Ausbau der Syntheseanlagen im Stammhaus und in Produktions-

---

[84] Der Charakter dieser Produktionsstruktur läßt sich kaum als fordistisch im Sinne starrer Massenproduktion kennzeichnen.

stätten der Tochtergesellschaften im Zeichen der Überarbeitung älterer Verfahren, um die Effizienz der Synthesevorgänge zu erhöhen, Einsparungen beim Energie- und Lösungsmittelverbrauch zu realisieren und den ökologischen und den Sicherheitsanforderungen besser zu entsprechen (Sandoz 1977: 17; 1978: 16; 1979: 17; 1980: 9: 17).

1982 schloß die *Chemische Produktion Pharma* einen weiteren mehrjährigen Ausbau der Fabrikationsanlagen für pharmazeutische Synthetika mit der Inbetriebnahme neuer Syntheseanlagen ab. Diese Apparaturen ersetzten ältere Einrichtungen, erhöhten die Flexibilität und dienten der raschen Einführung des neu zugelassenen Präparates *Sandimmun* (Sandoz 1981: 8, 17; 1982: 8, 19; 1983:19). Mitte der achtziger Jahre standen Rationalisierungen und Modernisierungen der Produktionsanlagen im Vordergrund (Sandoz 1984: 9, 19) So wurde 1984 eine technologisch neue Einheit für die chemische Produktion in Betrieb genommen (Sandoz 1985: 19). 1985 nahm die Chemische Produktion in Basel eine Erweiterung ihrer Aufarbeitungsanlagen in Angriff (Sandoz 1986b: 29).

Zwei starke Zentren

Sandoz Pharma erkannte im Rahmen der langfristigen strategischen Planung 1987 die Notwendigkeit einer stärkeren Rationalisierung der Produktion. Aufgrund der Nähe zu Forschung, Entwicklung, Marketing und zur Unternehmenszentrale, der Einbindung in den spezifischen Arbeitsmarkt in der Region Basel und der enormen Kapitalmasse, die am Standort Basel gebunden war, war es naheliegend, einen bedeutenden Teil der Produktion in Basel weiterzuführen und zu modernisieren. Da man aber erwartete, dass eine weitere Erhöhung der Produktionskapazitäten nach der Vollendung des Ausbauprojektes 'RAMSES' an Grenzen stoßen würde, drängte es sich auf, ein zweites strategisches Standbein für die Wirkstoffproduktion zu errichten. Dafür sprachen auch eine bessere Risikoverteilung, mehr Flexibilität und Kostenvorteile. Aufgrund der günstigen Kostensituation und der gezielten Förderpolitik der irischen Behörden fiel die Wahl auf den Standort Ringaskiddy bei Cork in Irland (Link 1990). Eine chemische Produktion für ganz spezifische Produkte und eine Anlage zur Pilotproduktion für die chemische Entwicklung bestand weiterhin in East Hanover. Die Indústrias Químicas Resende (Brasilien) und Produktionsstätte in Kolshet (Indien) stellten nur einzelne Produkte für den jeweiligen Binnenmarkt her. Kolshet exportierte zudem ein Produkt (Wetter 1998).

Basel. Angesichts des wirtschaftlichen Aufschwungs Mitte der achtziger Jahre waren die Kapazitäten der chemischen Produktion im In- und Ausland erneut sehr gut ausgelastet. Daher wurde ein weiterer Ausbau der Produktionsanlagen in Basel vorbereitet. Inbesondere der kommerzielle Erfolg von *Sandimmun* zwang die Division im Jahr 1986, die Produktionskapazität im Stammhaus auszubauen (Sandoz 1987: 13, 23). Unter dem Eindruck der Brandkatastrophe im Werk Schweizerhalle am 1. November 1986 wurden 1987 im Stammhaus in Zusammenarbeit mit externen Experten nach verbesserten Sicherheitsstandards und Vorbeugung gegen Brände gesucht. Zudem setzte die Division Pharma ihre Investitionen in Ausrüstung der chemischen Entwicklung und Produktion fort (Sandoz 1988: 13, 26)

In Basel wurde 1988 eine Anlage für die biotechnologische Produktion von Wirkstoffen in Betrieb genommen. Der Auslastungsgrad der Anlagen für die Herstellung von Wirkstoffen und Arzneiformen 1988 war sowohl im Stammhaus als auch in den Tochtergesellschaften hoch. Sandoz Pharma projektierte daher verschiedene zusätzliche Anlagen zur Wirkstoffherstellung. Ein erster Schritt war die Inbetriebnahme einer automatisierten Mehrzweckanlage im Jahr 1991, die chemische Produktionsprozesse auch bei tiefen Temperaturen erlaubt (Sandoz 1992a: 31).

Von strategischer Bedeutung war das Großprojekt des Baus 25 für die Erhöhung der Kapazität von *Sandimmun* und verschiedenen Peptiden. Die Bauarbeiten begannen 1989, nachdem die Umweltverträglichkeitsprüfung abgeschlossen wurde (Sandoz 1990a: 13, 28; 1991a: 33). Nach Abschluß der 1991 und 1992 durchgeführten Testphase, wurde die Großanlage für die Produktion von Wirkstoffen im Frühjahr 1993 in Betrieb genommen. In der neuen Anlage wird seither u.a. der Wirkstoff für *Sandimmun* hergestellt (Sandoz 1992a: 31; 1993a: 31; 1994: 25).

Nach Abschluß dieser bedeutenden Ausbauprojekte ging das Investitionsvolumen in den Jahren vor der Fusion mit Ciba sowohl in Basel als auch an den anderen Produktionsstandorten massiv zurück. Im Zuge der Integration der beiden Produktionssysteme von Sandoz und Ciba wurden vorwiegend Anpassungs- und Modernisierungsinvestitionen vorgenommen.

Ringaskiddy. Das erst teilweise genutzte Industriegelände in Ringaskiddy in der Region Cork bot bereits eine gute Infrastruktur. Cork verfügt als Zentrum der irischen Pharma- und Chemieindustrie über erfahrene Zulieferfirmen, gute Straßenverbindungen und einen Flughafen. Die irischen Behörden förderten das Bauvorhaben von Sandoz und boten günstige steuerliche Rahmenbedingungen sowie gezielte finanzielle Anreize für Neuinvestitionen und die Ausbildung des Personals. Das Bewilligungsverfahren wurde sehr schnell bearbeitet. Weniger als ein Jahr nach den ersten Eingaben wurde im Sommer 1990 mit dem Bau begonnen (Gerlach 1995a; Sandoz 1991a: 33).

Ende 1992 begann bereits die technische Validierung der Wirkstoffanlage der ersten Bauetappe (Sandoz 1993a: 31). Ende 1993 wurde die erste Ausbaustufe für die Herstellung der Validierungschargen in Betrieb genommen. 1994 wurde die Validierung für eine Anzahl Wirksubstanzen abgeschlossen (Sandoz 1994: 25; 1995a: 25). Die Mehrzwecksyntheseanlage begann im gleichen Jahr einzelne Wirkstoffe zu produzieren. Nachdem die FDA Anfang 1995 eine umfassende Inspektion vorgenommen hatte, wurde das Produktionsprogramm laufend um weitere Wirkstoffe erweitert.

Zum Produktsortiment der ersten Ausbauetappe gehörten synthetische Wirkstoffe (beispielsweise *Clozaril* zur Behandlung von Schizophrenie oder *Lamisil* gegen Pilzerkrankungen) und Proteine (Interleukine). Der 1995/96 fertiggestellte zweite Produktionsbau diente der Herstellung von Peptid- und Polypeptid-Wirkstoffen (beispielsweise *Sandimmun / Neoral* für Organtransplantationen oder *Micalcic* gegen Osteoporose) (Sandoz 1996a: 25; Gerlach 1995a).

Durch die Entflechtung der Funktionen und die Einplanung von Erweiterungen wurde das Werk konsequent so konzipiert, dass eine flexible Weiterentwicklung möglich blieb. Das Werk beinhaltet auch zwei Verbrennungsöfen und ein Löschwasser-Rückhaltebecken. Zwischen 1989 und 1995 investierte die Sandoz rund 500 Millionen CHF in das Werk. Die Zahl der Mitarbeiter belief sich 1995 auf gut

Tab. 8.5. Chemische Produktionsstätten von Sandoz und Novartis zwischen 1970 und 2000, inklusive Fermentation und Antibiotikaherstellung der Biochemie Ges.m.b.H.

	70	71	72	73	74	75	76	77	78	79	80	81	82	83	84	85	86	87	88	89	90	91	92	93	94	95	96	97	98	99	00
Division Pharma																															
Basel, St. Johann								E						E	E	E						E	E	E							
Locarno	67																														
Schweizerhalle, Entwickl.																						S									
Huningue, Frankreich	69																														
Ringaskiddy, Irland																											S				
East Hanover, NewJersey	50																														
Resende, Brasilien	59																														
Kolshet, Indien	59																														
Jamshoro, Pakistan																															
Biochemie																															
Kundl, Österreich	65																														
Schaftenau, Österr.	65																														
Wien, Österr.	65																							V							
Les Franqueses																	A														
Sta. Perpetua, Gema																	A														
Rovereto																		J									A				
Jakarta																															
Frankfurt																														A	
Mahad, Novartis Biochem CKD																															

Zentrale Anlagen

Zweitrangige Anlagen zur Produktion spezifischer Zwischenprodukte und Wirkstoffe

Periphre Anlagen, errichtet zur besseren Markterschließung

A Akquisition
E Erweiterung
S Schließung
JV Joint Venture
V Verkauf

200 und erhöhte sich anschließend. Das Werk Ringaskiddy sollte langfristig zum Hauptlieferwerk für Aktivsubstanzen werden und zusammen mit Basel auf absehbare Zeit den gesamten Bedarf von Sandoz Pharma decken (Gerlach 1995a).

Nachholende Dekonzentration

Das chemische Produktionssystem der Sandoz war letztlich wesentlich einfacher und zentralisierter als jenes von Ciba-Geigy oder Hoffmann-La Roche. Das Werk St. Johann in Basel war während Jahrzehnten für den überwiegenden Teil der Synthese und die Biochemie in Kundl für die Fermentation der Wirkstoffe zuständig. Erst Anfang der neunziger Jahre kam das Werk Ringgaskiddy in Irland hinzu. Seither basierte das Produktionssystem auf zwei Hauptpfeilern mit modernen Produktionsbetrieben, die sowohl die Launchphase als auch die Bulkproduktion der reifen Produkte garantierten. Die Rolle des Werkes Kundl als 'center of competence' für biotechnologische Produktionsverfahren mit Fermentation wurde in den neunziger Jahren zusätzlich verstärkt. In diesem Sinne sind die Errichtung des Werkes Ringaskiddy und die Verlagerung gewisser Produktionsaufträge von Basel in das neue Werke nicht als Absage an den Standort Basel zu interpretieren. Vielmehr ging es Sandoz darum, auf der grünen Wiese ein hochmodernes Werk zu errichten, das die Flexibilität und die Rationalität des Gesamtsystems der Wirkstoffproduktion auf globaler Ebene erhöhte.

Die zunehmende Regionalisierung ging nicht auf Kosten des Standortes Basel. Max Link, der damalige Leiter der Division Pharma, meinte, dass der Standort Basel nunmehr weniger quantitativ, dafür umso mehr qualitativ wachsen werde. Link kündigte sogar eine weitere Regionalisierung der Produktion im Zusammenhang mit der Expansion in Nordamerika und im Fernen Osten an. So hätte bereits eine weitere Produktionsstätte in Nordamerika zur Diskussion gestanden, und zum Konzept einer globalen Struktur würde sogar ein vierter Standort im Fernen Osten passen (Link 1990). Die tatsächliche Entwicklung der Produktionsorganisation verlief dann doch nicht so stürmisch. Die enge Verbindung zu Forschung und Entwicklung, die Bedeutung der Pilotproduktion und die Errichtung des neuen Produktionskomplexes (Bau 25) unterstreichen, dass der Konzern einen Großteil seiner technologisch fortgeschrittensten Einrichtungen weiterhin in Basel konzentrierte.

8.3.2 Pharmazeutische Produktion

Die Evolution der pharmazeutischen Produktion von Mitte der sechziger Jahre bis 1996 ist durch drei Phasen gekennzeichnet. Die extensive Expansion zog sich bis Ende der siebziger Jahre hin. In den achtziger Jahren setzten vermehrt Rationalisierungen ein, die die räumliche Konfiguration aber nur beschränkt veränderten. Anfang der neunziger Jahre wurde eine wesentlich weitergehende Reorganisation eingeleitet, die den gesamten produktiven Apparat umfasste und die Produktion auf wesentlich weniger Standorte konzentrierte.

Weltweite Expansion und Internationalisierung der galenischen Produktion

Parallel zur äusserst dynamischen internationalen Expansion des Pharmageschäfts in den fünfziger und sechziger Jahren vollzog sich auch die Internationalisierung der galenischen Produktion. Aufgrund der hohen Importzölle vieler Länder entschloss sich Sandoz in den fünfziger Jahren, vielerorts die örtliche Produktion aufzunehmen. So errichtete sie in Mexiko eine pharmazeutische Produktionsabteilung. In Argentinien, Chile und Indien nahm das Unternehmen aufgrund des behördlichen Drucks ebenfalls über Kooperationsverträge mit Drittfirmen die Fabrikation von Tabletten, Lösungen und Sirupen sowie die Konfektionierung auf. In Argentinien und Brasilien stellten die Firma Squibb, in Chile die Abbott Laboratories und in Indien die CIBA auf Lohnbasis in deren bereits vorhandenen Produktionsstätten Medikamente für die Sandoz her. Nach der Inbetriebnahme der Werke in Horsforth bei Leeds, Dorval bei Montreal und Levent bei Istanbul (Mehrheitsbeteiligung an der Mirel Ltd.) in den Jahren 1959 und 60 wurde der Anteil der in ausländischen Betrieben hergestellten Verpackungen auf 75,4% gesteigert (Fritz 1992: 87, 156).

Der stark zersplitterte Export und das breite Produktsortiment stellten die Produktionsorganisation vor beträchtliche Probleme. Im Jahre 1959 bestanden 16'000 der insgesamt 27'000 Fabrikationsaufträge, welche die galenische Produktionsabteilung in Basel auszuführen hatte, aus unter 100 Packungen. Es gingen 5585 kleinste Einzelaufträge mit einem Umfang von nur einer bis zehn Packungen ein, die von Hand ausgeführt werden mussten. Mit einer genauen Betriebsplanung und neuen Anlagen im Stammhaus konnte die Produktion dennoch rationeller und rentabler gestaltet werden (Fritz 1992: 152).

Die Firma betrieb im Jahr 1963 zehn eigene Produktionsstätten, die sich in Deutschland, Frankreich, Italien, England, Spanien, Mexiko, Indien, Brasilien, den USA und der Türkei befanden. Zusätzlich stützte sich die Produktion auf die Gemeinschaftsanlage mit der CIBA in Kanada, sowie auf neue Betriebsstätten von Drittfirmen in Belgien, Jugoslawien, Argentinien, Chile, Kolumbien, Japan, Neuseeland und auf den Philippinen. Die galenische Produktion wurde also in zwanzig Staaten durchgeführt. Mitte der sechziger Jahre wurde die Lohnfabrikation in Argentinien, Chile, Kolumbien, Peru, Venezuela und Pakistan durch eigene Betriebe ersetzt. 1965 eröffnete in Ägypten das Gemeinschaftsunternehmen Swisspharma eine Produktionsstätte, wobei sich die CIBA mit 35%, Sandoz mit 20%, Wander mit 5% und ägyptische Partner mit 40% beteiligten (Fritz 1992: 156).

1965 verfügte der Konzern über zwanzig galenische Produktionsanlagen. Die Dezentralisierung sowohl der Basisfabrikation als auch der galenischen Produktion war weniger erwünschtes Ergebnis einer bewussten Strategie als vielmehr den Einfuhrrestriktionen, Devisenschwierigkeiten und Maßnahmen der Gesundheitsbehörden in vielen Ländern sowie dem Personalmangel und der räumlichen Enge am Stammhaus geschuldet. Allerdings eröffnete die Dezentralisierung der Produktion auch neue Möglichkeiten der Arbeitsteilung, der Integration, der Erzielung von Synergien und der flexibleren Anpassung an neue Situationen. So wurde 1965 gar erstmals mit der Belieferung von England, Spanien, Mexiko, Venezuela und Kolumbien mit Wirkstoffen aus den Betrieben in Indien und Brasilien begonnen. Parallel dazu wurden auch die bestehenden Anlagen erweitert. In dieser Zeit

Tab. 8.6. Geographische Verteilung der galenischen Fabrikationsleistung von Sandoz 1966

Region	Mio. Packungen	%
Basel	36,5	18,9
Übriges Europa	105,7	54,8
Nordamerika / Kanada	13,9	7,2
Lateinamerika	21,2	11,0
Afrika	1,0	0,6
Asien (inkl. Türkei)	14,3	7,4
Australien (inkl. Neuseeland)	0,2	0,1
Total	192,8	100,0

Quelle: Fritz (1992: 158)

holte Sandoz den Rückstand gegenüber den Basler Kollegialfirmen CIBA, Geigy und Roche, die bereits früher über ausgedehnte Produktionsstätten in den USA betrieben, auf (Fritz 1992: 157).

Trotz Internationalisierung blieb Basel auch in den sechziger Jahren die bedeutendste galenische Produktionsstätte. Tab. 8.5 zeigt die geographische Verteilung der Fabrikationsleistung im Jahre 1966 (die niedrige Packungszahl für Nordamerika beruhte auf den dort überwiegend verwendeten Großpackungen).

Die Übernahme von Wander im Jahr 1967 erhöhte die Anzahl der Produktionsstätten außerhalb der Schweiz schlagartig auf 31. Der Gesamtkonzern verfügte nun außerhalb der Schweiz und ohne die Gemeinschaftswerke in Europa über fünfzehn, in Nordamerika fünf, in Südamerika neun und in Asien / Australien zwei pharmazeutische Produktionsstätten. Neben dem großen Gewicht Europas war die starke Präsenz in Südamerika bemerkenswert (Fritz 1992: 189: 189).

Wander hatte im Jahr 1966 immerhin über 18 pharmazeutische Produktionsstätten verfügt. Das geographisch breit abgestützte Unternehmen hatte auch eine sehr diversifizierte Produktpalette vertrieben, was im Zuge der Integration einige Straffungen erforderte (Fritz 1992: 189f). Aber trotz einigen wenigen Bereinigungen der Standorte im Zuge der Wander-Übernahme setzte sich die Expansion mit neuen Produktionsstätten in den siebziger Jahren fort.

1972 ließ die Sandoz an insgesamt 38 Produktionsstandorten Pharmaspezialitäten herstellen (Sandoz 1973: 14). Mit der Beauftragung lokaler Firmen zur Lizenz-Produktion eigener Präparate in der Tschechoslowakei, in Polen und Bulgarien im Jahre 1973 unternahm Sandoz die ersten Expansionsschritte nach Osteuropa. Damit steigerte sie die Präsenz auf 41 Produktionsstandorte (Sandoz 1974: 20). 1974 verfügte die Sandoz in neunzehn Ländern über eigene Produktionsstätten, in drei Ländern (Ägypten, Canada und Venezuela) über Gemeinschaftswerke mit Ciba-Geigy und in zwanzig Ländern über Kooperationsverträge mit Drittfirmen zur Lohn- oder Lizenzfabrikation. Trotz der hohen Zahl von Drittproduzenten stellte Sandoz 90% der Spezialitäten in eigenen Fabriken her. Die große Aufsplitterung der Produktionsbasis schränkte allerdings die Rationalisierungsmöglichkeiten ein. Nur acht Ländergesellschaften produzierten mehr als 10 Millionen Packungen pro Jahr, vier weitere Länder stellten zwischen fünf und zehn Millionen und deren 29 weniger als fünf Millionen Packungen pro Jahr her (Winkler 1974: 7).

Trotz der Steigerung der Produktionskapazitäten und der im Zuge der Rezession von 1974–76 erfolgten Wachstumsverlangsamung vermeldete der Konzern Mitte der siebziger Jahre eine gute Auslastung der Kapazitäten. Zugleich begann man aber, der Erneuerung des Maschinenparks und der Organisation der Betriebsabläufe größere Aufmerksamkeit zu schenken (Sandoz 1975: 19; 1976: 16; 1977: 17). Das Investitionsniveau ging spürbar zurück.

Die drei Produktionsstätten Basel, Bern und Kundl hatten die Rolle von sogenannten Stützpunktproduktionen. Während die lokal orientierten Produktionsstätten ein übersichtliches Sortiment hatten und den Auftrag hatten, größere Aufträge für ihr Land möglichst rational auszuliefern, waren die Stützpunktproduktion hauptsächlich mit kleinen Auftragsmengen für eine Vielzahl von Ländern beschäftigt. Dementsprechend unterschieden sich die Produktionstechnologien dieser beiden Arten von Betrieben grundsätzlich. Insbesondere in Basel war die Produktionsvielfalt enorm. Hier stellten die Betriebe Anfang der siebziger Jahren rund 170 pharmazeutische Spezialitäten in circa 10 000 landesspezifischen Aufmachungen her. Der Personalbestand der pharmazeutischen Produktion umfasste 1973 weltweit mehr als 4000 Personen. Der 10-Jahresplan sah aber vor, das künftige Wachstum weitgehend durch Rationalisierungsmaßnahmen zu erreichen (Winkler 1974: 8f, 13).

Expansionen und Modernisierungen

Die frühen siebziger Jahre waren von umfassenden Erweiterungs- und Modernisierungsinvestitionen für die pharmazeutische Produktion in Europa und in Nordamerika gekennzeichnet. Zwar ging in Basel 1970 die Produktion infolge von Transfers von Produktionskapazitäten zurück (Sandoz 1971: 14). Aber bereits 1973 wurde die Produktionsinfrastruktur wieder erweitert. Auch die pharmazeutischen Produktionsanlagen der ehemaligen Wander in Bern wurden zwischen 1972 und 74 ausgebaut. Zudem erfuhren die europäischen Produktionsstätten in Kundl (1968), Nürnberg (1970-72) Orléans (1969-71), Horsforth (1971-72), Milano (1973-74) und Sarria (1968-69) Erweiterungsinvestitionen. Zur Großproduktion des neuen Grippeimpfstoffs *Sandovac* eröffnete Sandoz in Gebersdorf bei Nürnberg 1975/76 sogar eine neue Fabrik. Angesichts der großen Wachstumserwartung erwarb Sandoz im Jahre 1974 in Montpellier ein Grundstück für den langfristigen Ausbau der pharmazeutischen Produktion. Diese Produktionsstätte wurde dann allerdings nie gebaut (Sandoz 1975: 9, 19).

Das Produktionssystem in Nordamerika erweiterte sich mit der Integration von Wander beträchtlich. Die Produktionsstätte der Dorsey Laboratories von Wander in Lincoln, Nebraska, stellte Pharmazeutika und diätetische Produkte her. Einige Jahre nach der Übernahme durch Sandoz wurde das Werk ab 1976 mehr und mehr auf die Herstellung von OTC-Produkten ausgerichtet. In Whitby bei Toronto errichteten Anca Laboratories, eine Wander-Tochtergesellschaft, zwischen 1972 bis 74 eine neue Fabrik, die eine alte Produktionsstätte ersetzte. Diese moderne Fabrik bewog Sandoz schließlich auch dazu, ihren Anteil am Joint Venture Mont Royal in Dorval 1980 vollständig an die Ciba-Geigy abzutreten. Trotz den zusätzlichen Produktionskapazitäten wurde aber auch das Werk in East Hanover, New Jersey, das traditionelle Hauptwerk in den USA, zwischen 1970 und 1974 in mehreren Etappen massiv erweitert.

Die Expansion in Südamerika wurde fortgesetzt. Nach der extrem expansiven Phase der sechziger Jahre mit der Errichtung von Produktionsstätten in den meisten Ländern ging es nun aber mehr um eine Konsolidierung der erreichten Position. 1969 fasste Sandoz mit der Vergabe von Lohnfabrikation an eine Drittfirma in Uruguay Fuß (Sandoz 1970: 14). In Lima wurden 1970 neue Labors und ein Lagerhaus in Betrieb genommen. 1971 gründeten Sandoz und Ciba-Geigy zusammen die Covigal S.A., die die Produktion von Pharmazeutika in Caracas aufnahm. Auch das Werk Resende erlebte einen weiteren Ausbau der Infrastruktur.

In den sechziger Jahren standen in Asien vor allem Indien und Pakistan mit dem Aufbau von eigenen pharmazeutischen Produktionsstätten im Mittelpunkt des Interesses. Die starke Position zeigte sich auch darin, dass Sandoz von der indischen Regierung im Jahr 1975 gar einen Preis für die Ausfuhr von Arzneimitteln in den Jahren 1973/74 erhielt. Der Großteil der Exporte von 20 Millionen Rupien ging damals in die Sowjetunion (Sandoz bulletin 1975). Nebenbei wurde 1969 auch im Iran die Lohnfabrikation über eine Drittfirma lanciert. 1970 nahm die Sandoz die Vorbereitungsarbeiten für die Produktion in Südostasien auf (Sandoz 1971: 14). Den Anfang machten 1972 Indonesien und Thailand, wo die Produktion über Dritte aufgenommen wurde. Mit der Eröffnung der Fabrik in North Ryde bei Sidney im Jahr 1972 verfügte Sandoz nunmehr auch in Australien über eine marktnahe Produktion. Die Präsenz in Japan wurde über Sankyo als Lohnfabrikant sichergestellt. Nahezu keine Präsenz zeigte Sandoz in Afrika. Über das Joint Venture Swisspharma (mit Ciba-Geigy und lokalen Partnern) war sie aber an einer relativ großen Produktionsstätte in Kairo beteiligt.

In der ersten Hälfte der siebziger Jahre vollzog sich eine richtiggehende Investitionswelle zum Ausbau bestehender Werke in Westeuropa sowie zum Bau neuer Werke und eine Ausdehnung der Lohnfabrikation durch Dritte in gewissen Ländern des Südens und Osteuropas. Diese Dezentralisierung war allerdings nicht erwünscht. Die Aufteilung in viele kleine Einheiten war unrationell und teuer (Winkler 1974: 7). Die pharmazeutische Produktion in Basel ging aufgrund weiterer Transfers von Fabrikationsprozessen ins Ausland zurück. Diese Verlagerungen wurden wegen der Importrestriktionen und anderen Maßnahmen der Behörden in vielen Ländern nötig. Sie führten zu einer unerwünschten Streuung und bildeten daher ein Hindernis für Rationalisierungen. Vorbereitungsarbeiten zu lokaler Fabrikation in einer Reihe von Spezialitäten wurden in verschiedenen Ländern Südostasiens vorgenommen (Sandoz 1971: 14). Als Ergebnis fortgesetzter und zunehmender protektionistischer Tendenzen durchlief die pharmazeutische Produktion eine verstärkte Fragmentierung mit zunehmend stärkerer Auslandsproduktion. Trotz des Trends zur Dezentralisierung stieg auch in der Muttergesellschaft die Produktion weiterhin an (Sandoz 1972: 14).

Um das Risiko und die Investitionen gering zu halten, beauftragte Sandoz in Ländern mit kleinem Potential andere Firmen mit der Lohnfabrikation, betrieb in Ländern mit mittlerem Potential und Risiko Gemeinschaftsanlagen und errichtete in Ländern mit mehr als 5 Millionen Packungen pro Jahr und mit Zukunftspotential eigene Produktionsstätten. In jedem Fall war man bestrebt, möglichst lange ab den bestehenden Werken zu liefern, um die 'economies of scale' auszunutzen. Man wollte neue Produktionsstätten aufgrund der Beeinträchtigung der Produktivität und der höheren Koordinationsanforderungen vermeiden. Die Anlagen der pharmazeutischen Produktion reichten von einfachen Maschinen mit großem

Anteil an Handarbeit bis zu weitgehend automatisierten Hochleistungsanlagen. Das erschwerte die angestrebte Standardisierung der Produktionsprozesse (Winkler 1974: 8).

Verstärkte Modernisierung der Infrastruktur und beginnende Expansion in Südostasien

Bis 1979 verharrten die Investitionen auf einem tiefen Niveau. In der zweiten Hälfte der siebziger Jahre standen insbesondere in Europa und Nordamerika Erneuerungs- und Rationalisierungsinvestitionen im Vordergrund. Im Jahr 1978 modernisierten u.a. die Produktionsstätten in Frankreich, Italien, in den USA und in der Schweiz ihre apparative Ausrüstung. Beim Vergleich der internationalen Investitionstätigkeit ist zu beachten, dass aufgrund des gestiegenen Schweizer Frankens sich Ende der siebziger Jahre die Investitionen im Ausland verbilligten (Sandoz 1978: 17; 1979: 17; 1980: 8).

In den folgenden Jahren wurde die Erneuerung, Rationalisierung und Ergänzung der pharmazeutischen Produktion auf internationaler Ebene fortgesetzt. Vermehrte Aufmerksamkeit widmete man der technologischen Anpassung, der Qualitätssicherung, der Sicherheit und dem Umweltschutz (u.a. Sandoz 1980: 17; 1983: 19; 1984: 9-10, 19; 1986b: 29; 1985: 19; 1988: 26).

Insbesondere in den Boomjahren 1987 bis 89 vermeldeten die Geschäftsberichte wieder einen hohen bis sehr hohen Auslastungsgrad der Anlagen für die Herstellung von Wirkstoffen und Arzneiformen sowohl im Stammhaus als auch in den Tochtergesellschaften (Sandoz 1988: 26; 1989: 24; 1990a: 28). Die folgende Zusammenstellung zeigt, dass mit der Modernisierung der Anlagen sich auch die Geographie der Produktion veränderte.

Europa. Nach rund sieben bis acht Jahren mit geringen Investitionen setzte zwischen 1980 und 1982 wieder ein Investitionsschub ein. Nahezu alle Produktionsstätten in Europa und Nordamerika wurden umfassend modernisiert. Zunächst stand die Modernisierung der Anlagen für feste Formen im Vordergrund. So wurden 1980 in Basel, Orléans, Kundl, Lissabon, Lincoln und Buenos Aires und im Jahr darauf in Mailand, East Hanover und Whitby die Anlagen für die Granulierung umgebaut und erneuert. In diesem Jahr konnte das Werk Kundl zudem die Herstellung von sterilen Formen in neuen Einrichtungen aufnehmen (Sandoz 1981: 17; 1982: 19). Etwas später, zwischen 1983 und 1986, erfuhr das Werk Sarria bei Barcelona einen umfassenden Erweiterungs- und Rationalisierungsprozeß (Sandoz 1984: 10; 1986b: 12; 1987: 13). Damit wurde dieses Werk im Hinblick auf den Beitritt Spaniens zur EG 1986 aufgewertet. Zwischen 1978 und 1980 wurden auch die peripheren Produktionsstätten wie Levent bei Istanbul und Lissabon erweitert. 1981 übernahm Sandoz das bisher mit griechischen Partnern betriebene Werk von Pharmaco S.A. in Athen (Sandoz 1979: 17; 1982: 19).

Die Produktionsstätte in Basel war von 1978 bis Ende der achtziger Jahre in einem nahezu permanenten Modernisierungs- und Anpassungsprozeß. 1980 sowie 1985/86 ging es vor allem um die Rationalisierung der Herstellung fester Formen. Im Rahmen der Restrukturierung der Sandoz/Wander-Aktivitäten in Bern und der klaren Trennung der Geschäftstätigkeiten der Divisionen Pharma und Ernährung in Bern, wurde die pharmazeutische Produktion von Wander in Neuenegg bei

Bern 1987 sukzessive nach Basel verlagert (Sandoz-Gazette 1987; Sandoz 1987: 24). Diese Zusammenlegung der pharmazeutischen Produktion in der Schweiz bewirkte eine weitere Stärkung des Produktionsstandortes Basel.

Eine weitere Standortreduktion ergab sich dadurch, dass im Rahmen der Konzentration des Geschäfts die Tätigkeit auf dem Gebiet der Vakzine eingestellt und der von der Sandoz entwickelte Grippeimpfstoff *Sandovac* an eine andere Firma verkauft wurde (Sandoz 1982: 18). Damit erübrigte sich auch die nur wenige Jahr zuvor errichtete Produktionsstätte in Gebersdorf bei Nürnberg. Die galenische Fabrik in Nürnberg erfuhr zwischen 1985 und 88 eine umfassende Modernisierung, insbesondere der festen Formen. Das Werk wurde 1987 zudem um ein Hochregallager ergänzt (Sandoz 1986b: 12; 1987: 13; 1988: 13; 1989: 13).

Nordamerika. Die pharmazeutische Produktion in East Hanover und Lincoln erfuhr zwischen 1978 und 1985 umfassende Erweiterungs- und Modernisierungsinvestitionen. Neben der Modernisierung der Granulierungsanlagen für feste Formen in Lincoln 1980 und in East Hanover 1981 nahm die Bedeutung der Produktionsstätte in Lincoln schrittweise zu. So übernahm Sandoz in East Hanover im Jahr 1981 das Marketing der Dorsey Laboratoires in Lincoln, die weiterhin sowohl OTC- wie verschreibungspflichtige Medikamenten produzierten. 1984 vergrößerten und modernisierten die Dorsey Laboratories ihre Installationen zur Herstellung flüssiger Medikamente und automatisierten die Sirup-Herstellung (Sandoz 1981:17; 1984: 9-10, 19; 1985: 9, 19; Lavin 1984: 25).

Eine weitere Verstärkung der Produktionsbasis für Nordamerika brachte die Übernahme der auf Selbstmedikationspräparate ausgerichteten US-Firma Ex-Lax Pharmaceutical Co. Inc., New York mit ihren verschiedenen Unterbeteiligungen sowie einer Produktionsstätte in Humacao, Puerto Rico und einer Vertriebsorganisation in Kanada im Jahre 1981. In den nachfolgenden Jahren wurde das Produktsortiment planmäßig ausgeweitet und die Vertriebsorganisation verstärkt (Sandoz 1982: 6, 12, 18, 50; 1983: 19).

Die fortgeschrittene Diversifizierung drängte eine umfassende Reorganisation der US-Konzerngesellschaft auf. In den Jahren 1984 und 85 wurden daher die einzelnen Firmen zu industrie-spezifischen Gesellschaften zusammengelegt. Die neu gebildete Sandoz Nutrition Company konzentrierte ihre Produktion 1985 in einer neuen Produktionsstätte in Minneapolis. Die Standorte der Chicago Dietetic Supply in Chicago und der Ovaltine Products in Villa Park, Illinois, wurden geschlossen. Damit ging auch eine Verlagerung von Produkten der Division Nutrition von Lincoln nach Minneapolis einher. Nur die Snacklinie verblieb in Lincoln. Das ermöglichte eine weitere Stärkung der Pharmaproduktion (Sandoz bulletin 1984a; Sandoz bulletin 1984b; Sandoz 1986b: 13).

In Kanada ergab sich nach der Eröffnung der neuen Fabrik der Anca Laboratories 1975 in Whitby und der Modernisierung der Anlagen für die festen Formen 1981 die Möglichkeit einer standörtlichen Fokussierung. Darum verkaufte Sandoz ihre Beteiligung (<50%) im Jahr 1980 an Mount Royal Chemicals Ltd in Dorval an Ciba-Geigy. Die bisher in diesem Werk produzierten Präparate wurden danach bei der kanadischen Tochtergesellschaft in Whitby hergestellt (Sandoz 1981: 17).

Nach der Expansion in den sechziger und siebziger Jahren war die Situation in Lateinamerika in den achtziger Jahren von großer Zurückhaltung geprägt. Außer einem Ausbau der pharmazeutischen Produktion der verhältnismäßig großen Fabrik in Resende im Jahr 1982 und dem Ausbau der Produktionsstätte in Bogotá zu einem Spezialanbieter von Ampullen auch als Drittproduzent für andere Firmen zwischen 1985 und 88 nennen weder der Geschäftsbericht noch das Sandoz bulletin wesentliche Investitionen (Sigg 1982; Sandoz 1986b: 12; Sandoz bulletin 1989b).

Asien. Die achtziger Jahre markieren den Beginn der Expansion im Fernen Osten, insbesondere in Japan. Lange Zeit wurden die meisten Erzeugnisse als Fertigprodukte aus der Schweiz nach Japan eingeführt. Es zeigte sich jedoch, dass eine örtliche Produktionsstätte unabdingbar war. Darum errichtete Sandoz im Einvernehmen mit dem langjährigen Kooperationspartner Sankyo, der weiterhin für die Distribution zuständig bleiben sollte, in den Jahren 1979 bis 81 für 58 Millionen CHF eine eigene Pharmafabrik in Saitama. Diese wurde im Mai 1981 in Betrieb genommen. Nach einer Anfangsphase, in der die Fabrik nur der Prüfung und Verpackung von Arzneimitteln diente, übernahm Saitama bald sämtliche Produktionsschritte (Sandoz 1979: 17; 1981: 17; 1982: 19; Sandoz bulletin 1981).

Weitere prioritäre Expansionsmärkte waren Südkorea und Indonesien, wo im Jahr 1986 jeweils mit lokalen Joint Venture Partnern Fabriken eröffnet wurden (Sandoz 1986b: 29; 1987: 13). Das 1985 gegründete Joint Venture zwischen indonesischen Partnern, der Biochemie und Sandoz, die P.T. Sandoz Biochemie Farma Indonesia, nahm die Produktion wichtiger Pharmazeutika wie Amipicillin und Amoxicillin für den heimischen Markt auf. 1988 eröffnete auch eine neue galenische Produktionsstätte ihren Betrieb (Sandoz 1989: 13; info.novartis 1999a).

In Indien und Pakistan, wo der Konzern bereits seit Ende der fünfziger respektive Ende der sechziger Jahre präsent war, war diese Phase mehr von einer Konsolidierung der erreichten Position gekennzeichnet. In Kolshet und Jamshoro wurden 1986 Projekte zur Erweiterung und Modernisierung der pharmazeutischen Produktion abgeschlossen (Sandoz 1986b: 12; 1987: 13).

Diese Phase von etwa Mitte der siebziger bis in die zweite Hälfte der achtziger Jahre war von einer verstärkten Modernisierung des produktiven Apparates gekennzeichnet. Das Investitionsniveau blieb insgesamt bescheiden und erreichte zu keiner Zeit das bisherige Maximum von 1974. Es ging primär darum, die Produktivität und Rentabilität der Anlagen und der Arbeitsprozesse zu erhöhen, zugleich nahmen die Investitionen für Sicherheits- und Umweltschutzmaßnahmen zu. Neben dem detaillierten Blick auf die Entwicklung der Produktionsstätten drückt auch die Investitionswelle von 1980 bis 82 diesen Sachverhalt aus. Die Rationalisierungen bewirkten in dieser Periode in der Regel keine wesentlichen Veränderungen auf die Standortkonfiguration. Zwar vollzogen sich aus unterschiedlichen Gründen kleinere Bereinigungen wie der Verzicht auf die Standorte Bern, Dorval in Kanada und Gebersdorf in Deutschland. Zudem verlor ganz Lateinamerika massiv an Bedeutung. Mit Ausnahme des Fernen Ostens war die Phase der extensiven geographischen Expansion abgeschlossen. Vor allem Japan und dann auch Südkorea und Indonesien waren die prioritären Märkte, wo auch beträchtliche Investitionen für eigene Produktionsstätten unternommen wurden.

Neue Produktionskonzepte und Schritte zur Multikontinentalisierung der Produktion

Ab Mitte der achtziger Jahre stiegen die Investitionen nahezu explosionsartig bis auf einen historischen Höhepunkt 1992 an. Obwohl diese massive Steigerung der Investitionstätigkeit in erster Linie mit dem Bau des neuen Produktionsgebäudes 25 für chemische Produktion in Basel und der extrem kostspieligen chemischen Fabrik in Ringaskiddy zusammenhing, wurden auch in der pharmazeutischen Produktion große Projekte verwirklicht. Im Unterschied zur vorhergehenden Phase wurden nun große Umwälzungen des Produktionssystems mit weitreichenden Auswirkungen auf die Arbeitsteilung zwischen den Produktionsstandorten auf räumlich sehr unterschiedlichen Maßstabsebenen eingeleitet. Zugleich konstatierten die Geschäftsberichte während der Aufschwungsphase Ende der achtziger Jahre bis 1991, als die Rezession einsetzte, hohe Auslastungsgrade der Anlagen für die Herstellung von Wirkstoffen und Arzneiformen sowohl im Stammhaus als auch in den Tochtergesellschaften (Sandoz 1989: 24; 1992a: 31).

Die Division Pharma überprüfte 1989 im Hinblick auf die Einführung des Binnenmarktes in Europa auf Anfang 1993 die Produktionsstruktur auf europäischer Ebene und evaluierte ein Jahr später auch weltweit die Struktur der Produktionsstandorte. Die Division Pharma führte diese **Europastruktur** der pharmazeutischen Produktion ab 1989 gestaffelt ein und begann 1991 die Produktion einzelner galenischer Formen in speziell ausgewählten Fabriken zu konzentrieren. Auch in Nordamerika wurde neben dem Ausbau der Gesamtkapazität die Struktur der galenischen Produktion schrittweise überprüft und reorganisiert (Sandoz 1990a: 28; 1991a: 33; 1992a: 31). Die Implementierung neuer Informationstechnologien erlangte besondere Bedeutung. Mit einer einheitlichen Datenstruktur und einer gemeinsamen Informationstechnologie wurde es möglich, zu Beginn der 90er Jahre die weltweite Produktion der Wirkstoffe und auch der Arzneiformen flexibler zu gestalten (Sandoz 1990a: 28; 1991a: 33).

Europa: Konzentration der Launchphase. Das *'Euroguide-Projekt'* bestand darin, dass einzelne Produktionsstätten europaweite und teilweise sogar weltweite Mandate für die Einführung neuer Produkte bestimmter galenischer Formen erhielten. Jede galenische Form sollte einer bestimmten *'launch site'* zugewiesen werden (Krebser 1998). Im Rahmen der Modernisierung Anfang der neunziger Jahre wurden die Produktionsstätten auf diese spezifischen Aufgaben konzipiert. Ein Mitte der neunziger Jahre verschärftes Konzept sah vor, die gesamte Produktion in Europa auf die fünf Produktionsstätten Basel, Nürnberg, Milano, Orléans und Levent zu konzentrieren. Die Novartis-Fusion zwang dann, diese Pläne zu revidieren (Krebser 1998).

Im Werk Basel wurden im Jahr 1990 umfassende Rationalisierungen der Granulierung und Tablettierung abgeschlossen (Sandoz 1991a: 33). Zwei Jahre später wurde eine Anlage zur sterilen Herstellung von flüssigen und gefriergetrockneten Produkten in Mehrdosenbehältern in Betrieb genommen (Sandoz 1993a: 31)

Das Werk Orléans wurde im Rahmen des EFICA-Projektes zwischen 1987 und 1991 erweitert und restrukturiert. Es erfüllte eine zunehmend bedeutendere Rolle für die Produktionsorganisation in Europa (Sandoz bulletin 1990b; Sandoz

1990a: 28; 1991a: 33). Im Rahmen des Europakonzeptes wurde Orléans die Launchsite für flüssige Darreichungsformen (Krebser 1998).

Die 1994 übernommenen Laboratoires Monal S.A. in Palaiseau, in der Region Essonne, verfügten über eine Produktionsstätte in Saint-Quentin-Fallavier bei Lyon. Das kleine Unternehmen (160 Beschäftigte) konzentrierte sich auf pflanzliche Heilmittel im OTC-Bereich. Das Unternehmen wurde vorerst bloß auf nationaler Ebene in die Division Pharma integriert (Les Echos 1994b; 1994a; Sandoz 1995a: 22, 46; Krebser 1998).

Die Fabrik in Nürnberg wurde in Weiterführung der bereits Ende der achtziger Jahre durchgeführten Modernisierung und Erweiterungen auf die Produktion fester Formen spezialisiert.

Nach den Übernahmen der Firmen L.P.B. Istituto Farmaceutico S.p.A. in Milano im Jahr 1986 und Samil S.p.A. in Rom zwei Jahre später mit jeweils eigenen Produktionsstätten gestaltete sich das Produktionssystem in Italien unübersichtlich. Darum konzentrierte Sandoz die pharmazeutische Produktion in einer Fabrik in Milano (Sandoz Pharmaceutici S.p.A., Via Quaranta). Das Projekt für eine neue Fabrik in Tavazzano, 25 km südöstlich von Milano, wurde nach Bewilligung des Investitionskredites, kurz vor offiziellem Baubeginn im Jahr 1993 gestoppt. Die Entwicklung der Verkäufe auf dem italienischen Markt entsprachen nicht mehr den Prognosen, die als Grundlagen für das Projekt dienten (Sandoz 1987: 17, 64; 1989: 17; 1991a: 33; Belloni 1994; Galle 2000).

Die Fabrik in Horsforth produzierte primär für den nationalen Bedarf. Bereits vor der Fusion mit Ciba bereitete Sandoz die Schließung dieser Anlage im Rahmen eines weiteren Restrukturierungsprojektes vor. Sandoz wollte in Horsforth nur noch ein Verpackungszentrum betreiben. Ähnliches galt für das Werk Sarría bei Barcelona (Krebser 1998).

Die Produktionsstätte in Levent bei Istanbul nahm aufgrund der Lage und der Lohnkosten eine etwas andere Rolle ein. Sie spezialisierte sich einerseits auf den einheimischen Markt, andererseits auf den Export von Consumer Health Produkten (OTC), wie beispielsweise das in der Schweiz bekannte Erkältungspräparat *Mebucaïne* (Krebser 1998). 1995 führte Sandoz auch in Levent ein umfassendes Re-engineering-Programm durch. Im Rahmen des vom Unternehmen als *'total factory approach'* bezeichneten Programmes begannen Teams, die Ausgangsmaterialien ohne zwischenzeitliche Lagerphasen in Endprodukte zu verarbeiten. Granulierung, Tablettierung und Verpackung wurden in einer Produktionslinie vereinigt. Dadurch konnte die Durchlaufzeit deutlich verkürzt werden (Scrip 1996c).

Die pharmazeutische Produktion der Biochemie in Kundl hatte historisch eine Sonderrolle inne. Der Schwerpunkt der Biochemie lag immer in der Antibiotika-Produktion, hauptsächlich als *'industrial generics'*-Zulieferer mit einem spezifischen Vertriebsnetz. Die galenische Produktion stellte vor allem Generika (*'retail generics'*) her, die ebenfalls ihr eigenes Vertriebssystem hatten. Die Fabriken in Lissabon und Athen waren primär auf ihre lokalen Märkte ausgerichtet. Jene in Athen wurde im Jahr 1995 an den Drittproduzenten FAMAR (Tochtergesellschaft des griechischen Distributionskonzerns Marinopoulos) verkauft, der die Produktion für Sandoz weiterführt. Die alte Wander-Fabrik in Lissabon wurde 1996 geschlossen und verkauft (Krebser 1998; Galle 2000).

Nordamerika: Fokussierung auf Lincoln und Whitby. In der zweiten Hälfte der achtziger Jahre wurde die pharmazeutische Produktion in East Hanover abermals erneuert. Sie erhielt Anfang 1988 eine neue und effizientere Ampullenstation und ein automatisches Lager- und Distributionszentrum. Daneben gab es am Standort verschiedene Investitionen in Erweiterung und Sicherheit (Sandoz 1988: 13; 1989: 13). Ende der achtziger Jahre reifte der Entschluß, die weitere Expansion der pharmazeutischen Produktion auf das Werk Lincoln zu konzentrieren und länger-fristig die Produktion von East Hanover an diesen Standort zu verlagern. Eine weitere Ausdehnung der Produktionsanlagen erwies sich aufgrund der Kosten-struktur des ganzen Standortes mit den vielen Forschungs-, Entwicklungs- und Hauptsitzeinrichtungen und den entsprechenden Gemeinkosten als zu teuer (Sodano 1997). Das Konzept sah vor, den Standort East Hanover zu einem globa-len Forschungs- und Entwicklungszentrum auszubauen. Im Jahr 1995 gab Sandoz schließlich die weitgehende Verlagerung der pharmazeutischen Produktion nach Lincoln bekannt (Harrell 1995; Switzer 1995; Taylor 1995).

Im Zuge der Restrukturierung der pharmazeutischen Produktion in Nordame-rika begann Sandoz im Jahr 1992, Lincoln zu einer hoch-produktiven Produkti-onsstätte für große Volumen und somit zur wichtigsten Produktionsstätte in den USA auszubauen. Der Umbau eines großen Lagergebäudes in eine moderne Ver-packungsstätte bildete den ersten Schritt in diese Richtung. Ende Juni 1995 kün-digte Sandoz die Konzentration des Großteils der pharmazeutischen Produktion in den USA in Lincoln (Rx und OTC-Präparate) und Investitionen von 23,5 Millio-nen USD für den Ausbau dieser Produktionsstätte an. 1995 zählte die Fabrik 350 vollzeitlich und 30-180 temporär Beschäftigte. Im August 1995 begannen die Bauarbeiten für die Erweiterung des Werkes zur Produktion fester Formen. Der Transfer von East Hanover nach Lincoln war für die Zeit von Mitte 1996 bis Frühjahr 1997 vorgesehen. Gewisse Produkte wie die Ampullen sollten aus regu-latorischen Gründen noch in East Hanover verbleiben. Der Ausbau war mit der Schaffung von 120 zusätzlichen Stellen verbunden (Switzer 1995; Harrell 1995; Taylor 1995). Das heisst, unmittelbar vor der Novartis-Fusion leitete Sandoz eine große Umstrukturierung der gesamten pharmazeutischen Produktion in den USA ein, die mit einer massiven Erweiterung des Werkes in Lincoln (40'000 Quadrat-fuß) einher ging (Sodano 1997).

1989 schloss das Werk Whitby nach drei Jahren Bauzeit ein Ausbauprojekt für 17 Millionen USD ab, das Produktion, Lager und Büros umfasste. Die neuen Werksanlagen beherbergen die technische Abteilung und die - früher als Ancalab bezeichnete - Abteilung für Verbrauchergesundheitspflege. Das Werk produzierte OTC-Präparate wie *NeoCitran, Triaminic* und *Arthrisin* sowie rezeptpflichtige Medikamente und klinische Nährmittel. Die Belegschaft umfasste im Jahre 1989 200 Mitarbeiter. Zur Herstellung des Erkältungsmittels *NeoCitran,* das zunehmen-de Bedeutung für den Export gewann, wurde modernste Technologie mit einem speziellen Verdichtungs-/Granuliersystem, einem pneumatischen Zucker-Fördersystem und einer speziellen Beutelabfüllanlage eingesetzt. Der Ausbau des Werkes führte zu einer Verdoppelung der Nutzfläche auf über 15000 m^2 (Sandoz 1990a: 13; Sandoz bulletin 1989a).

Im Jahr 1992 erhielt die kanadische Tochtergesellschaft von der Divisionslei-tung den Auftrag, das Erkältungsmittel *TheraFlu* (ähnlich wie *NeoCitran)* für den US-Markt zu produzieren und zu vertreiben. Die Firma investierte darum 14,1

Millionen kanadische Dollar in eine neue Produktionsanlage und machte damit das Werk Whitby zur größten und modernsten Fabrik für in Beutel abgefüllte und pulverförmige Arzneimittel in Nordamerika. 1993 betrug die Produktion 2,4 Millionen Packungen *TheraFlu*. Im darauffolgenden Jahr wurde der Ausstoß gar auf 10,5 Millionen Packungen gesteigert. Die Exporte in die USA, Schweiz, nach Österreich und dann auch nach Mexiko und den Westindischen Inseln nahmen massiv zu. Diese Internationalisierung der Aufgaben des Werkes ist in engem Zusammenhang mit den durch das Freihandelsabkommen NAFTA eröffneten Möglichkeiten zu sehen. Ende 1994 zählte das Werk 250 Beschäftigte im Produktions-, Marketing- und wissenschaftlichen Bereich (Sandoz bulletin 1995c).

Die im Rahmen der Übernahme der *Ex-Lax Pharmaceutical Co. Inc.,* New York, erworbene Fabrik in Humacao, Puerto Rico, wurde im Laufe der achtziger Jahre ausgebaut. Sie fokusierte sich aber größtenteils auf spezielle Ex-Lax-Produkte, wie eine Produktlinie mit Schokoladeüberzug (Sodano 1997).

Lateinamerika. Das Konzept der Konzentration von galenischen Darreichungsformen wurde auch in Lateinamerika umgesetzt. Gestärkt wurden hier die Werke in den großen Märkten von Brasilien und Mexiko. 1990 nahm Sandoz im brasilianischen Resende nach einjähriger Bauzeit Erweiterungsbauten für die pharmazeutische Produktion in Betrieb (Sandoz 1990a: 28; 1991a: 33). Zwei Jahre später konnte Sandoz de México in Ciudad de México die Erweiterung der galenischen Produktion eröffnen. Zudem leistete sie auch beträchtliche Investitionen in die Infrastruktur, Sicherheit und in den Bau eines neuen Lagerhauses (Sandoz 1992a: 32). Im Rahmen desselben Konzentrationsprojektes wurden 1994 die Werke in Chile und Peru geschlossen, und ein Jahr darauf wurde auch die Produktionsstätte in Kolumbien verkauft (Sandoz 1994: 25; 1995a: 25; 1996a: 25). Die Produktionszentren in Mexiko-Stadt und Resende übernahmen fortan einen Großteil der Belieferung der Märkte Lateinamerikas.

Südostasien. Um den lokalen Bedürfnissen besser zu entsprechen, richtete Sandoz Yakuhin im Jahr 1986, bereits vor der Verwirklichung des Forschungszentrums in Tsukuba, im Werk Saitama einen Entwicklungsbetrieb für pharmazeutische Formen ein (Sandoz 1987: 13, 23). Aufgrund der stürmischen Entwicklung drängte sich bald auch eine Erweiterung der Produktionsstätte auf (Sandoz 1990a: 28). Im Jahr 1990 erfolgte die Grundsteinlegung für ein neues galenisches Produktionsgebäude. Das darin integrierte Hochregallager wurde bereits im gleichen Jahr funktionstüchtig. Nach zweijähriger Bauzeit nahm Sandoz Yakuhin im Frühjahr 1992 das neue Gebäude für die galenische Produktion in Betrieb (Sandoz 1991a: 33; 1992a: 31; 1993a: 31).

Weitere Expansionsschritte in der Region stellten das seit 1986 mit einem lokalen Joint Venture Partner betriebene Werk in Südkorea (Sandoz 1987: 13) sowie die im Herbst 1987 im Rahmen des JointVentures mit Ciba-Geigy unter dem Namen Swisspharma eröffnete Fabrik in Hsin-Chu Hsien in Taiwan dar (Ciba-Geigy 1988a: 21; Sandoz 1988: 13). Zudem baute Sandoz die Produktionsinfrastruktur des Werkes North Ryde im Nordwesten Sidneys in den Jahren 1989/90 aus (Sandoz 1990a: 28; 1991a: 33). Die seit Jahrzehnten bestehenden Werke in Kolshet (Indien) und Jamshoro (Pakistan) erfüllten ihre weitgehend auf die nationalen

Märkte ausgerichtete Aufgabe. Wahrscheinlich belieferte das indische Werk auch die zentralasiatischen Republiken (vgl. Hindustan Ciba-Geigy).

Neben der hier beschriebenen Verankerung mit eigenen Produktionsstätten expandierte Sandoz in Südostasien vor allem über die Vergabe von Aufträgen an Drittproduzenten. Diese Politik wurde bereits Anfang der siebziger Jahre in Japan, Thailand, Indonesien und in anderen Ländern verfolgt und in den neunziger Jahren weitergeführt. Auffallend ist, dass Sandoz nur in den großen Ländern, deren politische Stabilität langfristig als sicher eingestuft wurde, bedeutende Investitionen in den Aufbau einer eigenen Produktionsinfrastruktur leistete. Sandoz Ernährung agierte in dieser Hinsicht offensiver. So eröffnete Sandoz Ernährung im Rahmen eines Joint Ventures 1995 in Schanghai eine Fabrik zur Herstellung von *Ovomaltine* und nahm im gleichen Jahr auch in Vietnam den Bau eines Werkes in Angriff (Sandoz 1995a: 27; 1996a: 28; Jetzer 1996).

Afrika hatte nahezu keine Bedeutung für Sandoz. Auf dem ganzen Kontinent investierte Sandoz Pharma nur in das bereits 1962 gegründete Joint Venture Swisspharma in Kairo. Die Swisspharma expandierte auch in den achtziger und neunziger Jahren beträchtlich und weihte im Mai 1992 eine neue Ampullenstation ein (Sandoz 1986b: 12; 1987: 13; Ciba-Geigy 1987a: 21; 1988a: 22; Ciba-Geigy-Magazin 1992a: 8). Interessant ist, dass Sandoz weder mit ihrer Division Pharma noch mit den anderen Divisionen, im Gegensatz zu Ciba-Geigy und Hoffmann-La Roche, im relativ großen Markt Südafrikas direkt tätig wurde.

Bedeutungswandel des Werkes Basel. Während Jahrzehnten blieb das Werk Basel das Stammhaus des Konzern mit einem diversifizierten Produktionszentrum mehrerer Divisionen für die ganze Welt. Nach der Verlagerung der Farben- und Chemikalienproduktion nach Muttenz (Vorort von Basel) und Prat (Spanien) 1990 und der Ausgliederung von Clariant 1995 diente das Werk Basel nahezu ausschließlich der Division Pharma.

In der Region Basel wurden 1991 rund 300 Millionen CHF investiert. Davon ging die Hälfte in den Ausbau der Produktionskapazitäten (Sandoz 1992a: 15). Ein Jahr später waren es noch 196 Millionen CHF oder 16%. Die Schwergewichte lagen bei der Produktion und der Infrastruktur, vor allem als Ersatz- und Modernisierungsinvestitionen. Der Ausbau der Kapazitäten erfolgte hingegen vermehrt im Ausland (Sandoz 1993a: 15).

Ende 1993 wurde das Projekt '*Infraba*' gestartet, um die Infrastruktur des Werks Basel an die veränderten Bedingungen anzupassen und die Effizienz der Infrastrukturleistungen zu steigern. Tatsächlich konnten die Infrastrukturkosten im Werk Basel von 1992 bis 1995 um rund ein Fünftel reduziert werden. Parallel dazu wurden in der chemischen Produktion, der pharmazeutischen Produktion und der Logistik große Anstrengungen zur Kostenreduktion und Effizienzsteigerung unternommen. Mit der Inbetriebnahme des Werkes Ringaskiddy mußte die chemische Produktion zudem auf die neuen Rahmenbedingungen angepasst werden. Damit wurde auch im internen Vergleich die Konkurrenzfähigkeit der chemischen Produktion erhalten respektive wieder hergestellt.

1994 führte die pharmazeutische Produktion ein Projekt zur Senkung der Rüstzeiten durch. Bei häufigen Produktwechseln werden an den Maschinen, die Tabletten, Filmtabletten und Dragées herstellen, Lösungen in Ampullen oder Fläschchen abfüllen, die Zeiten, innerhalb derer die Maschinen umgerüstet werden, zu einem entscheidenden Kostenfaktor. Durch die Senkung der Rüstzeiten können entweder die Maschinen länger laufen oder man kann häufigere Produktwechsel vornehmen, letztlich also die Flexibilität steigern. Gerade für den Betrieb in Basel, der viele Arzneimittel produzierte, die erst in der Einführungsphase standen und von denen zunächst relativ geringe Mengen benötigt wurden, war die Flexibilität ein entscheidender Kostenfaktor. Die in den einzelnen Produktionsbereichen gebildeten Teams konnten nach einer Analyse der Arbeitsabläufe teilweise enorme Reduktionen der Rüstzeiten erreichen (Sandoz-Gazette 1994b).

Anfang 1996 wurde das Projekt *'Sepraba'* gestartet. Das Ziel bestand darin, die früher stark zentralisierte und komplexe Organisationsstruktur in kleine und flexible unternehmerische Einheiten überzuführen. Damit sollten Bereiche wie Forschung, Entwicklung, chemische Produktion und pharmazeutische Produktion möglichst autonome Geschäftseinheiten werden. Gleichzeitig strebte man an, auch internen Beziehern von Leistungen des Werkes die vollen Kosten zu verrechnen und damit eine Kostentransparenz für die Infrastrukturfunktionen zu erreichen (Sandoz-Gazette 1996d).

Tab. 8.7. Pharmazeutische Produktionsstätten von Sandoz und Novartis zwischen 1970 und 2000, inklusive Generika und OTC

	70	71	72	73	74	75	76	77	78	79	80	81	82	83	84	85	86	87	88	89	90	91	92	93	94	95	96	97	98	99	00
Europa																															
Basel																															
Bern Neuenegg																		S											S		
Nürnberg																													S		
Gebersdorf, Nürnberg												V																			
Horsforth, Leeds																															
Orléans																												S			V
Milano																												V			
Sarria, Barcelona																												S			
Lissabon																											S				
Athen												A														V					
Levent																															
Generika																															
Kundl																															
Stuttgart, Azupharma																											A				
OTC																															
Wokingham																												S			
Palaiseau																															
Saint-Quentin, Lyon																															
Nordamerika																															
EastHanover																															
Lincoln, seit 98 OTC																													S	OTC	
Whitby																															V
Dorval											V																				
Humacao																												S			

Südamerika
Amores, Mexiko — JV ... S
Resende, Bras. — S
Martinez, Arg. — S
Caracas — S
Bogotá — S
Chile — S
Lima — S
Uruguay 69

Asien
Jamshoro, Pak
Kolshet, Ind,
Iran 69
Bangkok — JV
Jakarta (Biochemie) — JV ... S
Saitama, Jap.
Südkorea, Jv — JV ... 90 ... S ... V
Hsin-Chu-Hsien, Taiw. — ?
Parsig, Manila (Nutrition) — Vermietung

Australien
North Ride — S

Afrika
Kairo — JV

Eigene Produktionsstätten
Joint Venture Produktionsstätten
58 — Jahr der Inbetriebnahme
A — Akquisition
S — Schließung
JV — Joint Venture
V — Verkauf

8.4 Novartis: Rückzug aus der Fläche und dennoch stärkere Präsenz in den Märkten

Die Fusion von Ciba und Sandoz fiel in eine Zeit, in der beide Firmen beträchtliche Veränderungen in der Organisation ihrer Produktionssysteme gerade hinter sich hatten beziehungsweise sich noch immer mitten in Restrukturierungsprozessen befanden. Diese Programme wiesen zwar gewisse Ähnlichkeiten auf und waren in ihrer grundsätzlichen Zielsetzung der Produktivitätssteigerungen und des Abbaus von Überkapazitäten identisch. Dennoch haben die bisherigen Ausführungen in diesem Kapital gezeigt, dass Ciba und Sandoz aufgrund historischer Gegebenheiten und unterschiedlicher Produktsortimente ihre jeweils sehr spezifischen Schlüsse auf die Herausforderungen gezogen haben.

Die Fusion eröffnete schlagartig zusätzliche Möglichkeiten, die Überkapazitäten zu reduzieren und die Effizienz der gesamten Produktionsorganisation auf Weltebene zu steigern. Mehr noch, die Fusion bot die Chance, langjährige Strukturen, hinter denen sich jeweils spezifische Sonderinteressen einzelner Akteure innerhalb der Konzerne verbargen, aufzubrechen. Ein Unterfangen, das ohne den Sturm einer Fusion kaum möglich gewesen wäre.

Die sich parallel dazu vollziehenden grundlegenden Veränderungen der weltwirtschaftlichen Bedingungen verliehen den organisatorischen Umwälzungen, die mit der Verschmelzung der beiden Konzerne einher ging, zusätzliche Brisanz. Die Schaffung des europäischen Binnenmarktes, die Etablierung des nordamerikanischen Freihandelsabkommens NAFTA und vor allem die im Zuge der Schaffung der WTO vorangetriebenen Handelsliberalisierungen eröffneten den multinationalen Konzernen völlig neue Möglichkeiten, ihre produktiven Apparate zu strukturieren und reterritorialisieren.

Die Fusion stellte das neue Management vor die Herausforderung, zwei Produktionsorganisationen mit ihrer jeweils spezifischen Geschichte, ihren speziellen Erfordernissen an das Produktsortiment, ihrer Aufgabestellung im Rahmen der jeweiligen Konzernstrategie und ihren spezifischen Einbettungen in nationale und regionale Gegebenheiten miteinander zu verschmelzen. In der chemischen und pharmazeutischen Produktion waren die von der Fusion erhofften Synergien nur zu erzielen, wenn innerhalb nützlicher Frist neue rationelle Strukturen auf allen relevanten Maßstabsebenen, also auf Weltebene, der Ebene der Konzerngesellschaften sowie der Ebene der Produktionsstätten und der Produktionsabteilungen geschaffen werden. Wie schon die Abschnitte über die Produktionsorganisation von Ciba-Geigy und Sandoz gliedert sich dieser Abschnitt in der Erfassung der Fusion der chemischen und der pharmazeutischen Produktion.

8.4.1 Chemische Produktion

Fusion der chemischen Produktion und weitere Konzentration der Werke

Novartis startete mit fünf großen Werken für die Wirkstoff-Fabrikation. Ciba brachte die Werke Klybeck, Schweizerhalle und Grimsby, Sandoz die Werke St. Johann und Ringaskiddy in das neue Unternehmen ein. Daneben bestanden die in Abwicklung befindlichen Produktionsstätten für einzelne Produkte in Summit und East Hanover in New Jersey sowie jene in den großen Märkten des Südens wie Resende in Brasilien und Kolshet in Indien. Die Ciba zog zudem einzelne Produktionsanlagen anderer Divisionen wie Pamplona in Spanien und Santa Monica in Indien zur Herstellung ganz bestimmter Zwischenstufen heran. Die Division Pharma von Sandoz stützte sich für bestimmte Produkte auf den Produktionsverbund der Biochemie Ges.m.b.H. in Kundl, vor allem auf die Fermenationsanlagen in Kundl selbst (wie z.B. im Falle von *Sandimmun*). Zusätzlich pflegten beide Firmen ihre Beziehungen mit Drittfabrikanten.

Neben historisch bedingten Unterschieden der Produktionsstruktur waren nicht zuletzt die Produktlinien der beiden Firmen sehr verschieden. Während das Sortiment der Ciba-Geigy von Produkten mit großen Mengenvolumen gekennzeichnet war, waren wichtige Präparate der Sandoz sehr kleinvolumig. *Voltaren,* das wichtigste Produkt der ehemaligen Ciba, erfordert zum Beispiel einen Wirkstoffbedarf von um die 200 Jahrestonnen Diclophenac. *Sandimmun,* der wichtigste Umsatzträger der ehemaligen Sandoz hat nur einen Wirkstoffbedarf von dreißig Jahrestonnen Ciclosporin (Wetter 1998).

Ein weiterer Unterschied liegt in den Produktionsverfahren. Sandoz, deren Pharmageschäft historisch mit der Umwandlung- und Synthetisierung von Naturstoffen groß wurde, hatte auch in den achtziger und neunziger Jahre bedeutende Präparate in ihrem Sortiment, die auf biologischer Fermentation beruhten. Bekannteste Beispiele sind wiederum *Sandimmun* oder auch *Sandoglobulin* und *Sandostatin* und vor allem die Antibiotika der Biochemie. Demgegenüber nahmen die Produkte, die auf Fermentation beruhen, für die Ciba-Geigy eine vergleichsweise geringe Bedeutung ein.

Diese Sachverhalte und unterschiedlichen Produktionsbedürfnisse haben nahegelegt, die wesentlichen Produktionsanlagen für eine längere Periode nebeneinander weiterbestehen zu lassen, obwohl im Zuge der Fusionsplanungen der eine Ciba-Standort in Basel oder die Sandoz-Anlagen St. Johann bisweilen in Frage gestellt wurden. Die Schließung und Neueinrichtung von Anlagen mit den dazugehörigen Validierungs- und Zulassungprozessen wäre mit unverantwortlich hohen Investitionen verbunden gewesen. Daher entschloß man sich, wichtige Produkte in den bestehenen Anlagen weiter zu produzieren, bis sich aufgrund des Lebenszyklus und der Lancierung neuer Produkte grundlegendere Änderungen aufdrängen.

Die Konstellation in Basel mit den drei Werken Klybeck, Schweizerhalle und St. Johann wird vorerst aufrechterhalten. Allerdings wurden kleinere Produktionsanlagen im Klybeck und St. Johann geschlossen und die entsprechenden Produktionsaufgaben in andere Gebäude und Werke transferiert oder an Drittfirmen ausgelagert. Drei Basler Werke erfüllen dabei zusammengefasst die Aufgabe, neue

Präparate einzuführen und während den ersten rund vier Jahren der Vermarktung zu produzieren. Diese konzeptionelle Kombinierung der drei Werke erhöht die Flexibilität. Sowohl kleinere als größere Produktionsvolumen für spezifische Synthesestufen können somit kurzfristig der einen oder anderen Anlage zugewiesen werden (Wetter 1998).

Die Ciba-Geigy baute zwischen 1989 und 1994 das Werk Grimsby stark aus und erhielt damit einen weiteren strategischen Produktionsstützpunkt für Pharma-Wirkstoffe. Etwas später verfolgte Sandoz mit dem Bau der neuen Fabrik in Ringaskiddy in Irland einen ähnlichen Weg, allerdings ausgehend von einer zuvor wesentlich stärker auf das Werk St. Johann fokussierten Produktionsstruktur. Die Gründe für den Aufbau dieser neuen Kapazitäten lagen in Erwägungen der Risikoverminderung und des Finanzflusses. Novartis setzt diese Strategien fort. Die beiden Werke nehmen die Aufgabe wahr, wesentliche Synthesestufen der wichtigsten bereits erfolgreich eingeführten Präparate herzustellen (Wetter 1998).

Die verworrene Geschichte des Biotechnikums in Huningue

Sehr widersprüchlich verlief die Lokalisierung und Errichtung einer biotechnischen Produktionsstätte, wo zunächst der Wirkstoff des Antithrombotikums Hirudin mit gentechnischen Methoden hätte produziert werden sollen. Ende 1991 fasste die Konzernleitung den Beschluss, das längere Zeit umstrittene Biotechnikum nicht in Basel, sondern einen halben Kilometer entfernt am gegenüberliegenden Rheinufer in Huningue (Frankreich) zu errichten (Ciba 1993a). Das in den Jahren 1994–97 erstellte Biotechnikum vereinigt in drei Gebäudetrakten Produktion, Entwicklung sowie Forschungs- und Entwicklungslabors (Löwenstein 1994: 29).

Diesem Standortentscheid gingen in Basel heftige politische Auseinandersetzungen voraus, wobei sich die Ciba-Geigy über die mangelnde Akzeptanz gegenüber der Gentechnologie beklagte. Da sich aber die klinischen Prüfungen des Präparates Revasc in die Länge zogen, dieses eine wesentlich eingeschränktere Zulassung als erwartet erhielt und Novartis das Präparat letztlich sogar an Rhône Poulenc verkaufte, steht das seit 1997 bezugsbereite Biotechnikum in Huningue leer. Novartis beauftragte mit der Firma Madaus bei Köln sogar eine Drittfirma zur Produktion von Hirudin (EMEA 1997). Am 14. Januar 2000 gab Novartis Pharma bekannt, dass die Produktionsstätte ab Mitte 2002 zur Produktion des neuen Präparates Xolair (Anti-IgE, rhuMAb-E25) zur Behandlung von allergischem Asthma und Allergien genutzt werden wird. Das Biotechnikum wird hierfür zur Zeit mit einer Investitionssumme von 136 Millionen CHF ausgebaut. Bei vollem Betrieb der Anlage wird das Projekt erwartungsgemäss 100 neue Arbeitsplätze schaffen. Das neue Medikament entstammt einem Gemeinschaftsprojekt von Novartis mit den US-amerikanischen Firmen Tanox und Genentech. Um die frühestmögliche Einführung des Produkts bereits 2002 zu gewährleisten, wird zunächst Genentech Anti-IgE zur Verfügung stellen bis die Anlage in Huningue vollständig in Betrieb und in der Lage ist, der weltweiten Nachfrage gerecht zu werden (Novartis Pharma MR 2000b).

Neben dem Werk Klybeck betrieb die Ciba-Geigy eine Pilotanlage für die spezifische Entwicklungsproduktion auch in Summit. Zudem führte die Entwicklungsabteilung der Sandoz in East Hanover noch eine kleine Pilotanlage. Die Pilotanlagen haben die Aufgabe, genügend Wirksubstanzen für Entwicklungszwecke und die klinischen Prüfungen herzustellen. Je nach Mengenbedarf übernahmen sie allerdings auch die Produktion für die fortgeschritteneren Phasen. Die Nähe zu Forschung und Entwicklung erweist sich bei dieser sogennanten *Supply Production* als Vorteil (Caveng 1997; Wetter 1998; Sodano 1997).

Beide Firmen produzierten in Summit respektive East Hanover noch ältere und kleinere Produkte für den U.S.-Markt, deren Verlagerung vor der Fusion sich aufgrund der erforderlichen Validierungs- und Zulassungsverfahren der entsprechenden Anlagen als zu aufwendig erwiesen hätte. Zugleich war klar, dass diese Produktionslinien in absehbarer Zeit eingestellt würden. So wurde in Summit bis nach der Fusion ein bestimmtes Produkt hergestellt, dessen Verlagerung eine zu lange Zeit beansprucht und sich wirtschaftlich nicht gelohnt hätte. Weil dieses einem speziellen Zulassungsverfahren unterstand und nicht aus den USA hinaus verlagert werden konnte, wurde es schließlich nach East Hanover in die dortige Pilotanlage verlagert. Damit wurde die chemische Produktion in Summit endgültig geschlossen. Obwohl auch East Hanover kein Produktionsstandort mehr ist, betreibt Novartis diese Pilotanlage für spezifischen Entwicklungszwecke weiter (Caveng 1997; Wetter 1998). Zuvor stellte die chemische Produktion einige Zwischenprodukte und Wirkstoffe her, die hauptsächlich an die pharmazeutische Produktion in den USA weitergeleitet wurden. Die Anlage übernahm vor allem die letzten Synthesestufen von Stoffen, die aus Basel bezogen wurden (Sodano 1997). Der Entschluss, die chemische (Massen-)Produktion in East Hanover stillzulegen war geleitet vom Ziel, *economies of scale* zu erzeugen, den Auslastungsgrad der bestehenden Anlagen zu steigern und aufwendige *overhead costs* zu senken.

Aus Kapazitätsgründen führt Novartis die rein lokal orientierte Wirkstoffproduktion der früheren Indústrias Químicas Resende weiter. Das ist vor allem im Bedarf an den Wirkstoffen zweier älterer Präparate begründet. Trotz ihres langsam zurückgehenden Absatzes sind jedoch mittelfristig genügend Kapazitäten bereitzuhalten. Ob das Werk längerfristig mit entsprechenden Investitionen weiter betrieben wird, ist vorläufig offen (Wetter 1998). Diese chemische Produktionsstätte nahm im Jahre 1961 im Rahmen des vier Jahre zuvor von CIBA, Geigy und Sandoz gegründeten Joint Ventures Indústrias Químicas Resende S.A. ihren Betrieb auf. Die IQR gehörten zu jenen gemeinsamen Auslandsunternehmen, die gewissermaßen die Fusion zu Novartis um Jahrzehnte vorwegnahmen.

An der kleinen chemischen Produktionsstätte im indischen Kolshet hielt Sandoz bis zur Fusion fest. Allerdings scheinen im Novartis Management Zweifel über deren Zukunft zu bestehen. Noch immer macht man die Einschätzung, mit einer Anlage vor Ort bessere Chancen auf dem indischen Markt zu haben. Neben der weitgehenden Produktion für den Binnenmarkt stellt Kolshet auch ein Produkt her, das teilweise exportiert wird. Die Aufrechterhaltung des Werkes Kolshet in Indien dient noch einem anderen Zweck. Dieses Werk wäre aus Kapazitätsgründen eigentlich nicht nötig, aber es dient dazu, den indischen Markt nicht nur als Verkäufer, sondern auch beim Bezug von Rohmaterialien und Vorstufen besser zu erschließen. Das Werk Kolshet erfüllt somit auch Aufgaben der Qualitätskontrolle, da es aufgrund der Beziehungen mit lokalen Anbietern, die Qualität der Substanzen und die Zuverlässigkeit der Lieferanten besser beurteilen kann. Die Anlage in Jamshoro, Pakistan, hatte Sandoz allerdings bereits vor der Fusion geschlossen (Wetter 1998). Das von Ciba und der koreanischen Firma Chong Kun Dang 1994 vereinbarte 51:49-Joint Venture unter dem Namen Ciba CKD Biochem eröffnete erst 1997 eine Produktionsstätte zur Herstellung des Tuberkulosemittels Rifampicin in Mahad wird von Novartis unter dem Namen Novartis CKD Biochem weitergeführt.

Die Ciba begann bereits vor der Fusion ihre Misch- und Mahlfazilitäten in Stein zu konzentrieren und die entsprechenden Anlagen in den Werken Klybeck und Schweizerhalle stillzulegen. Sandoz hatte ihre Mahlanlage im St. Johann und rüstete auch das neue Werk Ringaskiddy mit diesen Fazilitäten aus. Novartis konzentriert diese Tätigkeit also im wesentlichen auf die beiden Standorte Stein und Ringaskiddy. Die Wahl der Mahlanlage hängt auch von dem erwünschten Mittelfluß ab, zum Beispiel davon, ob diese Tätigkeit und die nachfolgende galenische Produktion in der Schweiz erledigt werden soll oder nicht (Wetter 1998).

Die Produktionsstätten der Biochemie

Die Produktionsstätten des Tochterunternehmens Biochemie Ges.m.b.H. in Kundl, Österreich, bildeten bereits unter der Sandoz ein eigenes System, das allerdings für verschiedene Produkte mit der chemischen Produktion der Division Pharma verbunden war. Insbesondere für *Sandimmun*, das wichtigste Produkt von Sandoz, produziert die Biochemie in Kundl verschiedene Stufen über fermentative Prozesse. In Basel wird dieses Fermentationsprodukt aufgereinigt und modifiziert (Wetter 1998). Die spezifische Expertise der Biochemie liegt vorwiegend in fermentativen Produktionsprozessen, insbesondere für Beta-Laktam-Antibiotika wie Cephalosporine und Penicilline. Die chemische Produktion nimmt eine untergeordnete Rolle ein. Die Anlagen der Biochemie in Kundl dienen Novartis als Fermentationszentrum. Auch als Teil von Novartis baute die Biochemie ihre weltweit führende Stellung bei den Antibiotika weiter aus und erwarb 1998 von Hoechst Marion Roussel eine zusätzliche Produktionsstätte in Frankfurt. Die Biochemie modernisierte in der Folge diese Produktionsstätte für 85 Millionen DM. Am 3. Januar 2001 wurde bekannt, das die Biochemie sogar einen weiteren Wirkstoffbetrieb für Cephalosporin-Antibiotika von Anventis in Frankfurt übernommen hatte (Frankfurter Rundschau 2001). Mit der Übernahme des Penicillin-Geschäftes von Wyeth (ein Teil von American Home Products) in dreizehn lateinamerikanischen Ländern Ende 1999 verbesserte die Biochemie ihre Position in ganz Lateinamerika. Die Produktionsstätten werden als unabhängige Einheiten geführt und zeichnen sich durch spezifische Produktionsanlagen für bestimmte Zwecke aus. Das Unternehmen bietet rund 70 verschiedene Wirkstoffe und weit über 1000 Ausstattungsformen an. Die österreichische Biochemie GmbH erzielt ihre Verkäufe zu 50% in Europa, zu 24% in Asien und im Pazifikraum, zu 19% in Nord- und Südamerika und zu 7% in Afrika. Die Anzahl der Beschäftigten von Biochemie kletterte 1999 auf 3641 Mitarbeiterinnen und Mitarbeiter. Alleine in Österreich zählt die Biochemie etwas über 2000 Beschäftigte. Seit 1985 wurden um die 700

Tab. 8.8. Die Produktionsstätten der Biochemie

Kundl, Biochemie GmbH, Österreich	Die 1946 errichtete Produktionsstätte in Kundl beschäftigte im Jahr 1998 rund 1800 Mitarbeiterinnen und Mitarbeiter. Am Standort sind Hauptsitz, Forschung und Entwicklung, Produktions- und Ingenieureinrichtungen, Marketing, Logistik und Qualitätssicherung lokalisiert.
Schaftenau, Biochemie GmbH, Österreich	Im Jahr 1958 erwarb Biochemie die Alpine Chemische AG in Schaftenau, rund 15 Kilometer von Kundl entfernt. Dieser zweite Produktionsstandort wurde nach Abschluß der Verlagerung der Enzym- und Hormon-Produktion von Wien nach Schaftenau im Jahr 1977 zu einem weiteren Produktionsstützpunkt ausgebaut. Im November 1997 eröffnete Novartis hier eine neue Anlage zur Herstellung einer neuen Version des Präparats *Sandostatin LAR*. Die Produktionsstätte in Schaftenau mit rund 100 Beschäftigten produzierte 1999 Wirksubstanzen über chemische Synthese (z.B. Thyroidhormone) oder über die Extraktion von Tierorganen (z.B. Pancreatin, Heparin). Biochemie hat eine dominierende Stellung in diesen Sektoren.
Les Franqueses, Biochemie S.A., Spanien	Die Fabrik in Les Franqueses kam 1986 im Rahmen der Übernahme der Gema S.A. zur Biochemie und beschäftigte 1999 rund 150 Personen. Die Anlage ist das Center of Competence zur Herstellung von semisynthetischen Penicillinen (z.B. Amoxicillin) und benutzt eine Technologie ohne chlorierte Lösungsmittel.
Citerup bei Jakarta, P.T. Novartis Biochemie Indonesia	Das 1985 gegründete Joint Venture zwischen indonesischen Partnern, der Biochemie und Sandoz beschäftigte hatte 1999 rund 250 Angestellte. P.T. Novartis Biochemie Indonesia stellt wichtige Pharmazeutika wie Amipicillin und Amoxicillin für den heimischen Markt her. Neben diesen Aktivsubstanzen werden auch fertige pharmazeutische Darreichungsformen für die Biochemie und Novartis Produktlinien produziert.
Rovereto, Biochemie S.p.A, Italien	1995 übernahm Biochemie die Roferm SpA. in Rovereto und machte die Produktionsstätte zur zweiten Fermentationsbasis des Unternehmens. Rund 200 Beschäftigte produzieren Zwischenprodukte und Wirksubstanzen für Cephalosporine und macrolide Antibiotika (Erythromycin). Weitere Produktionsanlagen wurden für clavulanic Säure als Zusatz für humane Penicillin-Therapien und das Veterinärantibiotikum *Tiamutin* errichtet.
Frankfurt, Biochemie GmbH, Deutschland	- Ein drittes Fermentationszentrum erwarb Novartis im Jahr 1998 von Hoechst in Frankfurt. Um die 350 Angestellte sind mit der Produktion von verschiedenen Zwischenprodukten und Wirksubstanzen für antibiotische Pharmazeutika beschäftigt. - Cephalosporin-Betrieb im Jahr 2001 von Aventis übernommen.
Mahad, Indien	Die Ciba CKD Biochemie errichtete 1995/96 eine Produktionsstätte zur Produktion von *Rifampicin* und des Antibiotikums Cephalosporin. Heute fungiert das Unternehmen als Novartis CKD Biochemie.

Quellen: zusammengestellt aus: Sandoz (1978: 17), Novartis MR (1997b), info.novartis (1999a)

Millionen Euro in die Anlagen investiert (info.novartis 1999a; Novartis Austria 1999: 5; Biochemie 1999; Biochemie MR 2000).

Obwohl nicht im Rahmen der Evolution der Biochemie entstanden, ist auch die von der Ciba CKD Biochem in den Jahren 1995/96 errichtete Fabrik in Mahad, Indien, zur Produktion des Tuberkulosemittels *Rifampicin* und des Antibiotikums Cephalosporin eigentlich zu dieser Gruppe zu zählen. Im Jahre 2000 verstärkte sich Novartis Generika mit insgesamt sieben zum Teil bedeutenden Übernahmen in Europa, Nord- und Südamerika und in Australien. Allerdings betrafen die Übernahmen vor allem den Bereich der *retail generic* (Zimmermann 2000) (vgl. Kapitel 5 und 6 sowie Tab. 8.8 und Abb. 8.4).

Launchkonzept: Synthesestufen und räumliche Arbeitsteilung

Phasen und Stufen der Produktion. Grundsätzlich lässt sich die industrielle Wirkstoffproduktion in eine Pilot- oder Supplyproduktion sowie in drei Phasen der Marktproduktion unterscheiden. Die Pilot- oder Supplyproduktion stellt die Wirkstoffe für Entwicklungszwecke, insbesondere die klinischen Tests her. In diesem Stadium sind allerdings die Verfahren noch nicht fertig und werden weiterhin optimiert. Die Launchproduktion deckt den Wirkstoffbedarf in der Zeit der Produkteinführung. Entscheidend in dieser Phase ist die rechtzeitige und schnelle Bereitstellung der erforderlichen Wirkstoffmenge. Diese Phase wird je nach Unternehmen und Präparat auf rund zwei bis vier Jahre veranschlagt. Allerdings werden auch in dieser Phase die Produktionsverfahren nochmals optimiert bevor das *second generation manufacturing* oder *low-cost-manfacturing* einsetzt. Jetzt geht es darum, die erforderlichen Wirkstoffmengen möglichst kostengünstig herzustellen. Wenn die vorhandene Kapazität bereits für neue Produkte freigemacht werden muß und nachdem bereits Nachfolgeprodukte oder sogar Nachahmerprodukte auf den Markt gelangt sind, bietet es sich in einer dritten Phase an, Teile der Produktion auszulagern.

Die Wirkstoffe entstehen über mehrere chemische Synthesestufen und Reinigungsprozesse, die oftmals von verschiedenen Produktionsstätten getätigt werden. Die Ciba hatte z.B. etliche Produkte, deren Vorstufe in Grimsby und die Endstufe dann in Klybeck oder Schweizerhalle produziert wurden. Bisweilen verlief der Produktionsprozess auch zwischen mehreren Produktionsstätten hin und her, obwohl das eigentlich nicht erwünscht war. Zumeist erfolgt die Standortwahl aus pragmatischen Erwägungen, wenn ein neues Präparat dringend hergestellt werden muß. Bei Ciba wurde dann jene Produktionsstätte gewählt, die gerade über entsprechende Kapazitäten verfügte. Dadurch konnte eine eher ungünstige Pipeline entstehen. Im Laufe der Jahre wurde dann versucht, die Produktionsorganisation mit möglichst wenig Investitionen zu straffen und zu konsolidieren. Im Rahmen dieses Konsolidierungsprozesses konnten erneut Standortwechsel vorgenommen werden, wobei es in der Regel günstiger war, möglichst viele Stufen am gleichen Standort zu synthetisieren. Die Standortentscheide wurden also opportunistisch und unter dem Gesichtspunkt der Minimierung von teuren Investitionen gefällt. Der nachfolgende Abschnitt zeichnet diesen Prozeß am Beispiel des 1997 eingeführten Antihypertensivum *Diovan* nach. Die großen Mengen, der Zeitdruck und die Veränderung der Rahmenbedingungen infolge der Fusion haben schließlich zu einem recht komplizierten Muster des gesamten Produktionsablaufs geführt. Andererseits werden beispielsweise für *Exelon,* das 1998 eingeführte Präparat zur Behandlung der Alzheimer-Krankheit, alle intern getätigten Stufen in Basel hergestellt (Wetter 1998).

Das Launchkonzept von Novartis. Bereits vor der Fusion begann die Ciba eine Art Launchkonzept zu entwickeln. Nachdem die Ausbaustufen des Werkes Grimsby betriebsbereit waren, konnte man im Werk Schweizerhalle freie Kapazitäten durch die Verlagerung von Produktionsaufträgen nach Grimsby schaffen. Ein geeignetes Produktionsgebäude im Werk Schweizerhalle übernahm daraufhin schrittweise eine *'Launchsite-Funktion'* (Caveng 1997). Dieses Konzept war zwar weniger ausgeprägt als die erstmals von F. Hoffmann-La Roche stringent formulierte globale Produktionsstrategie für pharmazeutische Wirkstoffe. Roche entwarf bereits 1991 ein Konzept, das auf einer Trennung der Launchphase und des nachfolgenden *'low-cost-manufacturing'* beruhte. Diese Launch, also die Produktion der Wirkstoffe neu einzuführender Präparate, wird auf globaler Ebene von neu errichteten flexiblen Mehrzweckanlagen im Werk Basel und der 1997 eröffneten Fabrik in Florence, South Carolina, übernommen. Bemerkenswerterweise wurde diese Produktionsstätte an einem völlig neuen Standort ohne industrielle Tradition errichtet. Roche geht von einer Launchphase von bloß zwei bis drei Jahren aus. Das Aids-Präparat *Invirase*, dessen Umsatz explosionsartig anstieg, wurde sogar schon nach knapp zwei Jahren Launch in das sogenannte *'low-cost-manufacturing'* überführt (Hausmann 1997a; 1997b; Bruch 1997; roche magazin 1997). GlaxoWellcome implementierte zum Beispiel ein Lauchkonzept mit einer chemischen Produktionsstätte in Monrose (GB) und einer in Singapur (Hase 1994; Howells und Wood 1993; Polastro 1994).

In gewisser Hinsicht verfolgten die beiden Vorgängerfirmen von Novartis zwar auch schon ein Launchkonzept, aber eher 'intuitiv'. So war es für die Ciba-Geigy und erst recht für die Sandoz mit ihrem zentralen Produktionsstandort Basel eigentlich normal, neue Produkte aus Basel einzuführen. Die Nähe zur Entwicklung, die für die up-scaling Prozesse verantwortlich zeichnete, begünstigte den Know-how Transfer zur großmaßstäblichen Marktproduktion. Die Produktionsstätte in Grimsby wurde als Standort für Großprodukte konzipiert. Insofern praktizierte Ciba-Geigy eher implizit ein Launchkonzept.

Novartis systematisierte diesen Ansatz und verfolgt mittlerweile ein ausgeprägteres Launchkonzept, das aber dennoch weniger stringent ist, als jenes von Roche. Die Strategie besteht darin, neue Präparate primär in Basel zu produzieren, wobei die drei Werke Klybeck, Schweizerhalle und St. Johann als Gesamtproduktionskomplex verstanden werden. Nach der Einführungsphase von zwei bis vier Jahren wird die Produktion an die Standorte Grimsby und Ringaskiddy verlagert. Wenn das Medikament etabliert ist, können das Wachstum und somit auch die erforderlichen Produktionsmengen besser abgeschätzt werden. Mit dieser Kenntnis können die Produktionsabläufe weiter optimiert werden. Hierbei wird jeweils pragmatisch geprüft, welche Anlage sich am besten für bestimmte Stufen eignet.

Übergang von der Launchproduktion zur 'second generation' Produktion. Allerdings stellt der Übergang von der Launchphase in die Phase der reifen Produktion das Management vor eine beträchtliche planerische Herausforderung. Das Präparat muss in der neuen Anlage vorproduziert und validiert werden. Erst nach der Zulassung durch die FDA und die entsprechenden europäischen und anderen nationalstaatlichen Behörden kann die Produktion aufgenommen werden. Darum sind zu viele Transfers kostspielig und unerwünscht. Aber gerade die Fusion der beiden Produktionsorganisationen von Ciba und Sandoz brachte eine ganze Reihe solche Produktionstransfers mit sich, da die Vorteile rationellerer Produktionsverfahren den Aufwand der Transfers und Neuregistrierungen rechtfertigten.

Der Übergang von der Launch in die Großproduktion ist nicht abrupt und kann je nach Produkt und Kapazitätsbedingungen unterschiedlich sein. Novartis geht von einem Kapazitätsbedarf für vier Jahre Launchphase aus. Die technischen Operationen wollen nach Abschluß der aufwendigen Inspektionen, Validierungen und Zulassungen für die Lancierung nicht schon kurze Zeit später diesen Aufwand erneut auf sich nehmen. Ob und wann die Produktionsaufgaben aus der *'launch site'* in die Anlagen für die 'zweite Produktionsphase' verlagert werden, hängt natürlich in der konkreten Situation vom Kapazitätsbearf für neue Wirkstoffe und von den Verlagerungskapazitäten ab.

Die Zurückhaltung von Novartis, verglichen mit dem stringenteren Konzepte von Roche, mag einerseits daran liegen, dass die Fusion der beiden Produktionsorganisation immense Anstrengungen mit zahlreichen Umregistrierungen und Validierungen mit sich brachte, die prioritär zu bearbeiten waren. Andererseits wirken die unterschiedlichen historischen Gegebenheiten der Infrastruktur und die Verschiedenartigkeit der Produktionanforderungen der verschiedenen Präparate einer sofortigen theoretisch optimalen Restrukturierung entgegen.

Die Anlagen der Launchproduktion sind durchgängig Multipurpose-Anlagen, die flexibel an neue Erfordernisse bei Produktwechseln anpassbar sind. Im Gegensatz zu Roche, die im Zuge der Akquisition der US-Firma Syntex im Jahre 1994 auch mehrere Monoanlagen übernommen hatte, die sie für ganz spezifische Produktionsaufgaben in die eigene globale Produktionsorganisation integrierte, verfügt Novartis über sehr wenige Monoanlagen. So werden jeweils eine Anlage in Grimsby, in Ringaskiddy und Schweizerhalle für die allergrößten Produkte über längere Zeiträume genutzt. In der Regel wird auf Mehrzweckanlagen kampagnenweise produziert (Wetter 1998). Mehrzweckanlagen nehmen in der Herstellung pharmazeutischer Wirkstoffe bei europäischen Unternehmen seit langem eine wichtige Rolle ein. Das ist auch eine Konsequenz des in der Regel bescheidenen Bedarfs an Wirkstoffen in der Pharmaproduktion. Im Gegensatz dazu sind die Produktionsvolumen in der Farben-, Klebstoff- und Kunststoffproduktion um ein Vielfaches größer (Hausmann 1997a; Wetter 1998).

Life cycle und Outsourcing

Die Division Pharma von Ciba-Geigy suchte ab 1991 die Schaffung neuer Kapazitäten vermehrt im Outsourcing, nachdem klar wurde, dass sie nicht alle Werke konzentrieren kann. Die Produktion von alten Produkten, deren Patente abgelaufen waren, vergab sie vermehrt an Drittproduzenten. Zu dieser Zeit erwartete man, dass zum Beispiel die Zwischenprodukte für *Voltaren* ab dem Jahr 2000 vorwiegend von Dritten fabriziert würden. Um Kapazitäten für das neue Präparat *Diovan* bereitzustellen, begann das Outsourcing von *Voltaren*-Zwischenstufen bereits im Jahr 1996. Obwohl die Vergabe von Produktionsaufträgen an Dritte in den beiden Jahren vor der Fusion bereits recht stark zugenommen hatte, meinte Peter Caveng,

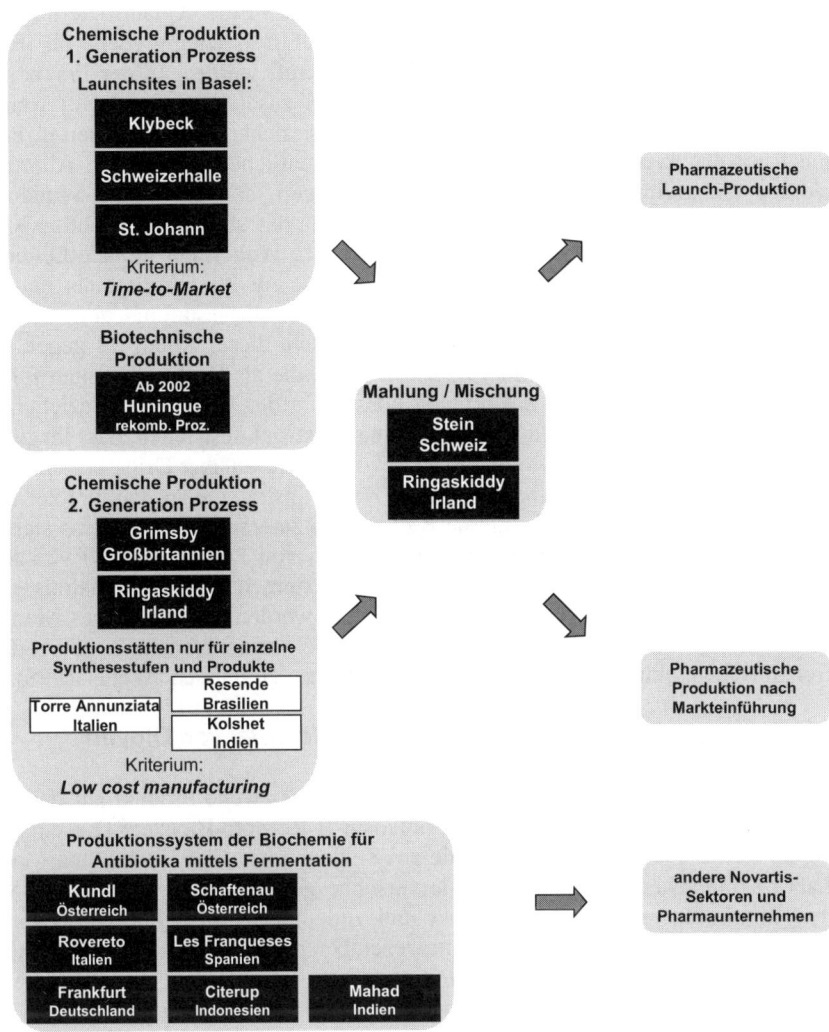

Abb. 8.4. Produktion der pharmazeutischen Wirkstoffe bei Novartis

der ehemalige Leiter des Departements Technik von Ciba, dass die Drittproduktion Ende 1996 immer noch unter 10% lag (Caveng 1997).

Ein wichtiges Anliegen der Produktionsorganisation ist es, die Produktionsvolumen über eine längere Zeit möglichst konstant zu halten. Das erlaubt es auch,
sparsam mit den Investitionsaufwendungen umzugehen und Umrüstungskosten zu
sparen. Um Kapazitäten für neue Produkte ohne Investitionen zu schaffen und das
eigene Produktionsvolumen möglichst konstant zu halten, bedienen sich die
Pharmaunternehmen vermehrt des Outsourcings. Daher kauft Novartis vor allem
bei neuen Produkten frühe Stufen vermehrt zu. Desgleichen wird die Produktion
der Wirkstoffe für reife Produkte am Ende des Lebenszyklus öfters teilweise,

weitgehend oder sogar vollständig ausgelagert. Eine Quantifizierung des Outsourcing ist nicht einfach und hängt von der Betrachtungsebene ab. Es ist normal, dass Vor- und Zwischenprodukte zugekauft werden. In der Praxis stellt sich dann die Frage, ob noch weitere Vorstufen zusätzlich ausgelagert werden. Eine rein finanzielle Betrachtung ermöglicht angesichts der komplizierten Preismechanismen keine präzise Beurteilung der eigentlichen Bedeutung. Allerdings werden nicht einzelne Zwischenstufen ausgelagert, sondern ganze Sequenzen, meistens am Beginn des Produktionsprozesse, um das strategisch wichtige Know how im eigenen Unternehmen zu halten. Hansjörg Wetter, der globale Leiter der chemischen Produktion von Novartis, schätzt dass zur Produktion einer neu entwickelten Substanz vielleicht um die 30% der Synthesestufen extern bezogen werden. In späteren Phasen des Lebenszyklus kann dieser Anteil bis gegen 70% und 80% steigen. Novartis pflegt zu den Firmen, die als Drittproduzenten fungieren oder auch in Notfällen einspringen können, in der Regel enge Beziehungen. Trotz dieser Unklarheiten für die Beurteilung, lässt sich feststellen, dass insgesamt eine zunehmende Tendenz für den Erwerb von Vorstufen über Dritte besteht.

Bei älteren Produkten strebt man eine Zweibeinstrategie an. Parallel zur eigenen Produktion beginnt man externe Kapazitäten zu erschließen, so dass sich das Verhältnis von interner und externer Produktion von 80:20 zu 30:70 verändert. Dieser Wandel und der Aufbau eines solchen externen Auftragsverhältnisses ist relativ kompliziert und muss frühzeitig geplant werden. Ein derartiges Management des Lebenszyklus erlaubt es, rechtzeitig die Kapazitäten für neue Produkte freizumachen, ohne allzu große Investitionen leisten zu müssen (Wetter 1998).

Der Wandel der Wirkstoffproduktion am Beispiel von Diovan

Diovan, mit dem Wirkstoffnamen Valsartan, ist das zweite Produkt auf dem sich rasant entwickelnden Markt der Angiotensin-II-Rezepto-Blocker. Die entscheidende Verbindung CGP 48933 wurde am 8. November 1989 zum ersten Mal im Labor synthetisiert. Nachdem die Tierversuche gezeigt hatten, dass CGP 48933 den Blutdruck kontinuierlich absenkt und zudem gut verträglich ist, begannen 1991 die ersten klinischen Studien. Im Dezember 1995 wurden die Dokumente für die Zulassung von *Diovan* gleichzeitig in Europa und den USA eingereicht. Schließlich konnte das Präparat, dank einer optimalen Planung und großem Einsatz der Beteiligten, im Juli 1996 in Deutschland erstmals auf den Markt gebracht werden. Die Entwicklungszeit dauerte insgesamt also nur sieben Jahre, was für die Ciba-Geigy deutlich unter dem Schnitt lag. *Diovan* gehört zu den erfolgversprechendsten Produkten von Novartis und verzeichnete 1999 eine Wachstumssteigerung von 78% auf 740 Millionen CHF. In ausgedehnten, weltweit angelegten klinischen Studien mit mehr als 35'000 Patientinnen und Patienten werden nun weitere potentielle Einsatzmöglichkeiten von *Diovan* untersucht (Müller 1996; Karabelas 1999b). Im Zuge der erfolgreichen klinischen Test musste zunächst die Ciba und anschließend Novartis eine Produktionsstrategie für die komplexe mehrstufige Synthese des Wirkstoffs entwickeln, die sowohl den kurzfristigen Bedarf abdeckte wie auch die Kapazitäten nach der erfolgreichen Lancierung des Präparats schuf. Diese konzeptionellen Arbeiten begannen im Juli 1995 (Kuhn 1999; Müller 1997).

Weil Ciba nicht rasch genug die nötigen Kapazitäten organisieren konnte und zum Teil gewisse Technologiedefizite bestanden, bezog man von Anfang an eine Synthesestufe von der Firma Nobel im Rheinland, die über die entsprechende Technologie für die großmaßstäbliche Produktion verfügte. Diese Stufe wurde dann im Werk Schweizerhalle auch eingebaut, um anschließend die Versorgung im Verhältnis 50:50 mit der Partnerfirma aufzuteilen. Im Rahmen dieses Abkommens verschuf sich Ciba, respektive Novartis, Zugang zur entsprechenden Produktionstechnologie. Im Werk Grimsby machte Ciba die ersten fünf Stufen des Wirkstoffs in einer beschränkten Menge. Eigentlich verfügte Ciba über zu wenig Kapazitäten hierfür, entschied sich aber dennoch zur Produktion dieser Stufen, um zu wissen, wie hoch die Produktionskosten überhaupt sind. Denn zuvor hatte Ciba auch Stufen von Drittfirmen zu überhöhten Preisen bezogen. Nun zeigte sich, dass die Produktion wesentlich günstiger zu machen war. Damit bekam Ciba eine bessere Verhandlungsposition gegenüber Drittproduzenten. Denn man wollte diese Stufen weiterhin über Dritte beziehen, um die eigenen Kapazitäten anderen, profitableren Produktionszwecken zuzuweisen. Schließlich vergab Ciba diese Produktionsstufen auch an die Firma Rohner in Pratteln (bei Basel) und konnte damit einen zusätzlichen Preisdruck auf die Zulieferer ausüben. Eine Anlage im Werk Schweizerhalle erhielt die Funktion einer Launchsite und übernahm dann die Synthesestufen 6 bis 10. Allerdings war klar, dass weder in Grimsby noch in Schweizerhalle oder in Klybeck genügend Kapazitäten für die nächsten beiden Ausbaustufen bestanden (Caveng 1997).

Da früher als erwartet ein relativ hoher Wirkstoffbedarf von rund 60 Tonnen anfiel, entschied man sich im Oktober 1995, einen Teil der Produktionsstufen im Basler Werk Klybeck im Gebäude K-640 herzustellen. Im Frühjahr und Juli 1996 erhielt man die entsprechenden Bewilligungen. Allerdings mußten zuvor eine Voltarenvorstufe nach Grimsby verlagert und eine ursprünglich für *Trileptal* eingerichtete Anlage genutzt sowie gleichzeitig einige Stufen zugeliefert werden. Im Juni 1997 lief die Produktion der ersten Stufen der Valsartan-Produktion im Klybeck an. Parallel dazu wurden im gleichen Gebäude immer noch die Wirkstoffe für die großen Ciba Produkte *Voltaren* und *Tegretol* produziert. Die Anlage im Bau K-640 nahm Ende November 1997 die volle Produktion von Valsartan auf (Caveng 1997; Müller 1997).

Um den längerfristigen Bedarf zu decken, mussten im Rahmen einer zweiten Ausbaustufe bis 1999 zusätzliche Kapazitäten geschaffen werden. In diese Zeit fiel die Fusion von Ciba und Sandoz zu Novartis. Das modifizierte Konzept wies nun die Hauptaufgaben den Werken Schweizerhalle und Ringaskiddy zu (Caveng 1997; Müller 1997; Kuhn 1999). Eine verhältnismäßig günstige und rasche Möglichkeit ergab sich durch den Umbau eines bestehenden Gebäudes im Werk Schweizerhalle. 1993 hatte die Ciba ihre Farbstoffproduktion reorganisiert und im Dezember 1993 das Produktionsgebäude 2084 geschlossen. Damals hatte die Ciba die Apparaturen demontiert und an verschiedenen Standorten in Großbritannien, China, im Werk Klybeck und im benachbarten deutschen Grenzach wieder eingesetzt. Die weitere Verwendung des Gebäude blieb mehrere Jahre ungewiss. Der frühere Werksleiter Gunzinger bot das Gebäude gar dem Kanton Basellandschaft zur Unterbringung der Abteilung Chemie der damaligen Ingenieurschule an (Kuhn 1999).

Die Fusion von Ciba und Sandoz zu Novartis und die Ausgliederung der Spe-zialitätenchemie brachten eine Klärung. Im September 1996 fällten die Verant-wortlichen der entstehenden Novartis den Entscheid, das Gebäude 2084 im Hin-blick auf den strategischen Ausbau der Pharma-Produktion zu übernehmen (Müller 1996). Man entdeckte, dass sich die dreißig Jahre alte Konstruktion her-vorragend für die Pharmaproduktion eignet. Am 12. Dezember 1996 wurden schließlich 162 Millionen CHF bewilligt und die Umbauarbeiten aufgenommen (Mamane 1997b). Der Umbau des Gebäudes ließ sich ohne aufwendige Verände-rungen an der Baukonstruktion bewerkstelligen. Ein Drittel des Gebäudes wurde eingerichtet. Die übrigen zwei Drittel des Gebäudes dienen weiterhin als Reserve für die pharma-chemische Produktion (Müller 1996). Bereits im Mai 1997 began-nen die Handwerker mit der Montage der computergesteuerten Produktionsanla-gen und Apparaturen. Die Produktion nahm im Januar 1999 ihren Betrieb auf. Bis zur offiziellen Einweihung am 16. September 1999 wurden alle fünf chemischen Zwischenstufen in Betrieb genommen (Kuhn 1999).

Mit dieser Einrichtung und Modernisierung des Baus 2084 für die Produktion von Pharma-Wirksubstanzen wurden rund 60 Arbeitsplätze geschaffen. Ab dem Jahr 2001 ist gar die Umstellung auf einen 7-Tage-Betrieb vorgesehen, um die Lieferung des Wirkstoffs zu garantieren. Die Investitionen in das neue Pharma-produktionsgebäude vervollständigten somit ein Konzept, zu dem auch die Pro-duktionsanlagen 2060 in Schweizerhalle und 640 in Klybeck gehören. Die Anlage im K-640 zeichnet sich durch einen hohen Automationsgrad aus und ist somit gut für die Produktion großvolumiger Produkte im Ganzjahresbetrieb geeignet. Die Investitionen beliefen sich schließlich auf insgesamt 170 Millionen CHF, die zu 80% an schweizerische Unternehmen vergeben wurden (Kuhn 1999; 2000).

Die Synthesekette von *Diovan* bestand Ende 1999 aus zehn chemischen Syn-theseschritten. Die Stufen 1 bis und mit 5 werden zugekauft. Die Stufe 5 wird von rund einem halben Dutzend Firmen angeboten und von vielen Pharmafirmen für verschiedenste Produkte eingesetzt. Das Werk Grimsby stellt diese Stufe ebenfalls her. Die neue Anlage im Bau 2084 in Schweizerhalle ist nun für die Produktion der Stufen 6 bis und mit 9 zuständig. Die Produktionsstätte in Ringaskiddy in Irland übernimmt die letzte Synthesestufe. Das Werk Stein schließlich verarbeitet dann den Wirkstoff in die gewünschte Darreichungsform. Im Vergleich zu ande-ren Wirkstoffen handelt es sich bei Valsartan um große Produktionsvolumen (Kuhn 2000). Die mehrfachen Änderungen des Produktionskonzeptes zeigen, dass sich strategische und taktische Entscheide vielfach überlagern. Die tatsächliche Konfiguration und Organisation der Wertschöpfungskette ist somit sowohl Ergeb-nis von pragmatischen Entscheiden als auch von langfristigen Konzepten.

8.4.2 Pharmazeutische Produktion

Im Hinblick auf die Verschmelzung der Organisation der pharmazeutischen Pro-duktion hatte Novartis an den Ergebnissen der unmittelbar vor der Fusion von Ciba und Sandoz realisierten Restrukturierungsprogramme anzusetzen. Ciba hatte Anfang der neunziger Jahre das Konzept *EFI* lanciert, das den drei Werken Bar-bera del Vallés, Torre Annunziata und Huningue jeweils spezifische galenische Formen für die Belieferung der Märkte Spanien, Frankreich, Italien und Belgien zuwies. Sandoz hatte gleichzeitig ihr *Euroguide*-Konzept verwirklicht. Dieses spezialisierte die Fabriken europaweit auf bestimmte galenische Formen und wies gewissen Anlagen zugleich die Aufgabe der Lancierung neuer Produkte entsprechend ihrer galenischen Form zu. Auch in den USA waren beide Konzerne zum Zeitpunkt der Fusion mitten in umfassenden Reorganisationsprogrammen. Die Ciba baute am Standort Suffern, New York, ein brandneues Werk, wohin die restliche Produktion aus Summit verlagert werden sollte. Die Sandoz war daran, einen Großteil ihrer pharmazeutischen Produktion von East Hanover in das stark erweiterte Werk in Lincoln, Nebraska, verschieben. Die historischen Hauptstandorte der Konzerne in New Jersey, Summit und East Hanover, sollten in Zukunft primär große Forschungs- und Entwicklungszentren sowie die Administrations- und Hauptsitzfunktionen beherbergen.

Die Novartis-Fusion fiel also für beide Vorgängerkonzerne in eine Phase umfassender Umstrukturierungen der pharmazeutischen Produktion. Wie ging der neue Konzern mit dieser Situation um? Das naheliegende bestand darin, zu versuchen, bereits begonnene Ansätze so weit als möglich konzeptionell miteinander zu verknüpfen und weiterzutreiben. Die erwünschten Synergiegewinne und eine verbesserte Auslastung der Kapazitäten waren aber nur mit weiteren radikalen Rationalisierungsschritten zu erzielen. Gegenüber den Konzepten von Ciba und Sandoz setzte Novartis zu einem 'Quantensprung' an, wie sich Peter Krebser, der globale Leiter der pharmazeutische Produktion von Novartis, ausdrückte (Krebser 1998).

Novartis nahm vollends eine kontinentale und bisweilen transatlantische oder gar weltweite Perspektive der Umstrukturierungen an. Die pharmazeutische Produktion wurde weltweit in die Großregionen Europa, USA, Amerika (Kanada und Lateinamerika), Japan, Asien-Pazifik und Afrika gegliedert. Die Reorganisation der Produktion vollzog sich jeweils innerhalb dieser territorialen Einheiten und überschritt diese bei besonderen Aufgaben, wie zum Beispiel der Zuweisung globaler Launchaufgaben an bestimmte Werke. Eine spezielle Situation ergab sich bei der Integration Kanadas. Die Anlage in Whitby bildet zwar hinsichtlich der Produktionsstrategie mit den Anlagen in den USA einen Verbund, administrativ gehört die kanadische Pharmaorganisation hingegen zur Region Amerika (Krebser 1998). Die Dimension der Restrukturierungen und Rekonfigurationen der galenischen Produktion auf Weltebene ist beträchtlich. Ciba und Sandoz betrieben zum Zeitpunkt der Fusion insgesamt 52 galenische Fabriken. Novartis Pharma reduziert(e) die Produktionsinfrastruktur auf ganze 25 galenische Werke weltweit. Gemäß einem 1998 formulierten Konzept will Novartis Pharma im Jahre 2002 noch 20 Produktionsstätten betreiben (Acklin und Achenbach 1999; Galle 2000).

Das Konzept Europool

Für Europa verfolgte der Sektor Pharma das *Europool*-Konzept, das die Fabriken in sieben Ländern in einem Verbund vereinigte.
Das Konzept hat drei Hauptkennzeichen (Krebser 1998):

- Pro Land wird nur eine Produktionsstätte weiter betrieben, mit Ausnahme Frankreichs und einer längeren Übergangszeit in der Türkei. Der Europool setzt sich aus den Werken Stein, Wehr, Huningue, Orléans, Horsham, Barbera del

Vallés, Torre Annunziata, Levent und Bakirköy zusammen. Die Produktionsstätten St. Johann, Nürnberg, Sarria und Horsforth wurden bis spätestens Ende 1999 stillgelegt oder wie im Falle der ehemaligen Sandoz-Anlage in Milano über ein Management buy out veräußert.

- Jede der sieben verbliebenen Produktionsstätten erhält das Produktionsmandat für eine bestimmte galenische Darreichungsform in der Regel als europäisches und in gewissen Fällen als weltweites 'supply center'.
- Bestimmte Werke werden zu 'launch sites' ausgebaut und erhalten das Mandat zur Einführung bestimmter Darreichungsformen.

Eine systematische Trennung der Produktionsstätten nach Marktformen, also in verschreibungspflichtige und patentgeschützte Präparate, Selbstmedikationsmittel und Generika, wurde kurzfristig nicht angestrebt. In einer ersten Phase stand die Integration der Produktionssysteme beider Konzerne im Vordergrund. In einer weiteren Phase ab dem Jahr 2000 wurde die Allokation der Medikamente auf die Produktionsstätten nochmals systematisch überprüft und optimiert (Krebser 1998).

Schweiz: Schließung von St. Johann, Stärkung von Stein. Im Mai 1997 gab der Sektor Pharma einige Elemente des neuen Europool-Konzeptes bekannt, die die Standorte in der Schweiz betrafen. Diese Maßnahmen wurden seither schrittweise umgesetzt (Mamane 1997a; Novartis MR 1997a; Raupp 1997; Acklin und Achenbach 1999). Novartis kündigte an, in den folgenden drei bis vier Jahren (also bis Ende 2000) rund 200 Millionen CHF in den Ausbau des Werkes Stein zu investieren, um die pharmazeutische Produktion hier zu konzentrieren. Die Produktionslinien der festen und flüssigen Arzneiformen, die Crèmes und Suppositorien der pharmazeutische Produktionsstätte im Werk St. Johann wurden schrittweise in die Werke Stein (sterile Formen, einen Teil der festen Formen), Huningue (flüssige Formen, Suppositorien), Wehr (Salben, einen Teil der festen Formen), sowie Torre Annunziata und Barbera del Vallés (jeweils feste Formen) verlagert.

Novartis zählte Ende 1996 in der pharmazeutischen Produktion (Herstellung, Verpackung, Qualitätskontrolle) in der Schweiz 1466 Beschäftigte. Davon arbeiteten 1068 im Werk Stein und 398 auf dem St. Johann Areal in Basel (Raupp 1997). Die Restrukturierungen ermöglichten bedeutende Produktivitätssteigerungen. Sie führten zum Abbau von 500 der insgesamt 1466 Arbeitsplätze (davon 100 Temporäre) in der pharmazeutischen Produktion in der Schweiz. Diese Zahl umfaßte einen Teil des bereits 1996 bekanntgegebenen fusionsbedingten Abbaus von 3000 Stellen in der Schweiz. Den Beschäftigten im Werk St. Johann wurden teilweise Stellen in Stein angeboten. Dieser Stellenabbau betraf auch rund 200 Grenzgängerinnen und Grenzgänger aus dem Elsass und aus Südbaden. Jene aus Frankreich konnten unter Umständen zum ebenfalls im Ausbau begriffenen Werk Huningue wechseln. Novartis Pharma prüfte auch eine Variante, die die Verlagerung der Produktion und Verpackung aller fester Formen in andere Länder beinhaltete. Diese hätte den Abbau von 900 Stellen bedeutet (Dentz 1997a; Mamane 1997a).

Im Werk Stein, das Ende 1996 doppelt so viel produzierte wie das Werk St. Johann, wurde die Produktion von sterilen Applikationsformen, der transdermalen therapeutischen Systeme TTS und eines breiten Sortiments an festen Arzneiformen für den Export konzentriert. Das Werk wurde verantwortlich für die gesamte Produktion der sterilen Präparate und *launch site* für die Herstellung von 90% aller Solidas (Tabletten, Kapseln, Dragées) und für die TTS. Hier werden auch neue Produktionstechnologien zuerst eingesetzt. Die in Stein hergestellten Präparate werden zu 90% in 120 Länder exportiert.

Im Rahmen der Restrukturierungen hob das Werk Stein Ende März 1999 die Abteilung 'Halbfeste Formen' im Gebäude 110 auf. Salben und Liquida werden fortan vorwiegend in Wehr, Huningue und Bakirköy hergestellt und verpackt. Die betroffenen Mitarbeiter fanden in anderen Abteilungen neue Stellen. Die Abteilung 'Halbfeste Formen' hatte u.a. das *Voltaren Emulgen* für den Export, sogar für China, produziert. Die bewährten sogenannten 'Moltomaten' zur Herstellung der Salben stammten teilweise noch aus den sechziger Jahren. Die Herstellung und Abfüllung von Salben hatten seit der Betriebsaufnahme zu den Hauptaktivitäten des Werkes gehört. Die Abteilung 'Halbfeste Formen' hatte zudem im Lohnauftrag für CIBA Vision Aerosole wie beispielsweise den *Locacorten*-Schaum oder die *bottle-packs* gefertigt, und beispielsweise auch Aufträge für den Sektor Tiergesundheit von Ciba respektive Novartis und die Firma Binella bearbeitet (Schaub 1999b).

Nahezu zeitgleich mit der Aufhebung der Abteilung 'Halbfeste Formen' erfolgte im März 1999 die Inbetriebnahme einer neuen Rotationsanlage zur Herstellung von Transdermalen Systemen im Bau 111. Hier wird u.a das Hauptpflaster-Präparat *Estragest TTS* zur Hormonsubstitution nach der Menopause in zwei unterschiedlichen Dosierungen hergestellt. Ein modernes Prozessleitsystem ermöglicht die Speicherung mehrerer Produktrezepte. Darum muss die Anlage beim Umstellen auf ein anderes Produkt nicht neu parametriert werden. Die Kosten für die in zweijähriger Bauzeit errichtete Anlage beliefen sich auf 10,5 Millionen CHF. Die Planungsarbeiten führte die in der Region beheimatete Werkzeug- und Maschinenbau Firma Rohrer in Möhlin aus (Schaub 1999b). Neben Stein als *launch site* stellt nur noch das Werk Suffern im US-Staat New York TTS her (Krebser 1998).

Im Rahmen von Europool wurde 1998 zunächst eine Verpackungslinie für *Sandimun Neoral* vom Werk Nürnberg und im Januar 1999 eine zweite vom Werk St. Johann in Basel nach Stein verlagert. Bis Mitte des Jahres 2000 wurden die restlichen beiden Verpackunganlagen im Werk St. Johann ebenfalls nach Stein verschoben. Die *Sandimmun / Neoral* Kapseln, eingesiegelt in von Novartis neu entwickelten Vollaluminium-Blisterpackungen, werden von Stein in nahezu alle Märkte, außer in die USA, exportiert (Schaub 1999a).

Die Eröffnung des neuen Sterilbaus 303 am 23. November 1999 bedeutete die weitaus größte und strategisch wichtigste Erweiterung des Werkes. Diese geht teilweise noch auf Planungen der Ciba im Jahr 1993 zurück. Das ursprüngliche Investitionsvolumen betrug 250 Millionen CHF. Die Ciba nahm bereits vor der Fusion anfangs 1996 einen Teil des Sterilbaus in Betrieb. Novartis Pharma beschloss schließlich, die gesamte Sterilproduktion konzernweit in Stein zu konzentrieren und bewilligte abermals 150 Millionen CHF für die Erweiterung der Produktionsstätte. Diese Investitionen von insgesamt 400 Millionen CHF bewirkten auch die Schaffung von rund 200 neuen Stellen. Insgesamt zählt das Werk aber weiterhin rund 1100 Beschäftigte. Die Sterilabteilung wird nach der vollständigen Inbetriebnahme rund 180 Millionen Flüssigampullen und Vials herstellen. Bei den festen Formen liegt der jährliche Ausstoß bei 2,5 bis 3 Milliarden Stück oder 80 bis 90 Millionen Packungen (Acklin und Achenbach 1999; Novartis MR 1999g). Das Werk Stein erfuhr im Rahmen des Konzeptes EFI der Ciba Anfang der neunziger Jahre und im Zuge der Novartis-Fusion Ende der neunziger Jahre also eine gewaltige Aufwertung. In keiner pharmazeutischen Fabrik hatten Ciba, Sandoz und Novartis jemals soviel investiert wie in Stein. Auch das neue Pharmawerk in Suffern, New York, nimmt trotz des ebenfalls beträchtlichen Investitionsvolumens eine nicht annährend so strategisch zentrale Rolle wie Stein ein.

Frankreich: einziges Land mit zwei Produktionsstandorten. Anfang Oktober 1996 gaben Ciba und Sandoz in Frankreich bekannt, dass im Zuge der Fusion bis Ende 1999 rund 600 Stellen abgebaut und zugleich 250 Stellen geschaffen würden. Der Nettoverlust von 350 Arbeitsplätzen sollte ohne Entlassungen umgesetzt werden. Zu dieser Zeit zählte Ciba 3600 und Sandoz 3000 Beschäftigte in Frankreich. Bemerkenswerterweise sollten alle insgesamt 25 Administrations- und Produktionsstandorte erhalten bleiben. Der Plan sah vor, 220 Arbeitsplätze im administrativen Bereich und 266 in den pharmazeutischen Bereichen, die insgesamt 2000 Beschäftigte hatten, zu streichen. Im Gegenzug sollten in der Division Pharma 62 Stellen neu geschaffen werden (Les Echos 1996; Dentz 1997b).

Novartis France wurde offiziell am 16.April 1997 gegründet. Mit einem Umsatz von 10,25 Milliarden FRF ist die französische Konzerngesellschaft nach der US-amerikanischen und der deutschen die drittstärkste des Konzerns. Novartis zählte Anfang 1997 5220 Beschäftigte an 17 Standorten. Mit einem Umsatz von 3,9 Milliarden FRF war Novartis Pharma 1996 der fünftgrößte Pharmakonzern in Frankreich (Dentz 1997b; L'Alsace 1997). Der Hauptsitz von Novartis Pharma S.A. liegt weiterhin in Rueil-Malmaison bei Paris. Novartis Pharma beschäftigte im Frühjahr 1998 etwas weniger als 1700 Beschäftigte, wovon 600 in Rueil arbeiteten. Nur je 300 bis 350 Beschäftigte arbeiteten in den Produktionsstätten Huningue bei Basel und Orléans. Ein großer Teil der restlichen Beschäftigten war in der Verkaufsorganisation angestellt (Lederer-Ganse 1998a).

Die *Laboratoires de Huningue* produzierten 1996 50 Millionen Einheit nichtfester Medikamente wie Ampullen, Suppositorien, Tropfen, Crèmes und Pommaden (L'Alsace 1997). Diese bereits von der Ciba im Rahmen des EFI-Konzeptes vorangetriebene Spezialisierung wurde von Novartis mit dem Europool-Konzept weiter verstärkt. Zugleich wertete das Europool-Konzept die Fabrik in Huningue zur globalen Launchsite für Liquidas auf (Krebser 1998). Die Produktionsstätte spezialisiert sich fortan auf die Produktion und Verpackung von nicht-festen Darreichungsformen wie Nasalsprays, Sirupen, Ampullen, Suppositorien, Crèmes und Gels. Die jährliche Produktion wurde bis Ende 2000 auf ungefähr 80 Millionen Einheiten gesteigert. Für die Erweiterung wurden in derselben Periode Investitionen in der Höhe von 100 Millionen FRF geleistet. Die Zahl der Beschäftigten erhöht sich von 325 auf knapp 400. Die größte Investition (52 Millionen FRF) betraf die Vergrößerung der Anlagen zur Herstellung von Liquida. Deren Kapazität wurde von 4 auf 30 Millionen Verpackungseinheiten gesteigert. Die Produktionsstätte produziert namentlich auch Nasalsprays für den amerikanischen Markt. Die Suppositorien-Sektion wurde ebenfalls vergrößert. Die Fabrik in Huningue übernahm zudem die Liquida und Suppositorien aus dem geschlossenen benachbarten Werk St. Johann in Basel. Andererseits wurden vier Verpackungslinien für

Pflaster von Huningue nach Orléans transferiert (Dentz 1997a; 1998; Raupp 1997; Les Echos 1998; Lederer-Ganse 1998a).

Die Produktionsstätte Orléans konzentriert sich im Rahmen des Europool-Konzeptes fortan auf die Herstellung von Tabletten (vor allem auf Brausetabletten, für deren Produktion sich das Werk im Laufe der Zeit eine einzigartige Expertise angeeignet hatte), Beuteln, Sirupen und die Verpackung der TTS (transdermale therapeutische Systeme). Die Verlagerung von Anlagen nach Orléans, namentlich Tablettiermaschinen und Verpackungslinien von anderen Standorten (Großbritannien, Deutschland, Spanien und Italien) beanspruchte 25 Millionen FRF. Dazu kam noch der Transfer von vier Verpackungslinien für TTS Pflaster von Huningue nach Orléans. Obwohl die Fabrik mit Investitionen von insgesamt 100 Millionen FRF bis Ende 1999 ausgebaut wurde, reduzierte sich die Zahl der Beschäftigten von 370 auf 300 Stellen (Dentz 1998; Les Echos 1998; Lederer-Ganse 1998a).

Frankreich ist das einzige Land, wo innerhalb der Europool-Organisation weiterhin zwei Produktionsstätten bestehen. Ein Grund für den Erhalt beider Fabriken in Frankreich lag im vorhandenen Spezialwissen bei der Herstellung von Brausetabletten in Orléans. Noch wichtiger war aber, dass die Aufrechterhaltung beider Produktionsstätten eine *„unabdingbare Voraussetzung war, um eine gesunde Basis für Verhandlungen mit der Regierung zu haben"*, wie sich Bernard Chalchat, der Leiter des Sektors Pharma in Frankreich, ausdrückte (Lederer-Ganse 1998a). In Frankreich schließt die pharmazeutische Industrie, vertreten durch den Industrieverband SNIP, alle vier Jahre einen Rahmenvertrag mit dem von der Regierung bestellten *Comité Economique des Médicaments*. Innerhalb dieses Rahmenvertrages handeln die einzelnen Pharmaunternehmen ihre eigenen Verträge mit dieser Instanz aus. Diese Verträge regeln die Preise und Bedingungen, die erfüllt werden müssen, damit Registrierungen speditiv erledigt werden. Im Gegenzug verpflichten sich die Pharmaunternehmen zum Beispiel, die Werbungskosten niedrig zu halten, eine bestimmte Anzahl von Arbeitsplätzen anzubieten und verantwortungsvoll mit Medikamenten umzugehen. Im Hinblick auf die Aushandlung eines neuen Rahmenvertrages und neuer Einzelverträge ging es der Leitung Division auch darum, mit dem Erhalt beider Produktionsstätten auf anderen Feldern bessere Bedingungen zu erhalten. Dies umsomehr als das fertiggestellte Biotechnikum in Huningue angesichts der Schwierigkeiten mit dem Produkt Hirudin (vgl. Abschnitt 8.4.1) immer noch keiner neuen Aufgabe zugeführt werden konnte (Lederer-Ganse 1998a). Aufgrund der ungenügenden Auslastung des Werks entschlossen sich die *Technical Operations* von Novartis Pharma das Werk dennoch zu verkaufen. Seit 2001 betreibt die griechische Pharmafirma Famar das Produktionsstätte. Famar erledigt weiterhin Produktionsaufträge für Novartis Pharma. Zugleich agiert Famar als *contract manufacturer* auch für andere Auftraggeber. Die 310 Beschäftigten sollen unter den bisherigen Bedingungen angestellt bleiben. Bereits 1995 verkaufte die Sandoz ihr Werk in Athen an Famar, die auch dort weiterhin Sandoz respektive Novartis Präparate fertigte (Les Echos 2000). Die zumindest zeitweilige Weiterführung beider Fabriken in Frankreich zeigt, dass spezifische politische Regulierungen und politische Kräfteverhältnisse in wichtigen Märkten durchaus ihre Wirkung auf das strategische Verhalten global aktiver Konzerne haben können.

Deutschland. Im Rahmen der Fusion schuf Novartis Deutschland jeweils eine Zentrale für die Sektoren Pharma, Selbstmedikation, Pflanzenschutz und Saat. Der Pharmahauptsitz kam nach Nürnberg, dem bisherigen Standort von Sandoz Pharma. Der Bereich Medizin der Ciba zog von Frankfurt ebenfalls nach Nürnberg. Die pharmazeutische Produktion in Nürnberg wurde hingegen auf Ende 1999 geschlossen. Diese wurde zum großen Teil nach Wehr und in einigen Fällen nach Stein verlagert (z.B. Verpackungslinie von *Sandimmun / Neoral*). Der Ciba-Standort Wehr wurde einerseits Hauptsitz der deutschen Konzerngesellschaft und andererseits zentrale pharmazeutische Produktionsstätte in Deutschland (interaction 1996b; Europa Chemie 1996; Schaub 1997a).

Novartis Pharma GmbH in Wehr erhielt im Rahmen des Projekts 'Euronova', der deutschen Anwendung des europäischen 'Europool-Konzeptes', einen neuen Produktionsauftrag. Dieser umfasste die Produktion von Tabletten und Dragées für Deutschland und Europa sowie von Gels und Salben als *launch site* für den weltweiten Markt (Krebser 1998).

Die Implementierung dieses Programms war mit Erweiterungsinvestitionen von 30 Millionen DM verbunden, die das Produktionsvolumen von 42 Millionen Packungen in 1997 auf 68,4 Millionen Packungen im Jahr 1999 steigerten. Damit war eine Steigerung der Beschäftigtenzahl von 250 auf 380 in diesen zwei Jahren vorgesehen (Novartis Deutschland MR 1997; Schaub 1997a). Insgesamt führte die Fusion in Wehr jedoch zu einem Arbeitsplatzabbau, weil 200 Stellen in der ehemaligen Ciba-Zentrale (Finanzen, Administration, Personal, Technik) und durch die Verlagerungen der Ciba Spezialitätenchemie wegfielen (Erbacher 1997).

Gleichzeitig restrukturierte Novartis auch den Sektor Consumer Health in Deutschland. So wurde der Selbstmedikationsbereich der ehemaligen Sandoz von Nürnberg nach München verlagert, wo der Sitz von Novartis Consumer Health lokalisiert wurde. Die Produktion der ehemaligen Zyma in München wurde Ende 1998 geschlossen respektive an andere Standorte verlagert. Die OTC-Produktion in Berlin blieb dagegen vorerst bestehen (interaction 1996b; Europa Chemie 1996; Schaub 1997a).

Im Pharmasektor strich Novartis 400, in der gesamten deutschen Konzerngesellschaft 750 Stellen. 200 Stellen erübrigten sich in der Zentrale (Finanzen, Administration, Personal, Technik) in Wehr. Infolge der Produktionsverlagerungen vor allem von Nürnberg, aber auch anderen Standorten, entstanden in Wehr aber wieder 150 Arbeitsplätze. Die Schließung der Selbstmedikations-Produktion in München führte zum Abbau weiterer 150 Stellen (Erbacher 1997).

Großbritannien. Bereits vor der Fusion hatte die Sandoz im Rahmen der geplanten Straffung der pharmazeutischen Produktion auf fünf Produktionsstätten in Europa die Schließung der Fabrik in Horsforth vorbereitet. Sandoz wollte nur noch ein Verpackungszentrum in Horsforth belassen (Krebser 1998). Andererseits hatte Ciba-Geigy im Zuge der Zusammenfassung der pharmazeutischen Produktion in Horsham und der Übergabe des ehemaligen Geigy-Werkes in Macclesfield an CIBA Vision die Einrichtungen in Horsham Ende der achtziger Jahre stark ausgebaut. Insofern lag es nahe, wie in der Forschung und Entwicklung, den Ciba-Standort Horsham auch zum Produktionszentrum für Novartis auszubauen. Die Fabrik der Sandoz in Horsforth bei Leeds wurde im Februar 1998 geschlossen.

Von den 120 Beschäftigten in Horsforth verloren knapp 100 ihre Stelle (interaction 1996d; Scrip 1996b; Erbacher 1998).

Italien, Spanien, Portugal, Türkei. Die ehemalige Sandoz-Fabrik in Milano wurde über ein Management buy out veräußert, wobei Novartis Pharma mit dem neuen Eigentümer der Anlage einen sechsjährigen Abnahmevertrag schloss (Erbacher 1998).

Nachdem Ciba erst 1994 im Rahmen des EFI-Programms eine völlig neue Fabrik in Barbera del Vallés bei Barcelona übernommen hatte, war es für Novartis naheliegend, die Produktion in Spanien auf diese Anlagen zu stützen. Dies umsomehr als Sandoz bereits vor der Fusion die Schließung der eigenen Fabrik in Sarria, ebenfalls bei Barcelona, vorbereitet hatte. Barbera del Vallés übernimmt ähnlich dem EFI-Programm im Rahmen des Europool die Herstellung fester Formen. Allerdings wurde von der Spezialisierung auf kleinvolumige Präparate abgesehen (Krebser 1998). Die Restrukturierungen bewirkten den Abbau von 50 der rund 150 Arbeitsplätze im Produktionsbereich (Erbacher 1998).

Im Zuge des von der Sandoz vor der Fusion eingeleiteten Konzeptes mit einer Konzentration der pharmazeutischen Produktion in Europa auf fünf Fabriken wurde Ende 1996 die alte Wander-Fabrik in Lissabon als eine der ersten geschlossen und verkauft (Krebser 1998).

Kurzfristig behält Novartis die beiden Fabriken in Bakirköy (Ciba) und Levent (Sandoz). Bakirköy stellt Salben, Gels, Suppositorien und Sirupe her, während Levent die Herstellung fester Formen wie Tabletten, Dragées, Kapseln und Puder übernimmt. Es erwies sich als sinnvoll, vorerst beide Anlagen als Kapazitätspuffer zu behalten (Krebser 1998). Im Hinblick auf die Durchsetzung einer längerfristigen Strategie gab Novartis im Februar 1999 bekannt, dass der Konzern beabsichtigt, in Kurtköy bei Istanbul in naher Zukunft eine neue Fabrik zu errichten. Die neue Fabrik hat im Rahmen der Produktionsstrategie die Aufgabe, den lokalen Markt zu versorgen und kleinvolumige Produkte für den europäischen Markt zu

Tab. 8.9. Pharmazeutische Produktion der verschreibungspflichtigen Rx-Präparate

Konzentration der Kompetenzen und Technologien in Europa										
	Ta-bletten	Film-tablet-ten	Dra-gées	Kap-seln	Puder, Sa-chets	Salben	Gels	Zäpf-chen	Sirupe	TTS	Sterile
Stein	▨	▨	▨	▨	▨				▨	▨	
Wehr	▨	▨					▨		▨		
Huningue											▨
Orléans	Brauset.				▨					Verp	
Barbera d. V.	▨	▨	▨	▨							
Torre Annunz	▨			▨							
Horsham						▨					
Bakirköy						▨	▨	▨	▨		
Levent	▨	▨	▨	▨	▨						

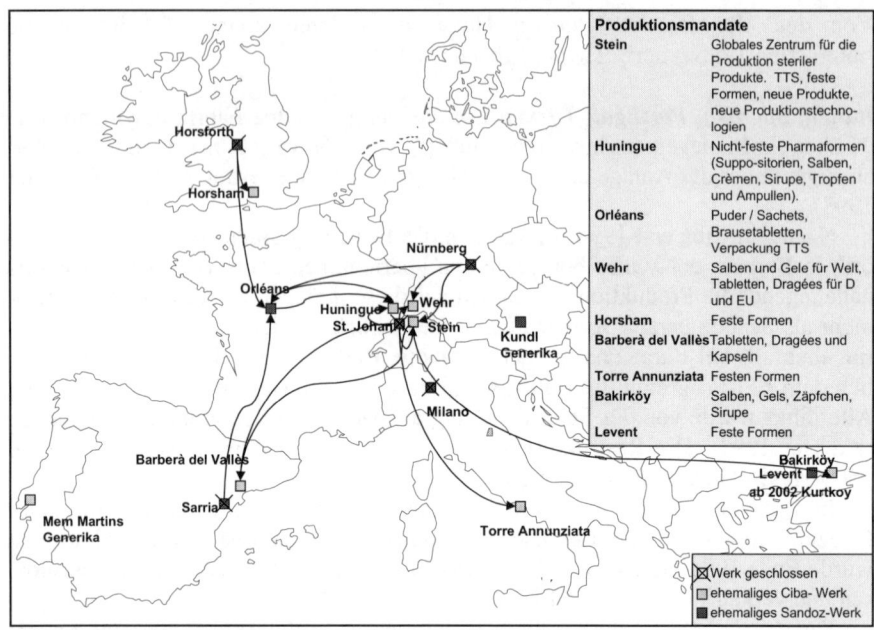

Abb. 8.5. Das Konzept Europool von Novartis

Tab. 8.10. Verlagerungsprozesse im Rahmen der Implementierung von Europool

A1	St. Johann – Stein	Teile von festen Formen, Sterile Formen
A2	Nürnberg – Stein	Verpackung Sandimmun
B1	St. Johann – Wehr	Salben, Teile von feste Formen
B2	Nürnberg – Wehr	Salben, Gels, feste Formen
B3	Stein – Wehr	Salben und Liquida
C1	St. Johann – Huningue	Flüssige Formen, Suppositorien
D1	Huningue – Orléans	Verpackung von TTS
D2	Nürnberg – Orléans	Brausetabletten und Verpackungslinien
D3	Horsforth – Orléans	Brausetabletten und Verpackungslinien
D4	Torre, Barbera, Sarria – Orléans	Brausetabletten und Verpackungslinien
E1	St. Johann – Barbera del Vallés	Teile von festen Formen
E2	Stein – Barbera del Vallés	Gewisse feste Formen
F1	Stein – Torre Annunziata	Salben und Liquida
F2	St. Johann – Torre Annunziata	Teile von festen Formen
G1	Stein – Bakirköy	Salben und Liquida
H1	Horsforth – Horsham	Feste Formen

produzieren. Ferner sollen mit dieser Maßnahme weitere Investitionen in die beiden alten Fabriken in Down Town von Istanbul, die nicht erweiterbar sind, vermieden werden. 1999 exportierte Novartis Türkei rund 25% des Outputs nach Europa. Diese Zahl soll aber gesteigert werden. Die neue Fabrik in Kurtkoy soll auch die bisherigen Produktionsstätten von Ciba in Bakirköy und Sandoz in Levent ersetzen (Dünya 1999; Reuters 1999; Galle 2000).

USA und Kanada: Spezialisierung nach Marktsegmenten

Sowohl Ciba wie Sandoz waren vor der Fusion daran, ihre Produktionsorganisation in den USA bedeutend zu rekonfigurieren. Nachdem die Ciba Pharmaceuticals Corporation 1992 in Suffern, New York, ein automatisches Hochregallager in Betrieb genommen hatte, begann das Unternehmen ein Jahr später einen Produktionsbau zu errichten (Ciba 1994b: 13). Diese neue Fabrik, die insgesamt um die 160 Millionen USD kostete, wurde schließlich 1997 von Novartis in Betrieb genommen. Die neuen Produktions- und Verpackungsanlagen wurden baulich auf Teamwork- und kontinuierliche Arbeitsverbesserungs-Konzepte abgestimmt. Das alte Produktionsgebäude wurde in ein Verpackungsgebäude umgebaut. Das Konzept sah vor, die Produktion patentgeschützter verschreibungsplichtiger Arzneimittel im neuen Werk zu konzentrieren und die in Summit verbliebenen Produktionstätigkeiten hierher zu verlagern (Ciba Pharmaceuticals 1995; Haas 1997). Auch Sandoz hatte unmittelbar vor der Novartis-Fusion eine große Umstrukturierung der gesamten pharmazeutischen Produktion in den USA eingeleitet, die mit einer massiven Erweiterung des Werkes in Lincoln einher ging. Zwischen Mitte 1996 und Frühjahr 1997 war eine umfassende Verlagerung von Produktionseinrichtungen und -aufgaben von East Hanover nach Lincoln vorgesehen. Nur noch komplexe Produkte wie Ampullen hätten aus regulatorischen Gründen in East Hanover verbleiben sollen (Switzer 1995; Harrell 1995; Taylor 1995; Sodano 1997).

Die Fusion der beiden Konzerne zu Novartis führte zu einer weitgehenden Neuorientierung, die aber bestimmte Elemente der Konzepte der Vorgängerfirmen übernahm. Mitte Oktober 1996 gab Doug Watson, der designierte Präsident und CEO von Novartis Corporation in den USA, die Grundrisse der geplanten Restrukturierung der pharmazeutischen Produktion in den USA und Puerto Rico bekannt. Die Zusammenlegung von Ciba und Sandoz ergab bedeutende Überkapazitäten und demzufolge Einsparpotentiale in fast allen Tätigkeitsbereichen. Die Fusion eröffnete die Möglichkeit, die gesamte Organisation der Produktion effektiver zu gestalten (Novartis Corp. MR 1996).

Das neue Konzept beruhte auf zwei Grundideen: erstens einer weitgehenden Zuweisung der Marktbereiche sowie zweitens der Zuweisung der spezifischen therapeutischen Darreichungsformen an die drei Produktionsstätten in Suffern, Lincoln und Broomfield, die alle weiter ausgebaut wurden.

Die patentgeschützten und verschreibungspflichtigen Medikamente wurden hauptsächlich der neuen Fabrik in Suffern zugewiesen. Da die Kapazitäten in Suffern nicht reichten, wurde zudem die Produktionsstätte in Whitby bei Toronto in das System integriert, die auch einige OTC-Präparate herstellt. Die Selbstmedikationspräparate (OTC) sowie einige verschreibungspflichtige Markenpräparate wurden aber weitgehend in der Produktionsstätte Lincoln konzentriert. Das Produktionszentrum für Generika wurde die Anlage in Broomfield.

Im Gegenzug zu diesen Konzentrationsbemühungen wurde eine ganze Reihe von Produktionsstätten ganz oder teilweise geschlossen. Die unter Ciba noch in Summit verbliebene Produktion wurde nach Suffern verlagert. Die Produktionsstätte in Fort Washington, Pennsylvania, die Ciba im Zuge der Übernahme des Selbstmedikationsgeschäfts von Rhône Poulenc 1994 erworben hatte, wurde ebenfalls geschlossen. Auch East Hanover verlor die bisherige pharmazeutische Produktion allmählich an Suffern und im geringeren Maße an Whitby, Broomfield und sogar Stein in der Schweiz. Gerade der Entscheid, die pharmazeutische Produktionsstätte in East Hanover zu schließen, war brisant und Gegenstand wichtiger Diskussionen im Management. Die Pharmaproduktion in East Hanover war einmal die größte der Sandoz weltweit. Der Schlüsselentscheid war, die brandneue Fabrik Suffern nicht aufzugeben. Da Ciba zwei Produktionsstrassen in Reserve gebaut hatte, verfügte sie über die Kapazitäten, eine Reihe von Produktionsaufträgen der Sandoz zu übernehmen. Da Sandoz zudem bereits vor der Fusion die Verlagerung zahlreicher Produktionslinien von East Hanover zur massiv ausgebauten Fabrik in Lincoln vorbereitet hatte, konnten sich jene Stimmen in der Sandoz, die an der Produktion in East Hanover festhalten wollten, nicht durchsetzen. Letztlich kamen dann aber weniger die Produkte aus East Hanover nach Lincoln, sondern jene aus der Ciba-Fabrik in Fort Washington, die nachher geschlossen wurde (Sodano 1997).

Novartis konzentrierte zudem die spezielle OROS-Darreichungsform (mit einer semipervasiven Membran und einem kleinen lasergebohrten Loch zur langsamen Wirkstoffabgabe) in Suffern. Bisher granulierten und pressten Ciba und Sandoz die Präparate jeweils in Suffern respektive Lincoln. Die nachfolgende Beschichtung und das OROS-Bohren tätigte die Ciba in Summit selbst, und Sandoz beauftragte für diesen Schritt die ALZA Corporation, die diese Technologie entwickelt hatte. Novartis konzentrierte wegen der spezifischen Technologie diese Produktion *in house* (Haas 1997; Sodano 1997). Das war möglich, weil Ciba die Rechte im Rahmen eines Kooperationsabkommens mit ALZA schon Anfang der achtiger Jahre erworben hatte (siehe Abschnitt 7.2.10).

Die Produktionsstätte der MOVA Pharmaceuticals in Caguas, Puerto Rico, stellte aus Kapazitäts- und steuerlichen Gründen hauptsächlich die großen Produkte *Voltaren* und *Lopresor* für Ciba her. Weil die Verkäufe seit der Einführung von Generika-Versionen aber zurückgingen, reichen die Kapazitäten in Suffern. Darum verlagerte Novartis diese Produktionslinien nach Suffern und kündigte den Leasing-Vertrag mit MOVA auf. Die entsprechenden Generikaversionen werden nun in Broomfield von Geneva Pharmaceuticals hergestellt. Die Sandoz-Anlage in Humacao, ebenfalls in Puerto Rico, blieb dagegen vorerst bestehen, weil die Verlagerung der dort hergestellten speziellen Produktline mit einem Schokoladeüberzug teurer gewesen wäre, als das Mandat dort zu belassen. Die Anlage wurde allerdings nicht in das kontinentale Produktionssystem integriert (Haas 1997; Sodano 1997).

In Kanada konsolidierte Novartis die pharmazeutische Produktion bis Mitte 1999 im ehemaligen Sandoz-Werk Whitby bei Toronto und verkaufte die Produktionsstätte der Ciba in Dorval in Quebec. Sandoz hatte das Werk mit den 1994 in Betrieb genommenen Anlagen zur Abfüllung von Beuteln aufgewertet und ihm das weltweite Produktionsmandat für die Herstellung von *NeoCitran / TheraFlu* zugeteilt. Whitby ist hinsichtlich der Breite der hergestellten Darreichungsformen als verschreibungspflichtige und als OTC-Präparate eine *'mixed plant'* mit einer beträchtlichen Komplexität. Eigentlich wollte man alle Liquida in Lincoln konzentrieren. Die großen Anlagen dort eignen sich besser für großvolumige Produkte, so dass die auflageschwächeren Liquidas nach Whitby kamen. Die Produktionsstätte beliefert hauptsächlich den kanadischen und den US-Markt. Das Erkältungsmittel *NeoCitran / Theraflu* wird aufgrund der besonderen Produktionskompetenz weiterhin weltweit exportiert. Die Verlagerung betraf etwa 200 Beschäftigte. Die meisten Produktionsaufgaben von Doval wurden nach Whitby und zu einem geringen Teil nach Suffern verlagert (Lanthier 1996; Whitby 1997; Haas 1997; Sodano 1997). Im Jahr 2000 verkaufte Novartis Pharma die Produktionsstätte an Pantheon Inc., ein bekannten kanadischen *contract manufacturer* (Galle 2000)[85].

Die neue Produktionsorganisation von Novartis stellt einerseits einen gewichtigen Einschnitt in den über Jahre akkumulierten produktiven Apparat dar. Andererseits lässt sie sich auch als Fortschreibung der Dynamik der Ende der achtziger Jahre eingeleiteten Rationalisierungen, Umstrukturierungen und räumlichen Rekonfiguration der wichtigsten Einheiten verstehen. Neu ist die Radikalität der Politik der Konzentration und die explizite Spezialisierung der Produktionsstätten auf bestimmte Marktformen. Neu ist mit der konzeptionellen Verknüpfung der Produktionsstätten in den USA und in Kanada zudem die explizit kontinentale Dimension des Produktionsnetzwerkes. In diesem Sinne wurden eine ganze Reihe von Produktionsaufträgen zwischen den USA und Kanada hin und her verlagert. Wichtige Voraussetzung hierfür war das nordamerikanische Freihandelsabkommen NAFTA. Im kontinentalen Maßstab bewegt sich auch die Vermarktung der in den USA und Kanada hergestellten Arzneimittel. Die Produktionsstätten in den USA produzieren nahezu ausschließlich für den nordamerikanischen Markt. Die neu lancierten Präparate sowie die sterilen Formen und Ampullen werden aus den entsprechenden Produktionsstätten in der Schweiz, Deutschland und Frankreich importiert. In diesem Kontext ist es auch nicht verwunderlich, dass die Arbeitskosten kaum ein Kriterium für die Standort- und Verlagerungsentscheide sind. Wichtiger sind die gesamten Kostenstrukturen eines Standortes, die Expansionsmöglichkeiten und vor allem die betriebswirtschaftliche Rationalität und Effizienz auf der eben beschriebenen kontinentalen Ebene. Für die Launchproduktion und die Produktion sehr spezieller und hochwertiger Präparate ist dagegen die Erzielung einer globalen Effizenz die Maxime.

Novartis organisierte und lokalisierte auch die Headquarter-Funktionen völlig neu. Der Hauptsitz der Konzerngesellschaft kam von Tarrytown, rund 15 Meilen nördlich von Manhattan, nach Summit. Die ausgegliederte Ciba Spezialitätenchemie übernahm das erst etwa ein Jahr vor der Bekanntgabe der Fusion von Ciba bezogene Hauptquartier in Tarrytown. Das Selbstmedikationsgeschäft richtete seinen Hauptsitz ebenfalls in Summit ein und gab die bislang von der Ciba gehaltenen Büroeinrichtungen in Woodbridge, New Jersey, auf. Die fusionierte Novartis Pharmaceuticals Corporation wählte hingegen East Hanover zum Hauptsitz.

1996 beschäftigten Ciba Pharma und Sandoz Pharma etwa 2300 Personen in der Produktion und im Vertrieb in den USA und Puerto Rico. Obwohl die Produktionsstätten in Suffern, Lincoln und Broomfield die Zahl ihrer Beschäftigten erhöhten, führten diese Umstrukturierungen zu einem Abbau von rund 205 Stellen in den genannten Bereichen. Für die Implementierung dieser Restrukturierungen und Schließungen wurde eine Dauer von fünf Jahren veranschlagt (Novartis Corp. MR 1996).

---

[85] Pantheon Inc. übernahm 1998 übrigens auch die pharmazeutische Produktionsstätte von Boehringer Mannheim in Monza nach der Übernahme durch Hoffmann-La Roche (BaZ 1998b).

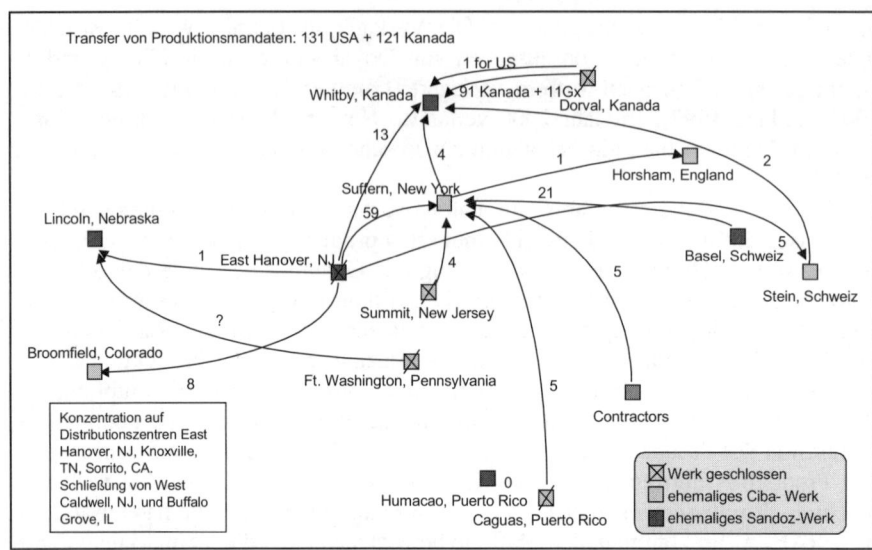

Abb. 8.6. Das Produktionssystem von Novartis Pharma in Nordamerika Transfers von Produktionsmandaten bei der pharmazeutischen Produktion nach der Fusion von Ciba und Sandoz

Tab. 8.11. Die Konzentration der Kompetenzen auf bestimmte Produktionsstätten

Competence concentration

	Compres-sed tablets	Coated Tablets film coated	sugar coated	Oros coated	Capsules	Powders	Creams	Liquids	Suspen-sion	TTS
Suffern										
Whitby								SM, RX	RX	
Lincoln								SM, RX,Gx	SM, RX	
Outsourcing										

Business concentration

	Business types			
	Rx	SM	Gx	AH
Suffern				
Whitby				
Lincoln				
Broomfield				

☐ Hauptanlagen

☐ Sekundäranlagen

Rx Patentgeschützte, rezeptpflichtige Medikamente
SM Selbstmedikation (OTC)
GX Generika
AH Animal Health
    Division innerhalb des Sektors
    Agribusiness

'Team-based manufacturing' in Suffern

Das neue Werk Suffern weist eine organisatorisch und architektonisch besondere Konzeption auf, die auf ein *'team-based manufacturing'* ausgerichtet ist. Die Anlage besteht aus drei *'manufacturing units'* mit insgesamt sechs Produktionslinien (*'business streets'*), die jeweils eine typische feste Darreichungsform herstellen (*'dedicated streets'*). Eine Arbeitsgruppe mit 10 bis 12 Mitgliedern ist jeweils für alle Arbeitsschritte einer Linie vom Einfüllen der Wirkstoffe über das Anfeuchten der Mischung, die Granulierung, die Trocknung, die Pressung und die Beschichtung (Zucker oder Lack) bis zur Abfüllung der Arzneimitteln in Großbehältern zuständig. Jeder *'manufacturing unit'* stehen insgesamt drei *'supervisors'* vor (je einer pro Linie + einer für administrative Aufgaben). Die Verpackung erfolgt dann separat in einem anderen Gebäude. Dieses *'continuous flow manufacturing'* ist verbunden mit einer neuen Arbeitsorganisation und neuen Personalbeurteilungsmethoden (*'compensation structure'*). Jedes Mitglied eines Teams sollte in der Lage sein, alle oder zumindest zwei Arbeitsschritte der gesamten Produktionsline zu verrichten und bei Vakanzen oder Zwischenfällen entsprechend einzuspringen. Das ganze Team ist verantwortlich für den erfolgreichen Arbeitsprozess in einer Linie. Ein Gedanke ist auch, dass sich zwischen den Teams eine Konkurrenz hinsichtlich Effizienz und Qualität entwickelt.

Dieses Fabrikkonzept unterscheidet sich beträchtlich von der Arbeitsorganisation in der bisherigen Fabrik und dem allgemein üblichen Verfahren in der pharmazeutischen Produktion. Normalerweise sind die Pharma-Fabriken nach Tätigkeitssektoren organisiert, wo die Abteilungen jeweils für die Granulierung, die Komprimierung, Verkapselung oder die Beschichtung zuständig sind. Chris Haas, Manfacturing Director in Suffern, bezeichnete den hieraus entstehenden *'material flow'* bildlich als *'Spaghetti mix'* Auch die Sandoz-Produktion in East Hanover war auf diese Weise in Departementen organisiert. Das Ciba-Konzept der *'dedicated streets'* ließ im Rahmen der Fusion bei ehemaligen Sandoz Managern Bedenken über die mangelnde Flexibilität des Konzeptes aufkommen. Eine Frage war z.B. inwiefern die Produktionsstraßen bei starken Volumenschwankungen gekreuzt werden können, um einerseits Flaschenhälse zu verhindern und andererseits die Produktionskapazitäten besser zu nutzen. Etwas skeptisch sagte Anthony Sodano, Executive Director, Production Operations in East Hanover: *"I don't think they built the plant for the products, they built the plant for the operation strategy"* (Sodano 1997).

Die Anlagen in East Hanover waren zwar älter, aber dennoch flexibler. In East Hanover wurden 80 verschiedene Darreichungs- und Dosierungsformen in 250 Verpackungsarten als 1200 Batches jährlich produziert. Die Batchserien waren normalerweise klein. Diese Diversität war Ergebnis eines spezfischen Produktportfolios von Sandoz mit wenigen Massenprodukten (Sodano 1997).

Die Inbetriebnahme der neuen Fabrik erfolgte in zwei Schritten. Zunächst bezogen Ende 1997 die Produktionslinen des alten Werks die *'manufacturing units'* 1 und 2 im neuen Gebäude. Anschließend, nach umfangreichen Validifizierungen wurden auch die Sandoz-Präparate von East Hanover in die *'manufacturing unit'* 3 verlagert, die ursprünglich von der Ciba für besondere Darreichungsformen in Reserve gehalten wurde. Die Unterschiede der Fabrik- und Arbeitsorganisation zwischen den Werken East Hanover und Suffern, die auch im Zusammenhang mit unterschiedlichen Firmenkulturen zwischen Sandoz und Ciba gesehen werden müssen, stellte die Verlagerung der Produktion von East Hanover und ihre Integration im neuen Werk Suffern vor beträchtliche planerische Herausforderungen. Der Prozeß war nicht frei von Rivalitäten zwischen Beschäftigten und Management der beiden Firmen. Obwohl beide Fabriken die gleichen Darreichungsformen herstell(t)en, war und ist das Training der Beschäftigten absolut entscheidend. Trotz der deutlichen Erhöhung des Produktionsvolumen ist der Beschäftigungseffekt insgesamt negativ. In Suffern wurden wesentlich weniger Personen neu beschäftigt als Stellen in Summit und East Hannover aufgehoben wurden (Haas 1997; Sodano 1997).

Südamerika: Beschränkung der Produktion auf große Märkte

Die Restrukturierung der pharmazeutischen Produktion auf globaler Ebene brachte vor allem für Südamerika einen richtiggehenden Aderlaß. Von den insgesamt elf Produktionsstätten, die Ciba und Sandoz in die Fusion einbrachten, sind ganze drei übriggeblieben. Nur die pharmazeutischen Produktionsstätten der ehemaligen Ciba-Geigy in Taboão da Serra in Brasilien, San Miguel bei Buenos Aires und Tlapan bei Ciudad Mexiko sollen bis zum Jahr 2002 bestehen bleiben. Die kleinen Produktionsanlagen im Gebiet des Mercosur in Martinez bei Buenos Aires mit 50 Beschäftigten (Sandoz), in Santiago de Chile (Ciba-Geigy) und Montevideo (Ciba-Geigy) mit jeweils 30 Beschäfitigten wurden bereits im Jahre 1997 geschlossen (Moreira 1998). Desgleichen verzichtete Novartis auch auf die Anlagen der ehemaligen Ciba-Geigy in den Andenpaktstaaten in Quito, Lima, Bogotá, die ehemalige Sandoz-Produktionsstätte in Amores bei Ciudad de Mexiko sowie auf die von Ciba und Sandoz gemeinsam betriebene Produktionsstätte in Venezuela (Erbacher 1998). Auch Roche und Eli Lilly schlossen 1998 ihre pharmazeutischen Fabriken Venezuela, weil sie Verluste eingefahren hatten. Roche verlagerte die Produktion nach Mexiko. Damit schlossen die beiden letzten großen Pharmakonzerne ihre Produktion in Venezuela. Bereits vorher hatte Abbott Laboratories ihre Fabrik geschlossen (Pharma Marketletter 1998d).

In Brasilien wurden die Produktionslinien der ehemaligen Sandoz-Fabrik in Resende zur Produktionsstätte in Taboão da Serra transferiert, die weiter ausgebaut wurde. Andererseits gab Novartis Anfang 1998 bekannt, die Produktionsstätte in Resende mit großen Investitionen zu verstärken (pharmazeutische Wirksubstanzen, Agrochemikalien und Nahrungsmittel) (Brandão Júnior 1998). Die Produktionsstätte in Taboão da Serra ist eine der größten pharmazeutischen Fabriken von Novartis, die nahezu alle galenischen Formen produziert (Krebser 1998). Während seines Besuchs in Brasilien am 5. März 1998 kündigte Alex Krauer, der damalige Präsident des Verwaltungsrats, an, dass Novartis bis zum Jahr 2000 rund 160 Millionen USD in diesem Land investieren werde. Insbesondere die Projekte im Agrobereich nahmen beträchtliche Ausmaße an. So wurde im Juli 1998 ein Biotechlaboratorium eingeweiht. Zudem begann Novartis die Produktionseinrichtungen in Brasilien für transgene Pflanzen zu erweitern (Gazeta Mercantil 1998).

Mexiko ist der andere Schwerpunkt von Novartis in Lateinamerika. Die Konzerngesellschaft zählte im Jahr 1997 1000 Beschäftigte. Novartis Farmacéutico

Abb. 8.7.   Konzentration der galensichen Produktion auf die großen Märkte in Südamerika

stellte in diesem Jahr 45 Millionen Verpackungseinheiten pro Jahr her, von denen sie 10 Millionen in andere Länder Lateinamerikas, insbesondere Länder des Andenpakts (Kolumbien, Venezuela, Ecuador, Bolivien und Peru) exportierte. Das Unternehmen belieferte auch vermehrt Zentralamerika, hatte aber nicht die Absicht in die USA zu exportieren. Novartis Farmacéutica äußerte die Absicht, mit Übernahmen mexikanischer Firmen insbesondere die Position den Bereichen OTC und Generika zu verstärken (Scrip 1997b).

Ähnlich wie in Europa und Nordamerika konzentriert Novartis auch in Südamerika die pharmazeutische Produktion auf einige wenige Fabriken mit einem fokusierten Tätigkeitsprofil. Noch bis vor kurzer Zeit haben viele Länder von den multinationalen Unternehmen eine lokale Produktion verlangt. Im Zuge der Liberalisierung des Welthandels durch die WTO eröffneten sich für die Pharmakonzerne neue Möglichkeiten der internationalen oder kontinentalen Arbeitsteilung. Kleine Fabriken ohne die erforderliche kritische Masse wurden geschlossen. Neue Investitionen lassen sich betriebswirtschaftlich unter den neuen Bedingungen nicht mehr rechtfertigen. Zugleich können die südamerikanischen Märkte infolge der Handelsliberalisierungen von den drei erweiterten Produktionszentren in den großen Ländern Brasilien, Argentinien und Mexiko bedient werden. Die strategische

Entwicklung hängt aber letztlich vom weiteren Zollabbau und der Entwicklung der Freihandelsabkommen ab. Der Ausstoß der Produktionsstätten in Südamerika reicht aber nicht, die Märkte in dieser Region umfassend zu bedienen. Ein beträchtlicher Anteil der hier vermarkteten Präparate stammt aus den Produktionsstätten in Europa (Krebser 1998).

Japan

Die Produktion des ganzen Novartis-Sortiments wurde bis Ende 1999 in der Ciba-Produktionsstätte Sasayama zusammengefasst, die ausschließlich für den japanischen Markt produziert. Die moderne Fabrik in Saitama wurde 1998 an Shinogi & Co, einem wichtigen japanischer Pharmakonzern, verkauft, obwohl Sandoz Yakuhin erst im Frühjahr 1992 ein neues Gebäude für die galenische Produktion in Betrieb nahm. In Sasayama ist auch das größte der vier Verteilzentren, die die Großhändler bedienen. 95% aller Produkte liefert Novartis an Großhändler, nur die restlichen 5% gehen direkt an Kliniken und Krankenhäuser. Novartis war im Jahr 1997 mit 119 dieser Großisten im Geschäft, die im wesentlichen zweien von vier Verteilergruppen angehören (Sandoz 1992a: 31; 1993a: 31; interaction 1996c; Lederer-Ganse 1998b; Pharma Marketletter 1998c; Nikkei Industrial Daily 1998)

Asien / Pazifik und Afrika

In Asien gestaltet sich die strategische Orientierung uneinheitlich und unübersichtlich. Das liegt einerseits an der großen Heterogenität der Länder und der Dynamik ihrer Märkte und andererseits daran, dass die Vorgängerfirmen unterschiedliche strategische Akzente gesetzt hatten und Novartis Pharma jetzt den spezifischen Entwicklungen Rechnung tragen muss. Während Ciba-Geigy wesentlich offensiver selbst oder im Rahmen von Joint Ventures in eigene Anlagen investierte, erschloss sich Sandoz die Märkte über Partnerschaften mit lokalen Drittfirmen. Drummond Paris, ein langjähriger Sandoz Manager in Asien, der in der Funktion als *Regional Pharma Head Asia/ Pacific* im Jahre 1997 für die strategische Orientierung von Novartis in 15 Ländern der Region zuständig war, bekannte, dass die Sandoz Asien unterschätzt und zu wenig investiert habe (zitiert nach Knoop und George 1998a: 3). Äußerst bedeutsam war, dass die Fusion und die Formulierung einer neuen Strategie mit einer Zeit höchster wirtschaftlicher Turbulenzen mit Währungszerfall, Nachfrageeinbrüchen und Zahlungsschwierigkeiten in den meisten Ländern einher ging.

Indien war für beide Unternehmen neben Japan traditionell das wichtigste Land in Asien. Im Jahre 1996 zählte die Ciba 1600 und die Sandoz 850 Beschäftigte in Indien (Roberts 1996). Vor allem die Ciba-Geigy betrieb sowohl im Pharma- als auch Agro- und Industriechemikalienbereich mehrere Produktionsstätten. Einige von ihnen wurden im Laufe der Zeit aufgrund unterschiedlicher Schwierigkeiten wieder geschlossen. Hindustan Ciba-Geigy brachte die Pharmafabrik in Kandla sowie die namhafte Beteiligung am Joint venture Ciba CKD Biochem in die Ehe ein. Dieses wurde nach der Fusion in Novartis CKD Biochem unbenannt und betreibt seit 1997 eine neue Fabrik zur Produktion des Tuberkulosemittels *Rifampicin* und des Antibiotikums Cephalosporin in Mahad im Bundesstaat Maharashtra. Mit dieser Produktionsausrichtung ist das Werk Mahad aber zum Verbund der Biochemie zu zählen. Sandoz India hatte neben der chemischen auch eine pharmazeutische Produktion in Kolshet, die von Novartis zugunsten Konzentration auf das Werk in Kandla aber beendet wurde. E. Schillinger, der Managing Director von Novartis India Ltd., erwartete in den nächsten fünf bis zehn Jahren zweistellige Wachstumsraten. Eine wichtige Strategie bestehe im Erwerb von Markenprodukten, insbesondere im OTC-Bereich. Demgegenüber würden keine Akquisitionen von Anlagen angestrebt (AFX-ASIA 1999).

Im Ende 1997 konsolidierte Novartis die Produktionsaktiviäten in Südkorea in der Produktionsstätte von Sandoz. Das Joint Venture Searle Ciba-Geigy Korea, an dem Ciba einen Anteil von 45% hielt (Searle 45%, lokale Partner 10%), wurde aufgelöst. Searle übernahm die Fabrik in Hoengsong. Die Einrichtungen von Sandoz beschäftigten rund 200 Personen, zu denen Ende 1997 rund 55 Beschäftigte der ehemaligen Ciba stießen. Ein lokaler Partner ist mit 3% an den fusionierten Operationen von Novartis beteiligt, die aber als vollständige Tochtergesellschaft geführt werden (Scrip 1997c).

Die Ciba-Geigy hatte in China eine vergleichsweise offensive Strategie verfolgt und im Jahr 1993 mit zwei chinesischen Partnerfirmen eine neue pharmazeutische Fabrik eröffnet. Im gleichen Jahr hatte Ciba-Geigy die anfänglich hälftige Kapitalbeteiligung auf 1993 auf 60% aufgestockt und damit die Gesamtverantwortung über den Betrieb übernommen. Novartis führt diese Produktionsstätte weiter. Sandoz war demgegenüber wesentlich zurückhaltender und nahezu ohne eigene Investitionen in China präsent gewesen.

In Indonesien vollzog sich die Fusion in einer Zeit der ökonomischen Krise und großer politischer Unrast. Beide Firmen hatten in diesem bevölkerungsreichen Land sehr geringe Marktanteile bei pharmazeutischen Endprodukten. Sandoz war über das Joint Venture P.T. Sandoz Biochemie Indonesia wesentlich stärker als Ciba in diesem Land engagiert und betrieb seit 1986 eine Fabrik für Antibiotika-Aktivsubstanzen sowie seit 1988 eine pharmazeutische Produktionsstätte in Citerup. Im Markt für Antibiotika-Rohmaterialen erlangte P.T. Sandoz Biochemie Indonesia eine äußerst starke Stellung (90%-Marktanteil für zwei wichtige Antibiotika). Die Uneinheitlichkeit der Situation machte es den Entscheidungsträgern nicht einfach zu entscheiden, welche strategischen Optionen einzuschlagen sind. Das ehemalige Ciba-Werk in Gandaria unweit Jakarta wurde bereits 1997 geschlossen. Andererseits setzte die in P.T. Novartis Biochemie Indonesia umbenannte Firma die Produktionstätigkeiten in Citerup fort (1999 rund 250 Angestellte) (Knoop und George 1998a; 1998b; info.novartis 1999a).

Auf den Philippinen wurde die Pharmaproduktion in Canlubang vorerst belassen. Die Wander-Produktionsstätte in Manila blieb Produktions- und Administrationsstandort von Sandoz Nutrition (interaction 1996a). Infolge der Wirschaftskrise in Asien und der gesunkenen Nachfrage schloß jedoch Novartis im Februar 1999 die Fabrik in Canlubang. Die Medikamente für Herz-Kreislauf, Rheumatismus, nervliche und hormonelle Störungen werden seither importiert (AFX 1999). Diese Schließung ging mit dem Rückzug einer ganzen Reihe von Konzernen der Pharmaindustrie und anderer Branchen einher wie z.B. Johnson&Johnson, Abbott Laboratories, Warner-Lambert und Colgate-Palmolive (BusinessWorld 1999).

Die Fusion in Thailand wurde von starken Rivalitäten der Landesorganisationen von Ciba und Sandoz begleitet. Thailand wurde während der Fusion von einer schweren Wirtschaftskrise geschüttelt. Novartis schloß die ehemalige Ciba-Fabrik

Ende 1998 und übertrug die Produktion teilweise einer Drittfirma (Knoop und Yoshino 1999; 1998).

Auch die erst 1987 von Swisspharma, einem Joint Venture von Ciba-Geigy und Sandoz, eröffnete Fabrik in Hsin-Chu Hsien, Taiwan, schloss Novartis Anfang 1998. Die lokale Vereinigung der pharmazeutischen Industrie ließ verlauten, dass Novartis die Anlage wegen des unverantwortlichen Preissystems in Taiwan geschlossen habe. Roche schloss ihre Produktionsstätte 1997 und Bayer die ihre ebenfalls 1998 (Ciba-Geigy 1988a: 21; Sandoz 1988: 13; Pharma Marketletter 1998a).

Die von Ciba-Geigy und der Bangladesh Chemical Industries Corporation (BCIC) 1989 gemeinsam eröffnete Fabrik in Tongi, nahe der Hauptstadt Dhaka, wird weiterhin zur Produktion von Generika eingesetzt (Krebser 1998). Zum Zeitpunkt der Fusion baute Ciba-Geigy in Sonadezi, Vietnam, gerade zwei Fabrikationsanlagen, um vor Ort Medikamente herzustellen und zu verpacken und Pflanzenschutzmittel zu verpacken (BaZ 1996). Diese Anlagen wurden 1997 von Novartis eröffnet und bleiben vorerst bestehen (Krebser 1998).

Da die Sandoz in Südafrika nicht mit eigenen Produktionsstätten präsent war, ging es nur darum, das Produktionssystem der ehemaligen Ciba zu optimieren. Im diesem Sinne wurde die Fabrik in Spartan bei Johannesburg ausgebaut, auf die Produktionsstätte des 1986 erworbenen Generikaherstellers Rolab in Garankuwa aber verzichtet. Im April 1997 eröffnete Novartis eine für 9 Millionen USD erweiterte pharmazeutische Produktionsanlage in Spartan. Die ausgebaute Fabrik vereinigt nun die Produktion von patentgeschützten Arzneimitteln und Generika an einem Ort. Sie arbeitete vorerst mit einer Kapazitätsauslastung von 70% mit einem Zwei-Schichtsystem (Ganz 1994b: 23; Economist Intelligence Unit 1997). Die seit 1965 gemeinsam im Joint Venture Swisspharma betriebene und 1992 mit einer neuen Ampullenstation versehene pharmazeutische Fabrik in Kairo sowie die Produktionsstätte in Aïn Sebaâ bei Casablanca, die 1994 von Ciba ausgebaut wurde, werden auch von Novartis weiterbetrieben (Smallman und Parker 1994: 212; Erbacher 1998).

Gewissermaßen überschneiden sich in vielen Ländern Asiens zwei Entwicklungstrends: erstens die nach wie vor expansive Grundtendenz der Märkte und zweitens der zunehmende Zwang für die Pharmakonzerne, ihre Produktionsstrukturen auch in dieser Region der Welt möglichst rationell zu gestalten. Insofern beobachten wir Ende der neunziger Jahre einen Übergang von der extensiven Expansion der vergangenen anderthalb Jahrzehnte, die mit der Errichtung zahlreicher eigener Produktionsstätten einher ging, in eine Phase der konzentrierten und selektiven Expansion. Viele Länder sind der WTO beigetreten, wodurch sich die Handelsbedingungen deutlich liberalisiert haben. Viel deutet daraufhin, dass auch in Asien schon bald energisch rationalisiert wird. Auch der globale Leiter der Technical Operations von Novartis Pharma ging 1998 davon aus, dass der Konzern bereits in einigen Jahren in dieser Weltregion eine ähnliche Strategie der räumlichen und technischen Konzentration auf wenige Standort in Angriff nehmen wird (Krebser 1998). Gemäß einem umfassenden Restrukturierungsplan besteht das Ziel, die Zahl der Produktionsstätten des Sektors Pharma in Asien und Afrika schon bis zum Jahr 2002 von 19 auf 6 zu reduzieren (Moreira 1998; Erbacher 1998).

Produktion von OTC-Medikamenten und Generika

In Fortsetzung der Strategie von Ciba organisierte Novartis die Herstellung von OTC-Medikamenten und Generika in eigenen Produktionssystemen (Krebser 1998). Bereits 1996 wies die Ciba dem Werk Mem Martins bei Lissabon die Aufgabe zu, speziell Generika für den portugiesischen und europäischen Markt herzustellen (Scrip 1996a). Das blieb auch unter Novartis bestehen. Zu diesem Verbund der Generika-Produktionsstätten gehören in Europa insbesondere die pharmazeutische Produktion der Biochemie in Kundl, die Fabrik der Azupharma in Gerlingen bei Stuttgart (1996 von Sandoz übernommen) und die Produktionsstätte der ehemaligen Ciba-Tochtergesellschaft Multipharm in Weesp den Niederlanden. Dazu kommen Drittproduzenten, deren Anteil wesentlich höher ist als bei den patentgeschützten verschreibungspflichtigen Präparaten (Aronson 1996). Die Sektoren Generics und Selfmedication respektive Consumer Health beziehen die benötigten Wirkstoffe je nach Preislage von Novartis Pharma oder von Dritten.

Die wichtigste Fabrik für die OTC-Produktion blieb weiterhin die Produktionsstätte in Nyon am Genfersee (ehemals Zyma und Ciba-Geigy). Novartis Consumer Health führte die Produktion des ehemaligen Zyma-Werks in Berlin weiter, schloß aber Ende 1998 die ehemalige Zyma-Fabrik in München und verlagerte die Produktion nach Nyon und zu Drittproduzenten. Die von Sandoz 1994 im Rahmen der Übernahme der Laboratoires Monal erworbenen kleinen Produktionsstätten in Palaiseau (Essone) und St-Quentin-Fallavier bei Lyon blieben für die Herstellung spezieller Phytopharmazeutika bestehen. In Rubí bei Barcelona betreibt Novartis Consumer Health hingegen nur noch ein Lagerhaus (Jeffries 1999).

In Großbritannien leiteten Ciba und Zyma Healthcare vor der Fusion eine umfassende Reorganisation des Selbstmedikations-Geschäftes ein. Der Plan sah vor, dass Zyma ihr Werk in Alfreton (Derbyshire) 1996 aufgibt und die technischen Operationen in die Lokalitäten in Macclesfield verlagert, die von Ciba Vision Lens Care Production Ltd. bis Ende 1996 schrittweise aufgegebenen wurden. Hier befand sich auch der Hauptsitz der Konzerngesellschaft. Zyma Healthcare wollte künftig die gesamten Aktivitäten in Großbritannien von Macclesfield aus führen. Auch ein Teil der Produktion von Ciba Vision hätte unter dem Zyma-Management in Macclesfield bleiben sollen. Im gleichen Zug sah man vor, die Zyma-Einheit in Holmwood bei Dorking, Surrey bis Ende 1996 nach Macclesfield verlegen (Ciba-Zeitung 1995c). Die Fusion beförderte diese Pläne in den Papierkorb. Im Februar 1997 wurden Zyma Healthcare und Intercare (ehemaliges OTC-Geschäft von Sandoz) zu Novartis Consumer Health fusioniert (Manchester Evening News 1996). Das Unternehmen fokussiert sich auf Erkältungs-, Hautpflege-, Heuschnupfen-, Schmerz- und Sonnenschutzmittel. Der Zusammenschluß wurde mit einer Aufstockung der Verkaufsabteilung um 27% begleitet. Hauptsitz ist in Surrey (Scrip 1997a). Novartis Consumer Health erneuerte nun die ehemalige Zyma Produktionsstätte und schloss 1998 hingegen die ehemalige Intercare-Fabrik in Wokingham (Jeffries 1999).

Ende 1998 leitete Novartis eine strategische Neuorientierung im Nutrition und Consumer Health Bereich ein, die mit der Umgruppierung des Selbstmedikationsgeschäfts in die neu gebildete Division Consumer Health einherging, die zudem aus den Sektoren Medical Nutrition und Health & Functional Nutrition besteht.

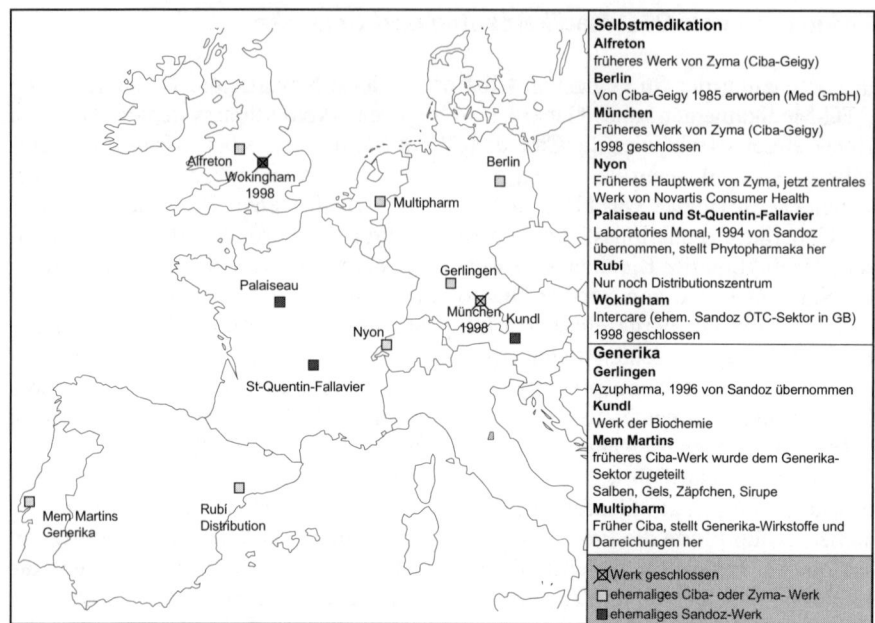

Abb. 8.8. Die räumliche Konfiguration von Novartis Consumer Health in Europa

Die Gliederung des Produktionssystems in die Geschäftssektoren patentge-schützte Arzneimittel, Generika und OTC-Präparate ist einerseits Resultat strate-gisch begründeter Konzeptionen und entstand andererseits aus den teilweise unter-schiedlichen Geschäftsinteressen der Managements dieser Sektoren. So drängten in den USA der Consumer Health Sektor und der Generika-Sektor auf eine ver-stärkte Autonomie (Aronson 1996). Der Generika-Bereich sah sich beispielsweise dadurch benachteiligt, dass Produktionsaufträge für Generika von den Pharma-Produktionsstätten scheinbar mit geringerer Priorität bearbeitet wurden. Mit der Organisierung der Generika als eigenem Sektor innerhalb der Division Gesundheit von Novartis war es naheliegend, die Produktionsstätte der bisherigen Geneva Generics der Generika-Produktion vorzubehalten (Sodano 1997).

Diese Entscheide bei Novartis gingen einher mit einer allgemeineren Ent-wicklung in der Pharmaindustrie, die Produktion der patentgeschützten und Gene-rika-Arzneimittel zu trennen. Die Trennung der Geschäftssektoren erhöht die *'accountability'*, also die Transparenz der Kostenstrukturen. In diesem Sinne er-folgt die Vergabe von Produktionsaufträgen zwischen den Sektoren ähnlich wie zu Drittfirmen (Sodano 1997).

Einsparungen und Kosten des Konzepts sowie Wirkung auf die Zahl der Beschäftigten

Die durch die Reorganisation erzielten Einsparungen bezifferte Heinz Scherfler, der damalige *Global Head of Technical Operations* der Division Gesundheit in einem Zeitungsinterview Mitte Januar 1998 auf jährlich rund 200 Millionen CHF.

In Europa kostete die Umstrukturierung in der Produktion 270 Millionen CHF, wovon CHF 159 Millionen auf Sozialkosten, 80 Millionen CHF auf technische Investitionen und 40 Millionen CHF auf Neuregistrierungen, Transporte und anderes fielen. Die Schließung der übrigen Fabriken kamen auf weitere 70 Millionen CHF zu stehen. Die Personalkosten waren, außer in Japan, kein Kriterium für die Schließung, weil diese in der pharmazeutischen Produktion eine untergeordnete Größe sind (Erbacher 1998).

Die Angaben über die Rationalisierungseffekte auf die Zahl der Arbeitsplätze sind unübersichtlich und widersprüchlich. Heinz Scherfler meinte, dass die Reorganisation der pharmazeutischen Produktion in Europa zu einem Abbau von rund 400 und weltweit von etwa 1100 Stellen führe. In der Schweiz bewirkte die Implementierung des Konzepts *Europool* nur einen leichten Stellenabbau, der sogar geringer als erwartet ausfiel. In Nordamerika, Lateinamerika und in Asien führte die Reorganisation zum Wegfall von ungefähr 1000 Arbeitsplätzen (Erbacher 1998).

Beschleunigung der Produkteeinführung und Minimierung der Investitionen

Betonung der Launchphase. Während Ciba mit dem EFI-Konzept eine Arbeitsteilung gemäß Dareichungsformen und Marktvolumen etablierte und die Lancierung neuer Produkte schwergewichtig vom Werk Stein aus garantiert, gewichtete Sandoz den Aspekt des Lebenszyklus stärker, indem sie die Launchphase der Präparate, je nach Dareichungsformen, einer kleinen Anzahl spezialisierter Anlagen im europäischen Maßstab zuwies.

Wie bei der chemischen Produktion dient ein spezifisches Launchkonzept der Beschleunigung der Markteinführung. Die Spezialisierung der Anlagen auf bestimmte Dareichungsformen auch in der Launchphase, hilft organisatorische und technische Routine und Automatismen zu erzeugen. Nach einer Phase von rund vier Jahren wird der Produktionsauftrag in die entsprechenden Märkte verlagert, um die Kapazität für neue Produkte bereitzuhalten. So kommt ein neues flüssiges Mittel zum Beispiel automatisch nach Huningue, wo es in der Launchphase für die Märkte global produziert wird. Anschließend übernehmen örtliche Produktionsstätten je nach Kapazitäten und Produktionsbedarf die entsprechenden Aufträge. Bei den Solida zum Beispiel, die rund 60% der galenischen Formen von Novartis ausmachen, kommen in Europa eine ganze Reihe von Anlagen wie z.B. Barbera del Vallés, Torre Annunziata und Horsham, die nach der Launchphase im Werk Stein für die Produktion in Frage (Krebser 1998). Das Werk Suffern (New York) übernimmt nur bei sehr großem Mengenbedarf oder wenn das Präparat ausschließlich in den USA vermarktet wird die Launchfunktion für Solida. Die Werke in Südamerika oder Asien kommen für diese strategisch zentrale Aufgabe nicht in Frage (Krebser 1998; Sodano 1997).

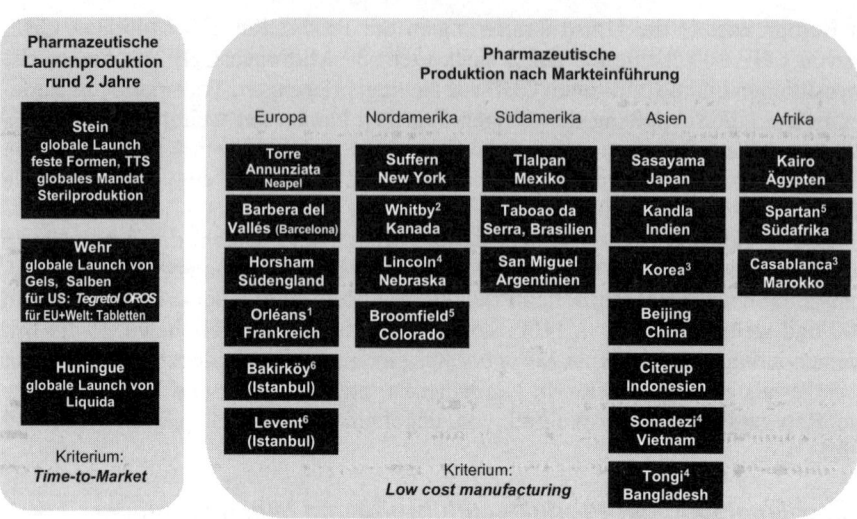

1) An die griechische Firma FAMAR verkauft (gültig ab 2001)
2) An die kanadische Firma Pantheon verkauft (gültig ab 2001)
3) Zum Verkauf vorgesehen
4) An Novartis Consumer Health übertragen, produziert OTC-Präparate
5) An Novartis Generics übertragen, produziert Generika
6) Es ist beabsichtigt, Bakirköy und Levent durch eine neue Fabrik zu ersetzen

Abb. 8.9. Das Konzept der pharmazeutischen Produktion von Novartis, Stand Ende 2000

Das Prinzip der chemischen Produktion ist *'make to stock'*, während die pharmazeutische Produktion nach der Devise *'make to order'* funktioniert. Unter dem Gesichtspunkt der reibungslosen Verknüpfung der *'supply chain'* nimmt das Wirkstofflager zwischen chemischer und pharmazeutischer Produktion eine Art Pufferstellung ein. Während der Launchphase stellt die reibungslose Verbindung der gesamten *'supply chain'* angesichts des Zeitdrucks und der mengenmäßigen Abhängigkeit eine besondere planerische und organisatorische Aufgabe dar (Wetter 1998).

Grundsätzlich werden die Wirkstoffe aus der chemischen bzw. biotechnologischen und die Arzneimittel aus der galenischen Produktion aus Europa lanciert. Nach einiger Zeit wird die pharmazeutische Produktion in die Märkte verlagert. Betrachten wir die räumliche Arbeitsteilung näher, erkennen wir, dass nahezu alle Arbeitsprozesse dieser strategisch absolut zentralen Phase innerhalb eines Radius' von rund 30 Kilometern in der Region Basel getätigt werden.

Integration der Verpackung. Die pharmazeutische Verpackung ist aufgrund der Vielfalt der erforderlichen Verpackungsformen sehr komplex. Je nach Konzept können die Verpackungsanlagen direkt hinter die Produktion geschaltet sein oder als eigener Betrieb funktionieren. Die *online-*Verpackung drängt sich auf, wenn die Präparate für mehrere Länder gleich verpackt werden. Bei landesspezifischen Verpackungen und kleinen Volumina ist es hingegen rationeller, die Arzneimittel im entsprechenden Land in einer eigenen Anlage oder bei einer Partnerfirma verpacken zu lassen. Letztere Variante pflegt Novartis zum Beispiel besonders in den skandinavischen und osteuropäischen Ländern. Allerdings kann auch ein (neu lanciertes) Präparat in Stein produziert und anschließend zum Beispiel in Barbera del Vallés landesspezifisch verpackt werden. Wenn eine Fabrik viele sehr unterschiedliche Verpackungspräsentationen herstellt, erhöht sich ihre Komplexität, was zugleich auch wieder die Kosten steigert. Um dies zu vermeiden, kann sich bei kleinen Volumina eine Dezentralisierung der Verpackung aufdrängen. Unter Umständen ist eine lokale Verpackung auch bei der Lancierung eines neuen Präparates sinnvoll, wenn es hiermit gelingt, den Zulassungsprozeß und den gesamten Produktionsablauf zu beschleunigen. In der Regel sind diese Entscheidungen aber pragmatisch und situationsbedingt zu treffen. Bei einer europäischen Vereinheitlichung der Verpackungen würde sich dieses Problem teilweise erübrigen (Krebser 1998).

Distribution / Vertrieb. Der Vertrieb ist in der Regel Aufgabe der lokalen Pharma-Gesellschaft. Das bedeutet, dass das Vertriebsnetz in Europa noch nationalstaatlich organisiert ist. Dies blieb unmittelbar nach der Fusion die einfachste Heransgehensweise, obwohl sie nicht ideal ist. Andere Firmen haben bereits Logistikzentren für größere territoriale Einheiten geschaffen (Krebser 1998). In den USA ermöglichte die Fusion eine radikalere Bereinigung der Vertriebsorganisation auf einige wenige Vertriebszentren (East Hanover, Knoxville in Tennessee und Sorrito in Kalifornien). Die Vertriebszentren in West Caldwell in Nähe von Summit (Ciba) und Buffalo Grove, Illinois (Sandoz), wurden geschlossen (Novartis Corp. MR 1996; Haas 1997).

Outsourcing. Die Leitung der *Technical Operations* versteht den Produktionsbereich als Dienstleistungsbetrieb, der die erforderliche Qualität möglichst kostengünstig auf Bestellung für das Marketing produziert. In diesem Kontext hat sie sich immer wieder die Frage *'to make or to buy'* zu stellen. Lohnt sich die Investition, arbeitet man mit einer speziellen oder konventionellen Technologie, wie gut sind die Partner? Allerdings ist die Vergabe von Produktionsaufträgen an Dritte konsolidiert zu betrachten, denn bei einer Auslagerung eines großvolumigen Produktes würde sich automatisch die Produktion der verbliebenen Präparate verteuern (Krebser 1998).

Sowohl die beiden Vorgängerfirmen als auch Novartis vergaben und vergeben Produktionsaufträge an Dritte, um in spezifischen Situationen Investitionen einzusparen. Die Firmen können z.B. die Verpackungsleistung auslagern, wenn die Bandbreite der eigenen Präsentationen zu breit ist, der Markt eines Landes sehr schnell beliefert werden muss oder im betreffenden Markt keine eigenen Produktions- und Verpackungsfazilitäten vorhanden sind und die *in house* Verpackung zu aufwendig wäre. Über die Drittproduktion der Arzneimittel selbst expandierten Ciba und noch stärker Sandoz während der achtziger und neunziger Jahre in Asien. Manchmal ist die Drittproduktion Vorstufe zur eigenen Investition. Im Rahmen eines umfassenden Restrukturierungsprogramms dient die Auslagerung hingegen dazu, den eigenen produktiven Apparat zu verkleinern sowie die Investitionen und das Risiko zu minimieren, ohne den Output wesentlich zu reduzieren. Auch im Rahmen der Restrukturierungprogramme in Europa und in den anderen Region optimierte Novartis Pharma die Outsourcing-Möglichkeiten und steigerte die Produktion durch Dritte (Erbacher 1998). Unter diesem Blickwinkel ist es bemerkenswert, dass in Nordamerika das galenische Outsourcing zu Drittproduzenten mit der umfassenden Reorganisation der Produktion im Gefolge der Fusion vorerst nicht zunahm. Im Gegenteil, einige Produktionsaufträge für eigene Produkte wurden sogar wieder *in house* integriert (Sodano 1997).

8.5 Fazit: Jenseits von Internationalisierung und Globalisierung – ungleiche De- und Reterritorialisierung der chemischen und galenischen Produktion

Wie sind die in diesem Kapitel analysierten Veränderungen der Produktionsorganisation zu erklären? In diesem Abschnitt werden nun die wesentlichen Ziele und Motivationen der Restrukturierung und Rekonfiguration der Produktion dargestellt. Mit den wiederholten Restrukturierungen der Produktionsorganisation und die Implementierung neuer Formen der Koordination und Konfiguration der Produktionsanlagen antworteten die Pharmakonzerne auf die Herausforderungen in der pharmazeutischen Industrie wie die verschärfte oligopolistische Rivalität, das Innovationsdefizit und auf den Zwang, die Profitrate substantiell zu steigern (vgl. Kapitel 2 und 4). Unmittelbar galt es, die bedeutenden Überkapazitäten abzubauen. Daniel Vasella, Chief Executive Officer von Novartis, schätzte die Kapazitätsauslastungen in der gesamten pharmazeutischen Industrie Mitte der neunziger Jahre auf nur noch um die 50% (Vasella 1996: 6). Konfiguration und Organisation der Produktionsinfrastruktur sind bei jedem Konzern das Ergebnis historischer Prozesse, die durch oftmals opportunistisch getätigte Expansionsschritte, Firmenübernahmen und konzerninterne Widersprüche (z.B. zwischen Konzernleitung und starken Ländergesellschaften oder zwischen Divisionen) gekennzeichnet sind. Ebenso spielten staatliche Regulierungen und betriebliche Kräfteverhältnisse zwischen Management und Gewerkschaften eine Rolle. Diese Prozesse haben in ihrer Summe und über die Zeit zu einer suboptimalen Infrastruktur geführt. Die Restrukturierungen in den frühen neunziger Jahren und im Zuge der Novartis-Fusion verkörpern somit auch Bestrebungen, diese räumlich fixierten Strukturen ruckartig aufzubrechen und entsprechend den aktuellen respektive künftig erwarteten Bedürfnissen in neue *'spatial fixes'*[86] überzuführen.

Sowohl Übernahmen und Fusionen als auch die in diesem Kapitel dargestellten Formen der Reorganisation und Rekonfiguration der Produktion werfen die Frage nach der Maßstäblichkeit dieser Prozesse und der ihnen zugrunde liegenden Machtverhältnisse auf. Business School Autoren (Porter 1986; Prahalad und Doz 1987; Bartlett und Ghoshal 1989; Ghoshal und Nohria 1993) haben diese Frage implizit in den achtziger Jahren aufgeworfen. Aber ihre statische und rein unternehmenszentrierte Sichtweise war zu eng, als dass sie in der Lage gewesen wären,

---

[86] David Harvey verwendet den Begriff des *'spatial fix'* in einem umfassenden Sinne zur Charakterisierung von Strategien, um den Problemen der Überakkumulation im Kapitalismus zu begegnen sowie eine gesellschaftlich-räumliche 'strukturierte Koheränz' herzustellen (Harvey 1982: 427; Harvey 1989c: 33). Ich denke, dieser Begriff eignet sich auch gut, um die periodischen räumlichen Rekonfigurationen eines Produktionssystems zu kennzeichnen, die in neue, betriebswirtschaftlich kohärentere 'spatial fixes' münden.

die Dynamik der Maßstäbe zu erfassen. Die Konzernleitungen sind zwar bestrebt, die transnationale Integration des Produktionssystems im Sinne der betriebswirtschaftlichen Interessen voranzutreiben. Aber das gelingt immer nur auf der Basis spezifischer Machtverhältnisse gegenüber den anderen Akteuren (andere Firmen, Finanzsektor, Gewerkschaften) eines industriellen Komplexes (Ruigrok und van Tulder 1995).

8.5.1 Drei strategische Achsen

Die grundlegenden Ziele der Restrukturierung und Rekonfigurierung der chemischen und pharmazeutischen Produktion in der zweiten Hälfte der neunziger Jahre bestanden in

- einer Verbesserung der Profitabilität;
- einer massiven Reduktion der fixen und der variablen Kosten;
- dem Erhalt der Qualität;
- schneller Reaktion auf Marktveränderungen;
- schnellen globalen Produktlancierungen;
- der Erlangung und Verteidigung einer führenden Stellung im globalen Oligopol.

Die Maßnahmen, um diese Ziele zu erreichen, bewegten sich auf drei strategischen Achsen: einer Reduktion der Komplexität des Produktsortiments (was wird produziert?), einer Reduktion der Komplexität des Produktionsnetzwerks (wo wird produziert?) und einer Reduktion der Komplexität der Arbeitsprozesse (wie wird produziert?) (vgl. Bruch 1997). Über die Reduktion von Produktionsstätten und die bessere Koordination der verbliebenen Anlagen lassen sich die fixen Kosten reduzieren und Synergiegewinne bei den Overheadaufwendungen erzielen. Zugleich werden durch eine optimalere Nutzung der Humanressourcen die variablen Kosten gesenkt (McGillivray 1997). Im Mittelpunkt der vorliegenden Analyse stehen die geographischen Fragen. Auf einige Aspekte, die das Lifecycle Management des Produktsortiments betreffen, wurde bereits in den Kapiteln 6 und 7 eingegangen.

Reduktion der Komplexität des Produktsortiments. Schaffung globaler Marken und globaler Standardformulierungen: Bereits Anfang der neunziger Jahre lancierte Sandoz das Antimykotikum *Lamisil* als globales Präparat. Fast alle von Novartis in jüngerer Zeit lancierten wichtigen Präparate wie *Diovan* und *Exelon* erscheinen weltweit vereinheitlicht unter demselben Namen und mit weitgehend ähnlichem Erscheinungsbild (vgl. Kapitel 6). Auf nationale Märkte ausgerichtete Präparate bilden die Ausnahme. Die Lancierung der Präparate in Standardformulierungen vereinfacht die Entwicklungs- und Produktionsprozesse.

- *Möglichst späte Anpassungen:* Kundenspezifische Anpassung der Präparate bleiben zwar weiterhin möglich, dabei muss aber auf die Komplexität des Produktionsprozesses geachtet werden. Das mündet in ein System der *rigiden Flexibilität,* das die kundenspezifische Ausgestaltung der Präparate an den spätest möglichen Punkt des Wertschöpfungsprozesses verschiebt.

- *Life cycle Management:* Da insbesondere die älteren Produkte eine hohe Komplexität mit entsprechend versteckten Kosten verursachen, gilt es im Sinne eines aktiven *life cycle managements* diese Produkte aufzugeben, sei es bloß über die Auslagerung an Drittproduzenten oder auch über den Verkauf der Rechte an andere Firmen.
- *Harmonisierung der bestehenden Präparate:* Eine Harmonisierung der Aromen, Farben, Größen und Packungsgrößen der Präparate, die weiterhin im Portfolio bleiben, dient ebenfalls der Vereinfachung der Produktionsorganisation.

Reduktion der Komplexität des Produktionsnetzwerks. Die Reorganisation und Rekonfigurierung der internationalen Produktionsinfrastruktur steht im Zentrum der vorliegenden Analyse. Mit der Reduktion der Anzahl Produktionsstätten können die fixen Kosten deutlich reduziert werden. Zusammengefasst seien hier die wichtigsten Elemente genannt, die im nächsten Abschnitt etwas genauer diskutiert werden.

- *Ausnutzung der Möglichkeiten der Europäischen Binnenmarktes und der NAFTA:* Die Aufgaben von Produktionsstätten, die früher zur Bedienung lokaler Märkte errichtet oder erworben wurden, können im Rahmen übergeordneter Produktionsnetzwerke zugewiesen werden.
- *Reduktion der Investitionen:* Mit der Zusammenlegung von Produktionssstätten und der Schließung von redundanten Einrichtungen werden das Investitionsvolumen gesenkt und Überkapazitäten reduziert. Die Einrichtung von *centers of competence* mit spezifischen Produktionsmandaten erlaubt die Erzielung von *economies of scale*.
- *Verkleinerung der technologischen Bandbreite:* Mit der Zuweisung spezieller Produktionsmandate an einzelne Produktionsstätten kann die Bandbreite ihrer technologischen *Ausstattung* verkleinert werden. Das ermöglicht wieder *economies of scale*.
- *Spezialisierung der Produktionsstätten auf spezifische Märkte:* Mit der Spezialisierung der Fabriken auf Rx-, OTC- oder Generika-Präparate können die Anlagen und die Planung besser auf die spezifischen Erfordernisse bezüglich Mengen, Periodizität und technologischer Komplexität angepasst werden. Verglichen mit F. *Hoffmann*-La Roche praktiziert Novartis diese Trennung weniger konsequent und zudem in Europa und Nordamerika unterschiedlich.
- *Verbesserung der Planungs- und Logistikprozesse:* Die genannten Aspekte sollen zusammen mit weiteren organisatorischen Maßnahmen auch eine deutliche Verbesserung der Planungs- und Logistik erlauben.

Die Rekonfiguration des Produktionsnetzwerkes ist nie eine bloß technische Angelegenheit. Zahlreiche politische und wirtschaftliche Faktoren beeinflussen die Ausgestaltung. Letztlich sind diese Prozesse Kompromisse zwischen einer betriebswirtschaftlich-technisch optimalen Lösung und zahlreichen anderen Faktoren.

Reduktion der Komplexität der Produktionsprozesse. Im Zuge der historischen Evolution entstanden oftmals komplizierte Produktionsprozesse. Eine Vereinfachung der Verkettung der Tätigkeiten in der Wertschöpfungskette (*'vertical global* *switching'*) hilft die Transparenz der Kostenstruktur (*accountability*) zu verbessern.

- Die Warte-, Transit- und Lagerzeiten beanspruchen beträchtliche Phasen des Produktionszyklus'. Die *Stockungen im Aktivitätenfluss sind möglichst zu eliminieren.*
- Eine *Optimierung der Batchgrößen* hilft die Anlagen und die Humanressourcen besser zu nutzen und zugleich den Erfordernissen der Verkaufsabteilungen flexibler zu entsprechen.
- Die verbliebene relative Vielfalt der Produktpalette verlangt *flexible Anlagen,* die möglichst schnell umgerüstet und gereinigt werden können (Ehrhard 1991).
- Die verbesserten Prozesse führen zu *kürzeren Zyklen* (Verkürzung der Umschlagszeit des zirkulierenden Kapitals), einem Abbau der Bürokratie, weniger Arbeitsschritten und zur Eliminierung von Doppelspurigkeiten. Selbstverständlich wirken sich diese Maßnahmen auf die Anforderungen an die Arbeitskräfte und die Arbeitsverhältnisse aus. In dieser Hinsicht spielt der Einbezug der Beschäftigten in die Analysen, Konzeption und Maßnahmen zur Verbesserungen der Arbeitsprozesse eine wichtige Rolle. Wenn allerdings die Zeit- und Kapitalerfordernisse für einen Transfer, eine technische oder organisatorische Veränderung sehr eng bemessen sind, kann es dennoch sinnvoller sein, den Status Quo für eine längere Übergangszeit zu erhalten.

8.5.2 Neue Produktionskonzepte – Rekonfiguration der Maßstäbe

Von der internationalen Expansion zur kontinentalen und globalen Integration

Die Strukturen der **chemischen Produktion** sind durch eine ausgeprägte Persistenz gekennzeichnet. Aufgrund ihrer Kapitalintensität und der enorm langen *pay back* Fristen für die großen Investitionen in neue Produktionsstätten lassen sich die Strukturen nur langsam verändern. Ciba-Geigy und Sandoz konzentrierten beide den Großteil ihrer chemischen Produktion in Basel, wobei die Ciba-Geigy bereits in den siebziger Jahren über eine geographisch wesentlich breiter abgestützte Produktionsbasis verfügte als Sandoz. Im Sinne einer Dreisäulenstrategie konzentrierte die Ciba-Geigy ihre chemische Produktion seit Ende der achtziger Jahre zunehmend auf die drei Werke Klybeck, Schweizerhalle und Grimsby. Die chemischen Produktionsstätten in Nord- und Südamerika und in Indien wurden aufgegeben oder nur noch für ganz beschränkte Aufgaben aufrechterhalten. Für Sandoz bedeutete der Bau der chemischen Fabrik in Ringaskiddy hingegen vielmehr den Übergang von einer Ein- auf eine Zweisäulenstrategie. Zuvor hatte auch Sandoz einige auf die lokalen Märkte orientierte Anlagen betrieben und Anfang der neunziger Jahre im Zuge des Konzentration auf Basel und Ringaskiddy weitgehend aufgegeben.

Novartis nahm im Bereich der chemischen Produktion bislang keine umfassenden Bereinigungen der Produktionsbasis vor und stützt sich auf die drei Basler Produktionsstätten Klybeck, Schweizerhalle und St. Johann sowie auf Grimsby und Ringaskiddy. Die Anlagen in Resende in Brasilien und Kolshet in Indien nehmen nur örtlich begrenzte Produktionsmandate wahr. Die drei Basler Anlagen hingegen fungieren zusammen als *launch sites*, während das *low-cost-manfacturing* sich primär, aber nicht ausschließlich, in Ringaskiddy und Grimsby befindet. Die Aufgabenteilung wird aber nicht starr gehandhabt. Die Zuweisung der Mandate ist nicht zuletzt von den unmittelbaren Verfügbarkeiten und Kapazitäten abhängig.

Im Rahmen des Launchkonzeptes werden zwar nicht die allergrößten Mengen in Basel produziert, aber strategisch gesehen ist gerade diese Phase sehr entscheidend (Wetter 1998). Um den Know how-Transfer zu erleichtern, ist es sinnvoll, die Supplyproduktion, also die Produktion für F&E-Zwecke und die Pilotanlagen in räumliche Nähe zur Produktion oder zumindest zur Launchproduktion zu halten. Die chemische Produktion sollte zudem nicht zu stark zersplittert sein. Eine chemische Produktionsstätte benötigt eine große Infrastruktur zur Energieversorgung sowie zur Abwasser- und Abluftbehandlung. Die damit verbundenen enormen Aufwendungen sprechen für eine Konzentration der chemischen Produktion (Wetter 1998). Diese Faktoren bewirken, dass der Standort Basel in den nächsten beiden Jahrzehnten zweifellos weiterhin eine zentrale Rolle einnehmen wird.

Diese Standortpersistenz hängt einerseits mit der enormen Masse gebundenen Kapitals zusammen, die nur unter großen weiteren Kosten verlagert werden könnte. Andererseits ist Basel konzernweit der einzige Standort, wo Forschung, Entwicklung, Supplyproduktion, Launchproduktion und reife Massenproduktion räumlich in engster Nähe beieinander sind. Gerade unter den Erfordernissen des *'faster time to market'*, der schnellen und globalen Produkteinführung ist die Kommunikation und der Wissenstransfer zwischen diesen Unternehmensfunktionen wichtig. Zudem stehen in nächster Zukunft im Produktionsbereich nur noch in Ausnahmefällen, insbesondere zur Einführung neuer Technologien, große Investitionen an. Es geht mehr darum, die vorhandene Infrastruktur zu optimieren (Wetter 1998).

Die **galenische Produktion** stand bis in die frühen achtziger Jahre unter dem Primat der marktorientierten Produktion. Diese extensive Ausbreitung der Produktionsinfrastruktur ging mit unterschiedlichen Ausprägungen der Multinationalisierung einher. Die Konzerne verbanden mit dem Aufbau einer Vielzahl von Fabriken das Ziel, die entsprechenden Märkte besser zu erschließen. Aufgrund ihrer Multinationalität verfügten sie gegenüber rein national operierenden Firmen über beträchtliche *ownership, localisation* und *internalization* Vorteile (Dunning 1993b: 76–86). Die in den sechziger und siebziger Jahren erfolgte Expansion in Indien, Pakistan und nahezu ganz Südamerika war Ausdruck dieser Orientierung.

Die Schließung der ersten Produktionsstätten Mitte der achtziger Jahre leitete zunächst zögerlich eine Wende ein, die bald in eine umfassende Restrukturierung und Rekonfiguration des gesamten produktiven Apparates in Europa, Nordamerika und Südamerika mündete. Die europäischen Produktionskonzepte *'EFI'* von Ciba-Geigy und *'Euroguide'* von Sandoz stellten die ersten breit angelegten Rationalisierungsprogramme der Produktionsinfrastruktur dar, die zu wesentlich verflochteneren Produktionsbeziehungen von spezialisierten Produktionsstätten auf kontinentaler Maßstabsebene führten. Die Fusion zu Novartis war Anlaß und zugleich Voraussetzung für eine weitere Restrukturierungsrunde. Was mit den Konzepten der frühen neunziger Jahre angedeutet und eingeleitet wurde, fand nun nach der Novartis-Fusion mit dem Konzept *'Europool'* und der umfassenden

Restrukturierung in Nordamerika die energische Fortsetzung. Eine radikale Berei-nigung der Produktionsinfrastruktur wurde auch in Lateinamerika vollzogen. Nur in den wichtigen Märkten in Südostasien setzte sich bis in die erste Hälfte der neunziger Jahre eine extensive Expansion mit der Errichtung neuer Produktions-stätten und Joint Ventures fort. Nachdem nun aber auch in Vietnam und China eine Präsenz aufgebaut war, begann mit der Schließung oder dem Verkauf von Produktionsstätten in Taiwan, Thailand, Philippinen und Südkorea ebenfalls eine Begradigung der Produktionsinfrastruktur. Das Ausmaß der Restrukturierungen und Rekonfigurationen in der pharmazeutischen Produktion auf Weltebene ist massiv: von den 52 galenischen Fabriken, die Ciba und Sandoz zusammen welt-weit in die Fusion einbrachten, gab Novartis Pharma bislang 27 auf (Galle 2000).

Die Schaffung des europäischen Binnenmarktes und der Abschluss des Nord-amerikanischen Freihandelsabkommens NAFTA waren wesentliche Vorausset-zungen für die Implementierung der neuen Produktionskonzepte (Howells 1992). Die *investment-led* Integration hätte sich also ohne *policy-led* Integration zumin-dest in dieser Form kaum durchgesetzt (UNCTC 1992; Chesnais 1995: 97). Die transnationale, politische Regulierung weist in der Pharmaindustrie aber noch andere, nicht minder wichtige Aspekte auf. Auf die große Bedeutung der EMEA in Europa und vor allem der FDA in den USA für die Zulassung von neuen Medi-kamenten wurde bereits im Kapitel 4 hingewiesen. Insbesondere FDA verfügt über eine Regulierungsmacht, die weit über die Grenzen der USA hinausreicht. Diese betrifft nicht nur die Arzneimittelzulassung, sondern auch die Validierung von Produktionsstätten. Eine große Herausforderung stellte die Sicherstellung der *Good Manufacturing Practice GMP* dar. Denn gegen Ende 1994 ging die FDA dazu über, in Schweizer Werken, die Medikamente für die USA herstellen, selbst Inspektionen durchzuführen. Bisher hatte die FDA die Inspektionen der schweize-rischen IKS (Interkantonale Kontrollstelle für Heilmittel) anerkannt. Nun hatten die Unternehmen nicht nur eine einwandfreie Qualitätssicherung in allen Produk-tionsbereichen wie bisher zu garantieren, sondern sie hatten auch Dokumentati-onssysteme, Validierungsverfahren und Umgebungsstandards auf die Standards der FDA auszurichten (Sandoz-Gazette 1996d). Wie hart die Inspektionen der FDA sein können, erfuhr die Ciba beispielsweise im März 1995. Die FDA bemän-gelte nach einer Inspektion des Werkes Stein die Abweichungen von den GMP-Regeln bei der Produktion der festen Darreichungsformen (Scrip 1995b).

Konzentration der Kompetenzen und Technologien

Novartis Pharma vereinigte im Europool-Konzept Ansätze der beiden Vorgänger-firmen, die zwar eine ähnliche Zielsetzung hatten, aber nicht so umfassend und konsequent waren. Das EFI-Konzept der Ciba organisierte eigentlich nur den Supply für vier Länder. Die Sandoz ging mit ihrem Euroguide-Konzept weiter und bereitete die Konzentration der pharmazeutischen Produktion auf fünf Fabriken vor. Zudem begann Sandoz den 'Launch-Gedanken' auch auf die pharmazeutische Produktion anzuwenden und bestimmten Anlagen die Aufgabe zuzuweisen, Prä-parate gewisser Darreichungsformen während der Einführungsphase herzustellen. Konzeptionell scheint das Novartis-Konzept sich stärker an den bereits zuvor eingeleiteten Schritten von Sandoz zu orientieren. Allerdings stützt es sich mehr-heitlich auf die Produktionsstätten der Ciba. Nur Orléans und Levent von der

Sandoz bleiben vorläufig bestehen. Vermutlich liegt das auch darin begründet, das Ciba die Fabriken Stein, Barbera del Vallés, Torre Annunziata und Huningue in den Jahren vor der Fusion massiv modernisiert hatte. Insofern drängt sich das Bild auf, dass sich Novartis Pharma bei der Software (Konzept, strategische Planung) mehr auf die Erfahrungen von Sandoz bezieht, sich bei der Hardware aber stärker auf die festen Anlagen der Ciba stützt.

In einem Aspekt scheint sich aber eher ein Konzept von Ciba fortzusetzen. Stärker als bei Sandoz und ähnlich wie bei Ciba strukturieren die Sektoren Consumer Health, Generika und Ciba Vision ihre Produktion auf internationaler Ebene autonom vom Sektor Pharma. Dennoch ist anzunehmen, dass es zahlreiche Verknüpfungen gibt. So bearbeiten die Anlagen des Sektors Pharma auch Produktionsaufträge für die OTC-Medikamente und Generika. Bereits früher produzierten Produktionsstätten der Sandoz und Ciba Generika. Das Werk Stein stellte z.B. auch Präparate für Ciba Vision her.

Die Maßstäblichkeit der Fokussierung der Darreichungsformen auf spezifische Produktionsstätten ist der Regel abhängig vom Grad der Komplexität der entsprechenden Produktionstechnologie. Das heißt, je größer die technologische Komplexität der Produktionsanlagen einer Darreichungsform ist, desto räumlich konzentrierter erfolgt ihre Produktion. So sind die Produktionsprozesse für die sterile Präparate und ihre Erstverpackung am komplexesten. Die Erzielung von *economies of scale* und die technologische Fokussierung sind daher wichtige Erfordernisse. Die Produktionsprozesse von festen Darreichungsformen sind bereits wesentlich weniger komplex und können daher dezentraler organisiert werden. Die Verpackung der festen Formen stellt keine größeren Anforderungen. Sie kann daher am ehesten dezentral in den Märkten abgewickelt werden. Bei der Launchproduktion ist es der Faktor Zeit, der zur Konzentration der Produktion zwingt.

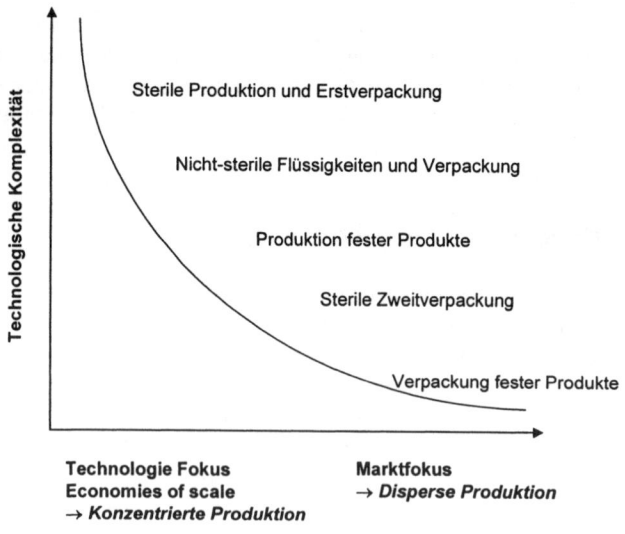

Abb. 8.10. Konzentration oder Dispersion? Tendenzen in der galenischen Produktion

Geschwindigkeit zwingt zur Konzentration in der pharmazeutischen Produktion

Auffallend ist, dass die Produktionskonzepte verstärkt den Charakteristika des Lebenszyklus angepasst wurden. Ciba-Geigy und Sandoz betrieben spezifische Pilotanlagen für die Entwicklungsproduktion in Basel und Summit respektive East Hanover in unmittelbarer Nähe zu den wichtigsten F&E-Zentren. Die Pilotproduktion stellt die Wirkstoffe für die klinischen Prüfungen her. Das sind wesentlich kleinere Mengen als nach der Zulassung des Präparats. Die Anlagen sind flexibel einsetzbar, da die Verfahren noch nicht fertig ausgereift sind. Ciba-Geigy begann Anfang der neunziger Jahre ein pragmatisches Launch-Konzept zu implementieren. Im Zuge der Neuschaffung von Produktionskapazitäten in Grimsby wurden die Anlagen in Schweizerhalle ab 1991 so installiert, dass sie die Aufgabe einer Launchsite wahrnehmen konnten. Die nachfolgenden Phasen des *'low cost manufacturing'* wurden je nach den zur Verfügung stehenden Kapazitäten von allen chemischen Produktionsstätten wahrgenommen. Sandoz hingegen entwickelte aufgrund der zentralisierteren Produktionsstruktur und den eher kleinvolumigeren Präparaten kein eigentliches Launchkonzept. Novartis nutzt schließlich den gesamten Produktionsapparat der chemischen Anlagen in den Werken Schweizerhalle, Klybeck und St. Johann zur Herstellung der Wirkstoffe in der Einführungsphase.

Mit der Formulierung von Launchkonzepten geht ein präziseres *life cyle management* und eine Aufwertung spezifischer räumlicher Ausstattungen einher. Ziel in der Launchphase ist, das neue Präparat in den wichtigsten Märkte rasch und möglichst zeitgleich einzuführen. Diese Anforderung führt dazu, die *Launch Produktion* auf wenige, jeweils mit der neusten und flexiblen Produktionstechnologie ausgerüsteten Produktionsstätten zu konzentrieren, die von gut ausgebildetem und motiviertem Personal bedient werden. Die prioritären Management-Ziele unterscheiden sich also je nach dem Stadium des Lebenszyklus' in dem sich Produkt befindet. Während die Launchphase unter dem Primat des *'time-to-market'* steht, geht es in der nachfolgenden Phase darum, ein optimales *'low cost manufacturing'* einzurichten.

Um den Wissenstransfer aus den mit den up-scaling-Prozessen befassten Entwicklungsabteilungen einfach zu gestalten, bietet es sich an, nicht nur die chemische, sondern auch die pharmazeutische *Launch*, in räumlicher Nähe zu den Forschungs- und Entwicklungseinrichtungen zu lokalisieren. Die größte und wichtigste Pharmafabrik ist jene in Stein. Sie ist *launch site* für feste Formen, transdermale Systeme und sterile Medikamente. Die pharmazeutische *launch site* für Salben und Crèmes ist die Fabrik in Wehr. Huningue ist für die Lancierung der Liquida zuständig. Damit befinden sich alle *launch sites* in einem Umkreis von maximal 30 Kilometer von den wichtigsten Entwicklungseinrichtungen und chemischen Produktionsstätten des Konzerns in der Region Basel.

Obwohl ab den neunziger Jahren die Bedeutung von Drittproduzenten stark zugenommen hat, hatte die Ciba-Geigy bis zur Fusion mit Sandoz noch immer unter 10% der Wirkstoffproduktion an Drittproduzenten vergeben. Im Rahmen der Neuformulierung der Standortpolitik verstärkte die Pharmadivision 1991 das Outsourcing zur Beschaffung von Produktionskapazitäten. Insbesondere Produkte, deren Patente abgelaufen sind, gab man nun vermehrt Drittproduzenten. Es ging darum, Kapazitäten ohne neue Investitionen zu schaffen (Caveng 1997).

Die Strategien von Ciba-Geigy und Sandoz, vor allem in den Expansionsmärkten, unterschieden sich darin, dass Sandoz mehr lokale Drittproduzenten für die pharmazeutische Formulierung beauftragte, Ciba-Geigy hingegen früher begann, in eigene Fabriken zu investieren. Die Ciba-Geigy verfolgte insbesondere in Südostasien und in China eine wesentlich offensivere Strategie als Sandoz (Krebser 1998). Besonders im OTC-Sektor haben viele Pharmafirmen ein System von Drittproduzenten aufgebaut. Auf diese Weise können sie flexibel und schnell neue Produkte einführen. Wenn ein Produkt durch den Markt gut aufgenommen wurde, können sich das Unternehmen unter Umständen dazu entschließen, die Produktion selbst *in house* aufzunehmen.

Die neuen Produktionskonzepte und die damit verbundenen Re-Territorialisierungsprozesse in der pharmazeutischen Produktion haben also nicht nur zu einer Konzentration der Produktionsstätten in Europa und in den USA geführt, sondern zugleich diese Produktionsstätten im Vergleich zur multinationalen Produktion der siebziger und achtziger Jahre massiv aufgewertet. Es vollzog sich also eine deutliche Stärkung der bereits zuvor schon wichtigsten Produktionsstandorte des Konzerns. Parallel zu den hier analysierten Veränderungen der Produktionsorganisationen von Ciba-Geigy, Sandoz und Novartis unternahmen die meisten großen Pharmakonzerne ähnliche Schritte zu einer konzentrierten und zentralisierten Wirkstoffproduktion, einer weitgehenden Fokussierung der pharmazeutischen Produktion und einer Reduktion der Anzahl Zulieferer auf weniger, aber strategisch umso wichtigere Partner (Polastro 1996).

Von einer massiven Auslagerung in Billiglohnländer oder Länder mit niedrigeren Umweltstandards kann keine Rede sein.[87] Verlagerungen oder Auslagerungen im Sinne von günstigem *global sourcing* sind nur für bestimmte Zwischenprodukte der chemischen Wirkstoffproduktion relevante Erscheinungen. Insbesondere chemische Fabriken in Indien haben sich eine Position als Drittlieferanten spezifischer Zwischenprodukte und Synthesestufen erobert. Wie stark die Wertschöpfungskette im Bereich der Wirkstoffproduktion vertikal integriert wird, hängt also nicht zuletzt vom *life cycle management* und der technologischen Ausstattung des Unternehmens ab. Gewisse Unternehmen mit einer starken Kompetenz in Fermentationsprozessen bieten sich als Drittproduzenten von Antibiotika für Pharmakonzerne an. So haben zum Beispiel Eli Lilly, Pfizer und Hoechst gewisse Fermentationsanlagen verkauft (Barber 1998). Zugleich bieten sich auch große Konzerne als Drittproduzenten für andere Unternehmen an, wie zum Beispiel Pharmacia UpJohn, Bristol-Myers Squibb, Abbott Laboratories (Law 1999b) oder, wie bereits erwähnt, die Biochemie Ges.m.b.H. von Novartis. Mit der Etablierung des Internethandels mit Chemikalien und Zwischenprodukten ergeben sich für die

---

[87] In den frühen neunziger Jahren entwickelte sich im Zuge des Aufbaus von chemischen Wirkstoff-Fabriken in Singapur, Irland, Puerto Rico und Bahamas durch verschiedene Konzerne eine Diskussion in der Pharmabranche über das Phänomen des *,offshore manufacturing'*. Als künftige Produktionsbasen wurden Indien und China genannt. Allerdings wurde auch davor gewarnt, aufgrund kurzfristiger Kostenüberlegungen die Produktionslogistik zu verkomplizieren (Polastro 1994; Hase 1994).

Pharmaindustrie weitere Möglichkeiten das *supply chain management* zu beschleunigen und spezifische Stoffe gezielter einzukaufen (Law 1999a).

Die besagte räumliche Konzentration der internen Produktion darf aber nicht darüber hinwegtäuschen, dass es in der pharmazeutischen Industrie mittlerweile eine ganze Bandbreite von Möglichkeiten der Desintegration zwischen den Firmen gibt. Das beginnt bei Aufgaben der chemischen Entwicklung, reicht über Drittproduzenten von Wirkstoffen, die Aufbereitung von Wirkstoffen (z.B. Mahlung), Produktion für klinsche Prüfungen, galenischen Entwicklung, der galenischen Produktion bis zur Verpackung und der Vertriebslogistik. Da allerdings die durchschnittlichen Profitraten bei den Pharmadrittproduzenten deutlich unter den Pharmakonzernen liegen, ist kaum anzunehmen, dass dieser Bereich sich längerfristig über ein bestimmtes Maß ausdehnen wird (Polastro und Tulcinsky 1998). Gerade der Verpackung von Arzneimitteln vor Ort in den Märkten bedienen sich die Pharmakonzerne je nach örtlichen Bedingungen allerdings schon seit Langem.

Letztlich ist es schwierig, den Grad der vertikalen Integration, des Outsourcing und der damit verbundenen räumlichen Dynamiken zu erfassen. In jedem Konzern ist die konkrete Implementierung eines Konzeptes auch Ergebnis zahlreicher Kompromisse zwischen unterschiedlichen Akteuren. Im Falle von Novartis und anderen Fusionen treffen zudem die Akteure zweier Unternehmen mit jeweils unterschiedlichen Entwicklungspfaden und Kulturen aufeinander. Ohne Wissen über die unternehmens- und managementinternen Meinungsbildungsprozesse sind hierüber kaum gesicherte Aussagen möglich.

Marktsegmente

Im Unterschied zur Konzeption der Ciba-Geigy mit der teilweise parallelen Organisation von Zyma im OTC-Bereich, zur Trennung von Rx und OTC-Produkten bei Hoffmann-La Roche (Bruch 1997; Hausmann 1997a) und später bei Novartis mit dem Consumer Health Sektor produzierte die Sandoz die verschreibungspflichtigen und OTC-Präparate unter dem selben konzeptionellen Regime. Sandoz folgte der Linie, dass es für die Produktion nicht relevant sei, wie und an wen ein Produkt vermarktet wurde. Dieselbe Tablettiermaschine beispielsweise stellte also verschreibungspflichtige Präparate, Generika und OTC-Produkte her. Dennoch scheint diese Problematik bei Sandoz und dann bei Novartis nicht eindeutig gelöst worden zu sein. Der globale Leiter der pharmazeutischen Produktion von Novartis gestand ein, dass die Charakteristik der Märkte die Produktion vor jeweils spezifische Probleme stellt. Der Markt für verschreibungspflichtige Medikamente ist nach der Einführungsphase oftmals relativ stabil. Das Volumenwachstum der Produkte ist recht gut zu prognostizieren und die Produktion darauf einzustellen. Während der Launchphase ist die Akkumulation von gewissen Lagerbeständen jedoch unabdingbar, um das Produkt gut einzuführen. Der Generika-Markt ist hingegen weniger stabil. Dort muss der Anbieter kurzfristig in Nischen springen, rasch mit kurzen *Lead-Zeiten* und mit oftmals vielen unterschiedlichen Verpackungspräsentationen produzieren können. Die Nachfrage nach Consumer Health Produkten fluktuiert ebenfalls stärker. Bei einer Grippewelle muss spontan mit Werbung reagiert werden. Zugleich muss die Produktion auf diese Schwankungen vorbereitet und demnach sehr flexibel sein. Je nach dem Produktsortiment und der Marktform können sich auch Unterschiede in den Produktionsvolumen ergeben. In der Regel sind saisonale Produkte im Bereich der Consumer Health dennoch relativ gut planbar. Insgesamt tendierte man bei Sandoz zum Konzept von einheitlichen Produktionsstätten für den gesamten Healthcare-Bereich. Novartis rückte teilweise davon ab. Der Bereich Selfmedication von Consumer Health verfügt auch über eigene pharmazeutische Fabriken. Das gilt nicht für das Novartis-Konzept in den USA und die Organisation der *retail generics* der Biochemie. Letztlich stellt sich für den Rx-Pharma-Sektor (patentgeschützte verschreibungspflichtige Präparate) die Herausforderung, die ähnlichen Standards bezüglich Durchlaufzeiten und Flexibilität zu erreichen wie der Generika-Sektor (Krebser 1998).

Dennoch beeinflusste das für die Sandoz typische Produktsortiment das Produktionskonzept von Novartis. Einerseits führte die Sandoz die großen, weltweit eingeführten Produkte wie *Sandimmun, Lamisil* oder *Sandostatin* in ihrem Sortiment. Andererseits vertrieb Sandoz auch zahlreiche sogenannte 'nationale' Produkte, die von den lokalen Tochtergesellschaften in Eigenregie entwickelt und auf den Markt gebracht wurden. Somit stellten die Fabriken neben den internationalen Produkten, die sie exportierten, immer noch lokale Produkte für den nationalen Markt her. Das waren vielfach OTC-Produkte von zuvor übernommenen Firmen, wie z.B. die Phytopharmaka der 1994 intergrierten Firma Monal Laboratories in Frankreich (Krebser 1998).

Maßstäblichkeit der Integration

Nicht nur im Entwicklungsbereich, sondern auch in der Produktion, vor allem natürlich während der Lancierungsphase, ist die Durchlaufgeschwindigkeit der verschiedenen Arbeitsphasen ein zunehmend wichtigerer Wettbewerbsfaktor geworden. Um den Erfordernissen der *space-time compression* zu entsprechen, entwickelten die Konzerne Strategien des *global switching* und *global focusing* ihres internationalen produktiven Netzwerks (Howells und Wood 1993: 142–152; siehe Kapitel 3.4.3 der vorliegenden Arbeit). Beide Konzepte repräsentieren die Bestrebungen, die internen Vorteile einer engen Integration von Forschung, Entwicklung und Produktion zu nutzen und zugleich externe Vorteile an spezifischen Standorten zu internalisieren.

Die Konfiguration und Koordination (Porter 1986) sowohl des chemischen *launch* als auch des *low-cost-manfacturing* entsprechen etwa den Prinzipien des *global focusing*. Die Verkettung der Synthesestufen, die bis zum fertigen Wirkstoff durchlaufen werden müssen, erfolgt im Sinne eines *vertical global switching*. Dieses bezeichnet die Kapazität, die funktionalen Sequenzen an geographisch verschiedenen Standorten zu lokalisieren und zu verbinden. Insbesondere bei der Launchproduktion ist es jedoch sinnvoll, möglichst alle intern produzierten Stufen im selben Werk herzustellen.

Die pharmazeutische Launch-Produktion erfolgt nach einem ähnlichen Prinzip global fokussiert je nach Darreichungsform in den Werken Stein, Wehr und Huningue. In der nachfolgenden Phase nehmen die auf bestimmte Darreichungsformen spezialisierten Werke in Europa und in Nordamerika in der Regel kontinentale Mandate im Sinne eines *continental focusing* wahr. Einige Präparate werden darüberhinaus auch in andere Märkte exportiert, oder andere nur gerade für den entsprechenden nationalen Markt produziert. Hier gilt die Regel, dass je komplexer ein Produktionsverfahren ist, desto eher erfolgt die Produktion zentral. Bestes Beispiel ist die komplexe, aufwendige und eine hohe Arbeitsdisziplin erfordende Produktion steriler Medikamente, die im Werk Stein global fokussiert geschieht. Ein optimales *horizontal global / continental / national switching* organisiert die Produktionsmandate innerhalb derselben Funktion. Gerade bei den festen Formen bestehen oftmals mehrere Produktionsoptionen. Hier gilt es nun, entsprechend den Marktbedingungen und den erwünschten Flüssen der finanziellen Returns die Produktionsmandate (auf kontinentaler Ebene) zuzuweisen. Im Falle einer organisatorischen Abtrennung der Verpackung ergeben sich durch die Zuweisung des Verpackungsmandates an eine eigene Fabrik oder durch Beauftragung einer anderen Firma zusätzliche Optionen eines *vertical switching*.

Die Spezialisierung der Anlagen auf bestimmte Aktivitäten erlaubt *economies of scale* zu erzielen und die Auslastung der bestehenden Kapazitäten deutlich zu steigern (Krebser 1998). Novartis strebte in den nach galenischen Formen spezialisierten Fabriken eine Steigerung der Arbeitsauslastung von 40% auf 75% mit zwei Arbeitsschichten an (Erbacher 1998). Gleichzeitig steigen die Interdependenzen zwischen verschiedenen Länderorganisationen und Funktionen des Konzerns (Bartlett und Ghoshal 1990a, 122ff). Das *continental* oder *global focusing* stellt somit höhere Anforderungen an die Koordination der Wertschöpfungskette respektive das *vertical switching*, die über größere räumliche Distanzen zu bewältigen sind. Über die Schaffung konzernweiter Normen, gemeinsamer Arbeitsverständnisse und einer konzernweiten Unternehmenskultur kann versucht werden, die zunehmenden geographischen Distanzen mit organisatorischer und kultureller Nähe zu kompensieren (vgl. Gertler 1997: 51).

Letztlich sind aber die räumlichen Maßstabsebenen der Produktionsverantwortung weder verallgemeinerbar noch starr. Das zeigt, dass von einer Globalisierung der Produktion und entsprechend von einem *global focusing* oder *switching* nur unter bestimmten Bedingungen gesprochen werden kann. Die periodischen Umwälzungen der Produktionssysteme in den letzten dreißig Jahren sind vielmehr durch Prozesse der De- und Reterritorialisierung des gesamten produktiven Apparates von Industrien gekennzeichnet, die auf der grundsätzlich ungleichen Entwicklung des Kapitalismus beruhen.

Die Produktion ist mittlerweile auf wesentlich weniger Länder konzentriert als noch in den achtziger Jahren. Profitiert von dieser Entwicklung haben nicht etwa die sogenannten low-cost Länder, sondern die reichen Regionen, wo historisch immer die wichtigsten Produktions- und Forschungseinrichtungen lokalisiert waren. Ausnahmen sind die von Sandoz Anfang der neunziger Jahre errichtete chemische Fabrik in Ringaskiddy und die von F. Hoffmann-La Roche 1997 in Betrieb genommene chemische *lauch site* in Florence, South Carolina sowie das bereits erwähnt *offshore manufacturing* in Singapore, z.B. von GlaxoWellcome (Howells und Wood 1993:146; Polastro 1994). Die größten und strategisch wichtigsten Investitionen wurden ansonsten immer in den Regionen Basel, New Jersey / New York und seit einigen Jahren zudem in Kalifornien getätigt.

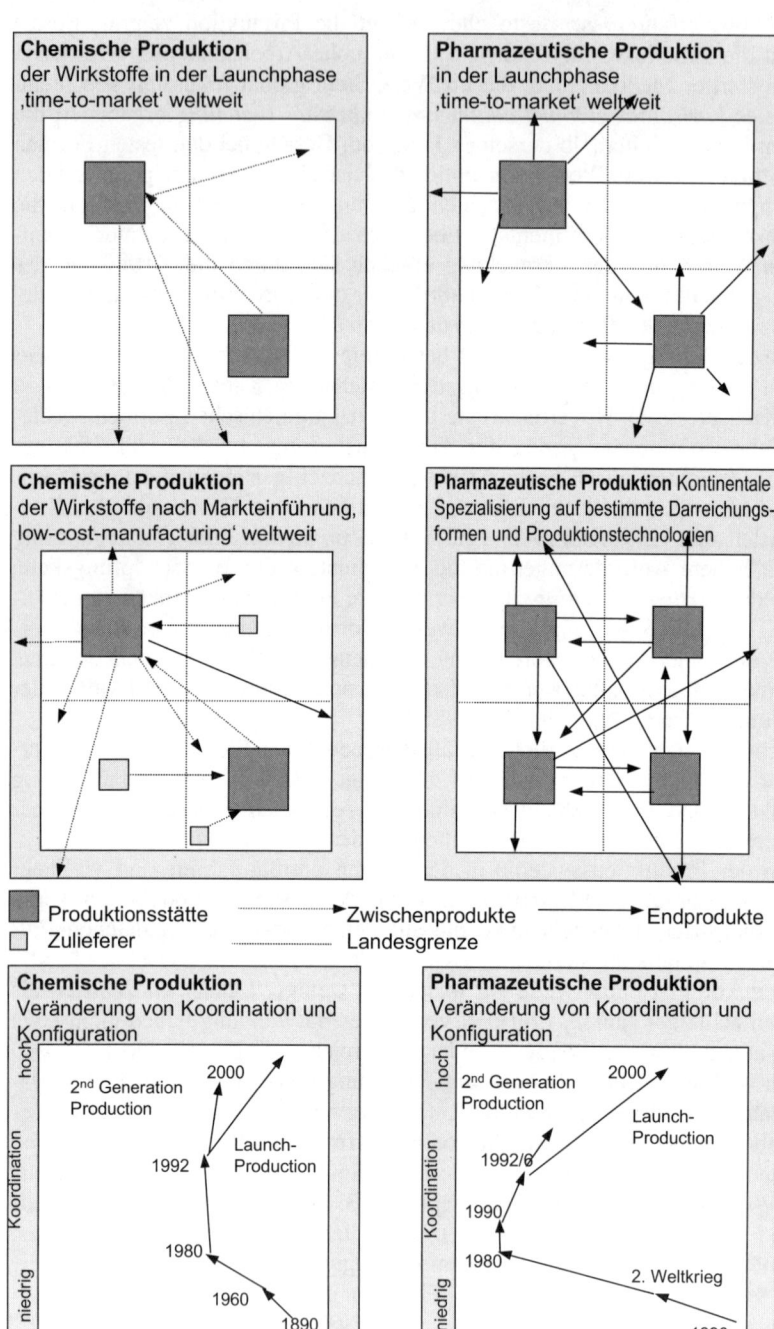

Abb. 8.11. Konzepte der chemischen und pharmazeutischen Produktion sowie ihre Konfiguration und Koordination

Produktivität und Arbeitsorganisation

Im Zuge der Automatisierung der chemischen Produktion ab den siebziger Jahren ging der Personalbestand drastisch (auf etwa ein Drittel) zurück. Da die Automatisierung auch erhalten werden musste, stieg zugleich der indirekte Personalaufwand erheblich an, obgleich nicht im selben Maße. Dieszügliche Quantifizierungen sind schwierig. Entscheidendere Konsequenz der Automatisierung als der Arbeitskräfteabbau war letztlich die konstantere und qualitativ bessere Produktion. Abgesehen von der Automatisierung hat sich allerdings die grundsätzliche chemische Produktionstechnologie nicht so stark verändert (Caveng 1997; vgl. GBI 1994; Schumann et al. 1994).

Der größten Veränderungen in den Arbeitsabläufen und Arbeitsbeziehungen brachte die massiv verstärkte Automation mit sich, auch bei flexiblen Mehrzweckanlagen. Allerdings bestehen bisweilen auch Zweifel, wie weit die Automation sinnvollerweise getrieben werden solle. Die Automatisierung hat die Anforderungen an viele Mitarbeiter verändert und erhöht. Ein anderer Faktor sind die im Zusammenhang mit den Erfordernissen des 'Good Manufacturing Practice' stark angestiegenen Anforderungen an die Qualitätssicherung und der hiermit verbundene Aufwand der Protokollierung und Dokumentation (Wetter 1998).

Um die Produktivität der Abläufe zu erhöhen, greifen die Unternehmen verstärkt zum Instrument des Benchmarkings. Obwohl die Aussagekraft derartiger Bewertungsinstrumente umstritten ist, dienen sie dazu, die Performance des gesamten oder einzelner Abschnitte des Produktionsprozesses zwischen verschiedenen Betriebsstätten oder zu möglichen Drittfirmen zu vergleichen.[88] Wenn ein externer Hersteller einen Wirkstoff günstiger anbietet, entsteht natürlich eine direkte Herausforderung, die eigene Kostenstruktur zu verbessern. Besondere Aufmerksamkeit wird dabei der Perfomance bei den Umstellzeiten der Maschinen, der 'on time delivery' und der Qualität der Produkte (z.B. Reinheit), beigemessen. Das Benchmarking zwischen den Produktionsstätten soll die Motivation zur Verbesserung der eigenen Performance antreiben (Wetter 1998).

Ciba-Geigy und Sandoz pflegten unterschiedliche Firmenkulturen und legten somit auch die Akzente bei der Arbeitsorganisation unterschiedlich. Die Ciba-Geigy experimentierte zum Beispiel rascher mit neuen Organisationskonzepten. Herausragendes Beispiel ist die Etablierung der sogenannten Inselbildung in Stein und die Konzipierung der Produktionsstrassen im neuen Werk Suffern mit relativ selbständigen Arbeitsgruppen. Das ging so weit, dass das Produktionsgebäude baulich entsprechend konzipiert wurde. In der ersten Phase der Integration fällte Novartis keinen grundlegenden Entscheid über die Philosophie des Reengineerings, da das primäre Ziel war, die beiden Organisationen zu integrieren. Insofern blieben Fragen der Arbeitsorganisation der Freiheit des örtlichen Managements überlassen. Zentral werden die Vorgaben betreffend Budget und Ziele

---

[88] Die zahlreichen Wettbewerbe und Sonderbewertungsaktionen mit der Vergabe von ‚Awards‘ dienen grundsätzlich dem gleichen Ziel der Produktivitätssteigerungen und begünstigen die Verallgemeinerung des Wettbewerbs zwischen Einheiten und Standorten. Die Division Pharma verlieh zum Beispiel ab 1992 den ‚Mach Mit‘-Award und versuchte damit die Motivation der Mitarbeiterinnen und Mitarbeiter zu steigern, die strategischen Ziele der Division zu erreichen. 1994 wurde im Werk Stein in der Versandpackerei und Spedition das Projekt ‚Durchlaufverkürzung um zwei Tage = 40 Prozent‘ durchgeführt (Ciba-Zeitung 1994b).

erlassen. Wie ein 'site manager' diese Ziele erreicht, bleibt im Wesentlichen in seinem Ermessensspielraum. Nationale und kulturelle Unterschiede können hierbei eine beträchtliche Rolle spielen. Letztlich prägen oftmals pragmatische Erwägungen die Entscheidungen über Arbeitsverfahren und Arbeitsorganisation. Das galt auch für Veränderungen des Personalbestandes im Rahmen der Fusion. Wenn ein Werk einen zusätzlichen Produktionsauftrag erhielt, wurden die zusätzlich eingestellten Mitarbeiter einfach in die bestehende Organisationsstruktur integriert (Krebser 1998).

Ein hohes Qualifikationsniveau der Beschäftigten und eine komplexe technologische Ausstattung begünstigen bei der Rekonfiguration der Produktion auf transnationalen Ebenen die standörtliche Persistenz der Arbeitsprozesse. Je stärker eine Unternehmenseinheit von spezifischen Formen von Arbeitsqualifikationen abhängig ist, desto weniger können diese Unternehmenseinheiten verlagert werden und umso mehr versucht das Unternehmen, den gesamten Produktionsprozess bei Erhaltung der geographischen Konfiguration zu rationalisieren. Die gesamte chemische Produktion in Basel, Teile der pharmazeutischen Produktion im Werk Stein sowie spezifische, im Werk Orléans gebundene Qualifikationen im Zusammenhang mit der Formulierung von Brausetabletten können hierfür als Beispiele angeführt werden.

9 Maßstäbe oligopolistischer Rivalität und ungleiche Reterritorialisierung

Die in den Kapiteln 5 bis 8 dargestellte Analyse der Internationalisierungsstrategien und -pfade der 'Basler Pharmakonzerne' hat viele der in den Kapiteln 1 und 2 aufgeworfenen Fragen implizit beantwortet. Hier wird nun der Versuch unternommen, die empirischen Ergebnisse zu verdichten und zu verknüpfen. Anschließend werden die daraus abgeleiteten theoretischen Implikationen zur Diskussion gestellt.

Der erste Abschnitt antwortet auf die Fragen der Pfadabhängigkeit der internationalen Expansion sowie der Koordination und Konfiguration wichtiger Unternehmensfunktionen und Abschnitte der Wertschöpfungsketten. Der zweite Abschnitt stellt die internationale Expansion und den Wandel der internationalen Strategien in den Kontext der Rationalisierungs- und Restrukturierungsbemühungen der Konzerne und den im Laufe der achtziger Jahre entstandenen Bedingungen eines triadischen Oligopols. Das führt uns anschließend zu einigen grundsätzlichen Überlegungen über das Zusammenspiel oligopolistischer Rivalität und der räumlichen Entwicklung wichtiger Technologiestandorte. Den Abschluss bilden thesenartige Bemerkungen zur ungleichen Evolution und Reterritorialisierung von Konzernaktivitäten und dem Problem räumlicher Maßstäbe.

9.1 Pfadabhängigkeit der Internationalisierung

9.1.1 Internationalisierung als Ausdruck spezifischer Expansionspfade

Die Internationalisierung diversifizierter Konzerne ist nur zu verstehen, wenn das Zusammenspiel der verschiedenen Geschäftsbereiche, das Wechselverhältnis von Diversifikation und Rekonzentration, von geographischen und sektoralen Expansionen und Rückzügen sowie ihrer Triebkräfte analysiert wird. Darum sind für das Verständnis der (Internationalisierungs-)Dynamik der Pharmadivisionen und ihrer Geschäftsfelder von Ciba-Geigy und Sandoz zugleich auch die Entwicklungstendenzen der Divisionen in den Bereichen Chemikalien, Farbstoffe, Agrochemikalien zu erfassen. Die komplexen Fragen der Ressourcenzuteilung, Quersubventionierungen, Risikoverteilung und Glättung von Konjunktur- und Geschäftsschwankungen und vor allem der unterschiedlichen Profitabilität einzelner Tätigkeitsbereiche verlangen ein theoretisches und methodisches Gerüst, das auf diese unterschiedlichen Dimensionen einzugehen vermag.

Eine historische Analyse verhindert allzu impressionistische Interpretationen des jüngeren Strukturwandels. Nur in Kenntnis der Geschichte kann verstanden werden, wie und warum sich für Unternehmen und Unternehmenssektoren die spezifischen Gründe und Einflussfaktoren für jeweils spezifische Strategien für Sektoren und Unternehmungen im Laufe der Zeit verändert haben (Howells 1996; Nilsson 1996). Chandler (1990; 1992) hat eindrücklich demonstriert, welche Bedeutung die langen Entwicklungslinien in der Ausprägung organisatorischer Fähigkeiten großer Unternehmen haben. Gerade auch die Konstanz gewisser Entwicklungslinien der stärksten Unternehmen und die Tatsache, dass die meisten der heute führenden Konzerne schon vor bald einem Jahrhundert führende Positionen innehatten, unterstreicht die Bedeutung einer historischen Analyse (Hannah 1998).

Die Internationalisierung der 'Basler Chemie-und Pharmakonzerne' ist durch sehr spezifische Pfade gekennzeichnet, die in engem Zusammenhang mit der Rolle der schweizerischen Ökonomie in der Weltwirtschaft zu verstehen sind. Der kleine Binnenmarkt und die starke Konkurrenz der deutschen Chemieunternehmen zwangen die 'Basler Chemie' frühzeitig, sich einer hochwertigen Spezialitätenchemie zuzuwenden. Damit einher ging der Zwang zur Exportorientierung. Die Internationalisierung wurde schon gegen Ende des 19. Jahrhunderts durch den Aufbau von Produktionsstätten im Ausland zusätzlich untermauert. Die Grenzlage Basels war in dieser Hinsicht ein klarer Vorteil, da die Unternehmen in unmittelbarer Nachbarschaft zu ihren Hauptsitzen in Deutschland und nach dem Ersten Weltkrieg auch in Frankreich Produktionsstätten aufbauen konnten (das Elsaß stand zwischen 1871 und 1918 unter deutscher Besatzung).

Die frühe Präsenz auf Auslandsmärkten prägte auch die Kultur der Unternehmen und der Beschäftigten und lehrte sie, die Entwicklungen der Märkte und der Technologien im Ausland aufmerksam zu beobachten. Diese Sensibilität war eine wichtige Voraussetzung für die internationale Expansion. Die Tradition der weltweiten Beobachtung wurde gepaart mit einer konsequenten Pflege der Heimbasis. Mehrere Jahrzehnte später erwies sich die starke, internationale Präsenz im Zuge der Herausbildung oligopolistischer Verhältnisse in der Triade von großem strategischen Vorteil, insbesondere in Bezug auf die Fähigkeiten, das Potential neuer Technologien zu erkennen und diese zu erwerben.

Die Ansätze, die den Internationalisierungsprozess als Abfolge von Phasen oder Sequenzen interpretieren (u.a. Taylor und Thrift 1982; Ohmae 1987; 1990; Dunning 1993b: 193–205), bieten ein allgemeines Beurteilungsraster der frühen internationalen Expansion im Sinne einer Multinationalisierung. Tatsächlich verlief die Expansion von CIBA, Geigy, Sandoz und Roche in den USA gemäß einer Abfolge von Export, Handelsniederlassung, eigenes Tochterunternehmen, Produktionsstätte und letztlich Forschungsstätten. Aber CIBA und Hoffmann-La Roche durchliefen diesen Prozess in den USA bereits von Beginn des 20. Jahrhunderts bis zum Zweiten Weltkrieg, Geigy und Sandoz bis in die frühen sechziger Jahre. Zum Verständnis der wesentlich komplexeren Prozesse der internationalen Expansion in den letzten dreißig Jahre sind diese Konzepte nicht mehr tauglich, da sie nicht in der Lage sind, die konkreten strategischen Optionen und Schwerpunkte der Konzerne zu erklären. Taylor und Thrift erkannten zwar, dass die räumliche Expansion einen jeweils spezifischen Verlauf je nach dem zeitlichen Beginn der Internationalisierung einnahm. Das heisst, die Sequenzen der Internationalisierung prägten sich je nach historischer Phase des Beginns der Internationalisierung anders aus.

Die auf die Unternehmensstrategien orientierten Managementautoren wie u.a. Bartlett und Ghoshal (1989) vertraten die Idee eines Internationalisierungsprozesses, der vom multinationalen Unternehmen schließlich in ein transnationales Unternehmen mündet, das sowohl weltweit kompetitiv und effizient als auch multinational anpassungsfähig ist. Etwas weniger schematisch ging Porter (1986) davon aus, dass die multinationalen Strategien durch globale und komplexe globale Strategien abgelöst würden. Ohmae (1987; 1990) pries das 'globale Unternehmen', das sich in allen wichtigen Märkten als 'global insider' bewegt. Tatsächlich nahmen die Ende der achtziger Jahre gestarteten Umstrukturierungen der Konzerne einige Charakteristika an, die von den Managementautoren beschrieben und verschrieben wurden, insbesondere hinsichtlich flexiblerer Organisationsmodelle und den Anforderungen, den konzerninternen Wissensfluss effizienter zu gestalten. Allerdings lieferten diese Beiträge keine Antworten, um die ökonomisch-räumliche Logik, die sich hinter der unmittelbaren Koordination und Konfiguration der Tätigkeiten verbirgt, zu enthüllen. Prahalad und Doz (1987: 18–21) entwickelten ein in der Managementliteratur mehrfach aufgegriffenes Schema (u.a. Bartlett und Ghoshal 1989), das das Spannungsfeld der Erfordernisse globaler Koordination und Integration sowie der räumlichen Differenzierung und Marktnähe darstellt. Damit lassen sich immerhin annäherungsweise die Verortung einzelner Geschäfte und Funktionen darstellen (siehe Abb. 9.1).

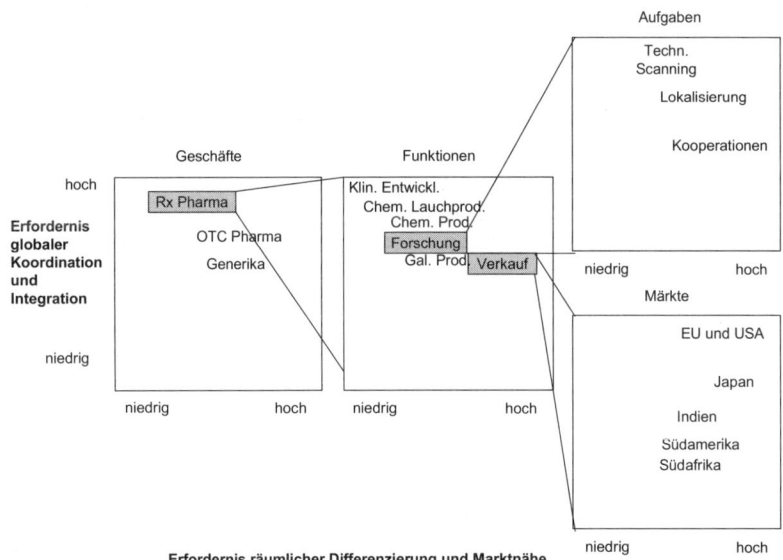

Abb. 9.1. Verortung der Geschäfte und Funktionen im Spannungsfeld der Erfordernisse globaler Koordination / Integration und räumlicher Differenzierung (vgl. Prahalad und Doz 1987; Bartlett und Ghoshal 1989)

Dunning, der sequentielle Modelle der Internationalisierung von Unternehmen und eines Investitionsentwicklungspfades von Empfängerländern entwarf, lehnt mittlerweile jegliche deterministische Interpretation ab und schlägt pluralistischere und integriertere Erklärungsversuche vor (Dunning 1988; 1993b: 205–8; Dunning und Narula 1996). Offensichtlich existiert kein einheitliches Muster der Internationalisierung. In der erwähnten Literatur werden der Beginn der internationalen Expansion, die Spezifika der Branche und die nationale Herkunft als wesentliche Faktoren genannt, die den Internationalisierungspfad wesentlich beeinflussen. Die vorliegende empirische Aufarbeitung hat einige weitere Faktoren identifiziert.

Vielfach besteht ein Zusammenhang zwischen der Reife des Geschäfts und der Art der Internationalisierung. Je jünger ein Geschäftszweig ist, desto aggressiver treibt ein Konzern dessen internationale Expansion voran. Ciba-Geigy baute das Linsen- und Augenheilmittelgeschäft der CIBA Vision in den achtziger Jahren von Anfang an global integriert aus. Ebenfalls von Beginn an expandierten Ciba-Geigy und Sandoz ihre Geschäftszweige in der Selbstmedikation und bei den Generika mit einer globalen Strategie, obgleich sie hier spezifische nationale Eigenheiten der Märkte besonders zu berücksichtigen hatten. Diese neuen Geschäftssektoren experimentierten von Anfang an mit neuen Organisationsmodellen und nahmen gewissermaßen Schritte vorweg, die das pharmazeutische Kerngeschäft erst einige Jahre später umsetzte. Die in den achtziger und neunziger Jahren enorm wichtig gewordenen Prozesse der technologischen Überwachung und Expansion (z.B. in der Form von Unternehmenskooperationen) hatten ebenfalls sogleich einen globalen beziehungsweise triadischen Charakter. Andererseits vollzog sich bei den reifen, pharmazeutischen Geschäftsfeldern eine konzentrierte und fokussierte internationale Expansion, die weniger durch eine weitere räumliche Expansion als vielmehr durch eine massive Rekonfiguration nahezu aller Tätigkeiten gekennzeichnet war.

Unternehmen und Unternehmenszweige können in ihrer internationalen Expansion also Stufen überspringen. Jüngere Unternehmen(sbereiche) können schneller eine global oder triadisch integrierte Organisation annehmen, als Unternehmen, die einen langen Pfad von einer *dezentralen, multinationalen Ausdehnung zur selektiven globalen Integration* zurücklegten. Unternehmen, die in globalisierten Märkten und Konkurrenzbedingungen agieren, bleibt mittlerweile gar nichts anderes übrig, als selbst eine globale Perspektive anzunehmen. Die jungen Biotechunternehmen illustrieren das sehr gut, wobei sie sich weniger des Mittels der Direktinvestitionen, als der Unternehmenskooperationen bedienen.

Relevant für die gegenwärtige und künftige Dynamik von Koordination und Konfiguration der Konzerntätigkeiten ist, dass die Expansionsmuster der 'Basler Konzerne' in den Großregionen bisher sehr unterschiedlich abliefen. Die multinationale Expansion zunächst in Europa und dann in Nordamerika erstreckte sich über eine verhältnismäßig lange Periode in der ersten Hälfte des 20. Jahrhunderts. Demgegenüber benötigte die Verankerung mit eigenen Produktionsstätten in Südamerika und Indien nur rund zehn Jahre zwischen Mitte der sechziger und Mitte der siebziger Jahre. Die Expansion in Südostasien in den achtziger und neunziger Jahren wurde bereits wesentlich selektiver vorangetrieben und stützte sich nur noch in den wichtigsten Ländern auf die Errichtung von eigenen Produktionsstätten.

Angesichts des verschärften Konkurrenzdruckes, des Zwanges zur Steigerung der Renditen und der Veränderungen der wirtschaftlichen Rahmenbedingungen führten die Expansionsstrategien seit den achtziger Jahren nicht mehr zu einer ausgedehnteren geographischen Verankerung, sondern brachten im Gegenteil eine Reduktion der Betriebsstätten in vielen Ländern mit sich. Die Bestrebungen, die Marktanteile zu steigern, gehen seit Anfang der neunziger Jahre nicht mehr mit einer zunehmenden geographischen Ausdehnung der Infrastruktur einher, sondern mit der systematischen Beschränkung und Fokussierung der Anlagen im globalen oder kontinentalen Maßstab.

Im Gegensatz zu den Pharmadivisionen von Ciba-Geigy und Hoffmann-La Roche setzte sich Sandoz Pharma erst im Laufe der siebziger Jahre wirklich zu einer weltweit verankerten Firma mit einer starken Präsenz in den USA und in Japan durch. Auch der Vergleich der internationalen Expansion von Ciba-Geigy und Sandoz bestätigt, dass gewisse Internationalisierungsschritte der Vergangenheit die Bandbreite der Internationalisierungsoptionen der Gegenwart mitbestimmen (vgl. Ruigrok und van Tulder 1995). So dürfte die breite Diversifizierung und umfassende geographische Verankerung von Ciba-Geigy mitunter ein Grund dafür gewesen sein, dass der Konzern Ende der achtziger und Anfang der neunziger Jahre Schwierigkeiten bekundete sich aggressiv auf die veränderten Bedingungen einzustellen und den verschlankten US-Konzernen energisch entgegenzutreten. Das heisst, die frühe Präsenz in den USA erleichterte einerseits das technologische Scanning; andererseits erschwerte die erhebliche Dezentralisierung der gesamten Konzernorganisation aufgrund von 'sunk costs' und der räumlichen Fixierung die konzernweiten Restrukturierungen und Reterritorialisierungen und verstärkte die (lokalen) Beharrungskräfte. Große Fusionen, vor allem transnationalen Charakters, können allerdings die nötige organisatorische Energie freisetzen, tradierte Konfigurations- und Verhaltensmuster im Rahmen umfassender Restrukturierungen neu zu formieren.

Diese Feststellungen gehen in eine ähnliche Richtung wie die Thesen von Ruigrok und van Tulder (1995). Sie unterstrichen, dass eine Kernfirma je nach ihrer Herkunft respektive Einbettung in einen industriellen Komplex einem jeweils spezifischen Globalisierungspfad folge und es für einen Konzern zunehmend schwieriger oder gar unmöglich werde, von einem eingeschlagenen Globalisierungspfad zu einem anderen zu wechseln, je länger dieser bereits beschritten wurde. Die unterschiedlichen Globalisierungsprozesse europäischer, US-amerikanischer und japanischer Konzerne untermauern diesen Sachverhalt. Zwar ähneln die Expansionspfade von Ciba-Geigy, Sandoz und Novartis der 'Globalisierungsstrategie' im Sinne von Ruigrok und van Tulder. Vereinfachend können wir die Internationalisierung von Ciba-Geigy, Sandoz und Roche in die vier Phasen Exportorientierung, frühe Multinationalisierung, extensive Multinationalisierung / extensive internationale Expansion und selektive globale Integration, die sowohl aus Aspekten einer Triadisierung als auch einer Multikontinentalsierung besteht, gliedern (vgl. Abb. 9.2. und Tab. 9.1).

Tab. 9.1. Phasen der internationalen Expansion der Basler Chemie- und Pharmakonzerne

Phasen	Expansionsmuster	Marktsituation	Konzern-organisation	Produktion	F&E
1860–1890	Exportorientierung Flexible Spezialisierung	Freihandel	Zuerst Handelsvertreter , dann eigene Handelsniederlassungen	Produktion in Basel	Erste Forschungstätigkeiten in Basel
1890–1939	Frühe Multinationalisierung Diversifizierung	Ab 1900 zunehmender Protektionismus, vor allem in USA, ab 1916 nationale und internationale Kartelle	Beträchtliche Autonomie der Landesgesellschaften	Produktionsstätten Europa und Nordamerika	Ab 1937 erste Forschungszentren in den USA
1946–1985	Extensive Multinationalisierung extensive Diversifizierung	Zunehmender Freihandel mit nationalen Regulierungen, großes Wachstum bis 1974, Entstehung regionaler Blöcke	Beträchtliche Autonomie der Landesgesellschaften; Diversifizierte mehrdimensionale Matrixorganisationen	Zusätzliche Produktionsstätten Europa, Nordamerika, Südamerika, Indien, Pakistan, Ägypten, Südafrika	Aufbau respektive Erweiterung von Forschungszentren in den USA, in GB, Österreich und Indien
Ab 1985/90	Triadisierung Multikontinentalisierung selektive globale Integration Fokussierung auf Kerngeschäfte, intensive Expansion	Große Binnenmärkte, Liberalisierungen WTO, Entstehung triadisches Oligopol	Eingeschränkte Autonomie der Landesgesellschaften, global integrierte Divisionen	Zusätzliche Produktionsstätten in Südostasien. Globale Integration der chem Produktion und der Launchphasen, kontinentale Integration der galenischen Produktion, Reduktion der galenischen Produktionsstätten um 50%–70%.	Globale Integration der Entwicklung, selektive triadische Integration der Forschung und der Forschungskooperationen mit beschränkter Autonomie der Forschungszentren, neue Wege der Technologieaneignung

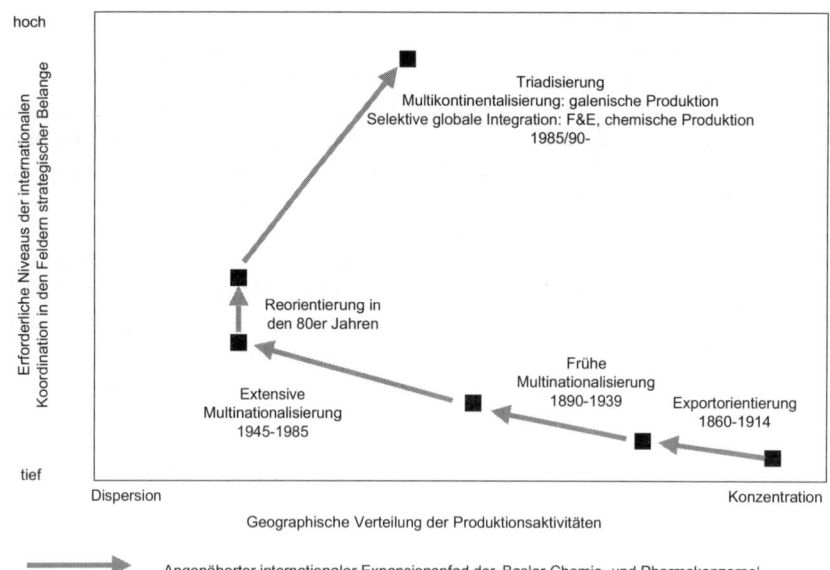

Abb. 9.2. Expansionspfade der Basler Chemie- und Pharmakonzerne

9.1.2 Strategien als permanente Re-Territorialisierung der Wertschöpfungskette

Wandel strategischer Motive

Neben einigen bemerkenswerten konstanten Entwicklungstendenzen unterlagen die strategischen Motive der internationalen Expansion auch bedeutenden Veränderungen. Eine konstantes Motiv ist zweifellos das Bestreben, neue Märkte zu erschließen. Diesem Zweck dienten bereits die ersten Handelsniederlassungen in den achtziger Jahren des 19. Jahrhunderts. Die Errichtung der Produktionsstätten zuerst in Europa und in den verschiedensten Regionen der Welt verfolgten eigentlich immer primär das Ziel der Markterschließung. Dieser multinationalen Orientierung auf viele Inlandsmärkte entsprach der Aufbau von 'Stützpunkt-Tochtergesellschaften' oder *'filiales-relais'* (Michalet 1985) respektive von dezentralen und relativ autonomen *'multidomestic'* Niederlassungen (Porter 1986). Die geographische Expansion war dabei nur eine Form der Marktexpansion. Sowohl die verschiedenen Diversifzierungsprojekte (u.a. Selbstmedikation, Generika, CIBA Vision) als auch die Fokussierung auf das Kerngeschäft der patentgeschützten Arzneimittel entsprangen letztlich immer dem Ziel, sich entweder neue Sektoren zu erschließen oder mehr Ressourcen zur Expansion in bestehenden Sektoren zu verwenden. Einstiege in neue Sektoren korrespondierten in der Regel mit einer besonders schnellen geographischen Expansion.

Die im Kapitel 8 ausführlich analysierten Veränderungen der Konfiguration und Koordination von Produktionsstätten der chemischen und galenischen Produktion in den frühen neunziger Jahren sind Ausdruck teilweise sehr beträchtlicher *'efficiency seeking'* Direktinvestitionen (Dunning 1993b: 59) im Sinne einer *'stratégie de rationalisation de la production'* (Michalet 1985: 60). Mit dem Begriff der *'efficiency seekers'* fasste Dunning jene Direktinvestitionen, die getätigt werden, um die Struktur bestehender Anlagen derart zu rationalisieren, dass der Konzern Nutzen aus der gemeinsamen Governance geographisch disperser Aktivitäten ziehen kann. In der Regel geht es dabei um die Erzielung von *economies of scale* und *scope* durch die Spezialisierung der Anlagen sowie um die Risikodiversifizierung. Aufgrund der relativ starken Regulierungsdichte ging die pharmazeutische Industrie vergleichsweise spät zu solchen Strategievarianten über. Das 'EFI-Konzept' der Ciba und das 'Euroguide-Konzept' der Sandoz in der galenischen Produktion dienten dem Ziel, die Produktionsorganisation auf europäischer Ebene zu rationalisieren. Das Europool-Konzept von Novartis radikalisierte diese Strategie und mündete letztlich in eine massive Reduktion der geographischen Präsenz. Die Modernisierung der chemischen Fabriken in Schweizerhalle (Basel) und Grimsby (Nordengland) durch die Ciba-Geigy und die neue chemische Fabrik von Sandoz in Ringaskiddy (Irland) dienten alle primär dem Ziel, die Wirkstoff-Produktion weltweit zu fokussieren und zugleich Risiken zu verteilen. In den Fällen von Irland und Nordengland fielen zweifellos auch die günstigeren Kostenstrukturen ins Gewicht. Bei den neuen Geschäftsfeldern und Märkten stellte sich die Situation anders dar. CIBA Vision verfolgte seit den frühen achtziger Jahren von Beginn an eine Strategie der rationalisierten Produktion, um die Märkte zu bedienen. Auch die jüngeren Expansionen in Südostasien verknüpften die strategischen Ziele des *'market seeking'* und *'efficiency seeking'*.

Das Motiv der niedrigeren Kosten war nur unter bestimmten Bedingungen für die Auslandsproduktion relevant. Ein Beispiel hierfür ist die Errichtung einer Produktionsstätte zur Produktion von Kontaktlinsen in Batam Island, einer Sonderwirtschaftszone in Indonesien in unmittelbarer Nachbarschaft zu Singapur, durch CIBA Vision im Jahre 1995. Im Rahmen der Diskussion über die Neue Internationale Arbeitsteilung (Fröbel, Heinrichs und Kreye 1977; 1986) wurde argumentiert, die internationale Expansion in den siebziger Jahren sei neben der Verlagerung in Niedriglohn- und -kostengebiete auch Ausdruck des Bestrebens der Unternehmen gewesen, sich dem Druck der militanter gewordenen Gewerkschaften zu entziehen. Im Falle der 'Basler Konzerne' kann dieses Argument umgedreht werden. Die überaus stabile Situation in der Schweiz und die feste Verankerung der Unternehmen im regionalen, ökonomischen und sozialen Kontext bildeten eine wichtige und sichere Grundlage für die langfristig angelegte Internationalisierung der Geschäftstätigkeit. Die helvetische Konkordanz, der jahrzehntelange Arbeitsfriede sowie die nationalen und regionalen Wachstumskoalitionen boten den Konzernen eine sichere Heimbasis. Die politische Neutralität der Schweiz war jahrzehntelang hilfreich bei der Öffnung neuer Märkte und entsprach der ökonomischen Spezialisierung auf relativ hochwertige Nischenproduktionen (vgl. Mangold 1935: 40, 99).

Mit der bisweilen fast unkoordiniert wirkenden Akquisitionspolitik Ende der achtziger Jahre in neuen Geschäftsfeldern wie der Lasertechnologie, Elektronikchemikalien oder elektrische Geräte übernahm Ciba-Geigy Elemente einer Züge eines *strategic asset seeker'* (Dunning 1993b: 60). Eine derartige Orientierung verfolgt das Ziel, durch geeignete Akquisitionen und Reorganisation des gesamten Konzernportfolios die Wettbewerbsposition des Gesamtkonzerns zu verbessern oder wichtige Rivalen zu schwächen. Wie sich auch bei Ciba-Geigy zeigte, kann eine zu große Heterogenität der Geschäftsfelder allerdings zu beträchtlichen Reibungsverlusten führen und die strategische Kohärenz des Konzerns schwächen.

Die Lokalisierung von Forschungsstätten im Ausland verfolgte vor allem das Ziel, in Kontakt mit den Wissens- und Innovationspotential der Gastländer zu treten, was zugleich mit der Verbesserung des Marktzugangs einherging. In Analogie zu den anderen strategischen Motiven können wir die Pharmakonzerne als *'knowledge and technology seeker'* bezeichnen. Dieses Motiv war schon in den dreißiger Jahren für den Aufbau der Forschungszentren von Roche und CIBA in New Jersey nicht zu unterschätzen. Im Zuge der molekularbiologischen Revolution und des Vormarsches der Biotechnologie seit den siebziger Jahren gewann dieses Motiv massiv an Bedeutung. In der pharmazeutischen Industrie sind die Markt- und Technologieorientierung oftmals untrennbar miteinander verbunden. So verschaffte sich Ciba-Geigy zum Beispiel über eine Kooperation mit der ALZA Corporation in Palo Alto 1978 Zugang zur Technologie der transdermalen therapeutischen Systeme und verbesserte damit zugleich die Marktchancen für eine Reihe von neuen Wirkstoffen und bereits eingeführten Präparaten. Zugleich verlängerte sie deren Lebenzyklus mit der neuen Technologie. Bei den meisten produktorientierten Kooperationen mit Biotechnologiefirmen verbinden sich die Motive des Marktzutritts und des Technologieerwerbs. Allerdings werden diese Kooperationen in der Regel ohne kontrollierende Beteiligung am Eigenkapital des Biotechunternehmens abgeschlossen.

Wissen und Technologien wurden verstärkt ein strategisch zentraler Rohstoff (vgl. Michalet 1985: 60ff; Dunning 1993b: 57, 60; Chesnais 1997), den es zu erschliessen oder zu kontrollieren gilt. Das trifft ganz besonders für die strategische Orientierung von Pharmakonzernen zu. Michalet unterstrich mit seinem etwas schwammigen Begriff der *'stratégie techno-financière'* die Bedeutung unternehmerischer Technologiestrategien. Angesichts der Bedeutung dieser globalen Wissens- und Technologieaneignung kann die Produktlebenszyklus-Theorie in der Frage der Technologieausbreitung teilweise umgedreht werden (Cantwell 1995). Die Basis der Wettbewerbsfähigkeit liegt nicht zuletzt in der technologischen Kompetenz in den daraus – im Falle erfolgreicher Produktentwicklungen – resultierenden technologischen Surplus-Profiten. Insofern stützt sich auch die internationale Expansion zu einem guten Teil auf intangible Aktiven, auf die Qualifikation des Humankapitals, die Kontrolle über Technologien und ihren Schutz durch Patente. Der wirksame Schutz von Technologien und die Schaffung von Standards ermöglicht zudem die Errichtung von Eintrittsbarrieren gegenüber möglichen Rivalen (Chesnais 1997: 195ff). Hoffmann-La Roche gelang zum Beispiel mit dem Erwerb der PCR-Technologie (Polymerase Chain Reaction) von der Firma Cetus in Emeryville im Jahre 1991 (Cetus wurde im gleichen Jahr von der Nachbarfirma Chiron übernommen) ein genialer Schachzug, weil sich die PCR-Technologie bald zu einem Standard zur Entschlüsselung des genetischen Materials in allen möglichen Anwendungen durchsetzte. Sandoz hatte mit dem Einstieg in die Gentherapie wohl ähnliche Perspektiven vor Augen, die sich allerdings nicht bestätigten.

Reterritorialisierungen von Unternehmensfunktionen

Vollzog sich in der Produktion zwischen den fünfziger und achtziger Jahren eine geographisch äußerst ungleiche Expansion und Dezentralisierung, um die Märkte besser zu durchdringen, so sind die neunziger Jahre von einer massiven Rekonzentration und Zentralisierung der Produktionsorganisation gekennzeichnet, bei der chemischen Produktion noch stärker als bei der pharmazeutischen Produktion. Aufgrund der Liberalisierungen des Welthandels sind viele der lokalen Produktionsstätten überflüssig geworden. Die räumlich konzentrierte und auf bestimmte Darreichungsformen oder Marktsegmente fokussierten Produktionsanlagen können im Verbund rationeller organisiert werden. Die früher wichtige nationale Einbettung im Sinne der multinationalen respektive multidomestic Strategien verlor an Relevanz. In der Produktion geht es primär um die kontinentale Verankerung und effiziente Organisation des Produktionssystems auf kontinentaler Ebene. Die Produktion der chemischen Wirksubstanzen, sehr komplexer galenischer Darreichungen (Sterilproduktion) sowie die Launchproduktion wird jedoch global respektive konzernweit zentralisiert organisiert.

Bei der Forschung hingegen erleben wir seit den achtziger Jahren eine Tendenz zur verstärkten Verankerung in ganz bestimmten Regionen. Es gilt, die Wissensproduktion und Wissenserschliessung an den interessantesten Standorten durchzuführen. Darum investierten Sandoz und Ciba-Geigy immense Summen in den Aufbau von Forschungszentren in New Jersey und vereinbarten viele Kooperationen mit Biotechnologieunternehmen. Diesem Zweck diente auch die Verankerung in regionalen Innovationssystemen wie Boston, der Bay area und San

Diego (siehe Abschnitte 7.5 und 9.2.4). Die selektive Globalisierung der F&E und der Technologieproduktion verbindet sich also mit spezifischen regionalen und lokalen Gegebenheiten.

Die Entwicklung hat wiederum ihre eigenen maßstäblichen Charakteristika. Die klinischen Tests werden einerseits räumlich sehr dezentral in Zusammenarbeit mit ausgewiesen Kliniken in Europa, in den USA und bei Bedarf in Japan durchgeführt. Organisatorisch hingegen sind die Entwicklungsabteilungen global integriert und zentralisiert strukturiert. Nur so kann den Erfordernissen der einheitlichen, disziplinierten und schnellen Arbeitsprozessen entsprochen werden. Die Tätigkeiten der chemischen Entwicklung und des up-scalings sind mit der sogenannten *supply production*, also der Produktion für die klinischen Tests, verbunden. Diese Tätigkeiten finden in der Regel in räumlicher Nachbarschaft zu den wichtigen Produktionsstätten oder F&E-Zentren statt. Novartis und Roche betreiben diese Tätigkeiten vor allem in Basel. Novartis entschloss sich allerdings, trotz der Schließung der chemischen Produktion in New Jersey, noch eine *supply production* in East Hanover zu belassen. Hoffmann-La Roche installierte neben den Pilotanlagen in Basel auch einen Pilotbetrieb in der neuen, 1998 eröffneten, *launch site* in Florence, South Carolina (Herriott 1996; roche magazin 1997).

Bis in die achtziger Jahre galt es, insbesondere in gewissen Ländern, Produkte an die nationalen Marketing- und Zulassungsbedingungen anzupassen (Japan, teilweise USA). Im Zug der globalen Harmonisierung der regulatorischen Bedingungen verlor dieser Aspekt an Bedeutung. In Japan ist er ihn hingegen weiterhin zu beachten. Das Design und die Dosierung der verschreibungspflichtigen Präparate wurden zunehmend global vereinheitlicht, obwohl aus sehr spezifischen Gründen auch 'nationale' Produkte unter Umständen weitergeführt werden können. Vor allem im OTC-Sektor sind die Märkte nach wie vor durch sehr viele national spezifische Produkte gekennzeichnet. Auch die Generikamärkte sind immer noch national segmentiert und erlauben kleineren Herstellern eine Rolle zu spielen. Bei den patentgeschützten und verschreibungspflichtigen Präparaten sehen sich die Konzerne in jüngster Zeit dem Druck ausgesetzt, nicht nur sogenannte *'blockbusters'* zu entwickeln, die schon bald nach ihrer Einführung mindestens eine Milliarde US Dollar Umsatz erzielen, sondern auch *'megabands'*, also globale Supermarken-Präparate zu konzipieren, die bereits vor der Lancierung gigantische Marketingmittel verschlingen (siehe Abschnitt 6.3).

Um dem Druck auf die Renditen und den veränderten Anforderungen der weltweiten Konkurrenz Rechnung zu tragen, reorganisierten die Konzerne 1989–91 ihre Strukturen. Die Implementierung global organisierter und auf bestimmte Geschäftssektoren ausgerichteter Divisionen schuf bessere Möglichkeiten, einerseits alle strategisch wichtigen Entscheidungen auf einer global zentralisierten Ebene zu treffen und andererseits beweglich auf die wechselnden Marktbedingungen in verschiedenen Regionen zu reagieren. Im Zuge dieser Erfordernisse verloren die Headquarters der nach Ländern organisierten Konzerngesellschaften an Bedeutung und ihre relative Unabhängigkeit gegenüber den Divisionsleitungen, die sich mehrheitlich in den Stammhäusern befinden. Die Schaffung relativ autonomer Divisionen ging einher mit der Stärkung von deren Headquarters. Die Konzerne versuchen permanent eine Balance zwischen Flexibilität und kritischer Masse ihrer Apparate zu finden.

Die zentralisierte Macht der Divisionsleitungen drückt sich auch darin aus, daß über verschiedensten Mechanismen, wie z.b. *bench marks*, die Konkurrenz zwischen den Lohnabhängingen an verschiedenen Standorten systematisch angeheizt wird. Diese darf allerdings nicht so weit gehen, daß die Kohärenz und die Koordination der Abläufe im Gesamtkonzern gestört werden. Andere Maßnahmen dienen zudem dazu, den Zusammenhalt der Beschäftigten im Konzern unabhängig von ihrem Standort zu fördern. Eine zentrale Bedeutung kommt dabei der Pflege und Entwicklung einer Unternehmenskultur zu. Auch im Bereich der Human Resources, insbesondere beim *management development* finden zunehmend Prozesse einer Rekonfigurierung der Maßstäbe statt. Eine nicht unwesentliche Ebene der Umgestaltung stellt die Transnationalisierung des Spitzenmanagements dar. In relativ kurzer Zeit wurde beispielsweise dem Exekutivkommittee des Sektors Pharma von Novartis eine weitgehend internationale Zusammensetzung verliehen (siehe Kapitel 5.3.4 und 6.3.3). Schweizer befinden sich in diesem Gremium in der klaren Minderheit. Bemerkenswert sind aber auch die ähnliche Prozesse im mittleren Management und die Maßnahmen der grenzüberschreitenden Karriereplanung und -föderung im Angestelltenbereich. Neben dem Einkauf von Wissen und Erfahrung verbessert der Konzern damit seine Fähigkeit, transnationale Organisationsstrukturen und eine global vereinheitlichte Unternehmenskultur zu implementieren (vgl. Bartlett und Ghoshal 1990a: 247ff).

Im Gegensatz zur langen Phase der Multinationalisierung, vollzieht sich seit den achtziger Jahren eine Vervielfachung der Formen und Instrumente der internationalen Expansion. Je nach konkreten Bedingungen der Märkte, des Risikos, der Kapitalverfügbarkeit, der technologischen Ausstattung, den Erfordernissen der konzerninternen Koordination, der Qualifikation der Beschäftigten kombinieren die Pharmakonzerne nahezu alle Varianten von vollständiger Internalisierung und vollständiger Externalisierung von Tätigkeitsbereichen. Umfassende *greenfield investments* drücken in der Regel ein langfristiges Engagement in einem Sektor aus, der nach den strategischen und technischen Bedürfnissen des Konzern aufgebaut wird. Die meisten großen Investitionen in der Region Basel, der Bau der Chemiefabrik in Ringaskiddy, die systematischen Erweiterungen der Forschungszentren in New Jersey und Novartis' neues Forschungszentrum für funktionale Genomik in San Diego entsprechen dieser Orientierung. Die Akquisition von Produktionsstätten spielte bei Ciba-Geigy, Sandoz und Novartis im Pharmabereich eine eher untergeordnete Rolle, war aber in den Diversifikationssektoren Selbstmedikation und Generika häufiger. Insbesondere Sandoz trieb ihre Pharmaexpansion in Südostasien ohne große Direktinvestitionen voran und bevorzugte die flexiblere und risikoärmere Alternative von Kooperationsverträgen mit örtlichen Drittproduzenten. Eine weitere Expansionsform sind die langfristigen Marketingallianzen für spezifische Präparate.

Bei den Kooperationen mit Biotechunternehmen kommt eine Vielfalt unterschiedlichster Formen der kapitalmäßigen Verpflichtung am Partnerunternehmen vor. Ein stärkeres Engagement am Eigenkapital der Biotechfirma heisst nicht, dass die Kontrolle über das Partnerunternehmen im gleichen Maße steigt. Prioritäres Ziel des Pharmakonzerns ist in den meisten Fällen, die möglichst risikoarme Aneignung von Technologien und Wirkstoffen oder Wirkstoffkandidaten, ohne dabei die Existenz des Kooperationspartners in Frage zustellen. Ruigrok und van Tulder (1995) haben eindrücklich dargelegt, dass eine weniger weitgehende Internalisierung durchaus sogar mit einer größeren strukturellen Macht der Kernfirma über ein Zulieferunternehmen einhergehen kann als bei einer vollständigen Integration der entsprechenden Aktivitäten.

Diese Zusammenfassung der räumlichen Integrationsebenen wichtiger Konzernfunktion zeigt, dass die in der Managementliteratur (Ghoshal 1987; Prahalad und Doz 1987; Bartlett und Ghoshal 1989; Ghoshal und Nohria 1993) skizzierte Spannung zwischen '*local*' und '*global responsiveness*' mit weiteren räumlichen Maßstabsebenen zwischen diesen Polen zu ergänzen und sehr präzise nach unterschiedlichen Unternehmensfunktionen und Abschnitten der Wertschöpfungskette zu differenzieren ist. Zwar haben Ciba-Geigy, Sandoz ab 1990 und Novartis ab 1996 durchaus strategische und organisatorische Züge von Unternehmensmodellen wie dem 'transnationalen' oder 'globalen' Unternehmen' angenommen, doch sind die räumlichen Verortungen und Verflechtungen wesentlich komplexer, als dass sie sich einfach als transnational oder global charakterisieren ließen. Die Modelle des transnationalen Unternehmens von Bartlett und Ghoshal sowie auch des globalen Unternehmens von Ohmae entsprangen eher dem Anliegen, global integrierte Unternehmensstrategien und Organisationsstrukturen im Sinne von 'best practices' zu verschreiben, als klare analytische Werkzeuge zum Verständnis der räumlichen und organisatorischen Umstrukturierungen zu entwickeln. Aufgrund der unterschiedlichen Dynamiken und Beharrungskräfte in verschiedenen Unternehmenszweigen, Abschnitten der Wertschöpfungskette und großen Märkten fällt es schwer, einfache Etikettierungen von Konzernen, ihren Strategien und Organisationsformen vorzunehmen. Schon alleine innerhalb großer Konzerne stellen wir so unterschiedliche Strategievarianten fest, die in ihrer Vielfalt über das hinausreichen, was Hirsch-Kreinsen (1997: 106–109) als Differenzierungsvorschläge transnationaler Strategien skizziert hat.[89]

Das von Porter vorgeschlagene Schema zur Beurteilung von spezifischen Konstellationen von Graden der Koordination und geographischen Konfiguration bietet ein pragmatisches Analyseraster, das eine erste Annäherung zum Verständnis des Internationalisierungsmusters eines Konzerns erlaubt. Das Verdienst dieses methodischen Rasters liegt darin, das es eine Annäherung an die räumliche Struktur der konzerninternen Arbeitsteilung erlaubt. Das Konzept des '*global focusing*' und des '*vertical*' oder '*horizontal global switching*' knüpft hier an (Howells und Wood 1993: 142–152). Allerdings zeigt die vorliegende empirische Analyse deutlich, dass der Begriff 'global' schnell missverständlich ist. Denn die Unternehmen fokussieren und schalten nicht nur die Tätigkeiten in einem gegeben globalen Maßstab, sondern versuchen auch, die Maßstäblichkeit ihrer Tätigkeiten selbst bei Bedarf – im Rahmen technischer und ökonomischer Machbarkeit und politischer Kräfteverhältnisse – neu herzustellen. Bei der chemischen Produktion gelten zwar globale, bei der galenischen Produktion hingegen eher kontinentale Maßstäbe. Die Forschung und Entwicklung ist räumlich äußerst selektiv über

---

[89] Hirsch-Kreinsen unterscheidet in vier transnationale Strategien: 1. die Ausdifferenzierung zuvor zentralisierter und vertikal integrierter, zumeist großer Industrieunternehmen; 2. Bildung von Produktionsnetzwerken, die nur in bestimmten Regionen und Segmenten des Weltmarktes angesiedelt sind, vor allen durch kleinere und mittlere Unternehmen; 3. Reorganisation und internationale Neuausrichtung von Zulieferbeziehungen; 4. Verlagerung von Produktionsstätten ausschließlich zur Kostenreduktion.

wenige Knoten in der Triade verknüpft. Diese komplexen räumlichen Muster offenbaren die Grenzen von Porters einfachen zweidimensionalen Darstellungen der Konfiguration und Koordination.

Die Analyse von Ciba-Geigy, Sandoz und Novartis zeigt deutlich, dass sowohl die Reorganisation von Forschung und Entwicklung als auch der Produktion sich nie nur in einer Deterritorialisierung (Andreff 1996a), sondern ebenso in einer Reterritorialisierung äußern. Auch global agierende Konzerne, die über global oder kontinental integrierte Innovations- und Produktionsnetzwerke verfügen, sind nie *footloose*. Sie sind immer eingebunden in bestimmte Aushandlungsbedingungen, Kräfteverhältnisse und *spatial fixes* auf den unterschiedlichsten Maßstabsebenen. Die Umstrukturierungs-, Rationalisierungs- und Expansionsprozesse sind mit ständigen Neukonfigurierungen der räumlichen Gegebenheiten und Beziehungen (De- und Reterritorialisierung) verknüpft. Obwohl sich eine neue Qualität der Internationalisierung feststellen läßt, suggeriert der Begriff Globalisierung einen Zustand oder Prozeß globaler ökonomischer Integration. Dies trifft nicht zu.

Erstens können wir hinsichtlich der Umsätze und der Direktinvestitionen eher von einer Triadisierung sprechen. Zweitens stellen wir äußerst ungleiche, von Branche zu Branche, Marktsegment zu Marktsegment und von Funktion zu Funktion unterschiedliche Expansions- und Verflechtungsmuster fest. Was für die Automobilindustrie gilt, muß nicht zwangsläufig auch für die Pharmaindustrie gelten. In der Pharmaindustrie gehorcht die Forschung anderen Zwängen und Anreizen als die Entwicklung, und beide sind wiederum anders organisiert sowohl als die chemische als auch die pharmazeutische Produktion. Die Tabelle 9.2 stellt zusammenfassend die hauptsächlichen Maßstabsebenen der Konfiguration wichtiger Konzernaktivitäten in der Pharmaindustrie zusammen. Allerdings fällt es schwer, eindeutige Zuordnungen zu treffen, weil sich diese räumlichen Bezüge oftmals sehr selektiv und fragmentiert vollziehen und weil die organisatorische Einbindung und Zentralisierung nicht direkt mit der räumlichen Zurordnung zusammenhängt. Dies deutet darauf hin, dass das Verständnis von kleinen und großen (von lokal bis global) Kontainerräumen letztlich der realen ökonomischen-räumlichen Dynamik nicht mehr gerecht wird. Erforderlich ist es, ein relationales Raumverständnis zu entwickeln, das einerseits von ökonomischen und sozialen Beziehungen und Knoten auf sich verändernden Maßstabsebenen ausgeht und andererseits die Dynamik der Konfigurationen im Kontext der Widersprüche des Kapitalismus versteht. Die Verschiebung an neue Standorte erlaubt die räumlich ungleiche Entwicklung bezüglich Marktbedingungen, Ausbildungsstand, Infrastruktur, Arbeitsproduktivität und Kosten auszunutzen (räumlicher Surplus Profit) und immer wieder zu reproduzieren. Der folgende Abschnitt geht auf diesen Aspekt etwas vertieft ein und erläutert weitere Quellen des Surplus-Profits.

Tab. 9.2. Räumliche Konfiguration wichtiger Unternehmensfunktionen

Selektiv global, triadisch	großräumig	national	regional und lokal
Gesamtunternehmen			
Formulierung Konzern-strategien Organisation der Divisionen		Kapitalmehrheit	
Arbeitsmarkt für oberste Kader	Arbeitsmarkt für Spezialisten	Arbeitsmarkt für Spezialisten	Arbeitsmarkt für Mehrheit der Beschäftigten
Beschaffung Vor- und Zwischenprodukte	Beschaffung Vor- und Zwischenprodukte		Lokale Bauunternehmen, Handwerker und Dienstleistungen
Finanzierung			
Finanzierungsstrategien Währungs-Hedging Spekulative Tätigkeiten		Finanzierung über Anleihen	
Forschung			
Forschungsstrategie 'centers of excellence' in relativer Autonomie Kooperationen und Allianzen		Kontakt zu nationalen akademischen Institutionen	Einbettung in spezifische Innovationssysteme und Arbeitsmärkte
Entwicklung			
Entwicklungsorganisation Steuerung der Entwicklung Konzernweit straff organisiert			Durchführung klinischer Studien in Kliniken
Produktion			
Chemische Produktion, insbesondere in der Launchphase		Sehr eingeschränkte und spezialisierte chemische Produktion in Brasilien und Indien	
Pharmazeutische Launch	Pharmazeutische Produktion	Pharmazeutische Produktion in großen Märkten wie USA, Japan, Brasilien, Indien	
Launch-Verpackung Spezialsierte Verpackung,	Verpackung	Teilweise Verpackung (bei großen Märkten und besonderen Bedingungen)	
Marketing			
Marketing von 'megabrands' Steuerung des Marketings	Adaption des Marketings	Adaption des Marketings	
Zulassung / Regulierungen			
	Medikamenten-Zulassung Umweltschutzgesetze Sicherheitsbestimmungen	Medikamenten-Zulassung Umweltschutzgesetze Sicherheitsbestimmungen Steuern	Steuern
Gesellschaftliches und politisches Handelns			
Lobbying, z.B. bei internationalen Organisationen	Lobbying, z.B. bei EU Regulierungsbedingungen	Regulierungsbedingungen Vertragsverhandlungen mit Gewerkschaften Eingreifen in nationale Gesetzgebungsprozesse	Regulierungsbedingungen Vertragsverhandlungen mit Gewerkschaften Kontakte zu lokalen Behörden und Verbänden

9.2 Triebkräfte der internationalen Expansion: von der Diversifikation zur Konzentration und Verjüngung der pharmazeutischen Industrie

Die Identifikation der unmittelbaren Motive der Internationalisierung und ihrer Dynamik enthüllt noch nicht direkt die Triebkräfte der internationalen Expansion und Diversifizierung. Beide Prozesse waren zu den bereits genannten Faktoren auch Ausdruck des Bestrebens, sich neue sektorielle und geographische Märkte zu erschließen, wo die Profitrate höher ist oder diese in absehbarer Zeit auf ein erwünschtes Niveau gesteigert werden kann, und zugleich um die Masse des Profits zu steigern. Der deutliche Abfall der Eigenkapital- und Umsatzrendite Mitte der siebziger Jahre drückte einen substantiellen Fall der Profitrate aus und offenbarte das Ende der langen Aufschwungphase nach dem Zweiten Weltkrieg, die u.a. durch breite Diversifizierungen und eine extensive Internationalisierung mit der Erschließung neuer Märkte gekennzeichnet war. Die Konzerne realisierten nach einiger Zeit, dass sie der Herausforderungen einer grundsätzlichen Neuorientierung nicht entrinnen konnten. Zwei Hauptlinien lassen sich dabei identifizieren: erstens, eine Reorganisation der gesamten Wertschöpfungsketten mit neuen Formen der Organisation und Koordination der Produktion und der Revolutionierung der Innovationsprozesse durch neue Technologien und zweitens eine Neuausrichtung der internationalen Expansion im Kontext eines triadischen Oligopols. Diese Entwicklungen sind Ausdruck eines tiefgreifenden Erneuerungs- oder Verjüngungsprozesses der pharmazeutischen Industrie.

9.2.1 Erneuerung der Industrie und Übergang von der extensiven zur intensiven internationalen Expansion

Die Konzerne reagierten auf die Herausforderung der sinkenden Renditen ab den siebziger Jahren zunächst zögerlich. Sie trieben ihre Diversifikation weiter, sowohl im gesamten Bereich der chemischen Aktivitäten für industrielle Abnehmer, in der Agrochemie als auch im Gesundheitswesen. Sandoz verbreiterte sich 1967 mit Wander im OTC-Segment und im Nahrungsmittelbereich und verfolgte in den frühen siebziger Jahren mit dem Einstieg ins Hospital Supply und ins Fitnessgeschäft das Ziel, sich in einen integrierten Gesundheitskonzern zu transformieren. Ciba-Geigy verstärkte in der gleichen Periode verschiedene Aktivitäten in unterschiedlichen Feldern industrieller Anwendungen der Chemie wie bei den Additiven, Pigmenten, Polymeren und Kunststoffen. In den frühen achtziger Jahren stiegen dann beide Konzerne fast gleichzeitig in neue Gesundheitsmärkte ein, die mit den verschreibungspflichtigen und patentgeschützten Arzneimitteln nahe verwandt sind, wie die Selbstmedikation, die Generika, die Kontaktlinsen und Augenheilmittel sowie die Diagnostika. Diese Schritte entsprangen einerseits einer Verunsicherung über die Perspektiven im Markt der verschreibungspflichtigen Arzneimittel und drückten andererseits Versuche aus, in profitträchtigen, neuen Feldern frühzeitig eine marktbestimmende Position zu erlangen und somit das Gesundheitsgeschäft auf eine breitere Basis zu stellen. Im Sinne der Profitzyklustheorie von Markusen (1985: 29–32) können diese Diversifikations- und Expansionschritte auch als Bestrebungen interpretiert werden, sich in jüngeren Industriezweigen zu verankern, die nach schwierigen Anlaufsphasen eine Risikoverteilung bewirkten oder schon bald überdurchschnittliche Profite versprachen (aufgrund technologischer, monopolistischer und räumlicher Surplus-Profite, vgl. Mandel 1972: 70). Der Einstieg in die Selbstmedikation, die Generika und das CIBA Vision-Geschäft waren zwar mittelfristig durchaus erfolgreich, dennoch bot diese Strategie keine Perspektive, die Bedingungen im Kerngeschäft der verschreibungspflichtigen Medikamente substantiell zu verbessern.

Die sich zunehmend verschärfenden Debatten über kostendämpfende Maßnahmen im Gesundheitswesen und die offensichtlich geringere Innovationsrate gemessen an den neuen chemischen Substanzen (NCE) und vor allem die weiterhin äußerst unbefriedigende Ertragssituation zwangen die Unternehmen in der pharmazeutischen Industrie, in den achtziger Jahren grundlegendere strategische Neuorientierungen und Umwälzungen der Konzernorganisation sowie der F&E und Produktionsprozesse ins Auge zu fassen. Seit Anfang der achtziger Jahren wurde es zunehmend wichtiger, die Produktivität in den Kernsektoren der Konzerne selbst zu erhöhen.

Sandoz erkannte die Notwendigkeit derartiger Schritte am frühesten und startete, angeregt durch eine Studie von McKinsey, 1982 das erste umfassende Rationalisierungsprogramm.[90] Auch die Division Pharma von Ciba-Geigy leitete bereits Anfang der achtziger Jahre Maßnahmen zur Verbesserungen der Produktivität ein (Ciba-Geigy 1984a). Umfassende Rationalisierungsbestrebungen wurden aber erst Ende der achtziger Jahre in Angriff genommen. Nach mehreren kleineren Reorganisationswellen ab 1987 baute die Ciba-Geigy den Konzern 1990/91 weitgehend um und formierte die Divisionen als starke global integrierte Geschäftseinheiten. Die Sandoz war auch in dieser Hinsicht radikaler und organisierte die Divisionen sogar als rechtlich unabhängige Geschäftseinheiten, die in einer Holding zusammengehalten wurden.

Im Gefolge einer erneuten Abschwächung der Renditen wurde offensichtlich, dass nur eine grundlegende Reorganisation der gesamten Wertschöpfungskette die Voraussetzungen für eine Rekonstituierung der Profitabilität schaffen kann. Die Forschungsabteilungen mussten sich mit den neuen Technologien vertraut machen und ihre Innovationsfähigkeiten steigern. Die Entwicklungsabteilungen mussten den laufend länger gewordenen Entwicklungsprozess neuer Präparate massiv beschleunigen. Darum wurde seit Ende der achtziger Jahre die internationale Koordination der F&E-Abteilungen sukzessive verbessert und Doppelspurigkeiten reduziert. Diese Bestrebungen mündeten bei beiden Konzernen 1992-94 schließlich in eine komplette Reorganisation zunächst der Entwicklungs- und dann auch der Forschungsabteilungen.

Gleichzeitig erfuhren auch die chemische und die galenische Produktion weitreichende Veränderungen. Die Ciba-Geigy nahm 1988 in den Werken Klybeck und Schweizerhalle hochmoderne Mehrzweckanlagen in Betrieb, die bezüglich Automation, Sicherheit und Umweltschutz große Fortschritte bedeuteten. Diese

---

[90] Roche sah sich nach dem Abflauen des Booms der Psychopharmaka *Librium* und *Valium* Mitte der achtziger Jahre ebenfalls vor die Herausforderung gestellt, sich strategisch und organisatorisch zu repositionieren.

Investitionen bewirkten ab 1986 einen starken Anstieg des Anteils der in der Schweiz getätigten Investitionen. Die Sandoz baute ihrerseits eine neue chemische Produktionsanlage im Werk St. Johann und errichtete in den frühen neunziger Jahren eine komplett neue Fabrik zur Wirkstofffabrikation in Ringaskiddy. Anfang der neunziger Jahre lancierten beide Konzerne umfassende Reorganisations- und Rekonfigurationsprogramme in der galenischen Produktion, die nach der Fusion von Novartis in den Jahren 1996–99 noch umfassender umgesetzt wurden.

Die massive Reduktion der Anzahl von galenischen Produktionsstätten verfolgte nicht nur das Ziel, mit spezialisierten Anlagen die Abläufe zu rationalisieren und zu vereinfachen, sondern diente auch dem Abbau von beträchtlichen Überkapazitäten. Novartis CEO Daniel Vasella schätzte die Kapazitätsauslastungsrate in der pharmazeutischen Industrie für Mitte der neunziger Jahre auf bloß rund 50% (Vasella 1996). Auf der Basis unterschiedlichster Maßnahmen zur Steigerung der Produktivität und letztlich auch der Zerstörung von Kapital gelang es Ciba-Geigy und Sandoz (und allen großen Pharmakonzernen) die Profitraten, respektive die Eigenkapitalrenditen. Umsatzrenditen und die operativen Margen, insbesondere seit den frühen neunziger Jahren, massiv zu steigern.

Die Rationalisierungsstrategien nahmen sehr unterschiedliche Gesichter an. Die Anwendung neuer Technologien im Discoverybereich, in der Entwicklung und in der Produktion wurde kombiniert mit neuen Organisationsformen der Arbeitsprozesse. Die Rationalisierung interner Prozesse wurde mit Outsourcing verknüpft. In mehreren Wellen reduzierten die Konzerne die Zahl der Beschäftigten. Sandoz machte 1982 im Gefolge einer Gemeinkostenanalyse von McKinsey den Anfang und reduzierte den Personalbestand um rund 1200 Mitarbeiter (Hirzel 1982). Mitte der achtziger Jahre folgte die Roche mit ihrer 'Verwaltungskostenanalyse' und einige Jahre danach die Ciba-Geigy mit dem 'Turnaround'-Programm. Nach einem erneuten Personalzuwachs in der zweiten Hälfte der achtziger Jahre lancierten alle drei Konzerne ab 1992 tiefe Einschnitte in den Personalbestand in der Region Basel und an vielen anderen wichtigen Standorten. Besonders harte Schläge erlitten zu dieser Zeit die Beschäftigten in New Jersey. Die Fusion zu Novartis war in dieser Hinsicht nur ein weiterer Anlaß, den Restrukturierungskurs noch konsequenter umzusetzen. Alle diese Strategien führen zu neuen räumlichen Konfigurationen des produktiven Apparats. Roche führte im Zuge der Integration von Syntex 1994/95 in den USA und in Basel sowie von Boehringer Mannheim 1997/98 vor allem in Europa umfassende Umstrukturierungen und räumliche Rekonfigurierungen durch (vgl. Zeller 2000a).

Letztlich war die Reduktion der Arbeitskräfte nur in den wenigsten Fällen ein Resultat von Produktionsverlagerungen, sondern vielmehr der umfassenden Reorganisationen und Rationalisierungen der gesamten Konzerne. Nicht selten verliefen Personalabbau und bedeutende Investitionen sogar parallel und waren gemeinsamer Ausdruck des energischen Bemühens, die pharmazeutische Industrie zu 'verjüngen' und die Profitabilität des Kapitals substantiell wieder zu erhöhen.

Der Aufstieg des sogenannten *shareholder value*-Konzepts widerspiegelt genau diese Bestrebungen, die Profitrate zu erhöhen. Viele Entscheidungen der Unternehmen scheinen nunmehr von relativ kurzfristigen Finanzinteressen der Investoren geprägt zu sein. Es ist aber unmöglich, dieses Phänomen zu verallgemeinern.

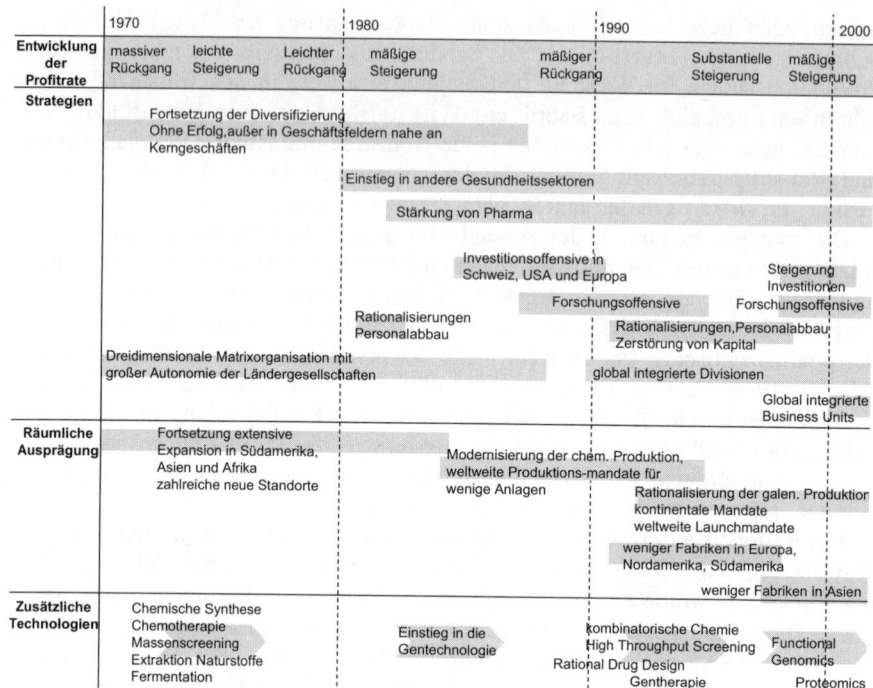

Abb. 9.3. Der Zusammenhang von Profitabilität und strategischer Orientierung

Tatsächlich bleiben die Konzerne der pharmazeutischen Industrie geprägt von äußerst langfristigen Strategien. Die Entdeckung neuer Wirksubstanzen und die Entwicklung neuer Medikamente ist so kapital- und zeitintensiv, dass es sich keine Firma erlauben kann, ihre Substanz kurzfristigen Profitinteressen zu opfern. Andererseits sind viele Entscheidungen, auch Standortentscheidungen, geprägt von finanziellen Zwängen.

Ein zentraler Faktor der Erneuerungstendenzen in der pharmazeutischen Industrie ist die technologische Entwicklung. Die chemische Synthese und ergänzend die biologische Extraktion und Fermentation boten der Industrie während rund hundert Jahren die technische Grundlage. Die chemische Stoffumwandlung und das zu einem guten Teil zufallsbedingte Auffinden neuer Wirksubstanzen prägte auch die Kultur und das Selbstverständnis der Industrie. Der Aufstieg großer diversifizierter Chemiekonzerne in Europa mit integrierten Pharmadivisionen basierte weitgehend auf diesem chemischen Paradigma. Im Gefolge der molekularbiologischen Revolution und dem Entstehen der Gentechnik betraten mit den räumlich konzentrierten Biotechunternehmen erstmals neue Akteure die *discovery* neuer Pharmawirksubstanzen. Ihre Grundlagen entsprangen auch der Fähigkeit, die DNA zu rekombinieren und damit neues biologisches Material herzustellen. Die Gentechnik hat sich mittlerweile enorm ausdifferenziert. Ihrer Anwendungen in der Therapeutik und Diagnostik haben sich multipliziert. Die chemische Synthese wurde aber keineswegs abgelöst. Vielmehr vollzieht sich eine Kombination neuer mit alten Technologien. Das neue Wissen über die molekularbiologischen

Vorgänge im Körper hat gezieltere und rationalere Forschungsstrategien ermöglicht. Die im Zuge des *functional genomics* erfolgende Potenzierung der Informationen bewirkt eine weitere Revolutionierung und eine teilweise Industrialisierung des *Discovery*-Prozesses. Die neuen Technologien bedeuten nicht, dass die Wirkstoffe nunmehr nur noch gentechnisch gewonnen werden, sondern auch, dass die Substanzen gezielter chemisch synthetisert werden können. Im Zuge der neuen technologischen Möglichkeiten vollzieht sich parallel zur Erneuerung der Industrie in der strategischen Ausrichtung und der Produktion also auch eine weitgehende Veränderung der Innovationsprozesse.

9.2.2 Standardisierung der Produktion oder Übergang zur flexiblen Produktion?

Theordore Levitt (1983: 94), Professor an der Harvard Business School, diagnostizierte eine Konvergenz und Homogenisierung der Märkte auf der Welt und damit verbunden das Entstehen globaler Märkte für standardisierte Produkte. Die effektivsten weltweiten Wettbwerber würden die besten Qualitäten und günstigsten Kostenstrukturen vereinigen und in allen nationalen Märkten die gleiche Art von Produkten verkaufen. Levitt anerkannte zwar die Möglichkeiten flexibler Produktionssysteme, dennoch prognostizierte er, dass die Technologie viel mehr in die Richtung weiterer Standardisierung der Produktion wirken würde. Eine völlig andere Diagnose stellten fast gleichzeitig Piore und Sabel (1984) vom benachbarten Massachusetts Institute of Technology. Sie gingen von einer grundlegenden Krise der fordistischen Massenproduktion aus. Mit ihrem Ansatz der 'flexiblen Spezialisierung' knüpften Piore und Sabel bei ihren Untersuchungen des 'Dritten Italien' am ursprünglich von Marshall (1920) entwickelten Konzept der Industriedistrikte an. Der Übergang zur flexiblen Spezialisierung sei von flexiblen und schnellen Produktionswechseln mit Kleinserien-Produktion, einer gesteigerten Bedeutung von *economies of scope*, einer hohen intraregionalen und interbetrieblichen Arbeitsteilung, einer verstärkten Kooperation zwischen verschiedenen Beschäftigtengruppen, einer hohen sozialen Mobilität und einer vertikalen Desintegration bei räumliche Fixierung geprägt. Allerdings hielten Piore und Sabel verschiedene Ausprägungen der Flexibilisierung der Produktionsprozesse für möglich. Neben dem hauptsächlich diskutierten Modell des auf kleinen und mittelgroßen Firmen beruhenden Netzwerkes beschrieben sie auch die Tendenz, dass sich die großen Konzerne ihrerseits einer 'Flexibilisierungskur' unterziehen, um im Wettbewerb zu bestehen.

Im Zuge der von der Regulationsschule (u.a Moulaert und Swyngedouw 1989; Leborgne und Lipietz 1990; Leborgne und Lipietz 1992; Lipietz 1992) und der kalifornischen Schule der *new industrial spaces* (u.a. Scott 1988b; Storper und Scott 1990) geprägten Diskussionen über den Übergang von der fordistischen Massenproduktion zu post-fordistischen Produktionsmodi wurden ähnliche Thesen aufgestellt. Einige dieser Autoren haben die gesellschaftlichen Veränderungen und den Wandel der Produktionsorganisationen sogar dichotomisch zugespitzt und diese als Übergänge z.B. von *economies of scale* zu *economies of scope,* von vertikaler Integration zu vertikaler Desintegration, von räumlicher Desintegration zu räumlicher Integration von Produktionsnetzwerken interpretiert.

Die Ergebnisse der vorliegenden Analyse der Veränderungen der Produktionsorganisation widersprechen sowohl Levitts starrer Globalisierungsthese als auch
den zahlreichen, von Mitte der achtziger bis Mitte der neunziger Jahre weit verbreiteten Theoretisierungen, die von einem Übergang von starren fordistischen zu
flexiblen post-fordistischen Produktionsmustern ausgingen. Auf den ersten Blick
mag es sogar erscheinen, dass Levitt ein feineres Gespür die groben industriellen
Entwicklungslinien hatte. Die zunehmende Harmonisierung der Zulassungsprozesse von Arzneimitteln, die Entstehung der großer Binnenmärkte respektive
Freihandelszonen, die Strategie der pharmazeutischen *'blockbusters'* und *'megabrands'* sowie der seit Ende der achtziger Jahre voranschreitenden Konzentrationsprozesse in der Pharmaindustrie führten tatsächlich zu einer globalen Vereinheitlichung der Produkte. Dennoch steht die pharmazeutische Industrie vor der
Herausforderung, mit unterschiedlichen Marktbedingungen umzugehen. Dabei
geht es jedoch weniger um die räumlichen, als mehr um die zeitlichen und sektoralen Differenzierungen. Das Produktionssystem muss also den Anforderungen an
die Erzeugung von Skalenvorteilen, der Flexibilität und vor allem der Schnellig-
keit der Produkteinführung genügen.

Die Veränderungen des Produktionssystems in der Pharmaindustrie sind durch
die genannten Konzepte weder korrekt abgebildet noch erklärbar. Die Abbildung
9.2 stellt im Sinne einer kurzen Zusammenfassung die wichtigsten Veränderungs-
tendenzen der neunziger Jahre in der chemischen und pharmazeutischen Produktion zusammen. Die Zusammenstellung ist nicht dichotomisch verstehen, sondern
soll nur einige wichtige Entwicklungstendenzen festhalten. Die von *economies of
scale* gekennzeichnete Massenproduktion wurde keineswegs durch Produktionssysteme abgelöst, die stärker von kleineren Serien, häufigeren Produktwechseln und
generell flexibleren Anlagen gekennzeichnet sind. Die Spezialisierung der Fabriken auf kontinentale oder globale Produktionsmandate hat mehr denn je eine optimale Kapazitätsauslastung, die Schaffung kritischer Massen und die Erzielung
von *economies of scale* zum Ziel. Die Verfeinerung der Arbeitsteilung führte nicht
etwa zu regional integrierteren Produktionssystemen, sondern in der Wirkstoffproduktion meist zu globalen und in der pharmazeutischen Produktion zu kontinentalen Verflechtungsmustern. Profitiert von dieser Entwicklung haben – mit
einigen Ausnahmen wie Irland und die Südstaaten in den USA – vor allem die
Standortregionen, wo auch bisher die strategisch wichtigsten Anlagen lokalisiert
waren. An diesen Knotenpunkten können die großräumigen Interdependenzen
allerdings tatsächlich von regionalen Zulieferern untermauert werden, wie z.B. die
Lieferung von Wirkstoffkomponenten in der Schweiz durch andere Chemieunternehmen. So bietet beispielsweise die Chemiefirma Rohner in Pratteln bei Basel
Zwischenstufen für Pharmawirkstoffe an. Für die Division Feinchemikalien des
global tätigen Chemiekonzerns Clariant ist die Auftragsherstellung von Pharmawirkstoffen ein wesentlicher Geschäftszweig.

Hilfreicher als die Gegenüberstellung von starrer Massenproduktion und flexibler Produktion, von vertikal intergrierten und desintegrierten Produktionssystemen oder von regionalen und globalen Produktionsverflechtungen ist der Versuch,
diese Erscheinungen kombiniert und in ihrer Totalität zu analysieren. Besonders
den unterschiedlichen Phasen des Lebenszyklus' eines Produktes muß größere
Aufmerksamkeit geschenkt werden. Das Primat der Einführungsgeschwindigkeit
in der Launchphase zwingt zu anderen Prinzipien der Koordination und Konfigu-

ration als in späteren Produktionsphasen. Coriat (1991) beispielsweise unterstrich mit seinem Konzept der 'dynamischen Flexibilität', dass gerade die Kombination von flexiblen und starren Produktionskonzepten für Großunternehmen erfolgreich sein kann. Bathelt (1997: 322ff) kam in seiner Analyse von Produktions- und Verflechtungssystemen in der deutschen chemischen Industrie zum Schluß, dass diese eher durch eine Kontinuität denn eine Ablösung fordistischer Prinzipen gekennzeichnet sei. Zudem seien fordistische Strukturen weder einseitig starr, noch nachfordistische einseitig flexibel. Allerdings muß zugleich gefragt werden, welchen analytischen Wert das schwer zu fassende Konzept des Post-Fordismus überhaupt noch hat, wenn es um das Verständnis komplexer und auf unterschiedlichen Maßstabsebenen kombinierter, industrieller Restrukturierungsprozesse geht.

Die frühe Spezialisierung auf wertschöpfungsintensive Tätigkeiten mit einem relativ großen Anteil von Spezialprodukten in der Chemie, die große Produktvielfalt mit etlichen Kleinserien der pharmazeutischen Divisionen und damit die frühe Internationalisierung lassen daran zweifeln, dass die 'Basler Konzerne' eindeutig fordistisch waren.[91] Entgegen der von der flexiblen Spezialisierung und regulationstheoretisch inspirierten Literatur oft postulierten Ausdifferenzierung der Produktion und der Produktionsprozsse ist sogar eine gegenläufige Tendenz mit einer zunehmenden Standardisierung der Produkte zu beobachten. Wie im Kapitel 8 ausführlich dargelegt, vollzog sich in den neunziger Jahren eine Reduktion der Komplexität des Produktsortiments, des Produktionsnetzwerks und des Produktionsprozesses (siehe Abschnitt 8.5.1). Damit wollten die *technical operations* der Konzerne die bestehenden Kapazitäten besser auslasten und *economies of scales* erzielen. Wesentliches Kennzeichen der neuen Produktionskonzepte ist aber, dass die Produktionsverfahren strenger nach bestimmten Anforderungen unterschiedlicher Phasen im Lebenszyklus des Präparates konzipiert werden. Aufgrund des starken Druckes, die Einführung neuer Medikamente in möglichst vielen Märkten zu beschleunigen, waren die Pharmakonzerne gezwungen, die Lancierungsphase neuer Präparate in der chemischen und galenischen Produktion zu systematisieren. Letztlich werden mindestens drei Ziele mit den Launchkonzepten verfolgt: erstens hilft die schnelle Einführung, eine Marktmacht in vielen Märkten zu erringen, zweitens wird die Umlaufgeschwindigkeit des zirkulierenden Kapitals beschleunigt und drittens können bereits in der Einführungsphase *economies of scale* erzeugt werden. Die nötige Flexibilität wird nicht durch eine komplexere und teurere Anlagenstruktur, sondern vielmehr durch eine ständig zu optimierende Konfiguration der spezialisierten Produktionsstätten zumeist im kontinentalen Maßstab und der vermehrten Vergabe von Produktionsaufträgen an Dritte erreicht.

Wir erleben also die Wiederauferstehung des Produkt-Lebenszyklus, aber unter veränderten Bedingungen. Trotz der äußeren Ähnlichkeit mit klassischen Modellen des Produkt-Lebenszyklus wie zum Beispiel jenem von Vernon (1966; 1971) ist das Modell neu zu fundieren. Tab. 9.3 skizziert die wichtigsten Kennzeichen

---

[91] Große Teil der spezialisierten und exportorientierten Industrie in der Schweiz fallen durch das Raster regulationstheoretisch inspirierter Kategorisierungen des Fordismus und Post-Fordismus. Angesichts der kaum auf den Binnenmarkt ausgerichteten Industriestruktur konnte auch der klassische ‚fordistische Kompromiss' mit der Stimulierung der Binnennachfrage nie eine Wirkung entfalten wie in großen Binnenmärkten.

Abb. 9.4. Veränderung der Produktionsprinzipien in den neunziger Jahren

der Produktionsprozesse gemäß des pharmazeutischen Produkt-Lebenszyklus. Das Modell verallgemeinert den Launchgedanken, wohl wissend, dass Novartis oder jeder andere Pharmakonzern je nach konkreten Anforderungen und Bedingungen pragmatischer vorgehen kann. Letztlich geht es darum, den sich teilweise widersprechenden Erfordernissen der Geschwindigkeit, Flexibilität und Kostenminimierung je nach Stadium im Zyklus prioritäre Beachtung zukommen zu lassen.

Die Lektüre von Zeitschriften wie zum Beispiel *Scrip, Scrip Magazine, Pharmaceutical Executive*, die sich alle speziell an das Management von Pharmakonzernen richten, deutet darauf hin, dass viele große Pharmakonzerne ähnliche Konzepte ausprobieren und anwenden (u.a.Hase 1994; McGillivray 1997; Moulding 1996; Barber 1998; Furth 1998; Law 1999b; Polastro 1994; 1996; Polastro und Tulcinsky 1998; 2000). Zudem ahmen die Konzerne im Rahmen ihrer oligopolistischen Rivalität einander viele strategische und organisatorische Konzepte nach. Unter diesen Bedingungen können Fallstudien wie die vorliegende durchaus ansatzweise verallgemeinerbare Resultate bringen.

Selbstverständlich sind die konkreten Ausprägungen der organisatorischen Koordination und räumlichen Konfiguration jeweils von der Geschichte eines Konzerns, der geographischen Verteilung der Anlagen, den traditionellerweise angewendeten Produktionsprinzipien, der Einbindung in den gesamten industriellen Komplex, den örtlichen Kräfteverhältnissen mit Gewerkschaften und weiteren Faktoren abhängig. Die 'Basler Pharmakonzerne' illustrieren vorzüglich, dass und wie global tätige Konzerne in der Lage sind, die Masse ihres Kapitals und ihres

Apparates, ihre geballte und zentralisierte Macht mit den flexiblen Formen der Strategieumsetzung, der Produktion und der Innovationsprozesse zu verbinden.

Tab. 9.3. Pharma-Produktionszyklus

	Prelaunch	Launch production	2nd generation production	(partielles) Outsourcing	Verkauf der Rechte
Chemische Produktion					
Ziel	Erprobung der optimalen und rationellsten Produktionsform	möglichst schnelle Produktion zur Belieferung der ersten Märkte	kostengünstige Produktion in großen Mengen	kostengünstige Produktion Freisetzung eigener Produktionskapazitäten	Freisetzung eigener Produktionskapazitäten und Vereinfachung der Marketingstrategien
Produktionsprinzipien	supply production	faster-time-to market	low-cost-manufacturing	low-cost-manufacturing	low-cost-manufacturing
Charakter der Anlagen	pilot plants, klein, flexibel	flexible multipurpose Anlagen	flexible multipurpose Anlagen, multiproduct und mono Anlagen	flexible multipurpose Anlagen, multiproduct und mono Anlagen	flexible multipurpose Anlagen, multiproduct und mono Anlagen
Konfiguration	Konzentriert Hauptsitz	konzentriert in modernsten Anlagen	relativ konzentriert + Drittproduzenten	relativ konzentriert je nach Orten der Drittproduzenten	je nach Konfiguration des Vertragspartners
Räumliche Verflechtung	Entwicklungsabt.	Entwicklungsabt. Andere Produktionsstätten, galenische Produktion	andere chemische Produktionsstätten, galenische Produktion	andere chemische Produktionsstätten, galenische Produktion	andere Produktionsstätten
in house / extern	meist in house spezielle (Biotech-) Produkte evtl. extern	letzte Stufen immer in house, frühe Stufen evtl. extern	letzte Stufen in house, frühe Stufen vermehrt extern	vermehrt extern	extern
Galenische Produktion					
Ziel	evtl. noch Verbesserung der Darreichung, Erprobung der optimalen und rationellsten Produktionsform	möglichst schnelle Produktion zur Belieferung der ersten Märkte	kostengünstige Produktion in großen Mengen	kostengünstige Produktion Outsourcing ist seltener als bei chemischer Produktion	Freisetzung eigener Produktionskapazitäten und Vereinfachung der Marketingstrategien
Produktionsprinzip	kleine, flexible Anlagen	flexibel je nach Technologie und Mengen	beschränkt flexibel je nach Technologie und Mengen	beschränkt flexibel je nach Technologie und Mengen	beschränkt flexibel je nach Technologie und Mengen
Konfiguration	konzentriert Hauptsitz	konzentriert in modernsten Anlagen globale Produktionsmandate	kontinental konzentriert; nationale, kontinentale und globale Produktionsmandate je nach Spezialisierung der Produktionstechnologie	dezentral je nach Orten des Drittproduzenten Drittproduktion unter Umständen in peripheren Märkten, z.T. bestimmte Verpackungen	je nach Konfiguration des Vertragspartners
Räumliche Verflechtung	Entwicklungsabt.	Entwicklungsabt. chemische Produktion	chemische Produktion, interne oder externe Verpackung	evtl. interne galenische Produktion	je nach Konfiguration des Vertragspartners
in house / extern	in house	in house	in house Verpackung evtl. extern	abhängig von Drittproduktion	extern

Wir beobachten die Verbindung global koordinierter Netzwerke oder gar zentralisierter Strukturen mit vielfältigen organisatorischen und kommerziellen Maßnahmen, die den Konzernen auf unterschiedlichen lokalen Ebenen und damit letztlich wieder global eine beträchtliche Flexibilität verleihen. Desgleichen kombinieren die Konzerne neue flexibel einsetzbare Technologien, wie automatische Mehrzweckanlagen mit konventioneller Massenfertigung (siehe hierzu auch Bathelt 1995a; 1995c). Das räumliche Verhalten der großen Pharmakonzerne führt dazu, dass eine kleinere Zahl von Standorten wesentlich stärker in transnational integrierte Produktions- und Forschungsnetzwerke großer Konzerne integriert werden (vgl. Schoenberger 1990: 35). Zugleich verbleiben die lokalen Firmen, die in den Produktionskomplex einbezogen werden, in einer untergeordneten Position und haben nur beschränkte Möglichkeiten, ihre Aushandlungsbedingungen zur Kernfirma zu verbessern (Ruigrok und van Tulder 1995).

9.2.3 Triadisches Oligopol: neue Stufe der internationalen Expansion

Insbesondere die Investitionsexplosion in der zweiten Hälfte der achtziger Jahre in den USA und in Europa läßt sich mit den bisher diskutierten Ansätzen nicht erklären. Fünf sich gegenseitig beeinflussende Faktoren waren von besonderer Bedeutung für diesen sprunghaften Anstieg der internationalen Verflechtungen in der pharmazeutischen Industrie.

Aufgrund der bereits genannten Stagnationszeichen galt es *erstens*, die Stellung auf den wichtigsten Märkten zielstrebig zu verbessern. Zuvorderst standen die USA, die Länder der EU und Japan. Die 'Basler Konzerne' erkannten, dass sie nur mit einer geballten Investitionswelle in den USA ihre Position gegenüber den US-Konzernen halten respektive verbessern konnten. Diese Investitionen dienten sowohl der Stärkung der eigenen Produktions- und Forschungsinfrastruktur als auch der Übernahme von Firmen und vor allem dem Abschluss von Forschungs- und Entwicklungskooperationen.[92]

Zweitens verlangten die kontinuierlich gestiegenen F&E-Kosten entsprechend steigende Gewinne. Das erforderliche Volumen konnte nur mit einer massiven Ausdehnung der Marktpräsenz auf den stärksten Märkten erreicht werden. Damit verbunden war auch die entschlossene Erzielung von *economies of scale* auf allen wesentlichen Abschnitten der Wertschöpfungskette.

Drittens fanden die molekularbiologische Revolution und die ersten kommerziellen Erfolge der neuen Biotechnologie vor allem in den USA statt. Wer an der technologischen Entwicklung teilhaben wollte, mußte sich in die entsprechenden Innovationssysteme einklinken. Alle drei 'Basler Konzerne' realisierten sehr früh

---

[92] Der zeitweilige Rückgang der Investitionen und des Nettobetriebsvermögens von Novartis in den Nordamerika und in Asien in den Jahren 1996 und 1997 zeigt, dass diese Bewegungen der harten Kapitalflüsse und -stocks keine direkten Rückschlüsse auf die transnationalen organisatorischen Verflechtungen von Produktions- und Forschungssystemen zulassen. Das zeigt, dass rein qualitative Analysen, die sich auf die Umsatzentwicklung, das Investitionsverhalten und die Bewegungen des Nettobetriebsvermögens stützen die konkrete Arbeitsteilung und die räumlichen Verflechtungen innerhalb der Konzerne und mit Kooperationspartnern nicht zu verfassen vermögen.

die Nützlichkeit und schließlich die Notwendigkeit, sich mit großem finanziellen Engagement Zutritt zu neuen Technologien und Substanzen zu verschaffen.

Viertens, waren die seit den frühen achtziger Jahren zunehmend international durchgesetzte Politik der Liberalisierungen und Deregulierungen sowie die Schaffung der Binnenmärkte und Freihandelszonen eine wichtige Voraussetzung für den Investitionsboom in zahlreichen Branchen. Im Sinne von *enabling policies* erlangte in der pharmazeutischen Industrie die transnationale Harmonisierung der Zulassungsbedingungen unter der Ägide der FDA und anschließend auch der EMEA eine besondere Bedeutung. Eine weitere Voraussetzung waren die *'enabling technologies'*. Ohne den breiten Durchbruch der neuen Informations- und Kommunikationstechnologien wären die Intensivierung der Austausch- und Kommunikationsprozesse nicht möglich geworden (Howells 1990a; 1995). Diese Entwicklungen begünstigten wiederum die Globalisierung des Pharmamarktes.

Fünftens, kombiniert mit den Prozessen der industriellen Konzentration, mündeten die genannten Entwicklungen in die Entstehung eines triadischen Oligopols (Chesnais 1997). In den neunziger Jahren ist der Weltmarktanteil der führenden zehn Pharmafirmen von 30% auf 46% gestiegen (vgl. Abschnitt 4.2.4). Relevanter ist aber die Schaffung höchst konzentrierter Angebotsstrukturen in einzelnen therapeutischen Gebieten. Während es in den achtziger Jahren noch rund 80 große Pharmaunternehmen gab, sind es zur Zeit noch um die 35. Möglicherweise werden bis in den nächsten zehn Jahren gar nur noch ein Dutzend Pharmagiganten das Feld bestimmen.

Aufgrund der Produktivkraftentwicklung wurde eine rentable Produktion nicht nur im nationalen, sondern auch im multinational segmentierten Maßstab unmöglich. Die wesentlichen Tätigkeiten der Wertschöpfungskette mussten zunehmend großräumig integriert konfiguriert und angeleitet werden. Großräumig heißt, je nach konkreten Erfordernissen, im kontinentalen, transatlantischen, triadischen oder globalen Maßstab. Damit einhergehend mündete die nationale Konzentration zunehmend in einen Prozess der triadischen Konzentration, vor allem in der Form gegenseitiger Investitionen, sowie Akquisitionen und Übernahmen. Die Bewegung der gegenseitigen Direktinvestitionen untergruben die nationalen Oligopole, um sie aber auf höherer Stufenleiter, das heißt auf triadischer oder nordatlantischer Ebene, wieder zu rekonstituieren. In der Pharmaindustrie drängt sich die Charakterisierung eines nordatlantischen Oligopols auf, weil die japanischen Konzerne wieder an Gewicht verloren haben und außer in Japan und Südostasien nicht zu den wirklichen Schlüsselakteuren im 'Raum der Rivalität' gehören (Chesnais 1997).

Das Entstehen oligopolistischer Verhältnisse auf Weltebene verstärkte aufgrund der Rivalität der führenden Konzerne wiederum den Prozess der gekreuzten Investitionen und den Zentralisationsprozess über Fusionen und Übernahmen. Diese weitreichenden Veränderungen der Markt- und Konkurrenzbedingungen zwangen die Konzerne ihre strategischen Orientierungen und Konzepte anzupassen. Sieben Aspekte lassen sich besonders hervorheben, die ihrerseits dem Konzentrationsprozess zusätzliche Schubkraft verleihen. Besondere Bedeutung erlangt dabei das Streben der Konzerne, sich permanent neue Quellen von Surplus-Profiten zu erschließen, die allerdings im Zuge der Dynamik der Industrie auch immer wieder versiegen.

1. Die Konzerne sind gezwungen, ihre Rivalen in deren Heimbasis direkt oder indirekt anzugreifen und sich als 'global insider' aufzuführen. Die massiven Direktinvestitionen ab der zweiten Hälfte der achtziger Jahre hatten neben den angeführten Gründen bereits auch diesen Hintergrund. Vor allem aber die Übernahmen und strategischen Allianzen der 'Basler Konzerne' von und mit Firmen in den USA in der ersten Hälfte der neunziger Jahre drücken diesen Beweggrund aus. Roche landete mit der 60%-Beteiligung am vielversprechenden Biotechunternehmen Genentech im Jahr 1989 den ersten Aufsehen erregenden Coup und doppelte 1994 mit der Übernahme von Syntex nach. Sandoz und Ciba folgten mit ähnlichen Aktionen, wobei sie sich keineswegs nur auf den Technologiebereich beschränkten, sondern ihre Positionen auch bei Massengütern wie Babyfood (Sandoz: Gerber Products), Generika und Selbstmedikation (Ciba: Fisons, Rhône Poulenc, Aufbau von Geneva Generics) deutlich verstärkten.

2. Die Technologie und Wissenschaft sind das Hauptschlachtfeld der Rivalität. Der frühe Zugang zu neuen Technologien verspricht nicht nur die Erzielung von technologischen Renten oder Surplus-Profiten, sondern ermöglicht auch, anderen Rivalen den Zutritt zu Technologien zu verwehren oder zumindest hohe Eintrittsschranken zu errichten. Gute Beispiele hierfür sind der Erwerb der PCR-Technologie (Polymerase Chain Reaction) durch Roche im Jahre 1991, die Vormachtstellung von Sandoz respektive Novartis in der Gentherapie und die aktuellen Bestrebungen mehrerer Pharmakonzerne an der Genomik-Front vorne dabei zu sein. Die kritische Masse ist von entscheidender Bedeutung. Superkonzerne, wie die im Jahr 2000 fusionierten Glaxo SmithKline und Pfizer (mit Warner-Lambert), die mittlerweile über 3 Milliarden USD in die F&E stecken, verfügen über weit mehr Möglichkeiten, die Qualität und Diversität ihrer Forschungsplattform den sich verändernden Erfordernissen anzupassen, als Konzerne, die nur 1 bis 2 Milliarden USD aufbringen können. Ein Konzern, der als erster mit einer neuen Substanzklasse für eine therapeutische Anwendung auf den Markt tritt, erzielt beträchtliche Surplus-Profite. Die Aussicht auf derartige *'first mover'* Vorteile ist wiederum ein Anreiz für Übernahmen, strategische Allianzen und Kooperationen.

3. Um gegenüber den Rivalen wirksam drohen zu können, braucht jeder Konzern eine genügende Größe. Novartis Konzernchef Vasella geht davon aus, dass die Größe mittlerweile wettbewerbsentscheidend ist (Vasella 2001). Durch die Subventionierung von Divisionen und Ländergesellschaften durch andere Konzernteile steigert ein Konzern seine Handlungsmöglichkeiten (Hamel und Prahalad 1985). Verbunden mit der Frage der kritischen Masse sind drei Voraussetzungen von besonderer Bedeutung für den künftigen Erfolg eines Pharmakonzerns:
   - die kritische Masse in der Verkaufsorganisation, insbesondere der Anzahl Verkaufsvertreter;
   - die kritische Gestaltungsmacht und Attraktivität in der 'scientific community';
   - Zugang zu den besten Kliniken zur Durchführung der klinischen Studien.
   Diejenigen Konzerne, die in den relevanten therapeutischen Gebieten über genügend Marktmacht sowie über eine pralle Forschungs- und Entwicklungspipeline verfügen, werden die größten Chancen haben, auch in Zukunft unter den Top Ten mitzumischen.

4. Das Marketing verschlingt mittlerweile noch höhere Anteile an den Umsätzen (rund 25%) als die F&E-Ausgaben. *'Marketing power'* lautet das Stichwort. Neben der kritischen Masse von Verkaufsrepräsentanten müssen die Pharmakonzerne auch die neuen Verkaufskanäle wie das Internet nutzen. Im Rahmen von sogenannten *'pre-launch promotional strategies'* verwenden die Pharmakonzerne mittlerweile bereits beträchtliche Anteile der Marketingbudgets für ein neues Präparat. Die Entstehung sogenannter *'megabrands'* und die Durchsetzung neuer Marketingstandards verlangt wiederum eine größere Kapitalmasse im Hintergrund. Genau hinsichtlich der Entwicklung solcher *'megabrands'* mussten Novartis und Roche in den letzten drei Jahren wichtigen US-Rivalen den Vortritt lassen. Zwar vermochten Novartis mit *Diovan* und Roche mit *Xenical* 1997 und 1998 sehr schnell wachsende Präparate auf den Markt zu bringen. Doch gegenüber den 'Megabrands' wie *Lipitor* von Warner-Lambert (ab 2000 Teil von Pfizer), *Viagra* von Pfizer und *Celebrex* von Searle (Monsanto, ab 2000 Teil von Pharmacia-Monsanto), die alle bereits im ersten Jahr auf Umsätze von über eine Milliarde USD explodierten, liegen diese 'Basler' Erfolgspräparate deutlich zurück.

Angesichts der Macht der Finanzmärkte bezieht sich kritische Masse aber nicht nur auf die industriellen Kapazitäten oder die Marktmacht eines Konzerns. Wesentlich sind vor allem die Liquidität, also die 'Kriegskasse' und die Börsenkapitalisierung. Eine hohe Börsenkapitalisierung erleichtert wiederum die Kapitalbeschaffung, steigert die Flexibilität für Übernahmen und Fusion über Aktientausch und erschwert oder verunmöglicht eine unerwünschte Übernahme des eigenen Konzerns durch einen Rivalen. Diese durch Größe und Marktwert bedingte strategische Flexibilität war noch nie so wichtig wie heute.

5. Jeder Rivale definiert seine eigene Strategie auch auf der Basis der Perzeption der Strategien der wichtigsten Rivalen. Um erfolgreich zu sein, muss jeder Rivale genau über das Portfolio, die Marketingstrategien und vor allem die Forschungs- und Entwicklungspipeline der anderen Rivalen Bescheid wissen. Ein Beispiel: Wenn der zeitliche Rückstand in der Entwicklung eines Präparates auf ein fortgeschritteneres Konkurrenzprodukt uneinholbar ist, empfiehlt sich unter Umständen ein Abbruch der Entwicklung, wenn man nicht davon ausgeht, dass das Präparat dennoch auch als *follower* einen gewichtigen Marktanteil erobern kann. Auch die präzise Produktionslogistik wird als sehr sensibel angesehen.

6. Die Rivalität drückt sich auch in gegenseitiger Anerkennung und in vielfältigen, allerdings beschränkten Kooperationen aus. So vereinbarte Sandoz im Jahre 1986 mit dem US-Konzern Schering-Plough beispielsweise Abkommen zur Entwicklung und zur Vermarktung von Präparaten. Roche vertrieb während mehrerer Jahre *Zantac*, das wichtigste Präparat von Glaxo, in den USA. Novartis schenkte dieser Strategievariante in den letzten beiden Jahren besondere Aufmerksamkeit und vereinbarte Co-Marketingallianzen mit Bristol-Myers Squibb für das Präparat *Zelmac* und mit Merck KGAa für *Starlix*. Sowohl technologie- wie marktorientierte Abkommen können zudem der Errichtung von Eintrittsschranken gegenüber weiteren Rivalen dienen.

7. Diese Dynamik bewirkt einen zusätzlichen Druck auf die Produkt-Lebenszyklen. Die Zahl der jährlich neu eingeführten Blockbuster-Präparate ist ein zentraler Erfolgsfaktor. Ein geschicktes *lifecycle management* muss den

kontinuierlichen Nachschub neuer, erfolgsträchtiger Präparate garantieren. Die eigenen F&E-Kapazitäten müssen dabei durch ein strategisches *inlicensing* von Präparaten, die sich bereits in fortgeschrittenen Entwicklungsphasen befinden (erfolgreicher Abschluss der klinischen Phase II), ergänzt werden. Der US-Konzern Pfizer bewies zum Beispiel in den letzten Jahren eine sehr geschickte Hand, derartige *'late stage deals'* abzuschließen. Gleichzeitig sind ältere Präparate, die den Höhepunkt des Lebenszyklus' überschritten haben und nicht mehr bestimmte Umsatzvolumen einbringen, dennoch aber die Produktionsinfrastruktur beanspruchen und Overhead-Kosten verursachen, durch Drittproduzenten herstellen zu lassen oder deren Rechte gar zu verkaufen. Hoffmann-La Roche trat zum Beispiel im Juni 1997 die Rechte an neun älteren Präparaten sowie eine Fabrik in Puerto Rico an die ICN Pharmaceuticals ab und erwarb gleichzeitig einen Anteil an ICN. Im Oktober 1998 verkaufte Roche vier weitere Produkte an ICN. Diese hat sich darauf spezialisiert, von großen Pharmakonzernen ältere Präparate zu übernehmen (ICN MR 1997; Roche MR 1997b; 1998). Dieser Druck auf die Konzerne, sich ständig auf die vorderen Phasen des Lebenszyklen der Produkte zu konzentrieren, erfordert wiederum eine kritische Masse und befördert somit den Prozess der Zentralisation und Konzentration. Novartis hat das Produktsortiment in den Jahren 1999 und 2000 ebenfalls beträchtlich reduziert.

8. Die Bedeutung des *shareholder value* hat zu einem Bedeutungszuwachs von Investmentbanken und Consultingunternehmen geführt. Die Finanztechnik umfassender Transaktionen ist mittlerweile dermaßen komplex, dass auch die größten Konzerne nicht mehr in der Lage sind, die nötige Expertise *in house* zu akkumulieren. Neben den aufgeführten Faktoren, die der eigentlichen industriellen Logik der Pharmaindustrie (und anderer Industrien) entspringen, kann durch den Druck der Kapitalgeber und die Wahrnehmung eigener Interessen durch die Investmentbanken die Dynamik zu weiteren Fusionen und Übernahmen zusätzlich verstärkt werden. Verschiedene Studien und jüngere Debatten in der Wirtschaftspresse deuten daraufhin, dass nicht selten eine Fusion oder Übernahme den eigentlichen industriellen Interessen in einem gegebenen Zeitpunkt sogar widerspricht.

Unter dem Gesichtspunkt der Kapitalakkumulation beobachten wir eine ungleiche und kombinierte Entwicklung der Konzentration. Einerseits ist für jeden oligopolistischen Rivalen eine transnationale Akkumulation zur Erlangung einer kritischen Masse unabdingbar, um im globalen Wettbewerb zu bestehen. Andererseits ist das Aktienkapital der meisten großen Konzerne immer noch sehr nur eingeschränkt internationalisiert. Novartis und noch stärker Roche weisen in ihrer Kapitalstruktur eine klare schweizerische Dominanz auf. Die meisten Megafusionen wurden von Konzernen derselben nationalen Herkunft eingegangen. Neben den unmittelbar strategischen und kulturellen Aspekten, die bei einer Fusion von Konzernen ähnlicher Herkunft einfacher lösbar sind, scheint die nationale Zuordnung großer Kapitalgruppen nach wie vor eine Rolle zu spielen (siehe Kapitel 5 am Beispiel von Novartis). Die Debatten in der britischen Finanzpresse rund um die 1998 zunächst gescheiterte und dann zwei Jahre später doch noch vollzogene Fusionen des rein britischen Konzerns GlaxoWellcome und SmithKline Beecham, der ebenfalls britisch kontrolliert ist, aber eine starke US-Komponente aufweist, illustrierten die Bedeutung der nationalen Komponente. Aus britischer Sicht war diese Fusion die einzige Möglichkeit, damit ein eindeutig britischer Konzern sich wieder an die Spitze der Branche stellt. Unter der Gesichtspunkt der europäischen Integration ist die Fusion von Hoechst und Rhône Poulenc interessant, die erklärtermaßen in den Aufbau eines explizit europäischen Konzerns münden soll. Allerdings kann aufgrund der Kapitalstruktur nicht eindimensional und linear auf die Konzernstrategie geschlossen werden. So verfolgte Hoffmann-La Roche trotz oder vielleicht gerade wegen ihres klaren schweizerischen Charakters seit Langem eine ausgesprochen globalisierte Wachstumsstrategie und war insbesondere bei der globalen Beobachtung technologischer Entwicklungen äußerst aufmerksam und erfolgreich im globalen Innovations- und Technologiemanagement.

9.2.4 Innovationspotentiale: regional und transatlantisch verwoben und durch Oligopole gestaltet

Die untersuchten Pharmakonzerne lokalisierten ihre Forschungseinrichtungen immer in spezifische regionale Wissens- und Technologiekonzentrationen. Das war, neben dem historischen Standort Basel, in den dreißiger Jahren New Jersey, die 'Apotheke der USA'. Die 'Basler Pharmakonzerne' gehörten zu den ersten ausländischen Firmen, die in den USA Forschungszentren aufbauten. Sie investierten in den USA weit mehr als andere ausländische Unternehmen und sie schufen nicht nur *'listening posts'* (Hakanson 1990: 261), um zu erfahren, was sich wissenschaftlich und technologisch tut, sondern begannen frühzeitig ihre eigenständigen Aktivitäten zu entfalten. Die Region zwischen New York und Philadelphia war das historische Zentrum der pharmazeutischen Industrie in den USA. Die meisten großen U.S.-Pharma-Konzerne hatten hier ihren Ursprung oder ließen sich später hier nieder (Noponen 1993; Feldman und Schreuder 1996; Schreuder 1998).

Im Zuge der molekularbiologischen Revolution und des Entstehens von Biotechunternehmen entstanden regionale biotechnologische Innovationssysteme vor allem in der Bay Area und in der Region Boston. Daher ist es naheliegend, dass die schweizerischen und europäischen Pharmakonzerne im Laufe der achtziger und neunziger Jahre ein spezielles Interesse für diese Regionen entwickelten. Zwei historische Gründe begünstigten die Fähigkeit der 'Basler Konzerne', früh in die Biotechnologie einzusteigen:

Erstens verfügten sie durch die frühe Spezialisierung auf die Spezialitätenchemie und auf biologische sowie klassische biotechnologische Forschungsmethoden und Produktionsverfahren eine gewisse Sensibilität gegenüber den wissenschaftlichen Entwicklungen in der Molekularbiologie. Sie war nicht dermaßen in der Kultur der Chemie gefangen, wie die deutschen Chemiefirmen, die durch ihre lange industrielle Tradition in der Großchemie geprägt wurden. Nicht ganz zufällig war der Pharmakonzern Boehringer Mannheim eine Ausnahme, der bald nach dem Zweiten Weltkrieg eine ausgewiesene biotechnologische Kompetenz in seiner Forschungsstätte in Tutzing und später in der Produktion in Penzberg im Süden von München aufbaute (Fischer 1991; Dolata 1996). Die 'Basler Konzerne' weisen in dieser Hinsicht also durchaus eine bemerkenswerte historische Kontinuität auf. In der Produktpalette von Sandoz nahmen die Naturstoffe immer einen gewichtigen Anteil ein. Das traditionelle Engagement in klassischen biotechnologischen Tätigkeitsfeldern und die Expertise der Tochterfirma Biochemie in der Fermentation haben den frühen Einstieg in die Gentechnologie erleichtert.

Der zweite Grund liegt in der frühen Internationalisierung und beträchtlichen wissenschaftlichen Präsenz aller drei Firmen in den USA, vor allem von Roche und Ciba-Geigy. Die Offenheit gegenüber technologischen Entwicklungen, das frühe Bewusstsein für die Notwendigkeit eines technologischen Scannings und die Fähigkeit, technische Neuerung zu nutzen, zu inkorporieren und eine eigene Expertise aufzubauen, die es erlaubt, im technologischen Wettbewerb mitzuhalten, waren wichtige Voraussetzungen. Das heisst, die Mitte der achtziger Jahre lancierte Biotechnologieoffensive konnte zumindest teilweise auch an eigenen Erfahrungen und Anstrengungen anknüpfen.

Das bedeutete aber keineswegs, dass Standorte in New Jersey und Basel an Bedeutung verloren hätten. Im Gegenteil, alle drei 'Basler Konzerne' tätigten substantielle Forschungsinvestitionen in fixes Kapital und errichteten neue Forschungszentren in diesen 'alten' Regionen. Das fundamentale Ziel, mit dem wissenschaftlichen und technologischen Potential in Regionen in Kontakt zu treten und als interessant erachtete Technologien zu internalisieren, hat sich nicht verändert. In der Phase der extensiven Multinationalisierung war die F&E zu einem guten Teil auf den entsprechenden nationalen Markt ausgerichtet. Die Unternehmen verknüpften die Innovationsprozesse weniger stringent auf einer transnationalen Ebene als heute. Dennoch wurde der Technologietransfer in beide Richtungen, vom Hauptsitz zu den Tochtergesellschaften und umgekehrt, immer wichtiger. Aber bis in die achtziger Jahre verfügten die Forschungs- und Entwicklungszentren der Schweizer Pharmakonzerne in den USA über eine relative Autonomie, die ihnen erlaubte, ihre eigenen Medikamente für den USA zu entwickeln.

Allerdings hat sich das Erscheinungsbild der Technologieinternalisierung verändert. Bis in die frühen achtziger Jahre fand die Technologieproduktion überwiegend innerhalb der großen Firmen statt, wobei mit akademischen Forschungsinstituten ein reger Austausch gepflegt und Know how nicht zuletzt über die Anstellung von U.S. Wissenschaftlern internalisiert wurde. Heute vollzieht sich der Prozess des technologischen Scannings und der Technologieproduktion über ein breites Spektrum von Optionen. Die Pharmaunternehmen traten über den Abschluss einer Vielzahl von Forschungskooperationen mit jungen Biotechnunternehmen mit den regionalen Innovationssystemen in der Bay Area, der Region Boston, San Diego und anderswo in Kontakt. Im Laufe der Zeit wurden einige dieser Unternehmen übernommen und damit vollständig internalisiert.

Die formale Unabhängigkeit der Biotechunternehmen und ihre räumliche Clusterung bedeutet aber in keiner Weise, dass die Innovationsprozesse heute eher räumlich integriert ablaufen, als zur Zeit als die Forschungsprozesse und Technologieproduktion weitgehend hinter den Mauern der Forschungszentren großer Unternehmen und der Universitäten stattfanden. Im Gegenteil: mehr als je zuvor besteht das zentrale Ziel der großen Pharmakonzerne darin, lokale Expertise möglichst schnell in den Konzern zu transferieren und intern an die entsprechenden Stellen diffundieren zu lassen (Cantwell 1995: 171f; Howells 1997). Dieser Prozess der konzerninternen, transnationalen Technologiediffusion verläuft heute trotz aller Schwierigkeiten insbesondere bei 'tacit knowledge' wesentlich effizienter als je zuvor.

Viele Input-Output-Beziehungen, innovative Austauschprozesse und gemeinsame F&E-Tätigkeiten, die mit großen monetären Transfers einher gehen, vollziehen sich keineswegs in regional integrierten Kontexten [Oßenbrügge, 2001 #96; (Zeller 2001b; 2001a). Entscheidend für die Entstehung und Reproduktion von regionalen Innovationssystemen sind vielmehr 'relational assets', die auf spezifischen Arbeitsmärkten sowie unkodifziertem Wissen und 'untraded interdependencies' in einer Region beruhen (Storper 1997).

Gleichzeitig sind die regionalen Innovationssysteme mit transatlantischen oder triadischen Verflechtungen und Innovationsprozessen miteinander verbunden, die von global aktiven Konzernen strukturiert werden. Daher vollziehen sich Wissens- und Technologieflüsse organisatorisch und geographisch extrem selektiv. Obwohl bis vor einem Jahrzehnt der Anteil der F&E, der außerhalb großer Pharmakonzerne unternommen wurde, kleiner war als heute, wurde dieser Konzentrationsprozess des Wissens eher verstärkt. 'Big pharma' ist bestrebt, extern produziertes Wissen und Technologien zu internalisieren und gleichzeitig die Risiken zu externalisieren, die allen Forschungsprozessen eigen sind. Auf diese Weise wird das unternehmerische Risiko auf die Biotechfirmen verlagert, die zwar transatlantisch oder triadisch verwoben, aber nichtsdestotrotz weitgehend an ihre Region gebunden sind (z.B. haben sie keine Entwicklungs- und Marketingkapazitäten).

Trotz eines enormen Bedeutungszuwachses von Forschungskollaborationen und dem systematischen Scanning von extern produziertem Wissen durch die Pharmakonzerne ist das Modell, dass sich die Pharmaunternehmen längerfristig nur noch auf Entwicklung und Marketing konzentrieren und die Forschung weitgehend externalisieren werden, unrealistisch. Jeder Konzern ist weiterhin darauf angewiesen, eine starke interne Forschung zu pflegen, um überhaupt in der Lage zu sein, zu beurteilen, welche Erkenntnisse, Technologien und Substanzen er internalisieren soll. Das Beispiel des Genomicszentrums in San Diego illustriert, dass die Konzerne in wirklich strategischen Technologiebereichen weiterhin im großen Stile investieren und ihre eigenen großen *centers of excellence* aufbauen. Sie absorbieren also nicht nur Ressourcen aus Regionen, sondern pumpen unter gewissen Umständen auch enorme Summen von anderswo akkumuliertem Kapital in die Region.

Regionale Governancestrukturen, die langfristige Evolution einer regionalen, industriellen Spezialisierung und Kern-/Peripheriedifferenzierungen der industriellen Infrastruktur und innovativen Performance sind die wichtigsten Dimensionen, die ein regionales Innovationssystem charakterisieren. Tatsächlich ist ein Unternehmen mit komplett verschiedenen geographischen Ebenen seiner eigenen Innovationssysteme konfrontiert. Es hat transnationale, nationale, sub-nationale, regionale und lokale Innovationsysteme, und quer zu diesen geographischen Ebenen, sektorale Innovationssysteme zu berücksichtigen (Howells 1999: 87).

Die Debatten über die *'new industrial spaces'* und die *'flexible specialization'* zeigten, dass regionale Innovationssysteme über ihre spezifische innere Logik verfügen (Saxenian 1994; Scott 1988a; Storper und Scott 1990). Storper (1992: 60ff) stellte in Analogie zu den *industrial districts* eine Tendenz zur Herausbildung regionaler Industrieballungen, die auf den Weltmärkten miteinander konkurrieren, fest. Er führt die Herausbildung von *'technology districts'* innerhalb von

Nationalstaaten auf regionsspezifische produkt- und prozessbezogene technologische Lernprozesse zurück (77f u. 84ff). Die Wettbewerbsfähigkeit der Unternehmen beruht demnach auf ihren regionalen Produktions- und Verflechtungsbezie-
hungen. In Anlehnung an die Debatte über Industriedistrikte entwickelten Storper
und Harrison (1991) eine Typologie regionaler Produktionssysteme entsprechend
ihren charakteristischen Input-Output-Systemen. Die große Heterogenität der
Regionen unterstreicht, daß das Industriedistriktmodell nicht verallgemeinerbar
ist. Markusen (1996) erweiterte die Diskussion zusätzlich und betonte die fortgesetzte Macht des Staates bei *'state-anchored districts'* und von multinationalen
Unternehmen bei *'hub-and-spoke districts'*. Die Arbeiten der *'flexible specialisation'* und der neuen Industriedistrikte wurden nicht zuletzt aufgrund ihrer Unter-
schätzung der Rolle von multinationalen Konzernen, der Konzentration des Kapitals und oligopolistischer Bedingungen kritisiert (u.a. Amin und Robins 1990;
Amin 1992; Martinelli und Schoenberger 1991; Harrison 1994). Sternberg (1995a:
165) betont die Bedeutung internationaler F&E-Kooperationen, die eher lokal
orientierten Unternehmen komparative Nachteile einbringen, und weist auf die mit
der Reifung verbundene Internationalisierungsdynamik von Industriedistrikten hin
(vgl. auch Harrison 1994; Sternberg 1995b). Dennoch sind Regionen wichtige
Arenen des lokalisierten Lernens und des Austausches von *'tacit'* Wissen. Die
Wirkungen der globalen, technologischen Expansion multinationaler Unternehmen führen demnach nicht zu einer Erosion regionaler Innovationssysteme, sondern zu einer verschärften räumlichen Ungleichheit (Howells 1999: 87).

Die selektive Globalisierung oder Triadisierung von F&E und Technologie –
respektive die technologische Expansion durch multinationale Unternehmen –
vollzieht sich keineswegs nur über die Lokalisierung von F&E-Zentren. Der Erwerb von technologischen Potentialen und von Wissen über Kooperationen und
Lizenzabkommen, der internationale Schutz von Wissen und Technologien über
das zentralisierte Patentieren sowie internationale technologische Allianzen zur
Schaffung von internationalen technologischen Oligopolen sind weitere, zentrale
Dimensionen der internationalen, technologischen Expansion von großen Konzernen (Chesnais 1997).

Die oligopolistische Rivalität zwischen den großen Pharmakonzernen vollzieht
sich auf globaler oder triadischer Ebene. Aufgrund der nach wie vor wichtigen
Unterschiede zwischen nationalen Märkten entscheidet sich die oligopolistische
Rivalität in erheblichem Maße über den Wettbewerb in nationalen Märken und
über die Marktanteile in spezifischen Marktsegmenten. In Bezug auf den technologischen Input zwingt die gestiegene Bedeutung von regionalen Innovationssystemen die großen Pharmakonzerne dazu, sich in spezifischen Regionen mit einem
hohen Wissens- und Technologiepotential zu verankern. Aus regionaler Sicht
führt dies zu kumulativen Effekten, da die oligopolistischen Rivalen nicht nur in
die geographischen und sektoralen Märkte vorstoßen, sondern auch um den privi-
legierten Zugang zu den räumlich lokalisierten Technologiebasen kämpfen. Ein
großer Pharmakonzern verteidigt und expandiert also seine eigene technologische
Basis in Schlüsselregionen. Zugleich strebt er danach, einen Fuß in (regionale)
Innovationssysteme wichtiger Rivalen zu setzen. In diesem Sinne ist das Konzept
der industriellen Komplexe von Ruigrok und van Tulder (1995) um die Dimension
der Technologie zu erweitern. Zudem zeigen die 'Basler Pharmakonzerne', dass
die Heimbasis vor allem bei Konzernen aus kleinen Ländern keineswegs alleine das

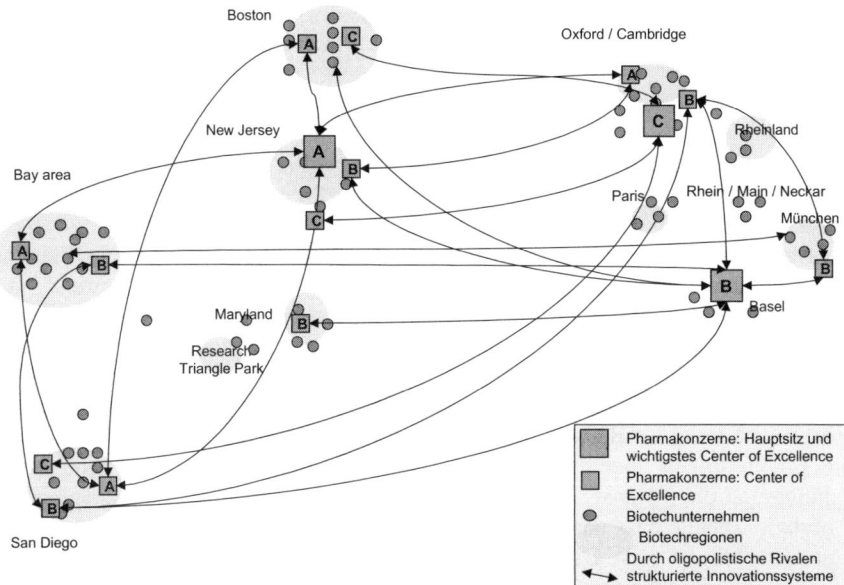

Abb. 9.5. Oligopolistische Rivalen, Biotechunternehmen, Innovatioknoten und regional-nordatlantisch verknüpfte Innovationssysteme

technologische Fundament bildet. Es sind die technologischen Potentiale großer Auslandsmärkte und vor allem der wichtigsten Rivalen, die zugleich vordringlich genutzt werden müssen, um sich in der oligopolistischen Rivalität durchzusetzen. Die Innovationssysteme auf unterschiedlichen Maßstabsebenen werden also zu einem guten Teil von Innovationsknoten der oligopolistischen Rivalen strukturiert. Da sowohl die Anzahl oligopolistischer Rivalen als auch der Regionen mit einer sehr hohen Dichte an Innovationspotential beschränkt ist, sind die meisten Hightech-Regionen in einem bestimmten technologischen Feld zugleich Standorte derselben Rivalen. Auf sozialer Ebene führt das zu Wissenschafts- und Technologiegemeinden, die sich räumlich äußerst selektiv konzentrieren, sei es in den Regionen der Forschungszentren der oligopolistischen Rivalen oder sei es in den *'new innovation spaces'* (vgl. Abb. 9.5).

Um sowohl die räumliche Dimension der Innovationsbeziehungen und Innovationssysteme als auch räumliches Verhalten von multinationalen Unternehmen zu vestehen, müssen also Konzepte entwickelt werden, die auf einem dynamischen Verständnis der Interaktionen unterschiedlicher Maßstabsebenen beruhen. Nicht zuletzt werden die Interaktionen durch die Kräfteverhältnisse strukturiert, die der Logik der Kapitalakkumulation entspringen.

Eine weitere Konzentration und Zentralisation des Kapitals sind Ausdruck und Bedingung dieser Suche nach neuen profitablen Sektoren. Mit allen möglichen Arten von Kooperationsabkommen mit kleinen und mittelgroßen Firmen versuchen die großen Konzerne ihre Kosten und die Risiken dieser Orientierung zu minimieren, die auf der Annahme baldiger Durchbrüche in der Forschung basiert, die ihnen wiederum Monopolprofite bescheren würden. Die (ehemaligen) Diversifikationsstrategien waren in einem anderen gesellschaftlichen und ökonomischen Kontext ebenfalls Ausdruck dieser Suche nach Monopolprofiten, einer Form des Surplus-Profites.

9.2.5 Ungleiche und kombinierte Reterritorialisierung innovativer Standortregionen

Was bedeuten die vorangehenden Feststellungen und Überlegungen für die Entwicklungsdynamik wichtiger Standortregionen von Forschungszentren? Das bringt uns zurück zu den in Kapitel 1 aufgeworfenen Fragen über die Bedeutung der Region Basel für die Konzerne. Die regionale Standortpersistenz ist nicht verständlich, ohne zugleich auch die industrielle Dynamik zu verstehen. Die Analyse des Wandels der Internationalisierungsstrategien von Novartis und ihrer Vorgängerfirmen im Bereich der Forschung und Entwicklung in Kapitel 7 sowie die Erläuterungen über die oligopolistische Rivalität, die technologische Beobachtung und die Verankerung in neuen Technologieregionen im vorangegangenen Abschnitt zeigen, dass das 'Schicksal' wichtiger Standortregionen irgendwie miteinander verbunden ist. Die genaue Entschlüsselung dieses Irgendwie konnte auch die vorliegende Arbeit nicht vollständig leisten. Aber das hier aufbereitete Material bietet eine genügende Grundlage, um thesenartig zu erklären, warum der Biotechboom in Kalifornien auch Ergebnis der Strategien 'Basler Konzerne' und anderer oligopolistischer Rivalen ist.

Wie die Region Basel mit der Bay Area und San Diego verbunden ist

Das Kapitel 7 hat die in den achtziger Jahren gestartete Forschungsoffensive der 'Basler Konzerne' in den USA beschrieben. Die Konzerne steckten massive finanzielle Ressourcen in die Erweiterung der eigenen Forschungszentren in New Jersey sowie in den Abschluß von Dutzenden von Kooperationsabkommen mit Biotechunternehmen, die zum größten Teil in den Region Boston, in der Bay Area und in San Diego lokalisiert sind (Zeller 2000b). Alex Krauer, der ehemalige Präsidenten des Verwaltungsrates von Ciba und Novartis, fragte 1995 im Basler Großen Rat rhetorisch, warum Kalifornien und nicht Basel die Wiege der Gentechnologie sei (siehe Kapitel 1) und suggerierte damit angesichts des politischen Kontexts der Veranstaltung, dass hierfür die gentechnikfeindliche Stimmung in der Basler Bevölkerung verantwortlich sei. Die Analyse der industriellen Entwicklung der 'Basler Konzerne' und ihrer internationalen Verflechtungen zeigt, dass die bis Mitte der neunziger Jahre schwache Präsenz von Biotechnologiefirmen nicht zuletzt auch etwas mit der Dominanz der großen Chemie- und Pharmakonzerne zu tun hat. Inspiriert durch die Theorien des *'profit cycle'* (Markusen 1985), der *'new industrial spaces'* (u.a. Scott 1988b; Storper und Walker 1989; Storper und Scott 1990; Storper und Scott 1992; Saxenian 1994) und der pfadabhängigen regionalen Entwicklung einerseits und durch das Verständnis der internationalen, technologischen Expansion großer Konzerne (Chesnais 1997) andererseits lässt sich die (regionale) Entwicklung der Biotechnologie in Kalifornien mit den Strategien der 'Basler Pharmakonzerne' und den regionalen Bedingungen in Basel thesenartig verbinden.

Die Biotechnologie in Kalifornien ist sowohl Ergebnis spezifischer regionaler Entwicklungspfade als auch massiver Kapitalinputs von außen. Zugleich konnte sich in der Region Basel keine eigene Biotech-Industrie entwickeln, weil die bedeutende und traditionsreiche chemisch-pharmazeutische Industrie durch ihre Dominanz alternative Entwicklungspfade versperrte. Die 'Basler Konzerne' investierten große Summen in die Biotechnologie in den USA und trugen somit maßgeblich zum Biotechboom in Boston, in der Bay Area und in San Diego bei. Die Begründung dieser These erfolgt auf drei Ebenen: erstens den Voraussetzungen und Entwicklungen in Kalifornien (Bay Area und San Diego), zweitens den Voraussetzungen und Entwicklungen in der Region Basel und drittens den Strategien der 'Basler Konzerne' unter den Bedingungen zunehmend schärferer oligopolistischer Rivalität.

- Die Bay Area verfügt über mehrere äußerst gute Universitäten, die eine kritische Masse von in Biochemie und Biotechnologie gut ausgebildeten Fachkräften hervorbrachten. Das ist die Grundvoraussetzung für alle sogenannten Hightech-Regionen (Dosi 1988; Feldman 1994). Zugleich war die Bay Area in den frühen siebziger Jahren auch die Wiege einiger bahnbrechender technologischer Durchbrüche in der Molekularbiologie. Einige Forscher machten sich frühzeitig daran, ihr Wissen kommerziell über den Weg von Unternehmensgründungen zu verwerten. Das fast paradigmatische Beispiel wurde das 1976 vom Molekularbiologen Herbert Boyer (rekombinierte zusammen mit Stanley Cohen 1973 erstmals DNA) und vom Venture Capitalist Robert Swanson gegründete Unternehmen Genentech in South San Francisco (Bay Area Bioscience Center 1991; Swanson 1986). Die bahnbrechende PCR-Technologie wurde von Wissenschaftlern der Firma Cetus zwischen 1985 und 1989 unter der Führung von Kary Mullis auf der anderen Seite der Bay in Emeryville entwickelt. Die Nachbarfirma Chiron übernahm am 12. Dezember 1991 das Pionierunternehmen Cetus. Einen Tag vorher hatte Roche für 500 Millionen USD die PCR-Technologie erworben (Chiron 1992; Chiron / SEC 1992; Rabinow 1996). Chiron seinerseits vereinbarte 1994 mit Ciba-Geigy für 2,8 Milliarden CHF eine strategische Allianz mit einer rund 47%igen Kapitalbeteiligung von Ciba-Geigy (Chiron 1995b; Chiron / SEC 1995).
  Kalifornien ist in einem gewissen Sinne immer noch *'frontier'*. Als Einwanderungsgesellschaft leben in Kalifornien überdurchschnittlich viele Menschen, die offen für neue Herausforderungen, risikobereit, räumlich und sozial mobil sind. In diesem Sinne ist die kalifornische Gesellschaft selbst innovativ. Die Ökonomie der Bay Area und der Region San Diego wird nicht von wenigen Konzernen einer bestimmten Industrie dominiert, die ausgebildete Akademiker in ihren Bann, in ihre Produktionslogik hätte ziehen können. Der Arbeitsmarkt für Forscher, Ingenieure und Akademiker ist demzufolge nicht einseitig auf einige Großunternehmen ausgerichtet. Die Protagonisten der Biotech-Industrie konnten sich auf die Erfahrungen stützen, die zuvor im Laufe der stürmischen Entwicklung der Halbleiter-, Computer- und Software-Industrie im nahegelegenen Silicon Valley erworben wurden. Parallel zur Entstehung dieser Industrie entwickelte sich eine bestimmte 'business culture', die risikoreiche Start ups begünstigte. Besonders relevant war der im Zuge der Entwicklung der Computerindustrie bereits ausgebildete Venture Capital-Markt. Venture Capital war

der entscheidende Funke, um den Motor anzuwerfen. Große Mengen von Treibstoff flossen jedoch sehr bald von außen in die Region und ihre verlokkenden Biotech-Start ups. Einerseits staatliche Beihilfen und andererseits die großen multinationalen Konzerne der pharmazeutischen Industrie ließen den neuen Biotechunternehmen beträchtliche Summen zukommen. Durch zahlreiche Kooperationsabkommen mit Pharmariesen konnten sich die Firmen mittel- und langfristig die nötigen Kapitalmittel erschließen, ohne die es unmöglich gewesen wäre, die Forschungsarbeit weiterzuverfolgen.

• Die Region Basel ist gekennzeichnet durch eine jahrzehnte alte ungleiche Symbiose zwischen der dominierenden chemisch-pharmazeutischen Industrie und verschiedenen regionalen wirtschaftlichen Akteuren. Die großen Konzerne sind zusammen mit einigen Dienstleistungsriesen und dem Staat die größten Akteure auf dem regionalen Arbeitsmarkt. Sie sogen im Laufe der letzten Jahrzehnte einen Großteil der naturwissenschaftlichen Forscher auf. Das stürmische Wachstum der chemisch-pharmazeutischen Industrie nach dem 2. Weltkrieg bot Grundlage für eine stabile Wachstumskoalition wesentlicher Akteure der industriellen Komplexe (Konzerne, Gewerkschaften, Finanzwelt, regionale Zulieferer und Handwerksbetriebe). Diese blieb bis Anfang der achtziger Jahre unangetastet. Die Industrie expandierte ständig, und mit ihr saß die ganze Region im Fahrstuhl nach oben.
Naturwissenschaftler und viele andere Akademiker arbeiteten in der Regel der chemisch-pharmazeutischen Industrie, wo sie gut verdienten und Aussichten hatten, Karriere zu machen. Ihre Forschungs- und Entwicklungsarbeit war allerdings von der Verwertungslogik der Konzerne geleitet. In zahlreichen Gebieten wurden wichtige Forschungsdurchbrüche erzielt. Es gab für niemanden einen erkennbaren Grund, einen Kommerzialisierungsweg wissenschaftlichen und technologischen Wissens zu beschreiten, der demjenigen von Kalifornien ähnlich gewesen wäre. Die Konzerne prägten unbewusst und gestalteten bewusst die ökonomischen und sozialen Bedingungen in der Region Basel in ihrem Sinne (vgl. Storper und Walker 1989: 73–98).

• Als die 'Basler Konzerne' in den frühen achtziger Jahren das Potential der Biotechnologie erkannten, steckten sie zunächst begrenzte und dann massive finanzielle Ressourcen in die neuen Unternehmen und in der Gentechnologie tätigen Forschungsinstitute. Dieses Engagement kombinierten sie mit dem Aufbau eigener Expertise vor allem in Basel, aber auch in New Jersey. Ende der achtziger Jahre vollzogen sich parallel zwei Entwicklungen, die das Engagement der Konzerne in der US-Biotechnologie zusätzlich antrieben. Erstens zeigte sich, dass sich die Industrie grundsätzlich erneuern und ihre Innovationskapazitäten enorm steigern mußte, um das Wachstum und vor allem die Profitraten wieder zu steigern. Zweitens verzeichnete die rekombinante Biotechnologie die ersten kommerziellen Erfolge (z.B. Insulin) und versprach zahlreiche neue interessante Präparate (z.B. Interleukine). In dieser Situation steigerten die 'Basler Konzerne' ihren Einsatz massiv und bauten zwischen 1988 und 1995 eine breite Präsenz in der US-Biotechnologie auf. Das *Wallstreet Journal* meinte sogar, dass die Ciba-Geigy, Sandoz und Roche in dieser Zeit mehr in die US-Biotechnologie investiert hätten, als alle US-Konzerne zusammen (King und Moore 1995).[93]

Die ungleiche und kombinierte Entwicklung der beschriebenen Regionen sowie die spezifische Verknüpfung der Entwicklungspfade dieser Regionen und deren Beeinflussung durch die oligopolistischen Rivalen aus Basel führte also dazu, dass die Biotechnologie in Kalifornien nicht zuletzt darum von außen finanziert wurde, weil in Basel (und in anderen Chemieregionen Europas) sich aufgrund der Dominanz der chemisch-pharmazeutischen Industrie und spezifischer wissenschaftlicher und regionaler Entwicklungspfade sich die Molekularbiologie und die Gentechnologie nicht so wie in Boston und der Bay Area entfalten konnte. Neben wissenschaftshistorischen und umfassenden ökonomischen Entwicklungen, die hier nicht analysiert werden können, hängen der Aufstieg der Biotechnologie in Kalifornien und die spezifische industrielle Entwicklung – oder 'geographische Industrialisierung' (Storper und Walker 1989) – der Region Basel nicht zuletzt auch mit dem Entwicklungspfad der Basler chemisch-pharmazeutischen Industrie zusammen.

Von der Chemie zur Biotechnologieregion?

Der Zwang zu umfassenden, globalen Restrukturierungen brachte die Konzerne dazu, die Wachstumskoalition in den frühen achtziger Jahren in Frage zu stellen (Verweigerung des rückwirkenden Teuerungsausgleiches im Jahr 1983) und nach einem konjunkturellen Zwischenhoch Anfang der neunziger Jahre schließlich zu brechen. In den achtziger Jahren versuchte die Umweltbewegung im Gefolge einiger Umweltkatastrophen noch eine Neugestaltung des 'Vertrags' mit der Industrie auszuhandeln. Doch spätestens 1990/91 wurde klar, dass die Unternehmen eine grundlegende Neuordnung der Verhältnisse anstreben (Downsizings, Arbeitsplatzabbau, Flexibilisierung, Demütigung der Gewerkschaften und Unterordnung der Region unter ihre globale Verwertungsstrategie). Gleichzeitig zeigte die Industrie ihre Fähigkeit, sich selbst grundsätzlich zu erneuern (Produktionsmethoden, Arbeitsverhältnisse, Technologien und natürlich neuartige Produkte).

Im Zuge der industriellen Restrukturierungen haben sich auch die ökonomischen und sozialen Bedingungen in der Region Basel verändert. Die Novartis-Fusion löste einen zusätzlichen Veränderungsschub aus. Jahrzehnte alte Sicherheiten und Gewissheiten lösten sich auf. Die Freisetzung von Arbeitskräften beförderte Debatten über die regionale Wirtschaftsentwicklung. Die nachholende, aber rasche Entwicklung der Biotechnologie in Europa und die Förderung von Biotech-Regionen einerseits und die Gründung von Biotech Venture Funds durch Novartis und Roche für Start up-Unternehmen in der Region und anderswo ermunterte verschiedene Kreise in der Region, im Rahmen des Projektes BioValley in der trinationalen Region Basel und Oberrhein die Biotechnologie systematisch zu fördern (siehe Kapitel 1).

---

[93] Selbstverständlich heißt das nicht, dass die US-Biotechnologie ohne die finanziellen Spritzen ,Basler Konzerne' nicht ihre Erfolge hätte erzielen können. Aber die Investitionen großer Pharmakonzerne in die Biotechunternehmen und ihre Beteiligung an Venture Funds nahm nach einer Anfangsphase eine sehr wesentliche Rolle für die Finanzierung der neuen Industrie ein. Und die ,Basler Konzerne' gehörten in der erwähnten Phase zu den aktivsten.

Ob allerdings in der Region eine starke Biotechnologie-Industrie außerhalb der bestehenden Pharmakonzerne entstehen kann, ist offen (vgl. Arvanitis und Schips 1996). Abgesehen von der allgemeinen technischen und ökonomischen Entwicklung der Biotechnologie hängt das auch davon ab, ob sich in der Region eine kritische Masse von verfügbarem Wissen, von Fachkräften und von Kapital zusammenfindet, die eine regional konzentrierte Dynamik auslöst. Diese Ressourcen sind eigentlich vorhanden, werden aber weitgehend durch Novartis und Roche strukturiert und gebunden. Die großen Pharmakonzerne schließen mit jenen Biotechunternehmen Abkommen, die für sie technologisch und kommerziell am interessantesten sind, unabhängig von ihrer Lage. Aufgrund der in den Abschnitten 9.2.3 und 9.2.4 dargelegten Überlegungen in Bezug auf die räumliche Ausprägung oligopolistischer Strategien könnte sogar eher ein Hang dazu bestehen, die Kontakte mit den (regionalen) Innovationssystemen der Rivalen in den USA zu verstärken. Andererseits stellt sich die Frage, welche Voraussetzungen erfüllt sein müssen, dass sich einerseits eine von den beiden angestammten Konzernen unabhängige Konzentration von Biotechunternehmen formieren kann und andererseits sich große US- oder britische Konzerne mit bedeutenden Investitionen oder zumindest umfangreichen Kooperationsabkommen und den damit zusammenhängenden Finanzspritzen in der Region Basel engagieren.

Die Entwicklung eines Clusters von Biotechunternehmen im BioValley ist in Zukunft dennoch nicht ausgeschlossen, aber keineswegs gesichert. Die Entwicklungsperspektiven sind einmal von der allgemeinen Entwicklung der Biotechnologie und den Finanzierungsmöglichkeiten junger Unternehmen abhängig. Dazu kommen spezifische regionale Bedingungen. Wie erwähnt, sind diese aufgrund der vorzüglichen Ausstattung und der kritischen Masse an Fachkräften in der Region Basel erfüllt. Solange allerdings die großen Konzerne die regionalen Ressourcen weitgehend in ihrem Sinne strukturieren, bleiben die Spielräume für andere regionale Entwicklungspfade beschränkt. Zudem profilieren sich in Europa zahlreiche selbsternannte Biotechregionen. Und es ist zu bezweifeln, dass sich alle wirklich zu räumlich konzentrierten Innovationssystemen von weltweiter Bedeutung durchsetzen.

Der Einstieg oligopolistischer Rivalen im 'BioValley' im Dreiländereck am Oberrhein könnte eine gewisse zusätzliche Dynamik entfachen. Aus zwei wesentlichen Gründen gab es bislang keine derartigen Engagements großer Rivalen in der Schweiz und in der Region Basel. Erstens, bietet die Schweiz nicht die beste Ausgangsposition, um sich den EU-Markt besser zu erschließen. Zweitens waren die regionalen Innovationsbeziehungen zu stark von den 'Basler Konzernen' geprägt oder gar dominiert, als dass es von außen einfach möglich gewesen wären, sich das Potential zu erschließen. Zudem war bis Anfang der neunziger Jahre der Arbeitsmarkt zu angespannt und die Fachkräfte wurden von 'Basler Konzernen' aufgesogen. Allerdings ist es möglich, dass im Zuge der hier diskutierten Veränderungen, der Einstieg für Pharma- und Biotechunternehmen in der Region interessanter wird.

Die ungefähr seit 1998 deutlich zugenommenen Gründungen von Biotechunternehmen im BioValley, die Durchführung mehrerer wichtiger internationaler

Industriekonferenzen[94] und die Lokalisierung einer Filiale von Recombinant Capital, einer bedeutenden Venture Capital Firma in San Francisco, deuten darauf hin, dass durchaus eine gewisse Dynamik besteht und Basel dank seiner Eigenschaft als globaler Pharmaknotenpunkt ein internationales Interesse erfährt. Auch die politischen Behörden sind sich der zunehmenden nordatlantischen Verflechtungen bewusst geworden. Das zeigt der Abschluss einer Städtepartnerschaft zwischen Basel und Boston, die vor allem dem technologischen Austausch im Bereich der Life Sciences dienen soll.

Weder 'placeless' noch 'embedded', sondern ungleiche Reterritorialisierung

Der Standort Basel nimmt eine Sonderstellung innerhalb der Konzerne ein. Die Region Basel beheimatet nach wie vor die mit Abstand größten und strategisch wichtigsten Kapitalanlagen von Novartis und Hoffmann-La Roche. Daran hat sich auch durch die mehrfachen Umstrukturierungen auf Konzernebene und die Rekonfiguration der Wertschöpfungskette nichts geändert. Die Anlagen in Basel haben den 'technologischen Nachschub' an innovativen Wirkstoffen, Know-how und anderen Dienstleitungen an die Marktfront zu gewährleisten. Hier befinden sich auch die strategisch wichtigen Einheiten, die für das globale, technologische Scanning und den konzerninternen Technologietransfer zuständig sind. Die Forschungszentren von Novartis und Roche in Basel sind trotz selektiver Globalisierung und der beträchtlichen Bedeutung der *centers of excellence* in den USA die größten und wichtigsten geblieben. Der Anteil der F&E-Ausgaben in der Schweiz ist in den letzten Jahren relativ stabil geblieben.

Novartis und Roche tätigten in den neunziger Jahren bedeutende Investitionen in die Modernisierung der chemischen Produktionsstätten in Basel. Basel ist eine der beiden Launchsites von Roche, und die drei Werke Klybeck, Schweizerhalle und St. Johann erfüllen gemeinsam die Launchaufgaben für Novartis. Novartis lanciert den überwiegenden Teil der pharmazeutischen Darreichungen aus den drei Werken Stein, Wehr und Huningue, die sich einem Umkreis von rund 30 Kilometern befinden. Insbesondere die Pharmafabrik in Stein erfuhr mit der Zuweisung der globalen Produktionsmandate für die Lancierung fester Darreichungsformen, dem Ausbau der TTS-Anlagen, ihrer Spezialisierung auf die komplexesten Produktionsprozesse und dem Bau der hochmodernen Produktionsstätte für sterile Darreichungen für den globalen Vertrieb einen strategischen Bedeutungszuwachs. Die Region Basel ist also sogar im Bereich der Produktion eher wichtiger geworden als noch vor rund zehn Jahren. Der deutliche Personalrückgang ist nicht Ausdruck einer Bedeutungsminderung der Region, sondern der radikalen Restrukturierungsprozesse in der Industrie.

Die intensiven Kontakte der Konzerne zum regionalen Wissenschaftspool, zu den Universitätsinstituten, die enge Einbindung des Gewerbes, die Verbindungen

---

[94] Die *Allisence*, eine regelmäßige Konferenz der Pharma- und Biotechindustrie fand Anfang Mai 2000 nicht wie normalerweise in San Francisco, sondern in Basel (Recombinant Capital 2000a; Hicklin 2000). Ein weiterer Großanlass war die Konferenz *eyeforpharma* am 28.–30. November 2000 mit Führungspersonen mehrerer Pharmkonzerne und Biotechunternehmen und Exponenten des Human Genome Projects (eyeforpharma 2000)

zu den aktiven Wirtschaftsverbänden auf regionaler und nationaler Ebene und vor allem die große Anzahl gut ausgebildeter Arbeitskräfte, die loyal zu den Unternehmungen stehen, machen die Region auch weiterhin äußerst attraktiv für die 'Basler Konzerne'. Sie sind Aspekte, dessen was Amin und Thrift (1994: 14) *'institutional thickness'* nennen. Zusammen mit der unvergleichbaren politischen und sozialen Stabilität in der Schweiz bewirkt diese regionale Ausstattung eine erhebliche *'territorial embeddedness'* (Dicken, Forsgren und Malmberg 1994). Diese drückt sich zudem durch die starke Verankerung eines kollektiven Bewusstseins in der Region gegenüber der Industrie sowie zahlreichen Formen der sozialen, kulturellen und wissenschaftlichen Interaktion aus.

Global tätige Konzerne sind auch unter den Bedingungen globalisierter Märkte keineswegs *placeless*. Aber die großen Konzerne konzipieren ihre Standortstrategien im globalen Rahmen und prägen damit nicht nur ihre ökonomischen Standortbedingungen (vgl. Storper und Walker 1989: 70ff), sondern beeinflussen auch die Art und Weise ihrer *'local embeddedness'* und das politische Kräfteverhältnis in wichtigen Standortregionen (Zeller 2000a).

Selbstverständlich sind die Charakteristika, die Amin und Thrift (1994) sowie Dicken, Forsgren und Malmberg (1994) für die *local embeddedness* identifzieren, nicht zu unterschätzen. Aber die Fragen der Gestaltungsmacht über die Konfiguration der Wertschöpfungsketten auf den unterschiedlichen Maßstabsebenen berücksichtigen sie nicht. Explizit konstituieren sie *'the local'* als Handlungsrahmen. Die Befunde der vorliegenden Arbeit stellen auch Porter's (1990) 'Diamanten' in Frage, der die Basis der Wettbewerbsfähigkeit von Unternehmen und Regionen mit einem relativ breiten Konzept zu erklären versuchte. Das Problem seiner Typisierung ist, dass sie von vorgegebenen Regionalstrukturen der Märkte ausgeht, denen sich die Unternehmen nur anzupassen hätten. Damit werden aber die strategischen Möglichkeiten global tätiger Konzerne zur Schaffung von Märkten und regionalen Bedingungen unterschätzt. Porter's Unterscheidung ist insofern nützlich, als sie zeigt, dass nicht alle Branchen und Unternehmen gleichermaßen in die Globalisierung eingebunden sind.

Zwar lässt sich oft feststellen, dass je höher die Wertschöpfung, das räumlich fixierte Kapital und je enger die institutionelle und wissenschaftlich-technologische Verflechtungen mit einer Standortregion sind, desto größer sind auch die Bindungen dieser Konzerntätigkeiten an einen Standort. Dennoch können Konzerne auch die besten Standorte verlassen und vorzüglich arbeitende Anlagen schließen. Entscheidend sind also auch übergeordnete finanzielle Aspekte, Fragen der Kapazitätsauslastung und Anliegen der Funktionalität in der internen Arbeitsteilung. Zahlreiche Verlagerungsentscheide der 'Basler Konzerne' im Rahmen der Rekonfiguration bestimmter Tätigkeiten hatten kaum etwas mit den regionalen Standortqualitäten zu tun, sondern waren Ergebnis von Rationalitäts-, Funktionalitäts- und damit Kostenüberlegungen im Kontext von spezifischen Arbeitsteilungen innerhalb des Konzerns. Die vorliegende Untersuchung zeigt also, dass die territoriale und soziale Einbindung eines großen Konzerns in einer Region nie nur aufgrund der Bedingungen in der betreffenden Region selbst erfasst werden kann. Vielmehr ist die regionale Einbindung immer in den Kontext der Konfiguration und Koordination der Wertschöpfungsketten auf weiteren Maßstabsebenen zu stellen.

Zum künftigen Standortverhalten von Novartis und Hoffmann-La Roche in der Region Basel läßt sich folgende Einschätzung ableiten:

- Große Teile der Wirkstoffproduktion bleiben in Basel, allerdings können sich Gewichtsverschiebungen geben. Die Beauftragung von Drittproduzenten zur Produktion einzelner Synthesestufen wird zunehmen. Das betrifft vor allem die frühen Synthesestufen eines Produktes und das Outsourcing älterer Produkte.
- Nach der umfassenden Rekonfiguration im Rahmen des Konzeptes Europool werden die Produktionsmandate der pharmazeutischen Produktion der Werke Stein, Wehr und Huningue für einige Jahre relativ stabil bleiben.
- Das Gewicht der Region Basel als zentraler F&E-Knoten im triadisch organisierten Netzwerk von Forschungs- und Innovationsknoten wird stabil bleiben. Generell konzentrieren sich die Forschungtätigkeiten dort, wo bereits Forschung auf Weltniveau vorhanden ist.
- Die wichtigsten Entwicklungsabteilungen befinden sich in Basel. Die aufgrund des großen zeitlichen Drucks weltweit zentralisierte Organisation unterstreicht die Bedeutung Basels als Schaltstelle der meisten Entwicklungtätigkeiten.
- Die Umstrukturierungen und Ausgliederungen der Chemie- und Agrodivisionen führten dazu, dass Basel mittlerweile Sitz von Novartis, Roche, Clariant, Ciba SC, Syngenta und Vantico, der ehemaligen Performance Polymers Division von Ciba SC ist, also von sechs global tätigen Konzernen der chemischen und pharmazeutischen Industrie. Das deutet darauf hin, dass Basel auch für Hauptsitzfunktionen gute Bedingungen bietet. Die bereits erwähnte globale Knoten- und Kommandofunktion von Basel in der pharmazeutischen Industrie und Spezialitätenchemie wurde in jüngster Zeit symbolisch durch die Abhaltung zweier global-orientierter Konferenzen der Pharma- und Biotechindustrie unterstrichen.
- Trotz Verlagerungen wird die Region Basel der wichtigste Standort von Novartis und Roche bleiben. Aufgrund der massiven Rationalisierungsprogramme, die die Konzerne hier und anderswo durchführen, kann sich die Zahl der Arbeitsplätze periodisch weiterhin reduzieren.
- Eine (kurzfristig eher unwahrscheinliche) große Fusion 'unter Gleichen' mit einem starken US-Konzern könnte allerdings zu weitreichenden Einschnitten auch in der Region Basel führen. Dennoch ist davon auszugehen, dass auch ein neuer schweizerisch-amerikanischer Konzern sich sehr stark auf das Wissenschafts- und Innovationspotential in der Region stützen würde.

Dies führt uns zurück zum eingangs der Arbeit zitierten Interview mit Alex Krauer und der von ihm postulierten Schickalsgemeinschaft. Die vorliegende Analyse zeigt, dass diese 'Schicksalsgemeinschaft' eine Fiktion ist. Neben Krauer konstruierten jedoch nahezu alle Parteien und Verbände die Region immer wieder in unterschiedlichen Ausprägungen als Subjekt. Krauer selbst hatte sich im Rahmen seiner Leitungsaufgaben permanent außerhalb dieser 'Schicksalsgemeinschaft' zu stellen, wollte er die Ciba-Geigy und danach Novartis erfolgreich führen. Die Protagonisten des Shareholder value sind klar und propagieren offen die Maximierung der Renditen, um den Börsenwert des Unternehmens und damit das Kapital der Aktionäre zu steigern.

Tatsächlich bleibt die fundamentale Frage für die Konzerne und die gesamte Industrie letztlich, wie stabil die erreichte Steigerung der Profitabilität ist. Für die

Gesellschaften sowohl in den reichen Kernländern der Triade als auch in den peripheren und marginalisierten Regionen der Welt stellt sich hingegen die Frage, wie diese Industrie mit ihren enormen Kapazitäten, mit ihrem geballten Wissen wirklich in den Dienst der Gesundheit der Menschen gestellt werden kann. Die medizinischen Bedürfnisse, die sich nicht in einer für die Industrie interessanten Kaufkraft äußern, sind groß. Das mündet in die Frage, welche gesellschaftlichen Kräfte Gestaltungsmacht einerseits über die maßstäbliche Konfiguration der Konzerntätigkeiten und somit über lokale Bedingungen an Forschungs- und Produktionsstätten und ihrer sozialen Umgebung und anderseits über die stoffliche Ausprägung der Produktion und Innovationen selbst erlangen können. Damit verbunden ist die Herausforderung, den Gebrauchswert dieser phänomenalen Industrie tatsächlich in den Dienst der gesamten Menschheit zu stellen.

9.3 Anforderungen an eine Theorie der Expansion und ungleichen Territorialisierung industrieller Komplexe

Wie bereits in Kapitel 2 deutlich wurde, ist die Entwicklung global tätiger Konzerne und ihre Einbettung in die weltwirtschaftliche Dynamik dermaßen komplex, dass kein zur Zeit bestehender theoretischer Ansatz den Anspruch auf ein kohärentes Erklärungsgerüst haben kann. Autoren unterschiedlichster theoretischer Ausrichtung plädieren für integrative eklektische Vorgehensweisen. Dennoch ist zu konstatieren, dass das eklektische Vorgehen der vorliegenden Arbeit eher einer Notlösung entspricht. Denn letztlich entgeht man bei einer solchen Arbeitsweise der Gefahr additiver Beschreibungen und Erklärungsversuche nicht. Die Synthetisierung unterschiedlicher, aber dennoch miteinander verwobener Analysen fällt schwer. Zugleich liegt gerade in umfassenden Fallstudien auch die Chance, Voraussetzungen und Vorarbeiten für neue theoretische Synthetisierungen zu schaffen. Zum Abschluss der Arbeit möchte ich, einige Anforderungen für neue theoretische Erklärungen der Expansion global tätiger Konzerne sowie ihrer permanenten und ungleichen Territorialisierungsprozesse zur Diskussion zu stellen. Die folgenden Bemerkungen sind eine Skizze. Die Ausführungen sind unfertig, sie sollen einige gedankliche Stränge umreissen sowie Grundfragen, Probleme und Bausteine für weitere empirische und theoretische Arbeiten benennen.

Im Zuge der Arbeiten über neue Produktionssysteme, Formen industrieller Organisation und Territorialisierungsprozesse wollte Walker (1989) bereits das Ende der Geographie des Unternehmens einläuten. Seine Argumente gegen eine isolierte Betrachtung der Firma und ein einseitiges Verständnis der Nutzung des Raumes durch Firmen waren zwar berechtigt. Aber die in industrielle Komplexe und Innovationssysteme eingebetteten *global players* sind mittlerweile dermaßen wichtige Akteure ökonomischen Handelns auf unterschiedlichsten Maßstabsebenen geworden, dass eine Geographie industrieller Komplexe und global tätiger Konzerne neu zu konzipieren ist. Es sind neue theoretische Ansätze zur Erklärung ihrer ungleichen ökonomischen und räumlichen Dynamik zu entwickeln. Schließlich sind Firmen, welcher Größe und juristischer Form auch immer, die grundlegende organisatorische Einheit kapitalistischer Akkumulation.

Grundsätzlich geht es darum, die konkrete Entwicklung von Konzernen, ihre Strategien, ihre Organisation, die Konfiguration der Wertschöpfungskette und die Arbeitsteilung analytisch mit der allgemeinen ökonomischen, sozialen und politischen Dynamik des Kapitalismus und der technologischen Entwicklung zu verbinden. Eine Schlüsselfrage ist dabei die der Maßstäbe, die sich in einem dreifachen Sinne stellt, im räumlichen, im zeitlichen und im sektoralen (Abgrenzung der Unternehmen, Branchen und Industrien). Das Problem der Maßstäbe und ihrer ständigen Neukonstituierung zieht sich durch alle Fragen und Analyseebenen.

Eine Theorie der globalen Expansion und Verflechtungen hat von einem allgemeinen Verständnis der Entwicklungslogik des Kapitalismus, seiner räumlich, zeitlich und sektoral äußerst ungleichen Dynamik auszugehen. Diese Ungleichheiten sind geradezu Voraussetzung seines Funktionierens.[95] Hierzu bieten sich die Theorielinien des Regulationsansatzes und der kapitalistischen Krisentheorie als Anknüpfungspunkte an.

Der Regulationsansatz offeriert mit seiner integrativen Betrachtung von Akkumulationsregime, Regulationsweise und Modell der Industrialisierung wertvolle Elemente für die Analyse der gesellschaftlichen Entwicklungsdynamik (u.a. Boyer 1992; Lipietz 1992; Benko 1996). Dennoch ist es fragwürdig, die Regulationsweise, die immer ein Ergebnis von sozialen Kämpfen, von Klassenverhältnissen und vielfältigen Kräftekonstellationen ist, als integrierten Bestandteil eines Entwicklungsmodells und als mit dem Akkumulationsregime zusammenhängend zu betrachten. Die oftmals zu eng oder geradezu mechanisch verstandene Dualität zunächst Fordismus und Neo-Fordismus und später von Fordismus und Post-Fordismus hat bei Regulationisten dazu geführt, dass vielfältigste ökonomische und räumliche Entwicklungen - schließlich Ausdruck der grundsätzlich räumlich ungleichen Entwicklung des Kapitalismus - durch eine zu enge Brille gesehen werden (u.a. Moulaert und Swyngedouw 1989). Zudem besteht Unklarheit über die eigentlichen ökonomischen Triebkräfte und sozialen Träger dieses Übergangs. Die Regulationisten haben zwar ein Analyseraster zur Beurteilung von Nationalökonomien, von Branchen und mittlerweile auch von regionalen Regulationsweisen geschaffen (Leborgne und Lipietz 1992; Lipietz 1993; Benko und Lipietz 1995). Problematisch ist insbesondere das harmonizistische Suchen nach einem neuen Entwicklungsmodell, dass die Nachfolge des keynesianisch fordistischen Modells antreten könnte. Die Dynamik global tätiger Konzerne, ihre Arbeitsteilung und Verflechtungen, fallen durch das regulationstheoretische Raster hindurch. Die vorliegende Arbeit zeigt, dass strategische Entscheide mit all ihren Konsequenzen letztlich immer eine Angelegenheit von konkreten Akteuren sind. Diese Akteure handeln im Kontext von Machtverhältnissen und Interessensgegensätzen.

Die kapitalistische Krisentheorie interpretiert in einem nicht deterministischen Sinne lange Wellen als spezifische historische Perioden eines beschleunigten oder verlangsamten Wirtschaftswachstums mit ihren besonderen eigenen ökonomischen, sozialen und technologischen Charakterzügen (Mandel 1995; Husson 1996; Went 1997: 92). Die Profitrate als synthetischer Ausdruck einer ganzen Reihe unterschiedlicher Determinanten ist eine zentrale Kategorie dieses Ansatzes. Ein praktisches Problem besteht allerdings darin (wie auch bei werttheoretisch argu-

---

[95] Der Mehrwerttransfer zwischen Regionen und Unternehmen basierend auf unterschiedlichen Arbeitsproduktivitäten ist ein konstituierendes Element des Kapitalismus (Mandel 1972).

mentierenden Vertretern des Regulationsansatzes)[96], dass die marxistischen Wert-kategorien empirisch äußerst schwer operationalisierbar sind, da weder die Aufbe-reitungen volkswirtschaftlicher Gesamtrechnungen noch der Finanzberichte von Konzernen eine direkte Überführung in dieses theoretische Gerüst zulassen. An-näherungsweise kann man sich der Daten der mittlerweile sehr ausführlichen Finanzberichte der Konzerne über die Margen auf den Umsatz, das Eigenkapital, den operativen Ertrag und weitere Kennziffern bedienen. Die kapitalistische Kri-sentheorie erlaubt es, zumindest theoretisch, die Entwicklung großer Konzerne in den Kontext der allgemeinen, sozial und räumlich ungleichen Entwicklung des Kapitalismus einzubetten.

Die Mikroebene der Konzerne ist so zu integrieren, dass die verschiedenen Akteure der industriellen Komplexe in ihrer unterschiedlichen oder gar gegen-sätzlichen Interessenlage erfasst und zugleich das strategische Verhalten der Kon-zernleitungen im Rahmen der möglichen Optionen und Strukturen als gestaltender Faktor gewürdigt wird. Ruigrok und van Tulder (1995) haben mit ihren Konzepten der industriellen Komplexe und der Aushandlungsbedingungen innerhalb der industriellen Komplexe sowie der daraus erwachsenden Kontrollkonzepte Bau-steine geliefert, die in eine umfassendere Theorie zu integrieren sind.

Zur Beantwortung unmittelbarer Fragestellungen betreffend der Strategien und Organisation von Konzernen sowie der Handlungsmuster ihrer führenden Mana-ger erweisen sich die Beurteilungsraster der Managementautoren als sehr nützlich, trotz der zahlreichen Vereinfachungen und analytisch problematischer 'best prac-tice' Ratschläge. In dieser Literatur sind die Konzernführer aktive Gestalter des Konkurrenzkampfes, der Rivalität und der Profitmaximierung.

Ohne Verständnis der Dynamik der Märkte ist weder die internationale Expan-sion großer Konzerne noch das Zusammenspiel von Diversifizierung und Fokus-sierung zu verstehen. Der neoklassisch inspirierten Theorien der industriellen Organisation und der Transaktionskosten sowie weitere institutionalistische Kate-gorien sind als weitere Bausteine heranzuziehen. Ohne institutionalistische Ansät-ze ist das Zusammenspiel von vertikaler, räumlicher und Eigentümer-Integration/Desintegration kaum zu verstehen (siehe u.a. Abschnitte 2.2 und 2.4.6 der vorliegenden Arbeit sowie Robertson und Langlois 1995).

Zur Analyse der ungleichen Akkumulations- und Expansionsdynamik des Ka-pitalismus sind marxistische Kategorien unverzichtbar. Das Konzept der Surplus-Profite erlaubt einen sehr direkten Zugang, um industrielle Komplexe und große Konzerne, ihre grundlegenden strategischen Optionen, Vorteile und Nachteile in der oligopolistischen Rivalität zu verstehen. Das permanente Streben nach neuen Quellen von Surplus-Profiten durch die Konzerne führt uns zur Konzentration und Zentralisation des Kapitals, zur Oligopolisierung, zur räumlich ungleichen Ent-wicklung und zu den Fragen nach den Triebkräften innovatorischer Tätigkeiten.

Zugleich sind Innovationen sowie die sozialen, ökonomischen, politischen und räumlichen Voraussetzungen für günstige Innovationsbedingungen natürlich nicht alleine mit der Jagd nach Surplus-Profiten zu erklären. Spezifische nationale und regionale Konstellationen führen zu bestimmten Ausprägungen von Innovations-systemen. Für alle Akteure von Innovationssystemen stellen die weichen Faktoren

---

[96] Vergleiche die Systematik der theoretischen Fundierungen in der Regulationsschule in Hübner (1989).

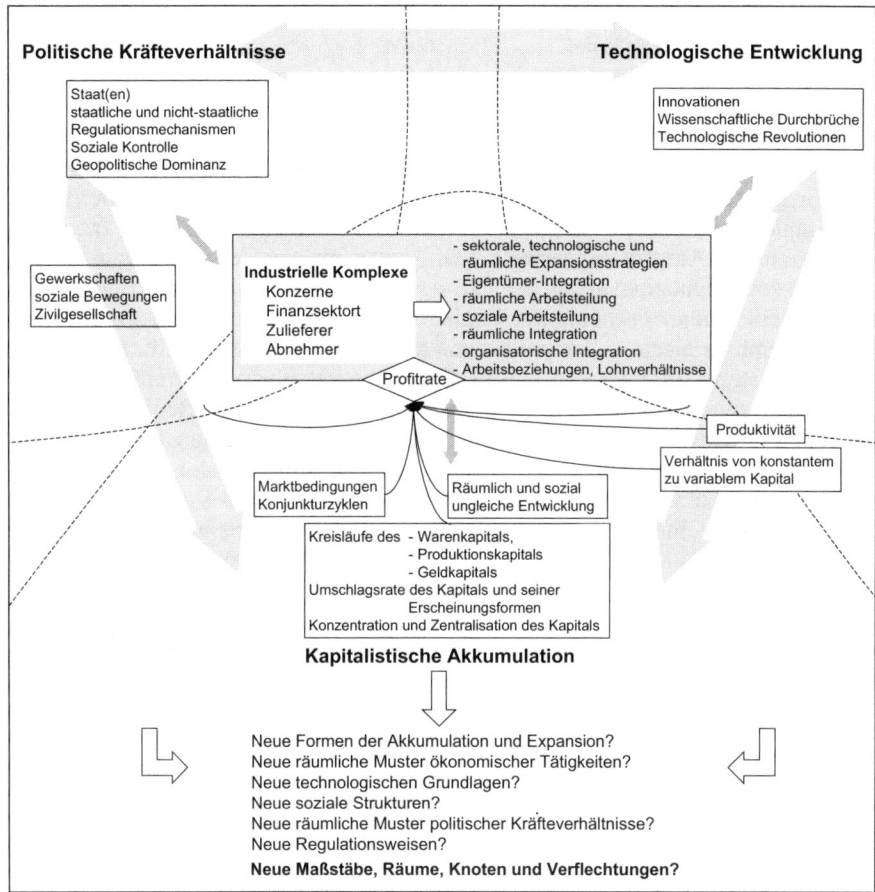

Abb. 9.6. Bausteine und Betrachtungsebenen einer Theorie der ungleichen Expansion und Territorialisierung industrieller Komplexe

wie die sozialen Beziehungen und Interaktionen eine besondere Herausforderung dar. Die Schaffung von *'untraded interdependencies'* (Storper 1997) und der Transfer von *'tacit knowledge'* (Howells 1998) sind unabdingbar, um innovationsfreundliche Bedingungen in einer Region, einem Unternehmen, im Rahmen bilateraler Beziehungen oder sogar einem Netzwerk unterschiedlicher Akteure herzustellen. Zugleich beeinflussen die institutionellen und kulturellen Voraussetzungen in einem Land, einer Region oder auch einem Unternehmen die Innovationskapazitäten. Die Erkenntnisse der *'evolutionary economists'* und der zu nationalen und regionalen Innovationssystemen arbeitenden Autoren bieten eine Fundgrube von Bausteinen zur Konstruktion Theoriegerüstes des technologischen Wandels (u.a. Dosi et al. 1988; Lundvall 1992b; Malerba und Orsenigo 1996). Technologische Revolutionen tragen ihrerseits wieder dazu bei, Branchen neu zu formieren und die Produktionsgrundlagen ganzer Industrien zu verändern. Die Revolutionierung der pharmazeutischen Industrie durch die Gentechnik, die Genomik und schließlich die genomspezifische Herstellung von Medikamenten (*Pharmacogenomics*) sind hierfür ein gutes Beispiel.

Die politischen Kräfteverhältnisse sind Gegenstand des dritten Pfeilers eines Theoriegebäudes der ungleichen Expansion, Territorialisierung und Akkumulation. Politische und soziale Kräfteverhältnisse haben letztlich ihre eigene Logik. Sie sind exogene Faktoren, die einerseits die Produktions- und Kapitalverwertungsstrukturen entscheidend prägen und sich andererseits keineswegs in direkter Übereinstimmung mit einem spezifischen Akkumulationsmodell entwickeln (regulationstheoretische Ansätze suggerieren eine – zwar nicht widerspruchsfreie – Verzahnung von Regulationsweise mit dem Akkumulationsregime). Demzufolge gibt es auch keine automatische, innere Logik, die den Übergang von einem Akkumulationsregime zu einem anderen oder von einer langen Welle unterdurchschnittlichen Wachstums zu einer expansiven Welle bewirkt. Soziale Kämpfe entstehen sprunghaft, sie beeinflussen die Kräfteverhältnisse in Ländern, Regionen und in Unternehmen sowie zwischen diesen. Die Form der staatlichen Regulierungen basiert letztlich auch auf sozialen Kräfteverhältnissen. Geopolitische Machtverhältnisse erleichtern oder erschweren die Akkumulations- und Verwertungsbedingungen für Konzerne und industrielle Komplexe, die ihrerseits wieder als Akteure diese Machtverhältnisse gestalten (z.B. WTO-Verhandlungen, Lobbying in der EU, etc.).

Das vorgestellte gedankliche Raster und die genannten Bausteine sollen Anknüpfungspunkte liefern, einigen zentralen Fragen zur aktuellen Dynamik des Kapitalismus auf den Grund zu gehen. Es geht darum Kriterien zu entwickeln, die beurteilen lassen inwiefern und auf welchen Maßstabsebenen wir mit einem neuen Akkumulationsregime konfrontiert sind. Chesnais (1997: 288) geht von umfassenden, qualitativen Veränderungen des Funktionierens des Kapitalismus aus und charakterisiert die neuen Bedingungen aufgrund der enormen Steigerung der Bedeutung des Finanzkapitals als *'régime d'accumulation mondialisé à dominante financière'*. Mit einer regulationstheoretischen Herleitung spricht Aglietta (2000: 94) von einem *'Akkumulationsregime des Vermögensbesitzes'*. Bereits vor über zehn Jahren hatte Harvey (1989a) den Begriff des *'flexible accumulation'* geprägt. Allerdings bleibt jeweils unklar, was das hinsichtlich der Formen und räumlichen Muster der internationalen oder globalen Expansion industrieller Komplexe, der räumlichen und sozialen Muster der Arbeitsteilung sowie der technologischen Grundlagen, die einem neuen kapitalistischen Akkumulationsregime ihr spezifisches Gesicht verleihen, bedeutet.

Letztlich offenbart sich bei allen theoretischen Erklärungsversuchen gegenwärtiger Phänomene des Kapitalismus ein fundamentales Problem des Raumverständnisses. Politische Strukturen beziehen sich nahezu ausnahmslos auf bestimmte, umgrenzte Territorien. Der Raum wird zum Behälter. Konzeptionen, die alle Maßstabsebenen ökonomischer und politischer Prozesse vom Körper bis zum Globalen im Sinne eines Mehrebenenmodells durchdeklinieren, vermeiden zwar dichotomische Vereinfachungen wie die Gegenüberstellung des Globalen und des Regionalen, aber auch sie fassen die einzelnen Ebenen oder Teilräume oftmals als Behälter auf. Für viele Fragen genügt diese Herangehensweise nicht mehr. Um ein angemessenes Verständnis aktueller ungleicher ökonomischer und politischer Prozesse zu erlangen, ist dieses Territorialkonzept zu aufzuheben. Es geht darum, ein Verständnis von Akteuren in Räumen und an Knoten, die interagieren und somit ein komplexes Muster von räumlichen Verflechtungen und Abgrenzungen schaffen, zu gewinnen. Das Bild der *"économies d'archipel'* (Veltz 1996) geht in eine solche Richtung. Macht über den Raum vermittelt Macht auch Macht über konkrete Orte und ist wiederum durch die sozialen Widersprüche an konkreten Ort bedingt (Swyngedouw 1992; 1997). Genau darum ist diese Auseinandersetzung auch wichtig.

Zahlreiche Schlüsselprozesse in den drei skizzierten Bereichen Akkumulation, Kräfteverhältnisse und technologische Entwicklung vollziehen sich räumlich einerseits äußerst ungleich und andererseits inhomogen oder archipelhaft (siehe Abb. 9.6). Das bedeutet, dass zur Analyse der Akkumulationsdynamik, der Konzentration des Kapitals, der Entstehung und Diffusion neuer Technologien, der Konstitution politischer Kräfteverhältnisse die spezifischen räumlichen Ausprägungen sowie die Maßstabsebenen und ihre Interaktionen zu berücksichtigen sind. Das sind Bausteine um die komplexe Dynamik ungleicher und kombinierter Entwicklung des selektiv und fragmentiert globalisierten Kapitalismus, seiner zentralen Akteure, Strukturen und Prozesse zu erfassen

Die vorliegende Studie über die 'Basler Chemie- und Pharmakonzerne' konnte ein wenig Licht auf einige der genannten Fragen werfen. Zur Untermauerung der erforderlichen theoretischen Neufundierungen ist viel empirische Arbeit nötig, um zentrale Fragen der aktuellen kapitalistischen Dynamik besser zu verstehen. Insbesondere das Zusammenspiel von Technologie und Wachstum ist angesichts der aktuellen technologischen Umbrüche in den Life Sciences und den Informations- und Kommunikationstechnologien ungelöst. Normativ stellt sich jedoch die unermessliche Herausforderung, dazu beizutragen, dass der technologische Fortschritt und die ökonomische Entwicklung auf unterschiedlichsten räumlichen Maßstabsebenen in eine demokratische Gestaltung überführt wird und zugleich sozial gerechter erfolgt.

10 Zusammenfassung

Inwiefern agieren 'global players' in der Pharmabranche wirklich auf globaler Ebene? Die vorliegende Untersuchung der Globalisierungsstrategien des Pharmakonzerns Novartis sowie dessen Vorgänger Ciba-Geigy und Sandoz beantwortet diese Frage. Auf der Basis einer Aufarbeitung der wichtigsten theoretischen Erklärungen der internationalen Expansion und der Globalisierung multinationaler Konzerne analysiert das Buch den langen Pfad von der Exportorientierung, über die verschiedenen Stadien der Multinationalisierung bis hin zur selektiven, globalen Integration der F&E-Tätigkeiten und zur Multikontinentalisierung der Produktion.

Das Buch identifiziert die zentralen Faktoren, die zur Zeit in eine ökonomische Neuorganisation und räumliche Neukonfiguration sämtlicher Konzerntätigkeiten münden. Die großen Pharmakonzerne befinden sich seit den frühen achtziger Jahren in einem zaghaften und seit den frühen neunziger Jahren in einem energischen Restrukturierungsprozess sämtlicher Abschnitte der Wertschöpfungskette.

Parallel dazu verändert sich die technologische Basis. Die bislang dominierende chemische Synthese wird durch mächtige neue Technologien wie die Gentechnik und die Genomik teilweise verdrängt und ergänzt, aber nicht abgelöst. Die Gentechnik hat sich ihrerseits bereits enorm aufgefächert. Die funktionale Genomik trägt mit ihrer enormen Potenzierung der verfügbaren Informationen dazu bei, den Prozess der Wirkstofffindung zu revolutionieren. Zusammen mit der industriellen Reorganisation drücken die Verschmelzung der klassischen Chemie und der neuen Gentechnik und Genomik zu einem Prozess der industriellen Verjüngung aus.

Im Laufe der achtziger Jahre vollzogen die Konzerne einen Übergang von der extensiven Expansion in neue geographische Märkte und Geschäftssektoren zur intensiven Expansion im pharmazeutischen Kerngeschäft in den Schlüsselmärkten in der Triade. Die Erlangung einer kritischen Masse und einer gestaltenden Marktmacht in den sektoralen und geographischen Schlüsselmärkten war und ist ein zentrales Anliegen der großen Pharmakonzerne. Die Fokussierung auf die Kerngeschäfte waren somit das Spiegelbild des Übergangs zur intensiven internationalen Expansion.

Die Explosion aller Formen von Direktinvestitionen und die Reorganisation von Forschung, Entwicklung, Produktion und Marketing bewirkte eine massive Steigerung der grenzüberschreitenden Verflechtungen. Die mit dieser Entwicklung einhergehende Vervielfachung von Übernahmen und Fusion hat zur Ablösung nationaler Oligopole und Monopole durch Oligopole auf der Ebene der Triade geführt. Der oligopolistische Rivalität verstärkte ihrerseits den Zentralisations- und Konzentrationsprozess des Kapitals auf internationaler Ebene. Die Märkte und damit auch die Rivalität großer Konzerne wurden zunehmend global oder triadisch. Im Gegensatz zur Globalisierung der Strategie lässt sich aber nur in Ausnahmefällen eine Globalisierung der Kapitalstruktur großer Konzerne feststellen.

Im Unterschied zur vorangegangenen Multinationalisierung, die in erster Linie durch eine extensive Ausdehnung in zahlreiche Märkte gekennzeichnet war, mündeten die aufgeführten Faktoren in einen Prozess der intensiven geographischen Expansion. Dieser war nicht mehr durch eine möglichst breite Ausdehnung gekennzeichnet, sondern durch das Streben nach einer dominierenden Stellung in den wichtigsten Märkten und in bestimmten therapeutischen Gebieten.

Die steigenden Renditen, die periodisch erheblichen Investitionswellen und die Inkorporierung neuer Technologien bringen zum Ausdruck, dass sich die pharmazeutische Industrie zur Zeit grundlegend verändert. Wichtige Standortregionen wie z.B. die Region Basel haben trotz einem massiven Arbeitsplatzabbau ihre herausragende Bedeutung keineswegs eingebüßt. Der global selektiv verknüpfte Erneuerungsprozess der Industrie geht mit dem Strukturwandel einzelner Regionen einher.

Literatur und Quellen

Literatur

Aglietta, Michel (2000): *Ein neues Akkumulationsregime. Die Regulationstheoreie auf dem Prüfstand*. Hamburg: VSA -Verlag

Altvater, Elmar und Mahnkopf, Birgit (1996): *Grenzen der Globalisierung: Ökonomie, Ökologie und Politik der Weltgesellschaft*. Münster: Westfälisches Dampfboot

Amin, Ash (1992): Big firms versus the regions in the Single European Market. In: Mick Dunford und Grigoris Kafkalas (Hrsg.), *Cities and Regions in the New Europe*, London: Belhaven Press, S. 127-149.

Amin, Ash und Robins, Kevin (1990): The re-emergence of regional economies? The mythical geography of flexible accumulation. *Environment and Planning D: Society and Space* 8 (1): S. 7-34.

Amin, Ash und Thrift, Nigel (1992): Neo-Marshallian nodes in Global Networks. *International Journal of Urban and Regional Research*, 16 (4): S. 571-587.

Amin, Ash und Thrift, Nigel (1994): Living in the Global. In: Ash Amin und Nigel Thrift (Hrsg.), *Globalization, Institutions, and regional development in Europe*, Oxford: Oxford University Press, S. 1-22.

Andreff, Wladimir (1996a): La déterritorialisationdes multi-nationales : firmes globales firmes-réseaux. In: Bertrand Badie und Marie-Claude Smouts (Hrsg.), *L'international sans territoire*, Paris: L'Harmattan, S. 373-396.

Andreff, Wladimir (1996b): *Les multinationales globales*. Paris: Éditions La Découverte

Archibugi, Daniele und Michie, Jonathan (1995): The globalisation of technology: a new taxanomy. *Cambridge Journal of Economics* (19): S. 121-140.

Archibugi, Daniele und Michie, Jonathan (1997): Technological globalisation and national systems of innovation: an introduction. In: Daniele Archibugi und Jonathan Michie (Hrsg.), *Technology, globalisation and economic performance*, Cambridge, UK: Cambridge University Press, S. 1-23.

Arvanitis, Spyros und Schips, Bernhard (1996): Lage und Perspektive der Gentechnologie in der Schweiz - eine ökonomische Analyse anhand von Firmendaten. Studie im Auftrag der Interpharma. Konjunkturforschungsstelle Eidgenössische Technische Hochschule Zürich. 109 S.

Autorenkollektiv (1976): *Krise. Zufall oder Folge des Kapitalismus? Die Schweiz und die aktuelle Wirtschaftskrise*. Zürich: Limmat

Bain, Joe S. (1956): *Barriers to New Competition*. Cambridge: Harvard University Press

BAK (1995a): *Die Standortattraktivität der Nordwestschweiz und ihrer Kantone*. BAK Konjunkturforschung Basel AG (W. Lauber mit R. Peter). Basel. Februar 1995. 101 S.

BAK (1995b): *Standortattraktivität von Regionen in der Schweiz*. BAK Konjunkturforschung Basel AG (C. Koellreuter, T. Kübler, R. Weder, R. Peter). Basel. Februar 1997. Ca. 300 S.

BAK (1997): *Chemie gewinnt an Bedeutung*. Perspectives Regio Perspektiven. Wirtschafts-Analysen und -Prognosen für die Regio. BAK Konjunkturforschung AG Basel. Basel. Mai 1997. 32 S.

BAK (1998): *Internationaler Benchmark Report. Branchen und Regionen im internationalen Vergleich*. Report Nr. 1/1998. BAK Konjukturforschung Basel AG. Basel. 132 S + Anhänge.

BAK (1999): *Arbeitsmarkt Oberrhein-im Gleichgewicht?* Perspectives Regio Perspektiven. Wirtschafts-Analysen und -Prognosen für die Regio. BAK Konjunkturforschung AG Basel. Basel. Oktober. 40 S.

BAK (2000): *Wachstumsbranche Biotechnologie? Biotechnologie - Créneau de l'avenir?* Perspectives Regio Perspektiven. Wirtschafts-Analysen und -Prognosen für die EuroRegion Oberrhein. BAK Konjunkturforschung AG Basel. Basel. April 2000. 40 S.

Ballance, Robert, Pogány, János und Forstner, Helmut (1992): *The World's Pharmaceutical Industries*. New York: Edward Elgar

Bartlett, Christopher A. und Ghoshal, Sumantra (1987a): Managing across Borders: New Organizational Responses. *Sloan Management Review* 28 (Fall 1987): S. 43-53.

Bartlett, Christopher A. und Ghoshal, Sumantra (1987b): Managing across Borders: New Strategic Requirements. *Sloan Management Review* 28 (Summer 1987): S. 7-17.

Bartlett, Christopher A. und Ghoshal, Sumantra (1989): *Managing Across Boarders : The Transnational Solution*. Boston

Bartlett, Christopher A. und Ghoshal, Sumantra (1990a): *Internationale Unternehmensführung : Innovation, globale Effizienz, differenziertes Marketing* (deutsche Übersetzung von *Managing Across Boarders*, 1989). Frankfurt/Main: Campus

Bartlett, Christopher A. und Ghoshal, Sumantra (1990b): Managing innovation in the transnational corporation. In: Christoher A. Bartlett, Yves Doz und Gunnar Hedlund (Hrsg.), *Managing the Global Firm*, London: Routledge, S. 215-55.

Bathelt, Harald (1995a): Der Einfluss von Flexibilisierungsprozessen auf industrielle Produktionsstrukturen am Beispiel der Chemischen Industrie. *Erdkunde* 49 (3 (Juli–September)): S. 176–196.

Bathelt, Harald (1995b): Global competition, international trade, and regional concentration: the case of the German chemical industry during the 1980s. *Environment and Planning C: Government and Policy* Volume 13: S. 395–424.

Bathelt, Harald (1997): *Chemiestandort Deutschland : technologischer Wandel, Arbeitsteilung und geographische Strukturen in der Chemischen Industrie*. Berlin: edition sigma

Bathelt, Harald unter Mitarbeit von Höher, Matthias und Mossig, Ivo (1995c): Produktions- und Verflechtungsstrukturen in der deutschen Chemischen Industrie 1986/87 und 1984/95. In *Justus-Liebig-Universität: Studien zur Wirtschaftsgeographie*: 54. Giessen.

Baumgartner, Rudolf (1947): Die wirtschaftliche Bedeutung der chemischen Industrie in Basel. Dissertation, Universität Basel. Basel.

Becker, Steffen und Sablowski, Thomas (1998): Konzentration und industrielle Organisation. Das Beispiel der Chemie- und Pharmaindustrie. *PROKLA, Zeitschrift für kritische Sozialwissenschaft* 28 (4): S. 619-641.

Behrman, J. N. und Fischer, W. A. (1980): *OverseasR&D Activities of Transnational Companies*. Cambridge, MA: Oelschlager, Gunn & Hain

Benko, Georges (1996): Wirtschaftsgeographie und Regulationstheorie - aus französischer Sicht. *Geographische Zeitschrift* 84 (3+4): S. 187-204.

Benko, Georges und Lipietz, Alain (1995): De la régulation des espaces aux espaces de la régulation. In: Robert Boyer und Yves Saillard (Hrsg.), *Théorie de la régulation l'état des savoirs*, Paris: Editions la Découverte, S. 293-303.

Bernegger, Michael (1988): Die Schweiz unter flexiblen Wechselkursen. In *Synthese der Forschungsergebnisse des Nationalen Forschungsprogramms Nr. 9 «Wirtschaftsentwicklung», Band 2*: 143. Bern: Haupt.

Blakely, Edward J und Nishikawa, Nancy (1992): Incubating High-Technology Firms: State Economic Development Strategies for Biotechnology. *Economic Development Quarterly* 6 (3, August 1992): S. 241-254.

Borner, S., Porter, M. E., Weder, R. und Enright, M. (1991): *Internationale Wettbewerbsvorteile: Ein strategisches Konzept für die Schweiz*. Frankfurt/Main: Campus, NZZ

Borner, Silvio und Wehrle, Fritz (1984): *Die sechste Schweiz. Überleben auf dem Weltmarkt*. Zürich: Orell Füssli

Boyer, Robert (1992): Les alternatives au fordisme. Des années 1980 au XXIe siècle. In *Les régions qui gagnent.*, ed. Georgers Benko und Alain Lipietz: 189-223. Paris: Syros.

Brodmann, Walter und Lenggenhager, Daniel (1999): *Die schweizerische Aussenwirtschaft 1998*. Bundesamt für Aussenwirtschaft (Wirtschaft, Währung, Finanz, Ressortforschung). Bern. 17. Februar. 20 S.+ Anhang.

Brugger, Ernst A und Kärcher, Thomas (1992): *Weltstädte - Schweizer Städte. Die Funktion schweizerischer Grossstädte im weltwirtschaftlichen Kontext*. Nationales Forschungsprogramm Stadt und Verkehr. Zürich. 85 S.

Buckel, Peter (1996): Genomforschung: Konsequenzen für die Wirtschaft. *Politische Studien* 47 (347): S. 56-64.

Buckley, Peter (1994): International Business versus International Management. *International Journal ofthe Economics of Business* 1 (1): S. 95-104.

Buckley, Peter und Casson, Mark (1976): *The Future of Multinational Enterprise*. London: Macmillan

Burckhardt, Paul (1957): *Geschichte der Stadt Basel*. Basel: Helbing & Lichtenhahn

Bürgenmeier, Beat (1992): Swiss foreign direct investment. In: Beat. Bürgenmeier und Jean-Louis Mucchielli (Hrsg.), *Multinationals and Europe, 1992: strategies for the future*, London: Routledge, S. 102-118.

Bürgin, A. (1958): *Geigy 1758-1939*. Basel

Buschor, Felix (1996): *Baustellen in einer Unternehmung. Das Problem des unternehmerischen Wandels jenseits von Restrukturierungen. Resultate einer empirischen Untersuchung (Ciba-Geigy)*, Dissertation der Hochschule St. Gallen für Wirtschafts-, Rechts- und Sozialwissenschaften. Bern: Paul Haupt Verlag.

Cantwell, John (1995): The Globalization of Technology: What remains of the Product Cycle Model? *Cambridge Journal of Economics* 19: S. 155-174.

Cantwell, John A. und Dunning, John H. (1991): MNEs, Technology and the Competitiveness of European Industries. *Aussenwirtschaft* 46 (1): S. 45-65.

Carigiet, Gieri Giusep (1995): *Implementierungsprozess einer horizontalen Strategie. Eine empirische Einzelfallstudie am Beispiel der Pflanzenschutzdivision der Ciba-Geigy AG*, Dissertation der Hochschule St. Gallen für Wirtschafts-, Rechts- und Sozialwissenschaften. Bern: Paul Haupt Verlag.

Castells, Manuel und Hall, Peter (1994): *Technopoles of the World. The making of 21st Century Industrial Complexes. The making of 21st Century Industrial Complexes*. London and New York: Routledge

Caves, Richard E. (1971): Industrial Corporations: The Industrial Economics of Foreign Investment. *Economica* 38: S. 1-27.

Caves, Richard E. (1996): *Multinational enterprise and economic analysis (Second Edition)*. Cambridge: Cambridge University Press

Chandler, Alfred D. (1962): *Strategy and Structure - Chapters in the History of the Industrial Enterprise*. Cambridge, Mass.; London: MIT Press

Chandler, Alfred D. (1986): The Evolution of Modern Global Competition. In: Michael E. Porter (Hrsg.), *Competition in Global Industries*, Boston: Harvard Business School Press, S. 405-448.

Chandler, Alfred.D. Jr. (1990): *Scale and Scope: The Dynamics of Industrial Capitalism*. Cambridge, MA: Belknap Press of Harvard University Press

Chandler, Alfred D. Jr. (1992): Corporate Strategy, Structure and Control Methods in the United States During the 20th Century. *Industrial and Corporate Change* 1 (2): S. 263-284.

Chesnais, François (1988): Multinational enterprises and the international diffusion of technology. In: Giovanni Dosi, Christopher Freeman, Richard Nelson, Gerald Silverberg und Luc Soete (Hrsg.), *Technical Change and Economic Theory*, London and New York: Pinter Publishers, S. 496-527.

Chesnais, François (1990): Accords de cooperation interfirmes, dynamique de l'économie mondiale et theorie de l'entreprise. In: Marc Humbert (Hrsg.), *Investissement international et dynamique de l'économie mondiale*, Paris: Economica, CNRS, S. 457-494.

Chesnais, François (1993): Globalisation,world oligopoly and some of their implications. In: Marc Humbert (Hrsg.), *The Impact of Globalisation on Europe's Firms and Industries*, London and New York: Pinter Publishers, S. 12-21.

Chesnais, François (1994): *La mondialisation du capital*. Paris: Syros

Chesnais, François (1995): World Oligopoly, Rivalry between "Global" Firms and Global Corporate Competitiveness. In: José Molero (Hrsg.), *Technological Innovation, Multinational Corporations and New International Competitiveness*, Reading, UK: Harwood Academic Publishers, S. 75-107.

Chesnais, François (1997): *La mondialisation du capital (nouvelle édition augmentée)*. Paris: Syros

Coase, R. (1937): The nature of the firm. *Economica* 4 (Nov.): S. 386-405.

Coriat, Benjamin (1990): *L'Atelier et le robot : essay sur le fordisme et la production de masse à l'âge de l'électronique*. Paris: Christian Bourgeois

Coriat, Benjamin (1991): Technical Flexibility and Mass Production: Flexible Specialisation and Dynamic Flexibility. In: George Benko und Michael Dunford (Hrsg.), *Industrial Change and Regional Development: The Transformation of New Industrial Spaces*, London and New York: Belhaven Press, S. 134-158.

de Pury, David, Hauser, Heinz und Schmid, Beat (Hrsg.) (1995): *Mut zum Aufbruch. Eine wirtschaftspolitische Agenda für die Schweiz*. Zürich: Orell Füssli

Delapierre, M. (1995): De l'internationalisation à la globalisation. In: M Savy und P Veltz (Hrsg.), *Economie Globale et Réinvention du Local*, Paris, S. 15-39.

Delapierre, M. und Mytelka, L. (1988): Décomposition, recomposition des oligopoles. *Économies et sociétés* (11-12).

Dibner, Mark D. und Bulluck, Anders J. (1992): U.S. / European Strategic Alliances in Biotechnology. *Biotech Forum Europe* 9 (10): S. 628-635.

Dicken, Peter (1992): *Global Shift. The Internationalization of Economic Activity* (Second Edition). London: Chapman

Dicken, Peter (1998): *Global Shift. Transforming the World Economy* (Third Edition). New York, London: The Guilford Press

Dicken, Peter, Forsgren, Mats und Malmberg, Anders (1994): The Local Embeddedness of Transnational Corporations. In: Ash Amin und Nigel Thrift (Hrsg.), *Globalization, Institutions, and Regional Development in Europe*, Oxford: Oxford University Press, S. 23-45.

DiMasi, Joseph A. (1995): Trends in Drug Development Costs, Times, and Risks. *Drug Information Journal* 29: S. 375-384.

DiMasi, Joseph A., Hansen, Ronald, W., Grabowski, Henry G. und Lasagna, Louis (1991): Cost of innovation in the pharmaceutical industry. *Journal of Health Economics* 10: S. 107-142.

Dolata, Ulrich (1996): *Politische Ökonomie der Gentechnik: Konzernstrategien, Forschungsprogramme, Technologiewettläufe*. Berlin: Edition Sigma

Dörre, Klaus (1997): Kommentar zur Hirsch-Kreinsen: Globalisierung der Industrie: Strategien, Grenzen und Folgen. In: München Institut für Sozialwissenschaftliche Forschung (ISF), Stadtbergen Internationales Institut für empirische Sozialökonomie (INIFES), Frankfurt/Main Institut für Sozialforschung (IfS) und Göttingen Soziologisches Forschungsinstitut (SOFI) (Hrsg.), *Jahrbuch sozialwissenschaftliche Technikberichterstattung 1996. Schwerpunkt: Reorganisation*, Berlin: Edition Sigma, S. 123-129.

Dosi, Giovanni (1988): The Nature of the Innovative Process. In: Giovanni Dosi, Christopher Freeman, R. Nelson, G. Silverberg und Luc Soete (Hrsg.), *Technical Change and Economic Theory*, London: Pinter Publishers, S. 221-238.

Dosi, Giovanni, Freeman, Christopher, Nelson, R., Silverberg, G. und Soete, Luc (Hrsg.) (1988): *Technical Change and Economic Theory*. Hrsg. London: Pinter Publishers.

Doz, Y. L. und Prahalad, C. K. (1991): Managing DMNCs: A Search for a New Paradigm. *Strategic Management Journal* 12 (Special Issue on Global Strategy): S. 145-164.

Drews, Jürgen (1996): Genomic sciences and the medicine of tomorrow. *Nature Biotechnology* 14 (November): S. 1516-1518.

Drews, Jürgen (1998): *Die verspielte Zukunft : Wohin geht die Arzneimittelforschung?* Basel, Boston, Berlin: Birkhäuser

Drews, Jürgen und Ryser, Stefan (1997): Pharmaceutical innovation between scientific opportunities and economic constraints. *Drug Discovery Today* 2 (9): S. 365-372.

Drews, Jürgen und Ryser, Stephan (1996): Innovation. Deficit in the Pharmaceutical Industry. *Drug Information Journal* 30: S. 97-108.

Dunning, John H. (1988): *Explaning International Production*. London: Unwin Hyman

Dunning, John H. (1993a): *The globalization of business: The challenge of the 1990s*. London and New York: Routledge

Dunning, John H. (1993b): *Multinational Enterprises and the Global Economy*. Wokingham: Addison-Wesley

Dunning, John H. und Narula, Raineesh (1996): The investment development path revisited. Some emerging issues. In: John H. Dunning und Raineesh Narula (Hrsg.), *Foreign direct investment and governments*, London and New York: Routledge, S. 1-41.

Enright, Michael (1995): The Swiss Pharmaceutical Industry. In: Michael Enright und Rolf Weder (Hrsg.), *Studies in Swiss Competitive Advantage*, Bern: Lang, S. 61–111.

Enright, Michael und Weder, Rolf (1995): Introduction: Switzerland in Perspective. In: Michael Enright und Rolf Weder (Hrsg.), *Studies in Swiss Competitive Advantage*, Bern: Lang, S. 1–24.

EuropaBio (1997): *Benchmarking the Competitiveness of Biotechnology in Europe*. Report for EuropaBio by Business Decisions Limited and Science Policy Research Unit. Brussels. June 1997. 94 S.

Fehr, Hans (1971): *Fragmente der Roche Geschichte*. Basel: F. Hoffmann-La Roche

Feldman, Maryann P. (1994): *Geography of Innovation*. Boston: Kluwer Academic Press

Feldman, Maryann und Schreuder, Yda (1996): Initial Advantage: the Origins of the Geographic Concentration of the Pharmaceutical Industry in the Mid-Atlantic Region. *Industrial and Corporate Change* 5 (4): S. 839-862.

Fischer, Ernst Peter (1991): *Wissenschaft für den Markt : Die Geschichte des forschenden Unternehmens Boehringer Mannheim*. München, Zürich: Piper

Freeman, Christopher (1990): Technical Innovation in the World Chemical Industry and Changes of Techno-Economic Paradigm. In: Christopher Freeman und Luc Soete (Hrsg.), *New Explorations in the Economics of Technical Change*, London & New York: Pinter Publishers, S. 38-66.

Freeman, Christopher (1995): The 'National System of Innovation' in historical perspective. *Cambridge Journal of Economics* 19 (1): S. 5-24.

Friedman, J. (1983): *Oligopoly Theory*. Cambridge, UK: Cambridge University Press

Friedmann, John (1995): Where we stand: a decade of world city research. In: Paul L. Knox und Peter Taylor (Hrsg.), *World Cities in a World System*, Cambridge: Cambridge University Press, S. 21-47.

Fritz, Hans (1992): *Industrielle Arzneimittelherstellung. Die pharmazeutische Industrie am Beispiel der Sandoz AG*. Stuttgart: Wissenschaftliche Verlagsgesellschaft Stuttgart

Fröbel, Folker, Heinrichs, Jürgen und Kreye, Otto (1977): *Die neue internatinale Arbeitsteilung*. rororo aktuell 4185. Reinbek b. Hamburg: Rowohlt

Fröbel, Folker, Heinrichs, Jürgen und Kreye, Otto (1986): *Umbruch in der Weltwirtschaft. Die globale Strategie: Verbilligung der Arbeitskraft / Flexibilisierung der Arbeit / Neue Technologien*. rororo aktuell 5744. Reinbek b. Hamburg: Rowohlt

Füeg, Rainer (1995a): Die Entwicklung 1993/94 in der Industrie. In: Regio Basiliensis (Hrsg.), *Regio Wirtschaftsstudie Nordwestschweiz 1993/94*, Basel: Helbing & Lichtenhahn, S. 39-59.

Füeg, Rainer (1995b): Die Wirtschaftsentwicklung 1993/94 in der Region. In: Regio Basiliensis (Hrsg.), *Regio Wirtschaftsstudie Nordwestschweiz 1994/95*, Basel: Helbing & Lichtenhahn, S. 1-38.

Füeg, Rainer (1996): Die Wirtschaftsentwicklung 1994/95 in der Region. In: Regio Basiliensis (Hrsg.), *Regio Wirtschaftsstudie Nordwestschweiz 1994/95*, Basel: Helbing & Lichtenhahn, S. 1-33.

Füeg, Rainer (1997): Die Wirtschaftsentwicklung 1995/96. In: Regio Basiliensis (Hrsg.), *Regio Wirtschaftsstudie Nordwestschweiz 1995/96*, Basel: Helbing & Lichtenhahn, S. 1-52.

Füeg, Rainer (1998): Wirtschaftsstudie Nordwestschweiz1996/97. In: Regio Basiliensis (Hrsg.), *Wirtschaftsstudie Nordwestschweiz 1996/97*, Basel: Helbing & Lichtenhahn, S. 1-70.

Füeg, Rainer (1999): Die Wirtschaftsentwicklung in der Nordwestschweiz1997/98. In: Regio Basiliensis (Hrsg.), *Wirtschaftsstudie Nordwestschweiz 1997/98*, Basel: Helbing & Lichtenhahn, S. 1-76.

Füeg, Rainer (2000): Die Wirtschaftsentwicklung in der Nordwestschweiz1998/99. In: Regio Basiliensis (Hrsg.), *Wirtschaftsstudie Nordwestschweiz 1998/99*, Basel: Helbing & Lichtenhahn, S. 1-76.

Füeg, Rainer und Grieder, Peter (1990): Chemie und Gewerbe. In: Gewerbeverband Basel-Stadt (Hrsg.) (Hrsg.), *Chemie und Gewerbe in der Nordwestschweiz.*, Basel: Gewerbeverband Basel-Stadt, S. 17–29.

Gambardella, Alfonso (1995): *Science and innovation: The US pharmaceutical industry during the1980s.* Cambridge: Cambridge University Press

Gassmann, Oliver (1997): *Management transnationaler Forschungs- und Entwicklungsprojekte. Eine empirische Untersuchung von Potentialen und Gestaltungskonzepten transnationaler F&E-Projekte in industriellen Grossunternehmen*, Hochschule für Wirtschafts-, Rechts und Sozialwissenschaften. Universität St. Gallen. St. Gallen.

Gassmann, Oliver und von Zedwitz, Maximilian (1998): Organization of industrial R&D on a global scale. *R&D Management* 28 (3): S. 147-161.

Gassmann, Oliver und von Zedwitz, Maximilian (1999): New concepts and trends in international R&D organization. *Research Policy* 28 (2-3): S. 231-250.

Geigy (1958): *Geigy heute. Die jüngste Geschichte, der gegenwärtige Aufbau und die heutige Tätigkeit der J.R. Geigy A.G., Basel und der ihr nahestehenden Gesellschaften.* Basel: Geigy

Gertler, Meric (1997): Between the Global and the Local. The Spatial Limits to Productive Capital. In: K. R. Cox (Hrsg.), *Spaces of Globalization*, New York: Guilford, S. 45-63.

Gerybadze, Alexander und Reger, Guido (1999): Globalization of R&D: recent changes in the management of innovation in trannational corporations. *Research Policy* 28 (2-3): S. 251-274.

Ghoshal, Sumantra (1987): Global Strategy: An Organizing Framework. *Strategic Management Journal* (8): S. 425-440.

Ghoshal, Sumantra und Nohria, N. (1993): Horses for Courses: Organizational Forms for Multinational Corporations. *Sloan Management Review* 34 (2): S. 23-35.

Goldberger, Francis (1991): *Pharmaceutical Manufacturing, Quality Management in the Industry.* Evreux: Ebur

Grabowski, Henry G. (1976): *Drug Regulation and Innovation. Empirical evidence and policy options.* Washington, D.C.: American Enterprise Institute for Public Policy Research

Grabowski, Henry und Vernon, John (1994): Innovation and Structural Change in Pharmaceuticals and Biotechnology. *Industrial and Corporate Change* 3 (2): S. 435-449.

Gray, Mia und Parker, Eric (1998): Industrial change and regional development: the case of the US biotechnology and pharmaceutical industries. *Environment and Planning A* 30 (10): S. 1757-1774.

Haber, L. F. (1958): *Chemical Industry during the Nineteenth Century. A Study of the Economic Aspect of Applied Chemistry in Europe and North America.* Oxford: Clarendon Press

Hakanson, Lars (1990): International decentralization of R&D - the organizational challenges. In: ChristopherA. Bartlett, Yves Doz und Gunnar Hedlund (Hrsg.), *Managing the Global Firm*, London and New York: Routledge, S. 256-278.

Halbherr, Ph., Harabi, N. und Bachem, M. (1988): *Die schweizerische Wettbewerbsfähigkeit auf dem Prüfstand. Herausforderung an Politik, Wirtschaft und Wissenschaft.* Synthese des Nationalen Forschungsprogramms Nr. 9 «Wirtschaftsentwicklung», Band 1. Bern: Haupt

Hamel, Gary und Prahalad, C. K. (1985): Do you Really Have a Global Strategy? *Harvard Business Review* 28: S. 139-148.

Hamel, Gary und Prahalad, C. K. (1993): Strategy as Strech and Leverage. *Harvard Business Review* 71 (2): S. 75-84.

Hannah, Leslie (1998): Die Überlebensschanchen der Großen. *Prokla* 113 (4): S. 509-528.

Harrison, Bennett (1994): Lean and Mean. *The changing landscape of corporate power in the age of flexibility*: 324. New York: Basic Books, HarperCollins Publishers, Inc.

Harvey, David (1982): *The Limits to Capital.* Oxford: Basil Blackwell

Harvey, David (1989a): *The Condition of Postmodernity : An Enquiry into the Origins of Cultural Change.* Cambridge, MA & Oxford, UK: Blackwell Publishers

Harvey, David (1989b): From Managerialism to Entrepreneuialism: the transformation of urban governance in late capitalism. *Geografiska Annaler* 71 B (1): S. 3–17.

Harvey, David (1989c): *The Urban Experience.* Oxford: Blackwell

Harvey, D. (1992): Social Justice, Postmodernism and the City. *International Journal of Urban and Regional Research* 16 (4), S. 588–601.

Harvey, David (1997): Betreff Globalisierung. In: Steffen Becker, Thomas Sablowsiki und Wilhelm Schumm (Hrsg.), *Jenseits der Nationalökonomie?*, Argument-Sonderband Neue Folge AS 249, Berlin, Hamburg: Argument, S. 28-49.

Healey, Michael J. und Rawlinson, Michael B. (1993): Interviewing Business Owners and Managers: a Review of Methods and Techniques. *Geoforum* 24 (3): S. 339-355.

Hirsch-Kreinsen, Hartmut (1997): Globalisierung der Industrie: Strategien, Grenzen und Folgen. In: München Institut für Sozialwissenschaftliche Forschung (ISF), Stadtbergen Internationales Institut für empirische Sozialökonomie (INIFES), Frankfurt/Main Institut für Sozialforschung (IfS) und Göttingen Soziologisches Forschungsinstitut (SOFI) (Hrsg.), *Jahrbuch sozialwissenschaftliche Technikberichterstattung 1996. Schwerpunkt: Reorganisation*, Berlin: Edition Sigma, S. 99-122.

Hirst, Paul und Thompson, G (1996): *Globalization in Question.* Cambridge: Polity Press

Howells, Jeremy (1990a): The Internationalization of R&D and the Development of Global Research Networks. *Regional Studies* 24 (6): S. 495–512.

Howells, Jeremy (1990b): The location and organisation of research and development: New horizons. *Research Policy* 19: S. 133-146.

Howells, Jeremy (1992): Pharmaceuticals and Europe 1992: the dynamics of industrial change. *Environment and Planning A* 24: S. 33-48.

Howells, Jeremy (1997): The globalization of research and technological innovation: a new agenda? In: Jeremy Howells und Jonathan Michie (Hrsg.), *Technology, Innovation and Competitiveness*, Cheltenham, UK: Edward Elgar, S. 11-36.

Howells, Jeremy R. (1993): Emerging global strategies in innovation management. In: Marc Humbert (Hrsg.), *The Impact of Globalisation on Europe's Firms and Industries*, London and New York: Pinter Publishers, S. 219-228.

Howells, Jeremy R. (1995): Going global: the use of ICT networks in research and development. *Research Policy* 24: S. 169-184.

Howells, Jeremy R. (1996): SmithKline Beecham:global push and repositioning. In: Jan-Evert Nilsson, Peter Dicken und Jamie Peck (Hrsg.), *The Internationalization Process: European Firms in Global Competition*, London: Paul Chapman Publishing, S. 61-73.

Howells, Jeremy (1998): Innovation and Technology Transfer within Multinational Firms. In: Jonathan Michie und John Grieve Smith (Hrsg.), *Globalization, Growth, and Governance*, Oxford: Oxford University Press, S. 50-70.

Howells, Jeremy (1999): Regional systems of innovation. In: Daniele Archibugi, Jeremy Howells und Jonathan Michie (Hrsg.), *Innovation Policy in a Global Economy*, Cambridge: Cambridge University Press, S. 67-93.

Howells, Jeremy und Wood, Michelle (1993): *The Globalisation of Production and Technology.* London and New York: Belhaven Press

Huber, G. und Menzi, Karl (1959): *Herkunft und Gestalt der industriellen Chemie in Basel.* Olten und Lausanne: Urs Graf-Verlag

Hübner, Kurt (1989): *Theorie der Regulation. Eine kritische Rekonstruktion eines neuen Ansatzes der Politischen Ökonomie.* Berlin-West: Edition Sigma

Hübner, Kurt (1998): *Der Globalisierungskomplex: grenzenlose Ökonomie - grenzenlose Politik?* Berlin: Ed. Sigma (Forschung aus der Hans-Böckler-Stiftung)

Husson, Michel (1996): *Misère du Capital. Une critique du néolibéralisme.* Paris: Syros

Hymer, Stephen (1960/76): *The International Operations of National Firms: A Study of Direct Investment.* Ph.D. thesis, MIT. Cambridge, Mass.; London: published by MIT Press in 1976

ISF, (Institut für Sozialwissenschaftliche Forschung) (Hrsg.) (1997): *Jahrbuch sozialwissenschaftliche Technikberichterstattung 1996. Schwerpunkt: Reorganisation.* Hrsg. von München Institut für Sozialwissenschaftliche Forschung (ISF), Stadtbergen Internationales Institut für empirische Sozialökonomie (INIFES), Frankfurt/Main Institut für Sozialforschung (IfS) und Göttingen Soziologisches Forschungsinstitut (SOFI). Berlin: Edition Sigma: S. 294.

Jacquemot, Pierre (1990): *La Firme Multinationale : Une Introduction Economique*. Paris: Economica

Jaquet, Nicolas (1923): *Die Entwicklung und Bedeutung der schweizerischen Teerfarbenindustrie*. Basel

Jaubert, G. F. (1896): *L'Historique de l'industrie suisse des matières colorantes.*:

Jermann, Benno und Müller, Stefan (1996): Die Produktion von Wirkstoffen bei Roche; gestern, heute, morgen. *Chimia* 50 (11): S. 544-554.

Katzenstein, Peter J (1984): *Corporatism and Change. Austria, Switzerland, and the Politics of Industry*. Ithaca and London: Cornell University Press

Katzenstein, Peter J. (1985): *Small States in World Markets. Industrial Policy in Europe*. Ithaca and London: Cornell University Press

Kennedy, Carol (1993): Changing the Company Culture at Ciba-Geigy. *Long Range Planning* 26 (1): S. 18-27.

Kindleberger, Charles P. (1969): *American Business Abroad*. New Haven: Yale University Press

Kitson, Michael und Michie, Jonathan (1995): Trade and Growth: A Historical Perspective. In: Jonathan Michie und John Grieve Smith (Hrsg.), *Managing the Global Economy*, Oxford, New York: Oxford University Press, S. 3-36.

Kitson, Michael und Michie, Jonathan (1999): The political economy of globalisation. In: Daniele Archibugi, Jeremy Howells und Jonathan Michie (Hrsg.), *Innovation Policy in a Global Economy*, Cambridge: Cambridge University Press, S. 163-183.

Kline, Stephen und Rosenberg, Nathan (1986): An Overview of Innovation. In: Ralph Landau und Nathan Rosenberg (Hrsg.), *The Positive Sum Strategy. Harnessing Technology for Economic Growth*, Washington, D.C.: National Academy Press, S. 275-305.

Knickerbocker, Frederick T. (1973): *Oligopolistic Reaction and the Multinational Enterprise*. Cambridge, Mass.: Harvard University Press

Knoop, Carin-Isabel und George, Anthony St. (1998a): *Jan Eriksson at Novartis Indonesia (A)*. HBS No. 9-898-219. Harvard Business School. Boston. September 14. 24 S.

Knoop, Carin-Isabel und George, Anthony St. (1998b): *Jan Eriksson at Novartis Indonesia: Turmoil in the Indonesian Pharmaceutical Industry*. HBS No. 9-899-040. Harvard Business School. Boston. October 30. 25 S.

Knoop, Carin-Isabel und Yoshino, Michael Y. (1998): *Hans Fritz at Novartis Thailand (A): The First Month*. HBS No. 9-399-123. Harvard Business School. Boston. March 17. 17 S.

Knoop, Carin-Isabel und Yoshino, Michael Y. (1998): *Hans Fritz at Novartis Thailand (B): The First Six Months*. HBS No. 9-399-124. Harvard Business School. Boston. March 17. 3 S.

Knox, Paul L. (1995): World cities in a world-system. In: Paul L. Knox und Peter Taylor (Hrsg.), *World Cities in a World System*, Cambridge: Cambridge University Press, S. 3-20.

Koelner, Paul (1937): *Aus der Frühzeit der chemischen Industrie Basels*. Basel: Birkhäuser

Koelner, Paul (1939): The Ribbon Industry of Basle. *Ciba Revue,*, S. 847-858.

Lavin, Joseph J. (1984): *Dorsey Laboratories. Peoples - The Key To Growth and Success*. New York: Princeton University Press

Leborgne, Danièle und Lipietz, Alain (1990): Neue Technologien, neue Regulationsweisen: Einige räumliche Implikationen. In: Renate Borst, Stefan Krätke, Roland Roth und Fritz Schmoll (Hrsg.), *Das neue Gesicht der Städte. Theoretische Ansätze und empirische Befunde aus der internationalen Debatte*, Basel: Birkhäuser, S. 109–129.

Leborgne, Danièle und Lipietz, Alain (1992): Fléxibilité offensive, fléxibilité défensive. Deux stratégies sociales dans la production des nouveaux espaces économiques. In: Georges Benko und Alain Lipietz (Hrsg.), *Les régions qui gagnent.*, Paris: Syros, S. 347-377.

Leutwiler, F., Baltensberger, E. und Schmidheiny, S. et al. (1991): *Schweizerische Wirtschaftspolitik im internationalen Wettbewerb. Ein ordnungspolitischesProgramm*. Zürich

Levitt, Theodore (1983): The globalisation of markets. *Harvard Business Review* 61 (3): S. 92-102.

Liebenau, Jonathan. (1984): Industrial R&D in Pharmaceutical Firms in the Early Twentieth Century. *Business History* 26: S. 329-346.

Lipietz, Alain (1993): The local and the global: regional individuality or interregionalism? In *Transactions of the Institute of British Geographers*, N.S. 18: 8–18.

Lipietz, Alain (1992): The regulation approach and capitalist crisis: an alternative compromise for the 1990s. In: Mick Dunford und Grigoris Kafkalas (Hrsg.), *Cities and Regions in the New Europe.*, London: Belhaven Press, S. 309–334.

Lundvall, Bengt-Åke (1988): Innovation as an interactive process: from user-producer interaction to the national system of innovation. In: Giovanni Dosi, Christopher Freeman, Richard Nelson, G. Silverberg und Luc Soete (Hrsg.), *Technical Change and Economic Theory*, London: Pinter Publishers, S. 349-369.

Lundvall, Bengt-Åke (1992a): Introduction, *National systems of innovation: towards a theory of innovation and interactive learning*, London: Pinter.

Lundvall, Bengt-Åke (Hrsg.) (1992b): *National systems of innovation: towards a theory of innovation and interactive learning.* Hrsg. London: Pinter.

Lyons, Donald und Salmon, Scott (1995): World cities, multinational corporations, and urban hierarchy: the case of the United States. In: Paul L. Knox und Peter Taylor (Hrsg.), *World Cities in a World System*, Cambridge: Cambridge University Press, S. 98-114.

Madeuf, Bernadette (1995): La recherche-développement dans les firms multinationales. In: Michel Savy und Pierre Veltz (Hrsg.), *Économie globale réinvention du local*, La Tour d'Aigues: datar / éditions de l'aube, S. 119-131.

Malerba, Franco und Orsenigo, Luigi (1996): The Dynamics and Evolution of Industries. *Industrial and Corporate Change* 5 (1): S. 51-87.

Mandel, Ernest (1972): *Der Spätkapitalismus*. Frankfurt a. M.: Suhrkamp Verlag.

Mandel, Ernest (1991): *Kontroversen um das „Das Kapital".* Berlin: Dietz.

Mandel, Ernest (1995): *Long Waves of Capitalist Development. A Marxist Interpretation.* London, New York: Verso.

Mangold, Fritz (1933): Basler Wirtschaftsführer: 290. Basel.

Mangold, Fritz (1937): Die Wirtschaft, *Basel, Stadt und Land. Ein aktueller Querschnitt*, Basel: Benno Schwaber & Co Verlag, S. 239-244.

Mangold, Walter (1935): *Die Entstehung und Entwicklung der Basler Exportindustrien mit Berücksichtigung ihres Standortes.* Basel: Philographischer Verlag

Markusen, Ann (1985): *Profit Cycles, Oligopoly, and Regional Development.* Cambridge, MA: MIT Press

Markusen, Ann (1994): Studying Regions by Studying Firms. *Professional Geographer* 46 (4): S. 477-490.

Markusen, Ann (1996): Sticky Places in Slippery Space: A Typology of Industrial Districts. *Economic Geography* 72 (3): S. 293-313.

Marshall, Alfred (1920): *Principles of Economics. An introductory volume.* London: Macmillan and Co., Ltd.

Marshall, Alfred (1927): *Industry and Trade. A Study of Industrial Technique and Business Organization; and Their Influences on the Conditions of Various Classes and Nations. Nachdruck der 3. Auflage.* London: Macmillan

Marshall, Alfred und Marshall, Mary Paley (1879): *Economics of Industry.* London: Macmillan and Co.

Martinelli, Flavia und Schoenberger, Erica (1991): Oligopoly is alive and well: notes for a broader discussion of flexible accumulation. In: Georges Benko und Michael Dunford (Hrsg.), *Industrial change and regional development: the transformation of new industrial spaces.*, London: Belhaven, S. 117-132.

Marx, Karl (1867): *Das Kapital, Erster Band.* Karl Marx / Friedrich Engels Werke Band 23. Berlin: Dietz Verlag

Marx, K. (1894): *Das Kapital, Dritter Band.* Karl Marx / Friedrich Engels Werke Band 25. Berlin: Dietz Verlag

McDowell, Linda (1992): Valid Games? A Response to Erica Schoenberger. *Professional Geographer* 44 (2): S. 212-215.

Meil, Pamela (Hrsg.) (1996): *Globalisierung industrieller Produktion : Strategien und Struktu-ren*. Hrsg. von ISF München. Ergebnisse des Expertenkreises "Zukunftsstrategien", Bd. 2. Frankfurt / Main ; New York: Campus Verlag: S. 202.

Menzi, Karl (1983): Die Basler Chemie im Wandel der Zeit. *Swiss Chem (Jubiläumsschrift 75 Jahre Basler Chemische Gesellschaft)* 5 (5a): S. 15-28.

Metzner, Alfons (1955a): *Die Chemische Industrie der Welt. Band 1 Europa*. Düsseldorf: Econ-Verlag

Metzner, Alfons (1955b): *Die Chemische Industrie der Welt. Band 2 Übersee*. Düsseldorf: Econ-Verlag

Michalet, Charles-Albert (1985): *Le capitalisme mondial*. Paris: Presses Universitaires de France

Michalet, Charles-Albert (1991): Strategic Partnerships and the changing internationalisation process. In: Lynn Krieger Mytelka (Hrsg.), *Strategic Partnerships : States, Firms and International Competition*, London: Pinter Publishers, S. 35-50.

Michalet, Charles-Albert (1994): Transnational corporations and the changing international economic system. *Transnational Corporations* 4 (1): S. 9-21.

Moser, Peter (1991): Schweizerische Wirtschaftspolitik im internationalen Wettbewerb: 207. Zürich und Wiesbaden: Orell Füssli.

Mossinghoff, Gerald J. (1995): Health Care Reforms and Pharmaceutical Innovation. *Drug Information Journal* 29: S. 1077-1190.

Moulaert, Frank und Swyngedouw, Erik (1989): A regulation approach to the geography of flexible production systems. *Environment and Planning D: Society and Space*: S. 327–345.

Nelson, Richard R. und Rosenberg, Nathan (1993): Technical innovation and national systems. In: Richard R. Nelson (Hrsg.), *National innovation systems: a comparative analysis*, New York: Oxford University Press, S. 3-22.

Nilsson, Jan-Evert (1996): Introduction: the internationalization process. In: Jan-Evert Nilsson, Peter Dicken und Jamie Peck (Hrsg.), *The Internationalization Process: European Firms in Global Competition*, London: Paul Chapman Publishing, S. 1-12.

Noponen, Helzi (1993): Scale and Regulation Shapes an Innovative Sector: Jockeying for Position in the World Pharmaceuticals Industry. In: Helzi Noponen, Julie Graham und Ann R. Markusen (Hrsg.), *Trading Industries, Trading Regions. International Trade, American Industry, and Regional Economic Development*, New York, London: The Guilford Press, S. 175-211.

OECD (1992): *Technology and the Economy: The Key Relationship*. OECD. Paris. S.

OECD (1996): *Globalisation of Industry. Overview and Sector Reports*. Pairs: OEDC

Ohmae, Kenichi (1985): *Triad Power*. New York: Free Press

Ohmae, Kenichi (1987): *Beyond National Borders*. Homewood: Dow Jones-Irwin

Ohmae, Kenichi (1990): *The Borderless World. Power and Strategy in the Interlinked Economy.*: Harper Business

Oßenbrügge, Jürgen und Zeller, Christian (2001): The Biotech Region Munich and the Spatial Organization of its Innovation Networks. In: Ludwig Schätzl (Hrsg.), *Technological Change and Regional Development in Europe*, Berlin: Springer-Verlag.

Palloix, Christian (1972): *Les Firmes multinationales et le procès d'internationalisation*. Paris: Maspéro

Patel, Pari (1995): Localised production of technology for global markets. *Cambridge Journal of Economics* 19 (1): S. 141-153.

Patel, Pari und Pavitt, Keith (1991): Large Firms in the Production of the World's Technology: An Important Case of "Non-Globalisation". *Journal of International Business Studies* 22 (1): S. 1-22.

Pavitt, K (1995): Is technological innovation now 'globalised'? In: J. Phillimore (Hrsg.), *Local Matters: Perspectives on the Globalisation of Technology*, Murdah, S. 1-9.

Pavitt, Keith und Patel, Parimal (1999): Global corporations and national systems of innovation: who dominates whom? In: Daniele Archibugi, Jeremy Howells und Jonathan Michie (Hrsg.), *Innovation Policy in a Global Economy*, Cambridge: Cambridge University Press, S. 94-119.

Pearce, Robert D. (1989): *The Internationalisation of Research and Development by Multinational Enterprises*. New York: St. Martin's Press

Pearce, Robert D. und Singh, Satwinder (1992): *Globalizing Research and Development*. New York: St. Martin's Press

Perlmutter, H. V. (1969): The Tortuous Evolution of the Multinational Corporation. *Columbia Journal of World Business* 4 (January-February): S. 9-18.

Peyer, Conrad Hans (1996): *Roche Geschichte eines Unternehmens 1896-1996*. Basel: Editiones Roche

Piore, Michael und Sabel, Charles (1984): *The Second Industrial Divide*. New York: Basic Books

Pisano, Gary P. (1991): The governance of innovation: Vertical integration and collaborative arrangments in the biotechnology industry. *Research Policy* 20: S. 237-249.

Polivka, Heinz (1974): *Die chemische Industrie im Raume von Basel*. Basler Beiträge zur Geographie. Basel: Helbing & Lichtenhahn

Porter, Michael (1990): *The Competitive Advantage of Nations*. New York: Free Press

Porter, Michael E. (1986): Competition in Global Industries: A Conceptual Framework. In: Michael E. Porter (Hrsg.), *Competition in Global Industries*, Boston: Harvard Business School Press, S. 15-60.

Prahalad, C. K. und Doz, Yves L. (1987): *The Multinational Mission: Balancing Local Demand and Global Vision*. New York: The Free Press

Projer, Erich (1993): Die Arbeitslosigkeit in der Schweiz im intertemporalen Vergleich. In *Geld, Währung und Konjunktur*: 73–83.

Rabinow, Paul (1996): *Making PCR. A Story of Biotechnology*. Chicago, London: University of Chicago Press

Reis Arndt, E. (1987): A quarter of century of pharmaceutical research: new drug entities, 1961-1985. *Drugs Made in Germany* 30: S. 105-112.

Riedl-Ehrenberg, Renate (1986): *Alfred Kern, Edouard Sandoz: Gründer der Sandoz AG, Basel*. Schweizer Pioniere der Wirtschaft und Technik. Zürich

Robertson, Paul L. und Langlois, Richard N. (1995): Innovation, networks, and vertical integration. *Research Policy* 24: S. 543-562.

Rosenbusch, Andrea (1997): Das Ende des "frisch-fröhlichen Erfindens". Die Entwicklung einer neuen Organisationsstruktur in der J. R. Geigy A.G. 1923-1939. In: Thomas Busset, Andrea Rosenbusch und Christian Simon (Hrsg.), *Chemie in der Schweiz. Geschichte der Forschung und der Industrie*, Basel: Christoph Merian Verlag, S. 164-178.

Rugman, Alan M. (1981): *Inside the Multinationals*. London: Croom Helm

Rugman, Alan M. (1985): Internalization is Still a General Theory of Foreign Direct Investment. *Weltwirtschaftliches Archiv* 121: S. 570-575.

Rugman, Alan M. (1986): New Theories of the Multinational Enterprise: An Assessment of Internalization Theory. *Bulletin of Economic Research* 38: S. 101-118.

Ruigrok, Winfried und van Tulder, Rob (1995): *The Logic of International Restructuring*. London: Routledge

Sassen, Saskia (1991): *The Global City. New York, London, Tokyo*. Princeton, NJ.: Princeton University Press

Savary, Julien (1993): European Integration, Globalisation and Industrial Location in Europe. In: H. Cox, J. Clegg und G. Ietto-Gillies (Hrsg.), *The Growth of Global Business*: Routledge.

Saxenian, AnnaLee (1994): *Regional Advantage. Culture and Competition in Silicon Valley and Route 128*. Cambridge, MA: Harvard University Press

Schamp, Eike W. (1996): Globalisierung von Produktionsnetzen und Standortsystemen. *Geographische Zeitschrift* 84 (3+4): S. 205-219.

Schmid, Christian (1996): Headquarter Economy und territorialer Kompromiss. Überlegungen zum Regulationsansatz am Beispiel Zürich. In *Zeitschrift für Wirtschaftsgeographie*, Jg. 40: 28-43.

Schoenberger, Erica (1990): Globalization and Regionalization: New Industrial Practices and Problems of Time, Distance and Control in the Multinational Firm. In *mimeographed paper*: 50 S. Baltimore: The Johns Hopkins University

Schoenberger, Erica (1991): The Corporate Interview as a Research Method in Economic Geography. *Professional Geographer* 43 (2): S. 180-189.

Schoenberger, Erica (1992): Self-Criticism and Self-Awareness in Research: A Reply to Linda McDowell. *Professional Geographer* 44 (2): S. 215-218.

Schreuder, Yda (1998): The German-American pharmaceutical business establishment in the New York metropolitan region. *Environment and Planning A* 30 (10): S. 1743-1756.

Schumann, M., Baethge-Kinsky, V., Kuhlmann, C. und Neumann, U. (Hrsg.) (1994): *Trendreport Rationalisierung: Automobilindustrie, Werkzeugmaschinenbau, Chemische Industrie*. Berlin: Edition Sigma - Bonn.

Schweitzer, Stuart O. (1997): *Pharmaceutical Economies and Policy*. New York, Oxford: Oxford University Press

Scott, Allen J. (1988a): Flexible production systems and regional development: the rise of new industrial spaces in North America and western Europe. *International Journal of Urban and Regional Research* 12 (2): S. 171-185.

Scott, Allen J. (1988b): *New Industrial Spaces*. London: Pion

Sharp, Margaret, Thomas, Sandra und Martin, Paul (1994): Transferts de technologie et politique de l'innovation: le cas des biotechnologies. In: Frédérique Sachwald (Hrsg.), *Les défis de la mondialisation*, Paris: Masson, S. 155-212.

Simon, Christian (1997): DDT - Forschung und Entwicklung zwischen Chemie und Biologie. Ein Beitrag zur Geschichte der Wissensproduktion. In: Thomas Busset, Andrea Rosenbusch und Christian Simon (Hrsg.), *Chemie in der Schweiz. Geschichte der Forschung und der Industrie*, Basel: Christoph Merian Verlag, S. 180-212.

SNB (1995): Die Entwicklung der Direktinvestitionen im Jahre 1994, Quartalsheft der Schweizerischen Nationalbank. *Geld, Währung und Konjunktur* 13 (4): S. 371–382.

SNB (1999): Die Entwicklung der Direktinvestitionen im Jahre 1998. *Schweizerische Nationalbank Quartalsheft* 17 (4): S. 50-72.

Sternberg, Rolf (1995a): Die Konzepte der flexiblen Produktion und der Industriedistrikte als Erklärungsansätze der Regionalentwicklung. *Erdkunde* 49 (3): S. 161-175.

Sternberg, Rolf (1995b): *Technologiepolitik und High-Tech Regionen - ein internationaler Vergleich*. Wirtschaftsgeographie 7. Münster, Hamburg: Lit-Verlag

Storper, Michael (1992): The Limits to Globalization: Technology Districts and International Trade. *Economic Geography* 68 (1): S. 60-93.

Storper, Michael (1997): *The Regional World. Territorial Development in a Global Economy*. New York, London: The Guilford Press

Storper, Michael und Harrison, Bennett (1991): Flexibility, hierarchy and regional development: The changing structure of industrial production systems and their forms of governance in the 1990s. *Research Policy* 20: S. 407-422.

Storper, Michael und Scott, Allen (Hrsg.) (1992): *Pathways of industrialization and regional development*. Hrsg. London: Routledge.

Storper, Michael und Scott, Allen J. (1990): Geographische Grundlagen und gesellschaftliche Regulation flexibler Produktionskomplexe. In: Renate Borst, Stefan Krätke, Roland Roth und Fritz Schmoll (Hrsg.), *Das neue Gesicht der Städte. Theoretische Ansätze und empirische Befunde aus der internationalen Debatte*, Basel: Birkhäuser, S. 130–149.

Storper, Michael und Walker, Richard (1989): *The Capitalist Imperative*. Territory, Technology, and Industrial Growth. New York: Basil Blackwell

Straumann, Tobias (1995): *Die Schöpfung im Reagenzglas. Eine Geschichte der Basler Chemie (1850-1920)*. Basel und Frankfurt am Main: Helbing & Lichtenhahn

Straumann, Tobias (1997): "Die Wissenschaft ist der goldene Leitstern der Praxis". Das deutsche Modell und die Entstehung der Basler Chemie (1986-1920). In: Thomas Busset, Andrea Rosenbusch und Christian Simon (Hrsg.), *Chemie in der Schweiz. Geschichte der Forschung und der Industrie*, Basel: Christoph Merian Verlag, S. 76-99.

Stucki, Lorenz (1981): *Das heimliche Imperium. Wie die Schweiz reich wude*. Frauenfeld: Huber

Studer, Tobias (1990): Chemie als Schlüsselindustrie. In: Gewerbeverband Basel-Stadt (Hrsg.), *Chemie und Gewerbe in der Nordwestschweiz*, Basel: Gewerbeverband Basel-Stadt, S. 9-15.

Stutz, Heidi und von Arb, Giorgio (1989): Besichtigung der Hinterhöfe: Reportagen über die Geschäfte der Schweizer Multis in Afrika, Asien und Lateinamerika. In: Gaby Weber et.al.,

Die WochenZeitung in Zusammenarbeit mit der Erklärung von Bern Weber (Hrsg.), Zürich: Rotpunktverlag, S. 145-162.

Sulser, Peter (1951): *Die Marktstellung der schweizerischen chemisch-pharmazeutischen Industrie auf dem pharmazeutischen Spezialitätenmarkt.* Thèse, Universität Neuchâtel. Neuchâtel.

Swanson, Robert E. (1986): Entrepreneurship and Innovation: Biotechnology. In: Ralph Landau und Nathan Rosenberg (Hrsg.), *The Positive Sum Strategy. Harnessing Technology for Economic Growth*, Washington, D.C.: National Academy Press, S. 429-435.

Swyngedouw, Erik (1992): The Mammon quest. Glocalisation, interspatial competition and the monetary order: The construction of new scales. In: Mick Dunford und Grigoris Kafkalas (Hrsg.), *Cities and Regions in the New Europe*. London: Belhaven Press, S. 39–67.

Swyngedouw, Erik (1997): Neither Global nor Local: 'Glocalisation' and the Politics of Scale. In: Kevin Cox (Hrsg.), *Spaces of Globalization: Reasserting the Power of the Local.* New York, London: Guilford/Longman, S. 137-166.

Taggart, James (1993): *The world pharmaceutical industry.* London and New York: Routledge

Taggart, James H. (1991): Determinants of the foreign R&D locational decision in the pharmaceutical industry. *R&D Management* 21 (3): S. 229-240.

Taylor, Michael J. und Thrift, Nigel J. (1982): Models of Corporate Development and the Multinational Corporation. In: Michael J. Taylor und Nigel J. Thrift (Hrsg.), *The Geography of Multinationals. Studies in the Spatial Development and Economic Consequences of Multinational Corporations*, London, Canberra: Croom Helm, S. 14-32.

Taylor, Michael und Thrift, Nigel (1986): New Theories of Multinational Corporations. In: Michael Taylor und Nigel Thrift (Hrsg.), *Multinationals and the Restructuring of the World Economy*, London, Sydney: Croom Helm, S. 1-20.

Teece, David J. (1986): Transaction Cost Economics and the Multinational Enterprise. *Journal of Economic Bahavior and Organization* 7: S. 21-45.

Tucker, D. (1985): *The World Health Market: theFuture of the Pharmaceutical Industry.* New York: St. Martin'sPress

UNCTAD (1994): *World Investment Report 1994. Transnational Corporations, Emplyoment and the Workplace.* New York and Geneva: United Nations Conference on Trade and Development

UNCTAD (1995): *World Investment Report 1995. Transnational Corporations and Competitivness.* New York and Geneva: United Nations Conference on Trade and Development

UNCTAD (1997): *World Investment Report 1997. Transnational Corporations, Market Structure and Competition Policy.* New York and Geneva: United Nations Conference on Trade and Development

UNCTAD (1999): *World Investment Report 1999. Foreign Direct Investment and the Challenge of Development.* New York and Geneva: United Nations Conference on Trade and Development

UNCTAD (2000): *World Investment Report 2000. Cross-border Mergers and Acquisitions and Developemt.* New York and Geneva: United Nations Conference on Trade and Development

UNCTC (1992): *World Investment Report 1992. Transnational Corporations, as Engines of Growth.* New York and Geneva: United Nations

Valle, Francesco della und Gambardella, Alfonso (1993): 'Biological' revolution and strategies for innovation in pharmaceutical companies. *R&D Management* 23 (4): S. 287-301.

Varini, Gianfranco (1958): *Marktbedingungen und internationale Wettbewerbsstellung der schweizerischen chemischen Exportindustrie: unter besonderer Berücksichtigung der Heilmittel- und Farbstoffindustrie.* Dissertation der Hochschule St. Gallen für Wirtschafts-, Rechts- und Sozialwissenschaften.

Veltz, Pierre (1996): *Mondialisation, Ville et Territoires. l'économies d'archipel.* Paris: Presses Universitaires de France

Vernon, Raymond (1966): International Investment and International Trade in the Product Cycle. *Quarterly Journal of Economics* 80: S. 190-207.

Vernon, Raymond (1971): *Sovereignty at Bay: The Multinational Spread of US Enterprises.* New York: Basic Books

Vernon, Raymond (1979): The Product Cycle in a New International Environment. *Oxford Bulletin of Economics and Statistics* 41: S. 255-267.

Vernon, Raymond (1992): Transnational Corporations: where are they coming from, where are they headed. *Transnational Corporations* 1 (2).

Walker, Richard (1989): A Requiem for Corporate Geography: New directions in industrial organization, the production of place and the uneven development. *Geografisker Annaler* 71B (1): S. 43-68.

Wanner, Gustav A. (1968): *Fritz Hoffmann LA Roche 1868-1920*. Basel

Weder, Rolf (1995): The Swiss Dyestuff Industrie. In: Michael Enright und Rolf Weder (Hrsg.), *Studies in Swiss Competitive Advantage*, Bern: Lang, S. 25-60.

Welge, Martin (Hrsg.) (1990): *Globales Management: erfolgreiche Strategien für den Weltmarkt*. Hrsg. Stuttgart: Poeschel: S. 230.

Went, Robert (1997): *Ein Gespenst geht um ... Globalisierung*. Zürich: Orell Füssli Verlag

Wilhelm, A. (1934): *Gesellschaft für Chemische Industrie in Basel 1884–1934*. Basel

Wilhelm, A. (1942): *Gegenwarts- und Zukunftsprobleme der schweizerischen chemischen Industrie*. Zofingen: Graphische Anstalt Zofinger Tagblatt AG

Williamson, Oliver E. (1975): *Markets and Hierarchies. Analysis and Antitrust Implications*. New York: The Free Press

Williamson, Oliver E. (1985): *The Economic Institutions of Capitalism*. New York: The Free Press

Willoughby, Kelvin W. (1993): *Technology and the Competitve Advantage of Regions: A Study of the Biotechnology Industry in New York State*. IURD Monograph. Institute of Urban and Regional Development. Berkeley. June 1993. 182 S.

Willoughby, Kelvin W. und Blakely, Edward J. (1990): *The Economic Geography of Biotechnology in California. An Exploration of Regional Form and Advanced Technology Industries*. Center for Real Estate and Urban Economics Working Paper Series. Institute of Business and Economic Research University of California, Berkeley. Berkeley. February 1990. 42 S.

Wolf, Peter de (1993): L'industrie pharmaceutique. In: Frédérique Sachwald (Hrsg.), *L'Europe et la globalisation. Acquisitions et accord dans l'industrie*, Paris: Masson, S. 305-358.

Wortmann, Michael (1990): Multinationals and the internationalization of R&D: New developments in German companies. *Research Policy* 19: S. 175-183.

Zeller, Christian (1992): *Mobilität für alle! Umrisse einer Verkehrswende zu einem autofreien Basel*. Basel, Boston, Berlin: Birkhäuser

Zeller, Christian (2000a): Re-scaling power relations between trade unions and corporate management in a globalising pharmaceutical industry. The case of the acquisition of Boehringer Mannheim by Hoffmann-La Roche. *Environment & Planning A* 32 (9): S. 1545 - 1567.

Zeller, Christian (2000b): *Selective globalisation of research and development in the pharmaceutical industry*. Paper presented at the Annual meeting of American Geographers 8 April 2000. Pittsburgh. 25 S.

Zeller, Christian (2001a): Clustering Biotech: a receipe for success? Spatial Patterns of Growth of Biotechnology in Munich, Rhineland and Hamburg. *Small Business Economics* 15 (4).

Zeller, Christian (2001b): Die Biotech-Regionen München und Rheinland. Räumliche   von Organisation Innovationssystemen und Pfadabhängigkeit der regionalen Entwicklung. In: Rolf Grotz und Ludwig Schätzl (Hrsg.), Münster: Lit-Verlag.

Zeller, Christian (2001c): *Global players. Ansätze einer Geographie industrieller Großunternehmen*. Hamburg: Institut für Geographie

Zeitungs- und Zeitschriftenartikel, Geschäftsberichte, Medienerklärungen und Statistiken

Acklin, Georg E. und Achenbach, Eduardo von (1999): Quantensprung bei der Herstellung steriler Pharmazeutika. Novartis investiert 400 Millionen Schweizer Franken in einen Sterilbau in Stein im Kanton Aargau (Ein Gespräch mit Dr. Georg E. Acklin (Leiter Pharma Basel Operations/Leiter Werk Stein) und Dr. Eduardo Achenbach (Leiter Pharmazeutische Produktion Schweiz), Novartis Pharma AG. *Swiss Pharm* 21 (1-2): S. 5-21.

Aebi, Max (1971): Eine Fabrikanlage entsteht in Jamshoro / Kotri. *Sandoz bulletin* 7 (24), S. 4-12.

Affimetrix MR (1997): Affimetrix and Novartis Sign Agreement for Supply of Gene Expression Monitoring. *Media Release*. Affimetrix Inc., Santa Clara, California, December 11.

Affimetrix MR (1999): Affimetrix and the Novartis Institute for Function Genomics enter Supply Agreement and Research Collaborationfor *Genenchip* Technology. *Media Release*. Affimetrix Inc., Santa Clara, California, September 9.

Affimetrix MR (2000): Affimetrix and Novartis Sign *Genechip Easyaccess* Silver Agreement. *Media Release*. Affimetrix Inc., Santa Clara, California, January 11.

AFX (1999): Novartis closes Philippines plant. *Agence France Press/Financial Times via News Edge Corporation*, February 17.

AFX-ASIA (1999): Novartis India plans further acquisitions, sees strong growth in next 5-10 yrs. *Bombay (AFX-ASIA) via NewsEdge Corporation*, March 11.

Andersen Consulting (1997): *Pharmaceutical & Medical Products: Re-Inventing Drug Discovery. The Quest for Innovation and Productivity, Executive Briefing*. Andersen Consulting. Chicago. 24 S.

Aronson, Al (1996): *Interview by Christian Zeller with Al Aronson, Manager Human resources, Ciba Self-Medication, Woodbridge, New Jersey*, Monday, June 17 1996, 10.30 - 11.45 at the office of Al Aronson

at.novartis (1998): Biochemie. *Webpage*. Novartis. printed 31. Aug. 1998. *http://www.at.novartis.com/hc/bc/main.html*

Avant MR (1998): AVANT receives Further Payment From Novartis For Development Of TP 10 In Transplantation. *Media Release*. Avant Immunotherapeutics, Inc., Needham, Massachusetts, December 7.

Aventis (2000): *Aventis Geschäftsbericht 1999*. Strasbourg.

Aventis MR (2000): Supervisory Board of Aventis approves strategic focus on pharmaceuticals. *Aventis Press Release*. Aventis S.A., Strasbourg, 15 November.

Axys MR (2000): Axys Advanced Technologies Announces Agreement With The Genomics Institute Of The Novartis Research Foundation. *Media Release*. Axys Pharmaceuticals, Inc., South San Francisco, January 4.

Barber, Michael (1998): Fermentation - the future is outsourcing. *Scrip Magazine* (9), October, S. 51-53.

Bärlocher, Urs (1989): Sandoz ändert ihre Konzernstruktur (Interview). *Sandoz-Gazette* (No. 271), 28. April, S. 1-2.

Barrett, James M. (1996): Sandoz erreicht Spitzenposition in Gentherapie. *Sandoz bulletin* 32 (110), Sandoz AG, S. 4-9.

BASF MR (2000): Pharma-Geschäft für 6,9 Milliarden Dollar veräußert: "Die BASF konzentriert sich stärker auf innovative Chemie, hocheffizienten Verbund und globale Präsenz". *BASF Pressemitteilung*. BASF Aktiengesellschaft, Ludwigshafen, 15. Dezember.

Basler Handelskammer (1926): *50. Jahresbericht über 1925*. Basler Handelskammer. Basel.

Basler Handelskammer (1928): *52. Jahresbericht über 1927*. Basler Handelskammer. Basel.

Basler Handelskammer (1929): *53. Jahresbericht über 1928*. Basler Handelskammer. Basel.

Basler Handelskammer (1932): *56. Jahresbericht über das Jahr 1931*. Basler Handelskammer. Basel.

Basler Handelskammer (1933): *57. Jahresbericht über das Jahr 1932*. Basler Handelskammer. Basel.

Basler Handelskammer (1942): *66. Jahresbericht über das Jahr 1941*. Basler Handelskammer. Basel.

Baumgartner, Raymond und Knöpfel, Hanspeter (1987): Sandoz Huninge SA. *Sandoz bulletin* 23 (81), Sandoz AG, S. 4-11.

Bay Area Bioscience Center (1991): *Northern California's Bioscience Legacy*. Bay Area Bioscience Center. Oakland. 32 S.

BaZ (1994): Ciba investiert 40 Mio. in Pharma-Neubau. *Basler Zeitung*, 25. November.

BaZ (1995): Cibas Pharma-Neubau 1997 fertig. *Basler Zeitung*, 4. November, S. 19.

BaZ (1996): Ciba baut zwei Fabriken in Vietnam. *Basler Zeitung*, 19. Juni.

BaZ (1998a): Mepha Pharma wächst rasch. *Basler Zeitung*, 20. August.

BaZ (1998b): Roche verkauft Pharma-Fabrik. *Basler Zeitung*, 18./19. Juli.

Belloni, Caterina (1994): Strangolati dall fascia C. Farmaci: Sandoz ferma la construzione della nuova fabbrica. *Corriere della Serra*, giovedi, 27 gennaio.

Berde, Botond (1980): Biologen und Mediziner in der Forschung der pharmazeutischen Industrie. *Sandoz bulletin* 16 (54), S. 4-14.

Berdún, Augustí Valls (1992): Inquinasa, modernes Produktionszentrum in einer geschichtsträchtigen Region. *Ciba-Geigy-Magazin* 22 (1), Januar, S. 11-12.

BFS (1979): *Statistisches Jahrbuch der Schweiz 1978*. Bundesamt für Statistik (Eidgenössisches Statistisches Amt).

BFS (1999): Landesindex der Konsumentenpreise. Bundesamt für Statistik, Neuchâtel, 1999, gedruckt 10. Dez. 1999

BFS (2000): *Statistisches Jahrbuch der Schweiz 2000*. Bundesamt für Statistik. Neuchâtel.

Bigelow, Bruce V. (1999): Novartis to establish third lab in San Diego. *The San Diego Union-Tribune*, 14 April, S. A1.

Biochemie (1999): Biochemie. Biochemie GmbH, last modified 22 December 1999, *Webpage printed 3 May 2000, http://novartis.co.at/hc/bc/main.html*

Biochemie MR (1999): Biochemie invests DM 85 million in new Frankfurt plant to become leading manufacturer of key component for cefalosporin-antibiotics. *Media Release*. Biochemie GmbH, Kundl (Austria), 29 June.

Biochemie MR (2000): Erfolgreiches Geschäftsjahr der Biochemie: Umsatz und Mitarbeiterzahl auf neuem Höchststand. *Media Release*. Biochemie GmbH, Wien, 24. Februar.

Biomatrix MR (1998): Biomatrix Sings *Synvisc* Distribution Agreement with Novartis Pharma AG. *Media Release*. Biomatrix, Inc., Ridgefield, New Jersey, March 10.

Biosite MR (1997): Biosite Diagnostics Incorporated Reports 1997 Third Quarter Results. *Media Release*. Biosite Diagnostics Incorporated, San Diego, October 21.

BioTransplant MR (1998): BioTransplant Reports 1997 Fourth Quarter and Year Results. BioTransplant, Inc., Charlestown, Massachusetts, February 13.

BioTransplant MR (2000): BioTransplant Signs Definitive Agreement to Acquire Eligix. *Media Release*. BioTransplant Incorporated, Charlestown, Mass., 11 December.

Biovalley (1999). *http://www.biovalley.com*

BioValley Newsletter (2000a): BioValley and the stock market: What's going on? *BioValley Newsletter* 3 (5), September, S. 11.

BioValley Newsletter (2000b): Novartis Venture Fund and the Biovalley. *BioValley Newsletter* 3 (5), September, S. 20.

BMS MR (1997): Bristol-Myers Squibb Acquires New HIV Protease Inhibitos from Novartis. *Media Release*. Bristol-Myers Squibb, Princeton, New Jersey, June 3.

BPI (1998): *Pharma innovativ. Vom Wirkstoff zum Arzneimittel*. Frankfurt/Main: Bundesverband der Pharmazeutischen Industrie

BPI (2000): *Pharma Daten 2000*. Bundesverband der Pharmazeutischen Industrie (BPI). Frankfurt / Main. August. 94 S.

Brandão Júnior, Nilson (1998): Pólo de crescimento no Rio. *Gazeta Mercantil*, 14 de janeiro, S. C3.

Breitman, Michel und Albony, Jacqueline (1971): Der neue Hauptsitz von Sandoz-France. *Sandoz bulletin* 7 (23), S. 4-10.

Breu, Raymund (1999): Financial Review, 1998 Novartis Financial Results Press Conference. Novartis International AG, Basel, 16 March.

Brink, Susan (1991): Cancer partnership formed. Dana-Farber & drug firm in $100 M deal. *Boston Herald*, March 8.

Bruch, Manfred (1997): *Manufacturing Structures under Presure from Globalization and Health Care Cost Containment Measures - How to react?* Presentation at 5th Pharm Tech Europe Conference & Exhibition 27-28 October 1997. Paris. 9 S

Bürk, R. R., Monard, D., Potrykus, I., Staehelin, M. und Weideli, H. (1979): Das Friedrich Miescher-Institut. *Ciba-Geigy-Magazin* 9 (2), Mai, S. 34-36.

Burrill & Co (1998): 1998 Quarterly Press Releases: First Quarter 1998. *Webpage.* Burrill & Co. published 1 April 1998, last modified 21 August 2000. *http://www.burrillandco.com/content _pr.html*, 24 November 2000

Burrill & Co (1999): 1999 Quarterly Press Release: Fourth Quarter 1999. 1999 ends on a positive note for biotechnology. *Webpage.* Burrill & Co. published 4 January 2000; last modified 21 August 2000. *http://www.burrillandco.com/content_pr_99q4.html*, printed 24 November 2000

Burrill & Co (2000): Second Quarter 2000: Another busy quarter for biotech as the second quarter 2000 ends on a high note. *Webpage.* Burrill & Co.: 2000 Quarterly Press Releases. published 3 July 2000, last modified 21 August 2000. *http://www.burrillandco.com/content _pr_00q2.html*, printed 24 November 2000

BusinessWorld (1994): Hindustan Ciba-Geigy - Lean, mean and changing scence. Hindustan Ciba-Geigy: sold Cibaca range of toothbrushes and toothpastes to Colgate-Palmolive India for Rs131 crore., September 30, S. 60.

BusinessWorld (1999): Japan's Uniden Latest Foreign Group to close RP Operations. *Business-World (Philippines)*, 1 April.

Caspar, Luzian (1995): US-Pharmakonzerne sind im Aufwind. *Basler Zeitung* (No. 254), 31. Oktober, S. 12.

Caveng, Peter (1997): *Interview von Christian Zeller mit Peter Caveng, Leiter des Departements Technik der Division Pharma der Ciba 1991-1996*, 26. Februar.

Celera MR (1999): Celera Genomics Enters into Five-Year Database Agreement with Novartis. *Media Release.* Celera Genomics, a unit of Perkin-Elmer, Rockville, Maryland, April 1999.

Celgene MR (2000a): Celgene Announces End of FTC Waiting Period; d-Methylphenidate License Agreement with Novartis Now Effective. *Media Release.* Celgene Corporation, Warren, NJ, June 12.

Celgene MR (2000b): Celgene Grants Worldwide ADD/ADHD Rights to Novartis - Substantial Milestone and Upfront Payments and Royalties to Celgene. *Media Release.* Celgene Corporation, Warren, NJ, April 26.

Cephalon, Inc. MR (2000): Cephalon and Novartis Establish Collaboration For CNS Products in the United Kingdom. *Media Release.* Cephalon, Inc., West Chester, PA, November 27.

Charlier, Odile (1981): Ciba-Geigy in Frankreich., *Ciba-Geigy-Magazin* 11 (3), August, S. 7-13.

Charlish, Peter (2000): The future of contract manufacturing. *Scrip Magazine* (3), March, S. 31-33.

Chemical-Week (1993):. March 17, S. 6.

Chemische Industrie (1982): Ciba-Geigy und Sandoz: Strukturverbesserungen greifen. XXXIV, Juni, S. 431-433.

Chiesa, José (2000): Pharma is a hard act to follow. *Scrip Magazine* (7), July/August, S. 29-33.

Chiron (1992): *1991 Chiron Annual Report. Building a Worldwide Business.* Chiron. Emeryville. 28 S.

Chiron (1995a): *1994 Annual report. Building Value Through Cooperation.* Chiron Corporation. Emeryville, CA. 24 S.

Chiron (1995b): *1994 Consolidated Financial Statements.* Chiron Corporation. Emeryville, CA. 40 S.

Chiron (1996): *1995 Consolidated Financial Statements.* Chiron Corporation. Emeryville, CA. 50 S.

Chiron / SEC (1992): *Form 10-K : Annual report 1991 Chiron Corporation.* United States Securities and Exchange Commission / Chiron Corporation. Washington. March 31, 1992. 60 S.

Chiron / SEC (1995): *Form 10-K : Annual report 1994 Chiron Corporation.* United States Securities and Exchange Commission / Chiron Corporation. Washington. March 31, 1993. 31 S.

Chiron / SEC (1999): *Form 10-K : Annual report 1998 Chiron Corporation*. United States Securities and Exchange Commission / Chiron Corporation. Washington. March 16, 1999. 52 S.

Ciba (1993a): *Geschäftsbericht 1992*. CIBA-GEIGY AG, Basel. 80 S.

Ciba (1993b): *Report 92*. Ciba-Geigy Corporation. Ardsley, NY. 36 S.

Ciba (1994a): *Kurzbericht 1993*. CIBA-GEIGY AG, Basel. 32 S.

Ciba (1994b): *Report 1993*. Ciba-Geigy Corporation. Ardsley, NY. 42 S.

Ciba (1995a): *Annual Report 1994*. Ciba-Geigy Corporation. Tarrytown, NY. 24 S.

Ciba (1995b): *Finanzübersicht 1994*. CIBA-GEIGY AG, Basel. 53 S.

Ciba (1995c): *Kurzbericht 1994*. CIBA-GEIGY AG, Basel. 28 S.

Ciba (1996a): *Ciba U.S. Annual Report 1995*. Ciba-Geigy Corporation. Tarrytown, NY. 24 S.

Ciba (1996b): *Finanzübersicht 1995*. CIBA-GEIGY AG, Basel. 55 S.

Ciba (1996c): *Kurzbericht 1995*. CIBA-GEIGY AG, Basel. 32 S.

Ciba Journal (1970): Ciba USA 1920-1970. (54), Summer, S. 3-11.

Ciba Magazin (1993a): Erweiterte Produktionsanlagen in Grimsby durch den britischen Premierminister John Major eröffnet (4/93), November, S. 8.

Ciba Magazin (1993b): Mit vielgestaltigen Allianzen dem Geschäftsauf- und -ausbau breit verankern. (3/93), Juli, S. 24-25.

Ciba Magazin (1993c): Tätigkeit in einem schwierigen ökonomischen Klima., (1/93), Januar, S. 46-47

Ciba MR (1996): Ciba and Isis finalise expanded antisense R&D agreement. *Media Release*. Ciba Communications, Basel, 2 February.

Ciba Pharmaceuticals (1995): Ciba Suffern. *leaflet presenting the site*. Ciba Pharmaceuticals, Suffern, April 1995.

CIBA Vision (2000): Milestones. CIBA Vision Corporation. printed: March 8, 2000. *http://www.cibavision.com/onsight/aboutciba/A01.02.html*

CIBA Vision MR (1997): CIBA Vision and Isis Establish Agreement for Worldwide Distribution of Novel CMV Retinitis Drug. *Media Release*. CIBA Vision Corporation, Atlanta/Bülach, July 15.

CIBA Vision MR (1998): CIBA Vision's China Opthalmic Education Program Reports Early Successes. *Media Release*. CIBA Vision Corporation, Atlanta, March 18.

CIBA Vision MR (1999a): CIBA Vision Agrees to Acquire Intraocular Lens Business from Mentor Corporation. *Media Release*. CIBA Vision Corporation, Atlanta, May 17.

CIBA Vision MR (1999b): CIBA Vision and E-Dr. Network Establish Strategic Marketing Alliance. *Media Release*. CIBA Vision Corporation, Atlanta, November 11.

CIBA Vision MR (1999c): CIBA Vision Announces Agreement To Distribute *Ocupress* in the U.S. *Media Release*. CIBA Vision Corporation, Atlanta, Janurary 12.

CIBA Vision MR (1999d): CIBA Vision Parnters with British Pharma Company To Explore Further Applications for Photodynamic Therapy. *Media Release*. CIBA Vision Corporation, Atlanta, November 30.

CIBA Vision MR (1999e): Switzerland is the First Country to Give Market Approval for *Visudyne*[TM] for AMD. *Media Release*. CIBA Vision Corporation, Atlanta, Dezember 16.

CIBA Vision MR (1999f): Unique Global Research Effort Established to Identify Causes, Therapies for Ages-Related Macular Degeneration. *Media Release*. CIBA Vision Corporation, Atlanta, September 1.

CIBA Vision MR (2000a): CIBA Vision and QLT to expand Strategic Alliance. *Media Release*. CIBA Vision Corporation, Atlanta; QLT, Vancouver, April 17.

CIBA Vision MR (2000b): CIBA Vision announces completion of acquisition of Wesley Jessen. *Media Release*. CIBA Vision Corporation, Atlanta, Atlanta, 3 October.

Ciba-Geigy (1971): *Bericht über das Geschäftsjahr 1970*. CIBA-GEIGY AG, Basel. 52 S.

Ciba-Geigy (1972): *Bericht der CIBA-GEIGY AG über das Geschäftsjahr 1971*. Basel. 66 S.

Ciba-Geigy (1973): *Bericht der CIBA-GEIGY AG über das Geschäftsjahr 1972*. Basel. 60 S.

Ciba-Geigy (1974): *Bericht der CIBA-GEIGY AG über das Geschäftsjahr 1973*. Basel. 60 S.

Ciba-Geigy (1975): *Bericht der CIBA-GEIGY AG über das Geschäftsjahr 1974*. Basel. 66 S.

Ciba-Geigy (1976): *Bericht der CIBA-GEIGY AG über das Geschäftsjahr 1975*. Basel. 64 S.

Ciba-Geigy (1977): *Bericht der CIBA-GEIGY AG über das Geschäftsjahr 1976*. Basel. 66 S.

Ciba-Geigy (1978): *Bericht der CIBA-GEIGY AG über das Geschäftsjahr 1977*. Basel. 66 S.

Ciba-Geigy (1979a): *Bericht der CIBA-GEIGY AG über das Geschäftsjahr 1978*. Basel. 66 S.

Ciba-Geigy (1979b): *Report to Employees 1978-1979*. CIBA-GEIGY Corporation. Ardsley. 24 S.

Ciba-Geigy (1980a): *Bericht der CIBA-GEIGY AG über das Geschäftsjahr 1979*. Basel. 66 S.

Ciba-Geigy (1980b): *Report to Employees 1980. The Year of the Acquisition*. CIBA-GEIGY Corporation. Ardsley, NY. 36 S.

Ciba-Geigy (1981a): *Bericht der CIBA-GEIGY AG über das Geschäftsjahr 1980*. Basel. 70 S.

Ciba-Geigy (1981b): *Report to Employees 1981*. CIBA-GEIGY Corporation. Ardsley, NY. 30 S.

Ciba-Geigy (1982a): *Bericht der CIBA-GEIGY AG über das Geschäftsjahr 1981*. Basel. 64 S.

Ciba-Geigy (1982b): *Report to Employees 1982*. Ardsley, NY. 36 S.

Ciba-Geigy (1983a): *CIBA-GEIGY Geschäftsbericht1982*. CIBA-GEIGY AG, Basel. 60 S.

Ciba-Geigy (1983b): *Report to Employees 1983*. CIBA-GEIGY Corporation. Ardsley, NY. 36 S.

Ciba-Geigy (1984a): *CIBA-GEIGY Geschäftsbericht 1983*. CIBA-GEIGY AG, Basel. 60 S.

Ciba-Geigy (1984b): *Report to Employees 1984*. CIBA-GEIGY Corporation. Ardsley, NY. 36 S.

Ciba-Geigy (1985a): *CIBA-GEIGY Geschäftsbericht 1984*. CIBA-GEIGY AG, Basel. 60 S.

Ciba-Geigy (1985b): *Report to Employees 1985*. CIBA-GEIGY Corporation. Ardsley, NY. 28 S.

Ciba-Geigy (1986a): *CIBA-GEIGY Geschäftsbericht 1985*. CIBA-GEIGY AG, Basel. 60 S.

Ciba-Geigy (1986b): *Report to Employees 1986*. CIBA-GEIGY Corporation. Ardsley, NY. 28 S.

Ciba-Geigy (1987a): *CIBA-GEIGY Geschäftsbericht 1986*. CIBA-GEIGY AG, Basel. 62 S.

Ciba-Geigy (1987b): *The first 50 years. CIBA-GEIGY and Summit 1937-1987*. CIBA-GEIGY Pharmaceuticals Division. Summit, NJ. 24 S.

Ciba-Geigy (1987c): *Report to Employees 1987*. CIBA-GEIGY Corporation. Ardsley, NY. 30 S.

Ciba-Geigy (1988a): *CIBA-GEIGY Geschäftsbericht 1987*. CIBA-GEIGY AG, Basel. 66 S.

Ciba-Geigy (1988b): *Report to Employees 1988*. Ardsley, NY. 32 S.

Ciba-Geigy (1989a): *Geschäftsbericht 1988*. CIBA-GEIGY AG, Basel. 84 S.

Ciba-Geigy (1989b): *Report 1988*. CIBA-GEIGY Corporation. Ardsley, NY. 32 S.

Ciba-Geigy (1990a): *Geschäftsbericht 1989*. CIBA-GEIGY AG, Basel. 90 S.

Ciba-Geigy (1990b): *Report 1989*. CIBA-GEIGY Corporation. Ardsley, NY. 28 S.

Ciba-Geigy (1990c): *Suffern - 25 years. Silver Anniversary Open House*. CIBA-GEIGY. Suffern. June 16, 1990. 12 S.

Ciba-Geigy (1991a): *Geschäftsbericht 1990*. CIBA-GEIGY AG, Basel. 82 S.

Ciba-Geigy (1991b): *Report 1990*. CIBA-GEIGY Corporation. Ardsley, NY. 24 S.

Ciba-Geigy (1992a): *Ciba-Geigy Pharma at a glance 1991*. Prospekt der Division Pharma. Ciba-Geigy Ltd. Basel.

Ciba-Geigy (1992b): *Geschäftsbericht 1991*. CIBA-GEIGY AG, Basel. 80 S.

Ciba-Geigy (1992c): *Report 1991*. CIBA-GEIGY Corporation. Ardsley, NY. 28 S.

Ciba-Geigy (1994): *Pharma Division at a glance 1993*. Prospekt der Division Pharma. Ciba-Geigy Ldt. Basel.

Ciba-Geigy (1995): *Division Pharma auf einen Blick '94*. Prospekt der Division Pharma. Ciba-Geigy AG. Basel.

Ciba-Geigy (1996): *Division Pharma auf einen Blick, 95*. Prospekt der Division Pharma. Ciba-Geigy AG. Basel.

Ciba-Geigy Journal (1971): *CIBA-GEIGY Journal* (Number 1): S. 3–32.

Ciba-Geigy Zeitschrift (1971): Ciba-Geigy in den USA. 1 (4), Winter, S. 2-9.

Ciba-Geigy Zeitschrift (1972a): CIBA-GEIGY in der Bundesrepublik Deutschland. (2), Sommer, S. 5-11.

Ciba-Geigy Zeitschrift (1972b): Zwei neue Laborgebäude in Basel. 2 (4), Winter, S. 47.

Ciba-Geigy Zeitschrift (1973a): CIBA-GEIGY in Mexiko. 3 (2), Sommer, S. 28.

Ciba-Geigy Zeitschrift (1973b): Ein bedeutender Schritt der CIBA-GEIGY in Indonesien. 3 (3), Herbst, S. 32-33.

Ciba-Geigy Zeitschrift (1974a): Analytik und Physik unter einem Dach. 4 (1), Frühling, S. 46.

Ciba-Geigy Zeitschrift (1974b): Rückwärts-Integration. 4 (4), Winter, S. 46.

Ciba-Geigy Zeitschrift (1975a): 75 Jahre Zyma SA, Nyon. 5 (2), Sommer, S. 15-18.

Ciba-Geigy Zeitschrift (1975b): Ausbau unseres Werks Stein. 5 (2), Sommer, S. 39.

Ciba-Geigy Zeitschrift (1975c): Ciba-Geigy bei den Antipoden. 5 (1), Frühling, S. 5-6.

Ciba-Geigy Zeitschrift (1975d): Ciba-Geigy Peruana SA, Lima. 5 (2), Sommer, S. 31.

Ciba-Geigy Zeitschrift (1975e): Die Ziele unserer Forschungspolitik. 5 (2), Sommer, S. 39.

Ciba-Geigy Zeitschrift (1975f): Neuer Forschungsbau eingeweiht / Rückkehr des Friedrich Miescher-Instituts. 5 (1), Frühling, S. 38.

Ciba-Geigy-Magazin (1976a): Auftrieb für Mont Royal. (1), Februar, S. 2.

Ciba-Geigy-Magazin (1976b): Pharma-Neubau in Wehr. (2), Mai, S. 1.

Ciba-Geigy-Magazin (1977): Japan: neues Pharma-Werk. (1), Februar, S. 2.

Ciba-Geigy-Magazin (1979a): Brunnengräber stößt zu Ciba-Geigy. 9 (1), Februar, S. 2.

Ciba-Geigy-Magazin (1979b): Portugal: Joint Venture mit Laboratorio Normal. 9 (3), August, S. 2.

Ciba-Geigy-Magazin (1980a): Australien / Neuseeland: Stichwort Zentralisation. 10 (1), Februar, S. 4-7.

Ciba-Geigy-Magazin (1980b): Pharma Südafrika produziert selber. 10 (3), August.

Ciba-Geigy-Magazin (1981a): 25 Jahre Ardsley. (4/81), November, S. 1.

Ciba-Geigy-Magazin (1981b): Argentinien: 50 Jahre in Buenos Aires. 11 (1), S. 4-7.

Ciba-Geigy-Magazin (1981c): Zum Beispiel Pharma Lyon. 11 (1), Mai, S. 36-37.

Ciba-Geigy-Magazin (1983a): Laborneubau für Biotechnologie in Basel. 13 (2), Juli, S. 40.

Ciba-Geigy-Magazin (1983b): Vom Farbstoffhandel zum Forschungszentrum. 13 (2), Juli, S. 20.

Ciba-Geigy-Magazin (1984): 125 Jahre Brunnengräber in Lübeck. 14 (4), Dezember, S. 1-2

Ciba-Geigy-Magazin (1985a): Ägyptischer Staatspräsident besucht Swisspharma in Kairo. 15 (2), Juni, S. 5.

Ciba-Geigy-Magazin (1985b): Horsham: Pharma-Forschungseinheit für neue Verabreichungsformen. 15 (2), Juni, S. 3.

Ciba-Geigy-Magazin (1985c): Selbstmedikationsgeschäft ausgebaut. 15 (4), Dezember, S. 1.

Ciba-Geigy-Magazin (1985d): Zentrale Forschungslaboratorien: Kräfte konzentrieren. 15 (1), April, S. 5

Ciba-Geigy-Magazin (1985e): Zyma Nyon übernimmt Dispersa-Beteiligungen. 15(2), Juni, S. 4.

Ciba-Geigy-Magazin (1986a): Beteiligung an Spectra-Physics erhöht. 16 (1), März, S. 3.

Ciba-Geigy-Magazin (1986b): Bürokomplex in Horsham eingeweiht. 16 (1), März, S. 4.

Ciba-Geigy-Magazin (1986c): Joint venture mit Chiron. 16 (4), Dezember, S. 3.

Ciba-Geigy-Magazin (1986d): Jugoslawien: Zusammenarbeit bekräftigt. (1/86), März, S. 5.

Ciba-Geigy-Magazin (1986e): Kontaktlinsengeschäft von Alcon übernommen. 16 (2), Juli, S. 2.

Ciba-Geigy-Magazin (1986f): Neue Pläne für Toms River. 16 (3), September, S. 2.

Ciba-Geigy-Magazin (1987a): Brunnengräber legt still. 17 (3,4), November, S. 3.

Ciba-Geigy-Magazin (1987b): Joint venture in China. 17 (1), April, S. 1.

Ciba-Geigy-Magazin (1987c): Linsenpflegemittel-Geschäft übernommen. 17 (3/4), November, S. 6.

Ciba-Geigy-Magazin (1987d): Neue Generation von Impfstoffen entwickeln. 17 (3/4), November, S. 1.

Ciba-Geigy-Magazin (1987e): Spectra-Physics übernommen. 17 (2), Juli, S. 2.

Ciba-Geigy-Magazin (1987f): Wachstumschancen ausnützen - Gruppe Elektronische Geräte zuversichtlich. 17 (1), April, S. 13-15.

Ciba-Geigy-Magazin (1988a): Forschen mit Nestlé. 18 (1), Februar, S. 2.

Ciba-Geigy-Magazin (1988b): Modernes Eigenheim für das Humanpharmakologische Institut Tübingen. 18 (4), Dez., S. 16-20.

Ciba-Geigy-Magazin (1989a): Ciba Vision: Klare Sicht aus kleinen Linsen. 19 (4), November, S. 16-21.

Ciba-Geigy-Magazin (1989b): Italien: Torre Annunziata wird ausgebaut. 19 (1), Mär., S. 3.

Ciba-Geigy-Magazin (1989c): Spanien / Frankreich / Italien: Konzentration und Spezialisierung der Pharma-Produktion im Hinblick auf den europäischen Markt. 19 (4), November, S. 3.

Ciba-Geigy-Magazin (1989d): Südkorea:Gemeinsame Pharmaproduktion mit Searle. 19 (3), August, S. 2.

Ciba-Geigy-Magazin (1989e): USA: Ciba-Geigy beteiligt sich an Chiron. 19 (1), März, S. 1.

Ciba-Geigy-Magazin (1990a): Ägypten: Gemeinsames Dach für (fast alle) Ciba-Geigy Büros in Kairo. 20 (2), Mai, S. 5.

Ciba-Geigy-Magazin (1990b): Bangladesh: Neue Produktionsstätte für Pharmazeutika in Tongi. 20 (2), Mai, S. 9.

Ciba-Geigy-Magazin (1990c): Ciba-Geigy in Wehr: Offen für jeden. 20 (1), Februar, S. 4.

Ciba-Geigy-Magazin (1991a): Belgien: Verjüngung in Groot-Bijgaarden. 21 (4), November, S. 7.

Ciba-Geigy-Magazin (1991b): Friedrich-Miescher-Institut: "Moderne könnten die Forschungsgebiete nicht sein". 21 (4), November, S. 16-23.

Ciba-Geigy-Magazin (1991c): Fusion zwischen Zyma und Ciba-Geigy. 21 (2), Mai, S. 4.

Ciba-Geigy-Magazin (1991d): Großbritannien: Linsenpflegemittel für Europa kommen jetzt aus Macclesfield. 21 (3), Juli, S. 7.

Ciba-Geigy-Magazin (1991e): Italien: Ciba-Geigy und Chiron Corp. bauen über Sclavo SpA das Impfgeschäft aus. 21 (3), Juli, S. 7.

Ciba-Geigy-Magazin (1991f): Pharma-Forschung: Einblick gewähren – Durchblick gestatten. (1/91), Feb., S. 6-11.

Ciba-Geigy-Magazin (1991g): Republik Korea: Strategische Allianz mit Searle. 21 (2), Mai, S. 7.

Ciba-Geigy-Magazin (1991h): Spanien: Indústrias Químicas de Navarra S.A. (Inquinasa). 21 (4), November, S. 9.

Ciba-Geigy-Magazin (1991i): Takarazuka: Die Stärke gebündelter Kräfte. 21 (1), Feb., S. 12-17.

Ciba-Geigy-Magazin (1991j): Vision 2000. 21 (2), Mai, S. 1.

Ciba-Geigy-Magazin (1991k): Von Meiji bis heute. 21 (1), Februar, S. 18-20.

Ciba-Geigy-Magazin (1992a): Ägypten: Neue Ampullenstation in Kairo stellt jährlich 18 Millionen Einheiten her. 22 (4), Oktober, S. 8.

Ciba-Geigy-Magazin (1992b): Pharma Produktion: Arbeitsteilung im Hinblick auf den EG-Binnenmarkt. 22 (1), Jan., S. 30-33.

Ciba-Geigy-Zeitung (1986): Neubau K-135 bezogen: "Forschungstempel" für Pharma Entwicklung. (No. 14/86), 13. November, S. 5.

Ciba-Geigy-Zeitung (1987): Pharma-Produktionsanlage K-640: anfahren. (No. 3/87), 24. Februar, S. 3.

Ciba-Geigy-Zeitung (1988a): Aus dem Konzern. (No. 12), 4. Okt.

Ciba-Geigy-Zeitung (1988b): Aus dem Konzern. (No. 9), 19. Juli.

Ciba-Geigy-Zeitung (1988c): In 50 Jahren zum bedeutenden Produktionsschwerpunkt entwickelt. (No. 12), 4. Okt.

Ciba-Geigy-Zeitung (1988d): Joint venture mit General Pharmaceutical Corporation. (No. 13), 1. November.

Ciba-Geigy-Zeitung (1988e): Schweizerhalle: Pharmaanlage eingeweiht; Mit High Tech, Automation und Rückwärtsintegration in die Zukunft. (No. 9), 19. Juli.

Ciba-Geigy-Zeitung (1989): Neue Strukturen für Pharma-Produktion in Europa. (No. 8), 4. Juli.

Ciba-Geigy-Zeitung (1990a): Aus dem Konzern. (No. 10), 21. Aug.

Ciba-Geigy-Zeitung (1990b): Aus dem Konzern. (No. 8), 30. Okt., S. 1.

Ciba-Geigy-Zeitung (1990c): Aus dem Konzern. (No. 14), 20. Nov., S. 1.

Ciba-Geigy-Zeitung (1990d): Forschungszentrum in Japan eröffnet: Loyalität und Sachkenntnis. (No. 14), 20. Nov., S. 11.

Ciba-Geigy-Zeitung (1990e): Konzentration auf qualitatives und quantitatives Wachstum. (No. 14), 20. Nov., S. 11.

Ciba-Geigy-Zeitung (1990f): Reorganisation im Stammhaus ab 1.Juli 1990. Weichen neu gestellt. (No. 8), 3. Juli, S. 1.

Ciba-Geigy-Zeitung (1991a): Aus dem Konzern. (No. 4), 26. März.

Ciba-Geigy-Zeitung (1991b): Mit der Vision 2000 druch die neunziger Jahre! (No. 6/91), Juni, S. 3.

Ciba-Zeitung (1992): Entwicklungs-Logistik: Neue Einrichtungen im Neuhaus. (No. 15), 15. Dez., S. 15.

Ciba-Zeitung (1993): Pharma: Mahl-Misch-Betrieb im Rohbau erstellt. (No. 11), 14. Sep., S. 3.

Ciba-Zeitung (1994a): Deutschland: Konzentration von Produktions- und Forschungsaktivitäten. (No. 9), 19. Juli, S. 44.

Ciba-Zeitung (1994b): Die Qualität der Pharma: Schneller im Markt und Produktivitätssteigerung. (No. 15), 13. Dezember, S. 16.

Ciba-Zeitung (1994c): Entwicklung: Forschungsneubau: ein Bekenntnis zur Region. (No. 15), 13. Dezember, S. 17.

Ciba-Zeitung (1994d): Europäischer Zuschnitt für neues Pharma-Produktionszentrum in Barbera del Vallés. (No. 8), 21. Juni.

Ciba-Zeitung (1994e): Fokussierung der Forschungsaktivitäten: Die weltweite Präsenz optimal nutzen. (No. 8), 21. Juni, S. 8.

Ciba-Zeitung (1994f): Francois L'Eplattenier: "Die Schweiz bleibt ein attraktiver Forschungsstandort". (No. 8), 21. Juni, S. 9.

Ciba-Zeitung (1994g): Fünfzig Jahre Ciba Mexico: Ein Werk jubiliert. (No. 4), 15. März, S. 5.

Ciba-Zeitung (1994h): Neue Pharmafabrik in Beijing eröffnet. (No. 1), 11. Jan., S. 3.

Ciba-Zeitung (1994i): Österreich: Pharmaproduktion in Globo-Händen. (No. 10), 16. Aug.

Ciba-Zeitung (1994j): Umzug nach Macclesfield. (No. 1), 11. Jan., S. 3.

Ciba-Zeitung (1995a): FMI feiert sein 25jähriges Bestehen. (No. 11), 12. Sep., S. 23.

Ciba-Zeitung (1995b): Genkartierung: Zusammenarbeit zwischen Chiron, Ciba und der Universität New York. (No. 7), 23. Mai, S. 7.

Ciba-Zeitung (1995c): Grossbritannien: Standortkonzentration bie Ciba Vision und Zyma Healthcare. (No. 15), 12. Dezember, S. 4.

Ciba-Zeitung (1995d): Jubiläum: Fenster zur modernen Molekularbiologie. (No. 12), 10. Okt., S. 23.

Ciba-Zeitung (1995e): Neubau: Erst menschliche Tätigkeit verleiht Charakter. (No. 13), 31. Okt., S. 5.

Ciba-Zeitung (1995f): Ökonomische Evaluierung: Wie wirtschaftlich sind unsere Medikamente? (No. 13), 31. Okt., S. 4.

Ciba-Zeitung (1995g): Science Committee. (No. 8), 20. Jun., S. 12.

Ciba-Zeitung (1995h): TOPS: Vom Wettlauf mit der Zeit. (No. 95), 12. Sep., S. 11.

Ciba-Zeitung (1995i): Vereinbarung über Selbstmedikationsprodukte. (No. 1), 10. Januar, S. 7.

City of Summit and Smith Barney Inc. (1996): *City of Summit in the County of Union, New Jersey. Financial and economic report of the city.l.* Summit, New Jersey. April 1, 1996. 30 + Appendices S.

CoCensys MR (1997): CoCensys and Novartis End Collaboration on Development of Stroke Compound. *Media Release*. CoCensys, Inc., Irvine, California, April 29.

Cooper, Jack (1973): Moderne pharmazeutische Produkte-Entwicklung. *Sandoz bulletin* 9 (28), S. 4-14.

Cubist MR (1999): Cubist Pharmaceuticals Licenses VITA (TM) Technology to Novartis Pharma AG for Antiinfective Drug Discovery. *Media Release*. Cubist Pharmaceuticals, Inc., Cambridge, MA, February 9.

Cueni, Thomas B. (1994): Forschung am Rhein. Bleibt die pharmazeutische Industrie in Basel? Interview von John Wicks mit Thomas Cueni. *HandelsZeitung* (No. 25), 23. Juni, S. 39.

Currie, Rebecca (1999): Breakthrough after breakthrough. *Scrip Magazine* (1), January, S. 64-66.

Dalal, Rajen (1996): *Interview by Christian Zeller with Rajen Dalal, Vice President, Strategic Planning and Business Development, Chiron Corp., Emeryville, California*, September 11

Dapp, Alfred (1981): Pakistan: Faszinierendes Land auf dem indischen Subkontinent. 11 (4), November, S. 13-16.

Davis, John (1998): NAS in 1997: A good year for new launches. *Scrip Magazine* (1), January, S. 60.

Davison, Robert (2000): Managing the innovation gab with M&As. *Scrip Magazine* (2), February, S. 47-49.

Dentz, Adrien (1997a): Bâle: Novartis délocalise. *L'Alsace*, 15 Mai.

Dentz, Adrien (1997b): Novartis: les fruits de la fusion. *L'Alsace*, 19 Mars.

Dentz, Adrien (1998): Novartis investit à Huningue. *L'Alsace*, 13 Janvier.

Der Spiegel (1989): "Ein Pakt der Vernunft ist nötig" Ciba-Geigy Chef Alex Krauer über die Sünden und die Reformbereitschaft der Chemie-Industrie. (40), 14. September, S. 149-155.

Development News (1998): *Novartis Development: Effective Selection, Rapid Development*, 21 December

Development News (1999): *Novartis Development: Effective Selection, Rapid Development*, 11 January

Dichek, Bernard (1999): Enhancing the effect of nutraceuticals. *Scrip Magazine* (4), May, S. 34-35.

Die Pharmazeutische Industrie (2000): Ethypharm expands through acquisitions. 4 January.

Dimery, Allen H. (1983): 30 Jahre in Japan: Anpassungsfähigkeit als oberstes Gebot. *Ciba-Geigy-Magazin* (1/83), April, S. 4-8.

Dörler, Anita (1987): Forschung für neue Darreichungsformen: Medikamente, die exakt ihr Ziel erreichen. *Ciba-Geigy-Magazin* 17 (1), April, S. 16-20.

Douaze, Pierre (1997): Ready for the Premier League (Interview mit Pierre Douaze, Head of Novartis Sector Pharma). *innovartis* 2 (1), January, S. 6.

Douaze, Pierre E (1993): «Beste Ausgangsposition» (Interview mit Pierre Douaze). *Phocus Pharma* (1/93), Jan., S. 10-11.

Dünya (1999): Novartis to Establish Factory in Istanbul. , February 15.

Dürst, Rolf (1971): Ciba und Geigy zweimal 112 Jahre Basler Chemie. *Ciba-Geigy Zeitschrift* (1+2), Juni, S. 17-26.

Dürst, Rolf (1973): Ciba-Geigy in Österreich. *Ciba-Geigy Zeitschrift,* 3 (1), Frühling, S. 7-11.

Dürst, Rolf (1974): CIBA-GEIGY in Großbritannien. *Ciba-Geigy Zeitschrift* 4 (2), Sommer, S. 1-11.

Dürst, Rolf (1978a): Ciba-Geigy Spartan / Johannesburg. *Ciba-Geigy-Magazin* (4), November, S. 5-8.

Dürst, Rolf (1978b): Zukunft mit maßgeschneiderten Arzneimittelsystemen. *Ciba-Geigy-Magazin* 8 (2), Mai, S. 14-16.

Ebeling, Thomas (2000): *Driving Growth.* Media Presentation R&D Day December 6, 2000. Novartis International AG. Basel. December 6, 2000. 34 slides

Eberhard-Metzger, Claudia (1993): Die High-tech Impfstoffe kommen. *Phocus Pharma* 2 (4), Dezember, S. 9-13.

Eberhard-Metzger, Claudia (1994a): Das Projekt steht im Mittelpunkt. *Phocus Pharma* 3(2), Okt., S. 8-14.

Eberhard-Metzger, Claudia (1994b): Mit Generika auf Erfolgskurs. *Phocus Pharma* 3 (1), März, S. 8-11.

Eberhard-Metzger, Claudia (1995): „Unsere Stärke sind unsere Unterschiede". *Phocus Pharma* 4 (1), März, S. 7-11.

Economic-Times (1995a): Ciba Geigy's net profits rise sevenfold, November 28, S. 1.

Economic-Times (1995b): Ciba plans further expansion in India, November 21, S. 19.

Economic-Times (1997): Walden to pick up stake in Ciba CKD Biochem, April 24, S. 3.

Economist Intelligence Unit (1997): Pharmaceuticals in South Africa. Economist Intelligence Unit via Individual Inc., printed Mai 2, 1997.

Ehrhard, Lothar (1991): Zukünftige Produktionsstrategien in der Pharma-Industrie. *Sandoz-Gazette* (No. 9/91), 11. September, S. 10-11.

El Pais (1995): Ciba reordena su estructura en Espana. 10 de diciembre, S. 26.

Elan MR (1998): Elan Announces New Development and Licensing Agreement with Novartis. *Media Release.* Elan Corporation, plc, Dublin, Ireland, January 14.

EMEA (1997): *Committee for Proprietary Medicinal Products European Public Assessment Report : Revasc, International Non-proprietary Name (INN): Desirudin.* European Agency for the Evaluation of Medicinal Products. London. 9 July 1997. 34 S.

Engriser, Rolf (1991): "Organisation 90": Wo stehen wir? *Ciba-Geigy-Zeitung,* (No. 3/91), 26. Februar, S. 5.

Epstein, David (2000): *Oncology Business Unit: Poised to Join the First Tier.* Media Presentation R&D Day December 6, 2000. Novartis International AG. Basel. December 6, 2000. 67 slides S

Erbacher, Felix (1996): Novartis: 125 Millionen für Schweizerhalle. *Basler Zeitung* (No. 214), 13. September.

Erbacher, Felix (1997): Novartis in Wehr: Nettoverlust von 50 Stellen. *Basler Zeitung* (No. 24), 29. Januar.

Erbacher, Felix (1998): Novartis gibt 35 von 62 Pharmafabriken auf. *Basler Zeitung* (No. 10), 13. Januar, S. 13.

Erni, P. (1979): *Die Basler Heirat.* Geschichte der Fusion Ciba-Geigy. Zürich: Druckerei Neue Zürcher Zeitung

Ernst & Young (Hrsg.) (1998a): *European Life Sciences 98: Continental Shift. The Fifth Annual Ernst & Young Report on the European Life Sciences Industry*. Hrsg. London: Ernst & Young International Ltd.: S. 84.

Ernst & Young (Hrsg.) (1998b): *New directions 98: The Twelfth Biotechnolgy Industry Annual Report*. Hrsg. von Scott W. Morrison und Glen T. Giovannetti. Palo Alto, CA.: Ernst & Young LLP: S. 50.

Ernst & Young (Hrsg.) (1999a): *Bridging the Gap 1999: Ernst & Young's 13th Biotechnolgy Industry Annual Report*. Hrsg. von Scott W. Morrison und Glen T. Giovannetti. Palo Alto, CA.: Ernst & Young LLP: S. 76.

Ernst & Young (Hrsg.) (1999b): *European Life Sciences 99: Communicating Value. Sixth Annual Report*. Hrsg. London: Ernst & Young International Ltd.: S. 86.

Ernst & Young (Hrsg.) (2000a): *Convergence: The Biotechnology Industry Report. Millenium Edition*. Hrsg. von Scott W. Morrison und Glen T. Giovannetti. Palo Alto, CA.: Ernst & Young LLP: S. 86.

Ernst & Young (Hrsg.) (2000b): *Evolution. Ernst & Young's Seventh Annual European Life Sciences Report 2000*. Hrsg. London: Ernst & Young International Ltd.: S. 70.

Ettlin, Robert A. (1996): Tsukuba: Harmonie zwischen Mensch und Umwelt - das effiziente Forschungsinstitut. *Sandoz bulletin* 32 (110), Sandoz AG, S. 22-25.

Europa Chemie (1996): EU billigt Novartis: Kaum Auflagen - Fusion in Deutschland. 2. August 1996.

Evotec MR (1997): Suchmaschine zur Entdeckung innovativer Pharmawirkstoffe. *Media Release*. M. Eigen, U. Aldag, K. Henco; EVOTEC BioSystems GmbH, Hamburg, 8. Oktober.

Evotec MR (1998a): EVOTEC BioSystems AG erreicht wichtigen Meilenstein auf dem Gebiet der pharmazeutischen Wirkstoffsuche in Zusammenarbeit mit Novartis. *Media Release*. EVOTEC BioSystems, Hamburg, 26. November.

Evotec MR (1998b): EVOTEC BioSystems AG EVOTEC liefert erste *EVOscreen*-Komponente an Novartis. *Media Release*. EVOTEC BioSystems, Hamburg, 19. Oktober.

eyeforpharma (2000): e-Business, e-R&D and Genomics for Pharma. eyeforpharma Europe 2000 Conference Proceedings. eyeforpharma. *http://www.eyeforpharma.com/europe/programe.shtml*, printed 31. Dezember

EZV (2000): Der schweizerische Aussenhandel im Jahr 1999.Der Aussenhandel im Jahr 1999 auf Wachstumskurs. Medienmitteilung der Eidgenössischen Zollverwaltung, Bern, 1. Februar.

Faulding MR (1998): Novartis and Faulding Announce Agreement to Develop, License and Supply a New Phramceutical Formulation Utilising Faulding's Cleantaste Technology. *Media Release*. Faulding & Co Ltd., Adelaide, Australia, November 25.

Fehr, Hans (1954): Die chemische Industrie in Basel. *Basler Nachrichten* Seperatdruck aus den *Basler Nachrichten* (Nummern 382, 391, 401 / 1954): S. 16.

Financial Express (1995): Hind Ciba Geigy plans second pharma unit. Hindustan Ciba Geigy: Plans to set up second pharmaceutical unit worth Rs54 crore in Western India, November 28, S. 1.

Financial Express (1997): Chemicals: no lock-in for Ciba shares, 27 July.

Fisher, Lawrence M. (1995): Sandoz Buying Genetic Therapy fasor $295 Million. *The New York Times*, July 11, S. D 4.

Fletcher, Amy (2000): Geneva jobs may go to N.J. The Denver Business Journal. 15 December. *http://www.bisjournals.com/denver/stories/2000/12/18/story2.html*, printed 18 December 2000.

Focal MR (1998): Focal Inc. / Novarits Pharmaceuticals Corp. Suspend Drug Development Program. *Media Release*. Focal, Inc., Lexington, Massachussetts, January 7.

Frankfurter Rundschau (2001): BC Biochemie übernimmt Wirkstoffbetrieb von Aventis. (No. 2), 3. Januar.

Friedlin, Anita (1990): Silberjubiläum in Nigeria: Vom Erdnuss- zum Erdölzeitalter. *Ciba-Geigy-Magazin* (1/90), Februar, S. 28-33.

FTC (1996a): *Merger between Ciba-Geigy and Sandoz: Agreement containing consent order (File no. 961-0055)*. FTC (Federal Trade Commision, United States of America). Washington DC. Decemer 17, 1996. 36+Appendices S.

FTC (1996b): *Merger between Ciba-Geigy and Sandoz: Analysis of proposed consent order to aid public comment.* FTC (Federal Trade Commision, United States of America). Washington DC. Decemer 17, 1996. 16 S.

Furth, John (1998): Loosening the grip on manufacturing. *Scrip Magazine* (10), November, S. 45-49.

Galle, Daniel (2000): *E-Mail Korrespondenz von Christian Zeller mit Daniel Galle, Novartis Pharma, Head Technical Planning.* Basel, 14. und 22. Dezember

Ganz, Klaus (1993a): Anleitung zum Handeln. *Phocus Pharma* 2 (1), Januar, S. 6-8.

Ganz, Klaus (1993b): EFI jetzt auf zwei Beinen. *Phocus Pharma* 2 (2), Juni, S. 18-21.

Ganz, Klaus (1993c): FTTM – die Formel zum Erfolg. *Phocus Pharma* 2(3), Oktober, S. 6-9.

Ganz, Klaus (1994a): Horsham strebt nach oben. *Phocus Pharma* 3 (1), Juli, S. 12-16.

Ganz, Klaus (1994b): Mehrgleisig in die Zukunft. *Phocus Pharma* 3 (3), Dezember, S. 20-24.

Gazeta Mercantil (1998): Novartis investe US$ 160 millhões até 2000, 5 de marzo, S. C1.

GBI (1994): *Industriepolitik für die chemische Industrie. Ein Konzept aus gewerkschaftlicher Sicht.* Basel: Gewerkschaft Bau und Industrie (GBI)

Geneva Pharmaceuticals (1999): Geneva Pharmaceuticals, Inc. Acquires Invamed, Inc. Geneva Pharmaceuticals, Inc., Broomfield, Colorado, December 9.

Geneva Pharmaceuticals (2000): What happened to Creighton Pharmaceuticals? Geneva Pharmaceuticals, Inc., Broomfield, Colorado, *http://www.genevarx.com/Geneva/feedback_forum/answers/general_info/creighton.htm*, printed: 8 March 2000

Gerlach, Thomas (1993): Die Stammzellen-Technik eröffnet neue Möglichkeiten: Auf dem Weg zur Gen- und Zelltherapie. *Sandoz-Gazette* (No. 5/93), Mai, S. 11.

Gerlach, Thomas (1995a): Das neue Werk für Pharmawirkstoffe in Ringaskiddy ist in Betrieb. Führend in Produktionstechnik und Umweltschutz. *Sandoz-Gazette* (4/95), April, S. 8-10.

Gerlach, Thomas (1995b): Die kombinatorische Chemie erzeugt Zehntausende neuer Substanzen. *Sandoz-Gazette* (No. 10/95), November, S. 6-7.

Gingell, Chris (1987): Neuer Fixstern im "Südlichen Kreuz". *Ciba-Geigy-Magazin* (1/87), April, S. 32-33.

Goetz, Ulrich (1998): Biovalley Basel: Viele sind dabei, und täglich werden es mehr. *BIO Basel, Beilage der Basler Zeitung* (No. 113), 16./17. Mai, S. 11.

Gomes-Casseres, Benjamin (2000): Alliances: the secrets of successful cooperation. *pathwaysTHE NOVARTIS JOURNAL* 1 (2): S. 6.

Göppert, Eduard (1989): Industrielle Tätigkeit in einem hamronischen Umfeld. *Ciba-Geigy-Magazin* (3/89), August, S. 30-35.

Grassi, Rodolfo (1992): Scioperi a raffica: CIBA, COBAS ENEL e Lotto. *Corriere della Serra,* venerdi, 16 ottobre.

Greuter, Hans (1997): *Interview von Christian Zeller mit Hans Greuter, Human Resources Novartis Pharma AG, zuvor Assistent des Forschungsleiters der Division Pharma der Ciba-Geigy AG.* Basel, 1. September

Grosser Rat des Kantons Basel-Stadt (1995): *Ausserordentliche Sitzung, Samstag, den 1. April 1995.* Basel. S

GTCP (1986): *Tätigkeitsbericht 1982-85 der Gewerkschaft Textil Chemie Papier.* Zürich. 195 S.

GTCP (1990): *Tätigkeitsbericht 1986-89 der Gewerkschaft Textil Chemie Papier.* Zürich. 131 S.

Gubser, Charles und Hiscocks, Peter (2000): How much of a threat is virtual pharma? *Scrip Magazine* (10), November, S. 31-33.

Gürtler, Max (1999): Rohner vor einem Quantensprung. *Basler Zeitung,* 22. Juni.

Guttmann, Stephan (1986): Die Pharma Forschung und Entwicklung bei Sandoz. *Sandoz-Gazette* 18 (236), 7. Mai, S. 5.

Guttmann, Stephan (1991): Brauchen wir noch eine Pharmaforschung? (Interview von Willy Schaub mit Stephan Guttmann, Leiter Forschung und Entwicklung, Sandoz Pharma AG). *Sandoz-Gazette* (No. 12), 17. Dezember, S. 3.

Haas, Chris (1997): *Interview von Christian Zeller mit Chris Haas, Director, Manufacturing Unit 2, Novartis Pharmaceuticals Corporation, Suffern, NY,* 19. August 1997 in Suffern 10-12 Uhr

Haas, Georges (1993): Von Erfolgsträgern und Erfolgskandidaten – Pharma-Forschung der Ciba in den neunziger Jahren. *Ciba Magazin* (2/93), April, S. 22-23.

Haas, Georges (Interview) (1994): Sonderklasse durch Konkurrenz. *Phocus Pharma* 3 (2), Okt., S. 15-17.

Hadváry, Paul (2000): "Ein guter Forscher wird nie ein guter Entwickler - und umgekehrt!". *Roche Nachrichten* (No. 9), 13. November, S. 10.

Halioua, Eric und Beyen, Gil (1999): Forging alliances in foods and medicines. *Scrip Magazine* (4), May, S. 31-33.

Harrell, Ann (1995): Sandoz shifts manufacturing to Lincoln. *Lincoln Evening Journal*, June 30, S. A1.

Hase, John (1994): A plant for the future. *Scrip Magazine* (8), September, S. 54-556.

Hauber, Alexandra und Wilson, Kevin (1997): *Novartis: Wedded Bliss - Strong buy.* European Equity Research: Pharmaceuticals. Salomon Brothers Inc. London. 12 March. 83 S.

Hauber, Alexandra und Wilson, Kevin (1999): *Novartis: Where Is The Bottom?* Global Equity Research: Pharmaceuticals. SalomonSmith Barney. London. 27 July. 79 S.

Hauser, Daniel (1997): *Interview von Christian Zeller mit Daniel Hauser, Head of Preclinical Research Novartis Pharmaceuticals Corporation, former President of Sandoz Research Center, East Hanover, New Jersey,* 22. September

Hauser, Hans-Peter (1989): Division Pharma im EG-Binnenmarkt 1992: Offen gegenüber neuen Situationen. *Ciba-Geigy-Zeitung* (No. 10), 22. August, S. 1.

Hausmann, Kurt (1997a): *Interview von Christian Zeller mit Kurt Hausmann, Head of Pharma Technical Operations, Roche Pharmaceuticals, Basel,* 1. September

Hausmann, Kurt (1997b): „Leistungsfähiger und kostengünstiger werden". Die Produktion der Division Pharma wird weltweit optimiert und damit ihre Wettbewerbsfähigkeit gestärt (Interview with K. Hausmann, Head of Global Pharma Technical Operations and Manufacturing). *Roche Nachrichten* (No. 7), 12. August, S. 5.

Hediger, Max (1978): Tätigkeiten der Schweizer Chemie im Ausland. *Sandoz bulletin* 14 (28), S. 13-19.

Heidig, Beat (1990): Sandoz - gute Erfolgsaussichten im Selbstmedikationsmarkt. *Sandoz bulletin* 26 (94), Sandoz AG, S. 40-43.

Heller, Hansjörg (1982): Forschen heißt überleben - Betrachtungen über Forschung und Entwicklung in der heutigen Umwelt. *Ciba-Geigy-Magazin* 12 (4), Dezember, S. 20-23.

Herriott, Don (1996): *Interview by Christian Zeller with , President Roche Carolina, Florence, South Carolina,* July 24

Herrling, Paul (1994): Bei Innovationen unbedingt "der Erste sein" (Interview mit Paul Herrling, Leiter Bereich Forschung Sandoz Pharma). *Sandoz-Gazette* (No. 5/94), Mai, S. 8-9.

Herrling, Paul (1998): Maximizing pharmaceutical research by collaboration. *Nature Supplement* 392 (6679).

Herrling, Paul (2000): *Leading in the Post-Genome Era.* Media Presentation R&D Day December 6, 2000, by Paul Herrling, Head of Research, Novartis Pharmaceuticals. Novartis International AG. Basel. December 6, 2000. 43 slides S

Hicklin, Martin (1998a): Neurocity Basel: Gerhirnforschung im Weltformat. *BIO Basel, Beilage der Basler Zeitung* (No. 113), 16./17. Mai, S. 3.

Hicklin, Martin (1998b): Novartis: "Basel ist unser grösstes Forschungszentrum". *BIO Basel, Beilage der Basler Zeitung* (No. 113), 16./17. Mai, S. 13.

Hicklin, Martin (1998c): Novartis gründet in Kalifornien ein Institut für Genom-Forschung. *Basler Zeitung* (No. 84), 9. April, S. 17.

Hicklin, Martin (1998d): Roche: Mit Chips auf der Suche nach neuen Therapien. *BIO Basel, Beilage der Basler Zeitung* (No. 113), 16./17. Mai, S. 15.

Hicklin, Martin (2000): Big Pharma: Ist das Rennen zu gewinnen? *Basler Zeitung* (No. 104), 5. Mai, S. 21.

Hirzel, Fritz (1982): McKinsey bei Sandoz. Beispiel einer Gemeinkosten-Wertanalyse in Dokumenten. In *Tages-Anzeiger Magazin*, 41: 8.

Hitz, Antoinette (1994): Neues Mahl- und Mischzentrum im Werk Stein. *Phocus Pharma* 3 (1), Juli, S. 29-30.

Hitz, Antoinette (1995): Partnertreffen in Basel. *Phocus Pharma* 4 (2), Juni, S. 6.

Hitz, Antoinette (1996): Zusammenarbeit im Impfstoffgeschäft. *Phocus Pharma* 5 (1), März, S. 30.

Holzmann, David C. (1993): Healy Rips Scripps' Pact with Sandoz. *Bio World Today*, Friday, March 12.

Hubbard, Stanley (1974): Auf CIBA-GEIGY-Kurs in Südostasien. *Ciba-Geigy Zeitschrift* 4 (3), Herbst, S. 35-44.

Hubbard, Stanley (1979): Brasilien: Mit Química unterwegs in die Zukunft. *Ciba-Geigy-Magazin* 9 (2): S. 8-12.

Hubbard, Stanley (1985): Türkei: Liberaleres Wirtschaftsklima lässt mehr Spielraum. *Ciba-Geigy-Magazin* 15 (7/85), Dezember, S. 4-11.

Hüll, Angelika (1995a): Die Märkte rücken ins Zentrum. *Phocus Pharma* 4 (2), Juni, S. 16-17.

Hüll, Angelika (1995b): Neue Kooperation Ciba-Chiron. *Phocus Pharma* 4 (4), Dezember, S. 43.

Hüll, Angelika und Mielecki, Rainer von (1995): Orchestrierte Entwicklung. *Phocus Pharma* 4 (2), Juni, S. 12-13.

ICN MR (1997): ICN Pharmaceuticals Announces Strategic Acquisition of Roche Pharmaceutical Product Line; Roche become Significant Shareholder in ICN. *Media Release*. ICN Pharmaceuticals, New York, June 23.

IDEC MR (1997): Rituxan Recieves Marketing Clearance In First European Country. *Media Release*. IDEC Pharmaceuticals, San Diego, California, December 2.

IMS (1999a): Global Pharmaceutical Market Growth Accelerates to 7 Percent in 1998. IMS News Release. 23 March. *htttp://www.imshealth.com/html/news_arc/03_23_1999_178.htm*,

IMS (1999b): Growth Outlook for 10 Leading Pharmaceutical Markets. IMS. *http://www.ims-global.com//insight/report/forecast/st_report.htm*, printed 22 December 1999

IMS (1999c): Market Report: Forecast of global pharmaceutical market growth. 16 November 1999. *http://www.ims-global.com/insight/report/global_to_2003/report.htm*, printed 22 June 2000

IMS (2000a): Drug Monitor: 12 months to December 1999. IMS Health. 15 Februrary 2000. *ftp://imshealth.com/imshealth/wdm/dec99.pdf*, printed 23 June 2000

IMS (2000b): IMS Health peeps Over the Pharmaceutical Horizons. IMS Health. 24 November 2000. *http://www.ims-global.com/insight/news_story/0011/news_story_001124.htm*, printed 15 December 2000

IMS (2000c): Mergers - The Drive to Dominate. IMS Health. 17 May 2000. *http://www.ims-global.com/insight/news_story/0005/news_story_000517a.htm;   news_story_000517b.htm; news_story_000517c.htm*, printed 26 May 2000

IMS (2000d): World Review. World-Wide Pharmaceutical Market 1999. IMS Health, World Review 2000. 16 June 2000. *http://www.ims-global.com/insight/world_in_brief/review99/year.htm; .../na.htm; ...euro.htm; ... la.htm; ...aaa.htm*, printed 22 June 2000

IMS America (1998): Merger of Glaxo Wellcome and Smithkline Beecham Could Mean $19 Billion Worldwide Pharmaceutical Sales, $7,6 Billion More Than the Nearest Competitor. *Press Release*. IMS America, Plymouth Meeting, PA, February 2.

Incyte MR (1998): Incyte and Novartis Expand Relationship to Include Microarray Technology Access Agreement. Incyte Pharmaceuticals, Inc., Palo Alto, California, July 14.

Infigen MR (1999): Infigen And Imutran Announce Joint Collaboration. Infigen, Inc., DeForest, Wisconsin, January 11.

info.novartis (1999a): Generics: Biochemie Group. *Webpage*. Novartis AG. *http://www.info.novartis.com/healthcare/generics/biochemie.html*, printed: 19 August 1999

info.novartis (1999b): Generics: History and Milestones. *Webpage*. Novartis AG. *http://www.info.novartis.com/healthcare/generics/history.html*, printed 13. Aug. 1999

info.novartis (2000): Norman Walker. Novartis AG. January 2000. *http://www.info.novartis.com/weare/org/bios/walker.html*, printed 24 March 2000

interaction (1996a): Merger Milestones. *interaction. The Newsletter of the Integration* 1 (2), August, S. 3-7.

interaction (1996b): Merger Milestones. *interaction. The Newsletter of the Integration* 1 (3), September, S. 3-5.

interaction (1996c): Merger Milestones. *interaction. The Newsletter of the Integration* 1 (5), November, S. 3-8.

interaction (1996d): Novartis U.K. Pharma Sites: Synchronized Communications. *interaction. The Newsletter of the Integration* 1 (4), October, S. 10.

interaction (1996e): Pharma R&D: Innovative Integration. *interaction. The Newsletter of the Integration* 1 (2), August, S. 6-7.

IOMED MR (1998): IOMED Inc. Announces the Discontinuance of its Collaboration with Novartis Effective Dec. 31, 1998 and Subsequent Reversion of Rights to IOMED. *Media Release*. IOMED, Inc., Salt Lake City, July 2.

Jacottet, C. M. (1970): Einweihung des SANDOZ-Forschungsinstitutes Wien-Liensing (Ansprache). *Sandoz bulletin* 5 (19), S. 53-56.

Japan Chemical Week (1997): Yoshitomi Immunosuppressant Licensed to Novartis., 23 October, S. 12.

Japan Chemical Week (1998): Switzerland: Mochida, Novartis tie up for gene therapy, 14 July.

Jeffries, Charles (1999): *E-mail correspondence between Christian Zeller and Charles Jeffries, Technical Operations, Novartis Consumer Health, Nyon Switzerland*, 10 November 1999

Jehin, Olivier (1995): Au fil de l'Alsace-Lorraine. *Pharmaceutiques* (32), décembre, S. 29-31.

Jenkins, William (Interview) (1993): «Ressourcen konzentrieren». *Phocus Pharma* (3/93), Okt., S. 10-13.

Jetzer, Alexander (1996): Innovationskraft und Anpassungsfähigkeit entscheidend. Interview von Richard Bird und Thomas Gerlach mit dem neuen Vorsitzenden der Sandoz-Geschäftsleitung Alexander Jetzer:. *Sandoz-Gazette* (No. 1/96), Januar, S. 4-5.

Johnson Controls (2000): *Company Profile: Who in Johnson Controls?* Media Presentation 19 September, 2000. Johnson Controls. Basel. 11 slides S

Käppeli, R. (1963): *Überlegungen zur Geschäftspolitik der Exportunternehmen der schweizerischen chemischen Industrie*. Vortrag von Dr. Dr. h.c. R. Käppeli vor der Zürcher Volkswirtschaftlichen Gesellschaft am 23.1.1963. Zürich. 19 S

Karabelas, Jerry (1999a). Novartis International AG, Basel, 14 September.

Karabelas, Jerry (1999b): Diovan® (Valsartan), eines der modernsten Arzneimittel zur Behandlung von Bluthochdruck. Novartis International AG, 16. September 1999.

Kay, Andrew (2000): *Launching Global Brands: Building a strong global marketing function*. Media Presentation R&D Day December 6, 2000. Novartis International AG. Basel. December 6, 2000. 14 slides S

Keene, Charles T. (1986): Ein Vierteljahrhundert Spectra-Physics: Mit einem Fuss im Silicon Valley. *Ciba-Geigy-Magazin* 16 (3), September, S. 12-14.

Kemp, Donald T. (1986): 75 Jahre Sandoz in Britain. *Sandoz bulletin* 22 (78), Sandoz AG, S. 4-15.

KIGA (1997): *Monatsberichte Januar - Dezember 1997*. Kantonales Amt Industrie, Gewerbe und Arbeit, Wirtschafts- und Sozialdepartement des Kantons Basel-Stadt. Basel. S.

KIGA (1998): *Monatsberichte Januar - Dezember 1998*. Kantonales Amt Industrie, Gewerbe und Arbeit, Wirtschafts- und Sozialdepartement des Kantons Basel-Stadt. Basel. S.

Kindler, Hans (1997): Novartis steht zum Arbeitsplatz Schweiz - aber nicht um jeden Preis (Interview von Marguerite Mamane mit Hans Kindler, Mitglied der Geschäftsleitung von Novartis). *live* (No. 12), 13. Oktober, S. 3.

King, Ralph T. Jr. und Moore, Stephen D. (1995): Swiss Stakes: Basel's Drug Giants Are Placing Huge Bet On U.S. Biotech Firms. Roche, Sandoz, Ciba Pay Up, Seeking Breakthrough, A Strategy Some Deride. *The Wall Street Journal Europe*, November 29, 1995, S. 1.

Kinkead, Gwen (1983): Ciba-Geigy's big sleep is over. *Fortune*, July 11, S. 92-98.

Knechtli, Peter (1998): Schwarze Zahlen auf dem weissen Laboranten-Mantel. Peter Knechtli reports, 16.August 1998, ausgedruckt 27. August 1998.

Knoll MR (1998): Kooperation von KNOLL und Novartis Pharma im Therapiegebiet Schizophrenie. *Media Release*. Knoll AG, BASF Pharma, Ludwigshafen, 22. Juli.

Koberstein, Wayne (1995): Daniel Vasella: Through realignment along three core pillars, Sandoz has made human health its only mission. *Pharmaceutical Executive*, November, S. 38-48.

Koechlin, H. P. und Leisinger, K. M. (1974): Ciba-Geigy in Entwicklungsländern. *Ciba-Geigy Zeitschrift* 4 (4), Winter, S. 19-24.

Koechlin, Hartmann P. (1978): Ciba-Geigy in Entwicklungsländern. *Ciba-Geigy-Magazin* 8 (2), Mai, S. 9-13.

Koechlin, Hartmann P. (1981): Ciba-Geigy und die Dritte Welt. *Ciba-Geigy-Magazin* 11 (1), Februar, S. 8-11.

Koprowski, Gene (1995): Laboratory of the year. *R&D* 37 (6), May, S. 34-37.

Krauer, Alex (1996): "Aktionäre, Unternehmensleitung und Mitarbeiter bilden eine Schicksalsgemeinschaft" (Interview von Daniel Wiener mit Alex Krauer, Verwaltungsratspräsident von Ciba und designierter Verwaltungsratspräsident von Novartis). *SonntagsZeitung*, 17. März, S. 33-37.

Krebser, Peter (1998): *Interview von Christian Zeller mit Peter Krebser, Head of Pharmaceutical Production, Novartis Pharmaceuticals*, 6. Februar

Kuhn, Robert (1999): Mit 170 Millionen Franken ein sinnvolles Produktionskonzept umgesetzt. *Medienmitteilung von Robert Kuhn, Produktionsleiter Novartis Pharma.* Novartis International AG, 16. September 1999.

Kuhn, Robert (2000): Novartis investiert 170 Millionen Franken im Werk Schweizerhalle. Gespräch mit Dr. chem. Robert Kuhn, Produktionsleiter, Novartis Pharma AG, Schweizerhalle. *Swiss Chem* 22 (1-2): S. 5-13.

Kühni, Ernst (1980): Pharma-Produktionsstätten in der Dritten Welt. *Ciba-Geigy-Magazin* 10 (2), Mai, S. 13.

Kulhof, Birgit (1996a): *Novartis. Der neue Stern am Pharmahimmel.* UBS Global Research. Union Bank of Switzerland, Swiss Equity Research. Zürich. September 1996. 18 S.

Kulhof, Birgit (1996b): *Swiss Pharmaceuticals.* UBS Global Research. Union Bank of Switzerland. Zürich. March 1996. 60 S.

Kupper, Thomas (1998): A bitter pill. Without products to sell, San Diego biotechs rely heavily on funding from big companies for survival. but are they selling their future? *The San Diego Union-Tribune,* 9 March, S. A1.

Kupper, Thomas (1999a): Discovery adds thirds firm to group. *The San Diego Union-Tribune,* 15 June, S. C-1.

Kupper, Thomas (1999b): N.J. health-care giant to buy Agouron. S.D. biotech reveals $2.1billion deal. *The San Diego Union-Tribune,* 27 January, S. A1.

Laing, Peter (1995): *Sandoz. A Sharper Focus.* Salomon Brothers Inc. New York. May. 72 S.

L'Alsace (1997): Création de Novartis-France, 16 Avril.

Langreth, Robert und Moore, Stephen D. (1999): Gene Therapy Gets A Dose of Reality, And so Does Novartis. *The Wall Street Journal Europe*, October 27, S. 1, 8.

Lanthier, Jennifer (1996): Novartis to Consolidate Production in Ontario. *Financial Post*, 18 October, S. 51.

Lark MR (2000): Lark Technologies, Inc. enters into a DNA Sequencing Agreement with the Novartis Research Foundation. *Media Release.* Lark Technologies, Inc., Houston, Texas, May 3.

Law, Jacky (1999a): Buying chemicals on the Internet. *Scrip Magazine* (9), October, S. 44-47.

Law, Jacky (1999b): The changing face of contract manufacturing. *Scrip Magazine* (9), October, S. 31-32.

Lederer-Ganse, Gaby (1998a): Aus den Ländern: Frankreich. *momentum* 1 (3), Mai, S. 16.

Lederer-Ganse, Gaby (1998b): Japan, kein Markt wie jeder andere. *momentum* 1 (2), Januar, S. 16-17.

Lehman Brothers (1997): *Gene Therapy : the Ultimate Application of Genomics.* Lehman Brothers Global Equity Research. New York. June 16, 1997. 136 S.

Les Echos (1994a): Le groupe Sandoz licencie les laboratoires Monal. (No. 16563), 18 janvier, S. 7.

Les Echos (1994b): Sandoz négocie le rachat du français Monal. (No. 16562), 17 janvier, S. 10.

Les Echos (1996): Novartis supprime 350 postes en France. (No. 17243), 1 octobre, S. 12.

Les Echos (1998): Novartis va investir plus de 100 millions de francs à Orléans. (No. 17561), 12 Janvier, S. 18.

Les Echos (2000): Le grec Famar rachète l'usine orléanaise de Novartis Pharma. (No. 18240), 20 Septembre, S. 42.

Link, Max (1990): "Ringaskiddy geht nicht auf Kosten Basel". *Sandoz-Gazette* 22 (No. 287), 29. August, S. 1.

Link, Max (1992): Der Pharma-Markt in Europa nach 1992: Die Riesen müssen tanzen lernen. *Sandoz-Gazette* (No. 3/92), 10. März, S. 6.

Lippuner, Heini (1990a): Auf dem Boden der Realität bleiben! (Heini Lippuner, Vorsitzender der Konzernleitung zum Geschäftsjahr 1989). *Ciba-Geigy-Zeitung* (No. 6/90), 22. Mai, S. 1.

Lippuner, Heini (1990b): Neuorganisation im Stammhaus am 1. Juli 1990: Weichen neu gestellt (Interview von Hans Fankhauser mit Heini Lippuner, Vorsitzender der Konzernleitung). *Ciba-Geigy-Zeitung* (No. 8/90), 3. Juli, S. 1.

Lippuner, Heini (1990c): Unternehmensstrategie im Umbruch: Konzentration auf eigene Stärken (Interview von Albert Wirth mit Heini Lippuner, Vorsitzender der Konzernleitung). *Ciba-Geigy-Zeitung* (No. 1/90), 2. Januar, S. 1.

live (1997): Tag der offenen Tür in neuen Forschungslabors. (No. 2), 10. Februar, S. 20.

live (2000): Spin-offs - Personalvertretungen ziehen Bilanz. (No. 14), 18. Dezember, Zeitung für die Mitarbeiterinnen und Mitarbeiter der Novartis in der Schweiz, S. 5.

Loder, Christopher M. (1999a): Key Novartis group leaving Summit site. *The Star-Ledger*. State Edition, 30 July, S. 31.

Loder, Christopher M. (1999b): Summit looks to replace its biggest taxpayer. *The Star-Ledger*, Union Edition, 9 September, S. 29.

Löhrer, Gerd und Meier, Medard (1996): Ein Halbgott zum Anfassen. *Bilanz* (5/96), Mai, S. 26-32.

Long, Walter (1997): *Interview by Christian Zeller with Walter Long, Mayor of Summit, New Jersey*, July 2

Löwenstein, Joël (1994): Bauarbeiten am Biotechnikum haben begonnen. *Phocus Pharma* (No. 1), Juli, S. 29.

Main, Alan (1997): *Interview von Christian Zeller mit Alan Main, Head of Research Novartis Pharmaceuticals Corp. U.S., SUmmit, New Jersey*, September 19, 1997

Malainer, Gerhard (1996): Der Gesundheit verschrieben: 25 Jahre Sandoz-Forschungsinstitut Wien. *Sandoz bulletin* 32 (110), Sandoz AG, S. 34-35.

Mamane, Marguerite (1997a): Auszug aus dem Basler Werk St. Johann. *live* (No. 7), 26. Mai, S. 3.

Mamane, Marguerite (1997b): Das Valsartan-Projekt liegt gut im Zeitplan. *live* (No. 9), 21. Juli, S. 11.

Mamane, Marguerite (1997c): Individuelles Training fürs persönliche Wohlbefinden. *live* (No. 14), 24. November, S. 25.

Mamane, Marguerite (1998): Der Grundgedanke heisst 'Wellness'. *live* (No. 9), 13. Juli, S. 28.

Manchester Evening News (1996): 145 to Go in Closure of Lens Factory, 19 July.

Manufacturing-Chemist (1993): Losses force plant to shut. Ciba-.Geigy: Closes Bhandup, India, drug plant., Februay, S. 7.

Maske, H. (1970): Arbeitsgebiete und Organisation des SANDOZ-Forschungsinstitutes in Wien. *Sandoz bulletin* 6 (19), S. 56-58.

McBride, Gail (2000): Institute insight. The Genomics Institute of the Novartis Research Foundation. *pathwaysTHE NOVARTIS JOURNAL* 1 (1): S. 36-41.

McGillivray (1997): Strategies for saving in manufacturing. *Scrip Magazine* (8), September, S. 69-71.

Medarex MR (1998): Medarex and Novartis Announce Worldwide HuMab-Mouse Licensing Agreement; Payments Could Exceed $ 50 Million. *Media Release*. Medarex, Inc., Annandale, New Jersey, November 9.

Mehta and Isaly (1995): *Swiss Company Alliances*. Mehta and Isaly. New York. October 10, 1995. 24 S.

Meier, Jürg (1992): Die Sandoz-Forschung auf dem Weg ins 21. Jahrhundert. *Sandoz bulletin* 28 (100), S. 16-24.

Michel-Alder, Elisabeth (1984): Neue Darreichungsformen für Medikamente: Die Natur kopieren. *Ciba-Geigy-Magazin* 14 (3), September, S. 4-5.

Mielecki, Rainer von (1993): Summit will Spitze werden. *Phocus Pharma* 2 (4), Dezember, S. 20-24.

Mielecki, Rainer von (1994a): Die Weichen sind gestellt. *Phocus Pharma* 3 (3), Dezember, S. 40-43.

Mielecki, Rainer von (1994b): Medizin und Klinische Entwicklung umgekrempelt. *Phocus Pharma* 3 (3), Dezember, S. 38-39.

Mielecki, Rainer von (1995a): "Die Division befindet sich auf Kurs". *Phocus Pharma* 4 (4), Dezember, S. 10-15.

Mielecki, Rainer von (1995b): GRDB auf dem Prüfstand. *Phocus Pharma* 4 (2), Juni, S. 40.

Mills, Gayle (1996): *Interview von Christian Zeller mit Gayle Mills, Vice President, Strategic Marketing and Business Development, Roche Bioscience, Palo Alto, California*, September 18, 1996

Mills, Gayle (1997): *Interview von Christian Zeller mit Gayle Mills, Vice President, Strategic Marketing and Business Development, Roche Bioscience, Palo Alto, California*, September 29, 1997

Molsoft MR (2000): Molsoft LLC (www.molsoft.com) and The Genomics Institute of the Novartis Research Foundation (GNF) (www.gnf.org) Enter Into Research Collaboration Agreement. *Media Release*. Noven Pharmaceuticals, Inc., Miami, April 27.

momentum (1998): Die Zukunft jetzt gestalten. *momentum - Magazin für die Mitarbeiterinnen und Mitarbeiter von Novartis Pharma AG, Schweiz*. Basel

Moore, Stephen D. (1996): Novartis Leaps Last Regulatory Hurdle. *The Wall Street Journal Europe*, December 18, S. 3.

Moreira, Assis (1998): Novartis fechará metade de suas fábricas no mundo. *Gazeta Mercantil*, 14 de janeiro, S. C3.

Moulding, Rod (1996): Generating supply chain savings. *Scrip Magazine* (9), October, S. 50-54.

Müller, Peter C (1996): Schweizerhalle: Millionen-Investitionen für neues Medikament. *Ciba-Zeitung* (No. 12), 8. Okt., S. 3.

Müller, Peter C. (1997): Mit Volldampf in die Zukunft. *live* (No. 15), 15. Dezember, S. 11.

Müller, Peter C. (1999): Im Zeichen der Gesundheit und Fitness. *live* (No. 2), 1. Februar, S. 12-13.

Muschter, Christiane (1984): Innovationschancen für neue Wirkstoffe - Biotechnologie nutzt die kleine Welt, in der sich Grosses tut. *Ciba-Geigy-Magazin* 14 (1), Februar, S. 4-10.

NADI MR (1998): Novartis Agricultural Discovery Institute Announces Unique Research Agreement with UC Berkeley. *Media Release*. Novartis Agricultural Discovery Institute, La Jolla, California, 23 November.

NADI MR (1999): Myriad Genetics and Novartis Agricultural Discovery Institute Sign $33,5 Million Genomics Partnership. *Media Release*. Myriad and Novartis Agricultural Discovery Institute, Salt Lake City and La Jolla, September 9.

Nair, Mohan D. (1980): Goa-Projekt Dioscorea. *Ciba-Geigy-Magazin* 10 (2), Mai.

Neild, Chris und Alcraft, David (2000): Joinig forces - why scale fails to deliver. *Scrip Magazine* (4), April, S. 23-25.

Neurocrine Biosciences MR (1998): Neurocrine Announces Thrid Quarter Results Including $ 1,2 Million SBIR Grant. Neurocrine Biosciences, Inc., San Diego, CA, November 2.

NHRC (1999): Novartis Horsham Research Centre. Novartis Horsham Research Centre. 29 April 1999. *http://www.uk.novartis.com/.nhrcf3.htm.*, printed 22 October 1999

Nikkei Industrial Daily (1998): Local Units Of Foreign Drug Makers Restructure Apace, 19 June.

Novalon MR (2000): Novalon Pharmaceutical Corporation Enters Genomics Alliance With The Novartis Research Foundation. *Media Release*. Novalon Pharmaceutical Corporation, Durham, NC, Januar 5.

Novartis (1997a): *Finanzübersicht 1996*. Novartis International AG. Basel. 62 S.

Novartis (1997b): *Geschäftsbericht 1996*. Novartis International AG. Basel. 32 S.

Novartis (1998a): *Finanzübersicht 1997*. Novartis International AG. Basel. 70 S.

Novartis (1998b): *Geschäftsbericht 1997*. Novartis International AG. Basel. 32 S.

Novartis (1999a): *Finanzübersicht 1998*. Novartis International AG. Basel. 64 S.

Novartis (1999b): *Geschäftsbericht 1998*. Novartis International AG. Basel. 34 S.

Novartis (2000a): *Finanzbericht 1999*. Novartis International AG. Basel. 84 S.

Novartis (2000b): *Geschäftsübersicht 1999*. Novartis International AG. Basel. 32 S.

Novartis (2000c): *Novartis 2000. Novartis Daten und Fakten. Gesundheit, Leben, Wohlbefinden.* Novartis International AG. Basel. 52 S.

Novartis / SEC (2000): *Form 20-F/A : Registration Statement Pursuant to Section 12(b) or (g) of the Securities Exchange Act of 1934. Commission file number 1-.* United States Securities and Exchange Commission / Chiron Corporation. Washington. May 9. 92 + 76 S.

Novartis Austria (1999): *Novartis Austria 1998/99.* Novartis Austria Country Organization. Wien. 8 S.

Novartis Consumer Health MR (2000): Novartis and The Quaker Oats Company Form North American Joint Venture in Functional Foods. *Media Release.* Novartis Consumer Health, Inc., Summit, 10 February.

Novartis Corp. MR (1996): Merger Integration Process Continues Rapid Pace. 11 U.S. and Puerto Rico Sites Affected. Novartis Corporation, Tarrytown, N.Y., 19 October.

Novartis Deutschland MR (1997): Mit 30 Millionen dabei - Novartis setzt auf Wehr! *Medieninformation.* Novartis Deutschland GmbH, Wehr, 24. Juni.

Novartis Deutschland MR (2000): Novartis Nutrition GmbH erwirbt die deutsche Heilpunkt Naturpharma GmbH & Co KG. *Pressemitteilung.* Novartis Deutschland GmbH, Wehr, 24. Juli.

Novartis MR (1997a): Integration of Swiss pharmaceutical production. *Media release.* Press Office of the Novartis Companies.

Novartis MR (1997b): New once-monthy treatment for acromegaly - *Sandostatin LAR. Media Release.* Novartis Pharma AG, Pharma Communications, Basel., 12 November.

Novartis MR (1997c): Novartis and IBM to establish new Information Technology Corporation. *Media Release.* Novartis International AG, Novartis Communication, Basel, 21 April.

Novartis MR (1997d): Novartis and NIH to Collaborate on Transplantation Therapy. *Media Release.* Novartis International AG, Novartis Communication, Basel, 18 August.

Novartis MR (1997e): Novartis and Osiris to Co-develop New Therapeutics For bone and Cartilage Diseases. *Media Release.* Novartis International AG, Novartis Communication, Basel, 17 June.

Novartis MR (1997f): Novartis Appoints Jerry Karabelas Head of its Worldwide Healthcare Business. *Media Release.* Novartis International AG, Novartis Communication, Basel, 4 December.

Novartis MR (1997g): Novartis completes tender offer for SyStemix, Inc. *Media Release.* Novartis International AG, Novartis Communication, Basel, 18 February.

Novartis MR (1997h): Novartis signs agreement with Alexion to develop new gene therapy products. *Media Release.* Novartis International AG, Novartis Communication, Basel, January 21.

Novartis MR (1997i): Novartis to acquire remaining interest in SyStemix. *Media Release.* Novartis International AG, Novartis Communication, Basel, 13 January.

Novartis MR (1998a): Health Nutrition und die OTC-Marken von Novartis bilden die strategische Ausrichtung der neuen Division Consumer Health. *Media Release.* Novartis International AG, Novartis Communication, Basel, 27. August.

Novartis MR (1998b): Novartis and Trega to collaborate on obesity and diabetes. *Media Release.* Novartis International AG, Novartis Communication, Basel, 26 May.

Novartis MR (1998c): Novartis announces formation of the Novartis Institute for Functional Genomics. *Media Release.* Novartis International AG, Novartis Communication, Basel, 8 April.

Novartis MR (1998d): Novartis announces USD 600 million investment in agricultural genomics. *Media Release.* Novartis International AG, Novartis Communication, Basel, 21 July.

Novartis MR (1998e): Novartis completes acquisition of fermentation plant from HMR. *Media Release.* Novartis International AG, Novartis Communication, Basel, 2 November.

Novartis MR (1998f): Novartis names Norman Walker to head human resources. *Media Release.* Novartis International AG, Novartis Communication, Basel, 7 April.

Novartis MR (1998g): Novartis Pharma übergibt IT Service-Desk an IBM. *Media Release.* Novartis International AG, Novartis Communication, Basel, 6. Oktober.

Novartis MR (1998h): Novartis to Optimize Cell and Gene Therapy R&D. *Media Release.* Novartis International AG, Novartis Communication, Basel, 14 September.

Novartis MR (1998i): Peter G. Schulz to Head Novartis Institutefor Functional Genomics. *Media Release*. Novartis International AG, Novartis Communication, Basel, 28 October.

Novartis MR (1999a): Biochemie acquires Wyeth/Ayerst's penicillin business in thirteen Latin American countries. *Media Release*. Novartis International AG, Novartis Communication, Basel, 15 December.

Novartis MR (1999b): Gründung einer weltweit führenden Agribusinessfirma - Novartis richtet sich ganz auf den Bereich Gesundheit aus. *Media Release*. Novartis International AG, Novartis Communication, Basel, 2. Dezember.

Novartis MR (1999c): Novartis net income rise 16% in second year of operations. *Media Release*. Novartis International AG, Novartis Communication, Basel, 16 March.

Novartis MR (1999d): Novartis acquires majority of Eridania Béghin-Say's seeds activities. *Media Release*. Novartis International AG, Novartis Communication, Basel, 7 July.

Novartis MR (1999e): Novartis Animal Health acquires UK-based Vericore. *Media Release*. Novartis International AG, Novartis Communication, Basel, 26 November.

Novartis MR (1999f): Novartis attracts top professionals to Pharma management team. *Media Release*. Novartis International AG, Novartis Communication, Basel, 14 July.

Novartis MR (1999g): Novartis invests a further 400 million Swiss Francs at its Stein Works. *Media Release*. Novartis International AG, Novartis Communication, Basel, 23 November.

Novartis MR (1999h): Verselbständigung der Wissenschaftlichen Dienste bei Novartis. *Media Release*. Novartis International AG, Novartis Communication, Basel, 21. Januar.

Novartis MR (2000a): Gilbert Wenzel joins Novartis as Head of Strategic Planning. *Media Release*. Novartis International AG, Novartis Communication, Basel, 9 November.

Novartis MR (2000b): Landmark trial demonstrates that Diovan® (valsartan) significantly reduces combined all-cause mortality and morbidity in patients with heart failure. *Media Release*. Novartis International AG, Novartis Communication, Basel, 15 November.

Novartis MR (2000c): Merck KGaA and Novartis announce partnership in diabetes to build Starlix® brand. *Media Release*. Novartis International AG, Novartis Communication, Basel, 8 August.

Novartis MR (2000d): Neuer Ausbildungsverbund aprentas gegründet. *Media Release*. Novartis AG, Basel, 24. Oktober.

Novartis MR (2000e): Neuer hochmoderner Mahlbetrieb von Novartis im Werk Klybeck in Basel läuft. *Media Release*. Novartis International AG, Novartis Communication, Basel, 12. Dezember.

Novartis MR (2000f): Novartis acquires animal vaccine business of Biostar Inc., Canada. *Media Release*. Novartis International AG, Novartis Communication, Basel, March 1st.

Novartis MR (2000g): Novartis acquires European generics business of BASF Pharma. *Media Release*. Novartis International AG, Novartis Communication, Basel, 4 December.

Novartis MR (2000h): Novartis acquires Grandis Biotech GmbH in Germany. *Media Release*. Novartis International AG, Novartis Communication, Basel, 14 April.

Novartis MR (2000i): Novartis acquires US rights to commodity generics business of Bristol Myers Squibb. *Media Release*. Novartis International AG, Novartis Communication, Basel, 15 December.

Novartis MR (2000j): Novartis Agribusiness to sell FLINT® line to Bayer AG. *Media Release*. Novartis International AG, Novartis Communication, Basel, 17 October.

Novartis MR (2000k): Novartis and Bristol-Myers Squibb announce strategic alliance for Zelmac™. *Media Release*. Novartis International AG, Novartis Communication, Basel, 18 October.

Novartis MR (2000l): Novartis and Geneva Proteomics Establish Strategic Proteomics Alliance. *Media Release*. Novartis International AG, Novartis Communication, Basel, 17 October.

Novartis MR (2000m): Novartis and Orion sign a second marketing agreement. *Media Release*. Novartis International AG, Novartis Communication, Basel, 7 September.

Novartis MR (2000n): Novartis Animal Health announces intent to acquire remaining interest in Cobequid Life Sciences Inc. *Media Release*. Novartis International AG, Novartis Communication, Basel, May 8.

Novartis MR (2000o): Novartis announces strategic, novel organizational structure. *Media Release*. Novartis International AG, Novartis Communication, Basel, 10 July.

Novartis MR (2000p): Novartis builds on its leading presence in women's health. *Media Release*. Novartis International AG, Novartis Communication, Basel, 6 November.

Novartis MR (2000q): Novartis completes Cobequid acquisition. *Media Release*. Novartis International AG, Novartis Communication, Basel, 24 July.

Novartis MR (2000r): Novartis Generics acquires Labinca in Argentina. *Media Release*. Novartis International AG, Novartis Communication, Basel, 21 December.

Novartis MR (2000s): Novartis (NVS) American Depositary Shares start trading on the NYSE. *Media Release*. Novartis International AG, Novartis Communication, Basel, 11 May.

Novartis MR (2000t): Novartis Pharma AG and BioTransplant create new Xenotransplantation Research Company. *Media Release*. Novartis International AG, Novartis Communication, Basel, 26 September.

Novartis MR (2000u): Novartis selects Vivendi Environnement and JOHNSON CONTROLS as future partners for infrastructure services. *Media Release*. Novartis International AG, Novartis Communication, Basel, 19 September.

Novartis MR (2000v): Novartis Services: Contracts with Vivendi Environnement and JOHNSON CONTROLS signed. *Media Release*. Novartis International AG, Novartis Communication, Basel, 30 November.

Novartis MR (2000w): Novartis steigert den Reingewinn 1999 um 11 Prozent. *Media Release*. Novartis International AG, Novartis Communication, Basel, 17. Februar.

Novartis MR (2000x): Novartis to acquire Famvir® and Vectavir/Denavir® herpes drugs from SmithKline Beecham for USD 1,63 billion. *Media Release*. Novartis International AG, Novartis Communication, Basel, 31 August.

Novartis MR (2000y): Novartis to outsource infrastructure services. *Media Release*. Novartis International AG, Novartis Communication, Basel, 29 June.

Novartis MR (2000z): Novartis unveils full, heighly competitive pharmaceutical pipeline. *Media Release*. Novartis International AG, Novartis Communication, Basel, 6 December.

Novartis MR (2000{): US FDA approves Novartis' Starlix®. *Media Release*. Novartis International AG, Novartis Communication, Basel, 23 December.

Novartis Pharma MR (1999a): Andrew Kay appointed Head of Global Marketing. *Media Release*. Novartis Pharma AG, Pharma Communications, Basel, 17 March.

Novartis Pharma MR (1999b): Novartis' breakthrough anti-malaria treatment Riamet®, receives marketing approval in Switzerland. *Medienmitteilung*. Novartis Pharma AG, Pharma Communications, Basel, 26. Januar.

Novartis Pharma MR (1999c): Novartis lanciert gemeinschaftliche Initiative zur Schaffung einer öffentlichen Genmarker-Datenbank. *Media Release*. Novartis Pharma AG, Basel, 15 April.

Novartis Pharma MR (1999d): Novartis Pharma enters schizophrenia research agreement with University of Maryland. *Media Release*. Novartis Pharma AG, Pharma Communications, Basel, 27 September.

Novartis Pharma MR (1999e): Novartis Pharma strengthens in top line growth. *Media Release*. Novartis Pharma AG, Pharma Communications, Basel, 19 January.

Novartis Pharma MR (2000a): Novartis and Vertex Establish Discovery Alliance Targeting Protein Kinease. *Media Release*. Novartis Pharma AG, Basel, May 9th.

Novartis Pharma MR (2000b): Novartis investiert in den Standort Huningue 136 Millionen Schweizer Franken für die Produktion eines innovativen Ashtma- und Allergie-Medikaments. *Medienmitteilung*. Novartis Pharma AG, Pharma Communications, Basel, 14. Januar.

Novartis Pharma MR (2000c): Novartis Pharma AG extends collaboration with Emisphere Technologies to identifya second compound. *Media Release*. Novartis Pharma AG, Pharma Communications, Basel and Tarrytown, NY, March 2.

Novartis Pharma MR (2000d): Novartis Pharmaceuticals Corporation Announces Agreement To Sell Summit Site. *Media Release*. Novartis Pharmaceuticals Corporation, East Hanover, July 13.

Novartis Venture Fund (2000): Novartis Venture Fund: Activities 1999. *Webpage*. Novartis Venture Fund. *http://www.venturefund.novartis.com/e_activities99.html*, 21 November 2000

Noven MR (1998): Noven and Novartis Form Joint Venture. *Media Release.* Noven Pharmaceuticals, Inc., Miami, May 4.

Noven MR (1999): Noven / Novartis Joint Venture to Co-Promote Miacalcin Nasal Spray. *Media Release.* Noven Pharmaceuticals, Inc., Miami, February 16.

NZZ (1997): Globale Fusionitis in der Pharmaindustrie. Wie gut begründet sind die Grossübernahmen der letzten Jahre? *Neue Züricher Zeitung, Internationale Ausgabe* (No. 248), 25./26. Oktober, S. 15.

NZZ (1998). *Neue Zürcher Zeitung, Internationale Ausgabe* (No. 26), 2. Februar, S. 6.

NZZ (1999): Strategische Neuausrichtung von SmitKline Beecham. Verkauf von "Healthcare Service"-Unternehmen in den USA. *Neue Züricher Zeitung, Internationale Ausgabe* (No. 33), 10. Februar, S. 12.

NZZ (2000a): Allianz von Novartis mit Geneva Proteomics. *Neue Züricher Zeitung, Internationale Ausgabe* (No. 243), 18. Oktober, S. 10.

NZZ (2000b): Die BASF trennt sich von der Pharma-Sparte. *Neue Züricher Zeitung, Internationale Ausgabe* (No. 294), 16./17. Dezember, S. 11.

NZZ (2000c): Erfolge in der Gentherapie. *Neue Züricher Zeitung, Internationale Ausgabe* (No. 109), 10. Mai, S. 13.

NZZ (2000d): Novartis setzt an zum Spring in Amerika. Globale Repositionierung auf dem stärksten Markt der Welt. *Neue Züricher Zeitung, Internationale Ausgabe* (No. 109), 11. Mai, S. 13.

NZZ (2000e): Novartis übernimmt Wesley Jessen. *Neue Züricher Zeitung, Internationale Ausgabe* (No. 126), 31. Mai, S. 13.

NZZ (2000f): Singapurs "Schwester" Batam in Aufruhr. Umstrittenes Ende eines indonesischen Steuerparadieses. *Neue Züricher Zeitung, Internationale Ausgabe* (No. 102), 3. Mai, S. 10.

NZZ (2000g): Stühlerücken an der Novartis-Konzernspitze. *Neue Züricher Zeitung, Internationale Ausgabe* (No. 159), 11. Juli, S. 11.

Paioni, Romeo (1997a): *1. Interview von Christian Zeller mit Romeo Paioni, Head of Preclinical Development and Project Management Basel Operations, Novartis Pharma.* Basel, 25. April

Paioni, Romeo (1997b): *2. Interview von Christian Zeller mit Romeo Paioni, Head of Preclinical Development and Project Management Basel Operations, Novartis Pharma.* Basel, 15. August

Pandey, Akhilesh und Mann, Matthias Proteomics to study genes and genomes. *Nature* 405 (6788): S. 837-846.

Pfizer (2000): Pfizer and Warner-Lambert agree to $90 billion merger creating the world's fastest-growing major pharmaceutical company. Pfizer Inc., New York, NY. and Morris Plains, NJ., Februar 7.

Pharma Information (1994): *Pharma-Markt Schweiz.* Kommunikationsstelle Interpharma. Verband der forschenden pharmazeutischen Firmen der Schweiz. Juli 1994. 64 S.

Pharma Information (1995): *Pharma-Markt Schweiz.* Kommunikationsstelle Interpharma. Verband der forschenden pharmazeutischen Firmen der Schweiz. Juni 1995. 68 S.

Pharma Information (1996): *Pharma-Markt Schweiz.* Kommunikationsstelle Interpharma. Verband der forschenden pharmazeutischen Firmen der Schweiz. September 1996. 72 S.

Pharma Information (1997): *Pharma-Markt Schweiz.* Kommunikationsstelle Interpharma. Verband der forschenden pharmazeutischen Firmen der Schweiz. Basel. 73 S.

Pharma Information (1998): *Pharma-Markt Schweiz.* Kommunikationsstelle Interpharma. Verband der forschenden pharmazeutischen Firmen der Schweiz. Juli 1998. 82 S.

Pharma Information (1999): *Pharma-Markt Schweiz.* Kommunikationsstelle Interpharma. Verband der forschenden pharmazeutischen Firmen der Schweiz. September 1999. 82 S.

Pharma Information (2000): *Pharma-Markt Schweiz.* Kommunikationsstelle Interpharma. Verband der forschenden pharmazeutischen Firmen der Schweiz. August 2000. 78 S.

Pharma Marketletter (1997): AIG To Invest $5,1m In Novartis Unit.,, S. Janurary 13.

Pharma Marketletter (1998a): Another Pharma Firm, Novartis, Pulls Out Of Taiwan., January 26, The Marketletter Publications.

Pharma Marketletter (1998b): Global Pharma; Market, Companies And Diseases., 20 July, The Marketletter Publications.

Pharma Marketletter (1998c): Multinationals in Japan Slim down Faster Than Locals., 20 July, The Marketletter Publications.

Pharma Marketletter (1998d): Roche, Lilly Close Venezuela Facilities., November 6, The Marketletter Publications.

pharma update (1998): Neues vom Pharma Executive Commitee. *pharma update. Mitteilungsblatt für die Miarbeiter von Novartis Pharma in der Schweiz* (Ausgabe 16), 6. April, S. 4.

pharma update (1999): Zweite Novartis Pharma Forschungskonferenz. *pharma update. Mitteilungsblatt für die Miarbeiter von Novartis Pharma in der Schweiz* (Sonderausgabe), 4. Oktober, S. 12.

pharma update (2000a). *pharma update. Mitteilungsblatt für die Miarbeiter von Novartis Pharma in der Schweiz* (Ausgabe 48), 25. September, Novartis Pharma AG, S. 8.

pharma update (2000b). *pharma update. Mitteilungsblatt für die Miarbeiter von Novartis Pharma in der Schweiz* (Ausgabe 49), 31. Oktober, Novartis Pharma AG, S. 8.

PhRMA (1998): *Industry Profile 1998*. Pharmaceutical Research and Manufacturers Association. Washington DC. 110 S.

PhRMA (1999): *Industry Profile 1999*. Pharmaceutical Research and Manufacturers Association. Washington DC. 122 S.

PhRMA (2000): *Industry Profile 2000*. Pharmaceutical Research and Manufacturers Association. Washington DC. 144 S.

Pictet & Cie (1998): *Novartis*. Pictet & cie. Genève. 18 December. 16 S.

Pictet & Cie (1999): *Swiss Pharmaceuticals In Perspective*. Pictet & Cie. Genève. June. 32 S.

Pilling, David (2000): Glaxo and SmithKline to announce merger today. $188 bn company to be largely run from new operational base in US. *Financial Times*, January 17, S. 1.

Polastro, Enricio T. und Tulcinsky, Sonia (1998): Making sense of a supply chain flux. *Scrip Magazine* (10), November, S. 55-58.

Polastro, Enrico (1994): Offshore manufacturing - assessing the potential. *Scrip Magazine* (4), April, S. 32-35.

Polastro, Enrico (1996): Trends in manufacturing operations. *Scrip Magazine* (9), October, S. 23-28.

Polastro, Enrico T. und Tulcinsky, Sonia (2000): Analysing trends in contract research and manufacturing. *Scrip Magazine* (9), October, S. 31-33.

PricewaterhouseCoopers (1998): *Pharma 2005. An Industrial Revolution in R&D*. London. 20 S.

Puder, Gilbert (1994): *Sandoz*. Sarasin Studie. Bank Sarasin & Cie. Basel. Dezember 1994. 36 S.

Räber, Felix (1997): The Scientific Powerhouse - Kraftwerk der Wissenschaft. Die Pharma Forschungskonferenz vom 3. bis 5. September 1997 in Barcelona. *momentum* 1 (1), Oktober, S. 6-7.

Raupp, Judith (1997): Novartis zieht Pharma-Produktion aus Basel ab. *Basler Zeitung* (No. 110), 14. Mai, S. 17.

Recombinant Capital (2000a): Allisence Basel, Switzerland, May 2-4, 2000, Speakers. Recombinant Capital. Freitag, 15. Dezember 2000. *http://recap.com/allicense00.nsf/speakers? OpenPage*, printed 31. Dezember

Recombinant Capital (2000b): Biotech Alliance Database. Recombinant Capital. Search Result 'Novartis'. *http://www.recap.com/alliance.nsf/Alliance+Search+Results?SearchView&Query =([Company]+contains+Novartis)*, 31 December

Reinhardt, Jörg (2000a): *Innovation and Productivity Drive Sustained Growth*. Media Presentation R&D Day December 6, 2000. Novartis International AG. Basel. December 6, 2000. 83 slides S

Reinhardt, Jörg (2000b): *Innovation drives Future Success*. Media Conference Annual Report 1999. London. 17 February 2000. 19 S

Renz, Tilman (1999): Solvias - der größte Spin-off von Novartis startet ins Geschäftsleben. *Basler Zeitung*, 14. September.

Reorganization pharma update (2000a). *A service from Pharma Communications* (1), 28 July, Novartis Pharma AG, S. 6.

Reorganization pharma update (2000b). *A service from Pharma Communications* (2), 18 August, Novartis Pharma AG, S. 4.

Reorganization pharma update (2000c). *A service from Pharma Communications* (3), 18. Oktober, Novartis Pharma AG, S. 6.

Reuters (1999): Novartis plans $80 mln Turkish plant. *Reuters via Newsedge Corporation*, February 15.

Rhein, Regina (2000): Gene therapy studies come under new scrutiny. *Scrip Magazine* (4), April, S. 19-21.

Rich, Mokoto (1996): UK Company News: 600 UK jobs could go in Swiss deal. *Financial Times*, March 12, S. 29.

Riedl-Ehrenberg, Renate (1989): 70 Jahre Sandoz USA 1919-1989. *Sandoz bulletin* 25 (89), S. 18-27.

Rigel MR (1999a): Rigel and Novartis Agree to a Package of Five Drug Discovery Collaborations. *Media Release*. Rigel, Inc., South San Francisco, June 8.

Rigel MR (1999b): Rigel and Novartis Initiate Second Drug Discovery Collaboration. *Media Release*. Rigel, Inc., South San Francisco, October 28.

Roberts, Michael (1996): Ciba goes shopping and plans a mini-Novartis. *Chemical Week* 158 (34), September 11, S. 46.

Roche (1994): *Geschäftsbericht 1993*. F. Hoffmann-La Roche AG. Basel. 80 S.

Roche (1998): *Der kleine Roche*. Basel: Editiones Roche, F. Hoffmann-La Roche

Roche (2000): *Geschäftsbericht 1999*. F. Hoffmann-La Roche AG. Basel. 110 S.

Roche Magazin (1996): Roche 1896-1996. Streifzug durch die Geschichte eines Weltunternehmens. (53 (Spezial)), Januar, S. 64.

roche magazin (1997): Rasante Entwicklung: Ein Team von Fachleuten bei Roche Carolina Inc. entwickelt und produziert Arzneisubstanzen für das dritte Millenium. (58), Oktober, S. 4-21.

Roche MR (1997a): *MabThera:* Hope for Non-Hodgkin's Lymphoma Patients Thanks to Biotechnologie. *Media Release*. F. Hoffmann-La Roche, Basel, November 28.

Roche MR (1997b): Roche to sell Pharmaceutical Plant and Pharmaceutical Products to ICN. *Media Release*. F. Hoffmann-La Roche, Basel, June 23.

Roche MR (1998): Roche to sell four pharmaceutical products to ICN. *Media Release*. F. Hoffmann-La Roche, Basel, October 5.

Roche MR (2000a): Neues Biotech-Start-Up-Unternehmen: Eine Gründung von Roche. BASILEA Pharmaceutica - eine neue Firma auf dem Gebiet der Infektionskrankheiten und der Dermatologie. *Media Release*. F. Hoffmann-La Roche, Basel, 17. Oktober.

Roche MR (2000b): Roche setzt neuen Schwerpunkt in der Genomforschung. *Media Release*. F. Hoffmann-La Roche, Basel, 5. Juni.

Ronner, Kurt-Rolf (1993): Ciba-Forschung auf dem Weg ins nächste Jahrtausend. *Ciba Magazin* (2/93), April, S. 16-21.

Rose, Craig D. (1992): Alliance with drug firm assists Scripps Research. *The San Diego Union-Tribune*, December 4, S. C-1.

Rose, Craig D. (1994): Scripps deal with drug firm approved. Sandoz is Partner is scaled-back alliance. *The San Diego Union-Tribune*, May 17, S. C-1.

Roses, Allen D. (2000): Pharmacogenetics and the practice of medicine. *Nature* 405 (6788): S. 857-865.

Roth, Hans (1952): *Die chemische Industrie der Schweiz als Exportindustrie unter besonderer Berücksichtigung der Farbstoffausfuhr zwischen den beiden Weltkriegen.* Basel

Sandoz (1956): *Sandoz Nürnberg*. Sandoz A-G. Nürnberg. 26 S.

Sandoz (1961): *75 Jahre Sandoz. Sandoz 1886–1961*. Basel: Gasser und Co.

Sandoz (1969): *Bericht und Rechnungsabschluss Geschäftsjahr 1968*. Sandoz AG. Basel. 44 S.

Sandoz (1970): *Bericht und Rechnungsabschluss Geschäftsjahr 1969*. Sandoz AG. Basel. 48 S.

Sandoz (1971): *Annual Report and Statement of Accounts 1970*. Sandoz AG. Basel. 48 S.

Sandoz (1972): *Annual Report and Statement of Accounts 1971*. Sandoz AG. Basel. 48 S.

Sandoz (1973): *Bericht und Rechnungsabschluss Geschäftsjahr 1972*. Sandoz AG. Basel. 46 S.

Sandoz (1974): *Sandoz im Jahre 73*. Sandoz AG. Basel. 60 S.

Sandoz (1975): *Sandoz im Jahre 74*. Sandoz AG. Basel. 52 S.

Sandoz (1976): *Sandoz im Jahre 75*. Sandoz AG. Basel. 48 S.

Sandoz (1977): *Geschäftsjahr 1976 Bericht und Rechnungabschluss*. Sandoz AG. Basel. 48 S.

Sandoz (1978): *Geschäftsjahr 1977 Bericht und Rechnungabschluss.* Sandoz AG. Basel. 52 S.
Sandoz (1979): *Geschäftsjahr 1978 Bericht und Rechnungabschluss.* Sandoz AG. Basel. 48 S.
Sandoz (1980): *Geschäftsjahr 1979 Bericht und Rechnungabschluss.* Sandoz AG. Basel. 50 S.
Sandoz (1981): *Geschäftsjahr 1980 Bericht und Rechnungabschluss.* Sandoz AG. Basel. 50 S.
Sandoz (1982): *Geschäftsjahr 1981 Bericht und Rechnungabschluss.* Sandoz AG. Basel. 52 S.
Sandoz (1983): *Geschäftsjahr 1982 Bericht und Rechnungabschluss.* Sandoz AG. Basel. 52 S.
Sandoz (1984): *Geschäftsjahr 1983 Bericht und Rechnungabschluss.* Sandoz AG. Basel. 54 S.
Sandoz (1985): *Geschäftsjahr 1984 Bericht und Rechnungabschluss.* Sandoz AG. Basel. 54 S.
Sandoz (1986a): Die Sandoz AG 1886–1986. Sandoz AG, Basel.
Sandoz (1986b): *Geschäftsjahr 1985 Bericht und Rechnungabschluss.* Sandoz AG. Basel. 64 S.
Sandoz (1987): *Geschäftsjahr 1986 Bericht und Rechnungabschluss.* Sandoz AG. Basel. 70 S.
Sandoz (1988): *Geschäftsjahr 1987 Bericht und Rechnungabschluss.* Sandoz AG. Basel. 70 S.
Sandoz (1989): *Geschäftsjahr 1988 Bericht und Rechnungabschluss.* Sandoz AG. Basel. 70 S.
Sandoz (1990a): *Geschäftsjahr 1989 Bericht und Rechnungabschluss.* Sandoz AG. Basel. 74 S.
Sandoz (1990b): *Sandoz Corporation Annual Review 1989.* Sandoz Corporation. New York, 26 S.
Sandoz (1991a): *Geschäftsbericht 1990.* Sandoz AG. Basel. 86 S.
Sandoz (1991b): *Sandoz Corporation Annual Review 1990.* Sandoz Corporation. New York, 26 S.
Sandoz (1992a): *Geschäftsbericht 1991.* Sandoz AG. Basel. 84 S.
Sandoz (1992b): *Sandoz Corporation Annual Review 1991.* Sandoz Corporation. New York, 30 S.
Sandoz (1993a): *Geschäftsbericht 1992.* Sandoz AG. Basel. 88 S.
Sandoz (1993b): *Sandoz Corporation Annual Review 1992.* Sandoz Corporation. New York, 30 S.
Sandoz (1994): *Geschäftsbericht 1993.* Sandoz AG. Basel. 80 S.
Sandoz (1995a): *Geschäftsbericht 1994.* Sandoz AG. Basel. 82 S.
Sandoz (1995b): *Sandoz Corporation Annual Review 1994.* Sandoz Corporation. New York, 30 S.
Sandoz (1996a): *Geschäftsbericht 1995.* Sandoz AG. Basel. 84 S.
Sandoz (1996b): *Sandoz Corporation Annual Review 1995.* Sandoz Corporation. New York, 26 S.
Sandoz bulletin (1973): Sandoz 50 Jahre in Canada. 9 (31), S. 53-54.
Sandoz bulletin (1974a): 50 Jahre Sandoz Frankreich. 10 (36), S. 46-48.
Sandoz bulletin (1974b): Japan: Neuer Stil eines toxikologischen Forschungslaboratoriums. 10 (33), S. 34-38.
Sandoz bulletin (1975): Indien: Eröffnung des Forschungszentrums. 11 (38), S. 45-46.
Sandoz bulletin (1977): Brasilien: 20 Jahre IQR. 13 (44), S. 23.
Sandoz bulletin (1981): Japan:Saitama-Factory ist in Betrieb. 17 (60), Sandoz AG, S. 34.
Sandoz bulletin (1982): Neues Forschungszentrum in Grossbritannien. 18 (61), Sandoz AG, S. 20-21.
Sandoz bulletin (1983): Die Geschichte der Dorsey Laboratories. 19 (68), Sandoz AG, S. 34-35.
Sandoz bulletin (1984a): Künftige Organisation von Sandoz USA im Überblick. 20 (72), Sandoz AG, S. 28.
Sandoz bulletin (1984b): Sandoz Nutrition Corporation: Grundsteinlegung für die erweiterte Produktionsanlage in Minneapolis. 20 (72), Sandoz AG, S. 29.
Sandoz bulletin (1986): *Sandoz 100 Jahre für ein Leben mit Zukunft.* Sandoz AG. Basel. 50 S.
Sandoz bulletin (1989a): Kanada: Sandoz Kanada feiert die Eröffnung des erweiterten Whitby-Werkes. 25 (89), Sandoz AG, S. 32-33.
Sandoz bulletin (1989b): Kolumbien: Sandoz Pharma-Produktion auf Verkaufstour. 25 (88), Sandoz AG, S. 31.
Sandoz bulletin (1990a): 125 Jahre , Ans Wanderful. 26 (94), Sandoz AG, S. 31-35.
Sandoz bulletin (1990b): Frankreich: 50 Jahre Orléans. 26 (92), Sandoz AG, S. 30.
Sandoz bulletin (1991): Generalversammlung 1991 der Sandoz AG. 27 (96), Sandoz AG, S. 26-27.
Sandoz bulletin (1994a): Japan: Sandoz Yakuhin weiht neues Forschungszentrum in Tsukuba ein. 30 (104), Sandoz AG, S. 30-31.
Sandoz bulletin (1994b): Neues "Baby" in der Sandoz-Familie. 30 (106), Sandoz AG, S. 32-33.
Sandoz bulletin (1994c): Sandoz AG: Neuer Delegierter - Neue Kapitalstruktur. 30 (105), Sandoz AG, S. 33.
Sandoz bulletin (1994d): USA: Sandoz und Scripps schliessen Forschungsabkommen ab. 30 (106), Sandoz AG, S. 36.

Sandoz bulletin (1995a): Frankreich: Einweihung in Orléans. 31 (109), Sandoz AG, S. 35.

Sandoz bulletin (1995b): Japan: Preisgekrönte Architekturin Tsukuba. 31 (108), Sandoz AG, S. 36.

Sandoz bulletin (1995c): Kanada: Werk Whitby erhöht Produktivität. 31 (108), Sandoz AG, S. 37.

Sandoz bulletin (1995d): Schmerzforschung im Sandoz Institute for Medical Research, London. 31 (109), Sandoz AG, S. 20.

Sandoz bulletin (1995e): Schweiz: Forschungsinstitut von Bern nach Basel. 31 (108), Sandoz AG, S. 38.

Sandoz bulletin (1995f): USA: Sandoz übernimmt Genetic Theapy. 31 (109), Sandoz AG, S. 32.

Sandoz bulletin (1996a): 110 Jahre Sandoz: ein historischer Rückblick. 32 (112), Sandoz AG, S. 6-31.

Sandoz bulletin (1996b): Forschung für ein besseres Leben. 32 (111), Sandoz AG, S. 24-28.

Sandoz bulletin (1996c): Grossbritannien: Zehn Jahre Schmerzforschung. 32 (110), Sandoz AG, S. 41.

Sandoz bulletin (1996d): USA: Forschungsabkommen mit Pharmacopeia. 32 (110), Sandoz AG, S. 38.

Sandoz bulletin (1996e): USA: Sandoz Forschungsinstitut expandiert. 32 (110), Sandoz AG, S. 42.

Sandoz/Ciba (1996): *Ciba-Geigy Ltd and Sandoz Ltd Announe Plan to Merge. New Company, NOVARTIS, Captures Number One Worldwide Position in Life Siences.* Basel. 7 March. 8 + 'Backgrounder' and 'frequently asked questions and answers' S.

Sandoz-Gazette (1987): Sandoz-Wander Pharma AG, die neue Pharma-Gesellschaft in Bern. 19 (No. 5/87), 27. Mai.

Sandoz-Gazette (1990): 30 Jahre Sandoz Japan: Dem Erfolg verpflichtet. (No. 10/90), 31. Oktober, S. 2.

Sandoz-Gazette (1991): Dr. Max Link zur Stellung der Sandoz Pharma AG auf dem Weltmarkt: Die grösste Herausforderung ist der Faktor Zeit. (No. 3/91), 28. März, S. 6.

Sandoz-Gazette (1993a): Erfolgreiche Suche nach Blut-Wachstumsfaktoren: Vorstoss auf das Gebiet der Zytokine. (No. 4/91), April, S. 10.

Sandoz-Gazette (1993b): Forschungskooperationen bieten beiden Partnern Vorteile: Gemeinsames Forschen erhöht Erfolgschancen. (No. 5/93), Mai, S. 8-9.

Sandoz-Gazette (1993c): Pharma: "Worldclass in Development": Qualität, Geschwindigkeit und Produktivität. (No. 3/93), März, S. 14.

Sandoz-Gazette (1994a): Dana-Faber-Krebsinstitut: Neue Aufgaben für Antikörper. (No. 1/94), Januar, S. 9.

Sandoz-Gazette (1994b): Pharma: Projekt zur Senkung der Rüstzeiten in der Pharmazeutischen Produktion - Betroffene zu Beteiligten machen. (No. 3/94), März, S. 10-11.

Sandoz-Gazette (1996a): Abkommen zwischen Sandoz und Orion Pharma, Finnland: Sandoz erhält Marketingrechte. (No. 3/96), März, S. 10.

Sandoz-Gazette (1996b): Für die Entwicklung wichtiger Forschungswerkzeuge: Eine Million Dollar für Genkartierung. (No. 3/96), März, S. 5.

Sandoz-Gazette (1996c): Novartis Services AG: Strukturen für die zentralen Dienstleistungen stehen fest. (No. 8/96), August, S. 2-3.

Sandoz-Gazette (1996d): Pharma-Werk Basel von Division ausgezeichnet. Preis für hervorragende Leistungen. (No. 3/96), März, S. 6-7.

Sandoz-Gazette (1996e): Sandoz schlägt vollständige Übernahme von SyStemix vor: Weltweite Führungsposition ausbauen. (No. 6,7/96), Juni, Juli, S. 3.

Sandoz-Gazette (1996f): Sanoz übernimmt Imutran. (No. 4/96), April, S. 4.

Sandoz-Gazette (1996g): Umzug des Sandoz-Forschungsinstituts Bern. Pharma-Forschung konzentriert sich in Basel. (No. 2/96), Februar, S. 5.

Sarasin, Philipp (1992): Zwischen Handwerk und Exportindustrie: Basels Wirtschaft im 19. Jahrhundert. *Sandoz bulletin* 28 (99), S. 4-12.

Schaub, Willy (1997a): Ausbau des Standortes Wehr. *live* (No. 9), 21. Juli, S. 3.

Schaub, Willy (1997b): Künstliche neuronale Netze. *live* 1 (8), 23. Juni, S. 8.

Schaub, Willy (1999a): Aus dem Werk Stein in die ganze Welt. *live* (No. 5), 26.April, S. 16.

Schaub, Willy (1999b): Keine Tuben mehr aus dem Werk / Stein. Moderne Technik für Produktequalität und Sicherheit. *live* (No. 4), 22. März, S. 10-11.

Schering-Plough MR (2000): Schering-Plough Announces Agreement to Purchase Summit, N.J., Research and Office Facility from Novartis. *Media Release*. Schering-Plough Corporation, Madison, N.J., July 13.

Schiesser, Giaco (1991): Vom Steinzeitliberalismus zum Unternehmer-Diskurs der neunziger Jahre. Manager mit Gemeinsinn. *Die Wochenzeitung* (No. 32), 9. August, S. 25-27.

Schramek, Henri (1977): Investitionen im Ciba-Geigy-Konzern (von Dr. Henri Schramek, Mitglied der Konzernleitung). *Ciba-Geigy-Magazin* (3), August, S. 4-8.

Schultz, Peter (2000): *Genomics Institute of the Novartis Research Foundation*. Media Presentation R&D Day December 6, 2000, by Peter Schultz, Institute Director. Novartis International AG. Basel. December 6, 2000. 18 slides S

Scrip (1995a): Ciba acquires RPR's US/Canada OTCs. (No. 1988/89), January 6th/10th, S. 12.

Scrip (1995b): FDA warns Ciba. *Scrip* (No. 2017/18), April 18th/21st 1995, S. 6.

Scrip (1995c): Sandoz' pharma sales fall 2%. (No. 2021), May 2nd, S. 6.

Scrip (1995d): Zantac, Zofran restrain Glaxo growth. *Scrip* (No. 2000), February 17th 1995, S. 6.

Scrip (1996a): New Ciba generics plant in Portugal. (No. 2104), February 20th, S. 11.

Scrip (1996b): Novartis to site respiratory R&D in UK. (No. 2158), August 27th, S. 5.

Scrip (1996c): Sandoz Turkey's new approach. (No. 2113), March 22nd, S. 16.

Scrip (1997a): Novartis launches UK OTC company. (No. 2204), February 7th 1997, S. 6.

Scrip (1997b): Novartis looking to expand in Mexico. (No. 2289), December 2nd, S. 11.

Scrip (1997c): Novartis to consolidate in S Korea. (No. 2287), November 25th, S. 8.

Scrip (1998): 1997 good but not great for US biotech. (No. 2298), January 7th, S. 9.

Scrip (1999): Novartis depending on *Diovan* for growth. (No. 2478), October 6th, S. 12.

Scrip (2000a): 369 US biotech products in trials. (No. 2527), March 31st, S. 13.

Scrip (2000b): AstraZeneca tops UK R&D league. (No. 2577), September 22nd, S. 13.

Scrip (2000c): Breakthrough as human genome is decoded. (No. 2553), June 30th, S. 18.

Scrip (2000d): Novartis builds eye care business. (No. 2546), June 7th, S. 7.

Scrip (2000e): Novartis Kao established in Japan. (No. 2568), August 23rd, S. 10.

Scrip (2000f): Novartis reorganises as life sciences focus ends. (No. 2557), July 14th, S. 9.

SDUT (1999a): Invitrogen forms research link. *San Diego Union-Tribune*, 17 December, S. C2.

SDUT (1999b): Novartis tax rebate approved. *San Diego Union-Tribune*, 29 September, S. C2.

seco (1999): Die Bedeutung der Aussenwirtschaft für die schweizerische Volkswirtschaft. Seco, Staatssekretariat für Wirtschaft, Bern, 8. Januar 1999, gedruckt 12. Januar 2000, *http://www.seco-admin.ch/WirtPol/d_themen/bedeut.htm*

SGCI (2000): *Die schweizerische chemisch-pharmazeutische Industrie*. Schweizerische Gesellschaft für Chemischen Industrie (SGCI). Zürich. 56 S.

Shimmings, Alexandra (1999): NAS in 1998: Quality not quantity counts. *Scrip Magazine* (1), January, S. 62-63.

Shimmings, Alexandra (2000): NAS in 1999: Fierce marketing but fewer new products. *Scrip Magazine* (1), January, S. 68-69.

SHIV (Hrsg.) (1991): *Für eine wettbewerbsfähige Schweiz von morgen. Ein wirtschaftspolitisches Leitbild*. Hrsg. Zürich: Schweizerischer Handels- und Industrieverein: S. 130.

Sigg, H.P. (1982): 25 Jahre 'Indústrias Químicas Resende S.A.'. *Sandoz bulletin* 18 (64), Sandoz AG, S. 27-28.

Silverman, Edward R. (1997): Novartis elects to remain at Summit headquarters. *The Star-Ledger*, Final Edition, 7 February, S. 35.

Silverman, Edward R. (1999a): Novartis Pharmaceuticals to Sell 88-Acre Site in Summit, N.J. *The Star-Ledger*, Final Edition, 8 September, S. 13.

Silverman, Edward R. (1999b): Novartis shlashes security as drug maker retrenches. *The Star-Ledger*, Final Edition, 3 September, S. 41.

SkyePharma MR (1998): SkyePharma and Novartis Sign Dry Powder Inhaler Deal - Novartis Makes $10 Million Equity Investment in SkyePharma. *Media Release*. SkyePharma, London, November 17.

Smallman, Ros und Parker, Jackie (1994): *Pharmaceutical Companies Analysis*. MDIS Publications Limited. Chichester, West Sussex. December. S.

Sodano, Anthony (1997): *Interview von Christian Zeller mit Anthony Sodano, Executive Director, Novartis Pharmaceuticals Corp., Production Operatins, East Hanover, New Jersey*, 1 September

Staples, Rebecca (1994): Pierre Douaze, Executive Profile. *Pharmaceutical Executive* 14 (2, February 1994): S. 34-44.

Statistisches Amt BS (1974): *Statistisches Jahrbuch des Kantons Basel-Stadt 1974*. Basel: Statistisches Amt des Kantons Basel-Stadt

Statistisches Amt BS (1983): *Statistisches Jahrbuch des Kantons Basel-Stadt 1983*. Basel: Statistisches Amt des Kantons Basel-Stadt

Statistisches Amt BS (1999): Erste Ergebnisse der Betriebszählung 1998. Amt für Statistik des Kantons Basel-Stadt, Basel, 4. November 1999, gedruckt 17. Dezember 1999, *http://www.statistik.bs.ch/themen_details_186.htm*

Stern, Marcus und Rose, Craig (1993): NIH chief rips Scripps pact with Sandoz. *The San Diego Union-Tribune*, March 12, S. C-1.

Stokes, Stephanie (1992): Sandoz Opens Research Center. *Record*, March 10, S. BUS.

Studer, Margaret (1992): Ciba-Geigy AG is set for change in EC countries; chemical giant prepares to benefit as Europe becomes single market. *Wall Street Journal*, Tuesday Nov 17, S. A 5.

Studer, Tobias (1986): Die Geschichte der Sandoz im Lichte ihrer Diversifikationen. *Sandoz bulletin* 22 (Sondernummer), Sandoz AG, S. 16-45.

Switzer, Gerry (1995): Sandoz keeps its promise. *Lincoln Star*, July 1, S. A1.

Targeted Genetics MR (1998): Targeted Genetics Announces Issuance of Patent for Envelope Fusion Vectors. *Media Release*. Targeted Genetics Corporation, Seattle, April 7.

Taylor, John (1995): Sandoz to build in Lincoln. *Omaha World-Herald*, July 1, S. BUS, 14.

Titan MR (1998): Titan Pharmaceuticals Signs Global Agreement With Novartis for Development and Marketing of the Antipsychotic Product Iloperidone. *Media Release*. Titan Pharmaceuticals, South San Francisco, November 20.

Trachsel, Marcel (1990): Entwicklungsgeschichte eines neuen Medikaments: Ein Blick hinter die Kulissen. *Sandoz-Gazette* (No. 281), 28. Februar, S. 1-2.

Trega MR (1998): Trega Exercises Stock Put Option With Novartis; Receives $7 Million in Exchange for Common Stock. *Media Release*. Trega Biosciences, Inc., San Diego, November 10.

Valls, Augustí (1992): Inquinasa, modernes Produktionszentrum in einer geschichtsträchtigen Region. *Ciba-Geigy-Magazin* (1/92), Januar, S. 10-22.

Vasella, Daniel (1996): One and one make three. Interview with Daniel Vasella CEO of Novartis by John Wicks. *swissBusiness*, June/July, S. 4-6.

Vasella, Daniel (1999): Novartis Building on Strong Fundamentals, 1998 Novartis Financial Results Press Conference. Novartis International AG, Basel, 16 March.

Vasella, Daniel (2000): *Novartis On the Move*. Media Presentation R&D Day December 6, 2000. Novartis International AG. Basel. December 6, 2000. 26 slides S.

Vasella, Daniel (2001): Novartis Sizes Up Forumla for Changes. CEO Tries to Mix Qualities of Big, Small Firms (Interview by Vanessa Fuhrmans and Frederick Kempe with Daniel Vasella). *The Wall Street Journal Europe*, January 30, S. 30.

Versicor MR (1999): Versicor and Novartis Collaborate On New Antibacterials Targeting Defomylase and MUR Pathway Enzyms. *Media Release*. Versicor Inc., Fremont, California, March.

VFA (1998): *Statistics '98. Die Arzneimittelindustrie Deutschlands*. Verband Forschender Arzneimittelhersteller e.V. (VFA). Bonn. Mai. 64 S.

VFA (1999): *Statistics '99. Die Arzneimittelindustrie Deutschlands*. Verband Forschender Arzneimittelhersteller e.V. (VFA). Bonn. Mai. 64 S.

VFA (2000): *Statistics 2000. Die Arzneimittelindustrie Deutschlands*. Verband Forschender Arzneimittelhersteller e.V. (VFA). Berlin. Juni. 64 S.

Vision (1996): A New Spirit for the Old Homeland. *Vision - Science and Innovation Made in Switzerland* (2), S. 2-3.

Vivendi Environnement (2000): *Welweitoperierender Leader in Umweltservices*. Media Presentation 19 September, 2000. Vivendi Environnement. Basel. 14 slides S

Wäger, Ruedi (1990): Selbstmedikation - warum und wie? *Sandoz bulletin* 26 (92), S. 4-15.

Walter-Busch, Emil (1986): Entwicklung von Arbeitsverhältnissen und Arbeitsverhalten des Sandoz-Personals. In *Sandoz bulletin*, Jahrgang 22, 1986: 47-69. Basel: Sandoz AG.

Watanabe, Wayumi (1988): Tsukuba, Stadt der Forschung und Lehre. *Sandoz bulletin* 26 (86), S. 24-31.

Wetter, Hansjörg (1998): *Interview von Christian Zeller mit Hansjörg Wetter, Head of Chemical Production, Novartis*, 6. Feb.

Whitby (1997): Novartis Pharma Canada Consolidates Pharmaceutical Production Facilities in Whitby. Town of Whitby, printed 11 December, 1997,, Date

Wicks, John (1996): Barzahler an die Börse. *Handelszeitung* (No. 4), 25. Januar, S. 15.

Winkler, Hans (1974): Aufgaben und Probleme der Produktion Pharma. *Sandoz bulletin* 10 (34), S. 3-14.

Wiskott, Erik (1983): Sandimmun – Prototyp einer neuen Generation von Immunsuppressiva. *Sandoz bulletin* 19 (65), Sandoz AG, S. 5-14.

Wittmer, Gerhad (1986a): Modernste Produktionsanlagen für Augenheilmittel - Einweihung des neuen Dispersa-Hauptisitzes in Winterthur. *Ciba-Geigy-Magazin* 16 (4), Dezember, S. 20-22.

Wittmer, Gerhard (1984): Titmus Eurocon Kontaktlinsen - Unsichtbar sichtbar machen. *Ciba-Geigy-Magazin* 14 (1), Februar, S. 14-19.

Wittmer, Gerhard (1986b): Einstieg ins Diagnostikageschäft. *Ciba-Geigy-Magazin* 16 (3), September, S. 15-19.

WSJE (2000): Glaxo, SmithKline Merger Forms World's Largest Drug Company. After Setbacks, Investors Seek a Dose of Reassurance on Product Quality. *The Wall Street Journal Europe*, December 28, S. 4.

Zimmermann, Jürgen (2000): *E-Mail Korrespondenz des Autors mit Jürgen Zimmermann, Novartis Pharma, Technical Operations, Strategic Planning and Support*, 24. November

Interviews

Amacker, Karin: Präsidentin der Angestelltenvertretung Novartis, 7. Dezember 1998 in Basel

Aronson, Al: Manager, Human Resources, Ciba Self-Medication, Woodbridge, NJ, 17. Juni 1996 in Woodbridge

Arthur, Steve: Interagency Taskforce of Biotechnology, California Trade and Commerce Agency, Sacramento, California, Telefoninterview am 26. September 1996

Baier, Manfred Dr., Leiter der Business Unit Roche Molecular Biochemicals, Roche Diagnostics; Friedmann, Hans; Vizepresident Human Resources, Roche Diagnostics; Joop-Heins, Barbara, Manager Public Relations, Roche Diagnostics, Gruppengespräche am 1. März 1999 in Penzberg bei München

Bonert, Mathias: Sekretär der Gewerkschaft Bau und Industrie, 8. Dezember 1998 in Basel

Boyer, Park: Vice President Region Americas, Marketing, Masterbuilders (Divison of Sandoz), Cleveland, Ohio, 7. Juni 1996 in Cleveland

Burkholder, Regan: City Administrator of Summit, NJ, 2. Juli 1996 in Summit

Sebold, Burton: Executive Director of Economic Development Corporation of Essex County, 8. Juli 1996

Campbell, Gary: Vicepresident Human Resources, Clariant Inc., Charlotte, North Carolina, 23. Juli 1996

Caveng, Peter: Leiter Technik Division Pharma, Ciba, 26. Februar 1997 in Basel

Cole, Gary: Director, Cultural Change, Human Resources, Ciba-Geigy Corporation, Greensboro, North Carolina, 24. Juli 1996

Cornett, Jim Director of Business Development, Protein Design Labs Inc., 29. September 1997 in Mountain View, California

Dalal, Rajen: Vicepresient Corporate and Business Development, Chiron Corporation, Emeryville, California, 11. September 1996 in Emeryville

Domdey; Horst: Prof. Dr., Geschäftsführer der Bio^M AG; Martinsried bei München, 27. November 1997 und am 1. März 1999

Egberg, Dave: Vizepresident R&D, Sandoz Nutrition, Minneapolis, Minnesota, 3. Juni 1996 in Minneapolis

Feiner, Paul: City Administrator of Greenburg, New York, 8. Juli 1996 in Tarrytown

Flanery, Michael: President RWDSU Local 530, Gerber Products, Fremont, Michigan und zweit weitere Leitungsmitglieder der Gewerkschaft, 6. Juni 1996

Flores, John: Citymanager Emeryville, California, 9. September 1996 in Emeryville

Furlong, Linda: Economic Development Representative, State of New Jersey Department of Commerce and Economic Development, Trenton, NJ, 11. Juli 1996

Galle, Daniel: E-Mail Korrespondenz von Christian Zeller mit Daniel Galle, Novartis Pharma, Head Technical Planning. Basel, 14. und 22. Dezember 2000

Greuter, Hans: Human Resources Novartis Pharma AG, Basel. Zuvor Assistent des Forschungsleiters der Division Pharma der Ciba-Geigy AG., 24. Apr. 1997 in Basel

Gross, Pierre: Assistent to the President, Givaudan-Roure, Clifton, NJ, 26. Juni 1996 in Clifton, New Jersey

Haas, Chris Director, Manufacturing Unit 2, Novartis Pharmaceuticals Corporation, , 19. September 1997 in Suffern, New York

Hauser, Dan: Head of Preclinical Research Novartis Pharmaceuticals Corporation, former President of Sandoz Research Center, 22. September 1997 in East Hanover, New Jersey

Hausmann, Kurt: Head of Pharma Technical Operations, Roche Pharmaceuticals, 1. Sep.1997 in Basel

Herriott, Don: President Roche Carolina, Florence, South Carolina, 24. Juli 1996

Jack, Michael: Ciba -Geigy Toms River, New Jersey, Telefoninterview 13. September 1996

Jackson, Christine: Manager Human Resources, Ciba-Geigy Corporation, Suffern, NY, 19. Juli 1996

Jackson, Eric: Communications, Ciba-Geigy Inc. Tarrytown, NY, 28. Juni 1996 Telefoninterview

Jansen, Carol L.: Manager, Economic Resources Planning, City of Palo Alto, California, 18. September 1996 in Palo Alto

Jeffries, Charles: E-mail Korrespondenz von Christian Zeller mit Charles Jeffries, Technical Operations, Novartis Consumer Health, Nyon Switzerland, 10. November 1999

Katzmarek, Wolfgang: Vorsitzender des Betriebsrates von Roche Diagnostics Boehringer Mannheim, 8. Dezember 1998 in Mannheim

Körner, Bernd: Präsident Personalvertretung GAV Novartis, 8. Dezember 1998 in Basel

Krebser, Peter: Head of Pharmaceutical Production, Novartis Pharma AG, 6. Februar 1998 in Basel

Long, Walter: Mayor of Summit, NJ, 2. Juli 1996 in Summit

Marra, Christopher W.: Ececutive Director of Morris Area Development Group, 2. Juli 1996 in Morristown

Main, Alan: Head of Research, Novartis Pharmaceuticals Corporation, 19. September 1997 in Summit, New Jersey

Marra, Christopher W.: Ececutive Director of Morris Area Development Group, 2. Juli 1996 in Morristown

Mills, Gayle: Vice President Strategic Marketing & Business Development, Roche Bioscience, 29. September 1997 in Palo Alto, California

Mills, Gayle: Vice President, Strategic Marketing and Business Development, Roche Bioscience, Palo Alto, California, September 18 in Palo Alto

Mittelholzer,Marie Louise: Präsidentin Roche Angestelltenverband; Montanari, Stefan: Präsident Betriebskommission von Hoffmann-La Roche, Stahl, Werner: Vizepräsident der Betriebskommission und Gruppenpräsident der GBI in Hoffmann-La Roche, Gruppengespräch am 7. Dezember 1998 in Basel

Moore, Richard F.: President Local 9 ICWU, Ciba Pharmaceuticals, Summit, NJ, 1. Juli 1996 in Summit

Murphy, Brian: Local 204 President, United Food & Commercial Workers International Union, Winston-Salem, North Carolina, 29. Juli 1996

Neininger, Wendy: Vice President Corporate Communications, Schering Berlin, 25. September 1997 in Montville, New Jersey

Paduch, C. Richard: Township Administrator of East Hanover, 2. Juli 1996 in East Hanover

Paioni, Romeo: Head of Preclinical Development and Project Management Basel Operations, Novartis Pharma AG, 1. Interview, 25. April 1997 in Basel

Paioni, Romeo: Head of Preclinical Development and Project Management Basel Operations, Novartis Pharma AG, 2. Interview, 15. August 1997 in Basel

Powell, Steve: Manager Public Affairs, Ciba-Geigy Corporation, Greensboro, North Carolina, 24. Juli 1996

Roberts, Napolian: Local 563 President Oil Chemical Atomic Workers Union, McIntosh, Alabama (Ciba-Geigy Corporation McIntosh, Alabama), 31. Juli 1996

Ryser, Stefan: Head of Global Research Staff, Roche Pharmaceuticals, 29. August 1997 in Basel

Schäppi, Hans: Vizepräsident der Gewerkschaft Bau und Industrie, 7. Dezember 1998 in Basel

Scherzer, Eric: Resource Center Coordinator, OCAW District 8, Rahway, New Jersey, 15. Mai 1996

Sebold, Burton: Executive Director of Economic Development Corporation of Essex County, 8. Juli 1996

Sodano, Anthony: Executive Director, Novartis Pharmaceuticals Corp., Production Operations, 25. September 1997 in East Hanover, New Jersey

Shah, Hermant K.: Independent Financial Analyst, Warren, NJ, 28. Juni 1996, Telefoninterview

Stevenson, Richard H: Assistant To Director, Preclinical Research and Development, Roche Pharmaceuticals, Nutley, NJ, 12. Juli 1996

Von der Mühll, Rudolf: Abteilung Human Resources, Novartis International AG, 24. April 1997 in Basel

Wetter,Hansjörg:Head of Chemical Production, Novartis Pharma AG 6, Februar 1998 in Basel

Yonker, Chris A.: Citymanager of Fremont, Michigan, 6. Juni 1996

Zimmermann, Jürgen: E-Mail Korrespondenz mit Jürgen Zimmermann, Novartis Pharma, Technical Operations, Strategic Planning and Support, 24. November 2000

Alle mit MR gekennzeichneten Titel sind Media Releases beziehungsweise Medienerklärungen.

Die mündlichen Interrviews wurden persönlich geführt und auf Band aufgenommen. Die Mehrheit wurde transkribiert. Darüberhinaus führte ich – hier nicht aufgeführte – Interviews mit Vertretern lokaler Wirtschaftsbehörden in den wichtigen Standortregionen von Novartis in den USA. Im Rahmen des DFG-Projektes *Räumliche Organisation von Innovationssystemen in Anwendungsfeldern der Biotechnologie* führte ich zahlreiche Interviews mit Vertretern von Biotechunternehmen in den Regionen München und Köln. Der Inhalt dieser Gespräche floss nicht in die vorliegende Arbeit ein, sie regten aber aufgrund der benachbarten Fragestellungen ebenfalls zu den in der vorliegenden Arbeit dargelegten Erkenntnissen an.

Register

Stichwörter, geographische Bezeichnungen, Firmennamen

A

Abbott Laboratories 198, 352, 525, 566, 569,584
Additive 157f, 208–212, 222, 240, 490, 491, 502
Afrika 17, 147, 152, 158, 162, 199, 227, 233, 247, 273, 280, 285, 313, 496, 501, 505, 514, 515, 517, 526, 528, 536, 539, 544, 553, 568, 570
Agrochemikalien / Agribusiness 17, 26, 30, 129, 135, 142, 147, 149, 157f, 189, 208, 211, 217f, 220, 222, 231–237, 241–246, 252–255, 261–263, 267, 269, 271, 286, 362, 368, 383, 402, 448, 452, 466, 494, 499, 504, 566, 568, 591
Ägypten 147, 152, 525, 526, 596
Aids 166, 387, 405, 435, 464
Akkumulation 28, 32, 39, 45, 50, 98, 252, 305, 353, 362, 399, 585, 618, 632, 634, 636, 637
  Überakkumulation 51, 200, 576
Akkumulationsmodell 636
Akkumulationsregime 633, 636
Aktionäre 13, 49, 251, 259, 268, 631
Alfreton, Derbyshire 505, 571
Allergien 316, 319, 342, 386, 390, 391, 393, 394, 410, 423, 434, 464, 542
Alzheimer'sche Krankheit 166, 321, 342, 386, 435, 444
American Depository Receipts (ADRs) 230, 251, 283
American Home Products 195, 197, 352, 354, 544
Analgetika 280, 301, 313
Anbieter 7, 145, 198, 270, 291, 318, 325, 351, 356, 585
Antibiotika 37, 155, 168, 176, 235, 237, 280, 281, 282f, 287, 325–327, 332, 350–354, 365, 371, 378, 381, 385, 387, 399, 418, 472, 483, 485, 498, 501, 507, 541, 544, 545, 569, 584
Antidiabetika 280
Antihypertensiva 281, 378, 418
Antiinfektiva 280, 282, 363
Antirheumatika, entzündungshemmende Präparate 280, 281, 378
Aprentas 270

Arbeitsplätze 13, 14, 15, 20, 21, 22, 24, 35, 38, 66, 166, 338, 378, 384, 394, 400, 512, 542, 552, 554, 556, 558, 559, 573, 631
Ardsley 149, 150, 294, 378, 383, 400, 446, 466, 467
Argentinien 145, 149, 151, 154, 210, 286, 288, 352, 357, 491, 494, 496, 500, 525, 567
Arteriosklerose 152, 380, 383, 386, 418, 420
Arthritis 166, 317, 335, 337, 343, 383, 395, 398, 430, 438, 439, 440, 453
Arzneimittel / Medikamente 55, 128, 135, 152, 153, 162–168, 172–174, 176, 178, 180, 184–190, 195–201, 259, 281, 292, 295, 305, 308, 315–319, 325, 328f, 332, 339–341, 346, 351–358, 363–366, 368–391, 405, 410, 414, 423, 428, 434, 439, 443, 448, 458, 479, 481, 485, 499, 501–511, 514, 525, 530, 534f, 537, 542, 547, 554ff, 561, 563, 569–575, 581, 583, 587, 597, 605, 608, 611, 620
  patentgeschützte 116, 201, 308, 363, 481, 554, 572, 586
  verschreibungsplichtige 164, 172, 177, 196, 198, 201, 235, 301, 302, 358, 363, 481, 495, 514, 530, 554, 561, 562, 585
Asien 17, 23, 24, 119, 135, 146, 157, 158, 162, 199, 209, 213, 224–233, 247, 258, 279, 285, 298, 305f, 312f, 322, 353, 435, 455, 496, 501, 508, 513–517, 526, 528, 531, 539, 544, 568–570, 573, 575, 614
Astra 195, 198, 240, 259, 266, 280, 287, 324
AstraZeneca 14, 194, 195, 253, 259, 262, 263, 337, 338, 368
Atemwegserkrankungen 342, 418, 423, 438, 442, 447, 448
  Asthma 169, 283f, 316, 319, 338, 343, 395, 419, 430, 448, 464, 472, 542
Athen 237, 323, 516, 529, 533, 538, 557
Australien 17, 154, 158, 210, 227, 288, 299, 305, 313, 354, 401, 464, 501, 517, 526, 528, 539, 546
Aventis 29, 195, 253, 268, 275, 545
Azalein 108, 109

Personenverzeichnis

Produktnamen

H. Kohlert, M.J. Delany, I. Regier

Amerikageschäfte mit Erfolg

Leitfaden für den Einstieg in den US-amerikanischen Markt

1999. XII, 201 S. 13 Abb., 4 Tab. Brosch. DM 39,90; sFr 36,- ISBN 3-540-63842-3

„Die Autoren, drei Unternehmensberater, wenden sich an Einsteiger in den amerikanischen Markt. Der Leser erfährt, was 'man' in den Vereinigten Staaten im Geschäftsleben tut, was angemessen ist, was toleriert und was als nicht akzeptabel angesehen wird. Zudem geben die Autoren in gestraffter Form einen Einblick in einige Facetten des amerikanischen Rechtssystems. Die Schrift skizziert so wichtige Themen wie Produkthaftung, Umgang mit Betriebsgeheimnissen, Gründung einer Kapitalgesellschaft und Arbeitsrecht in den Vereinigten Staaten."

FAZ

W. Krokowski (Hrsg.)

Globalisierung des Einkaufs

Leitfaden für den internationalen Einkäufer

Mit Beiträgen von S. Regula, H. Braack, R. Stiemer, M. Rihlmann

1998. XXI, 308 S. Geb. DM 98,-; sFr 86,50 ISBN 3-540-64368-0

„...Krokowski gilt als führender deutscher Experte für das sogenannte Global Sourcing. Er organisiert Unternehmerreisen nach Asien,...Aus dieser Erfahrung heraus hat er seinen Ratgeber aufgebaut wie eine Bedienungsanleitung... Abgerundet wird das Buch durch Checklisten sowie durch die Betrachtung verschiedener Einkaufsmärkte...."

Markt und Mittelstand

U. Krystek, E. Zur (Hrsg.)

Internationalisierung

Eine Herausforderung für die Unternehmensführung
Geleitwort von J. Schrempp
Redaktion: G. Ohling

1997. XXI, 617 S. 128 Abb. Geb. DM 168,-; sFr 145,- ISBN 3-540-61843-0

„... Durch die Vielfalt des Erfahrungshintergrundes der sechsundvierzig mitwirkenden Autoren aus der Wissenschaft, der Unternehmens- und Beratungspraxis sowie anderen Bereichen ist eine breite Perspektive gewährleistet, die dazu beiträgt, daß die Lektüre des Buches als ein Gewinn empfunden wird ..."

FAZ

W. Niehoff, G. Reitz

Going Global - Strategien, Methoden und Techniken des Auslandsgeschäfts

2001. XV, 315 S. Geb. DM 98,-; sFr 86,50 ISBN 3-540-67501-9

Ein Leitfaden für kleine und mittlere Unternehmen auf dem Weg zur Internationalisierung. Ausgewählte Praxisbeispiele geben Einblick in das Vorgehen erfolgreicher Unternehmen. Mit aktuellen Länderinformationen und einer umfangreichen Adressammlung.

A. Heck

Strategische Allianzen

Erfolg durch professionelle Umsetzung

1999. IX, 285 S. 40 Abb. Geb. DM 89,-; sFr 78,50 ISBN 3-540-65688-X

„...Für das Management mittelständischer Unternehmen...ist dieses Buch unerläßlich."

WirtschaftsKurier

Springer · Kundenservice
Haberstr. 7 · 69126 Heidelberg
Tel.: 0 62 21-345-217/-218 · Fax: 0 62 21-345-229
e-mail: orders@springer.de

Preisänderungen und Irrtümer vorbehalten. d&p · BA 41629/2

Druck: Strauss Offsetdruck, Mörlenbach
Verarbeitung: Schäffer, Grünstadt

Di. 20.03.07 Bider + Tanner

Aeschenvorstadt 2
Postfach
4010 Basel
Tel. 061 - 206 99 99